山东省地质矿产勘查开发局
八〇一水文地质工程地质大队志

（1958～2017年）

《山东省地质矿产勘查开发局八〇一水文地质工程地质大队志：1958～2017年》编纂委员会　编

山东大学出版社

图书在版编目(CIP)数据

山东省地质矿产勘查开发局八〇一水文地质工程地质大队志:1958～2017年/《山东省地质矿产勘查开发局八〇一水文地质工程地质大队志:1958～2017年》编纂委员会编. —济南:山东大学出版社,2018.10

ISBN 978-7-5607-6223-4

Ⅰ. ①山… Ⅱ. ①山… Ⅲ. ①区域地质调查—工作概况—山东—1958—2017 Ⅳ. ①P562.52

中国版本图书馆CIP数据核字(2018)第258805号

责任编辑:李 港
封面设计:牛 钧

出版发行:山东大学出版社
社 址 山东省济南市山大南路20号
邮 编 250100
电 话 市场部(0531)88363008
经 销:新华书店
印 刷:山东省东营市新华印刷厂
规 格:787毫米×1092毫米 1/16
12插页 44.25印张 842千字
版 次:2018年10月第1版
印 次:2018年10月第1次印刷
定 价:268.00元

《山东省地质矿产勘查开发局八〇一水文地质工程地质大队志(1958～2017年)》编纂委员会

主　　　任:彭玉明

副　主　任:李常锁

委　　　员:宫述林　朱瑞法　张云峰　李建国　刘玉仙
　　　　　　曾纯品　王　艳　王金凤　姜艳杰

顾问委员会:奚德荫　赵长河　赵玉祥　李晓东　程秀明
　　　　　　盛根来　赵光贞　贾绍松　刘崇华　刘宗华
　　　　　　赵一康　颜承芳　刘德成

主　　　编:彭玉明(兼)

副　主　编:李常锁(兼)

执 行 主 编:尚宇宁

编纂委员会办公室主任:李常锁(兼)

编纂委员会办公室成员:赵　成　赵祥兵　魏善明　汤士勤
　　　　　　　　　　　王玉玲　王少娟　杨振华　尉春岭
　　　　　　　　　　　葛江浩　王京周　韩洪智

编辑办公室主任:尚宇宁(兼)

编辑办公室成员:朱红漫　刘洁茹　魏　月　卢茜茜

省(部)、市领导视察

1986 年 6 月 21 日,济南市副市长郭德耀(前中)视察八〇一队长清孝里铺水源地勘察工地。

1990 年,地矿部部长宋瑞祥(右三)到八〇一队机台慰问职工。

20 世纪 80 年代,青岛市委第一书记刘鹏(右二)认真观看八〇一队科技成果展览。

2007 年 5 月 27 日,济南市委书记焉荣竹(前中)视察八〇一队迴龙山治理项目。

2007 年 10 月 8 日,山东省人民政府秘书长周齐(前排左五)视察八〇一队破损山治理工地。

2010 年 6 月 23 日,山东省副省长才利民(前排左四)等省市领导视察八〇一队燕翅山地质灾害治理工程野外施工现场。

2011 年 2 月 15 日，国土资源部部长徐绍史（左一）、山东省省长姜大明（左二）亲切接见八〇一队参加抗旱找水行动的地质队员。

2012 年 6 月 16 日，淄博市市长周清利（前中）视察八〇一队刘征水源地勘察工地。

2015 年 10 月 20 日，济南市副市长李宽端（右三）到八〇一队调研济南泉域边界及其水力联系等研究成果。

2016 年 5 月 11 日，山东省省长郭树清（前排左二）、济南市委书记王文涛（前排左三）等省市领导视察八〇一队济南轨道交通 R1 号线施工现场。

完成的有代表性省(内)外项目(成果)

1958 年进行济南水文地质勘测时，五大牧场进行抽水试验的情况。

1968 年冬季，施工山东省平阴黄河大桥大口径深桩基工程。施工的最大桩径 1.5 米，最长桩长 107 米，创当时口径、桩长全国最高纪录(图为建成后的平阴黄河大桥)。

1975 年，淄博大武水源地群孔抽水试验排水渠道现场。

20 世纪 70 年代济南趵突泉干涸，技术人员在现场进行勘测工作。

20 世纪 80 年代，技术人员进行鲁中南岩溶调查。

1986 年，济南长清—孝里铺水源地勘探时施工的自流井。

1989 年，技术人员在研究淄博齐陵地区供水勘察设计图。

1991 年，济南白泉—武家水源地供水水文地质勘探提交可增采允许开采量 5 万立方米/天(图为勘探报告审查会现场)。

1993 年，经八〇一队工程勘察后建成的济南历下大厦。

1995 年 5 月 20 日，京杭运河台儿庄万年闸枢纽工程水上勘察(现场)。

1997 年 1 月，为十泉电厂提交了允许开采量 5.5 万立方米/天的第三水源地勘探报告（图为勘探报告审查会现场）。

1998 年 10 月，完成莱州三山岛大桥沉管桩施工。

1999 年，在济南市轨道工程一号线地质水文地质条件汇报会上，八〇一队原总工程师奚德荫向与会专家汇报工作。

2000 年 12 月，为费县电厂提交姚河—古城水源地，允许开采量 5.2 万立方米/天（图为水源地详查时进行抽水试验）。

2001 年 12 月，完成济南遥墙国际机场工程勘察。

2003 年 3 月，济南市济西水源地井群施工现场。

2003 年 10 月，为山东国际电源开发股份有限公司莱城发电厂提交 2.37 万立方米/天的寨里水源地(图水源地勘探报告评审会现场)。

2005 年 5 月，青岛海湾大桥海上工程地质勘查现场，填补了胶州湾地质工作的空白。

2006 年 3 月，编制山东省 1∶50 万水文地质图、环境地质地质图(图编图为设计审查会现场)。

2006 年 6 月，山东广播电视中心基坑施工项目现场，开挖深度达 19.3 米，创当时济南市开挖最深纪录。

2007 年，京沪高铁南京大胜关大桥钻孔灌注桩施工现场(部分)。

2010 年，济南市燕翅山设计、治理工程现场，为当时山东省最大的地质灾害治理项目。

2010 年 10 月，苍山县国土资源局及队领导视察苍山县西大寨子地区铁矿普查项目。该项目实现了八〇一队固体矿产找矿突破。

2012 年 11 月，为淄博市勘察提交允许开量 5.5 万立方米/天的刘征水源地（图为勘察成果审查会现场）。

2013 年，烟台市栖霞香夼废弃铅锌矿地下采空区勘查现场。

2015 年 7 月，济南市轨道交通 R3 线一期工程初步勘察现场。

2016 年，蓬莱市田横山栈道施工现场。

2018 年 4 月 16 日，济南市章丘区环保局局长李良阁（右一）调研章丘上皋污染场地修复治理项目。

境外施工项目

1971 年，毛里塔尼亚供水井施工现场。

1990 年，埃塞俄比亚五城镇供水项目抽水试验现场。

2005 年，在阿尔及利亚与法国专家一起检修世界先进的旋挖钻机。

2005 年 3 月 13 日，加纳塔马利地区供水钻探施工现场。

2005 年 10 月 14 日，阿尔及利亚移动大楼桩基连续墙项目施工现场。

2009 年 1 月 24 日，刚果(布)共和国奎卢省布谷马西地区钾盐勘探现场。

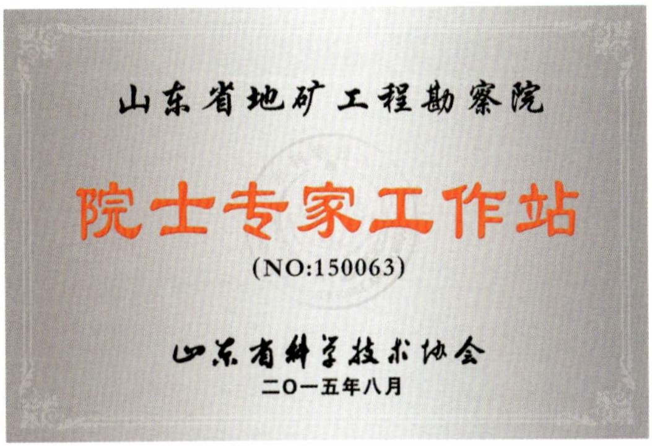

2015 年 8 月 5 日，成功申报“山东省地矿工程勘察院院士专家工作站”。

2015 年 7 月 27 日，队长赵长河(左)、吉林大学环境与资源学院院长赵勇胜共同出席吉林大学环境与资源学院教学科研应用合作协议签约暨实验基地揭牌仪式。

2015 年 11 月 6 日，队长赵长河(左中)到国家海洋局第一海洋研究所考察交流合作事宜。

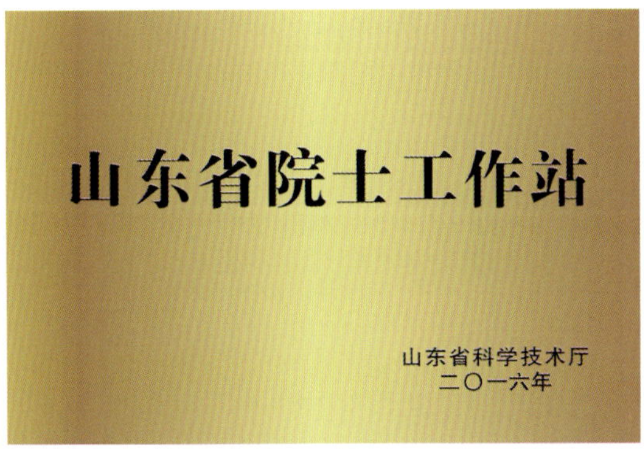

2016 年 1 月 3 日，山东省科技厅授予八〇一队为山东省院士工作站备案单位。

2016 年 1 月 4 日，中国科学院院士、八〇一队院士工作站首聘院士林学钰（左三）现场传授经验。

2017 年 11 月 21 日，队长彭玉明（左）、中国矿业大学资源与地球科学学院党委书记魏世英共同为中国矿业大学资源与地球科学学院产学研实验基地揭牌。

2018 年 2 月 1 日，队长彭玉明（左）、山东科技大学地球科学与工程学院院长韩作振出席山东科技大学产学研基地、教学实习基地、就业创业基地合作签约暨揭牌仪式。

2018 年 5 月 5 日，中国科学院院士、著名水文地质学专家、八〇一队院士工作站首聘院士袁道先（右排左二）指导地质科技创新推进工作。

部分会议及活动

1979 年 6 月，山东省革委地质局第一水文地质队召开第一次职工代表大会(暨工代会)。

1985 年 4 月，八〇一队足球队在济南市丙级比赛中获得第四名，荣升乙级队。

1986 年元旦，八〇一队技术人员合影(部分)。

1987 年，八〇一队托儿所正式挂牌成立。

2004 年，激动人心的职工拔河比赛。

2010 年，职工参加趣味运动会。

2014 年 12 月，举办第五届“八〇一杯”青年学术成果交流大赛。

2015 年 5 月 4 日，组织开展“传承五四薪火，建功在八〇一”青年野外地质考察培训活动。

2017 年 10 月 25 日，举办以“忠诚担当有作为，立足地矿做贡献”为主题的道德大讲堂活动。

部分媒体采访

2001 年 4 月，原总工程师奚德荫就济南市节水保泉工程接受山东电视台采访。

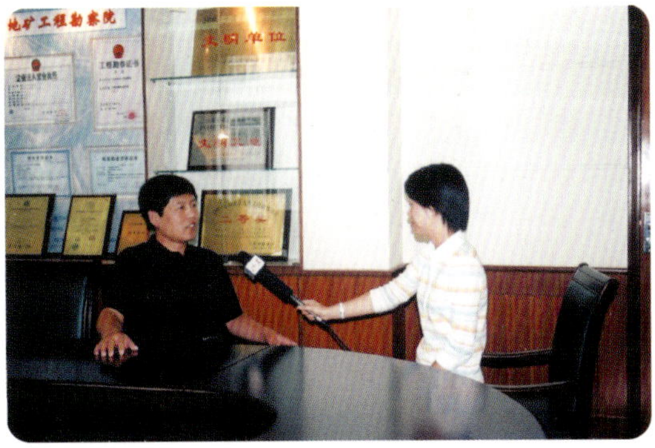

2002 年，院长姜春永就“三个体系”建设接受山东电视台采访。

2004 年，八〇一队提出的兴建济南泉水地质公园的设想引起齐鲁电视台的关注（图为副总工程秀明（图中）接受采访）。

2011 年 2 月 16 日，山东电视台报道山东省地矿工程勘察院抗旱找水工作。

2015 年 12 月 29 日，山东省地矿工程勘察院参加“10·21 章丘重大环境事件”应急抢险工作，负责人刘玉仙接受中央电视台《朝闻天下》栏目采访。

2018 年 5 月 29 日，山东卫视《调查》栏目对队长彭玉明结合章丘上皋污染场地修复治理项目，就八〇一队在美丽山东建设中的责任和担当进行采访。

2018 年 6 月 15 日，队长彭玉明参加济南电视台纪念改革开放四十年纪录片《四十年 四十城》中关于保泉工作内容的录制。

有代表性单位荣誉

地质找矿
功勋单位
地质矿产部部长 朱训
一九九二年九月

授予：山东省地矿工程勘察院
全国模范地勘单位
特发此证，以资鼓励。
二〇一二年十月

全国守合同重信用企业
国家工商行政管理总局
二〇〇七年七月十九日

荣誉证书
山东省地矿工程勘察院荣膺
首届中国百强地质队
BQ-DKXH2013-078

省直
文明单位
山东省省直机关精神文明建设委员会

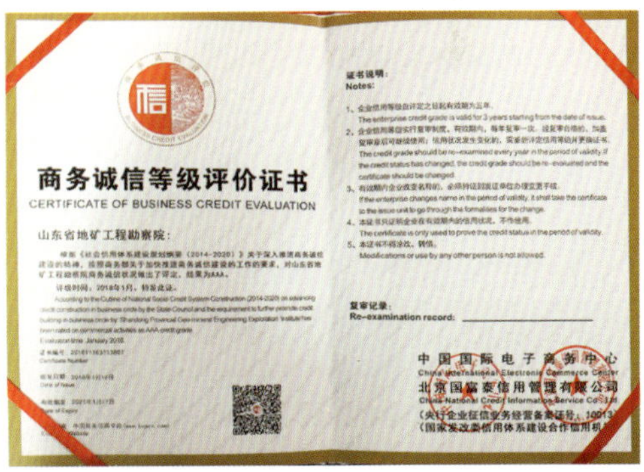
商务诚信等级评价证书
CERTIFICATE OF BUSINESS CREDIT EVALUATION
山东省地矿工程勘察院：
证书说明：
Notes:
复审记录：
Re-examination record:
中国国际电子商务中心
北京国富泰信用管理有限公司

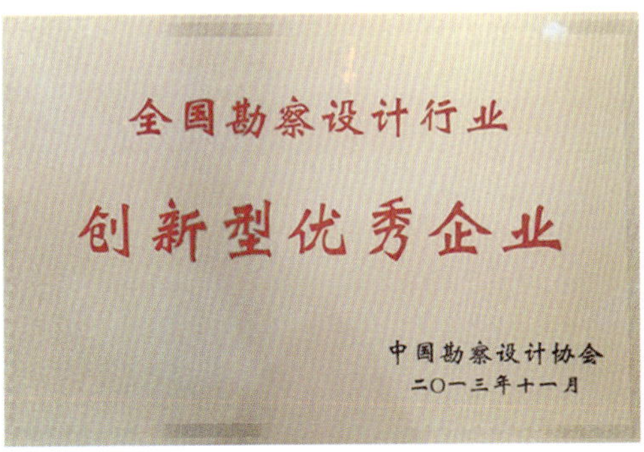
全国勘察设计行业
创新型优秀企业
中国勘察设计协会
二〇一三年十一月

工人先锋号
中华全国总工会

国土资源系统西南抗旱找水打井工作
先进集体
中华人民共和国国土资源部
二〇一〇年六月

工人先锋号
山东省总工会

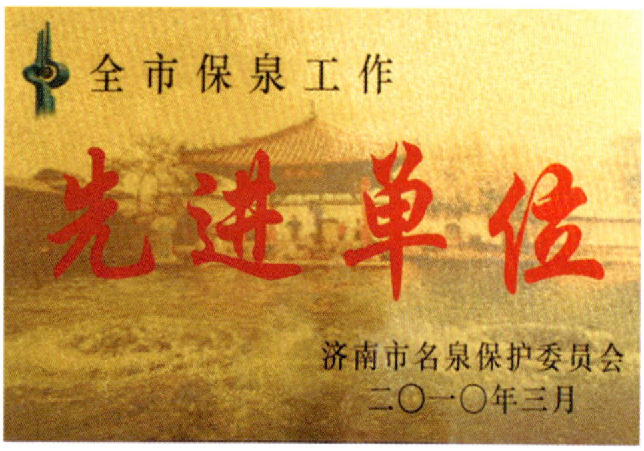
全市保泉工作
先进单位
济南市名泉保护委员会
二〇一〇年三月

国土资源系统北方四省抗旱找水打井工作
先进集体
中华人民共和国国土资源部
二〇一一年四月

部分省部二等奖（含）以上荣誉证书

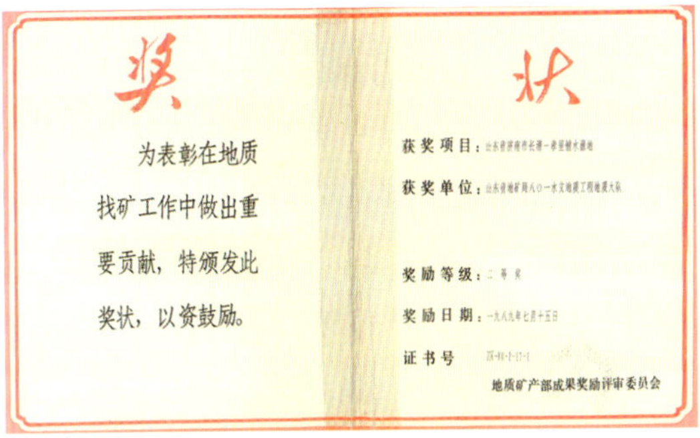

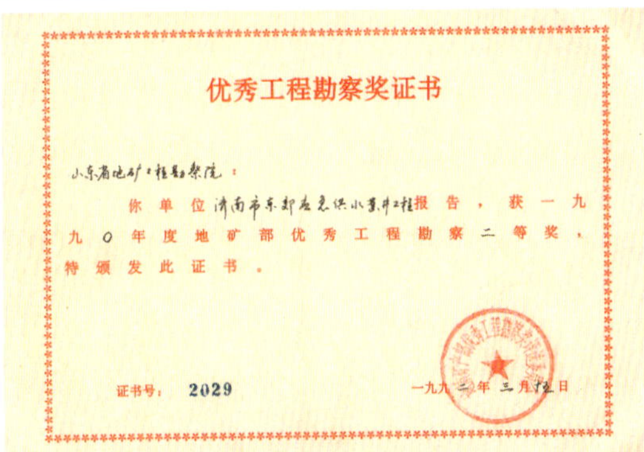

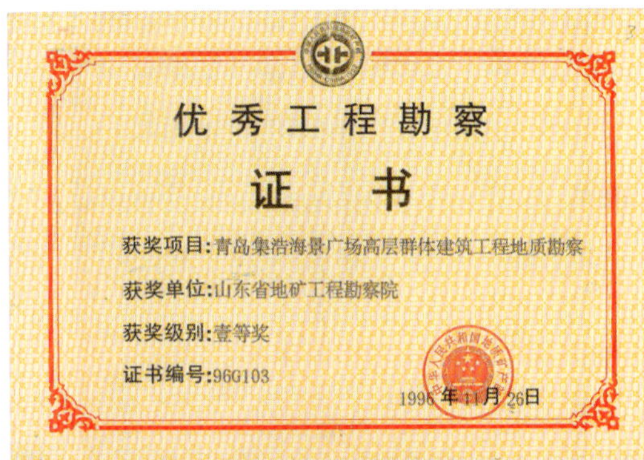

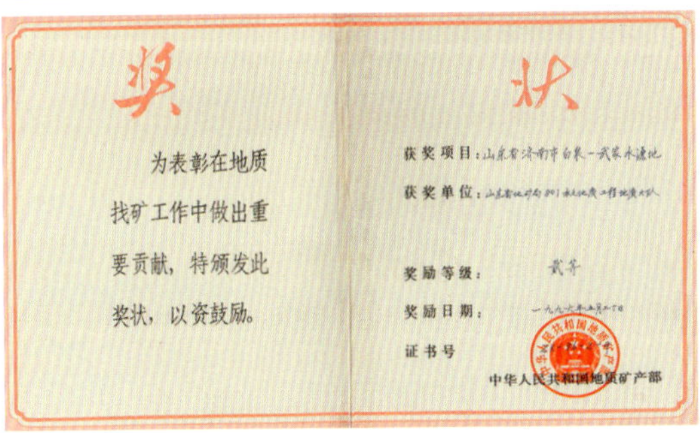

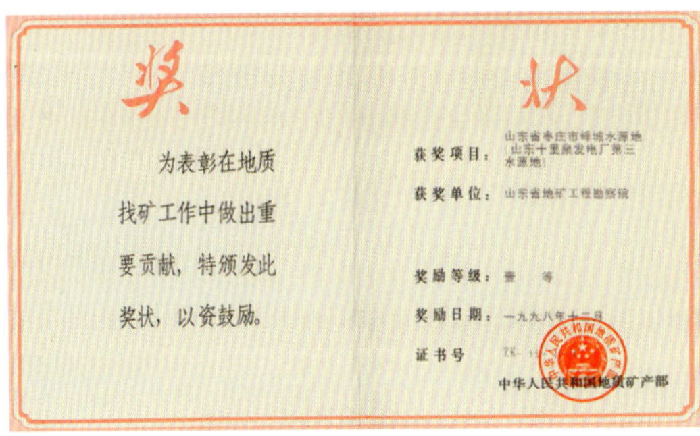

国土资源科学技术奖

获奖证书

获奖项目：布谷马西矿区钾盐矿勘查

获奖等级：一等

获 奖 者：山东省地矿工程勘察院

二〇一二年十二月

证书号：KJ2012-1-05-D1

国土资源科学技术奖

获奖证书

获奖项目：山东省重大水文地质问题—理论技术创新与应用

获奖等级：一等

获 奖 者：山东省地矿工程勘察院

二〇一六年十月

证书号：KJ2016-1-04-D1

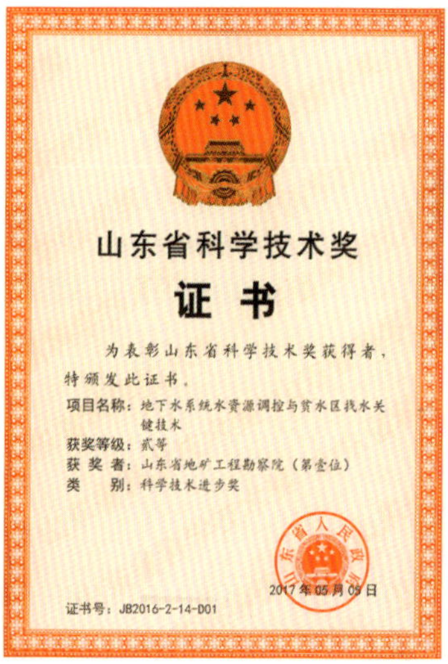
山东省科学技术奖

证书

为表彰山东省科学技术奖获得者，特颁发此证书。

项目名称：地下水系统水资源调控与贫水区找水关键技术

获奖等级：贰等

获 奖 者：山东省地矿工程勘察院（第壹位）

类　　别：科学技术进步奖

2017年05月05日

证书号：JB2016-2-14-D01

国土资源科学技术奖

获奖证书

获奖项目：山东省1:250000区域水文地质环境地质调查

获奖等级：二等

获 奖 者：山东省地质矿产勘查开发局八〇一水文地质工程地质大队

二〇一七年十月

证书号：KJ2017-2-13-D1

部分锦旗

赠：山东省地矿工程勘察院
携手共进
再创辉煌
山东东省人民办公厅
二〇〇九年元月

敬赠：山东省地质矿产勘查开发局801水文地质工程地质大队
情洒蒙山沂水
惠恩万千百姓
中共临沂市委
临沂市人民政府
二〇一一年三月二十三日

敬赠：山东省地矿工程勘察院
地质尖兵情系沂蒙老区
抗旱打井造福红嫂家乡
中共沂南县委
沂南县人民政府
二〇一二年三月

感谢山东省地矿工程勘察院
无偿捐助
饮水思源
荣成市城西街道办事处
二〇一一年元月

敬赠：山东省地矿工程勘察院
水文调查结硕果
掘取甘泉润民心
山东省蒙阴县野店镇东山村民委员会
二〇一四年十一月

赠：山东省地矿工程勘察院
吃水不忘挖井人
沂水县高庄镇上薛村敬上
二〇一四年十月

序(一)

八〇一队历经恢宏磅礴的六十年，已发展为山东省乃至全国的优秀地勘队伍。编纂八〇一队志是开展八〇一队历史研究的一个新的里程碑。

无论是在激情燃烧的流金岁月，还是在体制转轨的彷徨年代，几代八〇一人始终秉承“以献身地质事业为荣，以艰苦奋斗为荣，以找矿立功为荣”的精神，培育和发展了八〇一队特有的地勘文化，激励了一代又一代八〇一人矢志不渝，奋力拼搏。

60年来，八〇一队广大职工转战齐鲁大地，西进青海，南下金沙江，北上内蒙古，远征非洲大陆，始终发扬艰苦奋斗、勇于拼搏创新的精神，以严谨求实的科学态度，为工业、农业、城镇、国防和国家对外援助与合作等建设开展了大量的水文、工程、环境等地质工作。水工环地质等地勘主业成绩斐然，地勘延伸产业正在崛起，为经济社会发展做出了不可或缺的重要贡献。

八〇一队志浓缩了昨日的心血与汗水，承载着往昔的光荣与梦想，寄托着八〇一人对未来的希望与憧憬，既为后人留下了一份弥足珍贵的历史资料，又为八〇一队文化寻根溯源、弘扬发展提供了精神食粮。

承前启后铸辉煌，继往开来谋华章。

中国科学院院士、八〇一队原技术负责 袁道先

2018年9月3日

序(二)

1958年3月,八〇一队在济南成立,前身为地质部水文地质工程地质局九〇二队、九〇四队,是全局成立较早、至今唯一保留地矿系统番号的地勘单位。历经60年的不平凡发展历程,八〇一队凝聚了几代地质人的智慧与奉献,在前进道路上不断壮大,成为全省乃至全国的优秀地勘队伍。

修编志书,历代为继,传文承脉。全志以1958年3月为上限,2017年12月为下限,共2篇56万字,收集和整理了很多零散的珍贵历史资料。纵观全志,内容丰富,史料翔实,体系完整,见证了山东水工环地质事业的发展历程和突出贡献。作为"一队之全史",志书中的每一个数字、每一个图表、每一句话,无不浓缩着岁月的密码,再现着往昔工作的荣光,更载满了八〇一人对未来的希望,历史的脚步和时代的精神在此相互交融、熠熠生辉。

60年艰苦奋斗,60载春华秋实。刚刚过去的60年,是八〇一队求真务实、主动服务的60年,也是顽强拼博、甘于奉献的60年。全队完成山东省不同比例尺的基础性、公益性水文地质调查与编图工作,找到全省六成供水水源地,保护济南泉水持续喷涌,为全省经济社会发展提供水资源保障,在国家级、省级重大工程建设地质工作中屡建奇功。八〇一走出了袁道先院士等著名地质学家,培养了黄汲清青年地质科技奖获得者、全国钻探状元、山东勘察大师等大批优秀科技人才,涌现了全国工人先锋号、最美劳动者等大批先进集体和模范人物,实现了地质服务和人才队伍建设的双丰收。建队初期设备简陋、条件较差,现今八〇一队拥有国内最先进的V8电法工作站、声波钻机、实验仪器等设备上百套,济南、淄博两地的办公环境切实得到改善，职工收入稳定增长，八〇一人的自豪感、幸福感不断增强。

进入新时代，抢抓新机遇。八〇一队深入贯彻落实党的十九大精神和省第十一次党代会精神，践行“绿水青山就是金山银山”的理念，

围绕国家和山东省重大发展战略，落实局党委“11546”思路举措，以科技创新驱动产业升级，精准聚焦全省新旧动能转换，主动服务生态文明建设，谱写了服务创新、融合发展的新篇章。八〇一队先后实施了泰山区域山水林田湖生态保护修复工程、济南新旧动能转换先行城区地下空间开发利用综合地质调查等项目，为生态环境保护和城市规划提供决策支撑；在济南章丘上皋等突发重大环境事件应急抢险救援中不畏艰险、勇于担当，成功探索“地质＋环保”的生态修复新模式，挽救了国家和人民群众的生命财产，多次受到地方政府的嘉奖，赢得了广大群众的称赞，为“美丽山东”增添了浓墨重彩的一笔。

站在新起点，履行新使命。八〇一队要在局党委的坚强领导下，坚持以习近平新时代中国特色社会主义思想为指引，围绕自然资源管理、新旧动能转换、经略海洋、乡村振兴等新任务、新需求，进一步加强党的建设，牢固树立“四个意识”，围绕中心，服务大局，深化改革，创新管理，形成以融合发展、科技创新为支撑的核心竞争力；进一步弘扬“质朴、向上、团结、干净、担当”的新时期地矿文化，精益求精，忠于职守，在努力实现地质报国梦的伟大历史进程中担当作为、走在前列；进一步以荣誉为激励，以先进为榜样，以高质量发展为目标，不忘初心，牢记使命，坚定信心，奋发图强，为建设美“美丽山东”和实现人民对美好生活的向往做出更大的贡献。

山东省地质矿产勘查开发局党委常委、副局长 徐军祥

2018年9月16日

前　言

山东省地质矿产勘查开发局八〇一水文地质工程地质大队（以下简称“八〇一队”）前身为1958年3月组建的地质部水文地质工程地质局山东大队，是山东省最早从事水文地质、工程地质工作的专业地勘队伍。业务范围覆盖水文地质勘查、岩土工程勘察、环境地质调查与评价、岩土工程施工、地基处理、深基坑支护与降水设计施工、地质灾害防治勘查设计施工、工程测量、工程物探、地下管线探测及非开挖导向钻进、土工试验、实验测试、水质评价及各类钻探工程施工等领域。60年来，八〇一队在水源地勘探、济南泉水保护与轨道交通建设等方面实施了大批重大项目，发现并探明了山东省六成水源地，为山东省十七地市及石化、钢铁、电力等大中型企业勘探了地下水水源地。如：1977年勘探的淄博大武水源地是齐鲁石化30万吨乙烯工程选择淄博建厂的重要原因之一；1978年勘探的青岛大沽河水源地解决了20世纪80年代初青岛城市供水危机；1987年勘探并施工完成的济南东郊水源地缓解了济南供水危机。八〇一队多次参加抗旱找水工作。截至2017年12月，完成了高速公路、机场、铁路、桥梁、隧道、工民建等领域的工程勘察、基础施工成果2666份；1968～1972年在山东省黄河公路特大桥桩基钻探中施工的直径1500毫米、深107米的大口径、超深桩，为全国首创。八〇一队先后赴越南、塞内加尔、埃塞俄比亚、阿尔及利亚、加纳等国家援助开展水文地质、工程地质勘察、水井钻探施工、固体矿产勘查等工作，在刚果（布）、澳大利亚、刚果（金）等国的地质找矿工作取得了重大成果。

为全面客观描述八〇一队发展轨迹，重现60年来单位、管理体制沿革及取得成果，达到“存史、资治、教化”的目的，根据山东省地质矿产勘查开发局《关于开展〈山东地矿60年志(1958～2018)〉编纂工作的通知》《关于印发〈山东地矿60年志(1958～2018)〉编纂工作方案的通知》等文件精神，2016年10月13日，八〇一队根据《关于成立〈山东省地矿局八〇一水文地质工程地质大队60年志(1958～2018)〉编纂委员会的通知》部署，成立队志编纂委员会，下设编纂委员会办公室、编辑办公室，负责组织队志编纂工作。队志编纂工作随即开始。

2016年11月～2017年6月，先后四次对队志纲要进行修订，确定了队志编写纲要，包括凡例、大事记、综合管理篇、专业技术篇等部分，并对各篇章编写内容进行认定。与此同时，编辑人员按照分工，本着先内后外、由近及远、先易后难、重点追索的原则，以八〇一队资料室及档案室所存技术、人事、行政档案资料为重点，同时采取电话采访、登门走访、座谈讨论等形式，征求广大职工的意见与建议。八〇一队职工热情支持，主动配合，提供了许多宝贵线索。

2017年8月底，编辑人员按照分工对各篇开始动笔试写。2018年1月完成队志初稿。2018年1月23日，对队志专业技术篇初稿进行了审查。2018年3月7日，对队志综合管理篇初稿进行了审查。2018年9月20日，根据专家意见，补充了大量资料，形成了队志出版稿，并送交出版社。

八〇一队志以1958年3月为上限，2017年12月为下限，共2篇22章100节，前有凡例、大事记，计56万字。凡例：阐明全书宗旨、大纲和概要，并拟定著述的思想、原则、体例、格局、样式等。大事记：主要记述1958～2017年八〇一队在某一历史时间内对时间发生时或其后具有重要意义、重要影响、重要历史价值和重要借鉴作用的事件。综合管理篇：主要记述八〇一队1958～2017年的机构沿革、管理工作、党建工作、群团组织、职工福利、国际交流合作、获得厅局级(含)以上单位及个人荣誉、副高级(含)以上专家学者、主编或参加制定的行业技术标准、出版的文献和图书、发明的专利、发表的学术论文等。专业技术篇：主要从水文地质、工程地质、环境地质、地热地质、地质灾害防治工程、矿产地质、地基基础施工、物探、测量、其他地质工作、境(省)外地质勘查、实验测试等方面记述了八〇一队1958～2017年完成主要工作、取得要主要成果,并记述了钻探、物探、测量、实验测试等地质装备的情况。

本志主编彭玉明,副主编李常锁,执行主编尚宇宁。各篇章具体分工:凡例,第一篇综述,第二篇综述、第一章、第十一章、第十二章、后记由尚宇宁编纂;第一篇第一章第一节、第二节及第四节,第六章、第七章、第八章由刘洁茹编纂;第二篇第二章、第六章由朱红漫编纂;第二篇第五章、第七章、第十章、第十三章、第十四章第一节及第四节由魏月编纂;第二篇第三章、第四章、第八章、第九章、第十四章第二节及第三节由卢茜茜编纂;大事记由各专职编辑共同编纂。赵光贞、黄薛、宋希利、张民分别协助编纂了钻探、工程地质、物探、测量部分。

编辑办公室专职编辑完成各自编纂部分的执笔工作。各部门专职编辑完成本部门的沿革和管理制度的整理工作:第一篇第二章第一节由罗兴龙执笔,第二节由张莉莉、毕雯雯执笔,第三节由姚文静执笔,第四节由韩晓宇执笔,第五节由杨振华执笔,第六节由原媛、朱俊瑛执笔,第七节由杜金亮、高莲玉执笔,第八节由汤士勤、武爱娜执笔,第九节由王京周执笔,第十节由吕晶执笔;第三章第一节由赵祥兵执笔,第二节由王京周执笔;第四章由葛江浩执笔;第五章由吕晶执笔;第一篇第一章第三节由兼职编辑(按姓氏笔画)丁冠涛、马超、马河宽、王楠、王国辉、王海焦、刘东义、刘同喆、刘传娥、刘建胜、贠娟、杜金亮、李越、李海霞、杨聪聪、吴殿亮、宋恩武、张峰、张长龙、张志刚、张宸恺、武羽晓、武爱娜、林存菊、林敬龙、罗兴龙、周鹏娜、柳浩然、宫红卫、姚文静、秦泗海、顾伟、徐士民、徐扬、殷淑翠、高莲玉、尉春玲、葛琳、葛江浩、韩晓宇等共同执笔。

在编撰中,本志得到了山东省地质矿产勘查开发局党委书记、局长赵志远等局领导、八〇一队领导及奚德荫、李晓东、程秀明、刘宗华、杜化津、刘崇华、赵一康、刘德成、曹佩兰等离退休老领导、老专家的关怀、指导。八〇一队资料室魏金英、姜琦和档案室王玉娟协助查找了大量宝贵资料与史实。编辑办公室原成员张兰新、刘泮泮、赵宇辉协助归集了大量的专业技术资料。60余名职工提供了口述或图文等珍贵史料。《山东省志·国土资源志(1949～2005)》编辑、高级工程师吕以发和中国国土资源报山东记者站记者、教授级高级政工师秦幸福对八〇一队志初稿进行了审读,并提出了宝贵的审读意见。中国科学院院士、八〇一队原技术负责袁道先及山东省地质矿产勘查开发局党委常委、副局长徐军祥欣然为本志作序。在此,谨致谢忱。

虽然全体编纂人员尽职尽责、全心全意从事队志编纂工作,但由于建队已60年,时间跨度较大,部分档案、资料已散失,资料难以收集齐全,这都给编纂工作造成一定的困难;加之人手少、编撰时间短、任务重,特别是编纂人员缺乏经验,水平有限,因而内容难免有所疏漏,繁简也可能不尽恰当,对部门、集体或个人为八〇一队所做的贡献以及对一些事件的记述或有出入,恳请鉴谅并指正。

编者

2018年9月

凡　例

一、《山东省地质矿产勘查开发局八〇一水文地质工程地质大队志(1958～2017年)》(以下简称"本志"),以辩证法唯物主义和历史唯物主义的立场、观点和方法,实事求是,全面客观地记载山东省地质矿产勘查开发局八〇一水文地质工程地质大队60年来沿革、发展的历史。

二、本志上限为1958年3月,下限为2017年12月(部分内容有所上溯或下延)。

三、本志体例上采用篇章节目体,先总体概括为篇,后归类分述为章;大事设章,小事分节;横排门类,纵述史实,以时间为经,以事件为纬。在体裁上采用述、记、志、表载体,以志为主。

四、本志单位名称通常用第三人称。为叙述和书写方便,除在叙述单位名称变化时用全称外,山东省地质矿产勘查开发局八〇一水文地质工程地质大队及曾用名地质部水文地质工程地质局山东大队、山东省地质局水文地质工程地质大队、山东省地质厅水文地质工程地质大队、山东省地质厅801队、山东省地质局801队、山东省地质局八〇一队革命委员会、山东省革命委员会地质局水文地质队、山东省革委地质局第一水文地质队、山东省地质局第一水文地质队、山东省地质矿产局第一水文地质队、山东省地质矿产局八〇一水文地质工程地质大队、地矿部山东地勘局八〇一水文地质队等简称"八〇一队"或"队""全队";山东省地矿工程勘察院、山东省地质矿产局地质工程勘察总公司、山东省地矿工程集团公司等八〇一队综合管理单位分别简称"院""总公司""集团公司";山东省地质矿产勘查开发局简称"省地勘局";山东省地质局、山东省地质厅、山东省革命委员会地质局、山东省地质矿产局、山东省地质矿产厅、山东省国土资源厅分别简称"省地质局""省地质厅""省革委地质局""省地矿局""省地矿厅""省国土资源厅";中华人民共和国地质部、中华人民共和国地质矿产部、中华人民共和国国土资源部分别简称"地质部""地矿部""国土资源部"。人物称谓,除引文外,首次出现可加职务称谓,其后一般直呼其名。

五、本志公元纪年采用阿拉伯数字书写，略去“公元”二字。编纂采用规范的语体文记叙体，书写格式自左向右横排，文字、标点符号、数字、计量单位均按国家出版法规书写。篇章节级标题居中横排，四级条目用一、二、三……标序号，五级条目用(一)(二)(三)……标序号，六级条目用 1、2、3……标序号，七级条目用(1)(2)(3)……标序号，均左缩进两字符。统计表格按章排序。

六、本志资料主要源于八〇一队资料室和档案室。辅以个人提供的文稿、图片与口述资料等，均不注明出处，不作注解。统计表格数据以八〇一队职能部门统计为准，数据不很精确的前冠以约或后附以左右、上下。

七、本志对 2017 年 12 月以后延续的事件，沿革中以“—”标记之。

八、本志注释一律采用脚注方式，当页编码，当页注释，不编通码。注释编码用阿拉伯数字加圈表示，置于所注对象的右上角。引文严格忠于原文，并加引号以示引用。注释简短的随文括注，较长的采用页下注，序号用①②③……表示。

目　录

第二篇　专业技术篇

大事记

山东省地质矿产勘查开发局八〇一水文地质工程地质大队大事记，上限自 1958 年，下限于 2017 年，部分事件有上溯或下延。着重记述这段时间的某一历史时间内，对发生时或其后具有重要意义、重要影响、重要历史价值和重要借鉴作用的事件。力求做到大事得当，要事不漏，琐事不记，时间、地点、人物（单位）、活动、结果等要素齐备。在体例上以编年体为主，兼采纪事本末体，以事系人，顺序记述。

1957 年

8 月 地质部水文地质工程地质局决定，该局九〇二队与九〇四队筹建山东大队（驻地济南）。同月下旬，九〇四队派出司维成、李斌等人组成山东筹建组，开始进行设计、预算以及济南驻地基本建设等工作。

9 月 济南市城市建设委员会批准，将位于济南市解放路铁路机械学校内（今为解放路 95 号）18 亩（1 亩约为 667 平方米）土地划归地质部水文地质工程地质局九〇四队使用。同月，济南基地建设开始施工。

1958 年

3 月 地质部水文地质工程地质局九〇四队与九〇二队在济南合并，成立地质部水文地质工程地质局山东大队，职工 378 人。曲少逸任队中国共产党（以下简称“党”）总支书记，龚勋任队党总支副书记，王子勤任队长，楼致烈、雷大为任副队长，刘克、袁道先任队技术负责人。

提交淄河流域踏勘报告，太和庄金鸡山坝址建坝条件为最好。为解决供水、防洪、发电、引水灌溉等问题，先后在山东省内的大汶河、小清河、弥河、白浪河、潍河、大沽河、胶莱河及半岛诸小河等水系开展了大量的水库工程地质勘测、选址踏勘工作。截至 1961 年 3 月，共提交历城县仲宫水库（今为卧虎山水库)、淄博市金鸡山水库(今为太河水库)等水库工程地质勘测报告 185 份。

7 月 在济南市解放路兴建的基地建成并投入使用。新建了办公楼、宿舍楼各一栋以及修配车间、食堂、仓库等。

8 月 根据工作需要制定了《中小型水库勘测工作方法与要求》和《中小型工程地质勘测及中小型城市供水调查设计报告编写和图件编制暂行规程(草案)》。

8 月 14 日 印发《关于启用新印章的通知》。根据地质部指示,队领导体制划归山东省地质局,决定同月 20 日启用"山东省地质局水文地质工程地质大队"印章,原"地质部水文地质工程地质局山东大队"旧印章同时作废。

9 月 1∶20 万区域水文地质普查组被国务院授予"全国群英会先进集体",甘兰初代表全组参加了在北京召开的全国群英会,受到党和国家领导人的接见。

9 月 17 日 正式建立中国共产党山东省地质局水文地质工程地质大队委员会,曲少逸任书记。

12 月 9 日 省地质局任命曹济舟担任队长。

1959 年

2 月 正式建立中国共产主义青年团山东省地质局水文地质工程地质大队委员会,于溪任书记。

3 月 波兰专家约瑟夫·什捷拉克来山东省地质局水文地质工程地质大队指导水文地质技术工作,并参加了莱芜供水勘查工作,是年 10 月回波兰。在此期间,该专家曾提出开矿时排水与供水相结合的建议,并提出莱芜鹏山泉是第四纪泉的论述。

4 月 提交济南供水勘测报告,该报告首次较全面地论述了济南泉水成因,岩溶富水区提出了可开采储量,为济南市城市、工业供水提供了水源地。

5 月 山东省地质局水文地质工程地质大队与北京地质学院、地质部水文地质工程局九〇二队完成山东省 1∶20 万综合性水文地质普查工作,编制水文地质图 30 幅。该项工作始于 1955 年 4 月,首次按 1∶20 万标准图幅计算了地下水最大可能开采储量,评价了地下水质量,圈定了富水地段,是山东省最早的区域水文地质成果。

9 月 有 78 人调整了工资,占职工总数的 9%。

提交汤头矿泉水文地质调查报告。截至 2017 年 12 月,共提交矿泉水勘查报告 24 份。

10 月 15 日 省地质局同意成立山东省地质局水文地质观测总站,下设

6 个分站。与山东省地质局水文地质工程地质大队关系是两个牌子,综合管理。队长兼总站站长,队技术负责人兼管总站技术工作;各分队设分站,分队长兼任分站站长,分队技术负责人兼分站技术负责人。

10 月 施祖根赴北京参加中华人民共和国成立十周年天安门观礼活动。

11 月 提交峄钢、野钢供水水文地质勘查报告。计算出奥陶纪灰岩含水层允许开采量为 3.56 万立方米/天。

1960 年

5 月 开始进行国防、三线建设供水水文勘查。截至 1972 年,在国防、三线建设供水方面共提交成果 31 份,允许开采量共 20.75 万立方米/天。

6 月 开始进行农田供水勘查。截至 1972 年,完成了德州地区等 9 个地县 1∶10 万农田供水水文地质勘查及张店—周村地区等 6 个地区 1∶5 万农田供水水文地质勘查,共提交开采资源 49.86 亿立方米/年。

改称“山东省地质厅水文地质工程地质大队”。

10 月 1 日 改称“山东省地质厅 801 队”。

是年 中央提出支援农业、抗旱打井的任务,先后在济南、淄博、潍坊、平阴、齐河、宁阳、曲阜、郓城、巨野等地开展了打井工作,最高开动钻机 17 台。截至 1962 年 7 月,共施工水井 457 眼。

1961 年

5 月 20 日 曹济舟任队党委书记,免去其队长职务。

6 月 8 日 司维成任队长。

1962 年

4 月 14 日 菏泽专署地质队并入山东省地质厅 801 队。

5 月 10 日 根据中共中央精兵简政的精神及省地质厅的要求,共精简职工 385 人,保留 606 人。

1963 年

3 月 提交兖济市供水水文地质勘测报告。兖州北部可形成 4.958 万立方米/天供水水源地。

5 月 改称“山东省地质局 801 队”。

提交 1∶5 万潍坊城市供水水文地质勘测报告。圈定 3 个富水地段,提交允许开采量共 4.794 万立方米/天。

7 月 出版 1∶50 万山东省水文地质图。

9～11 月 有 336 名职工晋级，占职工总数的 40%。

11 月 提交济南市附近供水水文地质勘测报告。圈定了 3 个富水区，提交允许开采量为 31 万～37 万立方米/天。

1964 年

4 月 地质部组织北京、山东等 7 省市水文地质技术人员编制 1∶100 万黄淮海平原水文地质图系，山东省地质局 801 队有 9 人参加。

受济南军区后勤部、济南军区工程兵司令部及北海舰队委托，承担了全省国防工程、海岛供水勘探任务。

10 月 为修建成昆铁路进行工程地质勘查，山东省地质局 801 队抽调 282 人，与安徽、贵州、广西、云南等 4 个省水文队组成地质部南江大队，山东省地质局 801 队司维成、任念良、刘克分别任大队长、大队党委书记、大队技术负责人。山东人员组成地质部南江大队第八队，山东省地质局 801 队张清林、张春林、龚如璧分别任队长、队党委书记、队技术负责人。1965 年 7 月 1 日，地质部南江大队第八队提前半年完成了所分担的大树村—安乐村、三堆子—龙潭等两段全长 58.51 千米的线路工程地质勘查任务，返回济南。

1965 年

5 月 25 日 山东省地质局水文地质观测总站撤销，山东省地质局 801 队地质科设长期观测组，负责长期观测工作。

10 月 山东省地质局 801 队派出徐庆山、唐国臣、索安武、高庆功、刘新闻、谢元功等 6 人，以中国工程兵的身份参加了中国援助越南修建军事工程的地质勘查工作。1967 年，圆满完成任务回国。

是年 派出山东省地质局 801 队 2/3 技术人员分赴济南、淄博、泰安、济宁、临沂、潍坊、烟台等市，开展找水定井或指导当地打井队打井工作。截至 1977 年，共定井 2000 余眼，编制鲁西北和鲁西南地区以县为单位的1∶5 万水文地质图系 44 份，并在枣庄、泰安、临沂举办了培训班，培训当地找水定井和打井施工技术人员 66 人。

1966 年

5 月 14 日 任念良任队党委书记。

6 月 随着国民经济发展的需要，职工又增至 912 人，其中专业技术人员 240 人。

11月 为济南市工业提交允许开采量 5.598 万立方米/天的北郊水源地。

1967 年

1月 抽调 40 名水文地质技术骨干赴青海，参加青海区域水文地质调查。

3月24日 经大队部群众组织和职工群众酝酿，选举产生由张子敬等 7 人组成的生产委员会。

11月 为鲁南化肥厂提交允许开采量 3.732 万立方米/天的水源地。

1968 年

6月 越南派 23 名实习生来山东省地质局 801 队学习。1970 年 10 月，完成学习任务后回越南。

12月30日 济南市革命委员会正式批准成立山东省地质局八〇一队革命委员会，赵丽任主任。

1968～1972 年 应用 SPJ300 型钻机和自行研制的配套设备工具、CB5-540 型水泵，先后完成了平阴、北镇两座山东省黄河公路特大桥大口径桩基钻探，施工钻孔 190 个、钻探总进尺 1 万米。其中，施工最大桩径 1500 毫米，最深桩深 107 米，为国内首创。设计并加工的锥形钻头、双腰带四翼钻头、螺旋内筋骨钻头为国内独创。

1969 年

1月20日 山东省地质局八〇一队革命委员会实行一级管理。

7月6日 实行军事管制，倪家儒任军事管制小组组长，随之分队改为连队建制。

是年 派出人员赴毛里塔尼亚打井考察。1970 年 5 月，派出第一批人员共 5 人赴毛里塔尼亚执行打井任务。截至 1976 年，先后四次派出 20 人（28 人次）赴毛里塔尼亚，共施工水井 68 眼。

1970 年

3月5日 于忠芝任军事管制小组组长。

7月1日 建立整党建党领导小组，孙曰勋任组长。

9月 完成济南东郊水源地勘查工作，提交允许开采量 16 万立方米/天。

12月 上海市和山东省拟在莱芜共同建设大型炼铁基地，水源地由山东省地质局八〇一队革命委员会负责勘探。截至1974年,先后在莱芜盆地发现清泥沟、羊里、鹏山等水源地,共提交地下水允许开采量34.31万立方米/天。

1971年

4月20日 建立党的核心领导小组,由祁士禧、杨忠武、王全庆、王庆忠、荆云龙5人组成。祁士禧任组长,杨忠武任副组长。

11月 为1960年以前参加工作工资偏低的216名职工调整了工资。

12月9日 改称"山东省革命委员地质局水文地质队"。

是年 完成了招远第一眼SPJ300型钻机施工的地热井,孔深300米,水温90摄氏度,水量120立方米/天。

1972年

5月27日 杨忠武(军代表)任队党委书记、政委,宋进绪任队长。

是年 开始在济南市历城县向阳公社荆合大队北侧(今为历下区浆水泉路15号)建设新基地。1974年12月基本建成并投入使用,包括车间、仓库、汽车库、办公楼、宿舍楼、伙房及食堂等建筑物,占地面积48215.33平方米。

1973年

3月19日 将原有四个组改为办公室、政工科、计划财务科、地质探矿科、供应科、劳动工资科、武装部、工会、团委九个部门。撤销队属五个野外连队及普查组,改设四个分队(即一、二、三、四分队),将大队机修连改为大队车间。

4月18日 毕光萍任队党委书记。

11月30日 根据山东革命委员会生产指挥部核心小组文件,将1970年冬至1971年春在整党建党基础上进行党员鉴定的材料195份及1972年初进行干部鉴定的材料235份统一销毁。

是年 开始在青岛大沽河河谷进行水文地质勘探,至1986年提交地下水允许开采量15.4万立方米/天,解决了青岛三次供水危机。

1974年

11月 派出技术人员3人参加地质部主办的黄淮海平原水文地质图系编图工作。1979年12月,与北京、天津、河北、江苏、河南、安徽等省(市)重新合编完成1∶50万黄淮海平原系列图件。该系列图主要包括浅层地下水补给资源分区图、地下蓄水水文地质图等。

是年 开始进行淄博大武水源地勘探，1977 年 10 月提交允许开采量 53.87万立方米/天。该水源地为齐鲁石化 30 万吨乙烯工程项目、辛店电厂扩建以及淄博市张店区提供了地下水资源。

1975 年

3 月 先后派出荆云龙、尚恩洪等打井工程技术人员 28 人赴塞内加尔进行打井考察，并承担打井任务，至 1978 年 12 月该工程共完成钻探工作量 7326 米，完成大口径挖井工作量 1200 米。塞内加尔国家《太阳报》专题报道了中国援助打井任务的完成情况，赞扬中国专家最能吃苦，最能干，打井速度快，质量好。

5 月 10 日 成立第五分队承担山东省 1∶20 万水文地质编图工作。该工作于 1978 年 10 月开始，至 1984 年 12 月完成山东省 35 个国际图幅 1∶20 万区域水文地质调查，提交 28 个出版幅水文地质图及调查报告。该成果自出版至 2017 年一直为地矿、国土、水利等部门技术人员广泛应用。

12 月 开办第一期“七・二一”大学[①]，祁德芳任校长，王文璟任教务主任，经过两年的办学，培养了 21 名水文地质技术人员，并由省革委地质局颁发了中专毕业证书(在山东省地质系统承认中专学历)。

自 1973 年开始的青岛北部地区水文地质调查及大沽河地段水源地勘查工作完成，该区工农业开采 13 万立方米/天是有保证的。

12 月 1 日 宋进绪任队党委书记。

1976 年

1 月 15 日 在山东省革命委员会地质局水文地质队基础上，分建 3 个水文地质队。分建后山东省革委地质局第一水文地质队(即八〇一队)有职工 624 人，其中专业技术人员 103 人。

3 月 省革委地质局抽调山东省革委地质局第一水文地质队董洪淼、杨得志、高希银、陈龙渊、李代祥、邬家禄等 6 名水文地质技术人员赴新疆基地工程兵水文地质普查部队九〇五队，带领部队士兵进行新疆地区 1∶20 万水文地质调查，编制水文地质图 6 幅，1978 年 3 月完成任务归队。省革委地质局

① “七・二一”大学：1968 年 7 月 21 日，毛泽东在《人民日报》关于《从上海机床厂看培养工程技术人员的道路(调查报告)》的编者按清样中加写了这样一段话：“……要从有实践经验的工人农民中间选拔学生，到学校学几年以后，又回到生产实践中去。”为此，1968 年 9 月上海机床厂创办了“七・二一”大学。1975 年 6 月，教育部在上海召开全国“七・二一”工人大学教育革命经验交流会。这次会后，“七・二一”大学获得了突飞猛进的发展。

于 1978 年 3 月再次抽调该队李代祥、贾久明、王连祥、于恒琪、张玉林 5 名水文地质技术人员赴新疆 00925 部队，分别带领部队士兵进行 1∶20 万水文地质普查，并编制完成 1∶20 万水文地质图 5 幅。1980 年 6 月完成任务归队。

10 月 为了解决青岛市城市供水问题，受青岛市委委托承担钻探任务，提交青岛市红岛水库规划设计阶段工程地质勘探报告。该工程是山东省革委地质局第一水文地质队首次担负海上作业的重要工程，也是我国首次进行的一项围海蓄水水库工程。

12 月 29 日 宋进绪任队党委书记兼队长。

1977 年

7 月 经省革委地质局批准，有 324 名职工晋级提高工资，调资者占职工总数的 40%。

8 月 红旗机台 106 机代表荣永胜、红旗组山区支农抗旱组代表付春升参加在北京召开的地质部"工业学大庆"会议，受到党和国家领导人的接见。

11 月 在淄博市马尚兴建的三分队基地竣工并开始使用。该基地新建办公楼、宿舍楼、车间等建筑物，建筑面积 3889.60 平方米。

1978 年

3 月 付春升根据全队在缺水山区找水实践，撰写的论文《地质力学在找水中的应用》获 1978 年全国科学大会奖。

5 月 提交青岛桃源水库规划阶段工程地质勘查简报，1983 年 6 月进行了初步设计阶段工程地质勘查，1985 年 1 月提交勘查报告。该水库的建成缓解了青岛市部分用水问题。

12 月 在济南市历山东路新建的 2 栋职工宿舍楼竣工，建筑面积为 3386.13 平方米。1979 年 5 月，60 户职工搬入新居。

1979 年

1 月 举办了第二期"七·二一"大学，祁德芳任校长，王文璟任教务主任。根据 1979 年 9 月教育部在河南省郑州市召开的全国职工教育会议，将"七·二一"大学改称"山东省地质职工大学"。培养了省地质局所属单位水文地质技术人员 26 人。1982 年 5 月，颁发了加盖山东省教育厅公章的大学专科毕业证书。

10 月 提交山东省日照县石臼所港址地质调查报告，是山东省革委地质局第一水文地质队第一份港口工程地质勘查成果。

9月7日 省革委地质局任命荆云龙为队长，党委常委。

1980年

1月31日 遵照中共中央、山东省文件精神，对在反右派、反右倾、四清和“文化大革命”等运动中处理的33个案件进行了复议。改变结论16件，部分改变结论2件，维持原结论11件，需要进行工作4件。

3月 改称“山东省地质局第一水文地质队”。

6月 第二次编制的1∶50万山东省水文地质图及说明书正式出版。该图1978年开始修编，1979年经省革委地质局审查后清绘制印。

经济南市基本建设委员会同意，将济南郊区东郊公社利农大队的国有土地2亩2分8厘2毫(约1521.4平方米)划拨给山东省地质局第一水文地质队使用。

10月16日 经省地质局科技干部技术职称评定委员会评定，刘继英等52人分别晋升水文地质、钻探、物探、岩矿分析、机械工程师和机师。这是1980年5月19日地质部发出《关于贯彻执行国务院颁分的〈工程技术干部技术职称暂行规定〉的通知》以来，技术人员首次通过评审晋升职称。

12月 106机、支农抗旱组均被地质部授予“工业学大庆先进集体”称号。

1981年

9月 自1978年7月开始的山东省章丘县明水镇供水水文地质勘查工作完成，明水地区整个水文地质单元可采资源量33万立方米/天。在1980年开采规模情况下，实际可增采5.026万立方米/天。

11月 为解决单身职工和部分青年夫妻的住房问题，在济南荆和基地修建380平方米、在淄博马尚基地修建280平方米的平房宿舍。

12月 山东省地质局第一水文地质队牵头，由山东、江苏、安徽三省共同进行地矿部重点项目——济徐淮地区岩溶水文地质综合评价工作。1984年12月，提交济徐淮地区岩溶水文地质综合评价报告。圈定出开采量大于2000万立方米/年的富水地段54处(其中山东32处、江苏8处、安徽14处)，预测有前景的水源地68处。

1982年

1月25日 在山大南路新建的2栋宿舍楼(建筑面积3500平方米)竣工。是年3月，60户1960年以前参加工作的老职工、工程师和离休干部搬进新居。

2 月 省地矿局根据山东省、济南市要求，将济南保泉供水勘查任务上报地矿部申请立项，由地矿部投资，山东省地质局第一水文地质队负责，山东省水文地质总站参加，共同承担济南保泉供水水文地质勘查任务。同年，委托长春地质学院承担济南南部地区 1∶5 万地质—水文地质测绘 3000 平方千米。

9 月 根据地质部要求，省地质局决定成立山东省水文地质总站，由山东省地质局第一水文地质队综合管理。同时，撤销 1980 年成立的山东省环境水文地质总站。

1983 年

7 月 青岛市副市长宋玉岷、市建委主任张益民和市重点工程指挥部负责人孙波来济南，对山东省地质局第一水文地质队大沽河供水水文地质勘探工作解决 20 世纪 80 年代初青岛供水危机表示感谢。

8 月 20 日 改称“山东省地质矿产局第一水文地质队”。

9 月 16 日 荆云龙任队党委书记，刘仲良任队长、党委委员。宋进绪任调研员，免去其队党委书记、党委委员职务。

12 月 13 日 根据国务院和省地矿局文件的规定，有 727 人晋升工资，其中晋升两级者 98 人。

1984 年

2 月 25 日 撤销三个分队，在济南队部成立地质分队和探矿分队，在淄博马尚基地设留守处。

4 月 队部由济南市解放路迁到荆合基地(今历下区浆水泉路 15 号)。

8～12 月 进行青岛市薛家岛经济开发区工程地质初步勘查，该项目为青岛市薛家岛经济开发区的建设规划提供了有关的工程地质勘查资料。

10 月 提交潍坊寿光 3.363 万立方米/天供水水源地，使国家最终确定纯碱厂选择在山东省潍坊市寿光建厂。

11 月 在济南历山东路兴建的 3 栋职工宿舍楼竣工。

1985 年

4 月 队工会发动职工积极参加支援非洲灾民捐款活动，有 411 人参加捐款。

5 月 5 日 在山东省经委、山东省交通厅召开的全省交通安全经验交流会上，山东省地质矿产局第一水文地质队被评为“在交通安全管理工作中做出优异成绩”的先进单位。

11 月 山东省水文地质总站独立建制，承担山东省环境水文地质监测工作。山东省地质矿产局第一水文地质队划出 110 人，并将荆合基地一座办公楼及平房 2691.83 平方米、设备资产总值 31 万元划归山东省水文地质总站。

1986 年

1 月 队部由济南荆合基地迁回解放路 63 号(今为解放路 95 号)。

3 月 10 日～5 月 6 日 山东省地质矿产局第一水文地质队在鲁南水泥厂工程地质详细勘查中，发现了一条通过原拟建场区重要建筑物的断层，拟建厂址已不适宜建设，为国家避免了重大损失，赢得国家建材局、天津水泥工业设计院和山东省有关部门的好评。

7 月 王善煜任队长。

8 月 24 日 改称“山东省地质矿产局八〇一水文地质工程地质大队”。

9 月 8 日 实行队长负责制。

12 月 自 1984 年 3 月开始的山东省济南市长清—孝里铺地区供水水文地质勘探工作完成，全国矿产储量委员会批准长清—孝里铺水源地岩溶水允许开采量为 13.7 万立方米/天。

1987 年

3 月 完成济南市政府委托的在济南东郊应急供水 5 万立方米/天的打井任务，提交允许开采量 6 万立方米/天。1988 年 1 月 16 日，济南市人民政府为表彰八〇一队提前并超额 1 万立方米完成济南地下水 5 万立方米/天应急供水水源的任务，授予八〇一队“精心组织精心施工，补水保泉造福人民”的锦旗。

5 月 与山东省环境水文地质总站、青岛市水资源规划办公室共同编写了青岛市大沽河水源地供水水文地质勘查总体报告，提交允许开采量 22.74 万立方米/天。

7 月 经省矿局批准，副队长李万尧挂职禹城县副县长。1989 年 7 月回队。

1988 年

3 月 先后派出赵志玉、高鲁希、赖红五、康成彪、梁中庚、张平海、陈衍杰、张高潮、阴建、张汝志、李生明、孙发勇等 12 人赴埃塞俄比亚承担 8 城镇供水打井的中标项目。该工程于 1988 年 11 月签订合同，1989 年 3 月 12 日正式开工,1990 年 1 月 19 日竣工,完成施工钻孔 21 个,钻探总进尺工作量 1670 米,成井建井 10 眼,修井台 10 个,完成了莫亚累和迪雷达瓦 2 个城镇的打井任务。加拿大咨询公司代表业主破例为此项工程写了评价材料。1990 年 4 月回国。

5 月 4 日 杜化津任队党委书记。

6 月 20 日 《中国地质报》在第三版以通栏标题《为齐鲁腾飞再立功》的专版介绍了八〇一队从建队至 1987 年艰苦创业的发展历程、工作成就,以及在改革开放时期创造的业绩。

9 月 12 日 济南市市长翟永涥等领导在市政府第 24 次常务会议上听取了队总工程师奚德荫关于"济南市地下水资源勘查情况及保泉供水的意见"的汇报,代表中共济南市委、市政府向从事这项勘查研究任务的工程技术人员表示感谢,并决定成立济南水资源管理委员会,由副市长谭永青任主任,各有关部门负责人参加(省地矿局副局长陈达孝、副总工程师林世忠参加),聘奚德荫为总顾问。

10 月 队长王善煜、副总工程师邵逵和济南市保泉项目主任工程师李祥芝向山东省副省长谭庆琏汇报了济南保泉供水工作成果和遥墙机场工程地质勘查工作情况。

奚德荫参加了在广西桂林召开的第 21 届国际水文地质学会大会,并在会议上宣读论文《山东省鲁中南地区岩溶水文地质条件及其特征(英文)》。该文编入第 21 届国际水文地质学会大会论文集,中文稿刊登在《中国岩溶》1988 年第 7 卷第 3 期。

自 1984 年 3 月开始的山东省济南市保泉供水水文地质勘探工作完成,济南泉域岩溶地下水可开采量为 70 万立方米/天(含泉流量),并提出了保泉供水的建议。

11 月 队工会被地矿部、中国地质工会授予全国地质系统"先进职工之家"称号,王达汉被授予全国地质系统"优秀工会工作者"称号。

12 月 山东省地质矿产局八〇一水文地质工程地质大队被地矿部评为"设备管理先进单位"。

12 月 30 日 山东省地质矿产局八〇一水文地质工程地质大队用 1985 年、1986 年、1987 年 3%的奖励晋级指标给 59 名职工晋级。

1989 年

1 月 自 1987 年 5 月开始的山东省淄博市大武水源地地下水资源验算工作完成,大武水源地地下水允许开采量 32.73 万立方米/天,实际开采量

42.51 万立方米/天，水源地严重超采。

6 月 20 日 淄博市副市长王和先、市政府副秘书长张志刚及市有关部门负责人到八〇一队承担的淄博市张店西部地区供水水文地质勘查项目新镇大抽水试验场视察，并对八〇一队为缓解淄博市供水紧张状况所做出的贡献表示感谢。

8 月 在济南洪家楼自筹资金购买了一栋 2482 平方米的新宿舍楼，54 户无房职工搬进新居。

10 月 山东省地质矿产局八〇一水文地质工程地质大队在地矿部岩溶地质研究所研究员袁道先指导下完成了济南西郊地区岩溶水大型示踪试验，证实济南西郊与市区岩溶水存在水力联系。

11 月 自 1987 年 9 月开始的山东省莱芜钢铁总厂附近供水水文地质勘探工作完成，该总厂周围地区建议允许开采资源量 15.3205 万立方米/天。

12 月 由山东省地质矿产局八〇一水文地质工程地质大队牵头，山东省环境水文地质总站、长春地质学院参加，共同完成建立济南泉域保泉供水水质模型。该模型成功地模拟分析了多种因素影响下济南市岩溶地下水的污染情况和污染模拟标志物在时空四维空间的分布运移规律。

12 月 25 日 经地矿部批复，同意以山东省地质矿产局八〇一水文地质工程地质大队为主成立山东省地矿工程勘察院，编制 400 人，隶属山东省地质矿产局，实行独立核算、自主经营、自收自支的技术经济责任制。

1990 年

1 月 5 日 王善煜任山东省地矿工程勘察院院长。

2 月 21 日 山东省地矿工程勘察院(县团级事业单位)组建后，保留山东省地质矿产局八〇一水文地质工程地质大队名称，作为山东省地矿工程勘察院下属单位。院、队领导体制为：队领导班子即为院领导班子，院、队党群组织合一；由院长兼任队长。

3 月 7 日 山东省地矿工程勘察院在山东省工商行政管理局注册成立。

10 月 自 1988 年 7 月开始的山东省济南市白泉—武家水源地供水水文地质勘探工作完成，白泉泉域岩溶水可增采 5 万立方米/天，为济南保泉供水提供了新水源。

11 月 19 日 根据《地质矿产部一九八九年调整国家机关、事业单位工作人员工资的实施方案》等文件，160 人在普调工资的基础上再升一级，并为 14 人按规定提高转正工资标准。

1991 年

3 月 经山东省地质矿产局党委研究决定，将原山东省地质矿产局第五探矿队岩土工程施工公司、实验室原建制全部人员和相应机械仪器设备、有关材料配件以及部分技术、经济、行政、事务管理人员调入山东省地矿工程勘察院。共调入 111 人，划入设备 43 台(净值 356174.22 元)，划入材料、工具、配件合计 16.3 万元。

9 月 派出严会舜等 12 人赴埃塞俄比亚承担五城镇供水水文地质勘探与环境评价的中标项目，施工了 9 眼水井，钻探总进尺 2000 米左右，总出水量近 2 万立方米/天。1992 年 11 月，回国。

是年 在济南肿瘤医院进行了气举反循环试验并取得成功，终孔口径 245 毫米，孔度 300 米。

1992 年

7 月 提交山东省临朐县老龙湾泉域水文地质勘查报告。计算老龙湾泉域岩溶水允许开采量 12.3 万立方米/天(含泉水流量)，并从水量和水质方面提出了保护老龙湾泉的措施。

9 月 山东省地质矿产局八〇一水文地质工程地质大队被地矿部授予“地质找矿功勋单位”。

9 月 8 日 山东省地矿工程勘察院派高鲁希、张素芹等在埃塞俄比亚开办一家中高档次的中国长城饭店，自负盈亏。1996 年，该饭店关闭。

10 月 自 1986 年 3 月开始的淄博市西部地区供水水文地质详查工作完成，圈定富水地段 5 处，提交地下水允许开采量 16.701 万立方米/天。

10 月 16 日 山东省地矿工程勘察院更名为“山东省地质矿产工程总公司”，并公布了领导班子，胡哲贤任党委书记。除公布的领导班子成员外，原山东省地矿工程勘察院、八〇一队的其他院队级行政副职干部不再担任副处级领导职务。

11 月 17 日 对地质野外艰苦岗位职工实行浮动一级工资。

1993 年

1 月 6 日～3 月 26 日 为青岛集浩海景广场拟建的 1 幢 38 层宾馆楼、1 幢35 层写字楼及 6 栋 33 层住宅楼等高层群体建筑进行工程地质勘查。

7 月 队部由济南市解放路 95 号迁至济南市荆合基地。

8 月 24 日 在青岛市开展青岛集浩海景广场钻孔灌注桩施工。1994 年

5 月 8 日竣工，共完成钻孔灌注桩 968 根，其中直径 1.20 米桩径的 729 根、直径 1.00 米桩径的 195 根、直径 0.80 米桩径的 44 根，完成砼灌注量 11393.1 立方米，钻孔总进尺 13522.3 米。该高层群体建筑建成后成为青岛市重要的海景建筑群。

9 月 1 日 山东省地质矿产局八〇一水文地质工程地质大队将《关于进一步开发利用和保护济南市附近地下水资源的有关建议》呈报济南市市长谢玉堂、副市长谭永青，并报济南市人大、市政协、省地矿局、市建委。10 月 9 日，谢玉堂批示，建议向市长办公室汇报《关于进一步开发利用和保护济南市附近地下水资源的有关建议》。是年 10 月，奚德荫在济南市政府二楼中厅会议室向谢玉堂、谭永青以及济南市有关部门负责人汇报了济南附近地下水资源和开发利用意见以及对保泉供水的建议。省地矿局副局长常春林、副总工程师林世惠参加。

1994 年

3 月 3 日～3 月 29 日 为 1993 年青岛市十四件大事之一的青岛市延安路—宁夏路立交桥由转盘改造为 3 层环式立交工程，进行地质勘查。

10 月 6 日 因山东省地矿工程勘察总公司未能在山东省工商行政管理部门登记注册，未取得法人资格。经省地矿局研究决定撤销，仍续用山东省地矿工程勘察院名称。

10 月 朱友强任院长，并兼任院党委书记。

1995 年

4 月 15 日～6 月 20 日 进行京杭运河万年闸枢纽船闸工程地质勘查。万年闸枢纽船闸设计规模为 200 吨级，上下闸首及闸室总长 290.5 米。京杭运河万年闸枢纽船闸的建成对发展山东内河航运，确保京杭运河航道安全、高效、畅通具有重要意义。

5 月 自 1994 年 5 月开始的山东省新泰市新泰电厂羊流—宫里—楼德水源地详查工作完成，提交允许开采量 8.1 万立方米/天，为电厂可行性研究阶段水源地的初步设计提供依据。

9 月 4 日 印发《关于下发〈施工项目实行项目经理负责制暂行办法〉的通知》，施工项目实行项目经理负责制。

1996 年

4 月 16 日 根据山东省地质矿产勘查开发局文件，全面推行劳动合同制度，打破固定工和劳动合同制工人的界限、干部和工人身份的界限，统称为“地勘单位职工”，原身份作为档案保留。

5 月 20 日　下发《关于印发〈山东省地矿工程勘察院住房公积金实施办法〉的通知》，规定住房公积金从 1996 年 1 月 1 日执行，公积金缴交额为职工月工资总额乘以公积金缴交率，职工个人和所在单位的住房公积金缴交率 1996 年均为 5%。随着经济的发展，根据个人收入的变化进行调整。

6 月　成立山东省地矿工程集团公司。朱友强任总经理。

11 月 17 日　根据省地矿厅、省地勘局党委印发的《山东省地质矿产厅、地矿部山东地质矿产勘查开发局机关机构改革实施方案》，山东省地矿工程勘察院、山东省地矿工程集团公司名称不变，山东省地质矿产局八〇一水文地质工程地质大队更名为“地矿部山东地勘局八〇一水文地质工程地质大队”。

1997 年

1 月　自 1994 年 8 月开始的山东省枣庄市峄城水源地(山东十里泉发电厂第三水源地)勘探工作完成，提交水源地允许开采量 5.50 万立方米/天。

3～4 月　原山东省地矿工程勘察院所有行政机构相应改为山东省地矿工程集团公司行政机构，其职责范围保持不变。

7～8 月　进行蓬莱田横山景区崖间栈道工程地质勘测。该项目开辟了旅游景观开发与岩土工程治理有机结合的范例，为蓬莱景区提供了上佳的旅游休闲场所。

11 月　自 1997 年 3 月开始的山东省章丘市黄土崖水源地(章丘发电厂水源地)勘探工作完成，确定黄土崖水源地岩溶水允许开采量 3.2 万立方米/天，可以作为电厂初步设计或施工图设计的依据。

1998 年

1 月 1 日　山东省地矿职工医院整建制划归山东省地矿工程集团公司。

5 月　队部由济南市荆合基地迁至济南市济王路 128 号(今经十路 13632 号)。

是年　在济南北郊林场应用气举反循环完成 976 米基岩地热井，刷新了山东省内反循环钻进井深 782 米的纪录。

1999 年

4 月 12 日　根据中国地质科学院环境工程技术研究院与山东省地矿工

程集团公司双方商定的协议，决定在山东省济南市成立中国地科院环境工程技术研究院山东分院。

6月12日 山东省人民政府、国土资源部印发《关于地质勘查队伍属地化管理的会商纪要的通知》，原地矿部山东地质矿产勘查开发局及所属地质勘查单位整建制统一划归山东省，由省政府国土资源主管部门归口管理。根据该通知精神，地矿部山东地勘局八〇一水文地质工程地质大队改称“山东省地质矿产勘查开发局八〇一水文地质工程地质大队”。

2000年

9月 郭世昌任院长。

10月30日 根据山东省地质矿产勘查开发局深化体制改革、战略性结构调整的需要，山东省地矿工程集团公司所有行政机构相应改为山东省地矿工程勘察院行政机构，其职责范围保持不变。

12月 为拟建费县电厂完成山东省费县姚河—古城水源地详查，提交岩溶地下水允许开采量5.2万立方米/天，可作为水源地建设和电厂主体工程建设设计的依据。

2001年

1月 姜春永任副院长，主持工作。是年12月，姜春永任院长。

1月21日 山东省机构编制委员会办公室下发《关于确认省地质勘查事业单位机构编制事项的通知》，确认由原地矿部划归山东省管理的山东省地矿工程勘察院为省地勘局所属地勘事业单位，处级建制，编制767人。但在属地化过程中，省地勘局只申请了山东省地矿工程勘察院事业单位名称，致使山东省地质矿产勘查开发局八〇一水文地质工程地质大队事业单位名称未得到山东省机构编制委员会办公室的确认。

6月7日 根据山东省社会保险事业局文件，自2001年1月1日起，劳动合同制工人养老保险由山东省社会保险事业局养老保险统筹处负责收缴管理，单位按上年度劳动合同制工人本人月均工资总额18%缴纳养老保险费，劳动合同制工人按本人月均工资总额的2%缴纳养老保险费，由单位代为扣缴。

9月18日 成立山东省地矿工程勘察有限责任公司，姜春永任总经理。

2002年

1月10日 成立山东省水文地质环境地质调查中心，实行山东省地质矿产勘查开发局地质勘查处和山东省地矿工程勘察院双重领导。

1月14日 原山东省地矿工程勘察院所有行政机构相应改为山东省地矿工程勘察有限责任公司行政机构,其职责范围保持不变。

5月21日 为确保山东省地矿工程勘察院与中国建筑第八工程局有限公司合作进行阿尔及利亚桩基工程项目顺利进行,由山东省地矿工程勘察院垂直管理,实行项目经理负责制,成立阿尔及利亚桩基工程项目组,朱学顺任项目经理。

7月17日 山东省地矿工程勘察院经山东省建设厅初审、建设部终审批准,获得工程勘察综合类甲级资质,颁发了资质证书。

8月 崔国钧任院党委书记。

11月22日～12月3日 进行济南遥墙机场航站区扩建工程航站楼岩土工程勘查(详勘)。该工程为当年山东省重点工程。经勘查后建成的济南遥墙机场航站楼处于国内领先水平。

2003年

5月30日 山东省地矿职工医院从山东省地质矿产勘查开发局八〇一水文地质工程地质大队划出,列为山东省地质矿产勘查开发局直属事业单位。

12月 自2002年9月开始的山东省莱芜市寨里水源地供水水文地质勘探工作完成,莱城电厂在寨里水源地增采地下水2.37万立方米/天。

是年 完成山东省齐河县1号探采结合地热井,终孔直径152毫米,井深1601.57米,创造了省地勘局气举反循环钻进最深纪录。应用了金刚复合片、气举反循环钻进新工艺,解决了施工效率和漏失埋钻问题。

2004年

5月20日 省地勘局同意山东省地矿工程勘察院与加纳EAU TRADING LTD在加纳共和国成立合资公司——山东地矿国际有限公司。开始进行青岛市滨海公路仰口隧道岩土工程勘查,2005年3月5日完工。仰口隧道全长3983米,双洞各两车道,单隧宽度14.25米,为山东省最长隧道,为山东省和青岛市重点工程。

7月28日 根据省勘局党委有关基地调整的指示精神,济南东郊仓库土地由山东省地质探矿机械厂划归山东省地质矿产勘查开发局八〇一水文地质工程地质大队。

2005年

1月18日 成立省地矿局老科技工作者协会八〇一分会,姜春永任名誉会长,石宝玉任会长,王经成任秘书长,程秀明任副秘书长。

4月 完成了章丘市西约10千米的洛庄汉墓一带生态环境及物化探综合信息调查。证实洛庄汉墓主墓室基本与原考古研究所圈化范围相吻合，进一步明确了主墓室的位置及埋藏深度。该研究项目属于考古与地质环境研究相结合的边缘学科，在山东省尚属首次。

8月 焦兆安任院党委书记。

9月13日 根据政府采购有关业务的需要，山东省地矿工程勘察院成立济南鲁地阳光招标有限公司，受政府机关和企事业单位委托进行地质、工程勘察设备及仪器、基础工程设备、测绘仪器、物探仪器等设备的招标及相关咨询服务。

9月24日 开始进行青岛海湾大桥一期工程Ⅲ标段工程地质勘查。2006年3月1日完成该项目。

2006年

4月 山东省地矿工程勘察有限责任公司撤销。

4月28日 原山东省地矿工程勘察有限责任公司所有行政机构相应改为山东省地矿工程勘察院行政机构，其职责范围保持不变。

10月 赵玉祥任院长。

是年 进行济南都市圈发展规划地质环境适宜性评价工作。2010年1月提交成果报告。该项目以地层岩性、构造稳定性、植被覆盖、土地沙漠化、地下水、地表水、工程地质条件、地质灾害等9个生态评价因子，采用模糊数学方法，对济南都市圈生态地质环境质量进行了评价。建立了济南都市圈生态地质环境质量评价模型，为政府规划或技术管理部门决策提供了可靠的科学依据。

2007年

4月 完成了自2002年开始的阿尔及利亚两万套住宅项目BAB EZ-ZOUAR住宅楼桩基施工任务，共施工桩基2404根，总进尺5.4万米，混凝土灌注量58152.9立方米。整个桩基工程施工达到阿尔及利亚规范的要求，符合设计和规范的质量要求，业主、监理予以肯定。

12月 在沂水县夏蔚镇云头峪村进行山东大众报业集团联合省地勘局共同投资供水井施工。截至2013年，共施工供水井8眼，总出水量1870.48立方米/天，彻底结束上述村庄的革命老区人民长期靠水窖储存雨水为生的历史。

2008 年

4 月 6 日 进行烟台市滨海公路海阳段丁字河口大桥施工图设计阶段岩土工程勘查。是年 7 月 30 日提交勘查报告。大桥全长 3.29 千米,主桥宽 26.90 米,双向四车道,由海阳市人民政府投资建设,工程造价 6 亿元。深水(16～24 米)海上移动平台钻探、海上水域水上纵波反射法浅层地震试验测试是该项目的难点,也是亮点。该项目为烟台地区首次进行海上水域水上纵波反射法浅层地震试验及海上深水区工程钻探,对山东省沿海类似地区水上勘查具有指导意义。

是年 进行刚果共和国奎卢省布谷马西矿区钾盐勘探工作,投入 XY-5 型钻机 5 台,利用山东省地矿工程勘察院研制的特种钾盐油基泥浆和 PDC 金刚石复合片绳索取芯钻头,完成勘探孔 21 个、水文孔 8 个,总计工程量 18360.41 米,其中勘探孔 16658.1 米、水文孔 1702.31 米。2013 年提交刚果(布)奎卢省布谷马西矿区钾盐矿勘查报告。

2009 年

4 月 秦辉军任院党委书记。

4 月 14 日 根据省地勘局申请,山东省机构编制委员会办公室经研究同意山东省地矿工程勘察院增挂山东省地质矿产勘查开发局八〇一水文地质工程地质大队牌子。

5 月 进行燕翅山二标段的地质灾害治理工作。燕翅山位于济南二环东路与解放东路交汇处东南侧,由于 20 世纪 50 年代不规范采掘铁矿,成为山东省最大的潜在地质灾害点。对于燕翅山存在的地质灾害隐患,山东省委、省政府及济南市领导高度重视。2010 年 11 月完成治理工作。治理后的燕翅山山体景色焕然一新,彻底消除了燕翅山的地质灾害隐患,对治理范围和周边环境进行了绿化美化,提升了燕翅山的景观视觉效果。

6 月 进行山东省苍山县西大寨子地区铁矿普查。2012 年 7 月,估算铁矿资源量 1108.36 万吨,实现了山东省地矿工程勘察院在山东省深部找矿的突破。

12 月 11 日 组建山东省淄博地质勘查院,开展地质灾害与地质环境监测,地热和浅层地热能勘查与开发等。

2010 年

4 月 山东省地矿工程勘察院和省国土资源厅、省地勘局共同组成专家组，先后在旱情较严重的云南省玉溪市红塔区、江川县、通海县和文山苗族壮族自治州文山县进行定井踏勘和水文物探工作。打成了多个自流水井，应急解决了云南省 4 个县区 1.7 万余少数民族地区人口的生活生产用水问题。

7 月 侯新文任院长。

8 月 完成了淄博市沂源县西里镇唐庄村隽家峪滑坡治理工程勘察工作。该项目为 2009 年国家补助特大型地质灾害补助项目，为山东最大的寒武系滑坡治理工程。该工作不仅查清了工程地质条件，还查清了区域地质条件；既查清了滑坡体的各种要素，又依据地质灾害相关规范对其进行危险性评估、分区及防治方案及措施。

是年 完成淄矿集团唐口煤业公司基岩大口径超深定向输浆孔钻井，井深 1028.68 米，终孔口径直径 245 毫米，应用“水泥造壁＋垂钻＋特种堵漏泥浆”技术，控制井斜 0.335 度/100 米（井底水平位移 6.02 米），创全国最深的基岩大口径超深定向输浆孔钻井。

2011 年

2 月 15 日 在沂南县青驼镇东桃花埠村施工完成山东等北方四省抗旱找水第一眼井，出水量 600 立方米/天。该水井可满足桃花埠村 1460 名群众生活用水需求，同时可解决 480 头大牲畜饮水问题以及 400 亩农田应急灌溉问题。截至 2011 年 5 月，山东省地矿工程勘察院在临沂市、淄博市、济南市等施工抗旱井 82 眼，总进尺 13219.21 米。

5 月 受青海省人民政府委托，完成了青海玉树 4.14 地震灾后恢复重建结古镇热翁陇沟和果波对面沟泥石流防治区域 15.1 平方千米测绘工作。

是年 应用 TSJ-2000E 钻机在淄博北苑完成了最深地热孔，孔深 1964 米，创造了省地勘局气举反循环钻进最深纪录。

2012 年

5 月 完成了济南城市地质调查城市地质勘查测量工作。系统查明了济南市地质背景、地质资源和环境状况，评价了城市地质资源保障能力和环境承载力，并依托现代信息技术，建立了三维可视化城市地质数据管理和服务系统，为城市发展规划、重大工程建设以及城市环境管理、社会公众信息需求提供服务。

11 月 自 2011 年 12 月开始的淄博市刘征地区供水水文地质勘查工作完成，提交岩溶水允许开采量为 5.5 万立方米/天。

2013 年

11 月 完成自 2007 年 10 月省国土资源厅启动的山东省 1∶25 万区域水文地质调查环境地质调查工作,共完成 23 个标准图幅的水文地质环境地质调查,提交成果报告 15 份。提交天然资源量 263 亿立方米/年,开采资源 156 亿立方米/年。

2014 年

1 月 赵长河任院长。

2 月 完成了内蒙古中麟工贸有限责任公司委托的内蒙古自治区乌拉特中旗查干此老矿区岩金矿生产详查项目。圈定 8 个岩金矿体,其中Ⅱ上、Ⅲ为主要矿体;Ⅰ号、Ⅱ下已开采完毕。

12 月 30 日 山东省机构编制委员会办公室下发《关于省地质矿产勘查开发局及所属事业单位类别划分的通知》,确定山东省地矿工程勘察院(山东省地质矿产勘查开发局八〇一水文地质工程地质大队)为公益二类事业单位。

2014～2015 年 采用定向钻进技术,完成肥城钾盐开发井对接井工程,合同金额 3358.86 万元,完成对接井 8 对,钻探工程量 2.4 万米,是省地勘局首次井下大口径对接,关键技术是利用螺杆马达钻进和无线随钻测量。

2015 年

1 月 赵玉祥任院党委书记。

6 月 完成刚果共和国奎卢省布谷马西矿区南部矿段钾盐矿详查项目。

6 月 8 日 进行济南市轨道交通 R3 线岩土工程勘查(初勘)。至 2017 年 12 月 1 日,陆续完成了济南市轨道交通 R3 线详细勘查、济南轨道交通环线工程可行性研究阶段勘查、R2 线西延工程初步勘查、R2 线姜家庄停车场及出入线段工程初步勘查、济南东客站综合交通枢纽南北广场岩土工程勘查、M2 线一期工程 KC02 标段初步勘查、M3 线工程 KC02 标段沿线初步勘查等一系列济南市轨道交通岩土工程勘查报告。为拓展济南城市空间,缓解空气污染,减轻城市交通压力,提高市民出行效率做出了贡献。

8 月 5 日 成功申报山东省地矿工程勘察院院士专家工作站。中国科学院院士、岩溶与水文地质专家袁道先,中国科学院院士、环境与水文地质专家林学钰将带其技术团队参与山东省地矿工程勘察院院士专家工作站的建设工作,在水文地质、环境地质等领域进行全方位指导。

2016 年

1 月 8 日 平邑石膏矿矿难事故救生孔钻孔在 160 米处发生埋钻事故，山东省地矿工程勘察院经过近 50 小时的处理，解除了埋钻事故，利用大口径救生通道，顺利救出 4 人。

3 月 25 日 进行国家林产工业科技示范园区探沂片区岩土工程勘查。2017 年 12 月，该项目成果荣获中国施工企业管理协会 2016～2017 年度第二批国家优质工程金质奖。该金质奖为山东省建筑业协会首次获得，填补了山东省建筑业空白。

12 月 22 日 接收山东省地质探矿机械厂（设计院、技校）分流职工 49 人。

2017 年

1 月 3 日 山东省科学技术厅通过了山东省地质矿产勘查开发局八〇一水文地质工程地质大队、山东省地矿工程勘察院院士工作站备案申请，并以《关于公布 2016 年山东省院士工作站（第二批）备案名单的通知》进行了公布，合作院士为袁道先、林学珏。

2 月 22 日 副院长张云峰作为省地勘局第三批帮扶队领队，去临沂郯城县归昌乡帮扶。2018 年 2 月 7 日，院创新产业中心综合办公室副主任柴治国作为归昌二村第一书记进行帮扶工作。截至 2018 年 2 月（帮扶工作仍在进行中），共争取各类资金 3100 余万元，培育了郯城县归昌乡归昌二村秸秆收储中心项目，完成村内道路化 7.8 千米、安装路灯 184 盏、打机井 21 眼、解决水浇地 3700 亩，并实现 66 户、127 名建档立卡贫困户顺利脱贫等帮扶工作。2018 年 2 月 11 日，中共郯城县委、县政府向省地勘局写来感谢信，向张云峰等第一书记表示衷心感谢。

4 月 7 日 山东省地矿工程勘察院与永清环保股份有限公司以联合体形式中标山东省济南市章丘区普集镇上皋村已废弃的明皋 2 号煤矿井污染场地修复整治工程。2017 年 5 月 20 日，与济南市章丘区环境保护局签订了修复治理工程合同，合同额 8110.408 万元。该项目为山东省实施的最大污染修复整治工程、章丘市 2017 年重点民生工程，完成后将保障章丘 20 万市民的饮用水源地安全。2018 年 1 月 18 日，山东卫视《山东新闻联播》以“生态环境损害赔偿推动生态系统保护修复”为题，报道了章丘上皋污染场地修复治理项目。截至 2018 年 6 月（该项目仍在实施过程中），已完成物探剖面测量 30 条物理点 2170 个，取样孔及水气抽提孔钻探施工 53 个，微负压膜大棚 1500 平方米、废气处理系统 1 套,事故井井口抽风系统及接料系统 1 套,事故井清挖深度 84.65 米,清挖危废约 700 立方米等工作量。

7 月 21 日 山东省地质矿产勘查开发局八〇一队成功取得了由山东省环境保护产业协会颁发的山东省环境污染甲级(生态修复)资质。

9 月 1 日 根据省地勘局《关于进一步规范地勘单位领导干部岗位设置管理的意见》中“兼任专业技术岗位的领导干部,正处级年满 57 周岁、副处级年满 55 周岁的,须进行岗位选择,一般不再兼岗”的规定。院长赵长河、院党委书记赵玉祥、副院长胡克祯、院党委委员张树标等 4 人不再担任院党政职务,转任专业技术职务。副院长彭玉明主持院日常工作。

10 月 27 日 彭玉明任院长。

2018 年

3 月 20 日 为地质工作融入和服务地方经济社会发展,八〇一队和济南市国土资源局加强战略合作,共同成立济南市地质技术服务中心。省地矿局局长赵志远、济南市国土资源局局长刘大坤、八〇一队队长彭玉明等领导共同出席揭牌仪式。

4 月 27 日 在济南举行的山东省庆祝“五一国际劳动节”暨省劳动模范和先进工作者表彰大会上,山东省地矿工程勘察院济南泉水保护班组因获中华全国总工会“全国工人先锋号”被表彰,院长彭玉明作为济南泉水保护班班组长参加表彰颁奖仪式,并上台领奖。

第一篇
综合管理篇

八〇一队成立于1958年3月，是山东省最早从事水文、工程、环境等地质工作的专业化地勘队伍，从单一的完成计划内(公益性)国家任务，到进行计划内(公益性)、地质市场(商业性)、多种经营三大块经营。2014年12月30日，山东省机构编制委员会办公室确定山东省地矿工程勘察院(山东省地质矿产勘查开发局八〇一水文地质工程地质大队)为公益二类事业单位，隶属省地勘局。2018年，队部驻地为山东省济南市历下区经十路13632号。业务范围覆盖水文地质勘查、岩土工程勘查、环境地质调查与评价、岩土工程施工、地基处理、深基坑支护与降水设计施工、地质灾害防治勘察设计施工、工程测量、工程物探、地下管线探测及非开挖导向钻进、土工试验、实验测试、水质评价及各类钻探工程施工等业务与社会领域。拥有3000米水井钻机、旋挖钻机、V8-6R多功能电法数据采集站、全站仪、NONE水质分析仪、HYW-600微机控制岩石三轴仪等各类生产设备430台(套)。有工程勘察综合类、工程咨询、地质灾害危险性评估、地质灾害治理工程设计/勘查/施工/监理、实验测试等7项甲级资质，地基与基础工程专业壹级承包资质，以及测绘、物探乙级资质，对外承包工程经营证书，援外成套项目施工任务B级资格证书，外汇登记管理证书等。

1959年3月开始，先后与波兰、越南、巴基斯坦、泰国、阿尔及利亚、加纳等国开展11次国际交流与合作。

2018年1月，在岗575人，领导班子成员11人。队机构包括水文地质中心等9个事业发展中心、行政办公室等12个服务管理部门、史志办等 2 个非常设机构。

截至 2018 年 4 月,先后获得“地质找矿功勋单位”“全国模范地勘单位”等厅局级及其以上集体荣誉 105 项,“全国五一劳动奖章”“富民兴鲁劳动奖章”等厅局级及其以上个人荣誉 205 项,国务院政府特殊津贴获得者 6 人。主编或参加编写专业技术规程、规范、标准文献 16 项,出版图书等 9 项,创办了连续性内部资料出版物杂志,发表专业学术论文共计 328 篇,成功申请专利 8 项。八〇一队在职及离退休副高级及以上职称 246 人(含离世 20 人);其中正高级 36 人、副高级 210 人。

第一章　机构沿革

八〇一队为处级事业单位，1958 年 3 月～2017 年 12 月间有一个或几个同级单位同时存在。并行单位中的山东省地矿工程勘察院、山东省地质矿产工程总公司、山东省地矿工程集团公司、山东省地矿工程勘察有限责任公司是在不同时期负责对八〇一队机构行使管理职能的单位。山东省水文地质总站、山东省地矿职工医院属八〇一队综合管理单位。

第一节　八〇一队

1958 年 3 月～2017 年 12 月，单位名称变化 22 次，最后一次名称变化是在 2009 年 4 月，山东省地矿工程勘察院加挂山东省地质矿产勘查开发局八〇一水文地质工程地质大队牌子。

表 1-1-1　　1958 年 3 月～2017 年 12 月八〇一队名称沿革一览表

起止时间	单位名称
1958.3～1958.8	地质部水文地质工程地质局山东大队
1958.8～1960.6	山东省地质局水文地质工程地质大队
1960.6～1960.10	山东省地质厅水文地质工程地质大队
1960.10～1963.5	山东省地质厅 801 队
1963.5～1971.12	山东省地质局 801 队
1971.12～1976.1	山东省革命委员会地质局水文地质队
1976.1～1980.3	山东省革委地质局第一水文地质队
1980.3～1983.8	山东省地质局第一水文地质队

续表

起止时间	单位名称
1983.8～1986.8	山东省地质矿产局第一水文地质队
1986.8～1990.2	山东省地质矿产局八〇一水文地质工程地质大队
1990.2～1992.10	山东省地矿工程勘察院、山东省地质矿产局八〇一水文地质工程地质大队
1992.10～1994.10	山东省地质矿产工程总公司、山东省地矿工程勘察院、山东省地质矿产局八〇一水文地质工程地质大队
1994.10～1996.6	山东省地矿工程勘察院、山东省地质矿产局八〇一水文地质工程地质大队
1996.6～1996.11	山东省地矿工程集团公司、山东省地矿工程勘察院、山东省地质矿产局八〇一水文地质工程地质大队
1996.11～1999.6	山东省地矿工程集团公司、山东省地矿工程勘察院、地矿部山东地勘局八〇一水文地质工程地质大队
1999.6～2000.10	山东省地矿工程集团公司、山东省地矿工程勘察院、山东省地质矿产勘查开发局八〇一水文地质工程地质大队
2000.10～2001.1	山东省地矿工程勘察院、山东省地质矿产勘查开发局八〇一水文地质工程地质大队
2001.1～2001.9	山东省地矿工程勘察院
2001.9～2006.4	山东省地矿工程勘察院、山东省地矿工程勘察有限责任公司
2006.4～2009.4	山东省地矿工程勘察院
2009.4～—	山东省地矿工程勘察院(山东省地质矿产勘查开发局八〇一水文地质工程地质大队)

注:1971 年 12 月,省革委地质局下发文件,山东省地质局 801 队改称“山东省革命委员会地质局水文地质队”,因此,本表未列 1968 年 12 月成立的山东省地质局八〇一队革命委员会单位名称。

一、机构沿革

1958 年 3 月,地质部水文地质工程地质局九〇四队和九〇二队在济南合并成立地质部水文地质工程地质局山东大队。

1958 年 8 月，领导体制改变，由地质部水文地质工程地质局划归山东省地质局，改称“山东省地质局水文地质工程地质大队”。

1960 年 6 月，改称“山东省地质厅水文地质工程地质大队”。

1960 年 10 月 1 日，改称“山东省地质厅 801 队”。

1963 年 5 月，改称“山东省地质局 801 队”。

1968 年 12 月 30 日，成立山东省地质局八〇一队革命委员会。

1971 年 12 月 9 日，改称“山东省革命委员会地质局水文地质队”。

1976 年 1 月 15 日，在山东省革命委员会地质局水文地质队一、三、五分队基础上成立山东省革委地质局第一水文地质队（即八〇一队），队部设在济南；在二分队的基础上成立山东省革委地质局第二水文地质队，队部设在德州；在四分队的基础上成立山东省革委地质局第三水文地质队，队部设在兖州。

1980 年 3 月，改称“山东省地质局第一水文地质队”。

1983 年 8 月 20 日，改称“山东省地质矿产局第一水文地质队”。

1986 年 8 月 24 日，改称“山东省地质矿产局八〇一水文地质工程地质大队”。

1990 年 2 月 21 日，山东省地质矿产局八〇一水文地质工程地质大队组建山东省地矿工程勘察院（处级事业单位）后，编制 400 人，隶属省地矿局领导，实行独立核算、自主经营、自收自支的技术经济责任制。地址设在济南市解放路 63 号。保留队名称，院领导班子即为队领导班子，院、队党群组织合一，由院长兼任队长。

1992 年 10 月 16 日，山东省地矿工程勘察院更名为“山东省地质矿产工程总公司”，并公布了领导班子。除公布的领导班子成员外，原山东省地矿工程勘察院、八〇一队的其他院、队级行政副职干部不再担任副处级领导职务。

1994 年 10 月 6 日，因山东省地矿工程勘察总公司未能在山东省工商行政管理部门登记注册，来取得法人资格。经省地矿局研究决定撤销，仍续用山东省地矿工程勘察院名称。

1996 年 6 月，成立山东省地矿工程集团公司。

1996 年 11 月 17 日，根据省地矿厅、省地勘局党委印发的《山东省地质矿产厅、地矿部山东地质矿产勘查开发局机关机构改革实施方案》，山东省地矿工程勘察院、山东省地矿工程集团公司名称不变，山东省地质矿产局八〇一水文地质工程地质大队更名为“地矿部山东地勘局八〇一水文地质工程地质大队”。

1997 年 3～4 月,原山东省地矿工程勘察院所有行政机构相应改为山东省地矿工程集团公司行政机构,其行政机构的隶属关系、职责范围保持不变。

1999 年 6 月 12 日,山东省人民政府、国土资源部印发《关于地质勘查队伍属地化管理的会商纪要的通知》,原地矿部山东地质矿产勘查开发局及所属地质勘查单位整建制统一划归山东省,由省政府国土资源主管部门归口管理。根据该通知精神,地矿部山东地勘局八〇一水文地质工程地质大队改称“山东省地质矿产勘查开发局八〇一水文地质工程地质大队”。

2000 年 10 月 30 日,山东省地矿工程集团公司改制为山东省地矿建设工程集团有限公司,归省地勘局管理。原山东省地矿工程集团公司所有行政机构相应改为山东省地矿工程勘察院行政机构,其职责范围保持不变。

2001 年 1 月 21 日,山东省机构编制委员会办公室下发《关于确认省地质勘查事业单位机构编制事项的通知》,确认由原地矿部划归山东省管理的山东省地矿工程勘察院为省地勘局所属地勘事业单位,处级建制,编制 767 人。但在属地化过程中,省地勘局只申请了山东省地矿工程勘察院事业单位名称,致使山东省地质矿产勘查开发局八〇一水文地质工程地质大队事业单位名称未得到山东省机构编制委员会办公室的确认。

2001 年 9 月 18 日,成立山东省地矿工程勘察有限责任公司。

2002 年 1 月 14 日,原山东省地矿工程勘察院所有行政机构相应改为山东省地矿工程勘察有限责任公司行政机构,其职责范围保持不变。

2006 年 4 月,山东省地矿工程勘察有限责任公司撤销。

2006 年 4 月 28 日,原山东省地矿工程勘察有限责任公司所有行政机构相应改为山东省地矿工程勘察院行政机构,其职责范围保持不变。

2009 年 4 月 14 日,根据省地勘局申请,山东省机构编制委员会办公室经研究同意山东省地矿工程勘察院增挂山东省地质矿产勘查开发局八〇一水文地质工程地质大队牌子。

2014 年 12 月 30 日,山东省机构编制委员会办公室下发《关于省地质矿产勘查开发局及所属事业单位类别划分的通知》,确定山东省地矿工程勘察院(山东省地质矿产勘查开发局八〇一水文地质工程地质大队)为公益二类事业单位。

二、领导班子

1958～2017 年,先后有王子勤、曹济舟、司维成、宋进绪、荆云龙、刘仲良、王善煜、朱友强、郭世昌、姜春永、赵玉祥、侯新文、赵长河、彭玉明等任队(院)长。其间,1992 年 10 月～1994 年 10 月,胡哲贤任公司总经理;1996 年 9 月

～2000 年 9 月、2001 年 12 月～2006 年 4 月，分别由院长朱友强、姜春永兼任公司总经理。

1958～2017 年，先后有曲少逸、曹济舟、任念良、杨忠武(军代表)、毕光萍、宋进绪、荆云龙、杜化津、胡哲贤、朱友强、崔国钧、焦兆安、秦耀军、赵玉祥等任队(院)党委(总支)书记。

表 1-1-2　　八〇一队历任行政领导班子一览表

起止时间	行政领导	其他行政班子成员
1958.3～1961.6	队长:王子勤(1958.3～1958.6) 曹济舟(1958.12～1961.5)	副队长:楼致烈(1958.3～1960.1) 雷大为(1958.3～1958.4) 司维成(1960.5～1961.6) 张春林(1961.1～1961.6)
1961.6～1972.5	队长:司维成(1961.6～1971.11)	副队长:张春林(1961.6～1965.7) 张子敬(1961.6～1972.5) 李　景(1962.6～1972.5) 刘　克(1966.5～1966.11) 王庆忠(1966.5～1972.5)
1972.5～1979.9	队长:宋进绪(1972.5～1979.9)	副队长:张子敬(1972.5～1976.1) 荆云龙(1972.5～1979.9) 王庆忠(1972.5～1979.9) 季连桥(1975.6～1976.2) 刘仲良(1976.12～1979.9)
1979.9～1983.9	队长:荆云龙(1979.9～1983.9)	副队长:王庆忠(1979.9～1983.9) 刘仲良(1979.9～1983.9) 陈振鹏(1981.3～1983.9)
1983.9～1986.7	队长:刘仲良(1983.9～1985.11)	副队长:陈振鹏(1983.9～1985.11) 李万尧(1983.9～1986.7) 赵志玉(1985.1～1986.7) 王善煜(1985.11～1986.7)

续表

起止时间	行政领导	其他行政班子成员
1986.7～1992.10	队长:王善煜(1986.7～1992.10) 院长:王善煜(1990.1～1992.10)	副队长:赵志玉(1986.7～1989.1) 李万尧(1986.7～1992.10) 孙发勇(1988.4～1992.9) 杜化津(1989.4～1992.10) 刘有森(1989.6～1992.10) 副院长:李万尧(1990.2～1992.10) 孙发勇(1990.2～1992.9) 刘有森(1990.2～1992.10)
1992.10～1994.10	总经理:胡哲贤(1992.10 1994.10)	副总经理:朱友强(1992.10～1994.10) 王善煜(1992.10～1994.10) 李永和(1992.10～1994.10) 袁学先(1992.10～1994.10)
1994.10～2001.1	院长:朱友强(1994.10～2000.9) 郭世昌(2000.9～2001.1) 总经理:朱友强(1996.9～2000.9)	副院长:王善煜(1995.2～1995.12) 姜春永(1995.2～2001.1) 李信培(1995.2～1999.2) 柳忠起(1996.9～1997.9) 佟光玉(1998.4～2001.1) 石宝玉(2000.10～2001.1) 副总经理:姜春永(1996.9～2000.9) 李信培(1996.9～1999.2) 柳忠起(1996.9～1997.9) 佟光玉(1998.4～2000.9)
2001.1～2006.10	院长:姜春永(2001.1～2006.10) 期间(2001.1～2001.12)为副院长主持工作 总经理:姜春永(2001.12～2006.4)	副院长:佟光玉(2001.1～2002.1) 石宝玉(2001.1～2006.4) 朱学顺(2001.5～2006.10) 朱瑞法(2004.3～2006.4) 肖　平(2004.6～2005.1) 杜昌富(2005.1～2006.10) 范会凤(2005.8～2006.10) 李　俊(2006.1～2006.10) 李运涛(2006.1～2006.10) 胡克祯(2006.4～2006.10) 副总经理:石宝玉(2001.12～2006.4) 朱学顺(2001.12～2006.4) 姚烈卫(2001.12～2006.4) 刘德成(2001.12～2006.4)

续表

起止时间	行政领导	其他行政班子成员
2006.10～2010.7	院长:赵玉祥(2006.10～2010.7)	副院长:朱学顺(2006.10～2010.7) 范会凤(2006.10～2010.7) 秦耀军(2006.10～2010.7) 李　俊(2006.10～2010.7) 李运涛(2006.10～2009.3) 胡克祯(2006.10～2010.7) 宫述林(2008.1～2010.7) 马　营(2009.4～2010.7)
2010.7～2014.1	院长:侯新文(2010.7～2014.1)	副院长:秦耀军(2010.7～2014.1) 朱学顺(2010.7～2010.8) 范会凤(2010.7～2013.11) 李　俊(2010.7～2014?) 宫述林(2010.7～2014.1) 胡克祯(2010.7～2014.1) 马　营(2010.7～2011.10) 彭玉明(2011.4～2014.1)
2014.1～2017.9	院长:赵长河(2014.1～2017.9)	副院长:秦耀军(2014.1～2015.1) 赵玉祥(2015.1～2017.9) 宫述林(2014.1～2017.9) 张云峰(2014.11～2017.9) 胡克祯(2014.1～2017.9) 彭玉明(2014.1～2017.9)
2017.9～—	院长:彭玉明(2017.9～—) 期间(2017.9～2017.10)为副院长主持工作	副院长:宫述林(2017.9～2018.4) 张云峰(2017.9～—) 曾纯品(2017.10～—) 刘玉仙(2017.10～—)

表 1-1-3　　八〇一队历任党委书记、副书记一览表

党委书记	党委副书记
曲少逸(1958.3～1958.9,总支书记)	龚　勋(1958.3～1958.9,总支副书记)
曲少逸(1958.9～1960.11)	李文喜(1960.6～1961.5)
曹济舟(1961.5～1966.5)	李文喜(1961.5～1966.5) 任念良(1965.3～1966.5)

续表

党委书记	党委副书记
任念良(1966.5～1971.4)	王全庆(1966.5～1971.4)
杨忠武(军代表,1972.5～1973.4)	王全庆(1971.4～1975.12) 毕光萍(1971.5～1973.4)
毕光萍(1973.4～1975.12)	张承敬(1975.6～1975.12)
宋进绪(1975.12～1983.9)	张承敬(1975.12～1976.1) 毕光萍(1975.12～1978.7) 杨正江(1981.3～1983.7)
荆云龙(1983.9～1985.4)	杜化津(1985.1～1988.4)
杜化津(1988.4～1994.10)	
胡哲贤(1992.10～1995.2)	杜化津(1992.10～1994.10)
朱友强(1994.10～2000.9	杜化津(1994.10～1997.5)
崔国钧(2002.8～2005.1	李信培(1996.2～1999.2)
焦兆安(2005.8～2009.4	杜昌富(2005.1～2006.10)
秦耀军(2009.4～2015.1) 赵玉祥(2015.1～2017.10)	宫述林(2010.7～2018.4)

三、三总师

(一)总工程师

1958年,主管队技术工作的领导称为“队技术负责人”,1979年改称“主任工程师”,1985年改称“总工程师”。截至2018年1月,先后有刘克、袁道先、李传谟、陈振鹏、奚德荫、李晓东、武善文、吴爱民、石宝玉、彭玉明、李常锁等主管队技术工作。

表1-1-4　　历任技术负责人一览表

姓名	职务	任职时间
刘克	技术负责	1958.3～1966.5
袁道先	技术负责	1958.3～1959.4

续表

姓名	职务	任职时间
李传谟	技术负责	1968～1972
陈振鹏	主任工程师	1979.2～1984.7
奚德荫	主任工程师	1984.7～1985.11
	总工程师	1985.11～1995.4
李晓东	副总工程师，主持工作	1995.4～1997.8
武善文	副总工程师，主持工作	1997.8～1998.10
吴爱民	总工程师	1998.10～2002.1
石宝玉	总工程师	2002.1～2006.4
彭玉明	总工程师	2006.4～2015.3
李常锁	总工程师	2015.3～—

(二)总会计师

1990 年 3 月，设置总会计师，王志杰任总会计师。1992 年 10 月～2001 年 6 月，王兴国任总会计师。2015 年 3 月 30 日至今，王金凤任总会计师。

(三)总经济师

1989 年 3 月，设置总经济师。1989 年 3 月～1992 年 11 月，严会舜任总经济师。2001 年 11 月～2006 年 9 月，姚烈卫任总经济师。2015 年 3 月 30 日至今，姜艳杰任副总经济师，主持工作。

第二节　综合管理单位

八〇一队综合管理的单位主要有山东省水文地质总站、山东省地矿职工医院等。

一、山东省水文地质总站

1959 年 10 月 15 日，成立山东省地质局水文地质观测总站，队与总站关系是两个牌子，综合管理。队技术负责人兼管总站技术工作；各分队设分站，历任分队长兼任分站站长，分队技术负责人兼分站技术负责人。

1965 年 5 月 25 日，撤销水文地质观测总站。在山东省地质局八〇一队地质科设长期观测组，负责长期观测工作。

1980年初,成立山东省环境水文地质总站,为科级单位,隶属省地质局领导,日常工作由山东省地质局第一水文地质队管理。

1982年9月,省地质局决定成立山东省水文地质总站,其日常工作由山东省地质局第一水文地质队管理,同时撤销1980年成立的山东省环境水文地质总站。

1985年11月,山东省水文地质总站正式从山东省地质矿产局第一水文地质队分出,承担山东省环境水文地质监测工作。同时,将荆合基地一幢办公楼及平房2691.83平方米、设备资产总值31万元划归山东省水文地质总站。

二、山东省地矿职工医院

1998年1月,省地勘局将位于济南市济王路128号(今为经十路13632号)的山东省地矿职工医院划归山东省地矿工程集团公司。

1998年3月5日,山东省地矿工程集团公司总经理朱友强决定:聘司继成任山东省地矿职工医院副院长,主持山东省地矿职工医院工作。

1998年4月15日,山东省地矿职工医院迁至济南市解放路95号,山东省地矿工程集团公司由济南市浆水泉15号迁至济南市济王路128号。

1999年3月9日,经山东省地矿工程集团公司党政联席会议研究并征得省地矿厅、省地勘局党委同意,司继成不再担任山东省地矿医院副院长职务;聘唐凤琳为山东省地矿医院负责人,主持山东省地矿职工医院工作。

2000年10月30日,山东省地矿工程集团公司所有行政机构相应改为山东省地矿工程勘察院行政机构,山东省地矿职工医院管理职能改由山东省地质矿产勘查开发局八〇一水文地质工程地质大队负责履行。

2003年5月30日,山东省地质矿产勘查开发局将山东省地矿职工医院从山东省地质矿产勘查开发局八〇一水文地质工程地质大队划出,列为该局直属事业单位。

第三节　队属机构

根据生产工作的需要,队属机构进行了多次整合、撤销、更名。按其职能,队属机构主要分为服务管理部门和事业发展部门。事业发展部门1958~1993年主要以区域划分的分队建制进行水文地质工程地质工作为主,1993年后分队建制全部撤销,成立以产业划分的事业发展部门。

2018年1月,队属机构包括事业发展中心、服务管理部门、非常设机构三类。其中服务管理部门包括行政办公室、政治工作部、技术质量部、安全生产技术部、财务资产部、成本管理部、企划审计部、劳动人事部、工会办公室、监察室、离退休服务部、物业服务部等。事业发展中心包括水文地质中心、工程地质中心、环境地质中心、矿产与新能源地质中心、生态地质中心、城市地质中心、创新产业中心等七大中心和淄博地质勘查院、青岛地质勘查院等 2 个勘查院，下设 26 个部（公司、研发中心、综合办公室）。城市地质中心、矿产与新能源地质中心、创新产业中心、生态地质中心、工程地质中心、环境地质中心等分别由队领导彭玉明、宫述林、李建国、刘玉仙、曾纯品、李常锁兼任主任，水文地质中心由秦品瑞任主任。水文地质中心包括水文地质调查部、泉水保护研究部、综合办公室。工程地质中心包括岩土工程部、基础工程部、物测工程部、实验室、综合办公室。环境地质中心包括环境地质调查部、地质灾害防治部、综合办公室。矿产与新能源地质中心包括地质矿产勘查部、新能源地质勘查部、综合办公室。生态地质中心包括生态地质工程部、生态环境调查部、综合办公室。城市地质中心包括城市地质信息部、城市地质调查部、综合办公室。创新产业中心包括物资公司、地质装备研发中心、阳光招标公司、矿泉水事业部、新能源开发部、综合办公室。非常设机构包括史志办和山东省水环置业有限公司等。

八〇一队属机构按成立时间先后顺序简述如下（个别队属机构因资料缺失，无法记入）。

一、服务管理部门

建队至 2018 年 1 月，先后设有服务管理部门共计 32 个。

（一）政治工作部

1958 年建队初设党委办公室，1965 年党委办公室改称"政治处"，"文化大革命"初期工作中断。1969 年恢复工作，改称"政工科"。1980 年，恢复政治处。1988 年 5 月，政治处改称"党委办公室"。1991 年 1 月，改称"政治处"。1993 年 3 月，成立党群工作部，与政治处、纪委、工会、团委、监察室合署办公。1997 年 4 月，党群工作部与政治处、纪检监察、工会、团委、离退休职工管理科合署办公。1999 年 3 月～2002 年 1 月，与人事劳动部合署，沿革见（三）劳动人事部。2002 年 1 月，重设党群工作部。2003 年 6 月，审计科合署到党群工作部。2018 年 1 月，撤销党群工作部，成立政治工作部。

表 1-1-5　　政治工作部沿革及历任负责人一览表

时间	单位名称	部门负责人
1959.8～1965.5	党委办公室	
1965.5～1969.5	政治处	任念良(1965.5～1966.5)
1969.5～1980	政工科	董籍生(1973.4～1976.4)
		杨正江(1976.4～1983.7)
1980～1988.5	政治处	孙发勇(1986.7～1988.4)
1988.5～1991.1	党委办公室	刘崇华(1988.5～1989.3)
		李本坤(1989.3～1991.1)
1991.1～1997.4	政治处	刘崇华(1991.1～1996.6)
		杜化津(1996.6～1997.4)
1997.4～2018.1	党群工作部	李信培(1997.4～1999.2?)
		崔国钧(2000.3? ～2001.12)
		赵洪涛(2002.1～2006.3)
		李志民(2006.3～2008.2)
		顾　伟(2008.2～2010.1)
		王　艳(2010.1～2018.1)
2018.1～—	政治工作部	赵祥兵(2018.1～—)

(二)技术质量部

1958 年建队后,成立生产技术办公室。1962 年,分设地质科和探矿科。1976 年 1 月,合并为地探科。1981 年,变更为地质科、探矿科。1984 年 10 月,合并为生产技术办公室。1986 年 9 月,变更为地质办公室、探矿办公室。1989 年 3 月,合并为总工程师办公室。1993 年 3 月,撤销总工程师办公室,成立技术经营部。1994 年 3 月,撤销技术经营部,成立地质技术管理咨询部。1995 年 4 月,改称“总工程师办公室”。1997 年 4 月,成立勘察技术部(保留总工程师办公室)、工程技术部。1997 年 10 月,勘探技术部与全面质量管理办公室合署办公。1999 年 3 月,勘探技术部与工程技术部合并,组建勘察工程技术部,并与全面质量管理办公室合署办公。2000 年 3 月,撤销勘察工程技术部,成立技术监督服务中心。2001 年 2 月,改称“总工程师办公室”。2002 年 1 月,改称“技术管理部”。2003 年 3 月,增设总工程师办公室。2003 年 12 月,总工程师办公室合并至技术管理部。2006 年 4 月，技术管理部改称“总工程师办公室”。2007 年 2 月，与资质认证办公室合并为新的总工程师办公室。2018 年 1 月，撤销总工程师办公室，成立技术质量部。

表 1-1-6　　技术质量部沿革及历任负责人一览表

<table>
<tr><th>时间</th><th>单位名称</th><th>部门负责人</th></tr>
<tr><td>1958.3～1961.2</td><td>生产技术办公室</td><td rowspan="2">楼致烈(1958.3～1962.10)</td></tr>
<tr><td>1961.2～1962.10</td><td>地探科</td></tr>
<tr><td rowspan="3">1962.10～1967.10</td><td rowspan="2">地质科</td><td>任　智</td></tr>
<tr><td>史景兴(？～1967.10?)</td></tr>
<tr><td>探矿科</td><td>曹明福(1962.10～1967.10?)</td></tr>
<tr><td>1967.10～1971.1</td><td>归生产指挥部管</td><td></td></tr>
<tr><td rowspan="2">1971.1～1981.3</td><td rowspan="2">地探科</td><td>薛彦锡(1971.1～1977.9)</td></tr>
<tr><td>刘有森(1977.9～1981.3)</td></tr>
<tr><td rowspan="2">1981.4～1983.12</td><td>地质科</td><td>任　智(1981.4～1983.12)</td></tr>
<tr><td>探矿科</td><td>刘有森(1981.4～1983.12)</td></tr>
<tr><td>1983.12～1986.9</td><td>生产技术办公室</td><td>赵志玉(1985.6～1986.9)</td></tr>
<tr><td rowspan="4">1986.9～1989.3)</td><td rowspan="2">地质办公室</td><td>邵　逭(1986.9～1988.3)</td></tr>
<tr><td>姜以安(1988.3～1989.3)</td></tr>
<tr><td rowspan="2">探矿办公室</td><td>李兴民(1986.9～1988.3)</td></tr>
<tr><td>杨永枝(1988.3～1989.3)</td></tr>
<tr><td>1989.3～1993.3</td><td>总工程师办公室</td><td>邵　逭(1989.3～1993.3)</td></tr>
<tr><td>1993.3～1994.3</td><td>技术经营部</td><td>赵一康(1993.3～1994.3)</td></tr>
<tr><td>1994.3～1995.4</td><td>地质技术管理咨询部</td><td>邵　逭(1994.3～1995.4)</td></tr>
<tr><td rowspan="2">1995.4～1997.4</td><td rowspan="2">总工程师办公室</td><td>李晓东(1995.4～1996.6)</td></tr>
<tr><td>盛根来(1997.1～1997.4</td></tr>
<tr><td>1997.4～1997.10</td><td>勘探技术部</td><td>李晓东(1997.4～1997.10)</td></tr>
<tr><td>1997.4～1999.3</td><td>工程技术部</td><td>赵光贞(1998.3～1999.3)</td></tr>
<tr><td>1997.10～1999.3</td><td>勘探技术部与全面质量管理办公室合署办公</td><td>王飞龙(1997.10～1999.3)</td></tr>
</table>

续表

<table>
<tr><th>时间</th><th>单位名称</th><th>部门负责人</th></tr>
<tr><td>1999.3～1999.11</td><td>勘探工程技术部与全面质量管理办公室合署办公</td><td>吴爱民（1999.3～1997.10，任勘探工程技术部负责人）</td></tr>
<tr><td>1999.11～2000.3</td><td>勘探工程技术部</td><td>赵一康（1999.11～2000.3）</td></tr>
<tr><td>2000.3～2001.2</td><td>技术监督服务中心</td><td rowspan="4">盛根来（2000.3～2003.12）</td></tr>
<tr><td>2001.2～2002.1</td><td>总工程师办公室</td></tr>
<tr><td>2002.1～2003.3</td><td>技术管理部</td></tr>
<tr><td>2003.3～2003.12</td><td>总工程师办公室</td></tr>
<tr><td>2003.12～2006.4</td><td>技术管理部</td><td rowspan="2">程秀明（2003.12～2011.1）</td></tr>
<tr><td rowspan="4">2006.4～2018.1</td><td rowspan="4">总工程师办公室</td></tr>
<tr><td>秦品瑞（2011.1～2015.3）</td></tr>
<tr><td>赵振华（2015.4～2017.2）</td></tr>
<tr><td>秦品瑞（2017.2～2018.1）</td></tr>
<tr><td>2018.1～</td><td>技术质量部</td><td>魏善明（2018.1～—）</td></tr>
</table>

（三）劳动人事部

1958 年 3 月，成立人事科。1964 年，改称“劳动人事科”。“文化大革命”期间改称“劳动工资科”。1977 年，又改回劳动人事科。1981 年 3 月，成立劳动工资科。1988 年 3 月，改称“劳动人事科”。1993 年 3 月，撤销劳动人事科，成立人事保卫部。1995 年 4 月，改称“人事劳动教育科”。1997 年 4 月，改称“人事劳动部”。1999 年 3 月，原党群工作部、人事劳动部合署成立组织人事劳动部。2001 年 3 月，改称“组织人事劳动科”。2002 年 1 月，改称“人事劳动部”。2003 年 3 月，增设人事劳动科。2004 年 1 月，撤销人事劳动部。2018 年 1 月撤销人事劳动科，成立劳动人事部。

表 1-1-7　　劳动人事部沿革及历任负责人一览表

时间	单位名称	部门负责人
1958.3～1964	人事科	刘志岐、孙华琴（1958.3～1964）
1964～?	劳动人事科	刘洪梅（1964～?）

续表

<table>
<tr><th>时间</th><th>单位名称</th><th>部门负责人</th></tr>
<tr><td>“文化大革命”期间</td><td>劳动工资科</td><td>人员变动较大</td></tr>
<tr><td>1977～1981.3</td><td>劳动人事科</td><td>刘洪梅(1977～1982.10)</td></tr>
<tr><td>1981.3～1988.3</td><td>劳动工资科</td><td rowspan="2">祁德芳(1982.10～1988.3)</td></tr>
<tr><td>1988.3～1993.3</td><td>劳动人事科</td></tr>
<tr><td>1993.3～1995.4</td><td>人事保卫部</td><td>李永和(1988.3～1995.4)</td></tr>
<tr><td>1995.4～1997.4</td><td>人事劳动教育科</td><td rowspan="3">崔国钧(1995.4～1999.7)</td></tr>
<tr><td>1997.4～1999.3</td><td>人事劳动部</td></tr>
<tr><td rowspan="3">1999.3～2001.3</td><td rowspan="3">组织人事劳动部</td></tr>
<tr><td>顾　伟(1999.7～2000.3)</td></tr>
<tr><td rowspan="2">崔国钧(2000.3～2002.2)</td></tr>
<tr><td>2001.3～2002.1</td><td>人事劳动科</td></tr>
<tr><td>2002.1～2004.1</td><td>人事劳动部</td><td rowspan="2">顾　伟(2003.3～2008.2)</td></tr>
<tr><td rowspan="2">2003.3～2018.1</td><td rowspan="2">人事劳动科</td></tr>
<tr><td>王少娟(2008.2～2018.1)</td></tr>
<tr><td>2018.1～—</td><td>劳动人事部</td><td>尉春玲(2018.1～—)</td></tr>
</table>

(四)探矿管理科

建队初期,探矿工作归生产技术办公室领导。1961 年,生产技术办公室改称“地探科”。1962 年 10 月,成立探矿科,曹明福任副科长。“文化大革命”开始后,探矿科归生产指挥部领导。1971 年,恢复地探科。1981 年 3 月,成立探矿科,刘有森任科长。1984 年 2 月,改称“探矿分队”,赵志玉任副分队长兼技术负责人。1985 年 6 月,改称“生产办公室”,赵志玉任主任。1986 年 9 月,改称“探矿办公室”,李兴民任主任。1988 年 3 月,杨永枝任主任。1989 年 3 月,根据工作需要,撤销探矿办公室,探矿生产技术管理由总工程师办公室负责。1991 年 3 月 28 日,成立探矿管理科,杨永枝任科长。1992 年 3 月 30 日,杨恩信任探矿管理科科长。1993 年 3 月,撤销探矿管理科。

(五)物业服务部

1958 年,成立行政科。1972 年,行政科合并至办公室。1986 年,恢复行政科。1993 年 2 月,撤销行政科,成立生活服务公司。1995 年 4 月,撤销生活服务公司，成立行政事务管理科。1997年4月，撤销行政事务管理科、保卫科，成立行政保卫部(对外保留保卫科名称、印章)。1998年1月，增设物业公司。1999年9月，行政保卫部改称"行政保卫科"，物业公司改称物业管理中心。2002年1月，行政保卫科、物业管理中心合并为物业管理中心。2003年3月，增设行政保卫科。2003年12月，撤销行政保卫科。2018年1月，物业管理中心撤销，成立物业服务部。

表 1-1-8　　物业服务部沿革及历任负责人一览表

<table>
<tr><th>时间</th><th>单位名称</th><th>部门负责人</th></tr>
<tr><td>1958～1972</td><td>行政科</td><td></td></tr>
<tr><td>1972～1986</td><td>合并至办公室</td><td></td></tr>
<tr><td rowspan="2">1986～1993.2</td><td rowspan="2">行政科</td><td>王连祥(1986～1989.3)</td></tr>
<tr><td rowspan="2">孟晓东(1989.3～1995.4)</td></tr>
<tr><td>1993.2～1995.4</td><td>生活服务公司</td></tr>
<tr><td>1995.4～1996.1</td><td>行政事务管理科</td><td>华伟阳(1995.4～1996.1)</td></tr>
<tr><td rowspan="2">1996.1～1997.4</td><td rowspan="2">行政事务管理科</td><td>王经成(1996.1～1996.8)</td></tr>
<tr><td rowspan="3">谈冀峥(1996.8～1998.12)</td></tr>
<tr><td>1997.4～1998.1</td><td>行政保卫部</td></tr>
<tr><td rowspan="2">1998.1～1999.9</td><td>行政保卫部</td></tr>
<tr><td>物业公司</td><td rowspan="2">刘　勇(1998.12～2003.12)</td></tr>
<tr><td>1999.9～2001.1</td><td>行政保卫科</td></tr>
<tr><td>2003.3～2003.12</td><td>物业管理中心</td><td rowspan="2">徐广基(2003.12～2013.12)</td></tr>
<tr><td rowspan="2">2006.3～2018.1</td><td rowspan="2">物业管理中心</td></tr>
<tr><td rowspan="2">韩洪智(2014.1～—)</td></tr>
<tr><td>2018.1～—</td><td>物业服务部</td></tr>
</table>

(六)保健科

建队初期，设有医务室，隶属行政科，由李炳英负责。1960年，成立卫生所，李炳英任所长。1984年3月，改称"医务所"，归办公室领导，李炳英任所长。1985年12月，成立卫生所(科级)，李连香任所长。1992年3月～1995年4月，司继成先后任副所长、所长。1995年4月，鞠富荣任副所长。1998年

3 月 5 日，卫生所并入山东省地矿职工医院，卫生所原有职能由职工医院继续行使，鞠富荣担任的卫生所副所长职务自行免除。2003 年 12 月，成立保健科，司继成任科长。2012 年 10 月，撤销保健科。

（七）保卫科、武装部

1958 年 7 月成立了保卫科，龚勋兼任科长。1960 年 1 月～1962 年 11 月，由曲士坤负责保卫科工作。1962 年 12 月，寿田广任副科长。“文化大革命”初期，保卫科由群众组织掌管。1969 年 7 月，由专职保卫干事苏振通负责保卫工作。1975 年后，先后由张旭光（1975 年 10 月）、曹明福任科长。1984 年，免去曹明福科长职务，王经成任副科长。1988 年 3 月，王经成任科长。1993 年 3 月，撤销保卫科。1995 年 9 月，恢复保卫科，王经成任科长。1996 年，免去王经成科长职务，谈冀峥任副科长。1997 年 4 月，合并至行政保卫部。

1972 年 2 月，为加强民兵建设，将民兵工作从保卫科分出，成立了武装部，由曲士坤负责，下设 5 个连、24 个排，有民兵 300 余人，其中基干民兵 70 余人。武装部每年组织民兵进行实弹演练，培养国防后备力量。1981 年 12 月，撤销武装部。

（八）设备物资运输管理科

在建队时即成立了供应科，司维成任科长。1960 年 5 月，栾怀德任副科长。“文化大革命”期间，由副队长张子敬兼管供应工作。1972 年，恢复供应科，栾怀德任副科长。1975 年，赵志文任科长。1976 年，供应科与车间合并，改为后勤管理科，先后由刘有森、寿田文任科长。1981 年 3 月，将车间分出，后勤管理科改为物资供应科，付义任科长。1986 年 9 月，卢化健任科长。1990 年，卢华健不再担任科长。1991 年 10 月 26 日，供应科更名为“设备物资管理科”，崔国钧任科长。1995 年 4 月～1996 年 3 月，卢化健任科长。1996 年 3 月，华伟阳任科长。1997 年 1 月，与运输管理科合并，成立设备物资运输管理科（对外保留运输管理科名称、印章），华伟阳为科长。1999 年 1 月，与机械设备租赁公司、地质机械厂、恒能配件公司共同组建物资设备公司。

（九）财务资产部

1959 年 1 月，成立计财科。1986 年 9 月，改称“财务科”。1993 年 3 月，改称“计划财务部”。1994 年 3 月，改称“财务部”。1999 年 7 月，改称“财务资产部”。2001 年 3 月，改称“财务资产科”。2002 年 1 月，改称“财务资产部”。2003 年 3 月，增设财务资产科。2007 年 2 月，撤销财务资产部。2018 年撤销财务资产科，成立财务资产科部。

表 1-1-9　　财务资产部沿革及历任负责人一览表

时间	单位名称	部门负责人
1959.1～1986.8	计财科	杨际昂(1959～1981.2)
		黄凤岐(1981.3～1986.8)
1986.9～1993.2	财务科	王兴国(1986.9～1997.4)
1993.3～1994.3	计划财务部	
1994.3～1999.7	财务部	
		李　俊(1997.4～1999.4)
1999.7～2001.2	财务资产部	姚烈卫(1999.9～2002.1)
2001.3～2002.1	财务资产科	李学禹(2003.3～2008.2)
2002.1～2003.3	财务资产部	
2003.3～2018.1	财务资产科	
		徐进义(2008.2～2010.1)
		王金凤(2010.1～2015.2)
		王玉玲(2015.3～—)
2018.1～—	财务资产科部	

(十)行政办公室

1960 年,成立队长办公室,任智任主任,董乃儒任办公室秘书。“文化大革命”初期,改称“革命委员会办公室”。1972 年,将原队长办公室和行政科合并,成立行政办公室。1984 年 2 月,改称“办公室”。1985 年 12 月机构调整,将办公室的行政事务分出,更名为“队长办公室”。1992 年 3 月,改称“院长办公室”。1993 年 3 月,改称“总经理办公室”。1995 年 4 月,改称“院长办公室”。1997 年 4 月,改称“办公室”。2002 年 2 月,改称“总经理办公室”。2003 年 3 月,增设院长办公室。2003 年 12 月,院长办公室改称“行政办公室”。2006 年 4 月,总经理办公室改称“院长办公室”。2008 年 2 月,行政办公室撤销。2018 年 1 月,院长办公室改称“行政办公室”。

表 1-1-10　　　　行政办公室沿革及历任部门负责人一览表

<table>
<tr><th>时间</th><th>单位名称</th><th>部门负责人</th></tr>
<tr><td>1960～1969?</td><td>队长办公室</td><td>任　智(1960～?)</td></tr>
<tr><td>1969? ～1972</td><td>革命委员会办公室</td><td></td></tr>
<tr><td>1972～1984.2</td><td>行政办公室</td><td rowspan="2">曹洪勋(1973.2～1985.5)</td></tr>
<tr><td rowspan="2">1984.2～1985.12</td><td rowspan="2">办公室</td></tr>
<tr><td>刘有森(1985.5～1985.12)</td></tr>
<tr><td rowspan="3">1985.12～1992.3</td><td rowspan="3">队长办公室
(将行政事务分出)</td><td>郜学儒(1985.12～1988.3)</td></tr>
<tr><td>孙发勇(兼)(1988.3～1989.3)</td></tr>
<tr><td>郜学儒(1989.3～1992.3)</td></tr>
<tr><td>1992.3～1993.3</td><td>院长办公室</td><td>郜学儒(1992.3～1994.3)</td></tr>
<tr><td>1993.3～1995.4</td><td>总经理办公室</td><td>宋　纪(1994.3～1995.4)</td></tr>
<tr><td>1995.4～1997.4</td><td>院长办公室</td><td>尹　明(1995.4～1997.4)</td></tr>
<tr><td rowspan="4">1997.4～2002.1</td><td rowspan="4">办公室</td><td>尹　明(1997.4～1997.10)</td></tr>
<tr><td>吴建军(1997.10～2000.3)</td></tr>
<tr><td>秦耀军(2000.3～2001.2)</td></tr>
<tr><td>李　俊(2001.2～2002.1)</td></tr>
<tr><td>2002.1～2003.3</td><td rowspan="2">总经理办公室</td><td rowspan="4">李　俊(2002.2～2006.4)</td></tr>
<tr><td rowspan="2">2003.3～2003.12</td></tr>
<tr><td>院长办公室</td></tr>
<tr><td rowspan="2">2003.12～2006.4</td><td>总经理办公室</td></tr>
<tr><td>行政办公室</td><td>刘　勇(2003.12～2006.4)</td></tr>
<tr><td rowspan="4">2006.4～2008.2</td><td rowspan="3">院长办公室</td><td>王少娟(2006.4～2006.8)</td></tr>
<tr><td>马　营(2006.8～2007.2)</td></tr>
<tr><td>李志民(2007.2～2008.2)</td></tr>
<tr><td>行政办公室</td><td>刘　勇(2006.4～2008.2)</td></tr>
<tr><td rowspan="2">2008.2～2018.1</td><td rowspan="2">院长办公室</td><td>李志民(2008.2～2015.3)</td></tr>
<tr><td>魏善明(2015.3～2018.1)</td></tr>
<tr><td>2018.1～—</td><td>行政办公室</td><td>赵　成(2018.1～—)</td></tr>
</table>

(十一)运输管理科

“文化大革命”前,车辆由各生产单位负责管理。“文化大革命”期间,车辆归大队管理,由李遵良负责。1980 年 7 月,成立了车队,隶属供应科,先后由韩震、王春福、张克迪任正、副队长。1986 年 5 月,成立运输管理科,王春福任副科长。1986 年 9 月,王春福任科长。1988 年 3 月,常乃先任科长,张克迪任副科长。1993 年 2 月,成立汽车队,同时执行运输管理科职能。1995 年 4～10 月,王岳平任汽车运输管理科副科长。1995 年 7 月,尹来海任汽车运输管理科副科长。1997 年 1 月,与设备物资管理科合并,成立设备物资运输管理科(对外保留运输管理科名称、印章)。

(十二)安全生产技术部

1981 年 4 月成立安全办公室。1984 年 2 月,改称“安全技术科”。1995 年 4 月,改称“安全保卫科”。1995 年 9 月,改称“安全技术科”。1997 年 4 月,改称“安全技术部”。2001 年 3 月,改称“安全技术科”。2002 年 1 月,改称“安全办公室”。2003 年 3 月,增设安全技术科。2003 年 12 月,安全技术科合并至安全办公室。2008 年 2 月,改称“安全科”。2018 年 1 月,撤销安全技术科,成立安全生产技术部。

表 1-1-11　　安全生产技术部沿革及历任负责人一览表

<table>
<tr><th>时间</th><th>单位名称</th><th>部门负责人</th></tr>
<tr><td>1981.4～1984.2</td><td>安全办公室</td><td>杨永枝(1981.4～1984.2)</td></tr>
<tr><td rowspan="3">1984.2～1995.4</td><td rowspan="3">安全技术科</td><td>常乃宪(1984.2～1992.3)</td></tr>
<tr><td>赖红五(1992.3～1994.3)</td></tr>
<tr><td>张庆林(1994.3～1995.4)</td></tr>
<tr><td>1995.4～1995.9</td><td>安全保卫科</td><td>王经成(1995.4～1995.9)</td></tr>
<tr><td>1995.9～1997.4</td><td>安全技术科</td><td rowspan="8">汤士勤(1995.9～—)</td></tr>
<tr><td>1997.4～2001.3</td><td>安全技术部</td></tr>
<tr><td>2001.3～2002.1</td><td>安全技术科</td></tr>
<tr><td>2002.1～2003.3</td><td rowspan="2">安全办公室</td></tr>
<tr><td rowspan="2">2003.3～2003.12</td></tr>
<tr><td>安全技术科</td></tr>
<tr><td>2003.12～2008.2</td><td>安全办公室</td></tr>
<tr><td>2008.2～2018.1</td><td>安全科</td></tr>
<tr><td>2018.1～—</td><td>安全生产技术部</td><td></td></tr>
</table>

(十三)劳动服务公司办公室

1982 年 8 月，为解决职工的实际困难，针对有 80 多名职工子女初、高中毕业后在家闲居的具体情况，成立了劳动服务公司办公室，由王庆忠副队长兼管，由栾怀德任主任。1985 年 6 月，部学儒任主任。1986 年 9 月，张淑坤任主任。1989 年 4 月，李信培任副主任。1992 年 3 月，袁学先任主任。1993 年 2 月，撤销劳动服务公司办公室。劳动服务公司办公室是从事多种经营的管理机构，下设旭升酒店、鲁地商店、篷布加工厂、旭升餐馆和马尚养鸡场等 5 个网点。劳动服务公司办公室先后实现了 110 多名待业青年就业，并安置了 60 余名职工转厂，既解决了后顾之忧，又为社会提供了服务。

(十四)企划审计部

1985 年 6 月，成立审计科。1985 年 12 月～1998 年 5 月，审计职能并入财务科(部)。1998 年 5 月，复设审计科。2000 年 3 月，与监察室合并，组建监察审计科。2003 年 6 月，该科合署到党群工作部。2014 年 7 月，成立审计法务科。2018 年 1 月，撤销经管科，经管科(部分职能)与审计法务科合并，成立企划审计部。

表 1-1-12　　企划审计部沿革及历任负责人一览表

时间	单位名称	部门负责人
1985.6～1985.12	审计科	高鲁希(1985.6～1985.12)
1985.12～1998.5	并入财务科(部)	
1998.5～2000.3	审计科	张　力(1998.5～2000.3)
2003.6～2014.7	合署到党群工作部	
2014.7～2018.1	审计法务科	姜艳杰(2014.7～2015.3)
		王京周(2015.3～2018.1)
2018.1～—	企划审计部	杨振华(2018.1～—)

(十五)离退休服务部

1985 年 10 月之前，由政治处和劳动人事科监管。1985 年 10 月，成立离退休管理科。1985 年 10 月～1997 年 10 月，刘玉忠任科长。1997 年 10 月，改称“离退休职工管理科”，王经成任科长。2006 年 3 月～2012 年 2 月，张毅任科长。2012 年 2 月～2018 年 1 月，尉春玲任科长。2018 年 1 月，撤销离退休管理科,成立离退休服务部,王京周任科长。

(十六)科学技术综合研究室

1985 年 12 月,成立科学技术综合研究室,刘继英任负责人,下设 4 个综合研究组和科技情报室。该室进行了 5 个课题的研究,并编制了多个带有科研性质的勘查项目总体设计,开展了与科研单位、地质院校和兄弟单位的科技情报交流。科技情报室除及时地介绍和推广了一批新工艺、新技术和新方法外,还发表了论文集 2 期,收编论文 16 篇。1988 年 3 月,撤销科学技术综合研究室,该室业务归属地质办公室。

(十七)工程地质室

1986 年 1 月,成立工程地质室,马金成任副主任。1988 年 3 月,李兴民任主任。该室负责全队的工程地质勘查项目并辖管土工实验室。1989 年 2 月,撤销工程地质室,成立岩土工程地质队,负责全队的工程地质勘查项目。

(十八)营业部

1988 年 3 月,将地质市场方面的工作从经济改革管理办公室内分出,成立营业部,专门从事承揽地质市场的水文地质、工程地质勘查及凿井工程等工作。刘继英任经理。1990 年 4 月 2 日,撤销营业部,成立对外协作办公室,刘继英任主任。1993 年 3 月,撤销对外协作办公室。

(十九)宣传教育科

为切实加强和改进思想政治工作和职工的文化教育工作,1989 年 3 月成立宣传教育科,刘崇华任科长。1990 年 4 月 21 日,撤销宣传教育科,成立科技职教办公室。

(二十)监察室

1989 年 8 月,成立监察室。1989 年 8 月～1995 年 4 月,刘仲良任主任。1995 年 5 月,监察室和纪委合署办公,刘崇华任主任。1997 年 10 月,尹明任副主任。2000 年 3 月,与审计科合并,组建监察审计科,张力任科长。2010 年 1 月,复建监察室。历任负责人:2010 年 1 月～2012 年 1 月为顾伟,2012 年 2 月～2018 年 1 月为王艳,2018 年 1 月至今为王京宙。

(二十一)全面质量管理办公室

1990 年 4 月,成立全面质量管理办公室,王飞龙任副科长。1991 年 4 月 15 日,袁学先任主任。1992 年 3 月,申勋烈任主任,王飞龙任副主任。1994 年 3 月,王飞龙任主任。1995 年 4 月～1996 年 10 月,程秀明任副主任。1996 年 10 月,王飞龙任主任。1999 年 3 月,原全面质量管理办公室与资料档案管理科合署成立资质档案管理科，王飞龙任主任。

（二十二）总经济师办公室

1990 年 4 月 21 日，成立总经济师办公室，严会舜任主任。1992 年 3 月，赵一康任主任，李俊任副主任。1993 年 3 月撤销总经济师办公室。

（二十三）科技职教办公室

1990 年 4 月 21 日，成立科技职教办公室，曹佩兰任副主任。1993 年 3 月，撤销科技职教办公室。

（二十四）多种经营管理办公室

1992 年 3 月，成立多种经营管理办公室，与劳动服务办公室合署办公，袁学先任主任。1993 年 2 月，撤销多种经营管理办公室（劳动服务办公室），成立多种经营管理部。1993 年 2 月～1994 年 3 月，袁学先任主任。1995 年4 月～1996 年 10 月，王飞龙任主任。1997 年 3 月，撤销多种经营管理部。

（二十五）生产管理办公室

1993 年 3 月，成立生产管理部。1994 年 3 月，王善煜任主任。1995 年 4 月，改称“生产管理办公室”，张克迪任主任。1997 年 3 月，撤销生产管理办公室。

（二十六）工程技术咨询公司

1995 年 4 月，成立地质经营办公室、专家咨询部，赵一康任主任。1997 年 3 月，撤销专家咨询部，成立地质工程咨询公司，赵一康任经理。1998 年 5 月，撤销地质工程咨询公司，成立工程技术咨询公司，赵一康任经理。1999 年 3 月，改称“技术咨询部”，赵一康任主任。1999 年 11 月，改称“工程技术咨询公司”，赵一康任经理。2000 年 3 月，改称“工程技术咨询部”，赵一康任主任。2001 年 2 月，改称“技术咨询部”，盛根来任主任。2002 年 1 月，合并至总工程师办公室，职能划归至总工程师办公室。

（二十七）清欠社会资金办公室

1996 年 10 月，成立清欠社会资金办公室，邢业会任主任。1997 年 10 月，与经营部合署办公，张毅任经营部副主任，邢业会不再担任主任职务。1998 年 5 月，撤销清欠社会资金办公室，成立清欠公司，张毅任经理。

（二十八）成本管理部

1998 年 5 月，成立合同管理科，赵建华任主任。1998 年 7 月，李俊任主任。1999 年 3 月，姚烈卫任主任。2003 年 6 月，张毅任主任。2007 年 2 月，成立经营管理科，李玉龙任主任。2008 年 2 月，李学禹任主任。2013 年 1 月，姜艳杰任主任。2017年2月，杨振华任主任。2018年1月，撤销经营管理科，成立成本管理部，王少娟任主任。

(二十九)资质认证办公室

1998年11月，成立资料档案管理科，程秀明任科长。1999年3月，资料档案管理科与全面质量管理办公室合署成立资质档案管理科，程秀明任科长。1999年7月，成立综合研究室，与资料档案管理科合署办公，程秀明任主任。1999年12月，王飞龙任科长。2003年12月，资质档案管理科，成立资质认证办公室，王飞龙任主任。2006年4月，朱红漫任副主任，主持工作。2007年2月，资质认证办公室合并至总工程师办公室。

(三十)法律顾问室

1999年9月，成立法律顾问室，与合同管理科合署办公，姚烈卫任主任。2008年，外聘法律顾问后，随之撤销法律顾问室。

(三十一)质量保证部

2000年8月，成立贯标工作办公室，王飞龙任主任。2001年3月，撤销贯标工作办公室，成立质量保证部，王飞龙任主任。2002年，合并至总工程师办公室。

(三十二)工会办公室

2018年1月，成立工会办公室，葛江浩任主任。

二、事业发展中心

建队初期，实行分队建制制度。1993年2月9日，分队建制单位完全撤销。1958年3月～2018年1月，事业发展中心按成立时间简述如下。

(一)分队建制单位

1958年建队时有2个分队，至1958年底发展至6个分队。一分队驻潍坊，马成友任分队长，有职工160人左右。二分队驻莱西，后迁烟台、莱西、威海等地，赵志文任分队长，有职工120人左右。三分队驻济宁，徐寿臣任副分队长，有职工166人。四分队驻济南，王庆忠任分队长，有职工130余人。五分队驻莱芜，后迁泰安，刘国治任分队长，有职工150人左右。六分队驻临沂，王庆忠任分队长，有职工150人左右。

1961年2月，从二分队分出部分职工，在淄博张店成立七分队，张金良任副分队长，有职工77人。同时在济南组建八分队，李福奎任分队长，有职工30余人。

1961 年年底，由于国民经济困难时期，精简机构，压缩编制，将 8 个分队合并为 5 个分队。撤销了一分队，人员充实到三分队和六分队，六分队改为一分队，驻临沂。二分队与七分队合并，称“二分队”，驻淄博张店。三分队名称不变，驻济宁。四分队与五分队合并，称“四分队”，驻济南。八分队改称“五分队”，驻济南。

1962 年精简人员，又将 5 个分队合并为 3 个分队。四分队与五分队合并，称“一分队”，驻济南利农庄，1963 年迁平原，王庆忠、赵志文先后任分队长，有职工 300 余人。一分队与二分队合并，称“二分队”，驻淄博张店张钢北，王庆忠任分队长，有职工近 300 人。三分队名称不变，驻济宁马王庙街，后迁兖州凉水井村和肥城县桃园村，先后由王庆忠、张清林任分队长，有职工 200 余人。

“文化大革命”初期，各分队自动迁回济南，由两级核算改为一级核算。

1968 年 3 月，大队成立了生产指挥部。

1969 年 7 月，实行军事管制后，组编了 6 个野外生产连队、1 个机修连和车队。

1972 年 10 月，撤销连队，恢复两级核算管理，重新成立了 4 个分队。一分队驻青岛南泉，担负昌潍、烟台地区和青岛的工业供水、地热和国防三线供水勘查任务，杨永枝任分队长，有职工 160 余人。二分队驻聊城，担负北三区（山东省北部德州、聊城、惠民三个地区，2017 年分别为德州、聊城、滨州）农田供水勘查任务，李斌任分队长，有职工 210 余人。三分队驻淄博张店，担负淄博、临沂、济南地区的工业供水和国防三线供水勘查任务，刘仲良任分队长，有职工 180 余人。四分队驻邹县，担负泰安、济宁、菏泽地区的工业供水和国防三线及农田供水勘查任务，付义任分队长，有职工 150 余人。

1975 年 3 月，在济南成立了五分队，担负全省 1∶20 万区域水文地质编图任务，赵景云任分队长，有职工 70 余人。

1976 年 1 月，在省革委地质局水文地质队二、四分队的基础上分别组建了省革委地质局第二、第三水文地质队。将省革委地质局水文地质队一、三、五分队调整为省革委地质局第一水文地质队（八〇一队）4 个分队。一分队驻青岛，后迁济南，杨永枝任分队长，有职工 100 余人。二分队驻济南，白风海任分队长，有职工 40 余人。三分队驻淄博张店张钢北，后迁马尚基地，付义任分队长，有职工 150 人左右。四分队驻济南，赵景云任分队长。

1977 年 5 月，一分队合并于二分队，杨永枝任分队长，有职工 160 人左右。四分队改称“一分队”，白风海任分队长，有职工近 100 人。

1984 年 2 月，全部撤销 3 个分队，在大队成立地质分队和探矿分队，王喜煜和赵志玉分别任副队长；在淄博马尚基地设留守处，张德太任负责人。

1985 年 6 月,撤销地质分队和探矿分队。马尚基地留守处改称"淄博工区",梁兆先任副主任。

1985 年 12 月,在淄博马尚基地恢复淄博水文地质工程地质队(淄博队)的分队建制,梁兆先任队长。1989 年,侯英明任队长,有职工 99 人。

1989 年 2 月,成立济南水文地质工程地质队(济南队)、岩土工程地质队和物测队,3 个队均属分队级建制。队领导人实行招标聘任制,经济实行承包责任制。济南水文地质工程地质队负责济南等地区水文地质项目及水文地质勘查任务,聘李春青任队长,有职工 108 人。岩土工程地质队负责全队工程地质实施任务,聘王连祥任队长,有职工 31 人。物测队负责全队物探电法、物探测井、物探分析、测量等工作,聘张传起任队长,有职工 26 人。

1990 年 4 月 2 日,济南水文地质工程地质队、岩土工程地质队、淄博水文地质工程于质队撤销,1993 年 2 月 9 日,撤销物测队。至此,分队建制单位全部撤销。

(二)实验室

1958 年 3 月建队时设有化验室,由郎德垣负责,后改称"实验室"。1983 年 1 月,李斌任主任。1985 年 12 月,划归山东省水文地质总站。1986 年6 月,重建实验室。1987 年投入使用,由杨中健负责。1991 年 3 月,山东省地质矿产局第五探矿队实验室原建制全部人员和相应机械仪器设备、有关材料配件以及部分技术、经济、行政、事务管理人员调入八〇一队,由杨中健继续负责。1993 年 3 月,刘宗华任主任。1994 年 3 月,张水英任副主任。1995 年4 月,张水英任主任。2002 年～2018 年 1 月,实验室不再作为独立的科级部门,由岩土工程处负责管理。2002 年～2006 年 8 月,由孙洪君任负责。2006 年 8 月～2008 年 2 月,由史淑艳负责。2008 年 2 月～2018 年 1 月,由董淑娟负责。2018 年 1 月,实验室改为独立的科级部门,由董军(非中层干部)负责。

(三)修配加工厂

建队时,设有维修组,由供应科代管。1958 年 6 月成立修配车间,先后由任智任主任和沈芝山、冯国仁任副主任。1960 年 8 月,修配车间人员分配到各个分队,负责各个分队的维修工作,大队仅保留 1 个维修组。1969 年,恢复大队车间,先后由徐厚富、李风春、张清林、任智、寿田广、刘有森、韩震负责。1973 年以来,修配车间先后自制了墩管机、油压剪板压边机、捲管机、自动搪箍机、C620 机床、C630 机床等,通过小改小革自制了不少专用设备及工夹量具,既节约了资金,又解决了生产的急需。1976 年,车间与供应科合并成立后勤管理科。1981 年,恢复修配车间,陈士甲任主任。1984 年,陈士甲任主任。

为适应对外开放的需要，进一步增强车间的活力，1987 年 6 月修配车间改为修配加工厂，利用废料改制了启动箱，以适应电器设备的及时维修需要，陈士甲任厂长。1988 年 3 月，王春福任厂长。1989 年，厂房建筑面积 1029.59 平方米，有车工、钳工、锻工、电工、焊工、机汽修工、铣工等技术工人 40 多人，不仅能够承担各种钻探设备、运输车辆、机电设备的大、中、小修理，而且能够加工生产范围内的各种管材、钻杆、钻探机具和较复杂的零配件。1991 年 4 月，柳忠起任厂长。1994 年 3 月，修配加工厂改名地质机械厂，刘崇华任厂长。1995 年 4 月～1996 年 3 月，王春福任厂长。1997 年 12 月，王志坚任厂长。1999 年 1 月，该厂与设备物资运输部、机械设备租赁公司、恒能配件公司共同组建物资设备公司。

（四）淄博地质勘查院

1990 年 4 月，成立为淄博分院。1993 年 2 月，改称“淄博工程处”。1995 年 4 月，改称“淄博分院”。1999 年 2 月，地热技术开发中心与淄博分院合并，重新组建淄博分院。2002 年 2 月，改称“淄博分公司”。2006 年 5 月，改称“淄博分院”。2010 年，改称“淄博地质勘查院”。

表 1-1-13　　淄博地质勘查院沿革及历任负责人一览表

<table>
<tr><th>时间</th><th>单位名称</th><th>部门负责人</th></tr>
<tr><td rowspan="2">1990.4～1993.2</td><td rowspan="2">淄博分院</td><td>侯英明(1990.4～1992.3)</td></tr>
<tr><td>马圣基(1992.3～1993.2)</td></tr>
<tr><td rowspan="2">1993.2～1995.4</td><td rowspan="2">淄博工程处</td><td>侯英明(1993.2～1994.3)</td></tr>
<tr><td rowspan="2">邢业会(1994.3～1996.9)</td></tr>
<tr><td rowspan="3">1995.4～2002.1</td><td rowspan="3">淄博分院</td></tr>
<tr><td>佟光玉(1996.9～1997.3)</td></tr>
<tr><td rowspan="3">王　庚(1998.5～2006.9)
谈冀峥(2006.9～2009.2)
孙仕林(2009.2～2010.1)</td></tr>
<tr><td>2002.1～2006.5</td><td>淄博分公司</td></tr>
<tr><td>2006.5～2010.1</td><td>淄博分院</td></tr>
<tr><td rowspan="3">2010.1～—</td><td rowspan="3">淄博地质勘查院</td><td>谭现峰(2010～2011)</td></tr>
<tr><td>王　庚(2011.4～2016.3)</td></tr>
<tr><td>邵光宇(2016.3～—)</td></tr>
</table>

(五)物探工程部

1993年2月,成立物测工程处。1997年10月,并至地质勘察公司;1999年9月,成立物测工程公司。2001年3月,改称“物测工程处”。2002年1月,合并至地质技术开发中心。2005年5月,决定组建测绘工程处。2007年2月,改称“物测工程处”。2018年1月,物测工程处撤销,成立物探工程部。

表1-1-14　　物测工程部沿革及历任负责人一览表

<table>
<tr><th>时间</th><th>单位名称</th><th>部门负责人</th></tr>
<tr><td>1993.2～1997.10</td><td>物测工程处</td><td>张传起(1993.2～1996.8)</td></tr>
<tr><td>1997.10～1999.9</td><td>合并至地质勘察公司</td><td></td></tr>
<tr><td>1999.9～2001.3</td><td>物测工程公司</td><td rowspan="2">宋希利(1999.9～2002.1)</td></tr>
<tr><td>2001.3～2002.2</td><td>物测工程处</td></tr>
<tr><td>2002.1～2005.5</td><td>合并至地质技术开发中心</td><td></td></tr>
<tr><td rowspan="2">2005.5～2007.2</td><td rowspan="2">测绘工程处</td><td>彭玉明(2005.5～2006.4)</td></tr>
<tr><td>谭现锋(2006.4～2007.2)</td></tr>
<tr><td>2007.2～2018.1</td><td>物测工程处</td><td rowspan="2">李树荣(2007.2～—)</td></tr>
<tr><td>2018.1～—</td><td>物测工程部</td></tr>
</table>

(六)城市地质调查部

1990年4月,成立勘察处。1993年2月,改称“济南勘查处”。1995年8月,改称“地质勘察处”。1997年10月,地质勘察处与物测工程处合并,成立地质勘察公司,同时成立地热勘查开发公司。1999年3月,地质勘察公司分建水文勘察公司,地热勘查开发公司并入水文勘察公司。2000年3月,撤销水文勘察公司,成立环境工程院、地热勘查院、地下水勘查院。2001年3月,环境工程院改称“地质环境勘察处”,地热勘查院改称“地热勘察处”,地下水勘查院撤销。2002年1月,地质环境勘察处与地热勘察处合并,改称“地质技术开发中心”。2003年3月,改称“地质技术开发处”。2003年12月,撤销地质技术开发处,成立地质环境一处和地质环境二处。2007年2月,地质环境一处更名为“地质勘察处”。2010年1月,改称“水文地质勘查处”。2018年1月,水文地质勘查处撤销,成立城市地质调查部。

表 1-1-15　　城市地质调查部沿革及历任负责人一览表

<table>
<tr><th>时间</th><th>单位名称</th><th>部门负责人</th></tr>
<tr><td rowspan="2">1990.4～1993.2</td><td rowspan="2">勘察处</td><td>申勋烈(1990.4～1992.3)</td></tr>
<tr><td rowspan="2">张克迪(1992.3～1995.4)</td></tr>
<tr><td>1993.2～1995.4</td><td>济南勘查处</td></tr>
<tr><td>1995.4～1997.10</td><td>地质勘察处</td><td rowspan="2">刘德成(1995.4～1999.3)</td></tr>
<tr><td>1997.10～1999.3</td><td>地质勘察公司</td></tr>
<tr><td rowspan="3">1997.10～1999.3</td><td rowspan="3">地热勘查开发公司</td><td>任书才(1997.10～1998.5)</td></tr>
<tr><td>程秀明(1998.5～1998.11)</td></tr>
<tr><td>郭德英(1998.11～1999.3)</td></tr>
<tr><td rowspan="2">1999.3～2000.3</td><td rowspan="2">水文勘察公司</td><td>吴爱民(1999.3～1999.11)</td></tr>
<tr><td>郭德英(1999.11～2000.3)</td></tr>
<tr><td rowspan="3">2000.3～2001.3</td><td>环境工程院</td><td>武善文(2000.3～2001.3)</td></tr>
<tr><td>地热勘查院</td><td>杨丽芝(2000.3～2001.3)</td></tr>
<tr><td>地下水勘查院</td><td>李铁锡(2000.3～2001.3)</td></tr>
<tr><td rowspan="2">2001.3～2002.1</td><td>地质环境勘察处</td><td>刘国爱(2001.3～2002.1)</td></tr>
<tr><td>地热勘察处</td><td>杨丽芝(2001.3～2002.1)</td></tr>
<tr><td>2002.1～2003.3</td><td>地质技术开发中心</td><td rowspan="3">刘国爱(2002.2～2005.12)</td></tr>
<tr><td>2003.3～2003.12</td><td>地质技术开发处</td></tr>
<tr><td rowspan="2">2003.12～2007.2</td><td rowspan="2">地质环境一处</td></tr>
<tr><td rowspan="3">陆书南(2005.12～2017.3)</td></tr>
<tr><td>2007.2～2010.1</td><td>地质勘察处</td></tr>
<tr><td rowspan="2">2010.1～2018.1</td><td rowspan="2">水文地质勘查处</td></tr>
<tr><td>赵振华(2017.3～2018.1)</td></tr>
<tr><td>2018.1～—</td><td>城市地质调查部</td><td>于大潞(2018.1～—)</td></tr>
</table>

(七)郭店分院

1991 年 4 月,成立郭店分院,张福增任院长。1992 年 3 月,王春福任院长。1993 年 2 月,撤销郭店分院,成立郭店工程处。1994 年 3 月,张福增任主任。1997 年年底,郭店工程处撤销。

(八)基础工程部

1992 年 3 月,成立工程处。1993 年 2 月,改称“基础工程处”。1995 年 12 月,成立基础工程二处、锚固工程处。1996 年 1 月,成立工程施工处。1997 年 3 月,撤销锚固工程处、基础工程二处,成立锚固工程公司;撤销基础工程处,成立桩基工程公司;组建基础工程承包公司。1998 年 4 月,撤销工程施工处,成立第一项目经理部;撤销基础工程承包公司,成立第二项目经理部;成立第三项目经理部;成立第四项目经理部。1999 年 3 月,撤销桩基工程公司。1999 年 8 月第一项目经理部更名为“第一工程公司”,第二项目经理部更名为“第二工程公司”,第三项目经理部更名为“第三工程公司”,第四项目经理部更名为“第四工程公司”,第五项目经理部更名为“第五工程公司”。1999 年 10 月,成立第六工程公司。2000 年 8 月,撤销锚固工程公司。2000 年 8 月,成立第七工程公司。2001 年 3 月,将原第一至第七工程公司,调整为第一工程公司、第二工程公司、第三工程公司、第四工程公司。2001 年 4 月,撤销第三工程公司。2001 年 9 月,成立锚固工程公司。2002 年 1 月,撤销第一工程公司、第二工程公司、第四工程公司、锚固工程公司,组建基础工程公司。2003 年 12 月,增设基础工程处,基础工程公司合并至基础工程处。2010 年 1 月,改称“基础施工处”。2016 年 2 月,改称“基础工程处”。2018 年 1 月,基础工程处撤销,成立基础工程部。

表 1-1-16　　　　基础工程部沿革及历任负责人一览表

时间	单位名称	部门负责人
1992.3～1993.2	工程处	刘　炜(1992.3～1993.2)
1993.2～1997.3	基础工程处	李春青(1993.2～1995.4)
		邹富营(1995.4～1996.1)
		吴月明(1996.1～1997.3)
1995.12～1997.3	基础工程二处	李金乙(1995.12～1997.3)
1995.12～1997.3	锚固工程处	赵业臣(1995.12～1997.3)
1996.1～1998.4	工程施工处	曹永征(1996.1～1998.4)
1997.3～2000.8	锚固工程公司	赵业臣(1997.3～2000.8)
1997.3～1999.3	桩基工程公司	段宗林(1997.3～1998.3)
		邹富营(1998.3～1999.3)
1997.3～1998.4	基础工程承包公司	吴月明(1997.3～1998.4)

续表

时间	单位名称	部门负责人:任职时间
1998.4～1999.8	第一项目经理部	曹永征(1998.4～1999.8)
	第二项目经理部	吴月明(1998.4～1999.8)
	第三项目经理部	李万尧(1998.4～1999.8)
	第四项目经理部	刘子明(1998.4～1999.8)
1999.8～1999.8	第五项目经理部	李法春(1999.8～1999.8)
1999.8～2002.1	第一工程公司	曹永征(1999.8～2002.1)
	第二工程公司	吴月明(1999.8～2002.1)
1999.8～2001.4	第三工程公司	李万尧(1999.8～2001.4)
1999.8～2002.1	第四工程公司	刘子明(1999.8～2001.3)
		高锡钢(2001.3～2002.1)
1999.8～2001.3	第五工程公司	李法春(1999.8～2001.3)
1999.10～2001.3	第六工程公司	高锡钢(1999.10～2002.1)
2000.8～2001.3	第七工程公司	李金乙(2000.8～2001.3)
2001.9～2002.1	锚固工程公司	赵业臣(2001.9～2002.1)
2002.1～2003.12	基础工程公司	刘德成(2002.1～2002.10)
	基础工程处	高锡刚(2002.10～2006.9)
2003.12～2018.1		谭现峰(2006.9～2010.1)
		杨　颖(2010.1～—)
2018.1～—	基础施工部	

(九)青岛地质勘查院

1993 年 5 月,成立青岛办事处。1997 年 1 月,青岛办事处的工作由基础工程处负责。2000 年 3 月,成立青岛分院。2000 年 9 月,成立青岛基础公司。2002 年 2 月,青岛分院和青岛基础公司合并为青岛分公司。2002 年 5 月,成立青岛项目部。2003 年 3 月,青岛项目部合并至青岛分公司。2006 年 4 月,青岛分公司改称“青岛分院”。2018 年 1 月,青岛分院撤销,成立青岛地质勘查院。

表 1-1-17　　青岛地质勘查院沿革及历任负责人一览表

时间	单位名称	部门负责人:任职时间
1993.5～1996.1	青岛办事处	李祥芝(1993.5～1994.3)
		王德辉(1994.3～1995.4)
		赵业臣(1995.4～1995.12)
		赵建华(1996.1～1997.1)
1997.1开始	青岛办事处工作由基础工程处负责	
2000.3～2002.2	青岛分院	李风顺(2000.3～2018.1)
2000.9～2002.1	青岛基础公司	
2002.2～2006.4	青岛分公司	
2002.5～2003.3	青岛项目部	
2006.4～2018.1	青岛分院	
2018.1～—	青岛地质勘查院	王宝春(2018.1～—)

(十)经营部

1994年3月,成立经营部,赵一康任主任。1997年10月,与清欠社会资金办公室合署办公,赵建华任副主任,主持经营部工作。1998年7月,撤销经营部。1998年11月,重建经营部,为二级独立核算单位,实行自主经营、自负盈亏、按承揽项目合同额及实现计划利润提取经营费用的内部承包办法,吴敬辉任经理。1999年3月,李法春任经理。1999年8月,改称"第五项目部"。2002年2月,成立经营管理部,朱学顺任主任。2002年10月,赵永安任主任。2003年12月,撤销经营部。

(十一)生态地质工程部

1995年,成立供排水工程处。1997年3月,改称"供水工程公司"。1999年12月,改称"第一供水工程公司",成立第二供水工程公司。2001年3月,第一供水工程公司、第二供水工程公司合并为供水工程处。2002年1月,改称"供水工程公司"。2003年3月,增设供水工程处。2005年2月,撤销供水工程公司。2005年5月,成立山东省地矿工程勘察院章丘分院,内部按章丘分公司管理,原供水工程处整建制并入章丘分公司,一套人马两块牌子。2007年2月,改称"供水工程处"。2008年2月,供水工程处更名为"钻井施工公司"。2015年12月,钻井施工公司更名为"地质工程处"。2018年1月,撤销地质工程处，成立生态地质工程部。

表 1-1-18　　　　生态地质工程部沿革及历任负责人一览表

时间	单位名称	部门负责人
1995.4～1997.3	供排水工程处	柳忠起(1995.4～1997.10)
1997.3～1999.12	供水工程公司	佟光玉(1997.10～1999.3)
		吴敬辉(1999.3～1999.12)
1999.12～2001.3	第一供水工程公司	
	第二供水工程公司	刘德成(1999.12～2002.1)
2001.1～2002.1	供水工程处	
2002.1～2003.3	供水工程公司	刘玉仙(2002.1～2018.1)
2003.3～2005.2		
	供水工程处	
2005.2～2007.2	章丘分院	
2007.2～2008.2	供水工程处	
2008.2～2015.12	钻井施工公司	
2015.12～2018.1	地质工程处	
2018.1～—	生态地质工程部	刘玉想(2018.1～—)

(十二)机械设备租赁公司

1997 年 3 月，成立机械设备租赁公司，华伟阳任经理。1999 年 1 月，该公司与设备物资运输部、地质机械厂、恒能配件公司共同组建物资设备公司。

(十三)建筑安装工程公司

1997 年 10 月，成立建筑安装工程公司，李信培任经理。1998 年 11 月，李信培不再担任经理职务。1999 年 9 月，武勇任经理。2001 年 3 月，改称“建筑安装工程处”，武勇任主任。2002 年 2 月，合并至基础工程公司。

(十四)物资公司

1999 年 1 月，设备物资运输部、机械设备租赁公司、地质机械厂、恒能配件公司共同组建物资设备公司。1999 年 8 月，改称“实业公司”。2000 年 3 月，华伟阳任主任。2001 年 6 月，李建国任实业公司经理，程海东任设备租赁公司经理。2004 年 8 月,原山东泰山地矿装备总公司、浩地公司、山水旅行社、恒通公司内部合并组建物资公司,物资公司下设办公室、财务部、租赁公司、经销公司、机械厂、山水旅行社,肖平任物资公司经理,满旭波任租赁公司经理,公路军任经销公司经理,陈杰克任机械厂厂长,王京周任山水旅行社经理。2005 年 2 月,姚烈卫任物资公司经理。2007 年 2 月,李建国任经理。2016 年 1 月,董吉林任经理。2017 年 8 月,李建国任经理。2018 年 1 月,李庆彬任经理。

(十五)岩土工程部

1999 年 3 月,地质勘察公司分建工程勘察公司。1999 年 3 月,成立工程承包公司。1999 年 8 月,成立岩土工程公司。2000 年,岩土工程公司改称“岩土工程处”。2001 年 5 月,岩土工程处和工程勘察处合并,成立岩土工程勘察处。2002 年 11 月,改称“岩土工程公司”。2003 年 3 月,增设岩土工程处。2003 年 12 月,岩土工程公司合并至岩土工程处。2018 年 1 月,岩土工程处撤销,成立岩土工程部。

表 1-1-19　　岩土工程部沿革及历任负责人一览表

<table>
<tr><th>时间</th><th>单位名称</th><th>部门负责人</th></tr>
<tr><td rowspan="2">1999.3～2001.3</td><td rowspan="2">工程勘察公司</td><td>刘德成(1999.3～1999.12)</td></tr>
<tr><td>孙玉松(1999.12～2001.3)</td></tr>
<tr><td>1999.3～1999.8</td><td>工程承包公司</td><td>王宝春(1999.3～1999.8)</td></tr>
<tr><td>1999.8～2003.12</td><td>岩土工程公司</td><td>胡克祯(1999.8～2001.5)</td></tr>
<tr><td>2001.3～2001.5</td><td>工程勘察处</td><td>孙玉松(2001.3～2001.5)</td></tr>
<tr><td>2001.3～2001.5</td><td>岩土工程处</td><td rowspan="2">胡克祯(2001.3～2002.1)</td></tr>
<tr><td>2001.3～2002.1</td><td>岩土工程勘察处</td></tr>
<tr><td>2002.1～2003.3</td><td rowspan="2">岩土工程公司</td><td rowspan="2">胡克祯(2002.1～2003.12)</td></tr>
<tr><td>2003.3～2003.12</td></tr>
<tr><td rowspan="3">2003.12～2018.1</td><td rowspan="3">岩土工程处</td><td>彭玉明(2003.12～2006.4)</td></tr>
<tr><td>曾纯品(2006.4～2015.12)</td></tr>
<tr><td>武法伟(2016.1～2018.1)</td></tr>
<tr><td>2018.1～—</td><td>岩土工程部</td><td>雷炳霄(2018.1～—)</td></tr>
</table>

(十六)印务部

2000年6月,组建印务部。印务部实行内部合伙经营、独立核算、自负盈亏的经营方式,按照利益共享、风险共担的原则,启动资金由发起人、公司内部个人自愿筹款以及其他方式筹措解决,发起人刘国爱担任印务部主任,全面负责其印务工作。2001年3月,印务部归地质环境勘察处管理。

(十七)水文地质调查部

2002年1月,成立山东省水文地质环境地质调查中心(简称"水环中心")。2003年3月,程秀明任主任。2005年2月,任书才任主任。2005年9月,李家田任主任。2006年4月～2016年,省勘局地质勘查处调研员康凤新,副处长李吉胜、滕德宾先后担任水环中心主任。李常锁(2006年4月～2015年3月)、秦品瑞(2015年3月～2016年1月)、陈奂良(2016年2月～2017年2月)任水环中心副主任,主持水环中心日常工作。2017年2月,陈奂良任主任。2018年1月,水环中心撤销,成立水文地质调查部,陈奂良任主任。

(十八)山东地矿(齐河)地热开发中心

2002年6月,成立山东地矿(齐河)地热开发中心,任书才任主任。2005年2月,该地热开发中心撤销,其人员合并至水文地质环境地质调查中心。

(十九)地灾防治工程部

2003年12月,成立地质环境二处。2008年2月,改称"矿产资源勘察处"。2010年1月,改称"固体矿产勘查处"。2011年1月,改称"地质灾害防治研究所"。2016年2月,改称"地质灾害防治工程处"。2018年1月,撤销地质灾害防治工程处,成立地灾防治工程部。

表 1-1-20　　地灾防治工程部沿革及历任负责人一览表

时间	单位名称	部门负责人
2003.12～2008.2	地质环境二处	赵永安(2003.12～2016.1)
2008.2～2010.1	矿产资源勘察处	
2010.1～2011.1	固体矿产勘查处	
2011.1～2016.1	地质灾害防治研究所	
2016.1～2018.1	地质灾害防治工程处	赵志强(2016.1～—)
2018.1～—	地灾防治工程部	

(二十)阳光招标公司

2005 年 3 月成立济南鲁地阳光招标有限公司。2005 年 3 月～10 月，姜春永任经理。2005 年 10 月～2017 年 5 月，朱振居任经理。2017 年 5 月，彭双任经理。

(二十一)环境地质勘查部

2006 年 4 月，成立地质环境三处。2013 年 1 月，改称“地质环境勘察处”。2017 年 8 月，与青海分院合并，组建新的环境地质勘查处。2018 年 1 月，撤销环境地质勘查处，成立环境地质勘查部。

表 1-1-21　　环境地质勘查程部沿革及历任负责人一览表

<table>
<tr><th>时间</th><th>单位名称</th><th>部门负责人</th></tr>
<tr><td>2006.4～2008.2</td><td>地质环境三处</td><td rowspan="2">李家田(2006.4～2013.1)</td></tr>
<tr><td>2008.2～2013.1</td><td>地质环境勘察处</td></tr>
<tr><td>2013.1～2017.8</td><td>环境地质勘查处</td><td>刘建胜(2013.1～2017.8)</td></tr>
<tr><td>2017.8～2018.1</td><td>与青海分院合并组建新的环境地质勘查处</td><td rowspan="2">彭　凯(2017.8～—)</td></tr>
<tr><td>2018.1～—</td><td>环境地质勘查部</td></tr>
</table>

(二十二)新能源地质勘查部

2006 年 9 月，成立地热公司。2007 年 2 月，改称“地热工程处”。2010 年 1 月，改称“地热勘察开发设计院”。2016 年 2 月，改称“地热公司”。2018 年 1 月，撤销地热公司，成立新能源地质勘查部。

表 1-1-22　　新能源地质勘查部沿革及历任负责人一览表

<table>
<tr><th>时间</th><th>单位名称</th><th>部门负责人</th></tr>
<tr><td>2006.9～2007.2</td><td>地热公司</td><td rowspan="2">李海波(2006.9～2008.2)</td></tr>
<tr><td rowspan="2">2007.2～2010.1</td><td rowspan="2">地热工程处</td></tr>
<tr><td>高锡刚(2008.2～2010.1)</td></tr>
<tr><td>2010.1～2016.2</td><td>地热勘察开发设计院</td><td>彭玉明(2010.1～2011.1)
高锡刚(2011.1～2016.2)</td></tr>
<tr><td>2016.2～2018.1</td><td>地热公司</td><td>赵　成(2016.2～2018.1)</td></tr>
<tr><td>2018.1～—</td><td>新能源地质勘查部</td><td>韩建江(2018.1～—)</td></tr>
</table>

(二十三)矿山环境勘查处

2008 年 2 月，成立地热技术开发中心，孙仕林任主任。2009 年 2 月，合并至淄博分院。2010 年 4 月，从淄博分院分出，成立矿山环境勘查处，孙仕林任主任。2013 年 1 月，与 2011 年 1 月成立的地质矿产勘查处合并，更名为“地质矿产处”，孙仕林任处长。

(二十四)探矿工程处

2011 年 1 月，成立探矿工程处，谈冀峥任处长。2013 年 1 月，宋恩武任处长。2018 年 1 月，撤销探矿工程处，人员合并至矿产与新能源地质中心。

(二十五)生态环境调查部

2011 年 1 月，成立水文地质研究所，韩建江任所长。2016 年 2 月，改称“地下水与环境工程处”，李传磊任副处长(主持工作)。2017 年 2 月，李传磊任处长。2018 年 1 月，撤销地下水与环境工程处，成立生态环境调查部，刘同喆任主任。

(二十六)勘察施工处

2011 年 1 月，成立勘察施工处，杨世强任处长。2013 年 1 月，王宝春任处长。2018 年 1 月，撤销勘察施工处，人员合并至青岛地质勘查院。

(二十七)地质矿产勘查部

2011 年 1 月，成立地质矿产勘查处。2013 年 2 月，与矿山环境勘查处合并，更名为“地质矿产处”。2018 年 1 月，撤销地质矿产处，成立地质矿产勘查部。

表 1-1-23　　地质矿产勘查部沿革及历任负责人一览表

时间	单位名称	部门负责人
2011.1～2013.1	地质矿产勘查处	李海波(2011.1～2013.1)
2013.2～2018.1	地质矿产处	孙仕林(2013.2～2017.2)
		赵忠义(2017.2～2018.1)
2018.1～—	地质矿产勘查部	栾元滇(2018.1～—)

(二十八)青海分院

2013 年 1 月，成立青海分院。2013 年 1 月～2015 年 2 月，甄学贞任院长。2015 年 2 月～2018 年 1 月，彭凯任院长。2017 年 8 月，与环境地质工程处合并至成新的环境地质工程处。

(二十九)内蒙古分院

2013年1月,成立内蒙古分院。2013年1月～2017年2月,顾伟任院长。2017年2月～2018年1月,栾元滇任副院长(主持工作)。2018年1月,撤销内蒙古分院,人员合并至地质矿产勘查部。

(三十)新能源开发部

2014年10月,成立地矿地热设计公司淄博分公司,徐士民任副经理。2018年1月,撤销该分公司,成立新能源开发部,徐士民任副经理。

(三十一)矿泉水事业部

2016年2月,成立矿泉水综合开发办公室,柳珂任副主任。2017年2月,柳珂任主任。2018年1月,撤销矿泉水综合开发办公室,成立矿泉水事业部,柳珂任经理。

(三十二)生态环境调查部

2016年10月,成立水土污染调查修复中心,李常锁任主任。2018年1月,撤销水土污染调查修复中心,人员合并至生态环境调查部。

(三十三)泉水保护研究部

2018年1月,成立泉水保护研究部,李传磊任主任。

(三十四)城市地质信息部

2018年1月,成立城市地质信息部,徐秋晓任副主任,主持工作。

三、非常设机构

截至2018年1月,共设有2个非常设部门。

(一)山东省水环置业有限公司

2011年10月,成立山东省水环置业有限公司,为山东省地矿工程勘察院投资成立的国有独资公司,注册资本2000万元。2011年10月～2014年4月,侯新文任董事长。2014年4月,赵长河任董事长。2011年10月～2015年2月,秦耀军任总经理。2015年2月,赵长河(兼任)总经理。2011年10月,秦泗海任副总经理。

(二)史志办

2016年10月,根据省地勘局《关于开展〈山东地矿六十年志(1958～

2018)〉编纂工作的通知》要求，为编纂八〇一队志及省地勘局志水文地质篇，成立编纂委员会，负责史志编纂的组织领导、大纲审定、成稿核定以及重大历史问题的审核确定。赵长河任主任，赵玉祥、彭玉明任副主任。队志主编赵长河，副主编赵玉祥，执行主编彭玉明。编纂委员会下设编纂委员会办公室和编辑办公室，分别由李常锁和尚宇宁任主任。2017 年 10 月，编纂委员会调整，彭玉明任主任，李常锁任副主任；队志主编彭玉明，副主编李常锁，执行主编尚宇宁。2018 年 1 月，为加强管理，更好地完成编纂任务，成立史志办，尚宇宁任副主任，主持工作。

第四节　队属公司

建队以来，共成立队属公司 18 个。截至 2017 年，正常经营的企业 11 个，非正常经营的企业 3 个，吊销企业 4 个。主要经营范围为水文地质、环境地质、工程地质及探矿、测量等工作。

一、正常经营企业

（一）山东省地矿工程勘察院

1990 年 3 月 7 日成立，以八〇一队为投资主体。2018 年 3 月 21 日核准，为注册资本 3500 万的全民所有制企业，法人代表彭玉明，注册地址在济南市经十东路 13632 号，设有分支机构：青岛分院、枣庄分院、贵州分院。经营范围：承包与其实力、规模、业绩相适应的国外工程项目；对外派遣实施上述境外工程所需的劳务人员；进出口业务；资质证书批准范围内的地质勘查；工程勘察；地质地矿技术开发、咨询服务；地质灾害治理工程设计、勘查、评估、施工；环保工程、土壤修复与治理；地基与基础工程专业承包壹级施工；机电安装；测量工程勘察。

（二）山东省地矿物资总公司

1992 年 3 月 14 日成立，以省地矿局为投资主体，是注册资本 689 万元的全民所有制企业。注册地址在济南市历下区解放东路 61 号。设有分支机构：山东省地矿物资总公司地矿产品经营部。经营范围：汽车销售；建筑材料、金属材料、机械设备、仪器仪表、野外生活装具、木材、钢材、办公设备、通信器材（不含无线电发射设备）、计算机、配件及耗材、电动自行车、钻机、钻具、泥浆泵、机电器材、汽车配件、橡胶制品、低压电器、食品、劳保用品、玻璃制品、化工产品(不含危险化学品)、工艺品、电子产品、五金交电、纺织、服装、日用品、化妆品及卫生用品、无人机、软件的销售;非金属矿产品(不含国家限制产品)及多种经营产品的开发、加工、销售;地质探采加工设备租赁、机械设备租赁、电器仪表修理、地矿技术咨询;房屋租赁;机械设备及配件的加工、维修;备案范围进出口业务;信息技术服务。2004年6月,划归八〇一队管理,投资主体变更为八〇一队,工商登记未做变更。

(三)山东省恒通地矿设备有限公司

1998年8月1日成立,以八〇一队为投资主体(工商登记为山东省地矿工程勘察院及8个自然人),是注册资本60万元的其他有限责任公司。注册地址在济南市历下区浆水泉路15号。经营范围:钻机、钻具、泥浆泵、机电器材、汽车配件、橡胶制品、低压电器、仪器仪表的销售;机械配件、篷布加工;钻机租赁。

(四)山东山水旅行社

1998年4月9日成立,以八〇一队为投资主体(工商登记为山东省地质矿产勘查开发局),是注册资本30万元的全民所有制公司。注册地址在济南市历下区历山东路78号。经营范围:国内旅游和入境旅游组织、接待业务;会议服务;工艺美术品、珠宝首饰、玉器、金银首饰、陶瓷制品、保健食品、食品、五金交电、日用品、百货、劳防用品、家居用品、服装鞋帽、鲜活水产品、办公用品、计算机耗材。2004年6月,划归八〇一队管理,投资主体变更为八〇一队,工商登记未做变更。

(五)山东省地矿地热勘查开发设计有限公司

2010年11月28日成立,以山东省地矿工程勘察院为投资主体,是注册资本800万元的有限责任公司。注册地址在济南市经十东路294号。经营范围:地热资源和浅层地温能的综合研究;地源热泵系统的设计咨询、设备制造、安装施工;水文地质、工程地质、环境地质勘查与评价;地热资源开发、地温空调、供暖、淡水养殖、温泉洗浴。

(六)济南鲁地阳光招标有限公司

2005年3月15日成立,以山东省地矿工程勘察院为投资主体,是注册资本500万元的有限责任公司(自然人投资或控股的法人投资)。注册地址在济南市历下区经十东路294号4层402室。经营范围:政府采购法规定的货物、工程和服务的政府采购项目代理业务及政府采购咨询服务业务;货物和服务招标;竞争性谈判;询价等采购代理业务的技术咨询服务;工程招投标代理。

(七)山东省水环置业有限公司

2011 年 10 月 21 日成立，以山东省地矿工程勘察院为投资主体，是注册资本为 2000 万元的有限责任公司(法人独资)，注册地址在淄博市张店区马尚街 1 号。经营范围:房地产开发，土地整理。

(八)山东金利地质勘察有限公司

2007 年 10 月 17 日成立，以山东省地矿地热勘查开发设计有限公司为投资主体，是注册资本为 500 万元的有限责任公司(非自然人投资或控股的法人独资)，注册地址在济南市历下区解放东路 61 号。设有分支机构:山东金利地质勘察有限公司青岛分公司。经营范围:地质工程监理及技术咨询服务；以自有资金对矿业项目进行投资(未经金融监管部门批准，不得从事吸收存款、融资担保、代理客户理财等金融业务)。

(九)山东地矿生态资源开发有限公司

2016 年 11 月 24 日成立，以山东省地矿工程勘察院出资比例 90%、沂源宏鼎资产经营有限公司出资比例 10%为投资主体，是注册资本 100 万元的其他有限责任公司。注册地址在山东省淄博市沂源县沂源县城建源时代新村 5 号楼 2 单元 402 号。经营范围:矿泉水生产、销售；谷物种植、销售；豆类、油料、薯类作物种植、销售；蔬菜、食用菌及园艺作物种植、销售；水果作物种植、销售；坚果、食油果、香料和饮料作物种植、销售；中药材作物种植、销售；餐饮；住宿；会议及展览服务；开展农业休闲观光旅游；果实采摘；体能拓展训练服务。

(十)山东鲁源矿业投资有限公司

2008 年 3 月 24 日成立，以山东省地矿工程勘察院出资比例 13.5%、威海国际经济技术合作股份有限公司出资比例 16.5%、深圳中航资源有限公司出资比例 70%为投资主体，是注册资本 1.45 亿的有限责任公司。注册地址在济南市历下区解放东路 61 号。经营范围:对矿业、基础设施、运输及相关行业的投资业务；地质勘查技术咨询服务。

(十一)内蒙古鲁峰地质勘查有限公司

2012 年 8 月 14 日成立，以山东省地矿工程勘察院出资比例 52%、郝子昌出资比例 48%为投资主体，是注册资本 1000 万元的有限责任公司。注册地址在内蒙古自治区赤峰市新城区皇家帝苑小区 12-40 地块 14-22 轴商厅。经营范围:地质勘查。

二、非正常经营企业

(一)刚果华地矿业有限公司(刚果共和国)

2009 年 5 月 26 日成立,以山东省地矿工程勘察院为投资主体,是注册资本 10 万美元的境外独资企业,投资总额 20 万美元。注册地址在刚果(布)。经营范围:矿业资源的勘查、开采及其使用,地质工程勘查,地质技术咨询等。

(二)山东地矿国际工程有限公司

2004 年 6 月成立,以山东省地矿工程勘察院为投资主体,是境外独资企业。注册地址在加纳。经营状况:因公司经营状况一直不理想,管理不规范,未能实现公司成立的预期目标。2009 年年初,撤回驻公司人员并进行清理,但因种种原因,无法办理公司注销事宜。

(三)山东华地工程有限公司(阿尔及利亚)

2009 年 4 月 18 日成立,以山东省地矿工程勘察院为投资主体,是注册资本 15 万美元的境外独资企业,投资总额 100 万美元。注册地址在阿尔及尔市达乐贝达第 28 小区 2 号。经营范围:基础施工、桩基监测、岩土工程地质勘查、水井施工、环境影响评价、地质勘查、矿产资源开发利用、矿产品进出口贸易、地质技术咨询、物资进出口业务。

三、吊销企业

(一)山东省鲁地贸易公司

1993 年 2 月 25 日成立,由八〇一队投资兴办的集体企业,企业住所在济南市解放路 93 号,注册资本 54 万元。经营范围:企业零部件、五金交电、建筑材料、钢材、木材、橡胶制品、摩托车、电工器材、装饰型材及贴面材料、普通机械、日用百货销售;地质勘查技术开发咨询。2002 年停业。2004 年 12 月 30 日,由于未接受年度检验,营业执照和组织机构代码证被吊销。

(二)山东省鲁地篷布厂

1982 年 8 月 25 日成立,由八〇一队投资兴办的集体企业,注册资本 14 万元。注册地址在济南市历山东路 78 号。2002 年以前吊销,因资料未移交,工商部门查询不到企业信息,该企业是否注销尚不清楚。

(三)山东大华星通信科技开发公司

1996 年 11 月 16 日成立,由八〇一队(35 万元)和济南畅达公司(10 万元)合资兴办,注册资本 45 万元,根据 2011 年企业清理工作报告,实际投资 35 万元,注册地址在济南市解放路 93 号。因资料未移交,工商部门查询不到企业信息,该企业是否注销尚不清楚。

(四)山东省非金属矿业公司

1990 年 4 月 11 日成立,由山东省地矿工程勘察院出资成立的全民所有制企业,注册资本 36 万元,企业住所在济南市浆水泉路 15 号。经营范围:非金属矿产品深加工、技术开发、技术转让、服务、咨询;钻掘设备修理;五金建材销售。2004 年起不再经营。2006 年 12 月 28 日,营业执照和企业代码证已被吊销。国税、地税已注销完毕。

第二章　管理工作

从行政、技术、财务、资本、经营、人事劳动、审计与法务、安全、离退休、基地建设等方面记述管理工作。

第一节　行政管理

一、管理体制

行政管理大致经历了四个阶段的演变：1958～1965年，中国共产党领导下的队长分工负责制；1966～1977年，“文化大革命”期间的行政管理体制；1978～1985年，队党委领导下的队长负责制；1986年至今，行政领导（队长、院长）负责制。

（一）队长分工负责制

1958～1965年，由党总支（1958年9月，改称“党委”）负责领导全面工作，设队党总支（党委）书记，对全队工作统一领导。

在该体制下，实行大队、分队两级管理。建队初期，下设党、政、技术、管理科室21个，修配加工厂和分队。分队设有支部书记兼任分队长，另设有副分队长多名。分队按照生产区域划分，驻地分布在省内各地。受政策及社会经济条件变化影响，分队几经合分，但总体领导体制没有变化。

（二）“文化大革命”期间的行政管理体制

1968年12月30日，成立大队革命委员会，由革委会主任（军代表）对全队工作实行一元化领导。1969年7月，实行军事管制，成立当地核心领导小组，全队实行军管领导。

“文化大革命”期间，两级核算改为一级核算，分队制取消，开始实行连队制，组编了 6 个野外生产连队、1 个机修连队和车队。

1968 年 3 月，大队成立生产指挥部。

1969 年 7 月，实行军事管制后，组编了 6 个野外生产连队、1 个机修连和车队。

1972 年撤销连队，恢复两级核算管理，重新设立了 4 个分队，但管理体制仍为军管领导。

（三）队长负责制

“文化大革命”结束以后，行政管理体制重新回到党委领导下的队长负责制和职工代表大会制。

执行党委领导下的队长负责制，进一步加强了党的领导，并进一步改变了党政不分的状况。凡属有关全队的重大事情，都由党委集体讨论决定，但属于生产、行政方面的问题，由队长负责执行。队长负责全面的生产行政工作，副队长具体分工。属于党的工作，由党委行文，政治处办理。

在党委的领导下，职工代表大会制度进一步健全。大会主要审议队行政工作报告和提案征集处理报告，对重要提案进行表决并形成决议。通过职工代表大会制度使职工群众当家做主管理企业的权利得到进一步发挥。

（四）行政领导（队长、院长）负责制

1986 年 9 月 8 日，经局批准，实行队长负责制，确立了队长在企业中的中心地位与在生产经营活动中的指挥权和决策权。实行队长负责制之后，队行政中层干部实行聘任制；实行多种经济责任制；制定目标责任制，在全队实行目标管理；推行地质项目管理。

2014 年 7 月 8 日，根据局《山东省地矿局关于加强局属地勘单位“三总师”管理的意见》，院（队）设置总工程师、总经济师、总会计师，从三个方面辅助院（队）长加强队伍的质量、经济、财务等管理，提高管理水平。

二、管理部门及职能

1960 年设队长办公室，机构名称几经变化，2018 年改称“行政办公室”。

职能：协助院领导处理和安排全队（院）的日常行政事务，协调处理各管理部门之间的工作，及时了解工作情况和工作动态。负责对重大决定、决策、决议执行情况、来文及其他事项的批转、催办、督查落实等工作。负责组织安排起草或审核以队（院）名义下发、上报的行政公文、工作总结、领导讲话和报告等。负责历年文件的归档、存档、档案管理工作。负责筹备安排大型会议的召开和重要活动的筹划。负责日常会议的会务工作。负责安排来访领导和外来公务人员的接待、队(院)领导业务招待安排和管理部门业务招待费审核管理工作。负责院信访接待工作。负责机关公务用车的调度工作,做好对驾驶员的安全教育等日常管理工作。负责车辆年审和年检工作等。

三、主要行政管理制度

1959 年,印发《保密管理的若干规定(草案)》。

1963 年,印发《大队及分队职能科室职权范围及会议汇报制度实行草案》。

1966 年 5 月 16 日,印发《认真贯彻执行"仓库管理办法(草案)"》。

1999 年 6 月 1 日,印发《山东省地矿工程集团公司印章使用办法》。

1999 年 6 月 3 日,印发《山东省地矿工程集团公司业务招待费管理办法》。

1999 年 6 月 3 日,印发《山东省地矿工程集团公司公文处理办法》。

1999 年 7 月 29 日,印发《山东省地矿工程集团公司会议制度》。

2001 年 7 月 2 日,印发《山东省地矿工程勘察院公文处理办法》。

2003 年 12 月 26 日,印发《文件档案管理办法》。

2007 年 2 月,印发《业务招待费管理办法》《差旅费管理办法》《办公用品管理办法》。

2007 年 3 月 29 日,印发《通讯管理办法》。

2008 年 7 月 10 日,印发执行《印鉴使用管理办法》。

2017 年 9 月 20 日,印发《山东省地矿局八〇一水文地质工程地质大队招待费、会议费、培训费财务报销有关规定》。

四、行政档案管理

(一)主要管理制度

1963 年,印发《关于"清查整理地质资料和建立健全地质资料"的通知》,包含地质资料清理办法的初步意见和地质队地质档案暂行管理办法。

2003 年 12 月 26 日,印发《文件档案管理办法》。

(二)管理人员

1958～2018 年,主要档案人员有王佩苗、张仲秋、王玉娟等。

第二节　技术管理

一、主要职能

主要职能为:协助总工程师负责全院的技术质量服务管理工作;协助总工程师负责对各事业发展中心和分院总工程师进行管理服务工作;负责对事业发展中心和分院进行质量考核工作、重要财政项目的立项工作、专业技术奖项的申报及管理工作;负责资质管理工作,会同有关部门和事业发展中心共同做好各类资质的申报、延续、年检、变更、升级、换证等工作,做好资质章的印鉴使用和维护管理工作;负责科研基金项目的管理工作,科技创新平台的管理工作,组织申报各级科级创新平台,对已申报成功的平台进行维护、管理;做好高水平科技创新团队的服务管理工作;负责地质资料的管理、借阅工作;组织做好地质资料的归档、汇交工作;负责矿权申请、登记、管理等工作。

二、主要管理制度

1958 年 5 月 14 日,印发《钻探操作暂行规程使用和执行的几项规定》。

1959 年 5 月 6 日,印发《保密工作暂行规定(草案)》。

1961 年 5 月 24 日,印发《严格对外收集资料的手续》。

1963 年 12 月 24 日,印发《关于清查整理地质资料和建立健全地质档案的通知》。

1973 年 3 月 7 日,制定了《质量检查验收制度》和《设计报告的编写和审批制度》两个制度。

1979 年 12 月 17 日,印发《地质科技成果管理暂行规定》。

1991 年 5 月 25 日,印发《建立健全院全面质量管理体系的通知》。

1993 年 5 月 17 日,印发《工程勘察设计、报告审查的有关规定》。

1995 年 5 月 26 日,印发《山东省地矿工程勘察院工程勘察与施工管理资质管理规定》。

1995 年 5 月 26 日,印发《工程勘察与施工资质管理规定》。

1995 年 9 月 4 日,印发《施工项目实行项目经理负责制暂行办法》。

1995 年 12 月 20 日,印发《申请矿产资源勘查许可证管理办法》。

1996 年 7 月 23 日,印发《关于加强我队档案管理工作的通知》。

1997 年 8 月 8 日,印发《工程地质勘察资质暂行管理办法》。

1999 年 9 月 20 日,印发《关于实行工程投标审查的规定》。

1999 年 12 月 6 日,印发《工程勘察、施工资质管理办法》。

2008 年 1 月,印发《资质管理办法》。

2000 年 4 月 28 日,印发《工程施工管理(暂行)办法》。

2000 年 5 月 8 日,印发《关于严格标书、设计及成果报告审查管理的通知》。

2004 年 12 月 30 日,印发《进一步加强保密工作的通知》。

2010 年 3 月,印发《地质勘查项目管理办法》。

2011 年 3 月,印发《资质借阅程序》。

2012 年 7 月 16 日,印发《地质勘查质量管理考核暂行办法》。

2012 年 8 月 1 日,印发《关于进一步加强质量管理的通知》。

2013 年 1 月 1 日,印发《山东省地矿工程勘察院地质勘查质量管理考核暂行办法》。

2013 年,印发《科学成果奖励管理办法》。

2014 年 3 月 31 日,印发《2014 年科技创新与质量管理工作要点》。

2014 年 9 月 18 日,印发《院地质资料管理办法》。

2014 年 6 月 11 日,印发《院地质勘查(察)技术成果内部评审管理办法》。

2016 年 5 月 6 日,印发《聊城市浅层地温能调查评价项目质量管理暂行办法》。

2016 年 5 月 30 日,印发《院专业技术(能)带头人及青年技(学)术拔尖人才选拔管理办法》。

2017 年 8 月 4 日,印发《山东省地矿局八〇一水文地质工程地质大队地质勘查项目质量管理暂行办法》。

2017 年 10 月,印发《资质管理办法》。

2018 年 4 月 9 日,印发《山东省地矿局八〇一水文地质工程地质大队地勘资质管理暂行办法》。

2018 年 4 月 9 日,印发《山东省地矿局八〇一水文地质工程地质大队科技及知识产权奖励管理办法》。

三、质量管理工作及成果

1991 年 5 月 25 日,院实行全面质量管理体系,人员在原基础上进行调整补充,并按院、分会、班(组)三个层次聘任质量主管工程师(员)、专(兼)职信息员。

1992 年 2 月 2 日,就全面质量管理工作提出 6 条整改意见。

2012 年 7 月,加大对技术质量管理制度的执行力,完善质量责任机制,规范管理，严格考核。

2012年8月，进一步落实项目负责人、主任工程师、专业副总工、总工程师四级质量责任管理体系。所有设计、野外验收、成果报告等在提请院总工办审查时，均需填写《(××)设计、野外验收、成果报告审查书》。

2014年4月14日，成立院科学技术委员会，下设四个专业技术委员会，负责具体工作组织和项目审查指导等工作。

2014年6月11日，对内部评审职责进行界定，明确内部评审程序。

2017年8月，对原地质勘查项目质量管理办法进行修订。

四、资质情况

山东省地矿工程勘察院最早获得的资质是1990年3月地矿部批准的工程勘察乙级证书。截至2017年12月，全院拥有工程勘察综合类甲级资质、地质勘查甲级资质、工程咨询甲级资质、地质灾害危险性评估及地质灾害治理工程设计/勘查/施工/监理甲级资质、地基与基础工程专业壹级承包资质、土工实验室甲级资质等10余个甲级资质，以及测绘乙级资质、物探乙级资质等资质。

(一)工程勘察资质

1990年3月，山东省地矿工程勘察院建立时，地矿部批准为乙级勘察资质。1993年8月，由乙级升为甲级。2002年7月17日，由住建部审批，资质等级为综合甲级。业务范围：可承担各类建设工程项目的岩土工程、水文地质勘查、工程测量业务(海洋工程勘察除外)。2015年6月17日延续，有效期至2020年6月17日。

(二)地质勘查资质

1992年11月，由省地矿局审批。2002年8月21日，由国土资源部审批。经2006年12月31日、2008年12月30日、2010年12月15日、2013年12月29日、2014年7月30日等5次延续，有效期至2018年9月29日。资质等级为甲级，业务范围：液体矿产勘查、固体矿产勘查、水文地质、工程地质、环境地质调查、地质钻(坑)探。2017年9月22日，国务院《关于取消一批行政许可事项的决定》，取消了地质勘查资质审批。

(三)测绘资格证书

1995年，由山东省地质矿产局审批，资质等级为乙级。2005年3月，资质等级为丙级。2007年11月，由山东省国土资源厅审批，资质等级为乙级。业务范围：工程测量、控制测量、地形测量、建设工程测量、变形形变与精密测量、线路与桥隧测量、地下管线测量、矿山测量。经 2009 年、2014 年延续,有效期至 2019 年 12 月 31 日。

(四)实验室资质

1995 年,首次获得山东省质量技术监督局颁发的计量认证资质(CMA)。1997 年,获得国土资源部地质实验测试(岩矿测试)乙级资质。2001 年,获得山东省建设厅颁发的土工实验室甲级资质。

(五)工程咨询资格证书(水文地质)

2003 年 7 月 18 日,由国家发展和改革委员会审批,资质等级为甲级。经 2007 年 12 月 10 日、2012 年 8 月 15 日等 2 次延续,有效期至 2017 年 8 月 14 日。咨询范围:编制项目建议书、编制项目可行性研究报告、项目申请报告、资金申请报告、工程设计。

(六)地质灾害危险性评估资质

2005 年 11 月 7 日,由国土资源部审批,资质等级为甲级。业务范围:地质灾害危险性评估。经 2008 年 12 月 11 日、2012 年 2 月 29 日、2015 年 3 月 24 日等 3 次延续,有效期至 2018 年 2 月 28 日。

(七)地质灾害治理设计资质

2005 年 11 月 7 日,由国土资源部审批,资质等级为甲级。业务范围:地质灾害治理设计。经 2008 年 12 月 11 日、2012 年 2 月 29 日、2015 年 3 月 24 日等 3 次延续,有效期至 2018 年 2 月 28 日。

(八)地基基础工程专业承包资质

2005 年 12 月 30 日,由住房和城乡建设部审批,资质等级为贰级。业务范围:可承担工程造价 1000 万元及以下各类地基与基础工程的施工。2012 年 3 月 19 日,资质等级升级为壹级,有效期至 2021 年 1 月 15 日。

(九)地质灾害治理勘查资质

2006 年 3 月 21 日,由国土资源部审批,资质等级为甲级。业务范围:地质灾害治理勘查。经 2009 年 6 月 26 日、2012 年 8 月 1 日、2015 年 8 月 20 日等 3 次延续,有效期至 2018 年 7 月 23 日。

(十)地质灾害治理施工资质

2008 年 1 月 10 日,由国土资源部审批,资质等级为甲级。业务范围:地质灾害治理施工。经 2011 年 3 月 18 日、2014 年 4 月 21 日、2017 年 4 月 13 日等 3 次延续,有效期至 2020 年 4 月 13 日。

(十一)生态建设和环境工程资质

2012 年 8 月 15 日,由国家发展和改革委员会审批,资质等级为丙级。业务范围:编写项目建议书、可研性研究报告、项目申请报告、资金申请报告、工程设计。有效期至 2017 年 8 月 14 日。

(十二)地球物理勘查、地质实验测试资质

2014 年 1 月 13 日,由山东省国土资源厅审批,资质等级为乙级。业务范围:地球物理勘查、地质实验测试(岩矿鉴定、岩土测试)。2017 年 8 月 21 日增项地球化学勘查乙级。有效期至 2022 年 8 月 20 日。

(十三)劳务资质(工程钻探)

2015 年 8 月 20 日,由山东省住房和城乡建设厅审批。业务范围:工程钻探、凿井等工程勘察劳务业务。有效时间至 2020 年 8 月 20 日。

(十四)水资源论证资质

2015 年 8 月 20 日,由山东省水利职工技术协会审批,资质等级为贰级。2017 年 1 月 1 日,资质升级为壹级。有效期至 2018 年 12 月 31 日。

(十五)环境污染治理资质

2017 年 7 月 1 日,由山东省环境保护产业协会审批,资质等级为贰级。业务范围:生态修复的总体设计、工艺设计、工程配套的设备设计(不包括压力容器、放射性废物处理等国家明确要求资质的设计)及环保工程的建设和调试。有效期至 2019 年 6 月 30 日。

五、技术资料管理

(一)部门及人员情况

1960 年,成立资料室。1987 年,由地质办公室负责各类地质档案、资料的管理和资料、报告的复制、汇总及出版工作。资料室依次由林景、周德桂、赵兰婷等负责。1989 年 3 月,划归总工程师办公室管理。1993 年 2 月～1999 年,由贾元忠负责。1999～2000 年,由赵新华负责。2000～2011 年 3 月,由贾元忠负责。2011 年 3 月至今,由姜琦负责。2018 年 1 月,资料室归技术质量部管理。

(二)资料管理制度

一直遵照国家相关规定,2014 年以《关于印发〈院地质资料管理办法〉的通知》为依据,正式确立院地质资料管理办法。其他管理制度于 2015 年 9 月经队领导批准,实行制度上墙,包括《资料室管理制度》《资料室保密工作制

度》《资料室管理工作人员岗位责任制》《资料室资料借阅制度》。

六、体系认证

2001 年,院通过质量管理体系认证,执行 GB/T 19001－1994 标准。

2003 年,质量管理体系换版为 GB/T 19001－2000 标准,职业健康安全管理体系通过 GB/T 28001－2001 标准认证。

2009 年,质量管理体系换版为 GB/T 19001－2008 标准。

2012 年,职业健康安全管理体系换版为 GB/T 28001－2011 标准,通过环境管理体系 GB/T 24001－2004 标准认证,通过《工程建设施工企业质量管理规范》GB/T 50430－2007 标准认证。

2017 年,质量管理体系换版为 GB/T 19001－2016 标准,环境管理体系换版为 GB/T 24001－2016 标准。

第三节　财务管理

一、管理部门

1959 年 1 月,成立计财科,进行财务管理。管理部门名称几经变化,2018 年 1 月,改称“财务资产部”。

1959 年,由大队和分队二级核算管理。1976 年,由二级核算改为一级核算。随着经济体制的改革,实行多种形式的承保责任制,划小核算单位,又相应增设了内部经济核算等一系列科目。随着财务工作量的增大,1987 年配备了计算机,逐步实现了计算机管理。2001 年 10 月,计算机逐步替代手工会计核算。2003 年,全面实现了会计电算化。2004 年 1 月,按照相关规定,执行新的《企业会计制度》。

二、会计核算变革

20 世纪五六十年代,地勘单位执行《地质勘探单位统一会计制度》,基本是以工作项目为核算对象,在日常会计核算中按工作项目归集成本费用。

20 世纪 70 年代,地勘单位执行《地质勘探会计制度》,规定以费用项目为主、以工作项目为辅归集成本费用。

20 世纪 90 年代初,地勘单位执行《地质勘查单位会计制度》,继续实行地质项目管理,地质工作成本核算的基本对象仍然为地质项目,地勘费节约和经营收益继续实行节约分成的办法。

1993 年，财政部颁布了《企业财务通则》和《企业会计准则》，对会计核算的一般原则、资产、负债、所有者权益、收入、费用、利润等会计要素的确认和计量以及财务会计等作了规定。随着两则的出台，财政部又先后指导颁发了分行业的财务会计制度。八〇一队相继投资成立了具有独立法人资格的多种经营企业。多种经营企业执行相应行业企业会计制度。1996 年，为了适应地质勘查单位逐步向企业化管理过渡的需要，地勘单位执行的是财政部颁发的《地质勘查单位会计制度》。

2001～2004 年，分行业会计制度转换为企业会计制度、金融企业会计制度和小会计制度。2005 年，财政部先后制定了 22 项会计准则，修订了《企业会计准则——基本会计准则》和原 16 项具体会计准则。八〇一队企业会计核算均执行财政部相关会计制度。

三、主要财务管理制度

1959 年 5 月 19 日，下发《固定资产清点》，对已有的固定资产做全面的清点。对没有价值的固定资产根据固定资产估价表所列价值估计入账，使得账实一致。

1959 年 8 月 31 日，下发《关于贯彻机台成本核算的通知》，根据地质部统一会计制度，结合工作中的实际情况，制定了《机台成本核算办法（草案）》。在经济核算方面，推行机台成本核算工作，加强成本材料员的力量，建立简易可行的成本核算制度。

1961 年，主要执行的是山东省地质厅 1961 年 2 月 24 日下发的《关于一九六一年会计制度补充规定》，山东省地质厅 1961 年 3 月 7 日下发的《关于财务、财产和成本管理制度》，山东省地质厅转发的《财政部〈关于企业的决算报告和会计凭证账册保存年限的通知〉的通知》等财务管理制度。

1962 年 6 月 26 日，下发《关于撤并分队的财会工作的规定》。

1962 年 8 月 3 日，下发《〈财产管理办法（草案）〉实施细则》。

1962 年 8 月 15 日，下发《关于贯彻执行〈关于基本折旧基金、固定资产变价收入和大修理基金的暂行规定〉的通知》，对基本折旧基金、固定资产变价收入和大修理基金作了暂行规定。

1962 年 12 月 21 日，下发《关于财务会计工作几项问题的补充规定》。

1966 年 1 月 28 日，转发地质部《关于印发改革记账方法学习文件的通知》，并组织财会人员进行学习。

1966 年 2 月，转发地矿部《印发一九六六年地质勘探会计制度的通知》，加强财务管理。

1965 年 4 月 27 日，转发《山东省财政厅关于差旅费、会议费开支的两个规定》。

1965 年 4 月 28 日，转发地质部山东省地质局、中国人民建设银行山东省分行《地质勘探工作财务拨款暂行办法的补充规定》。

1965 年 5 月 25 日，转发《地质部山东省地质局转发省计委关于调整集体建筑企业取费标准》。

1967 年 3 月 16 日，转发《山东省财政厅革命造反指挥部关于修改当前差旅费、会议费开支问题暂行意见》。

1969 年 4 月 16 日，转发地质部山东省地质局革命委员会生产指挥部《关于一九六九年会计报表改革意见》，各单位报送的会计电讯月报除消，正式会计月报按原规定执行。会计季报按随文附发的格式编报。

1972 年 6 月，转发山东省革命委员会地质局出台的《财务开支标准汇集(试行草案)》《财产管理办法(草案)》和《关于加强地质计划管理的几项规定(试行草案)》。《财务开支标准汇集(试行草案)》规定了公杂费、会议费、差旅费、工资福利等具体标准。《关于加强地质计划管理的几项规定(试行草案)》针对计划工作方面、统计工作方面、基本建设和工地房屋建筑管理方面作出了一系列规定。

1973 年 2 月 26 日，下发山东省各位地质局水文地质队转发《关于加强财务管理的几项规定》和《财务开支标准汇集》。

1978 年 1 月 14 日，下发《山东省〈关于国家机关、企业、事业单位工作人员差旅开支的具体规定(试行)〉的通知》等规定。

1978 年 6 月 30 日，下发《转发省财政局、劳动局〈关于夏季防暑降温费用开支的暂行规定〉的通知》。

1978 年 7 月 3 日，下发《关于财务工作的整改意见》。

1979 年 10 月 8 日，下发《关于修改差旅费两项规定的通知》。

1981 年 6 月 13 日，下发国务院《关于各单位动用上年结余存款的几项规定》。

1984 年 8 月 23 日，试行月度用款计划。

1984 年 10 月 8 日，试行内部经济责任制。

1985 年，下发《钻机及车队经济责任制试行办法》。

1988 年 10 月 8 日，下发《财务管理与会计核算办法(试行办法)》。

1992 年 3 月，下发《山东省地矿工程勘察院内部核算办法》。

1995 年 1 月 5 日，下发《加强银行账户管理的补充规定》。

1997 年 4 月 1 日，下发《流动资产管理办法(试行)》。

1998 年 3 月 16 日，为加强资金管理，完善内部核算，集团公司成立集团公司内部资金结算中心，并制定《内部资金结算中心核算办法》。

1998 年 10 月 20 日，印发《关于财务资产管理的若干规定》。

1999 年 11 月 2 日，下发《内部经济责任制核算办法》《会计主管级专职核算员委派制实施办法》《内部银行结算管理办法》。

2003 年 12 月 31 日，按照省地勘局关于《山东省地矿局关于新旧会计制度衔接有关问题的规定》的要求，从 2004 年 1 月 1 日起，执行新的《企业会计制度》。

2004 年 3 月 10 日，为加强会计基础工作，提高会计工作水平，根据有关规定，结合该单位的实际情况，特制定《会计基础工作规范暂行办法》。

2007 年 2 月 1 日，为进一步规范院内部管理，降低成本，节约费用，对原《业务招待费管理办法》《差旅费管理办法》进行补充修改，同时制定院《办公用品管理办法》。3 个办法经院长办公会议讨论通过，予以公布下发。

2007 年 8 月 15 日，制定《财务资产管理办法》。

2010 年 3 月 9 日，制定发行《二级单位财务管理规程》。

2011 年 3 月 7 日，为确保《财务资产管理办法》《二级单位财务管理规程》等规章制度能够得到有效执行，制定《关于进一步加强财务管理工作的暂行规定》。

2011 年 3 月 7 日，印发《关于进一步加强财务管理工作的暂行规定》。

2011 年 7 月 29 日，下发《关于印发山东省事业单位岗位设置管理实施意见的通知》。

2015 年 12 月 30 日，下发制定《山东省地矿工程勘察院地质勘查项目财务管理办法》。

2016 年 7 月 20 日，下发《山东省省直机关差旅费管理办法》和《关于调整中央和国家机关差旅住宿费标准等有关问题的通知》。

2016 年 7 月 20 日，制定《公务接待工作的办法》。

2017 年 7 月 3 日，下发《关于规范燃油费报销的有关规定》。

2017 年 9 月 19 日，为认真贯彻落实全队内部管理年活动精神，进一步提高财务资产管理水平，更好地发挥财务工作在经济发展中的积极作用，根据国家、省有关法律法规，结合实际，修订完善《山东省地矿局八〇一水文地质工程地质大队财务管理办法》《山东省地矿局八〇一水文地质工程地质大队内部会计控制规定》《山东省地矿局八〇一水文地质工程地质大队财务管理规程》《山东省地矿局八〇一水文地质工程地质大队地质勘查项目财务管理办法》《山东省地矿局八〇一水文地质工程地质大队因公临时出国经费管理办法》5个财务管理制度和办法。

2017年9月19日，为进一步加强和规范差旅费管理，队根据中央和省委、省政府《关于厉行节约、反对浪费的有关规定》《山东省省直机关差旅费管理办法》和《关于调整中央和国家机关差旅住宿费标准等有关问题的通知》要求，修订完善《山东省地矿局八〇一水文地质工程地质大队差旅费管理办法》。

2017年9月19日，为进一步加强财务管理，推进厉行节约、反对浪费制度建设，队根据《关于进一步规范公务接待工作的通知》《关于调整省直机关会议费标准的通知》《转发省财政厅〈关于印发山东省省直机关培训费管理办法〉的通知》的有关规定，结合八〇一队财务管理的有关要求，修改完善《山东省地矿局八〇一水文地质工程地质大队招待费、会议费、培训费财务报销有关规定》。

四、主要财务管理工作

(一)会计达标升级与会计基础工作规范化

为适应地矿会计改革的需要，搞好会计基础工作规范化，提高广大财会人员的业务素质，地勘局开展了会计达标升级和会计基础工作规范化工作。1989年10月，在山东地质学校举办了财务科长和主管会计学习班，邀请山东省财政厅和济南市财政局的工作人员讲授了工作达标升级和会计基础工作具体做法和要求。学习班结束后，讲稿整理成《会计工作达标实施办法》，打印成册，下发执行。同时又撰写《会计凭证、会计账簿、会计报表相关问题的暂行规定》，且正式下发地矿部印发的《地质勘查单位会计凭证、账簿格式及使用说明》，为达标升级创造了良好的条件，强化了会计基础工作。

(二)清产核资工作

为了摸清国有资产状况，盘活闲置资产和减少流失，为改革国有资产产权管理体制，促进国有企业转换经营机制，建立现代企业制度，搞好搞活国有经济，根据实施企业化经营的要求，进行清查核资工作。

按照上级规定的要求，通过清产核资，摸清了家底，查清了资产存量，按政策核销了不良资产，为单位今后轻装上市场打下了基础。

2001年度，以2000年末数据为基础，进行了清产核资工作。主要成果：不良资产总计369.54万元。其中，八〇一队75.38万元，山东省地矿工程勘察院250.05万元，实业公司10.81万元，非矿公司5.48万元，招待所1.15万元，鲁地商店16.41万元，篷布厂10.26万元。清查后资产总额5051.11万元(含不良资产369.54万元)，负债总额2389.03万元，净资产总额2662.08万元。

以后年度，也陆续进行了不同程度的资产清查工作。

（三）会计电算化工作

1996～1997年，省地勘局安排财务人员到石家庄经济学院和南京地质学校参加地矿部举办的会计电算化初级培训，八〇一队安也排财务人员参加，为财会人员普及了微机基础知识，为实行会计电算化打下了良好的基础。

2001～2002年，会计业务全面实行会计电算化，采用用友公司财务管理软件，手工账与电算化并行。为进一步加强会计电算化工作，转发《山东省地勘局会计电算化管理暂行办法》，拨付专项资金用于购置电算化设备、软件升级和人员培训等，在电算化人员培训、硬件资源配置、软件升级、会计电算化管理及操作、会计基础工作等方面都有较大提高。自2003年1月1日起，全面实行会计电算化。

2015年，根据《省地勘局财务集中管控系统管理暂行办法》的要求，积极配合省地勘局财务一体化建设工作，建立浪潮财务软件核算系统。该核算系统的上线运行，便于规范、安全、便捷、高效地开展本单位财务集中管控系统管理工作，加强了精细化管理，全力推进管理创新。

（四）制度化建设

制度是规范管理的前提，是各项财务工作的基础。在总结以往财务管理工作经验的基础上，结合单位的实际和形势发展需要，不断地制定、修订、完善相应的财务制度和办法，建立规范的财务运作机制，强化财务制度执行力度，确保财务管理制度的严肃性。

2007年，财务科对会计制度进行统一汇编，制定《财务管理办法》《会计核算管理办法》《会计基础工作规范办法》《货币资金管理办法》《会计电算化管理办法》《会计交接及档案管理办法》《工程项目建设及施工管理规定》《差旅费管理办法》等一系列规章制度。

2009年，制定《二级单位财务管理规程》，日常会计业务，从收入、成本费用的确认到账务处理实施细则，从费用签报程序到发票、收据的管理及资金管理，严格按照规程的要求处理日常业务，进一步夯实了会计基础工作。

2016～2017年，财务科对本单位现有的财务管理制度进行全面梳理。对与国家财经制度相悖的，坚决纠正；对现有制度不能满足管理需要的，予以修订和完善；对应建立但尚未建立的，及时制定。财务科修订《财务资产管理办法》《财务管理规程》《关于招待费、会议费、培训费财务报销的有关规定》《差旅费管理办法》《地质勘查项目财务管理办法》以及《临时出国经费管理办法》，新制定《内部会计控制规定》。和队办公室共同制定下发《关于规范燃油费报销的有关规定》。

通过加强制度建设，构建了全方位、多层次的内部控制机制。

五、部分财务数据

(一)资产情况

表 1-2-1 **1958～2016 年资产总额一览表** 单位:万元

年度	1.资产总额	其中的固定资产(原值)	2.净资产
1958		146.95	
1959		169.52	
1960		223.19	
1961		205.86	
1962		287.04	
1963		329.77	
1964		288.96	
1965		270.29	
1966		270.29	
1967		270.29	
1968		270.29	
1969		270.29	
1970		270.29	
1971		389.85	
1972		333.26	
1973		333.26	
1974		333.26	
1975		420.99	
1976		420.99	
1977		420.99	
1978		404.35	
1979		460.42	
1980		445.07	
1981		540.62	
1982		533.33	
1983		626.58	
1984		671.79	

续表

年度	1.资产总额	其中的固定资产(原值)	2.净资产
1985	1027.86	707.26	
1986	1200.99	745.21	
1987	1760.06	749.02	
1988	2095.87	843.19	
1989	2441.54	965	
1990	2731.66	1089.13	
1993	563.71	418.56	343.92
1995	2641.78	2395.21	1172.28
1996	3558.12	2331.37	1140.94
1998	2073.48	5554.49	1493.52
1999	3601.96	167.09	1021.37
2000	3936.76	1990.57	1529.96
2001	4665.64	2148.48	1701.04
2002	5107.36	2330.10	1729.18
2003	4374.82	2340.98	1825.45
2004	6726.17	3159.33	3026.54
2006	9485.78	3344.41	4593.72
2007	10000.04	3525.68	5272.06
2008	15147.54	4225.56	6810.58
2009	18052.72	5848.73	7006.46
2010	28598.82	6941.21	7887.71
2011	43023.93	7347.77	8504.23
2012	35498.22	7634.55	17436.37
2013	444454.59	8671.61	19696.69
2014	42577.24	9968.15	18871.05
2015	32361.6	10108.23	15385.39
2016	39553.32	10759.57	19834.1

注:为了更加客观真实地反映八〇一队的资产、负债及所有者权益,自 2012 年开始填报的数据均为对冲内部单位的往来及所有者权益之后的口径进行统计,2013 年之后全局财务决算开始按此口径上报。

(二)收入和利润情况

表 1-2-2　　　历年地勘费与地质市场收入利润一览表　　　单位:万元

年度	地勘费拨款	地质勘查	勘察施工	多种经营	小计	利润
1985	264	0	0	84.76	348.76	16.65
1986	386	0	0	133.86	519.86	34.88
1987	466.7	128.59	0	6.23	601.52	141.34
1988	354	91.39	151.57	0	596.96	61.96
1989	341.5	162.42	283.62	10.21	797.75	153.56
1990	343	119.39	236	1.61	700	71.72
1993	303	0	0	0	303	0
1995	0	0	0	25.34	25.34	－182.67
1996	316	0	1294.08	187.15	1797.23	66.68
1998	734	0	1514.13	199.07	2445.2	122.6
1999	1161.17	0	1094.84	129.06	2385.07	80.63
2000	535.76	680.73	633.44	109.26	1959.19	－54.03
2001	1522.2	3252.26	1083.1	115.91	5973.47	－60.42
2002	1451.34	2358.82	1396.35	109.21	5315.72	50.23
2003	2274.87	1833.9	0	135.42	4244.19	38.52
2004	2501.25	1924.83	0	1724.95	6151.03	63.63
2008	6433.29	1545.67	6085.53	5654.31	19718.8	71.52
2009	7089	1930.25	7569.77	6646.28	23235.3	318.5
2010	9754.21	2123.96	12266.52	7299.24	31443.93	636.25
2011	12224	2627.55	15346.8	14665.25	44863.6	725.56
2012	7678.24	3187.98	21087.71	14505.55	45459.48	3631.09
2013	9252.61	3457.6	25201.23	18317.36	56228.8	1752.9
2014	8609.21	3504.97	23342.32	17201.25	52657.75	1796.77
2015	8876.71	3600.51	29629.19	17213.23	59319.64	2438.19
2016	8030.08	4259.8	31005.68	4341.16	47636.72	1773.71

第四节　资本管理

一、管理部门

建队之初，设有供应科。1976 年 2 月 9 日，为加强物资供应和设备管理维修工作，供应科和修配车间合并，成立后勤管理科。1981 年 1 月，成立物资供应科。1991 年 10 月 26 日，根据工作需要，物资供应科改称“设备物资管理科”。1997 年，设备由经营实体自行管理。1999 年，设备由物资公司管理。2007 年 2 月，成立经营管理科。2018 年 1 月，成立成本管理部。

主要职能为：负责队成本管理和内部核算工作；负责队项目管理信息系统的维护和完善，并通过信息系统达到对各类项目数据的监督审核，最终达到对项目的全过程管理和成本控制；负责队设备管理；负责队（院）仪器设备的采购与管理，及时建立台账，实行动态化管理，做到实物和账面统一；负责队属各单位经营者业绩考核；根据队经济及产业发展方向，及时修订完善《经营者业绩考核办法》，在上级允许范围内加大激励，增强干部职工干事创业的主观能动性；负责队计划统计工作；根据有关要求，及时完成经济统计快速月报和年报，并做好季度经济活动分析，为队领导决策提供数据依据；负责地质勘查项目的预算审核及经费核定；根据《队地质勘查项目质量经费管理暂行办法》要求，对地质勘查项目的预算进行审核，并根据项目进展情况进行经费核定。

二、资产管理

1993 年后，经历了一段漫长的低谷转型期，地勘单位已不再完全依赖地勘费拨款，工作重心发生了根本改变，在承担国家地质任务的同时主要面向地质市场，走内部承包经营管理模式。

1998 年 3 月 16 日，修订下发《流动资产管理办法》。资金来源以自筹为主，财政资金与自有资金相结合。

2016 年，为了提高资产日常管理的合理有效性，以加强资产管理促进经济效益增长为核心，提升资产管理水平，主要完成以下几方面工作：规范和完善资产管理中的各个环节，对设备购置、退库、报废、验收等关键流程，做到科学、合理、高效和公开透明。同时按照设备管理要求，设备管理部门及各实体、各部门都建立设备管理台账。做好原始记录和数据统计，建立设备档案，及时汇总报表。每季度汇总固定资产采购、使用、消耗情况，同时通知各个使用单位。以便各使用单位及时掌握固定资产使用情况，进行合理决策。另外健全库房账卡管理，及时做到固定资产的入库，盘存、发放、退库、回收等记录和凭证的保存、统计、分析。加强固定资产的安全管理。加强设备审计工作。

三、物资设备管理

(一)物资设备管理工作

设备管理部门职责是贯彻国家设备管理方针、政策和法规，执行上级设备管理规定，组织制定单位设备管理规章制度，对资产进行管理工作，填报队属所有设备清查明细表，负责资产清查工作。负责日常设备管理的管理工作，包括申购、验收、入库、退库、报废、交接、核对设备占用费等工作。资产管理项下的审计业务及资产清查。不同时期的设备管理虽然其职责略有侧重，但在整个生产过程中所处的地位是举足轻重的，是体现单位技术水平和经济实力的重要标志。

建队初期队伍规模较小，资金紧张，设备短缺，生产设备主要来自国家并通过省地质局统一调配及兄弟单位支援，生产设备维修、维护主要依靠自身力量解决。设备管理自上而下实行分级管理，设备使用、维护保养与修理同样自上而下实行分级管理，在用设备严格执行岗位责任制和交接班制，做好设备运行记录。管理模式一直持续到改革开放初期的20世纪80年代。

20世纪80年代初期，在经历了一段漫长的低谷转型期后，伴随着经营模式的转变，设备管理职责也在不断地发生着变化。其职责由原来的计划调配、维修维护及技术革新改造转变为更加侧重设备更新、设备维护及设备经济管理。

在设备更新方面主要依靠自身力量，设备取得已不再依赖上级调拨，资金来源主要以自筹为主，将设备按取得的资金来源划分为队管设备和二级单位自有设备。

对二级经营单位使用设备，在不同生产时期，由队设备主管部门与安全、质量管理部门组成联合检查组，开展生产设备大检查活动。在确保设备完好状态的前提下，二级经营单位以上缴设备折旧费方式实现设备有偿使用。

(二)物资设备情况

建队时，有运输车7辆，钻机、水泵、风压机20余台，固定资产总值53.16万元。

表 1-2-3　　　　1958～1989 年设备资产情况一览表

时间(年)	设备资产增值(元)	平均年增长(元)
1958～1965	1773129.77	221641.22
1966～1975	2113686.52	211368.65
1976～1985	5899796.36	582979.64
1986～1987	923600.00	461800.00
1988～1989	132537.99	66269.00

1997 年，全年新增设备 11 台，原值 17.8 万元。

2017 年 3 月，设备实物形态上的更新，用新设备替换陈旧落后的设备，2016 年执行政府采购设备资金 629.97 多万元，包括钻探设备声波钻机 1 台，原值 499.60 万元，净值 494.40 万元。截至 2017 年年底，全队拥有各类设备仪器 1117 台套，原值 10053.95 万元，净值 2791.6 万元。设备价值形态上的更新：更新运行中的耗损补偿，维修、技术改造的经济性评价等经济业务。最直接的体现就是对设备折旧、残值、净值的更新，院采用月折旧的方式，其目的就是使设备的寿命周期费用最经济，也能最及时地掌握设备的损耗及使用价值情况。2017 年报废设备 28 台套，共计原值152.46万元，净值 5.65 万元。

四、资产管理制度

1989 年 8 月 22 日，转发《地矿局设备管理办法》。

1989 年，学习贯彻《设备管理实施细则》。

1991 年 7 月 30 日，下发《物资计划管理办法》《现场物资管理办法》和《废旧物资回收管理办法》。

1992 年 8 月 25 日，制定《部分物资采购权下放试行办法》。

1995 年 5 月 1 日，实施《设备租赁办法》。

1997 年 11 月 16 日，下发《山东省地矿工程勘察院所属实体单位租赁招标办法》。

2003 年 3 月 24 日，印发《山东省地矿工程勘察院设备管理制度(试行)》。

2005 年 4 月 20 日，出台《集中采购管理暂行办法》。

2014 年，制定《山东省地矿工程勘察院设备及仪器管理办法》。

第五节 经营管理

一、机构与职能

1983 年 4 月,成立企业整顿办公室。1985 年 5 月,改称“改革整顿办公室”。1985 年 12 月,改称“经济改革管理办公室”。1988 年 3 月,改称“经济管理办公室”。2002 年 2 月 5 日,成立经营管理部。2007 年 2 月,改称“经营管理科”。2018 年 1 月,撤销经营管理科,成立企划审计部。

主要职能为:经济发展规划;负责院经济发展规划建议工作;负责经济责任制考核;制定院经济责任制办法,并组织院年度经济责任制考核工作和上报院各实体单位季度效益情况;负责内部核算、统计、授权管理、合同管理、市场项目预结算管理、外包项目管理、合同相对方管理、投融资计划管理、项目管理信息化、经管工作流程的优化、对标管理、资产管理、政府采购、企业管理、外事管理。

二、主要经营管理制度

1984 年 7 月 6 日,转发国务院《关于国营企业进行全面整顿的决定》、中央办公厅《关于用改革的精神搞好企业全面整顿的意见》以及省地矿局《基层单位全面整顿工作规划》。

1985 年,制定经济责任制试行办法 6 项并经职代会讨论通过。这 6 项办法是《钻探任务费用承包合同制办法》《地质作业组任务费用承包合同制办法》《化验任务费用承包合同制办法》《车间单独经营背部核算办法》《机关实行联产提奖职责计酬办法》。

1986 年 4 月 15～18 日,召开山东省地质矿产局第一水文地质队第四届第一次职工代表大会暨工会会员代表大会,讨论通过《钻机、车间、地质专业项目组、服务办公室、大队机关、淄博分队、测量组、物探组经济责任制试行办法》。

1986 年,制定 11 种经济责任制办法。

1987 年,对内全面推行各种形式的经济承包责任制,向项目管理迈进了一步,有 1 个项目实行招标,3 个短期项目实行项目管理,均取得明显的经济效益。

1988 年 6～10 月,经管办重新修订队内《承包经济责任制办法》14 种。

1995 年 4 月 27 日，公布《二级生产单位经济责任制试行办法》《二级生产单位经济责任制试行办法实施及考核细则》。

1995 年 4 月 27 日，公布《地质市场经营合同管理办法（试行）》。

1995 年 5 月 22 日，下发《加强我院合同管理，建立合同管理网络》。

1995 年 5 月 24 日，下发《多种经营合同管理办法》。

1996 年 5 月 21 日，印发《内部承包经营合同实施细则及考核奖惩办法》。

1997 年 4 月 29 日，印发《山东省经济合同监督管理条件》。

1998 年 8 月 1 日，实行《合同会签单》制度。

1998 年 12 月 22 日，下发《关于规范经济合同印章管理、使用的通知》。

1999 年 1 月 5 日，印发《关于职工参加培训学习有关问题的暂行规定》。

1999 年 11 月 2 日，下发《内部经济责任制核算办法》。

1999 年 12 月 6 日，为规范集团公司经营行为，保证合同真实、合法、有效，使各职能科室各负其责、各司其职，规范、有序地进行合同的审查把关。对《合同会签制度》进一步修改和完善，并使用合同会签单。同时，对工程勘察、基础施工报告提交、审查、盖章工作程序规定如下：项目论证登记→合同会签→技术管理费预交→报告审查盖章→资料递送归档。

2000 年 8 月 16 日，为适应市场经济的需要，规范山东省地矿工程勘察院的经济往来行为，进一步加大合同管理力度，维护院的合法权益，特制定《合同管理章程》。

2007 年 1 月 7 日 经第八届一次职工代表大会审议，对《集体合同》的部分条款进行修改。

2007 年 2 月 1 日，经党政联席会议通过，制定公布《经营单位业绩考核办法》。

2007 年 6 月 14 日，为规范项目管理，明确项目办事程序，印发《项目管理办事程序》。

2007 年 6 月 28 日，为强化项目管理，规范分包行为，明确项目办事程序，印发《项目管理暂行办法》《项目分包管理办法》和《项目管理工作流程》。

2008 年 7 月 15 日，公布《经营单位业绩考核办法》和《管理服务人员业绩考核办法》。

2011 年 3 月 22 日，印发《关于规范合同审批程序的通知》。

2013 年 3 月 14 日，印发《经济责任制办法》。

2014 年 3 月 10 日，印发《关于规范分包合同文本的通知》。

2014 年 4 月 10 日，印发《院经济责任制办法》。

2014 年 8 月 25 日，印发《山东省地矿工程勘察院合同管理实施细则（试行）》。

2014年11月14日，印发《山东省地矿工程勘察院设备及仪器管理办法》。

2015年3月4日，关于对《院经济责任制办法》的修改说明。

2016年12月10日，印发《八〇一队政府采购管理办法》。

三、企业(化)管理

1984年9月17日，根据省地矿局《基层单位整顿工作基本做法》的有关精神，经研究成立企业整顿自检小组，由荆云龙、刘仲良、部学儒等人组成，刘仲良任组长。

1999年6月8日，国土资源部和山东省人民政府签署会商纪要，包括八〇一队在内的原地矿部所属14743人的山东地质勘查队伍正式划归山东省人民政府管理，实行属地化管理并逐步企业化管理是地勘队伍管理体制的重大变革。

2001～2002年，省地勘局党委先后提出创新经营和跨越式发展经营理念，此后遵照“理顺内外关系，盘活存量资产，整合人力资源，再造地矿辉煌”的工作方略开展工作，八〇一队严格遵照省地勘局要求，坚持“政府需要什么，八〇一队就做什么，政府着急什么，八〇一队就干什么”的全新服务理念，不断拓展产业领域，狠抓深化改革、转换机制这个重点，集中精力抓改革、抓机制、抓人才、抓环境、抓土地、抓矿权，积极主动融入地方发展。

2004年，省地勘局根据全省事业单位改革的大形势，确定改革思路还是以队为基础，把改革的重点放在搞活内部经营机制上。八〇一队严格执行省地勘局工作要求，不断优化内部管理，广泛调动积极性，取得良好效果。

2007年，八〇一队根据省地勘局要求，适当控制经济增长速度，加大设备投入，大力实施走出去战略，不断拉长产业链，提高经济运行质量。八〇一队企业管理坚持以地勘产业长远发展为基础，以做优做强地勘产业为目标，以理顺事企管理体制、规范内部管理机制、提升运行质量、增强核心竞争力为重点的原则。根据理顺事企关系的工作要求，在队内部把握好四个定位、理顺四个关系、实现三个过渡、确保两个稳定，力争通过扎实有效的工作，逐步实现内部事企关系明晰、事企分体运行协调发展，从而有效提升地勘单位事业发展能力和发展活力，有效提升内部企业市场竞争力，有效促进地勘单位和谐稳定和可持续发展。

四、产业结构调整

计划经济时代，八〇一队是在高度集中计划体制下发展起来的，产业较为单一，主要产业为水文地质勘查，其间勘查评价了许多大中型水源地，施工了很多水井，为社会做出了巨大的贡献。

改革开放以来，尤其是20世纪90年代到21世纪初，地勘单位进入困难时期，八〇一队大胆探索，积极开拓，转换机制，调整结构，在完成国家勘查任务的同时，广开生产门路，面向市场，扩大服务领域，顺利度过困难期。后又迎来黄金10年，出现多种经营大发展的可喜局面，业务范围大幅扩展，产业逐步扩展为地质勘查、地质服务、工勘施工、地质经贸、房地产业等，服务空间实现省内—省外—国外三线联动，经营收入、利润大幅提升，职工收入也随之出现较大增长。

21世纪初期，随着中国经济进入新常态，八〇一队积极调整经营管理思路，整合内部企业和内部实体，以做好公益性服务、做强事业企业为基本出发点，推进产业优化分工，提升各大产业核心竞争力。主要产业为水文地质、工程地质、环境地质、城市地质、生态保护及应急抢险、矿产地质及新能源、创新产业七大产业。

五、经营业绩考核

1958～1989年计划经济时期，主要以事业性质实施项目，单位没有经营自主权，主要开展以实物产量为主的绩效评价，对单位和个人的评价不重视价值和成本的考核，只从实物和产出的角度来评价。

1990年，山东省地矿工程勘察院等成立，项目实施主体逐步向企业转变，主要开展以面向市场的产值和利润为主的绩效评价，开始强调经济效益，开始注重企业的利润、成本、产值等价值指标的考核，并以企业和经营单位的利润完成情况决定企业的报酬和激励方式。

21世纪开始，尤其是2007年经管科成立后，考核指标主要为经营收入、利润、资金回收率、管理指标完成情况等。2008年以后，又研发并升级项目管理系统，利用信息化手段强化内部核算、合同管理等管理工作，加强对单位经营工作的引导和管控，并以此为基础实施对各经营单位及其负责人的经营者绩效考核。

具体来说，一是责任制考核也更加注重与单位发展战略相结合，将绩效评价纳入整个管理过程当中，通过绩效评价体系把单位的战略目标转化为阶段性的、具体的、可操作的目标。二是更加注重经营过程的适时评价。能连续地对所要控制的项目进行跟踪监视，使问题得到及时解决，并易于分清责任，使控制更为有效。三是更加重视知识和创新的评价。绩效评价体系把创新能力的评价放在重要地位，重视无形资产和智力资产的评估管理，全面衡量业绩。

2017 年以来，责任制考核更加关注单位事业发展能力和单位可持续发展能力的评价，按照可持续发展要求经营，不仅需要考虑市场的扩大和利润的增加，还要考虑单位长期稳定的发展和单位总价值的不断提高，除了要关注单位内部管理水平及生产率的提高，还要充分注意外部因素的影响作用，绩效评价力求做到客观、结合、合理。

第六节　人事劳动管理

一、管理机构与职能

1958 年 3 月，成立人事科，进行劳动人事管理。部门名称几经变化，2018 年 1 月改称“劳动人事部”。

1982 年，职工教育科职能为编制并组织实施职工教育计划，检查总结职工教育工作，组织管理本单位职工脱产培训和业余教育工作，完成上级交给的培训任务，按上级要求选派学员，管理专兼职教育人员和教学场所等工作。1985 年以后，职能变更为负责每年劳动力调配、定员管理、办理职工退职退休手续与新进职工招收、职工调转、大中专院校毕业生录用、工资管理、职工考勤、劳动工资统计、离退休职工工资发放、社会保障、事业法人证书使用管理、职工个人资质管理、职工专业技术职务评审聘任、工人技术等级晋升、下岗职工管理、职工培训、各项人事、工资月季年度报表、精简落实政策人员管理、离退休及在职人员各项待遇政策落实等工作。

二、主要管理制度

1965 年 3 月 2 日，下发《关于原来享受野外津贴的社教工作队员野外津贴发放问题的补充通知》。

1965 年 3 月 23 日，下发《关于修改野外队参加四清人员工资津贴发放问题的通知》。

1965 年 6 月 7 日，转发《山东省人委转发国务院关于改进临时工的使用和管理的暂行规定》。

1965 年 6 月 12 日，转发地质部《关于改革现行综合奖励制度的通知》。

1965 年 11 月 30 日，转发济南市劳动局《改进临时工计划调配工作的通知》。

1968 年 5 月 8 日，下发《关于野外统一考勤办法》。

1972 年 12 月 3 日，下发《关于压缩临时合同工的通知》。

1974 年 9 月 30 日，转发《山东省关于加强公费医疗管理的若干规定》。

1979 年 1 月 18 日，转发山东省劳动局《关于职工调动工作工资处理问题的补充通知》。

1981 年 6 月 9 号，印发《考勤和请销假制度》。

1982 年 2 月 20～24 日，召开山东省地质局第一水文地质队第二届第二次职工代表大会，讨论并通过关于考勤、请销假制度。

1982 年，印发《队定保奖惩行办法》。

1985 年 6 月 19 日，下发《关于几项医疗管理和药费报销制度的试行规定》。

1986 年 7 月 26 日，印发《关于加强劳动工资管理的若干规定（试用）》和《关于职工调配工作的补充规定》。

1986 年 8 月 16 日，印发《关于职工教育的若干暂行规定》。

1986 年 10 月 11 日，下发《职务补贴试行办法》。

1988 年，下发《关于实行技师聘任制的实施细则》。

1989 年 5 月 10 日，印发《劳动人事管理制度》。

1990 年 11 月 19 日，根据关于贯彻执行《地质矿产部一九八九年调整国家机关、事业单位工作人员工资的实施方案》等精神，于 11 月 6 日对职工增资。此次有 160 人在普调工资的基础上再升一级，有 14 人按规定提高转正工资标准。

1991 年 7 月 8 日，印发《医疗经费管理改革意见（试行）》。

1992 年 4 月 14 日，印发《职工内部待业暂行办法》。

1992 年 9 月 18 日，印发《关于加强医药费管理的补充规定》。

1993 年 3 月 12 日，下发《对外招待管理办法》。

1993 年 8 月 26 日，印发《职工医疗管理办法》。

1993 年 11 月 5 日，印发《关于职工参加各类培训学习若干问题的暂行规定》。

1994 年 11 月 16 日，《工资改革岗位归类方案》经院六届四次职工代表大会通过、省地矿局批准，开始试行。

1995 年 4 月 4 日，下发《关于职工调配工作的暂行规定》《关于职工从事第二职业的暂行规定》《关于职工办理“停薪留职”的暂行规定》。

1995 年 5 月 30 日,颁发《关于院劳动临时用工和聘用工作人员的有关规定》。

1995 年 7 月 12 日,第六届五次职工代表大会审议通过《岗位招用办法》《关于职工内部待业的有关规定》。

1995 年 7 月 26 日,印发《关于国有企业实行业务招待费使用情况向职代会报告制度的规定》。

1995 年 12 月 5 日,印发《未上岗人员管理规定》。

1996 年 4 月 16 日,根据《关于〈山东省地质矿产局关于实行劳动合同制工作的实施意见〉的通知》精神,在上半年在全院范围内全面推行劳动合同制度。

1996 年 6 月 28 日,制定下发《山东省地矿工程勘察院实行劳动合同制度实施办法》。

1996 年 12 月 5 日,制定《未上岗人员管理规定》。

1997 年 1 月 2 日,印发《职工医疗保健暂行规定》。

1997 年 1 月 15 日,根据有关规定并结合实际情况,经研究制定《重要岗位和特殊工种人员上岗规定》。

1997 年 3 月 19 日,下发《一九九七年内部经济责任管理的若干规定》。

1997 年 3 月 24 日,下发《职工工资发放管理规定(试行)》。

1997 年 6 月 3 日,下发《关于临时用工的聘用工作人员的规定》。

1997 年 8 月 22 日,下发《职工工资发放管理办法》。

1998 年 4 月 17 日,经研究制定《专业技术职务聘任暂行规定》。

1998 年 5 月 22 日,制定《关于职工内部待业和自谋职业的暂行规定》。

1998 年 9 月 17 日,制定《关于职工考勤的规定》。

1999 年 1 月 5 日,印发《关于职工参加培训学习有关问题的暂行规定》。

2000 年 2 月 28 日,按照企业改革制度的要求,经研究制定《关于实行双向选择竞争聘任上岗的意见(试行)》,同时制定上岗聘任协议、聘书(中层干部)、聘书(专业技术职务)、申请工作岗位意向书。

2003 年 5 月 12 日,根据《山东省地矿局八〇一水文地质工程地质大队事企分体运行实施方案》机构和岗位设置要求,研究制定事业部分和企业部分的一般管理人员和部分服务人员的岗位招聘工作,制定上岗申请表、八〇一队岗位职责、有限责任公司岗位职责。

2008 年 8 月 26 日,印发《职工教育管理办法》。

2009 年 3 月 30 日,为进一步加强对专业技术人才的引进、调配和使用,印发《专业技术人才引进及调配办法》。

2010 年 1 月 27 日，为进一步加强工资管理，充分调动职工积极性，院对《工资管理（补充）办法》进一步完善。

2011 年 1 月 6 日，公布《新增设机构负责人竞争上岗实施方案》。

2014 年 4 月 4 日，制定《关于进一步加强院工资管理的实施意见》。

2014 年 4 月 4 日，制定《院不在岗人员上岗管理办法》。

2014 年 4 月 4 日，印发《进一步加强工资管理的实施意见》。

2014 年 4 月 10 日，印发《院经济责任制办法》。

2014 年 4 月 14 日，印发《院科研基金暂行管理办法》。

2014 年 7 月 24 日，制定下发《院退休返聘人员管理办法》。

2014 年 10 月 23 日，印发《院职工带薪年休假管理办法》。

2014 年 11 月 26 日，经班子成员集体研究，并经职工代表大会讨论通过，决定在全院实行绩效考核和绩效工资分配办法。

2015 年 3 月 16 日，印发《关于进一步加强工资管理的实施意见》。

2015 年 9 月 29 日，印发院《事业编制外用工管理办法》。

2016 年 4 月 28 日，印发《关于进一步加强绩效工资管理及规范绩效工资结构的实施意见》。

2016 年 5 月 30 日，印发《院专业技术（能）带头人及青年技（学）术拔尖人才选拔管理办法》。

2017 年 8 月 25 日，印发《山东省地矿局八〇一水文地质工程地质大队职工教育培训管理办法》。

三、人力资源管理

（一）劳动组织及劳动力编制与调配

1979 年 9 月 3 日，根据省革委地质局指示精神，经研究决定，成立劳动鉴定委员会，由王庆忠等 13 人组成，王庆忠任主任。

1980 年 7 月 9 日，根据省地勘局指示精神，经队党委研究决定，成立经济专业干部技术职称考评委员会，由 7 人组成，荆云龙任主任。

1987 年 5 月 26 日，为适应职称改革工作的需要，经研究决定成立队职称改革领导小组和职称改革办公室。职称改革领导小组由 11 人组成，王善煜任组长。职称改革办公室由 5 人组成，李永和任主任。

1987 年 8 月 20 日，根据职称改革工作的需要，经研究并经省地矿局职称改革工作小组批复同意，组建“地质工程技术职务初级评审委员会”和“经济统计会计专业职务初级评审委员会”地质工程技术职务初级评审委员会。

1987年8月25日，为搞好卫生技术职务的评聘工作，根据省局要求，经研究成立卫生技术职务初级考评小组，由3人组成，李炳英任组长。

1988年6月6日，为加强对技师聘任工作的组织领导，队成立技师聘任工作领导小组和技师评审委员会。技师聘任工作领导小组由5人组成，王善煜任组长。技师评审委员会由9人组成，荆云龙任主任。

1991年4月3日，根据有关文件精神，1990年12月进行了从工人中聘用干部的工作，16人被批准任命为干部。被聘任为干部的人员其工人身份不变，聘任期为5年。

1995年5月20日，成立职称评定改革小组，由13人组成，朱友强任组长。

1995年8月23日，为加强设备技术管理工作，逐步完善八〇一队管理体制，决定设立机械副总工程师岗位。

2012年10月30日，根据山东省人事厅《关于印发山东省事业单位岗位设置管理实施意见的通知》及省地勘局有关规定，结合实际，经院办公会议研究，院长侯新文决定聘用79人的相应岗位。

2016年9月20日，根据《关于报送2016年度工程技术和经济高级专业技术职务资格评审材料的通知》及省地勘局《关于做好2016年度专业技术职务资格评审工作的通知》规定和要求，开展年度职称申报工作。职称申报过程中，继续实行个人申报、民主评议推荐、单位审查的申报推荐办法。单位组织推荐时，按要求选择一定数量的相应专业技术岗位工作人员组成评议委员会。

2016年9月18日，召开会议对申报人的职业道德、工作态度、学术技术水平、工作能力和业绩贡献等进行综合评价。会议经过无记名投票，对申报人员进行排序，共列6位推荐人。

(二)队伍规模及工资情况

1958年建队时，共有职工378人。随后建立5个分队，职工人数增至921人。1981年，职工人数调整为825人。1990年，调整为678人。随后的人数变动并未发生很大变化。据记载，2004年人均年工资约1.5万元，至2013年工资呈稳步上升态势，2013年人均年工资达11.5万元，2013年后人均年工资稍有下降。截至2017年底，职工人数为575人，人均年工资约10万元。

表 1-2-4　　历年职工总数与工资总额一览表　　单位：人

年度	职工总数	管理人员	技术人员	工人	职工年工资总额（千元）	人均年工资（元）	退休人员	离休人员	在岗职工（季报）
1958	921	79	134	708					
1959	953	86	127	740					
1960	1033	131	163	739					
1961	991	120	210	661					
1962	720	105	166	449					
1963	869	94	216	559					
1964	576	85	147	344					
1965	912	106	240	566					
1966	905	130	220	555					
1967	855	110	218	527					
1968	876	125	222	529					
1969	898	127	216	555					
1970	912	114	208	590					
1971	969	108	197	664					
1972	979	118	164	697					
1973	995	113	165	717					
1974	1025	121	165	739					
1975	1095	133	196	766					
1976	624	95	103	426					
1977	687	96	119	472					
1978	767	91	119	557					
1979	829	103	137	589					
1980	833	106	145	582					
1981	825	102	166	557					
1982	819	102	161	556					
1983	786	103	158	525					
1984	799	114	186	499					
1985	771	108	187	476					
1986	655	96	117	442					
1987	664	95	127	442					
1988	660	94	147	419					

续表

年度	职工总数	管理人员	技术人员	工人	职工年工资总额（千元）	人均年工资（元）	退休人员	离休人员	在岗职工（季报）
1989	669	86	151	432					
1990	678	91	443	144					
1991	782	109	525	148					
1992	765	101	504	160					
1993	760	92	500	168					
1994	744	95	467	182					
1995	667	95	391	181					
1996	566	90	350	126					
1997	559	103	281	175					
1998	627	80	341	206					
1999	647	81	352	214					
2000	630	81	328	221					
2001	566								
2002	556						459	401	
2003	541						469	319	
2004	626	45	249	332	8270	15315	494	20	388
2005	632	46	273	313	11339	17998	499	19	453
2006	656	47	301	308	15020	23469	506	18	480
2007	619	36	311	272	17158	27020	549	16	470
2008	605	40	318	247	21737	35402	574	16	491
2009	617	40	335	242	30849	50325	576	14	517
2010	615	42	346	227	37315	60774	599	13	531
2011	624	43	362	219	47217	77026	602	13	542
2012	611	46	372	193	56710	92211	611	10	544
2013	605	45	380	180	69577	115576	618	9	541
2014	583	40	380	163	55508	94562	638	9	526
2015	623	46	404	173	55910	96065	639	9	570
2016	634	45	419	170	61093	99177	640	9	606
2017	575	36	392	147	65770	107997	668	7	553

(三)工资制度及办法

1. 工资制度

1958～2017 年,八〇一队在地质(矿)部和山东省的统一部署下,与全国同步进行了 3 次工资制度的调整。

(1)1958～1984 年工资制度

1958～1984 年,执行的是 1956 年工资制度改革实行的职务等级工资制,就是按职务等级工资制的标准支付职工工资。队机关执行的是国家机关统一标准,分队执行的是 1956 年 8 月 16 日经劳动部批准、地质部发布的经过改革的全国地质行业工资标准。这个标准将全国划分为 9 个地质工资类别,山东列为三类区,其工资标准有 6 个序列。它主要是反映劳动质量及其报酬的差别和不同劳动条件的差别。它的缺点是不能反映同等级工人的劳动差别,尤其是体现不出超额劳动与完不成定额劳动的差别,不能切实反映地勘单位之间经营好坏与收入的关系。

(2)1985～1992 年工资制度

1985～1992 年,依据中共中央国务院于 1985 年 6 月 4 日公布的《关于国家机关和事业单位工作人员工资制度改革问题的通知》对工资进行了调整,实行结构工资制。按照工资的不同职能,它分为基础工资、职务工资、工龄工资、奖励工资四个组成部分。

根据地矿部制定的工资改革方案,八〇一队从 1985 年 7 月 1 日起,按照以职务工资为主要内容的结构工资制度进行工资套改。

(3)1993～2005 年工资制度

1993～2005 年,实行的是职级工资制和岗位工资制。基本内容:一是机关工作人员(除工勤人员外)实行职级工资制。其工资按不同职能分为职务工资、级别工资、基础工资和工龄工资四部分。其中,职务工资和级别工资是职级工资构成的主体。二是野外地质勘探队的新工资制度实行的是岗位工资制。野外地质勘探队专业技术人员工资构成为专业技术职务岗位工资(70%)、岗位津贴(30%),管理人员工资构成为职员职务岗位工资(70%)、岗位津贴(30%)。技术工人和普通工人分别为技术等级岗位工资(70%)、岗位津贴(30%)、等级岗位工(70%)、岗位津贴(30%)。

另外,还建立正常增资制度。野外地质勘探队(全额拨款和差额拨款单位)在严格考核的基础上,实行正常升级。凡连续两年考核为合格以上的人员,一般可晋升一个工资档次。考核不合格的,不得晋升。工作人员晋升职务后,按新任职务相应增加工资。

在这次工资制度改革中,八〇一队共涉及 1002 人,月增加工资总额 12.45 万元,其中在职职工 761 人,月增资总额为 8.81 万元,离退休职工 241

人,月增资总额为3.64万元。

(4)2006年工资制度

2006年的收入分配制度改革是中国工资制度的重大变革。这次工资改革后,事业单位工作人员基本工资不再体现全额、差额、自收自支等差别,一律实行国家统一的工资标准,政府通过绩效工资核定总量的不同加以区别。新的工资制度从2006年7月1日起实施。

野外地质勘探队工作人员实行岗位绩效工资制度。2007年4月11日,山东省人事厅、山东省财政厅、山东省国土资源厅联合下发《关于印发山东省地质勘探事业单位工作人员收入分配制度改革实施办法的通知》。地质勘探事业单位收入分配制度改革实施范围,限于经政府人事部门批准执行野外地质勘探队工作人员工资标准的2006年7月1日在册正式工作人员。野外地质勘探队实行岗位绩效工资制度。岗位绩效工资由岗位工资、薪级工资、特岗津贴补贴和绩效工资四部分组成,岗位工资和薪级工资构成基本工资。基本工资实行"一岗一薪、岗变薪变""一级一薪、定期升级"的办法。

工作人员工资套改执行人事部和山东省人事厅文件及相关政策;离退休人员工资套改执行山东省文件及相关政策。单位工作人员有613人参加工资套改,套改后月基本工资77.2761万元,月增资219030元,离退休(退职)人员570人,月增加离退休费(生活费)13.4410万元。

2.工资管理办法

2002年起,实行效益工资的分配办法,坚持"效率优先,多劳多得,按劳分配,兼顾公平"的基本分配原则。在按照不同的岗位职责适当拉开分配档次的同时,以劳动成果及贡献作为核定职工收入的基本依据。2003年至今,效益工资分配办法共进行了5次大幅度的修改、细化,使之更趋于完善。

实行岗位绩效工资后,岗位绩效工资由基本工资、绩效工资和津贴补贴三部分组成。基本工资由基础工资、工龄补贴、技术补贴三部分组成。其中,基础工资,为保证职工的基本生活需要;工龄补贴,为对职工的劳动积累进行一定的补偿;技术补贴,为体现专业技术人员(技术工人)的价值,鼓励职工学习、钻研技术,增强自身业务水平和实践技能,不断提高自身综合素质,按院聘任的专业技术职称和工人技术等级发放补贴。绩效工资包括基础性绩效工资和奖励绩效工资,根据职工所从事工作的责任轻重、劳动繁简、技术含量高低和工作业绩确定。绩效工资总量严格按照上级部门下达的数额执行。基础性绩效工资按月发放,奖励性绩效工资按年发放。津贴补贴主要包括改革性补贴(物业补贴、降温费、取暖补贴)、特殊岗位津贴(含纪检监察补贴、野外工作津贴、信访补贴等)及精神文明奖。

院服务管理部门基础性绩效工资每月先预发,待各二级事业发展中心职工平均工资确定后隔月予以补发。院独立核算的二级事业发展中心基础性绩效工资根据任务量及考核情况按月发放。

2016 年 4 月 28 日，印发《关于进一步加强绩效工资管理及规范绩效工资结构的实施意见》的通知，就院绩效工资实施提出如下意见：进一步规范工资结构，进一步清理津贴补贴项目，进一步加大野外工作津贴补助，进一步加强绩效工资实施监管力度。

（四）社会保障工作

1. 工伤保险

2008 年 1 月，在职职工 609 人，全部在济南市社会保险事业局缴纳工伤保险。缴费比例，单位 0.5%，个人不缴费，退休人员不缴费。

2014 年 5 月，在职职工 589 人，由济南市社会保险事业局转入山东省社会保险事业局缴纳工伤医疗费，与基本医疗保险费一并缴纳。缴费比例，单位 0.2%，个人不缴费，退休人员不缴费。

2. 医疗保险

2012 年 12 月，依照山东省人力资源和社会保障厅文件要求，全队在职 620 人、退休 606 人正式纳入山东省省直机关事业单位医疗保险系统，全部在山东省社会保险事业局缴纳医疗保险。缴费比例，基本医疗保险费单位 8%、个人 2%，退休人员不缴费；补充医疗保险费单位 4%，与基本医疗保险一并缴纳；大额医疗费用补助金每人每月 10 元，由补充医疗保险费自动划拨。

3. 生育医疗费

2012 年 12 月，与省直医疗保险同时启动，一并缴纳。缴费比例，单位 0.3%，个人不缴费，退休人员不缴费。

4. 养老保险

2014 年 10 月，依据山东省人力资源和社会保障厅文件要求，正式纳入山东省省直机关事业单位养老保险系统，所有职工在山东省社会保险事业局缴纳养老保险。缴费比例，基本养老保险单位 20%、个人 8%，职业年金单位 8%，个人 4%，退休人员不缴费，首次缴费时间为 2016 年 7 月，在职 615 人共缴纳 138.24 万元。同月，由社保局发放 636 名退休人员统筹内待遇 259.84 万元。2017 年 12 月，一次性补缴在职人员 2014 年 10 月～2016 年 6 月期间的基本养老保险及职业年金共 246.58 万元。

5. 失业保险

2000 年 2 月，依据山东省有关文件要求，在山东省劳动厅社会保险处办理社会保险失业保险登记，补缴自 1999 年 10 月～2000 年 6 月期间的失业保险费，明确纳入省直机关事业单位失业保险的时间为 1999 年 10 月。缴费比例，单位 2%，个人 1%，退休人员不缴纳。2014 年 1 月，在职 600 人，依照文件要求，在山东省社会保险事业局参保。缴费比例，单位 1%，个人 0.5%，与基本医疗保险一并缴纳。2017 年 1 月,在职 629 人,依照文件要求,缴费比例调整,单位 0.7%,个人 0.3%,与基本医疗保险一并缴纳。截至 2014 年 10 月,队职工"五险"全部按规定在山东省社会保险事业局参保缴费。

(五)事业单位人员聘用制度

事业单位聘用制是人事制度的一项重大改革;是指单位与职工依据国家法律法规,在平等自愿、协商一致的基础上,通过签订聘用合同,确定单位和个人的聘用关系,明确双方责任、权利、义务的人事管理制度;是以人员聘用为主要形式,实现人事管理由身份管理向岗位管理转变,由行政任用向平等协商的聘用关系转变,建立人员能进能出、职务能升能降、待遇能高能低的用人机制。

基本任务:按省编制管理部门核准的管理岗位、专业技术岗位及工勤岗位的编制数额,科学合理设置岗位,编制岗位说明书,建立岗位薪酬体系;按聘用程序择优聘用,完成单位与受聘职工聘用合同签订工作,实现用人关系的转换;未聘人员按政策妥善安置。

根据有关法律、法规、规章和《山东省事业单位实行人员聘用制度暂行办法》,八〇一队于 2010 年 12 月开始签订聘用制合同。

(六)专业技术职称评审

1958～2017 年,评定各类职称共计 1635 项。

表 1-2-5　　专业技术人员评审情况

评审通过						院考核转正定级				社会统考
年度	技术员	助工	中级	副高	正高	合计	员级	助理	中级	合计	
1958			2								
1961		3									
1966			5								
1978			4								
1980			48								
1981			12								
1988			42	12							16
1989				3							
1991	4	5									
1993	3	10	39	2							10
1995		4		14							6
1996		16	24	10							5

续表

年度	评审通过						院考核转正定级				社会统考
	技术员	助工	中级	副高	正高	合计	员级	助理	中级	合计	
1997			6	12							4
1998		3	37	6							
1999			3	5							
2000	1	9		12							
2001	1	4	15	12							
2002		3	14	5							
2004			5	6	2						
2005		2	14	6	2	24	3	9		12	7
2006		3	5	4	2	14	5	19		24	4
2007	1	3	3	2		9	6	16		22	7
2008		2	4	3	1	10	2	19		21	10
2009	2	1	5	4	1	13		19	1	20	5
2010	1	2	6	8	2	19	1	12	1	14	
2011	1	1	10	7	3	22	1	19	5	25	4
2012	2	1	12	6	1	22	1	19	2	22	5
2013		3	13	9	1	26	1	17	6	24	3
2014	3	2	14	7	2	28	1	11	8	20	1
2015		1	21	10	2	34		9	2	11	5
2016	3		16	22	2	43		6	4	10	1
2017		1	30	15	1	47		12	9	21	5

四、教育与培训

1958 年 5 月 30 日，根据召开的队伍扩大会议，人事部门积极和省质局、山东省人事局联系解决管理干部问题，并在已有基础上，抽出 30 名机、班长进行培训。

1958 年 9 月 25 日，开始培训学徒工。学徒工来自惠民、济宁、泰安三个地区，共 444 人。

1959 年 11 月，举办水文地质训练班，共招收学员 31 名，培训 3 个月，充实到野外第一线。

1960 年 7 月 23 日，根据省委指示，省地质厅党委制定关于科级以上党员干部短期培训计划，抽调 5 名学员参加第二学期培训。

1965年5月26日,选送4人到省地质局政治培训班学习。

1975年12月,开办第一期“七·二一”大学,祁德芳任校长,王文璟任教务主任。经过两年的办学,培养水文地质技术人员21人,并由省革委地质局颁发中专毕业证书(在山东省地质系统承认学历)。

1978年5月,分别在济南、淄博马尚举办学习新时期总任务和《工业三十条》《地质工作二十条》学习班,培养骨干53人。

1979年1月,开办第二期“七·二一”大学,祁德芳任校长,王文璟任教务主任。根据1979年9月教育部在河南省郑州市召开的全国职工教育会议精神,将“七·二一”大学改称“山东省地质职工大学”。本期培养省地质局所属单位水文地质技术人员26人。1982年5月,颁发加盖了山东省教育厅公章的山东省地质职工大学专科毕业证书。大部分培养的人员成长为水文地质技术骨干。

1980年2月28日,经队研究决定,抽调8名临时教师、8个机台共191人参加考核,两门课程平均90.2分,成绩优秀。

1984年3月19日～6月2日,在济南荆合工地组织培训,采取全日制学习方法,共35人参加,主要是驻济的二、三线人员。

1987年9月,举办水文地质中专班,赵松江任班主任。该班共培训八〇一队、山东省环境水文地质总站、省地矿局第六地质队、山东省城乡勘察院、山东省水利设计院、安徽地质矿产局三二二地质队等单位的25人。1990年12月,颁发山东省地质学校水文地质与工程地质专业(函授)毕业证书。

1989年,举办为期1个月的工程地质培训班,培训了大量工程地质技术人员。

1990～1992年,举办水文地质专业证书班,提高了学员的水文地质专业知识,但颁发的专业证书国家不予认可。

1995年8月16日,针对各施工单位的野外职工和临时工开展政治、技术业务培训,包括思想教育、钻探施工技术、安全生产等七方面内容。

1999年1月5日,制定《关于职工参加培训学习有关问题的暂行规定》。

2009年2月,为创新对非专业技术人员的培养形式,选派非地质专业人员35人赴石家庄经济学院进行为期3个月的集中封闭学习。内容涉及水文地质、工程勘察等专业,配备副教授以上师资。通过严格管理和考核,这些人员掌握了开展地质专业工作必备的能力,一定程度上弥补了专业人才短缺的局面。2009年5月,由石家庄经济学院工程学院颁发了水工环地质结业证书。

2011年7月,举办新进人员岗前培训,主要内容为院情院务、院主要专业技术、安全生产法律法规及操作规程培训。

2012 年 7 月，举办新进人员岗前培训，主要内容为院情院务、院主要专业技术、安全生产法律法规及操作规程培训。

2015 年 7 月，举办新进人员岗前培训。

2016 年 7 月 20 日，印发《山东省地矿工程勘察院职工教育培训管理办法》。

2017 年 8 月 25 日，印发《山东省地矿局八〇一水文地质工程地质大队职工教育培训管理办法》。

第七节　审计与法务工作

一、管理部门

1985 年 6 月 28 日，成立审计科。是年 12 月 12 日，撤销审计科。此后至 1998 年 5 月，审计职能作为财务工作的一部分设置在财务科。1998 年 5 月 18 日，成立审计科。1999 年，成立法律顾问室，与合同管理科合署办公。2003 年 6 月 13 日，审计科合署到党群工作部。此后至 2007 年 2 月，审计科一直与党群工作部合署办公。2007 年 2 月 5 日～2014 年 7 月，审计职能作为经营管理工作的一部分设置在经营管理科。2014 年 7 月 23 日，成立审计法务室。

审计法务室工作主要由审计法务室负责完成，其主要职能为：负责制定、修改单位内部审计办法、制度和具体实施细则；根据领导安排，按照有关规定进行内部审计工作；进行审计政策法规的学习和理论研究，提高自身素质；参与每年再教育学习；参加局审计工作会议，总结、交流、宣传审计工作；负责法律事务和普法教育工作；负责院合同的管理、审查工作；负责联系院法律顾问。

二、主要管理制度

1989 年 6 月 7 日，下发《关于建立队内审计制度和印发〈审计工作实施办法〉的通知》。

1989 年 7 月 20 日，下发《关于成立兼职审计员的通知》。

1989 年 10 月 4 日，下发《关于下发队内控制制度审计报告的通知》。

1999 年，下发《关于成立法律顾问室的通知》。

2014 年 7 月 23 日，下发《关于成立审计法务室的通知》。

2014 年 7 月 28 日，下发《关于印发〈全院矿业权管理等“四个专项”自查自纠工作实施方案〉的通知》。

2015 年 3 月 27 日,下发《关于做好迎接配合国家审计署矿产资源审计工作的通知》。

2015 年 7 月 23 日,下发《关于印发〈山东省地矿工程勘察院招标投标监督管理暂行办法〉的通知》。

2015 年 8 月 12 日,下发《关于印发〈山东省地矿工程勘察院招标管理暂行办法〉的通知》。

2015 年 9 月 23 日,下发《关于成立劳动用工、招标投标、债权债务清理规范工作机构的通知》。

2016 年 4 月 20 日,下发《山东省地矿工程勘察院采购管理暂行办法》。

三、审计监督工作

2014 年 7 月下旬～8 月中旬,按照省地勘局《关于开展全局矿业权管理等“四个专项”自查及审计检查工作的通知》和院《关于印发〈全院矿业权管理等“四个专项”自查自纠工作实施方案〉的通知》等文件要求,根据实际情况,审计法务室组织开展相关自查自纠工作。通过此项工作的开展,对矿业权、国外风险勘查基金项目、国家和省财政安排的专项勘查项目、工程建设和采购业务等各类招投标管理的实际情况进行梳理,对发现的问题及时进行整改,为地勘经济健康可持续发展创造了有利条件。

2014 年 9 月 22～24 日,院审计法务室全体人员参加全局审计法务工作会议和业务培训班。会议对局审计法务处成立以来全局审计法务工作进行总结回顾,对今后一个时期全局审计法务工作进行安排部署。会议特别邀请来自高校、法院、企业、律师事务所等部门和单位的专家进行授课,并专题学习新修订的《中国内部审计准则》。培训结束后,院审计法务室全体人员参加结业考试并全部合格,取得了由省内审协会颁发的内部审计人员岗位资格证书,实现持证上岗。

2015 年 2 月～2018 年 2 月,根据人事变动,企划审计部对 20 名干部人员进行离任审计;根据审计计划安排,企划审计部对 3 名干部人员 3 人进行届中审计。

四、法律事务

法务工作围绕为院经济发展保驾护航这个中心,立足本职,积极作为,在合同审核把关、法律风险防控、诉讼案件应对和普法依法治理等方面做了大量卓有成效的工作,切实维护了单位的合法权益。强化制度建设,出台《院采购管理暂行办法》，按照施工项目分类，以合同额的大小为标准对分包合同的采购方式严格把关，不断完善分包采购流程。在经济合同审核中，综合运用内、外部两种资源，明确内部法务人员和外部法律顾问的职责分工，内外结合，优势互补，进一步优化审核流程，提高审核效率。当2014年审计法务室成立，每年审查各类施工、监理、购销等主合同和分包合同千余份。积极应对法律纠纷，先后协助法律顾问承办各类诉讼案件20余件，对所有承办案件均做详细记录，注重向法院了解情况，掌握案件进展，遇有新情况及时向院领导汇报。综合运用协商、起诉、调解等方式解决争议，尽最大可能挽回损失。日常工作中认真解答职工提出的各类法律咨询，开展多种形式的法制宣传教育，提高广大干部职工的法治素养。

第八节　安全管理

一、管理部门

1981年4月，成立安全办公室，进行安全生产管理。部门名称几经变化，2018年1月改称“安全生产技术部”。

安全管理工作主要由安全生产技术部负责完成，其主要职能为：组织或者参与拟定院安全生产规章制度、操作规程；参与院涉及安全生产的经营决策，提出改进安全生产管理的建议，督促院其他机构、人员履行安全生产职责；组织制订院安全生产管理年度工作计划和目标，并进行考核；组织或者参与院安全生产宣传教育和培训，如实记录安全生产教育培训情况；监督院安全生产资金投入和技术措施的落实；监督检查院对承包、承租单位安全生产资质、条件的审核工作，督促检查承包、承租单位履行安全生产职责；督促落实院重大危险源的安全管理，监督劳动防护用品的采购、发放、使用和管理；组织落实安全生产风险管控措施，检查本单位的安全生产状况，及时排查事故隐患，制止和纠正违章指挥、强令冒险作业、违反操作规程的行为，督促落实安全生产整改措施；组织或者参与院生产安全事故应急预案的制定、演练。

二、主要安全管理制度

1973年6月24日，下发《关于加强安全生产管理的几项要求》。

1977年3月8日，印发《关于建立健全各级安全组织的通知》。

1986年9月1日，下发《治安保卫委员会工作细则》。

1987年5月5日，下发《关于对消防器材保管和使用的规定》。

1987年6月1日，下发《安全工作奖罚规定》。

1988 年 6 月 15 日,下发《关于制定“安全奖罚规定”的通知》。

1988 年 6 月 16 日,下发《安全奖惩规定》。

1989 年 4 月 1 日,下发《班组安全建设试行办法》。

1990 年 5 月 7 日,下发执行《安全奖惩规定》。

1992 年 3 月 11 日,印发《地质矿产部实施安全否决权的规定》及《实施安全否决权规定的实施细则的通知》。

1993 年 5 月 4 日,修改下发《安全奖惩规定》。

1993 年 11 月 1 日,下发《地质勘探职工个人劳动防护用品管理规定》。

1995 年 7 月 21 日,下发《关于勘察、施工及安全生产技术标准修订任务的通知》。

1995 年 8 月 15 日,下发《关于加强劳动保护用品采购及发放管理有关规定的通知》。

1995 年 10 月 13 日,下发关于《违反劳动安全规章制度经济处罚暂行办法》《安全保证金制度》《安全工作考核标准》的通知。

1996 年 7 月 10 日,印发《关于进一步加强车辆运输安全管理的实施办法》及转发《山东省地质矿产局关于进一步加强车辆运输安全管理的补充规定》。

1997 年 5 月 12 日,下发《违反劳动安全规章制度经济处罚暂行条例》《安全保证金制度》《安全工作考核标准》。

2000 年 1 月 17 日,下发《关于对 1999 年发生的几起工伤事故的处理决定》。

2001 年,公布安全员岗位职责及安全员任职的决定。

2007 年,编制并下发《安全管理制度》,编制完成院企业标准《地质勘探安全规定》和《施工现场安全达标标准》。

2009 年 2 月 16 日,印发《安全生产管理标准(试行)》,并试推行全员安全奖惩机制。

2010 年 3 月 30 日,印发《安全生产管理标准》,建立健全全员安全生产责任考核机制,实行全员责任制安全奖惩制度。

2010 年 4 月 13 日,下发《安全生产基层基础年活动实施方案》。

2012 年,下发院《安全生产标准》《环境管理制度》。

2014 年 2 月 26 日,下发《安全生产管理标准》(AQ 001－2014)。

2016 年 3 月 17 日,下发《安全生产标准化工作实施方案》。

2016 年 3 月 21 日,印发院 2016 年《生产安全事故应急预案》。

2017 年 9 月 26 日,印发《山东省地矿工程勘察院安全生产管理标准》。

三、安全生产管理与成果

自 1981 年成立安全管理部门开始，虽几经变革，始终保持了安全生产管理部门的完整性。2005 年，取得非煤矿山安全生产许可证。2006 年，取得建筑施工安全生产许可证。2010 年，率先在全局建立全员安全生产责任制考核机制。院成立安全生产委员会，设置安全总监 1 名，安全生产技术部编制人员 3 人，全部取得注册安全工程师资格。现单位安全组织机构健全，有完善的安全生产规章制度和安全组织网络，推行全员安全标准化管理，始终站在安全生产管理的最前沿。

2011 年，参与山东省《地质钻探安全标准》的编写，获得地矿局科学技术奖贰等奖，获得山东土木建筑学会 2015 年工程技术创新壹等奖。2003 年，通过由中国方圆认证有限公司评审的职业健康安全管理体系认证。2012 年，通过由北京新世纪检验认证有限公司评审的职业健康安全管理体系和环境管理体系认证。2017 年 1 月，通过地质勘查单位安全生产标准化二级企业的评审，并获得有山东省安全生产监督管理局颁发的安全生产标准化证书，成为省地矿局第一家取得安全生产标准化证书的单位。

四、职业健康管理

自建立以来，单位始终贯彻执行党的安全生产方针，认真贯彻执行职业健康安全规定，注重加强职工职业卫生健康工作。特别是近年来，单位建立定期职工查体制度，特殊工种定期进行岗中检查，认真改善职工工作环境条件，加强劳动防护用品配备，多年来未发生任何职业病患者和疑似病例，有效保障了职工的职业健康。

五、安全生产检查与监督

1977 年 7 月 1 日，以夏季“五防”安全工作为主要内容，对夏季安全生产和卫生进行一次全面检查。

1977 年，全年未发生各类重大事故，仅发生轻伤 2 人。

1980 年 4 月 30 日，积极开展“安全月”活动，并对涌现出的好人好事和先进单位进行表彰和奖励。

1980 年 5 月 7～13 日，进行了安全大检查，重点检查二分队和三分队驻地、3 个车间、7 个机台、3 个仓库等生产单位，发现各种不安全因素达 16 条，召开大小座谈会 12 次，参加会议的有 300 余人次。

1983 年，开展第四次“安全月”活动。

1986 年,全年进行多次影响、深效果好的安全工作活动,进行 2 次以钻探为主的安全生产教育,共出 8 期《安全生产简报》;进行大、中、小型的安全检查 10 次,召开安全工作会议 6 次,组织为期 3 天的全队安全生产现场会,办安全生产宣传教育黑板报 30 余期。轻伤事故率为 4‰,杜绝了各类人员伤亡事故和重大经济损失事故。

1988 年,开始建立单位季检、实体月检、班组周检、岗位日检、特定时期特定检查的安全检查制度,查出的隐患按照“三定四不推”的原则认真进行整改。特别是 2003 年来推行的安全生产隐患整改的闭环管理要求,有效地做到了隐患整改到位,为现场安全管理提供了良好的保证。单位风险管控机制和隐患排查治理机制已基本形成,可有效形成风险识别管控和隐患排查治理的双预防机制,从而保证生产经营工作的有效开展。

六、劳保用品管理

1993 年 11 月 1 日,下发关于《地质勘探职工个人劳动防护用品管理规定的通知》。

1995 年 10 月 16 日,下发关于《地质勘探职工个人劳动防护用品管理规定的通知》。

2007 年,院重新修编劳动防护用品管理办法,编入单位安全生产管理制度汇编中。

2008 年,编入单位《安全生产管理标准》中。

按照国家法律法规的要求,并结合单位实际情况,建立完善的劳动防护用品管理制度和配备标准,职工防护用品的购置、验收、配发全部由单位统一管理,有效地解决了职工防护用品配备不到位的问题,保障了职工职业的健康安全。

七、历年重大安全事故

1961 年 9 月 8 日,三分队“青年号”钻机一钻工手指被挤断。

1961 年 7 月 1 日,四分队 310 机台钻探一实习生打井时因操作不当严重受伤,于次日去世。

1963 年 10 月 2 日,一名电工腿部受伤。

1966 年 4 月 19 日,八〇一队某班长在执行抗旱任务时由塔上摔下,急救无效后去世。

1973 年 5 月 29 日,二分队 204 机在拆卸钻塔过程中,因忽视安全,违章操作,发生人字架倒塌,重伤一人,人字架的部分部件严重弯曲事故。

1979 年 2 月 15 日，三分队 105 机因学员擅离职守，造成损失 2500 余元的严重火灾事故。

1983 年 11 月 1 日，106 机一人违章操作造成烧坏压风机事故，导致抽水终止和 400 余元的经济损失。

1989 年 1 月 15 日，副队长赵志玉在埃塞俄比亚因公去世。

1996 年，发生 5 起轻伤事故，造成 5 人轻伤，直接经济损失近千元。

1999 年，发生生产安全事故 6 起，造成 1 人重伤，其中 5 起为八〇一队责任，2000 年下发《关于对 1999 年发生的几起工伤事故的处理决定》。

2000 年，发生生产安全事故 3 起，均为车辆交通肇事事故，其中去世1 人，重伤 5 人，八〇一队无责任。

2005 年 4 月 30 日，职工上下班途中发生 1 起滑跌事故，造成轻伤，认定为工伤事故。

2006 年，在博兴某基础桩施工现场，由于现场作业人员配合不默契，造成一人轻伤事故。

2007 年 4 月 18 日，机械厂发生 1 起钻杆伤人事故，造成某职工脚趾轻伤。

2008 年 6 月 10 日，物资总公司仓储租赁公司临时工 1 人从货车上摔下，造成颈椎第四节骨折。另一人由于与开铲车的人员配合不协调，躲闪不及，致使其中指末节骨折。

2009 年 6 月 23 日，基础工程处在淄博焦化厂进行地热井施工过程中，由于误操作，造成人员轻伤事故。

2014 年 9 月 4 日，淄博勘查院雇佣的临时工驾驶员发生 1 起交通肇事事故，致使 1 人死亡。

第九节　离退休工作

一、管理部门

离休干部和退休职工原来分别由政治处和劳动人事科兼管。1985 年 10 月，随着离退休职工的增多，成立离退休职工管理科。1997 年 10 月，改称“离退休职工管理科”。2018 年 1 月，撤销离退休管理科，成立离退休服务部。

1989 年年底，有离退休职工 126 人，其中离休干部 26 人，退休职工 100 人。1997 年年底，有离退休职工 412 人，其中离休干部 23 人，退休职工 389 人。2005 年年底，有离退休职工 508 人，其中离休干部 19 人，退休职工 489

人。截至 2017 年年底,有离退休职工 673 人,其中离休干部 7 人,退休职工 666 人。全队离休干部和退休职工中,党员 159 名。

主要职能为:加强与相关部门的沟通协调,认真履行宏观指导和微观服务;落实离退休干部政策待遇,搞好服务管理,抓好载体建设,加强政治引导和组织建设,开展文化养老,发挥离退休人员的作用。

二、离退休管理工作

离退休科的任务是为全队离退休职工服务,向他们宣传并贯彻落实好上级有关离退休工作的方针、政策,对他们做到政治上关心、生活上照顾,使他们愉快地安度晚年。

(一)政治待遇

1985 年,开始按政策规定全面落实离退休职工的政治待遇。省地矿局和八〇一队的文件精神向离退休职工传达;大型会议及重要活动邀请离退休职工代表参加;为离休干部、退休院级干部和老专家订阅《老干部之家》杂志;为离休干部订阅《齐鲁晚报》;定期召开队情通报座谈会,征求意见建议,提升老干部工作整体服务水平。

(二)生活待遇

1985 年,开始最大限度地保障离退休职工的医疗待遇。未参加社会医疗保险前,每年年底报销所有离退休职工的药费;2013 年退休职工参加社会医疗保险,从根本上保证他们的看病、就医问题;离休干部虽未纳入社会医疗保险统筹,但他们的药费及时报销,并由专人负责买药、送药到家,医疗待遇得到充分的保障。

离退休职工的离退休费按时足额发放。每年按文件精神,及时调整离退休职工的退休费,足额发放房屋补贴、物业补贴及取暖费。每逢重大节日,走访慰问离休干部、困难党员、困难职工及困难遗属。对生病住院职工探视。对去世的职工,协助家属做好善后事宜并及时配合有关部门按规定落实丧葬及抚恤待遇。

组织全体离退休职工每两年进行一次健康查体,离休干部每年进行一次健康查体。

(三)支部建设

截至 2017 年 12 月,离退休党员有 159 人。设离退休总支 1 个、离休支部 1 个、退休支部 7 个。每个支部配有支部书记 1 名、组织和纪检委员 1 名、宣传委员 1 名。队党委高度重视离退休党支部建设,按照中组部《关于进一步加强和改进离退休干部党支部建设的意见》要求，健全组织，支部建设纳入党建整体规划，充分利用离退休党支部这个阵地，切实把党支部建设成教育、组织、凝聚离退休职工的战斗堡垒。加强基层党组织建设，每年召开支部书记专题会议，组织学习上级下发的各种文件，为各支部下发学习材料和党建读物，使离退休党员的政治理论水平和综合素质得到不断的提升，始终做到在思想上、政治上、行动上与党中央保持高度一致，带头自觉贯彻执行党的路线、方针、政策。在离退休党员中积极开展“创先争优”活动。每年推荐先进党支部和优秀党员，与在职党支部、党员进行同步表彰。广泛宣传离退休党员中涌现出的先进事迹和好人好事，积极倡导离退休党员为党的事业增添正能量，为队地勘经济可持续发展增添正能量。

（四）文体活动

根据离退休职工兴趣广泛的特点，定期或不定期地开展老职工喜闻乐见的文体活动。

1985～2000 年，先后组织离退休职工先进集体和先进个人到青岛、长岛、烟台、日照等地旅游。组织象棋、军棋、乒乓球等项目的比赛活动。

2000 年，开始举办“善比知福”“三星”活动，如评选“健康之星”“和谐之星”“奉献之星”活动。派人参加省委老干部中心举办的太极拳（剑）、柔力球学习班，培养骨干力量。组织有益老年人身心健康的体育活动，如象棋、门球、乒乓球、够级、桥牌、麻将等。离退休职工积极参加各项文体活动，在锻炼身体、丰富退休生活的同时，也为单位争得多项荣誉。

在各项活动中，门球队小有名气，1985～2017 年曾多次获省直机关长寿杯门球联赛、省直机关老年人节杯门球赛、济南市百队门球赛、济南市兴泉杯门球赛、地矿局系统门球赛的冠军。他们在比赛中团结一致，乐观进取，既取得了优异成绩，又展现了离退休职工良好的精神风貌。

三、老年群团组织

2005 年 1 月 18 日，成立山东省地矿局老科协工作者协会八〇一队分会。姜春永任名誉会长，石宝玉任会长，王经成任秘书长，程秀明任副秘书长，主要成员 8 人。

2006 年 4 月 13 日，调整山东省地矿局老科协工作者协会八〇一队分会成员，调整后分会领导及组成人员如下：姜春永任名誉会长，石宝玉任会长，张毅任秘书长，程秀明任副秘书长，主要成员 9 人。

2006 年 5 月 26 日，调整山东省地矿局老科协工作者协会八〇一队分会成员，会长调整为彭玉明。

2011 年 8 月 18 日,调整山东省地矿局老科协工作者协会八〇一队分会成员,调整后的分会组成人员如下:侯新文任名誉会长,彭玉明任会长,张毅任秘书长,秦品瑞任副秘书长,成员 13 人。

2014 年 8 月 14 日,下发《关于调整山东省地矿局老科协工作者协会八〇一队分会领导机构及成员的通知》,赵长河任名誉会长,杜昌富任会长,彭玉明任副会长,秦品瑞任秘书长,朱红漫任副秘书长,成员 14 人。

2017 年 9 月 27 日,调整山东省地矿局老科协工作者协会八〇一队分会成员,调整后分会领导及组成人员如下:彭玉明任名誉会长,赵长河任会长,李常锁任副会长,尉春玲任秘书长,秦品瑞任副秘书长,主要成员 15 人。

四、离退休相关制度

1979 年 9 月 24 日,转发山东省民政局、山东省财政局《关于退休人员去世后丧葬补助费和追悼会费用报销问题的通知》。

1988 年 3 月 7 日,下发《关于转发〈地质矿产局地质野外队职工退养暂行办法〉》。

1991 年 7 月 5 日,转发《山东省地质矿产局退休人员管理办法》。《山东省地质矿产局关于高级专家退(离)休的暂行规定》。

1991 年 9 月 20 日,转发《关于离(退)休人员疗养有关问题的暂行规定》。

2003 年 5 月 15 日,转发关于《〈山东省离退休干部党支部工作暂行规定〉的通知》。

2004 年 12 月 17 日,下发《关于对找矿做出贡献的离退休地质工作者奖励的意见(试行)的通知》。

2004 年 12 月 20 日,下发《关于印发〈离退休工作先优考核评比暂行办法〉的通知》。

2005 年 5 月 31 日,下发《关于进一步发挥离退休专业技术人员作用的意见》。

2009 年 6 月 11 日,下发《关于印发〈山东省地矿局关于进一步加强离退休工作的意见〉的通知》。

2017 年 4 月 7 日,下发《关于转发〈关于进一步规范组织离退休干部开展活动的意见的通知〉的通知》。

2017 年 7 月 14 日,转发《省地勘局印发〈关于落实中办发[2016]3 号文和鲁办发[2016]37 号文的实施意见〉的通知》。

第十节　基地建设与管理

办公基地分为五大区:经十路 13632 号办公基地、解放东路 61 号生产基地区、淄博市张店区马尚街、浆水泉路 15 号、德州市齐河县焦斌镇栗庄村。其中,浆水泉路 15 号在 2005 年改为省地勘局生活基地。

经十路 13632 号办公基地:1998 年,根据省地勘局统筹安排,八〇一队与山东省地矿医院合并,为了工作更好地开展,八〇一队产权解放路 95 号与山东省地矿医院产权济王路 128 号对换;根据房改政策相关规定,办公与住宅土地应分开,1998 年重新办理了济王路 128 号的住宅与办公用地的土地使用证。其办公基地土地使用面积 4493.09 平方米,取得时间为 1998 年,取得形式为出让。该宗地总建筑面积 4531.87 平方米。2002 年,门牌号由济王路 128 号改为经十东路 294 号。2005 年,门牌号由经十东路 294 改为经十路 13632 号。

解放东路 61 号生产基地:2004 年,经局统筹安排,将解放东路 61 号(原探矿机械厂)房产、土地、设备等产权划归八〇一队管理。土地使用面积 31055.8 平方米。

建筑占地面积 8481.6 平方米,取得使用权证时间为 1997 年 12 月,取得形式为划拨。该宗地总建筑面积 15644.93 平方米。

德州市齐河县焦斌镇栗庄村:取得使用证时间为 1999 年 12 月,使用性质为划拨。此地为综合开发科研用地。

淄博市张唐区马尚街:1977 年,取得土地 15302.77 平方米,取得形式为出让。2007 年,经局研究统筹安排,院对该基地进行了开发,产权以出让的形式转给开发商。2013 年、2014 年把旧建筑全部拆除,重新建了 5 栋住宅和 1 幢办公楼。

浆水泉路 15 号:原为八〇一队生产办公基地,土地使用性质为仓储用地,土地使用面积 39160.6 平方米(含单身宿舍用地)。2005 年,为改善地矿职工生活住宅水平,经省地勘局党委研究决定,由省地勘局统筹对该宗地进行开发,建了 5 栋住宅和 1 栋离退休人员活动楼。

第三章　党的建设

在历届党委领导下，以马克思列宁主义、毛泽东思想、邓小平理论、“三个代表”重要思想、科学发展观、习近平新时代中国特色社会主义思想为指导，坚持全面从严治党，严格中央八项规定精神和省委实施细则要求，开展党的基本理论、基本路线和党性党风教育，不断完善机制制度，加强党的思想建设、政治建设、干部队伍建设、作风建设、纪律建设和群团建设，进一步树立政治意识、大局意识、核心意识、看齐意识“四个意识”，增强理论自信、道路自信、制度自信、文化自信“四个自信”，在政治上、思想上、行动上始终与以习近平为核心的党中央保持一致，积极推进精神文明建设和文明单位创建，塑造八〇一队特色文化和团队精神。

第一节　党建工作

一、队党委及下设机构基本沿革

建队以来，党建机构不断发生变化。

1958 年 3 月建队设党支部。

1958 年 9 月建立党委，下设党委办公室。

1969 年 7 月，实行军事管制。

1986 年，实行队长负责制。

1959 年 7 月 27 日，队党委研究并报请省地质局党委批准，队党委下设组织科、宣传科。

1965 年 4 月，党委办公室改称“政治处”。

1967 年 3 月 24 日，经大队部群众组织和职工群众酝酿，选举产生由张子敬等 7 人组成的生产委员会。

1968 年 12 月 30 日，队成立由 17 人组成的山东省地质局八〇一队革命委员会，赵丽任主任，下设一室、二组。

1969 年，队政治处恢复工作，改称“政工科”。

1969 年 7 月 6 日，队实行军事管制，倪家儒任军管组组长，队机构改为连队建制。

1970 年 3 月 5 日，省革委地质局军管会决定，于忠芝任八〇一队军管组组长，黄仁俊任八〇一队军管组副组长。

1970 年 7 月 1 日，省革委地质局研究决定，队党建领导小组由孙曰勋（军管组成员）、杨忠武（军管组成员）、孟宪周（军管组成员）、任念良、曹济舟、王全庆、王庆忠 7 人组成。孙曰勋任组长，杨忠武、任念良任副组长。

1971 年 4 月 20 日，队建立党的核心领导小组，由祁士禧、王全庆、王庆忠、荆云龙、杨忠武 5 人组成。祁士禧任组长，杨忠武任副组长。

1971 年 10 月 20 日，经省革委地质局研究并报请省革委生产指挥部政办核心领导小组批准，毕光萍任核心领导小组副组长，宋进绪为核心领导小组成员。

1972 年 2 月 19 日，根据省革委地质局文件，经研究决定，由孙好来（军代表）、王庆忠等 5 人成立清产核资领导小组。孙好来任组长，王庆忠任副组长。

1980 年，队恢复政治处。

1981 年 3 月，政治处下设组织科、宣传科。

1988 年 5 月，经省地矿局政治部批复，同意队政治处改称“党委办公室”。

1989 年 3 月，地矿部、省地矿局政治工作会议后，队恢复政治处。

1989 年月 28 日，成立宣传教育科。

1990 年 3 月，山东省地质矿产局八〇一水文地质工程地质大队和山东省地矿工程勘察院开始联合发文。

1991 年 1 月，中共山东省地矿工程勘察院委员会正式发文。

1991 年 1 月 16 日，任命刘崇华为院政治处主任，从组织上恢复了专职党务干部。

1996 年 9 月，中共山东省地矿集团公司委员会（山东省地矿工程勘察院）正式发文，公布集团公司党委由朱友强、杜化津、刘崇华、姜春永、李信培 5 人组成，朱友强任党委书记，杜化津任党委副书记。

1997 年 2 月，中共山东省地矿工程集团公司第五届委员会成立。朱友强任党委书记，李培信任党委副书记。

2000 年 11 月，恢复山东省地矿工程勘察院党委、纪委印章，原山东省地矿工程集团公司党委、纪委印章同时废止。

2002 年 1 月，院党委成立党群工作部，赵洪涛兼任主任，曲新荣任组织员、团委书记。

2017 年 6 月，院党建工作领导小组成立，赵玉祥、赵长河任组长，小组办公室设在党群工作部。

2018 年 1 月，院党委成立政治工作部。

2018 年 4 月，院党建工作领导小组调整，彭玉明任组长。

二、思想作风建设

党委加强思想政治建设，开展党的总路线教育，党的优良传统教育，社会主义教育，党的基本路线教育，邓小平特色理论教育，“讲学习、讲政治、讲正气”三讲教育，“三个代表”为内容的保持党的先进性教育，“八荣八耻”社会主义荣辱观教育、科学发展观实践教育活动，保持党的群众路线实践教育活动，“三严三实”专题教育，“两学一做”学习教育，“不忘初心、牢记使命”主题教育。

(一)建队初期思想运动

1959 年年底，开展向党交心运动，作为“反右倾整风运动”的内容。

1963 年 11 月，开展反对贪污盗窃、反对投机倒把、反对铺张浪费、反对分散主义、反对官僚主义的“五反”运动。

1965 年年底，开展社会主义教育和“四清”运动。

1971 年 2 月 22 日，召开首届活学活用毛泽东思想积极分子、四好连队、五好职工代表大会。

1977 年 3 月 19 日，队党委制定《关于广泛发动群众，结合实际深入揭批“四人帮”的实施意见》。

(二)思想路线教育和整党

1980 年 1 月 31 日，遵照中共中央、中央组织部和山东省文件精神，队对在反右派、反右倾、四清和“文化大革命”等运动中处理的 33 个案件(其中反右派 11 件，反右倾 2 件，四清 3 件，“文化大革命”6 件，历史老案 11 件)进行复议。经过复议，改变结论 16 件，部分改变结论 2 件，维持原结论 11 件，尚需进行工作 4 件。

1983 年 12 月～1984 年 10 月，开展第一期整党工作，主要进行面上教育。重点解决思想上、政治上同党中央保持一致问题，以及解决好纯洁组织问题。

1985 年 1 月～1986 年 9 月，开展第二期整党工作。通过整党，坚定共产主义理想和全心全意为人民服务的观念，增强党的团结，解决一批重大问题和久拖不决的问题，进行核查“三种人”工作，基本查清“文化大革命”中大事件。对过去的历史老案和反右、“文化大革命”35件案件，按政策逐一复查，改变结论的历史老案4件，维持原结论31件。

1989年，队党委及时组织职工学习和讨论，号召全体职工紧密团结在党中央周围，立场坚定，旗帜鲜明，维护安定团结的大好局面。全体职工遵纪守法，扎扎实实地做好本职工作。

1991年4月，队在党员中举办党的基本理论、党的基本路线、党的基本知识“三基”教育知识竞赛。

1991年1～9月，按照省地矿局党委部署，院在全院职工、家属中深入开展社会主义教育工作。

1992年，全队兴起学习“邓小平南方谈话”、进一步解放思想的高潮。

1994～1996年，队组织开展二次创业大讨论和“推进两个转变，促进更大发展”大讨论。

1997年3月20日，山东地矿工程集团公司党委下发关于开展“推进两个转变，促进更大发展”大讨论活动实施意见，保证大讨论活动开展的生动活泼、扎实有效。

(三)“三讲”党性党风和“三个代表”先进性教育

2000年12月6日～2001年1月16日，院领导班子和处级以上领导干部开展以“讲学习、讲政治、讲正气”为主要内容的党性党风教育，分思想发动、学习提高，个人剖析、听取意见，交流思想、开展批评，认真整改、巩固成果四个阶段，发放征求意见表52份、民主测评表58份，查摆1992年以来在党性党风方面存在的突出问题。从测评结果看，对班子剖析材料满意率为39.3%，基本满意率为50%，不满意率为10.7%；对班子成员剖析材料满意率和基本满意率在86%以上。制定《“三讲”教育整改措施》，从政治理论学习、解放思想、民主集中制、密切联系群众、加强干部队伍建设六个方面进行认真整改。

2002年3月11日，院党委印发《关于开展解放思想、更新观念、推进跨越式发展专题学习教育活动的安排意见》，成立由崔国钧为组长，姜春永、赵洪涛、朱学顺、石宝玉为组员的领导小组。自3月中旬至年底，在全院开展解放思想、更新观念、推进跨越式发展专题学习教育活动。

2003年6月12日，院党委印发《关于在全院集中开展解放思想、干事创业、加快发展大讨论活动的通知》，明确大讨论活动的指导思想、内容、工作方法和组织领导，并制定大讨论实施方案。

2004年4月7日，院党委印发《关于开展永葆共产党员先进性党课集中教育活动的通知》，在全院开展永葆共产党员先进性党课集中教育活动，并对主要任务、主要目的、活动形式、加强领导、具体要求进行部署。

2004年8月12日，院党委印发《关于掀起开展“学批示、找差距、定措施、上台阶”活动高潮的通知》，在全院范围内开展“学批示、找差距、定措施、上台阶”活动，成立领导小组。

2005年1月21日～6月30日，院党委开展以实践“三个代表”重要思想为主要内容的保持共产党员先进性教育活动，制定实施方案和阶段方案，成立“保先”教育活动领导小组及办公室，以《保持共产党员先进性教育读本》为载体，突出“三个代表”重要思想、科学发展观及加强党的执政能力建设等学习内容，分为学习动员、分析评议、整改提高三个阶段，全院17个党支部、261名党员参加。通过党委领导班子模范带头，精心组织，强化指导，严格制度，“两手抓、两促进”，建立保持党员先进性长效机制，同时做好分析评议阶段“回头看”和转段工作，推进“三个体系”建设，群众满意率和基本满意率达到99%以上。

2005年1月29日，为做好先进性教育活动中联系群众的工作，确保先进性教育成效，院党委印发《关于开展党员“结穷亲、解民忧、受教育、促发展”主题实践活动的通知》。

2005年4月30日，为深入贯彻落实胡锦涛总书记视察山东时的重要讲话精神，确保先进性教育高标准、高质量，院党委印发《关于做好分析评议阶段“回头看”和转段工作的意见》。

2005年11月1日，为学习贯彻好十六届五中全会会议精神，院党委印发《关于认真学习贯彻党的十六届五中全会精神的通知》。

2006年3月22日，按照中央、省委、省直工委关于对党员进行党章专题教育的部署和要求，院党委印发《关于认真学习贯彻党章　开展“五个一”专题教育的实施方案》。

2006年4月21日，为深入学习贯彻党章，牢固树立科学发展观和正确的权力观、政绩观，坚定理想信念，院党委印发《关于在党员领导干部中开展“勤政廉政、科学发展”教育活动的活动方案》。

2006年11月13日，为进一步增强学习实践“三个代表”重要思想的自觉性和坚定性，院党委印发《关于认真学习〈江泽民文选〉的通知》。

(四)开展科学发展观实践教育活动

2006年1月19日，为让广大干部职工充分认识省领导批示(《关于坚持不懈抓“三个体系”建设三年大变样的情况报告》)的重大意义，院党委印发《关于认真学习贯彻省委、省政府领导重要批示精神的通知》。

2006年4月，院党委深入开展社会主义荣辱观宣传教育活动，制定活动方案，深入学习贯彻胡锦涛总书记关于社会主义荣辱观的重要论述，“以热爱祖国为荣、以危害祖国为耻，以服务人民为荣、以背离人民为耻，以崇尚科学为荣、以愚昧无知为耻，以辛勤劳动为荣、以好逸恶劳为耻，以团结互助为荣、以损人利己为耻，以诚实守信为荣、以见利忘义为耻，以遵纪守法为荣、以违法乱纪为耻，以艰苦奋斗为荣、以骄奢淫逸为耻”；教育活动做到“四个结合”，即与正在开展的学习贯彻《党章》活动相结合，与争创“五个好”基层党组织和“五个好”党员活动相结合，与建立保持共产党员先进性长效机制相结合，与地矿文化建设相结合，开展“树立‘八荣八耻’社会主义荣辱观”的大讨论暨征文等学习教育活动。

2006 年 12 月 28 日，为充分认识党的十六届六中全会做出的《关于构建社会主义和谐社会若干重大问题的决定》和省委八届十三次全会做出的《关于贯彻落实党的十六届六中全会精神，努力构建社会主义和谐社会的决定》，院党委下发《关于深入学习贯彻党的十六届六中全会精神和省委〈决定〉的通知》。

2007 年 5 月 17 日，为全面加强新形势下领导干部作风建设，院党委印发《关于开展“加强作风建设、促进社会和谐”主题教育活动的实施方案》

2008 年 6 月 2 日，根据省纪委、省委组织部、省委宣传部和局党委的统一部署，院党委印发《关于在全院党员领导干部中开展“做勤廉表率、促科学发展”教育活动的实施意见》

2008 年 10 月～2009 年 2 月，院党委印发《关于在全院开展深入学习实践科学发展观活动的实施方案》，院成立深入学习实践科学发展观活动领导小组及办公室，在全院开展深入学习实践科学发展观活动，分学习调研、分析检查、整改落实三个阶段，采取多种学习宣传，确定五个重点调研课题，举办“深入学习实践科学发展观”演讲比赛，同时以党员干部为重点，开展深入学习科学发展观、进一步解放思想大讨论活动，实现解放思想、改善作风，创新机制、科学发展的目标。

2009 年 3 月 30 日，为加强党员领导干部党性修养，树立和弘扬优良作风，院党委印发《关于在全院党员领导干部中开展“加强党性修养、弘扬优良作风”教育活动的实施方案》。

2009 年 4 月 30 日，为认真落实胡锦涛总书记关于深入推进党风廉政建设和反腐败斗争制度的要求，院党委印发《关于在全院领导干部中开展“增强制度意识、争做执行表率”教育活动的意见》。

2009 年 5 月 20 日，为深入学习贯彻山东省委书记姜异康对地矿局工作的重要批示精神，大力推进资源山东建设步伐，院党委印发《关于在全院开展“学先模、比贡献、促发展”大讨论活动的实施方案》，在全院广泛开展向盛根来学习的活动。

2010 年 10 月 20 日,院党委印发《关于开展“解放思想、改革创新、实现跨越式发展”大讨论活动的通知》,召开宣传动员大会,积极广泛发动,做好具体部署工作。

2011 年 4 月 29 日,院党委印发《关于开展“学党史、增党性、当先锋”主题实践活动的实施方案》。

2012 年 4 月 12 日,院党委印发《关于在全院党员领导干部中开展“恪守从政道德、保持党的纯洁性”教育活动的实施方案》。

2013 年 4 月 21 日,为扎实推进基层一线标准化,院党委印发《关于进一步深化“抓基层、树形象、联项目、包机台”活动的实施方案》。

(五)保持党的群众路线实践教育活动、“三严三实”专题教育、“两学一做”学习教育

1. 群众路线

2013 年 9 月～2014 年,院党委印发《关于深入开展党的群众路线教育实践活动的实施方案》,成立党的群众路线教育实践活动领导小组,按照“照镜子、正衣冠、洗洗澡、治治病”的总体要求,查找剖析和解决形式主义、官僚主义、享乐主义、奢靡之风等方面的问题,加强和改进院党委领导班子建设。围绕“四对照、四检查”加强调研。制定《关于建立院领导教育实践活动联系点和深入基层调研、听取意见的方案》,在理想信念、地勘经济发展、产业结构调整、经营管理、职工素质教育、核心竞争力培育、地矿文化建设、可持续性发展等方面征集到意见和建议 132 条。院成立“庸懒散”专项治理领导小组,制定《实施方案》,开展“庸懒散”专项治理。副科以上干部全部做出书面承诺,不出入私人会所,不接受和持有私人会所会员卡。落实《教育实践活动领导班子整改工作方案》和《党的群众路线教育实践活动专项整治方案》。一是对淄博基地进行开发,建成淄博地矿家园,解决淄博地质勘查院危房办公、无处办公难题。二是完成 600 余名退休、退职人员的津补贴清查核查和退休补贴兑现工作。通过教育实践活动,院党委领导班子成员和广大党员干部政治意识、大局观念进一步增强,宗旨意识、群众观念进一步树立,工作作风、执行能力进一步提升,自律意识、约束能力进一步增强,为推进全院地勘经济健康发展、创新发展和可持续发展提供重要保障。

2.“三严三实”

2015 年 5 月～2016 年 3 月,院在处级以上领导干部中开展“三严三实”专题教育,对照“严以修身、严以用权、严以律己,谋事要实、创业要实、做人要实”的要求,聚焦对党忠诚、个人干净、敢于担当,着力解决“不严不实”问题,切实增强践行“三严三实”要求的思想自觉和行动自觉，努力在深化“四风”整治、巩固和拓展党的群众路线教育实践活动成果上见实效。院党委印发“三严三实”专题教育工作方案和配档表，突出抓实专题党课、专题学习研讨、专题民主生活会和组织生活会、整改落实和立规执纪 4 个关键动作，通过党委会、党委理论中心组、办公例会、支部会组织学习研讨，推动专题教育各项任务要求落到实处。

3.转型升级

2016 年 3 月 2 日，院党委印发《关于在全院开展“转型升级、提质增效”大讨论活动的实施方案》，在全院广泛开展“转型升级、提质增效”大讨论活动。总体安排 3 个月的时间，从 3 月 1 日开始至 5 月 31 日结束，方案对活动的指导思想、主要任务、时间及方法步骤、组织领导做了部署安排。

4.“两学一做”

2016 年 4 月 28 日，为深入贯彻落实习近平总书记关于“两学一做”学习教育重要指示精神，院党委下发《关于在全院党员中开展“学党章党规、学系列讲话、做合格党员”学习教育实施方案》。制定实施方案和各专题配档表，从全体党员、党员领导干部和基层党建工作三个层面，梳理出全体党员要解决的 10 个方面问题、党员领导干部还要解决的 10 个方面和基层党建 6 个方面问题，强调“聚焦问题、学做结合；领导带头、以上率下；区分层次、分类指导；健全制度、推动长效；融入中心、服务大局”的方法步骤，完成“扎实开展学习讨论，讲好高质量的党课，开好专题组织生活会，认真开展民主评议党员，立足岗位做贡献，抓好长效机制建设，建设过硬支部”重点任务。开展党员关系集中排查、党委与党支部换届、党费补缴收缴工作。坚持问题导向，进一步梳理汇总问题清单、整改清单，健全完善党建主题日、领导干部以普通党员身份参加支部活动、党建督查制度等制度。

2016 年 5 月 27 日，为进一步加强全院党建工作，推进各支部党建制度化、规范化、科学化水平，构建严肃党内生活的长效机制，根据《党章》要求，制定党建活动日。

2016 年 8 月 23 日，为落实全面从严治党要求，根据局党委统一部署，开展“抓党建、促发展”创新实践活动。

5.“两学一做”学习教育常态化、制度化

2017 年 5 月，院党委召开推进“两学一做”学习教育常态化、制度化工作座谈会，对推进全局“两学一做”学习教育常态化、制度化工作进行部署要求。院党委带头旗帜鲜明讲政治，切实把讲政治贯穿于日常工作和生活，把自觉同以习近平同志为核心的党中央保持高度一致。继续坚持以过硬支部建设为抓手,树立党的一切工作到支部的鲜明导向。严格落实主体责任,树立党建是“最大政绩”的理念,为创建省内领先、国内一流地勘单位提供政治保障。

2017年10月18日,习近平代表第十八届中央委员会在中国共产党第十九次全国代表大会上作《决胜全面建成小康社会 夺取新时代中国特色社会主义伟大胜利》的报告,指出“在全党开展‘不忘初心、牢记使命’主题教育,用党的创新理论武装头脑,推动全党更加自觉地为实现新时代党的历史使命不懈奋斗”。

三、党建重要制度

1991年3月7日,随着治理整顿和改革的不断深入,面临着人员增加、国家投资大幅度减少、市场竞争激烈、任务严重不足、资金严重短缺的困难局面,为渡过难关,完成“八五”计划第一年的各项工作、生产任务,加强党委的政治核心作用,履行党委的保证监督职能,制定《关于加强党委自身建设》的约法五条。

1992年10月30日,院下发《关于加强党委自身建设的决定》。

1994年2月19日,队印发《党的建设和思想政治工作意见》。

2003年7月23日,印发《关于对不作为干部实行责任追究的规定》的通知,要求大家认真遵照执行。

2005年11月8日,为加强对科级干部廉洁从政行为的监督和考核,院党委印发《关于建立领导干部廉政档案及做好相关工作的通知》。

2006年2月21日,为加强全院领导班子、干部队伍及基层党组织建设,按照保持共产党员先进性教育活动中建立长效机制的要求,院党委印发《关于进一步加强领导班子、干部队伍及基层党组织建设的意见》。

2007年1月8日,院党委印发《关于干部队伍建设情况的报告》,总结院干部队伍建设情况。

2007年5月21日,为深入学习贯彻落实胡锦涛总书记在中纪委七次全会上的重要讲话,院党委印发《关于加强领导干部作风建设的意见》。一要大力加强领导干部学习;二要坚持真抓实干、求真务实的工作作风;三要坚持民主集中制建设;四要密切党群干群关系;五要坚持艰苦奋斗的优良传统;六要严格落实领导干部廉洁从政制度。

2009年2月21日,为进一步加强干部的选拔、使用和管理,院党委印发《科级干部的选拔、使用和管理办法》。

2011年3月14日,院党委印发《2010年度干部队伍建设情况的报告》。

2011年9月22日,院党委成立党务公开工作领导小组。

2012 年 5 月 18 日，院党委印发《党务公开相关工作制度的通知》。

2013 年 1 月 21 日，院党委印发《副科级干部竞争上岗实施方案》，对青海分院副院长和探矿施工处副处长 2 个岗位实行竞争上岗。

2013 年 4 月 21 日，为扎实推进基层一线标准化，院党委印发《关于进一步深化“抓基层、树形象、联项目、包机台”活动的实施方案》。

2014 年 3 月 28 日，为巩固党的群众路线教育实践活动成果，院党委印发《关于“抓基层、树形象、联项目、包机台”推进基层一线标准化建设的实施方案》。

2014 年 8 月 28 日，为深入开展“为民、务实、清廉”为主题的党的群众路线教育实践活动，院党委下发《关于组织管理部门中层干部深入野外一线劳动锻炼活动的通知》。

2015 年 4 月 15 日，为建立科学规范的后备干部工作制度，培养造就一支能够担当重任、道德品质好、素质高、有发展潜力的各级后备干部队伍，院党委下发《后备干部管理办法》。

2015 年 7 月 9 日，为深入贯彻党的十八大、十八届三中、十八届四中全会精神和习近平总书记系列重要讲话精神，认真践行党的群众路线，密切党委与专家的联系，院党委印发《关于加强党委联系专家工作的实施意见》。

2015 年 8 月 27 日，为切实履行对领导干部严格要求、严格管理、严格监督的制度，院党委印发《关于严格落实组织工作重要情况报告制度的通知》。

四、历届党代会

（一）早期党代会

1963 年 3 月 7 日，召开中共山东省地质厅八〇一队第一届代表大会。参加会议的代表共 30 人。会议期间，曹济舟代表原党委作了政治工作报告以及关于 1963 年生产任务的报告。代表们对这两个报告进行充分的讨论，对建队以来的各项工作进行总结，并根据新的形势提出今后做好思想政治工作的意见。会议选举产生由曹济舟等 9 人组成的新党委会，并选出出席地质厅第一届党代会的代表。

1969 年 7 月，实行军事管制后，成立党的核心领导小组，由祁士禧（军管组长）负责。

1972 年 1 月 27 日，召开中共山东省革委地质局水文地质队第二次代表大会。

1972 年 5 月 27 日，经省革委生产指挥部核心小组批准，队建立党委，由杨忠武（军代表）、毕光萍、宋进绪、王全庆、王庆忠、孙好来（军代表）、荆云龙、王身润、文为光、寿田广、季连桥、张子敬、张一先、施祖根、董籍生、曹明福、薛彦锡17人组成。杨忠武任队党委书记、政委，毕光萍、王全庆任队党委副书记、副政委，宋进绪任队长，王庆忠、荆云龙任副队长。

1973年4月18日，经中共山东省革委生产指挥部核心小组批复：毕光萍任党委书记、政委，免去其党委副书记、副政委职务；张子敬任党委常委、副队长；董籍生任党委常委；免去杨忠武(军代表)党委书记、政委职务。

(二)改革开放后党代会

1978年12月11～13日，召开中共山东省革委地质局第一水文地质队第一届代表大会。宋进绪代表临时党委做工作报告，会议选举产生由宋进绪等12人为出席省革委地质局第一次党代会的代表。

1979年2月28日，经省革委地质局党委研究同意，建立中共山东省革委地质局第一水文地质队委员会，由11人组成。宋进绪任队党委书记，宋进绪、王庆忠、刘仲良为常委委员。

1985年4月16～20日，召开中共山东省地质矿产局第一水文地质队第二届代表大会。参加会议的代表49人，列席代表10人，特邀代表3人。

1985年5月20日，经省地矿局党委批准：中共山东省地质矿产局第一水文地质队委员会由杜化津、刘仲良、陈振鹏、李万尧、赵玉堂5人组成，杜化津任队党委副书记；中共山东省地质矿局第一水文地质队纪律检查委员会由杜化津、李本坤、王达汉、毛元圣、刘玉忠5人组成，杜化津任书记，李本坤任副书记。

1988年4月22～23日，召开中共山东省地质矿产局八〇一水文地质工程大队第三届代表大会。出席会议的正式代表55人，列席代表9人。

1988年5月4日，省地矿局批准杜化津任八〇一队第三届党委书记，刘仲良任八〇一队第三届纪律检查委员会书记。

1991年4月27～29日，召开中共山东省地矿工程勘察院第四次代表大会。出席大会的正式代表66人，列席代表19人。大会审议通过党委书记杜化津作的《进一步发挥党组织的政治核心作用、加强党的建设，为我院的振兴而艰苦奋斗》的党委工作报告，审议通过纪委书记刘仲良作的纪委工作报告。会议选举产生第四届党委会，由杜化津、王善煜、刘仲良、刘有森、刘崇华组成；选举产生第四届纪律检查委员会，由刘仲良、王经成、毛远圣、李本坤、陈通俗组成。

1991年5月4日，印发党委、纪委在院第四次党代表大会上的工作报告《进一步发挥党组织的政治核心作用，加强党的建设，为我队的振兴而艰苦奋斗》。

1991 年 5 月 13 日，省地矿局文件通知：杜化津任中共山东省地矿工程勘察院第四届委员会书记；刘仲良任中共山东省地矿工程勘察院第四届纪律检查委员会书记。

1997 年 1 月 22～1 月 24 日，召开中共山东省地矿工程集团公司委员会第五次党员代表大会。朱友强代表第四届党委做工作报告，刘崇华代表第四届纪委做工作报告。

1997 年 2 月 28 日，经省地矿厅、省地勘局党委批复同意，中共山东省地矿工程集团公司第五届委员会由朱友强、李信培、刘崇华、姜春永、柳忠起 5 人组成，朱友强任党委书记，李信培任党委副书记。中共山东省地矿工程集团公司第五届纪律检查委员会由刘崇华、王经成、王兴国、侯桂元、崔国均 5 人组成，刘崇华任纪委书记。

2002 年 8 月 18 日，召开中共山东省地矿工程勘察院第六次代表大会召开。出席代表 49 名，实到代表 46 名。选举崔国均、姜春永、赵洪涛、石宝玉、朱学顺、吴建军、刘德成 7 人为中共山东省地矿工程勘察院委员会委员，崔国钧为党委书记、赵洪涛为党委副书记；选举赵洪涛、王经成、姚烈卫、侯桂元、鞠富荣 5 人为中共山东省地矿工程勘察院党的纪律检查委员会委员，赵洪涛任纪委书记。

2006 年 12 月 22 日，中共山东省地矿工程勘察院第七次代表会。选举赵玉祥、焦兆安、秦耀军、朱瑞法、范会凤、李俊、李运涛、胡克祯 8 人为中共山东省地矿工程勘察院委员会委员，焦兆安为党委书记，秦耀军为党委副书记；选举朱瑞法、李志民、李学禹有人为中共山东省地矿工程勘察院党的纪律检查委员会委员，朱瑞法为纪委书记。2007 年 1 月 8 日，院公布第七届党委、纪委人员名单。

2016 年 11 月 17～18 日，中共山东省地矿工程勘察院第八次代表大会选举产生院第八届党的委员会和纪律检查委员会，党委委员为朱瑞法、张云峰、赵长河、赵玉祥、胡克祯、宫述林、彭玉明等 7 人，赵玉祥任党委书记，赵长河、宫述林任党委副书记。纪委委员为王艳、王少娟、王京周、朱瑞法、汤士勤 5 人，朱瑞法任纪委书记，王艳任纪委副书记。

五、党支部建设

建队时成立分队支部，一年后建立党委。根据机构调整和人员变动，建立党总支、党支部，充分发挥党支部的战斗堡垒作用。

1958 年建队时，成立分队支部。一分队驻潍坊，张春林任支部书记。二分队驻莱西，马玉杰任支部书记。三分队驻济宁，史景兴任支部书记。四分队驻济南,曹明福任支部书记。五分队驻莱芜,李宗成任支部书记。六分队驻临沂,吴继志任支部书记。

1961年,二分队分出部分迁至淄博张店成立七分队,付义任支部书记。年底精简机构、压缩编制,将7个分队合并为5个分队。

1962年,精简人员,将5个分队合并为3个分队。

"文化大革命"初期,各分队自动迁回济南。

1972年,重新成立4个分队。一分队驻青岛南泉,高云发任支部书记。二分队驻聊城,季连桥任支部书记。三分队驻淄博张店,曹明福任支部书记。四分队驻邹县,陈永乐任支部书记。

1975年,在济南成立五分队,姜以安任支部副书记。

1976年,在二、四分队的基础上分别组建第二、第三水文地质队。一分队迁济南,常乃宪任支部书记。第二水文地质队驻济南,孙殿福任支部书记。

1977年,一分队合并于二分队,孙殿福任支部副书记。三分队改称"一分队",姜以安任支部副书记。

1984年,将3个分队全部撤销,在大队成立地质分队和探矿分队,姜以安、刘有森分别任支部书记。

1990年,撤销劳人科党支部和运管科党支部,成立总经办党支部。党支部设置为院长办公室党支部、政工党支部、行政党支部、总经济师办公室党支部、总工程师办公室党支部、劳动服务办公室党支部、供应科党支部、离休老干部党支部、退休职工党支部、基础工程公司本部党支部、修配厂党支部、汽车队党支部、勘察处本部党支部、102机党支部、103机党支部、106机党支部、107机党支部、108机党支部。

1991年,新成立淄博分院党总支部,下设淄博分院院部党支部和郭店分院党支部。成立物测队党支部。

1992年,成立物管科党支部、探管科党支部。

1993年,撤销原总公司所属各党支部,成立第一党支部、第二党支部、第三党支部、第四党支部、第五党支部、第六党支部、修配厂党支部、多种经营管理部党支部、汽车队党支部、济南勘察处党支部、淄博工程处党支部、物测工程处党支部、郭店工程处党支部。离退休支部不变。

1994年,成立设备动力党支部、物资供销党支部和地质机械厂党支部,撤销车队党支部和第六支部。

1998年,成立职工医院党总支,司继成任党总支书记。调整供水工程公司党支部,桩基、锚固公司党支部,淄博分院党支部,离退休职工党总支。撤销承包公司党支部、工程施工处党支部。

1999 年，成立水文勘察公司党支部、工程勘察公司党支部、锚固工程公司党支部。撤销第四党支部，桩基、锚固工程公司党支部。

2000 年，成立设备运输动力部党支部、实业公司综合党支部、不在岗职工党支部。

2002 年，设置本部党总支，下设第一党支部、第二党支部、第三党支部、第四党支部、第五党支部、第六党支部；职工医院党总支，下设医务职工党支部、多经党支部、职工医院离退休党支部；恒通公司党支部；淄博分公司党支部；不在岗职工党支部；离退休职工党总支，下设离休干部党支部、退休职工第一党支部退休职工、第二党支部退休职工、第三党支部退休职工、第四党支部退休职工、第五党支部退休职工、第八党支部。

2003 年，第四党支部和第六党支部合并成立第四党支部，成立北京勘察院党小组。

2005 年，物资公司第一党支部、第二党支部合并成立第六党支部，撤销物资公司党总支。院党支部调整为：第一党支部、第二党支部、第三党支部、第四党支部、第五党支部、第六党支部、淄博分院党支部；不在岗职工党支部；离休干部党支部、退休职工第一党支部退休职工、第二党支部退休职工、第三党支部退休职工、第四党支部退休职工、第五党支部退休职工、第六党支部退休职工、第七党支部。

2006 年调整院党支部，包括第一党支部、第二党支部、第三党支部、第四党支部、第五党支部、第六党支部、第七党支部、第八党支部，离退休党支部不变。

2009 年，在职党支部调整为 9 个党支部，离退休党支部不变。

2011 年，在职党支部调整为 8 个党支部，离退休党支部不变。

2015 年 3 月 30 日，调整为机关第一党支部、机关第二党支部、地质矿产处党支部、物资总公司党支部、青海分院党支部、基础施工处党支部、水环中心党支部、淄博地质勘查院党支部、钻井公司党支部、岩土工程处党支部、水文地质勘查处党支部、地质灾害防治研究所党支部、环境地质勘查处党支部、物测工程处党支部、探矿施工处与地热院党支部、勘察施工处党支部、水文地质研究所党支部、水环置业有限公司党支部、青岛分院党支部；离退休党总支，下设离休干部党支部、退休职工第一党支部退休职工、第二党支部退休职工、第三党支部退休职工、第四党支部退休职工、第五党支部退休职工、第六党支部。

2016 年，设置地质工程处党支部、探矿工程与地热公司党支部、物业管理中心党支部、地灾防治工程处党支部、地下水与环境工程处党支部，撤销钻井公司党支部、地质灾害防治研究所党支部、探矿施工处与地热院党支部、水文地质研究所党支部、水环置业有限公司党支部、青岛分院党支部。离退休党总支、党支部不变。

2017年,设置水文地质中心党支部、工程地质中心党支部、环境地质中心党支部、矿产与新能源地质中心党支部、生态地质中心党支部、城市地质中心党支部、创新产业中心党支部、青岛地质勘查院党支部、淄博地质勘查院党支部、离退休第一党支部、离退休第二党支部、离退休第三党支部。

六、宣传工作

(一)机构与职能

为切实加强和改进思想政治工作和职工的文化教育工作,1989年3月28日,成立宣传教育科,刘崇华任科长。

1990年4月21日,撤销宣传教育科,成立科技职教办公室,曹佩兰任副主任。

1993年3月,撤销科技职教办公室。1993年3月,宣传职能划归至党群工作部。

宣传职能为依托报纸、刊物、宣传栏、网站、电视广播媒体、新媒体等,针对全院的重大事件、重大技术成果、重大项目等进行编辑报道,让全院干部职工乃至全局、全领域地质工作者明确院所做工作,扩大影响,提升知名度。

(二)宣传制度

1995年11月20日,下发《关于加强我院宣传工作的意见》。

1997年3月14日,下发《1997年党建和宣传思想政治工作要点》。

2002年3月18日,下发《2002年党建和宣传思想工作要点》。

2003年3月12日,下发《2003年党建及宣传思想工作要点》。

2004年4月6日,下发《2004年党建与宣传思想工作要点》。

2005年3月30日,下发《2005年党建与宣传思想工作要点》。

2005年10月8日,下发《关于进一步加强宣传工作的意见》,重点从宣传工作的内容、重点、目标、制度、保障措施等5方面提出进一步加强宣传工作的意见。

2006年3月13日,下发《2006年党建和宣传思想工作要点》。明确2006年党建及宣传思想工作的指导思想,从思想、组织建设、宣传、文化、道德、群团建设和制度等7方面提出工作要点,为下一步工作指明了方向。

2006年4月5日,下发《关于建立宣传工作网络的通知》,积极推进地矿文化建设，努力开创宣传工作新局面。院宣传工作网络由院党群工作部及17名组成。

2007年5月30日，下发《2007年党建和宣传思想工作要点》。明确2007年党建及宣传思想工作的指导思想，从干部思想政治建设、干部队伍建设、干部教育培训工作、基层党组织建设、宣传思想工作、文明创建工作、地矿文化建设及加强共青团工作等8方面提出工作要点，为全院地勘经济又好又快发展提供坚强的思想组织保证。

2007年12月14日，下发《2007年党建和宣传思想工作总结》，总结2007年党建和宣传思想工作的情况，对工作中存在的问题指明下一步工作重点，为全院地勘经济又好又快发展提供坚强的思想组织保证。

2008年3月17日，下发《2008年党建和宣传思想工作要点》。明确2008年党建及宣传思想工作的指导思想，提出以认真学习贯彻党的十七大精神为动力，并对不断加强领导班子建设、干部队伍建设、基层党组织建设、职工队伍稳定工作、宣传思想工作、文明创建工作、群团工作等7方面提出工作要点，为“资源山东建设”提供坚强的组织保证和智力支持。

2008年6月23日，下发《关于进一步加强宣传工作的意见》。为提高知名度，树立良好形象，营造促进单位发展的有利环境和良好舆论氛围，重点从宣传工作的指导思想、重点、目标任务、工作制度和奖罚制度等5方面提出进一步加强宣传工作的意见。

2009年3月17日，下发《2009年党建和宣传思想工作要点》。明确了2009年党建及宣传思想工作的指导思想，提出践行科学发展观，并对不断加强领导班子建设、中层干部队伍建设、基层党组织建设、宣传政研工作、文明创建工作等5方面提出工作要点，为全面完成2009年的各项任务指标提供强大的精神动力、思想保证和舆论支持。

2015年4月27日，下发《关于进一步加强宣传工作的意见》。为提高单位知名度，树立良好形象，充分发挥好宣传工作引领航向、凝聚人心、推动发展的支撑作用，为全院可持续发展、创新发展营造有利环境和良好舆论氛围，重点从宣传工作的指导思想、重点、目标任务、工作制度和奖罚制度等5方面提出进一步加强宣传工作的意见，并制定山东省地矿工程勘察院2015年宣传信息负责人及通信员名单。

2016年5月30日，下发《关于进一步加强院网站建设工作的通知》。为进一步提高知名度，树立良好形象，营造浓厚的宣传舆论氛围，党委对单位网站建设工作提出要求，并制定网站建设工作分工表及稿件报送表。

(三)宣传成果

2009年11月,山东省委机关报《大众日报》以《程秀明:叩问青山寻水源》为题,整版介绍程秀明在贫水山区找水事迹,特别是在沂蒙革命老区沂水县、沂南县、沂源县及云南省抗旱等贫水山区找水定井工作中所做出的突出贡献。程秀明因地制宜地解决了贫水山区找水过程中水文地质界公认的关键性的技术难题,取得显著的经济效益和社会效益。

2012年6月,济南电视台新闻频道《有么说么故事会》栏目,播出《泉生济南》系列节目,奚德荫、高明志、贾元忠接受采访,介绍济南泉水成因、奇特地质现象等。

2013年9月,中央电视台新闻频道公益栏目《真诚沟通》以《山区找水人》为题,在一个月的时间里滚动播出程秀明为沂蒙山区找水事迹。

2014年7月,院联合阿里公益、《齐鲁晚报》发起的大型公益"步行齐鲁·家乡的河"活动,免费为受污染贫困区打井3眼,系列事迹被《齐鲁晚报》大幅报道。副院长兼总工程师彭玉明、钻探公司主任刘玉仙、钻探公司副主任李传磊、党群工作部副主任赵祥兵获齐鲁"江河卫士"奖。

2016年1月,中央电视台新闻频道《朝闻天下》播出2015年12月录制的电视采访节目。地质工程处处长刘玉仙参与录制,主要内容关于章丘受污染区域帷幕注浆。事故发生后,章丘市政府第一时间联系八〇一队迅速组织技术力量进行抢险救灾。根据现场勘查,相关单位对现场发现的桶装废弃物进行应急处置,并委托八〇一队对事故井周边100米范围内进行帷幕注浆阻隔施工,从而切断污染源对周边土壤及地下水的污染途径。

2017年11月,中央电视台国际频道《朝闻天下》播出八〇一队承担章丘上皋化学污染场地治理项目进展情况。刘玉想等接受采访。

七、精神文明建设

1994年10月10日,为加强普法工作的领导,促进职工队伍的精神文明建设,成立普法小组,朱友强任组长,刘崇华任副组长。

1997年3月17日,山东地矿集团公司党委下发《关于1997年精神文明建设目标责任制的意见》和《1997年度文明单位创建活动规划》,促进公司"两个文明"大发展。

1997年3月18日,集团公司党委向省地矿厅、省地勘局精神文明建设领导小组报送关于申报1996年度文明单位的报告。

2008年3月29日,下发《2008年度文明创建活动规划》。经党委研究,认真贯彻党的十七大精神,坚决落实局党委重大决策,深化改革,加强管理,坚持科技兴院、人才强院和走出去战略，推动全院地勘经济又好又快发展，争创文明单位。

2009 年 4 月 23 日，下发《2009 年度文明创建活动规划》，全面落实科学发展观，坚决贯彻落实局、院党委重大决策部署，坚持科技兴院、人才强院，努力在“大地质”、工勘施工、矿权经营、“走出去”、多种经营等各产业领域实现突破，保持全院地勘经济平稳较快发展，为“资源山东建设”提供资源保障和地质服务。按照局《文明单位建设管理办法》，实行文明创建活动的目标化管理，争创局文明单位称号。

2010 年 3 月 11 日，根据《关于申报 2009 年度局级文明单位的请示》，在省地勘局党委的正确领导下，认真贯彻落实局工作会议精神，紧紧围绕“资源山东建设”，以深入学习实践科学发展观为指导，按照“抢抓机遇保增长、强化管理增效益”的工作思路，通过强化措施、转换机制、开拓创新，单位核心竞争力、综合实力明显增强，职工物资和文化生活水平不断提高，党建和精神文明建设得到蓬勃发展，成果显著。对照局文明单位的评选标准进行自查，认为符合局文明单位的评选标准，特进行局级文明单位申报。

2011 年 3 月 15 日，下发《2011 年全院党建和精神文明建设安排意见》，以党建和精神文明建设重点项目责任制为总抓手，整体推进学习型组织建设、创先争优和基层党组织建设、职工教育培训、纪念建党 90 周年、宣传思想工作、八〇一队文化和品牌建设、省直文明单位创建等各项重点工作，创新思路，创新举措，创新机制，狠抓落实，不断推进党建和精神文明建设科学化水平。

2011 年 11 月 7 日，根据《山东省省直文明单位(机关)管理条例》和《山东省省直文明单位(机关)考核细则》的规定，对文明单位创建工作进行认真自查，认为符合基本条件，申报省直文明单位。

2011 年 12 月，被授予“山东省省直文明单位称号”。

2012 年 4 月 12 日，印发《2012 年省直文明单位创建规划》。

2013 年 3 月 15 日，印发《2013 年党建和精神文明建设工作要点》，创造性地抓好《党建和精神文明建设重点项目责任书》，不断提高党的建设科学化水平，努力开创党建和精神文明建设工作新局面。

2014 年 4 月 18 日，印发《2014 年文明单位创建工作要点》。通过文明创建活动带动全院各项工作全面开展，将广大职工思想统一到“在创建中发展，在发展中提升”的创建工作理念上来。通过全院职工的共同努力，稳稳保住省直文明单位称号，为创建省级文明单位打下坚实的基础。

2015 年 4 月 20 日，印发《创建省级文明单位实施方案》，要求保持省直文明单位荣誉称号,力争经过 1～2 年的努力,跨入省级文明单位的行列,再经过 3～5 年的努力,向全国文明单位冲刺。

2016 年 3 月 8 日,印发《创建省级文明单位实施方案》,确保省直文明单位荣誉称号。

2017 年 3 月 12 日,印发《创建省级文明单位实施方案》,要求努力争创省级文明单位。

第二节 纪检监察工作

一、管理部门变化情况

1989 年 8 月,成立监察室。

1995 年 5 月,监察室和纪委合署办公。

2000 年 3 月,与审计科合并,组建监察审计科。

2010 年 1 月,复建监察室。

自 1963 年队成立纪检监察委员会以来,其职能是监督、调查和处置队管党员干部的职务违法行为、督查重点工程和重点项目的实施情况。2002 年,在原职能的基础上,落实党风廉政建设和反腐败工作的监督责任。

二、主要工作综述

队纪检监察工作自开展以来,按照上级部署,建立了在党委统一领导下,党政齐抓共管,组织负责协调,部门各负其责,依靠群众支持和参与,一级抓一级,层层抓落实的反腐败领导工作机制。不断把反腐败工作引向深入,为党的建设和事业发展提供坚强的政治和纪律保障。

(一)加强对党风廉政建设工作的领导

为切实做好惩治和预防腐败工作,八〇一队成立院惩治和预防腐败体系建设工作领导小组和领导小组办公室。

每年队党委分别与管理部门、生产单位负责人签订党风廉政建设责任书。督促转变作风、深入贯彻落实中央八项规定,坚决反对“四风”。生产单位负责人与所属项目经理签订党风廉政建设责任书,党风廉政责任逐级分解,延伸到基层项目一线。各级党员领导干部实行“党政同责、一岗双责”。队党委对推进基层党建、党风廉政建设与经济工作同要求、同部署、同考核;从严要求干部,把纪律挺在前面,抓早、抓小、抓苗头,防止小毛病演变成大问题;关心爱护干部,注重平时教育培养,促进干部健康成长。充分发挥队纪委委员、党总支（支部）纪检委员的作用，对纪委委员联系监督的部门进行职责划分，确保廉洁监督进项目、进机台，实现全覆盖。

（二）经常性开展党风廉政教育

一是组织实体负责人、项目经理、重点岗位人员去省监狱、历下区检察院廉政教育中心接受廉政教育，聆听服刑人员的现身说法，使党员干部在思想上触动心灵，工作中敬畏法纪。二是组织党员干部、党委班子成员赴红色教育基地参观学习，以优秀人物教育党员干部，切实增强党员干部的党性觉悟和廉洁意识。三是重视廉政文化。征集廉政警示语录，制作更换廉政文化墙；为队党委成员、纪委委员和各党支部订阅《中国纪检监察》杂志；制作“党员示范岗”桌牌，将好党员、好干部的标准放在眼前，时刻提醒党员干部对照标准。四是在重大节假日前夕，为党员干部发送廉政提醒短信，增强廉洁意识。五是历次针对科级干部调整，在新干部任职前进行廉政谈话，根据每名科级干部德、能、勤、绩、廉5个方面进行民主评议，对新任职试用期满一年的干部进行考核谈话。

（三）重视制度建设

陆续出台《差旅费管理办法》《因公出国经费管理办法》《会议费管理办法》《职工教育培训管理办法》《关于进一步规范公务接待工作的通知》《关于进一步加强公务用车配备使用管理的通知》《关于招待费、会议费、培训费财务报销的有关规定》《关于加强纪检监察工作、强化监督实效的意见》等制度办法，制定规范，约束行为，坚持用制度管人、用制度管事。

（四）加强干部队伍建设

强化干部队伍建设。干部是一个单位的骨干和引领，是推进事业发展的关键因素。八〇一队始终按照“做好人、办正事、有办法、求实效”的要求加强干部队伍整体素质建设。完善干部队伍体系，重视各级后备干部队伍建设。坚持干部选拔任用原则，德才兼备作为首选条件，职工群众认可作为选拔任用的必要条件。严格标准和程序，杜绝不正之风，干部选拔风清气正，职工群众高度信赖。队党委始终以“清廉从业、干净做事”作为硬约束，加强干部队伍素质 。

加强纪检监察干部自身素质建设。经常性组织纪检干部参加纪检监察干部培训班，传达学习局纪检监察干部培训班会议精神，凝心聚力，扎实做好监督执纪工作。

（五）认真开展督导检查

按照上级规定，对办公用房、用车进行清理规范，严格控制干部职数。对各党支部贯彻落实上级工作部署，尤其对党风廉政责任制落实、作风建设、重点工作及日常工作开展情况等方面进行深入、细致的检查，全面了解掌握基层工作情况，总结经验。针对存在的问题提出明确意见，要求按时限整改到位。为促进各党支部相互学习，取长补短，进行党建展评。

为推进全院党风廉政建设有效落实。实施重点工程专项督查。对推进运行情况、存在的困难和问题、意见建议每月督查一次，每季度编发一期督查简报。

加强采购管理和项目工程资金收支督查，杜绝徇私舞弊和浪费国有资产行为。加强对外出培训、出国(境)护照(通行证)的管理，实行审批制度，实现监督的关口前移。

(六)预防腐败和严肃查办案件

坚持预防为主，对出现的苗头性问题，及时约谈，切实解决发生在重点岗位、重点环节和职工身边的腐败问题。线索处置和案件查办及时向队党委报告。对干部职工的举报以及纪检部门交办的信访件认真进行调查核实，向举报人反馈调查处理的结果。

(七)重视查摆问题的整改

认真做好省委巡视问题的对照整改和党委民主生活会整改任务。制定相应的整改措施，每项整改任务都确定责任领导、牵头科室和责任科室，明确对照整改时限和目标要求，建立工作台账，强化对照整改工作的督导调度。对一些影响大、难度大的重点对照整改问题，队党委及时召开会议进行专题研究，并采取专项督导、现场办公、指导督促等形式推动对照整改的落实。巩固整改成果，完善现有规章制度，做到以制度建设固化成果，扎紧制度笼子，坚定不移地推进从严治党。加强对制度落实情况的监督检查，及时发现和纠正制度执行中的问题，强化制度执行力和约束力。

三、历届纪律监察委员会

1963 年 8 月，监察委员会由李文喜、曹洪勋、张春林、寿田广、刘洪梅、赵志文、薛彦锡 7 人组成。李文喜兼任书记，曹洪勋任副书记。

1985 年 5 月，纪律检查委员会由杜化津、李本坤、王达汉、毛元圣、刘玉忠 5 人组成。杜化津任书记，李本坤任副书记。

1985 年 12 月，李本坤不再担任副书记职务，姜以安任副书记。

1988 年 4 月，纪律检查委员会由毛元圣、刘仲良、王经成、姜以安、李本坤组成。刘仲良任书记。

1993 年，李本坤任纪委纪检员。

1995 年 5 月，刘崇华任书记。

1997 年 2 月，纪律检查委员会由刘崇华、侯桂元、张力、李俊、王经成 5 人组成。刘崇华任书记。

1998 年 5 月，增补张力为纪委委员。

2000 年 10 月，张力任副书记。

2001 年 3 月，崔国钧兼任书记

2002 年 8 月，纪律检查委员会由赵洪涛、王经成、姚烈卫、侯桂元、鞠富荣 5 人组成。赵洪涛任纪委书记。

2006 年 12 月，纪律检查委员会由朱瑞法、李志民、李学禹 3 人组成。朱瑞法任书记。

2016 年 12 月，纪律检查委员会由朱瑞法、王艳、王少娟、王京周、汤士勤 5 人组成。朱瑞法任书记，王艳任副书记。

2018 年 1 月，王艳不再担任副书记职务。

四、纪检监察相关制度

1990 年 10 月 29 日，转发《中共中央纪律检查委员会关于共产党员在经济方面违法违纪党纪处分的若干规定(试行)》通知。

1992 年 3 月 25 日，转发省地矿局《关于处分违犯党纪的党员批准权限的暂行规定》。

1992 年 4 月 30 日，制定《党政领导干部廉洁勤政守则》《院党政干部廉洁勤政守则》《监督制度》《招待费暂行规定》等有关规定和措施。

1994 年 3 月 23 日，下发《1994 年纪检监察工作意见》。

2002 年 3 月 25 日，下发《2002 年党风廉政建设及反腐败工作实施意见》。

2002 年 10 月 28 日，下发《山东省地矿工程勘察院关于落实党风廉政建设责任制情况的通知》。

2002 年 12 月 31 日，转发《关于元旦春节期间严格遵守纪律　制止各种奢侈浪费行为的通知》。

2003 年 4 月 17 日，下发《山东省地矿工程勘察院 2003 年党风廉政建设和反腐败工作实施意见》，明确党风廉政建设和反腐败工作的重要意义，安排部署 2003 年党风廉政建设和反腐败工作的任务和要求。

2003 年 5 月 25 日，下发《关于成立清理违反规定用公款为个人购买商业保险工作办公室的通知》的通知。经院党委研究决定，成立清理违反规定用公款为个人购买商业保险工作办公室。

2003 年 6 月 17 日，印发《关于狠刹用公款大吃大喝歪风　控制招待费开支的规定》，要求认真遵守执行。

2003 年 7 月 23 日，印发《关于对不作为干部实行责任追究的规定》，要求认真遵照执行。

2003 年 11 月 26 日，印发《关于落实党风廉政建设责任制情况的自查报告》。

2004 年 4 月 6 日，下发《2004 年党风廉政建设和反腐败工作实施意见》。

2004 年 4 月 19 日，印发《山东省地矿工程勘察院落实党风廉政建设责任制的实施办法》。

2004 年 10 月 25 日，下发《关于严肃查处党员和干部参与赌博的通知》。

2004 年 12 月 31 日，下发《关于落实党风廉政建设责任制情况的自查报告》。

2005 年 3 月 17 日，下发《2005 年党风廉政建设及反腐败工作实施意见》。

2005 年 11 月 8 日，下发《关于建立领导干部廉政档案及做好相关工作的通知》，加强对科级干部廉洁从政行为的监督和考核，提高领导干部廉洁自律的自觉性。

2006 年 3 月 15 日，下发《2006 年党风廉政建设及反腐败工作实施意见》。

2006 年 7 月 8 日，下发《关于组织开展不正当交易行为自查自纠的实施方案》。通过开展自查自纠，全院职工普遍受到教育，使错误观念和不正当交易行为得到纠正。

2006 年 8 月 3 日，下发关于落实《中共山东省地矿局委员会关于落实〈建立健全教育、制度、监督并重的惩治和预防腐败体系实施纲要〉的实施意见》的实施方案。

2007 年 5 月 17 日，下发《2007 年党风廉政建设和反腐败工作实施意见》。

2007 年 5 月 21 日，下发《关于加强领导干部作风建设的意见》。

2007 年 11 月 28 日，下发《进一步加强党风廉政建设的实施意见》。

2008 年 3 月 27 日，下发《2008 年党风廉政建设和反腐败工作实施意见》。

2008 年 6 月 2 日，下发《关于进一步加强反腐倡廉工作的通知》。

2009 年 3 月 30 日，下发《2009 年党风廉政建设和反腐败工作实施意见》《建立健全惩治和预防腐败体系 2008～2012 年实施意见》。

2012 年 3 月 7 日，下发《关于开展廉政风险防控管理工作的实施方案》。

2012 年 5 月 29 日，印发《中共山东省地矿工程勘察院纪律检查委员会工作职责》(含纪委工作职责、纪委书记工作职责、纪委委员工作职责)和《中共山东省地矿工程勘察院纪律检查委员会会议制度》。

2012 年 6 月 1 日，下发《2012 年党风廉政建设工作实施意见》。

2013 年 4 月 3 日，下发《2013 年党风廉政建设工作实施意见》。

2013 年 8 月 26 日，下发《关于在全院中层以上干部中开展会员卡专项清退活动的通知》。

2015 年 3 月 16 日，下发《2015 年党风廉政建设工作实施意见》。

2015 年 4 月 20 日，下发《关于落实党风廉政建设党委主体责任和纪委监督责任的意见》。

2016 年 3 月 21 日，印发《关于对领导干部提醒、函询和诫勉的暂行规定》。

2016 年 5 月 23 日，转发《关于转发〈中共山东省纪委关于 5 起违规公务接待公款吃喝典型问题的通报〉的通知》。

2016 年 9 月 19 日，印发《中共山东省地矿工程勘察院委员会关于进一步加强党风廉政建设和反腐败工作的意见》。

2017 年 3 月 14 日，下发《关于加强纪检监察工作、强化监督实效的意见》。

第四章　群团组织

1958 年 3 月～1976 年 1 月，在分建 3 个水文地质队之前，共召开 5 次职工代表大会、3 次团代会。1976 年 1 月～2017 年 12 月，共召开 9 次职工代表大会、4 次团代会。

第一节　工会

一、历届职工代表大会

1958 年 11 月，召开第一届职工代表大会，选举产生职工基层委员会。

1960 年 12 月，召开第二届职工代表大会。

1962 年 2 月，召开第三届职工代表大会。

1963 年 2 月，召开第四届职工代表大会和公会会员代表大会。

1973 年，恢复工会组织。

1973 年 5 月，召开第五届职工代表大会。

1979 年 6 月，召开分建第一、第二、第三水文队后的第一届第一次职工代表大会，选举产生由 11 人组成的工会委员会。之后每两年召开一届，每年召开一次。

1986 年 4 月，召开第四届第一次职代会暨工代会，把工会委员会与职代会主席团“一体化”。

1987 年 3 月，召开第四届第二次职工代表大会，工会主席代表全体职工、队长代表行政签订互相承担责任义务协议书，明确了责任，建立了目标。

1988 年 5 月，召开第五届第一次职工代表大会选举产生由 15 人组成的队管会。职代会对中层以上人员进行民主评议并形成制度。工委委员会下设 9 个分会，有工会小组 63 个，会员 650 余人。

1989 年 8 月 2～4 日，召开第五届第二次职工代表大会。出席大会的正式代表 65 人，列席代表 24 人，特邀代表 4 人。

1990 年 7 月 10 日，召开第六届职工代表暨工会会员代表大会。出席会议的正式代表 59 人，列席代表 16 人，特邀代表 4 人。选举产生第六届工会委员会。

1991 年 7 月 8～11 日，召开第六届第二次职工代表大会。出席会议的正式代表 72 人，列席代表 25 人，特邀代表 4 人。这次大会的主要任务是认真学习十三届七中全会精神及有关文件，发扬民主，集思广益，讨论研究八〇一队有关重大问题。大会审议通过队长王善煜作的《行政工作报告》、王兴国作的《财务决算和设计预算报告》以及《我院“八五”管理升级规划》《关于职工建房集资暂行办法》《医疗经费管理改革意见（试行）》等。

1994 年 5 月 18 日，召开第六届第三次职工代表大会。出席会议的正式代表 71 人。此次大会审议通过《山东省地质矿产局八〇一水文地质工程地质大队黄楼新宿舍楼分配及旧房调整实施方案》。

1994 年 9 月 26 日，召开第六届第四次职工代表大会。出席会议的正式代表 69 人。此次大会主要议题是为搞好黄楼新宿舍楼的分配及各宿舍区部分旧房的调整制定方案，重点解决黄楼回迁户、无房户、住房困难户。

1995 年 7 月 12～13 日召开第六届第五次职工代表大会。出席会议的正式代表 60 人，列席代表 3 人，特邀代表 4 人。审议通过《岗位招用办法》《关于职工内部待业的有关规定》。

1997 年 7 月，召开第七届第一次职代会暨工会会员代表大会，选举产生新一届工会委员会，审议通过有关工资发放、经营责任制等一系列决议。

1998 年年初，召开第七届第二次职代会，对全年工作做了安排。

1998 年 6 月，召开第七届第三次职代会，审议通过《住房分配调整方案》。

1999 年年初，召开了第七届四次职代会。

2000 年 1 月 16 日，召开第七届职工代表大会第五次会议。本届职代会正式代表 40 人，列席代表 27 人，特邀代表 2 人。

2000 年 9 月 23 日，召开第七届职工代表大会第六次会议，会期一天。出席会议的正式代表 37 人，特邀代表 2 人。此次会议的议题是审议通过《住房分配与调整方案（修改稿）》。

2001 年 3 月 4 日，院召开第七届职工代表大会第七次会议。出席会议的正式代表 47 人，列席代表 20 人，特邀代表 2 人。此次会议的议题是审议通过《山东省地矿工程勘察院事转企工作实施方案（讨论稿）》《山东勘察施工有限责任公司职工持股会实施方案（讨论稿）》《山东勘察施工有限责任公司章程

(讨论稿)》。

2002 年 1 月 26 日，依据《企业法》《职工代表大会条例》的有关规定，召开第七届职工代表大会第八次会议。本届职代会正式代表 44 人，列席代表 14 人，特邀代表 2 人。主要议题是：审议《行政工作报告》，审查《内部分配管理办法(讨论稿)》《员工管理暂行规定(讨论稿)》等。

2003 年 1 月 24 日，依据《企业法》《职工代表大会条例》的有关规定，经工会委员会研究、院党委同意，召开第七届职工代表大会第九次会议。本届职代会正式代表 42 人，列席代表 18 人，特邀代表 2 人。

2004 年 3 月 23 日，召开第七届职工代表大会第十次会议本届职代会正式代表 36 人，列席代表 23 人，特邀代表 2 人。

2005 年 2 月 27 日，召开第七届职工代表大会第十一次会议暨经济工作会议。本届职代会正式代表 35 人，列席代表 23 人，特邀代表 2 人。

2015 年 6 月 12 日，召开第七届职工代表大会第十二次会议。本届职代会正式代表 31 人，特邀代表 2 人。主要议题是审议通过《住房销售与调整实施方案(讨论稿)》。

2006 年 12 月 21 日，召开第八次工会会员代表大会暨第八届一次职工代表大会。参加本次大会的正式代表 66 名，列席代表 4 名，特邀代表 2 名。大会选举产生第八届工会委员会。

2007 年 1 月 18 日，召开院第八次工会会员代表大会，选举产生院第八届工会委员会和经费审查委员会，八届一次会议分别选举产生工会主席和经审委主任。工会主席为朱瑞法。

2007 年 2 月 7 日，召开院第八届二次职代会暨 2007 年经济工作会议。

2008 年 3 月 2 日，在三明山庄会议室召开 2008 年全院经济工作会议暨第八届三次职工代表大会，参加会议人员共 94 人。

2009 年 2 月 20 日，在济南泰泉宾馆三楼会议室召开全院 2009 年经济工作会议暨第八届四次职工代表大会，正式代表 57 名，列席代表 31 名。

2010 年 2 月 2 日，在省工商局二楼会议室召开全院 2010 年经济工作会议暨第八届五次职工代表大会。正式代表 59 名，列席代表 43 名。

2011 年 2 月 26 日，在泰泉宾馆三楼会议室召开全院 2011 年经济工作会议暨第八届六次职工代表大会，正式代表 93 人，特邀代表 4 人，列席代表 35 人。

2012 年 3 月 1 日，在泰泉宾馆三楼会议室召开全院 2012 年经济工作会议暨第八届七次职工代表大会，正式代表 100 人，特邀代表 5 人。

2013 年 3 月 3 日，在三明山庄召开全院 2013 年经济工作会议暨第八届八次职工代表大会，正式代表 93 人，特邀代表 3 人。

2014 年 2 月 28 日，召开全院经济工作会议暨第八届九次职工代表大会、党的群众路线教育实践活动总结大会和全院党风廉政建设工作会议。参加 2014 年经济工作会议暨八届九次职代会人员包括院领导 9 人，中层正职 29 人，中层副职 40 人，在岗职工代表 16 人，特邀代表 2 人。

2015 年 3 月 2 日，召开全院经济会议暨第八届十次职工代表大会、全院党风廉政建设工作会议。院领导、中层干部等参会。

2015 年 8 月 19 日，召开第九次工会会员代表大会暨第九届一次职工代表大会，职工代表共 66 人参加会议。大会听取并审议通过《第八届工会工作报告》《工会经费审查工作报告》，签订《集体合同》，选举产生了第九届工会委员会。

2016 年 2 月 24 日，召开全院经济工作会议暨第九届二次职工代表大会、全院党风廉政建设工作会议。职代会参会院领导 13 人，中层干部 77 人，在岗职工 19 人。

2017 年 12 月 23 日，召开第九次工会会员代表大会第二次会议，补选工会主席、工会委员。正式代表 58 人，列席代表 14 人。选举产生九届工会委员会主席、工会委员。

2018 年 2 月 5 日，召开全队工作会议暨第九届四次职代会、全队党风廉政建设工作会议。共计 97 人参加职代会。

表 1-4-1　　工会主要负责人一览表

姓名	职务	任职时间
龚　勋	工会主席	1958.3～1958.11
闫乃文	工会副主席	1958.3～1958.8
曲浩然	工会主席	1958.11～1971.12
马成友	工会副主席 工会主席	1973.8～1979.9 1979.9～1981.4
王达汉	工会副主席 工会主席	1981.3～1986.4 1986.7～1995.12
刘崇华	工会副主席	1986.10～1988.5
崔国钧	工会主席	1997.8～2001.12
赵洪涛	工会主席	2001.12～2005.10

续表

姓名	职务	任职时间
李　俊	工会副主席	2000.3～2006.1
朱瑞法	工会主席	2006.4～2017.12
王　艳	工会副主席 工会主席	2015.8～2017.11 2017.12～—

二、工会组织文体活动

为活跃职工文化生活，工会经常开展多种形式的文体活动。

1984 年，恢复文艺演出队并在局系统会演中获两项优秀节目奖；组建足球队并在 1985 年晋升为济南市乙级队。

1987 年 2 月，队工会被山东省总工会地质工作委员会授予“先进基层工会委员会”荣誉称号。

1987 年 4 月，举办有职工、家属、离退休职工及入托儿童等 700 余人参加的大型运动会，共有 39 个比赛项目。这次运动会规模之大在八〇一队历史上是空前的。举办以“关心我队献一计，支持队长进一言”为主题的知识竞赛和献计献策活动，收到很好的效果。这次活动提出大的改革建议 18 项，部分被采纳。

1987 年 8 月 17 日，选派 6 名选手参加地矿局系统羽毛球比赛。其中5 名选手代表山东局参加华东地区地矿系统羽毛球比赛和济南羽毛球比赛，并取得较好的成绩。为此，在山东省第二届职工体育运动会期间，八〇一队被省总工会、省体委授予“职工体育先进单位”称号。

1988 年 11 月，八〇一队工会被地质矿部、中国地质工会授予全国地质系统“先进职工之家”称号，王达汉被授予全国地质系统“优秀工会工作者”称号。

1989 年 3 月 8 日 ，为庆祝“三八”妇女节，组织女职工开展含 5 个比赛项目的游艺活动。

1989 年 3 月 10 日，参加济南市历下区组织的体操(中老年迪斯科)和拳术比赛。

1989 年 11 月，举办第二届书法、绘画、摄影、篆刻展览，展出作品 78 件。

1998 年 3 月，组织开展“三八”妇女节庆祝活动。

1998 年 4 月，组织清明节扫墓活动。

1998 年 5 月，开展庆“五四”纪念活动。

1998 年 7 月，开展“党的十五大报告学习与竞赛”活动。

1998 年 9 月，开展“女职工劳动保护知识学习答卷”活动。

1998 年 10 月，召开秋季职工运动会。组织参加全省地矿系统第八套广播体操比赛，并获得贰等奖。

1998 年 12 月，举办元旦庆祝活动。

1998 年，工会被评为局系统先进工会，女工委被评为局系统先进女工委员会。团委被局团委授予“1998 年度红旗团委”称号。

1999 年，开展“庆国庆五十周年，迎澳门回归”系列活动。开展秋季运动会。

2000 年 2 月 23 日，征集女职工硬笔书法作品参加全省地矿系统女职工硬笔书法比赛，获得一个壹等奖、二个贰等奖。

2000 年 3 月 8 日，组织女职工开展庆“三八”国际妇女节活动，游览济南大明湖公园，参观济南市女工委组织的小手工制品展览活动。

2000 年 3 月 9 日，开展提合理化建议活动，共收到 10 条建议。

2000 年 5 月，开展庆“五一”劳动节，组织 1999 年度集团公司劳动模范游览活动。

2000 年 5 月 24 日，开展女职工权益法律知识学习与竞赛活动。

2000 年 6 月中旬，开展女职工健康查体活动。

2000 年 9 月，开展庆“国庆”活动。

2000 年 10 月 15 日，在山东省建筑工程学校举办秋季运动会，在职职工及离退休职工都参加此次运动会。

2000 年 11 月，举办第二届职工乒乓球赛，并评选男女单打前三名。

2001 年 3 月 8 日，在女职工中开展庆“三八”系列活动。

2001 年 4 月 16 日，开展合理化建议活动，收到各类建议 40 余条，4 条被评为壹等奖，6 条被评为贰等奖。

2001 年 5 月，组织院级劳模游览活动。

2001 年 7 月下旬，为提高女职工的微机操作水平，开展女职工微机技术比武活动。

2001 年 9 月，举行单身职工中秋节座谈会，举办迎“十一”国庆节游艺活动。

2001 年 10 月，组织女职工参加“德高杯”全省女职工权益知识答卷活动。

2001 年 10 月 14 日，在山东省建筑工程学院济王校区举办职工秋季运动会，全院职工及离退休职工参加。

2001 年 11 月，举办第三届职工乒乓球赛，对男女单打前三名给予奖励。

2002年初,院工会被省地质工会授予"先进工会委员会""先进女职工委员会""院务公开先进单位"等荣誉称号。

2002年3月,组织开展庆"三八"妇女节系列活动。

2002年4月4日,与院团委一起,组织团员青年到英雄山烈士陵园扫墓。

2002年4月30日,组织职工开展庆"五一"、迎"五四"职工联欢会暨职工歌咏大赛活动。

2002年5月,组织学习、宣传、贯彻《工会法》,为200余名参赛者颁发物质奖品。

2002年5月15日,院工会在全院范围开展合理化建议活动,共收到建议42条,其中5条被评为壹等奖,9条被评为贰等奖。清明节慰问工伤遗属,进行走访慰问,并送去慰问金。

2002年10月20日,为贯彻落实院《全民健身计划纲要》实施精神,举办2002年职工秋季运动会,在职职工、离退休职工均报名参加。

2003年,开展庆"三八"妇女节活动,组织女职工游览济南近郊名胜古迹和民族风情园九顶塔。

2003年4月4日,院工会与团委联合开展缅怀革命烈士活动。

2003年5月12日,开展加强锻炼预防"非典"活动,院工会将运动专家提出的科学健身方案介绍给大家,号召大家科学健身,增强体质,打一场预防和战胜"非典"的攻坚战。

2003年5月23日,开展合理化建议活动,提出各类建议38条,评选出4条壹等奖建议,4条贰等奖建议。开展清明节慰问工伤遗属活动、中秋节野外机组走访慰问活动,与单身职工共度中秋。

2003年9月30日,与山东省物化探勘查院、山东省地质测绘院联合举办一次"庆国庆金秋联谊会"活动。

2003年10月25日,为贯彻落实院《全民健身计划纲要》实施精神,举办2003年职工秋季运动会,在职职工及离退休职工参加此次运动会。

2004年年初,院工会参加省地质工会暨女职工工作会议,院工会委员会、女工委分别被省地质工会授予"先进工会委员会""先进女职工委员会""院务公开工作先进单位"荣誉称号。

2004年4月4日,与院团委一起开展缅怀革命烈士活动。4月5日,在全院开展了工会法制宣传教育系列活动,成立了活动领导小组,开展四项主要活动,学习、宣传、贯彻《山东省实施〈中华人民共和国工会法〉办法》。

2004年5～6月,集中开展合理化建议活动,共收到合理化建议40条,其中5条被评为壹等奖,5条被评为贰等奖,其他为鼓励奖。

2004 年 6 月，全院 600 余名职工进行免费健康查体。

2004 年 9 月 6 日，开展职工代表巡视活动，院工会组织职工代表对二级生产经营实体单位进行巡视。中秋节开展野外机组走访慰问活动，并与单身职工共度中秋。

2004 年 10 月，组织 160 余名女职工进行查体，保障女职工身心健康。

2004 年 11 月 21 日，院举办职工秋季运动会。运动会共设 9 个项目，350 名在职及离退休职工报名参加。组织篮球队参加龙固矿井“华新杯”职工业余友谊篮球赛。参加局山东省地矿系统乒乓球比赛，分别参加男女单打比赛。

2005 年 3 月 2 日，全院开展女职工权益保障知识竞赛活动，进一步贯彻女职工权益保障法律法规。

2005 年 4 月 4 日，与院团委一起开展缅怀革命烈士活动。

2005 年 5 月，举办庆“五一”职工乒乓球赛，设男女单打两个项目，50 名乒乓球爱好者报名参加比赛。清明节开展走访慰问工伤遗属活动。

2005 年 5～10 月，集中开展合理化建议活动，共收到合理化建议 23 条。3 条被评为壹等奖，5 条被评为贰等奖。中秋节开展野外机组走访慰问活动，并与单身职工共度中秋。

2005 年 10 月，组织 150 余名女职工进行查体，保障女职工身心健康。

2005 年 11 月，由工会、党群等部门组成企务公开民主管理督查小组，对全院企务公开民主管理工作进行督查。

2006 年 3 月 5 日，为庆祝“三八”节，女工委组织院在岗女职工到临沂蒙山游览活动。

2006 年 3 月 13 日，为庆祝建党 85 周年，举办职工书画、摄影比赛。

2006 年 4 月 3 日，在全院女职工中开展“幸福杯”女职工权益保障知识竞赛活动。

2006 年 4 月 28 日，在四楼会议室开展庆“五一”、迎“五四”联谊活动。

2006 年 6 月 9 日，在全院范围内开展合理化建议活动，为单位发展献计献策。共提出 24 条建议，评选出壹等奖 2 条，贰等奖 5 条。

2006 年 8 月，开展职工代表巡视活动，职工代表组成两个巡视组进行巡视检查。

2006 年 10 月，组织 160 余名女职工进行健康查体。

2006 年 10 月中下旬，组织“八〇一杯”篮球赛，共有 6 支队伍参赛，物资总公司分会代表队获得冠军，党群机关分会获得亚军，基础、岩土、供水工程处联队获得季民。

2006 年 12 月，开展 2007 年元旦春节期间送温暖活动。开展《山东省职工代表大会条例》知识竞赛活动,发放试卷 400 余份。

2007 年 3 月,组织开展庆“三八”妇女节系列活动。

2007 年 5 月,开展庆“五一”、迎“五四”联谊活动。

2007 年 6 月,全院开展群众性合理化建议活动,收到合理化建议 77 条。

2007 年 7 月 2 日,开展创建“文明和谐职工家庭”活动、节约环保行动以及以节约环保为主题的群众性技术创新活动。中秋节开展野外机组走访慰问活动,与院单身职工开展庆中秋联谊活动。

2007 年 10 月,院工会组织篮球队,参加全局篮球联赛。

2007 年 11 月,开展职工代表巡视活动,对 6 个实体单位进行巡视督查。

2007 年 12 月 11 日,开展“我心中的八〇一”征文活动,并在全队范围内征集建队 50 周年书法、绘画、摄影作品。院实验室被中国能源化学工会全国委员会授予“全国国土资源系统先进女职工集体”称号。山东省地矿工程勘察院被省地质工会授予“职工代表大会先进星单位”。称号

2008 年 5 月 13 日,为严格遵守《劳动法》《工会法》《劳动合同法》等法律法规,保障职工合法权益,开展创建“劳动关系和谐单位”活动。

2008 年 9～10 月,开展“我为资源山东建设和改革发展献一计”合理化建议活动。

2014 年 1 月 25 日,在新春佳节即将来临之际,院长赵长河与院党委书记秦耀军等领导一行走访慰问十余位离休老干部、老专家和退休正处级老领导,为他们送去节日的祝福和慰问品。

2014 年 6 月 10 日,山东省省直文明单位第二十四协作区乒乓球比赛在山东法官培训学院乒乓球馆圆满落幕。本次比赛共有来自山东省省直文明办、山东省地矿工程勘察院等 14 家省直文明单位的 30 多名参赛选手。经过激烈角逐,院职工朱明静获得女子组冠军。

2015 年 2 月,纪委书记、工会主席朱瑞法代表院党委向院困难党员、困难职工发放慰问金。

2015 年 4 月 1 日,省地质工会组织全局工会干部进行培训学习,邀请山东管理学院宣传部部长、培训部副主任、教授武玉芳进行现场授课。武玉芳就工会工作做了以《新常态下的基层工会工作》为题的讲座,使在场的干部职工受益匪浅。

2015 年 4 月 2 日,参加全省地质工会工作会议,就“劳模创新工作室的经验做法”进行详细汇报。

2015 年 4 月,水文地质勘察处吴迪在“我为山东地矿事业可持续发展献一计”职工合理化建议活动中提出的《开拓新的经济增长点——注册八〇一

人自己的矿泉水商标》建议被评为“十佳金点子”。在“五一”国际劳动节即将到来之际，为大力弘扬劳模精神，院网站特开辟《庆五一专栏》，陆续刊登近几年院劳模的先进事迹。

2015 年 5 月 4 日，组织开展“传承五四薪火，建功在八〇一”野外地质考察培训活动，院近百名青年地质工作者前往山东张夏馒头山参观学习华北寒武纪典型地质剖面。

2015 年 10 月 16 日，举行“金秋步步高，健康伴我行”职工登山比赛。登山比赛在院领导的关心和院工会的精心组织下在洪山公园成功举行。朱瑞法和运动员们一起参加竞技。

2015 年 12 月 30 日，举办“棋乐融融　促进交流”迎新春棋牌比赛，全院共 80 余名选手参加跳棋、象棋、够级比赛。

2016 年 1 月 29 日，举办省勘院迎新春“凝心聚力 · 大家唱”联欢会，院领导与干部职工欢聚一堂，共同欣赏由各分会自编、自导的大合唱表演。用嘹亮的歌声回首过去、展望未来，共同迎接农历猴年春节的到来。

2016 年 4 月，举办省勘院“谋转型升级新突破，立足岗位做贡献”主题演讲比赛。赵长河、赵玉祥、朱瑞法、张云峰、刘玉仙及相关科室负责人共计 7 人担任大赛评委。

2016 年 4 月 11 日，选拔一批优秀选手参加全局驻济单位低碳环保健步走活动暨 2016 年省直机关庆“五一”健步走选拔赛。

2016 年 4 月 22～23 日，组织开展“传承五四薪火，建功在八〇一”潭溪山地层及地质遗迹培训学习活动，院近 50 名青年地质工作者前往淄博潭溪山参观学习寒武纪—奥陶纪典型地质剖面。

2016 年 5 月 25 日，朱瑞法、工会副主席王艳带领各分会主席、部分职工代表组成的职工食堂卫生安全专项检查小组，对职工食堂进行一次安全卫生突击大检查，检查食堂基本情况，了解原材料采购渠道、仓储方式，提出意见并督促整改，以此提升员工餐饮质量，确保食品安全。

2016 年 5 月 19 日，朱瑞法、王艳赴淄博王庄煤矿地面输浆钻孔施工工地，看望和慰问在炎热天气下依然坚守岗位的一线职工，给大家送去日用品和防暑降温用品等。

2016 年 5 月，开展“五四”青年节潭溪山野外地质踏勘剖面图作业展评活动。本次活动营造了职工之间互相学习、共同提高的学习氛围，对进一步加强青年地质工作者好习惯的培养有很好的促进作用。

2016 年 6 月 9 日，朱瑞法、王艳、赵光贞与部分实体单位负责人组成慰问小组看望和慰问在炎热天气奋战在施工现场的一线员工，并为他们送去节日的问候和粽子、降温茶等。

2016年9月29日,举办"迎国庆"凝心聚力促和谐职工文体活动。全院干部职工200余人参加。

2016年10月,组织成立足球队,参加首届国土资源杯足球联谊赛,并取得季军的好成绩。

2017年1月17日,隆重举行迎新年职工"卡拉OK大家唱"联欢会。院党委书记赵玉祥致开幕词,全院干部职工200余人欢聚一堂,尽情演绎人生、放飞梦想。

2017年1月28日,朱瑞法、王艳带着院党委的亲切关怀,看望慰问济南轨道交通R1线区间风井基坑降水回灌项目工地一线春节坚守岗位的职工。

2017年3月4日,院工会举办女职工登山活动。宫述林、朱瑞法与70余名女职工参加,并向女职工们致以节日的祝福。

2017年3月22日,队工会在综合楼第一会议室召开各兴趣小组组长会议,安排部署各兴趣小组活动的开展工作。兴趣小组是加强队地矿文化建设、丰富职工业余文化生活的有效载体。职工根据各自兴趣爱好,通过自愿报名,成立厨艺展示、羽毛球、乒乓球、音乐、玉石鉴赏、书画、户外、花卉艺术、足球等9个兴趣小组,约200人参加。

2017年6月29日,代表省地勘局参加省第七届职工运动会开幕式方队展示活动,展示八〇一队人和山东地矿人的良好精神风貌。

2017年9月29日,举办"迎国庆、庆中秋党员干部职工凝心聚力促和谐"文体活动。

2017年10月19日,根据省地质工会的安排部署,院工会组织各分会通过召开座谈会的方式开展用工情况及职工经济权益实现情况的调查工作。对职工队伍结构状况、职工权益保障和实现情况及职工队伍的发展变化情况开展讨论交流。

2017年11月,院足球队参加2017年"地科杯"国土资源职工足球比赛,取得季军的好成绩。

第二节　团委

建队时即成立团总支,雷大为兼任书记。

1958年9月,共有团员143人。

1959年2月,正式建立团委,于溪兼任书记,孟凡仁任副书记。

1960年6月、1963年3月和1972年12月,召开3次团代会,先后由李文禧、董籍生兼任书记，张文炎、王彦博、杨正江任副书记。

1979 年 1 月，召开第一水文地质队第一次团代会，选举产生 9 人组成的团委，杨正江任书记。

1981 年，孙殿福任副书记。

1984 年 7 月，召开第二次团代会，曹申任副书记。

1986 年，王经成兼任副书记。

1987 年 8 月，李信培任副书记。

1988 年 1 月 ，召开第三次团代会，李信培任副书记。

1991 年 2 月，根据院第四届团代会换届选举及新的委员会分工结果，经党委研究同意、省地矿局团委批准，李信培任第四届团委书记。

1992 年 10 月，根据省地矿局《关于成立山东省地质矿产工程总公司》的通知，李信培任山东省地质矿产工程总公司团委书记职务。

1995 年 6 月，经党委研究决定，张力任院团委副书记，免去李信培院团委书记。

1998 年 5 月，曲新荣任院团委书记。

2003 年 2 月，经院党委研究决定，李志民任党群工作部副主任兼团委书记。

2012 年 2 月 13 日，经院党委研究决定，王楠任团委副书记。

截至 2017 年 12 月，团委有兼职干部 1 人，下设 6 个支部，共有团员 68 名(其中人事代理 32 人)。

从队成立团委至 1989 年，团委在队党委的领导下，加强对团员青年的思想教育，加强共青团自身的思想建设和组织建设，关心青年的切身利益，组织开展读书演讲会、学习小组、文艺宣传、智力竞赛等一系列适合青年特点的有教育意义的活动，活跃团的生活，启发和引导广大团员青年的积极向上的兴趣和爱好。通过这些活动的开展，团员、青年的精神面貌发生了很大变化，对于培养“有理想、有文化、有道德、有纪律”的一代新人发挥了积极的作用。

1990 年后，队共青团工作在局团委的正确领导下，通过院团委全体委员带领全院青年积极探索八〇一队团建工作的特点，走出了一条适合八〇一队团建工作的新路子，取得了一定的成绩。连年为团支部荐书，积极做好以党建带团建，陆续发放《基层共青团工作常识问答》《如何当好团干部》《理性看，齐心办——理论热点面对面 》《正能量》等书籍，达到以理论学习促进政治素质提高的目的，进一步提高团委委员的执行力和服务意识。每年都组织团委委员和团支部先进分子参加先进性教育活动。为丰富青年职工的业余文化生活，成立舞蹈、棋类等职工文体兴趣小组。结合院文体周，组织青年，参加登山、乒乓球、羽毛球比赛，摄影书法绘画展、新年联欢等活动，极大地增进青年职工的感情和友谊，特别是年轻职工个人归属感、集体荣誉感，以及热爱、奉献八〇一的事业心、责任感和使命感。

在生产中，团委带领团员较好地发挥共青团的突击队作用，多次受到上级团委和队领导的表扬。先后有5名先进青年生产者和1个先进集体受到中央领导和省委的表彰奖励；有8人荣获团省委颁发的跃进红旗奖章，2人荣获团省委颁发的“五四”奖章。通过专家有针对性的培养，院团员青年涌现出“全国钻探状元”“全国技术能手”“全国五一劳动奖章”“全局十大杰出青年”获得者肖军、第十四届青年地质科技奖——银锤奖获得者李常锁，还有“院特别贡献奖”“院优秀专业技术工作者”、优秀技能工人、优秀项目经理、优秀质量管理者等。他们在院各个岗位上发挥着自己的光和热，逐渐成长为院广大青年职工立足本职本岗、创先争优的楷模。表现突出者经团支部推荐入党并走向领导岗位，奔赴青海、内蒙古、刚果(布)等条件艰苦的国内外项目一线，充分发挥团员青年生力军作用。

第三节　群众社团

一、群众组织

2000年8月30日，成立山东省地矿工程集团公司体育协会，办事机构设在工会。朱友强任名誉会长，崔国钧任会长。山东省地矿工程集团公司文学艺术研究会，办事机构设在政治处，朱友强任名誉会长，崔国钧任会长。山东省地勘局老科协工作者协会集团公司分会，办事机构设在咨询公司，朱友强任名誉会长，佟光玉、奚德荫、邵逵任会长。山东省地矿工程集团公司老年体育协会，办事机构设在离退休职工管理科，朱友强任名誉会长、崔国钧，栾怀德、李作云任会长。

二、历年社会捐助与公益活动

1985年4月，队工会发动职工积极参加志愿非洲灾民捐款活动，有411人参加捐款。

2003年10月13日，针对山东省菏泽、济宁等地遭受严重的洪涝灾害，开展“捐衣物、献爱心”活动。

2006年8月10日，68人参与“慈心一日捐”，共捐款4310元。

2010年5月，举行“慈心一日捐”共捐款17120元。

2010 年 8 月 23 日，216 人向舟曲灾区人民群众献爱心捐款，共捐款 14870 元。

2011 年 7 月 15 日，387 人参与“慈心一日捐”，共捐款 24000 元。

2012 年 6 月 6 日，“慈心一日捐”共捐款 42750 元。其中，325 人共捐款 22750 元；单位捐款 20000 元。

2013 年 7 月 17 日，“慈心一日捐”共捐款 46880 元。其中，398 人共捐款 26880 元；单位捐款 20000 元。

2014 年 7 月 15 日，“慈心一日捐”共捐款 39600 元。其中，287 人共捐款 19600 元；单位捐款 20000 元。

2015 年 7 月 15 日，322 人参与“慈心一日捐”，共捐款 22850 元。

2017 年 12 月 19 日，322 人参与“慈心一日捐”，共捐款 22850 元。

第五章　职工福利

八〇一队生活基地分为济南市历山东路78号等六大区，下文记述各生活基地供暖、供电、供水、燃气及职工食堂、奖励等职工福利。

第一节　职工住房

八〇一队生活基地分为六大区，分别为济南市历山东路78号、山大南路75号、山大南路77号、洪家楼小区10号楼、经十东路294号（今为经十路13632号）、荆合基地单身宿舍楼。

表1-5-1　　宿舍区明细情况一览表

宿舍区地址	取得形式	楼号	建筑年份	面积（平方米）	户数	房改情况
历山东路78号	划拨	1号楼	1957	2277.54	36	26户和5个联房已房改，还剩7套和2个联房未房改
		2号楼	1977	1340.94	24	均已房改
		3号楼	1977	2006.9	36	34户已房改，2套超标未房改
		4号楼	1983	2287.36	32	均已房改
		5号楼	1983	1296.64	18	均已房改
		6号楼	1983	857.76	12	均已房改
山大南路75号	划拨	1号楼	1980	2946.9	50	均已房改
		2号楼	1993	5594.78	104	均已房改

续表

<table>
<tr><th>宿舍区地址</th><th>取得形式</th><th>楼号</th><th>建筑年份</th><th>面积(平方米)</th><th>户数</th><th>房改情况</th></tr>
<tr><td>山大南路 77 号</td><td>划拨</td><td></td><td>1957</td><td>2946.9</td><td>50</td><td>八〇一队 8 户，499.38 平方米，已房改</td></tr>
<tr><td>洪家楼小区 10 号楼</td><td>划拨</td><td></td><td>1988</td><td>2479.45</td><td>54</td><td>53 户已房改，1 户两套房超标未房改</td></tr>
<tr><td rowspan="2">经十路 13632 号</td><td rowspan="2">划拨</td><td>1 号楼</td><td>1997</td><td>5663.94</td><td>60</td><td>60 户已房改</td></tr>
<tr><td>2 号楼</td><td>2000</td><td>7697.52</td><td>60</td><td>60 户已房改</td></tr>
<tr><td rowspan="2">荆合基地单身宿舍楼</td><td rowspan="2">划拨</td><td>3 层楼</td><td>1975</td><td>1365.04</td><td>44</td><td>该栋楼不符合房改条件</td></tr>
<tr><td>2 层楼</td><td>2009</td><td></td><td>30</td><td>该栋楼不符合房改条件</td></tr>
<tr><td rowspan="3">地矿家园(共 504 户，八〇一队 85 户)</td><td rowspan="3"></td><td>2 号楼</td><td>2008</td><td>11885.4</td><td>80</td><td>八〇一队 8 户。商品房，办证中</td></tr>
<tr><td>3 号楼</td><td>2008</td><td>12274.65</td><td>80</td><td>八〇一队 76 户。商品房，办证中</td></tr>
<tr><td>7 号楼</td><td>2008</td><td>18046.15</td><td>88</td><td>八〇一队 1 户。商品房，办证中</td></tr>
</table>

第二节　福利设施

一、供暖

2010 年，济南市历下区经十路 13632 号办公楼和经十路 13632 号 1 号楼、2 号楼开始集中供暖。

2012 年，历下区山大南路 75 号和历山东路 78 号宿舍区开始集中供暖。

2014 年，洪楼小区开始集中供暖。

二、燃气

2005 年，经十路 13632 号 1 号楼、2 号楼由煤气改为天然气。

2012 年，历山东路 78 号 1 号楼、2 号楼、3 号楼、4 号楼、5 号楼、6 号楼由煤气改为天然气。

2013 年，山大南路 75 号 1 号楼、2 号楼由煤气改为天然气。经十路 13632 号办公区内食堂重建，更换燃气管道，开始使用天然气。

三、供水、供电

各宿舍区和办公区自建成后即开始供电、供水，按照济南市供电局和水利局规定使用、缴纳费用。

1992 年 7 月 14 日，印发《水电管理办法》，对原水电管理办法进行修改完善。

四、职工食堂

1961 年 10 月 27 日，转发山东省人民委员会《关于讨论执行办好职工食堂的若干规定(暂行草案)》的通知。

1993 年 3 月 20 日，在原行政科的基础上，组建生活服务公司，第一食堂开办对外招待业务，并制定对外招待管理办法。

2017 年 12 月，单位食堂由原来的个人承包改成配餐公司配餐的形式。工会通过民意调查，选定配餐公司，物业管理中心对就餐环境进行改造。

2018 年 1 月，新的就餐模式开始运营。

五、托儿所

1987 年 5 月 10 日，安排女职工担任托儿所保育员，由王殿荣负责。

1995 年，撤销托儿所。

六、招待所

1993 年 7 月 13 日，成立山东省地矿工程勘察院招待所(简称“招待所”)。该招待所人员为八〇一队转产职工和富余人员，编制 25 人。

1993 年 7 月 17 日，孟晓东任所长。

1995 年 5 月，刘勇任所长。

1998 年 12 月，刘宝清任所长。

2000 年 10 月 16 日，刘勇任所长。

2002 年 11 月 4 日，刘克祝任所长。2005 年 2 月 22 日，撤销招待所，免去刘克祝所长职务。

第三节 奖励

1991 年，在中共中央、国务院作出关于给部分专家、学者、技术人员发给政府特殊津贴的决定后，人事部下发《关于印发 1991 年给部分专家、学者、技术人员发放政府特殊津贴实施方案的通知》至全国。选拔的范围以自然科学为主，选拔的对象是在科研、高等教育、卫生、生产第一线工作岗位上以及在社会科学、文化、艺术方面做出贡献的专家、学者、技术人员。奖励标准：自 1991 年起，每月津贴 100 元，占 1991 年正高级人员月平均工资水平 1000 元的 10%。自 1995 年起变为一次性发放，即 1995～2000 年一次性发放 5000 元；2001 年～2006 年变为一次性发放 10000 元；2007 年起又提高为 20000 元。由于 1995 年以前享受特殊津贴人员每年得到的政府津贴为 1200 元，与 2007 年以后的一次性 20000 元的特殊津贴相差太多。自 2009 年 1 月 1 日起，将 1991～1994 年获得津贴人员每月 100 元标准调高至每月 600 元。

截至 2017 年 12 月，八〇一队先后共有 6 人享受国务院政府特殊津贴。其中，1992 年批准的是奚德荫、李祥芝，1993 年批准的是刘继英，1999 年批准的是武善文，2001 年批准的是李铁锡，2008 年批准的是盛根来。

第六章　国际交流与合作

截至 2017 年，先后有波兰专家约瑟夫·什捷拉克来队指导工作，王太坊参加中越两国科技合作，培养越南水文地质及钻探技术人员，童风春赴巴基斯坦进行水文地质考察，杨恩信及李祥芝赴泰国呵叻地区考察农村打井供水，李春青赴秘鲁普诺省处理省地矿局探矿机械厂生产的滤水管使用问题，加纳供水井的打井合同和 3.8 千米的输水管道施工，刚果(布)矿产资源勘探等国际交流合作项目。

1959 年 3 月，波兰专家约瑟夫·什捷拉克根据中波两国技术协议来八〇一队指导水文地质技术工作，并参加莱芜供水勘查工作，10 月回波兰。在此期间，该专家曾提出开矿时排水与供水相结合的建议，并对莱芜鹏山泉的成因提出是第四纪泉的论述。

1966 年 12 月，省地质局抽调八〇一队王太坊赴越南民主共和国，执行中越两国科技合作协议，并担任越南地质总局 58 团顾问专家，主要进行毛溪—汪比一带区域水文地质和毛溪煤矿的供水水文地质技术人员。工作期间所提出的建议均被采纳，通过技术指导使 58 团调整原计划，节约近三分之一的工作量，取得最佳成果，并为毛溪矿找到了可供利用的水源地一处，受到对方的好评，并获得越南政府的奖章和荣誉证书。1969 年 6 月回国。

1968～1970 年，遵照地质部指示，为越南培养 21 名水文地质、钻探技术人员。

1971 年 11 月，省革委地质局抽调童风春赴巴基斯坦进行水文地质考察工作。1972 年 3 月回国。

1989 年 5 月，杨恩信、李祥芝参加由省地矿局张式璞处长任领队、中国地质公司统一组织的赴泰国呵叻地区考察农村打井供水、地质及水文地质条件及供水情况和其物资供应等项目。1989 年 6 月回国。

1989 年 11 月，李春青经中国地质公司聘用赴秘鲁普诺省处理省地矿局探矿机械厂生产的滤水管使用问题。1990 年 2 月回国。

2000 年 8 月 8 日，山东省地矿工程集团公司就具体承担阿根廷、智利两国地下水资源和矿产资源的勘查开发项目，向省地勘局提交《关于在阿根廷成立山东地水国际工程有限公司的报告》。

2004 年 5 月 20 日，省地勘局同意山东省地矿工程勘察院与加纳埃欧贸易有限公司(EAU TRADING LTD)在加纳共和国成立合资公司——山东地矿国际有限公司。8 月 9 日，山东省地矿工程勘察院与该公司合资成立的山东地矿国际工程公司在加纳首都阿克拉注册完毕。公司主要从事地抽调查、矿产勘查开发、打井与供水工程、建筑施工等业务，并与加纳建设部初步签订了 200 眼供水井的打井合同和 3.8 千米的输水管道施工合同，合同额 180 万美元。

2008 年 5 月 26 日，省地勘局同意山东省地矿工程勘察院以自有资金 15 万美元在阿尔及利亚独资成立山东华地工程有限公司。经营范围包括基础施工、桩基监测、岩土工程地质勘查、水井施工、环境影响评价、地质勘查、矿产资源开发利用等，同时兼营物资进出口业务。

2009 年 4 月 27 日，山东省地矿工程勘察院欲以布谷马西钾盐矿勘探开发项目为依托，在刚果(布)成立独资公司——刚果华地矿业有限公司。投资总额 20 万元美元(其中注册资本 10 万美元)。经营范围包括矿产资源勘探开发利用、矿产品进出口贸易、地质工程勘察施工、地质技术咨询。经营期限 20 年，常驻人员 10 人。

第七章 荣誉与人物

截至2018年4月，获得地质找矿功勋单位、全国模范地勘单位等省部级以上荣誉共计35项，获得安全生产、文明单位等厅局级集体荣誉70项。获得全国五一劳动奖章、富民兴鲁劳动奖章等省部级个人荣誉61项，获局劳动模范等厅局个人荣誉144项。先后有246人获得副高级(含)以上职称，其中正高级36人，副高级210人。在中华人民共和国成立前参加工作的离职休养人员28人。

第一节 荣 誉

获得厅局级(含)以上单位荣誉105项，个人荣誉205项。

一、单位荣誉

1958～2017年，获得厅局级(含)以上集体荣誉105项。其中，省部级以上35项，厅局级70项。

(一)省部级以上荣誉

建队以来，获得省部级以上荣誉奖项共计35项。

表1-7-1　　省部级以上单位荣誉一览表

序号	单位名称	荣誉称号	获奖时间	颁奖机关
1	1∶20万普查组	全国群英会先进集体荣誉称号	1958	
2	支农抗旱组	“工业学大庆”先进集体	1980	地质部
3	106机		1980	地质部

续表

序号	单位名称	荣誉称号	获奖时间	颁奖机关
4	队工会	先进基层工会	1984	省总工会、省地质工会
5	山东省地质矿产局第一水文地质队	职工体育工作先进集体	1985	省总工会体委
6		交通安全管理工作做出优异成绩	1985	省经委、省交通厅
7	八〇一水文地质工程地质大队工会	先进基层工会委员会	1987	省总工会
8	队卫生所、103机	先进集体	1987	省地矿局、省总工会、省卫生厅
9	队卫生所	职工生活后勤工作先进单位	1987	省劳动局、省企业局、省经委
10	山东省地质矿产局第一水文地质队	设备管理先进单位	1987	地矿部
11	山东省地矿工程勘察院	地质找矿功勋单位	1992.9	地矿部
12		山东省富民兴鲁劳动奖状先进班组	1999	省总工会
13		2004—2005年度企业年度检验免检企业	2005	省工商管理局
14		诚信单位	2007	中国勘察设计协会
15		全国守合同重信用企业	2007.7	国家工商行政管理总局
16		全国工程勘查与岩土行业诚信单位	2007～2012	中国勘察设计协会
17		中华人民共和国国家质量奖	2008	国家工程质量奖审定委员会
18		2007年度安全生产先进单位	2008.1	济南市人民政府
19		中国矿业国际合作最佳勘查奖	2010	中国国际矿业大会组委会
20		“国土资源系统西南抗旱找水找井工作先进集体”	2010	国土资源部
21		“工人先锋号”	2010	山东省总工会

续表

序号	单位名称	荣誉称号	获奖时间	颁奖机关
22	山东省地矿工程勘察院 112 机台	国土资源系统先进集体	2010	山东省人力资源和社会保障厅、省国土资源厅
23	山东省地矿工程勘察院	国土资源系统北方四省抗旱找水打井工作先进集体	2011.4	国土资源部
24		省直文明单位	2011.12	山东省省直机关精神文明建设委员会
25		全国模范地勘单位	2012	国土资源部
26	山东省地矿工程勘察院	全国能源化学系统工人先锋号	2012	中国能源化学工会全国委员会
27		首届中国百强地质队	2012.5	中国矿业联合会地质勘查协会
28		全国勘察设计行业创新型优秀企业	2013.11	中国勘察设计学会
29		山东省地矿系统首届地质勘查技能大赛组织奖	2014.1	山东省总工会、省地勘局
30		山东省找矿突破战略行动先进集体	2014.5	省国土资源厅
31		山东省先进工会女职工委员会	2014.5	山东省总工会
32		山东省“安康杯”竞赛优胜单位	2015.4	山东省总工会、山东省安全生产监督管理局
33		山东省勘察设计协会成立 30 周年突出贡献奖	2016.1	山东省勘察设计协会
34		全国工程勘察与岩土行业诚信单位	2017.3	中国勘察设计协会
35	济南泉水保护班组	全国工人先锋号	2018.4	中华全国总工会

(二)厅局级荣誉

建队至 2017 年 12 月，共获得“工业学大庆”“安全生产单位”“先进团支部”“先进党支部”“文明单位”等厅局级以上荣誉共计 70 项。

表 1-7-2　　　　厅局级单位荣誉一览表

序号	单位(或部门)名称	荣誉称号	获奖时间	颁奖机关
1	山区支农抗旱组三分队、医务室四分队物探组、汽车维修组、车间锻、焊工组一分队车间三〇二机、一〇二机	“工业学大庆”先进集体	1976	省地质局
2	山区支农抗旱组	“工业学大庆”红旗单位	1978	省地质局
3	一分队、二分队化验室、101 机、102 机、104 机、106 机、一分队物探组二分队车间、医务室三分队车间、三分队地质组后勤管理科革新组机修组、钳工组	“工业学大庆”先进集体	1978	省地质局
4	省革委地局第一水文队	安全生产单位	1979	省地质局
5	106 机团支部	先进团支部	1979	省地质局团委
6	106 机党支部	先进党支部	1980～1982	省地质局党委
7	106 机团支部	先进团支部	1980～1982	省地质局团委
8	大队机关团支部	先进团支部	1982	省地质局团委
9	104 机团支部	先进团支部	1983	省地质局团委
10	省地质局第一水文地质队	“百日无事故竞赛”活动先进集体	1984	省地质局
11	探矿科	八年来在勘探生产管理中做出显著成绩	1984	省地质局
12	107 机团支部	先进团支部	1984	省地质局团委
13	车间团支部	先进团支部	1984	省地质局团委
14	车间工会委员会	先进工会委员会	1984	省地质工会
15	地质办公室党支部	先进党支部	1985	省地质局党委
16	生产办公室党支部	先进党支部	1985	省地质局党委
17	车间团支部	先进团支部	1985	省地矿局团委

续表

序号	单位(或部门)名称	荣誉称号	获奖时间	颁奖机关
18	车间团支部	先进团支部	1985	省地矿局团委
19	八〇一队	“双百日安全生产竞赛”优秀单位	1986	省地矿局
20	八〇一队	设备管理先进单位	1986	省地矿局
21	淄博队党支部	先进党支部	1986～1987	省地矿局党委
22	106 机团支部	先进团支部	1986	省地矿局团委
23	车间团支部	先进团支部	1986	省地矿局团委
24	八〇一队工会	先进基层小组	1986	省地质工会
25	107 机工会	先进工会委员会	1986	省地质工会
26	济南保泉工会小组	先进工会小组	1986	省地质工会
27	离退休老干部党支部	先进党支部	1987～1988	省地矿局党委
28	八〇一队团委	先进团委	1987～1988	省地矿局团委
29	队机关团支部	先进团支部	1987	省地矿局团委
30	古城地质组团支部	先进团支部	1987	省地矿局团委
31	八〇一队	“双百日安全竞赛”优秀单位	1987	省地矿局
32	八〇一队	文明单位	1987	省地矿局党委
33	八〇一队			地矿局
34	八〇一队	设备管理先进单位	1987～1988	省地矿局
35	淄博队队部党支部	先进党支部	1988～1989	省地矿局党委
36	107 机党支部	先进党支部	1988	省地矿局党委
37	八〇一队	老干部工作先进单位	1988	省地矿局党委
38	修配厂团支部	红旗团支部	1988	省地矿局团委
39	托儿所团支部	红旗团支部	1988	省地矿局团委
40	队工会	先进职工之家	1988	省地质工会
41	淄博队工会委员会	先进工会委员会	1988	省地质工会
42	八〇一队	尊师重教先进单位	1989	省地矿局

续表

序号	单位(或部门)名称	荣誉称号	获奖时间	颁奖机关
43	供应科	职工教育先进单位	1989	省地矿局
44	106 机党支部	先进党支部	1989	省地矿局党委
45	济南队团支部	红旗团支部	1989	省地矿局团委
46	白泉供水勘察组	青年突击队	1989	省地矿局团委
47	山东省地矿工程勘察院	山东省地矿系统先进集体	2001	省地勘局
48		资源山东建设特别贡献奖	2010	省地勘局
49		局级文明单位	2010	省地勘局
50		地矿产业发展贡献奖(大地质)	2010	省地勘局
51		地矿产业发展贡献奖(境外找矿)	2010	省地勘局
52		地矿产业发展贡献奖(大地质)	2011	省地勘局
53		“资源山东建设”贡献奖	2011	省地勘局
54		党建精神文明先进单位	2012	省地勘局
55	青海玉树灾后治理项目部	工人先锋号	2012	省地勘局
56	山东省地矿工程勘察院	全局先进纪检组织	2012	省地勘局
57	山东省地矿工程勘察院	2011 年度党建和精神文明建设先进单位	2012.2	省地勘局委员会
58	山东省地矿工程勘察院	全局技能人才培育突出贡献奖	2012.2	省地勘局
59		2012～2013 年度济南市名泉保护工作先进单位	2013	济南市名泉保护委员会
60		党建和精神文明建设先进单位	2013	省地勘局
61		文明单位	2013	省地勘局委员会

续表

序号	单位(或部门)名称	荣誉称号	获奖时间	颁奖机关
62	山东省地矿工程勘察院	2013年度党建和精神文明建设先进单位	2014	省地勘局委员会
63		2013年度安全生产先进单位	2014	省地勘局
64		工人先锋号	2015	省地质工会
65		先进基层党组织	2015	省委省直机关工作委员会
66		工人先锋号	2016	山东省地质工会委员会
67		职工创新先进集体	2016	山东省地质工会委员会
68		山东省国土资源“十二五”科技工作先进集体	2016	省国土资源厅
69		2015～2016年度全局先进基层党组织	2017	省地勘局
70		安全生产先进单位	2017	省地勘局

二、个人荣誉

1958～2017年,获得厅局级(含)以上个人荣誉205项。其中,获省部级以上41人,计61项。获厅局级104人,计144项。

(一)省部级以上荣誉

建队至2017年12月,队职工获省群英会先进工作者、青年跃进红旗手“五一劳动奖章”等省部级以上荣誉共计41人,共计61项。

表 1-7-3 省部级以上个人荣誉一览表

序号	姓名	荣誉称号	获得时间	表彰机关
1	施祖根	省群英会先进工作者	1958	山东省人民政府
2	夏家璐	省“三八”红旗手	1959	山东省人民政府
3	何庆朝	省团委“五四”奖章	1961	山东省团委
4	郭俊英	省团委“五四”奖章	1961	山东省团委
5	叶　才	青年跃进红旗手	1962～1963	山东省团委
6	刘有森		1962～1963	山东省团委
7	刘子才		1962～1963	山东省团委
8	王身润		1962～1963	山东省团委
9	齐殿儒		1962～1963	山东省团委
10	李兴民		1963	山东省团委
11	王长泰		1963	山东省团委
12	荆云龙	省群英会先进工作者	1966	山东省委
13	付春升	全国科技大会奖	1978	全国科技大会
14	钟鸣禄	省新长征突击手	1980	山东省团委
15	荣衍禄	部劳动模范	1980	地质部
16	徐广茂	省新长征突击手	1982	山东省团委
17	王玉娟	省“三八”红旗手	1986	山东省妇女联合会
18	王善煜	优秀党员	1987	省政府机关党委
		省富民兴鲁劳动奖章	1987	山东省总工会
		省劳动模范	1988	山东省人民政府
		“五一劳动奖章”	1987	全国总工会
19	杨恩信	优秀党员	1988	省政府机关党委
20	王达汉	全国地质系统优秀工会工作者	1988	地矿部、中国煤炭地质工会
21	奚德荫	省优秀科技工作者	1988	山东省科学技术协会
		山东省优秀科技工作者	1998	
22	李祥芝	山东省专业技术人才	1993	山东省人民政府
23	贾元忠	全国地质资料管理先进个人	2005	国土资源部

续表

序号	姓名	荣誉称号	获得时间	表彰机关
24	程秀明	“五一劳动奖章”	2013	全国总工会
		国土资源系统先进个人二等功	2010	山东省人力资源和社会保障厅、省国土资源厅
		全国国土资源系统西南抗旱打井找水工作先进个人	2010.6	国土资源部
		全省国土资源系统先进个人集体和先进个人	2010.12	省国土资源厅、山东省人力资源和社会保障厅
		全国国土资源系统北方四省抗旱打井找水工作先进个人	2011.4	国土资源部
		全省职工“最美劳动者”	2013.4	山东省总工会
		全国地质勘查行业“最美地质队员”	2015.5	中国地质矿产经济学会
25	盛根来	第四届黄汲清青年地质科学技术奖	2008.11	中国地质学会
		山东省富民兴鲁劳动奖章	2009.4	山东省总工会
		2012 年度山东省有突出贡献的中青年专家	2013.4	山东省人民政府
26	刘玉仙	山东省富民兴鲁劳动奖章	2017.4	山东省总工会
27	肖军	2017 年中国产学研工匠精神奖	2017.11	中国产学研合作促进会
		全国五一劳动奖章	2012	全国总工会
		第一届全国地勘钻探职业技能大赛金牌	2011.1.14	第一届全国地勘钻探职业技能大赛组委会
28	赵光贞	第一届全国地勘钻探职业技能大赛决赛裁判员	2011 年	人力资源和社会保障部职业技能鉴定中心

续表

<table>
<tr><th>序号</th><th>姓名</th><th>荣誉称号</th><th>获得时间</th><th>表彰机关</th></tr>
<tr><td rowspan="2">28</td><td rowspan="2">赵光贞</td><td>全国国土资源系统工会技能竞赛工作先进个人</td><td>2013</td><td>中国能源化学工会全国委员会</td></tr>
<tr><td>山东省职工职业道德建设先进个人</td><td>2015</td><td>山东省总工会</td></tr>
<tr><td>29</td><td>刘广义</td><td rowspan="4">全国国土资源系统北方四省抗旱打井找水工作先进个人</td><td>2011.4</td><td>国土资源部</td></tr>
<tr><td>30</td><td>徐秋晓</td><td>2011.4</td><td>国土资源部</td></tr>
<tr><td>31</td><td>吴立进</td><td>2011.4</td><td>国土资源部</td></tr>
<tr><td>32</td><td>李传磊</td><td>2011.4</td><td>国土资源部</td></tr>
<tr><td>33</td><td>张水英</td><td>全国地矿系统先进女职工称号</td><td>2000.4.21</td><td>中国煤矿地质工会全国委员会</td></tr>
<tr><td rowspan="3">34</td><td rowspan="3">闫龙东</td><td>参政议政工作先进个人</td><td>2011.12</td><td rowspan="3">中国致公党山东省委员会</td></tr>
<tr><td>优秀致公党员</td><td>2012.12</td></tr>
<tr><td>优秀致公党员</td><td>2014.12</td></tr>
<tr><td rowspan="2">35</td><td rowspan="2">彭玉明</td><td>第十三届青年地质科技银锤奖</td><td>2011.10</td><td>中国地质学会</td></tr>
<tr><td>全国勘察设计行业科技创新带头人</td><td>2014.12</td><td>中国勘察设计协会</td></tr>
<tr><td rowspan="3">36</td><td rowspan="3">宫述林</td><td>国土资源系统先进个人二等功</td><td>2010</td><td>山东省人力资源和社会保障厅、省国土资源厅</td></tr>
<tr><td>2013 年山东省优秀地质科技工作者</td><td>2013</td><td>山东省地质学会</td></tr>
<tr><td>第六届山东省杰出工程师</td><td>2016.11</td><td>山东省杰出工程师推荐评选委员会</td></tr>
<tr><td>37</td><td>王　艳</td><td>全国“五一”巾帼标兵</td><td>2012</td><td>全国总工会</td></tr>
<tr><td>38</td><td>赵长河</td><td>山东省富民兴鲁劳动奖章</td><td>2012</td><td>山东省政府</td></tr>
<tr><td>39</td><td>赵玉祥</td><td>山东省富民兴鲁劳动奖章</td><td>2013</td><td>山东省总工会</td></tr>
<tr><td>40</td><td>李常锁</td><td>第十四届青年地质科技银锤奖</td><td>2014.2</td><td>中国地质学会</td></tr>
<tr><td>41</td><td>栾元滇</td><td>第二届野外青年地质贡献奖一金罗盘奖</td><td>2016.9.8</td><td>中国地质学会</td></tr>
</table>

(二)厅局级荣誉

建队至 2017 年 12 月,全队职工获局劳动模范、优秀共产党员、最美劳动者等厅局级荣誉共计 104 人,共计 144 项。

表 1-7-4　　厅局级个人荣誉一览表

荣誉称号	人员名录(按姓氏笔画排序)
山东省最美地质队员	程秀明
山东省工程勘察大师	盛根来
第二届山东省杰出青年勘察设计师	曾纯品
山东省工程勘察设计行业从业 30 周年突出贡献奖	盛根来 胡克祯
山东省找矿突破战略行动(2011～2013 年)先进个人	王海焦
省直机关优秀共产党员	程秀明
山东省省直机关道德模范	刘玉仙
省直机关优秀党务工作者	王　艳
山东地矿十大杰出青年	肖　军
地质科学技术现代化进军中做出显著成绩	杜化津
山东地矿系统最美劳动者	刘玉仙　杨　颖
山东地矿系统巾帼标兵	王　艳
地矿系统钻探技术能手	李清岩
山东省青年地质科技奖	秦品瑞　赵振华
省国土资源厅“十二五”科技先进个人	张中祥
山东省地质工会委员会创新先进个人	曾纯品
局劳动模范	马占文　王善煜　刘德成　李祥芝　张中祥　陆书南　赵志玉　荣衍禄　胡克祯　侯英明　奚德荫　潘光辉
局先进生产工作者	奚德荫

续表

荣誉称号	人员名录(按姓氏笔画排序)
局先进个人	刘玉仙
曹国权地质奖	宫述林　程秀明
局优秀科技工作者	张中祥
局优秀共产党员	马占文　王　艳　王　涛　王善煜　孔小云　付　义　刘玉仙　刘玉想　刘国爱　刘德成　许正德　苏国民　李志民　李建国　李祥芝　杨　颖　杨茂东　杨恩信　肖　军　宋振英　张云峰　陆书南　陈明发　邵　逵　武法伟　尚恩洪　赵　成　赵玉祥　赵永安　赵光贞　赵志玉　赵学成　荆云龙　荣永胜　柳忠起　侯英明　宫述林　郭洪生　黄　薛　常春亮　葛江浩　董光珠　程秀明　曾兆荣　颜承芳　鞠富荣　魏鲁峰
局新长征突击手	王金海　丁丙林　马占文　马金成　刘光宏　刘德成　孙继增　孙　燕　李凤琴　李文忠　李奇书　李建国　李铁锡　李绪文　吴月明　沙伟宏　宋长征　张　力　张虹虹　张　毅　张　伟　孟晓光　钟鸣禄　段光星　姜　华　党纪忠　高长胜　徐广茂　曹洪元　崔国钧　韩秀荣　程秀明
局模范团干部	丁丙林　王金海　曲新荣　刘桂娥　闫振孟　吴月明　钟鸣禄　韩祥银　鄢承良　解爱华
局十大优秀青年	马占文
局优秀青年工作者	曲新荣　刘永忠　李信培　张　毅
局青年科技奖	李常锁　秦品瑞
局青年岗位能手	刘玉仙
局劳动人事先进工作者	姚建春
局优秀质量管理者	朱红漫　赵　虹　赵振华
局优秀工会积极分子	赵　虹
济南市 2012～2013 年度名泉保护先进个人	刘国爱　彭玉明

第二节　人　物

2018年3月，八〇一队在职及离退休副高级及以上职称246人(含离世20人)、离职休养人员28人(含离世21人)。

一、高级职称人员

(一)正高级职称

1.地质系列

地质系列的正高级职称在2000年3月之前称为“高级工程师”(教授级)，2000年3月～2002年10月称为“优秀高级工程师”(虽然八〇一队没有人晋升优秀高级工程师，但2000年3月13日聘任的朱友强等2人、2001年6月14日聘任的朱学顺等3人、2002年5月9日聘任的朱学顺等2人均为水工环优秀高级工程师)，2002年11月开始称为“工程技术应用研究员”。

2018年3月，地质系列正高级职称35人(含离世1人)。

表1-7-5　　正高级职称人员名录一览表

序号	姓名	获得时间	专业	职称名称
1	奚德荫	1987.12	水文地质工程地质	高级工程师(教授级)
2	赵景瑞*	1998.11	水工环地质	高级工程师(教授级)
3	朱友强*	1999.12	水工环地质	高级工程师(教授级)
4	朱学顺	1999.12	水工环地质	高级工程师(教授级)
5	武善文	1999.12	水工环地质	高级工程师(教授级)
6	李铁锡	2002.11	水工环地质	工程技术应用研究员
7	盛根来	2002.11	水工环地质	工程技术应用研究员
8	乔令海*	2003.12	水文工程地质	工程技术应用研究员
9	任书才	2003.12	水文工程地质	工程技术应用研究员
10	陆书南	2003.12	水文工程地质	工程技术应用研究员
11	刘国爱	2005.2	水文地质等	工程技术应用研究员
12	佟光玉*	2005.2	水文地质等	工程技术应用研究员
13	刘桂义*	2006.2	水工环地质	工程技术应用研究员

续表

序号	姓名	获得时间	专业	职称名称
14	刘德成	2006.2	水工环地质	工程技术应用研究员
15	赵书泉 *	2006.2	水工环地质	工程技术应用研究员
16	梁凤英	2008.3	水工环地质	工程技术应用研究员
17	赵光贞	2009.8	地质工程	工程技术应用研究员
18	赵玉祥	2010.8	地质工程	工程技术应用研究员
19	王彦俊 *	2011.3	地质工程	工程技术应用研究员
20	李家田	2011.3	地质工程	工程技术应用研究员
21	张云峰	2011.3	地质工程	工程技术应用研究员
22	韩连山	2011.3	地质工程	工程技术应用研究员
23	高锡刚	2012.1	地质工程	工程技术应用研究员
24	唐永光 *	2013.3	地质工程	工程技术应用研究员
25	胡克祯	2014.3	地质工程	工程技术应用研究员
26	宫述林	2014.3	地质工程	工程技术应用研究员
27	彭玉明	2014.12	地质工程	工程技术应用研究员
28	程秀明	2014.12	地质工程	工程技术应用研究员
29	孙志全	2016.1	地质工程	工程技术应用研究员
30	李常锁	2016.1	地质工程	工程技术应用研究员
31	韩建江	2017.5	地质工程	工程技术应用研究员
32	杨 颖	2018.3	地质工程	工程技术应用研究员
33	张中祥	2018.3	地质工程	工程技术应用研究员
34	赵永安	2018.3	地质工程	工程技术应用研究员
35	栾元滇	2018.3	地质工程	工程技术应用研究员

注:1.名字带 * 者仅是人事档案(或职称聘用)在八〇一队。

2.按获得时间排序,若获得时间相同按姓氏笔画排序。

2.非地质系列

2018 年 3 月,八〇一队非地质系列正高级职称仅 1 人,为教授级高级政工师赵长河。

(二)副高级职称

2018 年 3 月，八〇一队在职及离退休人员 210 人(含离世 19 人)具有 220 项副高级职称(其中 10 人具有两项)，包括水工环地质、探矿、物探及遥感、测量与制图、地质调查与矿产勘查、海洋地质勘查、化探、地质实验测试、地质机械、水利工程、建筑工程、建设规划、安全技术等专业及高级会计师、高级经济师、高级政工师、高级讲师、高级钻探技师、副研究馆员、副主任医师等。

表 1-7-6　　副高级职称人员一览表

专业(人数)	姓名(按姓氏笔画排序)
水工环地质(101)	于大潞 于世林 王 涛 王 燕 王飞龙 王少娟 王合秋 王庆广 王宝春 王绍文 王俊兰 王爱民 王善煜 史淑艳 吕明学 朱红漫 刘 梦 刘小平 刘广义 刘玉想 刘兆成 刘宗华 刘建胜 刘继英 安美艳 孙 斌 孙玉松 孙建斌 孙冠群 李 岚 李万尧 李风顺 李生清 李传磊 李克祥 李范真 李念春 李学春 李晓东 李海波 李祥芝 汪新芹 宋学堂 宋恩武 张士娟 张守春 张金兰 张学斌 张复庆 张莉莉 张海林 陈 梁 陈奂良 邵 逵 武羽晓 武法伟 武爱娜 林存菊 尚宇宁 罗 斐 郑宝德 郑雪飞 赵一康 赵玉仁 赵有美 赵志强 赵振华 赵新华 胡松涛 胡铁军 姜玉敏 贺庆昌 秦品瑞 袁春鸿 贾久明 贾元忠 徐士民 徐秋晓 高希银 高明志 郭玉文 谈冀峥 姬广胜 黄 薛 曹 申 曹佩兰 矫恒平 梁远新 隋海波 彭 凯 韩玉英 韩永东 曾纯品 甄学贞 解爱华 蔡有兄 谭肖波 颜承芳 魏 东 魏允正 魏鲁峰
探矿(15)	王洪涛 石金鹏 朴殿臣 刘玉仙 刘仲良 杨恩信 吴敬辉 邱治河 邹富营 郑 杰 孟祥科 赵业臣 荆云龙 胡哲贤 薄克庭
物探及遥感(7)	刘永忠 李树荣 时彦芳 宋希利 赵 虹 常和平 曾兆荣
测量与制图(7)	王文祥 李德骝 沈月华 张 民 张传起 魏 升 魏善明
地质调查与矿产勘查(12)	王 芳 王海焦 左宪利 冯少春 全中文 刘 炜 孙仕林 李东见 周兴涛 贾绍松 尉春玲 满旭波

续表

专业(人数)	姓名(按姓氏笔画排序)
海洋地质勘查(6)	王　涛(兼)　王爱民(兼)　刘建胜(兼)　宋恩武(兼)　郑雪飞(兼)　曾纯品(兼)
化探(2)	郑　杰(兼)　赵振华(兼)
地质实验测试(7)	杨中健　孙怀文　刘春萍　张水英　张素芹　范立芹　董淑娟
地质机械(10)	王丽新　公路军　卢化健　朱振居　杜化津　李庆彬　陈杰克　赵建森　郭立珍　唐爱国
水利工程(1)	张文刚
建筑工程(1)	秦泗海
建设规划(1)	贠　娟
安全技术(1)	汤士勤
高级会计师(7)	王兴国　王金凤　王葵花　李学禹　李　霞　张湘艳　姜艳杰
高级经济师(19)	王京周　白　娟　朱俊瑛　孙宝霞　严会舜　杜昌富　李　兵　李建国　张树标　张淑坤　林敬龙　赵　燕　赵洪涛　赵祥兵　姚烈卫　顾　伟　盖德才　葛江浩　魏金英
高级政工师(13)	王　艳　王达汉　王志坚　王经成　田秀玲　刘崇华　李　俊　李韶辉　林敬龙(兼)　赵祥兵(兼)　柳忠起　侯桂元　姚建春
高级讲师(1)	赵松江
高级钻探技师(3)	李在水　张志泉　董光珠
副研究馆员(2)	王玉娟　董　悦
副主任医师(4)	李炳英　戚丽华　薛风珠　鞠富荣

二、离职休养人员

中华人民共和国成立前即参加工作的八〇一队离职休养人员28人。他们是(按姓氏笔画排序)丁少岭、马成友、王庆忠、王佩苗、尹泮溪、付义、白风海、曲士坤、曲浩然、任智、刘洪梅、汤斌、祁德芳、寿田广、李斌、李炳英、杨际昂、宋进绪、张子敬、张旭光、张清林、孟凡仁、栾怀德、黄风岐、曹明福、曹洪勋、曹济舟、薛彦锡。

第八章　文献及专利

截至 2017 年 12 月，编写专业技术规程、规范、标准文献 16 项，出版图书等 9 项，创办杂志 1 本（出版 10 期），发表专业学术论文共计 328 篇，成功申请专利 8 项。

第一节　技术标准

八〇一队主编或参加编写专业技术规程、规范、标准文献 16 项。涉及建筑工程、岩土工程、地热钻探、地质灾害、水文地质调查等众多领域，为行业的规范化增加了参考资料。

表 1-8-1　　专业技术规程、规范、标准文献资料一览表

文献名称	主编单位	主编人	发布机关	实施时间
山东省建筑工程施工工艺规程（土建篇）（DBJ 14—032—2004）	山东省建筑工程管理局、山东建筑学会	第七章：张敏、孙丙伦、张云峰等	山东省建设厅	2005.3.1
水文地质工（国家职业标准）	国土资源部人力资源开发中心	程秀明、任书才、康凤新等	人力资源和社会保障部、国土资源部	2008.3.1
岩土工程地质工（国家职业标准）	省地勘局	刘纯荣、盛根来、易宝等	劳动和社会保障部、国土资源部	2008.3.17

续表

文献名称	主编单位	主编人	发布机关	实施时间
旋挖成孔灌注桩施工技术规程(J 11655—2010)	山东省地矿工程勘察院、济南大学	刘俊岩、高锡刚、谭现锋等	山东省住房和城乡建设厅	2010.9.1
地热钻探规程(DB 37/T1921－2011)	省地勘局、山东省地矿工程勘察院等	张敏、孙丙伦、赵光贞等	山东省质量技术监督局	2011.10.1
世界重要国家(地区)矿产资源勘查投资指南[澳大利亚西澳大利亚州、刚果(布)、埃塞俄比亚、秘鲁]	山东省地矿工程勘察院	宫述林等	国土资源部信息中心	2012.2
山东省地质灾害治理工程施工技术要求(试行)	山东省地矿工程勘察院	韩景敏、盛根来杨颖等	山东省国土资源厅	2015.8
山东省地质灾害治理工程设计及施工技术指南	山东省地矿工程勘察院	盛根来、杨颖、孔涛等	山东省国土资源厅	2015.7.1
山东省地质灾害治理工程设计及施工技术指南	山东省地矿工程勘察院	盛根来、王庆兵、杨颖等	山东省国土资源厅	2015.8
建筑岩土工程勘察设计规范	山东省地矿工程勘察院	盛根来等	山东省住房和城乡建设厅	2015.12.1
1∶5万水文地质调查技术要求(试行)	省地勘局、八〇一队等	康凤新、尚宇宁、王贵玲、张海林、卫政润、李常锁、卜华、陈洪年、赵季初、朱恒华、吴立进	山东省国土资源厅	2016.1

续表

文献名称	主编单位	主编人	发布机关	实施时间
建筑抗震性态设计规范	山东省地矿工程勘察院	盛根来、赵长河等	山东省住房和城乡建设厅	2016.5.1
工程建设地下水控制技术规范	山东设计勘察设计审查咨询中心	李常锁等	山东省住房和城乡建设厅、山东省质量技术监督局	2016.6.1
建筑工程抗震性态设计规范(DB 37/T 5055—2016)	哈尔滨工业大学(威海)、青岛理工大学(八〇一队为参编单位:9/12)	徐龙军、于德湖、王焕定等;八〇一队参编人员:盛根来、彭玉明	山东省住房和城乡建设厅;山东省质量技术监督局	2016.8.1
工程建设地下水控制技术规范 DB 37/T 5059—2016	山东设协勘察设计审查咨询中心(山东省地矿工程勘察院为参编单位)	乔社、王龙军、李连祥等	山东省住房与城乡建设厅;山东省质量技术监督局	2016.8.1
水文地质图编图规范(1∶5 万)(报批稿)	中国地质调查局水文地质编图规范编写组(八〇一队参编)	郝爱兵、文冬光、吴爱民等	中国地质调查局	2017.5

第二节　图书、期刊

一、各类出版图书汇总

截至 2017 年 12 月,八〇一队职工参与编纂各类出版物共计 9 项,涉及岩土工程、地下水等众多领域。最早出版的图书的时间为 1999 年 10 月。各类图书累计出版 15300 册。

表 1-8-2　　图书出版物一览表

出版物名称	作者	出版社	出版时间
岩土工程地质工	邵逴、王太坊、孔祥生等	地质出版社	1999.10
济南泉水	吴爱民、程秀明等	黄河出版社	2005.10
山东矿床——水气矿床	八〇一队参编人员程秀明、彭凯等	山东科学技术出版社	2006.9
岩土工程地质工	刘纯荣、盛根来、王明华等	地质出版社	2008.9
山东省地质环境问题研究	徐军祥、赵书泉、康凤新等	地质出版社	2010.2
水文地质工(教材)	程秀明等	地质出版社	2015.12
山东省重大水文地质问题一理论技术创新与应用	徐军祥、康凤新、张中祥等	山东省科学技术出版社	2014.7
地下水空间资源开发利用地质评价	徐军祥、秦品瑞、徐秋晓等	地质出版社	2015.3
济南泉水研究	奚德荫、孙斌、秦品瑞	济南出版社	2017.12

二、水工环杂志办刊情况

《山东水工环》为山东省地矿工程勘察院主办的连续性内部资料出版物，办刊目的是为从事水工环专业的技术人员提供一个技术交流的平台，相互借鉴，取长补短，共同提高，实现理论与实践的水乳交融，使其相互推进，为省地勘局水工环事业发展发挥应有的作用。刊物发行范围为省国土资源厅、省地勘局相关业务处室、所属地勘单位，与水工环有关的社会相关行业及广大水工环专业技术工作者。刊物限定在地矿、国土资源系统，用于指导工作，交流信息，不收取任何费用，不刊登广告，不在社会上征订发行，不拉赞助或搞有偿经营活动,经费由主办单位承担。2011 年 5 月创刊,主管单位是省地勘局。山东省新闻出版局于 2012 年 3 月核发该出版物的《山东省连续性内部资料出版物准印证》,准印证号"(鲁)0010112 号",季刊,大 16 开,每期 300 册,单期 48 页,承印单位为山东地质印刷厂。截至 2017 年 12 月,共出版 10 期。

第三节　论　文

截至 2017 年,八〇一队技术人员共发表专业学术论文共计 328 篇。其中,《化学文摘》(CA)收录 46 篇,《工程索引》(EI)收录 4 篇,中文社会科学引文检索(CSSCI)收录 1 篇,《科学引文索引》(SCI)收录 1 篇。

表 1-8-3　　　　重要技术论文一览表

文章名称	第一作者	发表时间	刊物名称	刊登期别	刊物级别
黄河三角洲地区深层地下水中碘的富集及致病问题讨论	王连祥	1986.9	水文地质工程地质	1986 年第 5 期	CA
山东省鲁中南地区岩溶水文地质条件及其特征(英文)	奚德荫	1988.10	中国岩溶	1988 年第七卷第 3 期	CA
山东岩溶泉	郭玉文	1989.3	中国岩溶	1989 年第 8 卷第 1 期	CA
济南市 2000 年城市污水处理、回用及投资效益预测	贾久明	1995.5	水文地质工程地质	1995 年第 3 期	CA
浅谈济南市某林场地热深井施工技术	朱友强	2003.4	西部探矿工程	2003 年第 4 期	CA
沉积盆地型层状热储可采资源量计算方法探索	张中祥	2005.1	水文地质工程地质	2005 年第 1 期	CA

续表

文章名称	第一作者	发表时间	刊物名称	刊登期别	刊物级别
旋挖钻机在阿尔及利亚住宅项目桩基施工中的应用	谭现锋	2005.9	西部探矿工程	2005 年第 9 期	CA
岩溶地基的注浆加固	谭现锋	2006.3	西部探矿工程	2006 年第 3 期	CA
跟管钻进在旋挖钻机施工桩基工程中的应用	谭现锋	2006.6	施工技术	2006 年第 6 期	CA
论国际工程投标报价	王宝春	2007.7	西部探矿工程	2007 年第 7 期	CA
青岛海湾大桥工程勘察若干问题及处理方法	宋恩武	2007.8	西部探矿工程	2007 年第 8 期	CA
钻杆的损坏原因及维护使用	尉春玲	2008.5	西部探矿工程	2008 年第 5 期	CA
山东济南北部地热田富水规律分析	李常锁	2008.6	地球与环境	2008 年第 2 期	CA
松散层回转钻进卡钻的原因、处理方法及预防措施	尉春玲	2009.2	西部探矿工程	2009 年第 2 期	CA
问题强夯地基的成因及处理	曾纯品	2009.5	西部探矿工程	2009 年第 5 期	CA
济南水资源与可持续利用	李常锁	2010.12	南水北调与水利科技	2010 年第 6 期	CA
CFG 桩复合地基在湿陷性黄土地层中的应用	黄　薛	2011.3	西部探矿工程	2011 年第 23 卷第 3 期	CA

续表

文章名称	第一作者	发表时间	刊物名称	刊登期别	刊物级别
综合物探方法在 309 国道马石店隧道勘察中的应用	时彦芳	2011.6	化工矿产地质	2011 年第 33 卷第 2 期	CA
济南北部地热资源区划研究	尚宇宁	2012.6	中国地质	2012 年第 3 期	CA
南水北调入鲁后地下调蓄研究	乔令海	2012.9	水文地质工程地质	2012 年第 39 卷第 5 期	CA
浅析季节性降水对强夯地基影响	宫亮	2013.6	西部探矿工程	2014 年第 2 期	CA
Research on Resource Potential of Jinan Monoclinic Karst Groundwater System	李常锁	2013.12	澳西奴学术出版社/凯洛琳国际地质会议论文集	2013 年第 1 期	EI
浅谈济南华强工程风化层划分的意义	姜玉敏	2014.2	西部探矿工程	2014 年，第 26 卷，总第 214 期	CA
地震波 CT 技术在采空区勘查中的应用一以淄川区洪山镇北工村旧村改造项目为例	时彦芳	2014.9	化工矿产地质	2014 年第 36 卷第 3 期	CA
济南泉域边界条件、水循环特征及水环境问题	孙　斌	2014.9	中国岩溶	2014 年第 33 卷第 3 期	CA
基于随机场理论的盐岩地下储备库可靠性分析	韩建江	2014	计算力学学报	2014 年	CA

续表

文章名称	第一作者	发表时间	刊物名称	刊登期别	刊物级别
布谷马西地区白垩系下统盐类沉积特征及沉积旋回划分	栾元滇	2014.12	化工矿产地质	2014 年第 4 期	CA
Mixing Experimental Study on Water-rock Interaction (WRI) in the Inland Shallow Salt Groundwater Area	李常锁	2015.3	The Open Chemical Engineering Journal	2015 年第 9 卷第 1 期	EI
基于围岩及灌浆圈非均质性的外水压力计算	侯新文	2015.3	煤炭学报	2015 年第 3 期	EI/CA
滨州地区粉质黏土承载力取值浅析	张云峰	2015.5	科技进步与对策		CSSCI
布谷马西钾盐矿盐类矿物鉴定特征	栾元滇	2015.5	化工矿物与加工	2015 年第 5 期	CA
Determination of Silty Soil Bearing Capacity in Binzhou China	张云峰	2015.10	The Open Civil Engineering Journal	2015 年	EI
莱芜市边王许水源地地下水资源计算	盛根来	2015.12	铜业工程	2015 年第 6 期	CA
单孔分层抽水法的改进及在准东煤田的应用	张云峰	2016.3	煤田地质与勘探	2016 年 3 期	CA
鲁北坳陷区地热资源开发利用关键性问题研究	吴立进	2016.3	地质与勘探	2016 年第 2 期	CA

续表

文章名称	第一作者	发表时间	刊物名称	刊登期别	刊物级别
浅谈济南泉水保护与工程建设的关系	宋恩武	2016.4	西部探矿工程	2016年第4期	CA
综放导水断裂带高度预测模型研究	张云峰	2016.4	煤炭科学技术	2016年S1期	CA
基于高密度电阻率法的滑坡体探测	时彦芳	2016.4	现代矿业	2016年第4期	CA
山东兰陵程家村铁矿床初探及找矿前景分析	王海焦	2016.11	西部探矿工程	2016年第11期	CA
西藏甲玛矿区侵入岩成岩成矿年龄	李　波	2016.12	现代地质	2016年第30卷第6期	CA
SPE-GC-MS/SIM法测定水中27种有机农药的研究	武法伟	2016.12	分析试验室		CA
A Highly Selective Colorimetric and Fluorescent Dual-modal Probe for the Rapid Determination of Fluoride Anions	李常锁	2017.1	The Journal of Biological and Chemical Luminescence	2017年第32卷第6期	SCI
水化学特征揭示的济北地热水与济南泉水关系	隋海波	2017.2	中国岩溶	2017年第1期	CA
固相萃取—气相色谱/质谱选择离子检测法测定水中27种有机农药	袁鹏辉	2017.3	分析试验室	2017年第36卷第3期	CA

续表

文章名称	第一作者	发表时间	刊物名称	刊登期别	刊物级别
电喷雾电离源结合傅立叶变换离子回旋共振质谱分析地下水中可溶性有机质分子组成	曾纯品	2017.5	分析测试学报	2017 年第 36 卷第 5 期	CA
济南城市建设与泉水生态环境保护协调性评价	孙斌	2017.6	人民黄河	2017 年第 39 卷第 6 期	CA
济南市区轨道交通建设适宜性评价	赵振华	2017.6	铜业工程	2017 年第 3 期	CA
SPE-GC-MS/SIM 法同时测定水中七大类 27 种 SVOCs 方法研究	董　军	2017.7	分析测试学报	2017 年第 36 卷第 7 期	CA
气相色谱质谱与高分辨质谱对比分析济南地区地下水可溶性有机物	曾纯品	2017.8	分析试验室	2017 年第 36 卷第 8 期	CA
对比液液萃取与固相萃取在气相色谱一串联质谱法检测水中 27 种半挥发性有机污染物中的应用	武法伟	2017.9	分析试验室	2017 年第 36 卷第 9 期	CA
土壤石油污染的生物修复技术研究进展	杜亚鲁	2017.9	环境科学与技术	2017 S1	CA

第四节　专利情况

截至 2017 年 12 月，成功申请各领域专利共计 8 项，其中发明专利 2 项，实用新型专利 6 项。

表 1-8-4　　　　　　　　　　专利情况一览表

专利名称	主要研发人	获得时间	专利类型
一种钾盐钻探冲洗液	彭玉明、李常锁、赵光贞、赵长河 徐军祥、赵济同	2016.9.7	发明专利
孔隙型地热井喷射洗井器及利用该洗井器喷射洗井的方法	李常锁、赵光贞、赵长河、刘玉仙、赵济同	2017.1.25	发明专利
用于保护地下水环境的暗挖隧道止水结构	李常锁、陈奂良、曾纯品、齐欢、耿付强、于大潞、李念春、徐扬、韩琳、袁辉、赵振伟	2016.11.2	实用新型专利
一种不确定目标储层所在地层时的钻井结构、方法与装置	李常锁、赵光贞、赵振华、王少娟、秦品瑞、徐士民、刘玉仙、赵济同、赵成、聂玉鹏	2016.9.28	实用新型专利
一种提取破碎岩芯的钻头	杨颖、薛振龙、薛翊国、孟祥科、胡韬、薄克庭、王玉波、姚传栋、孔涛、郭东存、张清平	2017.5.10	实用新型专利
一种钻机变速箱与回转器的连接固定装置	杨颖、刘兆成、薛振龙、薛翊国、郭丰佐、李启标、薛保华、王国辉 任永欣、刘琮琮、白延钊	2017.5.31	实用新型专利
用于保护地下水环境的地铁车站止水结构	徐源、王少娟、韩建江、张兰新、何瑞、王重、丁冠涛、徐扬、李念春、郝杰、赵振伟	2017.5.31	实用新型专利
便携式多通道避光隔热流通池	刘文、李常锁、秦品瑞、赵振华、陈奂良、张中祥、林广奇、张海林、马河宽、韩玉英、武显仓	2017.6.20	实用新型专利

第二篇
专业技术篇

八〇一队自1958年建队至2017年12月,在水文地质调查、工程地质、环境地质、地热地质、基础工程施工、地质灾害治理、矿产地质等方面做了大量工作,共提交报告成果4122项。获得厅局级(包括同级别的学会奖)以上成果、工程施工奖292项。其中省部级66项,厅局级奖226奖。

在水文地质方面:编制完成比例尺1∶100万、1∶50万、1∶25万、1∶20万水文地质图,并完成沂南县等17幅1∶5万区域水文地质调查等基础性水文地质成果,查明山东省各含水层的分布、地下水类型、地下水运动规律,为政府规划和水源地勘探提供了水文地质资料。提交济南市区、东郊、北郊、西郊、长清一孝里铺、武家等水源地,是保泉限采地下水、使用黄河水之前,济南城镇及工业用水的主要来源。提交的青岛大沽河水源地,使青岛渡过了3次供水危机,是引黄河水之前,青岛市主要供水水源地;并为青岛新港工程和青岛市经济开发区提交洋河等河河谷地下水水源地。为淄博市城镇及工业供水提交湖田、源泉、齐陵、神头、秋谷、天津湾、刘征等水源地。另外,还为泰安、临沂、济宁、菏泽、莱芜、烟台、威海、潍坊等地(市)进行以城镇供水为目的的水文地质勘查,并提交地下水供水水源地。为齐鲁石化、莱芜钢铁总厂、寿光纯碱厂等国家重点工程在山东省的兴建,提交淄博大武等工矿企业供水水源地(富水地段),为重点工程建设提供充足的水源条件。

在农业供水方面:查明潍河、淄河、巴漏河等河冲洪积扇含水层的分布。查明鲁北平原、鲁西南平原的浅层地下水主要赋存于古河道，并查明深层淡水分布，不仅为农田灌溉提供稳定的供水水源，而且为制定农田灌溉规划、抗旱打井提供主要依据；并编制以县为单位包括地下水开发利用在内的一套水文地质图系 44 份，附带合理开发利用地下水资源的意见。在沂水县夏蔚镇云头峪等沂蒙缺水山村进行扶贫凿井，共施工供水井 8 眼，总出水量 1870 立方米/天，彻底结束上述村庄长期靠水窖储存雨水为生的历史。为 2010 年中国西南地区大旱找水定井，解决玉溪市红塔区等 4 个县区 17000 人生活生产用水问题。在 2011 年山东等北方四省特大干旱中，钻探成井 58 眼，解决临沂、淄博、济南等地旱区群众的生活饮用水困难以及保苗春灌问题。先后为刘公岛等沿海岛屿以及全省各地的三线工厂进行供水水文勘查，为其找到可供生活和生产的地下水水源。在济南保泉供水方面，明确济南泉水的成因(成因剖面已编入高等教育教材——《水文地质学基础》)，确定泉域边界，计算出地下水允许开采量，对济南东郊、西郊与济南泉域的关系，以及轨道交通等城市建设对泉水的影响进行评价，提出基于保泉供水的多条建设性意见。另外，1981 年提交的山东省章丘县明水镇供水水文地质勘查报告中所附章丘县明水火车站东南 500 米勘探孔水文地质综合图表，被编入高等教育教材——《专门水文地质学》。

在工程地质勘查方面：八〇一队建队初期，为解决供水、防洪、发电、引水灌溉等问题，在省内大汶河、小清河、弥河、白浪河、潍河、大沽河、胶莱河及半岛诸小河等水系先后开展大量的水库工程地质勘测、选址踏勘工作，提交山东省淄博市太河水库坝段工程地质勘测报告、烟台市清洋河门楼水库工程地质踏探报告、莱阳县清水河大明水库工程地质勘探报告书等水库工程地质勘测报告 186 份。20 世纪 60～70 年代，工程地质勘查主要为工矿、国防三线、港口、水库等建设服务，先后完成临沂钢铁联合企业厂基工程地质初步勘测报告、祥山电厂(1032 工程)厂址勘探及供水查察报告书、山东省日照县石臼所港址地质调查说明书、桃源水库规划阶段工程地质勘查简报等工程地质勘查报告。20 世纪 80～90 年代，高速公路铁路、桥梁、机场、电力工程、工民建高层建筑勘查增长迅速，提交山东省鲁南水泥厂工程地质详细勘查报告、山东禹城发电厂第三期扩建工程地质勘查报告、山东省青岛集浩海景广场高层群体建筑工程地质勘查报告等大量优秀工程地质勘察报告。1999 年，山东省地矿行业属地化以后，先后完成济南遥墙机场航站区扩建工程航站楼岩土工程勘察报告、青岛市滨海公路仰口隧道岩土工程勘察报告、青岛海湾大桥工程地质勘查报告、济南世茂国际广场项目岩土工程勘查报告、国家林产工业科技示范园区探沂片区岩土工程勘察报告、济南市轨道交通R3线岩土工程勘察报告等众多重要的有社会影响力的工程地质勘查报告。1958年3月～2017年12月，共完成工程地质勘查成果报告(省内)2302份。

在地基基础工程施工方面：完成桩基础施工、基坑与边坡支护类施工、岩土工程设计等项目364件。其中，合同额超过500万的地基基础工程项目7件，合同额超过50万的项目115件。

在环境地质方面：完成潍坊市区、济南地区、山东省淄博市临淄制药厂地下水油类污染勘查等工作，并进行大量的环境地质调查、评价、治理工作，陆续完成淄博市、利津县、东营市、济南市等地的区域环境地质勘查工作，以及大量的专项环境地质勘查、环境修复治理工作。

在地质灾害方面：对山东省山体崩塌、泥石流、地面塌陷、地裂缝、地面沉降等地质灾害及公路、铁路、工业建筑、民用建筑、矿山建设及采空区的勘查、设计、施工及监理等都做了大量工作。

在地热地质方面：为满足山东省烟台市招远地热第一期发电工程的急需，八〇一队开展招远地热勘查工作。之后，陆续在各地市以及部分地区开展地热勘查、地热研究等工作，提交山东省济南地热普查、山东省地热资源综合调查评价等成果报告。

在矿产地质方面：八〇一队作为传统水工环专业队，矿产地质工作起步相对较晚，先后提交矿产资源勘查、压覆矿产资源、矿产资源储量核实、矿产研究及评价报告等矿产地质报告181份。2012年7月完成的山东省苍山县西大寨子地区铁矿普查，实现八〇一队在山东省内深部找矿目标。

在地质钻探方面：首创的1.5米特大口径桩基施工和大口径灰岩钻进技术在全国得到广泛应用。配合地质工作施工了大量的钻孔，钻探总进尺301.13万米。

在物探及测量方面：将物探及测量工作广泛应用到水文地质调查、环境地质调查、矿产地质勘查、地热地质勘查等各类勘查项目中。共完成物探及测量工作3442项。

在境(省)外地质勘查方面：先后在越南、毛里塔尼亚、塞内加尔、埃塞俄比亚完成水文地质工程地质勘查，在刚果(布)完成钾盐矿产地质等境外项目。完成成昆铁路大树村—安乐村、三堆子—龙潭段5851千米线路勘探、内蒙古锡林浩特市通和矿业有限责任公司萤石矿资源勘查、黑龙江省小金场地区金矿普查、辽宁省新宾县上夹河—木奇地热普查、河南省安阳鑫汇矿业有限公司地热资源调查、天津港“8.12”爆炸事故现场清理修复、青海玉树“4.14”地震灾后重建结古镇热翁陇沟和果波对面沟恢复重建等山东省外地质项目。

第一章　水文地质

1958～2017 年，在城镇、工矿企业、农田、国防、三线和海岛、应急抗旱和缺水山区、保泉等方面进行水文地质勘查；为济南、青岛、淄博、莱芜、烟台、威海、潍坊、济宁、菏泽、临沂等地及石化、钢铁、电力等大中型企业勘探水源地（富水地段）139 个，提交允许开采量 714.86 万立方米/天；共提交 417 项水文地质报告，累计完成调查（编图）面积 188.82 万平方千米，钻探进尺 88.76 万米，抽水试验 12.94 万小时，水质分析 42196 件；共获得厅局级以上水文地质成果奖 74 项目。其中省部级成果奖 35 项，厅局级成果奖 39 项。

建队初期，恰逢山东省掀起大规模的社会主义建设高潮时期，城市建设和工农业生产飞速发展。工农业用水和生活用水猛增，因此，查明山东省地下水资源成为一个非常重要的问题。根据地质部的指示，同时受各地市委及城建部门委托，1958～1965 年主要承担城市及工业供水勘查，以满足各地市及厂矿企业对水资源的需求，先后在济南、济宁、莱阳、菏泽、北镇、胶县、淄博、莱芜、烟台、威海、潍坊、临沂等二十多个城镇进行水文地质勘查，对各地地下水赋存条件和运动规律进行系统阐述，对地下水资源进行计算与评价，为水源地的开采设计提供可靠的依据。

1960 年，自中央提出支援农业、抗旱打井的任务以来，先后在济南、淄博、潍坊、平阴、齐河、宁阳、曲阜、郓城、巨野等地开展打井工作，最高开动钻机 17 台，到 1962 年 7 月，共完成水井 457 眼。1966～1977 年，为解决山东省山区和鲁西北地区的严重缺水问题，以及发展农田水利建设，确保农业生产旱涝保收，八〇一队广大技术人员先后赴全省各地，开展抗旱找水、定井及编图工作，为农田水利建设及抗旱打井提供必要的地下水开发利用方面的水文地质资料，完成 1∶5 万地下水普查 70000 平方千米，并编制各地区 1∶10 万及各县（市）1∶5 万成果图和报告（说明书），用于指导抗旱打井工作。同时，为缺水山区定井 2000 眼。2007 年 12 月，为解决云头峪村群众吃水困难问题，山东大众报业集团联合省地勘局共同投资在该区进行扶贫凿井工作，由八〇一队执行找水打井任务。2008年3月，找到并打成552立方米/天的供水井，超过云头峪村需用水量的一倍还多。继云头峪村之后，自2009年开始承担并完成沂水县夏蔚镇连崮峪村、长岭村、赵高峪村，沂南县马牧池乡小洼村、柳红峪村，莒南县大店镇前官庄村，费县马庄镇牛田村等贫水山区找水打井任务。2007年12月～2013年9月，共找出并施工供水井8眼，总出水量1870.48立方米/天，彻底结束上述村庄革命老区群众长期靠水窖储存雨水为生的历史。2010年，为中国西南大旱地区找水定井，解决玉溪市红塔区等4个县区17000人生活生产用水问题。2011年，为山东等北方四省特大干旱地区钻探成井82眼，解决临沂、淄博、济南等地旱区群众的生活饮用水困难以及保苗春灌问题。

1960～1971年，为了国防三线建设的需要，受省国防工办、北海舰队工程指挥部等单位委托，先后为刘公岛等沿海岛屿以及全省各地的三线工厂进行供水水文勘查，共完成供水勘查简报31份，提交允许开采量20.7469万立方米/天，并施工供水井121眼。

1962～1965年，根据中共中央提出的发展国民经济以农业为基础、以工业为主导、全国全民大办农业、大办粮食的方针，分别在烟台古岘、郓城县、张店—周村地区、昌乐—辛店地区、曲阜—兖州、高唐地区等进行1∶5万农田供水水文地质勘查，勘查面积达7000平方千米。1963年，根据中共山东省委及省人民委员会《加速开展鲁北平原地区的水文地质勘查工作，为发展井灌保农业增产提供水文地质资料》的指示，分别在德州地区(铁路西面积约4000平方千米)、夏津—临清地区、德州—陵县地区、平原县、禹城县以及邹平—桓台地区等9个地县进行1∶10万农田供水水文地质勘查，勘查面积达12675平方千米。经过以上勘查工作，较全面地查明各勘查区的水文地质条件，并分别计算地下水储量，提交正式成果报告，为农田供水探明地下水可采资源量1208万立方米/天。

1963～2002年，为新汶电厂、鲁南化肥厂、寿光纯碱厂、十里泉发电厂、新泰电厂、章丘电厂、费县电厂、莱城发电厂等厂矿企业进行地下水水源地勘查，共提交允许开采量35.118万立方米/天。其中，还是由于八〇一队在潍坊市寿光找到3.363万立方米/天的地下水水源地，才使国家决定在河北唐山、江苏连云港和山东潍坊三个城市中选择山东潍坊寿光建60万吨纯碱厂。

1968～1986年，青岛曾出现3次供水危机局面。为解决青岛的严重缺水问题，根据省革命地质局指示，1973～1986年先后完成青岛地区北部水文地质调查、大沽河移风—袁家庄地段、官庄—南沙梁地段、古岘—朴地段的供水水文地质勘查等报告。1981年，青岛市遭受受到历史上百年不遇的大旱，涝山水库仅能供水两个月，青岛市出现严重的供水危机。青岛市政府以八〇一队大沽河供水勘查报告为依据，依靠全面开发大沽河地下水解决了本次危机。1982～1985 年，青岛市连续干旱，青岛市仍以开发大沽河地下水为主要供水水源，缓解了市区供水紧张局面。1984～1985 年，在洋河、王戈庄河、白马河等地进行供水水源地勘查，正式提交洋河地区、白马河—吉利河地区、王戈庄河—阡上河地区等供水水文地质勘查报告，提供地下水可采资源量 4.419万立方米/天。

1970 年，山东省与上海市合作，拟在莱芜地区共同建立钢铁基地，省革命委员会地质局指示，以八〇一队为主，会同上海水文队、上海勘察院负责水源地的选择及勘探任务。截至 1974 年，先后完成清泥沟、东泉、枣园、大王庄、羊里、鹏山、孝义等水源地的勘查任务，提交各水源地的成果报告，并全面地总结和编写莱芜盆地供水水文地质总结报告，对莱芜盆地地下水的水质、水量及开发利用提出合理的结论与建议，提供地下水可采资源量 43.76 万立方米/天。1987 年 9 月，莱芜钢铁总厂改扩建，供水水源紧张，委托八〇一队进行水文地质勘查。1989 年 11 月，提交山东省莱芜钢铁总厂附近供水水文地质勘探报告。提交莱钢周围地区建议允许开采资源量 15.3205 万立方米/天(含农业开采量 3.1628 万立方米/天)，能满足莱钢改扩建工程实施后总需水量 10.5 万立方米/天要求。

1972 年，趵突泉自中华人民共和国成立后第一次出现断流。之后，泉水的断流期逐年增长。此事引起山东省及济南市领导的关注。1982 年，为查清济南地区地下水资源，恢复泉水名胜，省地矿局根据山东省、济南市要求，将济南保泉供水勘查任务上报地矿部申请立项，由地矿部投资，责成八〇一队负责济南保泉供水的水文地质勘查任务。截至 2017 年，进行 1∶5 万地质—水文地质测绘 3000 平方千米，开展水文地质勘探、试验、城市建设与泉水影响评价等工作；确定济南泉域范围及岩溶水资源；查明西郊水源地、东郊水源地开采地下水对市区泉水影响的关系；分别建立济南泉域岩溶水水量数学模型、水质数学模型和水资源综合管理模型，对济南市合理开发利用和科学管理岩溶水资源以及保泉措施提出意见。山东省济南市保泉、长清—孝里铺地区、白泉—武家等供水水文地质勘探工作，分别提交允许开采量 70 万立方米(含泉流量)/天、13.7 万立方米/天、5 万立方米/天。1986 年，济南市遭遇四十多年来罕见的特大干旱，工农业及生活用水告急，八〇一队承担在东郊打井采水 5 万立方米/天的任务，以解决 123 万人的饮用水问题。1987 年 3 月，完成该任务，施工 7 眼，每天可采水量 6 万立方米/天，缓解了济南市 1987 年供水紧张局面。1988 年 1 月，济南市人民政府向八〇一队授予“精心组织精心施工,补水保泉造福人民”的锦旗。

1975 年开始,为满足淄博市国民经济建设的全面发展,为满足地下水的需求量增加的要求,确保新建工业预期投产、为工业布局及远景规划提供可靠地下水资源,在淄博地区做了大量的水文地质工作。截至 2018 年 2 月,提交大武、湖田、源泉、城子—口头、古城地区、齐陵地区、张店西部地区、辛店地段、泮水地段、天津湾、刘征、谢家店等水源地供水水文地质勘查告。由于提交的大武水源允许开采量 53.8737 万立方米/天。提供充足的水源保证,是齐鲁石化 30 万吨乙烯工程选择淄博建厂的重要原因之一。同时,该水源地亦是辛店电厂及淄博市张店区主要供水水源地。

第一节　区域水文地质工作

截至 2017 年,先后编制山东省 1∶20 万、1∶50 万、1∶25 万山东省水文地质地质图及 1∶5 万沂南县等 17 幅水文地质地质图;参加并完成黄淮海平原(山东省部分)水文地质系列图件。

一、1∶100 万水文地质编图

1964 年 5 月～1965 年 5 月,由地质部水文地质工程地质局组织,北京、天津、河北、山东、江苏、河南、安徽等 7 省(市)合编 1∶100 万黄淮海平原系列图件,编图面积 31.3 万平方千米。八〇一队参加编制山东部分,编图人员有陈龙渊、黄义海、陈孝燕等。主要包括水文地质区划图、地下水埋藏深度图、地下水化学图、主要含水岩组埋藏条件图、主要含水岩组富水性图、农田供水水文地质分区图、盐渍化改良水文地质分区图、浅层地下水补给资源分区图等。该系列图件反映华北平原地下水分布规律、埋藏条件和运动特征等。

二、1∶50 万水文地质编图

截至 2017 年 12 月,1∶50 万水文地质编图先后进行过 3 次修订:第一次为 1960 年 7 月～1963 年 7 月,编制 1∶50 万山东省水文地质图,编写山东省水文地质条件;第二次为 1978～1983 年,编制山东省 1∶50 万水文地质系列图;第三次为 2008 年 5 月,编制 1∶50 万山东省水文地质图及说明书。

(一)1∶50 万山东省水文地质编图

1960 年 7 月～1963 年 7 月,为满足山东省工农业建设对地下水资源的需要,以及便于开展区域性水文地质科研工作,根据地质部水文地质工程地质局、山东省科学技术委员会、山东省地质厅指示,在全国和山东省的统一规划下编制 1∶50 万山东省水文地质图，编写山东省水文地质条件。山东省水文地质图由陈龙渊、黄义海、吕明学等编制，李德骝、谈超华等清绘；山东省水文地质条件由奚德荫、陈龙渊、黄义海等参加编写。该图 1963 年 7 月正式出版。该成果首次全面系统地反映了山东省各含水层的分布、地下水类型、地下水运动规律，是全国第一份以省为单位编制的水文地质图件，受到地质部专家、领导的表扬。

1978 年，根据山东省政府指示和地质矿部水文地质工程地质局统一部署，开始编制 1∶50 万山东省水文地质图及说明书。主编为奚德荫，参加人有霍炎兴、吕明学、夏家璐等。编图面积 15.3 万平方千米。该图 1980 年 5 月正式出版。该图较全面地反映了隐伏灰岩的水文地质条件，以及鲁西北古河道的分布特征等，并预测多个岩溶水和孔隙水富水地段。该图收入全国 1∶400 万水文地质图集。

2006 年 3 月，为反映水文地质成果，满足国民经济发展的需要，省地勘局下达编制山东省 1∶50 万水文地质图任务书。项目负责人：康凤新、张中祥；成果编制人：张中祥、梁凤英、张海林等。该图 2008 年 5 月正式出版，成果更新含水岩组界线，新增兖西断块、泰安东武、东阿下马头等富水地段 20 余处；采用普染色调突出反映孔隙水、岩溶水两大主要含水岩组的富水性。该图是山东省第一份数字化的 1∶50 万水文地质图。

(二)1978～1984 年其他 1∶50 万编图

1978～1984 年，根据山东省政府指示和地质矿部水文地质工程地质局统一部署及要求，除完成山东省水文地质图，还编制完成山东省水文地质研究程度图、山东省水文地质区划图、山东省地下水资源分布图和 1∶50 万黄淮海平原系列图件。

1.1∶50 万黄淮海平原系列图件

1979 年 6～12 月，由地质部水文地质工程地质局组织，北京、天津、河北、山东、江苏、河南、安徽等 7 省(市)重新合编 1∶50 万黄淮海平原系列图件。参加编图人员：李春山、刘永津等。编图面积 28.63 万平方千米。该系列图主要包括浅层地下水补给资源分区图、地下蓄水水文地质图等。

2.1∶50 万山东省水文地质研究程度图及说明书

1980 年 10 月～1981 年 12 月，编制 1∶50 万山东省水文地质研究程度图及说明书。该成果由霍炎兴等编制。编图面积 15.30 万平方千米。

3.1∶50 万山东省水文地质区划图及山东省水文地质区划报告

1982 年 5 月～1983 年 6 月，编制 1∶50 万山东省水文地质区划图及山东省水文地质区划报告。该成果由袁钦林、霍炎兴等编制。编图面积 15.30 万平方千米。取得主要成果:将山东省划为3个水文地质区、54个水文地质亚区,104个水文地质地段。区划报告论述鲁西北平原、鲁中南中低山丘陵和鲁东低山丘陵3个水文地质区特征,并指出山东省水文地质5个方面的有利因素和10个主要的水文地质问题,圈出孔隙水富水地段57个、裂隙岩溶水富水地段56个。

4.1∶50万山东省地下水资源分布图及山东省地下水资源计算与评价报告

1982年10月～1983年12月,编制1∶50万山东省地下水资源分布图及山东省地下水资源计算与评价报告。该成果由王文景、凌伯继、刘利慧等编制。编图面积15.30万平方千米。利用1958～1980年降水系列资料,计算地下水天然资源量189.17亿立方米/年,开采资源170.32亿立方米/年;对地下水富水地段"三水"转化控制作用、地下水资源的分布、开采现状和剩余开采资源及重点城市地下水资源状等进行分析。该图收入《山东省国土规划图集》。

三、1∶25万水文地质环境地质调查

为查明水文地质、环境地质条件的变化规律,全面掌握水文地质条件、地质环境问题及发展趋势,并进一步查明地下水资源的开发利用和资源开发潜力,为社会进步、经济发展和社会主义新农村建设提供基础的水文地质、环境地质资料依据,省国土资源厅启动山东省1∶25万区域水文地质调查环境地质调查工作,并分4个年度向八〇一队下达任务。2007年10月下达济南市、烟台市等2幅任务书,2008年7月下达东营市、埕子口、潍坊市、滨州市、黄骅市、青岛市、灵山卫、威海市、乳山市等9幅任务书,2009年9月下达淄博市、济宁市、商丘市、濮阳市、开封市、德州市、邯郸市共7幅任务书,2010年10月下达临沂市、日照市、连云港市、徐州市、旅顺市共5幅任务书。该项工作自2007年10月开始至2013年11月结束,共完成23个标准图幅的水文地质环境地质调查,并根据图幅面积、位置等对部分图幅进行合并,最终提交成果报告15份、图件14套[①]。该项目主要完成人:李常锁、游其军、彭玉明等。完成水文地质环境地质调查面积16.60万平方千米、抽水试验126孔833小时、水质分析1733件,提交开采资源156亿立方米/年[②]。2017年10月,该成果获

---

① 图件14套:旅顺市幅陆域面积22.5平方千米,不单独成图;每套图件包括3张主图,即地下水资源分布图、水文地质图、环境地质图。

② 开采资源数值:为各幅成果报告累加数据。

国土资源部科学技术奖励评审委员会2017年度国土资源科学技术贰等奖。

(一)济南市幅

2007年10月～2008年12月,进行济南市幅1∶25万水文地质环境地质调查。项目负责人:李常锁、游其军。报告编写人:李常锁、游其军、秦品瑞等。完成的主要工作:1∶25万水文地质、环境地质调查面积14500平方千米,水质分析97件。取得主要成果:济南市幅地下水开采资源为15.35亿立方米/年;预测马集—牛角店、平阴—东阿、鱼山—斑鸠店3个有远景的寒武—奥陶纪灰岩裂隙岩溶水富水地段,富水地段总面积547.80平方千米;该幅第四系浅层地下水降落漏斗面积1319平方千米,由－10米圈闭的深层地下水降落漏斗面积380.48平方千米。

(二)烟台市幅

2007年10月～2008年12月,进行烟台市幅1∶25万水文地质环境地质调查。项目负责人:李常锁、游其军。报告编写人:李常锁、游其军、秦品瑞等。完成主要工作:1∶25万水文地质、环境地质调查面积9800平方千米,抽水试验10孔160小时,水质分析61件。取得主要成果:烟台市幅地下水开采资源为9.85亿立方米/年;2007年海水入侵总面积378平方千米;龙口平原北部采煤区地面塌陷面积11.86平方千米;招远市玲珑、金翅岭、灵山等金矿区地面塌陷发生次数较多、破坏较为严重。

(三)东营市、埕子口幅

2008年8月～2009年12月,进行东营市、埕子口幅1∶25万水文地质环境地质调查。项目负责人:李常锁、游其军。报告编写人:张海林、林广奇、游其军等。完成主要工作:1∶25万水文地质、环境地质调查面积7115.73平方千米,1∶5万水文地质、环境地质调查面积500平方千米,抽水试验32小时,水质分析27件。取得主要成果:东营市、埕子口幅地下水开采资源为2.06亿立方米/年;地下水质量由东南部向西北逐渐变差;2008年,广饶—寿光以0米浅层地下水位线圈闭面积193.14平方千米;莱州东岸2009年海水入侵面积379.52平方千米。

(四)潍坊市幅

2008年8月～2009年12月,进行潍坊市幅1∶25万水文地质环境地质调查。项目负责人:李常锁、游其军。报告编写人:尚宇宁、李常锁、游其军等。完成主要工作:1∶25万水文地质、环境地质调查面积14928平方千米,1∶5万水文地质调查面积1275.56平方千米,1∶5万环境地质调查面积1682.21平方千米,物探点150个,抽水试验152小时,水质分析163件。取得主要成果:潍坊市幅地下水开采资源 8.82 亿立方米/年;预测昌城、辉渠两个具有远景开采潜力的富水地段,允许开采量分别为 2 万立方米/天、1 万立方米/天;2009 年潍坊市幅海(咸)水入侵面积 1138.39 平方千米;2009 年地下水漏斗面积 956.11 平方千米;1980 年以前面积 984.10 平方千米的深层松散岩类孔隙水自流区消失。

(五)滨州市、黄骅市幅(山东部分)

2008 年 8 月～2009 年 12 月,进行滨州市、黄骅市幅(山东部分)1∶25 万水文地质环境地质调查。项目负责人:李常锁、游其军。报告编写人:林广奇、游其军、李常锁等。完成主要工作:1∶25 万水文地质、环境地质调查面积 14814.70 平方千米,1∶5 万水文地质、环境地质调查面积 989 平方千米,物探点 377 个,抽水试验 12 孔,水质分析 154 件。取得主要成果:滨州市、黄骅市幅(山东部分)浅层地下水开采资源 8.60 亿立方米/年;深层承压水到 2020 年水位埋深在不大于 70 米的前提下,每年可开采弹性储存量 1.26 亿立方米/年;2009 年以 0 米水位等值线圈闭浅层地下水降落漏斗分布于博兴曹王—广饶县城一带,面积 390 平方千米;−50 米深层地下水等压线圈闭区在博兴—滨城、东营区及广饶县总面积 2232 平方千米;2009 年咸水入侵锋面线位于埕口—滨北街道—利津—稻庄一线。

(六)青岛市、灵山卫幅

2008 年 8 月～2009 年 12 月,进行青岛市、灵山卫幅 1∶25 万水文地质环境地质调查。项目负责人:李常锁、游其军。报告编写人:秦品瑞、李常锁、游其军等。完成主要工作:1∶25 万水文地质、环境地质调查面积 9432.95 平方千米,1∶5 万水文地质、环境地质调查面积 1040 平方千米,物探点 154 个,抽水试验 9 孔 72 小时,水质分析 34 件。取得主要成果:青岛市、灵山卫幅地下水开采资源 6.40 亿立方米/年,广泛分布变质岩和岩浆岩类基岩裂隙水,地下水富水性弱;2009 年海水入侵总面积约 613.70 平方千米。

(七)威海市、乳山市幅

2008 年 8 月～2009 年 12 月,进行威海市、乳山市幅 1∶25 万水文地质环境地质调查。项目负责人:李常锁、游其军。报告编写人:王涛、秦品瑞、李常锁等。完成主要工作:1∶25 万水文地质、环境地质调查面积 5832.65 平方千米,1∶5 万水文地质、环境地质调查面积 1040 平方千米,抽水试验 8 孔 64 小时,水质分析 65 件。取得主要成果:威海市、乳山市幅地下水开采资源 2.86 亿立方米/年;烟台市牟平区沁水河、威海市黄垒河、老母猪河、沽河等河流中下游第四系厚度大,适宜修建地下水库;该幅海水入侵区主要分布于烟台市牟平区到威海市环翠区羊亭河入海口、威海市经济技术开发区、荣成市港西镇、荣成市崖头镇、文登市泽头镇等地，总面积约168.76平方千米。

(八)淄博市幅

2009年9月～2010年12月，进行淄博市幅1∶25万水文地质环境地质调查。项目负责人：李常锁、游其军。报告编写人：尚宇宁、李常锁、游其军等。完成主要工作：1∶25万水文地质、环境地质调查面积14914.68平方千米，1∶5万水文地质、环境地质调查面积2614.1平方千米，抽水试验12孔，水质分析292件。取得主要成果：淄博市幅地下水开采资源11.79亿立方米/年；浅层地下水以0米计漏斗面积398.79平方千米；除济南市区趵突泉、黑虎泉、珍珠泉、五龙潭、白泉、明水等泉群及淄博向斜东翼一系列泉水外，其他各泉皆已干涸；闭坑矿坑水反向补给岩溶水，造成供水井串层污染，使矿山所在的村镇及其下游一带居民吃水困难。

(九)济宁市、商丘市幅(山东部分)

2009年9月～2010年12月，进行济宁市、商丘市幅(山东部分)1∶25万水文地质环境地质调查。项目负责人：李常锁。报告编写人：游其军、张海林、林广奇等。完成主要工作：1∶25万水文地质、环境地质调查面积18830.30平方千米，1∶5万水文地质、环境地质调查面积1880平方千米，抽水试验16孔128小时，水质分析272件。取得主要成果：济宁市、商丘市幅(山东部分)地下水开采资源为44.68亿立方米/年；郭里集单斜奥陶纪灰岩裂隙岩溶水赋存丰富地下水允许开采量为24.51万立方米/天。

(十)濮阳市及开封市幅(山东部分)

2009年10月～2010年12月，进行濮阳市及开封市幅(山东部分)1∶25万水文地质环境地质调查。项目负责人：李常锁。报告编写人：王涛、李常锁、游其军等。完成主要工作：1∶25万水文地质、环境地质调查面积3740.51平方千米，1∶5万水文地质、环境地质调查面积400平方千米，抽水试验4孔32小时，水质分析28件。取得主要成果：濮阳市及开封市幅(山东部分)浅层地下水开采资源4.34亿立方米/年；深层承压水至2020年平均水位不大于70米，每年可采弹性储量为184万立方米/年；菏泽城区及东明县城漏斗面积达234.77平方千米。

(十一)德州市及邯郸市幅(山东部分)

2009年9月～2010年12月，进行德州市及邯郸市幅(山东部分)1∶25万水文地质环境地质调查。项目负责人：李常锁。报告编写人：林广奇、彭玉明、王涛等。完成主要工作：1∶25万水文地质、环境地质调查面积7002.42

平方千米,1∶5万水文地质、环境地质调查面积1000平方千米,抽水试验8孔,水质分析132件。取得主要成果:德州市及邯郸市幅(山东部分)地下水开采资源为6.80亿立方米/年;2009年宁津一带4米等水位线圈闭浅层地下水漏斗面积约279.1平方千米;1991～2007年受开采深层地下水影响,德州国棉一厂沉降中心累计沉降量1081毫米;2010年枯水期水质分析中氯化物、砷等多项组分超过地下水质量Ⅲ类水标准。

(十二)临沂市幅

2010年11月～2011年12月,进行临沂市幅1∶25万水文地质环境地质调查。项目负责人:李常锁。报告编写人:游其军、林广奇、李常锁等。完成主要工作:1∶25万水文地质、环境地质调查面积15101.72平方千米,1∶5万水文地质、环境地质调查面积1375平方千米,抽水试验34孔96小时,水质分析88件。取得主要成果:临沂市幅地下水开采资源为15.24亿立方米/年;该幅已有22个供水水源地,允许开采量54.63万立方米/天;沂河与祊河交汇处由于水质受到污染,原有的水源地已停采;幅内岩溶塌陷主要分布在临沂市兰山区城区西部。

(十三)日照市、连云港市幅(山东部分)

2010年11月～2011年12月,进行日照市、连云港市幅(山东部分)1∶25万水文地质环境地质调查。项目负责人:李常锁。报告编写人:林广奇、游其军、李常锁等。完成主要工作:1∶25万水文地质、环境地质调查面积12915平方千米,抽水试验8孔48小时,水质分析188件。取得主要成果:日照市、连云港市幅(山东部分)地下水开采资源7.84亿立方米/年;海水入侵分布在绣针河下游—傅疃河下游—白马河—吉利河下游一带;地裂缝主要发生于昌邑—大店断裂两侧附近。

(十四)徐州市幅(山东部分)

2010年11月～2011年12月,进行徐州市幅(山东部分)1∶25万水文地质环境地质调查。项目负责人:李常锁。报告编写人:游其军、王兰珍、林广奇等。完成主要工作:1∶25万水文地质、环境地质调查面积6870.14平方千米,1∶5万水文地质、环境地质调查面积375平方千米,抽水试验7孔49小时,水质分析120件。取得主要成果:徐州市幅(山东部分)地下水开采资源为9.59亿立方米/年;10个已勘探岩溶水水源地可开采量50.20万立方米/天;临沂郯城区水位降落漏斗,面积10平方千米;开采地下水诱发的岩溶塌陷主要集中分布在枣庄十里泉水源地和丁庄—东王庄水源地集中开采区。

(十五)旅顺市幅(山东部分)

2010 年 11 月～2011 年 12 月，进行旅顺市幅(山东部分)1∶25 万水文地质环境地质调查。项目负责人：李常锁。报告编写人：林广奇、游其军、李常锁等。完成主要工作：1∶25 万水文地质、环境地质调查面积 22.49 平方千米，水质分析 12 件。取得主要成果：旅顺市幅开采资源为0.0062亿立方米/年；地下水中氯、总硬度等组分超过生活饮用水卫生标准。

四、1∶20 万水文地质调查

1955 年 4 月～1959 年 5 月，完成山东省 1∶20 万综合性水文地质普查工作；1978 年 10 月～1984 年 12 月，完成 1∶20 万区域水文地质调查工作。经两轮 1∶20 万区域水文地质调(普)查，八〇一队共完成编图面积 16.91 万平方千米、钻探 40 孔总进尺 1471.55 米、水质分析 8218 件、土样 777 件，预测富水地段 54 处。

(一)山东省 1∶20 万综合性水文地质普查

1955 年 4 月～1959 年 5 月，地质部水文地质工程地质局九〇二队[①]及八〇一队编制 9 幅[②]。完成编图面积 4.54 万平方千米、钻探 65 孔总进尺 2607 米、水质分析 1709 件、土样 708 件，计算 9 幅最大可能开采资源 23.37 亿立方米/年。同时，八〇一队协助北京地质学院完成德州、泰安等 21 幅的水文地质调查。

1. 山东半岛综合性地质—水文地质普查

1955 年 4 月～1958 年，随着国民经济的发展，结合社会主义建设以及国防建设的需要，根据苏联专家鲁萨诺夫的建议，在山东半岛地区进行区域综合性的水文地质普查，从而提出区域的水文地质资料，以解决山东半岛经济建设、沿海工业供水水源及农业灌溉等问题。地质部水文地质工程地质局九〇二队进行山东半岛综合性地质—水文地质普查。该工作区为 1∶100 万国际标准青岛幅。地质部水文地质工程地质局九〇二队 1955 年 4 月成立，随即来到山东半岛进行综合水文地质普查与勘探工作，分四组进行山东半岛海阳至灵山卫段 1∶20 万和 1∶10 万的综合水文地质测量。1956 年 6 月，长春地

---

① 地质部水文地质工程地质局九〇二队：1958 年 3 月，与地质部水文地质工程地质局九〇四队合并成立地质部水文地质工程地质局山东大队(八〇一队前称)。

② 第一轮 1∶20 万水文地质调查，共完成 30 幅，其中地质部水文地质工程地质局九〇二队完成 6 幅，八〇一队完成 3 幅，北京地质学院完成 21 幅。

质勘探学院[①]和宣化地质学校[②]的学生先后来实习，提交实习区1∶20万综合水文地质分幅报告书8份。1957年12月，完成全部野外工作。完成主要工作:1∶20万综合性地质—水文地质普查面积25265平方千米，钻探62孔总进尺2607米，抽水试验367落程2396小时，水质分析1709件，土样708件。1958年，提交山东半岛综合性地质—水文地质普查报告书。报告编写人:石泉森、韩修仁、蒋生荣等。取得主要成果:山东半岛各河流域总开采资源22.19亿立方米/年，其中大沽河流域可采储量2.29亿立方米/年;按1∶20万国际分幅计算最大可能开采资源:蓬莱幅1.51亿立方米/年，烟台幅0.88亿立方米/年，威海幅0.09亿立方米/年，莱阳幅12.51亿立方米/年，海阳幅0.68亿立方米/年，青岛幅6.52亿立方米/年;山东半岛之矿泉出露大小有13处，温度30～98摄氏度，大部属热水类型，流量0.5～11升/秒。

2.以地质部水文地质工程地质局名义编制的1∶20万水文地质图。

(1)定陶幅。1958年～1959年3月，编制定陶幅水文地质图及图幅说明。完成主要工作:1∶20万水文地质编图面积6720平方千米。由杨绳理等完成图件编制。取得主要成果:该幅静储量100.80亿立方米，动储量0.13亿立方米/年，开采资源0.94亿立方米/年;富水性不大，不能解决大型企业的供水。

(2)金乡幅。1958年～1959年5月，编制金乡幅水文地质图及图幅说明。完成主要工作:1∶20万水文地质编图面积6720平方千米。由杨绳理等完成图件编制。取得主要成果:微山湖西静储量93.45亿立方米，动储量0.0095亿立方米/年;基岩裂隙水水质虽佳但其量太小，不能满足工农业打井用水的要求;微山湖东山前倾斜平原孔隙水水质水量能满足一般供水要求;微山湖西平原孔隙水富水区水量丰沛，但水质很差。

(3)滕县幅。1958年～1960年11月，编制滕县幅水文地质图及图幅说明。完成主要工作:1∶20万水文地质编图面积6720平方千米。由杨绳理等完成图件编制，1960年11月由金南洙、朱虚白、徐庆山等编制完成图幅说明。取得主要成果:该幅地下水静储量95.03亿立方米，动储量10.10亿立方米/年，第四系开采资源0.24亿立方米/年;该幅主要含水层岩性为奥陶纪灰岩及第四系冲积、冲洪积砂砾石，水量较丰富，可满足中、小型企业的生产用水及中、小型城镇的供水。

---

① 长春地质勘探学院:1958年更名为“长春地质学院”，1997年更名为“长春科技大学”，2000年并入吉林大学。

② 宣化地质学校:1970年改称“河北宣化地质学校”，1971年改称“河北地质学院”，1996年改称“石家庄经济学院”，2016年改称“河北地质大学”。

(二)1∶20 万区域水文地质调查

1975 年 5 月 10 日，因 1955～1959 年编制完成的 1∶20 万综合水文地质图水文地质条件和认识不能满足实际需要，根据地质部水文地质工程地质局关于《开展 1∶20 万比例尺区域水文地质调查》的文件要求，省革委地质局下达通知，成立八〇一队五分队，承担 1∶20 万水文地质编图工作。1978 年 10 月～1984 年 12 月，完成山东省 35 个国际图幅的 1∶20 万区域水文地质调查，提交成果 29 份 28 个出版幅[①]。编图总面积 14.89 万平方千米，钻探 40 孔总进尺 1471.55 米，水质分析 6509 件，土样 69 件，预测富水地段 54 处。工作中广泛搜集水利、气象等相关部门和当地打井队资料，经野外实际调查，所编制的各图幅精度较高，真实地反映了地区水文地质条件。自出版开始，图幅在地质、国土、水利、环保等部门得到广泛应用。该轮 1∶20 万水文地质调查有 17 幅获地矿部勘查奖。其中，济南、泰安、禹城、临朐、青岛—灵山卫、潍坊—西由、沂水、章丘、枣庄等 9 幅获得地矿部地质勘查进步贰等奖[②]；菏泽、烟台、日照、蓬莱—砣矶岛、高密、威海—文登、金乡、淄博等 8 幅获地矿部勘查成果叁等奖。1991 年编制完成的山东省区域水文地质调查总体报告(1∶20 万)在 1996 年 9 月 1 日获得地矿部地质勘查进步叁等奖。

1. 济南幅

1978 年 10 月，进行 1∶20 万济南幅水文地质调查。报告编写人：郭玉文、刘永津等。编图投入(利用)工作量：1∶20 万编图面积 6642.03 平方千米、抽水试验 89 孔、水质分析 242 件。1979 年 3 月，提交该幅报告及水文地质图。取得主要成果：该幅地下水天然资源量 9.69 亿立方米/年，开采资源 4.26 亿方米/年；推测长清县的平安店西第四系孔隙水和肥城县的王庄西南岩溶水较为丰富，可作为勘探水源地的靶区。

2. 泰安幅

1978 年 10 月，进行 1∶20 万泰安幅水文地质调查。报告编写人：陈梁、夏家璐等。编图投入(利用)工作量：1∶20 万编图面积 6642.03 平方千米、抽水试验 206 孔、水质分析 279 件。1979 年 3 月，提交该幅报告及水文地质图。取得主要成果：该幅地下水天然资源量为 12.10 亿立方米/年，开采资源为 6.89亿立方米/年；预测旧县水源地为大于 1 万立方米/天远景的水源地；该幅开采的水源地有 19 处，估算经勘探可供开发的允许开采量 95.06 万立方米/天。

---

① 28 个出版幅：临清幅山东省部分及黄骅幅山东省部分出版时合为一个出版图幅。

② 贰等奖：贰等奖证书上未注明幅，根据八〇一队 1957～1989 年大事记记载。

3. 禹城幅

1978年10月，进行1∶20万禹城幅水文地质调查。报告编写人：王吉先、徐广祥等。编图投入(利用)工作量：1∶20万编图面积6585.73平方千米。1979年8月，提交该幅报告及水文地质图。取得主要成果：该幅浅层淡水天然资源量14.42亿立方米/年，20米深度内开采资源5.37亿立方米/年。该幅南部的古河道带是浅层淡水远景开发区；浅层地下水水质复杂，氯、硫酸根、总硬度大面积超过饮用水标准。

4. 济宁幅

1978年11月，进行1∶20万济宁幅水文地质调查。报告编写人：王强、熊凌元等。编图投入(利用)工作量：1∶20万编图面积2133.20平方千米，抽水试验397孔、水质分析439件、土样23件。1979年7月，提交该幅报告及水文地质图。取得主要成果：该幅地下水天然资源量1399.29亿立方米/年；谢楼—蒿家庙和郭仓—寅寺等两个富水地段可作为开发远景的水源地。

5. 莱阳幅

1979年3月，进行1∶20万莱阳幅水文地质调查。报告编写人：张树栋、付春升、杨银等。编图投入(利用)工作量：1∶20万编图面积6585.73平方千米、抽水试验170孔、水质分析885件。1979年12月，提交该幅报告及水文地质图。取得主要成果：该幅地下水天然资源7.46亿立方米/年。圈定大小沽河交汇处、五龙河的莱阳盆地及芝芳三个富水地段，允许开采量分别为6万立方米/天、3.30万立方米/天和2.10万立方米/天。莱阳城以南的五龙河水受工业废水污染，致使附近的地下水有害离子超过饮用水标准；该幅超过饮用水标准的高氟区主要分布在莱西姜山洼、莱阳冯格庄、平度张戈庄等地。

6. 临朐幅

1979年3月，进行1∶20万临朐幅水文地质调查。报告编写人：赵一康、李克祥等。编图投入(利用)工作量：1∶20万编图面积6642.03平方千米、抽水试验159孔、水质分析549件。1979年12月，提交该幅报告及水文地质图。取得主要成果：该幅地下水天然资源10.18亿立方米/年，具有供水意义的碳酸盐岩类裂隙岩溶水主要富水地段主要分布于淄河地堑、临朐盆地和沂源盆地；潍汶河河谷及临朐盆松散岩类孔隙水水质良好，为第二具有富水意义地段；由于厂矿排污，沿沂河、弥河及淄河上游地段的地下水已遭受污染。

7. 临沂幅

1979年3月，进行1∶20万临沂幅水文地质调查。报告编写人：颜承芳、李万尧、张守春等。编图投入(利用)工作量：1∶20万编图面积6751.90平方千米、抽水试验164孔、水质分析398件。1980年6月，提交该幅报告及水文地质图。取得主要成果:该幅地下水天然资源量 11.60 亿立方米/年;预测临沂西、仲村附近、岔路口三个远景水源地允许开采量分别为 3.30 万立方米/天、3 万立方米/天、0.5 万立方米/天。汤头矿泉具有较好的医疗价值。幅内各类型地下水绝大多数属无色、透明、无味、无嗅,矿化度小于 0.5 克/升。

8. 青岛—灵山卫幅

1979 年 7 月,进行 1∶20 万青岛、灵山卫幅中水文地质调查。报告编写人:张树栋、高鲁希等。编图投入(利用)工作量:1∶20 万编图面积 4513 平方千米、抽水试验 91 孔、水质分析 319 件。1980 年 8 月,提交青岛—灵山卫幅报告及水文地质图。取得主要成果:青岛—灵山卫幅地下水天然资源 8.20 亿立方米/年。预测大沽河、白沙河、李村河、洋河等四个冲积层富水地段;地下水矿化度一般为 0.13～0.55 克/升。

9. 高密幅

1979 年 9 月,进行 1∶20 万高密幅水文地质调查。报告编写人:陈梁、夏家璐等。编图投入(利用)工作量:1∶20 万编图面积 6642.03 平方千米、抽水试验 305 孔、水质分析 489 件。1980 年 5 月,提交该幅报告及水文地质图。取得主要成果:该幅地下水天然资源量为 8.69 亿立方米/年;预测有供水远景的供水水源地五处,其中四处为松散岩类孔隙水水源地。该幅平度、高密一带因地下水含氟高,形成地方性氟病区。

10. 潍坊—西由幅

1979 年 9 月,进行 1∶20 万潍坊—西由幅水文地质调查。报告编写人:郭玉文等。编图投入(利用)工作量:1∶20 万编图面积 5008.70 平方千米、抽水试验 231 孔、水质分析 304 件。1980 年 5 月,提交潍坊—西由幅报告及水文地质图。取得主要成果:潍坊—西由幅地下水天然资源 5.85 亿立方米/年。具有供水意义的地下水为山前冲洪积平原孔隙水,矿化度小于1 克/升,总硬度小于 25 德国度[①],适宜作为城市生活、工业、农业用水;北部沿海咸水区初步估算卤水储存资源 30.70 亿立方米,折合总盐量 1.58 亿吨。

11. 金乡幅

1979 年 9 月,进行 1∶20 万金乡幅水文地质调查。报告编写人:熊凌源、赵一康、王金生等。编图投入(利用)工作量:1∶20 万编图面积 6751.90 平方千米、抽水试验 431 孔、水质分析 434 件。1982 年 7 月,提交该幅报告及水文地质图。取得主要成果:该幅地下水天然资源量 8.93 亿立方米/年;在郭里集

① 德国度:每升水中含 10 毫克氧化钙为 1 德国度,与 2017 年通用的碳酸钙硬度换算关系是 1 德国度等于 17.86 碳酸钙硬度。

以的北双村—夹道地段隐伏灰岩裂隙岩溶水为具有远景的工业水源地;汶泗、滕西冲积平原的孔隙水富水性强;黄河冲积平原浅层淡水以金乡为中心形成扇形富水地段;南四湖水已受到幅外工业排放污水的污染,主要污染成分酚、汞、砷、六价铬超过国家饮用水标准 1～2 倍,个别达 7.5 倍。

12. 淄博幅

1980 年 1 月,进行 1∶20 万淄博幅水文地质调查。报告编写人:王吉先、曹永凯、魏允正等。编图投入(利用)工作量:1∶20 万编图面积6507.73平方千米、抽水试验 503 孔、水质分析 492 件。1980 年 10 月,提交该幅报告及水文地质图。取得主要成果:该幅地下水天然资源9.53 亿立方米/年;隐伏灰岩裂隙岩溶水动态变化稳定,富水性强,大武—辛店—南仇地区为该幅最优供水地段;地下水矿化度一般小于 0.5 克/升。

13. 沂水幅

1980 年 3 月,进行 1∶20 万沂水幅水文地质调查。报告编写人:赵一康、李万尧等。编图投入(利用)工作量:1∶20 万编图面积 6697.42 平方千米、抽水试验 147 孔、水质分析 321 件。1981 年 6 月,提交该幅报告及水文地质图。取得主要成果:该幅地下水天然资源 8.26 亿立方米/年;幅第四纪松散岩类孔隙水、碎屑岩类孔隙裂隙水为有供水意义的主要地下水;该幅地下水污染主要在幅内县城附近及国防、三线工厂所在地。

14. 烟台幅

1980 年 4 月,进行 1∶20 万烟台幅水文地质调查。报告编写人:付春升、夏家璐等。编图投入(利用)工作量:1∶20 万编图面积 6528.53 平方千米、抽水试验 119 孔、水质分析 108 件、土样 11 件。1981 年 12 月,提交烟台幅报告及水文地质图。取得主要成果:该幅地下水天然资源量 2.80 亿立方米/年;预测福山、牟平和燕地等三处为工业、城市供水的远景水源地,其允许开采量分别为 3 万立方米/天、5 万立方米/天和 2 万立方米/天;该幅内地下水矿化度小于 0.4 克/升。

15. 海阳—潮里幅

1980 年 4 月,进行 1∶20 万海阳—潮里幅水文地质调查。报告编写人:付春升、张树栋等。编图投入(利用)工作量:1∶20 万编图面积 5394.05 平方千米、抽水试验 165 孔、水质分析 219 件、土样 6 件。1982 年 12 月,提交海阳—潮里幅报告及水文地质图。取得主要成果:海阳、潮里幅地下水天然资源 4.65 亿立方米/年;松散岩类孔隙水局部富水地段尚有一定的供水远景,但无良好的隔水顶板而容易遭受污染;地下水矿化度为 0.14～0.6 克/升。

16. 新泰幅

1980 年 7 月，进行 1∶20 万新泰幅水文地质调查。报告编写人：陈梁、郭玉文、夏家璐等。编图投入（利用）工作量：1∶20 万编图面积 2223.62 平方千米、抽水试验 327 孔、水质分析 369 件。1980 年 12 月，提交该幅报告及水文地质图。取得主要成果：该幅地下水天然资源 10.16 亿立方米/年；楼德、宫里、泗水五里庙、泉林—平邑一带为裂隙岩溶水富水地段；汶河及泗河两岸的冲积层孔隙水富水性强，是第四系富水地段；受厂矿排污，新泰、东都、楼德等地区的地下水已受到污染，主要污染物为酚、砷、有机磷、铜、铁、钴、氰化物、六价铬、汞等。

17. 威海—文登幅

1980 年 10 月，进行 1∶20 万威海—文登幅水文地质调查。报告编写人：许忠序、王连祥等。编图投入（利用）工作量：1∶20 万编图面积 2781.54 平方千米、抽水试验 32 孔、水质分析 107 件、土样 24 件。1982 年 7 月，提交威海—文登幅报告及水文地质图。取得主要成果：威海—文登幅地下水天然资源 2.63 亿立方米/年；第四纪松散岩类孔隙水在母猪河和沽河等较大的河流中、下游段为相对的富水地带；石岛供水源地——小洛河腾家富水地段经山东省勘察公司计算，开采资源 7160 立方米/天；松散岩类孔隙水矿化度小于 0.5 克/升，靠近沿海地下水矿化度大于 2 克/升。

18. 日照幅

1980 年 11 月，进行 1∶20 万日照幅水文地质调查。报告编写人：颜承芳、张守春等。编图投入（利用）工作量：1∶20 万编图面积 6697.42 平方千米、抽水试验 77 孔、水质分析 298 件、土样 5 件。1981 年 7 月，提交该幅报告及水文地质图。取得主要成果：该幅地下水天然资源 6.26 亿立方米/年；预测付疃河中下游松散岩类孔隙水为一处具有开发远景的水源地，允许开采量 3 万立方米/天；地下水矿化度低山丘陵一般小于 0.5 克/升，仅在滨海地带地下水矿化度较高，近 10 克/升。

19. 章丘幅

1981 年 3 月，进行 1∶20 万章丘幅水文地质调查。报告编写人：徐广祥、王善煜、贺庆昌等。编图投入（利用）工作量：1∶20 万编图面积 6585.73 平方千米、抽水试验 13 孔、水质分析 23 件。1981 年 12 月，提交该幅报告及水文地质图。取得主要成果：该幅地下水天然资源量 10.72 亿立方米/年；预测明水裂隙岩溶水富水地段开采量 33 万立方米/天；大部分地区水质优良，矿化度一般小于 0.5 克/升；小清河及其支流地表水污染严重；北部黄河冲积平原区土壤盐碱化较为严重。

20.枣庄幅

1981 年 4 月,进行 1∶20 万枣庄幅水文地质调查。报告编写人:郭玉文、孙建斌、张家宽等。编图投入(利用)工作量:1∶20 万编图面积 6751.9 平方千米。1981 年 9 月,提交该幅报告及水文地质图。取得主要成果:枣庄幅地下水天然资源 11.28 亿立方米/年;预测荆泉、官桥—金河、清凉泉、北棠荫—王庄四个裂隙岩溶水富水地段允许开采量分别为 5 万立方米/天、5 万立方米/天、4 万立方米/天、4 万立方米/天;预测费县和羊庄东于村为两个有勘探远景的富水地段。

21.蓬莱—砣矶岛幅

1981 年 5 月,进行 1∶20 万蓬莱—砣矶岛幅水文地质调查。报告编写人:张树栋、罗守先等。编图投入(利用)工作量:1∶20 万编图面积 3521.7 平方千米、抽水试验 162 孔、水质分析 195 件。1981 年 12 月,提交蓬莱—砣矶岛幅报告及水文地质图。取得主要成果:蓬莱—砣矶岛幅地下水天然资源量 3.67 亿立方米/年;松散岩类孔隙水主要分布在山谷平原中下游,矿化度小于 1 克/升;界河受到玲珑金矿、县城企业工业废水中氰化物、氟化物、铅、铜、锌等的污染,污染较严重;栖霞、招远、蓬莱、掖县等低山丘陵地带的地方性甲状腺肿发病率较高。

22.郓城幅

1981 年 5 月,进行 1∶20 万郓城幅水文地质调查。报告编写人:孙建斌、李克祥、徐广祥等。编图投入(利用)工作量:1∶20 万编图面积 6697.42 平方千米。1983 年 10 月,提交郓城幅报告及水文地质图。取得主要成果:郓城幅浅层淡水天然资源 16.78 亿立方米/年;浅层淡水富水性强的地区主要分布于古河道带,大部单井涌水量 100～3000 立方米/天,矿化度 1～2 克/升;深层淡水含水层主要分布于黄河冲积扇,单井涌水量 1000～3000 立方米/天;汶、泗河冲积扇单井涌水量 500～1000 立方米/天;水质较复杂,氟离子含量除西北和东北地区外,其他地区均超过 1 毫克/升。

23.菏泽幅

1982 年 3 月,进行 1∶20 万菏泽幅水文地质调查。报告编写人:王强、李克祥等。编图投入利用工作量:1∶20 万编图面积 6751.50 平方千米、抽水试验 30 孔、水质分析 39 件。1982 年 11 月,提交该幅报告及水文地质图。取得主要成果:该幅浅层淡水天然资源大气降水渗入量 10.75 亿立方米/年;500 米以浅的第四系孔隙水水量丰富、水质较好,为该幅工农业供水的重要水源;500 米以深的孔隙水,富水性强—中等,是该幅工农业供水的补充水源;该层水含氟量普遍较高,超过国家生活饮用水标准,但作为饮用水时应进行除氟处理。

24.大名幅(山东部分)

1983 年 1 月,进行 1∶20 万大名幅(山东部分)水文地质调查。报告编写人:赵一康、李克祥等。1983 年 7 月,提交该幅水文地质图及说明书。取得主要成果:该幅(山东部分)天然资源 5.35 亿立方米/年;松散为岩类孔隙水浅层淡水,不易形成可供集中开采的供水水源地,只宜用于农田用水分散开发;深层淡水由于水平径流条件较差,只可作为补充水源,深层淡水含氟量大部超标,在饮用时需采取除氟措施。

25.沾化—郭局子幅

1983 年 3 月,进行 1∶20 万沾化、郭局子幅水文地质调查。报告编写人:王连祥、夏家璐等。编图投入(利用)工作量:1∶20 万编图面积 6478.6 平方千米。1983 年 10 月,提交沾化—郭局子幅水文地质图及说明书。取得主要成果:沾化、郭局子幅浅层地下水大气降水渗入量 1.6531 亿立方米/年;该幅浅层淡水及深层淡水主要分布于图幅西南部及南部,沾化至利津县东北部及垦利县境内 500 米深度范围内无淡水全咸区面积 4772.6 平方千米;浅层淡水除北部氟离子超标外,均适宜饮用;深层淡水水质复杂,含氟量大于 1 克/升,含碘量大于 200 微克/升,不适宜作饮用水源。

26.惠民幅

1983 年 5 月,进行 1∶20 万惠民幅水文地质调查。报告编写人:王连祥、夏家璐、赵玉堂等。编图投入(利用)工作量:1∶20 万编图面积 5786.64 平方千米。1983 年 10 月,提交该幅水文地质图及说明书。取得主要成果:该幅大气降水渗入量 6.96 亿立方米/天;浅层主要分布于西南部的古河道带,富水性由西南向东北逐渐减弱,水质也变差。深层淡水水质复杂,含氟量皆大于 1 克/升,含碘量大于 100 微克/升,不适宜作饮用水源;浅层淡水水化类型单一,除局部地段氟离子含量超过标准外均适宜饮用。深、浅层水均可作一般锅炉用水。

27.德州幅(山东部分)

1984 年 4 月,进行 1∶20 万德州幅(山东部分)水文地质调查。报告编写人:王吉先、孙建斌、夏家璐等。编图投入(利用)工作量:1∶20 万编图面积 2563.60 平方千米、抽水试验 239 孔、水质分析 227 件。1984 年 9 月,提交该幅(山东部分)水文地质图及说明书。取得主要成果:该幅(山东部分)浅层淡水区大气降水渗入量 3.47 亿立方米/年;全淡区面积 58.80 平方千米,浅层咸水区 348.40 平方千米,余者皆为淡—咸—淡三层结构区;深层淡水水质复杂,含氟量大于 1 克/升,不适宜作饮用水源。

28. 黄骅幅(山东部分)

1984 年 4 月,进行 1∶20 万黄骅幅(山东部分)水文地质调查。报告编写人:夏家璐、张伟等。编图投入(利用)工作量:1∶20 万编图面积 507.4 平方千米、抽水试验 239 孔、水质分析 227 件。1984 年 9 月,提交该幅(山东部分)水文地质图及说明书。取得主要成果:该幅(山东部分)浅层地下水天然资源 0.83 亿立方米/年;卤水储存资源共 3.38 亿立方米/年;浅层淡水及深层淡水分布面积均不大,大部分地区分布浅、中、深层咸水,矿化度为 3 克/升;深层淡水水质复杂,含氟量大于 1 克/升,不适宜作饮用水源。

29. 临清幅(山东部分)

1984 年 4 月,进行 1∶20 万临清幅(山东部分)水文地质调查。报告编写人:夏家璐、徐广祥、张伟等。编图投入(利用)工作量:1∶20 万编图面积 1568 平方千米、抽水试验 161 孔、水质分析 104 件。1984 年 12 月,提交该幅(山东部分)水文地质图及说明书。取得主要成果:该幅(山东部分)地下水天然资源 2.20 亿立方米/年;地下水垂向分布以淡—咸—淡三层结构为主;深层淡水水质复杂,含氟量大于 1 克/升,不适宜作饮用水源。

30. 山东省区域水文地质调查总体报告

1990 年 3 月,对已完成的 28 个出版幅 1∶20 万区域水文地质调查报告及综合水文地质图等成果资料进行总结。1991 年 12 月,提交山东省区域水文地质调查总体报告。报告编写人:颜承芳、魏允正、佟光玉等。取得主要成果:计算山东省地下水天然资源 180.25 亿立方米/年,开采资源158.06亿立方米/年;预测蒙阴县南泉地区和郯城县重坊—堪上—三截庄地区等两处有开发远景水源地;从区域水文地质角度论证济南、青岛、烟台、淄博、枣庄等主要城市供水途径、水源地开发远景,提出合理开发利用地下水资源的建议;论述山东省域内地热、地下卤水、矿泉水等矿产资源分布、产出的水文地质条件,并对合理开发利用提出对策与建议。

五、1∶5 万水文地质调查

2012～2017 年,完成山东省财政出资的沂南县等 12 个标准图幅 1∶5 万区域水文地质调查,完成中央财政出资的沂蒙山区板泉崖幅等 5 个标准图幅 1∶5 万区域水文地质调查、苗山幅水文地质测绘及沂源县等 3 个图幅的水文地质钻探工作。截至 2017 年 12 月,提交 1∶5 万区域水文地质调查成果 15 份,完成水文地质调查 7304.68 平方千米、环境地质调查 175.64 平方千米、钻探 135 孔总进尺 15406.89 米、物探点 4120 个、抽水试验 624.35 台班、水质分析 2130 件;提交开采资源 5.63 亿立方米/年,圈定富水地段 60 处,施工勘探孔 135 个，总涌水量 4.39 万立方米/天。

(一)山东省财政出资的 1∶5 万水文地质调查项目

2012 年 9 月 3 日，根据山东省地质勘查项目部署要求，围绕本省经济和社会发展需要统筹规划并适度超前部署，开展 1∶5 万区域水文地质调查工作，查明地下水的埋藏条件及各类含水层(组)的富水程度；分析地下水的补给、径流、排泄条件与运动规律；计算与评价地下水资源，论证开发利用条件及开采后对地质环境的影响预测，为山东省建设提供基础的水文地质资料依据。省国土资源厅以《关于下达 2012 年度省地质勘查项目计划的通知》下达山东省 1∶5 万区域水文地质调查(沂南县、青驼、旧寨、垛庄幅)任务书；2013 年 7 月 18 日，省国土资源厅以《关于下达 2013 年度省地质勘查项目计划的通知》下达山东省 1∶5 万区域水文地质调查(蒙阴县、杨谢、坡里、夏蔚、招远市、赵格庄、西由、朱桥幅)任务书。截至 2017 年 12 月，共完成沂南县、青驼、旧寨、垛庄、蒙阴县、杨谢、坡里、夏蔚、招远市、赵格庄、西由、朱桥共 12 幅，提交成果 11 份①，提交开采资源 3.26 亿立方米/年，施工勘探孔涌水量2.57 万立方米/天，圈定富水地段 50 处；完成主要工作水文地质调查 4577.04 平方千米、环境地质调查 175.64 平方千米、钻探 63 孔总进尺 9297.59 米、物探点 2378 个、抽水试验 444.35 台班、水质分析 1468 件。

1.沂南县幅

2012 年 10 月～2016 年 7 月，进行 1∶5 万沂南县幅水文地质调查。项目负责人：尚宇宁。报告编写人：尚宇宁、张海林、罗斐等。主要完成工作量：1∶5 万水文地质调查 419.15 平方千米，1∶5 万环境地质调查 75.64 平方千米，钻探 3 孔总进尺 592.33 米，物探点 249 个，抽水试验 55 台班，水质分析 136 件。取得主要成果：该幅地下水开采资源 0.49 亿立方米/年。该幅存在的地下水环境问题主要有沂南县孙祖镇纸坊村、孙祖二村等地岩溶地面塌陷，养鸭(猪)业、鸭肉加工业、采矿业及水洗石英砂厂对地下水及地表水的污染，铜井地热水水温下降等。

2.青驼幅

2012 年 10 月～2016 年 4 月，进行 1∶5 万青驼幅水文地质调查。项目负责人：张瑞鹏。报告编写人：张瑞鹏、张海林、林广奇等。主要完成工作量：1∶5 万水文地质调查419.50 平方千米，1∶5 万环境地质调查 100 平方千米，钻探 3 孔总进尺310.94米，物探点 147 个，抽水试验 57 台班，水质分析 139 件。取得主要成果：该幅地下水开采资源 0.45 亿立方米/年。该幅存在的地

① 西由幅面积较小，与朱桥幅合并提交成果。

下水环境问题主要有沂南县孙祖镇纸坊村、大庄镇后交良村等地岩溶地面塌陷，养鸭(猪)业、化工厂及石英砂厂对地下水及地表水的污染等。

3. 旧寨幅

2012 年 10 月～2016 年 4 月，进行 1∶5 万旧寨幅水文地质调查。项目负责人：林广奇。报告编写人：林广奇、张瑞鹏、尚宇宁等。主要完成工作量：1∶5万水文地质调查 418.27 平方千米，钻探 3 孔总进尺 500.40 米，物探点 124 个，抽水试验 53 台班，水质分析 140 件。取得主要成果：该幅地下水开采资源 0.40 亿立方米/年；预测旧寨乡徐家庄和岸堤镇兴旺庄等 2 处富水地段，允许开采量分别为 0.22 万立方米/天和 0.53 万立方米/天。

4. 垛庄幅

2012 年 10 月～2016 年 4 月，进行 1∶5 万垛庄幅水文地质调查。项目负责人：李常锁。报告编写人：徐聪聪、张海林、尚宇宁等。主要完成工作量：1∶5万水文地质调查419.11平方千米，1∶5 万环境地质调查 100 平方千米，钻探 3 孔总进尺555.29米，物探点 249 个，抽水试验 60.85 台班，水质分析 153 件。取得主要成果：该幅地下水开采资源 0.35 亿立方米/年；该幅存在的地下水环境问题主要为养鸭(猪)业及采矿业对地下水的污染。

5. 招远市幅

2013 年 7 月～2017 年 2 月，进行 1∶5 万招远市幅水文地质调查。项目负责人：尚宇宁。报告编写人：尚宇宁、张海林、罗斐等。主要完成工作量：1∶5 万水文地质调查 409.91 平方千米，钻探 7 孔总进尺 990 米，物探点 87 个，抽水试验 39 台班。取得主要成果：该幅地下水开采资源 0.14 亿立方米/年；基本查明该幅地下水质量和水环境污染现状；圈定岩浆岩类裂隙水单井涌水量 100～200 立方米/天，富水地段 7 处，可分散解决当地居民生活用水问题。

6. 西由—朱桥幅

2013 年 7 月～2017 年 2 月，进行 1∶5 万西由—朱桥幅水文地质调查。项目负责人：徐聪聪。报告编写人：徐聪聪、李波、尚宇宁等。主要完成工作量：1∶5 万水文地质调查 414 平方千米，钻探 10 孔总进尺 1070 米，物探点 576 个，抽水试验 32.5 台班。取得主要成果：西由—朱桥幅地下水开采资源量 0.23 亿立方米/年；圈定岩浆岩类裂隙水单井涌水量 200～1000 立方米/天富水地段 4 处，可分散解决当地居民生活用水问题；施工钻孔 10 眼，水量总计 2174 立方米/天，可满足周边村庄 2000 人的生活饮水及灌溉农田 400 亩。

7. 赵格庄幅

2013 年 7 月，进行山东省 1∶5 万赵格庄幅水文地质调查。项目负责人：李波。报告编写人：李波、尚宇宁、张海林等。主要完成工作量：1∶5 万水文地质调查 409.81 平方千米，钻探 9 孔总进尺 1242 米，物探点 240 个，抽水试验 39 台班，水质分析 129 件。取得主要成果：该幅地下水开采资源 0.09 亿立方米/年；发现 6 处地下水富水带；总结出新太古代—古元古代片麻状岩石为相对富水区，中生代二长花岗岩为贫水区。该幅地下水环境问题主要为地下水中硝酸盐超标严重。

8. 蒙阴县幅

2013 年 8 月～2016 年 11 月，进行 1∶5 万蒙阴县幅水文地质调查。项目负责人：林广奇。报告编写人：林广奇、张瑞鹏、尚宇宁等。主要完成工作量：1∶5 万水文地质调查 418.27 平方千米，钻探 4 孔总进尺 952.3 米，物探点 217 个，抽水试验 27 台班，水质分析 133 件。取得主要成果：该幅地下水开采资源 0.37 亿立方米/年；岩溶水富水区域集中于东儒来村—蒙阴镇保德一带，预测允许开采量 0.23 万立方米/天；施工探采结合井 4 眼，总涌水量 4219.80 立方米/天，可解决约 2800 人饮用水及灌溉果林农田约 70 亩。

9. 杨谢幅

2013 年 8 月～2016 年 11 月，进行 1∶5 万杨谢幅水文地质调查。项目负责人：林广奇。报告编写人：郑婷婷、林广奇、代国标等。主要完成工作量：1∶5万水文地质调查 419.07 平方千米，钻探 6 孔总进尺 1080.19 米，物探点 132 个，抽水试验 32 台班，水质分析 131 件。取得主要成果：该幅地下水开采资源为 0.15 亿立方米/年；查明该幅具有供水意义的主要含水层为古近纪碎屑岩和寒武纪—奥陶纪碳酸盐岩。

10. 坡里幅

2013 年 8 月～2016 年 11 月，进行 1∶5 万坡里幅水文地质调查。项目负责人：张瑞鹏。报告编写人：张瑞鹏、林广奇、郑婷婷等。主要完成工作量：1∶5万水文地质调查 412 平方千米，钻探 7 孔总进尺 990.44 米，物探点 101 个，抽水试验 24 台班，水质分析 129 件。取得主要成果：该幅地下水开采资源 0.39 亿立方米/年；预测坡里与上薛两个富水地段，估算允许开采量分别为 0.80万立方米/天、1.50 万立方米/天；施工的探采结合孔能够解决约 1200 人的饮水和 1120 亩的农田灌溉；查明地下水超标组分主要为硝酸盐、总硬度以及硫酸盐。

11. 夏蔚幅

2013 年 8 月～2017 年 2 月，进行 1∶5 万夏蔚幅水文地质调查。项目负责人:李志华。报告编写人:李志华、邱晨、韩建江等。主要完成工作量:1∶5万水文地质调查 418.30 平方千米,钻探 8 孔总进尺 1013.70 米,物探点 256个,抽水试验 25 台班,水质分析 131 件。取得主要成果:该幅地下水开采资源0.21 亿立方米/年;施工探采结合井 8 眼,总出水量 1971 立方米/天,可解决500 人生活用水及 500 亩农田灌溉用水。

(二)中央财政出资的 1∶5 万水文地质调查项目

沂蒙山区是山东省较贫困的地区,水资源短缺是主要因素之一。为此,由中央财政出资,在中华人民共和国地质调查局统一部署下,2014 年 6 月起在全国典型缺水沂蒙山区开展 1∶5 万水文地质调查示范项目。截至 2017 年12 月,共完成板泉崖、临沭县、李庄镇、马庄、颜山幅 1∶5 万水文地质调查和苗山幅水文地质测绘及沂源县、燕崖、东里等三幅水文地质钻探;提交成果4 份,开采资源 2.36 亿立方米/年;施工勘探孔涌水量 1.82 万立方米/天,圈定富水地段 10 处;完成主要工作水文地质调查 3384 平方千米,钻探 72 孔总进尺 6109.30 米,视电阻率测深物理点 2042 个,抽水试验 159 台班,水质分析185 件。

1.沂蒙山区板泉崖幅、临沭县幅、李庄镇幅 1∶5 万水文地质调查

2014 年 5 月 10 日,以投标方式取得沂蒙山区板泉崖幅、临沭县幅、李庄镇幅 1∶5 万水文地质调查项目承担资格。项目负责人:张中祥。报告编写人:张中祥、王金晓、游其军等。主要完成工作量:1∶5 万水文地质调查 1290平方千米,钻探 25 孔总进尺 1992.6 米,物探点 1792 个,抽水试验 102 孔 122台班,渗水试验 22 个 30.4 台班,水质分析 515 件。2015 年 12 月,提交沂蒙山区板泉崖幅、临沭县幅、李庄镇幅 1∶5 万水文地质调查成果报告。取得主要成果:板泉崖等三幅地下水开采资源 1.15 亿立方米/年。在东部低山丘陵缺水区确定以昌邑—大店断裂及白垩纪砂岩为阻水构造的找水定井勘查模式,成功实施探采结合井 8 眼,总涌水量 1366.40 立方米/天,按每人每天 70升定额计,可解决 1.95 万人生活用水问题。

2.沂蒙山区钻探施工与马站幅 1∶5 万水文地质调查报告

2015 年 5 月 26 日,以投标方式取得沂蒙山区钻探施工与马站幅 1∶5 万水文地质调查项目承担资格。项目负责人:李常锁。报告编写人:李波、张瑞鹏、王金晓等。主要完成工作量:1∶5 万水文地质调查 430 平方千米,钻探 19孔总进尺 3125.40 米,抽水试验 12 孔 13 台班,渗水试验 5 组 10 个,水质分析35 组。2016 年 10 月,提交沂蒙山区钻探施工与马站幅 1∶5 万水文地质调查报告。取得主要成果:马站幅地下水开采资源0.42亿立方米/年;圈定了马站幅釜泉、黄土泉、荷花池三处相对富水区,允许开采量分别为 0.17 万立方米/天、

0.46 万立方米/天、0.14 万立方米/天。该项目在沂源县、燕崖、东里、马站等四幅施工的 19 眼勘探孔可解决 1.86 万人生活及 3650 亩农田灌溉用水问题。

3.颜庄幅 1∶5 万水文地质调查与苗山幅水文地质测绘

2016 年 6 月 18 日,以投标方式取得颜庄幅 1∶5 万水文地质调查与苗山幅水文地质测绘项目承担资格。项目负责人:张中祥。颜庄幅报告编写人:李波、王金晓、吴璇等;苗山幅报告编写人:王金晓、李波、滕跃、刘春伟。主要完成工作量:1∶5 万水文地质调查 832 平方千米,物探点 1515 个,钻探 4 孔总进尺619.3 米,抽水试验 4 孔 45 台班,渗水试验 12 组 42 个,水质分析 185 组。2017 年 2 月,提交颜庄幅 1∶5 万水文地质调查报告、苗山幅 1∶5 万水文地质测绘报告。取得主要成果:颜庄幅地下水开采资源 0.57 亿立方米/年,颜庄幅岩溶塌陷主要分布在清泥沟区域,为土层塌陷;苗庄幅地下水开采资源0.22亿立方米/年,地下水大部分区域属于中度污染区。由于鹏山水源地开采,百嘴红村附近诱发 600 平方米岩溶塌陷。

第二节　城镇供水水文地质勘查

1958 年 3 月～2017 年 12 月,在城镇供水方面,先后为济南、青岛、济宁、菏泽、淄博、莱芜、烟台、威海、潍坊、临沂等地(市)及莱阳、蒙阴、蓬莱等县(市)进行以城镇供水为目的的水文地质勘查。截至 2017 年 12 月,共完成水文地质调查面积 2.60 万平方千米、钻探 1311 孔总进尺 11.96 万米、抽水试验 996 孔 5.46 万小时、水质分析 6220 件、岩样 138 件、土样 326 件,提交城镇供水水源地(富水地段)91 个,允许开采量 427.02 万立方米/天。

一、主要城市供水水文地质勘查

(一)济南市

济南市城市供水水文地质勘查工作始于 1958 年 3 月,截至 1963 年 11 月为济南市提交市区、东郊地区、西郊地区、周王庄—峨嵋山等水源地,允许开采量共 38 万立方米/天。有关济南工业用水及保泉进行的水文地质勘探工作在该章第三节工业供水水文地质勘查、第七节保泉供水水文地质工作中叙述。

1.济南市附近供水水文地质勘测

1958 年 3 月,为配合济南市的建设规划方案,找出可靠的地下水资源,满足工业、居民以及其他用水需要,地质部水文地质工程地质局责成八〇一队进行济南市附近供水水文地质勘测。项目完成人:龚如璧、韩宗珊、王太坊等。主要完成工作量：1∶20 万地质及水文地质调查面积 3300 平方千米，1∶2.5 万水文地质调查 570 平方千米，钻探进尺 6518 米，物探点 273 个，抽水试验 2791 小时，水质分析 96 件，岩样 24 件。1959 年 4 月，提交济南市附近供水水文地质勘测报告。主要完成成果：提交该区各富水地段地下水允许开采量，历城 10 万～12 万立方米/天，济南市区 20 万～30 万立方米/天，东十里河 2 万～3 万立方米/天，峨嵋山 1 万～2 万立方米/天；历城水源地地下水用于一般工业用水和生活用水，可不加处理；济南市区和东十里河水源地水质良好；济南市区以北浅层地下水受城市污水的污染，水质不佳。该报告是第一份较为完整地介绍济南市水文地质条件和泉水成因的成果。

2. 1∶5 万明水供水初步勘测

1959 年 3 月，根据章丘县人民委员会[①]建设规划要求，寻找地下水资源，以满足工业、农业、居民和绿化用水需要，进行 1∶5 万明水供水初步勘测。报告编写人：周孝飞、刘继英等。在工作过程中，由于工作任务改变，只在 1959 年 3～6 月进行了 3 个月的野外工作便停止该区的勘探工作而迁至其他工地，施工钻探工作量不足，对地下水的储量只能估算。主要完成工作量：1∶5 万地质及水文地质调查面积 400 平方千米，钻探 4 孔总进尺 738.53 米，抽水试验 267 小时，水质分析 11 件。1960 年 4 月，提交 1∶5 万明水供水初步勘测报告书。主要完成成果：估算明水水源地允许开采量 15 万～20 万立方米/天。泉与地下水水力联系密切，大量地开采地下水，势必会使泉水减少或干涸。

3. 1∶5 万长清供水水文地质初步勘测

1959 年 3 月，为满足长清县工农业生产、城市建设等方面用水需要，济南市城市建设局要求查清该区水文地质条件，进行 1∶5 万长清供水水文地质初步勘测。报告编写人：王太坊等。完成主要工作：1∶5 万水文地质调查 390 平方千米，钻探 7 孔总进尺 1558.47 米，抽水试验 7 孔抽水时间 375.35 小时，水质分析 10 样，岩样 1 件。1960 年 4 月，提交 1∶5 万长清供水水文地质初步勘测报告。取得主要成果：奥陶纪灰岩裂隙岩溶水允许开采量 2.776 万～4.651 万立方米/天，水质满足生活用水要求。

4. 章丘地区水文地质测绘

1960 年 8 月，为了解章丘地区地下水之资源，提供供水水源地勘探方向，进行章丘地区水文地质测绘。报告编写人：汪志浩等。完成主要工作：1∶5 万水文地质调查面积 1720 平方千米。1961 年 5 月，提交章丘地区水文地质

① 人民委员会：1954 年颁布的《中华人民共和国宪法》规定的地方各级国家行政机关，1967 年改称“革命委会员”，1979 年改称“人民政府”。

测绘报告。取得主要成果:在1720平方千米范围内可作为供水的地下水类型有奥陶纪灰岩裂隙岩溶水、石炭二叠系裂隙水、第四纪冲积层孔隙水,矿化度小于0.5克/升。

5.济南市附近供水水文地质补充勘查

1962年4月,为满足国民经济发展急需,进一步解决1962年以前遗留下来的有关地质、水文地质问题,进行济南市附近供水水文地质补充勘查。报告编写人:王太坊、李祥芝、赵景云等。1963年11月,提交济南市附近供水水文地质勘查补充报告书(1∶5万)。取得主要成果:济南市区、东郊地区、西郊地区奥陶纪灰岩裂隙岩溶水三个富水区,允许开采量分别为17万~20万立方米/天、10万~15万立方米/天、1万~2万立方米/天。第四系孔隙水仅在周王庄—峨嵋山附近,可以开采1万立方米/天。地下水适宜作城市、工业、农田供水。

(二)青岛市

1967年4月,八〇一队根据地质部指示并受青岛市委托完成青岛市区范围内勘查地下水源的任务。1973年,根据省革命地质局指示,八〇一队首先在青岛北部地区进行供水水文地质勘查,提交青岛市北部地区供水勘查报告。1977年青岛发生供水危急,八〇一队于1977年、1978年先后对大沽河李哥庄北部移风—袁家庄和官庄—南沙梁地段进行水文地质勘查,将南部李哥庄地区和北部移风地区连成一片。1981年,青岛市遭受百年不遇的大旱,降水量仅308毫米,涝山水库560万立方米仅能供水两个月,市区及原大沽河水厂开采地下水能力仅5万立方米/天。青岛市出现严重的供水危机,青岛市政府根据八〇一队的意见,以大沽河供水勘查报告为依据,果断决策扩大开发大沽河沿岸地下水的供水应急工程,渡过这一次供水危机。1981年9月~1985年,青岛市连续干旱,降水量偏小,大沽河无表流,青岛市仍以开发大沽河沿岸地下水为主,累计开采14858万立方米,缓解了该市供水紧张局面。大沽河水源地仅1982年就供水5200多万立方米,占当年青岛市总供水量的86%。1983年7月,青岛市副市长宋玉岷、市建委主任张益民和市重点工程指挥部负责人孙波来济南,对八〇一队大沽河供水水文地质勘探工作解决20世纪80年代初青岛供水危机表示谢意。1985~1986年,八〇一队在移风和仁兆以北的古岘—朴木地区又进行水文地质勘查,把水源地范围扩大至山区边缘。1987年,八〇一队与山东省环境水文地质总站、青岛市水资源规划办公室共同编写青岛市大沽河水源地供水水文地质勘查总体报告。1987年6月23~24日,山东省矿产储量委员会审查批准大沽河水源地允许开采量20万立方米/天。另外,八〇一队在1984年为解决青岛新港工程及随之发展的城镇和青岛市经济开发区用水问题，提交洋河、白马河—吉利河、王戈庄—阡上河等河沿岸地下水水源地，提交的允许开采量分别为1.08万立方米/天、0.386万立方米/天、2.683万立方米/天。1986年5月22～23日，在召开的青岛前湾港区港外供水工程设计审定会上，与会者接受八〇一队建议，供水以地表水与地下水相结合，砍掉设计投资416.8万元殷家河水库扩建工程，增加设计投资74万元地下水供水工程的方案，为国家节省投资342.8万元。

1.青岛市区供水水文地质勘查

1966年4月，根据地质部指示并受青岛市委托，承担青岛市区范围内勘查地下水源的任务，进行青岛市区供水水文地质勘查。报告编写人：李传谟、马兆丰等。完成主要工作：1∶1万水文地质调查面积99.4平方千米，钻探63孔总进尺1112.15米，物探点117个，抽水试验85孔总计抽水时间290小时，水质分析272件。1967年4月，提交青岛市区供水水文地质勘查报告。取得主要成果：浮山所平原地下水允许开采量0.297万立方米/天，人民广场平原地下水允许开采量0.117万立方米/天。

2.大沽河水源地

1973年，青岛供水能力跟不上工农业迅速发展和人民生活提高的需要，严重影响列该市工业生产的发展和居民生活。根据省革委地质局指示，进行青岛北部地区水文地质调查工作。报告编写人：安梦岭、贾久明、钱文钰等。1974年年底，完成1∶2.5万大沽河地段及兰村地段水文地质勘查446平方千米和1∶10万沧口、即墨断裂局部的普查任务。1975年初，进行区域水文地质调查工作。完成主要工作：1∶10万水文地质调查面积346平方千米，钻探154孔总进尺6692.81米，物探点117个，抽水试验170孔总计抽水时间774.66小时，水质分析380件，岩样28件，土样16件。1975年12月，提交青岛北部地区水文地质调查及大沽河地段水源地勘查报告。取得主要成果：大沽河地段地下水允许开采量13万立方米/天；水质除魏家屯一带外，其他适于生活及工业用水。

1977年，青岛市由于大气降水不足，供水水源地日渐枯竭，严重影响到青岛市工业生产及人民生活，为此青岛市作出“节水挖源，充分利用已有水源，寻找新的水源地”的决定。山东省及青岛市三结合调查小组拟定于移风至三湾庄一带建立新的水源地，经初步勘查不能满足青岛市枯水期供水的需要，青岛市委决定扩大开采范围，由八〇一队进行大沽河(官庄—南沙梁)地段供水水文地质勘查。项目完成人：武林、孙冠群、邵逵、李祥芝。完成主要工作：水文地质调查面积74.28平方千米，钻探62孔总进尺599.51米，抽水试验23孔总计抽水时间813.35小时，水质分析92件。1978年9月，提交大沽河

(官庄—南沙梁)地段供水水文地质勘查简报。取得主要成果:大沽河官庄—南沙梁地段地下水允许开采量 6.73 万立方米/天。

1977 年 8 月,青岛供水水源地只能满足到 1978 年 4 月月的供水需要,因此,中共山东省委员会指示八〇一队进行水文地质勘查工作,边勘查,边提供资料,要求 4 个月提出勘查简报。报告编写人:邵逴、孙冠群、于恒琦等。完成主要工作:1∶2.5 万水文地质调查面积 134 平方千米,钻探 89 孔总进尺 813.86米,抽水试验 25 孔总计抽水时间 592.84 小时,水质分析 84 件。1978 年 1 月,提交大沽河(移风—袁家庄)地段供水水文地质勘查简报。取得主要成果:该地段枯水期地下水允许开采量为 8.7156 万立方米/天;除滕戈庄—白家寨一线以西氟离子含量超过饮用水标准外,其他地区符合标准。

1985 年 4 月,为系统地评价大沽河流域地下水资源及为青岛市开辟新的水源地提供可靠的资料依据,进行大沽河(古岘—朴木)地段供水水文地质勘查。报告编写人:赵玉仁、李风顺、王合秋等。完成主要工作:1∶2.5 万水文地质调查面积 144 平方千米,钻探 36 孔总进尺 395.5 米,抽水试验 33 孔总计抽水时间 290.11 小时,水质分析 153 件,土样 26 件。1986 年 10 月,提交大沽河(古岘—朴木)地段供水水文地质勘查简报。取得主要成果:大沽河(古岘—朴木)地段地下水允许开采量 7.18 万立方米/天;古河道带含水层较厚,颗粒粗,地下水赋存条件好,是较理想的供水地段;地下水水质符合饮用水标准,但作为工业用水需要处理。

1987 年 5 月,鉴于大沽河第四系孔隙水在 20 世纪 70 年代末至 80 年代中期三次缓解青岛市供水危机,青岛市政府要求系统论述大沽河水源地水文地质条件及地下水赋存规律,计算地下水的开采资源、补给资源和储存资源,为青岛市进一步合理开发利用大沽河水资源提供依据。八〇一队与山东省环境水文地质总站、青岛市水资源规划办公室共同编写青岛市大沽河水源地供水水文地质勘查总体报告。报告编写人:李祥芝、刘宗华、赵玉仁等,山东省环境水文地质总站孙悦鹏、王书和、宫丽庄等,青岛市水源规划规划办公室付振鑫、臧丕津、王风栖等。取得主要成果:采用补偿疏干法计算大沽河下游河谷冲积平原面积 408 平方千米地下水允许开采量 22.74 万立方米/天;大沽河水源地已遭受不同程度的污染,生活饮用水需做处理,应建立水源地卫生防护带;补偿疏干法在水文地质条件和水文、气象因素相似的山东省胶东和鲁中南河谷平原区完全可以借鉴。

3. 青岛市洋河地区供水水文地质勘查

1983 年 1 月 7 日,为解决青岛新港工程和随之发展的城镇每天 2 万立方米的需水量,交通部青岛港务管理局委托省地质局承担青岛新港工程供水水源地勘查,建议自山洲水库以东洋河流域为供水水源地勘查范围。省地质局责成八〇一队具体承担青岛洋河地区供水水文地质勘查任务。报告编写人:矫恒平、贺庆昌、李铁锡等。完成主要工作:1∶2.5 万水文地质调查面积 145.25平方千米,钻探 111 孔总进尺 1363 米,抽水试验 50 孔 2060.37 小时,物探点 462 个,水质分析 75 件,土样 228 件。1984 年 10 月,提交青岛市洋河地区供水水文地质勘查报告。取得主要成果:地下水水源地位于洋河中游冷家村东至十亩田一带,允许开采量 1.08 万立方米/天,水质符合要求。

4.青岛市胶南县白马河—吉利河地区供水水文地质勘查

1984 年 8 月,为解决青岛市经济开发区城市工业用水,查明工作区内第四系含水层水文地质条件,计算评价地下水资源,为青岛经济开发区选建供水水源地提供水文地质依据,根据青岛市经济开发公司意见和省地矿局要求,进行青岛市胶南县白马河—吉利河地区供水水文地质勘查。报告编写人:高志刚、赵一康、王道心等。完成主要工作:水文地质调查面积 21.8 平方千米,钻探 49 孔总进尺 692.38 米,物探剖面长度 26 千米物探点 761 个,抽水试验 6 孔总计抽水时间 145 小时,水质分析 27 件。1984 年 12 月,提交青岛市胶南县白马河—吉利河地区供水水文地质勘查报告。取得主要成果:圈定吉利河胜水—蔡家村、李家庄—岔河段、白马河西寺段、张家大庄—冯家坊段、郝滩—卜家庄段等 5 个地下水富水地段,允许开采量共3.285万立方米/天;地下水除河流下游和近海地段外,其他水质良好。

5.青岛市胶南县大卢家疃河、两河、柏果树河、代戈庄河中下游地段供水水文地质勘查

1984 年 8 月,为解决青岛经济开发区的淡水供水水源,根据青岛市政府要求和省地矿局下达的任务,进行青岛市胶南县大卢家疃河、两河、柏果树河、代戈庄河中下游地段供水水文地质勘查。报告编写人:刘子明、贺庆昌、李森等。完成主要工作:水文地质调查面积 21.8 平方千米,钻探 49 孔总进尺 692.38 米,物探剖面长度 26 千米物理点 761 个,抽水试验 6 孔总抽水时间 145 小时,水质分析 27 件。1984 年 12 月,提交青岛市胶南县大卢家疃河、两河、柏果树河、代戈庄河中下游地段供水水文地质勘查报告。取得主要成果:圈定大卢家疃河、两河、柏果树河、代戈庄河共 4 个地下水富水地段,允许开采量总计 0.386 万立方米/天。除大卢家疃河地段局部地区地下水含氟量、细菌和大肠杆菌群超过饮用水标准,水质具有半腐蚀性外,其余都适合工业和生活用水。

6.青岛市胶南县王戈庄—阡上河地区供水水文地质勘查

1985 年 4 月,为解决青岛市经济开发区城市工业用水问题,根据青岛市

经济开发公司意见和省地矿局要求，进行青岛市胶南县王戈庄—阡上河地区供水水文地质勘查。报告编写人：高志刚、赵一康、王道心等。完成主要工作：1∶2.5万水文地质调查面积128.84平方千米，钻探48孔总进尺597.26米，物探点322个，抽水试验13孔总计抽水时间3082小时，水质分析41件，土样6件。1985年12月，提交青岛市胶南县王戈庄—阡上河地区供水水文地质勘查报告。取得主要成果：该区第四系孔隙水允许开采量2.683万立方米/天，水质适宜工农业及城市居民生活饮用。

(三)淄博市

淄博市供水水文地质勘查工作开始于1958年的淄博市博山供水水文地质勘探。随着该市国民经济建设的全面发展，对地下水的需求量日益增加，原有的水源地远远不能满足需求。为确保新建工业预期投产，以及为工业布局及远景规划提供可靠地下水资源，淄博市计委、建委联合向省革委地质局提出勘查淄博地下水资源的申请报告。八〇一队根据省革委地质局指示精神，从20世纪70年代中期开始在淄博地区做了大量的水文地质工作，提交大武水源地①、湖田水源地、源泉水源地、城子—口头水源地、古城地区、齐陵地区、张店西部地区以及辛店地段、沣水地段供水水文地质勘查报告。1989年7月，由淄博市博山区委托八〇一队负责天津湾引水工程10眼深井开始施工，于1990年6月完成。山东省省长赵志浩、淄博市委书记王怀远、淄博市市长韩兴民及八〇一队副队长刘有森、副总工程师刘继英、淄博分队主任工程师武善文出席了1990年12月2日的通水仪式。2011年12月，淄博市政府为保证该市主城区生活饮用水的安全，委托八〇一队开展大武水源地上游刘征地区超前取水工作，2012年11月，提交刘征地区岩溶水允许开采量5.5万立方米/天。

1.淄博市博山供水水文地质勘探

1958年10月，为淄博市博山提供8万立方米/天工业和生活用水水源，进行淄博市博山供水水文地质勘探。报告编写人：李传谟等。完成主要工作：钻探进尺1506.35米，抽水试验730小时，水质分析15件。1960年4月，提交淄博市博山供水水文地质勘探报告。取得主要成果：提交岩溶水允许开采量11.42万立方米/天，其中神头、秋谷两地下水富水地段允许开采量分别为8.441万立方米/天、2.979万立方米/天；水质符合饮用水标准。

2.淄博市大昆仑供水水文地质勘探

1959年6月，为满足昆仑地区工矿企业和民用4万～5万立方米/天供水

① 大武水源地：主要用于工业供水，在本章第三节工业供水水文地质勘查中叙述。

需要,淄博市建设局委托进行大昆仑供水水文地质勘探。报告编写人:曹修笏等。完成主要工作:钻探2孔总进尺564米,抽水试验528小时,水质分析50件。1959年10月,提交淄博市大昆仑供水水文地质勘探报告书。取得主要成果:该区地下水允许开采量4.036万立方米/天;地下水为硫酸盐型水,作工业用水需适当进行处理。

3.淄博地区南部水文地质普查

1975年,为查清淄博地区南部区域水文地质条件,以及为水源地勘探、开发地下水提供基础资料,进行淄博地区南部水文地质普查。报告编写人:魏允正、王绍文、申勋烈等。完成主要工作:1∶5万水文地质调查面积778平方千米,钻探8孔总进尺2201.11米,抽水试验169小时,水质分析234件。1978年9月,提交淄博地区南部水文地质普查报告。取得主要成果:该区地下水可增采11.5万～17万立方米/天;裸露灰岩山区地下水适用作城市生活用水,稍加软化处理适宜用作工业用水;隐伏灰岩地下水受煤系地层及工业排污影响,局部地区地下水水质受到污染。

4.淄博市湖田水源地供水水文地质勘查

1978年,根据山东省革命委员会及淄博市革命委员会建设委员会、淄博市革命委员会计划委员会文件,省革委地质局要求查清湖田富水地段水文地质条件,评价地下水可开采资源。报告编写人:刘凯、宋学堂、申勋烈等。完成主要工作:1∶1万水文地质调查面积144平方千米,钻探26孔总进尺6935.99米,物探测井3184.58米,抽水试验25孔1777小时,水质分析166件。1979年9月,提交淄博市湖田水源地供水水文地质勘查报告。取得主要成果:湖田水源地在1978年每天开采3.41万立方米条件下,可增采3.1万立方米/天。所检项目符合生活饮用水、冷却用水、农业用水标准,用作工业锅炉用水需要进行软化处理。

5.淄博市源泉水源地供水水文地质勘查

1980年,为了确保“四化”[①]建设,实际国民经济总产值翻两倍的需要,淄博市规划在源泉地区拟建日开采5万立方米地下水的水厂,作为博山供水水源地。据淄博市革命委员会计划委员会、淄博市革命委员会建设委员会联合向省革委地质局提出的勘探淄博地下水资源的申请报告及省革委地质局要求,进行山东省淄博市源泉水源地供水水文地质勘查。报告编写人:刘继英、

---

① “四化”指四个现代化,即为“工业现代化、农业现代化、国防现代化、科学技术现代化”,是中国共产党及中华人民共和国1954～1964年提出的国家战略目标。1964年12月,在第三届中华人民共和国人民代表大会第一次会议上,政府工作报告提出,在20世纪内,把中国建设成为一个具有现代农业、现代工业、现代国防和现代科学技术的社会主义强国。

王韶文、申勋烈等。主要完成工作量：1∶(2.5万～5万)地面地质、水文地质调查182平方千米，钻探49孔9602.89米，抽水试验50孔2718.63小时，水质分析238件。1983年11月，提交山东省淄博市源泉水源地供水水文地质勘查报告。取得主要成果：源泉水源地奥陶纪灰岩裂隙岩溶水在已开采4.64万立方米/天的基础上，可增采3万立方米/天；开采井距应大于800米。

6.淄博市齐陵地区供水水文地质勘查

1983年7月，为解决淄博市齐陵地区合理开发利用地下水、管理保护好地下水资源等问题，根据山东省计划委员会文件要求，省地矿局下达任务，评价该区地下水资源。报告编写人：高志刚、李延国、高明志等。1986年3月开始工作。完成主要工作：1∶2.5万水文地质调查面积396.70平方千米，钻探15孔总进尺3969.89米，物探点1132个，抽水试验7孔720小时，水质分析135件，岩样2件。1987年12月，提交山东省淄博市齐陵地区供水水文地质勘查报告。取得主要成果：该区裂隙岩溶水允许开采量为7.40万立方米/天；裂隙岩溶水硬度12.76～14.72德国度，超过锅炉用水硬度要求，细菌含量大都超过饮用水标准。

7.淄博市西部地区供水水文地质详查

1986年3月，淄博市西部地区内已有水源地已远远不能满足城镇和工农业生产发展的需要，根据淄博市人民政府的要求，省地矿局下达任务。报告编写人：刘广义、武善文、李森等。完成主要工作：1∶5万水文地质调查面积675平方千米，钻探25孔总进尺6840.44米，物探点533个，抽水试验24孔1350小时，水质分析515件。1992年10月，提交淄博市西部地区供水水文地质详查报告。取得主要成果：允许开采量16.701万立方米/天。圈定5处富水地段。除禹王山断裂—萌山水库以西、周村城区以南地区和博山—龙泉一线东南地下水等适合城市用水、稍加软化处理后可用于工业用水外，其他地区基本受孝妇河排污污染，含有有毒成分而不宜作为城市、工业用水。

8.淄博市博山区天津湾水源地群孔抽水试验

1991年5月，为缓解博山区供水紧张状况，合理开发利用地下水资源，受淄博市博山区水资源管理办公室委托，对天津湾水源地进行开采性群孔抽水试验工作。项目负责人：高志刚。报告编写人：高志刚、姜春永、刘子明等。完成主要工作：群孔抽水试验井6眼，观测井20眼，控制观测面积30平方千米，抽水试验时间648小时。1991年7月，提交山东省淄博市博山区天津湾水源地群孔抽水试验报告。取得主要成果：该水源地允许开采量为3.095万立方米/天，水质指标符合饮用水标准，缓解了博山供水紧张状况。

9. 淄博市刘征地区供水水文地质勘查

2011 年 12 月，为保证主城区生活饮用水的安全，淄博市政府开展大武水源地上游刘征地区岩溶水超前取水工作。项目负责人：秦耀军、孙即顺[①]、王庚、程秀明、王孝勤、陈奂良、徐士民。报告编写人：陈奂良、徐士民、汪新芹等。八〇一队受淄博水资源管理办公室委托，承担该项工作。完成主要工作：水文地质调查面积 642.38 平方千米，钻探 10 孔总进尺 4104.52 米，视电阻率测深剖面 24 千米物理点 723 个，抽水试验 23 孔 2784 小时，水质分析 353 件。2012 年 11 月，提交淄博市刘征地区供水水文地质勘查报告。取得主要成果：刘征水源地岩溶水允许开采量为 5.5 万立方米/天；岩溶水水质整体较好，基本符合《地下水质量标准》中Ⅲ类水标准要求。

10. 淄博市博山区谢家店地区供水水文地质勘查

2016 年 6 月，为保障淄博博山城区在特大干旱年份的供水安全，博山区政府拟在源泉水源地的上游谢家店地区开展供水水文地质勘查工作，由淄博博山正普城市资产运营有限公司委托山东众德建设项目管理有限公司对淄博市博山区谢家店应急供水工程勘察项目进行招标。2016 年 7 月，山东省地矿工程勘察院中标。项目负责人：孙玉松、马超。报告编写人：马超、程秀明、路万里等。完成主要工作：1∶2.5 万水文地质环境地质调查面积 605 平方千米，钻探 11 孔总进尺 3872.3 米，大地电磁测深法 318 点，高密度电阻率法 628 点，抽水试验 2336.67 小时，水质分析 351 件。2018 年 2 月，提交山东省淄博市博山区谢家店地区供水水文地质勘查报告(勘探阶段)。取得主要成果：谢家店地区岩溶水允许开采量 1.75 万立方米/天；岩溶水水质除丰水期部分勘探井岩溶水存在微生物超标外，所检项目均符合《地下水水质标准》(DZ/T 0290—2015)中Ⅲ类水标准要求。

(四)泰安市

1958 年～1962 年 9 月，为泰安市城市供水提交允许开采量 15.8 万立方米/天。

1. 泰山市比例尺 1∶2.5 万供水水文地质调查

1958 年 7 月，对泰安市的水文地质、地质情况作初步了解，选择出水量较丰富的供水地段，并对水质水量作初步评估；进行泰山市比例尺 1∶2.5 万供水水文地质调查。报告编写人：杨儒圣、季连桥、袁至毅等。完成主要工作：1∶2.5 万水文地质调查面积 54 平方千米。1958 年 11 月，提交泰山市比例尺 1∶2.5 万供水水文地质调查报告。取得主要成果：滂河两岸砂砾石含水层天

① 淄博市水资源管理办公室。

然流量(天然储量)1.34 万立方米/天;灰岩岩溶区水量丰富,流量达 1.68 万立方米/天;坡洪积层中的天然流量(天然储量)0.4163 万立方米/天,水质符合城市供水要求。

2.泰安市供水水文地质勘测

1958 年 7 月,为配合泰安市建设规划方案,解决城市居民生活用水以及工业生产用水,需水量为 8 万立方米/天,受泰安市人民委员会委托,进行泰安市供水水文地质勘测。报告编写人:奚德荫、谷振峰、季连桥等。完成主要工作:1∶(2.5 万～5 万)水文地质调查面积 200 平方千米,钻探进尺 5122 米,物探剖面长 18.38 千米物理点 1169 个,抽水试验 2175 小时,水质分析 112 件。1962 年 9 月,提交泰安市供水水文地质勘测报告。取得主要成果:该区允许开采量 15.8 万立方米/天;水质适合工业、居民饮用及农田灌溉使用。

(五)临沂市

1959～2005 年,为临沂市城市供水提交临沂以西地段、东沂河地段、仲村等富水地段,提交允许开采量 41.957 万立方米/天。

1.山东省临沂市城市供水水文地质勘测

1959 年 1 月,为确保临沂工业、轻工业及饮用水之水源,加速工业生产的发展,根据城市规划以及临沂工业局、电厂、钢厂及自来水厂提出的要求,进行山东省临沂市城市供水水文地质勘测。报告编写人:韩宗珊、邵逵、郭玉文等。完成主要工作:1∶2.5 万水文地质调查 370 平方千米,钻探进尺 8832.94 米,抽水试验时间 4939.51 小时,水质分析及岩样分析 287 件。1964 年 8 月,提交山东省临沂市城市供水水文地质勘测报告书。取得主要成果:该区内富水地段为临沂以西地段和东沂河地段,允许开采量 41.957 万立方米/天,水质符合要求,可作为大型供水水源地。

2.山东省临沂市城市供水水文地质调查

1959 年 2 月,为查明临沂市的水文地质条件,以便合理地选择供水水源地,满足 1962 年 3.2 万立方米/天工业用水和城市供水的需要,进行山东省临沂市城市供水水文地质调查。报告编写人:韩宗珊等。完成主要工作:1∶2.5 万水文地质调查面积 370 平方千米,抽水试验 64 孔 209.1 小时,水质分析 232 件。1959 年 9 月,提交山东省临沂市城市供水水文地质调查报告。取得主要成果:初步查明工作区内水文地质条件;主要供水目的层为灰岩,需经进一步勘探研究其岩溶裂隙发育及含水性;提出下一步勘探建议。

3.山东省临沂市西部地区地下水资源普查

2004 年 1 月,对苍山以北的广大地区进行一次水资源调查摸底,寻找新的供水源地作为临沂城市的后备水源地,为城市发展规划提供依据,省国土资源厅下达该项目任务书,临沂市国土资源局委托进行山东省临沂市西部地区地下水资源普查。项目负责人:游其军、王广庆。报告编写人:游其军、姜玉敏、王广庆等。完成主要工作:水文地质调查面积 660 平方千米,1∶1 万水文地质调查面积 43.2 平方千米,钻探 21 孔,物探点 366 个,抽水试验 22 孔 227.3 小时,水质分析 25 件。2005 年 7 月,提交山东省临沂市西部地区地下水资源普查报告。取得主要成果:该区可增加开采资源 0.3216 亿立方米/年;仲村富水地段位于大仲村谷地的中心部位,面积约 9 平方千米,单井涌水量大于 1000 立方米/天,适宜建立城市集中供水水源地。大部分地区岩溶水符合国家生活饮用水卫生标准;在部分地段大肠杆菌超标严重,需经消毒后可作为生活饮用水,而用于一般锅炉用水需进行软化处理。

(六)济宁市

1958～2006 年,为济宁市城市供水圈定济宁市区以北休养所、杜庙一带、兖州北部等富水地段,提交允许开采量 13.359 万立方米/天。

1.山东省济宁专区济宁市 1∶2.5 万供水水文地质勘测

1958 年 6 月,济宁市 1959 年二季度修建水厂所需 13 万立方米/天水量,受济宁市委托,对工作区地下水资源进行计算评价。报告编写人:李春山、陈龙渊、孙建斌等。完成主要工作:1∶2.5 万水文地质调查面积 76.5 平方千米,钻探 65 孔总进尺 2857.5 米,勘探孔抽水试验 1761.48 小时,水质分析 152 件,岩样 42 件。1958 年 12 月,提交山东省济宁专区济宁市 1∶2.5 万供水水文地质勘测报告。取得主要成果:济宁市区以北休养所、杜庙一带地下水量较丰富,允许开采量 8.401 万立方米/天;水质基本满足供水要求。

2.兖济市供水水文地质勘测

1960 年 1 月,山东省城市发展规划的兖济市工业、生活用水量 4 万立方米/天,远景需水量 12 万立方米/天,由八〇一队进行兖济市供水水文地质勘测。报告编写人:谷吉林、金南珠等。完成主要工作:1∶5 万水文地质调查面积 641 平方千米,钻探 79 孔总进尺 8377.06 米,物探剖面长 61 千米物理点 325 个,勘探孔抽水试验 49 个 3287 小时,水质分析 211 件,岩样 4 件。1963 年 3 月,提交兖济市供水水文地质勘测报告。取得主要成果:在兖州北部可形成供水水源地,允许开采量 4.958 万立方米/天,水质满足城市供水要求。

3.山东省济宁市曲阜新区水文地质调查

2004 年 11 月,在曲阜新区及周围约 442 平方千米范围内开展地下水水文地质调查工作,调查曲阜新区水文地质条件的变化,进一步查明富水地段,重新评价地下水资源,为新区供水提供依据,省国土资源厅下达任务,山东省济宁市曲阜新区管理委员会委托实施。项目负责人:徐士民。报告编写人:

徐士民、狄芳、王海焦等。完成主要工作：水文地质调查面积 640 平方千米，1∶1 万水文地质调查面积 43.2 平方千米，视电阻率测物理点 200 个，抽水试验 20 孔，水质分析 28 件。2006 年 12 月，提交山东省济宁市曲阜新区水文地质调查报告。取得主要成果：明北兴—南辛断块尼山水库的渗漏量减少一半，2006 年为 4.43 万立方米/天；峄山断裂以西浅部(0～38 米)向北东展布的古河道带和深部(50～100 米)含水砂、砾石层的相对富集地段；孔隙水富水地段分布在工作区的西北大雪村、章枣、小苑庄一带沂河古河道；岩溶水符合一般锅炉用水水质标准；第四系孔隙水个别地方硝酸盐超标。

(七)菏泽市、烟台市、潍坊市、威海市

1958 年～1963 年 12 月，先后进行菏泽、烟台、潍坊、威海等市供水水文地质勘测，圈定菏泽西关、烟台、潍坊大英村、远晨庄、潍坊以西、威海市区等富水地段，提交允许开采量共 36.094 万立方米/天。

1. 山东省济宁专区菏泽 1∶2.5 万供水水文地质勘测

1958 年 8 月，配合各项事业的发展远景规划，了解和查明地下水资源，达到更合理地开采和利用地下水资源，为各项建设事业服务，进行山东省济宁专区菏泽 1∶2.5 万供水水文地质勘测。报告编写人：李春山、黄义海、杨绳理等。完成主要工作：1∶2.5 万水文地质调查面积 55.125 平方千米，水文地钻探孔 11 个，抽水试验孔 11 个，水质分析 95 件。1959 年 3 月，提交山东省济宁专区菏泽 1∶2.5 万供水水文地质勘测报告。取得主要成果：该区第四纪孔隙水允许开采量 1.014 万立方米/天；赵王河以东、孟花园、赵堂、都庄一带水量不大，水质较好；西关地区水量较大，但水质较差。

2. 山东省烟台市供水水文地质勘查

1959 年 6 月，由于城市发展和人口增加，对于优质工业用水及居民用水的需要显得十分紧迫，烟台市城建局委托进行山东省烟台市供水水文地质勘查。报告编写人：陈振鹏、柴潮鹤、石泉森等。完成主要工作：1∶5 万水文地质调查面积 818 平方千米，水文地钻探 10 孔总进尺 3586 米，勘探孔抽水试验 172 个落程 3593 小时，水质分析 236 件，岩样 42 件，土样 2 件。1960 年 1 月，提交山东省烟台市供水水文地质勘查报告书。取得主要成果：提交地下水允许开采量 28.619 万立方米/天；除沿海地区外，水质适合工业及一般锅炉用水要求。

3. 1∶5 万潍坊城市供水水文地质勘测

1960 年 1 月，根据潍坊市城市发展规划，潍坊市工业和生活用水需水量为 40 万立方米/天，进行供水水文地质勘测。报告编写人：曹修笏等。完成主要工作：1∶5 万水文地质调查面积 1307 平方千米，钻探 64 孔总进尺 7123

米，抽水试验时间47孔2622小时，水质分析349件。1963年5月，提交1∶5万潍坊城市供水水文地质勘测报告。取得主要成果：圈定大英村第四系孔隙水、远晨庄、潍坊以西以北及东北地带裂隙岩溶水等3个富水地段，允许开采量共4.794万立方米/天，但远远不能满足潍坊城市供水的需求量。

4.威海市供水水文地质勘探

1960年6月，中共威海市委员会委托以便城市供水勘探，弄清地下水资源进行合理利用地下水。报告编写人：石泉森等。完成主要工作：1∶5万水文地质调查面积115平方千米，钻探57孔总进尺1248.49米，抽水试验51孔396小时，水质分析155件，岩样17件。1963年12月，提交威海市供水水文地质勘探报告。取得主要成果：第四系孔隙水允许开采量1.667万立方米/天，不能满足该市的实际需要，建议在城市规划中采取利用回归水、截储地表水和将工厂分散设置的方案。

二、城镇供水水文地质勘查

1958～2002年，先后对莱阳县、胶县、平邑、桓台县华沟—鱼龙湾、蒙阴地区、临朐县老龙湾、蓬莱市、广饶县、郓城县等城镇进行供水勘探(普查)项目，并提交城镇供水水源。

(一)山东省莱阳县供水水文地质勘探

1958年8月，为解决莱阳县工业和生活用水，受山东省人民委员会委托，进行山东省莱阳县供水水文地质勘探。报告编写人：陈振鹏、陈长斌等。完成主要工作：1∶2.5万水文地质调查面积74平方千米，钻探49孔总进尺398.38米，抽水试验1146小时，水质分析77件，岩样2件。1959年1月，提交山东省莱阳县供水水文地质勘探报告书。取得主要成果：在该区10千米的取水地段，建3个报告所提出的集水建筑物，取水5万立方米/天是可能的；地下水硬度高，适合灌溉，不太适宜用作生活用水。

(二)山东省青岛市胶县供水水文地质勘测

1959年1月，为满足青岛市胶县生产生活用水需要2.8万立方米/天的水量，到1962年必需满足16万立方米/天的水量，受胶县城建委员会委托，进行山东省青岛市胶县供水水文地质勘测。报告编写人：陈长斌等。完成主要工作：1∶5万水文地质调查面积144平方千米，水文地钻探孔15个总进尺1861.82米，抽水试验110孔落程1431.55小时，水质分析77件。1959年7月，提交山东省青岛市胶县供水水文地质勘测报告。取得主要成果：飞机场、大杨戈庄一带晚白垩纪青山层玄武岩富水性强，允许开采量0.2466万立方米/天，远不能满足胶县供水 2.8 万～16 万立方米/天的水量要求；除十里堡及海相分布区为氯化物水外，其余均适宜饮用。

(三)山东省益都县益都 1∶5 万供水水文地质勘测

1959 年 1 月，为满足益都城日需水量 3 万立方米的要求，进行山东省益都县益都 1∶5 万供水水文地质勘测。报告编写人：任福生等。完成主要工作：1∶(2.5 万～5 万)水文地质调查面积 225 平方千米，水文地钻探 24 孔总进尺 2239.57 米，勘探孔抽水试验 12 孔 1042 小时，水质分析 131 件，岩样 2 件。1959 年 7 月，提交山东省益都县益都 1∶5 万供水水文地质勘测报告。取得主要成果：开采储存量浅层 0.161 万立方米/天，浅层承压水 1.181 万立方米/天，深层承压水 1.379 万立方米/天；潜水水量较小，水质尚好，可作为居民用水，浅层和深层承压水水质可满足工业用水。

(四)山东省平邑、仲村供水水文地质初步勘测

1959 年 1 月，为解决平邑及仲村的供水问题，进行山东省平邑、仲村供水水文地质初步勘测。报告编写人：侯奕盛等。完成主要工作：1∶5 万水文地质调查面积 264 平方千米，钻探进尺 2549.07 米，抽水试验时间 667.68 小时，水质分析 132 件。1964 年 8 月，提交山东省平邑、仲村供水水文地质初步勘测报告。取得主要成果：平邑地区水量比较丰富，可采储量 0.790 万立方米/天，区内酒精厂、粮库、一中等处为富水地段，单井涌水量一般为 800 立方米/天。仲村区水量较小，可采储量 670 立方米/天；平邑地区水质良好，适于工业、城市居民及灌溉使用。

(五)惠民专区桓台县华沟—鱼龙湾供水勘查

1961 年 3 月，为解决该区地下水水质污染问题，桓台县华沟村通过山东省人民委员会、省地质厅向八〇一队提出为华沟居民供水打井请求。报告编写人：曹修笏等。1962 年 3 月，山东省副省长王子文在淄博污水处理会议上也指示尽快打出华沟居民供水井。1962 年 4 月，提交惠民专区桓台县华沟供水简报。完成主要工作：1∶5 万水文地质调查面积 200 平方千米，钻探进尺 1428.54 米，勘探孔抽水试验 11 孔 448 小时，水质分析 79 件。1962 年 8 月，提交惠民专区桓台县华沟—鱼龙湾供水勘查打井报告。取得主要成果：华沟附近 150 米以内有 5 个含水层，水质上面 2 个含水层已受污染，下面 3 个含水层水质亦不理想；沿滃龙河两岸，污染宽度自鱼龙湾东首到东留庄宽达 6000 米，污染深度 50 米，含有害成分的污染宽度为 2000 米，污染深度为 20 米；能利用开采的深部层间水在地面 50 米深度以下，允许开采量 150 立方米/天。

(六)蒙阴地区1∶5万地质—水文测绘

1961年4月,为提供蒙阴地区地下水资源的资料,解决该区农业、工业及居民生活用水问题,进行蒙阴地区1∶5万地质—水文地质测绘。报告编写人:王守智、李文家等。完成主要工作:1∶5万水文地质调查面积550平方千米,机(民)井抽水试验井27眼,水质分析132件,岩样21件。1962年2月,提交蒙阴地区1∶5万地质—水文测绘报告。取得主要成果:奥陶纪灰岩和第四纪砂砾石层为主要含水层,水量丰富;测区岩溶水可作为供水水源地的地段有南泉庄地段、蒙阴城南、赵峪、桃墟地段。

(七)山东省临朐县老龙湾泉域水文地质勘查

1989年12月21日,临朐县政府为使老龙湾泉保持常年喷涌,保护当地生态,发展旅游业,《关于老龙湾泉的保护评价立项的请示》送至八〇一队,要求其列入1990年科研项目。1990年4月下旬,老龙湾一度断流,引起各界人士及当地群众的关注,临朐县政府认真分析老龙湾泉的断流原因,在听取专家意见后,采取控制农业开采量等措施,使泉水干涸10天后复涌,此举提高了当地政府对老龙湾泉的保护意识。八〇一队在接受省地矿局下达的1∶10万弥河流域环境水文地质调查与评价和勘察任务后,考虑到临朐县政府对老龙湾水资源保护的重视和迫切性,经请求省地矿局,调整了勘探部署,将弥河流域的勘查分为两个阶段实施。首先勘查临朐以南弥河流域南部地区,勘查重点为老龙湾泉域,其勘查精度由原来的1∶10万调整为1∶5万。报告编写人:杨丽芝、赵玉仁、张中祥等。完成主要工作:1∶5万水文地质调查面积1777.05平方千米,钻探6孔总进尺1236.11米,抽水试验31孔397小时,水质分析139件。1992年7月,提交山东省临朐县老龙湾泉域水文地质勘查报告。取得主要成果:老龙湾泉域岩溶水允许可采量12.3万立方米/天(含泉水流量),多年平均降水量626.2毫米,若保证老龙湾泉年平均流量不小于5.0万立方米/天(枯水期泉流量不小于4.0万立方米/天),岩溶水可采资源7.3万立方米/天,在1990年开采4.2万立方米/天的条件下,可增采3.1万立方米/天;在水量和水质方面提出保护老龙湾泉的措施。

(八)山东省蓬莱市泊子宋家水源地

1998年5月,蓬莱市以地表水作为城市主要供水水源,供水保证程度较低,遇干旱年份缺水严重。原地矿部及省地勘局一直十分重视此问题。为做好蓬莱市的供水水文地质工作,以适应该市经济快速发展之需,下达项目任务书。项目负责人:魏东。报告编写人:魏东、尚宇宁等。完成主要工作:1∶2.5万水文地质调查面积97平方千米,钻探3孔总进尺219.2米,抽水试验

23 组 266.5 小时，水质分析 39 件。1998 年 12 月，提交山东省蓬莱市南王地区供水水文地质详查报告。取得主要成果：圈定 1.106 平方千米泊子宋富水地段，含水层目的层为玄武岩，计算最大水位降深 11.12 米的允许开采量为 0.8 万立方米/天；水质适宜农田、工业和生活用水。

2000 年 3 月，受蓬莱市自来水公司委托，进行山东省蓬莱市泊子宋家水源地供水水文地质勘探。项目负责人：佟光玉、魏东。报告编写人：魏东、佟光玉、杨丽芝等。完成主要工作：1∶2.5 万水文地质调查面积 151.8 平方千米，1∶1 万水文地质调查面积 43.2 平方千米，钻探 11 孔总进尺 1000.62 米，视电阻率测深剖面 11 条物理点 231 个，联合剖面 0.36 千米物理点 55 个，抽水试验 9 孔 2168.27 小时，水质分析 117 件。2001 年 1 月，提交山东省蓬莱市泊子宋家水源地供水水文地质勘探报告。取得主要成果：泊子宋水源地总面积 2.80 平方千米，含水层目的层为玄武岩和大理岩，在 2000 年条件下，水源地允许开采资源 0.6051 万立方米/天；水源地水质较好，可作工业用水和生活用水水源。

（九）山东省广饶县深层地下淡水资源普查

2000 年 4 月，随着区内经济发展，深层地下淡水成为当地工农业生产和居民生活用水的主要水源，为了合理利用好广饶县深层地下淡水，根据山东省财政厅、省地矿厅联合下发的文件要求，受东营市地质矿产局委托，开展此项工作。项目负责人：张中祥。报告编写人：张中祥、杨丽芝等。完成主要工作：1∶10 万水文地质调查面积 1137.87 平方千米，钻探 1 孔进尺 300 米，视电阻率测深剖面 3 条物理点 54 个，抽水试验 17 孔，水质分析 27 件。2000 年 11 月，提交山东省广饶县深层地下淡水资源普查报告。取得主要成果：中深层承压水已开采量 0.42 亿立方米/年，中深层承压水总体处于超采状态，应调减开采量；到 2010 年中深层地下淡水尚可满足工业用水的 64.3%，到 2020 年仅可满足工业用水的 44%，需要开采深层地下水 0.32 亿立方米/年。

（十）山东省郓城县地下水普查

2002 年 2 月，通过对郓城县进行区域水文地质调查，基本查明该县的水文地质条件，初步计算出地下水资源量，并提出合理的水资源开发利用规划。本项目属山东省财政厅下达的矿产资源补偿费项目。项目负责人：牟强。报告编写人：牟强、赵忠义、王珏等。完成主要工作：1∶10 万水文地质调查面积 1573 平方千米，钻探 6 孔总进尺 300 米，视电阻率测深剖面 7 条物理点 500 个，抽水试验 4 孔，高程测量 40 个，水质分析 40 件。2002 年 12 月，提交山东省郓城县地下水普查报告。取得主要成果：该区浅层地下水开采资源 2.3217

亿立方米/年;深层地下水总的可开采弹性量为 1.1392 亿立方米;浅层淡水适宜用作农田灌溉,不太适宜饮用,用作锅炉用水须经软化及除腐蚀;深层淡水氟离子含量大于 1 克/升。

第三节　工业供水水文地质勘查

在工业供水方面,自建队以来先后为莱芜钢铁基地、济南市工业、莱芜电厂、淄博市工业、齐鲁石化 30 万吨乙烯工程、寿光纯碱厂、青岛新港、山东省新华制药厂、张店化工厂、莱芜钢铁总厂、山东十里泉发电厂等大中型企业开展供水水文地质勘探工作。截至 2017 年 12 月,在工业供水方面,完成水文地质调查面积 10652.21 平方千米、钻探 774 孔总进尺 109819.40 米、抽水试验 623 孔 37370.44 小时、水质分析 2800 件、岩样 6 件、土样 248 件,提交工矿企业供水水源地(富水地段)48 个,允许开采量 274.4069 万立方米/天。

一、莱芜钢铁基地供水水文地质勘测

莱芜钢铁基地供水水文地质勘测可分为三个阶段。

(1)第一阶段:1958 年～1959 年 12 月,国家拟在莱芜地区建立钢铁基地,八〇一队在 755 平方千米的范围内进行水文地质调查和勘探,提交莱芜地区 1∶5 万供水水文地质调查报告和莱芜县供水水文地质勘测报告,后因国家计划改变,该钢铁基地下马。

1958 年 5 月,在莱芜地区筹建钢铁厂及附属工厂,根据济南钢铁厂筹建处文:莱芜钢铁厂(包括焦化厂)耗水量为 3～5 立方米/秒,为此委托八〇一队承担此任务。报告编写人:奚德荫、郭俊英、化验员徐祥益等 10 人。完成主要工作:1∶5 万水文地质调查面积 755 平方千米,抽水试验、实验测试等工作。1958 年 11 月,提交莱芜地区比例尺 1∶5 万供水水文地质调查报告。取得主要成果:天然流量(动储量)莱芜东关至宋家官庄 0.5967 万立方米/天、司马河附近 1.989 立方米/天,不能满足莱芜钢铁厂的最终需水量,必须大面积取水并考虑地下水及地表水综合利用;地下水水质适合用作工业用水、农业灌溉用水及城市居民用水;钢铁厂第一期工程需水量可考虑由郭娘泉水、奥陶纪灰岩及第四纪砂层地下水综合解决。

1958 年 5 月,应国家拟建的莱芜钢铁厂及莱芜县的城市供水要求,进行莱芜县供水水文地质勘测。报告编写人:奚德荫、郭俊英、王守智等。完成主要工作:1∶5 万地质—水文地质调查 890.56 平方千米,钻探进尺 6996 米,抽水试验 6692 小时,水质分析 477 件。1959 年 12 月,提交莱芜县供水水文地

质勘测报告。取得主要成果:该区第四系和奥陶纪灰岩含水层允许开采量20万~25万立方米/天;第四系富水地段4个,开采储存量10万~18万立方米/天;奥陶纪灰岩富水地段5个,开采储存量9.5万~12万立方米/天;水质适合用于工业、居民饮用及农业灌溉。

(2)第二阶段:1970年12月~1974年3月,上海市和山东省拟共同建设大型炼铁基地,以供上海各钢厂需要,随成立张家洼工程指挥部,其中该炼铁基地水源地供水勘测由省革命委员会地质局责成八〇一队负责,同时上海市革命委员会水文地质队、上海市革命委员会勘察院两单位支援1~2台钻机配合。八〇一队组织4个连队[①]的钻机,水文地质技术人员16人,不包括各钻机的地质技术人员以及相关的行政人员,组成指挥部。该指挥部办公地点设在莱芜县口镇,由李景、刘克任指挥,奚德荫任技术负责。在该项工作中技术人员有四对夫妻带着幼小孩子克服各种困难,坚持在野外工作。如王吉先和刘利慧、李仕儒和王秀芝、朱章友和芦玉莲等四对夫妇均有两个孩子,且各有一个孩子在上小学;奚德荫、沈月华夫妇带了一个仅一岁多的孩子。上述四对夫妇均借住于当地居民家中,上学的孩子就读于当地农村小学,较小的孩子请当地居民照看。当时卫生条件不好,孩子们被跳蚤咬得满身青一块紫一块,只能用农药马拉硫磷消灭跳蚤,该药不仅对眼睛、皮肤有刺激性,而且属致癌物[②],在那种条件下,也是不得已而为之。白天在野外调查收集资料,晚上点煤油灯整理各种资料,还要辅导孩子学习,一直坚持到每个水源地勘探结束。其中,王吉先、刘利慧夫妇和奚德荫、沈月华夫妇在1975年任务完成后才返回济南。该阶段先后发现清泥沟、东泉、枣园、大王庄及南山等地岩溶水水源地和羊里、鹏山、孝义等第四系孔隙水水源地,除上述各水源地地勘测报告外,1970~1974年编制1:2.5万莱芜盆地水文地质总结报告。

1971年2~12月,进行山东省莱芜县枣园地区供水勘查。报告编写人:王吉先、张树栋等。完成主要工作:水文地质调查24平方千米,钻探13孔总进尺2875.02米,抽水试验单孔13孔及群孔1组,水质分析33件。取得主要成果:奥陶纪—寒武纪灰岩富水,计算该区地下水可采储量为2万立方米/天,为避免工农业争水,在当地机(民)井不再发展的情况下,计算工业可采储量为1.30万立方米/天;所检项目除锅炉用水需略加处理外,其余均适宜人畜饮用

---

① 连队:1969年7月6日,山东省地质局八〇一队实行军事管制,改为连队建制。1973年3月19日,山东省革委地质局水文地质队关于组织机构编制变动的通知,撤销队属5个野外连队及普查组,改设4个分队(即一、二、三、四分队)。

② 致癌物:2017年10月27日,世界卫生组织国际癌症研究机构公布马拉硫磷属2A级,即对人致癌性证据有限,但对动物致癌性证据充分。

及工农业使用。

1971年3～12月,进行山东省莱芜县羊里地区供水勘查。报告编写人:吴乐文、朱章友等。完成主要工作:水文地质调查40平方千米,钻探52孔总进尺1114.12米,抽水试验28孔抽水时间226小时。取得主要成果:第四纪河流冲积层富水,计算该区地下水可采储量为9万立方米/天,为避免工农业争水,在当地机(民)井不再发展的情况下,计算工业可采储量为6万立方米/天;所检项目除锅炉用水需略加处理外,其余均适宜人畜饮用及工农业使用。

1971年5～12月,进行山东省莱芜县鹏山地区水文地质勘测。报告编写人:朱寰盛等。完成主要工作:1∶1万水文地质调查20平方千米,钻探15孔总进尺521.79米,物探25条,水质分析5件,土样2件。取得主要成果:该区第四系孔隙水允许开采量5万立方米/天,水质满足生活及生产用水要求。

1972年3月～1973年10月,进行莱芜县寨里—大王庄地区供水水文地质勘测。报告编写人:王连祥、石泉森、朱章友等。完成主要工作:1∶1万水文地质调查20平方千米,钻探82孔总进尺6135.83米,抽水试验62孔490.55小时,水质分析62件。取得主要成果:该区地下水允许开采量5.617万立方米/天,其中第四纪孔隙水3.117万立方米/天[①],奥陶纪灰岩裂隙岩溶水2.5万立方米/天;适合用作工业用水、居民饮用水及农田灌溉用水。

1970年12月,由于莱芜盆地水文地质条件复杂,有必要对莱芜盆地的水文地质条件作一比较系统的认识,以便进行各水源地的评价,以及概算盆地地下水资源。报告编写人:王吉先、杨绳理、刘利慧等。完成主要工作:1∶2.5万水文地质调查面积357.6平方千米,钻探8孔总进尺2179.33米,抽水试验时间667.68小时,水质分析及岩样分析113件。1974年3月,提交莱芜盆地水文地质总结报告。取得主要成果:该区地下水允许开采量43.76万立方米/天;第四系水源地允许开采量,羊里6万立方米/天、田庄2万立方米/天、孝义1万立方米/天、鹏山5万立方米/天。灰岩水源地枣园允许开采量1.3万立方米/天、大王庄2.5万立方米/天、南四区(红埠岭、对仙门、吴家岭、塔子四地)6.25万立方米/天、清泥沟5.23万立方米/天、东泉5.03万立方米/天;除局部遭受污染外,大部地区地下水水质较好,适合用作工农用水及生活用水。

(3)第三阶段:1987年9月～1989年11月,莱芜钢铁总厂改扩建,供水水

① 第四纪孔隙水3.117万立方米/天:第四纪孔隙水实际开采量已接近此数,所以第四系不予提交工业开采储量。

源紧张，委托八〇一队进行水文地质勘查。1989 年 11 月，提交山东省莱芜钢铁总厂附近供水水文地质勘探报告。

莱芜钢铁总厂位于莱芜市东南 25 千米，是山东省重点钢铁企业之一。1987 年 9 月，由于该厂改扩建，供水水源紧张，委托八〇一队进行水文地质勘查。报告编写人：孙冠群、胡铁军、齐天泽等。原定于 1988 年 8 月结束野外工作，并计划于 1988 年枯水期进行丈八丘基岩多孔抽水试验，由于供电和山洪影响未能进行，经与莱芜钢铁总厂研究改于 1989 年枯水期进行；1989 年 6 月结束野外工作。完成主要工作：水文地质调查面积 284.38 平方千米，钻探 84 孔总进尺 4951.59 米，抽水试验 50 孔 3479 小时，水质分析 153 件，土样 42 件。1989 年 11 月，提交山东省莱芜钢铁总厂附近供水水文地质勘探报告。取得主要成果：莱钢周围地区建议允许开采资源 15.3205 立方米/天，其中农业开采资源3.1628立方米/天，能满足莱钢改扩建工程实施后总需水量 10.5 万立方米/天的要求；丈八丘、傅家桥、黄庄、郑王庄水源地地下水适合工农业使用和生活饮用；污水沿汶河、颜庄河排放，使位于沿河一带的清泥沟、东泉、新城等水源地地下水受到污染，仅适合工农业使用，大肠菌群超标 9～70 倍，经处理后方可用作生活用水。

二、1∶2.5 万山东省蓬莱县龙口镇供水水文地质勘测

1958 年 4 月，山东省城市建设局要求为蓬莱县龙口镇提供工业用水水源，进行 1∶2.5 万山东省蓬莱县龙口镇供水水文地质勘测。报告编写人：柴潮鹤、单季琦、贾久明等。完成主要工作：1∶2.5 万水文地质调查面积 277 平方千米，钻探进尺 2025 米。1959 年 9 月，提交 1∶2.5 万山东省蓬莱县龙口镇供水水文地质勘测报告书。取得主要成果：提交允许开采量 3.215 万立方米/天；除龙口镇东盐碱地外，其余水质可以满足供水要求。

三、湖田水源地供水水文地质勘查

1958 年 12 月，南定热电厂委托为其找出 1.25 万立方米/天涌水量的第三水源地，来满足 1959 年的用水需要，进行湖田水源地供水水文地质勘查。报告编写人：李传谟等。完成主要工作：钻探 5 孔总进尺 1025.58 米，抽水试验 6 个落程。1959 年 9 月，提交湖田水源地供水水文地质勘查报告。取得主要成果：该区奥陶纪灰岩含水层允许开采量 1.6915 万立方米/天；水质硬度稍高，略加处理可以应用。

四、山东省峄钢、野钢供水—水文地质初步勘查

1959 年 1 月，受济宁专员公署[①]峄县人民委员会之托，并遵省地质局指令，为峄县钢铁基供水进行水文地质勘测。报告编写人：李春山、孙京立、金南珠等。完成主要工作：1∶(2.5 万～5 万)水文地质调查911.14平方千米，钻探 22 孔总进尺 3344.59 米，抽水试验 1955.20 小时，水质分析 70 件。1959 年 11 月，提交山东省峄钢、野钢供水—水文地质初步勘察报告。取得主要成果：该区奥陶纪灰岩含水层允许开采量 3.56 万立方米/天，其中十里泉地区允许开采量 3.46 万立方米/天，野岗埠地区允许开采量 0.1 万立方米/天；地下水水质适合饮用和工业使用。

五、新汶电厂东都水源地详细勘探

1963 年 4 月，经新汶电厂多次要求和省地质局研究同意，受新汶电厂委托，查明电厂扩建所需东都水源地含水层的水质、水量，为水源地建设提供设计所需的水文地质参数，进行新汶电厂东都水源地详细勘探。报告编写人：韩宗珊、黄轸协、吴朱茂等。1963 年 10 月，开始工作。完成主要工作：钻探进尺 800 米，抽水试验时间 9 孔 581 小时，水质分析 41 件。1964 年 3 月，提交新汶电厂东都水源地详细勘探报告书。取得主要成果：东都水源地含水目的层为第四系冲积层，允许开采量 3.653 万立方米/天；水质满足生活及生产用水要求。

六、济南市北郊供水水文地质勘测

1966 年 2 月，为满足济南市北郊工业区供水水源需要，济南市计划委员会根据重点工厂需水要求，委托在北郊地区进行水文地质勘查工作。主要完成工作量：1∶1 万水文地质调查 15 平方千米，钻探 29 孔总进尺 1991.71 米，物探点 273 个，抽水试验 391 小时，水质分析 50 件，岩样 1 件。1966 年 11 月，提交济南市北郊供水水文地质勘测报告。报告编写人：邵逴、丰万芬等。取得主要成果：提交允许开采量 5.598 万立方米/天。

七、鲁南化肥厂供水水源地水文地质勘查

1966 年 10 月，根据山东省化学工业公司和鲁南化肥厂筹建处委托，为解

---

① 专员公署：又称“行政公署”(简称“行署”)，是中华人民共和国的省、自治区人民政府曾经根据需要设置的派出机关，其不属于一级政府。专员公署的作用是代表省政府行使权利，管理所属各县的行政领导工作，不参与实际业务管理。

决鲁南化肥厂 2.4 万～3.6 万立方米/天供水需求，进行鲁南化肥厂供水水源地水文地质勘查。报告编写人：韩宗珊、黄轸协、吴朱茂等。完成主要工作：钻探进尺 800 米，抽水试验时间 9 孔 581 小时，水质分析 41 件。1967 年 11 月，提交鲁南化肥厂供水水源地水文地质勘查报告。取得主要成果：水源地允许开采量 3.732 万立方米/天，水质符合工业和生活用水标准。

八、济南东郊水源地勘查

1968 年 4 月，根据山东省工业办公室 1968 年 4 月指示精神，查明济南东郊工矿区水文地质条件，论证每天开采 16 万立方米地下水的可能性，进行济南东郊水源地勘查。报告编写人：李凡真、安梦岭等。主要完成工作量：钻探 21 孔总进尺 4753.4 米。1970 年 9 月，提交济南东郊水源地勘查报告。取得主要成果：济南东郊第四系下伏奥陶纪灰岩裂隙岩溶发育，在冷水沟—杨家屯、水厂—纸坊、电厂—铁厂一带开采 16 万立方米/天是安全有保障的，并可满足远景规划中所需的 22.2 万立方米/天的需要；水质适合用作锅炉、冷却等工业用水、农田灌溉和生活用水。

九、山东省莱芜县红埠岭—对仙门地区供水勘探

1970 年，为满足山东省电管局在莱芜县对仙门附近拟建一座发电量 25 万千瓦的火力发电厂所提出的 5 万立方米/天生产和生活用水的需要，八〇一队于 1967 年、1968 年及 1969 年先后在莱芜县吴家岭、毛家庄及对仙门一带进行水文地质勘探工作，并提交吴家岭水源地灰岩裂隙岩溶水允许开要量 2.1万立方米/天，但不能满足该电厂的需水要求。为此，进行山东省莱芜县红埠岭—对仙门地区供水勘探。报告编写人：霍炎兴等。完成主要工作：水文地质调查 7 平方千米，钻探 16 孔总进尺 2930.6 米，抽水试验 20 孔 416 小时，水质分析 16 件。1971 年 12 月，提交山东省莱芜县红埠岭—对仙门地区供水勘探报告。取得主要成果：奥陶纪—寒武纪灰岩裂隙岩溶水允许开采 5.35万立方米/天，其中红埠岭地区 2.28 万立方米/天，对仙门地区 0.97 万立方米/天，原勘探吴家岭 2.1 万立方米/天，可满足电厂供水要求；水质适宜用作工业及生活用水。

十、莱芜县牛王泉地区水文地质勘测

1972 年 3 月，为发展工业生产，加速建设，查明牛王泉地区水文地质条件，论证其作为工业用水水源地的可能性，进行莱芜县牛王泉地区水文地质勘测。报告编写人：奚德荫、李士儒、刘顺来等。完成主要工作：1∶1 万水文

地质调查 24 平方千米，钻探 8 孔总进尺 2918.05 米，抽水试验 167 小时，水质分析 9 件。1973 年 5 月，提交莱芜县牛王泉地区水文地质勘测报告。取得主要成果：奥陶纪—寒武纪灰岩裂隙岩溶水允许开采量 1.8 万立方米/天；在西尚庄附近等地氨和亚硝酸盐受地表水污染，饮用时应处理，在工业用水方面属水垢少和软沉淀物的、半腐蚀性的、不起泡的水，对混凝土无侵蚀性的水。

十一、莱芜县塔子地区水文地质勘测

1972 年，查明莱芜盆地水文地质条件，评价作为水源地的可能性，进行莱芜县塔子地区水文地质勘测。报告编写人：奚德荫等。完成主要工作：钻探 6 孔总进尺 1671.81 米，抽水试验 277 小时，水质分析 6 件。1973 年 10 月，提交莱芜县塔子地区水文地质勘测报告。取得主要成果：该区奥陶纪灰岩裂隙岩溶水允许开采量 0.90 万立方米/天，适合作一般工业及居民生活用水。

十二、淄博大武水源地

淄博大武水源地是山东省最大岩溶水水源地，是山东省首次也是 1977 年全国较少进行两组多孔大抽水试验的水源地，还是山东省首次乃至全国在水文地质方面较早采用有限单元法计算岩溶水允许开采量的水源地。该水源地为齐鲁石化 30 万吨乙烯工程项目、辛店电厂扩建以及淄博市张店区提供地下水资源。

1974 年，为了查明该地区地下水资源情况，为辛店电厂扩建寻找地下水源，遵照中共山东省革命委员会指示，省革委地质局责成八〇一队进行山东省淄博地区北部水文地质勘查及大武水源地勘探工作。报告编写人：魏允正、王绍文、刘凯等。完成主要工作：1∶5 万水文地质调查面积 765 平方千米，钻探 76 孔总进尺 19774.57 米，抽水试验 71 孔 1977 小时，水质分析 278 件。1977 年 10 月，提交山东省淄博地区北部水文地质勘查及大武水源地勘探报告。取得主要成果：大武水源地是山东省特大水源地之一，淄河渗漏是该水源地的重要补给源之一；计算允许开采量 53.8737 万立方米/天，在 1977 年已开采 23.8737 万立方米/天，推算水位下降 8.5264 米可增采 30 万立方米/天[①]；水质适合用作城市生活用水供水水源，稍加软化处理亦适宜作为工业供水水源。

1987 年 5 月，大武水源地建成后，成为齐鲁石化 30 万吨乙烯工程、辛店

① 增采 30 万立方米/天：必须满足淄河渗漏量为日平均 26.137 万立方米/天、侧向径流补给量 35.0927 万立方米/天等 7 个地下水资源计算的前提条件，才能增采 30 万立方米/天。

电厂及淄博市张店区的供水水源，开采量 42 万立方米/天。1980 年后，淄河上游太和水库不再向下游淄河放水，大武水源地的补给量大大减少，出现岩溶水水位逐年下降情况。根据淄博市水资源管理办公室及省地矿局的要求，预测计算区内未来的允许开采量和地下水动态变化规律，为建立淄博地区地下水资源管理模型奠定基础，进行山东省淄博市大武水源地地下水资源验算。报告编写人：荆甫荣、徐绍辉、张胜亮等。完成主要工作：1∶5 万水文地质调查面积 642.38 平方千米，钻探 7 孔总进尺 1648.87 米，抽水试验 10 孔 194.3 小时，水质分析 53 件。取得主要成果：大武水源地地下水允许开采量 32.73 万立方米/天；1989 年 1 月，提交山东省淄博市大武水源地地下水资源验算报告。1988 年，该水源地开采量 42.51 万立方米/天，已处严重超采状态；引起水源地地下水持续下降的原因是淄河渗漏补给量减少、连续干旱大气使降水补给量减少、地下水过量开采。

十三、山东省章丘县明水镇供水水文地质勘查

1978 年 7 月 28 日，鉴于受淄河边补给量减少影响，淄博大武水源地开采后水位出现下降，根据中共山东省革命委员会《山东省革委关于解决山东胜利石油化工厂总厂乙烯联合化工厂用水问题的决定》，由山东省经济委员会、计划委员会、建设委员会、省重点工程会战指挥部共同主持召开会议，明确指出明水作为乙烯厂供水水源地，并要求立即组织力量对明水水源地进行勘察，以确保 1981 年由明水向乙烯厂供水。省革委地质局指示八〇一队进行山东省章丘县明水镇供水水文地质勘查。报告编写人：孙冠群、武林、邵逵等。先进行勘探工作，再进行区域勘查工作，待区域工作完成后提交最终水文地质勘查报告。第一阶段勘查任务基本上按总体设计进行，钻探任务除按实际情况变动外于 1979 年 4 月底完成。第二阶段勘探工作由于该阶段乙烯厂不予投资，省革委地质局又无此预算，故此项设计省革委地质局未审批，该项目就此中断。鉴于此情况，省革委地质局指示，在已有资料基础上搜集有关单位资料，以论述从明水地区向乙烯厂供水 10 万立方米/天的可能性为主，编写相应的报告。1980 年 4 月，八〇一队组织人员进行区域地质、水文地质踏勘，搜集有关资料。完成主要工作：1∶10 万水文地质调查面积 319.9 平方千米，钻探 45 孔总进尺 12045.46 米，抽水试验 39 落程 798.33 小时，水质分析 120 件。1981 年 9 月，提交山东省章丘县明水镇供水水文地质勘查报告。取得主

要成果：明水地区整个水文地质单元允许开采量33万立方米/天[①]；在1980年开采规模情况下，剩余允许开采量5.026万立方米/天。绘制的章丘县明水火车站东南500米勘探孔水文地质综合图表被编入高等教育教材——《专门水文地质学》(在教材中，该综合成果图表：钻孔位置改为××县××火车站东南500米；钻探单位是山东省第一水文地质队，实际上应是山东省地质局第一水文地质队)。

十四、山东省寿光纯碱厂供水水源地水文地质详细勘察

1982年，国家决定在渤海、黄海沿岸建设一处60万吨纯碱厂，3万立方米/天淡水供水量成为河北唐山、江苏连云港和山东潍坊拟建厂址的候选城市能否“中标”的关键。为能使该纯碱厂落户潍坊，1982年12月29日，山东省化学工业厅委托省地质局承担该厂水源地详细勘查工作。1983年1月8日，省地质局下达任务。报告编写人：李晓东、赵一康、赵玉仁等。完成主要工作：1∶2.5万水文地质调查面积177.45平方千米，钻探80孔总进尺5501.87米，抽水试验18孔2414.5小时，物探点194个，抽水试验40孔2946.3小时，水质分析108件，土样69件。1984年10月，提交山东省寿光纯碱厂供水水源地水文地质详细勘查报告。取得主要成果：提交允许开采量3.363万立方米/天。由于找到该水源地，纯碱厂最终建在莱州湾沿岸的寿光。

十五、淄博市城子—口头水源地供水水文地质勘查

1983年3月，为满足淄川地下水的需求量，查明该区水文地质条件，圈定可供工业开采的水源地，定量评价地下水资源，应淄博市和省地质局的要求，进行淄博市城子—口头水源地供水水文地质勘查。报告编写人：武善文、申勋烈、刘德成等。完成主要工作：1∶5万水文地质调查面积180平方千米，钻探25孔总进尺3987.27米，抽水试验18孔2414.5小时，物探点179个，水质分析148件。1984年11月，提交淄博市城子—口头水源地供水水文地质勘查报告。取得主要成果：该区主要含水层为奥陶纪和寒武纪灰岩，允许开采量2.552万立方米/天，剩余允许开采量2万立方米/天；除细菌总数120个/毫升、大肠菌群270个/升超过生活用水标准外，其他离子均未超过生活用水标准，软化后可用作工业锅炉用水、适宜农田灌溉用水。

---

① 允许开采量33万立方米/天：包括水源地区域内工业用水0.265万立方米/天、农用水量6.667万立方米/天及泉水枯水期平均排泄量21.042万立方米/天。

十六、淄博市湖田地区辛安店地段供水水文地质勘查

1987 年 6 月，山东省新华制药厂布洛芬、吡哌酸移地改扩建工程系“七五”期间[①]重点项目之一，为解决该工程日供水 5000 立方米，水质达到或接近国家生活用水标准要求，应淄博市水资源管理办公室要求，进行淄博市湖田地区辛安店地段供水水文地质勘查。报告编写人：张守春、武善文、佟光玉等。完成主要工作：1∶1 万水文地质调查面积 30 平方千米，钻探 5 孔总进尺 1450.21 米，抽水试验 6 孔 343 小时，水质分析 48 件。1987 年 12 月，提交淄博市湖田地区辛安店地段供水水文地质勘查报告。取得主要成果：该区奥陶纪灰岩裂隙岩溶水允许开采量为 4.291 万立方米/天，1987 年实际已开采 3.791 万立方米/天，剩余允许开采量 0.50 万立方米/天；该富水地段水质符合生活饮用水标准。

十七、淄博市沣水南部地段供水水文地质勘查

1988 年 5 月，根据淄博市水资源管理办公室要求，受张店化工厂环氧丙烷装置工程指挥部委托，在 1988 年山东铝厂岳店水源地及农业正常开采情况下，探查一处每天供水 0.7 万立方米的小型水源地。报告编写人：张守春、刘广义、韩连山等。完成主要工作：1∶1 万水文地质调查面积 56 平方千米，钻探 7 孔总进尺 1966.25 米，抽水试验 8 孔 608 小时，水质分析 39 件。1988 年 10 月，提交淄博市沣水南部地段供水水文地质勘查报告。取得主要成果：田家庄富水地段奥陶纪灰岩裂隙岩溶水允许开采量 2.677 万立方米/天，1988 年实际已开采 1.708 万立方米/天，剩余允许开采量 0.969 万立方米/天；该水源地水质在隐伏断裂以南达到饮用水标准，断裂以北达到张店化工厂环氧丙烷装置生产用水标准。

十八、淄博市张店西部地区供水水文地质勘查

1989 年 3 月，根据淄博市水资源管理办公室要求，受淄博市水资源管理办公室委托，在张店西部地区探查一处每天供水量为 3 万立方米的水源地，以解决部分厂矿企业及城市居民生产、生活非饮用水要求。报告编写人：张守春、武善文、赵玉仁等。完成主要工作：1∶2.5 万水文地质调查面积 180 平方千米，钻探 30 孔总进尺 1951.96 米，物探点 112 个，抽水试验 31 孔 2200 小

---

① “七五”期间：第七个五年计划期间，即中华人民共和国 1986～1990 年的国民经济和社会发展计划期间。

时，水质分析 79 件。1989 年 9 月，提交淄博市张店西部地区供水水文地质勘查报告。取得主要成果：该区在 1989 年工农业开采量 13.587 万立方米/天的基础上，可增采 3.091 万立方米/天；孝妇河冲洪积扇中上部的莲池—九级塔地段为富水地段，单井出水量大于 0.5 万立方米/天；矿化度 1.08～1.38 克/升，总硬度 34.19～47.39 德国度，地下水已受到不同程度的污染，水质相对较差。

十九、山东省枣庄市峄城水源地(山东十里泉发电厂第三水源地)勘探

1993 年 5 月，在初勘基础上补充 1∶2.5 万水文地质调查，进一步了解峄城盆地的地质—水文地质条件，建立地下水动态监测网。1994 年 8 月，编制勘探工程设计，初勘阶段的钻探工作主要在大沙河以西及沿河地带，勘探重点主要在大沙河以东地区。勘探面积原定 359 平方千米，1994 年 7 月山东省工程咨询院组织召开十里泉发电厂水源地有关问题调查论证会后又向东南方向延伸，使勘探面积达到 415 平方千米。1994 年 8 月 19 日，抽调 1 台钻机进入该区但因地方干扰，1995 年 10 月 28 日才开始钻进。1996 年 1 月 8 日，山东省副省长宋法棠莅临十里泉电厂四期建设工程现场办公，勘探工作正式开展。为争取在 1996 年枯水期进行群孔抽水试验以保证 1996 年 10 月 1 日四期机组按时发电，组织大批钻机进入工区同时施工。1996 年 10 月，野外勘探工作结束。项目负责人：颜承芳。报告编写人：李铁锡、韩连山、赵书泉、王合秋、邢立亭、游其军、张中祥、姬广胜、李海波；项目参加人：刘德成、曹佩兰、于世林等。完成主要工作：1∶2.5 万水文地质测绘 415 平方千米，水文地质钻探 55 孔总进尺 5702.03 米，物探 665 点，抽水试验 80 孔 4597.3 小时，水质分析 289 件，岩样 6 件，土样 125 件。1997 年 1 月，八〇一队、山东电力工程咨询院提交山东省枣庄市峄城水源地(山东十里泉发电厂第三水源地)勘探报告。取得主要成果：十里泉发电厂第三水源地富水地段在雷家园—林桥—前土楼河—李庄范围内，水源地岩溶水允许增采，B+C 级储量 5.50 万立方米/天，水质基本符合生活用水和工业用水标准。

二十、新泰市新泰电厂羊流宫里楼德水源地详查

1994 年 4 月，为适应山东省经济发展的需要，山东省电力管理局在新泰市新建发电容量 4×30 万千瓦的发电厂——新泰发电厂，每天需水量约 10 万立方米，新泰市东周水库每天供水 4 万立方米/天，尚需 6 万立方米/天供水量。为此，新汶发电厂委托八〇一队对羊流、宫里、楼德三个地段进行可行性

阶段需水量 6 万立方米/天的供水水文地质勘查。报告编写人:佟光玉、胡铁军、杨丽芝等。1994 年 9 月 27 日,新汶电厂、山东省电力设计院及八〇一队有关领导和工程技术人员专程前往电力工业部规划设计院总院,就勘察设计和工作情况进行汇报,电力工业部规划设计院总院给予肯定。完成主要工作:1∶5万水文地质调查面积 1079.67 平方千米,钻探 25 孔总进尺 1571.5 米,物探点 334 个,抽水试验 50 孔 513.33 小时,水质分析 127 件,土样 10 件。1995 年 5 月,提交山东省新泰市新泰电厂羊流宫里楼德水源地详查报告。取得主要成果:该区允许开采量 8.1 万立方米/天,其中羊流—果都第四系富水区允许开采量 3.6 万立方米/天;奥陶纪灰岩岩溶含水层宫里单元 1.5 万立方米/天、楼德单元 3.0 万立方米/天;所提允许开采量精度已达 C 级精度,适合用作工业用水和居民生活用水,可为该拟建电厂可行性研究阶段水源地的初步设计提供依据。

二十一、济南市章丘电厂黄土崖水源地

1993 年 9 月,为缓解电力供应紧张状况,济南市拟在所辖章丘市枣园镇附近建一座规划容量为 1450 兆瓦的大型发电厂,其中一期工程年需水量 800 万立方米,拟以地下水作为供水水源。章丘电厂筹建处委托八〇一队对拟建电厂附近水文地质条件及供水可行性提出论证报告,作为电厂初步可行研究阶段规划选点之依据。1995 年 11 月 16 日,受章丘电厂筹建处委托承担章丘电厂供水水文地质详查工作(电厂可行性研究阶段),论证拟建电厂西南部的山前隐伏灰岩区富水地段为电厂一期工程每天供水 2 万立方米的可行性,并探明该区可开采量,为二期扩建提供依据。项目负责人:魏鲁峰。报告编写人:袁传芳、刘广义、李维汉等。完成主要工作:1∶5 万水文地质调查面积 962 平方千米,钻探 4 孔总进尺 1323.22 米,抽水试验 370.13 小时,水质分析及土样分析 118 件。1996 年 12 月,提交山东省济南市章丘电厂黄土崖水源地详查报告。取得主要成果:该区埠村水文地质单元奥陶纪灰岩岩溶裂隙水允许开采量 4.2 万立方米/天,达到 C 级精度,可作为电厂可行性研究阶段水源地设计的依据。

1997 年初,受章丘电厂筹建处委托承担该水源地勘探工作,查明拟建水源地范围岩溶水的水文地质条件,进一步评价岩溶水资源,提出合理开采方案,提出的地下水允许开采量应满足 B 级精度要求,为水源地的技术设计和施工图设计提供依据。项目负责人:魏鲁峰、赵书泉。报告编写人:魏鲁峰、魏东、袁传芳等。完成主要工作:1∶5 万水文地质调查面积 844.88 平方千米,钻探 5 孔总进尺 1383.1 米,抽水试验 11 孔 1294.33 小时,水质分析及土

样分析 122 件。1997 年 11 月，提交山东省章丘市黄土崖水源地(章丘发电厂水源地)勘探报告。取得主要成果：确定该水源地岩溶水允许开采量 3.2 万立方米/天，能够满足 B 级储量的精度要求，可以作为电厂初步设计或施工图设计的依据；奥陶纪灰岩岩溶裂隙水适宜生活、火力发电厂及一般工业使用，未发现由于岩溶水的开采而引起的不良环境地质问题。

二十二、山东省费县姚河—古城水源地详查

2000 年 1 月，为解决费县新建大型发电厂每天 3.2 万立方米锅炉补充水和生活用水，受临沂发电有限责任公司委托，进行费县姚河—古城水源地详查。项目总负责：佟光玉；项目负责人：彭玉明、韩连山、刘玉仙。报告编写人：韩连山、杨丽芝、闫德哲(临沂电厂)等。完成主要工作：水文地质测绘 868 平方千米，钻探 33 孔总进尺 4389 米，物探点 129 个，测井总深 3829 米，群井抽水试验 2204 小时，水质分析及岩样分析共 251 件。2000 年 11 月，提交山东省费县姚河—古城水源地详查报告。取得主要成果：水源地岩溶地下水 A＋B 级可采量每天 6.89 万立方米，其中 A 级 1.69 万立方米/天是工农业已采量，B 级 5.2 万立方米/天是该次勘探新增储量，B 级可采量可作为水源地建设和电厂主体工程建设设计的依据。

二十三、山东省莱芜市寨里水源地供水水文地质勘探

2002 年 12 月 16 日，山东国际电源开发股份有限公司莱城发电厂委托山东电力工程咨询院向八〇一队送达山东莱城发电厂二期工程可行性研究供水水文地质勘测任务书，进行山东省莱芜市寨里水源地供水水文地质勘探。项目负责人：韩连山。报告编写人：韩连山、王合秋、张伟等。完成主要工作：1∶2.5 万水文地质调查面积 170.5 平方千米，1∶1 万水文地质调查面积 70 平方千米，钻探 21 孔总进尺 1464.89 米，物探点 46 个，抽水试验 44 孔 1636 小时，水质分析 111 件。2003 年 10 月，提交山东省莱芜市寨里水源地供水水文地质勘探报告(华电国际莱城发电厂二期 2×600 兆瓦扩建工程)。取得主要成果：莱城电厂可在寨里水源地增采地下水(B 级精度)2.37 万立方米/天，其中大鱼池开采地段增采 1.25 万立方米/天，边王许开采地段增采 1.12 万立方米/天；大鱼池开采地段岩溶水可作为生活饮用水和一般锅炉用水；边王许开采地段孔隙水水质不适合生活饮用，进行除垢和降腐蚀性处理后可用作一般锅炉用水。

二十四、山东省巨野县巨野煤田龙崮矿井供水水文地质勘查

2004 年 3 月，新汶矿业集团投资兴建的龙崮矿井需水 10000 立方米/天，其中生活用水 2000 立方米/天。受新汶矿业集团的委托，承担该供水水源地的勘查工作。项目负责人：魏鲁峰。主要完成人：魏鲁峰、陈奂良、胡爱民等。完成主要工作：1∶2.5 万水文地质调查 159 平方千米，钻探 6 孔总进尺 3073.58米，视电阻率垂向电测深 950 点，物探测井 1900 米，抽水试验 10 孔 463.5 小时，水质分析 20 件。2004 年 12 月，提交山东省巨野县巨野煤田龙崮矿井供水水文地质勘查报告。取得主要成果：圈定左庄和秦屯—林庄两个相对富水地段允许开采量分别为 0.48 万立方米/天、0.40 万立方米/天，能够满足龙崮矿井生产、生活供水需求。

第四节　农田供水水文地质勘查

根据中央提出的发展国民经济“以农业为基础，以工业为主导，全国全民大办农业，大办粮食”的方针及 1963 年根据中共山东省委员会及山东省人民委员会《加速开展鲁北平原地区的水文地质勘查工作，为发展井灌保农业增产提供水文地质资料》的指示，在德州地区、夏津—临清地区、德州—陵县地区、平原县、禹城县以及邹平—桓台地区等 9 个地县进行 1∶10 万农田供水水文地质勘查；在烟台古岘、郓城县、张店—周村地区、昌乐—辛店地区、曲阜—兖州、高唐地区等 6 个地县进行 1∶5 万农田供水水文地质勘查。经勘查工作，查明了各勘查区的水文地质条件，并分别计算地下水储量，提交成果报告。

截至 2017 年 12 月，在农田供水勘查方面，完成水文地质调查面积 28381.36 平方千米、钻探 1153 孔总进尺 46645.02 米、抽水试验 1356 孔 20829.09 小时、水质分析 3551 件、土样 290 件，提交开采资源 49.86 亿立方米/年。

一、郓城县农田供水水文地质勘测

1960 年 6 月，为了给农业寻找地下水资源，解决农田需水问题，在郓城县展开抗旱打井工作。报告编写人：王文璟、王善煜、谷吉林等。完成主要工作：1∶10 万水文地质调查面积 1600 平方千米，钻探 69 孔总进尺 7143.27 米，抽水试验 68 孔，水质分析 256 件。1963 年 3 月，提交郓城县农田供水水文地质勘测报告。取得主要成果：计算地下水开采资源 3.53 亿立方米/年；划分出 3 个含水层和不同富水性地段，并得出主要含水层系呈古河道形态分布

的结论;对地下水进行开采利用规划。

二、山东省淄博市张店—周村地区农田供水水文地质勘探

1961 年 3 月,张店—周村地区位于鲁北平原最南端的山前地带,又是淄博重要的农产品基地,完成该区的调查任务在国民经济上具有相当重要性。报告编写人:施性忠、王知印、骆浩波等。完成主要工作:1∶5 万水文地质调查面积 1230 平方千米,钻探 31 孔总进尺 1748 米,抽水试验 22 落程 747 小时,水质分析 305 件。1963 年 9 月,提交山东省淄博市张店—周村地区农田供水水文地质勘探报告。取得主要成果:计算地下水开采资源9.16亿立方米/年;平原部分地下水资源丰富;水量和水质均满足农田供水要求。

三、山东省昌乐—辛店地区农田供水水文地质勘查

1961 年 4 月,了解区域地质和水文地质条件,查明山前平原 150 米深度以内第四系孔隙水分布情况,为区域农田灌溉远景发展规划提供技术资料,进行山东省昌乐—辛店地区农田供水水文地质勘查。报告编写人:曹修笏、金家禧、许崇钦等。完成主要工作:1∶5 万水文地质调查面积 1500 平方千米,钻探 72 孔总进尺 5433 米,抽水试验 2814 小时,水质分析 376 件。1964 年 4 月,提交山东省昌乐—辛店地区农田供水水文地质勘查报告。取得主要成果:计算地下水开采资源 9.32 亿立方米/年;淄河冲积扇、弥河冲积带区、河间地块区、寒武纪—奥陶纪灰岩分布区为富水地段;水质满足农田供水要求。

四、山东省邹平—桓台地区农田供水水文地质勘探

1962 年 3 月,查明区内水文地质条件,为开发利用地下水提供依据,进行山东省邹平—桓台地区农田供水水文地质勘探。报告编写人:石泉森、刘继英、韩修仁等。完成主要工作:1∶10 万水文地质调查面积 1226 平方千米,钻探 171 孔总进尺 4919 米,勘探孔抽水试验 50 孔 3249 小时,水质分析 640 件。1965 年 5 月,提交山东省邹平—桓台地区农田供水水文地质勘探报告。取得主要成果:计算该区第四系孔隙水开采资源 7.74 亿立方米/年;宜于灌溉的第四系孔隙水开采资源 3.71 亿立方米/年;根据含水层埋藏深度,从上到下分 3 个含水岩组,其中第一含水岩组属全新世与晚更新世,属潜水,水量较丰富。

五、山东省曲阜、兖州县农田供水水文地质勘测

1962 年 4 月,根据发展国民经济“以农业为基础,工业为主导,大办农业,大办粮食”的方针,查明地下水资源,提出合理开发地下水意见,满足农业发

展对地下水的需要，进行山东省曲阜、兖州县农田供水水文地质勘测。报告编写人：余蝉玉、李士儒、金南洙等。完成主要工作：1∶5万水文地质调查面积1425.36平方千米，钻探92孔总进尺6011.35米，抽水试验90孔4263.42小时，水质分析120件，土样130件。1964年6月，提交山东省曲阜、兖州县农田供水水文地质勘测报告。取得主要成果：计算开采资源2.38亿立方米/年，其中第四系孔隙水开采资源为2.36亿立方米/年，寒武纪灰岩裂隙岩溶水开采资源为0.01亿立方米/年；地下水矿化度一般小于0.5克/升，完全适合灌溉。

六、烟台市古岘农田供水水文地质勘探

1962年5月，为解决古岘地区农田供水问题，主要为查明该区浅层地下水分布规律与埋藏条件、地下水储量和对储量的保证条件，从而论证浅层地下水资源对满足灌溉需水的保证程度，根据其水文地质特点提出合理开采的建议，受中共烟台市委委托，承担该市古岘地区1∶5万比例尺的水文地质普查与勘探任务。报告编写人：柴朝鹤、贾久明、贾淑兰等。完成主要工作：1∶5万水文地质调查面积106平方千米，抽水试验201.62小时，水质分析52件，岩样9件，土样2件。1962年8月，提交烟台市古岘农田供水水文地质勘探报告。取得主要成果：第四系河流冲积层富水，允许开采量4.499万立方米/天；地下水适合用作灌溉、工业用水，不适合用作饮用水。

七、山东省高唐地区农田供水水文地质勘查

1963年6月，根据中共山东省委、山东省人民委员会指示及地质部水文地质工程地质局要求查明地下水资源的情况，制定长远的规划以利于该区农业生产的发展，进行山东省高唐地区农田供水水文地质勘查。报告编写人：王守智、邵逴、许人冰等。完成主要工作：1∶5万水文地质调查面积500平方千米，钻探进尺2347米，物探点264个，抽水试验2272小时，高程测量178个。1964年5月，提交山东省高唐地区农田供水水文地质勘查报告。取得主要成果：计算地下水水质适合农田灌溉的地下水开采资源1.13亿立方米/年；埋深105米以浅划分出四个含水层组；马颊河西岸和东岸的邱庄、范庄、崔庄以及高唐、尹集地区成北东方向带状分布区，水质较好，其他地区水质较差。

八、山东省德州地区农田供水水文地质勘查

1963年6月，中共山东省委员会与山东省人民委员会指示加速开展鲁西北平原地区的水文地质勘查工作，为发展井灌确保农业增产提供水文地质资

料,进行山东省德州地区农田供水水文地质勘查。报告编写人:王太坊、曹修笏、何庆朝等。完成主要工作:1∶(5万～10万)水文地质调查面积4000平方千米,钻探305孔总进尺6883.34米,勘探孔抽水试验69孔4222.82小时,水质分析545件。1965年10月,提交山东省德州地区农田供水水文地质勘查报告。取得主要成果:计算第四系孔隙水开采资源13.71亿立方米/年;10～50米为农田供水的主要开采层,富水较强,古河道分布地区的富水性好;50米深度以上的地下水除个别地区外,适于农田灌溉;50米以下的地下水除个别地区适于灌溉外,水质普遍较差,不宜利用。

九、山东省郓城—巨野—嘉祥—梁山地区农田供水水文地质勘查总结

1964年4月,对山东省郓城—巨野—嘉祥—梁山地区农田供水水文地质勘查进行总结。报告编写人:王善煜、熊凌源等。1964年5月,提交山东省郓城—巨野—嘉祥—梁山地区农田供水水文地质勘查总结报告。取得主要成果:划出四个含水岩组埋深,25～40米、40～60米、60～80米、80米以下,较好含水层集中于40～80米;嘉祥西部地下水矿化度达到13.1克/升;梁山北部1～3克/升,大部地区0.3～0.1克/升,水质适宜农灌。

十、山东省夏津—临清地区农田供水水文地质勘查

1965年4月,根据中共山东省委与山东省人民委员会关于加速开展鲁西北平原的水文地质勘查工作的指示精神,进行山东省夏津—临清地区农田供水水文地质勘查。报告编写人:刘继英、赵景云、许崇钦等。完成主要工作:1∶10万水文地质调查面积800平方千米,钻探19孔总进尺1479米,高程测量109个,勘探孔抽水试验92孔1124小时,水质分析375件。1965年11月,提交山东省夏津—临清地区农田供水水文地质勘查报告。取得主要成果:计算第四系孔隙水开采资源1.7960亿立方米/年;划分3个含水岩组,其中第二含水岩组(15～60米)的古河道主流带水量丰富;该区50米深度以上的地下水除个别地区外,适于农田灌溉;第一含水岩组水质可满足部分农田灌溉的需要,第二含水岩组的古河道主流带是开发利用地下水最理想的地区。

十一、山东省德州市—陵县地区农田供水水文地质勘查

1966年4月,为当地开发利用地下水提供规划依据,进行山东省德州市—陵县地区农田供水水文地质勘查。报告编写人:李祥芝等。完成主要工作:1∶10万水文地质调查面积1627平方千米,钻探43孔2468米,抽水试验

650.35 小时，水质分析 468 件，土样 96 件。1966 年 11 月，提交山东省德州市—陵县地区农田供水水文地质勘查报告。取得主要成果：计算第四系孔隙水开采资源 5.16 亿立方米/年；基本查明 0～10 米、10～35 米、35～150 米及 150 米以下等含水段的含水层岩性、厚度及富水性；查清德州—东梁庄、杨庄—二屯、芦家—魏龙江家等三条深部古河道带及一条浅部古河道带的分布、埋藏；提出合理利用地下水的建议。

十二、山东省宁津县农田供水水文地质勘查

1966 年 4 月，为提供合理开发地下水资源的水文地质资料依据，进行山东省宁津县农田供水水文地质勘查。报告编写人：赵景云、刘继英、刘利慧等。完成主要工作：1∶10 万水文地质调查面积 825 平方千米，钻探 103 孔 1070.8 米，高程测量 68 个，抽水试验 287 小时，水质分析 414 件，土样分析 62 件。1966 年 12 月，提交山东省宁津县农田供水水文地质勘查报告。取得主要成果：基本查明区内潜水（埋深小于 10 米）、浅层微承压水（10～20 米）、浅层承压水（20～40 米）三个含水岩组的含水层岩性、厚度、分布规律、富水性及水质特征；查明在 20～40 米深度范围内存在三条古河道带；初步查明埋深 40 米以下的深层承压含水岩组上部水质较差，下部砂层较薄，无农田供水意义；对宁津县关于农田供水的几个问题提出初步解决意见。

十三、山东省庆云县农田供水水文地质勘查

1969 年，为查明浅层及深层水分布、水质、水量等，解决部分地区饮用和灌溉用水的困难，进行山东省庆云县农田供水水文地质勘查。完成主要工作：钻探 15 孔总进尺 6748.91 米，物探 27 点。1972 年，提交山东省庆云县农田供水水文地质勘查报告。取得主要成果：埋深在 35 米以上可供饮用、灌溉用水富水地段分布在县内西部，单井出水量 40～60 立方米/时；该区埋深在 270 米或 350 米以下地下水均可供饮用及灌溉用水，单井出水量 36～45 立方米/时。

第五节 国防三线、海岛供水水文地质勘查

为了国防三线建设的需要，受山东省国防科学技术工业办公室、北海舰队工程指挥部等单位委托，自 20 世纪 60 年代到 20 世纪 70 年代末，八〇一队先后为沿海岛屿以及山东省各地的国防、三线工厂进行供水水文地质勘查，完成水文地质调查 308.50 平方千米，钻探 121 孔总进尺 11933.59 米，抽水试

验 20 孔 731.32 小时，水质分析 50 件，土样 42 件，提交供水勘查简报 31 份，水井资料 50 份，提交允许开采量 20.7469 万立方米/天。

1981～1986 年，完成山东省海岸带陆域及 48 个岛屿水文地质调查，北海舰队派出一艘登陆艇配合调查。完成水文地质调查 20140.24 平方千米，钻探 40 孔总进尺 1906.15 米，抽水试验 743 孔，水质分析 980 件，岩样 6 件，土样 42 件；提交开采资源 2.70 亿立方米/年；预测有开发远景的供水水源地 10 余处，预测允许开采量 25.7 万立方米/天。

一、祥山电厂(1032 工程)厂址勘探供水勘探

1960 年 5 月，受祥山铁矿委托，为寻找能向其发电厂提供 1.2 万立方米/天供水的水源地，进行祥山电厂厂址勘探供水勘探。报告编写人：石泉森等。完成主要工作：钻探 8 孔总进尺 108.79 米，抽水试验 30 小时，水质分析 2 件。1960 年 7 月，提交祥山电厂(1032 工程)厂址勘探供水勘探报告。取得主要成果：计算允许开采量 1.799 万立方米/天；水质适合锅炉用水标准，无色、无嗅、无味、透明。

二、"6101"厂供水水文地质勘测

1960 年 9 月，受中共山东省委员会和军区委托，为解决"6101"厂 7500 立方米/天的需水量，进行"6101"厂供水水文地质勘测。完成主要工作：1∶5 万水文地质调查面积 220 平方千米，钻探 14 孔总进尺 91.4 米，水质分析 16 件，土样 38 件。1960 年 12 月，提交"6101"厂供水水文地质勘测简报。取得主要成果：计算允许开采量 1210 立方米/天；水量不能满足要求，不足部分建议采用地表水；水质适合该厂用水要求。

三、501 工程(B-57 号)钻孔钻探地质及抽水试验

1962 年 4 月，受山东省公安厅委托，以供水为目的打井，进行 501 工程(B-57 号)钻孔钻探地质及抽水试验。1962 年 12 月，提交 501 工程(B-57 号)钻孔钻探地质及缺水试验简报。完成主要工作：钻探 1 孔进尺 250.39 米，抽水试验 48 小时，水质分析 2 件。取得主要成果：该井出水量为 210 立方米/天，含水层为寒武纪灰岩，适合人、畜及其他用水。

四、九五三厂水文地质工程地质勘测

1963 年 2 月，受山东省军区坦克司令部委托，在泰安北白楼地区进行九五三厂水文地质勘探工作。报告编写人：曹有易、王守智、王吉先。1963 年

3～4 月结束第一期勘探工作，5 月初提交勘探简报，5 月中旬在重点及重要项目地段开展详查工作；6 月接到省地质局转来的中国人民解放军九五三厂筹备处通知，称“现有资料已满足设计部门要求，立即停止一切外业工作”。遵照要求，于 6 月 14 日停止野外工作。1963 年 7 月，提交九五三厂水文地质工程地质勘测报告初稿。鉴于上述情况，该报告的主要结论依据不足，但可供工业建筑设计及公路、铁路建筑设计技术人员参考。

五、刘公岛地区供水水文地质勘探

1966 年 5 月，为解决刘公岛驻军生活及舰艇 70～110 立方米/天用水问题，经与北海舰队工程部协商，派出普查一物探组等上岛工作，至 7 月底完成全部勘探任务。报告编写人：高殿琪等。完成主要工作：钻探 5 孔总进尺 209.65 米、抽水试验 11 孔等工作。1966 年 11 月，提交刘公岛地区供水水文地质勘探简报。取得主要成果：钻探 5 孔中 3 孔总的出水量 125 立方米/天，水质符合生活和工业锅炉用水要求。

六、八〇三矿蒙阴水源地勘探

1966 年 12 月，受地质部和建筑材料工业部委托，为加速中国第三个五年计划的提前完成，最快的速度地建成八〇三矿选矿厂，进行水源地勘探。报告编写人：许之峰、朱章有等。完成主要工作：钻探 8 孔总进尺 63.92 米，物探点 45 个，抽水试验 7 孔 28 小时，高程测量 8 个，水质分析 1 件，土样 4 件。1967 年 1 月，提交八〇三矿蒙阴水源地勘探简报。取得主要成果：查明水源地蒙阴和南泉两处水源地，允许开采量共 3.361 万立方米/天。其中，蒙阴水源地开采资源 1.966 万立方米/天，南泉水源地开采资源 1.395 万立方米/天。

七、沂源县大上峪工区水文地质勘探

1966 年 2 月，山东省国防科学技术工业办公室确定在沂源县大上峪建设一兵工厂，需水量 1200 立方米/天，要求八〇一队承担水源勘探任务。1966 年 2 月进行踏勘，5 月派出 500 型钻机一台和工人技术人员投入勘探任务；由于进入冬季后施工困难，1967 年 5 月中旬重新开工，1967 年 7 月底完成钻探工作。完成主要工作：钻探 8 孔总进尺 2021.24 米。1967 年 8 月，提交沂源县大上峪工区水文地质勘探简报。取得主要成果：8 孔总出水量 1956.88 立方米/天；本区地下水类型除 8 孔中 6 号孔因页岩中含有石膏和黄铁矿井水超标外，其余 7 孔均属于重碳酸钙镁或镁钙型水，均适合于工业和生活饮用。

八、莱芜电厂供水水文地质勘探

1967 年,为加强国防、三线建设,国家确定在莱芜县对仙门附近兴建一座发电量 25 千瓦的火力发电厂。为解决电厂用水,进行莱芜电厂供水水文地质勘探。报告编写人:徐庆山、高殿琪等。完成主要工作:钻探 14 孔总进尺 3359.14 米,抽水试验 339 小时。1969 年 2 月,提交莱芜电厂供水水文地质勘探报告。取得主要成果:该区可采地下水储量 5.4 万立方米/天,其中吴家岭、毛家庄、对仙门地区奥陶纪灰岩岩溶水允许开采量 3.10 万立方米/天,莱芜东关大汶河砂层孔隙水允许开采量 2.30 万立方米/天;水质满足工业及生活用水要求。

九、东风化肥厂供水水文地质勘探

1970 年 7 月,山东省国防科学技术工业办公室要求八〇一队承担东风化肥厂水源勘探任务。报告编写人:高殿琪等。完成主要工作:钻探 7 孔总进尺 1711 米。1971 年 8 月,提交东风化肥厂供水水文地质勘探简报。取得主要成果:提交地下水允许开采量 5400 立方米/天。

十、土门地区供水水文地质勘探

1965 年 1 月,为适应国民经济和国防建设发展的需要,决定在沂源县黄崖和左家峪地区分别建厂。为解决新建厂的工业与生活用水,受山东省国防科学技术工业办公室委托,进行上门地区供水水文地质勘探。1965 年、1967 年、1970 年、1972 年先后 4 次进行水文勘探。报告编写人:刘宗华等。完成主要工作:钻探 13 孔总进尺 1978.7 米,成井 9 孔总深度 1403.42 米。1973 年 1 月,提交土门地区供水水文地质勘探简报。取得主要成果:该区已保留 9 个勘探孔,出水量 8664 立方米/天,可满足各厂的水量要求。

十一、龙泉官庄和潘广水源地水文地质勘探

1971 年 8 月,山东省国防科学技术工业办公室决定在长清县龙泉官建 5805 厂,由八〇一队承担该厂每天 2.5 立方米/天的生产与生活用水文地质勘探和打井任务。项目负责人:刘有森;技术负责人:李传谟。完成主要工作:1∶(5000～50000)水文地质调查 76.5 平方千米,钻探 12 孔 2638.74 米,抽水试验 15 落程 286.32 小时,水质分析 26 件。1972 年 12 月,提交潘广水源地水文地质勘探报告。报告编写人:孙冠群等。取得主要成果:潘广地区

提交地下水允许开采量3.79万立方米/天;龙泉官庄附近水文地质条件较差;受居民点污染,细菌超过卫生标准,作为生活用水的应适当做消毒处理。

十二、山东省海岸带和海涂资源综合调查地质、水文地质调查

1980年,山东省政府下达《关于山东省海岸带和海涂资源综合调查研究规划》,进行海岸带综合地质调查研究,为沿海各部门制定经济建设、国防建设规划以及其他学科调查提供必要的基础资料,山东省政府确定陆地1∶20万地质、水文地质综合调查研究由省地质局承担。省地质局决定该项目水文地质调查研究由八〇一队承担。报告编写人:颜承芳等。1981年开始工作,北海舰队安排一艘登陆艇配合海岛调查工作,1985年9月完成报告初稿,经预审、修改后于1986年9月经省地矿局初审。完成主要工作:1∶20万水文地质调查面积20140.24平方千米,钻探40孔总进尺1906.15米,机(民)井抽水743个,水质分析980件。1986年10月,提交山东省海岸带和海涂资源综合调查地质、水文地质调查报告。取得主要成果:浅层淡水区11856.36平方千米,大气降水渗入量14.18亿立方米/年;近20个主要富水地段局部断面或已有水源地总允许开采量73.8697万立方米/天;预测有开发远景的供水水源地10余处,允许开采量共25.7万立方米/天;地下水富水地段,若过量开采,会引起海水入侵;莱州湾沿岸和无棣北部马山子一带,卤水面积1794.48平方千米,卤水储存量60.69亿立方米,卤水开采资源42.48亿立方米;黄河三角洲地区等部分沿海岸段发现有甲状腺肿及氟骨病等地方病。

十三、山东省海岸带部分岛屿地质、水文地质调查

1982年5月,省地质局指示八〇一队与山东省地质局第八地质队,对山东省海岸带范围内的部分无资料岛屿进行地质、水文地质调查。报告编写人:姚平玉、刘清德、曲延波等。完成主要工作:调查点329个,实测地质剖面2253米,各类样品及标本400件。1983年9月,提交山东省海岸带部分岛屿地质、水文地质调查报告。取得主要成果:调查岛屿48个,分布在3000千米的海岸带范围内;调查岛屿均属大陆岛,是大陆在海区的自然延伸,岛屿地质与相邻陆地地质具相同的特征;建议在适当的位置修建小型塘坝及地下蓄水池;在地下水较丰富的岛屿适宜打深井;凡是有居民居住的岛屿皆适宜打大口井。

第六节　应急抗旱和缺水山区供水水文地质勘查

1960～2017 年，在应急抗旱和缺水山区供水水文地质勘查方面，主要完成山东省支援农业抗旱打井、山区和沿海地区抗旱找水、干旱地区农业用水普查勘探、济南东郊应急供水凿井工程、淄博市淄川区黄家峪等村镇找水打井、山东省新泰市南部贫水山区地下水资源调查、沂蒙山区部分缺水村庄生活用水井、2010 年国土资源系统西南抗旱找水打井、2011 年国土资源系统北方四省抗旱找水打井等项目，共完成水文地质调查 84967.55 平方千米，钻探 542 孔总进尺 14623.91(未包括支援农业抗旱打井施工 457 眼井，查无资料)，水质分析 605 件，土样 13 件。

一、1960～1962 年支援农业、抗旱打井

自 1960 年中央提出支援农业、抗旱打井的任务以来，先后在济南、淄博、潍坊、平阴、齐河、宁阳、曲阜、郓城、巨野等地开展打井工作，最高开动钻机 17 台。截至 1962 年 7 月，共完成水井 457 眼(包括机井、移交探采结合生产孔等)，其中自流井 16 眼，每眼出水量在 1000 立方米/天以上。1960 年在济南南郊缺水山区打出第一眼机井时，当地群众敲锣打鼓庆贺机井出水，改变了每日组织成百的劳力到几十千米远的市区运水吃的困难局面；在曲阜打出自流井时，水头高出地面 5 米；在临淄打出自流井时，水头高达 10 米以上。

二、山东省山区和沿海地区抗旱找水

1965 年起，山东连年大旱，降水量稀少，各地(尤其是鲁中南山区)不仅农业灌溉缺水，而且有些灾情严重地区的居民吃水都十分困难，旱情不断扩大，中共山东省委、省政府提出全力抗旱救灾，要求省地质局派出技术人员定井。受省地质局指示，八〇一队成立支农抗旱办公室，李景任主任，龚如壁、韩修仁、奚德荫任副主任，并派出全队三分之二技术人员分赴济南、淄博、泰安、济宁、临沂、枣庄、潍坊、烟台等市[①]广大地区，与当地水利部门人员一起，为当地居民找水定井。根据各县缺水的严重情况，分出若干小组，由县水利局派人陪同深入缺水村庄开展找水定井或指导当地打井队打井。找水定井小组每人配一辆自行车，将简单行李绑在车上与县水利局人员按公社分片活动。每日在崎岖的山路上要骑数千米至数十千米，顶着烈日或严寒，冒着风雨，每到

① 当时部分市称“地区”。

一地稍事休息就和村干部上山查看当地地形、地貌和地层、构造等自然条件，分析水文地质情况，了解以往打井历史的成井条件。对复杂地区几经翻山越岭，不断分析以便确定井位、井深和含水层，并以通俗的语言向当地群众讲解，取得他们的理解和树立打井信心。每到一处看到当地群众往往是几百米至几千米路挑水，都自觉节约用水。1966～1973 年，找到了许多历史上严重缺水区的人、畜饮用水源和农业点种水源，改善了当地群众的生活条件，也使广大技术人员加深了对山东水文地质条件的认识，丰富了野外工作经验和找水定井的技术。与此同时，在鲁西北和鲁西南地区编制了以县为单位包括地下水开发利用在内的一套水文地质图系。该期间共定井 2000 余眼，编制县(市)1∶5 万水文地质图系 44 份，并在枣庄、泰安、临沂举办培训班，培训当地找水定井技术人员和打井施工技术人员 66 人。付春升根据广大技术人员多年在缺水山区找水实践经验，总结撰写的论文《地质力学在找水中的应用》获得 1978 年全国科学大会奖。

三、山东省干旱地区农业用水普查勘探

1972 年 8 月，为解决干旱地区的农业用水问题，山东省成立抗旱打井办公室。八〇一队派出王善煜、阎召秀、庞俊业等代表省革委地质局参加山东省抗旱打井办公室的工作。全面研究山东省平原地区地下水分布情况，制定山东省地下水普查规划，提出了合理开发利用地下水资源的意见，与水利部门联合发起对山东省地下水的普查勘探。同时派出 30 多名技术人员深入山东省各地区、县、市指导、培训地方水文地质技术干部，协助普查并完成 6 个专区 46 个县(市)平原与山前 1∶5 万地下水普查工作。截至 1977 年 7 月，主要完成 1∶5 万地下水普查 70000 平方千米，并编制各地区 1∶10 万及各县(市)1∶5 万成果图和报告(说明书)。

四、枣庄市、济宁地区区域水文地质调查

1977 年 4 月，为完成山东省丘陵山区支农抗旱找水任务，进行枣庄市、济宁地区区域水文地质调查。报告编写人：颜承芳、赵一康、王吉先等。完成主要工作：1∶20 万水文地质调查面积 14628 平方千米，抽水试验 177 孔，水质分析 536 件，土样 13 件。1977 年 12 月，提交枣庄市、济宁地区区域水文地质调查报告。取得主要成果：该区第四系孔隙水、基岩裂隙水开采资源分别为 6.88亿立方米/年、1.25 亿立方米/年；该区地下水矿化度除湖西平原局部地段大于 2 克/升外，绝大部分地区 0.3～0.5 克/升，适于用作饮用及工业用水。

五、山东淄博市部分村镇生活供水井

1975年～1978年9月，在进行山东淄博地区南部水文地质普查时，为该区内村镇定井108眼。

1986年9月，在较为贫水区的淄博市淄川区黄家峪乡双峪村成功施工探采结合井1眼，井深239.24米，涌水量887.16立方米/天，结束了该村174户700多口人世世代代吃水难的历史。淄博市及淄川区有关领导参加黄家峪乡政府组织召开的庆功大会并讲话，对八〇一队的工作给予高度评价。

1986年11月，在淄博市98个乡镇政府中唯一靠拖拉机拉水吃的淄川区黄家峪乡政府及其驻地黄家峪村成功地施工探采结合井1眼，井深300.38米，涌水量480立方米/天，解决乡直机关、学校、医院等单位及黄家峪村2000多村民的吃水问题。黄家峪乡政府在现场组织召开庆功大会，淄博市及淄川区有关领导到会并讲话，淄博电视台、淄博日报社记者到现场进行采访并报道。黄家峪乡党委、政府向八〇一队赠送写有“衷心感谢，无私支援”的锦旗。

1987年7月，在淄博市淄川区磁村乡政府驻地磁村打出一眼日出水量近1000立方米的300米深井，使磁村乡直机关、学校、医院等单位及磁村村民5000多口人吃上了优质地下水。淄博市及淄川有关领导参加磁村乡政府组织召开的庆功大会，并为通水剪彩。中共磁村乡委员会、政府向八〇一队赠送一块特制的、写有“友谊长存”的横匾。同期在淄博西部供水勘查项目实施过程中，在极端缺水的博山区石门乡石匣村以及淄川区商家乡馆里村打出生活供水井。

1988年7～11月，结合大武水源地资源验算查边界条件，在较为贫水的淄博市临淄区边河乡西张村成功打出一眼300米深井，出水量1000立方米/天，解决该村100多户600多人的人畜用水和部分农灌用水，淄博市及临淄区有关领导参加边河乡政府在现场组织召开的庆功大会。在淄博市淄川区黑旺镇赵家岭村打出一眼出水量近200立方米/天的深井，淄博市及淄川区有关领导参加黑旺镇政府组织召开的现场庆功大会并为通水剪彩，淄博电视台、淄博日报社记者到现场进行采访和报道，黑旺镇党委、政府向八〇一队赠送锦旗。

六、济南东郊应急供水凿井工程

1986年，济南市遭遇四十多年来罕见的特大干旱，工农业、民用水告急，负有盛名的“泉城”遇到罕见的“水危机”。济南市政府采取紧急措施，拟在该市东郊打井采水5万立方米/天，以解决123万人的饮用水问题。1986年10

月 21 日，济南市市长翟永涥和有关部门的负责人来到东郊水源地现场办公，了解到东郊水场各种有有利因素后，翟永涥当场拍板把日供水 5 万立方米的开采井施工任务交给八〇一队，要求在 1987 年 3 月底前完工。为了保证按时完成任务，八〇一队领导提出各项工作都要为东郊应急供水工程让路的口号，队长王善煜、党委副书记杜化津一面驱车往返几百里到野外机台做思想发动，一面积极组织施工力量，做着各方面的准备工作。1986 年 11 月 21 日，东郊应急供水工程拉开战幕，103 机是第一个进入工地、首先开钻的钻机，从上个孔位结束到进入工地，中间只隔了一天的时间。在 4 台钻机中有 3 台在就位过程中遭遇了牵引发动机故障和停电，为了争取时间，只能用人力使钻机就位。施工人员每天三班倒，钻机日夜不停，加紧施工。队领导时刻把东郊工程挂在心上，经常到工地指导检查工作，分析取样质量，研究成井条件，测算含水量大小。山东省电视台、济南市电视台《山东经济报》《山东青年报》《中国地质报》《山东地质报》等分别派记者进行现场报道。1986 年 12 月7 日，翟永涥在济南宾馆召开的节水紧急动员大会上说："由于遇到了 50 年来罕见的干旱，目前全市人民正面临着十几年来最严重的供水危机。"1987 年 3 月 18 日，完成济南市政府交给的日供水 5 万立方米开采井施工任务，共施工水井 7 眼，总进尺 2319.71 米，提交地下水允许开采量 6 万立方米/天，缓解了济南该次供水危机。1987 年 3 月 20 日，翟永涥再次来东郊供水工地慰问施工人员，说"谢谢你们，造福泉城的人"。1988 年 1 月，济南市人民政府向八〇一队授予"精心组织精心施工，补水保泉造福人民"的锦旗。1992 年 3 月 15 日，济南市东郊应急供水凿井工程报告获地质矿产部优秀工程勘察奖评选委员会 1990 年度地矿部优秀工程勘察贰等奖。

七、山东省新泰市南部贫水山区地下水资源调查

2006 年 9 月，初步掌握新泰市南部地区水文地质条件，围绕贫困山区开展以定井为主的找水工作，并施工两眼探采结合井，以解决当地群众用水问题，省国土资源厅批准实施的矿产资源补偿费地质勘查项目，泰安市国土资源局于 2006 年 9 月 6 日进行招标，八〇一队参加招投标工作，并中标山东省新泰市南部贫水山区地下水资源调查项目。项目负责人：陈奂良。报告编写人：陈奂良、张伟、张兰新等。完成主要工作：1∶5 万水文地质调查面积 1234.5平方千米，钻探 2 孔总进尺 300.4 米，视电阻率测深物理点 80 个，抽水试验 12 孔 192 小时，水质分析 56 件。2008 年 5 月，提交山东省新泰市南部贫水山区地下水资源调查报告。取得主要成果：该区裂隙岩溶水分为四个单元，分别为楼德水文地质单元补给量 6.31 万立方米/天，剩余资源量 2.12 立

方米/天;宫里水文地质单元补给量 2.93 万立方米/天,剩余资源量 0.73 立方米/天;谷里—汶南水文地质单元补给量 12.30 万立方米/天,剩余资源量1.08 立方米/天;放城水文地质单元补给量 2.94 万立方米/天,储存量 0.22 万立方米/天,在 2007 年开采量 0.27 万立方米/天条件下,放城南部东石井富水地段允许开采量 1.5 立方米/天,达到 D 级精度,可作为供水源地进一步勘探的依据;岩溶水分布区水质矿化度小于 1 克/升,总硬度小于 400 毫克/升,基本符合国家生活饮用水卫生标准,在部分地段的大肠杆菌超标严重,需经消毒后才可作为生活饮用水,而用于一般锅炉用水,需进行软化处理。

八、2007 年 12 月～2013 年 9 月沂蒙山区部分缺水村庄生活用水井

山东省临沂市沂水县夏蔚镇云头峪村是抗日战争时期(抗日战争时期:指 1931～1945 年反抗日本侵略者的战争期间)中共华东区委所在地,是《大众日报》创刊地。沂水县夏蔚镇人民群众全力支持中国抗日战争,并为此流血牺牲。中华人民共和国成立 58 年时,人民群众仍然靠水窖储存雨水为生。为解决云头峪村居民吃水困难,当地政府和山东大众报业集团多次邀请相关方面专家,探索几乎所有可能的富水带,但最后只留下几眼枯井。山东大众报业集团联合省地矿局共同投资在该区进行扶贫凿井工作,该局指示八〇一队执行找水打井任务。2007 年 12 月 2 日,队长赵玉祥亲自带领副总工程师程秀明及刘玉仙、李传磊等工程技术人员三上云头峪进行详细踏勘。2008 年 3 月,找到并打成 552 立方米/天的供水井,超过云头峪村需用水量的一倍。2008 年 4 月 10 日的庆功仪式上,为表彰程秀明等工程技术人员的付出,为他们披上了“奉献民生光荣”的绶带。同样靠水窖储存雨水为生的沂水县夏蔚镇连崮峪村之前也找过专家,但只留下三口干井。2009 年 4 月,山东大众报业集团再次联合省地勘局共同投资,为连崮峪村找水。从定井至钻探施工,程秀明等技术人员七上连崮峪。2009 年 11 月 4 日,为该村施工出出水量 408 立方米/天的供水井,解决该村 500 人、5000 头牲畜饮用和 600 亩果园灌溉用水问题。《大众日报》2009 年 11 月 27 日以《程秀明:叩问青山寻水源》为题目,报道八〇一队在极其贫水的沂蒙山革命老区找水事迹。继云头峪、连崮峪两村之后,自 2010 年开始,省地勘局又先后指示八〇一队承担在革命老区沂水县夏蔚镇长岭村、赵高峪村,沂南县马牧池乡小洼村、柳红峪村,莒南县大店镇前官庄村,费县马庄镇牛田村等贫水山区执行找水打井任务。再次指派程秀明、刘玉仙、李传磊等前往沂水县、沂南县、莒南县、费县革命老区找水定井,并均成功为上述缺水山村找到生活用水井。2007 年 12 月～2013 年 9 月,共找出并施工供水井 8 眼,总出水量 1870.48 立方米/天,彻底结束上述

革命老区人民长期靠水窖储存雨水为生的历史。

九、2010 年全国国土资源系统西南抗旱找水打井

2010 年，中国西南地区云南等省发生百年不遇的大旱，按照山东省支援云南抗旱工作指挥部部署，选派抗旱找水专家组驰援云南省应急抗旱救灾找水。2010 年 3 月 31 日，由省国土资源厅地质环境处副处长林海，省地勘局地质勘察处处长姜春永、机关党委专职副书记李国宏，八〇一队赵玉祥、程秀明、宋希利等组成找水专家组，由林海担任组长，姜春永担任副组长，程秀明担任技术负责，应急赶赴云南省进行抗旱找水工作。2010 年 4 月 1 日，山东省抗旱找水专家组在昆明与国土资源部驻云南协调组和云南省国土资源厅地质勘察处负责人进行座谈，领取工作任务，随即赴极其干旱贫水的云南玉溪市和文山州红层地区和高原岩溶地区开展抗旱找水工作，利用八〇一队多年在山东沂蒙山区总结提炼的贫水区找水理论，先后在旱情较严重的云南省玉溪市红塔区、江川县、通海县和文山苗族壮族自治州文山县进行定井踏勘和水文物探工作。打成多个自流水井，应急解决了云南四个县区 1.7 万余少数民族地区人口的生活生产用水。其中在云南通海县杨广镇义广哨村和玉溪市江川县安化乡招坝村确定的水井，经施工后两井涌水量达到 750 立方米/天，解决了 984 户 3146 人的饮水问题，还能灌溉农田。2010 年 6 月 10 日，在全国国土资源系统西南抗旱找水打井工作总结大会上，八〇一队被授予“抗旱找水打井工作先进集体”，程秀明被授予“抗旱找水打井工作先进个人”，受到国土资源部部长徐绍史的接见。

十、山东省威海缺水地区饮用水安全调查

2010 年 6 月，受省地勘局委托，基本查明威海缺水地区水文地质条件，计算评价地下水资源量，并对其饮用水安全进行评价，为解决缺水地区人民群众饮用水源，制定生活用水规划提供地质依据，进行山东省威海缺水地区饮用水安全调查。报告编写人：刘梦、苏动、徐源等。完成主要工作：1∶2.5 万水文地质调查面积 116.5 平方千米，钻探 1 孔进尺 132 米，抽水试验 1 孔 4 落程，水质分析 14 件。2011 年 6 月，提交山东省威海缺水地区饮用水安全调查报告。取得主要成果：该区天然资源 0.10 亿立方米/年；该区蓄存条件差，调蓄能力低，可供开采的资源贫乏，且地下水已普遍受到污染，硝酸根离子超标严重，不适合饮用；在后沟村施工的探采结合井 1 眼，降深为 21.75 米，涌水量为 108 立方米/天，矿化度 341.67 毫克/升，总硬度 147.90 毫克/升，符合国家生活饮用水卫生标准，适合饮用。

十一、2011 年全国国土资源系统北方四省抗旱找水打井

2011 年前后,山东、河南、河北、山西等多个省出现严重旱情。山东省自 2010 年 9 月以来,鲁中南地区连续 160 天无有效降雨。根据降水频率分析,山东省气象干旱达到特大干旱等级,为 60 年一遇。其中枣庄、泰安、莱芜、临沂、日照、聊城六市为 100 年一遇,菏泽、济宁为 200 年一遇,有 2900 多万亩冬小麦受旱,32 万人面临临时饮水困难。中共中央、国务院对此高度重视,对抗旱保苗工作做出全面部署,在国土资源大调查中筹集专项资金,迅速启动旱情最严重的山东等北方四省的抗旱找水打井行动。2011 年 2 月 11 日,国土资源部召开全国国土资源系统北方四省抗旱找水打井工作电视电话会议。会后,八〇一队立即成立"抗旱找水打井工作指挥部",队长侯新文兼任总指挥,总工程师彭玉明兼任副总指挥,程秀明兼任技术负责人。选派程秀明为省国土资源厅和省地勘局联合组成的找水定井专家组成员,紧急赶赴沂蒙革命老区临沂市沂南县,为"全国国土资源系统北方四省抗旱找水打井启动仪式"大会现场确定井位。2011 年 2 月 13 日,国土资源部选定极度贫水的沂南县青驼镇东桃花埠村作为启动仪式地点。该村地质条件复杂,在这之前已经打了 13 眼干井,都没有解决村民的吃水问题。通过精心踏勘,专家组在村东南角发现有两条断裂交汇处,然后又扩大踏勘调查范围。在综合分析调查范围内的地层、断层与侵入岩体的展布关系后,程秀明果断建议将启动仪式首发井位确定在该村的东南角。2011 年 2 月 15 日,"全国国土资源系统北方四省抗旱找水打井启动仪式"誓师大会在临沂市沂南县青驼镇东桃花埠村召开,在大会上侯新文代表所有参加抗旱的单位做了表态发言,坚决完成找水打井任务,国土资源部部长徐绍史、山东省省长姜大明共同按下现场启动按钮后,抗旱找水第一眼井开钻。该井于启动仪式当日终孔,井深 201.0 米,出水量 600 立方米/天,该水井可满足桃花埠村 1460 名群众生活用水需求、480 头大牲畜饮水问题以及 400 亩农田应急灌溉问题。2011 年 4 月 21 日,国土资源部对北方四省抗旱找水打井先进集体和先进个人进行通报表扬。八〇一队获"先进集体"称号,程秀明、刘广义、李传磊、徐秋晓、吴立进获"先进个人"称号。2011 年 2～5 月,八〇一队在临沂市、淄博市、济南市施工抗旱井 82 眼,总进尺 13219.21 米,提交允许开采量 19609 立方米/天。

十二、山东省烟台市莱州市勘查找水定井

2011 年 8 月,根据中共山东省委、省政府对山东省缺水山丘区群众饮水困难问题高度重视指示要求,按照 2011 年 7 月 4 日《山东省国土资源厅山丘

区找水工作方案》、山东省山丘区勘查找水工作部署，进行山东省烟台市莱州市勘查找水定井。项目负责人：高文锋、李家田。报告编写人：高文锋、常和平、柳浩然、张丽红、赵有美等。完成主要工作：水文地质调查90.2平方千米，视电阻率测深物理点106个，高程及坐标测量50个。2011年9月，提交山东省烟台市莱州市勘查找水定井报告（106～155号）。取得主要成果：确定50个找水勘查探采井井位，推测含水目的层，并建议施工孔深，预测涌水量、水质。

十三、淄博市博山区神头水源地应急供水井项目

2014年，淄博市博山区遭遇特大干旱，为保障博山城区在特大干旱年份的供水需求，博山区政府拟重启神头水源地作为城区供水应急水源地，于2015年6月委托八〇一队在原神头水源地位置施工3眼供水井，作为应急水源地供水井。项目负责人：范国城。报告编写人：路万里、姜佃卿、范国城、马超。完成主要工作：钻探3孔总进尺1164.43米，抽水试验567小时，水质分析26件。2016年10月，提交淄博市博山区神头水源地应急供水井项目工程技术报告。取得主要成果：提交允许开采量1.7万立方米/天；施工的3眼井水可用作农业和工业用水，但用作锅炉补给水时，需对其进行处理。总硬度超过生活饮用水标准，处理后，亦可作为生活饮用水。

第七节　济南保泉供水水文地质勘查

自建队以来，八〇一队一直致力于济南泉水研究与保护工作，截至2017年12月共完成保泉项目77个。在保泉供水方面完成水文地质调查35448平方千米、钻探388孔总进尺52862.07米、抽水试验332孔7339.51小时、水质分析11067件、土样369件，提交允许开采量共87.1551万立方米/天。2018年1月12日，为更好地为济南保泉供水提供技术支撑，八〇一队精心挑选多年从事保泉研究的10名工作技术人员，成立泉水保护研究部。

1958～2017年，八〇一队对于济南泉水成因与动态变化特征开展系统的勘查监测与研究，其研究历程可分三个阶段。

1958～1972年为第一阶段。1963年11月提交的《济南地区地下水动态观测总结(1958～1962年)》初步阐明济南水文地质条件及泉水的成因，并绘制成因剖面（该剖面已编入高等教育教材——《水文地质学基础》），圈定济南地区部分富水区及各水源地，以解决城市及工业急需的供水水源地问题。同时建立岩溶水动态监测站，统计济南泉水水位、水质、流量、水温等变化规律。

1972～1990 年为第二阶段。1972 年，趵突泉自 1949 年以来首次断流，因而该阶段转变为保泉基础上的供水水文地质勘探。1972 年开始，由于济南城市和工业的发展，需水量猛增，市区地下水位日益下降，泉流量减少，四大泉群[①]多次断流。查清济南地区地下水资源，恢复泉水名胜，保泉供水，成为省市领导和广大群众共同关心的大事。1982 年 2 月，省地矿局根据山东省、济南市要求，将济南保泉供水勘查任务上报地矿部申请立项，由地矿部投资，八〇一队负责，山东省水文地质总站参加，共同承担济南保泉供水水文地质勘探任务。同年委托长春地质学院承担济南南部地区 1∶5 万地质—水文地质测绘 3000 平方千米，同时开展水文地质勘探、试验工作。根据该次投入工作，并结合以往成果划分出济南泉域、明水泉域和长清—孝里铺水文地质单元。为济南保泉供水寻找新水源地，并进一步论证济南泉域的东、西边界，进行长清—孝里铺地区供水水文地质勘探和济南白泉—武家水源地供水水文地质勘探。1986 年 6 月 21 日，在长清—孝里铺地区做供水水文地质勘探大口径井群抽水试验。试验期间，济南市副市长郭德耀、市政府副秘书长马芸生、市建设委员会副主任陈邦伟等，由省地矿局党委书记徐曰鹏、局长张涛、副局长陈达孝、副总工程师林世忠等陪同到现场视察，并听取奚德荫汇报相关工作。1988 年 9 月 12 日，济南市市长翟永浡等领导在市政府第 24 次常务会议上听取奚德荫关于《济南市地下水资源勘查情况及保泉供水的意见》的汇报，代表中共济南市委、市政府向从事这项勘查研究任务的工程技术人员表示感谢，并决定成立济南水资源管理委员会，由副市长谭永青任主任，各有关部门负责人参加(省地矿局副局长陈达孝、副总工程师林世忠参加)，聘奚德荫为总顾问。1988 年 10 月，队长王善煜、副总工程师邵逵和济南市保泉项目主任工程师李祥芝向山东省副省长谭庆琏汇报济南保泉供水工作成果和遥墙机场工程地质勘查工作情况。1989 年 5 月 20 日起，历时 5 个月，与地矿部岩溶地质研究所共同进行国内首个大型岩溶水示踪试验。

1991 年至今，为第三阶段。该阶段的水质模型、岩溶水管理模型、建设项目工程保泉论证等水文地质工作主要围绕保泉进行。1993 年 9 月 1 日，八〇一队以《关于进一步开发利用和保护济南市附近地下水资源的有关建议》呈报济南市市长谢玉堂、副市长谭永青，并报济南市人大、市政协、省地矿局、市建委。1993 年 10 月 9 日，谢玉堂批示，建议向市长办公室汇报《关于进一步开发利用和保护济南市附近地下水资源的有关建议》。1993 年 10 月，奚德荫在济南市政府二楼中厅会议室向谢玉堂、谭永青以及济南市有关部门负责

---

① 四大泉群：济南市区趵突泉、黑虎泉、珍珠泉、灰湾泉(五龙潭)等四个泉群。

人，汇报了济南附近地下水资源和开发利用意见以及对保泉供水的建议，省地矿局副局长常春林、副总工程师林世忠参加。

一、保泉供水勘探

1984～1990 年，完成山东省济南市保泉、山东省济南市长清—孝里铺地区、山东省济南市白泉—武家水源地等供水水文地质勘探工作，经计算济南泉域可开采资源 70 万立方米/天（含泉流量）、长清—孝里铺水源地岩溶水可开采资源 13.7 万立方米/天、白泉泉域岩溶水可采资源 33.22 万立方米/天。

（一）山东省济南市保泉供水水文地质勘探

1984 年 3 月，在以往工作的基础上，与长春地质学院联合进行山东省济南市保泉供水水文地质勘探，并在济南市自来水公司配合下，在济南西郊、市区和东郊供水水源地进行大型抽水、停抽试验。项目负责人：奚德荫。报告编写人：八〇一队奚德荫、李祥芝、邵逴等；长春地质学院曹以临、房佩贤、贾贵廷等。完成主要工作：1∶5 万地质—水文地质测绘[1]面积 3000 平方千米，钻探 97 孔总进尺 20747.01 米，物探剖面长度 144 千米，6 处水源地大型停水、抽水试验 81 孔总计时间 1342.42 小时，各类水质及岩石测试分析 1365 件。1988 年 10 月，提交山东省济南市保泉供水水文地质勘探报告。取得主要成果：查明济南泉域的范围、边界水文地质性质、东西郊水源地开采地下水对市区泉水的关系、影响市区泉水出流的主要因素等；采用数值法计算济南泉域岩溶地下水可开采资源 70 万立方米/天（含泉流量），并提出保泉供水的措施与建议；泉水水质良好，适合用作工农业和居民生活用水。

（二）山东省济南市长清—孝里铺地区供水水文地质勘探

1984 年 3 月，为济南市保泉提供新的水源地，进一步论证泉域西边界的水文地质性质，省地矿局下达山东省济南市长清—孝里铺地区供水水文地质勘探任务。报告编写人：孙冠群、李晓东、赵一康等；山东大学计算系教师梁文康、巩裕伟和八〇一队徐绍辉、李瑜参加计算。完成主要工作：1∶5 万地质—水文地质调查 960 平方千米，钻探 61 孔总进尺 13317.94 米，物探点 1531 个，抽水试验 74 孔总计时间 2008 小时，水质测试 365 件。1986 年 6～7 月，进行两组大口径井群抽水试验。在试验期间，济南市副市长郭德耀、市政府副秘书长马芸生、市建设委员会副主任陈邦伟等，由省地矿局党委书记徐曰鹏、局长张涛、副局长陈达孝、副总工程师林世忠等陪同到现场视察，并听取奚德

[1] 该项工作由长春地质学院完成。

荫汇报。1986 年 12 月,提交山东省济南市长清—孝里铺地区供水水文地质勘探报告。取得主要成果:计算允许开采资源 17.09 万立方米/天,适合工农业和居民生活用水;在严格控制允许开采资源量的前提下,不会对济南泉域的泉水产生影响。全国矿产储量委员会批准该区 B 级岩溶水可开采量 13.7 万立方米/天。

(三)山东省济南市白泉—武家水源地供水水文地质勘探

1988 年 7 月,济南白泉泉域供水水文地质勘探经地矿部批准,作为重点项目列入计划,省地矿局向八〇一队下达任务。项目负责人:刘德成。报告编写人:刘德成、高明志、邢立亭等。济南市建委、公用事业总公司为全面掌握该区域地下水资源状况,要求对该区进行详细勘探,并提供部分勘探经费。原计划于 1990 年 4 月在武家附近进行群孔(4 井)抽水试验,由于地方干扰,未能进行,使该报告精度受到一定影响,八〇一队于 1990 年 5 月 9 日分别上报地矿部、济南市政府、省地矿局和济南市其他有关部门。完成主要工作:地质—水文地质测绘面积 1343 平方千米,钻探 35 孔总进尺 6884.77 米,抽水试验 59 孔总计时间 802.31 小时,水质分析 241 件,土样 44 件。1990 年 10 月,提交山东省济南市白泉—武家水源地供水水文地质勘探报告。取得主要成果:白泉泉域岩溶水的可采资源 33.22 万立方米/天,在 1987 年已开采 28.22 万立方米/天的情况下,可增采 5 万立方米/天;圈定武家富水地段,位于白泉东南约 8 千米,面积 0.7 平方千米。

二、保泉供水管理模型

在确保泉水长年正常喷涌的前提下,为使泉城老百姓长期喝到优质地下水,供政府作为决策参考,并且为地下水的合理开发利用、地质环境和生态环境的保护、监督提供科学依据,1989 年 10 月提交济南市保泉供水水文地质勘探水质模型报告,1990 年 10 月提交济南市保泉供水地下水资源管理模型报告,2011～2016 年每年均运行济南市保泉供水管理模型,并提交济南市保泉供水管理模型研究报告。

(一)济南市保泉供水水文地质勘探水质模型

1987 年 3 月,省地矿局根据省、市的要求,经地矿部批准,对济南泉域水质建立济南泉域保泉供水水质模型,并列入国家计划项目。责成八〇一队牵头,山东省环境水文地质总站、长春地质学院参加,共同完成该项任务。报告编写人:八〇一队王绍文、邵逴、贺庆昌等;长春地质学院曹以临、杨天行、曹玉清等;山东省地质环境水文地质总站单季琦、颜景生。完成主要工作:钻探

8 孔总进尺1259.96 米，抽水试验 7 孔 68.48 小时，水位统测 1268 次，地下水流向测定 2 孔 144 小时，地下水流向测定及弥散试验试验时间 352 小时，岩石空隙度测定 6 孔 30 件，土壤化学成分样 23 件，水污染分析 155 组，渗出液测定 256 件，配制液测定 28 件，样分析鉴定 2671 件，吸附试验 2118 个，双重介质试验岩样 3 种 15 组样品。1989 年 12 月，提交济南市保泉供水水文地质勘探水质模型报告。取得主要成果：模型成功地模拟分析多种因素影响下济南市岩溶地下水的污染情况和污染模拟标志物在时空四维空间的分布运移规律，并按与城市发展相关的 6 个方案，对岩溶水水质污染发展变化进行 10 年预测。

(二)山东省济南市保泉供水地下水资源管理模型

1989 年 1 月，为在一定的制约条件下，既能达到保持泉水常年出流的景观，又尽可能在泉域范围内多开采一部分地下水，省地矿局将山东省济南市保泉供水地下水资源管理模型任务下达给八〇一队。项目完成人：八〇一队贺庆昌、李祥芝、王绍文等；长春地质学院房佩贤、杨天行、贾贵廷等。补充完成主要工作：钻探 5 孔总进尺 719.78 米，抽水试验 40 小时，长期观测点 68 个。1990 年 10 月，提交山东省济南市保泉供水地下水资源管理模型报告。取得主要成果：根据济南市供水与需水情况，大致划分为 1990～1995 年及 1995 年两个阶段建立保泉供水优化管理模型。1995 年以前引入一定外来水情况下，以满足供水为主的水资源管理。1995～2000 年地下水资源管理是在逐步达到保泉要求的前提下，得出泉域最大可开采量。

(三)山东省济南市保泉供水管理模型研究

2011～2016 年，进一步查明重点地段的水文地质条件，建立济南岩溶地下水资源数值模拟模型及管理模型，对水量、水位施加最优化控制。省地勘局委托八〇一队完成。项目编写人：秦品瑞、林广奇、张海林等。每年进行水文地质调查、长期观测、水位统测等工作，并根据动态监测、地下水开采量、降水量等资料，运行保泉供水管理模型，提交山东省济南市保泉供水管理模型研究报告。取得主要成果：针对济南市区用水状况，设计两个优化开采方案，并在两个方案的基础上，按丰、平、枯、特枯四种水文年，保泉水位分别为 27.0 米和 27.5 米的情况，分别设计 8 种子方案，共设计 16 种保泉供水地下水资源管理方案，并对这 16 种方案分别建立地下水资源管理模型。在枯水年份保泉水位 27.5 米情况下，济南泉域地下水在满足自备井 7 万立方米/天与农业灌溉 9 万立方米/天情况下，优化开采量可达 26.19 万立方米/天；在补源情况下,降水特枯年份仍然无法满足既保持泉水喷涌、又保证老百姓喝到优质地下水这一目标,如果满足,必须开采泉域外地下水供给泉域内,丰、平、枯三个时段分别需要 7 万立方米/天、7 万立方米/天、6.47 万立方米/天,此优化结果可以作为确定泉域各岩溶水源地开采量的依据。保持济南泉水持续喷涌,采取的措施有优化调整产业结构、工业生产以客水为保障水源、分区域实施分质供水等。

三、保泉供水研究

1990～2017 年,进行济南泉水恢复与供水关系的研究、济南泉域西部岩溶水系统水力联系研究、济南市水资源评价及可持续利用研究、济南市轨道交通建设与泉水保护研究、济南市名泉保护总体规划水文地质专项区划、济南泉域边界与联系研究等保泉供水研究项目。

(一)济南泉水恢复与供水关系的研究

1990 年 12 月,提交济南泉水恢复与供水关系的研究报告。报告编写人:奚德荫、李祥芝、邵逵、贺庆昌、王绍文。省地矿局要求针对如何恢复泉水出流和解决日益增长的供水需求矛盾,寻求对立和统一的方法,以便供山东省、济南市领导和有关部门决策参考。取得主要成果:分析影响泉水出流的因素;预测至 1995 年济南市需水量为 120 万立方米/天,到 2000 年为 150 万立方米/天;为保泉供水制定引外来水的近期和长远规划;建立双层越流系统的水位预报数学模型、裂隙岩溶水系统水文地质概念模型;提出解决保泉供水的主要对策,如开源、节流、补源、南部山区综合治理、不断完善地下水资源管理模型等。

(二)济南泉域西部岩溶水系统水力联系研究

1989 年 5 月,由于济南泉域边界在社会上存在一定争议,特别是民众认为泉域西边界的济南西部与市区存在边界,是另一个水文地质单元,西部岩溶水与市区泉水无水力联系。按地矿部水文地质工程地质局指示,为证实济南泉域范围及其边界,泉域岩溶水的补、径、排条件和资源,西郊各水源地开采岩溶水与市区泉水的关系,与地矿部岩溶地质研究所合作,进行济南泉域西部岩溶水系统水力联系研究。完成主要工作:大型地下水示踪试验和岩溶水化学测试。1992 年 11 月,提交济南泉域西部岩溶水系统水力联系研究报告。报告编写人:贺庆昌、蔡五田①、袁道先①等。取得主要成果:证实玉符河

① 地矿部岩溶地质研究所。

张夏灰岩渗漏段是通过近南北向的导水断裂炒米店地堑和邵而断裂与北部及东北部市区奥陶系含水层发生水力联系，两个含水层系统水力联系密切，不存在边界；确定泉域西部水源地与市区泉群和水厂存在水力联系；加深对泉域水文地质条件的认识，认为邵而断裂是存在和导水的，党家庄、凤凰山、土杂仓库一带为地下水的滞流区；运用活塞—全混组合水流模型，概算泉域地下水的平均滞留时间 37～44 年，地下水储存量 78 亿～93 亿立方米。

2006 年 9 月，提交济南泉域西部岩溶水系统水力联系研究报告。报告编写人：李常锁、高明志、秦品瑞等。2006 年，省地勘局做水工环地质综合研究课题，目的是提高城市在特枯年或连续干旱年及污染事件突发时的供水能力，提高饮用水安全保证程度，构建水资源战略储备及保障体系，保障城市供水安全。取得主要成果：研究确定济南市西部应急水源地有长清水源地、桥子李水源地、冷庄水源地、古城水源地、峨嵋山水源地、大杨庄水源地、腊山水源地。济南市应急供水时间 4～6 个月；应急供水开采时水位①限定在不低于二分之一含水层位置，济南市西郊、市区在开采条件下水位标高 15 米左右，即水位埋深 15～18 米；应急供水资源总量 93.657 万立方米/天。

(三)济南市水资源评价及可持续利用研究

2006 年 5 月～2007 年 9 月，进行济南市水资源评价及可持续利用研究。报告编写人：徐军祥、张林泉、孔祥雨等。根据山东省和济南市的要求，由济南市政协人口资源环境委员会组织专家组，对济南的水资源进行一个全面系统的研究，为政府决策提供服务。由此，济南市政协人口资源环境委员会与八〇一队组成专门的课题组进行相关研究。取得主要成果：济南市行政区划范围内奥陶系岩溶水地下水开采资源 13.32 亿立方米/天，2006 年实际开采资源 9.13 亿立方米，开采潜力指数 1.46；济南泉域地下岩溶发育，根据计算泉水水位为 27.5 米与最高水位年间的可调蓄地下水容量为 2.22 亿立方米。济南市岩溶水水质符合饮用水标准。

(四)济南市长孝水源地抽水试验工程可行性研究(水源部分)

2010 年 10 月，与济南市水利建筑勘测设计研究院提交济南市长孝水源地抽水试验工程可行性研究报告（水源部分）。报告编写人：八〇一队韩连山、陈奂良、蔡有兄、孙斌；济南市水利建筑勘测设计研究院赵晓锋、程应军、韦秀美等。为进一步查明长清—孝里铺水源地的水文地质条件及其发生的

---

① 水位：应急供水开采时的水位设定。济南市西郊、市区在开采条件下水位标高 15 米左右，即水位埋深 15～18 米。

变化,研究长孝水源地岩溶水与下码头水源地、济南泉岩溶水及济西煤田降水的关系,圈定富水地段,确定布井开采方案,施工探采结合井,进行大型开采性抽水试验,重新验算并评价长孝水源地岩溶水资源,为保持济南市四大泉群正常喷涌、济南市人民长期饮用优质岩溶地下水及长孝水源地地下水资源合理开发利用提供科学依据。取得主要成果:该区内探采结合井布置应选择曹楼和国庄两个富水地段作为抽水试验工程的取水地段;长孝水源地抽水 10 万立方米/天是可行的;拟定两个布井方案,方案一在曹楼水厂和国庄水厂附近施工探采结合井 12 眼,总进尺 5050 米,方案二施工 12 眼井,单井深度 300 米,总进尺 3600 米。

(五)济南泉域[①]边界研究

2012 年 8 月,省地勘局下达济南泉域边界研究任务书,随即开展研究工作。项目负责人:李常锁。报告编写人:贾元忠。研究区面积 17442 平方千米。完成主要工作:收集钻孔 10000 多个。2015 年 6 月,提交济南泉域边界研究报告。取得主要成果:首次提出四场五维全息统一研究法[②]进行水文地质研究;2015 年济南泉域范围大致是过东平湖至博山,临近禹城和济阳,面积 7700 平方千米,南边界主要是区域分水岭线界,西边界主要是地层阻水线界,北边界[③]主要属于单斜系统倾伏 2000 米左右的岩溶水缓泄带。

(六)济南市轨道交通建设与泉水保护研究

2010 年,为评估轨道交通建设对泉水的影响,省地勘局向八〇一队下达任务书。项目完成人:韩连山、孙斌、于世林等。2012 年 10 月,提交济南市轨道交通建设与泉水保护研究报告。取得主要成果:济南泉水主要分布在岩溶水的排泄区 2.6 平方千米;济南泉域三维地质模型的构建,为轨道交通建设提供了有效的地下空间数字化信息;研究轨道交通建设范围内济南泉域断块的水文地质、工程地质条件以及区域地壳稳定性;在考虑保泉的基础上,采用 App 层次分析法以定性分析和定量计算相结合,建立三层层次结构模型,系统分析相互联系及相互制约的多种因素,评价轨道交通建设的适宜性;建设中必须注重对隔水层、岩溶径流道道的保护。

---

① 济南泉域:该项目中指大明湖南侧济南市区泉群泉水正负向影响域,并非传统的济南泉域。2017 年传统的济南泉域指趵突泉泉域。

② 四场五维全息统一研究法:四场指介质场、水动力场、典型水化学场和温度场;五维指时间、空间和人为因素;全息统一指五维化四场联立解析出均不相矛盾的统一解。

③ 北边界:该边界不是常久固定的,会随北部岩溶水井揭露盖层深度的增加而北移。

(七)济南市名泉保护总体规划水文地质专项区划

2014年4月3日,为济南市名泉保护总体规划提供地质依据,以《济南市城市园林绿化局规划设计服务》进行公开招标。济南市规划设计研究院(牵头单位)和八〇一队联合中标。项目完成人:隋海波、韩建江、刘同喆等。2015年3月,提交济南市名泉保护总体规划水文地质专项区划报告。完成主要工作:钻探4孔总进尺400.3米,2个简易注水试验,物探高密度电法勘探1898个点9.15千米,抽水试验1孔80小时,水质分析160件,测流6断面次。取得主要成果:泉水保护十分必要和迫切;泉群的主要补给来源为大气降水,其次为地表水(河流、沟谷)的渗漏补给;岩溶地下水与泉水有直接水力联系,是保护泉群出流的主要区域;直接补给区内除石灰岩出露的山区外,河流沟谷和发育有第四系地层的溶蚀洼地等大多遭受破坏,亟待保护。

(八)济南泉域边界与联系研究

2015年6月,提交济南泉域边界与联系研究。项目完成人:孙斌、彭玉明、秦品瑞等。受济南市城市园林绿化局委托,分析研究济南泉水补给来源及边界范围,西郊、东郊、长清—孝里铺水源地开采与市区泉水的关系,为制定科学的保泉政策、措施提供科学依据。完成主要工作:控制性测量222点次,地下水位统测79点次,物探剖面长度3815米,水质分析34件。取得主要成果:从岩溶水系统角度出发,将济南地区岩溶地下水划分三级系统。在综合分析断裂两侧岩性、富水性、岩溶发育、水位、流场差异的基础上,查明马山断裂和东坞断裂的水理性质。

(九)济南市保泉生态控制线划定济南市泉水直接补给区界线划分

2016年6月,提交济南市保泉生态控制线划定济南市泉水直接补给区界线划分报告。项目完成人:张海涛、李传磊、刘同喆等。济南市规划局牵头整体负责四条保泉生态控制线的划定工作,济南市城市园林绿化局(济南市名泉保护委员会办公室)牵头负责直接补给区保泉生态控制线的划定。完成主要工作:控制性测量222点次,地下水位统测79点次,物探工作3815米,水质分析34件。取得主要成果:济南市的泉水直接补给区东西边界与岩溶水子系统的东西边界一致;直接补给区南部灰岩大部分裸露,局部隐伏但第四系厚度较小,以寒武纪炒米店组中下部(原寒武纪凤山组底板)地层界线作为直接补给区南部边界;该区北部主要为灰岩隐伏区及灰岩埋藏区,根据该区地层分布规律及第四系渗透性,以第四系厚度30米等值线、火成岩侵入界线及石炭系与奥陶纪假整合接触界线作为直接补给区北部边界划定的主要依据。趵突泉泉域岩溶水子系统直接补给区面积447.98平方千米,白泉泉域岩溶水子系统直接补给区面积366.97平方千米，长清—孝里铺岩溶水子系统直接补给区面积204.66平方千米。

四、地下水动态及水文地质环境地质调查

为掌握济南地区岩溶水及泉水的水量、水质、水位和水温等动态变化，八〇一队1958年就建立岩溶水及泉水的长期监测，使济南泉水首次有了长期系统的监测资料。

1960～1983年，为阐明地下水动态在自然及人为因素影响下的变化，提交年度或阶段济南地区地下水动态观测报告；2007～2015年，为提出济南市主要的水文地质环境问题及保护措施与建议，以及为济南市泉水保护和岩溶地下水的合理开发利用提供依据，提交各年度济南市水文地质环境地质调查报告；2013～2014年，为济南市地表水转化地下水工程提交水文地质资料，对玉符河寨而头—杨台段、大辛河龙洞庄至旅游路河段济、韩仓河至经十路段河段、巨野河狼猫山水库到孙村河段、刘公河蟠龙水库至经十路段河段的河段地表水进行调查评价，并对地表水转地下水后对环境的影响进行预测，提交上述河段地表水转地下水水文地质调查报告；2015年，为济南市优质地下水合理开发利用、泉水保护和水资源的可持续利用提供依据，最终为济南市供水与保泉提出建议性建议，提交济南地区优质地下水供水水文地质调查报告。

(一)济南地区地下水动态观测初步总结

1960年12月，山东省地质局水文地质观测总站对1958年上半年至1960年济南地区地下水动态观测编写阶段报告进行总结，提交济南地区地下水动态观测初步总结报告。报告编写人：朱虚白等。完成主要工作：观测点控制面积约200平方千米，钻探4孔总进尺600米，动态观测40点1796点次，抽水试验1孔34.5小时，水质分析209件。取得主要成果：该济南地区岩溶水位变化幅度不大，水质变化轻微，水温基本无变化；分析泉流量的动态特征及其规律性、济南各泉的流量变化和动态的影响因素。

(二)济南地区地下水动态观测总结(1961～1962年)

1963年11月，为济南市城市供水服务，在供水勘探的基础上，进一步查清区内水文地质条件，评价地下水储量和资源利用，阐明地下水动态在自然及人为因素影响下的变化。山东省地质局水文地质观测总站提交济南地区地下水动态观测总结(1961～1962年)。报告编写人：陈晓路等。完成主要工作：水文地质调查1050点，动态观测9732点次，钻探2孔总进尺252.03米，水

温观测 178 点 13401 点次，泉水流量观测 3 点 203 点次，抽水试验 1644.3 小时，流速试验 1152 小时，水质分析 1239 件。取得主要成果：济南地区地下水动态特征和动态变化规律严格受气象因素所控制；济南地区地下水水量大、水质好，完全适合作为供水条件的理想水源；1958～1960 年的地下水位逐年下降是多种影响的综合结果；绘制的泉水成因剖面，已编入高等教育教材《水文地质学基础》。

(三)济南市区 1958 年以来地下水动态规律

1966 年 5 月，提交济南市区 1958 年以来地下水动态规律，总结 1958～1965 年济南地区地下水动态规律。取得主要成果：对济南市地下水动态规律进行总结，提出存在的问题，并提出地下水观测、地下水管理等方面的建议。

(四)济南地区地下水动态长期观测综合报告(1958～1972 年)

1974 年 5 月，提交济南地区地下水动态长期观测综合报告(1958～1972 年)。报告编写人：李传谟等。取得主要成果：该报告对 1958 年和 1972 年的全部观测成果资料作了综合的系统的总结，侧重于以灰岩地下水动态多年规律性、地下水动态回归相关分析、地下水资源评价和动态预报为重点，并利用相关法对济南地区地下水储量进行计算。

(五)济南地区地下水动态长期观测阶段报告(1973～1977 年)

1978 年 12 月，提交济南地区地下水动态长期观测阶段报告(1973～1977 年)。报告编写人：柴朝鹤、崔若桂、周德桂、祁云卿、孙建斌。此报告是为了更好地掌握济南地下水动态变化，为预报地下水动态及管理地下水资源提供依据。取得主要成果：济南地区灰岩地下水的动态变化主要受大气降水和人工开采的影响；由于地下水资源开采过量，1964～1977 年水位下降了 4.523 米；农业开采量自 1973 年起每年以 10 万立方米/天的速度增加，引起济南市区水位下降，1976 年趵突泉、黑虎泉等泉群开始断流；水位标高在 27.50 米，才能保证四大泉群喷涌；由于工业污染，黑虎泉泉水中检出六价铬。

(六)济南地区地下水动态观测阶段报告(1978～1982 年)

1983 年 12 月，提交济南地区地下水动态观测阶段报告(1978～1982 年)。报告编写人：徐庆山、祁云卿、刘永津、崔若桂。取得主要成果：该报告对济南地区水文地质条件提出一些新的认识，初步圈定泉域范围。

(七)济南市水文地质环境地质调查

2007～2015 年，省地勘局下达任务要求，提出济南市水文地质环境地质问题进行调查研究，提出济南市主要的水文地质环境问题及保护措施与建议,为济南市泉水保护和岩溶地下水的合理开发利用提供依据。项目完成人:马河宽、高明志、罗斐等。完成主要工作:水文地质及环境地质调查面积 7500 平方千米,长期观测点 934 点 67248 点次,水位统测 1706 点次,水质分析 866 件,泉水测流 134 断面总计 9290 断面次,高程测量点 41 个,坐标测量 110 个,垃圾调查 37 点,地面塌陷 8 点,地裂隙 2 个,采石点 216 个,沟谷调查 22 点,河流调查 9 条,水库调查 11 座,安装遥测水位仪 19 台,提交各年度及 2006～2010 年济南市水文地质环境地质调查报告,共提交报告 10 份。取得主要成果:济南地下水开发利用已占该市实际利用量的 50%以上,济南地下水源地皆为岩溶水,位于济南单斜地下水汇集排泄区,补给条件好,富水性强;岩溶水大部分水质符合地下水水质Ⅲ类标准,适宜用作生活饮用水和工农用水,但常规离子及重金属等多数离子呈上升趋势;2006～2014 年,四大泉群泉水年流量分别为 6900 万立方米、4139 万立方米、7255 万立方米、6150 万立方米、6320 万立方米、5563 万立方米、6205 万立方米、7151 万立方米、5183 立方米;查明济南市存在垃圾污染、水质污染、水土流失、采石严重破坏地貌等生态环境问题,应进一步加强南部山区小流域综合治理,涵养水源,增加地下水入渗补给,防止地质灾害发生;济南南部山区是泉域岩溶水的主要补给区,随着城区发展,地面硬化面积逐年增加,城区扩展、人工开采、地表水补给量减少等因素是造成泉水断流的主要原因,为防止地下水入渗面积减少,应该从水文地质角度划分"南控"界线。

(八)济南市玉符河流域寨而头—杨台段地表水转化地下水工程水文地质调查

2013 年 7 月,受济南水务集团有限公司委托,对河段地下水环境进行现状调查、现状评价、地表水环境现状评价、污染源现状评价,地下水环境影响预测,提交济南市玉符河流域寨而头—杨台段地表水转化地下水工程水文地质调查报告。项目完成人:丁冠涛、李传磊、刘玉想等。完成主要工作:水文地质调查面积 93.26 平方千米,水质分析 16 件。取得主要成果:寨而头—崔马南地段为玉符河的主要渗漏段;罗而铁路桥下—殷家林高速立交桥下为人工回灌的主要地段;玉符河支流大涧沟—展村支沟段的河流可直接渗漏补给地下岩溶水,为支流主要的渗漏段;玉符河寨而头—杨台(董庄)干流河道及支流大涧沟—展村段总的渗漏量为 55 万立方米/天;回灌补源后的水质与水源水质关系密切,如果对上游河道污染源不进行处理,地表水转化为地下水后水质有可能被污染,不能达到补源的目的;玉符河流域岩溶水水质较好,其中化学需氧量(COD)均小于 2,各评价因子满足地下水Ⅲ类标准要求,没有污染，但第四系孔隙水受人为因素污染，污染程度中等。

(九)寨而头—杨台段济南市大辛河龙洞庄至旅游路河段、济南市韩仓河至经十路段河段、济南市巨野河狼猫山水库到孙村河段、济南市刘公河蟠龙水库至经十路段河段地表水转地下水工程水文地质调查

2014 年 1 月和 4 月，受济南水务集团有限公司委托，查明水文地质条件及地下水水环境条件，查清地下水的补径排条件及地下水与地表水的水力联系，为该区域地表水转化地下水提供水文地质资料，进行济南市大辛河龙洞庄至旅游路河段、济南市韩仓河至经十路段河段、济南市巨野河狼猫山水库到孙村河段、济南市刘公河蟠龙水库至经十路段河段地表水转地下水工程水文地质调查。项目完成人：丁冠涛、刘玉想等。2014 年 1 月及和 4 月分别提交上述河段地表水转地下水工程水文地质调查报告。取得主要成果：主要渗漏段为孟家水库至旅游路南河段(全长约 2 千米)、旅游路以南至河西村段(全长约 3 千米)、狼猫山水库至 JY01 孔河道及小龙堂东侧基岩裸露河道和经十路以北至孙村河道三段、蟠龙水库至旅游路附近河道(全长约 2 千米)；渗漏能力估算分别为 2.703 万立方米/天、0.848 万立方米/天、2.018 万立方米/天、0.371 万立方米/天；总体水质符合地下水Ⅲ类标准要求，只有硝酸根离子和总硬度超标，属轻微污染。

(十)济南地区优质地下水供水水文地质调查

2012 年 9 月 3 日，进一步研究济南地区优质地下水补、径、排条件，重新估算评价优质地下水资源，为优质地下水合理开发利用、泉水保护和水资源的可持续利用提供依据，最终为济南市供水与保泉提出建议性建议，由省国土资源厅下达任务。项目完成人：蔡有兄、于大潞、陆书南等。完成主要工作：1∶10 万水文地质调查面积 3970.16 平方千米，1∶5 万水文地质调查面积 935.4 平方千米，钻探 4 孔总进尺 400.3 米，2 个简易注水试验，物探剖面 5 条物理点 70 个，水质分析 437 件，测流 9 断面 183 断面次。2015 年 6 月，提交济南地区优质地下水供水水文地质调查报告。取得主要成果：工作面积 4770.42平方千米，地下水总补给量 148.13 万立方米/天，总排泄量 133.67 万立方米/天，剩余可采资源 21.87 万立方米/天，可利用流量 20 万立方米/天；在长清—孝里铺水文地质单元归德附近及西部路庄一带，岩溶地下水富水性较强，水质较好，为可勘探建设 10 万立方米/天济南市后备水源地的有利地段。

五、工程建设对泉水影响评价

随着济南城市建设的发展,各类工程建筑的基础深入地下,其是否会对泉水的补给、径流以及水量、水质产生影响,是该市十分重视和关心的问题。因此,要求在工程设计、施工前必须对泉水影响作专项评价,为相关部门对泉水补给区和汇集出露区保护范围内的工程建设项目提出保泉要求,提交济南泉水影响的评价报告。2005～2017 年,为济南圣凯财富广场、山东大学齐鲁医院门诊保健综合楼工程、济南市轨道交通建设、济南钢城矿业有限公司张马屯铁矿扩界区矿区开采、山东省济南市白泉湿地公园、趵突泉泉水利用、济南至泰安高速公路、西蒋峪公租房教育配套设施等 32 个建设项目对泉水的影响进行评价。

(一)济南圣凯财富广场保泉论证

2005 年 1 月,济南圣凯置业有限公司拟在济南市泺源大街北侧、黑虎泉上游约 150 米处进行工程建设,为避免人为因素影响泉水出流,受该公司委托对该工程建设对保泉是否有影响进行论证,论证该项目基础工程对泉水补给、径流是否造成影响,提交济南圣凯财富广场保泉论证报告。项目负责人:王合秋。报告编写人:王合秋、高明志、张金兰等。完成主要工作:水文地质钻探 2 孔 31.8 米,水质分析 1 件。取得主要成果:在 2005 年当时条件下,施工过程在不揭露奥陶系顶板的情况下,基础最低标高严格控制在27.32 米以上,对泉水的水量影响较小;在基坑开挖过程中,若提前揭露奥陶系顶板,应停止开挖;若遇裂隙发育段,沟通奥陶系含水层,造成基坑涌水,必须严格采取封堵措施;在工程结束后,对泉水水量基本无影响。

(二)山东大学齐鲁医院门诊保健综合楼工程保泉论证

2006 年 5 月,受山东大学齐鲁医院委托,查明场区及附近地区的地质、水文地质、工程地质条件,分析该工程建设对泉水的影响,提交山东大学齐鲁医院门诊保健综合楼工程保泉论证报告。项目完成人:韩建江、赵振华、张兰新等。完成主要工作:水文地质调查面积 10 平方千米,钻探进尺 715.3 米,高程及坐标测量 20 点,长期观测点 493 点次,水位统测 23 点次,抽水试验 5 孔,水质分件 1 件。取得主要成果:基坑开挖后坑底标高要严格控制在 28.69 米以上,并将此标高作为基坑开挖的验收限制标高,该工程建设对泉水无明显影响。

(三)济南市魏家庄万达广场建设项目保泉论证

2009 年 8 月,受济南市万达广场置业有限公司委托,分析工程建设对附近泉水造成的影响，为该建设可行性提供依据，提交济南市魏家庄万达广场建设项目保泉论证报告。项目完成人：赵志强、李生清、赵永安等。完成主要工作：长期观测点 180 点次，抽水试验 2 孔，水质分件 4 件。取得主要成果：拟建工程处于济南市市中区北部经二路以南、经四路以北，面积 27.1 万平方米；建议基坑开挖最大开挖深度控制在 15 米以内，场区稳定隔水层地层结构不会遭到破坏，工程基础不会对岩溶水的地下水径流造成影响，工程建设对泉水基本无影响。

(四)济南钢城矿业有限公司张马屯铁矿扩界区矿区开采对泉水环境影响评价

2010 年 2 月，受济南钢城矿业有限公司委托，分析研究张马屯铁矿扩界区附近泉水的分布、成因，分析评价矿山建设及生产活动产生的影响及破坏，提出保护泉水的措施，使资源开发和环境保护相结合，实现资源、环境与经济的协调发展，提交济南钢城矿业有限公司张马屯铁矿扩界区矿区开采对泉水环境影响评价报告。项目完成人：黄薛、何瑞、魏海红等。完成主要工作：坐标测量点 50 个，长期观测点 17 个，水质分析 4 件。取得主要成果：矿界区面积 0.5566 平方千米，加强帷幕施工管理和监测，使东矿体排水量控制在 5000 立方米/天以内，通过对泉水成因、影响因素、断裂构造、水温、水质对比及矿山开采利用方案等影响分析，说明在采取防治措施与建议条件下，矿区排水对济南四大泉群及白泉影响较弱。

(五)山东省济南市白泉湿地公园泉水环境影响评价

2014 年 11 月，受济南市城市园林绿化局委托，进行地下水环境现状评价，预测和评价建设项目实施过程对地下水环境可能造成的直接影响和间接危害，提出防治措施，预防地质环境恶化，保护地下水资源，为建设项目选址决策、工程设计和环境管理提供科学依据，提交山东省济南市白泉湿地公园泉水环境影响评价报告。项目完成人：刘同喆、韩建江、秦品瑞等。完成主要工作：钻探 7 孔总进尺 259 米，高程、坐标测量、水位统测各 28 点，水质分析 14 件，测流 7 断面。取得主要成果：预测评价工程建设不会对周围村民的生活用水以及生态环境造成影响，也不会产生新的环境地质问题；在严格防渗措施的条件下，从水文地质角度分析，白泉湿地公园建设项目对地下水环境影响较小，对周围白泉泉群等敏感保护目标影响较小；综合考虑水文地质条件、地下水保护目标等因素，从水文地质角度分析，该项目建设可行。

(六)趵突泉泉水利用项目泉水环境影响评价

2015 年 1 月，受济南市名泉保护委员会办公室委托，论证引水工程建设对泉水影响以及取水对下游护城河通航、大明湖的影响，提交趵突泉泉水利用项目泉水环境影响评价报告。项目负责人：何瑞。项目完成人：何瑞、姚松、梁海方等。完成主要工作量：地质调查面积约 5 平方千米，水文地质钻孔 2 个，抽水试验 1 个，高程和坐标测量 12 点，水质分析 6 件。取得主要成果：拟建场区第四系孔隙水含水层富水性差，奥陶纪灰岩岩溶水含水层无直接水力联系；根据掌握的场区地层、构造及水文地质试验结果进行分析，工程基础埋置于第四系地层中，位于第四系含水层之上，工程建设处于稳定隔水层地层之中，工程基础建设对岩溶水的补给、径流、排泄影响不明显；工程建成后，取水对护城河通航造成一定影响，将减小行船频率，增大船只运行间隔；工程取水对大明湖影响较小；当趵突泉水位高于 27.90～29.30 米时，取水量 1.5 万～3.0 万立方米/天，不影响正常通航；当趵突泉水位低于 27.60 米时，停止取水；根据趵突泉水位标高预测取水系统，在正常通航、错时取水情况下，置信概率为 91.7%，旺季取水时置信概率为 91.7%。

第八节　矿泉水勘查

矿泉水勘查始于 1957 年 7 月，地质部水文地质工程地质局九〇二队对即墨东温泉进行勘查。1958 年 3 月，提交山东省即墨东温泉勘查报告。1959 年 9 月，提交八〇一队第一份矿泉水报告——汤头矿泉水文地质调查报告(1：2.5 万)，先后完成即墨东温泉等 5 处医疗矿泉水和济南市普利思等 17 处饮用天然矿泉水勘查。截至 2017 年 12 月，八〇一队共提交矿泉水勘查报告 24 份，完成调查面积 845 平方千米、钻探 88 孔总进尺 3625.34 米、抽水试验 47 孔 2588.08 小时、水质分析 344 件、岩样分析 17 件。明确用途的 22 处矿泉中，医疗矿泉水 5 处，饮用矿泉水 17 处，提交矿泉水允许开采量 2.5398 万立方米/天。

一、医疗矿泉水

1958～1963 年，先后提交即墨东温泉、临沂汤头、威海市洪水岚汤、温泉汤、威海市区等 5 处医疗矿泉水评价报告。

(一)山东省即墨东温泉勘查

1957 年 7 月，为解决山东省工会疗养院供水，根据地质部水文地质工程地质局指示，地质部水文地质工程地质局九〇二队进行即墨东温泉勘查工作。完成主要工作：1：5 万水文地质调查 105 平方千米，1：2000 地质测绘 2 平方千米，钻探 4 孔总进尺 460 米，机(民)井抽水 127 落程 359 小时，水质分析 87 件。1958 年 3 月，提交山东省即墨东温泉勘查报告。取得主要成果：1 号孔抽水水位降深 4.6 米，涌水量 7 升/秒，水温 90 摄氏度，已满足疗养院的需求。

(二)汤头矿泉水文地质调查报告(1∶2.5 万)

1959 年 6 月，查明汤头水文地质条件，探明矿泉的成因、类型，为了兴建人民福利事业，扩大医疗功能和范围，进行该地水文地质普查，以便给勘探工作打下基础。完成主要工作：1∶2.5 万水文地质调查 227 平方千米，1∶2000 地质测绘 2 平方千米，机(民)井抽水 29 落程 109.03 小时，水质分析及矿泥等分析 107 件。1959 年 9 月，提交汤头矿泉水文地质调查报告(1∶2.5 万)。取得主要成果：安山岩与砂砾岩构成基岩裂隙水之含水层，细砂层则构成孔隙水之含水层，为高热矿泉；成因是在新期火山作用下深部裂隙，长时期授受上部水流的渗入，在深部循环，受热、受压，均以接触带处溢流；矿水及矿泥对关节病、皮肤病等有特效；大肠杆菌超标大于 2380 个/毫升，不宜采用饮泉疗法。

(三)山东省威海市洪水岚汤矿泉水文地质勘查报告

1960 年 10 月，为了解该矿泉形成规律、埋藏条件及范围，矿水与第四纪潜水的关系、水质、水量等水文地质条件，以及矿水在医疗上的价值，威海市委委托进行该工作。报告编写人：王达汉等。完成主要工作：1∶5 万水文地质调查 187 平方千米，钻探 32 孔总进尺 480 米，机(民)井抽水 27 落程 324.56 小时，水质分析 139 件。1960 年 12 月，提交山东省威海市洪水岚汤矿泉水文地质勘查报告(1∶5 万)。取得主要成果：允许开采量 0.02 万立方米/天；成因是大气降水补给的地下循环水与原生水混合；无色、透明，口感略有硫味，气味略有硫化氢气味，水温 73 摄氏度。

(四)山东省威海市温泉汤矿泉水文地质勘查报告

1960 年 4 月，为进一步开发矿泉水资源，查明矿泉水的出露条件、分布范围及成因，查明矿水之物理性质、化学成分及其在医疗上的应用价值，矿泉水之储量等，受威海市委委托开始工作。报告编写人：石泉森等。完成主要工作：1∶5 万水文地质调查 144 平方千米，钻探 8 孔总进尺 254.4 米，机(民)井抽水 11 落程 139.49 小时，水质分析 139 件。1963 年 12 月，提交山东省威海市温泉汤矿泉水文地质勘查报告。取得主要成果：允许开采量 0.423 万立方米/天；无色、透明，稍带咸味和微有硫化氢味。

(五)山东省威海矿泉水文地质勘查报告

1960 年 6 月，为合理地开发与利用矿泉水，需查明矿泉水之物理性质、化学成分、出露条件、分布范围、成因、储量及其医疗意义等，受威海市委委托，进行威海矿泉水文地质勘查。完成主要工作:1∶5 万水文地质调查 115 平方千米,钻探 46 孔总进尺 2338 米,机(民)井抽水 171 落程 1078 小时,水质分析及岩样分析 158 件。1963 年 12 月,提交山东省威海矿泉水文地质勘查报告(1∶5 万)。取得主要成果:允许开采量 0.1591 万立方米/天,水温高达 82 摄氏度;溴碘含量较高,溴一般大于 4 毫克/升,碘一般大于 0.3 毫克/升。

二、饮用矿泉水

1990～2014 年,先后提交蓬莱县司家庄、潍坊市第一食品厂、济南市普利思、青州市岱云岭、历城区华阳、沂南县石龙泉、齐河县栗庄、沂源县南鲁山镇等饮用矿泉水报告。

(一)山东省蓬莱县司家庄饮用天然矿泉水调查报告

1989 年 9 月,受蓬莱县振兴实业总公司(司家庄)的委托,对蓬莱县司家庄 S1 号井大理岩中的地下水进行饮用天然矿泉水的水文地质调查和水质评价工作。报告编写人:郑宝德、李晓东、刘宗华等。完成主要工作:1∶5 万水文地质调查 45 平方千米,机(民)井抽水 1 落程 168 小时,水质分析及岩样分析 13 件。1990 年 6 月,提交山东省蓬莱县司家庄饮用天然矿泉水调查报告。取得主要成果:允许开采量 0.0657 万立方米/天;该矿泉水赋存于大理岩中,水位标高 65～67 米,水温 15～16 摄氏度,水位降深 4.01 米,单井出水量 0.154万立方米/天,含偏硅酸 37～59 毫克/升,锶含量 0.24～0.30 毫克/升,含有偏硅酸、锶、溴、碘、钼等多种对人体有益的微量元素,是一种含偏硅酸和锶的重碳酸钙镁型优质饮用天然矿泉水。

(二)山东省潍坊市第一食品厂饮用天然矿泉水调查报告

1992 年 4 月,受山东省潍坊市第一食品厂的委托,对该厂的潍一食井进行系统的矿泉水调查和评价工作。报告编写人:刘宗华、李祥芝、曹佩兰等。完成主要工作:机(民)井抽水 1 落程 32 小时,水质分析 12 件。1992 年 11 月,提交山东省潍坊市第一食品厂饮用天然矿泉水调查报告。取得主要成果:降深 9.96 米,出水量 204 立方米/天,在 1992 年开采 100 立方米/天的基础上,可增采 104 立方米/天;矿泉水赋存于第三纪玄武岩中,经近一年枯、丰水期的动态观测及水质检测,该矿泉水动态稳定,水质变化不大,是大气降水入渗通过断裂构造经深部循环,溶解了玄武岩中的大量矿物质而形成的宝贵的天然矿泉水;矿泉水含有锶、偏硅酸、硼、锌、溴、氟、硒等微量元素,是一种锶、偏硅酸优质饮用矿泉水。

(三)山东省济南市王舍人镇普利思饮用天然矿泉水调查报告

1991 年 10 月,八〇一队与济南自来水公司商定,在八〇一队进行地热项目野外调查时发现的矿泉水井(铁矿勘探孔 CK1)以东 11 米处新施工一眼同深度的探采结合孔。1991 年 12 月 20 日～1992 年 6 月 10 日,探采结合孔施工完毕,编号为沙-2 井。沙-2 井水质符合饮用天然矿泉水国家标准 GB 85371-1987,水属锶偏硅酸型,定名为普利思优质饮用天然矿泉水,且该井矿泉水具开发可行性。报告编写人:姜春永、李晓东、贺庆昌等。完成主要工作:钻探 1 孔进尺 381.36 米,水质分析 12 件。1992 年 11 月,提交山东省济南市王舍人镇普利思饮用天然矿泉水调查报告。取得主要成果:普利思饮用天然矿泉水沙-2 井水位下降 33 米,出水量 304.39 立方米/天;水温 19.5 摄氏度,矿化度 528～650 毫克/升;普利思矿泉水中锶含量 0.67～0.99 毫克/升,偏硅酸含量 57.8～76.04 毫克/升,达到国家规定的饮用天然矿泉水水质标准,属锶偏硅酸型优质饮用天然矿泉水。

(四)山东省青州市岱云岭饮用天然矿泉水调查评价报告

1992 年 4 月,受胜利油田供水公司委托,对山东省青州市胜利油田核桃园水源地 908 号井地下水进行饮用天然矿泉水的水文地质调查和评价工作。报告编写人:袁传芳、姬广胜等。完成主要工作:水文地质调查面积 35 平方千米,抽水试验 2 落程 159 小时,水质分析 6 件。1993 年 6 月,提交山东省青州市岱云岭饮用天然矿泉水调查评价报告。取得主要成果:岱云岭矿泉水赋存于石灰岩与玄武岩中,水温 18.8 摄氏度,矿化度 526.02～564.60 毫克/升,水位埋深 57.75 米,出水量 0.42 万立方米/天。锶含量 0.38～0.55 毫克/升,锶含量已经达到国家饮用天然矿泉水标准。

(五)山东省济南市历城区华阳饮用天然矿泉水调查报告

1992 年 12 月,受济南市历城区华山镇前王村(即华阳实业总公司)委托,依据国家饮用天然矿泉水标准对前王 2 号井进行调查和评价工作。报告编写人:姜春永、佟光玉、李晓东等。完成主要工作:水文地质调查面积 20 平方千米,抽水试验 1 落程 75 小时,水质分析 8 件。1993 年 8 月,提交山东省济南市历城区华阳饮用天然矿泉水调查报告。取得主要成果:出水量小于 1500 立方米/天;矿泉水中锶含量 0.54～0.846 毫克/升,偏硅酸含量 25.8～31.46 毫克/升,矿化度 870～950 毫克/升,水质纯净透明,口感较好,属锶、偏硅酸型优质饮用天然矿泉水。

(六)山东省济南市华山镇康达饮用天然矿泉水调查评价

1993 年 9 月,受济南市康达实业公司委托,在华山镇盖家沟新村南施工

1眼供水井,经取样化验发现锶含量达到矿泉水标准,随对该矿泉水进行调查评价,提交山东省济南市华山镇康达饮用天然矿泉水调查评价报告。报告编写人:佟光玉、李晓东等。完成主要工作:钻探1孔进尺171.58米。取得主要成果:该矿泉水赋存于大理岩裂隙岩溶和辉长岩风化带中;矿泉水为无色、无嗅、无味,锶含量0.54～0.73毫米/升,偏硅酸含量26.40～30.16毫米/升,达到国家矿泉水标准,为锶、偏硅酸型优质饮用天然矿泉水;可开采量1000立方米/天。

(七)山东省沂南县杨坡乡石龙泉饮用天然矿泉水调查报告

1992年11月,受山东省沂南县杨坡乡政府委托,对石龙泉矿泉水进行调查评价。报告编写人:刘宗华、武善文等。完成主要工作:动态监测1孔36次,水质分析12件。1993年11月,提交山东省沂南县杨坡乡石龙泉饮用天然矿泉水调查报告。取得主要成果:石龙泉饮用天然矿泉水赋存于沂沭断裂带的沂水汤头断裂破碎带内,矿泉水动态稳定,水质变化不大,是大气降水入渗通过断裂破碎带进行长时间深部循环,并溶解围岩中的大量物质而形成的宝贵天然矿泉水资源;含有偏硅酸、锶、锌、硼、氟、碘、钡等多种对人体有益的微量元素,其中偏硅酸含量为35.01毫克/升,是一种低矿化的含偏硅酸重碳酸钙型优质饮用天然矿泉水。

(八)山东省济南市仲宫镇藏龙峪饮用天然矿泉水调查评价报告

1993年2月,受济南市仲宫镇杨而庄村委委托,对该村东藏龙峪内一深井水进行饮用矿泉水的调查和评价工作。报告编写人:颜承芳、杨中健等。完成主要工作:水文地质调查面积107平方千米,抽水试验1孔,水质分析3件。1994年4月,提交山东省济南市仲宫镇藏龙峪饮用天然矿泉水调查评价报告。取得主要成果:该矿泉水井水位下降45.82米,涌水量590.98立方米/天;矿泉水赋存于寒武纪馒头组岩溶裂隙和闪长玢岩、片麻岩构造裂隙、风化裂隙中;水位年变化幅度近15米,水温17～17.5摄氏度,矿化度382～521.65毫克/升;矿泉水为无色、无嗅、无味、透明,锶含量1.78～2.88毫克/升,平均含量2.34毫克/升,达到国家饮用天然矿泉水标准,是一种锶型饮用矿泉水,定名为“藏龙峪优质饮用天然矿泉水”。

(九)山东省济南市北园镇新世纪饮用天然矿泉水勘查报告

1995年3月,受山东国际置业集团新世纪广场筹建处委托,在广场内进行水文地质勘探,成井深度650.52米,水中锶的含量较高。为此,新世纪广场筹建处委托八〇一队对该井进行饮用天然矿泉水的评价工作。报告编写人:邵逴、刘宗华等。完成主要工作:水文地质调查面积107平方千米,抽水试验

1 孔，水质分析 3 件。1996 年 6 月，提交山东省济南市北园镇新世纪饮用天然矿泉水勘察报告。取得主要成果：该井允许开采量 500 立方米/天；矿泉水含有锶、偏硅酸、锌、溴、碘、硒、氟等多种对人体健康有益的微量元素；锶含量 0.36毫克/升，达到国家饮用天然矿泉水标准，是一种锶型饮用矿泉水。

(十)山东省济南市段店镇位里庄饮用天然矿泉水调查评价

2001 年 6 月，受山东省淡水水产研究所委托，进行济南市段店镇位里庄饮用天然矿泉水调查评价。2002 年 7 月，提交山东省济南市段店镇位里庄饮用天然矿泉水调查评价报告。报告编写人：游其军、刘国爱、张相成等。取得主要成果：玉景(位里庄)饮用天然矿泉水赋存于深埋地下的辉长岩裂隙含水层中，矿泉水动态稳定，水温 25.2 摄氏度，矿化度 534.85～583.70 毫克/升，锶含量 0.32～0.45 毫克/升，出水量 0.156 万立方米/天，此外还含有偏硅酸、锂、锌、溴、硒、硼、钡、氟、铁、钼、钾、钠、钙、镁等近二十种对人体有益的元素。其中，锶含量达到国家饮用天然矿泉水标准。

(十一)山东省齐河县栗庄饮用天然矿泉水调查评价

2003 年 9～10 月，八〇一队在山东省地热资源科研开发示范基地施工 1 眼深水井(编号为齐矿-1)，井深 208.39 米，水温 16 摄氏度，经取样进行水质全分析，发现地下水中锶的含量较高。八〇一队决定对该矿泉水井进行调查评价。报告编写人：李常锁、李岚等。完成主要工作：长期观测 24 点次，抽水试验 1 孔 27 小时，水质分析 21 件。2004 年 11 月，提交山东省齐河县栗庄饮用天然矿泉水调查评价报告。取得主要成果：齐矿-1 饮用天然矿泉水赋存于第四系孔隙水含水层中，矿泉水动态稳定，水温 16 摄氏度，矿化度 620～653毫克/升，水位降深 21.95 米，出水量 0.177 万立方米/天。锶含量 0.50～0.58 毫克/升，此外还含有偏硅酸、锂、锌、溴、硒、硼、钡、氟、铁、钼、钾、钠、钙、镁等近二十种对人体有益的元素。其中，锶含量达到国家饮用天然矿泉水标准。

(十二)山东省沂源县芝芳水源地 YY124 井饮用天然矿泉水评价

2014 年 11 月，沂源县人民政府为申报“中国矿泉水之乡”，由沂源县水资源管理办公室委托八〇一队进行山东省沂源县芝芳水源地 YY124 井饮用天然矿泉水评价。报告编写人：范国城、汪新芹、路万里等。完成主要工作：水文地质调查 125.6 平方千米，抽水试验 3 孔 72 小时，矿泉水水质分析 3 件。提交山东省沂源县芝芳水源地 YY124 井饮用天然矿泉水评价报告。取得主要成果：矿泉水中锶含量 0.58～0.71 毫克/升，矿化度 599.42～626.96 毫克/升，水质纯净透明，口感较好，属锶型优质饮用天然矿泉水。微生物指标中铜绿假单胞菌超标。YY124 井矿泉水允许开采量确定为1203.2立方米/天。

第九节　其他水文地质勘查

完成的其他水文地质工作主要有水文地质研究、地下水动态监测、综合性水文地质调查、矿区水文地质勘查等。1958～2015年,主要完成兖州潜水均衡试验场,高唐地区土壤盐渍化水文地质初步调查,齐河地区倪伦河流域旱、涝、碱综合治理水文地质调查,鲁中南岩溶水研究,济徐淮地区岩溶水文地质综合评价,山东省西水东调沿线重点城市地下水库调查论证,山东半岛蓝色经济区1∶10万水文地质工程地质环境地质调查等84个项目。主要完成综合性地质调查27.7417万平方千米,钻探388孔总进尺14965.59米,抽水试验263孔3662.53小时,水质分析7427件,土样2556件,共提交地下水允许开采量126.515万立方米/天。

一、水文地质研究

1958～2015年,主要完成的水文地质研究项目有兖州潜水均衡试验场,高唐地区土壤盐渍化水文地质初步调查,齐河地区倪伦河流域旱、涝、碱综合治理水文地质调查,鲁中南岩溶水研究,淄博市古城地区供水水文地质勘查试验,济南西郊地区岩溶水大型示踪试验,山东省西水东调沿线重点城市地下水库调查论证,山东省地下水环境问题与保护研究,山东省重点城市地下水资源供水潜力研究,章丘市替代贺套水厂配套工程水源地(蒋家庄)取水工程可行性研究等29个项目。主要完成水文地质调查30189.07平方千米,钻探165孔总进尺3362.54米,抽水试验263孔3566.53小时,水质分析2350件,共提交允许开采量126.515万立方米/天。

(一)兖州潜水均衡试验场

1962年,为研究潜水的补给径流及排泄过程,探讨潜水的形成及运动规律,求得一些水文地质参数,省地质局水文地质观测总站开始进行兖州潜水均衡试验建场。1963年初步分项目投入试验工作,至1964年底基本建成。完成主要工作:动态观测点54个。1964年10月,提交兖州潜水均衡试验场1963年地中渗水计观测试验初步总结报告,1965年提交兖州潜水均衡试验简报。取得主要成果:初步了解到几种岩样的潜水蒸发、渗入补给和年均衡的变化规律。

(二)山东省高唐地区土壤盐渍化水文地质初步调查

1963年9月,为盐渍化土壤改良提供水文地质方面的资料,达到丰产目的，摸索一套盐渍化土壤改良水文地质调查的工作方法，为大规模开展工作打下基础，进行山东省高唐地区土壤盐渍化水文地质初步调查。报告编写人：许人冰、邵逵、何庆朝等。完成主要工作：1∶5 万水文地质调查面积 200 平方千米，调查点 361 个，钻探 32 孔总进尺 669.41 米，抽水试验 36 孔，试坑 67 个，土样分析 460 件。1964 年 8 月，提交山东省高唐地区土壤盐渍化水文地质初步调查报告书。取得主要成果：初步反映调查区含水层的分布规律、埋藏条件、水质、水量，以及盐渍土分布、类型和其发生发展的一些因素。

（三）山东省齐河地区倪伦河流域旱、涝、碱综合治理水文地质调查

1963 年 10 月，为确保农业高产、稳产，并给下一步土壤改良综合治理工程的规划设计提供第一手资料和科学依据，受山东省水利科学研究院委托，进行山东省齐河地区倪伦河流域旱、涝、碱综合治理水文地质调查。报告编写人：王容、许人冰、陈锦泰等。完成主要工作：调查点 737 个，钻探 94 孔，抽水试验 57 孔，试坑 235 个，水质分析 568 件，颗粒分析及土壤易、中、难溶盐分析等 2628 个，植物标本 3 套，潜水动态观测点 10 个。1965 年 5 月，提交山东省齐河地区倪伦河流域旱、涝、碱综合治理水文地质调查报告。取得主要成果：阐述区内 15 米以浅地层水文地质条件，查明土壤盐渍化的程度、类型、分布、发生与发展规律，阐明自然与人为因素对盐渍化的影响，总结群众防治盐渍化的经验。

（四）鲁中南岩溶水研究

1983 年 7 月，研究岩溶水的形成、运动条件及其分布规律，对岩溶水在数量和质量上给予科学评价，为岩溶水开发合理利用提供依据，进而建立水文地质模型预测岩溶水的动态变化和科学管理岩溶水资源提供科学论据，八〇一队与山东省环境水文地质总站进行鲁中南岩溶水研究。1987 年 5 月，提交鲁中南岩溶水研究报告。报告编写人：山东省环境水文地质总站王文景、凌伯继、刘利慧、王履英、朱学顺；八〇一队郭玉文、王飞龙、李祥芝。取得主要成果：岩溶最发育是奥陶纪和寒武纪灰岩，发育段一般在埋深 200 米以内；划分出 56 个岩溶水系统，计算全区天然资源 35.53 亿立方米/年，开采资源 27.25亿立方米/年；圈定出富水地段 59 处，其中 7 处已超量开采，出现工程地质问题及环境方面的不良影响，有 19 处预算可建成大于 5 万立方米/天的大中型水源地；岩溶水水质良好，符合生活饮用水和工农业用水标准。

（五）淄博市古城地区供水水文地质勘查试验

1983 年 7 月，为了解古城地区冲、洪积松散沉积物孔隙水的水文地质条件，概略评价地下水资源，论证作为城市工业供水后备水源地的可能性，根据

山东省计划委员会要求，省地质局下达勘查任务。项目负责人：刘广义。报告编写人：刘广义、张守春、孙洪常、杨丽芝、黄家龙。1987年开始工作。完成主要工作：1∶2.5万水文地质测绘170平方千米，钻探6孔总进尺1245.18米，视电阻率测深物理点100个，电测井15个，抽水试验48孔313.53小时，水质分析136件。1988年12月，提交淄博市古城地区供水水文地质勘查试验报告。取得主要成果：该区浅层地下水水位连年持续下降，浅部地下水无增采资源可计算和评价；该区深部补给源严重不足，地下水年降幅位2.18米，深部含水层地下水无增采资源可计算与评价，储存量仅可作为当地居民生活用水水源。

(六)济南西郊地区岩溶水大型示踪试验

1989年5月20日，为了解西郊与济南市区岩溶水水力联系问题，八〇一队在地矿部岩溶地质研究所研究员袁道先指导下进行济南西郊地区岩溶水大型示踪试验。完成主要工作：控制面积200平方千米，观测孔63个，观测时间160天。1989年10月，提交济南西郊地区岩溶水大型示踪试验报告。取得主要成果：证实西郊与济南市区岩溶水存在水力联系。

(七)山东省济南市附近沿黄傍河取水可行性试验勘查

1991年5月，利用沿黄第四系含水层与黄河之间地层的天然过滤性，抽取地下水，夺取黄河水的侧渗补给，为城市开辟新的供水途径，省地矿局下达济南沿黄傍河取水可行性勘查试验项目任务书。项目负责人：胡铁军。报告编写人：胡铁军、邢立亭等。完成主要工作：水文地质调查面积49.5平方千米，钻探24孔1155.86米，物探13.19千米，物理点248个，测井310米，抽水试验井16孔553小时，水质分析66件，土样13件。1992年10月，提交山东省济南市附近沿黄傍河取水可行性试验勘查报告。取得主要成果：计算出黄河侧渗补给量0.395万立方米/天。

(八)淄博市淄川区水文地质调查研究

1990年12月，为保护和合理开发利用淄川区的土地、矿藏、水等自然资源，科学治理“三废”，改善生态环境，淄川区水资源管理办公室按区政府领导指示，要求八〇一队与淄川区水资源管理办公室联合完成淄川区水文地质调查研究工作。项目负责人：魏鲁峰。项目完成人：魏鲁峰、张守春等。完成主要工作：1∶2.5万水文地质调查面积999.065平方千米，高程测量158点，动态长观点78个，统测点216点次，测流10断面次，抽水试验井11孔，水质分析525件。1992年12月，八〇一队与淄博市淄川区水资源管理办公室提交淄博市淄川区水文地质调查研究报告。取得主要成果：城子—口头富水地段允许开采量2万立方米/天；黑旺—下册、小口头—幸福两富水地段地下水总补给量分别为16.87万立方米/天、1.55万立方米/天；冶水富水地段可作为发展乡镇工业供水水源；磁村—岭子富水地段可适当集中开采；西河—张庄富水地段宜分散取水；罗村—洪山、昆仑—淄川—杨寨富水地段不宜再增加新的开采井；论述地下水污染特征、矿泉水分布，并对城市工农业供水需要进行预测。

(九)济南引黄供水鹊山调蓄水库钻探及抽水试验总结

1996年10月，受山东黄河河务局水利设计院委托，对济南引黄供水鹊山调蓄水库三个坝段进行水文地质钻探和抽水试验，提交济南引黄供水鹊山调蓄水库钻探及抽水试验总结报告。报告编写人：赵玉仁等。完成主要工作：钻探2孔总进尺100米，抽水试验井2孔96.5小时，水质分析40件。取得主要成果：上部砂壤土夹粉砂潜水含水层与下部粉细砂承压含水层之间有一层粉质黏土相隔，两者之间水力联系程度比较弱；上部含水层渗透系数2.70～2.75立方米/天，下部含水层渗透系数4.0～4.54立方米/天。

(十)山国电滕州发电厂初步可行性研究供水水文地质勘查

1997年8月，为在羊庄盆地建设岩溶地下水水源地，以向拟建的装机容量4×600兆瓦滕州发电厂供给12万立方米/天的使用水，山东国际电源开发股份有限公司委托八〇一队在羊庄盆地范围内进行供水水文地质勘查工作。项目负责人：柏学成。报告编写人：柏学成、范纯信、卜华等。完成主要工作：水文地质调查650平方千米，抽水孔7孔80小时，水质分析15件。1998年11月，提交山国电滕州发电厂初步可行性研究供水水文地质勘查报告。取得主要成果：该工作区可增采资源12.965万立方米/天；羊庄岩溶富水地段和龙山头岩溶富水地段具有建设电厂水源地的优越条件；拟建水源地的岩溶水是较好的生活饮用水和工业用水。

(十一)沾化发电厂抽水试验

1999年12月，为提供沾化发电厂油改煤工程(施工图阶段)施工降水设计所需的有关水文地质参数，受山东电力工程咨询院委托，进行沾化发电厂抽水试验。项目负责人、报告编写人：姬广胜。完成主要工作：抽水试验1孔87.5小时，水质分析2件。2000年1月，提交沾化发电厂抽水试验报告。取得主要成果：场区内粉土质砂的渗透系数3.49～4.11米/天，影响半径14.40～43.40米；场区地下水对钢筋混凝土中的钢筋不具腐蚀性，对钢结构具中等腐蚀性。

(十二)山东省齐河县沿黄地下水调蓄水文地质普查

2000年1月,用水量与日俱增,开发地下水势在必行,以缓解因黄河断流而出现的供水矛盾、地下水位降低,防止产生土壤次生盐碱化,山东省财政厅下达山东省齐河县沿黄地下水调蓄水文地质普查任务。项目负责人:王合秋。报告编写人:王合秋、索翠华[①]、魏鲁峰等。完成主要工作:1∶10万水文地质调查面积490平方千米,钻探12孔总进尺530.1米,物探点45个,抽水试验井15孔,水质分析40件。2000年12月,提交山东省齐河县沿黄地下水调蓄水文地质普查报告。取得主要成果:该区开采资源1.2152亿立方米/年;在降水保证率20%的条件下不需引黄河水,在多年平均降水和降水保证率95%的情况下,需分别引黄河水2686.7093万立方米、11614.4336万立方米;地下水无工业污染,矿化度小于1克/升,适宜用作人畜用水和农田灌溉用水,黄河水作为回灌水源,河水质量符合地面水环境质量标准中的Ⅲ类标准。

(十三)山东省定陶县高氟改水勘查

2001年1月,为进一步促进定陶县工农业的发展,保护和改善环境,提高当地居民的健康水平,山东省财政厅、国土资源厅批准开展定陶县高氟改水勘查项目。定陶县地质矿产办公室委托八〇一队具体实施。项目负责人:牟强。报告编写人:牟强、陈奂良、王俊兰等。完成主要工作:1∶10万水文地质调查面积846平方千米,钻探1孔进尺437米,抽水试验12孔88小时,水质分析52件,土样6件。2001年12月,提交山东省定陶县高氟改水勘查报告。取得主要成果:地下水开采资源1.5004亿立方米/年,其中浅层地下水开采资源1.3010亿立方米/年(浅层低氟水开采资源0.1977亿立方米/年),深层淡水的氟含量超出国家生活饮用水标准,开采资源0.1994亿立方米/年;指出饮用高氟水的危害,并提出高氟地下水改造对策。

(十四)山东省西水东调沿线重点城市地下水库调查论证

2001年3月,由于降水量偏低及超量开采地下水,地下水资源量不足,水源地水位下降,含水层腾出了巨大的地下蓄水空间。据此,省地勘局下达山东省西水东调沿线重点城市地下水库调查论证任务书。项目负责人:刘国爱。主要完成人:刘国爱、游其军、王俊兰等。完成主要工作:水文地质调查点37个,长期观测25点1250点次,抽水试验10孔。2001年12月,提交山东省西水东调沿线重点城市地下水库调查论证报告。取得主要成果:论述济南泉域、潍坊潍寒、黄旗堡、青岛大沽河等地质水库的特征;提出地下水库的补

---

① 齐河县国土资源局。

源措施，分析建设地下水库的可行性和建立后的经济效益。

（十五）新汶矿业集团有限责任公司满庄工业园区供水水源地论证

2005 年 11 月，新汶矿业集团有限公司满庄工业园区内拟建盐化工厂、火力发电厂和石膏板厂，三厂投产后最大总需水量 2.5 万～3.0 万立方米/天。受新汶矿业集团公司委托，进行新汶矿业集团有限责任公司满庄工业园区供水水源地论证。项目负责人：韩连山、尚宇宁。报告编写人：韩连山、尚宇宁、赵志强等。完成主要工作：水文地质调查面积 208 平方千米，视电阻率测深物理点 44 个，抽水试验 7 孔，水质分析 23 件。2006 年 5 月，提交新汶矿业集团有限责任公司满庄工业园区供水水源地论证报告。取得主要成果：允许开采资源量 1.475 万立方米/天，水质差，不适宜作为生活饮用水，水源井水属锅垢多的、具硬沉淀物的、起泡的腐蚀性水。

（十六）山东省地下水环境问题与保护研究

2003 年，进一步研究山东省的地下水环境问题，因地制宜地探讨切实可行的保护措施，提出科学合理的解决对策。省地勘局向八〇一队下达山东省地下水环境问题与保护研究任务书。项目负责人：高明志。报告编写人：高明志、张金兰、甄学贞等。2004 年 1 月开始工作。完成主要工作：1∶25 万水文地质调查面积 1.2 万平方千米，物探点 200 个，水质分析 236 件。2006 年 12 月，提交山东省地下水环境问题与保护研究报告。取得主要成果：山东省地下水开发利用量占水资源实际利用量的 50%左右，2002 年地下水天然补给总量 193.46 亿立方米，开采资源 159.81 亿立方米，已开采资源 119 亿立方米，开采程度 74%，整体尚有一定的开采潜力；济南、东营、济宁、临沂、德州、聊城、滨州、菏泽等 8 市有开采潜力；淄博、枣庄、烟台、潍坊、泰安、日照、莱芜等 7 市采补基本平衡；威海地下水超采；青岛地下水严重超采；济南、泰安、威海、莱芜、德州 5 市水质稳定，淄博、烟台、潍坊、日照等 4 市水质局部污染加重；青岛污染状况减轻；2004 年济南趵突泉水质较 2003 年同期的硬度、矿化度及硝酸根离子浓度升高；淄博大武水源地 2004 年 5 月检测的地下水四氯化碳（氯烷）超标严重；山东省因地下水不合理开发利用引起的海水入侵、地下水超采漏斗、地下水污染、名泉断流、地面沉降、地面塌陷、地裂缝、地方病、水源地供水功能下降、可开采量减少以及采矿引起矿坑突水导致水资源减少、水质变差等环境问题，已成为制约社会经济可持续发展的重要因素之一。

（十七）山东省淄博市应急供水水源地调查研究

2006 年 1 月，为提高城市在特枯年或连续干旱年及污染事件突发时的供水能力，提高饮用水安全保证程度，构建水资源战略储备及保障体系，保障城市供水安全。省地勘局下达山东省淄博市应急供水水源地调查研究任务书。2006 年 10 月，提交山东省淄博市应急供水水源地调查研究报告。项目负责人：武羽晓、刘广义。报告编写人：刘广义、武羽晓、汪新芹等。取得主要成果：确定淄博市应急供水水源地 3 处，其中地下水水源地 2 处，位于淄博市东部的淄河流域，地下水类型均为裂隙岩溶水，分别是大武水源地和齐陵水源地；地表水水源地为引黄供水工程；大武水水源地应急可供水量 63.3 万立方米/天，采用管井取水，开采方式可适度集中；齐陵水源地应急可供水量 7.4 万立方米/天，采用管井取水，开采方式可适度集中；引黄供水工程应急可供水量 25 万立方米/天，利用已有供水系统。

(十八)山东省重点城市地下水资源供水潜力研究

2007 年 10 月 23 日，对山东省重点城市地下水资源潜力调查研究，查清地下水资源开采现状与开发利用潜力，为重点城市地下水资源可持续利用、环境保护和经济发展提供科学依据，省国土资源厅向省地勘局下达任务书，省地勘局委托八〇一队承担。项目负责人：张海林。报告编写人：张海林、李常锁、高明志等。2008 年 1 月开始工作。完成主要工作：水文地质调查点 30 个，水质分析 120 件。2008 年 12 月，提交山东省重点城市地下水资源供水潜力研究报告。取得主要成果：济南、青岛、淄博、德州等重点城市水源地原地下水资源计算与评价基本符合实际；济南及淄博除杨古水源地外水质较好，青岛、德州及淄博杨古水水源地水质较差。

(十九)山东省菏泽市地下水资源调查评价与保护研究

2006 年 7 月，为初步查明区内水文地质条件，初步计算地下水资源量，对区内存在的环境问题提出防治措施，提出合理的水资源开发利用区划及保护措施，菏泽市国土资源局进行招标，八〇一队中标。项目负责人：赵永安。报告编写人：赵忠义、彭新颜①、郭世春①等。完成主要工作：1∶25 万水文地质调查面积 12229 平方千米，抽水试验 36 孔 1152 小时，水质分析 142 件。2009 年 4 月，提交山东省菏泽市地下水资源调查评价与保护研究报告。取得主要成果：浅层地下水开采资源 20.1673 亿立方米/年；中层咸水基本无人工开采；深层地下水弹性储量 2.2647 亿立方米；2006 年该区地下水开采量 9.1709 亿立方米；该区由于超采地下水引发的地质环境问题有地下水水位降落漏斗、地面沉降、地裂缝、地面塌陷、地下水污染、地氟病等；深层地下水超采漏斗中，菏泽市牡丹城区最大，面积达 100 平方千米，水位埋深东部漏斗区中心已

① 菏泽市国土资源局。

达 100 米，城区西部水位埋深达 80 米；地面沉降主要分布在菏泽市牡丹区，预计到 2020 年地面沉降量可达到 227.56 毫米；对该区地下水资源可持续开发利用进行区划。

（二十）东阿阿胶生产用水水质评价研究

2010 年 2 月，山东东阿阿胶股份有限公司委托八〇一队对阿胶的质量与其提炼过程所用的水质关系进行评价研究。项目负责人：魏月。报告编写人：魏月、尹建波、程秀明等。完成主要工作：1∶10 万水文地质调查面积 2000 平方千米，水质分析 139 件。2010 年 12 月，提交东阿阿胶生产用水水质评价研究报告。取得主要成果：东阿阿胶生产用水水质符合生活饮用水标准，钙、镁、钾、钠等多种对人体有益的矿物质含量适中，在去杂提纯的过程中发挥着重要的作用；水的矿化度相对较低，长期饮用对心血管等有好处；属硬水，能够适量补充人体所需的钙质；水中平均钙镁比为 3.18∶1，与人体血液中的相当，易被人体吸收。

（二十一）济南市历下区东坞断裂义和庄段水文地质调查

2011 年 3 月，为初步查明义和庄及附近地区的水文地质、环境地质条件，分析研究在水文地质、环境地质现状条件下在该区进行项目建设的适宜性，为项目建设的环境影响评价提供水文地质依据，受济南市历下区农村住房建设与危房改造工作领导小组办公室委托，进行济南市历下区东坞断裂义和庄段水文地质调查。项目负责人：韩建江。报告编写人：姜玉敏、隋海波、王秀芬等。完成主要工作：水文地质调查 87 平方千米，物探点 253 个，岩样 5 件。2011 年 4 月，提交济南市历下区东坞断裂义和庄段水文地质调查报告。取得主要成果：东坞断裂义和庄段为阻水断裂；断裂东侧岩溶发育较差，富水性弱，西侧岩溶发育较好，富水性强；义和庄及其周边地区岩溶裂隙发育程度差，富水性一般，单井出水量 100～1000 立方米/天；刘志远村和杨北村地下水属无腐蚀性水，义和庄、赵家庄、江源水厂地下水属轻微腐蚀性水；该区内地下水对混凝土均不具有分解性侵蚀。

（二十二）山东省济西煤田矿坑水超前截流与城市供水研究报告

2014 年 3 月，“超前截流、以供减排”的理念对于矿坑排水及济南城市供水意义重大。为深入研究矿坑水超前截流与城市供水的模式及方法，八〇一队自筹资金开展山东省济西煤田矿坑水超前截流与城市供水研究项目。项目负责人：赵志强。报告编写人：赵志强、梁远新、安美艳等。2014 年 10 月，提交山东省济西煤田矿坑水超前截流与城市供水研究报告。取得主要成果：拟定开采量 10 万立方米/天，预测水源地开采井最大降深30.05米，既能有效截取井田上游岩溶水补给，为矿井排水提供有利条件，又不会因水位下降过大引发环境地质问题；地下水水质符合生活饮用水标准，适宜生活饮用。

(二十三)章丘市替代贺套水厂配套工程水源地(蒋家庄)取水工程可行性研究

2016年8月，按照2016年水源地条件，依据城市总体规划和给水专业规划所确定的发展目标，就章丘市替代贺套水厂配套工程水源地(蒋家庄)工程建设方案进行论证分析，提交章丘市替代贺套水厂配套工程水源地(蒋家庄)取水工程可行性研究报告。项目负责人：李传磊。报告编写人：姜玉敏、李传磊、邱晨等。取得主要成果：该项目新建取水规模3万立方米/天的水源地，且区域地下水资源量是有保证的；水源地出水水质满足国家生活饮用水卫生标准(GB 5749－2006)。

(二十四)济南泉水形成机理与保护研究

2016年5月10日，为深入研究济南泉水形成机理，提出保泉条件下的岩溶水优化开发方案及相关保泉管理对策，省地勘局下达进行济南泉水形成机理与保护研究任务书。项目负责人：李常锁、孙斌。报告编写人：孙斌、李常锁、彭玉明等。完成主要工作：示踪试验1组。2017年10月，提交济南泉水形成机理与保护研究报告。取得主要成果：完成济南单斜岩溶水系统理论研究，揭露泉水形成的机理；定量计算泉域补给资源量，定量分析泉水资源演化的主要影响因素及作用机制；建立区域岩溶水大系统数值模型，提出人工回灌补源和地下水开发利用优化两大关键调控技术。

二、地下水动态监测

1958～2017年，主要完成的地下水动态监测(不含济南，济南该类项目在本章第七节保泉供水水文地质勘查一节叙述)项目有：莱芜县地下水动态长期观测初步总结、烟台市福山供水地段潜水动态观测、鲁西南平原区域潜水动态观测、济宁市潜水动态观测、泰安地区地下水动态观测、潍坊地区供水水文地质观测、胶东半岛矿泉动态观测、淄博地区北部地下水动态长期观测阶段等14个项目。主要完成地下水动态监测点1389点101802点次，水质分析3652件。

(一)山东省莱芜县地下水动态长期观测初步总结

1960年11月，为掌握莱芜地区地下水动态变化，满足工农业生产的需要，山东省地质厅水文地质观测总站对1958年5月～1960年5月部分泉水和钻孔的长期观测工作进行总结，提交山东省莱芜县地下水动态长期观测初步总结报告书。报告编写人：高殿祺等。完成主要工作：高程测量 32 个，动态观测 1548 点次，抽水试验 5 次 268 小时，水质分析 117 件。取得主要成果：对该区地下水水位、水温、水动态及变化特征进行简述，分析地下水动态影响因素；对 1961 年地下水动态进行预测，并指出工作存在的问题，提出今后工作方向。

(二)山东省烟台市福山供水地段潜水动态观测

1963 年 3 月，对 1959 年 8 月以来的潜水动态变化特征及其规律进行研究，提供合理利用潜水及水源防护依据、潜水动态观测报告。报告编写人：钱文钰等。完成主要工作：高程测量 45 个，动态观测 50 点 3515 点次，水质分析 68 件。取得主要成果：大沽河河水可以作为综合利用的重要水源之一；潜水水位和海水水位高差不大，枯水期潜水水位一般高程为 1.2 米，丰水期潜水水位高程最高为 2.2 米；在开采时降深最大不宜超过 1.5 米，以免海水倒灌；污染可能性小。

(三)1961～1962 年鲁西南平原区域潜水动态观测

1963 年 5 月，为科学水文地质勘查提供区域性的地下水动态变化的资料，山东省地质局水文地质观测总站提交 1961～1962 年鲁西南平原区域潜水动态观测简报。报告编写人：徐庆山等。完成主要工作：动态观测 175 点 13014 点次，水质分析 202 件。取得主要成果：对该区地下水水位、水温、水动态及变化特征进行论述，分析地下水动态影响因素，并提出 1962 年以后工作的意见。

(四)济宁市潜水动态观测报告

1963 年 11 月，为满足城市供水对地下水的要求，对 1961～1962 年地下水动态进行总结，山东省地质局水文地质观测总站提交济宁市潜水动态观测报告。报告编写人：徐庆山、王绍文、王秀兰等。完成主要工作：水位观测点 538 点 3718 点次，水温观测点 538 点 3688 点次，水质分析 33 件。取得主要成果：对济宁市的潜水动态有着重的论述；对潜水的补给和运动条件、埋藏条件及水质分别做了进一步的论证；阐明济宁市附近潜水的动态特征及变化规律，证明潜水位每年有一降一升的变化规律。

(五)泰安地区地下水动态观测报告

1963 年 12 月，1960～1963 年 4 月动态资料，对地下水动态特征及变化规律、各含水层间的水力联系进行总结，山东省地质局水文地质观测总站提交泰安地区地下水动态观测报告。报告编写人：高殿祺等。取得主要成果：对泰安市地区的水文地质条件及地下水动态作了较系统的论述。

(六)潍坊地区供水水文地质观测报告

1964 年 10 月,查明潍坊附近第四系潜水水位、水温和水化学的动态特征及其规律,研究潍坊附近第四系潜水动态影响因素,计算和评价潍坊附近第四系地下水资源,山东省地质局水文地质观测总站提交潍坊地区供水水文地质观测报告。报告编写人:李传谟、钱文钰等。完成主要工作:机(民)井调查点 310 个,动态观测 338 点 22292 点次,测流断面 2 条,抽水试验 7 落程 31.57 小时,水质分析及土样分析 1608 件。取得主要成果:潍坊附近第四系地下水资源比较丰富,调节储量 7.074 万立方米/天。潍坊东李家庄大英村一带是潍坊的主要供水水源地,开采量较大,不宜布新井;朱留寒武奥陶纪灰岩裂隙水储量有限,不宜进行大规模区域开采;苦味酸污染是裕鲁化工厂排出的苦味酸废水和混入土壤中的苦味酸粉末污染的结果,大约以 107 米/年的速度向北扩展。

(七)山东省胶东半岛矿泉动态观测报告

1965 年 11 月,利用 1960～1965 年动态资料,分析矿泉各要素的动态规律及影响动态的因素,探讨矿泉的成因,为医疗事业及矿水合理利用提供资料,提交山东省胶东半岛矿泉动态观测报告。报告编写人:钱文钰等。完成主要工作:动态观测 191 点 16808 点次,水质分析 571 件。取得主要成果:分析胶东矿泉的成因、动态规律以及影响动态因素,并分析部分矿泉的开发远景。

(八)山东省淄博地区北部地下水动态长期观测阶段报告

1981 年 12 月,掌握淄博地区北部地下水动态变化规律,调查淄博地区北部地下水污染现状及污染程度和发展趋势,提交山东省淄博地区北部地下水动态长期观测阶段报告。报告编写人:赵玉仁、宋学堂、王学曾等。完成主要工作:动态观测 412 点 39687 点次,统测点 1496 个,水质分析 666 件。取得主要成果:通过 1974 年以来的动态观测工作,证明大武水源地推算降深8.5264 米,可开采水量 30 万方/天是可靠的;大武、辛店、南仇三个水源地水力联系强烈;1976～1978 年,大武、辛店、南仇三个水源地平均下降幅度 1.365～2.819 米/年,漏斗范围扩展速度 500～1330 米/年;奥陶纪灰岩裂隙岩溶水补给石炭二叠系裂隙水、第四系孔隙水,石炭二叠系裂隙水补给第四系孔隙水;湖田水源地同大武水源地还未产生水力联系,两水源地水位差 8.567 米;地下水水质南部山区及淄河冲积扇较好,向西及西北受厂矿及污水排泄河道污染;太河水库用于农业灌溉,对地下水起到一定的补给作用。

(九)山东省淄博市地质环境监测报告

2013 年 4 月,提交山东省淄博市地质环境监测报告。项目负责人:徐士民。报告编写人:马超等。完成主要工作:水文地质调查 500 平方千米,动态观测 92 点,统测点 92 点 184 点次,水质分析 98 件。取得主要成果:淄博市地下水位与 2011 年基本持平;2012 年淄博市实际开采地下水 69059 万立方米,其中桓台、张店、高清地下水开采率大于 100%,为严重超采区,淄川、博山的开采率小于 50%,为具有开采潜力区;淄博市大武水源地自 2001 年 9 月开始减采,其地下水年均水位逐年回升,2012 年水位维持在较高水平;水质与往年相差不大,临淄朱台、淄川北下册水源地、周村宝山水源地、张店付家水源地、沂源芝芳水源地各常规离子组分符合生活饮用水标准,其余水源地出现不同的超标现象,不宜用作生活用水;2012 年,淄博市共发生 9 处地质灾害,地质灾害发生规模较小,雨季开始后地质灾害发生较为频繁,应给予高度重视。

三、综合性水文地质调查

1958～2017 年,主要完成济徐淮地区岩溶水文地质综合评价、山东半岛蓝色经济区 1∶10 万水文地质工程地质环境地质调查综合性水文地质调查等 7 个项目。主要完成水文地质工程地质环境地质调查 24.4043 万平方千米,166 孔钻探总进尺 7712.2 米,水质分析 1111 件,土样 2556 件。

(一)济徐淮地区岩溶水文地质综合评价

1981 年 9 月 10 日,根据地质部由山东省地质局、江苏省地质局、安徽省地质局进行济徐淮地区岩溶水文地质综合评价要求,山东省地质局下达济徐淮地区岩溶水文地质综合评价山东部分任务书。报告编写人:李祥芝[①]、郑文兴[②]、王维屏[③]、郭玉文、王文璟[④]、杨荫荣、王飞龙、张相芝、田进忠、曹佩兰、郭留福[⑤]、李德骝。完成主要工作:1∶20 万水文地质调查面积 84153.4 平方千米,钻探 14 孔总进尺 2669 米,抽水试验 7 孔,水质多项分析 11 件,岩样 32 件。1984 年 12 月,提交济徐淮地区岩溶水文地质综合评价报告。取得主要成果:圈定出开采量大于 2000 万立方米/年的富水地段 54 处[⑥],预测有前景的水源地 68 处;该区岩溶水资源丰富,除胶济铁路、津浦铁路沿线及淮北市开采

---

① 山东省地质矿产局八〇一水文地质工程地质大队。

② 安徽省地质矿产局第一水文地质队。

③ 江苏省地质矿产局第二水文地质工程地质大队。

④ 山东省环境水文地质总站。

⑤ 山东省地质矿产局第三水文地质工程地质大队。

⑥ 54 处:其中山东 32 处、江苏 8 处、安徽 14 处。

强度大以外，其他地段开采强度皆较低，其中北部地区的临沭河下游、蒙山以南的泗河流域下游及南部浅覆盖的“连通区”，岩溶水可开采资源潜力较大，是较理想的供水地区；区内岩溶泉水流量大于 1 万立方米/天的大泉有 40 余个；水质适宜饮用、锅炉用水、灌溉，对硅酸盐水泥基砂类土合成混凝土不具有分解性侵蚀作用。

(二)山东省淄博市沂源县水资源调查与综合评价

1991 年 3 月，通过对水资源的调查和综合评价，为沂源县国民经济远景规划提供地质、水文地质、环境地质依据，结合“八五”计划[①]，为工农业生产及城镇建设提供水资源开发利用资料和水环境保护建议，受沂源县水利局水资源管理办公室委托，进行山东省淄博市沂源县水资源调查与综合评价。项目负责人：侯大华[②]、陈传功。报告编写人：程秀明、高明志、刘明玉等。完成主要工作：水质分析 429 件。1993 年 7 月，提交山东省淄博市沂源县水资源调查与综合评价报告。取得主要成果：沂源县地表水可利用量 1.2777 亿立方米/年，沂源县地下水总补给量 2.0210 亿立方米/年，总消耗量1.4027亿立方米/年，剩余量 0.6183 亿立方米/年；圈定有开发远景的富水地段 10 处，可增采地下水资源 19.902 万立方米/天；指出南麻镇、东里镇、鲁村镇、悦庄镇、土门镇等乡镇的供水方向；地下水绝大部分未受人为污染，除田庄水库受山东省东风化肥厂污染外，其他水库未受污染；沂河受到轻微至极严重不同程度的污染，15 条支流及弥河支流未受到污染。

(三)山东省淄博市高青县水资源调查综合评价

1991 年 4 月，为适应和满足高青县工农业及国民经济发展的需要，保证“八五”计划及长远规划的顺利实施，查清高青县水资源状况，合理开发利用和管理好水资源，受高青县水资源管理办公室委托，进行山东省淄博市高青县水资源调查综合评价。项目负责人：徐建国。报告编写人：徐建国、初朋文、王同兵[③]等。完成主要工作：水文地质调查面积 831 平方千米，视电阻率测深点 485 个，抽水试验 41 孔，水质分析 279 件。1993 年 7 月，提交山东省淄博市高青县水资源调查综合评价报告。取得主要成果：浅层地下水资源多年平均开采资源 1.6929 亿立方米/年，可利用地表径流量 0.2493 亿立方米/年，深层地下淡水补给量有限，可采弹性储存量0.2387亿立方米/年，东南部侧向补给量 0.0166 亿立方米/年，按深层淡水现有开采量计算，深层淡水仅可

---

① “八五”计划：1991～1995 年，中华人民共和国第八个五年计划。

② 沂源县水利局。

③ 高青县水资源管理办公室。

开采 17.8 年，按规划开采到 2020 年共 27 年，则每年只能开采 0.0199 亿立方米/年；高青县水资源总量 3.6944 亿立方米/年，可利用水资源总量 3.3758 亿立方米/年，按分配引黄量，供需矛盾较大，保证率 50％时，到 2000 年缺 1.0086亿立方米/年，到 2020 年缺 2.7680 亿立方米/年；高青县供水的战略方针应当是地表水（包括引黄）、地下水综合利用，在引黄灌溉中要继续坚持排灌结合的方针，防止地下水埋深过浅产生盐碱化。

(四)山东半岛蓝色经济区 1∶10 万水文地质、工程地质、环境地质调查

2010 年 10 月 21 日，为山东半岛蓝色经济区规划、建设提供基础支撑，为经济区建设提供有效快捷的地质信息服务，省国土资源厅下达山东半岛蓝色经济区 1∶10 万水文地质、工程地质、环境地质调查任务书。项目负责人：尚宇宁。报告编写人：尚宇宁、王涛、韩玉英等。完成主要工作：1∶10 万水文地质环境地质调查面积 13000 平方千米，1∶10 万工程地质调查面积 73124 平方千米，工程地质钻探进尺 2619.2 米，取土样及土工试验 1599 件，水质分析 390 件，标贯 1599 点次，土的易溶盐分析 13 件，岩石单轴饱和抗压试验 16 件，岩样定名 2 件。2013 年 10 月，提交山东半岛蓝色经济区 1∶10 万水文地质、工程地质、环境地质调查报告。取得主要成果：该区开采资源 50.6127 亿立方米/年，2010 年剩余开采资源 17.3787 亿立方米；东营属超采区，滨州、青岛、烟台、潍坊、威海、日照属有开采潜力区，但不具备集中开采的能力，只能采取分散小型开采的方式；第四系孔隙水污染程度普遍高于裂隙岩溶水，浅层水污染程度高于深层水，城镇及工业集中分布区污染程度高于其他地区；调查区分为鲁北平原、鲁东低山丘陵和鲁中低山丘陵等三个工程地质区；区域地壳稳定性及地面稳定性均分为稳定区、基本稳定区、较不稳定区、不稳定区等四个区；该区存在的地质环境问题主要有地面沉降（年沉降速率大于 20 毫米，面积 1658 平方千米）、地面塌陷 89 处、地裂缝 25 处、崩塌 712 处、滑坡 75 处、泥石流 101 处、地下水超采漏斗 12931.3 平方千米、海（咸）水入侵 13938.28 平方千米。

(五)山东半岛蓝色经济区海岸带水文地质工程地质环境地质调查

2011 年 8 月 29 日，为山东半岛蓝色经济区海岸带规划建设提供基础地学依据，山东省国土资源厅下达山东半岛蓝色经济区海岸带水文地质工程地质环境地质调查任务。项目负责人：王涛。报告编写人：王涛、尚宇宁、李常锁等。完成主要工作：1∶10 万水文地质工程地质环境地质调查面积 11869 平方千米，钻探 2124 米，取土样及土工试验 796 件，标贯试验 822 点次，水质分析 13 件，土的易溶盐分析 33 组，单波速测试 235 千米，浅地层剖面测量

235 千米，海洋剖面测流 85.6 千米，岸滩剖面测量 3 条。2014 年 2 月，提交山东半岛蓝色经济区海岸带水文地质工程地质环境地质调查报告。取得主要成果：工作区浅层地下水矿化度小于 5 克/升，地下水开采资源 4.57 亿立方米/年；深层地下水资源量，以水位埋深 70 米作为深层地下水开采的水位下限，全区深层承压水到 2020 年水位埋深 70 米，每年开采弹性储存量 1765.2 万立方米；工作区地下卤水资源储量 756594 万立方米；地壳稳定分为 2 个区，地面稳定性和地基稳定性均分为 4 个区；工作区存在的主要地质环境问题及地质灾害和海洋灾害有地面沉降、采空塌陷(伴随地裂缝)、崩塌、滑坡、泥石流、地下水超采漏斗、海(咸)水入侵、水土污染、土壤盐渍化、海岸侵蚀与淤积、风暴潮、海平面上升、海冰、埋藏古河道、浅层气及底辟等。

(六)山东省半岛蓝色经济区海岸带南段水文地质工程地质环境地质调查

2012 年 9 月 3 日，为海岸带资源环境保护、生态地质环境改善提供地质基础资料，为增加经济社会可持续发展能力提供科学依据，山东省国土资源厅下达进行山东省半岛蓝色经济区海岸带南段水文地质工程地质环境地质调查任务书。项目负责人：张中祥。报告编写人：张中祥、仇建东、高茂生[①]等。完成主要工作：1∶25 万水文地质工程地质环境地质调查面积 8386 平方千米，工程地质海域 300 米，取土样及土工试验 148 件，单波速测试 30 千米，浅地层剖面测量 303 千米，海底表层 26 件，海底柱状样 12 件。2016 年 3 月，提交山东省半岛蓝色经济区海岸带南段水文地质工程地质环境地质调查报告。取得主要成果：陆域地下水总补给量 5.5846 亿立方米/年，开采资源 3.9093亿立方米/年；地下水质量总体较好；工程地质特征陆域分为 6 个亚区，海域分为 5 个亚区；对陆域工程地质环境稳定性进行综合评价，分为稳定区、基本稳定区和较不稳定区；陆域存在海水入侵、地下水超采漏斗、崩塌、滑坡、泥石流等地质环境问题，海域灾害地质存在风暴潮、海洋污染、浅层气、海底滑坡、底辟、隆起脊、活动断裂等。

(七)山东省淄博市水文地质环境地质调查

2013 年 5 月，提出淄博市主要的水文地质环境地质问题及保护措施与建议，为淄博市岩溶地下水的合理开发利用提供依据，由省地勘局下达任务。项目负责人：徐士民。报告编写人：徐士民、孙静、郭道冉等。完成主要工作：动态监测 70 孔。2014 年 5 月，提交山东省淄博市水文地质环境地质调查报告。取得主要成果：2013 年淄博市共开采地下水 6.0875 亿立方米，淄河流域

① 中国地质调查局青岛海洋地质研究所。

补给区岩溶水位受降雨影响明显，且变幅较大；南部山区在开采较小地段，水位年变幅不大，地下水基本处于天然补排平衡状态；南部中低山区水质优良，北部平原深层地下水水质较好，浅层地下水水质较差。

四、地下水环境影响评价

自 1997 年 11 月开始，主要完成济南市高新技术产业开发新区开发建设环境影响评价地下水环境影响评价、潍坊市城区地下水环境综合评价等地下水环境影响评价项目。截至 2017 年，共完成地下水环境影响评价 27 个，主要完成地质环境调查 3159.76 平方千米，52 孔总进尺 2011.7 米，水质分析 296 件。

（一）济南市高新技术产业开发新区开发建设环境影响评价地下水环境影响评价

1996 年 12 月，为济南市高新技术产业开发新区开发建设提供依据，进行济南市高新技术产业开发新区开发建设环境影响评价地下水环境影响评价。项目负责人：邵逵。报告编写人：邵逵、奚德荫、刘宗华等。完成主要工作：地质环境调查 450 平方千米，污染源调查 21 平方千米，钻探 10 孔总进尺279.12 米，水质分析 33 件。1997 年 11 月，提交济南市高新技术产业开发新区开发建设环境影响评价地下水环境影响评价专题报告。取得主要成果：开发区内地下水分为裂隙岩溶水和第四系孔隙水；岩溶地下水经过水质检测，开发区内以八涧堡—贤文庄至姚家庄一线以东为水质良好区，以西为水质较差区；区内大辛河有大量污水明渠排放，在实施规划建设时，应充分考虑各保护区提出的防护要求。

（二）山东省潍坊市城区地下水环境综合评价

1999 年，对潍坊市城区环境水文地质问题的形成原因进行分析研究，对其发展趋势进行预测，并提出防治措施，受潍坊市地质矿产局委托，进行山东省潍坊市城区地下水环境综合评价。项目负责人：韩连山。报告编写人：李传磊、赵有美、韩连山等。完成主要工作：水文调查面积 271.76 平方千米，环境地质调查 65 平方千米，抽水试验 18 孔，垃圾堆放点 13 个，污水沟渠调查 2 条，水质分析 87 件，高程测量 81 个。1999 年 12 月，提交山东省潍坊市城区地下水环境综合评价报告。取得主要成果：潍坊市城区地下水平均补给资源 15.612 万立方米/天，排泄量 15.327 万立方米/天，属采补基本平衡；地下水受城市三废的严重污染，主要污染地段位于虞河南部沿岸、该区西北部、白浪河沿岸与以西地区及寒亭城区一带；潍寒水源地东寺开采地段地下水基本符合生活饮用水标准,适宜饮用;潍坊市城区一带地下水受污染比较严重,有多项指标超过生活饮用水标准,不适合饮用;主要环境水文地质问题有地下水污染、地下水位下降、氟超标、水土流失等;提出主要环境水文地质问题的防治措施。

(三)济南市历城区九顶塔饮用天然矿泉水矿山地质环境影响评价

2006 年 7 月,受济南市圣水泉饮料有限公司委托,提出矿山地质环境保护和治理方案,论证矿山建设的适宜性,以达到人口、资源、环境全面健康、协调发展的目的,提交济南市历城区九顶塔饮用天然矿泉水矿山地质环境影响评价报告。项目负责人:蔡有兄。报告编写人:蔡有兄、张伟、姜玉敏等。完成主要工作:地质调查 22 平方千米,地质灾害调查 1.12 平方千米。取得主要成果:评价区地质灾害类型为崩塌和岩溶塌陷;评估区矿山地质环境影响程度综合评价为地质环境影响程度一般区,矿山建设适宜性评价为适宜。

(四)济南化工产业园区热电有限公司新建工程灰场水文地质专题(渗漏)勘查

2008 年 1 月,受济南明湖热电厂委托,对于灰场渗漏对周围地下水环境的影响以及可能采取的防渗措施(铺设土工膜和截渗墙)进行分析,提出防渗方案。项目负责人:杨世强。报告编写人:杨世强、谭现锋、苏连文等。完成主要工作:1∶5000 地质、水文地质测绘 21.8 平方千米,钻探 7 孔总进尺 145 米,双环法渗水试验 4 点,渗透试验 3 孔 15 件。2008 年 3 月,提交济南化工产业园区热电有限公司新建工程灰场水文地质专题(渗漏)勘查报告。取得主要成果:该区第 2 层粉土的渗透系数大于 1×10^{-7} 厘米/每秒,达不到规范要求的防渗能力,不能作为天然隔水层,用作储灰场时应进行防渗处理;采取土工膜防渗和水泥土搅拌压实设计方案,均能达到防渗设计要求;在采取切实可行的防渗措施前提下,灰场的建设对区内及其周围地质环境不会产生大的影响,可以作为热电厂的备用灰场,供热电厂应急时使用。

(五)山东省龙口市山东龙福油页岩综合利用有限公司 60 万吨/年中颗粒油页岩综合利用地下水环境影响评价

2011 年 6 月,对拟建工程环境保护设计提供资料依据,并提出相应的地下水环境保护措施,受山东省龙口市山东龙福油页岩综合利用有限公司委托,进行该公司 60 万吨/年中颗粒油页岩综合利用地下水环境影响评价。项目负责人:赵志强。报告编写人:赵志强、王合秋、李生清等。完成主要工作:水文地质工程地质综合调查 80 平方千米,抽水试验 2 组,渗水试验 4 组,水质分析 26 件。2011 年 10 月,提交山东省龙口市山东龙福油页岩综合利用有限公司 60 万吨/年中颗粒油页岩综合利用地下水环境影响评价专题报告。取得主要成果:拟建厂区不具备形成集中供水水源地的条件,水质超标是拟建项目区附近区域因以往长期大量开采地下水造成地下水开采漏斗,引起海水入侵所致;项目区落实严格的防渗、防污措施,拟建项目可以满足地下水环境质量标准要求。

(六)聊城市润河污水处理厂及配套管网工程项目地下水环境影响评价

2011 年 10 月,受聊城市东昌府区凤凰工业园管委会委托,为解决凤凰工业园环境污染尤其是水污染问题,进行地下水环境影响评价,并提交聊城市润河污水处理厂及配套管网工程项目地下水环境影响评价专题报告。项目负责人:李哲。报告编写人:李哲、王秀芬、鞠晓明等。完成主要工作:地质调查 39.5 平方千米。取得主要成果:浅层地下水符合地下水质量标准;拟建项目通过落实各项环保治理措施,对区输水管网、生产设备区地面、污水处理措施、罐区进行防渗处理,杜绝各种污水下渗对地下水造成的污染,拟建项目对厂区周围地下水影响较小。

(七)日照市北经济开发区生物质能热电联产项目地下水环境影响评价专题报告

2011 年 10 月,受日照市北经济开发区管理委员会委托,对该开发区生物质能热电联产项目选址决策、工程设计和环境管理提供科学依据,进行地下水环境影响评价,并提交日照市北经济开发区生物质能热电联产项目地下水环境影响评价专题报告。项目负责人:姜玉敏。报告编写人:姜玉敏、王秀芬、李志华等。取得主要成果:拟建项目通过落实各项环保治理措施,对厂区输水管网、生产设备区地面、污水处理设施、罐区进行防渗漏处理,杜绝各种污水下渗对地下水造成的污染,项目对厂区周围地下水影响较小。

(八)山东贝斯克化工有限公司高档聚四氟乙烯新型材料项目地下水环境影响评价

2011 年 12 月,受山东贝斯克化工有限公司委托,为该公司高档聚四氟乙烯新型材料项目选址决策、工程设计和环境管理提供科学依据,进行地下水环境影响评价。项目负责人:李志华。报告编写人:李志华、邱晨、李哲等。完成主要工作:地质调查 714 平方千米,水质分析 7 件。2012 年 1 月,提交山东贝斯克化工有限公司高档聚四氟乙烯新型材料项目地下水环境影响评价报告。取得主要成果:在厂区没有采取防渗措施条件下,30 年内污染物运移范围未达到附近村庄居民点,对周围村庄生活用水问题影响不大;在严格落实防渗措施条件下，该项目对地下水环境影响风险较小，综合考虑桓台地区水文地质条件、地下水保护目标等因素，从水文地质角度分析，该项目选址可行。

(九)山东日科橡塑科技有限公司年产 5 万吨新型塑改树脂 ACM 项目地下水环境影响评价

2012 年 3 月，受山东日科橡塑科技有限公司委托，为该公司年产 5 万吨新型塑改树脂 ACM(丙烯酸酯橡胶)项目选址决策、工程设计和环境管理提供科学依据，进行地下水环境影响评价，并提交山东日科橡塑科技有限公司年产 5 万吨新型塑改树脂 ACM 项目地下水环境影响评价专题报告。项目负责人:李志华。报告编写人:李志华、鞠晓明、邱晨等。取得主要成果:拟建项目通过落实各项环保治理措施，对厂区输水管网、生产设备区地面、污水处理设施、罐区进行防渗漏处理，杜绝各种污水下渗对地下水造成污染，项目对厂区周围地下水影响较小。

(十)山东京博石油化工有限公司 5 万吨丁基橡胶(卤化)及配套项目地下水环境影响评价

2012 年 2 月，受山东京博石油化工有限公司委托，为该公司 5 万吨丁基橡胶(卤化)及配套项目建设项目选址决策、工程设计和环境管理提供科学依据，进行地下水环境影响评价。2012 年 3 月，提交山东京博石油化工有限公司 5 万吨丁基橡胶(卤化)及配套项目地下水环境影响评价报告。项目负责人:李哲。报告编写人:李哲、李志华、姜玉敏等。取得主要成果:在厂区没有采取防渗措施条件下，50 年内污染物不会污染深层淡水含水层；在严格落实防渗措施条件下，对地下水环境影响风险较小，综合考虑博兴地区水文地质条件、地下水保护目标等因素，从水文地质角度分析，该项目选址可行。

(十一)山东肥城海晶盐化有限公司东军寨盐矿 100 万吨/年卤折盐卤水采输工程地下水环境影响评价

2012 年 3 月，受山东海美侬项目咨询有限公司委托，为山东肥城海晶盐化有限公司东军寨盐矿 100 万吨/年卤折盐卤水采输工程建设项目选址决策、工程设计和环境管理提供科学依据，进行地下水环境影响评价，并提交山东肥城海晶盐化有限公司东军寨盐矿 100 万吨/年卤折盐卤水采输工程地下水环境影响评价专题报告。项目负责人:李志华。报告编写人:李志华、邱晨、李哲等。取得主要成果:拟建项目通过落实各项环保治理措施，对厂区输卤管网、生产设备区地面、污水处理设施进行防渗漏处理，杜绝各种污水下渗对地下水造成污染，同时在开采工作中只要做到合理布置井位与开采层位、控制好钻井施工质量及做好生产过程中的质量监控，项目建设对厂区周围地下水影响较小。

(十二)济南市市中区房地产开发总公司“福景佳苑”项目地下水环境影响评价

2012 年 3 月，受济南市市中区房地产开发(集团)总公司委托，为该总公司“福景佳苑”项目选址决策、工程设计和环境管理提供科学依据，进行地下水环境影响评价，并提交济南市市中区房地产开发总公司“福景佳苑”项目地下水环境影响评价专题报告。项目负责人：鞠晓明。报告编写人：鞠晓明、李哲等。完成主要工作：水文地质环境地质调查 80 平方千米。取得主要成果：拟建项目通过落实各项环保治理措施，对厂区输卤管网、生产设备区地面、污水处理设施进行防渗漏处理，杜绝各种污水下渗对地下水造成污染，同时在开采工作中只要做到合理布置井位与开采层位、控制好钻井施工质量及做好生产过程的质量监控，项目建设对周围地下水影响较小。

(十三)海阳行村污水处理厂项目地下水环境影响评价

2012 年 4 月，受海阳行村康达水务有限公司委托，为海阳行村污水处理厂项目选址决策、工程设计和环境管理提供科学依据，进行地下水环境影响评价，并提交海阳行村污水处理厂项目地下水环境影响评价专题报告。项目负责人：王秀芬。报告编写人：王秀芬、鞠晓明等。主要完成工作量：地质调查 20 平方千米，地下水位监测点 4 个，水质分析 3 件。取得主要成果：预测在垂向上污染物从地表运移至地下水中的时间 45 天，运移速度较快；预测在水平方向上污染物在主要含水层中稀释到标准浓度后运移的最大距离为 137 米，需时间 68 天，运移较慢；拟建项目通过落实各项目环保治理措施，对厂区输水管网、污水处理设施、罐区进行防渗漏处理，杜绝各种污水下渗对地下水造成污染，项目对周围地下水的影响较小。

(十四)山东省莘县年产 600 万只助力车内化蓄电池项目地下水环境影响评价

2012 年 5 月，受山东鲁宇新能源科技有限公司委托，为山东省莘县年产 600 万只助力车内化蓄电池项目选址决策、工程设计和环境管理提供科学依据，进行地下水环境影响评价，并提交山东省莘县年产 600 万只助力车内化蓄电池项目地下水环境影响评价专题报告。项目负责人：鞠晓明。报告编写人：鞠晓明等。主要完成工作量：地质调查 20 平方千米，地下水位监测点

2个,水质分析5件。取得主要成果:地下水中重金属只有镉离子在四个地区有检出,部分检出量比较小,挥发性酚和氰化物未检出;预测污染物泄漏后60年地下水运移最大距离为570.933米,远远小于距水源地3.8千米的距离;拟建项目通过落实各项目环保治理措施,对污水处理设施进行防渗漏处理,杜绝各种污水下渗对地下水造成污染,项目对厂区周围地下水的影响较小。

(十五)马桥工业集中区地下水环境影响评价

2012年7月,受山东海美侬项目咨询有限公司委托,对桓台县马桥工业集中区建设项目对地下水环境影响进行评价,并提交马桥工业集中区地下水环境影响评价。项目负责人:李志华。完成主要工作:水文地质调查714平方千米。取得主要成果:如不采取防渗措施,场区及管道污染物将容易垂直入渗污染浅层地下水,在严格落实防渗措施的条件下,马桥工业集中区建设对地下水环境影响较小,综合考虑桓台地区水文地质条件、地下水保护目标等因素,从水文地质角度分析,该项目选址可行。

(十六)山东省警官总医院(山东省新康监狱)扩建项目地下水环境影响专题

2013年11月,受山东省警官总医院委托,为该医院山东省新康监狱扩建项目建设项目选址决策、工程设计和环境管理提供科学依据,进行地下水环境影响评价,并提交山东省警官总医院(山东省新康监狱)扩建项目地下水环境影响专题报告。项目负责人:丁冠涛。报告编写人:丁冠涛、刘玉想等。主要完成工作量:地质调查91.86平方千米。取得主要成果:在严格落实各项防渗措施,防止“跑、冒、滴、漏”,并建立事故排放的应急措施前提下,拟建项目对地下水环境影响风险较小。

(十七)中国石油化工股份有限公司齐鲁分公司乙烯装置动力锅炉煤代油技术改造项目地下水环境影响评价

2014年7月,受中国石油化工股份有限公司齐鲁分公司委托,为公司齐鲁分公司乙烯装置动力锅炉煤代油技术改造项目选址决策、工程设计和环境管理提供科学依据,进行地下水环境影响评价,并提交中国石油化工股份有限公司齐鲁分公司乙烯装置动力锅炉煤代油技术改造项目地下水环境影响评价报告。项目负责人:李志华。报告编写人:李志华、隋海波、董军①等。主要完成工作:水文地质调查及环境地质调查面积167平方千米,抽水试验4组,渗水试验2组,水质分析101件。取得主要成果:岩溶水在堠皋4号井

---

① 吉林大学。

总度、溶解性总固体、硫酸盐、氯化物及第四系孔隙水在金岭三村、金岭五村、刘辛庄、正本物流四个监测点总硬度、溶解性总固体、硝酸盐氮、硫酸盐超过《地下水质量标准》(GB/T 14848－93)Ⅲ类标准,其余各点均未超标,评价区东北部第四系孔隙水水质良好;在不采取渗漏措施,且风险泄漏和污染物持续渗漏情况下,20 年后污染物向北东方向运移 1.43 千米,在此范围内受影响的开采井为齐鲁分公司内部的工业用水开采井,没有饮用水开采井,不会对周围居民饮用水造成威胁;综合评价在严格落实防渗措施并控制场区“跑、冒、滴、漏”的条件下,项目建设对地下水环境影响较小,可以使厂区周围地下水(大武水源地)质量维持现状。

(十八)山东清远环保生态材料综合利用中心项目地下水环境影响评价

2015 年 3 月,受山东清远环保工程有限公司委托,对拟建的清远环保生态材料综合利用中心项目进行地下水环境现状评价,预测和评价项目实施过程中对地下水环境可能造成的直接影响和间接危害,针对这种影响和危害提出防治对策,并提交山东清远环保生态材料综合利用中心项目地下水环境影响评价报告。项目负责人:王秀芬。报告编写人:王秀芬、贾超[①]、刘同喆等。完成主要工作:地质环境调查 58.22 平方千米。取得主要成果:拟建清远环保生态材料综合利用中心项目通过严格落实各项环保治理措施,对场区输水管网、污水处理设施进行防渗漏处理,杜绝各种污水下渗对地下水造成的污染,综合考虑水文地质条件、地下水保护目标等因素,从水文地质角度分析,该项目建设可行。

(十九)京博农化科技股份有限公司 500 吨/年杀虫剂原药茚虫威项目地下水环境影响评价

2016 年 4 月,受山东京博农化科技股份有限公司委托,对京博农化科技股份有限公司 500 吨/年杀虫剂原药茚虫威项目进行地下水环境现状评价,预测和评价项目实施过程中对地下水环境可能造成的直接影响和间接危害,针对这种影响和危害提出防治对策,并提交京博农化科技股份有限公司 500 吨/年杀虫剂原药茚虫威项目地下水环境影响评价报告。项目负责人:陈亮。报告编写人:陈亮、王秀芬、李哲等。完成主要工作:水文地质环境地质调查58.22平方千米。取得主要成果:拟建项目在对场区输水管网、污水处理设施进行防渗漏处理条件下,杜绝各种污水下渗对地下水造成污染,综合考虑水文地质

① 山东大学。

条件、地下水保护目标等因素，拟建项目对地下水环境影响风险较小；综合考虑博兴地区水文地质条件、地下水保护目标等因素，从水文地质角度分析，该项目选址可行。

(二十)山东益仁纸业有限公司 200 万吨/年加氢裂化制芳烃项目地下水环境影响评价

2016 年 4 月，受山东益仁纸业有限公司委托，对山东益仁纸业有限公司拟建的年产 200 万吨加氢裂化制芳烃项目进行地下水环境现状评价，预测和评价项目实施过程中对地下水环境可能造成的直接影响和间接危害，并针对这种影响和危害提出防治对策，为建设项目选址决策、工程设计和环境管理提供科学依据，并提交山东益仁纸业有限公司 200 万吨/年加氢裂化制芳烃项目地下水环境影响评价报告。项目负责人：陈亮。报告编写人：陈亮、王秀芬、李哲、姜玉敏、徐源、李志华等。完成主要工作：水文地质环境地质调查 58.22 平方千米，水位监测点 15 个。取得主要成果：拟建 200 万吨/年加氢裂化制芳烃项目通过严格落实各项环保治理措施，对场区输水管网、污水处理设施进行防渗漏处理，杜绝各种污水下渗对地下水造成污染，综合考虑水文地质条件、地下水保护目标等因素，从水文地质角度分析，该项目选址基本可行。

五、水文地质区划(规划)

截至 2017 年，完成山东省成武县地下水资源调查与开发利用规划、山东省广饶县地下水饮用水水源保护区划分控制方案、淄博市桓台县水资源保护规划等 3 个地下水资源区划(规划)。

(一)山东省成武县地下水资源调查与开发利用规划

1999 年 6 月，进行山东省成武县地下水资源调查与开发利用规划。项目负责人：张中祥。报告编写人：张中祥、李常锁等。完成主要工作：1∶10 万水文地质调查面积 998.1 平方千米，钻探进尺 599.9 米，视电阻率测深点 32 点，高程测量 36 点，勘探孔抽水 120 小时，机(民)井抽水 22 孔，水质分析 41 件。1999 年 12 月，提交山东省成武县地下水资源调查与开发利用规划报告。取得主要成果：至 2020 年，规划期为 22 年成武县第四系孔隙水允许开采量 55 万立方米/天，其中浅层地下水 53.75 万立方米/天、深层地下水 1.3 万立方米/天。

(二)山东省广饶县地下水饮用水水源保护区划分控制方案

2015 年 6 月,提交山东省广饶县地下水饮用水水源保护区划分控制方案。项目负责人:韩建江、隋海波。报告编写人:隋海波、韩建江、李传磊等。完成主要工作:1∶5 万水文地质调查面积 1137.87 平方千米,高程及坐标测量各 106 点,抽水试验 3 孔 36 小时,水质分析 20 件。取得主要成果:广饶县 2015 年城市供水、农村集中供水水源开采量 1058～15000 立方米/天,均为中小型水源地,划定上部潜水的一级保护区作为承压水的型水源地的一级保护区,不设二级保护区;确定广饶县第一水厂供水和第二水厂城市供水一级水源保护区 2 个,保护区面积均为 2.922 平方千米;划定城市供水有开发前景富水地段、李鹊开发前景富水地段、西营开发前景富水地段、大营开发前景富水地段、大码开发前景优质饮用水(矿泉水)富水地段共 5 个准一级水源保护区,保护区面积分别为 7.403 平方千米、68.095 平方千米、52.3 平方千米、39.599 平方千米、94.667 平方千米;工业用水与饮用水为同一含水层,应逐步减少工业开采井。

(三)淄博市桓台县水资源保护规划

2015 年 6 月,受桓台水资源管理办公室委托,对该县水资源提出规划实施意见和保障措施。项目负责人:杨聪聪。报告编写人:杨聪聪、魏海红、聂玉朋等。完成主要工作:水文地质调查面积 509 平方千米。2015 年 11 月,提交淄博市桓台县水资源保护规划。取得主要成果:2015～2020 年,主要进行入河排污口达标排放、主要生态水系干流治理和恢复,初步建立农村生活垃圾、生活污水和地面径流等面源污染管控和治理体系,城市和城镇饮用水源地保护工程等;2020～2030 年,全面建成农村面源污染管控和处理体系,建成良好水系生态流域系统;工程总投资 67253 万元。

六、矿区水文地质勘查

1961 年 2 月 13 日,省地质厅批复八〇一队增设第八分队负责各矿区中型以上的矿区水文地质工作,编制 110 人。1961 年 8 月 15 日,根据中央和山东省委精简机构编制支援农业的指示精神,撤销第八分队。1961～1996 年,矿区水文地质未留下工作成果。截至 2017 年,完成泰安市满庄镇泰山石膏矿矿区东南部水文地质补充勘探、东平县汶上—东平矿区大牛矿段铁矿区水文地质勘测、内蒙古鲁新井田水文地质条件研究、山东省璞泰矿业有限公司耐火黏土矿水文地质等 4 个矿区水文地质成果。完成矿区水文地质调查 25.39

平方千米,钻探 5 孔总进尺1279.25米,抽水试验 96 小时,水质分析 18 件。

(一)山东省泰安市满庄镇泰山石膏矿矿区东南部水文地质补充勘探

1995 年 9 月 10 日～11 月 22 日,在山东省泰安市满庄镇泰山石膏矿矿采矿主副井建设过程中,主副斜井相继涌水,涌水量达 670 立方米/时,掘进工作停止。推测在斜井迎头附近可能分布着一条东西向断层,与南北向导水断层连通。为了解斜井附近构造的分布特征,1995 年 12 月,泰山石膏矿委托对矿区进行水文地质补充勘探工作。项目负责人:张守春。报告编写人:张守春、甄学贞等。八〇一队拟定水文地质补充勘探方案。为节省投资,此次水文地质补充勘探方案分两步进行:第一阶段布设两个勘探孔,单孔孔深 200 米,终孔后分别进行抽水试验,然后进行巷井排水试验;第二阶段再布设两个勘探孔,单孔孔深 200 米,终孔后分别进行单孔抽水试验,再进行巷井排水试验,尽量减少钻探工作量。随着勘探工作的进行,经济南科达矿山设计所、泰山石膏矿及八〇一队研究,决定调整原补充勘探方案,在施工完成第三个勘探钻孔后,进行一次巷井大排量排水试验。通过排水试验暴露了一些水文地质问题,对矿区东南部水文地质条件有了新的认识。经研究并向泰安市郊区区委、区政府汇报,决定矿区东南部不再继续做工作。1996 年 7 月,提交山东省泰安市满庄镇泰山石膏矿矿区东南部水文地质补充勘探报告。取得主要成果:矿区水文地质条件复杂程度中等、矿床工程地质条件中等、矿床环境地质条件中等、矿床开采技术条件中等;预测矿坑正常涌水量 2116.85 立方米/天,最大涌水量 4233.70 立方米/天,预测结果按 C 级精度考虑,允许误差为 40%～60%;提出"超前探水"编制"水灾预测图"、疏堵结合、进行矿山水文地质观测等防治水方法和措施。

(二)山东省东平县汶上—东平矿区大牛矿段铁矿区水文地质勘测

2005 年 6 月,为满足山东东平宏达矿业有限公司生产和发展的需要,该公司委托调查了解山东省东平县汶上—东平矿区大牛矿段铁矿区各含水层之间的水力联系,基本查明矿坑涌水量,预测矿坑最大涌水量。项目负责人:李传磊。报告编写人:李传磊、刘玉想、任洪成等。完成主要工作:1∶2 万水文地质调查面积 25.39 平方千米,钻探 2 孔总进尺 736.8 米,物探测井 736.8 米,抽水试验 4 孔 192 小时,水质分析 3 件。2005 年 11 月,提交山东省东平县汶上—东平矿区大牛矿段铁矿区水文地质勘测报告。取得主要成果:含矿层泰山群风化裂隙含水层与上覆寒武纪灰岩含水层、第四纪松散岩类含水层水力联系极差,可近拟认为含矿层泰山岩群风化裂隙含水层无越补给现象;

根据稳定流计算－360～－60 米不同开采水平矿坑最大涌水量分别为：445.97立方米/天、1549.80 立方米/天、5130.50 立方米/天、7556.80 立方米/天、10385.84 立方米/天；根据非稳定流计算，在主副井内排水设计用 1 年时间疏干，疏干到－360～－60 不同标高时每天的排水量分别为：2567.73立方米/天、4089.30 立方米/天、5610.90 立方米/天、7132.50 立方米/天、8654.10 立方米/天、10175.81 立方米/天。

(三)内蒙古鲁新井田水文地质条件研究

2011 年 9 月～2012 年 5 月，对区内已开展相关水文地质工作所获取的成果资料进行汇总分析及综合研究，进一步深入分析研究该区的水文地质条件，为下一步的工作开展提供水文地质依据，受内蒙古鲁新能源开发有限责任公司委托，进行内蒙古鲁新井田水文地质条件研究。2012 年 5 月，提交内蒙古鲁新井田水文地质条件研究报告。项目负责人：赵永安。报告编写人：赵志强、李生清、王合秋等。取得主要成果：初步确定井田的水文地质边界及边界水文地质条件；含水层主要有第四纪砂砾石层含水层，新近纪砂砾含水层，煤系砂岩、砾岩含水层和煤系基底火山凝灰岩含水层；新近系含水层富水性强，储存量大，有单元外地下径流补给，是煤层顶板涌水的主要水源；单元内第四系地下水储存量为 16757.2 万立方米，新近系地下水在井田范围内储存量为 30039.07 万立方米，单元内(面积 184.2 平方千米)大气降水入渗补给量为 945 万立方米/天；煤 6 和煤 9 顶板含水层较发育，富水性和透水性好，是矿井涌(突)水的重要水源，对矿井安全生产威胁大；针对该区水文地质工作存在的主要问题并结合矿井生产建设实际情况，对后续水文地质勘查工作进行合理布置。

(四)山东省璞泰矿业有限公司耐火黏土矿水文地质报告

2014 年 8 月，受山东省璞泰矿业有限公司委托，根据矿区实际情况、地质现状等编制符合实际的水文地质报告，为矿山采掘作业提供技术依据，提交山东省璞泰矿业有限公司耐火黏土矿水文地质报告。项目负责人：曹光明。报告编写人：曹光明、孟庆斋、毕栋威等。取得主要成果：矿区水文地质条件复杂程度中等、矿床工程地质条件中等、矿床环境地质条件中等、矿床开采技术条件中等；预测矿坑正常涌水量 2116.85 立方米/天，最大涌水量 4233.70 立方米/天，预测结果按 C 级精度考虑，允许误差为 40%～60%；提出“超前探水”编制“水灾预测图”、疏堵结合、进行矿山水文地质观测等防治水方法和措施。

第十节 主要获奖成果

自 1958 年建队至 2017 年,共获得厅局级以上水文地质成果奖 73 项。其中省部级成果奖 34 项(其中壹等奖 2 项、贰等奖 12 项、叁等奖 16 项、肆等奖 4 项)、厅局级成果奖 37 项(特等奖 1 项、壹等奖 15 项、贰等奖 16 项、叁等奖 5 项)、学会奖 2 项(十大科技成果 1 项、叁等奖 1 项)。

表 2-1-1　　　　水文地质获奖成果汇总表

序号	获奖成果名称	奖励名称	奖励等级	授奖部门	获奖时间
1	山东省寿光碱厂供水水源地	找矿成果	贰等奖	地矿部	1985.1
2	山东省淄博市湖田供水水源地	找矿成果	叁等奖	地矿部	1985.1
3	1∶50 万山东省水文地质图及说明书	科技成果	叁等奖	地矿部	1985.1
4	山东省 1∶20 万区域水文地质调查报告	地质勘查进步奖	贰等奖	地质矿产部成果奖励评审委员会	1987.7
5	1∶20 万菏泽、烟台、日照、高密、文登—威海、蓬莱、金乡、淄博幅区域水文地质调查报告	地质勘查进步奖	叁等奖	地质矿产部成果奖励评审委员会	1987.8
6	山东淄博市源泉水源地	地质找矿奖	叁等奖	地质矿产部成果奖励评审委员会	1987.8
7	淄博市城子—口头水源地	地质找矿奖	叁等奖	地质矿产部成果奖励评审委员会	1987.8
8	青岛市洋河地区水源地	地质找矿奖	叁等奖	地质矿产部成果奖励评审委员会	1987.8

续表

序号	获奖成果名称	奖励名称	奖励等级	授奖部门	获奖时间
9	青岛市胶南县王戈庄河—阡上河地区水源地	地质找矿奖	肆等奖	地质矿产部成果奖励评审委员会	1987.8
10	济徐淮地区岩溶水文地质综合评价	地质科技进步奖	贰等奖	地质矿产部成果奖励评审委员会	1988.2
11	山东省水文地质远景区划	地质科技进步奖	叁等奖	地质矿产部成果奖励评审委员会	1988.6
12	青岛市胶南县白马河—吉利河水源地	地质找矿奖	叁等奖	地质矿产部成果奖励评审委员会	1989.1
13	山东省济南市长清—孝里铺水源地	地质找矿奖	贰等奖	地质矿产部成果奖励评审委员会	1989.7
14	青岛市大沽河水源地	地质找矿奖	贰等奖	地质矿产部成果奖励评审委员会	1989.7
15	淄博市沣水南部地段供水水源地	地质找矿奖	肆等奖	地矿部	1990.6
16	山东省济南市保泉供水水文地质勘探报告	地质勘查进步奖	贰等奖	地矿部	1992.5
17	山东省济南市保泉供水水文地质勘探水质模型报告	地质勘查进步奖	叁等奖	地矿部	1992.5
18	山东省淄博市大武水源地地下水资源验算报告	地质勘查进步奖	叁等奖	地矿部	1992.5
19	淄博市张店西部地区供水水文地质	地质找矿奖	叁等奖	地矿部	1992.5
20	山东省淄博市齐陵地区供水水文地质	地质找矿奖	叁等奖	地矿部	1992.5

续表

序号	获奖成果名称	奖励名称	奖励等级	授奖部门	获奖时间
21	山东省沂源县土门地区岩溶水文地质典型调查与试验	地质科技进步	肆等奖	地矿部	1992.5
22	济南泉水恢复与供水关系研究	地质科技进步	叁等奖	地矿部	1993.7
23	山东省莱钢厂附近水源地	地质找矿奖	叁等奖	地矿部	1993.7
24	山东省济南市白泉—武家水源地	地质找矿奖	贰等奖	地矿部	1996.5
25	山东省新泰市新泰电厂羊流宫里楼德水源地	地质找矿奖	叁等奖	地矿部	1996.5
26	山东省临朐县老龙湾水源地	地质找矿奖	肆等奖	地矿部	1996.5
27	山东省区域水文地质调查报告	地质勘查进步奖	叁等奖	地矿部	1996.9
28	山东省淄博市西部地区供水水源地	地质找矿奖	贰等奖	地矿部	1998.1
29	山东省枣庄市峄城水源地(山东十里泉发电厂第三水源地)勘探报告	科技进步、储量报告质量奖	贰等奖	国土资源部	1998.11
30	山东省枣庄市峄城水源地(山东十里泉发电厂第三水源地)	地质找矿	壹等奖	地矿部	1998.12
31	山东省莱芜市寨里水源地供水水文地质勘探	优秀勘察设计奖	贰等奖	建设部	2006.9

续表

序号	获奖成果名称	奖励名称	奖励等级	授奖部门	获奖时间
32	山东省重大水文地质问题—理论技术创新与应用	国土资源科学技术奖	壹等奖	国土资源部科学技术奖励评审委员会	2016.10
33	地下水系统水资源调控与贫水区找水关键技术	科学技术进步奖	贰等奖	山东省人民政府	2017.5
34	山东省 1∶25 万区域水文地质环境地质调查	国土资源科学技术奖	贰等奖	国土资源部科学技术奖励评审委员会	2017.10
35	山东省章丘市黄土崖水源地（章丘发电厂水源地）勘探	2003 年度优秀工程勘察设计奖	贰等奖	省建设厅、省优秀工程勘察设计评选委员会	2003.11
36	山东省莱芜市寨里水源地供水水文地质勘探	2005 年优秀工程勘察设计奖	壹等奖	山东省建设厅	2005.12
37	山东省 1∶25 万区域水文地质环境地质调查（济南市幅、烟台市幅）	第五届山东省国土资源科学技术奖	壹等奖	省国土资源厅	2010.9
38	山东省重点城市地下水资源供水潜力研究	第六届山东省国土资源科学技术奖	壹等奖	省国土资源厅	2011.11
39	山东省 1∶25 万区域水文地质环境地质调查（滨州市、黄骅市幅、东营市、埕子口幅、青岛市、灵山卫幅、威海市、乳山市幅、潍坊市幅）	第七届山东省国土资源科学技术奖	壹等奖	省国土资源厅	2012.10

续表

序号	获奖成果名称	奖励名称	奖励等级	授奖部门	获奖时间
40	山东省 1∶25 万区域水文地质环境地质调查(淄博市幅、德州市幅—邯郸市幅、濮阳市—开封市幅、济宁市—商丘市幅)	二〇一四年度山东省国土资源科学技术奖	壹等奖	省国土资源厅	2014.10
41	内蒙古鲁新井田水文地质条件研究报告	二〇一四年度山东省国土资源科学技术奖	壹等奖	省国土资源厅	2014.10
42	山东省济西煤田矿坑水超前截流与城市供水研究	2015 年度山东省国土资源科学技术奖	壹等奖	省国土资源厅	2015.11
43	山东省 1∶25 万区域水文地质环境地质调查(临沂市幅、徐州市幅、日照市—连云港幅、旅顺市幅)	2015 年度山东省国土资源科学技术奖	贰等奖	省国土资源厅	2015.11
44	山东省济南市保泉供水地下水资源管理模型研究	2015 年度山东省国土资源科学技术奖	贰等奖	省国土资源厅	2015.11
45	山东威海刘公岛省级地质公园综合考察报告	2015 年度山东省国土资源科学技术奖	贰等奖	省国土资源厅	2015.11
46	山东半岛蓝色经济区海岸带水文地质工程地质环境地质调查	2015 年度山东省国土资源科学技术奖	贰等奖	省国土资源厅	2015.11

续表

序号	获奖成果名称	奖励名称	奖励等级	授奖部门	获奖时间
47	广嘉明湖项目水文地质勘查与泉水环境影响评价	2017 年山东省优秀工程勘察设计成果	壹等奖	省住房和城乡建设厅	2017.8
48	济南泉水保护及市民饮用泉水可行性研究	2015 年度山东省国土资源科学技术奖	贰等奖	省国土资源厅	2015.11
49	山东省新泰市新泰电厂羊流、宫里、楼德水源地详查报告	优秀工程咨询成果奖	叁等奖	省工程咨询协会	1996.1
50	山东省 1∶25 万区域水文地质环境地质调查	2015 年度山东省十大优秀地质成果	/	省地质学会	2016.2
51	山东省章丘市黄土崖水源地(章丘发电厂水源地)勘探	优秀工程勘察奖	壹等奖	省地勘局	2003.11
52	山东省西水东调沿线重点城市地下水库调查论证报告	科学技术进步地质勘查奖	叁等奖	省地勘局	2005.7
53	山东省莱芜市寨里水源地(华电国际莱城发电厂二期 2×600 兆瓦扩建工程)供水水文地质勘探	优秀工程勘察奖	壹等奖	省地勘局	2005.11

续表

序号	获奖成果名称	奖励名称	奖励等级	授奖部门	获奖时间
54	山东省巨野县巨野煤田龙固矿井供水水文地质勘查报告	科学技术进步奖	叁等奖	省地勘局	2006.12
55	济南市水资源评价与可持续研究	科学技术进步奖	贰等奖	省地勘局	2009.2
56	山东省临沂市西部地区地下水资源普查报告	科学技术进步奖	贰等奖	省地勘局	2010.2
57	济南市轨道交通建设对泉水影响研究(线网规划阶段)——泉水地下流场特征研究	科学技术进步奖	壹等奖	省地勘局	2011.2
58	山东省 1∶25 万区域水文地质环境地质调查济南市幅 J50C004002	科学技术进步奖	贰等奖	省地勘局	2011.2
59	山东省水文地质图(1∶50万)	科学技术进步奖	壹等奖	省地勘局	2012.2
60	山东省 1∶25 万区域水文地质环境地质调查(滨州市、黄骅市、东营市、埕子口、青岛市、灵山卫、威海市、乳山市、潍坊市幅)	科学技术进步奖	贰等奖	省地勘局	2012.2

续表

序号	获奖成果名称	奖励名称	奖励等级	授奖部门	获奖时间
61	山东省1∶25万区域水文地质环境地质调查报告(淄博市幅)	科学技术进步奖	壹等奖	省地勘局	2013.2
62	淄博市刘征地区供水水文地质勘查	科学技术进步奖	壹等奖	省地勘局	2014.1
63	山东省1∶25万区域水文地质环境地质调查(德州市幅、邯郸市幅)	科学技术进步奖	贰等奖	省地勘局	2014.1
64	山东省1∶25万区域水文地质环境地质调查(临沂市幅)	科学技术进步奖	叁等奖	省地勘局	2014.1
65	山东省重大水文地质问题——理论技术创新与应用	科学技术进步奖	特等奖	省地勘局	2014.12
66	山东省济南市保泉供水地下水资源管理模型研究	科学技术进步奖	壹等奖	省地勘局	2014.12
67	内蒙古鲁新井田水文地质条件研究报告	科学技术进步奖	贰等奖	省地勘局	2014.12
68	山东省重点城市地下水资源供水潜力研究	科学技术进步奖	叁等奖	省地勘局	2014.12
69	济南地区优质地下水供水水文地质调查	科学技术进步奖	贰等奖	省地勘局	2015.12

续表

序号	获奖成果名称	奖励名称	奖励等级	授奖部门	获奖时间
70	济南市轨道交通建设与泉水保护研究	科学技术进步奖	贰等奖	省地勘局	2015.12
71	山东半岛蓝色经济区海岸带水文地质工程地质环境地质调查	科学技术进步奖	贰等奖	省地勘局	2015.12
72	山东省济西煤田矿坑水超前截流与城市供水研究	科学技术进步奖	贰等奖	省地勘局	2015.12
73	山东省 1∶25 万区域水文地质环境地质调查(日照市—连云港市幅)	科学技术进步奖	叁等奖	省地勘局	2015.12

第二章　工程地质

八〇一队工程地质工作始于全国各地兴修水利、大办农业的1958年。为解决供水、防洪、发电、引水灌溉等问题，八〇一队先后在省内大汶河、小清河、弥河、白浪河、潍河、大沽河、胶莱河及半岛诸小河等水系开展大量的水库工程地质勘测、选址踏勘工作。1958年3月～1961年3月，提交山东省历城县仲宫水库工程地质勘测报告（今为卧虎山水库）、山东省淄博市金鸡山水库（今为太河水库）坝段工程地质勘测报告、烟台市清洋河门楼水库工程地质踏探报告、莱阳县清水河大明水库工程地质勘探报告等水库工程地质勘测报告185份。1958年8～10月，先后完成《中小型水库工程地质勘测及中小型城市供水调查设计报告编写和图件编制暂行规程（草案）》《关于我省中小型水库工程地质勘查方法的介绍》《山东省中、小型水库的勘测工作方法与要求》等水库勘查指导性文件。

20世纪60～70年代，八〇一队工程地质勘查主要为工矿、国防三线、港口、水库等服务，提交临沂钢铁联合企业厂基工程地质初步勘测报告、祥山电厂（1032工程）厂址勘探及供水勘查报告、山东省日照县石臼所港址地质调查说明书、桃源水库规划阶段工程地质勘查简报等工程地质勘查报告，闻名中外的国家重点工程——成昆铁路线路工程地质勘查也是在这一时期完成的（1964年10月～1965年7月，奉地质部命令，八〇一队抽调282名职工组成地质部南江大队第八队，奔赴金沙江南岸进行成昆铁路线路工程地质勘查。

20世纪80～90年代，随着国家现代化建设的蓬勃兴起，商业性工程地质勘查得到迅速发展。八〇一队勘查的工民建、电力等工程地质项目遍及全省。高速公路、机场等工程地质勘查项目也开始启动并实施。在此期间，特别是进入20世纪90年代后，工程地质勘查业逐渐发展为八〇一队支柱产业，工程地质勘查专业技术人员达50人以上。提交山东省鲁南水泥厂工程地质详细勘查报告、山东禹城发电厂第三期扩建工程地质勘查报告、山东省青岛集浩海景广场高层群体建筑工程地质勘查报告等大量优秀工程地质勘查报告。

1999 年，迎来山东省地矿行业属地化，八〇一队工程地质勘查步伐明显加快，工程地质勘查原位测试手段也由最初的标准贯入试验和动力触探等试验发展到静力触探、载荷试验、旁压试验、扁铲侧胀试验、波速电阻率试验、地质雷达探测、高分辨率浅层地震法勘探、陆地声呐法、钻孔电视、微动探测等多种手段相结合。这一时期，完成的高速公路、铁路、桥梁、机场、工民建高层建筑、轨道交通等工程地质勘查项目数量呈几何式增长，先后提交济南遥墙机场航站区扩建工程航站楼岩土工程勘察报告、青岛市滨海公路仰口隧道岩土工程勘察报告、青岛海湾大桥工程地质勘查报告、济南世茂国际广场项目岩土工程勘察报告、国家林产工业科技示范园区探沂片区岩土工程勘察报告、济南市轨道交通 R3 线岩土工程勘察报告等众多重要的有社会影响力的工程地质勘查报告。

1958 年 3 月～2017 年 12 月，八〇一队共提交工程地质勘查成果报告(省内)2302 份。其中，公路、铁路、轨道交通、桥梁、隧道工程地质勘查报告 160 份；机场、港口工程地质勘查报告 27 份；水利、电力工程地质勘查报告 240 份；工民建工程地质勘查报告 1861 份；其他工程地质勘查报告 14 份。累计完成钻探 65343 孔总进尺 152.8787 万米，标准贯入试验 138831 次，静力触探 18919.55 米，动力触探 3778.52 米，原状土样 116477 件，扰动土样 9741 件，水质分析 2173 件。共有 73 项成果获得省部级、厅局级壹、贰、叁、肆等奖，其中省部级奖励 16 项、厅局级奖励 57 项。

第一节　公路、铁路、轨道交通、桥梁、隧道工程地质勘查

八〇一队公路、铁路、轨道交通、桥梁、隧道工程地质勘查工作始于 1960 年。1993 年 6 月，国家确定全国高等级公路两纵两横三个重要路段的建设重点后，全国掀起高速公路建设热潮。八〇一队紧跟步伐，自 1993 年以后进行大量高速公路、铁路、桥梁等工程地质勘查。2015 年开始，八〇一队陆续进行济南 R3 线、R2 线、M2 线、M3 线等多条地铁线路工程地质勘查，为济南市“绿色交通”的发展再立新功。截至 2017 年 12 月，共提交公路、铁路、轨道交通、桥梁、隧道等工程地质勘查成果报告 160 份。以下简述其中 60 个完成时间较早、规模大、场地复杂的工程或重点工程、获奖工程。

一、临沂市涑河铁路桥基勘探

1960 年 4 月 10 日，提交临沂市涑河铁路桥基勘探简报。技术负责人：韩宗珊。涑河铁路桥基位于临沂市西南约 16 千米，枣坝庄西 200 米，河水由西向东南流，河宽 60 米、深 4 米，洪水位标高 87.87 米，铁路路基标高 89.92 米，轨底标高 90.12 米。完成主要工作：钻探总进尺 23.66 米（人力冲击钻），原状土样 2 件。取得主要成果：1～5 号桥基基础为砂岩，但其风化厚度大，为防止不均匀沉陷，应清掉风化层；该区为 9 级地震区，在地震波动传播作用影响下，第四系松散岩层及砂页岩易断裂，对桥的稳定性有影响，必须采取措施。

二、津浦、泰辛铁路联络线三角地区路基塌陷带物探验证勘探

1980 年 5 月～1981 年 6 月，进行津浦、泰辛铁路联络线三角地区路基塌陷带物探验证勘探。报告编写人：钱文钰等。项目来源：济南铁路局。1976 年以来，津浦铁路泰安火车站附近的辛—泰联络线三角地区先后发生地面塌陷，影响路基的稳定性，使铁路运输安全受到严重威胁。完成主要工作：钻探 45 孔总进尺 2310.77 米。取得主要成果：查明地下岩溶发育并存在大量溶洞；人为过量开采基岩地下水，使地下水位急剧下降，是导致路基地面塌陷的主要原因。

三、山东济南涤纶工程建设指挥部新厂区桥基础工程地质初步勘查报告

1985 年 9 月，提交山东济南涤纶工程建设指挥部新厂区桥基础工程地质初步勘查报告。报告编写人：郑宝德、程秀明、李克祥等。项目来源：山东济南涤纶工程建设指挥部。完成主要工作：钻探 4 孔总进尺 67 米，标准贯入试验 5 次，原状土样 3 件，水质分析 3 件。取得主要成果：建议桥墩基础采用浅基灌注桩，两岸墩台采用开挖浅基础；水塘两岸为旧窑址，不宜作为天然地基，需做压实处理。

四、济德高速公路初设阶段工程地质勘查（平原段）

1993 年 9 月 14 日～10 月 6 日，进行济德高速公路初设阶段工程地质勘查（济德高速 K28＋870 通道、鬲津河中桥、K29＋330 通道 K30＋921 中桥和 K31＋210.5 通道）。报告编写人：李海波。项目来源：山东省交通规划设计院。完成主要工作：钻探 5 孔总进尺 144.2 米，标准贯入试验 56 次，原状土样 46 件，扰动土样 43 件。取得主要成果：场区四个桥址区未发现不良地质现

象;雨季排洪时鬲津河、K30＋921 河桥墩可能出现冲掏蚀现象,雨季河流两岸易产生冲沟、滑移坍塌;桥址处于地震烈度 7 级区,在强震作用下,会产生滑移、粉土、砂土液化等震害;桥址地基土软弱,不宜采用天然地基,建议采用旋喷注浆法进行加固,旋喷桩进入细砂层大于 5 米,若采用钻孔灌注桩,应以细砂作为桩尖持力层且进入细砂层大于 6 米。

五、青岛市延安路—宁夏路环式立交工程地质勘查

1994 年 3 月 3～29 日,进行青岛市延安路—宁夏路环式立交工程地质勘查。项目负责人:兰书臣。报告编写人:王爱民、宋海平、盛根来。项目来源:青岛市政工程设计院。本次该立交桥由转盘式改造为环式,改造后为三层环式结构。完成主要工作:钻探 55 孔总进尺 554.8 米,动力触探 54 个 0.3 米,标准贯入试验 132 次,岩样 5 件,原状土样 33 件,扰动土样 35 件。取得主要成果:场区下伏花岗岩(强风化)为良好的持力层,在强风化岩埋深较浅部位,可采用桩基础条形及单独基础,在强风化岩埋深较深部位,采用桩基础(灌注桩)以强风化花岗岩作为桩端持力层。该工程是 1993 年青岛市十四件大事之一。

六、潍坊十里堡立交跨线桥工程地质勘查

1994 年 3 月 28 日～4 月 18 日,进行潍坊十里堡立交跨线桥工程地质勘查。报告编写人:宋海平。项目来源:山东省交通规划设计院。完成主要工作:钻探 10 孔总进尺 295.5 米,标准贯入试验 77 次,原状土样 94 件。取得主要成果:根据场地土层力学性质情况,建议采用桩基础。

七、临南路张习桥大桥永馆路善化桥大桥岩土工程勘查

1996 年 7 月 5～23 日,进行临南路张习桥大桥永馆路善化桥大桥岩土工程勘察。报告编写人:王宝春。项目来源:德州市公路勘察设计院。完成主要工作:钻探 2 孔总进尺 80.2 米,静力触探 1 个 12.8 米,标准贯入试验 13 次,原状土样 17 件。取得主要成果:拟建地段无不良地质现象,适宜建桥,地下水对混凝土无侵蚀性;如采用钻孔灌注桩基础,建议第 6 层及以下土层作为桩基持力层。

八、京沪高速公路临红段桥梁、通道施工图设计阶段工程地质勘查(K0＋196.2～K10＋560)

1998 年 1 月 11 日～2 月 28 日,进行京沪高速公路临红段桥梁、通道施工

图设计阶段工程地质勘查(K0＋196.2～K10＋560)。报告编写人:王宝春、张守春、姬广胜、于世林、王庆广、武羽晓、王爱民、武法伟。项目来源:山东省交通规划设计院。该区段沿线长 10.36 千米,区间内拟建构筑物 33 个。完成主要工作:钻探 51 孔总进尺 942.1 米,标准贯入试验 190 次,岩样 66 件,原状土样 113 件,扰动土样 51 件,水质分析 20 件。取得主要成果:建议小型通道及桥梁构筑物采用天然地基,大型桥梁及重要构筑物采用大口径钻孔灌注桩基础;该区岩石长期遇水浸泡有膨胀易崩解的特性,在钻孔桩施工时,应加快施工进度并采取适当的防护措施。

九、济泰路路变桥变更设计施工图设计阶段工程地质勘查(K6＋761～K6＋961)

1998 年 5 月 31 日～6 月 10 日,进行济泰路路变桥变更设计施工图设计阶段工程地质勘查(K6＋761～K6＋961)。报告编写人:王庆广、武法伟、张守春、武羽晓。项目来源:山东省交通规划设计院。该区段位于长清县崮山镇坡村北国道 104 西。完成主要工作:钻探 9 孔总进尺 396.3 米,标准贯入试验 103 次,岩样 6 件,原状土样 115 件,扰动土样 3 件,水质分析 2 件。取得主要成果:地下水对混凝土不具侵蚀性;建议采用钻孔灌柱桩基础,桩端持力层可选第 10 层灰岩,K6＋786 桩端持力层可选第 9 层强风化页岩,其桩长、桩径应根据建筑物上部荷载及地层情况综合考虑确定,必要时采用现场载荷试验确定单桩承载力。

十、曲张高速公路济宁段桥梁、通道施工图设计阶段工程地质勘查(K40＋410～K47＋856)

1998 年 7 月 4 日～8 月 6 日,进行曲张高速公路济宁段桥梁、通道施工图设计阶段工程地质勘查(K40＋410～K47＋856)。报告编写人:姬广胜、张守春、王庆广、王爱民、王海会、武羽晓、武法伟、曹申。项目来源:山东省交通规划设计院。该区段沿线长 7.45 千米,区间内拟建构筑物 30 个。完成主要工作:钻探 37 孔总进尺 589.8 米,标准贯入试验 120 次,岩样 24 件,原状土样 6 件,扰动土样 24 件,水质分析 21 件。取得主要成果:建议小型桥梁、涵洞通道采用天然地基,以强风化基岩作为地基持力层;建议大型桥梁采用钻孔灌注桩基础,选择弱风化基岩或微风化基础作为桩端持力层。

十一、同三—三亚高速公路两城段至汾水段桥梁、通道初步阶段工程地质勘查(K44＋528～K61＋700)

1998 年 9 月 27 日～10 月 10 日，进行同三—三亚高速公路两城段至汾水段桥梁、通道初步阶段工程地质勘查(K44＋528～K61＋700)。报告编写人:张守春、王宝春、李海波、王海会、韩连山、姬广胜。项目来源:山东省交通规划设计院。该区段位于两城至汾水之间，沿线长 17.17 千米，区间内拟建构筑物 16 个，包括公、铁立交桥、互通立交桥等。完成主要工作:钻探 22 孔总进尺 383.8 米，标准贯入试验 95 次，岩样 18 件，原状土样 27 件，扰动土样 18 件，水质分析 26 件。取得主要成果:该区地下水对混凝土不具侵蚀性;建议拟建小型通道、涵洞及桥梁等构筑物采用天然地基，以强风化基岩作为天然地基持力层;建议大型桥梁及重要构筑物采用大口径钻孔灌注桩基础，其桩端持力层可选择弱风化基岩或微风化基岩，其桩径、桩长应视建筑物上部荷载大小、分布特征、地形、地貌及地层情况综合确定。

十二、同三线胶州—两城段前湾港疏港连接线桥梁、通道工程地质勘查(K11＋240～K26＋420)

1998 年 10 月 11～24 日，进行同三线胶州—两城段前湾港疏港连接线桥梁、通道工程地质勘查(K11＋240～K26＋420)。报告编写人:王宝春、赵有美、史淑艳、王海会、彭玉明、李延民、王庆广。项目来源:山东省交通规划设计院。该区段拟建构筑物 26 个。完成主要工作:钻探 28 孔总进尺 483.1 米，标准贯入试验 156 次，岩样 26 件，原状土样 22 件，水质分析 9 件，砂样 12 件。取得主要成果:饱和砂土均为非液化土，地下水对混凝土不具侵蚀性;建议拟建小型通道、桥梁采用天然地基，以第四系土层及下伏基岩作为地基持力层;大型桥梁及重要构筑物采用大口径钻孔灌注桩基础，选择强风化基岩及下伏弱风化或微风化基岩作为桩端持力层。

十三、同三线胶州—两城段前湾港疏港连接线路线工程地质初步勘查(K0＋900～K26＋420)

1998 年 10 月 12 日～12 月 22 日，进行同三线胶州—两城段前湾港疏港连接线路线工程地质初步勘查(K0＋900～K26＋420)。项目负责人:王爱民。报告编写人:韩永东、王庆广、李延民、宋海平。项目来源:山东省交通规划设计院。该区测绘路线走廊地带宽 200 米。完成主要工作:钻探 84 孔总进尺 75 米，岩样 21 件，扰动土样 63 件，轻型动探 68 点次。取得主要成果:测区范围内未发现不良地质现象，区域地质条件稳定，适宜线路建设。

十四、同三线胶州—两城段前湾港疏港连接线桥梁、通道施工图设计阶段工程地质勘查（K0＋482～K26＋890）

1998 年 12 月 21 日～1999 年 1 月 15 日，进行同三线胶州—两城段前湾港疏港连接线桥梁、通道施工图设计阶段工程地质勘查（K0＋482～K26＋890）。项目负责人：李海波、姬广胜、张守春。报告编写人：姬广胜、张守春、王庆广、王爱民、武法伟、韩永东、李延民、魏鲁峰、邢立亭、胡爱民。项目来源：山东省交通规划设计院。该区段位于胶州—两城之间，沿线长 26.41 千米，拟建构筑物 65 个，包括黄岛互通立交桥、小珠山水库大桥等。完成主要工作：钻探 106 孔总进尺 1456.7 米，标准贯入试验 328 次，岩样 94 件，原状土样 29 件，扰动土样 56 件，水质分析 58 件。取得主要成果：该区饱和砂土均为非液化土；该区内地下水大部分对混凝土不具侵蚀性，局部具弱侵蚀性；建议小型通道、涵洞等构筑物采用天然地基，以第四系土层及下伏基岩作为天然地基持力层，根据构筑物上部荷载大小，结合建筑场区的地形、地貌等实际情况具体确定基础的埋置深度；建议大型桥梁及重要构筑物采用大口径钻孔灌注桩基础，其桩端持力层可选择强风化基岩及以下的弱风化基岩或微风化基岩，其桩径、桩长应视构筑物上部荷载大小分布特征、地形、地貌及地层情况综合确定。

十五、京福高速泰曲段施工图设计阶段路桥工程地质勘查（K20＋162.5～K25＋273）

1999 年 3 月 1 日～5 月 1 日，进行京福高速泰曲段施工图设计阶段路桥工程地质勘查（K20＋162.5～K25＋273）。项目负责人：王庆广。报告编写人：王庆广、李延民、韩永东、王爱民、武法伟、宋海平、解爱华、魏鲁峰、史淑艳、张中祥、李传磊、王合秋、孙仕林、赵有美。项目来源：山东省交通规划设计院。该区段拟建构筑物 20 个。完成主要工作：钻探 60 孔总进尺2051.05 米，标准贯入试验 259 次，岩样 202 件，原状土样 87 件，水质分析 13 件，膨胀土样 24 件，砂样 126 件。取得主要成果：灰岩岩溶发育，灰岩中多夹薄层风化页岩，降低了灰岩承载力；强风化泥岩和强风化页岩具膨胀性；建议拟建小型通道、桥梁等构筑物采用天然地基，大型桥梁及重要构筑物采用大口径灌注桩基础。

十六、泰明路下港大桥岩土工程勘察

1999年6月5日～7月27日，进行泰明路下港大桥岩土工程勘察。报告编写人：李延民。项目来源：泰安市公路局。完成主要工作：钻探5孔总进尺60.5米，原状土样3件，高程测量点5个。取得主要成果：桥位区地段无不良工程地质现象，适宜桥梁建筑；勘探期间，地下水及地表水对混凝土无侵蚀性；如果下港大桥采用扩大重力式基础，建议挖除第1层，以第2层及以下岩层作为地基持力层。

十七、济南绕城高速公路施工图设计阶段工程地质勘查(K30＋145～K39＋162)

1999年7月10日～8月6日，进行济南绕城高速公路施工图设计阶段工程地质勘查(K30＋145～K39＋162)。项目负责人：李海波、姬广胜。报告编写人：姬广胜、刘建胜、武法伟、韩永东、李延民、武羽晓、赵忠义。项目来源：山东省交通规划设计院。该区段沿线长9.02千米，区间内共有构筑物5个。完成主要工作：钻探32孔总进尺1057.01米，动力触探12.6米，标准贯入试验145次，岩样141件，原状土样143件。取得主要成果：建议拟建小型桥梁、涵洞通道采用天然地基，根据构筑物上部荷载大小，结合地层实际情况研究基础的砌置深度，以满足设计要求；建议K38＋692中桥、K39＋130中桥、K30＋415大桥采用钻孔灌注桩基础；黄土状粉土有轻微湿陷性，施工时要做好防水措施；该区陡坎、沟谷发育，基础施工时应注意土质边坡的稳定性。

十八、济南绕城高速公路南段取土场施工图设计阶段工程地质勘查

1999年9月，提交济南绕城高速公路南段取土场施工图设计阶段工程地质勘查报告。项目负责人：彭玉明。报告编写人：王宝春、彭玉明、李新怀、张水英、张冼平、曾纯品、宋恩武、谭现锋、刘春萍、陈善高。项目来源：山东省交通规划设计院。九个取土场距路线距离较近，便于机械开采与运输。完成主要工作：钻探9孔总进尺421.1米，原状土样137件，扰动土样18件，易溶盐分析样74件。取得主要成果：各场区第2层低液限黏土，土质均匀，土石工程等级为Ⅱ级，个别土场局部为地液限粉土夹层；土场第2层低液限黏土是很好的高速公路路基填土填料，在局部夹碎石土的场区可依据有关规范选择是否作填料或挖除。

十九、京福高速公路泰安—曲阜段施工图设计阶段土门分离立交桥工程地质勘查

1999 年 10 月，提交京福高速公路泰安—曲阜段施工图设计阶段土门分离立交桥工程地质勘查报告。项目负责人：王宝春、彭玉明。报告编写人：王宝春、彭玉明、李新怀、曾纯品、谭现锋、宋恩武。项目来源：山东省交通规划设计院。该区段沿线长 1.41 千米。完成主要工作：钻探 31 孔总进尺 1067 米，标准贯入试验 384 件，岩样 24 件，原状土样 139 件，水质分析 5 件，高程测量点 31 个，砂样 142 件，重力动力触探 6 米。取得主要成果：场地内地质构造稳定，场地适宜建筑，场地地下水对混凝土不具侵蚀性。

二十、滨州—博山高速公路施工图设计阶段工程地质勘查(K94＋512～K99＋098)

1999 年 11 月 4～14 日，进行滨州—博山高速公路施工图设计阶段工程地质勘查(K94＋512～K99＋098)。报告编写人：王庆广、刘建胜、满湲、武羽晓、赵书泉。项目来源：山东省交通规划设计院。该区段沿线长 4.86 千米。完成主要工作：钻探 59 孔总进尺 1301.5 米，动力触探 16.8 米，标准贯入试验 98 次，岩样 137 件，原状土样 129 件，水质分析 2 件。取得主要成果：建议小型桥梁、通道等构筑物采用天然地基，建议大型桥梁采用钻孔灌注桩基础；该区地形较复杂，应注意边坡稳定性并采取必要的防护措施。

二十一、滨州博山高速公路施工图设计阶段工程地质补充勘查(K81＋075～K95＋540)

1999 年 11～12 月，进行滨州博山高速公路施工图设计阶段工程地质补充勘查(K81＋075～k95＋540)。项目负责人：李海波、王志坚。报告编写人：王庆广、李延民、李海波、王爱民。项目来源：山东省交通规划设计院。该区位于淄川区冯家庄村南西，分别由通道、中桥、大桥、分离立交桥等九个构筑物组成。完成主要工作：钻探 16 孔总进尺 226.5 米，动力触探 0.6 米，标准贯入试验 28 次，岩样 28 件，原状土样 25 件，水质分析 3 件。取得主要成果：报告建议 6 个构筑物采用桩基，3 个构筑物采用天然地基。

二十二、G205 博兴立交桥岩土工程勘察

1999 年 12 月 8～24 日，进行 G205 博兴立交桥岩土工程勘察。项目负责人：李万尧。报告编写人：于世林。项目来源：山东省滨州地区公路勘察设计

院。拟建场地长 1000 米。完成主要工作:钻探 2 孔总进尺 115.8 米,标准贯入试验 27 次,原状土样 20 件。取得主要成果:建议采用钻孔灌注桩基础,桩径与桩长应根据拟建建筑物特点,不同地段分别进行计算,单桩承载力以静载荷试验为准。

二十三、山东省平阴县文化街输水渠桥工程岩土工程勘察

2000 年 3 月 12～20 日,进行山东省平阴县文化街输水渠桥工程岩土工程勘察。报告编写人:李延民、赵忠义。项目来源:山东省平阴县城市建设指挥部。完成主要工作:钻探 4 孔总进尺 72.5 米,标准贯入试验 15 次,原状土 15 件,扰动土样 8 件,水质分析 1 件。取得主要成果:场区附近无断裂构造通过,场地土为中软场地土,适宜桥梁建筑;场区地下水位埋深 1.40～1.73米,地下水对混凝土不具侵蚀性,施工中应做好防水工作;场地地基土的饱和粉土为非液化土层;建议采用大口径钻孔灌注桩基础,以第 6 层白云质灰岩作为桩端持力层。

二十四、滨博高速公路二 B 合同段工程地质钻探

2000 年 6 月 1～16 日,进行滨博高速公路二 B 合同段工程地质钻探。报告编写人:王爱民。项目来源:滨博高速公路二 A 合同段项目部。完成主要工作:钻探 5 孔总进尺 45.6 米,标准贯入试验 11 次,原状土 15 件。取得主要成果:建议各土层容许承载力值。

二十五、滨博高速公路三合同段 K31＋300～K37＋150 段工程地质钻探报告

2000 年 6 月 6～26 日,进行滨博高速公路三合同段 K31＋300～K37＋150 段工程地质钻探。报告编写人:王爱民。项目来源:山东省交通工程总公司三分公司滨博高速公路三合同段项目经理三部。完成主要工作:钻探 5 孔总进尺 60.9 米,标准贯入试验 12 次,原状土样 9 件。取得主要成果:给出 K31＋300 段、K32＋300 段等各段容许承载力建议值。

二十六、日照至东明高速公路平邑至曲阜段第六合同段(K177＋330～K190＋800)两阶段施工图工程地质勘查(全长 13.5 千米)

2000 年 11 月 27 日～12 月 28 日,进行日照至东明高速公路平邑至曲阜段第六合同段(K177＋330～K190＋800)两阶段施工图工程地质勘查(全长 13.5 千米)。项目负责人:曾纯品。报告编写人:宋恩武、谭现锋、黄薛、曾纯

品。项目来源:山东省交通规划设计院。该区段拟建构筑物 23 个,沿线长 5.84千米。完成主要工作:钻探 27 孔总进尺 346.1 米,标准贯入试验 83 次,岩样 15 件,原状土样 10 件,水质分析 2 件,砂样 4 件。取得主要成果:该区饱和砂土均为非液化土,地下水为弱碱性,对混凝土不具侵蚀性,拟建小型通道、涵洞、小桥、天桥等构筑物,可采用天然地基。

二十七、国道 105 济宁西环路(K3＋200～K7＋900)施工图设计阶段工程地质勘查

2001 年 5 月 17～25 日,进行国道 105 济宁西环路(K3＋200～K7＋900)施工图设计阶段工程地质勘查。项目负责人:彭玉明。报告编写人:曾纯品、彭玉明、曹继玉、宋恩武、李延民。项目来源:济宁市公路勘测设计研究院。完成主要工作:钻探 48 孔总进尺 559.45 米,静力触探 126 个1044.4米,标准贯入试验 133 次,原状土样 102 件。取得主要成果:该区域稳定性好;地下水位埋深浅,对工程有不良影响;地下水对混凝土无腐蚀性,对钢结构具弱腐蚀性;地基主要受力层为新近堆积土,呈欠固结状态,具有压缩性高、强度低、易变形的特点,应分别采用或同时采用换土垫层、砂桩等方法进行加固处理和防水处理。

二十八、青岛发电厂专用桥梁岩土工程勘察

2001 年 6 月 30 日～7 月 12 日,进行青岛发电厂专用桥梁岩土工程勘察。报告编写人:兰书臣、王宝春。项目来源:中国港湾建设集团第一航务工程局二公司江苏核电项目部。拟建全桥 8 跨,跨径 13 米,全长 104 米。完成主要工作:钻探 8 孔总进尺 168.75 米,标准贯入试验 47 次,岩样 2 件,水质分析 1 件。取得主要成果:场地适宜大桥建筑;场区地下水对混凝土有中等结晶腐蚀;若选择浅基础,建议采用扩大基础,以第 3 层强风化菲细岩作为基础持力层,变形模量宜由载荷试验确定;建议采用冲击成孔灌注桩。

二十九、国道主干线同江至三亚公路莱西至胶州段施工图阶段工程地质勘查(第七合同段 K76＋600～K83＋541,全长 6.941 千米)

2001 年 8 月 7～26 日,进行国道主干线同江至三亚公路莱西至胶州段施工图阶段工程地质勘查(第七合同段 K76＋600～K83＋541,全长6.941千米)。项目负责人:彭玉明。报告编写人:曾纯品、王涛、宋恩武等。项目来源:华杰工程咨询有限公司。该区包括 22 个构筑物及分离立交 2 座。完成主要工作:钻探 13 孔总进尺 335.72 米,岩样 7 件,原状土样 37 件,水质分析

2 件。取得主要成果:该区适宜桥梁建设;该区地下水较丰富,地下水对混凝土无侵蚀性;拟建小型通道、涵洞、小桥、天桥等构筑物可采用天然地基,拟建大中桥、跨线桥等构筑物可采用钻孔灌注桩;采用天然地基的构筑场地,施工时可采用明排或轻型井点降水。

三十、国道主干线同江至三亚公路莱西至胶州段施工图阶段工程地质勘查(第五合同段 K49＋000～K64＋500,全长 15.50 千米)

2001 年 8 月 2 日～9 月 10 日,进行国道主干线同江至三亚公路莱西至胶州段施工图阶段工程地质勘查第五合同段(K49＋000～K64＋500,全长 15.50千米)。项目负责人:彭玉明。报告编写人:曾纯品、王涛、彭玉明、胡兰英、宋恩武。项目来源:华杰工程咨询有限公司。该区包括分离立交 4 座,构筑物 31 座。完成主要工作:钻探 21 孔总进尺 437.6 米,标准贯入试验 134 次,岩样 15 件,原状土样 85 件,水质分析 4 件。取得主要成果:拟建小型通道、涵洞、小桥、天桥等构筑物可采用天然地基,拟建大中桥、跨线桥等构筑物可采用钻孔灌注桩;采用天然地基的构筑场地,施工时可采用明排或轻型井点降水。

三十一、国道主干线同江至三亚公路莱西至胶州段施工图阶段工程地质勘查(第六合同段 K64＋500～K76＋600,全长 12.1 千米)

2001 年 8 月 2 日～9 月 10 日,进行国道主干线同江至三亚公路莱西至胶州段施工图阶段工程地质勘查(第六合同段 K64＋500～K76＋600,全长 12.1 千米)。项目负责人:彭玉明。报告编写人:曾纯品、王涛、宋恩武、胡兰英。项目来源:华杰工程咨询有限公司。该区包括中桥 1 座、分离立交 4 座、构筑物 28 座。完成主要工作:钻探 12 孔总进尺 260.52 米,标准贯入试验 49 次,岩样 7 件,原状土样 26 件,水质分析 1 件。取得主要成果:拟建小型通道、涵洞、小桥、天桥等构筑物可采用天然地基,拟建大中桥、跨线桥等构筑物可采用钻孔灌注桩;采用天然地基的构筑场地,施工时可采用明排或轻型井点降水。

三十二、邹平县长焦路孝妇河桥岩土工程勘察

2002 年 4 月 29 日～5 月 10 日,进行邹平县长焦路孝妇河桥岩土工程勘察。项目负责人:王涛。报告编写人:王涛、胡兰英。项目来源:邹平县长山镇修路指挥部。完成主要工作:钻探 3 孔总进尺 90 米,静力触探 55 个 385.5 米,标准贯入试验 40 次,原状土样 31 件,水质分析 1 件。取得主要成果:场区

适宜建筑;场区地下水对混凝土具弱腐蚀性;若采用天然地基,建议以第 3 层粉质黏土及以下地层作为基础持力层,河中间部分以第 4 层细砂以下地层作为基础持力层;若采用桩基础,建议采用钻孔灌注桩,以第 8 层粉土及以下地层作为桩端持力层。

三十三、淄博市高新区玉龙河桥岩土工程勘察

2002 年 7 月 15 日~8 月 26 日,进行淄博市高新区玉龙河桥岩土工程勘察。报告编写人:张守春。项目来源:淄博高新区河道综合治理工程指挥部。拟建桥长 38 米,宽 25 米。完成主要工作:钻探 8 孔总进尺 215.55 米,标准贯入试验 63 次,原状土样 30 件。取得主要成果:场地稳定,适宜建筑,地下水对混凝土不具侵蚀性;可采用天然地基、独立基础,建议采用钻孔灌注桩基础,以第 5 层粉质黏土及以下各层作为桩基础持力层,单桩承载力通过现场静载荷试验确定。

三十四、莱西市上海路大沽河大桥岩土工程勘察

2002 年 11 月 27 日~12 月 15 日,进行莱西市上海路大沽河大桥岩土工程勘察。项目负责人:李海波。报告编写人:李海波。项目来源:莱西市新区管委会。拟建主桥长 340 米,宽 20 米,东西向。完成主要工作:钻探 26 孔总进尺 516.9 米,标准贯入试验 39 次,岩样 3 件。取得主要成果:适宜建设;场区地下水对混凝土无腐蚀性,对钢结构具弱腐蚀性;建议该桥基础形式采用扩大地基,以第 4 层弱风化粉砂岩作为基础持力层,或采用人工挖孔桩及钻孔灌注桩基础,以第 5 层微风化粉砂岩作为基础持力层。

三十五、莱西市北京路洙河中桥岩土工程勘察

2002 年 12 月 11~15 日,进行莱西市北京路洙河中桥岩土工程勘察。项目负责人:李海波。报告编写人:李海波。项目来源:莱西市新区管委会。拟建主桥长 90 米,宽 20 米,东西向。完成主要工作:钻探 8 孔总进尺 159.9 米,标准贯入试验 18 次,岩样 3 件。取得主要成果:适宜建设;场区地下水对混凝土无腐蚀性,对钢结构具弱腐蚀性;建议采用人工挖孔桩及钻孔灌注桩基础形式,以第 5 层微风化泥岩作为基础持力层。

三十六、济南至菏泽公路大羊—王官屯段两阶段初步工程地质勘查

2003 年 6 月 9~25 日,进行济南至菏泽公路大羊—王官屯段两阶段初步工程地质勘查。项目负责人:彭玉明、曾纯品。报告编写人:曾纯品、彭玉明、

解爱华、李树荣、宋恩武、王涛、何瑞、李海波。项目来源：山东省交通规划设计院。拟建48个构筑物，其中大桥3个、中桥1个、分离立交6个、小桥13个、通道25个。完成主要工作：钻探52孔总进尺1525米，标准贯入试验817次，原状土样972件，水质分析23件。取得主要成果：该区属黄河冲积平原区，软弱地基工程地质区，建议采用天然地基或复合地基。

三十七、济南至菏泽高速公路(大羊至王官屯段)第十一合同段两阶段施工图设计(K104＋970～K120＋000，全长15.03千米)

2003年10月24日～12月3日，进行济南至菏泽高速公路(大羊至王官屯段)第十一合同段两阶段施工图设计(K104＋970～K120＋000，全长15.03千米)。项目负责人：彭玉明、曾纯品。报告编写人：曾纯品、彭玉明、解爱华、李树荣、宋恩武、王涛、何瑞、李海波。项目来源：山东省公路局。该区包括中桥1座、分离立交4座、通道23座。完成主要工作：钻探31孔总进尺1341.65米，标准贯入试验500次，原状土样492件，扰动土样165件，水质分析8件。取得主要成果：该区可进行桥梁建设；拟建小型通道、涵洞等构筑物建议采用天然地基，拟建大中桥、分离立交、跨线桥等构筑物建议采用钻孔灌注桩。

三十八、邹平黛溪河大桥岩土工程勘察

2004年3月26日～4月5日，进行邹平黛溪河大桥岩土工程勘察。项目负责人：宋恩武。报告编写人：何瑞、宋恩武、许强。项目来源：邹平黛溪办事处。完成主要工作：钻探15孔总进尺576米，标准贯入试验101次，原状土样103件，扰动土样6件，水质分析2件。取得主要成果：场地土类型为中软场地土，建议以第8层亚黏土作为基础持力层。

三十九、国家重点公路天津至汕尾大高—鲁冀界段两阶段初步工程地质勘查(全长56.908千米)

2004年3月30日～5月1日，进行国家重点公路天津至汕尾大高—鲁冀界段两阶段初步工程地质勘查。项目负责人：彭玉明、刘建胜。报告编写人：刘建胜、彭玉明、宋恩武、郑雪飞、史淑艳、魏海红、许强、王涛。项目来源：山东省交通规划设计院。拟建桥涵构筑物区间为K0＋000～K56＋908，共26件构筑物，其中大桥10个、中桥4个、分离立交6个、小桥1个、拖通3个、汽通1个、互通1个。完成主要工作：钻探46孔总进尺1720米，标准贯入试验950次，易溶盐分析样22件，水质分析33件。取得主要成果：该区可进行桥梁、涵洞建设；勘察区域在部分地段存在土壤盐渍化现象；拟建拖通、汽通等

构筑物建议采用天然地基,拟建大中桥、分离立交等构筑物建议采用钻孔灌注桩。

四十、肥梁路王台特大桥改建工程岩土工程勘察

2004 年 11 月 1 日～2005 年 1 月 20 日,进行肥梁路王台特大桥改建工程岩土工程勘察。项目负责人:杨颖。项目来源:泰山路桥工程公司肥梁路王台特大桥改建工程项目部。拟建大桥位于东平县平台的汶河河滩上,河中常年有水,后张预应力箱梁结构,基础形式拟采用桩基础,桩距 6.95 米,跨度 30 米。完成主要工作:钻探 14 孔总进尺 405.94 米,动力触探 1.2 米,原状土样 16 件,水质分析 1 件。取得主要成果:场区地表土层较厚,承载力低,不宜采用天然地基,建议采用桩基础,以第 3 层强风化花岗片麻岩或第 4 层弱风化花岗片麻岩作为桩端持力层。

四十一、国家重点公路天津至汕尾线大高至鲁冀界段高速公路第一合同段两阶段施工图设计(K0＋000～K9＋150,全长 9.150 千米)

2004 年 7 月～2005 年 2 月,进行国家重点公路天津至汕尾线大高至鲁冀界段高速公路第一合同段两阶段施工图设计(K0＋000～K9＋150,全长 9.150千米)。项目负责人:胡克祯、刘建胜。报告编写人:刘建胜、宋恩武、曾纯品等。项目来源:山东省交通规划设计院。桥涵构筑物区间为 K0＋000～K56＋479.072,共 162 个构筑物。完成主要工作:钻探总进尺 6455 米,标准贯入试验 3743 次,原状土样 4127 件,易溶盐分析 21 件,水质分析 54 件。取得主要成果:该区可进行桥梁、涵洞建设;部分地段存在土壤盐渍化现象;拟建拖通、汽通、人通等构筑物建议采用天然地基,扩大独立基础,以新近沉积土层作为基础持力层,拟建大桥、中桥、分离立交、互通立交等构筑物建议采用钻孔灌注桩。

四十二、青岛市滨海公路仰口隧道岩土工程勘察

2004 年 5 月 20 日～2005 年 3 月 5 日,进行青岛市滨海公路仰口隧道岩土工程勘察。项目负责人:胡克祯。报告编写人:彭玉明、盛根来、曾纯品等。项目来源:山东省交通规划设计院。仰口隧道进口位于青岛市崂山区王哥庄办事处解家河村,出口位于青岛市崂山区北宅乡大涝村,隧道起止 K57＋475～K61＋458,全长 3983 米,隧道平面为双洞各两车道,单隧宽度 14.25 米。完成主要工作:钻探 11 孔总进尺 788.9 米,标准贯入试验 54 点次,原状土样 7 件,岩样 159 组,水质分析 10 件。取得主要成果:场地适宜工程建设;隧道

进出口在围岩开挖后自稳性差,需及时进行强支护;对隧道洞身岩石地区,建议采用新奥法进行隧道设计;对断层破碎带、强风化带、节理密集带及土质隧道等结构稳定性差的围岩,在新奥法及矿山法施工中,还需采用辅助措施,配合钢拱支撑或花拱格栅支撑,设置超前支护,保证隧道结构稳定及施工安全。仰口隧道是胶东半岛第一条长大隧道,该工程为山东省和青岛市重点工程。

四十三、邹平县长山孝妇河大桥岩土工程勘察

2005年3月12～25日,进行邹平县长山孝妇河大桥岩土工程勘察。报告编写人:张守春、刘广义。项目来源:邹平县长山镇人民政府。拟建大桥位于邹平县长山镇东外环南端,长114米,宽24米。完成主要工作:钻探14孔总进尺525米,标准贯入试验76次,原状土样74件,扰动土样6件,水质分析6件。取得主要成果:场地土类型为中软场地土,场地类别为Ⅲ类场地,属稳定场区,适宜建筑;地下水对混凝土及钢筋混凝土中钢筋不具腐蚀性;建议采用钻孔灌注桩基础。

四十四、初步设计阶段系列专题研究之六Ⅱ-B标段青岛海湾大桥一期工程Ⅱ-B标段工程地质勘查

2005年5月,提交初步设计阶段系列专题研究之六Ⅱ-B标段青岛海湾大桥一期工程Ⅱ-B标段工程地质勘查专题报告。项目负责人:胡克祯、彭玉明。技术负责人:曾纯品。报告编写人:何瑞、彭玉明。项目来源:中交公路规划设计院。该区位于胶州湾内湾中北部,本标段始于K28＋500,止于K33＋050。完成主要工作:钻探27孔总进尺1660.3米,标准贯入试验325次,岩样302件,原状土样63件,扰动土样5件,水质分析3件。取得主要成果:桥址区域稳定性较好;碎屑岩类孔隙水对混凝土无腐蚀性,对钢结构具中等腐蚀性,海水对混凝土具有中等结晶分解复合类腐蚀性,对钢结构具中等腐蚀性;如果选择弱风化泥岩或弱风化泥质砂岩作为桩端持力层,可按摩型钻孔灌注桩设计;如果选择弱风化玄武岩作为桩端持力层,可按端承型钻孔灌注桩设计。

四十五、施工图设计阶段系列专题研究之八——青岛海湾大桥一期工程Ⅲ标段工程地质勘查

2005年9月24日～2006年3月1日,进行施工图设计阶段系列专题研究之八——青岛海湾大桥一期工程Ⅲ标段工程地质勘查。项目负责人:胡克祯、彭玉明。技术负责人:曾纯品。报告编写人:何瑞、彭玉明、李树荣、郑雪

飞、宋恩武。项目来源:中交公路规划设计院。该区位于胶州湾内湾中北部,标段始于 K27+540~K32+800,止于 K32+800~K33+150。完成主要工作:钻探 57 孔总进尺 3905.85 米,标准贯入试验 478 次,岩样 351 件,原状土样 57 件,扰动土样 17 件,水质分析 5 件。取得主要成果:勘察段属水下浅滩区,工程地质条件一般;K27+540~K32+800、K32+800~K33+150 区段场地土类型为中软场地土;碎屑岩类孔隙水对混凝土无腐蚀性,对钢结构具中等腐蚀性,海水对混凝土具有中等结晶分解复合类腐蚀性,对钢结构具中等腐蚀性;如果选择弱风化泥岩或弱风化泥质砂岩作为桩端持力层,可按摩型钻孔灌注桩设计;如果选择弱风化玄武岩或微风化玄武岩作为桩端持力层,可按端承型钻孔灌注桩设计。勘察后建成的青岛海湾大桥是连接青岛、红岛、黄岛三岛的跨海大桥工程,是青岛道路交通规划网络布局中胶州湾东西岸跨海通道中“一路、一桥、一隧”的重要组成部分。

四十六、烟台市滨海公路海阳段丁字河口大桥施工图设计阶段工程地质勘查

2008 年 4 月 6 日~7 月 30 日,进行烟台市滨海公路海阳段丁字河口大桥施工图设计阶段岩土工程勘查。项目负责人:王爱民、黄薛。报告编写人:宫亮、张文刚、张志刚、李玉兴、王宝春、刘建胜。项目来源:山东省交通规划设计院。工程位于烟台海阳市与青岛即墨市交界处,黄河与丁字湾交接的丁字口,北侧连接海阳市滨海公路,大桥全长 3.29 千米。完成主要工作:钻探 32 孔总进尺 1382.9 米,标准贯入试验 149 次,原状土样 30 件,扰动土样 70 件,易溶盐分析样 2 个,水质分析 2 件,岩样 336 件。取得主要成果:场地土类型为中硬场地土,属于对建筑抗震一般地段;在主桥墩附近基岩分布有 F1、F2、F3 破碎带,建议主桥适当南移避开破碎带;海水对混凝土具有强腐蚀性,对钢结构具强腐蚀性;建议采用桩基础,其桩端持力层选择中风化岩及以下地层,对完整基岩部分采用嵌岩桩,对基岩破碎地段以及构造发育地段建议采用摩擦桩桩型。该项目为烟台地区首次进行海上水域水上纵波反射法浅层地震试验及海上深水区工程钻探,由于主桥成功地避开断裂构造区,比原桩基方案节约基础费用 1046 万元,缩短建设工期 76 天,对山东省沿海类似地区水上勘查具有指导意义。

四十七、青岛市高新区至国道 204 连接线公路工程岩土工程勘察

2008 年 10 月 8~22 日,进行青岛市高新区至国道 204 连接线公路工程岩土工程勘察。项目负责人:韩永东。报告编写人:韩永东、李海翔。项目来

源:上海市政工程设计研究总院青岛分院。工程起点位于青岛市高新区规划双高公路,终点接现状国道204,路线全长11.11千米。完成主要工作:钻探36孔总进尺465.2米,标准贯入试验50次,岩样28件,原状土样33件,扰动土样10件,水质分析5件。取得主要成果:场区基岩稳定性良好,适宜建筑;建议路线部分采用天然路基并进行压实,建议桥梁采用桩基础,其桩端持力层选择中风化岩及其以下地层,采用嵌岩。

四十八、威海市江家寨互通立交桥工程地质勘查(初步勘查)

2008年9月1日～10月26日,进行威海市江家寨互通立交桥工程地质勘查(初步勘查)。项目负责人:姬广胜、李家田。报告编写人:姬广胜、高文峰、于凌飞、尹建波、彭凯、魏月、李家田、甄学贞、徐源。项目来源:威海市公路管理局。拟建项目位于威海市环翠区温泉镇镇政府及江家寨村附近。完成主要工作:钻探74孔总进尺1398.35米,动力触探2.6米,标准贯入试验469次,岩样30件,原状土样92件,扰动土样82件,水质分析4件。取得主要成果:场区较稳定,适宜建筑;建议采用钻孔灌注桩基础或独立基础,选择中等风化基岩或微风化基岩作为桩端持力层;拟建场区广泛分布的风化基岩具有遇水崩解的特点,开挖路基暴晒时间过长加剧风化也会降低其岩土强度,建议采取相应的防护保护措施,加快施工进度,同时做好施工现场的施工监理工作。威海市江家寨互通立交桥的建成,将大幅改善威海城市基础设施的服务功能,并较好地实现威青高速、威石路、石烟公路的快速连接。该项目是2008年威海市重点项目。

四十九、邹平县长山至章丘市黄河国防公路建设项目(焦桥至码头段、焦桥至长山段)两阶段初步设计

2010年9月25日～2011年1月5日,进行邹平县长山至章丘市黄河国防公路建设项目(焦桥至码头段、焦桥至长山段)两阶段初步设计。项目负责人:曾纯品、宋恩武。项目来源:山东省公路设计咨询有限公司。该区位于邹平县境内,共有两条线路,全长66.5千米,沿线共布置桥梁16座(中桥6座、小桥10座),涵洞6个,桥梁与涵洞之间由路基连接。完成主要工作:钻探25孔总进尺755.5米,标准贯入试验247次,原状土样182件,扰动土样63件,易溶盐分析样6件,水质分析8件。取得主要成果:桥梁分布区为较稳定区,适宜建筑;建议桥梁采用钻孔灌注桩,桩基设计应考虑填土的负摩擦效应;建议涵洞、路基对杂填土持力层采用换填处理,并分层碾压,压实系数不小于0.94。

五十、邹平至济阳国防公路建设项目(码头浮桥至五龙堂段、魏桥至邹平段、九户至青阳段)两阶段初步设计

2010年9月16日～2011年1月15日，进行邹平至济阳国防公路建设项目(码头浮桥至五龙堂段、魏桥至邹平段、九户至青阳段)两阶段初步设计。项目负责人:曾纯品、宋恩武。报告编写人:胡克祯、盛根来、何瑞等。项目来源:山东省公路设计咨询有限公司。完成主要工作:钻探32孔总进尺801.35米，标准贯入试验375次，原状土样356件，扰动土样31件，易溶盐分析样6件，水质分析9件。取得主要成果:场地较适宜工程建设;不存在砂土液化的地质条件;该区地表水对混凝土具微—弱腐蚀性，对混凝土结构中的钢筋具弱腐蚀性，地下水对混凝土中的钢筋具弱—中腐蚀性;建议桥梁采用钻孔灌注桩基础。

五十一、G206烟汕线日照段改建工程岩土工程勘察(K391＋040～K475＋345)

2011年3月20日～5月1日，进行G206烟汕线日照段改建工程岩土工程勘察(K391＋040～K475＋345)。项目负责人:曾纯品。报告编写人:史斌、宫亮、张志刚。项目来源:山东省公路设计咨询有限公司。该区位于日照市五莲县和莒县境内，改建公路范围内涉及大桥4座、中桥6座、小桥5座、涵洞68个。完成主要工作:钻探138孔总进尺2873.5米，标准贯入试验375次，原状土样33件，扰动土样15件，易溶盐分析样3件，水质分析15件。取得主要成果:管帅大桥位于断裂带上，属不稳定场地;设计时需考虑砂土的液化影响;地表水、地下水对混凝土具弱腐蚀性;建议桥梁采用扩大基础或桩基础，基岩埋深浅的地层采用扩大基础，基岩全—强风化层较厚的采用摩擦桩型，并以强风化岩层作为桩端持力层，基岩全—强风化层较薄中风化层埋藏较浅的采用嵌岩桩型，并以中风化岩层为桩端持力层;建议涵洞采用扩大基础，对填土层分层辗压，压实系数不小于0.94。

五十二、山东省东明黄河公路大桥施工图设计阶段工程地质勘查

2011年5月4日～7月8日，进行山东省东明黄河公路大桥施工图设计阶段工程地质勘查。项目负责人:宋恩武。报告编写人:郑雪飞、宫亮、史斌、张文刚、黄薛、胡艳丽。项目来源:北京中咨华安交通科技发展有限公司。拟建大桥横跨黄河，主线总里程为23.5千米，本次勘探包括大、中桥5座，设置涵洞20座，设置通道13座，设置分离立交桥7座，黄河特大桥1座，东明东互

通、东明北互通各 1 座,设计钻孔深度 56～115 米,涵洞深度 6 米,通道钻孔深度 6 米。完成主要工作:钻探 98 孔总进尺 5823.97 米,标准贯入试验 3665 次,原状土样 1860 件,扰动土样 1620 件。取得主要成果:路线区较稳定,较适宜路线工程建设;沿线不良地质现象主要为地震液化;地表水和地下水对混凝土具微—弱腐蚀性,对混凝土结构中的钢筋具微—弱腐蚀性;路基可采取强置换或碎石桩等方法,可部分或全部消除砂土的液化沉陷,桥梁桩基设计时应对液化土层进行折减,采用摩擦型钻孔灌注桩。

五十三、山东省文登至莱阳高速公路威海段 KC1 标段工程地质勘查

2013 年 8 月 28 日～2014 年 9 月 22 日,进行山东省文登至莱阳高速公路威海段 KC1 标段工程地质勘查。项目负责人:王宝春。报告编写人:盛根来、王爱民、韩永东等。项目来源:中交公路规划设计院有限公司。完成主要工作:钻探 346 孔总进尺 10440 米,路基、涵洞简易挖探 80 处,浅层地震 1 千米,波速测试 3 孔。取得主要成果:场地稳定性较好;地下水对混凝土结构具微腐蚀性,对钢筋混凝土结构中的钢筋具微腐蚀性,对钢结构具微腐蚀性;地基土对混凝土结构具微腐蚀性,对钢筋混凝土结构中的钢筋具微腐蚀性,对钢结构具微腐蚀性;项目区域内对拟建公路有影响的不良地质现象及特殊性岩土层有断层、采空区、乱掘、软土。

五十四、济南市轨道交通 R3 线岩土工程勘察(详勘)

2015 年 12 月 25 日～2016 年 2 月 20 日,进行济南市轨道交通 R3 线岩土工程勘察(详勘)。项目负责人:曾纯品、雷炳霄。报告编写人:黄薛、雷炳霄、张文刚、何瑞、宫亮、张志刚、李玉兴、李甫、梁海方、姚松、李岩、陈熙、李根林、王蓉、王洪祯。项目来源:济南轨道交通集团建设投资有限公司。工程南起龙洞庄站,北至济南新东站,线路长约 19.37 千米,共设车站 12 座,其中换乘站 6 座。完成主要工作:钻探 590 孔总进尺 16890.74 米,水文钻孔 15 个进尺 478.50 米,静力触探 54 孔 1222 米,旁压试验 5 孔 156.2 米,动力触探 101.04 米,标准贯入试验 4755 次,岩样 77 件,原状土样 7856 件,易熔岩分析样 84 件,水质分析 47 件。取得主要成果:场地适宜工程建设;场区地下水对钢筋混凝土结构中的钢筋具微—弱腐蚀性,场地土对混凝土结构具微腐蚀性;场地范围存在 3 层液化土层,液化等级为轻微—中等;该区域水文地质条件复杂,第四系承压含水层与奥陶系岩溶含水层之间具有较密切的水力联系;当选择采用天然地基基础设计方案时,车站底板以下岩土层均可作为持力层采用;各车站建议设置抗浮桩或抗浮锚杆,底板以下岩土层均可作为持力层利用;

深基坑围护建议采用地下连续墙(加内支撑)支护方案;建议选择有代表性基坑地段进行试开挖施工,针对基坑的涌水情况采取明排、降水、局部注浆封堵等针对性措施。

五十五、济南轨道交通环线工程可行性研究阶段勘查

2016 年 4～6 月,进行济南轨道交通环线工程可行性研究阶段勘查。项目负责人:盛根来、雷炳霄。报告编写人:李玉兴、宫亮、张志刚、苏庆伟、王洪祯、高扬、陈熙、王蓉、丁庆忠、苗德刚、张哲。项目来源:济南轨道交通集团有限公司。该区线路全长 36.5 千米,均为地下线,设车站 29 座。完成主要工作:钻探 60 孔总进尺 2480.1 米,动力触探 17.4 米,标准贯入试验 278 次,岩样 56 件,原状土样 300 件,易溶盐分析样 23 件,水质分析 25 件。取得主要成果:拟建环线线路沿线工程地质条件较为复杂;在轨道交通运营中,反复施加动载导致车站基地沉降不均匀引发工程地质问题;工业南路站—阳光新路站东侧约 500 米(里程 AK23＋700～AK8＋400)沿线,施工时应考虑采取必要的降排水措施;线路沿线的特殊性岩土主要为填土、软土、黄土及风化岩,填土的不均匀性、软土的高压缩性、黄土的湿陷性及风化岩的风化差异性都会对地铁施工带来不利影响,建议采取相应处理措施;提出对不良地质作用的治理措施和线路绕避方案,并评价线路经过区的地基稳定性。

五十六、济南市轨道交通 R2 线西延工程初步勘查阶段岩土工程勘察

2016 年 5 月 27 日～7 月 3 日,进行济南市轨道交通 R2 线西延工程初步勘查阶段岩土工程勘察。项目负责人:黄薛。报告编写人:黄薛、宫亮、雷炳亮。项目来源:济南市轨道交通集团有限公司。完成主要工作:钻探 94 孔总进尺 4053.70 米,动力触探 16.20 米,标准贯入试验 986 次,岩样 35 件,原状土样 2446 件,易溶岩分析样 30 件,水质分析 20 件。取得主要成果:场地属于建筑抗震的一般地段,属于稳定的建筑场地,适宜工程建设;场区地下水对钢筋混凝土结构中的钢筋具微—弱腐蚀性;场地范围无可液化土层,无软土震陷影响;当选择采用天然地基基础设计方案时,车站底板以下岩土层均可作为持力层采用;各车站建议设置抗浮桩或抗浮锚杆,底板以下岩土层均可作为持力层利用;深基坑围护建议采用灌注桩加内支撑支护方案;建议王府庄站采用咬合桩支护方案。

五十七、济南市轨道交通 R2 线姜家庄停车场及出入线段工程初步勘查阶段岩土工程勘察

2016年7月27日～8月28日，进行济南市轨道交通R2线姜家庄停车场及出入线段工程初步勘查阶段岩土工程勘察。项目负责人：黄薛。报告编写人：黄薛、宫亮、雷炳亮、李玉兴、王洪祯。项目来源：济南市轨道交通集团有限公司。R2线在线网中为东西向市域快线，覆盖西客站片区、济南站周边地区、东部新城及章丘城区，线路全长约68.70千米，一期工程线路全长约36.36千米。一期工程起于王府庄站，止于彭家庄站。完成主要工作：钻探21孔总进尺770米；重型动力触探试验(N63.5)324.10米，标准贯入试验127次，岩样31件，原状土样247件，易熔岩分析样9件，水质分析4件。取得主要成果：场地适宜工程建设；地下水对混凝土结构具微—弱腐蚀性；当选择采用天然地基基础设计方案时，隧道底板以下岩土层均可作为持力层采用；深基坑围护建议采用灌注桩加内支撑支护方案。

五十八、济南东客站综合交通枢纽南北广场岩土工程勘察

2016年8月17日～12月28日，进行济南东客站综合交通枢纽南北广场岩土工程勘察。项目负责人：曾纯品、宿庆伟。技术负责人：黄薛。报告编写人：宿庆伟、武法伟、雷炳霄等。项目来源：济南市轨道交通集团有限公司。济南东客站综合交通枢纽项目是集高铁、地铁、长途客运、公交(含BRT)、出租车、社会停车等多种交通功能于一体的大型综合交通枢纽工程，工程总建筑面积约12.60万平方米(不含高铁配套用房)。项目北靠济青高速公路，东临东绕城高速公路，位于主城的东北角。完成主要工作：钻探267孔总进尺14892.80米，静力触探21个738米，动力触探48.80米，标准贯入试验1871次，原状土样2255件，扰动土样68件，易溶岩分析样6件，水质分析6件。取得主要成果：拟建场地适宜修建该工程；场区地下水对混凝土结构具微腐蚀性，对钢筋混凝土结构中的钢筋在干湿交替情况下具弱腐蚀性，在长期浸水情况下具微腐蚀性，场地土对混凝土结构具微腐蚀性，对钢筋混凝土结构中的钢筋具微腐蚀性；抗震按不低于地震烈度7度进行抗震设防，建议场地抗浮设防水位标高按26.00米选用，基坑建议采用放坡加桩锚的方式加强支护，基础建议采用钻孔灌注桩。

五十九、济南市轨道交通 M2 线一期工程 KC02 标段初步勘查阶段岩土工程勘察(初勘)

2017 年 4 月 5 日～7 月 8 日，进行济南市轨道交通 M2 线一期工程 KC02 标段初步勘查阶段岩土工程勘察。项目负责人：黄薛、武法伟。报告编写人：雷炳霄、李玉兴、雷炳亮。项目来源：济南市轨道交通集团有限公司。济南市轨道交通 M2 号线(本期)为中心城南北向骨干线，线路南起南康站，依次沿省道 103、英雄山路、纬二路、站前街和济洛路走行，至本期终点站汽修厂站。济南市轨道交通 M2 号线(本期)线路全长约 16.23 千米，全部采用地下方式铺设，共设车站 16 座，其中换乘站 6 座。完成主要工作：钻探 112 孔总进尺 4601.50 米，其中水文钻孔 3 个进尺 78 米，动力触探 24.15 米，标准贯入试验 555 次，岩样 213 件，原状土样 1134 件，易熔岩分析样 36 件，水质分析 25 件。取得主要成果：场地适宜工程建设；地下水及场地土对混凝土、钢筋混凝土结构中的钢筋具微腐蚀性；按不低于地震烈度 7 度进行抗震设防；当选择采用天然地基基础设计方案时，车站底板以下岩土层均可作为持力层采用；各车站建议设置抗浮桩或抗浮锚杆，底板以下岩土层均可作为持力层利用；深基坑围护建议采用灌注桩加内支撑支护方案。本报告可以作为初步设计依据。

六十、济南轨道交通 M3 线工程 KC02 标段沿线初步勘查阶段岩土工程勘察

2017 年 10 月 26 日～12 月 1 日，进行济南轨道交通 M3 线工程 KC02 标段沿线初步勘查阶段岩土工程勘察。项目负责人：黄薛、雷炳霄。报告编写人：雷炳霄、王洪祯、张志刚、李玉兴。项目来源：济南市轨道交通集团有限公司。济南市轨道交通 M3 线为一条中心城东西向 U 形骨干线，线路全长约 43.10 千米，全线均采用地下线铺设，设站 31 座，其中换乘站 10 座。线路西起小高庄站，止于董家镇北站，为东西向骨干线，支撑主城区重要的东西发展轴。完成主要工作：钻探 78 孔总进尺 3044.70 米，动力触探 36.10 米，标准贯入试验 236 次，岩样 555 件，原状土样 299 件，扰动土样 42 件，易溶岩分析样 7 件，水质分析 9 件。取得主要成果：场地适宜工程建设；地下水及场地土对混凝土、钢筋混凝土结构中的钢筋具微腐蚀性；按不低于地震烈度 7 度进行抗震设防；当选择采用天然地基基础设计方案时，车站底板以下岩土层均可作为持力层采用；省体育中心站建议设置抗浮桩，底板以下岩土层均可作为持力层利用；深基坑围护建议采用灌注桩加内支撑支护方案；省体育中心站可考虑采取设置止水帷幕的地下水控制措施。

第二节　机场、港口工程地质勘查

八〇一队机场工程地质勘查工作始于 1985 年济南机场选场阶段勘查，经八〇一队勘查后建成的济南遥墙国际机场航站楼规模国内领先；八〇一队港口工程地质勘查工作始于 1979 年。截至 2017 年 12 月，共提交机场、港口工程地质勘查成果报告 27 份。以下简述其中 18 个开展时间较早、规模大、场地复杂工程或重点工程、获奖工程。

一、日照县石臼所港址地质调查

1979 年 6～10 月，进行山东省日照县石臼所港址地质调查。项目来源：省地质局。取得主要成果：本区地貌简单，不存在其他不良物理地质现象，对工程建筑影响不大；区内地下水水质好，水量小，水文地质条件简单，对工程不会有大的影响。

二、济南机场选场阶段勘查

1985 年 8 月，提交济南机场选场阶段勘查报告。报告编写人：陈梁、魏允正、李克祥、张伟。完成主要工作：工程测绘 19.5 平方千米，钻探 11 孔总进尺 72.18 米。取得主要成果：场区地下水位埋深 1.65～2.82 米，地下水富水性中等，可供机场使用；场区浅层有淤泥质土，属不良工程地质土层，需要进行处理。

三、济南遥墙机场可行性研究勘查

1986 年 4 月 23 日～5 月 9 日，进行济南遥墙机场可行性研究勘查。报告编写人：刘继英、陈梁、魏允正、曹佩兰、高瑛、佟光玉、徐广茂。项目来源：济南遥墙机场筹建处。完成主要工作：钻探 24 孔总进尺 654.51 米，静力触探 9 孔147 米，原状土样 54 件，旁压试验 10 组，水质分析 1 件，取土样颗粒分析 6 个。取得主要成果：场区地下水水量丰富，可用于机场建成后的供水；地下水位以下易产生震动液化现象，对特殊土层及砂层应进行专门性试验和评价，以便选择机场地基处理方案。

四、济南遥墙机场场道工程地质勘查

1988 年 5 月 13 日～11 月 20 日，进行济南遥墙机场场道工程地质勘查。报告编写人：吕明学、盛根来、徐广祥、颜承芳、唐朝晖、孙玉松。项目来源：

1988 年 2 月，为配合机场初步设计顺利进行，济南遥墙机场筹建处委托八〇一队对机场跑道、停机坪、联络道、货机坪等设施进行详细工程地质勘查。完成主要工作：钻探 139 孔总进尺 2667.39 米（包括供水井 2 孔总进尺 43.10 米），1∶2000测绘 2.8 平方千米，观测线 73 千米，观测点 866 个，静力触探 22 孔 261.4 米，标准贯入试验 104 次，原状土样 600 件，扰动土样 147 件，有机质分析样 54 件，易溶盐分析样 20 件，载荷试验 5 组，十字板剪切 30 点次，水质分析 13 件。取得主要成果：场区地下水对混凝土无侵蚀性，对钢铁构筑物有中等腐蚀性，在第 2 层以下有强腐蚀性，对铅构筑物有弱腐蚀性；场区土第 1～3 层对混凝土无腐蚀性，第 4 层对混凝土具有弱腐蚀性，对铝构筑物有强腐蚀性，场区土在 8 米深度内对铅具有中等腐蚀性，在 8～10 米深度对铅具有强腐蚀性；建议该场地用强夯法加固松软地基。该报告为济南遥墙机场总平面规划及场道等工程的初步设计和施工图设计提供了基础资料。

五、龙口渔港码头扩建工程地质勘查

1993 年 5 月 31 日～7 月 16 日，进行龙口渔港码头扩建工程地质勘查。报告编写人：刘伟。项目来源：山东省交通厅海运局筑港工程队。完成主要工作：钻探 9 孔总进尺 133.9 米，勘探孔地层钻进 104.9 米，勘探孔水位埋深 29 米，标准贯入试验 12 次，原状土样 34 件，扰动土样 20 件。取得主要成果：建议规模为万吨杂货泊位 1 个，泊位长约 200 米，设计水深－10.30 米，突堤顶宽 60 米，顶高程 3.3 米，引堤顶宽 10 米；建议开挖清除第 1～3 层，第 4～8 层力学性质好，是较理想的持力层，比较适宜建重力码头。

六、新泰机场应急跑道塌陷点第一期勘探

1995 年 5 月 13 日～6 月 1 日，进行新泰机场应急跑道塌陷点第一期勘探。报告编写人：刘广义。项目来源：济空后勤部机场管理处。完成主要工作：钻探 5 孔总进尺 132.8 米。取得主要成果：跑道附近的供水井抽水是造成塌陷的主要原因；建议跑道周围供水井停止使用，以恢复地下水的天然流场，对已发生的塌坑可采用回填的方法进行处理。

七、济南遥墙机场航站区扩建工程航站楼岩土工程勘察（初勘）

2001 年 10 月 22 日～12 月 10 日，进行济南遥墙机场航站区扩建工程航站楼岩土工程勘察。项目负责人：盛根来。报告编写人：于世林、谭现锋、彭玉明等。项目来源：济南遥墙机场。完成主要工作：钻探 57 孔总进尺1740.85 米，静力触探 14 个 366.6 米，标准贯入试验 212 次，原状土样 646 件，扰动土

样71件,有机质分析样20件,易溶盐分析样6件,十字板剪切42点次,抽水试验2次59.5小时,水质分析2件。取得主要成果:场地土类型为中软场地土,属于对建筑抗震不利地段;第1层粉土、第3层粉土、第6层粉土均为液化土,场区液化等级为中等—严重;地下水对混凝土无腐蚀性,对钢结构具强腐蚀性,对铝结构具中等腐蚀性,对铅结构具强腐蚀性;场地土对混凝土无腐蚀性,对钢结构具中等腐蚀性,对铝及铅具强腐蚀性;建议采用桩基础,优先选择钻孔灌注桩,其桩端持力层宜选第11层粉土、第12层粉质黏土或第13层粉质黏土混姜石;如采用预制桩,其桩端持力层宜选第8层粉质黏土或第9层粉土。

八、济南遥墙机场航站区扩建工程站坪岩土工程勘察(初勘)

2001年8月1日～12月10日,进行济南遥墙机场航站区扩建工程站坪岩土工程勘察(初勘)。项目负责人:胡克祯。报告编写人:曾纯品、武法伟、于世林、刘建胜、曹继玉、谭现峰、彭玉明、李海波、姬广胜、王涛、宋恩武、胡兰英、解爱华、张水英、王文祥。项目来源:济南遥墙机场有限公司。完成主要工作:钻探42孔总进尺528.85米,完成1∶5000工程地质测绘与调查5.87平方千米,静力触探9个110米,标准贯入试验133次,扰动土样68件,十字板剪切26点次。取得主要成果:该区为建设较适宜场地;第1层粉土、3层粉土、6层粉土为液化土,地基液化等级为中等,局部严重;第1～4层新近堆土,呈欠固结状态,密实度、稳定性和均匀性较差,力学强度偏低,必须进行加固处理,第5～6层力学强度相对较高;勘探期间地下水位埋深1.12～4.33米,地下水及场地土对混凝土不具侵蚀性,对钢结构具弱腐蚀性,对钢构筑物具中等腐蚀性。

九、中国民航济南空中交通管理中心航管楼岩土工程勘察

2002年2月18日～4月5日,进行中国民航济南空中交通管理中心航管楼岩土工程勘察。项目负责人:曾纯品。报告编写人:曾纯品、于世林、宋恩武、李海波、曹继玉、胡兰英。项目来源:中国民航济南空中交通管理中心。完成主要工作:钻探18孔总进尺678.55米,标准贯入试验195次,原状土样168件,扰动土样20件,水质分析1件。取得主要成果:场区稳定性较好,较适宜建筑;第1层粉土、第3层粉土及第6层粉土为液化土,地基液化等级中等,局部为严重;地下水对混凝土无腐蚀性,对钢结构具弱腐蚀性;建议采用桩基础,并根据拟建航管楼荷载情况和对沉降要求的敏感程度选择合理的桩型、桩径、桩长及桩端持力层;如采用钻孔灌注柱桩,桩端持力层宜选第11层

粉土或第 12 层粉质黏土或第 13 层粉质黏土混姜石;如采用预制桩,其桩端持力层宜选第 8 层或第 9 层粉土,其单桩极限承载力应以现场载荷试验为准,施工中应先做试桩。

十、中国民航济南空中交通管理中心塔台岩土工程勘察

2002 年 2 月 18 日～4 月 5 日,进行中国民航济南空中交通管理中心塔台岩土工程勘察。项目负责人:曾纯品。报告编写人:曾纯品、宋恩武、胡兰英、张素芹。项目来源:中国民航济南空中交通管理中心。完成主要工作:钻探 3 孔总进尺 124.45 米,标准贯入试验 16 次,原状土样 48 件,扰动土样 5 件,水质分析 1 件。取得主要成果:该区较适宜建筑场地;第 1 层粉土、第 3 层粉土及第 6 层粉土为液化土,地基液化等级中等;地下水对混凝土无腐蚀性,对钢结构具弱腐蚀性;建议采用桩基础,并根据拟建塔台荷载情况和对沉降要求的敏感程度选择合理的桩型、桩径、桩长及桩端持力层,如采用钻孔灌注柱、基桩端持力层宜选第 11 层粉土或第 12 层粉质黏土或第 13 层粉质黏土混姜石,其单桩极限承载力应以现场载荷试验为准;建议采用水泥土搅拌桩挡土结构,降水措施可采用轻型井点降水。

十一、济南遥墙机场航站区扩建工程航站楼、登机桥岩土工程勘察

2002 年 9 月 18 日～10 月 20 日,进行济南遥墙机场航站区扩建工程航站楼、登机桥岩土工程勘察。项目负责人:胡克祯、彭玉明。报告编写人:彭玉明、曾纯品、刘建胜等。项目来源:济南遥墙机场有限公司。完成主要工作量:钻探 83 孔总进尺 2746.55 米,静力触探 23 个 549.1 米,标准贯入试验 547 次,原状土样 620 件,扰动土样 137 件,易溶盐分析样 7 个,水质分析 2 件。取得主要成果:该区地下水和场地土均对混凝土无腐蚀性,对混凝土中的钢筋具弱腐蚀性,对钢结构具中等腐蚀性;拟建航站楼为甲类建筑,第 3 层粉土、第 5-(1)层粉土及第 6 层粉土为液化土层,场地地基液化等级为轻微一中等;建议航站楼采用桩基础,若采用钻孔灌注桩,其桩端持力层宜选第 11 层粉土或第 12 层粉质黏土或第 13 层粉质黏土混姜石;若采用预制桩,其桩端持力层易选第 9 层粉土或第 10 层粉质黏土;建议登机桥采用天然地基,筏式基础,以第 1 层粉土作为基础持力层,也可采用混凝土预制桩,其桩端持力层宜选第 8 层粉质黏土或第 9 层粉土;建议对航站楼进行变形测量,在该区外围 500 米以内禁止开采地下水,避免因地下水位大幅降低引起地面不均匀沉降。

十二、济南遥墙机场航站区扩建工程航站楼岩土工程勘察(详勘)

2002年11月22日～12月3日，进行济南遥墙机场航站区扩建工程航站楼岩土工程勘察(详勘)。项目负责人：胡克祯、彭玉明。报告编写人：彭玉明、曾纯品、刘建胜等。项目来源：济南遥墙机场有限公司。完成主要工作：钻探61孔总进尺2458.7米，静力触探15个393.5米，标准贯入试验497次，原状土样715件，扰动土样66件，易溶盐分析样7件，水质分析2件。取得主要成果：场地土类型为中软场地土，属抗震不利地段，适宜建筑；场区地下水对混凝土无腐蚀性，对混凝土中钢筋具弱腐蚀性，对钢结构具中等腐蚀性；场区第1层、第3层、第5-(1)层、第6层为液化土层，场地地基液化等级为轻微—中等；场区第5层、第8层、第10层、第12层具弱膨胀潜势。

十三、济南遥墙机场航站区扩建工程站坪岩土工程勘察(详勘)

2003年3月6～18日，进行济南遥墙机场航站区扩建工程站坪岩土工程勘察。项目负责人：刘建胜、曾纯品。报告编写人：刘建胜、曾纯品、李海波等。项目来源：济南遥墙机场有限公司。完成主要工作：钻探62孔总进尺814.4米，静力触探16个225米，标准贯入试验266次，岩样127件，原状土样17件，水质分析2件。取得主要成果：场地土类型为中软场地土；勘探期间地下水位埋深1.12～4.33米，地下水对混凝土不具侵蚀性，对钢结构具弱腐蚀性；场区第5、6层力学强度相对较高。

十四、济南遥墙机场扩建工程锅炉房、水厂岩土工程勘察

2003年9月2～5日，进行济南遥墙机场扩建工程锅炉房、水厂岩土工程勘察。项目负责人：王涛。报告编写人：王涛、宋恩武、何瑞、李树荣。项目来源：济南遥墙机场有限公司。完成主要工作：钻探15孔总进尺265米，标准贯入试验65次，原状土样90件，高程测量点15个。取得主要成果：场地土类型为中软场地土；建议以第4层粉土作为基础持力层。

十五、济南遥墙机场航站楼扩建工程动力中心岩土工程勘察

2003年9月3～8日，进行济南遥墙机场航站楼扩建工程动力中心岩土工程勘察。项目负责人：王涛。报告编写人：王涛、李树荣、许强。项目来源：济南遥墙机场有限公司。完成主要工作：钻探14孔总进尺230米，标准贯入试验70次，原状土样56件，扰动土样17件，高程测量点14个。取得主要成果：场地土类型为中软场地土；建议以第1层粉土及以下地层作为基础持力层。

十六、胶南市琅琊港扩建工程工程地质勘查

2004 年 1 月 31 日～2 月 14 日，进行胶南市琅琊港扩建工程工程地质勘查。项目负责人：李海波。报告编写人：李海波。项目来源：胶南市琅琊镇人民政府。拟建工程包括原码头向南延长 50 米，新建防波堤西边长 300 米、南边长 250 米，组成封闭型港池。完成主要工作：钻探 19 孔总进尺 111.8 米，标准贯入试验 65 次，原状土样 16 件，扰动土样 7 件。取得主要成果：该场地适宜本工程建设；场地土类型为中软场地土；建议码头延长段及防波堤采用抛石基础，以第 2 层粉细砂或其上的换填砂垫层作为基础持力层。

十七、济南机场新航站楼登机桥工程岩土工程勘察

2004 年 4 月 10～20 日，进行济南机场新航站楼登机桥工程岩土工程勘察。项目负责人：王涛。报告编写人：王涛。项目来源：济南遥墙机场有限公司。完成主要工作：钻探 22 孔总进尺 176 米，标准贯入试验 41 次，原状土样 25 件。取得主要成果：场地土类型为中软场地土。建议以第 2 层粉土作为基础持力层。

十八、济南机场二平滑向南北两侧延伸工程详细勘察、测绘项目

2016 年 4 月 29 日～5 月 22 日，进行济南国际机场二平滑向南北两侧延伸工程详细勘察、测绘。项目负责人：盛根来。报告编写人：王宝春、安海波、郝明盛等。项目来源：山东机场有限公司。完成主要工作：钻探 46 孔总进尺 1500 米，静力触探 20 个 500 米，标准贯入试验 196 次，水文地质试验孔 3 个 105 米，原状土样 164 件，扰动土样 20 件，易溶盐分析样 4 个。取得主要成果：场地土类型为中软场地土，属于进行建设的一般场地；第 1 层、第 3 层粉土为液化土，地基液化等级为轻微—中等；地下水及场地土对混凝土结构具微—弱腐蚀性，对钢筋混凝土结构中的钢筋具微腐蚀性，对钢结构具微腐蚀性；二平滑和联络道依据不同的场区环境，建议分区域采取不同的地基处理方式；建议距离现有机场站坪划出不小于 50 米相连区域作为缓冲区，采用静压注浆法或真空预压法进行地基处理，其余部分采用强夯法或降水强夯法进行地基处理；整个二平滑道和联络道也可采用挤密碎石桩法或冲击碾压法进行地基处理。

第三节　水利、电力工程地质勘查

1958年3月～1961年3月，为解决供水、防洪、发电、引水灌溉等问题，受山东省水利勘测设计院委托，八〇一队先后在省内大汶河、小清河、弥河、白浪河、潍河、大沽河、胶莱河及半岛诸小河等水系开展大量的水库工程地质勘测、选址踏勘工作，提交水库工程地质勘测报告185份。1987年以后，八〇一队电力工程地质勘查项目逐年增加。截至2017年12月，提交水利、电力工程地质勘查成果报告240份以下简述其中73个开展时间较早、规模大、场地复杂工程或重点工程、获奖工程。

一、淄河流域踏勘

1958年3月，提交淄河流域踏勘报告。报告编写人：李传谟、金南珠、贾文明等。完成主要工作：钻探15孔总进尺1866米。取得主要成果：分别对池峰水库坝址、小峰坝址、泉河头坝址、马陵坝址、大和庄金鸡山坝址、朱崖岳庙坝址进行踏勘，坝基基岩类型主要为寒武纪、奥陶纪灰岩及火成岩。几个坝址比较起来，以太和庄金鸡山坝址为好，太和庄金鸡山坝址至少一端在火成岩上，其他水库坝址均坐落于碳酸岩上，碳酸岩裂隙岩溶发育，不利于水库建设。

二、山东省历城县仲宫水库工程地质勘测

1958年3～5月，进行山东省历城县仲宫水库工程地质勘测。报告编写人：曹有易、金南珠、任福生。项目来源：山东省水利勘测设计院。完成主要工作：钻探13孔总进尺524.49米，1∶(5000～50000)工程地质测绘91.5平方千米，土样5件，水质分析42件，抽水试验45.39小时，压水试验41段424小时，探井(槽探)49个，探槽挖方194.5立方米。取得主要成果：在清基和剥去基岩风化层的情况下，不会产生渗漏，门牙建坝，在地形、地质构造上均有优越的条件，可以满足水头40米土坝的需要；杨而庄宅科平房坝段工程条件很好，特别是杨而庄附近，河谷两岩均为页岩，基本不存在坝下及绕坝渗漏问题，岸坡稳定，水库淤积问题不严重，建筑材料较丰富。

三、莱阳县清水河大明水库工程地质勘探

1958年6月，提交莱阳县清水河大明水库工程地质勘探报告。报告编写人：李传谟等。水库设计主坝高33米、坝长170米、底宽145米，副坝高14

米、坝长 450 米、底宽 80 米，库容 1.8 亿立方米，坝型为土坝。完成主要工作：钻探 5 孔总进尺 131.02 米，1：(5000～25000)工程地质调查 93 平方千米，地质点 520 个，水文地质点 10 个，民井抽水 1 个。取得主要成果：坝头断层多、淤积量较大，建议清除坝下砂层，防止坝下大量渗漏和管涌现象。上游做好水土保持工作，坝下游地段不要修建重要建筑物并做好排水工作，以防止土壤盐碱化。

四、沂河支流浚河王家洼水库查勘

1958 年 7 月，提交沂河支流浚河王家洼水库查勘报告。报告编写人：陈振鹏、高殿岐、贺庆昌等。项目来源：山东省水利勘测设计院。设计水库坝高 20 米，坝长 1400 米，控制面积 1400 平方千米，兴利库容 22100 万立方米。取得主要成果：拟建王家洼水库段为竣河中游最狭窄地段，坝肩处均为白垩纪砂页岩、凝灰岩，岩石力学性质能满足工程上的要求，构造简单，只在溢洪道处见有一小断层，漏水问题及对坝稳定性影响都很小。

五、山东省莱西县大沽河产芝水库工程地质勘测

1958 年 2～7 月，进行山东省莱西县大沽河产芝水库工程地质勘测。报告编写人：王家昌、柴朝鹤、张凤岐等。项目来源：山东省水利厅。水库设计坝高 16～17 米，坝长 2000 米，库容 40000 万立方米，坝型为土坝。完成主要工作：钻探 31 孔总进尺 1164.85 米，库区 1：(5000～25000)工程地质测绘 310 平方千米。取得主要成果：建坝条件较好，适宜建坝。

六、沂河支流东汶河付汪庄水库查勘

1958 年 7 月，提交沂河支流东汶河付汪庄水库查勘报告。报告编写人：陈振鹏、高殿岐、贺庆昌等。设计水库最大坝高 49 米，坝长 2200 米，控制流域面积 2030 平方千米。取得主要成果：该水库建成后，淹及面积小，无大的居民点；风化后的残积物，厚度 0～4 米，将成为固体径流的主要来源；花岗片麻岩组成的中高山区，坡度甚大，有大量坏石崩塌的可能；坝址区喀斯特发育，构造复杂，多为软硬岩石互层，页岩层理发育，漏水厉害；河谷部分灰岩走向平行水流方向，沿层面有漏水可能；左端坝头接触处岩层倾向下游，水库上游岩层倾向库外，有漏水的可能，待下一步扩大测绘据实际情况确定；该地的矿产资源是否有开采价值及浸汲问题与水库的效益应综合考虑。

七、山东省泗水县济河(泗河支流)龙湾套水库工程地质查勘

1958 年 8 月,提交山东省泗水县济河(泗河支流)龙湾套水库工程地质查勘报告。报告编写人:陈振鹏、高殿岐、贺庆昌、赵银贵。项目来源:济宁专署水利建设指挥部。设计水库库容 3600 万立方米,坝长 800 米,坝高 22 米,淹没面积 5 平方千米。取得主要成果:建坝条件较好,适宜建坝。

八、山东省济宁专区滕县沙河庄里水库、横岭埠水库、东江水库查勘报告

1958 年 8 月,提交山东省济宁专区滕县沙河庄里水库、横岭埠水库、东江水库查勘报告。报告编写人:高殿棋、贺庆昌等。项目来源:济宁专区水利建设指挥部。庄里水库设计坝顶标高 115 米,库容 7500 万立方米,横岭埠水库坝高 25 米,坝长 600 米,库容 0.70 万立方米,东江水库容 0.70 亿立方米。取得主要成果:坝基基岩主要为寒武纪灰岩及第四系冲积、洪积、坡积层;通过勘查,认为最好修建上游的横岭埠、东江二库,不修下游的庄里水库,建库前须进行勘探。

九、山东省莱西县小沽河小吴家水库工程地质勘查

1958 年 9 月,提交山东省莱西县小沽河小吴家水库工程地质勘查报告。水库设计坝长 150 米,坝高 30 米,底宽 180 米,抬高水头 25 米,蓄水 10000 立方米,设计淹没面积 19.65 平方千米,总流域面积近 100 平方千米。取得主要成果:库区地层主要为花岗片麻岩,库区淤积物多,淤积速度快,应做好坝基砂砾石层的清基工作。

十、济宁专区峄县大沙河支流荊山口水库查勘

1958 年 9 月,提交济宁专区峄县大沙河支流荊山口水库查勘报告。报告编写人:陈振鹏。项目来源:峄县人民委员会。取得主要成果:坝基基岩主要为奥陶纪灰岩,需处理基础,预防渗漏及增强稳定性;如果有条件可采用钻孔水泥灌浆,如果条件不具备,建议用肥黏土将所有溶洞填死,扩大原设计基础断面,减轻对基础的负担;水库蓄水后,放水洞断面加大,发现危险及时放出库水;建议坝址下移 300 米,在荆山口下游建坝址。

十一、莱阳县富水河水口(黄金沟)水库工程地质勘探

1958 年 8～10 月,提交莱阳县富水河水口(黄金沟)水库工程地质勘探报

告。报告编写人:钱文钰。项目来源:为根治水患,充分利用富水河水利资源,莱阳县委决定在该河上游修建水库,坝址拟于水口,八〇一队受莱阳县委的委托进行工程地质勘测工作。水库设计坝长 120 米,坝高 26～29 米,坝底长 120 米,坝底宽 170 米。完成主要工作:钻探 9 孔总进尺 358.2 米,1∶(2000～50000)工程地质测绘 104.02 平方千米,抽水试验 80.45 小时,压水试验 2 次 632.38 小时。取得主要成果:坝基基岩主要为下白垩纪页岩、砂岩和安山岩;水口右坝肩有一个高角度正断层,建议坝肩深挖,并用优质黏土堵塞,坝基砂层最好全部清除;富水河上游应加强水土保护工作,延长水库使用年限。

十二、山东省莱西县小沽河岘沽河水库工程地质勘查

1958 年 6～10 月,进行山东省莱西县小沽河岘沽河水库工程地质勘查。项目来源:山东水利勘测设计院及莱西县委。水库设计控制流域面积 600 平方千米,坝高未定,坝底长 1000 米,蓄水 2.3 亿立方米。完成主要工作:钻探总进尺 143.49 米,抽水试验 51.46 小时,压水试验 22 小时,水质分析 2 件。取得主要成果:坝址区地质条件恶劣,不适于筑坝。

十三、山东省曲阜县小沂河尼山水库工程地质勘测

1958 年 5～11 月,进行山东省曲阜县小沂河尼山水库工程地质勘测。报告编写人:徐庆山、孙京立。项目来源:山东省水利勘测设计院。水库设计坝高 19.2 米,库容 10100 万立方米,控制面积 253 平方千米。完成主要工作:钻探总进尺 454 米,探井 15 个 59.07 立方米,土样 4 件,1∶2.5 万工程地质测量 63 平方千米,1∶5000 工程地质测量 3 平方千米,抽水试验 16 次,压水试验 18 次 87.66 小时,渗水试验 10 次 49.33 小时,水质分析 11 件。取得主要成果:尼山水库工程地质条件不良,不适宜建坝,建议放弃此坝址。

十四、莱阳县清水河大明水库工程地质勘探

1958 年 11～12 月,进行莱阳县清水河大明水库工程地质勘探。报告编写人:李传谟。水库设计主坝高 33 米、坝长 170 米、底宽 145 米,副坝高 14 米、坝长 450 米、底宽 80 米,库容 18000 万立方米,坝型为土坝。完成主要工作:钻探 5 孔总进尺 131.02 米,注水试验 24 次 700 小时,压水试验 5 次43.41 小时,1∶5000 首部枢纽工程地质调查 5 平方千米,地质点 270 个(其中包括水文地质点 10 个、民井抽水点 1 个),1∶2.5 万工程地质测绘 88 平方千米,地质点 250 个。取得主要成果:基础岩性为片岩、泥岩、页岩、安山斑岩;坝头

断层多、淤积量较大，建议清除坝下砂层，防止坝下大量渗漏和管涌；上游应做好水土保持工作，坝下游地段不要修建重要建筑物并做好排水工作，以防止土壤盐碱化。

十五、山东大沽河巨家水库工程地质勘查

1958 年 9 月～1959 年 1 月，进行山东大沽河巨家水库工程地质勘查。报告编写人：王达汉。项目来源：山东省水利勘测设计院。水库设计坝高 24 米(坝顶标高 100 米)，主坝长 1010 米，副坝长 1300 米，设计最高水位抬高 20 米，蓄水量 1.68 亿立方米，最大蓄水量 2 亿立方米。完成主要工作：钻探 6 孔总进尺 200.73 米，1∶(5000～25000)地质工程地质测绘 54 平方千米，地质及水文地质点 93 个，抽水试验 1 次 7.4 小时，注水试验 9 次 158 小时，压水试验 75 小时。取得主要成果：坝基基岩主要为前震旦纪片岩；主副坝长度大，砂砾石层和残积层的开挖量大填方亦多；主坝址清基时坝基渗漏量为 20011.28 立方米/天，还可能产生机械管涌，威胁坝的稳定，不清除残积层，对副坝稳定亦不利；库上游固体径流来源充沛，河流输砂量较大，可导致水库淤积较严重；输水洞地质工程地质条件也不够理想。

十六、烟台市清洋河门楼水库工程地质踏探

1958 年 10～12 月，进行烟台市清洋河门楼水库工程地质踏探。报告编写人：钱文钰、贾久明、贾淑兰。项目来源：烟台地区行政专员公署。设计水库坝高 23.76 米，主坝长 1046 米，副坝长 1665 米，总库容 31400 万立方米，流域面积 1110 平方千米。完成主要工作：1∶(5000～50000)工程地质测绘 157 平方千米，钻探 7 孔总进尺 349.63 米，地质点 145 个，水质分析 6 件，土样 5 件，岩样 30 件，抽水试验 6.4 小时，注水试验 14.4 小时，压水试验 53.2 小时。取得主要成果：坝基基岩主要为石英片岩、大理岩；主坝处石英片岩及副坝大理岩均能达到土坝所需的负荷；库区固体径流来源丰富，库区大理岩上有 2 米厚的亚黏土，不会产生永久渗漏；西副坝大理岩溶洞发育，会产生永久性渗漏。

十七、山东省曲阜县南陶洛水库工程地质初步勘查

1958 年 10 月～1959 年 9 月，进行山东省曲阜县南陶洛水库工程地质初步勘查。报告编写人：徐庆山、杜志华、李克祥。项目来源：山东省水利勘测设计院和济宁地区行政专员公署。水库设计坝高 98.2 米，坝长 5600 米，库容 7 亿立方米，兴利库容 2.1 亿立方米，控制面积 253 平方千米。完成主要工作：钻探 11 孔总进尺 538.39 米，坑槽探 15 个 97 立方米，1∶(1 万～5 万)工

程地质测绘 271 平方千米，土样 9 件，水质分析 10 件，渗水试验 6 次 28.5 小时，压水试验 3 次 3.83 小时。取得主要成果：库区从地形上为筑坝良好地段；水库尾部三扬庄、三音叉一带处于淹没区，该地段居民必须搬离；坝基长 5.6 千米，岩性复杂，应分段处理；第一段第三纪基础及残积物区应进行防漏水处理，第二段粉质黏土区渗漏量不大，不必进行处理，第三段黏质砂土区应进行防渗处理，第四段透水姜石必须清除，第五段砂砾石必须清基；固体径流是水库的严重问题，建议做进一步工程地质勘查。

十八、山东省滕县阎马水库工程地质勘查

1959 年 9 月～1960 年 1 月，进行山东省滕县阎马水库工程地质勘查。报告编写人：金南珠、严润良、杜志华、王景魁。项目来源：济宁地区行政专员公署水利指挥部。水库设计坝顶高程 137.0 米，主坝长 575 米，总库容 2.64 亿立方米，兴利库容 1.39 亿立方米，控制面积 269 平方千米。完成主要工作：钻探总进尺 750.09 米，1∶1 万工程地质测绘 54 平方千米，水文地质点 34 个，地质点 405 个，坑槽 36.86 立方米，渗水试验 9 次，原状土样 5 件，钻孔抽水 4 孔8 小时，压水试验 78.41 小时，水质分析 39 件。取得主要成果：库区地形上为筑坝良好地段，岩性为花岗片麻岩，不会产生永久渗漏；固体径流是水库的严重问题；坝的两端为花岗片麻岩，稳定且不漏水；河底岩性为砂层及灰岩，漏水严重，建议清除；河床为砂砾石及风化基岩，漏水严重，建议清除。

十九、山东省邹县西苇水库工程地质勘查

1959 年 9 月～1960 年 2 月，进行山东省邹县西苇水库工程地质勘查。报告编写人：金南珠、王景魁、史景兴、李春山。项目来源：为大力发展邹县一带的农业生产，保证工矿企业的安全，综合利用水利资源，根治大沙河，济宁地区行政专员公署决定修建西苇水库，并于 1959 年 9 月向山东省地质局提出勘探要求，山东省地质局责成八〇一队负责此项工作。1959 年 10 月，李春山等进行踏勘并编写设计。水库设计坝高 21.8 米，主坝长 2800 米，兴利库容 3240 万立方米，控制面积 120 平方千米。完成主要工作：钻探总进尺 519.4 米，1∶2.5 万地质测绘面积 98.5 平方千米，地质点 145 个，试验钻孔清水 11 个，渗水试验 55 个，水质分析 29 件，土样 5 件。取得主要成果：坝基基岩主要为花岗片麻岩，库区淹没损失小，固体径流来源多，淤塞严重，坝基工程地质条件总体来说是良好的。

二十、山东省淄博市金鸡山水库坝段工程地质勘测

1959 年 11 月～1960 年 3 月，进行山东省淄博市金鸡山水库坝段工程地质勘测。报告编写人：李宗坤等。项目来源：为确保淄河下游黑旺铁矿的正常开采，山东省水利厅及淄博市工业局决定在金鸡山处修建拦洪坝，并委托八〇一队进行坝址勘探。完成主要工作：钻探总进尺 1866 米，探井 5 个，1∶5000测绘面积 7 平方千米，踏勘线路长 30 千米，注水试验 4 次 3 小时，压水试验 36 次 81 小时。取得主要成果：坝基基岩为寒武纪、奥陶纪灰岩及火成岩，渗漏主要途径为河床砂砾石及闪长岩全风化带，渗漏量达 92400 立方米/天，全风化带必须清除；清除后坝基为闪长岩，抗压强度较高，不透水，左端有断层，处理后为较好的坝基条件；库区无大的断裂及较低分水岭，岩溶不太发育，永久性渗漏不太严重，沿灰岩裂隙有少量水流损失可忽略不计；库区基岩为寒武纪奥陶纪灰岩，求得暂时渗漏量为 1020 万立方米；水库松散堆积物来源少，淤积量较少；正常高水位 230 米，库区水面均为基岩且地下水分水岭高于水库水位，故浸没问题不太严重，未来会产生沼泽及盐碱化现象，但影响不到工矿企业的地基，在地质和地形上均具备较好的工程地质条件；金鸡山水库后改名为“太河水库”，控制流域面积 780 平方千米，总库容 1.66 亿立方米，兴利库容 1.13 亿立方米。该水库在淄博市防洪、灌溉、解决城乡生活用水和发电等方面发挥了显著的经济和社会效益。

二十一、山东省牟平县汉河昆仑山(石门)水库工程地质勘测

1960 年 5 月，提交山东省牟平县汉河昆仑山(石门)水库工程地质勘测报告书。报告编写人：陈长斌。项目来源：烟台水利建设指挥部。水库设计坝高 40 米，坝长 135 米，库容 5000 万立方米，控制流域面积 13.2 平方千米。取得主要成果：库区花岗岩无永久性渗漏，固体径流不充沛，淤积问题小，淹没损失小；坝段花岗岩清除风化层后工程稳定性无问题，裂隙发育，有少量渗漏。

二十二、祥山电厂(1032 工程)厂址勘探及供水勘查

1960 年 5 月，提交祥山电厂(1032 工程)厂址勘探及供水勘查报告。报告编写人：石泉森。项目来源：祥山电厂。完成主要工作：钻探 8 孔总进尺 69.18 米，原状土样 4 件，水质分析 1 件，抽水试验 5 次 2 小时，注水试验 5 次 2 小时。取得主要成果：作为厂基之花岗岩，岩石坚硬，即使风化也能满足设计部门的要求；厂区土层之荷载力及沉陷量自东向西逐渐减弱，东侧基本满足要求，西侧地区承载力按 2～3 米砌置深度计算不符合要求，须加处理；厂区

地下水埋藏深度 0.3～1.8 米，基坑部分为粉质黏土，渗透系数小，故基坑排水问题容易解决；本区属 7 度地震区，建筑物结构设计上应加以考虑。

二十三、莱阳朱河高格庄水库工程地质踏勘

1960 年 7 月，提交莱阳朱河高格庄水库工程地质踏勘报告。报告编写人：钱文珏、刘绍顺等。水库设计坝高 18 米，坝顶长 1500 米，坝底长 500 米，库容 5000 万立方米，坝型为土坝。取得主要成果：坝基主要为白垩纪青山层砂岩、砾岩互层，建议注意清基，加强水土保持；建坝条件较好，适宜建坝。

二十四、海阳县留格河北水头水库工程地质踏勘

1960 年 7 月，提交海阳县留格河北水头水库工程地质踏勘报告。报告编写人：贾久明、法乃耕等。设计库容 4000 万立方米。取得主要成果：坝基主要为片麻花岗岩、中粒砂岩，建坝条件较好，适宜建坝。

二十五、蓬莱县平畅河邱山水库工程地质踏勘

1960 年 7 月，提交蓬莱县平畅河邱山水库工程地质踏勘报告。报告编写人：柴潮鹤、王素刚等。水库设计坝高 21 米，坝长 230 米，库容 34025 立方米。取得主要成果：坝址处为花岗岩，去除风化带后不产生永久性渗水，估计抗压强度 1200～1500 千克/平方厘米，坝身安全无问题；库区为花岗岩，不会发生永久渗漏，暂时性渗漏也极微小。

二十六、蓬莱县青水河战山水库工程地质踏勘

1960 年 7 月，提交蓬莱县青水河战山水库工程地质踏勘报告。报告编写人：柴潮鹤。水库设计坝高 21 米，坝长 520 米，库容 2510 万立方米。取得主要成果：坝址处左岸为花岗片麻岩，去除风化带后不会产生永久性渗水，暂时性渗漏也极微小，估计抗压强度 800～1000 千克/平方厘米；左岸坝身稳定性无问题，右岸大理岩因溶洞存在，会产生永久性渗水，并影响坝身安全；库区为大理岩，会产生永久性渗漏，建议进一步勘探。

二十七、掖县掖沙河留驾村水库工程地质踏勘

1960 年 7 月，提交掖县掖沙河留驾村水库工程地质踏勘报告。报告编写人：柴潮鹤。设计水库坝高 22.4 米，坝长 618 米，库容 8000 万立方米。取得主要成果：应注意坝身稳定性，坝址处的云母片岩如果清基不好，会使坝底大量漏水；库区如果清基不好，将会产生渗漏影响副坝安全；固体来源丰富，淤积问题严重。

二十八、文登县母猪河小床水库工程地质勘测

1960 年 5～10 月，进行文登县母猪河小床水库工程地质勘测。报告编写人：单季琦。项目来源：文登县委。水库设计坝高 18 米，坝长 520 米，总库容 5.2 亿立方米，兴利库容 3.8 亿立方米，控制面积 260 平方千米。完成主要工作：1∶2.5 万地质测绘 34 平方千米、1∶1 万地质测绘 2.8 平方千米，钻探 9 孔总进尺 315.35 米，注水试验 7 次 26.41 小时，压水试验 6 次 46.16 小时。取得主要成果：库区地质构造简单，无永久性渗漏现象存在，暂时性渗漏很小，不产生浸没损失，会产生边岸再造和塌岸现象；坝址地质构造复杂，断层发育对建设不利，应进行相应处理。

二十九、山东省海阳县乳山河于家庄水库工程地质勘测

1960 年 4～10 月，进行山东省海阳县乳山河于家庄水库工程地质勘测(1∶2.5 万)。项目来源：海阳县委。水库设计坝高 20 米，坝长 600 余米，库容2 亿立方米，控制流域面积 930 平方千米。取得主要成果：坝址工程地质条件不好，左坝肩片岩片理倾向下游且风化，裂隙发育，为不利因素，更严重的是河床内有平行河流之胶结较差的泥、钙质胶结断层存在，其深度 46 米以上，如不加处理，会严重影响大坝的稳定性；建议彻底清基后，将坝坐落于新鲜岩石上；对河床断层进行灌浆处理，可以筑坝并能保证坝体稳定。

三十、费县马口水库踏勘

1960 年 5～10 月，进行费县马口水库踏勘。报告编写人：贺庆昌。水库设计总库容 2460 万立方米，防洪库容 772 万立方米，兴利库容 2460 万立方米，死库容 80 万立方米，坝长 680 米，坝高 28.8 米。取得主要成果：库区基岩风化严重，对库区淤积影响很大，应在上游加强水土保持。

三十一、山东省牟平县新安河水桃林水库工程地质勘测

1960 年 2～12 月，进行山东省牟平县新安河水桃林水库工程地质勘测。报告编写人：贾久明等。项目来源：山东省水利勘测设计院及烟台地区行政专员公署。水库设计坝高 31 米，坝长 600 米，库容 8000 万立方米。完成主要工作：钻探 11 孔总进尺 488 米，原状土样 3 件，抽水试验 55 小时，注水试验 408 小时，压水试验 140 小时，水质分析 16 件。取得主要成果：库区片麻岩无永久性渗漏，固体径流充沛，有淤积问题；坝段为片岩，无断层存在，对施工有利，但有一组节理存在漏水可能性。

三十二、山东省牟平县黄垒河巫山水库工程地质勘探

1960 年 4～12 月，进行山东省牟平县黄垒河巫山水库工程地质勘探。报告编写人：王达汉、柴潮鹤等。项目来源：烟台地区行政专员公署水利指挥部。水库设计坝高 18 米，坝长 800 米，库容 3500 万立方米。完成主要工作：钻探总进尺 298.94 米，1∶(1000～25000)工程地质测绘 37 平方千米，地质点 183 个(其中水文地质点 17 个、民井抽水点 6 个)，水质分析 12 件。取得主要成果：库区花岗岩无永久性渗漏，固体径流充沛，淤积问题严重；坝段片麻花岗岩，清除风化层后工程稳定性无问题，有少量渗漏。

三十三、山东省费县比耳城水库工程地质勘探

1960 年 6 月～1961 年 3 月，进行山东省费县比耳城水库工程地质勘探。报告编写人：侯亦盛、贺庆昌。项目来源：山东省水利厅。水库设计坝高 22 米，坝长 3250 米，总库容 4.7 亿立方米，兴利库容 0.86 亿立方米。完成主要工作：钻探总进尺 980.58 米，土样 32 件，水质分析 13 件，抽水试验 16.5 小时，注水试验 18.22 小时，压水试验 64.48 小时。取得主要成果：坝基基岩主要为白垩纪砂页岩，比耳城工程地质条件尚属良好，可以修建水库；库区主要是固体径流问题，需采取封山育林的措施；库区内有铁矿，需查明其工业价值和储量以评价水库修建的可能性；土坝可采用天然地基，但需做好坝下防渗措施。

三十四、桃源水库规划阶段工程地质勘查

1978 年 5 月～1979 年 12 月，进行桃源水库规划阶段工程地质勘查。报告编写人：孙冠群、邵逵、武林、李祥芝。项目来源：青岛市。桃源水库为青岛市水源规划工程设计方案之一，属围坝蓄水的平原水库，设计库区面积约 15 平方千米，坝长约 19 千米，引水渠边长约 4 千米，桃源河边长 7.5 千米，设计库容量 5000 万立方米，坝高 10 米左右(土石堤坝)。完成主要工作：1∶2.5 万工程地质测绘 93 平方千米，钻探 55 孔总进尺 955.14 米，地质点 279 个，水文点 30 个，地表水点 6 件，压水试验 2 次，水质分析 62 件，易溶盐分析样 310 件，岩样 27 件，土样 32 件。取得主要成果：库区内有相对稳定的黏性土层，渗漏较小，但应查明是否有砂层直接出露地表的天窗地段；建库后大沽河与水库中间地段，造成的浸没及盐渍化严重，应采取技术措施处理；黏性土层以下有含淤泥质粉细砂，且在地下水位以下，下阶段勘查应进一步研究粉细砂层的受震液化问题；AB、BC 坝基坐落在相对稳定的黏性土层上，对坝基不会产

生滑动不稳定;CD坝基只要做好清基工作,坝的稳定性是很好的;横贯两坝肩东西向断裂多为第四系岩层覆盖,初步设计阶段应查明断裂的性质;引水渠道施工条件好,但需要石砌护坡渠底铺盖,以免渗漏抬高地下水位;桃源河改道通过沼泽地、基岩地段,南有淤泥及淤泥质砂层,工程地质条件复杂;库区土壤易溶盐含量较高。

三十五、桃源水库初步设计阶段工程地质勘查

1983年6月～1985年1月,进行桃源水库规划阶段工程地质勘查。报告编写人:宋学堂、马金城。项目来源:1979年12月,八〇一队按照青岛市供水方案总体规划进行勘查。1983年6月,遵照省地矿局下文指示再次组队,在规划阶段工作基础上进行初步设计阶段工程地质勘查。水库设计坝高7.3米,坝顶宽6米,坝围长22千米,库容6074万立方米。完成主要工作:钻探32孔总进尺498.12米,原状土样66件,水质分析2件,高程测量点32个,坐标测量点22个,等外水准路线10条83.7千米,渠道剖面10条1.8千米。取得主要成果:库区渗漏主要在淤泥质砂质黏土厚度小于1米的分布地段,建议增加黏土坝心厚度,加强隔水作用,减少库水外渗,增加中坝底宽度,减轻单位面积负荷,防止和减轻淤积与不均匀沉降;地下饱和粉细砂层在地震时会产生液化现象。

三十六、山东省禹城发电厂第三期扩建工程地质勘查

1987年8月21日～9月1日,进行山东省禹城发电厂第三期扩建工程地质勘查。报告编写人:唐朝晖、吕明学。项目来源:山东省禹城发电厂。完成主要工作:钻探10孔总进尺170.2米,静力触探9孔136米,标准贯入试验20次,原状土样26件。取得主要成果:通过对地基基础方案进行分析论证和计算,认为场区东南角冷却塔附近地基强度较差,建议必要时予以处理;如果发生地震,场区内第3层粉砂土及第2层轻亚黏土局部可能产生"液化"现象,应采取必要措施确保拟建工程的稳定性;场区地下水位埋藏较浅,应注意施工排水问题。

三十七、莱芜电厂2#灰场主坝加高及副坝工程地质勘查报告

1994年5月14日～6月9日,进行莱芜电厂2#灰场主坝加高及副坝工程地质勘查。项目负责人:兰书臣。报告编写人:张加友、宋海平。项目来源:莱芜电厂。完成主要工作:钻探6孔总进尺60米,完成1∶2000工程地质测绘0.8平方千米,坑探34点,注水试验11次。取得主要成果:西副坝坝基

岩石为灰岩，适宜建筑；坝基渗透性较强，建议以黏土或混凝土对地表溶洞等进行填实；北副坝地层为灰岩，坝基漏水性稍差；主坝地层为灰岩，坝基漏水性差。

三十八、张店热电厂三期扩建工程施工图设计阶段工程地质勘测

1994 年 7 月 19 日～8 月 20 日，进行张店热电厂三期扩建工程施工图设计阶段工程地质勘测。报告编写人：张加友、宋海平。项目来源：张店热电厂。完成主要工作：钻探 38 孔总进尺 485.6 米，动力触探 12.6 米，标准贯入试验 71 次，岩样 2 件，原状土样 44 件，注水试验 2 次。取得主要成果：场区土的承载能力高，压缩性小，适宜建筑；主控制楼地基填土较厚，土质亦不太均匀，建议全部挖除填土，采用砂垫层或碎石垫层处理；以粉质黏土作为基础持力层时，基础进入持力层的深度不得少于 600 毫米；场区地下水位埋深一般 1.85～4.75 米，场区无不良环境水文地质作用，地下水对混凝土基础不具侵蚀性，地基基础工程施工时应采取降水措施。

三十九、临沂发电厂Ⅷ期工程可行性研究阶段工程地质勘测

1994 年 11 月 24 日～1995 年 1 月 18 日，进行临沂发电厂Ⅷ期工程可行性研究阶段工程地质勘测。报告编写人：盛根来、兰书臣、宋海平、王爱民、孙玉松、张加友。项目来源：山东省电力设计院。完成主要工作：钻探 16 孔总进尺 201 米，工程地质测绘 2 平方千米 96 点，动力触探 1.2 米，标准贯入试验 20 次，岩样 11 件，原状土样 19 件。取得主要成果：场地土类型属于坚硬场地土；场区地下水对混凝土无侵蚀性；西灰场中奥陶统石灰岩地层裂隙较发育，为渗漏的重要地段，建库时应做好防渗处理；建议主厂房等主要建筑物宜避开场区内三条断层；在灰场使用时，灰库周围应栽种防风林带或者提高灰库水位，防止飞灰对空气污染；岩溶是场区地基主要不良工程地质现象，建议通过勘测重点查清；水泥厂灰场采石坑周围岩石力学性质较好，岩体稳定，适宜成库充灰，但岩溶裂隙发育，渗漏较严重，建议对灰库做防渗处理；测区内两条断层规模小，性质稳定，并且位于灰库外围，不影响灰库使用。

四十、京杭运河万年闸枢纽船闸工程地质勘查

1995 年 4 月 15 日～6 月 20 日，进行京杭运河万年闸枢纽船闸工程地质勘查。项目负责人：刘德成、高锡钢、邬士校。报告编写人：高锡钢、张守春、李海波、姬广胜、张中祥。项目来源：山东省航运管理局。万年闸枢纽船闸规模为 200 吨级，上下闸首及闸室总长 290.5 米，外包宽度 40 米，上下游靠船及

导航段总长均为394.8米,闸室建基面高程17米,开挖深度约13.5米。完成主要工作:钻探47孔总进尺1341.62米,标准贯入试验57次,岩样8件,原状土样340件,扰动土样4件,抽水试验16次125小时,注水试验2次6.1小时,压水试验4次4.7小时(抽水、注水和压水试验共16孔),水质分析4件。取得主要成果:船闸东南部有一条破碎带宽度为15～20米的张性断层,除此之外未发现新构造和不良物理现象;船闸基坑开挖安全坡比1∶1,船闸基坑第1层水会有侧向渗漏,应降水;沿基底隔水底板薄弱处造成突涌,其涌水量6371.6立方米/天;船闸东部灰岩分布区可能与第四系底板直接接触,建议补充勘探孔验证;场地地下水对混凝土无侵蚀性,但对钢铁结构面有弱侵蚀性;场地第1层和第3层黏土为可利用的填土材料。

四十一、邹平热电厂岩土工程勘察

1995年8月23日～10月10日,进行邹平热电厂岩土工程勘察。报告编写人:李万尧、兰书臣。项目来源:邹平电业局。完成主要工作:钻探28孔总进尺500.25米,静力触探48.3米,标准贯入试验95次,原状土样143件,水质分析1件。取得主要成果:场区地下水对混凝土无侵蚀性;1、2级建筑物,以第3层、第4层粉质黏土作为持力层;采用天然浅基础均可满足设计要求;如果采用桩基础,宜采用预制桩。该项目为邹平县重点工程。

四十二、山东水泥厂余热发电厂工程勘察

1996年5月12～26日,进行山东水泥厂余热发电厂工程勘察。报告编写人:兰书臣、王宝春。项目来源:山东水泥厂。完成主要工作:钻探32孔总进尺599.6米,完成1∶500地形测量0.1平方千米,标准贯入试验123次,岩样3件,原状土样146件,抽水试验2次,水质分析2件。取得主要成果:场区适宜建筑;建议主厂房、烟囱分别采用独立基础及圆形筏板基础,冷却塔采用环形基础,基础埋深3米;基坑开挖时,主厂房、烟囱其基坑涌水量分别为25.6立方米/天、38.6立方米/天,冷却塔涌水量为55.3立方米/天;施工时应做好排水工作。

四十三、聊城市东昌热电厂岩土工程勘察

1996年11月28日,提交聊城市东昌热电厂岩土工程勘察报告。报告编写人:王宝春、兰书臣、于世林。项目来源:聊城市东昌热电厂。完成主要工作:钻探46孔总进尺746.55米,静力触探11个133.4米,标准贯入试验191次,原状土样123件,扰动土样50件,水质分析4件。取得主要成果:该场地

类型为中软场地，适宜建筑；地下水对混凝土不具腐蚀性；地下水位埋深 2 米时，地面以下 15 米深度范围内第 3 层、第 5 层饱和粉土存在液化；建议主厂房 A 列、B 列、C 列、D 列均采用独立基础，建议烟囱采用混凝土圆形底板、凉水塔采用混凝土环形基础；主厂房、烟囱、凉水塔以第 3 层粉土作为持力层；输煤栈桥及附属设施以第 2 层黏土作为持力层。

四十四、邹平县电力总公司魏桥热电厂岩土工程勘察

1998 年 9 月 27 日～10 月 22 日，进行邹平县电力总公司魏桥热电厂岩土工程勘察。报告编写人：姬广胜、邢立亭。项目来源：邹平县电力总公司。完成主要工作：钻探 17 孔总进尺 421.6 米，标准贯入试验 103 次，原状土样 126 件，水质分析 1 件。取得主要成果：地下水对混凝土无侵蚀性；建议主建筑物采用桩基础，以第 8 层粉土及以下岩土层作为桩端持力层，桩基有关参数按建筑物荷载大小确定；附属建筑物可采用天然地基，以第 2 层黏土及以下岩土层作为地基持力层，应注意由于土层不均匀而引起的不均匀沉降对建筑物稳定性的影响。

四十五、山东黄河大堤加高工程岩土工程勘察（梁山右岸临黄大 313＋075～317＋500 堤段）

1999 年 8 月 12 日～9 月 1 日，进行山东黄河大堤加高工程岩土工程勘察（梁山右岸临黄大 313＋075～317＋500 堤段）。项目负责人：李延民。报告编写人：李延民、刘建胜、武法伟。项目来源：山东黄河勘测设计研究院。完成主要工作：钻探 18 孔总进尺 421.7 米，标准贯入试验 133 次，原状土样 183 件。取得主要成果：该堤段的部分地段尤其是险工地段堤身单薄，筑坝土质不均匀，坝身中下部黏土团块及黏土薄层较多，干缩孔隙发育，易形成渗透通道；现有大堤主要由砂壤土组成，大堤偎水或浸水时，有发生渗透变形而引起堤身遭到破坏的可能。该堤段饱和砂土地层为非液化地层，仅个别钻孔地段存在液化可能。

四十六、邹平县西王热电厂岩土工程勘察

1999 年 12 月 14 日～2000 年 1 月 11 日，进行邹平县西王热电厂岩土工程勘察。项目负责人：李万尧。报告编写人：于世林、李铁锡、解爱华。项目来源：邹平县电力总公司。完成主要工作：钻探 41 孔总进尺 988.05 米，标准贯入试验 214 次，原状土样 207 件，水质分析 1 件，高程测量点 41 个。取得主要成果：场地土类型为中软场地土；地下水对混凝土不具侵蚀性；建议主厂房

采用混凝土独立基础及混凝土筏基(设备基础),混凝土烟囱采用混凝土筏基或桩基;建议主厂房、烟囱、冷却水塔等主要建筑采用碎石桩复合地基,也可采用沉管夯实桩,其他建筑采用天然地基,以第 4 层粉土作为基础持力层。

四十七、邹平县台头水库截渗工程勘察

2000 年 4 月 19 日～5 月 16 日,进行邹平县台头水库截渗工程勘察。项目负责人:李万尧。报告编写人:程秀明。项目来源:邹平县水利局。完成主要工作:钻探 6 孔总进尺 76.4 米,原状土 15 件。取得主要成果:台头水库渗漏原因一是主坝之下黛溪河故道中卵砾石块垒渗流溢出和潜流排泄,二是向库区第四层卵砾石的垂向越流渗漏;钻孔揭露的水库淤积层厚度 0.5～5.2 米,建议切断水库水与第四层卵砾石层承压含水层的水力联系,人工造底是比较实际的方法;大坝的不均匀沉降造成放水洞严重漏水,建议进行截渗时一起处理。

四十八、邹平县三八水库截渗工程勘察

2000 年 5 月 3～17 日,进行邹平县三八水库截渗工程勘察。项目负责人:李万尧。报告编写人:程秀明。项目来源:邹平县水利局。邹平县三八水库始建于 1958 年,控制流域面积 67 平方千米,总库容 106.2 万平方米,兴利库容 86 万平方米,大坝顶高程 39.8 米,溢洪闸底高程 32.5 米,设计灌溉面积 5000 亩。完成主要工作:钻探 5 孔总进尺 87.4 米,原状土 16 件。取得主要成果:该水库利用黛溪河在黄山脚下的河曲人工截弯取直兴建,属漏库,枯水期干枯,由于没有清除河道内厚 3.0～3.9 米的粗砂砾石层,致使水库中的水通过砂砾石层向下游排泄,在一定条件下还会向上游逆向排泄;水库之下存在一层大于 3 米的棕黄色粉质黏土,是良好的隔水层;建议在上、下游大坝上钻孔,对有砂砾石的部位进行高压灌浆,使强透水层变隔水层;在上、下游大坝附近河道内,人工清除标高 20 米以上存在的砂砾石层之后,修挡水墙与大坝连接起来,也就切断了河道砂砾石层与水库内砂砾石层的水力联系,达到了治漏目的。

四十九、邹平县魏桥平原水库供水工程勘察

2000 年 6 月 18 日～7 月 30 日,进行邹平县魏桥平原水库供水工程勘察。项目负责人:李万尧。报告编写人:程秀明。项目来源:山东省邹平县水利局。完成主要工作:钻探 8 孔总进尺 137.2 米。取得主要成果:水库面积 45 万平方米,库区水文地质条件简单,含水层为第 3 层粉砂夹粉土,第 2 层粉质

黏土厚 5.5～8.6 米，平均厚度 7.21 米，渗透系数 0.02～0.001 米/天，可作为天然库底；综合库区地质、水文地质条件，得出选择库底 15 米较为适宜；初步勘探没有发现漏水“天窗”，开挖施工时应随时观察库底地质情况，发现问题及时解决。

五十、济南市南郊热电厂金鸡岭热源分厂冷却塔岩土工程勘察

2001 年 7 月 4～15 日，进行济南市南郊热电厂金鸡岭热源分厂冷却塔岩土工程勘察。项目负责人：李海波。报告编写人：王涛、曾纯品、宋恩武、谭现锋。项目来源：济南市南郊热电厂。完成主要工作：钻探 13 孔总进尺 217.3 米，标准贯入试验 2 次，岩样 7 件，原状土样 14 件。取得主要成果：拟建场地稳定，适宜建筑；场地土类型为中软场地土，为建筑抗震有利地段；勘探深度内未见地下水；建议采用天然地基及桩基础，单桩承载力通过现场静载荷试验确定。

五十一、邹平热电厂二期扩建工程岩土工程勘察

2001 年 7 月 22 日～8 月 17 日，进行邹平热电厂二期扩建工程岩土工程勘察。报告编写人：张守春、赵忠义。项目来源：邹平县电力总公司热电厂。完成主要工作：钻探 29 孔总进尺 639.1 米，标准贯入试验 142 次，原状土样 78 件，扰动土样 5 件，水质分析 1 件。取得主要成果：场地稳定，适宜建筑；地下水对混凝土不具侵蚀性；建议采用天然地基浅基础，可满足设计要求；第 2 层粉质黏土作为主要持力层，其承载力设计值以载荷试验为准。

五十二、淄博市张店区大高水库坝址岩土工程勘察

2001 年 10 月 15 日，提交淄博市张店区大高水库坝址岩土工程勘察报告。项目负责人：王庚、张守春。报告编写人：张守春。项目来源：淄博市张店区水务局。设计总库容 196 万立方米，兴利库容 105 立方米，主坝长 270 米，坝高 11.6 米，水库水源来自太河水库、涝淄河及汇集大气降水，目的是向张店城区工矿企业供水。完成主要工作：钻探 19 孔总进尺 373.1 米，标准贯入试验 2 次，原状土样 39 件，扰动土样 11 件，探井 3 个，方块土样 3 件，渗透土样 14 件，水质分析 1 件。取得主要成果：坝址西部的四坊断层为一古老断层，不会对水库坝基产生影响，适宜建坝；坝西段地下 90 米处有煤巷道分布，由于埋藏深且已停采多年，不会对水库坝基产生不良影响；第 6 层全风化泥质页岩、黏土岩及第 7 层强风化泥质页岩、细砂岩工程地质条件好；表层土具轻微湿陷性，厚度薄，分布范围较小，不会降低土料质量；第 4 层碎石土砾石仅主

坝渗漏量就达 16.15 万立方米/天，渗漏严重，必须采取防渗、截渗措施；勘探深度内未发现软弱土层及其他不良工程地质现象；土料岩性为壤土，总储量达 17.5 万立方米，其物理指标符合均质土坝质量技术要求；建议施工时对有关指标做进一步测试，以保证工程安全。

五十三、临清银河纸业集团有限公司热电厂一期工程岩土工程勘察

2002 年 2 月 18 日～3 月 15 日，进行临清银河纸业集团有限公司热电厂一期工程岩土工程勘察。项目负责人：张守春。报告编写人：张守春、王庆广、赵忠义。项目来源：临清银河纸业集团有限公司。完成主要工作：钻探 39 孔总进尺 1551.89 米，标准贯入试验 266 次，原状土样 144 件，扰动土样 9 件，水质分析 1 件。取得主要成果：场区属稳定场区，适宜建筑；地下水对混凝土不具侵蚀性；建议不同建筑采用不同的基础形式，一般性建筑可采用天然地基，重要建筑物如主厂房、烟囱、冷却塔等建议采用钻孔灌注桩基础。

五十四、惠民县热电厂岩土工程勘察

2002 年 3 月 15 日～4 月 6 日，进行惠民县热电厂岩土工程勘察。项目负责人：刘建胜。报告编写人：刘建胜、王涛、曹继玉、于世林、李海波、宋恩武、胡兰英。项目来源：惠民县电业局热电厂筹建处。完成主要工作：钻探 55 孔总进尺 1642.85 米，静力触探 55 个 385.5 米，标准贯入试验 258 次，原状土样 267 件，扰动土样 40 件，水质分析 1 件。取得主要成果：场地土类型为中软场地土，地震设防烈度为 7 度时，场地液化等级为中等—严重；建议堆煤场和其他辅助建筑物采用天然地基或复合地基，埋深 2～3 米，以第 2 层粉质黏土作为基础持力层，除此以外的主要建筑物选择桩基，其桩端持力层宜选择第 8～12 层之间的地层。

五十五、邹平热电厂扩建工程岩土工程勘察

2002 年 6 月 8～25 日，进行邹平热电厂扩建工程岩土工程勘察。项目负责人：刘建胜。报告编写人：刘建胜、曹继玉、胡兰英。项目来源：邹平县电力总公司热电厂。完成主要工作：钻探 37 孔总进尺 710.2 米，标准贯入试验 116 次，原状土样 117 件，扰动土样 9 件，水质分析 1 件。取得主要成果：场地土类型为中硬场地土，属建筑抗震有利地段；地下水对混凝土不具侵蚀性；建议烟囱、冷却塔采用钻孔灌注桩，第 6～7 层作为持力层，其他建筑物可采用天然地基，条形或片筏基础，以第 2 层粉质黏土或第 3 层粉土作为基础持力层。

五十六、济南东新热电有限公司除氧煤仓间、锅炉房岩土工程勘察

2002 年 7 月 24～31 日，进行济南东新热电有限公司除氧煤仓间、锅炉房岩土工程勘察。项目负责人：王涛。报告编写人：王涛、胡兰英。项目来源：济南东新热电有限公司。完成主要工作：钻探 4 孔总进尺 50 米，标准贯入试验 8 次，原状土样 9 件，高程测量点 4 个，探坑取样 2 件。取得主要成果：场地土类型为中软场地土；建议除氧煤仓间采用换填法，以第 3 层、第 3-(1)层作为基础持力层，垫层厚度 3 米，锅炉房采用天然地基，以第 2 层、第 2-(1)层或第 3-(1)层作为基础持力层。

五十七、邹平长山热电厂岩土工程勘察

2002 年 9 月 22 日～10 月 15 日，进行邹平长山热电厂岩土工程勘察。项目负责人：张守成。报告编写人：张守成、汪新芹、刘广义。项目来源：邹平长山热电厂工程筹建处。完成主要工作：钻探 90 孔总进尺 2046.65 米，标准贯入试验 336 次，原状土样 320 件，扰动土样 11 件，水质分析 2 件。取得主要成果：场地土类型为中软场地土，适宜建筑；地下水对混凝土不具腐蚀性；建议主要建筑物如主厂房、烟囱、冷却塔等采用钻孔灌注桩基础，其他辅助建筑物采用天然地基或复合地基。

五十八、济南圣泉集团热电厂岩土工程勘察

2002 年 10 月 9～22 日，进行济南圣泉集团热电厂岩土工程勘察。项目负责人：张守春。报告编写人：张守春、赵忠义。项目来源：济南圣泉集团股份有限公司。完成主要工作：钻探 21 孔总进尺 462.2 米，标准贯入试验 85 次，原状土样 97 件，扰动土样 6 件，水质分析 4 件。取得主要成果：场地土类型为中软场地土；建议以第 2 层粉土作为基础持力层，第 6 层粉土作为桩端持力层。

五十九、邹平县韩店平原水库可行性研究岩土工程勘察

2002 年 11 月 1 日，提交邹平县韩店平原水库可行性研究岩土工程勘察报告。项目负责人：李万尧、王涛。报告编写人：王涛、何瑞、宋恩武等。项目来源：邹平县水务局。设计总库容 3000 万立方米，一期库容 1500 万立方米。完成主要工作：钻探 124 孔总进尺 2168.2 米，标准贯入试验 329 次，原状土样 313 件，扰动土样 71 件，岩样 14 件。取得主要成果：勘探深度内地层主要为粉土、粉质黏土，场区第 2 层粉质黏土、第 3 层黏土透水性较差，可考虑作为相

对隔水层;在坝体自重应力和库水作用下,易产生沉降;水库正常蓄水后,不存在渗透破坏作用,坝后不易产生涝泽浸没;为防止今后水位抬升过大,建议采取适当的排渗措施;建议附属建筑物选择第2层及以下地层作为基础持力层;库区地下水对混凝土无腐蚀性,对钢结构具弱腐蚀性;场区未发现大的古河道及软弱地层;建议下一步采取必要手段,进一步查明场区地层渗透性,选择较好的隔水层。

六十、滨化集团热电厂主厂房岩土工程勘察

2003年8月12日～9月18日,进行滨化集团热电厂主厂房岩土工程勘察。项目负责人:刘建胜。报告编写人:刘建胜、何瑞、宋恩武等。项目来源:滨化集团有限公司。完成主要工作:钻探39孔总进尺1275米,探坑进尺9.7米,静力触探7个157.3米,标准贯入试验132次,原状土样156件,扰动土样33件,水质分析1件。取得主要成果:场地土类型为中软场地土,适宜建筑;地下水对混凝土无腐蚀性,对混凝土结构中的钢筋具弱腐蚀性,对钢结构具中等腐蚀性;建议采用钻孔灌注桩基础,以第6层粉土作为桩基础持力层,单桩承载力通过现场静载荷试验确定。

六十一、济南市南郊热电厂热水锅炉二期工程岩土工程勘察

2003年9月19～29日,进行济南市南郊热电厂热水锅炉二期工程岩土工程勘察。项目负责人:宋恩武。报告编写人:宋恩武、郑雪飞。项目来源:济南市南郊热电厂。完成主要工作:钻探8孔总进尺183.8米,土样67件。取得主要成果:场区未发现不良地质作用;场地土类型为中硬场地土,适宜建筑;建议采用条形基础或筏板基础,以第2层黄土及以下地层作为基础持力层,第2层黄土具Ⅰ级(轻微)湿陷性,建议基坑开挖后注意保持地基土的天然状态,应铺设一般厚度的灰土垫层,或采取结构措施和基本防水措施。

六十二、邹平中芬齐星电厂岩土工程勘察

2003年12月2～20日,进行邹平中芬齐星电厂岩土工程勘察。项目负责人:刘建胜。报告编写人:刘建胜、宋恩武、郑雪飞、许强、史淑艳。项目来源:邹平县电力总公司热电厂。完成主要工作:钻探59孔总进尺2050米,标准贯入试验245次,原状土样249件,水质分析1件。取得主要成果:场地土类型为中软场地土,为可进行建设的一般场地;地下水对混凝土无侵蚀性,对混凝土结构中的钢筋具弱腐蚀性,对钢结构具弱腐蚀性;建议主厂房采用钻孔灌注桩,以第6层粉质黏土混姜石作为桩端持力层,其单桩极限承载力标准

值计算结果仅供参考，应根据有关规范进行现场载荷试验，其他建筑物可采用天然地基，独立或筏板基础，以第 3 层粉质黏土作为基础持力层。

六十三、滨化集团热电厂控制室、储水站、脱硫塔、厂房岩土工程勘察

2004 年 3 月 9～17 日，进行滨化集团热电厂控制室、储水站、脱硫塔、厂房岩土工程勘察。项目负责人：刘建胜。报告编写人：何瑞、刘建胜。项目来源：山东滨化集团有限责任公司。完成主要工作：钻探 17 孔总进尺 575 米，标准贯入试验 58 次，原状土样 78 件，扰动土样 35 件，高程测量点 17 个。取得主要成果：场地土类型为中软场地土；建议以第 2 层粉土、第 3 层粉质黏土、第 8 粉土作为基础持力层。

六十四、华电章丘发电有限公司二期 2×300 兆瓦供热机组工程灰场水文地质专题(渗漏)

2005 年 11 月 7～28 日，进行华电章丘发电有限公司二期 2×300 兆瓦供热机组工程灰场水文地质专题(渗漏)。项目负责人：姬广胜。报告编写人：姬广胜、李常锁、甄学贞等。项目来源：华电章丘发电有限公司。最大坝高 17 米，坝轴线长 380 米，储灰库容约 400 万立方米，坝顶宽 6 米。完成主要工作：1∶2000 水文地质测绘 3 平方千米，钻探 6 孔总进尺 157.1 米，易溶盐分析样 3 件，抽水试验 1 次，水质分析 4 件，自然双环渗水试验 36 个。取得主要成果：场区含水层岩性主要为风化辉长岩，含水层富水性较差；将灰场区(五年征地范围)渗透系数均不能满足环保对天然防渗层的要求，存在灰水下渗造成灰场下游地下水环境污染的可能性；灰场区内多年最大降水量计算地下水补给量(灰水量)1207 立方米/天，根据历年最大降水量计算补给量 5812.75 立方米/天，建议在设计灰水池时考虑此量，场区在特大暴雨时的地表总径流量为 33.90 万立方米/天。

六十五、章丘市公用事业局热源厂岩土工程勘察

2006 年 4 月 29 日，提交章丘市公用事业局热源厂岩土工程勘察报告。项目负责人：李树荣。报告编写人：李树荣、刘梦。项目来源：章丘市公用事业总公司。完成主要工作：钻探 39 孔总进尺 643.7 米，探井 3 个进尺 23.5 米，动力触探 2 米，标准贯入试验 62 次，原状土样 68 件，扰动土样 4 件，水质分析 2 件。取得主要成果：场区为稳定场地，适宜建筑；建议烟囱、锅炉房、灰库等建筑以第 3 层黄土作为持力层，办公楼等辅助建筑物可采用天然地基，条形基础或独立基础，以第 2 层黄土作为持力层。

六十六、济南市南郊热电厂丁字山热源分厂岩土工程勘察

2006年7月16日～12月9日，进行济南市南郊热电厂丁字山热源分厂岩土工程勘察。项目负责人：刘建胜。报告编写人：何瑞。项目来源：济南市南郊热电厂丁字山热源分厂。完成主要工作：钻探25孔总进尺453.1米，探坑5个，标准贯入试验43次，原状土样11件。取得主要成果：场地土属中软场地土，适宜建筑；建议干煤棚采用天然地基条形基础，以残积土或中风化灰岩作为基础持力层；脱硫塔及办公楼采用天然地基条形基础，以残积土或全风化泥质灰岩作为基础持力层；锅炉房采用天然地基条形基础，以碎石残、全风化泥质灰岩、强风化泥质灰岩作为基础持力层；场区基岩属硬质岩石，施工开挖应避免对周围环境造成不良影响，基坑开挖应进行支撑处理。

六十七、山东昌邑安利兴生物质热电项目岩土工程勘察

2007年1月26日～3月13日，进行山东昌邑安利兴生物质热电项目岩土工程勘察。项目负责人：王庆广。报告编写人：王庆广、姜玉敏、王波、苗德刚。项目来源：山东昌邑安利兴生物质热电公司。完成主要工作：钻探91孔总进尺2160米，标准贯入试验333次，原状土样188件，扰动土样88件，水质分析2件。取得主要成果：场地土类型为中软场地土，适宜建筑；地下水对混凝土无腐蚀性，对钢筋混凝土结构中的钢筋具弱腐蚀性，对钢结构具中等腐蚀性；场区内粉土、砂土液化等级为轻微—中等；建议汽机间、锅炉间等构筑物采用钻孔灌注桩基础，以第4层粉砂以下的地层作为桩端持力层；办公楼等构筑物采用天然地基条形基础；机力通风冷却塔采用筏板或独立基础；场内灰库、渣库、地下工业消防水池等其他建筑物采用天然地基筏板基础或独立基础；建议采用降水井降水，沿基坑四周均匀布设，注意观测降水对周边建筑物的影响。

六十八、国华瑞丰(沾化)风电场场址岩土工程勘察

2007年12月10日～2008年1月9日，进行国华瑞丰(沾化)风电场场址岩土工程勘察。项目负责人：武法伟、谭现锋。报告编写人：武法伟、于凌飞、尹建波、高文锋。项目来源：国华瑞丰(沾化)风电有限公司。完成主要工作：钻探83孔总进尺3325.12米，标准贯入试验617次，原状土样241件，扰动土样108件，水质分析3件。取得主要成果：场地土类型为中软场地土，存在地震液化现象，属于对建筑抗震不利地段；地下水类型为海水，对混凝土结构具有强腐蚀性，对钢筋混凝土结构中的钢筋具中等腐蚀性，对钢筋具中等腐蚀

性;重要建筑可采用水泥粉煤灰碎石桩的地基处理,建议风机站采用预应力混凝土管桩;该场区饱和粉土和粉砂层会产生地震液化现象,液化等级为严重;建议荷重小且对地震液化沉陷不敏感的小型设备基础,选择粉土作为天然地基持力层;建议110千伏升压站采用水泥粉煤灰碎石桩,以第6层粉质黏土作为桩端持力层。

六十九、山东莱芜发电厂城区供热管线岩土工程勘察

2008年8月16～27日,进行山东莱芜发电厂城区供热管线岩土工程勘察。项目负责人:武法伟。报告编写人:武法伟、高文锋。项目来源:山东莱芜鲁能热电有限公司。拟建蒸汽主管线总长度约9170米。完成主要工作:钻探28孔总进尺415.4米,标准贯入试验10次,岩样9件,原状土样1件,扰动土样10件,水质分析5件。取得主要成果:场地稳定,适宜建筑;地下水对混凝土结构不具侵蚀性,对钢筋混凝土结构中的钢筋不具腐蚀性,对钢结构具弱腐蚀性;管道沿线1#～16#钻孔段场地土为中硬场地土,17#～28#钻孔段场地土为坚硬场地土或岩石;建议管道直埋部分采用天然地基,架空部分基座荷载值要求较高,采用独立基础或桩基础,沟里水库南岸、莲花河段采用独立基础或桩基础。

七十、济南热电有限公司西部热源厂岩土工程勘察

2009年7月20日～8月5日,进行济南热电有限公司西部热源厂岩土工程勘察。项目负责人:郑雪飞。报告编写人:郑雪飞、魏海红、赵子萱、孟焕梅、郭长恩。项目来源:济南热电有限公司。完成主要工作:钻探108孔总进尺2727米(单孔孔深12～45米),标准贯入试验188次,原状土样116件。取得主要成果:场地土为中软场地土,适宜建筑;地下水对混凝土无腐蚀性,对钢筋混凝土结构中的钢筋无腐蚀性,对钢结构具弱腐蚀性;建议采用天然地基,条形或筏板基础,以第3层粉土作为基础持力层;若构筑物荷载大,可采用钻孔灌注桩基础,以第9层粉质黏土或以下地层作为桩端持力层;建议基坑开挖采用自然放坡,基坑采用管井法降水。

七十一、济南东新热电有限公司厂区内岩土工程勘察

2011年4月10～25日,进行济南东新热电有限公司厂区内岩土工程勘察。项目负责人:宫亮、曾纯品。报告编写人:宫亮。项目来源:济南东新热电有限公司。完成主要工作:钻探79孔总进尺1684.3米,动力触探16.2米,标准贯入试验45次,岩样6件,原状土样62件,易溶盐分析样2件,水质分析

2件。取得主要成果:场地土类型为中软场地土,适宜建筑;地下水及场地土对混凝土结构具微腐蚀性,对混凝土结构中的钢筋具微腐蚀性;建议干煤棚采用独立基础或筏板基础,以处理后的第2层黄土或以下各层作为基础持力层,也可采用桩基础,主厂房采用桩基础,以第5层碎石土及以下各层作为桩端持力层,烟囱采用钻孔灌注桩,并进行一桩一探。

七十二、滨州市北海供热中心二厂二期工程岩土工程勘察

2013年7月17日～10月29日,进行滨州市北海供热中心二厂二期工程岩土工程勘察。项目负责人:曾纯品、郑雪飞。报告编写人:郑雪飞、李玉兴、梁海方。项目来源:滨州北海新材料有限公司。完成主要工作:钻探152孔总进尺17791.1米,标准贯入试验220次,原状土样781件。取得主要成果:场地土类型为中软场地土;场地液化等级为轻微—中等,局部严重;场地地下水对混凝土结构腐蚀等级为强,对钢筋混凝土结构中钢筋腐蚀性等级为强。场区浅部力学性较差,拟建构筑物不能采用天然地基,建议采用大直径钻孔灌注桩。

七十三、临沂市阳光热力有限公司西部供热中心项目岩土工程勘察

2015年3月13日～4月6日,进行临沂市阳光热力有限公司西部供热中心项目岩土工程勘察。项目负责人:姬广胜。报告编写人:姬广胜、任书才、李同森、张峰、李甫。项目来源:临沂市阳光热力有限公司。场地位于临沂市费县探沂镇工业园朝阳路南北两侧,包括主厂房等建筑物。完成主要工作:钻探148孔总进尺3280米,标准贯入试验76次,岩样7个,原状土样70件,易溶盐分析样2件,水质分析2件。取得主要成果:场地基本稳定,较适宜建筑;地下水及场地土对混凝土结构及其中的钢筋具有微腐蚀性;场区岩溶浅部强发育,建议采用工程物探手段(探地雷达验槽)配合工程钻探,查清基础地基下面隐伏的溶洞等不良地质条件的形态、规模和整体形态等,为后期基础设计和施工提供依据和建议。

第四节　工民建工程地质勘查

八〇一队工民建工程地质勘查工作始于1959年。进入20世纪90年代后,商业性工民建工程地质勘查发展迅速,工程地质勘查业发展为八〇一队支柱产业之一。截至2017年12月,八〇一队共提交工民建工程地质勘查报告1861份,下面简述其中118个开展时间较早、规模大、场地复杂工程或重点工程、获奖工程。

一、临沂钢铁联合企业厂基工程地质初步勘测

1959 年 9 月，提交临沂钢铁联合企业厂基工程地质初步勘测报告。报告编写人：邵逵。项目来源：临沂钢铁联合企业厂。完成主要工作：钻探总进尺 501.37 米，取原状土样 1 个，水质分析 4 件。取得主要成果：勘查区地质、水文地质、地貌等条件适宜建筑厂房，建厂时对于重要建筑物之下的地基还需进一步勘探。

二、临沂陶瓷厂厂址勘探

1959 年 9 月，提交临沂陶瓷厂厂址勘探简报。报告编写人：邵逵。完成主要工作：钻探 20 孔总进尺 25 米，抽水试验 48 小时，在 14 号孔取原状土进行土工试验。取得主要成果：厂址基土分为两种，厂区 1 米深度以上在厂区南部地层为黏土、亚砂土及页岩，皆属半坚硬的岩石；厂区 1 米以下的岩石为坚硬的石灰岩；厂区地下水埋藏 2 米以下，地下水经过分析验证无侵蚀二氧化碳，故基础不受冲刷侵蚀，可保持基础均匀稳定；本区为九级地震区，在震波波动作用影响下，第四系松散岩层易遭受断裂，对建筑物稳定性有严重影响，建厂必须采取措施。

三、山东省烟台市化工厂 1∶1000 厂址工程地质勘探

1963 年 3 月，提交山东省烟台市化工厂 1∶1000 厂址工程地质勘探报告。报告编写人：柴朝鹤等。完成主要工作：钻探 27 孔总进尺 290.72 米，原状土样 3 件，扰动土样 1 件，抽水试验 3 次 4.58 小时，注水试验 5 次 5 小时，水质分析 4 件。取得主要成果：地下水对钢筋混凝土不具侵蚀性；厂址基础之土层力学性质不一，东南高于西北，设计荷重不能超过 2 千克/立方厘米，东南边场地能满足中小厂房基础要求，西北边较弱可修建小型厂房或职工住宅；在可压缩的粉质黏土上修建大的厂房应进行基础处理。

四、"356"工程地质调查

1974 年 12 月～1975 年 1 月，进行"356"工程地质调查。山东省储备局计划在淄博市恨虎山修建地下物资储备库，任务由省地质局下达八〇一队。报告编写人：柴朝鹤。完成主要工作：1∶2000 地面测绘 0.6 平方千米。取得主要成果：该区基岩岩性为奥陶纪灰岩，掌握地质构造及水文地质条件，调查成果可供工程选场。

五、青岛市薛家岛经济开发区工程地质初步勘查

1984 年 8～12 月，进行青岛市薛家岛经济开发区工程地质初步勘查。报告编写人：马金城、程秀明、盛根来、方庆海、张胜亮、田志兴。项目来源：由省地矿局下达给八〇一队。完成主要工作：工程测绘面积 19.5 平方千米，钻探 154 孔总进尺 985.49 米，标准贯入试验 24 次，岩样 8 件，原状土样 8 件，水质分析 26 件。取得主要成果：工作区地下水位埋深 1 米左右，对工程建设不利；第四系松散地层中第 2 层、第 4 层适宜中型建筑物地基要求；高层或大型建筑物应以基岩作为主要持力层；第 5 层海相淤泥相粉细砂、中粗砂承载力低，如果以此为地基需加以处理；场区小断层较多，走向一般为北东向，破碎带宽度一般小于 20 米，各种建筑物应尽可能避开断层，否则易产生不均匀沉降；本区历史最高海潮水位为 5.36 米，最低海潮水位为－0.62 米，在工程建设中应充分考虑海潮的影响。

六、山东济南涤纶工程建设指挥部生活区楼房基础工程地质详细勘查

1985 年 8 月 13～17 日，进行山东济南涤纶工程建设指挥部生活区楼房基础工程地质详细勘查。报告编写人：郑宝德、程秀明、李克祥等。项目来源：山东济南涤纶工程建设指挥部。完成主要工作：钻探 8 孔总进尺 95.52 米，标准贯入试验 10 次，原状土样 9 件。取得主要成果：勘探区基岩为闪长岩，埋深 4.1～10.7 米；黏土和黏土砾石层可作为高层天然地基；勘探区北部稳定性差，易产生滑坡，应采取护坡措施。

七、山东济南涤纶工程建设指挥部生活区工程地质初步勘查

1985 年 8～9 月，进行山东济南涤纶工程建设指挥部生活区工程地质初步勘查。报告编写人：郑宝德、程秀明、李克祥等。项目来源：山东济南涤纶工程建设指挥部。完成主要工作：钻探 28 孔总进尺220.8米，标准贯入试验 27 次，原状土样 21 件。取得主要成果：勘探区内基岩为闪长岩，埋深 7.07～12.50 米，勘探区东北部稳定性差，应采取护坡措施。

八、济南钢铁厂二分厂小洪山矿仓工程地质勘查

1985 年 9 月 18～20 日，进行济南钢铁厂二分厂小洪山矿仓工程地质勘查。报告编写人：郑宝德、李克祥、高锡刚。项目来源：济南钢铁厂二分厂。完成主要工作：钻探 4 孔总进尺 27.84 米，标准贯入试验 2 次。取得主要成

果:勘探区表层为人工素填土,不宜作为天然地基,闪长岩虽经风化但可以作为天然地基。

九、鲁南水泥厂工程地质详细勘查

1985 年 7～10 月,进行鲁南水泥厂工程地质详细勘查。报告编写人:李祥芝、刘宗华、吕明学、马金城、盛根来。项目来源:国家建材局拟在山东省滕县界河镇马山脚下建设一座年产 120 万吨的水泥厂,地矿部第三地质大队受鲁南水泥厂筹建处委托并邀请八〇一队共同承担本次工作。取得主要成果:通过工作发现一条通过设计厂区的大断层,鉴于在断层通过的地区不宜建筑高层建筑物和设施,经技术人员研究,厂区北移是可行的,但需进一步做详细勘察工作。由于发现新断层,从而避免由断层存在而引发的重大损失。

十、济南钢铁厂二分厂宿舍楼、托儿所楼工程地质勘查

1985 年 9～11 月,进行济南钢铁厂二分厂宿舍楼、托儿所楼工程地质勘查。报告编写人:郑宝德、徐广祥。项目来源:济南钢铁厂二分厂。完成主要工作:钻探 22 孔总进尺 256.51 米,标准贯入试验 25 次,原状土样 31 件。取得主要成果:场区泥质岩风化带及石灰岩地基容许承载力值;由于基岩顶面埋深不同,应防止基础不均匀深陷。

十一、寿光县卫东盐场化工厂溴素车间地基工程地质勘查

1986 年 1 月 10 日～2 月 22 日,进行寿光县卫东盐场化工厂溴素车间地基工程地质勘查。报告编写人:贺庆昌、王飞龙。项目来源:寿光县卫东盐场。完成主要工作:钻探 5 孔总进尺 100 米,标准贯入试验 15 次,原状土样 14 件,水质分析 1 件。取得主要成果:当基础埋置在地下水位变幅以上,此处为盐渍化土,可设置防护层,防止对基础腐蚀,在地下水变幅带以下防侵蚀;建筑物基础应考虑采取抗震和防液化工程措施,建筑物附近不应大量开采地下卤水,以防止地下水位大幅下降产生地面深陷,影响建筑物稳定。

十二、鲁南水泥厂第二次工程地质详细勘查

1986 年 3 月 10 日～5 月 6 日,进行鲁南水泥厂第二次工程地质详细勘查。报告编写人:刘宗华、马金城、程秀明、王飞龙。项目来源:在 1985 年鲁南水泥厂工程地质详细勘查中,八〇一队发现一条通过原拟建场区重要建筑物的断层,拟建厂址已不适宜建设该工程,如果厂址搬迁,不仅要造成重大的经济损失,而且还严重影响国家的建设计划。为此,天津水泥工业设计院对拟

建原场区总平面图做了全面调整。受鲁南水泥厂、天津水泥工业设计院委托,八〇一队和地质部第三地质大队共同承担本次工作。完成主要工作:钻探 126 孔总进尺 1491.78 米,标准贯入试验 84 次,静力触探 14 孔 67.15 米,岩样 36 件,原状土样 102 件,旁压试验 17 组,水质分析 2 件,岩矿鉴定 8 个,槽探 10 立方米。取得主要成果:通过部分钻孔的补充勘探及资料分析,对厂址北移的可能性进行充分的论证,并进一步做详细勘查,认为厂址北移是可行的;该场区工程地质条件复杂,建议进行施工勘察。该项目的实施,为国家避免了重大损失,赢得国家建材局、天津水泥工业设计院和山东省有关部门的好评。

十三、山东新华医疗器械厂新建厂房、宿舍楼工程地质勘查

1986 年 8 月 19 日,提交山东新华医疗器械厂新建厂房、宿舍楼工程地质勘查报告。报告编写人:张守春。项目来源:山东新华医疗器械厂。完成主要工作:钻探 12 孔总进尺 154.5 米,标准贯入试验 29 次,原状土样 16 件。取得主要成果:拟建厂房区及新建宿舍楼区表层有厚度不等的不久人工素填土,不宜做建筑物基础,建议将其剥除;以下为轻亚黏土、淤泥质亚黏土、亚黏土、粉砂土、黏土等,地层层位岩性比较稳定;地下水位埋深一般 5 米左右,各建筑物基础均在地下水位以上,地下水对混凝土没有侵蚀作用;在 6 米以下分布着厚度不等的粉砂土层,最大厚度可达 5.6 米;经试验计算分析,剧烈震动有明显液化现象,附近未发现其他不良工程地质现象。

十四、烟台石玉制品有限公司烟台石玉制品加工厂工程地质详细勘查

1986 年 8 月 14 日～9 月 14 日,进行烟台石玉制品有限公司烟台石玉制品加工厂工程地质详细勘查。项目负责人:高锡刚。报告编写人:徐广祥、盛根来。项目来源:烟台市建材局。完成主要工作:钻探 16 孔总进尺 393.87 米,静力触探 11 孔 247.4 米,原状土样 34 件,水质分析 2 件。取得主要成果:场区地下水位埋深 3.5～4.3 米,地下水对混凝土不具侵蚀性;场区局部属于可液化层,地下水位以下开挖时可采用密集井点排水措施。

十五、博兴县水泥厂工程地质勘查

1986 年 11 月 19 日～12 月 1 日,进行博兴县水泥厂工程地质勘查。报告编写人:佟光玉。项目来源:博兴县水泥厂。完成主要工作:钻探 5 孔总进尺 35.55 米,标准贯入试验 6 次,原状土样 5 件。取得主要成果:工程地质条件

较简单,能够满足扩大设计要求;场区基岩地下水位埋藏较深,对建筑物无不良影响;场区第1层耕植土与第2层轻亚黏土,强度较低,不能满足设计要求,应挖除,建议以第3层黏土作为持力层;场区内有零星坟地分布,在施工过程中遇有坟地时,应开挖至新鲜黏土层或基岩,有可能出现坟地的位置进行打钎,进一步查清坟地范围并进行处理;施工的Ⅱ号孔深3.4～3.9米处,发现砖块,可能是坟地,开挖时应穿过该层,挖到新鲜黏土为宜。

十六、济南市自来水公司调度化验楼详细工程地质勘查

1987年10月5日～11月15日,进行济南市自来水公司调度化验楼详细工程地质勘查。报告编写人:高锡刚、孙玉松、张士娟、徐广祥。项目来源:济南市自来水公司。完成主要工作:钻探9孔总进尺41.72米,静力触探3孔35.45米,重型动力触探22点次,岩样11件,原状土样11件。取得主要成果:该场地无液化层,地下水对混凝土无侵蚀性;若采用亚黏土作为承重层,施工开挖后应做相应勘察;建议采用桩基及桩箱复合基础,中等风化闪长岩作为尖端持力层;场地西侧约10米处有一条宽10米、深5米的排水沟,当地基开挖到水位以下时,会形成较大的水力坡度,将对施工带来威胁,施工时应考虑适当的排水方式。

十七、菏泽电信综合楼地基勘察

1990年11月1日～12月5日,进行菏泽电信综合楼地基勘察。报告编写人:高锡刚。项目来源:菏泽邮电管理局。完成主要工作:钻探6孔总进尺133.75米,静力触探147.1米,标准贯入试验25次,原状土样37件。取得主要成果:设计采用直径600毫米、长18米的钻孔灌注桩,单桩承载力采用1100千牛/根,桩端埋深22米,桩端标高5.45米;为减少对地基土层的扰动,桩基施工成孔过程中建议采用反循环钻进成孔工艺,孔底沉渣厚度不得大于0.5米,群桩承台亦采用原槽浇注的施工方式;对裙楼基础应尽量浅埋,但埋深不宜小于0.5米。

十八、德州地区水泥厂扩建工程地质勘查

1992年8月14～31日,进行德州地区水泥厂扩建工程地质勘查。报告编写人;盛根来。项目来源:山东省德州地区水泥厂。完成主要工作:钻探8孔总进尺159.8米,标准贯入试验40次,原状土样33件,扰动土样1件。取得主要成果:场区地下水位埋深1.5米左右,地下水对混凝土无侵蚀性;场区上部土层主要为较松软的粉土及粉质黏土,对于荷重较大及重要的建筑物

不宜采用天然地基,建议采用桩基,但第 2 层粉土可作一般建筑物天然地基浅基础持力层,桩长选 15～20 米(自然地平算起),桩端持力层以第 9 层粉质黏土较为适宜;经试算,20 米桩长 0.4 米桩径打入式灌注桩,单桩承载力可达 600 千牛,选择预制时穿过第 5 层粉砂可能较困难。

十九、浪潮电子信息产业集团公司机箱生产厂工程地质勘查

1992 年 11 月 14 日～12 月 9 日,进行浪潮电子信息产业集团公司机箱生产厂工程地质勘查。报告编写人:盛根来、王爱民、孙玉松。项目来源:浪潮电子信息产业集团公司。完成主要工作:钻探 51 孔总进尺 700.2 米,静力触探 12 孔 195 米,动力触探 191 个,原状土样 190 件,水质分析 2 件。取得主要成果:地下水对混凝土无侵蚀性;建议锅炉房、单身公寓等小型建筑采用天然地基浅基础,以第 3 层亚黏土或第 4-(1)层轻亚黏土作为持力层;机箱生产厂房等建筑物荷重较大,宜采用桩基础,桩端持力层可选用第 8 层亚黏土或第 9 层亚黏土。

二十、青岛集浩海景广场高层群体建筑工程地质勘查

1993 年 1 月 6 日～3 月 26 日,进行青岛集浩海景广场高层群体建筑工程地质勘查。项目负责人:盛根来。报告编写人:孙玉松、王爱民、刘伟、兰书臣。项目来源:青岛集浩房地产有限公司。拟建建筑物为 1 幢 38 层宾馆楼、1 幢35 层写字楼及 6 幢 33 层住宅楼。完成主要工作:钻探 65 孔总进尺 1216.53米,静力触探 15 孔 164.5 米,动力触探 30 个 2.6 米,标准贯入试验 149 次,岩样 15 件,原状土样 49 件,扰动土样 131 件,有机质分析样 21 件,抽水试验 216 小时,水质分析 5 件。取得主要成果:场区第四系土层主要为砂性土及较薄的黏性土层,尚有可液化第 3 层细砂、第 4 层粉砂层;场区地下水类型为松散岩类孔隙水及岩浆岩裂隙水(风化裂隙水)两种,地下水对混凝土无侵蚀性,天然状态下海水与场区地下水无明显水力联系,长期降水情况下,二者将发生一定的水力联系;场区内无河道及大的构造断裂;通过波速测试证明场区有 1 米左右厚度的残积土层(经勘探该层分布不稳定);建议采用桩基础(钻孔灌注桩),应注意风化带顶板的起伏变化,如果建筑物建有一层地下室,其基础可采用筏板下桩基;如果建有二层地下室,可采用花岗岩强风化带作为地基持力层,筏板基础;针对工程施工中的大量涌水,建议采用井点降水,保证施工及边坡的稳定性,也可结合明沟集中排水。

二十一、济南历下娱乐中心工程地质勘查

1993 年 12 月 8 日～1994 年 1 月 3 日，进行济南历下娱乐中心工程地质勘查。报告编写人：孙玉松、王爱民、盛根来。项目来源：济南市历下区房产管理局。完成主要工作：钻探 8 孔总进尺 162.8 米，标准贯入试验 25 次，岩样 13 件，原状土样 25 件，水质分析 1 件。取得主要成果：场区未见不良地质现象；场地为中硬场地；地下水对混凝土不具侵蚀性；基础宜采用桩基钻孔灌注桩，主楼以中等风化闪长岩作为持力层，裙房等附属建筑物以第 5 层棕红色黏土作为持力层。

二十二、大观商厦场地工程地质勘查

1994 年 1 月 31 日～2 月 17 日，进行大观商厦场地工程地质勘查。报告编写人：盛根来、王爱民。项目来源：大观园股份有限公司。完成主要工作：钻探 9 孔总进尺 251 米，标准贯入试验 50 次，原状土样 45 件。取得主要成果：场区上部地层为第四系黏性土，下部为燕山期闪长岩，场区有防空洞分布，无其他不良物理地质现象，为抗震有利地段；地下水位埋深 5.1 米，对混凝土无侵蚀性；建议采用桩箱结合基础方案，拟建建筑与已有商业楼距离较近，开挖时应注意采取措施。

二十三、济南金融中心工程地质勘查

1994 年 7 月 15 日～11 月 1 日，进行济南金融中心工程地质勘查。报告编写人：吕明学。项目来源：济南泉港房地产开发公司。完成主要工作：钻探 3 孔总进尺 147.3 米，标准贯入试验 17 次，岩样 3 件，原状土样 6 件，水质分析 1 件。取得主要成果：场地不良地质现象包括地基土的不均匀性、中风化层面起伏较大，受构造影响岩石破碎、节理发育、风化程度深厚度大；中风化闪长岩岩石较致密坚硬，建议作为建筑物桩端持力层。

二十四、中国银行聊城分行中银大酒店工程地质勘查

1995 年 4 月 10 日～5 月 13 日，进行中国银行聊城分行中银大酒店工程地质勘查。项目负责人：孙玉松。报告编写人：兰书臣。项目来源：中国银行聊城分行中银大酒店有限公司。完成主要工作：钻探 15 孔总进尺 495.13 米，静力触探 5 个 77.2 米，标准贯入试验 179 次，原状土样 95 件，扰动土样 134 件，水质分析 2 件。取得主要成果：地面以下 15 米深度内存在第 4、第 8、第 9 层液化土层，液化等级轻微到中等；场区地下水位对混凝土无侵蚀性；建议

裙房以第 4 层粉土作为持力层,主楼宜采用钻孔灌注桩,桩有效长度 27 米,桩径 800 毫米,以第 13 层粉砂作为持力层;建议完成不少于三组的桩基静荷载试验及桩的动力测试,以确定成桩质量以及单桩承载力。

二十五、济南市历下区政务中心大厦岩土工程详细勘查

1994 年 10 月 14 日～1995 年 5 月 25 日,进行济南市历下区政务中心大厦岩土工程详细勘查。项目负责人:张加友。报告编写人:张加友、王宝春。项目来源:济南市历下区政务中心筹建处。完成主要工作:钻探 21 孔总进尺 619.45 米,动力触探 1 个,标准贯入试验 124 次,岩样 41 件,原状土样 94 件,注水试验 4 次,水质分析 1 件。取得主要成果:场区地下水具微承压性,对混凝土无侵蚀性;建议采用管井降低地下水位,管井方案应通过抽水试验或干扰试验确定,以第 6 层强风化辉长岩作为持力层;基坑北面、东面采用锚喷支护,南面西面按边坡高宽比 1∶0.43 放坡,基坑边缘 15 米范围内禁止大面积堆载。

二十六、山东省人民检察院综合楼、宿舍楼岩土工程勘察

1995 年 6 月 24 日～8 月 5 日,进行山东省人民检察院综合楼、宿舍楼岩土工程勘察。项目负责人:兰书臣。报告编写人:李万尧、王宝春。项目来源:山东省人民检察院。完成主要工作:钻探 28 孔总进尺 499.4 米,动力触探 1.1 米,标准贯入试验 125 次,岩样 50 件,原状土样 49 件,扰动土样 2 件,水质分析 2 件。取得主要成果:场地土类型为中硬场地土,适宜建筑;地下水对混凝土无侵蚀性;建议综合楼采用箱形基础,基础埋深 9 米,以强风化闪长岩为持力层,综合楼基坑开挖时可进行人工放坡,雨季施工时注意排水护坡;宿舍楼采用条形基础,东部以全风化闪长岩为持力层,中西部以第 2 层粉质黏土为持力层,该层为非自重湿陷黄土,湿陷等级Ⅰ级,应根据有关规范进行处理,西部以回填土为持力层;场区东侧有垃圾堆积,建议设置挡土墙。

二十七、蓬莱田横山景区崖间栈道工程地质勘测

1997 年 7 月～8 月,进行蓬莱田横山景区崖间栈道工程地质勘测。报告编写人:姬广胜、兰书臣、宋海平。项目来源:蓬莱风景区管理委员会。完成主要工作:1∶200 地形图测量 0.05 平方千米,1∶6200 工程地质测绘0.05平方千米,点荷载试验 170 件,室内试验 5 件,工程物探剖面 4 条 252 米,折射波法速度测试 2 条,洞内直达波速测试一个排列。取得主要成果:场区工程地质条件复杂,施工难度大,工程设计中应采取必要的措施,对危及工程安全和岩

体稳定的海蚀洞进行衬砌支护；为合理安排工期，勘测采用地形图测量与工程地质测绘同时进行，采用仪器定点，每个观测点均留有标记，以便校对。该项目开辟了旅游景观开发与岩土工程治理有机结合的范例，为蓬莱景区提供了上佳的旅游休闲场所。

二十八、山东省国税局高层住宅楼岩土工程勘察

1997 年 10 月 19 日～11 月 2 日，进行山东省国税局高层住宅楼岩土工程勘察。报告编写人：张守春、姬广胜、武法伟、武羽晓。项目来源：山东省国税局。完成主要工作：钻探 14 孔总进尺 527.5 米，动力触探 8 个，标准贯入试验 15 次，岩样 12 件，原状土样 5 件，扰动土样 31 件。取得主要成果：场地土为中软场地土，为建筑物抗震不利地段；建议采用灌注桩基础，强制冲击成孔工艺，以第 3 层碎石土或第 4 层石灰岩作为桩端持力层；根据有关规范，必须对建筑物进行长期沉降观测。

二十九、山东师范大学锅炉房岩土工程勘察

1997 年 12 月 17～28 日，进行山东师范大学锅炉房岩土工程勘察。报告编写人：姬广胜、王庆广、武羽晓。项目来源：山东师范大学。完成主要工作：钻探 8 孔总进尺 171.2 米，动力触探 6 个 1.1 米，标准贯入试验 11 次，岩样 12 件，原状土样 8 件。取得主要成果：建议采用天然地基，以第 2 层粉质黏土及第 3 层碎石土为地基持力层；对于地层层位不稳定、厚度变化大、岩性不均匀引起的地基强度不均匀性，应采取必要的处理措施，防止地基的不均匀沉降；如果采用桩基基础形式，建议以第 7 层泥灰岩为桩端持力层。

三十、银苑花园公寓综合楼岩土工程初步勘查

1998 年 11 月 28 日～12 月 10 日，进行银苑花园公寓综合楼岩土工程初步勘查。报告编写人：王庆广、李延民、赵有美、王海会。项目来源：济南泉港房地产开发有限公司。完成主要工作：钻探 3 孔总进尺 195 米，动力触探 1 米，标准贯入试验 29 次，岩样 16 件，原状土样 4 件，扰动土样 6 件，水质分析1 件。取得主要成果：属较稳定场地；地下水对混凝土无侵蚀性；基础形式可采用箱基或钻孔灌注桩，采用箱基时，以全风化辉岩作为基础持力层，采用钻孔灌注桩时，桩端持力层可选择强风化辉长岩较完整区段或中等风化辉长岩；基坑降水可采用井点降水；建筑施工和使用过程中，应设计沉降观测点进行观测。

三十一、山东济南齐鲁世纪园岩土工程勘察

1999 年 8 月 16 日,提交山东济南齐鲁世纪园岩土工程勘察报告。报告编写人:李延民、李新怀。项目来源:齐鲁石化实业开发公司开发部。完成主要工作:钻探 40 孔总进尺 354.3 米,动力触探 4.5 米,标准贯入试验 70 次,原状土样 43 件,水质分析 1 件。取得主要成果:场地土为中硬场地土,适宜建筑;地下水对混凝土不具侵蚀性,场区地下水丰富,施工中应做好排水、防水工作;建议采用天然地基浅基础,除 9 层公建楼外,均以第 2 层粉质黏土或以下地层为基础持力层;9 层公建楼采用第 4 层碎石土作为基础持力层,片筏基础,但该层顶面起伏较大,应进行处理;9 层公建楼基坑开挖时,应做好边坡支护,可采用自然放坡。

三十二、山东建筑工程学院图书馆岩土工程勘察

1999 年 9 月 27 日～10 月 10 日,进行山东建筑工程学院图书馆岩土工程勘察。项目负责人:李万尧。报告编写人:张士娟。项目来源:山东建筑工程学院。完成主要工作:钻探 23 孔总进尺 364.85 米,标准贯入试验 107 次,原状土样 102 件,水质分析 1 件。取得主要成果:地下水对混凝土无侵蚀性;采用天然地基时,根据建筑物基础埋深可选用第 2 层、第 2-(1)层或第 4 层、第 4-(1)层作为基础持力层,黄土状土存在轻微湿陷性,因此宜采取适当的地基处理或结构措施,特别需要做好防水处理;天然地基基础形式宜选用十字交叉梁筏板基础,采用桩基时宜选用第 8 层强风化闪长岩作为桩端持力层。

三十三、济南市中心医院病房楼岩土工程勘察

1999 年 11 月 12～29 日,进行济南市中心医院病房楼岩土工程勘察。项目负责人:李万尧。报告编写人:于世林。项目来源:济南市中心医院。完成主要工作:钻探 15 孔总进尺 459 米,标准贯入试验 61 次,岩样 14 件,原状土样 50 件,水质分析 1 件。取得主要成果:该场地土类型属于中硬场地土,场地较稳定;如采用天然地基,建议以第 4 层粘土、第 4-(1)层黏土混碎石或第 4-(2)层碎石土为地基持力层,如采用钻孔灌注桩,建议以第 7 层中风化辉长岩为桩端持力层;地下水对混凝土无侵蚀性,对钢结构具中等腐蚀性;基坑开挖时对场地东侧进行护坡处理;拟建建筑西北侧存在防空洞,建议适当处理。

三十四、济南君豪城市花园 1# 商住楼和 2#、5#、6# 高层公寓岩土工程勘察

2000 年 5 月 31 日～6 月 28 日，进行济南君豪城市花园 1# 商住楼和 2#、5#、6# 高层公寓岩土工程勘察。项目负责人：王爱民。报告编写人：王爱民、武羽晓、陈奂良、王爱民、刘建胜、禹泽文、李延民。项目来源：济南君豪置业有限公司。完成主要工作：钻探 32 孔总进尺 751.7 米，动力触探 6.1 米，标准贯入试验 122 次，水质分析 2 件。取得主要成果：场区属稳定场区，适宜建筑；地下水对混凝土不具侵蚀性，对钢结构具中等腐蚀性。2#、5# 高层公寓基础埋深 5 米，可采用天然地基、筏板基础形式；1# 商住楼、6# 高层公寓当基础埋深 8 米时，可采用天然地基、筏板基础形式；1# 商住楼、6# 高层公寓，当基础埋深 5 米时，可采用桩基基础形式；基坑开挖局部已到地下水位深度，可采取明沟或井点等降水措施，并考虑降水对临近建筑物稳定性的影响。

三十五、张店王辛小区 2#、3# 住宅楼岩土工程勘察

2000 年 6 月 20 日～7 月 20 日，进行张店王辛小区 2#、3# 住宅楼岩土工程勘察。报告编写人：刘广义、刘建胜。项目来源：淄博寿山房地产开发有限公司。完成主要工作：钻探 12 孔总进尺 417.8 米，动力触探 2.1 米，标准贯入试验 73 次，岩样 3 件，原状土 71 件，水质分析 1 件。取得主要成果：场区属稳定场地，适宜建筑；2# 住宅楼可以采用筏板基础，以第 3 层粉质黏土为持力层，也可采用桩基础，以第 6 层碎石土为桩端持力层；3# 住宅楼基坑开挖8 米，建议采用桩基础，以钻孔灌注桩为宜，以第 8 层碎石土为桩端持力层；地下水位对混凝土无侵蚀性；基坑开挖时，做好地下水位监测工作。

三十六、济南军区第二招待所高层住宅楼岩土工程勘察

2000 年 8 月 12～28 日，进行济南军区第二招待所高层住宅楼岩土工程勘察。项目负责人：陈奂良。报告编写人：陈奂良、王涛、禹泽文。项目来源：中国人民解放军济南军区第二招待所。完成主要工作：钻探 6 孔总进尺 166 米，动力触探 2.7 个，标准贯入试验 21 件，原状土样 10 件。取得主要成果：场地类型为中硬场地，适宜建筑；场区内地层第 2 层黄土为非湿陷性黄土；勘探深度未发现可液化土层；地下水对混凝土无侵蚀性；建议采用筏板基础，以第 3 层碎石土为基础持力层，也可采用桩基，以第 7 层中风化闪长岩为桩端持力层，采用钻孔灌注桩。

三十七、济南市中心医院高层住宅楼岩土工程勘察

2000 年 9 月 15～28 日，进行济南市中心医院高层住宅楼岩土工程勘察。项目负责人：李万尧。报告编写人：于世林、张士娟、程秀明。项目来源：济南市中心医院。完成主要工作：钻探 11 孔总进尺 374.6 米，标准贯入试验 49 次，岩样 20 个，水质分析 1 件，取土样 48 件。取得主要成果：建议采用钻孔灌注桩基础，以第 9 层中等风化辉长岩或第 10 层微风化辉长岩为桩端持力层；基坑开挖时建议对周围建筑物进行监测，受场地条件限制不能放坡时，应进行护坡处理，以护坡桩或锚杆护坡为宜；基坑开挖时，应进行降水工作，根据最终开挖深度及情况确定降水方案，以管井井点降水为宜。

三十八、山东圣洋海鲜批发市场冷库西区大棚岩土工程勘察

2001 年 3 月 2～25 日，进行山东圣洋海鲜批发市场冷库西区大棚岩土工程勘察。项目负责人：黄薛。报告编写人：刘建胜、陈奂良、黄薛。项目来源：山东虹泰经济发展有限公司。完成主要工作：钻探 88 孔总进尺 1075.3 米，探坑 3 个，进尺 15 米，动力触探 6.3 米，标准贯入试验 126 次，原状土样 119 件。取得主要成果：场区适宜建筑；建议 1 号冷库车间、机房、西区大棚采用独立基础或条形基础，以黄土作为地基持力层，并采取必要的防水措施；1 号冷库主体部分和 2 号冷库主体部分采用桩基础，以灰岩作为桩端持力层。

三十九、山东(临清)银河纸业集团有限公司 20 万吨瓦楞纸一期工程变配电、造纸车间岩土工程勘察

2001 年 3 月 3～28 日，进行山东(临清)银河纸业集团有限公司 20 万吨瓦楞纸一期工程变配电、造纸车间岩土工程勘察。项目负责人：姬广胜。报告编写人：姬广胜。项目来源：山东(临清)纸业银河集团有限公司。拟建车间高 3 层。完成主要工作：钻探 40 孔总进尺 975.85 米，标准贯入试验 281 次，原状土样 112 件，水质分析 1 件。取得主要成果：场地土类型为软弱场地土，建议采用桩基，以第 9 层粉砂为桩端持力层。

四十、济南汇统房地产开发有限公司汇景阁高层公寓岩土工程勘察

2001 年 3 月 8 日～4 月 24 日，进行济南汇统房地产开发有限公司汇景阁高层公寓岩土工程勘察。项目负责人：张守春。报告编写人：张守春、孙玉松、姬广胜。项目来源：济南汇统房地产开发有限公司。完成主要工作：钻探 18 孔总进尺 427.9 米，标准贯入试验 61 次，岩样 10 件，原状土样 65 件，饱和

单轴抗压试验 10 件，室内常规试验共 65 件。取得主要成果：场地土类型为中硬场地土；场区第 3 层黄土具湿陷性，场地湿陷等级为Ⅰ级（轻微）；建议高层公寓采用人工挖孔桩，以第 8 层石灰岩作为桩端持力层；采用大直径桩时，对桩端持力层进行施工勘察，做好孔壁支护工作。

四十一、国家检察官学院山东分院教学综合楼岩土工程勘察

2001 年 11 月 12～30 日，进行国家检察官学院山东分院教学综合楼岩土工程勘察。项目负责人：张守春。报告编写人：张守春、李万尧。项目来源：山东省人民检察院。完成主要工作：钻探 16 孔总进尺 413.1 米，标准贯入试验 54 次，岩样 5 件，原状土样 18 件。取得主要成果：场地土类型为中软场地土，适宜建筑；地下水对混凝土无侵蚀性。建议主楼采用钻孔灌注桩基础，以第 7 层大理岩为桩端持力层，由于大理岩顶板起伏变化较大，应进行施工勘探，采用该桩基础时，单桩承载力通过现场静载荷试验确定；建议裙房采用天然地基，以第 4 层残积土为基础持力层；场区四周均为建筑物基坑，开挖时不能放坡，建议锚固支护或施工护坡桩。

四十二、莱钢永锋钢厂岩土工程勘察

2002 年 6 月 13～26 日，进行莱钢永锋钢厂岩土工程勘察。项目负责人：王涛。报告编写人：王涛、宋恩武、李海波、胡兰英。项目来源：山东莱芜钢铁集团有限公司永锋轧钢厂。完成主要工作：钻探 51 孔总进尺 1330 米，标准贯入试验 142 次，原状土样 114 件，扰动土样 30 件，水质分析 1 件。取得主要成果：场区场地稳定，适宜建筑；场区液化等级为严重，局部为中等；地下水对混凝土无侵蚀性，对钢结构具弱腐蚀性；建议主要建筑物和设备基础优先采用桩基础，其桩端持力层宜选择第 5～8 层；采用桩基础时，单桩承载力通过现场静载荷试验确定；一般建筑物采用条形基础或筏板基础。

四十三、含章济阳造纸厂碱回收车间、黑液槽岩土工程勘察

2002 年 7 月 3～12 日，进行含章济阳造纸厂碱回收车间、黑液槽岩土工程勘察。项目负责人：曾纯品。报告编写人：曾纯品、曹继玉、胡兰英。项目来源：济南含章印务有限公司。完成主要工作：钻探 24 孔总进尺638.8米，标准贯入试验 95 次，原状土样 67 件，扰动土样 19 件，水质分析 1 件。取得主要成果：场地土类型为中软场地土，属对建筑抗震不利地段；地下水对混凝土无侵蚀性；建议碱回收车间采用复合地基，条形基础，搅拌桩，以第 4 层粉土为桩端持力层；锅炉采用桩基础，预制桩，以第 5 层粉砂为桩端持力层；黑液槽采用

复合地基，筏板基础，深层搅拌法，以第 4 层粉土为桩端持力层，若采用桩基，建议采用预制桩，以第 5 层粉砂为桩端持力层。

四十四、齐河县地税局综合楼岩土工程勘察

2002 年 7 月 2～16 日，进行齐河县地税局综合楼岩土工程勘察。项目负责人：秦耀军。报告编写人：彭玉明、宋恩武。项目来源：齐河县地税局。完成主要工作：钻探 10 孔总进尺 210.7 米，标准贯入试验 39 次，原状土样 45 件，扰动土样 11 件，水质分析 1 件。取得主要成果：场地土类型为中软场地土；地下水对混凝土无侵蚀性；建议裙楼采用天然地基，条形基础，以第 1 层粉土或第 3 层粉土为基础持力层；主楼部分采用混凝土预制桩，以第 12 层粉质黏土为桩端持力层。

四十五、济南市青年东路文教大院改造工程岩土工程勘察

2002 年 3 月 25 日～7 月 30 日，进行济南市青年东路文教大院改造工程岩土工程勘察。项目负责人：李海波。报告编写人：李海波、彭玉明、刘建胜、王涛、宋恩武、胡兰英、解爱华、于世林。项目来源：山东鲁信房地产投资有限公司。完成主要工作：钻探 29 孔总进尺 1229.65 米，动力触探 7.3 米，标准贯入试验 169 次，原状土样 178 件，水质分析 2 件。取得主要成果：场地稳定，适宜建筑；地下水对混凝土无侵蚀性，对钢结构中钢筋具弱腐蚀性；建议 1# 楼、2# 裙楼采用天然地基，筏板基础，分别以第 4-(1)层胶结砾岩、第 5 层黏土为基础持力层；2# 主楼和 3# 楼采用钻孔灌注桩基础，以第 7 层全风化闪长岩或第 8 层泥灰岩为桩端持力层；采用桩基础时，单桩承载力通过现场静载荷试验确定。

四十六、济南黄金时代鸣翠谷岩土工程勘察

2002 年 9 月 15 日～2004 年 4 月 16 日，进行济南黄金时代鸣翠谷岩土工程勘察，包括商业楼、商铺会所、车库等 10 余个工程勘察。项目负责人：曾纯品。报告编写人：曾纯品、彭玉明、刘建胜等。项目来源：山东黄金智业房地产开发有限公司工程部。完成主要工作：钻探 246 孔总进尺 3022.5 米，探坑进尺 56.1 米，动力触探 2.2 米，标准贯入试验 328 次，原状土样 268 件。取得主要成果：场地土类型为中软场地土，场地类别为Ⅱ类场地；属稳定场地，适宜建筑。

四十七、邹平焦化工程岩土工程勘察

2003 年 6 月 16～28 日，进行邹平焦化工程岩土工程勘察。项目负责人：

刘建胜。报告编写人:刘建胜。项目来源:邹平县鲁扬炭素有限责任公司。完成主要工作:钻探 19 孔总进尺 405 米,标准贯入试验 52 次,原状土样 76 件,水质分析 1 件。取得主要成果:场地土类型为中软场地土,适宜建筑;地下水对混凝土不具腐蚀性,对混凝土结构中的钢筋具弱腐蚀性,对钢结构具弱腐蚀性;建议烟囱、煤塔采用钻孔灌注桩,其桩端持力层宜选择第 8 层粉质黏土;其他建筑物采用天然地基,独立或片筏基础,以第 4 层粉质黏土为持力层。

四十八、山东省省级汽车掩体库工程地质勘测

2003 年 12 月 6～31 日,进行山东省省级汽车掩体库工程地质勘测(双泉庄五峰山坑道式人防工程地质勘测)。项目负责人:王涛。报告编写人:王涛。项目来源:济南市长清区马山镇双泉村。完成主要工作:钻探 1 孔总进尺 45 米,完成工程地质测绘 0.162 平方千米,岩样 17 件,地质点 60 个,井点 2 个,饱和单轴抗压强度 4 件,抗拉强度 4 件,抗剪强度 1 组,弹性模量 3 件,泊松比 3 件,吸水率 3 件,矿物鉴定 1 件。取得主要成果:场区内岩体及地层分布稳定连续,力学性质较好;在工作区以南 15 千米的肥城断裂对工作区稳定性影响不大;工作区内裂隙破碎带发育,露头宽度 0.5 米左右,对隧道稳定性影响较大;场地土类型为岩石,属抗震危险地段;工作区岩石表层风化强烈,区内斜坡坡顶和沟谷侧壁存在崩塌现象,规模相对较小,但会对场区整体稳定性产生不利影响;工作区内沟谷发育,汇水面积 2000 平方米,汛期易形成短期较大洪水,也将会对场区整体稳定性产生不良影响;场区地下水类型为基岩裂隙水,地下水对混凝土无腐蚀性;场区基岩裂隙较发育,并且存在较大断裂构造破碎带,影响深度及宽度较大,同时存在崩塌、洪水等不良地质作用;该场区不宜修建人防工程,若修建应采取锚喷支护,并考虑场地的复杂性,预计施工难度大,成本较高。

四十九、山东省千佛山医院门诊医技综合楼施工工程勘察

2002 年 10 月 12 日～2004 年 7 月,进行山东省千佛山医院门诊医技综合楼施工工程勘察。项目负责人:刘建胜。报告编写人:刘建胜、史淑艳等。项目来源:山东省千佛山医院。拟建主楼地上两幢 10 层,整体地下室,局部 3 层。基础已开挖深度 10 米至灰岩,拟采用框架—剪力墙结构,独立基础。完成主要工作:钻探 73 孔总进尺 440.5 米,其中基岩钻探进尺 300.1 米,土层钻探进尺 140.4 米,标准贯入试验 23 次,原状土样 5 件。取得主要成果:场地土类型为中硬场地土,属建筑抗震有利地段,适宜建筑;针对含燧石灰岩钻进困难的问题,经过试验,采用复合片金刚石钻头可提高钻进效率;基本查明基础底部岩溶发育及充填情况,为基坑开挖提供了有关参数。

五十、济南市历城区人民法院审判办公楼岩土工程勘察

2004 年 10 月 10 日～11 月 10 日，进行济南市历城区人民法院审判办公楼岩土工程勘察。项目负责人：李海波。报告编写人：李海波、宋恩武。项目来源：济南市历城区人民法院。完成主要工作：钻探 16 孔总进尺 319.6 米，动力触探 4.4 米。取得主要成果：场地土类型为中软场地土，属抗震危险地段，建议另选场地；地下水对混凝土不具腐蚀性，对钢筋混凝土中的钢筋具弱腐蚀性，对钢结构不具腐蚀性；如果必须在该场区建设，建议采用桩基础，以中风化辉长岩作为桩端持力层，采用人工挖孔桩，同时对杂填土进行强夯处理。

五十一、济南圣凯财富广场岩土工程勘察(详勘)

2005 年 1～2 月，进行济南圣凯财富广场岩土工程勘察(详勘)。项目负责人：赵忠义。报告编写人：赵忠义。项目来源：山东圣凯置业有限公司。场区位于济南市泺源大街以北，黑虎泉(司里街)以南 150 米，粮贸大厦以西，地上建筑面积 35600 平方米，地下建筑面积 19300 平方米。完成主要工作：钻探 24 孔总进尺 473 米，标准贯入试验 65 件，原状土样 6 件。取得主要成果：场区为较稳定场地，适宜建筑；地下水对混凝土及混凝土中钢筋不具腐蚀性，对钢结构具弱腐蚀性；建议采用天然地基，框架结构，柱基或筏板基础。

五十二、柏石峪项目起步区 C1 地块岩土工程勘察

2005 年 7 月 1 日～8 月 4 日，进行柏石峪项目起步区 C1 地块岩土工程勘察。项目负责人：刘建胜、彭玉明。报告编写人：刘建胜、彭玉明、何瑞、李树荣、郑雪飞、宋恩武。项目来源：山东省鲁能亘富开发有限公司。完成主要工作：钻探 107 孔总进尺 2018.3 米，动力触探 2.9 米，标准贯入试验 67 次，岩样 36 件，原状土样 159 件。取得主要成果：场地土为中硬场地土，属建筑抗震有利地段，适宜建筑；场地岩溶十分发育，局部岩体风化强烈，但对场地稳定无影响；场区勘探深度内未见地下水，建筑物抗浮设计水位标高可按 52 米考虑；采用天然地基基础的建筑物，用素混凝土或毛石混凝土换填的方法予以处理；采用独立基础或桩基础的建筑物，宜选择以第 7 层为基础持力层，人工挖孔灌注桩施工；由于施工开挖深度大，建议对坡面进行挂网锚喷处理。

五十三、柏石峪项目起步区 D 地块岩土工程勘察

2005 年 8 月 24 日～9 月 20 日，进行柏石峪项目起步区 D 地块岩土工程勘察。项目负责人：刘建胜、宋恩武。报告编写人：刘建胜、宋恩武、何瑞、李

树荣、王涛、郑雪飞、魏海红、刘梦、许强。项目来源:山东省鲁能亘富开发有限公司。完成主要工作:钻探 128 孔总进尺 2926.7 米,动力触探 7.4 米,标准贯入试验 73 次,原状土样 229 件。取得主要成果:场地土类型为中硬场地土,属建筑抗震有利地段,适宜建筑。建议地下车库采用天然地基,筏板基础,以第 3 层粉质黏土及以下地层为基础持力层;12～17 号楼采用天然地基,筏板或独立基础,可将局部土层挖除,以中风化基岩为地基持力层;7 号、11 号楼采用人工挖孔桩,以中风化基岩为桩端持力层;其他楼采用天然地基,应对地基的不均匀性应引起重视并采取一定措施;基坑开挖可采用自然放坡。

五十四、曲阜新区世纪新城 B 段地项目岩土工程勘察(多层部分)

2005 年 8～9 月,进行曲阜新区世纪新城 B 段地项目岩土工程勘察(多层部分)。项目负责人:赵志强、赵忠义。报告编写人:赵志强、赵忠义、李生清等。项目来源:济宁汇城投资有限公司。完成主要工作:钻探 200 孔总进尺 2710.8 米,标准贯入试验 433 次,原状土样 387 件,水质分析 11 件。取得主要成果:该场地土属中软场地土,适宜建筑;地下水对混凝土无侵蚀性,对钢筋混凝土结构中的钢筋无腐蚀性,对钢结构具弱腐蚀性;建议多层区采用天然地基,以第 4-(1)层粉质黏土及以下地层为基础持力层,并采用适当的处理措施(可采用砂土垫层进行处理);基础形式可根据建筑物性质,采用条形或独立柱基础,并建议采取适当的结构措施,减少不均匀沉降的可能性。

五十五、青岛市青岛钢铁厂板带工程胶南新厂址岩土工程勘察

2005 年 5 月 1 日,提交山东省青岛市青岛钢铁厂板带工程胶南新厂址岩土工程勘察报告。项目负责人:赵志强。报告编写人:赵志强、赵忠义。项目来源:山东省青岛钢铁控股有限责任公司。完成主要工作:钻探 317 孔总进尺 6546 米,标准贯入试验 716 次,岩样 24 件,原状土样 361 件,扰动土样 102 件,易溶盐分析样 1 件,水质分析 5 件。取得主要成果:场地土类型为中软场地土,适宜建筑;场区天然地基不能满足建筑物上部荷载对地基承载力的要求,建议对地基进行处理,可采用石灰桩法、高压旋喷法等处理方案,以第 5 层或第 6 层以下地层为桩端持力层。

五十六、永大颐和园小区岩土工程勘察

2006 年 10 月 18 日,提交永大颐和园小区岩土工程勘察报告。项目负责人:王涛、郭长恩。报告编写人:李树荣、何瑞、郑雪飞、沈淑宁、孟焕梅、许强。项目来源:济南永大军安置业有限公司。完成主要工作:钻探 81 孔总进尺

2141 米,动力触探 3.3 米,标准贯入试验 182 次,原状土样 263 件。取得主要成果:拟建场区为稳定场地,适宜建筑;建议活动中心和车库采用条形基础,10# 楼、13# 楼、16# 楼、17# 楼、18# 楼、19# 楼采用水泥粉煤灰碎石桩;10# 楼、13# 楼、16# 楼、17# 楼、18# 楼、19# 楼若采用桩基础,建议采用人工挖孔桩或者复合载体夯扩桩。

五十七、鑫苑·碧水尚景一期工程岩土工程勘察

2006 年 10 月 27 日～11 月 13 日,进行鑫苑·碧水尚景一期工程岩土工程勘察。项目负责人:刘建胜。报告编写人:何瑞、魏海红、胡兰英、许强、苗德刚、刘梦。项目来源:山东鑫苑置业有限公司。完成主要工作:钻探 65 孔总进尺 1270.7 米,动力触探 3.3 米,标准贯入试验 136 次,原状土样 166 件,易溶盐分析样 3 个。取得主要成果:场地土属中软场地土,较适宜建筑;地下水及场地土对混凝土无腐蚀性,对钢筋混凝土结构中的钢筋具弱蚀性,对钢结构具弱腐蚀性;建议沿街商铺采用天然地基,以第 2 层粉质黏土为持力层,9 栋住宅楼采用桩基,优选预应力混凝土管桩,以第 9 层全风化辉长岩或第 10 层强风化辉长岩为桩端持力层。基坑施工前应进行基坑支护设计。

五十八、贵和世纪佳苑岩土工程勘察

2007 年 4 月 16 日～5 月 11 日,进行贵和世纪佳苑项目岩土工程勘察。项目负责人:王爱民、刘建胜。报告编写人:郑雪飞、李甫、何瑞、黄薛、孟焕梅。项目来源:滕州市东方中石房地产开发有限公司。完成主要工作:钻探 78 孔总进尺 1376 米,标准贯入试验 165 次,重型圆锥动力触探试验 18 点次,取原状土样 82 件,扰动土样 8 件,岩石样 3 件,水质分析 4 件。取得主要成果:场地土为中硬场地土,适宜建筑;地下水对混凝土无腐蚀性,对钢筋混凝土结构中的钢筋具弱腐蚀性,对钢结构具弱腐蚀性;建议办公楼、3# 楼、4# 楼采用天然地基筏板基础,以第 7 层强风化泥岩为基础持力层,1# 楼采用钻孔灌注桩或嵌岩桩,以第 10 层中风化砂岩为桩端持力层。该项目为 2007 年山东省滕州市重点工程。

五十九、济南宏瑞·国际星城住宅小区岩土工程勘察

2007 年 6 月 6 日～7 月 16 日,进行济南宏瑞·国际星城住宅小区岩土工程勘察。项目负责人:姬广胜、李家田。报告编写人:姬广胜、于凌飞、武法伟、程茜。项目来源:山东宏瑞置业有限公司。完成主要工作:钻探 255 孔总进尺 5722.93 米,标准贯入试验 1719 次,岩样 12 件,原状土样 765 件,水质分

析 12 件。取得主要成果：场地稳定，适宜建筑；地下水对混凝土无腐蚀性，对钢筋混凝土结构中的钢筋长期浸水无腐蚀性；建议拟建沿街商铺、会所及幼儿园采用天然地基条形基础，高层住宅楼采用水泥土深层搅拌法复合地基或 CFG 桩复合地基，地下车库基础采用周围楼群的基础形式。

六十、山东省政协机关住宅小区岩土工程勘察

2007 年 9 月 4～25 日，进行山东省政协机关住宅小区岩土工程勘察。项目负责人：姬广胜。报告编写人：姬广胜、于凌飞、高文峰等。项目来源：山东齐汇有限责任公司。完成主要工作：钻探 147 孔总进尺 1846 米，动力触探1.7 米，标准贯入试验 50 次，原状土样 90 件，方块样 24 件。取得主要成果：属中硬场地土，适宜建筑；勘探期间未见地下水；场区第 2 层黄土为非自重湿陷性黄土，湿陷等级为Ⅰ级；建议 1# ～5# 楼采用天然地基，6# ～10# 楼采用筏板基础，11# ～20# 楼及幼儿园、地下车库采用天然地基条形基础或独立基础。

六十一、蓬莱阁丹崖山岩体加固岩土工程勘察

2007 年 8～10 月，进行蓬莱阁丹崖山岩体加固岩土工程勘察。项目负责人：杨颖。报告编写人：刘兆成、谭现锋、杨世强、任永欣。项目来源：蓬莱市文物管理局。完成主要工作：钻探 7 孔总进尺 75 米，高程测量点 53 个，坐标测量点 53 个，孔内录像 48 个，地微振测试 2 点，波速测试 11 孔 204 米。取得主要成果：该场地土属中硬场地土，Ⅰ类建筑场地，场地卓越周期0.083 秒；该场地强化岩层主要分布在岩体表面，层厚 1.6～4.4 米，该层岩石极为破碎，易脱落，急需加固处理；建议除对岩体进行锚杆加固外，还要对岩体表面进行挂网喷射混凝土处理，以提高使用年限；场区中等风化岩层厚 2.0～6.8 米，该层岩石破碎，不适合作为持力层；场区微风化岩层厚 2.7～8.6 米，该层岩石及以下岩层较完整，相对稳定，适合作为持力层，可以作为锚杆的锚固段。

六十二、全运村一期 E、F、G、H、I、J、Q 地块岩土工程勘察

2007 年 11 月 24 日～12 月 15 日，进行全运村一期 E、F、G、H、I、J、Q 地块岩土工程勘察。项目负责人：刘建胜。报告编写人：刘建胜、魏海红、胡兰英等。项目来源：济南海尔绿城置业有限公司。完成主要工作：钻探 483 孔、挖探 37 孔，总进尺 5734.2 米，标准贯入试验 438 点次，重力触探 35.8 米，原状土样 473 件，方块样 151 个。取得主要成果：场地土类型为中软—中硬场地土，下伏基岩强度较高，适宜建筑；第 2 层、第 3 层黄土为非自重湿陷性黄土，湿陷程度为轻微，场地地基湿陷等级为Ⅰ级(轻微)；建议地下车库采用强夯

法对回填土进行处理后的天然地基条形基础,以压实填土为持力层,并铺垫一定厚度的灰土垫层进行处理;小高层采用桩基础,根据地质条件,优选人工挖孔灌注桩,桩基持力层宜选择第7层中风化石灰岩和第9层中风化泥质灰岩为基础持力层。局部地段基坑开挖时可采取自然放坡,基坑开挖深度超过5米的,采取适当的基坑围护方案。该项目为2007年山东省重点工程。

六十三、锦绣泉城—未来城9#地块岩土工程勘察

2007年11月1日～2008年1月6日,进行锦绣泉城—未来城9#地块岩土工程勘察。项目负责人:王涛。报告编写人:王涛、刘梦。项目来源:济南空港置业有限公司。完成主要工作:钻探105孔总进尺2374.79米,动力触探12.3米,标准贯入试验109次,原状土样71件。取得主要成果:场地土为中软—中硬场地土,适宜建筑;第2层黄土为非自重湿陷性黄土,湿陷程度为轻微—中等,如果上述黄土层作为基础持力层,建议设置适当厚度的灰土垫层;拟建4#、5#、7#、8#多层(4+1层)住宅楼,建议将杂填土挖除后以下部黄土为基础持力层,或以杂填土为基础持力层,对其进行分层强夯处理;幼儿园、综合楼和商铺将杂填土挖除后以下部黄土为基础持力层,或者以杂填土为基础持力层,对其进行分层强夯处理;建议高层住宅楼采用桩基础。

六十四、济南裕兴化工有限责任公司10万吨/年金红石型钛白粉项目主装置岩土工程勘察

2008年1月24日～3月14日,进行济南裕兴化工有限责任公司10万吨/年金红石型钛白粉项目主装置岩土工程勘察。项目负责人:李树荣。报告编写人:李树荣、苗德刚、王振花、王文祥、张民。项目来源:济南裕兴化工有限责任公司。完成主要工作:钻探151孔总进尺6269.4米,抽水试验2孔孔深43米,静力触探34个747.9米,标准贯入试验486次,原状土样339件,扰动土样79件,水质分析4件。取得主要成果:场地土类型属于中软场地土,为抗震不利地段;该场地液化等级为严重,局部中等;在干湿交替情况下地下水对混凝土具弱腐蚀性,对钢筋混凝土结构中的钢筋具中腐蚀性,对钢结构具中等腐蚀性;建议主要建筑物优选钻孔灌注桩。

六十五、莱州玫瑰湾小区岩土工程勘察

2008年4月16日～5月5日,进行莱州玫瑰湾小区岩土工程勘察。项目负责人:李树荣。报告编写人:苗德刚。项目来源:莱州北海房地产开发有限公司。完成主要工作:钻探70孔总进尺1018.5米,标准贯入试验92次,原状

土样 69 件，扰动土样 52 件，水质分析 2 件。取得主要成果：场地土为中软场地土，属可建筑的一般地段；该场地液化等级为中等，局部轻微；在干湿交替条件下，地下水对混凝土不具腐蚀性，对钢筋混凝土结构中钢筋具中等腐蚀性，对钢结构具中等腐蚀性；建议高层和多层采用桩基础，一般建筑采用条形或筏板基础。

六十六、济南裕兴化工有限责任公司搬迁改造 10 万吨/年金红石型钛白粉项目 3×75 吨/小时锅炉房装置区岩土工程勘察

2008 年 7 月 3 日～8 月 3 日，进行济南裕兴化工有限责任公司搬迁改造 10 万吨/年金红石型钛白粉项目 3×75 吨/小时锅炉房装置区岩土工程勘察。项目负责人：李树荣。报告编写人：李树荣、苗德刚、段爱民。项目来源：济南裕兴化工有限责任公司。完成主要工作：钻探 106 孔总进尺 3355.7 米，静力触探 15 孔 322.8 米，标准贯入试验 440 次，原状土样 167 件，扰动土样 63 件，水质分析 2 件。取得主要成果：场地土为中软场地土，为抗震不利地段；该场地液化等级为严重，局部中等；在干湿交替条件下，地下水对混凝土无腐蚀性，对混凝土中的钢筋具弱腐蚀性；对钢结构具弱腐蚀性。地基承载力要求不高的建筑物，建议采用水泥土搅拌法进行复合地基处理，地基承载力要求较高的建筑物，建议采用预应力管桩；建议采用降水井降水。

六十七、济南市历下区盛福片区 B-1 地块项目一期岩土工程勘察

2008 年 7 月 8 日～8 月 20 日，进行济南市历下区盛福片区 B-1 地块项目一期岩土工程勘察。项目负责人：姬广胜、李家田。报告编写人：姬广胜、于凌飞、马明国、尹建波、程茜、苏动、高文锋、甄学贞、王燕。项目来源：济南中海地产有限公司。完成主要工作：钻探 167 孔总进尺 3739.6 米，标准贯入试验 182 次，岩样 19 件，原状土样 262 件，扰动土样 63 件，水质分析 2 件。取得主要成果：场地稳定，适宜建筑；在干湿交替条件下，地下水对混凝土无腐蚀性，对混凝土中的钢筋无腐蚀性，对钢结构具弱腐蚀性；建议 1#～12# 号楼高层建筑采用桩基，13#～15# 楼及别墅区、地下车库采用条形基础或筏板基础。

六十八、黄金·九九项目(C2 地块)岩土工程勘察

2008 年 7 月 19 日～9 月 12 日，进行黄金·九九项目(C2 地块)岩土工程勘察。项目负责人：宋恩武。报告编写人：宋恩武、毕雯雯、史斌。项目来源：山东黄金绿苑地产开发有限公司。完成主要工作：钻探 144 孔总进尺 3075 米，动力触探 11.6 米，标准贯入试验 91 次，岩样 13 件，原状土样 77 件。取得

主要成果:该区属稳定场区,适宜建筑;场区内第 2 层黄土为非自重湿陷性黄土,建议挖除;建议 1# ～6# 楼和幼儿园采用独立柱或筏板基础,8# 楼、9# 楼、13# 楼、18# 楼和地下车库采用筏板基础,1# 楼、10# 楼、11# 楼、12# 楼、14# 楼、15# 楼、16# 楼、17# 楼采用桩基础;建议对坡面采取桩式或其他支护方式支撑处理。

六十九、济南市汽车厂东路片区棚改项目岩土工程勘察

2008 年 8 月 18 日～9 月 15 日,进行济南市汽车厂东路片区棚改项目岩土工程勘察。项目负责人:姬广胜、李家田。报告编写人:姬广胜、于凌飞、孙宏光、马明国、尹建波、程茜、苏动、高文峰、甄学贞、王燕。项目来源:济南市旧城改造投资运营有限公司。完成主要工作:钻探 81 孔总进尺 1836.6 米,标准贯入试验 89 次,岩样 8 件,原状土样 85 件,扰动土样 82 件,水质分析 2 件。取得主要成果:场地稳定,适宜建筑;在干湿交替条件下,地下水对混凝土及钢筋混凝土结构中的钢筋不具腐蚀性,对钢结构具弱腐蚀性;建议抗浮设防水位按场区最大水位标高 23.03 米考虑;因基坑开挖较深,建议采用支护桩与止水帷幕桩或地下连续墙进行支护,并严禁在坡顶堆载废弃物。

七十、济南高新开发区 12 地块 A 地块岩土工程勘察

2008 年 10 月 29 日～12 月 10 日,进行济南高新开发区 12 地块 A 地块岩土工程勘察。项目负责人:魏海红。报告编写人:何瑞、李甫。项目来源:济南鲁源房地产开发有限公司。完成主要工作:钻探 42 孔总进尺 1320.83 米,动力触探 8.6 米,标准贯入试验 38 次,原状土样 31 件。取得主要成果:场地土类型为中软场地土,适宜建筑;建议北楼采用人工挖孔灌注桩,以较完整的第 6 层及以下地层为桩端持力层,其他建筑采用天然地基,筏板或独立基础。

七十一、济南仁丰片区棚户区改造项目详细勘察岩土工程勘察

2009 年 6 月 15 日～7 月 14 日,进行济南仁丰片区棚户区改造项目详细勘察岩土工程勘察。项目负责人:李树荣。报告编写人:李树荣。项目来源:济南恒嘉置业有限公司。完成主要工作:钻探 129 孔总进尺 3798.2 米(单孔孔深 15～45 米),动力触探 4.9 米,标准贯入试验 219 次,原状土样 235 件,水质分析 2 件。取得主要成果:场地土类型为中软场地土,适宜建筑;地下水对混凝土无腐蚀性,对钢筋混凝土结构中的钢筋具弱腐蚀性,对钢结构具中等腐蚀性;建议回迁楼 6 号楼、商品楼 6 号楼采用天然地基,筏板基础,以第

3层、第4层粉质黏土为基础持力层；回迁楼4号、5号楼，商品楼2号、3号、5号楼采用复合地基，CFG桩，以第9层强风化辉长岩为桩端持力层，也可采用预应力管桩，以第8层全风化辉长岩或以下地层为桩端持力层；回迁楼1号、2号、3号楼和商品楼1号、4号楼采用钻孔灌注桩，以第10层中风化辉长岩或以下地层为桩端持力层；基坑开挖时；建议以土钉墙挂网喷浆及锚喷法进行基坑支护，建议采用管井降水。

七十二、黄金时代广场岩土工程勘察（A、B、D座及地下车库）

2009年8月15日～9月10日，进行黄金时代广场岩土工程勘察。项目负责人：李树荣。报告编写人：李树荣、葛琳、苗德刚。项目来源：山东黄金置业有限公司时代广场分公司。完成主要工作：钻探111孔总进尺2536.3米，探井8个进尺64.1米，动力触探5.1米，标准贯入试验64次，原状土样61件，易溶盐分析样3件，方块样29件。取得主要成果：场地适宜建筑；场地内第2层、第3层黄土为非自重湿陷性黄土，湿陷程度为轻微—中等，场地地基湿陷等级为Ⅰ级（轻微）；场区内岩溶极发育，所有基础均在灰岩中，施工中应注意岩石的岩溶发育程度，进行一柱一探，并采取必要的工程物探手段，查明基础底部岩溶发育程度，发现溶洞采取毛石混凝土换填、注浆等相应处理措施，建议采用天然地基基础。经本次勘察后建成的黄金时代A座高度达123米。

七十三、青州中联水泥有限公司二期6000吨/天熟料水泥生产线带配套余热发电节能降耗环保综合技改工程岩土工程勘察

2009年8月31日～9月26日，进行青州中联水泥有限公司二期6000吨/天熟料水泥生产线带配套余热发电节能降耗环保综合技改工程岩土工程勘察。项目负责人：郑雪飞。报告编写人：李甫、魏海红、何瑞。项目来源：青州中联水泥有限公司。完成主要工作：钻探120孔总进尺5190.5米，标准贯入试验418次，土样338件。取得主要成果：场地土属中软场地土，属相对稳定场地；在干湿交替条件下，地下水对混凝土无腐蚀性，对钢筋混凝土结构中的钢筋无腐蚀性，对钢结构无腐蚀性；场区存在砂土液化现象，建议对于液化不敏感的、对地基土强度和变形要求较低的建筑选择粉土作为天然地基持力层，对于不需要考虑砂土液化只需提高承载力的建筑物，建议采用水泥土搅拌法进行复合地基处理，对荷重较大的附属构造物和重要建筑物采用桩基础；建议采用挖孔灌注桩或回转钻孔灌注桩；基坑开挖采用自然放坡。

七十四、盖佳花园 2 号高层住宅楼岩土工程勘察

2010 年 3 月 3～18 日，进行盖佳花园 2 号高层住宅楼岩土工程勘察。项目负责人：李甫。报告编写人：李甫。项目来源：济南市历城区华山镇盖家沟村民委员会。完成主要工作：钻探 12 孔总进尺 560 米(单孔孔深 30～60 米)，标准贯入试验 80 次，原状土样 73 件，水质分析 2 件。取得主要成果：场地土为中软场地土，适宜建筑；在干湿交替情况下，地下水对混凝土具微腐蚀性，对钢筋混凝土结构中的钢筋具微腐蚀性，对钢结构具微腐蚀性。建议采用桩基，以第 13 层粉质黏土及以下地层为基础持力层；基坑开挖时建议采用支护桩和预应力锚杆进行护坡，严禁边坡大量堆载，建议采用降水井降水。

七十五、滕州盛隆煤焦化二期工程化产部分补充勘查岩土工程勘察

2010 年 2 月 26 日～4 月 23 日，进行滕州盛隆煤焦化二期工程化产部分补充勘查岩土工程勘察。项目负责人：曾纯品。报告编写人：宫亮。项目来源：滕州盛隆焦化责任有限公司。完成主要工作：钻探 84 孔总进尺2409.32 米，标准贯入试验 141 次，原状土样 92 件，扰动土样 19 件，易溶盐分析 19 件，水质分析 2 件。取得主要成果：稳定场地，适宜建筑；在干湿交替条件下，地下水对钢筋混凝土结构中的钢筋具弱腐蚀性；建议熄焦塔、熄焦水池泵房、焦台和卸煤槽采用天然地基，筏板基础或独立基础；冷鼓电铺、脱硫及硫回收、硫胺、洗脱苯、天然地基无法满足基础荷载，建议以第 4 层粉质黏土或以下各层为基础持力层；烟囱、焦炉、煤塔、配煤仓、筛焦炉、粉碎炉采用桩基。

七十六、济南市华强广场岩土工程勘察

2010 年 4 月 8 日～5 月 4 日，进行济南市华强广场岩土工程勘察。项目负责人：曾纯品。报告编写人：何瑞、魏海红、张文刚。项目来源：济南华强广场置业有限公司。完成主要工作：钻探 73 孔总进尺 1881.4 米(单孔孔深 12～45 米)，动力触探 3.3 米，标准贯入试验 105 次，原状土样 39 件，水质分析 2 件。取得主要成果：场地土为中硬场地土，适宜建筑；地下水和场地土对混凝土结构具弱腐蚀性，对钢筋混凝土中的钢筋具弱腐蚀性，对钢结构具微腐蚀性。建议 B、C、D、E 座采取降低基底标高的方法，将基底标高降低至34.6 米及以下，采用天然地基筏板基础，亦可采用桩基础；建议选择较为稳定的第 7 层强风化闪长岩为持力层，并按摩擦桩考虑。

七十七、淄博淄川 SM 城市广场岩土工程勘察

2010 年 5 月 19 日～6 月 15 日，进行淄博淄川 SM 城市广场岩土工程勘察。项目负责人：曾纯品、黄薛。报告编写人：黄薛。项目来源：SM 广场（淄博）有限公司。完成主要工作：钻探 168 孔总进尺 7204.13 米（单孔孔深11.98～52.30 米），动力触探 19.8 米，标准贯入试验 379 次，岩样 101 件，原状土样 175 件，易溶盐分析样 6 件，水质分析 4 件。取得主要成果：场地土为中硬场地土，适宜建筑；场区地下水按环境类型在干湿交替作用时对混凝土结构具弱腐蚀性，长期浸水作用时具微腐蚀性；建议城墙为筏片基础，SM 城市广场采用桩基。

七十八、大众传媒大厦工程桩入岩勘察

2010 年 4 月 28 日～7 月 6 日，进行大众传媒大厦工程桩入岩勘察。项目负责人：黄薛。报告编写人：雷炳霄、魏海红。项目来源：山东大众报业集团有限公司。完成主要工作：钻探 189 孔总进尺 6520.54 米，岩样 56 件。取得主要成果：场区岩溶较发育，建议对桩端以下岩溶采用高压注浆的方式用水泥砂浆进行填充密实。主楼采用钻孔灌注桩基础形式。

七十九、3520 厂安置项目 1 号楼岩土工程勘察

2010 年 6 月 18 日～7 月 20 日，进行 3520 厂安置项目 1 号楼岩土工程勘察。项目负责人：刘建胜。报告编写人：薛保华。项目来源：山东莱钢建设置业有限公司济南分公司。完成主要工作：钻探 15 孔总进尺 445 米，标准贯入试验 63 次，原状土样 53 件。取得主要成果：场地土为中软场地土，适宜建筑；地下水对混凝土具微腐蚀性，对钢筋混凝土结构中的钢筋具弱腐蚀性；建议 1 号楼采用桩基础，优选预应力管桩，以第 8 层砾岩或第 9 层强风化闪长岩为桩端持力层。

八十、济南恒大绿洲四期岩土工程勘察

2010 年 9 月 18 日～10 月 11 日，进行济南恒大绿洲四期岩土工程勘察。项目负责人：曾纯品。报告编写人：雷炳霄。项目来源：恒大地产集团济南置业有限公司。完成主要工作：钻探 88 孔总进尺 2518.2 米（单孔孔深 21～46.5 米），动力触探 1.5 米，标准贯入试验 222 次，原状土样 257 件，易溶盐分析样 6 个，水质分析 2 件。取得主要成果：场地土类型属中软场地土，适宜建筑；地震特征周期值为 0.45 秒；地下水在干湿交替情况下，对混凝土具微腐蚀

性，对混凝土中的钢筋具微腐蚀性；建议 2 层商铺及普通地下车库采用天然地基，12# 楼、13# 楼、15# 楼、16# 楼、20# 楼、21# 楼采用钻孔灌注桩。

八十一、殷陈庄改造安置房工程岩土工程勘察

2010 年 11 月 10～30 日，进行殷陈庄改造安置房工程岩土工程勘察。项目负责人：曾纯品。报告编写人：张文刚。项目来源：山东熠宸置业公司。完成主要工作：钻探 100 孔总进尺 3055.10 米(单孔孔深 21.0～46.5 米)，动力触探 18.3 米，标准贯入试验 278 次，原状土样 116 件，水质分析 6 件。取得主要成果：场地土类型为中软场地土，适宜建筑；地下水对混凝土结构具弱腐蚀性，对钢筋混凝土结构中钢筋具弱腐蚀性。建议高层住宅楼采用桩基础，如果基础形式选用嵌岩桩，建议一桩一探；地下车库采用天然地基，筏板基础。

八十二、济南东舍坊片区初步岩土工程勘察

2011 年 2 月 28 日～3 月 16 日，进行济南东舍坊片区初步岩土工程勘察。项目负责人：史斌、曾纯品。报告编写人：史斌。项目来源：山东财富纵横置业有限公司。完成主要工作：钻探 23 孔总进尺 1125 米，动力触探 1.8 米，标准贯入试验 32 次，原状土样 1 件，水质分析 5 件。取得主要成果：场地土类型为中硬场地土，适宜建筑；地下水对混凝土具弱腐蚀性，对钢筋混凝土结构中的钢筋具弱腐蚀性；建议高层建筑采用桩基础，以第 8 层中风化灰岩为桩端持力层；地下车库采用独立或条形基础，以第 4 层全风化闪长岩为基础持力层，用灰土置换法消除黄土的湿陷性；建议基坑采用桩锚支护方案，降水井降水；拟建工程与黑虎泉距离较近，若开挖基坑应开展保泉论证。经该次勘察后建成的东舍坊片区，最高建筑高度达 168 米。

八十三、济南西客站综合客运枢纽工程(西广场停车楼项目)岩土工程勘察

2011 年 4 月 6～18 日，进行济南西客站综合客运枢纽工程(西广场停车楼项目)岩土工程勘察。项目负责人：李树荣。报告编写人：李树荣、马明国、刘鹏飞。项目来源：济南西客站交通运输有限公司。完成主要工作：钻探 29 孔总进尺 1080 米，动力触探 0.7 米，标准贯入试验 73 次，原状土样 72 件，扰动土样 3 件，水质分析 2 件。取得主要成果：拟建场地稳定，适宜建筑物建设；场地土对混凝土结构具微腐蚀性，对钢筋混凝土结构中的钢筋具微腐蚀性，对钢结构具微腐蚀性；建议采用钻孔灌注桩和预应力管桩。

八十四、济南市解放阁至舜井街片区岩土工程勘察

2011 年 4 月 15 日～5 月 15 日，进行济南市解放阁至舜井街片区岩土工程勘察。项目负责人：郑雪飞、曾纯品。报告编写人：郑雪飞、张文刚、史斌、李甫。项目来源：济南世茂置业有限公司。完成主要工作：钻探 296 孔总进尺 9784.6 米，动力触探 4.5 米，标准贯入试验 273 次，岩样 12 件，原状土样 67 件，易溶盐分析样 2 件，水质分析 2 件，高程测量点 296 个。取得主要成果：场区较稳定，较适宜建筑；地下水对混凝土具弱腐蚀性，对混凝土结构中钢筋具微腐蚀性；建议拟建零售和食品街采用天然地基，条形或独立基础，以第 2 层粉质黏土及以下地层为持力层；A、B、C、D、E 办公塔楼和百货楼采用钻孔灌注桩基础，选用第 6 层强风化闪长岩或第 8 层强风化大理岩为桩端持力层，在施工中注意对泉群的影响；多层建筑物以及地下室、地下车库基底标高 25.3 米，低于地下水标高，因此要进行抗浮设计，建筑抗浮设防水位标高按 32 米考虑；可选用排桩加悬挂式截水帷幕或地下连续墙进行支护，场区西侧舜井附近碳酸盐岩埋深较浅，建议结合保泉论证报告进行支护设计；该工程采用桩基后注浆工艺，减小桩长，防止破坏灰岩地层，从而保护泉水环境，可达到工程建设与保泉的和谐发展。

八十五、济南明湖白鹭郡岩土工程勘察

2011 年 3 月 8 日～6 月 18 日，进行济南明湖白鹭郡岩土工程勘察。项目负责人：李甫、曾纯品。报告编写人：李甫。项目来源：济南明湖天地置业有限公司。完成主要工作：钻探 228 孔总进尺 6429.28 米，动力触探 13.1 米，标准贯入试验 201 次，岩样 18 件，原状土样 146 件，易溶盐分析 2 件。取得主要成果：场地土为中软场地土，较适宜建筑；地下水及场地土对混凝土具微腐蚀性，对钢筋混凝土结构中的钢筋具微腐蚀性；建议地下车车库及裙楼采用天然地基，以第 2 层黄土及以下地作基础持力层，黄土具湿陷性，采用碎石置换或强夯处理；建议Ⅱ-1 号、Ⅱ-3 号、Ⅰ-12 号、Ⅰ-11 号、Ⅰ-10 号、Ⅰ-18 号、Ⅰ-6 号、Ⅰ-4 号、Ⅰ-13 号、Ⅰ-2 号住宅楼以第 2 层黄土及以下地为基础持力层，采用筏板或条形基础，黄土具湿陷性，采用碎石置换或强夯处理，或采用钻孔灌注桩以第 7 层强风化闪长岩为桩端持力层；建议Ⅱ-2 号、Ⅱ-4 号、Ⅱ-6 号、Ⅱ-7 号、Ⅱ-10 号、Ⅰ-5 号、Ⅰ-7 号、Ⅰ-9 号住宅楼采用桩基础，以第 8 层中风化闪长岩、第 9 层中风化灰岩为桩端持力层；建议采用物探手段查明持力层的溶洞发育情况，以便采取措施进行处理。

八十六、济南力高国际项目岩土工程勘察

2011 年 7 月 12～18 日,进行济南力高国际项目岩土工程勘察。项目负责人:李树荣。报告编写人:李树荣、葛琳、苗德刚。项目来源:山东力高房地产开发有限公司。完成主要工作:钻探 110 孔总进尺 4676.9 米,动力触探 3 米,标准贯入试验 79 次,原状土样 156 件,水质分析 2 件。取得主要成果:场地土为中软—中硬场地土,适宜建筑;地下水及场地土对混凝土具微腐蚀性,对钢筋混凝土结构中的钢筋具微腐蚀性;建议西侧商业楼采用天然地基,独立基础,以第 2 层黄土作为基础持力层,采用灰土置换处理或强夯处理,以消除黄土湿陷性;1～7 号楼及地下车库采用桩基础,以中风化大理岩、强风化闪长岩、中风化闪长岩为桩端持力层;基坑开挖时以土钉墙挂网喷浆及锚喷法进行支护,并进行基坑沉降观测。通过采用后压浆技术,缩短桩长,减少了桩基施工工期 56 天,并减少了桩基工程成本 800 万元。

八十七、奥体・天泰广场 C 地块项目岩土工程勘察

2011 年 8 月 22 日～9 月 9 日,进行奥体・天泰广场 C 地块项目岩土工程勘察。项目负责人:李树荣。报告编写人:李树荣、马明国、闫海波。项目来源:济南天泰置业有限公司。完成主要工作:钻探 65 孔总进尺 1355.5 米,动力触探 0.9 米,标准贯入试验 24 次,原状土样 21 件。取得主要成果:场地土为中软—中硬场地土,属可进行建设的一般场地;地下水及场地土对混凝土具微腐蚀性,对钢筋混凝土结构中的钢筋具微腐蚀性;建议住宅楼及办公楼采用人工挖孔灌注桩基础,幼儿园及地下车库采用天然地基;建议进一步查明岩溶发育情况,基坑开挖时采用锚喷支护方案,并进行专项基坑支护设计方案论证。

八十八、济南市盛福庄 B 地块岩土工程勘察

2011 年 9 月 10 日～11 月 10 日,进行济南市盛福庄 B 地块岩土工程勘察。项目负责人:郑雪飞、曾纯品。报告编写人:郑雪飞、孟焕梅、梁海方、张文刚、李玉兴。项目来源:山东东城置业有限公司。完成主要工作:钻探 169 孔总进尺 6005.9 米,动力触探 10 米,标准贯入试验 252 次,原状土样 155 件。取得主要成果:场区内有晚更新世以来的活动断裂,对场地稳定性具有一定影响,为较稳定场区,适宜建筑;地下水及场地土对混凝土结构及钢筋混凝土结构中的钢筋具微腐蚀性;建议拟建高层采用桩基础,亦可用 CFG 桩进行地基处理;采用喷锚、挂网进行边坡支护。

八十九、山东省千佛山医院保健综合楼岩土工程勘察

2011 年 8 月 23 日～2012 年 1 月 1 日，进行山东省千佛山医院保健综合楼岩土工程勘察。项目负责人：刘建胜。报告编写人：刘建胜、邵光宇。项目来源：山东省千佛山医院。完成主要工作：钻探 32 孔总进尺 649.7 米，动力触探 7.2 米，标准贯入试验 21 次，原状土样 27 件，易溶盐分析样 2 件。取得主要成果：场地土类型属中软场地土，适宜建筑；勘探深度内未见地下水；建议采用天然地基，对坡面进行挂网锚喷处理，进行专业基坑支护设计。

九十、济南市浪潮科技园 S01 科研楼项目岩土工程勘察

2011 年 10 月 5 日～2012 年 1 月 5 日，进行济南市浪潮科技园 S01 科研楼项目岩土工程勘察。项目负责人：宋恩武。报告编写人：李甫、宫亮、李玉兴、史斌、张文刚。项目来源：浪潮集团有限公司。完成主要工作：钻探 76 孔总进尺 3352.53 米，动力触探 13.8 米，标准贯入试验 24 次，岩样 28 件，原状土样 15 件，易溶盐分析样 2 件。取得主要成果：场区岩溶发育，地质条件复杂；场地土类型属中软场地土，适宜建筑；场地土对混凝土和钢筋混凝土结构中的钢筋具微腐蚀性；建议主楼采用天然地基，二区采用钻孔灌注桩深筏基础或独立基础，二区采用钻孔灌注桩时以第 8 层中风化泥灰岩和 9 层中风化石灰岩为桩端持力层；附属楼采用天然地基，片筏基础或独立基础。

九十一、济南・西溪名郡住宅楼建设项目岩土工程勘察

2011 年 9 月 25 日～2012 年 1 月 10 日，进行济南・溪名郡住宅楼建设项目岩土工程勘察。项目负责人：李树荣。报告编写人：李树荣、苗德刚、马明国、刘焕东、刘伟、刘鹏飞、闫海波。项目来源：济南市槐荫区美里湖办事处西沙王庄村民委员会。完成主要工作：钻探 321 孔总进尺 12388 米，动力触探 0.8 米，标准贯入试验 756 次，原状土样 530 件，扰动土样 31 件，易溶盐分析样 4 件，水质分析 4 件。取得主要成果：场区较稳定，适宜建筑；地下水和场地土对混凝土结构具微腐蚀性，对钢筋混凝土结构中的钢筋具微腐蚀性；建议高层部分采用后注浆钻孔灌注桩，公建部分采用天然地基。

九十二、济南统一企业有限公司方便面生产车间岩土工程勘察

2012 年 1 月 4 日～2 月 8 日，进行济南统一企业有限公司方便面生产车间岩土工程勘察。项目负责人：何瑞、曾纯品。报告编写人：梁海方、何瑞。项目来源：济南统一企业有限公司。完成主要工作：钻探 281 孔总进尺 4518

米,静力触探 94 个 1495 米,动力触探 0.8 米,标准贯入试验 398 次,原状土样 424 件,扰动土样 66 件,易溶盐分析样 3 件,水质分析 3 件。取得主要成果:场区为抗震不利地段,较适宜建筑;场区中部存在回填池塘及暗井,且局部池塘底部存在软弱淤泥地层,施工时应进行置换处理或夯实回填;场地土 20 厘米范围内,液化等级在轻微—中等,建议做夯实消除液化影响;油桶、面粉仓库采用预应力管桩,以第 10 层为桩端持力层,其他建筑采用天然地基筏板基础或独立基础,以第 2 层、第 3 层为基础持力层。

九十三、济南恒大雅苑项目首期综合楼、大门、1# ～7# 楼主楼岩土工程勘察

2012 年 1 月 13 日～2 月 23 日,进行济南恒大雅苑项目首期综合楼、大门、1# ～7# 楼主楼岩土工程勘察。项目负责人:雷炳霄、曾纯品。报告编写人:雷炳霄。项目来源:济南恒大西区置业有限公司。完成主要工作:钻探 66 孔总进尺 3659.52 米,动力触探 2.10 米,标准贯入试验 501 次,岩样 6 件,原状土样 409 件,易溶盐分析样 2 件,水质分析 2 件。取得主要成果:场地土为中软场地土,适宜建筑;在干湿交替情况下,地下水对混凝土具弱腐蚀性,对钢筋混凝土结构中的钢筋具微腐蚀性;建议 1# ～7# 楼采用桩基础,以第 9 层粉质黏土为桩端持力层;大门、综合楼采用天然地基,独立基础,以第 2 层粉土为基础持力层;基坑采用土钉墙支护。

九十四、尚品 · 燕园项目岩土工程勘察

2012 年 2 月 4 日～3 月 2 日,进行尚品 · 燕园项目岩土工程勘察。项目负责人:张文刚、曾纯品。报告编写人:张文刚、宫亮、梁海方、董淑娟。项目来源:济南源泰置业有限公司。完成主要工作:钻探 156 孔总进尺 5895.4 米,动力触探 38.2 米,标准贯入试验 317 次,原状土样 207 件,探坑 9 孔 54.7 米。取得主要成果:稳定场区,适宜建筑;场区地下水、场地土对混凝土结构具微腐蚀性,对钢筋混凝土结构中的钢筋具微腐蚀性;建议高层住宅楼采用桩基础,桩型优先选用端承型桩,地下车库及配套商业楼采用天然地基,条形或独立基础。

九十五、黄金山水郡四期工程详细勘查阶段岩土工程勘察

2011 年 12 月 30 日～2012 年 3 月 12 日,进行黄金山水郡四期工程详细勘查阶段岩土工程勘察。项目负责人:张文刚、曾纯品。报告编写人:张文刚、李玉兴。项目来源:山东海信绿苑房地产有限公司。完成主要工作:钻探

78 孔总进尺 1934.3 米，动力触探 15.7 米，标准贯入试验 192 次，岩样 15 件，原状土样 65 件，探坑 3 个 13.5 米。取得主要成果：场地土为中软场地土，适宜建筑；该场地属建筑抗震一般地段；该场地存在的湿陷等级为Ⅰ级（轻微）黄土湿陷，下伏灰岩及泥质灰岩存在岩溶现象，在设计施工时应注意，除此之外未发现其他不良地质作用；建议 54 号楼的东半部、57 号楼、地下车库采用天然地基，以全风化辉长岩、碎石土、粉质黏土为基础持力层，54 号楼西半部、55～56 号楼采用桩基础，以中风化辉长岩为桩端持力层；基坑南侧及东侧采用自然放坡，北侧及西侧采用土钉墙支护，直面挂网喷面。

九十六、临沂恒大绿洲项目首期桩勘工程岩土工程勘察

2012 年 3 月 10～30 日，进行临沂恒大绿洲项目首期桩勘工程岩土工程勘察。项目负责人：曾纯品。报告编写人：史斌、李玉兴。项目来源：济南恒大地产集团济南置业有限公司。完成主要工作量：钻探 471 孔总进尺9090.43 米，岩样 22 件。取得主要成果：场地土为中软场地土，较适宜建筑。19 号楼高层采用钻孔灌注桩基础，以第 6 层中风化粉砂质泥岩为桩端持力层，桩端进入中风化基岩 4 米以上。

九十七、潍坊滨海经济技术开发区怡居园小区岩土工程勘察

2012 年 1 月 31 日～4 月 5 日，进行潍坊滨海经济技术开发区怡居园小区岩土工程勘察。项目负责人：郑雪飞、曾纯品。报告编写人：郑雪飞。项目来源：潍坊滨海新城公有资产经营管理有限公司。完成主要工作：钻探 180 孔总进尺 6310 米，标准贯入试验 639 次，原状土样 408 件，扰动土样 322 件。取得主要成果：场地土类型属于中软场地土，适宜建筑，地下水对混凝土结构具弱腐蚀性，对钢筋混凝土结构中的钢筋在长期浸水时具微腐蚀性、在干湿交替时具强腐蚀性；场区内液化土层不宜直接作为天然地基持力层；建议 1～6 号、14～20 号、22～23 号楼采用应力管桩或钻孔灌注桩基础，桩基设计时应对液化土层进行折减，7～12 号等多层建筑及地下车库采天然地基，筏板基础。

九十八、济南恒大帝景项目首期工程 2# 楼岩土工程勘察

2012 年 4 月 15～30 日，进行济南恒大帝景项目首期工程 2# 楼岩土工程勘察。项目负责人：张文刚、黄薛。报告编写人：张文刚。项目来源：济南恒大翡翠华庭置业有限公司。完成主要工作：钻探 226 孔总进尺5155.83米，土样 408 件，岩样 24 件，高程测量点 226 个，坐标测量点 226 个。取得主要成果：场地土类型属中软场地土，适宜建筑；2# 楼采用人工挖孔灌注桩基础，桩

瑞进入第7层中风化闪长岩或第9层中风化大理岩不小于0.5米。

九十九、济南恒大雅苑二期工程岩土工程勘察

2012年7月21日～8月6日，进行济南恒大雅苑二期工程岩土工程勘察。项目负责人：史斌。报告编写人：史斌、李玉兴。项目来源：济南恒大西区置业有限公司。完成主要工作：钻探82孔总进尺3954.84米，动力触探3.1米，标准贯入试验262次，原状土样384件。取得主要成果：场区属稳定场地，较适宜建筑；地下水和场地土均对混凝土结构具微腐蚀性，对钢筋混凝土结构中的钢筋具微腐蚀性；建议商业楼和车库采用天然地基，片筏基础或独立基础，高层住宅楼采用钻孔灌注桩，以第9层粉质黏土为桩端持力层；对基坑用土钉墙进行支护，基坑必须降水，采用管井法降低地下水位。

一百、济南市历城区临港街道向阳村安置保障房建设项目岩土工程勘察

2012年11月26日～12月30日，进行济南市历城区临港街道向阳村安置保障房建设项目岩土工程勘察。项目负责人：姬广胜。报告编写人：柳浩然、高文锋、王亮亮、魏月、张丽红、徐源。项目来源：济南历城区临港街道办事处向阳村民委员会。完成主要工作：钻探40孔总进尺1300米，标准贯入试验114次，原状土样140件，水质分析5件。取得主要成果：场地土为中软场地土，较适宜建筑；地下水对混凝土具微腐蚀性，对钢筋混凝土结构中的钢筋具弱腐蚀性，对钢结构具中腐蚀性；建议采用预应力混凝土管桩基础或钻孔灌注桩基础，基坑采用喷锚支护措施。

一百零一、中建·长清湖岩土工程勘察(高层、小高层区)

2013年3月17日～4月1日，进行中建·长清湖岩土工程勘察。项目负责人：满湲。报告编写人：满湲、苏动、徐源。项目来源：济南中建信和置业有限公司。完成主要工作：钻探152孔总进尺5686米，动力触探7.8米，标准贯入试验285次，原状土样358件。取得主要成果：场地土为中软场地土，较适宜建筑；地下水和场地土对混凝土具微腐蚀性，对钢筋混凝土结构中的钢筋具微腐蚀性，对钢结构具微腐蚀性；建议商业楼及地下车库采用天然地基，条形或筏板基础，以第2层黄土及以下地层为基础持力层，并铺设一定厚度的灰土垫层；1～9号高层住宅楼采用钻孔灌注桩，以第6层或第7层圆砾为桩端持力层；10～13号小高层住宅楼采用复合地基进行地基处理或采用钻孔灌注桩。

一百零二、济南经四纬十二片区改造项目 A 地块岩土工程勘察

2013 年 3 月 19 日～4 月 7 日，进行济南经四纬十二片区改造项目 A 地块岩土工程勘察。项目负责人：张长龙。报告编写人：王宝春、盛根来、安海波等。项目来源：山东丰润置业有限公司。完成主要工作：钻探 52 孔总进尺 1802.1 米，标准贯入试验 143 次，土样 78 件，岩样 5 件，易溶盐分析样 3 件，水质分析 2 件。取得主要成果：场地土类型为中软场地土，属于抗震一般地段；场区地下水对混凝土结构在长期浸水条件下及在干湿交替条件下均具微腐蚀性；对钢筋混凝土结构中的钢筋在长期浸水时具微腐蚀性、干湿交替条件下具弱腐蚀性；建议沿街 1#、2# 商业楼将杂填土、局部 2-(1) 卵砾石挖除后，应进行褥垫处理，以消除应力集中对建筑物的不良影响，采用第 2 层粉质黏土作为基础持力层；高层建筑物采用钻孔灌注桩，桩径 800 毫米，以第 6 层中风化辉长岩为桩端持力层，桩端进入持力层深度不应小于 2 倍桩径，单桩竖向承载力特征值应通过现场静载荷试验确定。

一百零三、中海·舜风地块项目岩土工程勘察

2013 年 8 月 7 日～9 月 5 日，进行中海·舜风地块项目岩土工程勘察。项目负责人：姬广胜。报告编写人：姬广胜、马明国。项目来源：济南中海兴业房地产开发有限公司。完成主要工作：钻探 206 孔总进尺 3434.5 米，动力触探 3.1 米，标准贯入试验 6 次，原状土样 58 件，扰动土样 3 件。取得主要成果：场地稳定，适宜建筑；A 区 2 号楼、6 号楼、7 号楼基础持力层跨越不同的工程地质单元，工程特性差异显著，属不均匀地基，基底下土层厚度不大，当调整基底标高，基础落于中风化石灰岩时，可视为均匀地基；A 区 1 号楼、3 号楼、5 号楼、8 号楼、9 号楼、10 号楼、11 号楼、12 号楼，B 区 1 号楼、2 号楼、5 号楼、15 号楼属均匀地基；预测拟建建筑物地基变形小；建议 A 区基坑开挖深度 1.798～6.50 米，B 区基坑开挖深度 0.421～6.835 米；建议黏性土层采用锚杆或土钉墙结合挂网喷砼支护结构形式，合理确定相邻深浅不同基坑的开挖、隐蔽施工顺序，不得超挖，基坑周边堆载不得超过设计荷载限制条件；基坑土石方开挖完成后，应防止水浸和暴露，及时进行施工。

一百零四、济南趵突泉酿酒有限责任公司芝麻香白酒改造项目岩土工程勘察

2013 年 8 月 8 日～9 月 10 日，进行济南趵突泉酿酒有限责任公司芝麻香白酒改造项目岩土工程勘察。项目负责人：王爱民、宫亮。报告编写人：宫

亮。项目来源:济南趵突泉酿酒有限责任公司。完成主要工作:钻探 221 孔总进尺 3059 米,动力触探 7.6 米,标准贯入试验 73 次,岩样 18 件,原状土样 76 件。取得主要成果:场地土为中软—中硬场地土,局部为岩石;场地位于山麓斜坡,且大部分基槽开挖后为中风化岩石,裂隙发育,雨季时雨水易沿裂隙侵入、浸泡地基,建议做好相应的排水措施,可成立排水沟;场区第 4 层中风化石灰岩、第 4-(1)层中风化破碎石灰岩岩溶极发育,浅部基岩多发育为溶蚀破碎带,对建筑物基础稳定性影响大,为了确保拟建建筑物的稳定性,可以考虑采用毛石混凝土换填,或采取一定结构措施。

一百零五、东营万达广场岩土工程勘察

2013 年 5 月～10 月 18 日,进行东营万达广场岩土工程勘察。项目负责人:张文刚、黄薛。报告编写人:张文刚、李玉兴。项目来源:东营大连万达广场投资有限公司。完成主要工作:钻探 423 孔总进尺 23888 米,静力触探 39 个 1605 米,标准贯入试验 2133 次,原状土样 1821 件。取得主要成果:场地土类型为中软场地土;地下水对混凝土结构具弱腐蚀性;地面以下存在饱和砂土及粉土液化土层,场地液化等级严重;查明软土发育及分布情况及砂土液化程度,提出合理的桩基施工方案。工程采用后注浆灌注桩工艺,使桩基础造价降低 10％～15％,工期提前 20 余天。

一百零六、济南市地表水转地下水玉符河管线工程岩土工程勘察

2014 年 3 月 1 日,提交济南市地表水转地下水玉符河管线工程岩土工程勘察报告。项目负责人:王爱民、李玉兴。报告编写人:李玉兴、梁海方、姚松。项目来源:济南水务集团有限公司。拟建工程起点位于杨台村东侧、立新村西侧,主要沿玉符河流域,途经殷家林、催马、东渴马等村,终点位于寨尔而头村,管线全长 13250 米。完成主要工作:钻探 81 孔总进尺 1167 米,动力触探 28.3 米,标准贯入试验 67 次,原状土样 77 件,易溶盐分析样 20 件,水质分析 7 件。取得主要成果:场区适宜工程建设;河道内下游存在两处地表污水,需考虑对地表污水进行引排或降水;地表水、地下水场地土对混凝土及混凝土结构中的钢筋大都具微腐蚀性,对钢筋具弱腐蚀性;拟建管道地基为不均匀地基;在地下水高于开挖深度的 K8＋400～K12＋400 段需要进行降水;K4＋200～K4＋300 段分布有软土,建议施工时适当减小放坡率或采用钢板桩进行支护;K0＋000～K1＋700 段分布有黄土,厚度 4～8 米,建议在施工中采取防水、灰土垫层处理等措施。

一百零七、三箭学府工程岩土工程勘察

2014 年 2 月 20 日～4 月 3 日，进行三箭学府工程岩土工程勘察。项目负责人：张长龙。报告编写人：张长龙、董建华。项目来源：山东三箭房地产开发有限公司。完成主要工作：钻探 116 孔总进尺 3124.8 米，岩样 40 件。取得主要成果：拟建场地稳定，适宜建筑；场地土对混凝土结构具微腐蚀性，对钢筋混凝土结构中的钢筋具微腐蚀性；建议高层建筑采用天然地基，片筏基础，地下车库采用天然地基，独立基础或片筏基础。

一百零八、中建济南铁道职业技术学院二期改造项目岩土工程勘察

2014 年 8 月 30 日～10 月 15 日，进行中建济南铁道职业技术学院二期改造项目岩土工程勘察。项目负责人：曾纯品、宫亮。报告编写人：宫亮。项目来源：山东中建弘孚房地开发有限公司。完成主要工作：钻探 111 孔总进尺 4045 米，动力触探 5.2 米，标准贯入试验 107 次，岩样 116 件，原状土样 156 件，易溶盐分析样 20 件，水质分析 7 件。取得主要成果：场地土为中软场地土，较适宜建筑；地下水及场地土对混凝土具微腐蚀性，对混凝土结构中钢筋具微腐蚀性；建议沿街商业楼、地下车库及售楼处采用天然地基，片筏基础；高层建筑采用钻孔灌注桩基础，以第 7 层强风化闪长岩及其以下各层为桩端持力层；个别钻孔有掉钻现象，可能场区存在墓穴或防空洞，建议探明地下洞穴分布情况，并将其清除；抗浮水位标高 45 米。

一百零九、山东省千佛山医院儿科诊疗基地暨医技手术中心楼岩土工程勘察

2014 年 5 月 23 日～10 月 30 日，进行山东省千佛山医院儿科诊疗基地暨医技手术中心楼岩土工程勘察。项目负责人：满溪。报告编写人：满溪、苏动。项目来源：山东省千佛山医院。完成主要工作：钻探 24 孔总进尺 389.8 米（单孔孔深 15～25 米），重力 2 型动力触探 2.7 米，标准贯入试验 12 次，原状土样 16 件，探坑样 3 件。取得主要成果：场地土为中软场地土，适宜建筑；场地不良地质现象主要为岩溶和黄土，第 2 层黄土为非自重湿陷性黄土，湿陷程度为轻微，湿陷等级为Ⅰ级（轻微）；场区土对混凝土结构具微腐蚀性，地层渗透性土对混凝土结构具微腐蚀性，对钢筋混凝土结构中的钢筋具微腐蚀性，土对钢结构具微腐蚀性。建议第 5-(1)层中风化石灰岩（破碎）或第 5 层中风化石灰岩作为主要持力层，采用独立基础或筏板基础，局部将第 3-(1)层碎石土和溶洞充填物进行挖除，采用毛石混凝土进行换填；基坑开挖后对基础

范围内地基进行物探测试或施工勘查,查明岩溶分布范围及发育规模,对基坑进行挂网锚喷的支护方式,施工时对基坑及周边建筑物进行监测。

一百一十、滨州市北海经济开发区民营产业园车间岩土工程勘察

2014年10月20日～11月10日,进行滨州市北海经济开发区民营产业园车间岩土工程勘察。项目负责人:王宝春。报告编写人:盛根来、韩永东、郝明盛等。项目来源:滨州北海民营经济产业园有限公司。完成主要工作:钻探332孔总进尺11267.2米,标准贯入试验686次,土样469件,易溶盐分析样2个。取得主要成果:场地土类型为中软场地土,属于可进行建设的一般场地;场地液化等级为轻微—中等,局部严重;地下水对混凝土结构腐蚀等级为强,对钢筋混凝土结构中的钢筋腐蚀等级为强;对中小荷载及变形要求不严格的构筑物,建议采用CFG桩复合地基或预制桩基础,以第5层粉砂或以下地层作为桩端持力层,桩长为地面以下18～25米;对需要消除液化的建筑物,建议采用挤密碎石桩与CFG桩进行联合地基处理;场区内不存在湿陷性黄土,存在多层砂且厚度较大,采用管桩或预制桩压桩较困难且不易进入持力层,需要用长螺旋钻机进行引孔。

一百一十一、黄金时代广场A座岩土工程勘察

2014年7月～2015年3月10日,进行黄金时代广场A座岩土工程勘察。项目负责人:孙玉松。报告编写人:苗德刚、葛琳。项目来源:山东黄金地产旅游集团有限公司时代广场分公司。完成主要工作:钻探53孔总进尺2154米,动力触探9.9米,标准贯入试验38次,原状土样61件,易溶盐分析样8件。取得主要成果:场地土类型属中软场地土,较适宜进行建筑;场区内灰岩岩溶较发育,所有基础均在灰岩中,施工中应注意岩石的岩溶发育程度,进行一柱一探或施工勘察,并采取必要的工程物探手段,查明基础底部岩溶发育程度,发现溶洞采取毛石混凝土换填、注浆等相应的处理措施;建议采用天然地基。

一百一十二、中建铁院D-1地块10#、11#楼桩基础施工勘查岩土工程勘察

2015年3月30日～4月30日,进行中建铁院D-1地块项目10#、11#楼桩基勘查工程岩土工程勘察。项目负责人:张文刚。报告编写人:宫亮。项目来源:山东中建弘孚房地产地开发有限公司。完成主要工作:钻探225孔总

进尺 5929.9 米，岩样 82 件，高程测量点 225 个，坐标测量点 225 个。取得主要成果：稳定场地，适宜建筑；场区地下水对混凝土结构具微腐蚀性，对钢筋混凝土结构中的钢筋在长期浸水条件下具微腐蚀性、在干湿交替条件下具弱腐蚀性。建议 10#、11# 楼采用钻孔灌注桩基础，10# 楼有效桩长不小于 19.5 米，11# 楼有效桩长不小于 19 米。

一百一十三、创业·齐悦花园三期居住小区 K1#～K2#、K15#～K19# 住宅楼，G02、G03 公建，社区服务中心、换热站及地下车库岩土工程勘察

2015 年 3 月 7 日～5 月 24 日，进行创业·齐悦花园三期居住小区 K1#～K2#、K15#～K19# 住宅楼，G02、G03 公建，社区服务中心、换热站及地下车库岩土工程勘察。项目负责人：孙玉松。报告编写人：孙玉松。项目来源：创业房地产开发有限公司。场区建筑面积超过 10 万平方米。完成主要工作：钻探 207 孔总进尺 4966 米，动力触探 25.5 米，标准贯入试验 1242 次，岩样 2 件，原状土样 1059 件，扰动土样 156 件，水质分析 17 件。取得主要成果：场区适宜建筑；地下水及场地土对混凝土具弱腐蚀性，对混凝土结构中钢筋具微腐蚀性；建议 K1、K2、K4、K6、K9、K15 住宅楼采用天然地基，筏板基础，以第 3 层粉质黏土为基础持力层；K3、K7、K8、K16、K19 住宅楼采用钻孔灌注桩基础（嵌岩桩），以第 8-(3) 层中风化砂岩为桩端持力层；K2、K6、K9、K18 住宅楼采用复合地基（CFG 桩）；基坑开挖时建议放坡开挖，必要时可采用土钉墙进行支护；基础施工完毕后，应及时采用素土回填，进行场地整平；回填素土应分层夯实，压实系数不应小于 0.95。

一百一十四、国家林产工业科技示范园区探沂片区岩土工程勘察

2016 年 3 月 25 日～4 月 18 日，进行国家林产工业科技示范园区探沂片区岩土工程勘察。项目负责人：姬广胜。报告编写人：姬广胜、任书才、刘振阳。项目来源：临沂天健置业有限责任公司。完成主要工作：钻探 392 孔总进尺 3486 米，标准贯入试验 131 次，岩样 20 件，原状土样 136 件，易溶盐分析样 2 件，水质分析 2 件。取得主要成果：场地为稳定场地，适宜建筑；地下水对混凝土结构及钢筋混凝土结构中钢筋具有微腐蚀性；该区场地土对混凝土结构及钢筋混凝土结构中钢筋具有微腐蚀性；场区地形平坦开阔，建议消防水池基坑开挖进行适当放坡开挖。

一百一十五、淄博恒大帝景岩土工程勘察

2016 年 4 月 21 日～5 月 25 日，进行淄博恒大帝景岩土工程勘察。项目负责人：张志刚、黄薛。报告编写人：张志刚、雷炳霄。项目来源：淄博恒大泛华置业有限公司。完成主要工作：钻探 51 孔总进尺 1620.14 米，标准贯入试验 93 次，岩样 30 件，原状土样 77 件，扰动土样 34 件，易溶盐分析样 10 件，水质分析 2 件。取得主要成果：场地土为中软场地土，适宜建筑；地下水对混凝土结构及其中的钢筋具弱腐蚀性，场区土对混凝土结构及其中的钢筋具微腐蚀性；建议采用泥浆护壁钻(冲)孔桩，采用土钉墙支护方案对基坑进行支护。

一百一十六、济南黄金国际广场项目岩土工程勘察

2016 年 7 月～8 月 25 日，进行济南黄金国际广场项目岩土工程勘察。项目负责人：武法伟、黄薛。报告编写人：李玉兴、雷炳霄、宫亮、张志刚、陈熙、王洪祯、王蓉。项目来源：山东黄金启东置业有限公司。完成主要工作：钻探 73 孔总进尺 2844.6 米，标准贯入试验 100 次，岩样 64 件，原状土样 154 件，易溶盐分析样 3 件。取得主要成果：场区较适宜建筑；建议主塔楼总体采用天然地基，局部桩基，采用桩径不大于 1 米的桩基础；裙房、地下车库采用天然地基独立基础或筏形基础；建议优先选用有利于抗震的结构体系和建筑材料。经该次勘察后建成的济南黄金国际广场，最高建筑高度达 205 米。

一百一十七、海晏门片区改造工程岩土工程勘察

2016 年 8 月 27 日～10 月 28 日，进行海晏门片区改造工程岩土工程勘察。项目负责人：任书才、李甫。报告编写人：李甫、刘小建。项目来源：山东恒伟置业有限公司。完成主要工作：钻探 66 孔总进尺 2420 米，动力触探 1 米，标准贯入试验 116 次，岩样 12 件，原状土样 84 件，水质分析 2 件。取得主要成果：场地土为中软场地土，较适宜建筑；地下水位埋深 1.4～2.5 米，建筑抗浮设计水位标高 26.2 米；地下水和场地土对混凝土具微腐蚀性，对混凝土结构中钢筋具微腐蚀性；建议 1～4 号楼采用桩基础，以第 7 层中风化闪长岩为桩端持力层；配套公建、幼儿园和车库采用天然地基，片筏或独立基础，以第 4 层粉质黏土、第 4-(1)层碎石为基础持力层。

一百一十八、金汇·瀚玉城详勘项目 A2、A3、A4、A5 地块岩土工程勘察

2014 年 2 月 10 日～2018 年 3 月 10 日，进行金汇·瀚玉城详勘项目 A2、A3、A4、A5 地块岩土工程勘察。项目负责人：张志刚、王爱民、李甫。报告编写人：张志刚、李甫、姚松、张文刚、王爱民、董军。项目来源：山东金汇信置业有限公司。该项目建设地点为大汉峪村旧址，旅游路南侧，包括 A2、A3、A4、A5 四个地块。完成主要工作：钻探 460 孔总进尺 12236 米，探坑 10 个，进尺 35 米，动力触探 12.20 米，标准贯入试验 153 次，岩样 100 件，原状土样 109 件，易溶岩分析样 30 件。取得主要成果：场区适宜进行工程建设；场土土对混凝土结构具微腐蚀性，场地土对钢筋混凝土结构中的钢筋具微腐蚀性；建议采用筏板基础或桩基；场区岩溶裂隙发育，局部分布有溶洞，以天然地基作基础时，建议基坑开挖后做物探，以查明溶洞的分布规律及大小。

第五节　主要获奖成果

1958 年 3 月建队至 2017 年 12 月，八〇一队共有 73 项工程地质成果荣获厅局级以上奖励。其中省部级奖励 16 项(壹等奖 3 项，贰等奖 3 项，叁等奖 6 项，肆等奖 1 项，优质工程金质奖 1 项，优质工程奖 1 项，银质奖 1 项)，厅局级奖励 57 项(“十二五”十大科技成果奖 1 项、壹等奖 26 项、贰等奖 20 项、叁等奖 10 项)。

表 2-2-1　　1958 年建队至 2017 年工程地质获奖成果一览表

序号	获奖成果名称	奖励名称	奖励等级	授奖部门	获奖时间
1	山东省鲁南水泥厂工程地质详细勘查阶段报告	地质勘查	肆等奖	地矿部成果奖励评审委员会	1987.8
2	山东禹城发电厂第三期扩建工程地质勘查报告	地质勘查	叁等奖	地质矿产部优秀工程勘察奖评选委员会	1992.3
3	京杭运河万年闸枢纽船闸工程地质勘察报告	优秀工程咨询成果	叁等奖	山东省工程咨询协会	1996.1

续表

序号	获奖成果名称	奖励名称	奖励等级	授奖部门	获奖时间
4	京杭运河万年闸枢纽工程地质勘查	优秀工程勘察	贰等奖	国土资源部	1999.1
5	中国银行聊城分行中银大酒店工程地质勘查	优秀工程勘察	贰等奖	国土资源部	1999.1
6	山东省青岛集浩海景广场高层群体建筑工程地质勘查	优秀工程勘察	壹等奖	地矿部	1996.11
7	山东省青岛市延安路—宁夏路环式立交桥工程地质勘查	优秀工程勘察	贰等奖	地矿部	1996.11
8	临沂电厂Ⅷ期扩建可行性研究工程地质勘测	优秀工程勘察	叁等奖	地矿部山东地质矿产勘查开发局（地矿部授权）	1996.11
9	山东省千佛山医院门诊医技综合楼工程	国家优质工程	银质奖	国家工程建设质量奖审定委员会	2008.11
10	济南遥墙机场航站区扩建工程航站楼岩土工程	全国优秀工程勘察设计行业	叁等奖	中国勘察设计协会	2009.3
11	贵和世纪佳苑岩土工程勘察	全国优秀工程勘察设计行业	叁等奖	中国勘察设计协会	2011.11
12	青岛海湾大桥岩土工程勘察	全国优秀工程勘察设计	壹等奖	中国勘察设计协会	2013.11
13	烟台市滨海公路海阳段丁字河口大桥施工图设计阶段工程地质勘查	全国优秀工程勘察设计行业	叁等奖	中国勘察设计协会	2015.11

续表

序号	获奖成果名称	奖励名称	奖励等级	授奖部门	获奖时间
14	黄金时代广场地质勘查项目岩土工程勘察	全国优秀工程勘察设计行业	叁等奖	中国勘察设计协会	2015.11
15	济南世茂国际广场项目岩土工程勘察	全国优秀工程勘察设计行业奖	壹等奖	中国勘察设计协会	2017.11
16	临沂国家林产工业科技示范园区项目(供热中心、供汽管网、橡胶坝供水工程及标准厂房)	2016－2017年度国家优质工程	金质奖	中国施工企业管理协会	2017.12
17	山东省千佛山医院儿科诊疗基地暨医技手术中心楼岩土工程勘察报告	2016－2017年度国家优质工程	优质工程奖	中国施工企业管理协会	2017.12
18	京杭运河万年闸枢纽船闸工程地质勘查报告	优秀工程勘察	叁等奖	省建委	1998.9
19	中行聊城中银大酒店工程勘察报告	优秀工程勘察	叁等奖	省建委	1998.9
20	蓬莱田横山景区崖间栈道工程地质勘测	优秀工程勘察设计	贰等奖	省建设厅、省科技厅	2000.8
21	邹平县西王热电厂岩土工程勘察	优秀工程勘察设计	贰等奖	省建设厅	2002.4
22	济南黄金时代鸣翠谷(原黄河公园)一、二、三期岩土工程勘察	优秀工程勘察设计	叁等奖	省建设厅、山东省优秀工程勘察设计评选委员会	2005.12

续表

序号	获奖成果名称	奖励名称	奖励等级	授奖部门	获奖时间
23	青岛市滨海公路仰口隧道岩土工程勘察报告	优秀工程勘察设计	贰等奖	省建设厅、山东省优秀工程勘察设计评选委员会	2008.4
24	济南遥墙机场航站区扩建工程航站楼岩土工程	优秀工程勘察设计	壹等奖	省建设厅、山东省优秀工程勘察设计评选委员会	2008.4
25	蓬莱田横栈道维修加固工程	优秀工程勘察设计	贰等奖	省住房和城乡建设厅	2009.7
26	全运村一期 E、F、G、H、I、J、Q 地块岩土工程勘察	优秀工程勘察设计	壹等奖	省住房和城乡建设厅	2011.7
27	贵和世纪佳苑岩土工程勘察	优秀工程勘察设计	贰等奖	省住房和城乡建设厅	2011.7
28	青岛海湾大桥岩土工程勘察	优秀工程勘察设计	壹等奖	省住房和城乡建设厅	2013.8
29	济南华强广场项目岩土工程勘察	优秀工程勘察设计	贰等奖	省住房和城乡建设厅	2013.8
30	烟台市滨海公路海阳段丁字河口大桥施工图设计阶段工程地质勘查	优秀工程勘察设计成果竞赛	壹等奖	省住房和城乡建设厅	2015.7
31	黄金时代广场地质勘查项目岩土工程勘察	优秀工程勘察设计成果竞赛	壹等奖	省住房和城乡建设厅	2015.7

续表

序号	获奖成果名称	奖励名称	奖励等级	授奖部门	获奖时间
32	济南世茂国际广场项目岩土工程勘察	优秀工程勘察设计成果	壹等奖	省住房和城乡建设厅	2017.9
33	威海市江家寨互通立交桥工程地质勘查报告获	优秀工程勘察设计成果	贰等奖	省住房和城乡建设厅	2017.9
34	山东省千佛山医院保健综合楼岩土工程勘察	工程勘察设计成果竞赛	叁等奖	省住房和城乡建设厅	2015.7
35	青岛海湾大桥地质数据综合分析及北部湾区岩土体特征研究	山东省国土资源科学技术奖	壹等奖	省国土资源厅	2013.11
36	中国银行聊城分行中银大酒店工程地质勘查	优秀工程勘察	壹等奖	省地勘局	1998.3
37	京杭运河万年闸枢纽船闸工程地质勘查	优秀工程勘察	壹等奖	省地勘局	1998.3
38	邹平县西王热电厂岩土工程勘察	优秀工程勘察	壹等奖	省地勘局	2002.7
39	济南市中心医院病房楼工程勘察	优秀工程勘察	贰等奖	省地勘局	2002.7
40	全运村一期 E、F、G、H、I、J、Q 地块岩土工程勘察	优秀工程勘察	壹等奖	省地勘局	2011.7
41	中国民用航空济南空中交通管理中心航管楼、中心塔台工程勘察	优秀工程勘察	壹等奖	省地勘局	2003.11

续表

序号	获奖成果名称	奖励名称	奖励等级	授奖部门	获奖时间
42	济南市南郊热电厂工程勘查	优秀工程勘察	贰等奖	省地勘局	2003.11
43	惠民县热电厂工程勘察	优秀工程勘察	贰等奖	省地勘局	2003.11
44	济南黄金时代鸣翠谷(原黄河公园)一、二、三期岩土工程勘察	优秀工程勘察	壹等奖	省地勘局	2005.11
45	济南遥墙机场航站区扩建工程航站楼、登机桥岩土工程勘察	优秀工程勘察	壹等奖	省地勘局	2005.11
46	滨化集团热电厂主厂房、烟囱、凉水塔及其辅助建筑物岩土工程勘察	优秀工程勘察	贰等奖	省地勘局	2005.11
47	邹平县韩店平原水库可行性研究阶段岩土工程勘察	优秀工程勘察	叁等奖	省地勘局	2005.11
48	曲阜新区世纪新城B段地项目岩土工程勘察报告①	科学技术进步	叁等奖	省地勘局	2006.12
49	济南遥墙机场航站区扩建工程航站楼岩土工程勘察	优秀工程勘察	壹等奖	省地勘局	2007.9
50	青岛市滨海公路仰口隧道岩土工程勘察	优秀工程勘察	壹等奖	省地勘局	2007.9

① 详细勘察

续表

序号	获奖成果名称	奖励名称	奖励等级	授奖部门	获奖时间
51	山东省千佛山医院门诊医技综合楼工程勘察	优秀工程勘察	贰等奖	省地勘局	2007.9
52	蓬莱田横栈道维修加固工程	优秀工程勘察	贰等奖	省地勘局	2009.9
53	贵和世纪佳苑岩土工程勘察	优秀工程勘察	壹等奖	省地勘局	2011.7
54	济南市裕兴化工有限责任公司金红石型钛白粉项目主装置10万吨/年工程勘察	优秀工程勘察	贰等奖	省地勘局	2011.7
55	锦绣泉城—未来城9#岩土工程勘察	优秀工程勘察	叁等奖	省地勘局	2011.7
56	永大颐和园小区岩土工程勘察	优秀工程勘察	叁等奖	省地勘局	2011.7
57	仁丰片区棚户区改造工程勘察	优秀工程勘察	贰等奖	省地勘局	2013.7
58	济南华强广场项目岩土工程勘察	优秀工程勘察	贰等奖	省地勘局	2013.7
59	济南裕兴化工有限责任公司搬迁改造100千吨/年金红石型钛白粉项目3×75吨锅炉房装置区项目岩土工程勘察	优秀工程勘察	叁等奖	省地勘局	2013.7

续表

序号	获奖成果名称	奖励名称	奖励等级	授奖部门	获奖时间
60	青岛海湾大桥岩土工程勘察	优秀工程勘察	壹等奖	省地勘局	2013.7
61	烟台市滨海公路海阳段丁字河口大桥施工图设计阶段工程地质勘查	优秀工程勘察	壹等奖	省地勘局	2013.7
62	黄金时代广场地质勘查项目岩土工程勘察	优秀工程勘察成果竞赛	壹等奖	省地勘局	2015.12
63	山东省千佛山医院保健综合楼岩土工程勘察	优秀工程勘察成果竞赛	贰等奖	省地勘局	2015.12
64	青岛海湾大桥岩土工程勘察	“十二五”	十大地质成果	省地勘局	2015.12
65	济南世茂国际广场项目岩土工程勘察	优秀工程勘察	壹等奖	省地勘局	2017.9
66	济南市浪潮科技园S01科研楼项目岩土工程勘察报告	优秀工程勘察	壹等奖	省地勘局	2017.9
67	东营万达广场岩土工程勘察报告获	优秀工程勘察	贰等奖	省地勘局	2017.9
68	威海市江家寨互通立交桥工程地质勘查报告	优秀工程勘察	壹等奖	省地勘局	2017.9
69	济南力高国际项目岩土工程勘察	优秀工程勘察	壹等奖	省地勘局	2017.9

续表

序号	获奖成果名称	奖励名称	奖励等级	授奖部门	获奖时间
70	滨州市北海经济开发区民营产业园车间岩土工程勘察	山东岩土工程技术创新	壹等奖	山东土木建筑学会	2015.12
71	济南经四纬十二片区改造项目A地块岩土工程勘察	山东岩土工程技术创新	壹等奖	山东土木建筑学会	2015.12
72	山东省文登至莱阳高速公路威海段KC1标段工程地质勘查	山东岩土工程技术创新	贰等奖	山东土木建筑学会	2015.12
73	济南机场二平滑向南北两侧延伸工程详细勘察、测绘项目	山东岩土工程技术创新	贰等奖	山东土木建筑学会岩土工程专业委员会	2016.12

第三章　环境地质

20 世纪 80 年代以前，完成潍坊市区、济南地区、山东省淄博市临淄制药厂地下水油类污染勘查等工作。20 世纪 90 年代起，面对人口的日益增长和国民经济的快速发展，人口、资源、环境之间的矛盾日益突出，环境地质问题频发，八〇一队进行大量的环境地质调查、评价、治理工作，陆续完成淄博市、利津县、东营市、济南市等地的区域环境地质勘查工作，以及大量的专项环境地质勘查、环境修复治理工作。

截至 2017 年 12 月，提交区域环境地质勘查 13 项、专项环境地质勘查 18 项、环境修复成果 85 项，累计提交 116 项环境地质成果，调查面积 26905.65 平方千米，参与出版图书 2 册。其中获得省部级奖 3 项，厅局级奖 11 项，学会奖 3 项。

第一节　区域环境地质勘查

1999～2015 年，完成生态环境地质调查、环境承载力评价、环境影响监测等 13 项区域环境地质调查工作。累计调查面积 14801.36 平方千米，查明调查区内环境地质条件、环境地质问题，并进行相应的分析与评价，为区域经济开发和环境保护提供了依据。

一、环境地质编图及研究

(一)山东省环境地质图(1∶50 万)

2008 年 5 月，编制山东省环境地质图(1∶50 万)。项目负责人：张中祥。主要完成人：张中祥、张海林、李常锁等。因环境地质问题在一定程度制约了山东发展，影响到人民的生活健康，省地勘局下达编制《山东省环境地质图(1∶50 万)》任务书，系统总结研究山东省环境地质问题。取得主要成果：该图利用普染色、符号、线条等，反映山东省环境地质分区、崩塌、滑坡、泥石流、地面塌陷、地面沉降、土地盐渍化、地方病、海(咸)水入侵、海岸带变迁、地质环境、水文地质环境、工程地质环境、活动性断裂、地震(发生时间及地点)等内容。

(二) 山东省地质环境问题研究

2010 年 2 月，参与出版《山东省地质环境问题研究》。编写人：徐军祥、赵书泉、康凤泉等。该书对山东省 50 年来地质环境研究成果进行总结，是关于山东省区域地质环境、地下水环境、地质灾害及主要地质环境问题等的综合性地学专著。专著共分 3 篇 14 章，综合评价山东省地质环境质量；对主要地质环境问题进行全面分析，提出相应的防治措施；对典型城市地质环境问题进行专题研究，从地质工程角度，为实现经济社会可持续发展提出改善山东省地质环境的对策建议，为政府制定区域发展规划提供科学依据。

二、综合环境地质调查

1999～2012 年，共完成 4 项综合环境地质调查，其中包括济南市、利津县 2 项环境地质调查评价，以及先后两次对淄博市进行地质环境监测(2006 年度、2011 年度)。累计调查面积 6748 平方千米。

(一)济南市环境地质调查评价

1999 年 3～12 月，编制济南市环境地质调查评价报告。项目负责人：邢立亭。报告编写人：邢立亭、高明志、王俊兰等。为配合济南市地质矿产技术监测中心掌握济南市环境地质现状，对济南市中心城市规划区进行环境地质调查工作。完成主要工作：机(民)井调查 109 眼，水源地调查 12 个，地下水动态长期观测 51 个，水位统测 109 点，统测次数 218 点次，房裂调查村庄 31 个，垃圾调查 14 点，地面塌陷调查 6 点，崩塌调查点 16 点，工程地质钻探 50 个进尺 1031.26 米，探井 3 个进尺 4.2 米，水质专项分析 37 件，原状土样 157 件，湿陷性土样 3 件，渗水试验 6 组，室内渗透性测试 8 组。取得主要成果：查明“三废”污染、环境工程地质问题以及地面塌陷、地裂缝等分布情况，为防灾减灾、城市规划以及重点工程建设提供依据。

(二)山东省淄博市 2006 年度地质环境监测

2007 年 2 月，受省地勘局委托，提交山东省淄博市 2006 年度地质环境监测简报。报告编写人：武羽晓、汪新芹、刘广义等。取得主要成果：对淄博市地面塌陷、岩土变形、渣堆崩塌、闭坑区地下水污染等矿区地质灾害、主要供水水源地的水质现状及潜在的主要污染、地下水开采引起的主要环境问题超采漏斗、水质污染、泉水断流、地面沉降及主要河流水质现状进行简单叙述。

(三)山东省利津县地质环境综合调查

2007 年 11 月～2012 年 4 月，编制山东省利津县地质环境综合调查报告。项目负责人:张金兰。报告编写人:张金兰、赵永安、王合秋等。2006 年 8 月，省国土资源厅批准立项，对山东省利津县地质环境进行综合调查，由八〇一队承担该项目。完成主要工作:1∶10 万水工环、地质矿产调查 1256.6 平方千米，1∶5 万水文、环境地质测量和专项矿产 400 平方千米，土壤元素全量分析样 21 件，土壤元素可溶性含量分析样 21 件，土壤有害元素分析样 21 件，浅层地下水位统测 44 点 88 次。取得主要成果:查明工作区内地下水基本未开采利用，浅层淡水富水性较好区分布在利津县南宋—利津县城东近黄河一带；主要矿产资源为石油、天然气、地热资源；工程地质问题主要为砂土液化和软土分布，全区地壳稳定性为稳定—较稳定，工程地质环境质量评价分区划分为基本稳定区；境内环境地质问题主要为土壤盐碱化、水土污染和海岸侵蚀，地质灾害主要为地面沉降；以地质环境质量评价结果为基础，将利津县城镇规划建设地质环境适宜性分为适宜区、一般适宜区和适宜性差区。

(四)山东省淄博市 2011 年度地质环境监测

2012 年 11 月，受省地勘局委托，提交山东省淄博市地质环境检测报告。项目负责人:徐士民。报告编写人:马超等。完成主要工作:水质分析 15 件。取得主要成果:淄博市 2011 年全市平均降水量 819.7 毫米，比上年增加188.8 毫米；2011 年全市实际开采地下水 67471 万立方米，其中桓台县、张店区地下水开采率大于 100%，为严重超采区；淄博市大武水源地自 2001 年 9 月开始减采，其地下水年均水位逐年回升；本次评价的水源地中，水质较往年有一定好转；淄博市共有地质灾害点 149 处，地质灾害发生规模较小，但地质灾害点众多，应给予高度重视。

三、专题环境地质调查

2000～2015 年，共完成 8 项专题性环境地质调查，其中包括资源环境承载力调查、地下空间资源开发地质环境问题评价、交通、电力、水利工程环境地质评价、工程地质条件及城市建设适宜评价等。累计调查面积 8053.36 平方千米。

(一)山东省利津县引黄水库地质环境影响监测与评价

2000 年 4～12 月，编制山东省利津县引黄水库地质环境影响监测与评价报告。项目负责人:王俊兰。报告编写人:王俊兰、张伟等。受东营市地质矿产局和利津县地质矿产局委托，为减少引黄水库对地质环境的不利影响，使之最大限度地服务于工农业生产和居民生活，进行山东省利津县引黄水库地质环境影响监测与评价工作。取得主要成果：汀罗和驾屋河属引黄下卧式水库，对周围的地质环境起改良作用；利津和城南属引黄地上水库，对周围的地质环境已产生不良影响；利津县引黄沟渠纵横，由于年久失修，两岸存在着沙化的隐患；利津县浅层地下水类型以氯化物钙型为主，矿化认普查较高，只在县城西南部的南宋乡、北宋镇及沿黄滩涂存在矿化度小于 2 克/升的淡水。

(二)京沪高速铁路通过济南市济西水源地安全性评价

2003 年 11 月，提交京沪高速铁路通过济南市济西水源地安全性评价报告。项目负责人：李常锁。报告编写人：李常锁、张金兰、赵新华等。受铁道部第三勘察设计院委托，对高速铁路经过地段地下水开采是否引起地面变形或地面塌陷，以及工程建设对水源地的影响进行评价。完成主要工作：水文地质调查 88 平方千米，水文地质井孔调查 40 个，GPS 定位 40 个。取得主要成果：在 2003 年开采条件下，济西大杨庄水厂不会发生地面沉降、地面塌陷等环境地质问题；在应急地下水开采量 4633 万立方米/天条件下，最大水位下降处可达第四系底板以下，存在地面塌陷的潜在危险；崔马—罗而庄一带的玉符河河道在汛期有地面塌陷的可能性；评价区在 15 米深度内一般砂层分布很少，发生砂土液化的可能性小。

(三)京沪高速铁路(山东段)环境地质调查评价

2008 年 11 月～2012 年 12 月，编制京沪高速铁路(山东段)环境地质调查评价报告。项目负责人：袁春鸿。报告编写人：袁春鸿、徐源、刘梦等。受省地勘局委托，基本查明工作区沿线存在或潜在的地质环境不良因素，并研究这些不良地质环境条件可能引发的地质灾害的现状、发展趋势及其对京沪高速铁路山东段造成的危害。完成主要工作：1∶25 万水文地质、环境地质调查 5616 平方千米，1∶5 万环境地质、灾害地质调查、工程地质调查 716 平方千米，土壤污染分析 10 件。取得主要成果：沿线对地质环境影响较大的社会经济活动是地下水开采和矿山开发；沿线存在的地质环境问题与地质灾害主要有特殊性土、地面沉降、水质污染、崩塌、滑坡、采空塌陷和岩溶塌陷等；沿线工程地质环境质量分为稳定区、基本稳定区、较不稳定区和不稳定区；将地质环境保护区分为重点防治区、次重点防治区和一般防治区三个大区。

(四)山东省地下空间资源开发地质评价研究

2008 年 4 月～2012 年 12 月，参与编制山东省地下空间资源开发地质评价研究报告。项目负责人：徐军祥。报告编写人：徐军祥、秦品瑞、徐秋晓等。

取得主要成果：首次从地下空间资源开发利用方式与地质条件的相互影响关系出发，对地下空间进行分类，开展地下工程类地下空间资源开发地质环境评价研究、地质储存类地下空间资源开发地质环境评价研究、地质旅游类地下空间资源开发地质环境评价研究。

(五)黄河三角洲地区资源环境承载力综合评价与区划

2011年1月～2014年12月，编制黄河三角洲地区资源环境承载力综合评价与区划报告。项目负责人：彭玉明、李念春。报告编写人：李念春、彭玉明、赵振华等。受中国地质调查局委托，为提出黄河三角洲地区国土资源优化配置对策与建议，对黄河三角洲地区资源环境承载力进行综合评价与区划。完成主要工作：重点地区1∶25万生态地质环境补充调查8000平方千米，1∶25万遥感解译26500平方千米。取得主要成果：建立黄河三角洲地区资源承载力的综合评价指标体系和评价模型，并逐项评价资源环境承载能力；进行综合规划与区划。提出黄河三角洲地区国土资源优化配置对策与建议，为全国国土规划的编制提供地区借鉴。

(六)山东半岛蓝色经济区资源环境承载力调查评价

2011年9月～2012年12月，编制山东半岛蓝色经济区资源环境承载力调查评价报告。项目负责人：李念春。报告编写人：李念春、徐扬、王庆广等。为动态评价山东半岛蓝色经济区资源环境承载力及其时空演变，为国土规划整治和经济发展决策规划提供基础依据，省国土资源厅向省地勘局下达该项目任务书，省地勘局委托实施。取得主要成果：初步查明区内地质环境问题、地下水水文地质特征、土壤重金属污染特征，为地质环境承载力计算提供了计算参数。通过多种数学方法进行10个单要素的环境资源承载力评价、工作区资源环境承载力评价、地区人口和产业布局适宜性评价，为地区产业和人口布局提供了参考建议，提出半岛蓝色经济区发展规划实施的补充意见。

(七)济南市工程地质条件及城市建设适宜性评价

2013年12月～2014年2月，进行济南市工程地质条件及城市建设适宜性评价。项目负责人：王涛。报告编写人：王涛、焦丽香、张海林等。受山东省地质调查院委托，对济南市工程地质分区分层及其特征、属性，适宜性，环境工程质量进行评价。取得主要成果：工作区山前平原及山间河谷堆积区多分布湿陷性黄土，湿陷等级轻微为主。工作区地质灾害主要为崩塌、滑坡、泥石流、采空塌陷、岩溶塌陷等；采空塌陷主要分布于铁矿、黏土矿及煤矿开采区，其余地质灾害主要分布于中南部低山丘陵区。工作区共划分为36个工程地质层，对地壳、地基和地面稳定性及工程地质环境稳定性进行评价。

(八)东营市东营区 1∶10 万地下地质空间利用环境地质问题调查成果

2014 年 7 月～2015 年 2 月，编制东营市东营区 1∶10 万地下地质空间利用环境地质问题调查成果报告。项目负责人：赵振华。报告编写人：李念春、赵振华、徐扬等。受中国地质环境监测院委托，在东营市东营区范围内开展 1∶10 万地下地质空间利用环境地质问题调查工作。完成主要工作：野外环境地质调查 1155 平方千米；建立地质环境调查点卡片 90 张；采集照片 30 张、水样 24 组、土壤样 13 件，分别对其进行水质全分析和土壤易溶盐分析。取得主要成果：摸清东营区与地下空间开发利用有关的地质环境条件，概略评价了地下空间开发适宜性。

第二节　专项环境地质勘查

截至 2015 年，累计完成专项环境调查项目 18 项，调查面积 12104.29 平方千米，主要包括地下水污染调查、矿山地质环境调查、生态环境地质调查等。专项环境地质调查始于 1962 年的潍坊市区地下水污染初步调查，之后陆续完成济南市、淄博市临淄制药厂的地下水油类污染勘查工作。2004～2015 年，完成济南市燕翅山、章丘上皋煤矿、泰安市红旗煤矿等 9 项矿山地质环境调查；章丘市西部产业带、济南市南部山区垃圾填埋场、济南都市圈等 4 项生态环境地质勘查。

一、地下水污染调查

地下水污染调查始于 1962 年的潍坊市区地下水污染初步调查，陆续完成山东省淄博市临淄制药厂地下水油类污染勘查、济南地区地下水污染现状调查等 3 项地下水污染调查工作。调查面积 1144.14 平方千米。查明调查区地下水污染的性质、状况、发展及危害，并提出地下水污染的防护、治理措施。

(一)潍坊市区地下水污染初步调查

1963 年 4 月，山东省地质矿产局水文地质观测总站提交潍坊市区地下水污染初步调查报告。报告编写人：李传谟等。为查明潍坊市区地下水污染的性质、状况、发展及危害，了解导致地下水污染的环境卫生及水文地质因素，提出地下水污染的防护措施，1962 年 11 月开始工作。完成主要工作：水文地质调查点 100 个，水质分析 116 件。取得主要成果：潍坊市地下水苦味酸污染主要分布于和平路至市人民委员会一带地区的各个含水层，耗氧量异常高，该区地下水已不能饮用；其污染来源是裕鲁化工厂含苦味酸废水和地表土壤苦味酸粉末;地下水一般有机污染较普遍,除保安桥以南白浪河沿岸和东关大街附近外,各地段地下水均符合饮用水的卫生标准;有机污染来源主要是倾倒于渗水井、大圈坑的生活污水、工业废水和渗水厕所的粪尿。

(二)济南地区地下水污染现状调查(1980～1981年)

1981年12月,提交济南地区地下水污染现状调查报告。报告编写人:熊凌元、单季琦、贾久明等。根据省科委1980年科学技术发展计划的安排,为查明济南地区地下水污染现状,初步探讨地下水污染途径,为下阶段工作提供依据而进行此项工作。完成主要工作:调查污染源484个,水质分析672个。取得主要成果:济南大部分地区的岩溶水、孔隙水均未污染或仅受到轻微污染;在济南钢厂、济南化肥厂等主要污染源附近的孔隙水、岩溶水已受到一定程度的污染,酚、氰、砷、汞、六价铬等污染物的检出率较高,但含量甚微;初步查明孔隙水、岩溶水的污染途径,并进行污染途径分区。

(三)山东省淄博市临淄制药厂地下水油类污染勘查

1986年1月,八〇一队与山东省地质矿产局水文地质总站共同提交山东省淄博市临淄制药厂地下水油类污染勘查报告。报告编写人:陈长斌、付春升、王吉先等。完成主要工作:环境地质调查11.34平方千米,区域环境调查面积357.4平方千米,钻探679.08米,物探测线长13.1千米,物理点149个,水质分析样499个,土质分析样318个。取得主要成果:淄河两岸地区浅层地下水遭到一定程度的油类污染;临淄制药厂内供水井中成品油污染是由该厂内多种环境因素造成的。

二、矿山地质环境调查

2005～2015年,对济南、泰安、栖霞市的9处矿山进行矿山地质环境调查,调查面积39.43平方千米,分析矿山生产活动带来的各类环境问题、地质灾害等,为切实有效地开展矿山地质环境保护与综合治理工作提供依据。

(一)济南市燕翅山矿山地质环境治理回填土边坡稳定性评价

2006年3月,提交济南市燕翅山矿山地质环境治理回填土边坡稳定性评价报告。项目负责人:李生清。报告编写人:赵志强、李生清、张金兰等。受山东省地质环境监测总站委托,综合分析回填土的物理力学性质,进行边坡稳定性评价,并提出相应的处理措施。取得主要成果:该边坡西侧部分不稳定性小,西南角部分不稳定性大,需进行必要的边坡稳定性处理;可采取适当的削坡、在坡脚处设置挡土墙及实施坡脚反压、必要的排水及防水、对边坡进行全面绿化及监测等措施。

(二)山东省章丘市埠村杨家巷高岭土矿矿山地质环境影响评价

2006 年 8～9 月,编制山东省章丘市埠村杨家巷高岭土矿矿山地质环境影响评价报告。项目负责人:韩建江。报告编写人:张兰新、赵振华、韩建江等。受山东省章丘市埠村杨家巷高岭土矿委托,分析研究高岭土矿开采过程中和开采后可能引发的各类地质环境问题及其危害程度,为地质环境保护和地质灾害防治提供依据。完成主要工作:水文地质调查 1.12 平方千米,环境地质调查 1.12 平方千米,水位测量 4 点,GPS 测量 30 点。取得主要成果:地灾类型为采空塌陷和黄土湿陷;综合评估后,全区均为地质灾害危险性小区,矿山地质环境影响程度综合分区评价为一般区,矿山工程建设适宜性评价为适宜。

(三)山东省济南市章丘官庄矿业有限公司上皋煤矿矿山地质环境影响评价

2006 年 8～11 月,编制山东省济南市章丘官庄矿业有限公司上皋煤矿矿山地质环境影响评价报告。项目负责人:张金兰。报告编写人:张金兰、王海焦、李玉龙等。受济南市国土资源局委托,对地质灾害和矿山环境地质问题进行评价,为提出矿山环境保护和治理方案对矿山地质环境保护和地质灾害防治提供决策依据。完成主要工作:资料收集 5 套,硫化氢水质监测 1 件。取得主要成果:以采空塌陷及伴生地裂缝为主要地质灾害预测评估及现状评估危险性为中等;预测评估及综合评估划分出危险性中、小两个区。矿山建设对地下水环境影响小,对土地资源与地质地貌景观影响小。

(四)章丘市官庄镇章丘鑫岳有限责任公司三号煤矿矿山地质环境影响评价

2006 年 11 月,提交章丘市官庄镇章丘鑫岳有限责任公司三号煤矿矿山地质环境影响评价报告。项目负责人:徐士民。报告编写人:徐士民、张莉莉、狄芳等。受济南市国土资源局委托,为合理开发矿产资源,保护地质环境,对章丘鑫岳有限责任公司三号煤矿矿山地质环境影响进行评价。完成主要工作:矿山地质环境调查 9 平方千米,硫化氢 1 件,GPS 定位 10 点。取得主要成果:地灾类型为采空塌陷地质灾害,全区为地质灾害危险性小区;全区为地质环境影响一般区,矿山建设适宜性为适宜。

(五)山东省章丘市圣井镇圣井一号煤矿矿山地质环境影响评价

2006 年 12 月～2007 年 1 月,编制山东省章丘市圣井镇圣井一号煤矿矿山地质环境影响评价报告。项目负责人:刘小平。报告编写人:刘小平、林广奇等。受山东省章丘市圣井镇圣井一号煤矿委托,为查明圣井一号煤矿生产活动可能影响范围内的地质灾害和矿山环境地质问题,提出矿山地质环境保护措施和治理方案。完成主要工作:地下水位监测 2 点次,GPS 定位 8 点。

取得主要成果:评价区地质灾害发育类型为采空塌陷及伴生地裂缝,综合评估全区为地质灾害危险性小区;矿山生产活动对地下水环境影响小,对土地资源与地质地貌景观影响评价为小;矿山对地质环境影响一般,矿山建设适宜性为适宜。

(六)山东省章丘市圣井镇圣济南李福煤矿矿山地质环境影响评价

2006年12月～2007年1月,编制山东省章丘市圣井镇圣济南李福煤矿矿山地质环境影响评价报告。项目负责人:张金兰。报告编写人:张金兰、林广奇、李鹏等。受济南李福煤矿有限公司委托,为矿山地质环境保护和地质灾害防治提供决策依据,对济南李福煤矿进行地质环境影响评价工作。完成主要工作:地下水位监测1点,硫化氢分析1件。取得主要成果:评价区地质灾害发育类型为采空塌陷及伴生地裂缝,综合评估区地质灾害危险性可分为中等区和小区;矿山生产活动对评价地下水环境、土地资源与地质地貌景观影响评价为小;矿山地质环境综合分区评价为地质环境影响程度为中等,矿山建设适宜性为基本适宜。

(七)山东省泰安市红旗煤矿矿山地质环境影响评价

2007年3月,提交山东省泰安市红旗煤矿矿山地质环境影响评价报告。项目负责人:袁春鸿。报告编写人:袁春鸿、满湲、赵有美等。受泰安市红旗煤矿委托,对泰安市红旗煤矿生产活动可能影响范围内的环境地质问题、地质灾害进行现状、预测和综合评价工作。完成主要工作:本项目地质环境调查2.81平方千米,GPS定点5个。取得主要成果:评价区地质灾害发育类型为采空塌陷及地裂缝,综合评估区地质灾害危险性小;矿山生产活动对评价地下水环境影响评价为中等,土地资源与地质地貌景观影响评价可分为中等和小两个区;矿山地质环境综合分区评价为地质环境影响程度可分为严重和中等各一个区,矿山建设适宜性为基本适宜。

(八)山东省栖霞市香夼闭坑铅锌矿矿山地质环境勘查报告

2012年9月～2013年3月,编制山东省栖霞市香夼闭坑铅锌矿矿山地质环境勘查报告。项目负责人:赵永安。报告编写人:李海翔、王合秋、赵永安等。受栖霞市国土资源局委托,为查明采空区的位置及发育特征,基本确定采空区走向、范围、规模和形态参数,并为下一步的治理设计工作提供依据开展此项工作。取得主要成果:推断出3个采空区,发现11处废弃矿井(主井5个)、2处塌陷坑、1处尾矿库;提出矿山地质灾害防治方案,对于废弃矿井、塌陷坑主要采取回填进行治理,对于采空区采取注浆充填,对尾矿库利用尾矿砂后平整场地植树绿化方法进行治理。

(九)山东省平阴县玫瑰镇绪东石子厂矿山地质环境影响评价

2015 年 1～4 月,受济南市国土资源局委托,编制山东省平阴县玫瑰镇绪东石子厂矿山地质环境影响评价报告。项目负责人:游其军。报告编写人:游其军、李常锁、胡爱民等。完成主要工作:水文地质调查 10 平方千米,灾害地质调查 0.36 平方千米,多项分析 6 件,水位测量 6 点,GPS 测量 31 点。取得主要成果:主要地质灾害灾种为崩塌,矿山地质环境条件简单,环境地质问题少,矿山建设及生产活动引发(加剧)地质灾害的可能性中等,本身遭受地质灾害危险的可能性小,防治工程简单;该矿山工程建设的适宜程度为适宜。

三、生态环境地质调查

2004～2015 年,先后对山东省章丘市西部产业带、济南市南部山区垃圾填埋场、山东省济南都市圈、济青南线沿途矿山、莱州市北部沿海金仓地区进行生态环境地质勘查,完成生态地质环境调查 6 项,调查面积 10920.72 平方千米,包括土壤环境、水环境、矿山环境、污染源环境、工程地质环境和旅游地质环境等诸多方面。综合评价区内生态地质环境现状,为生态环境建设和保护提供数据。

(一)济南地区水资源调蓄与生态环境地质调查

2004 年 5 月,提交济南地区水资源调蓄与生态环境地质调查报告。编写人:邢立亭、李常锁、胡爱民等。完成主要工作:生态环境地质调查 1938 平方千米,水资源调蓄调查 1486 平方千米,回渗试验观测 33 点,测流断面 4 条,统测水位 120 点 2 次,长观点 70 个,地表水测流断面 21 条,水文地质钻探 1200 米,遥感解译 1938 平方千米,简易抽水 15 组,渗水试验 11 次,高程测量 120 点,坐标测量 23 点,各类水质分析 126 件,土壤易溶盐分析 7 件,土工试验 11 件。取得主要成果:查明工作区存在的水质污染、地质地貌景观破坏、地下水入渗补给量减少、土壤环境恶化、水土流失、涵养水源能力降低、泉水断流等生态环境地质问题,同时对区内存在的崩塌、滑坡、泥石流、地面塌陷、地裂缝等地质灾害进行调查与评述。

(二)山东省章丘市西部产业带生态地质环境调查与评价

2004 年 12 月～2006 年 4 月,编制山东省章丘市西部产业带生态地质环境调查与评价报告。项目负责人:王俊兰。报告编写人:王俊兰、张伟、李岚等。据山东省财政厅要求,为章丘市西部产业带的建设、发展和综合管理提供科学依据,对章丘市新规划的经济开发区进行环境地质调查评价工作。完成主要工作:生态环境地质调查 237 平方千米,煤矿采空区调查 32 点,房屋开裂调查10村，耐火黏土矿调查6点，简易渗水试验10组，长期动态观测15点，探槽37.2立方米，土壤样测试20件，土样湿陷测试4件，矿渣分析6件。取得主要成果：查明工作区的自然地理、社会经济和环境地质条件，并重点对水文地质环境条件、岩土工程地质条件、矿山环境地质条件、土壤基本特征等进行评价；将工作区划分为三个生态地质环境区。龙山—枣园一带、西南部(鸡山村片区)、东部(白泉村及明水城区)生态地质环境质量较好区，北部煤矿探矿权设置区(灰岩顶板埋深500米以深区)生态地质环境质量较差区，南部煤矿探矿权设置区(灰岩顶板埋深500米以浅区)生态地质环境质量差区。

(三)济南市南部山区垃圾填埋场对地质环境的影响评价

2006年9月～2007年12月，编制济南市南部山区垃圾填埋场对地质环境的影响评价报告。项目负责人：于世林。报告编写人：于世林、郑丽爽、游其军等。受济南国土资源局委托，为分析评价济南南部山区垃圾填埋场对地质环境的影响，并提出切实可行和有效的防渗措施，对政府宏观管理、管理决策提供技术支撑而进行该工作。完成主要工作：水文地质调查及工程地质调查340平方千米，环境地质调查230平方千米，工程地质钻探335米，专项污染分析20件，土样污染分析20件，渗透性测试43件，统测水位65点2次，长期观测点20个，坐标测量20个。取得主要成果：对垃圾填埋场的土壤、地表水、地下水环境质量影响进行评价；对垃圾填埋场的地质环境风险性进行评价和保护区划分，并提出清除处理、防渗处理、压实、填埋等不同的具体处理措施。

(四)山东省济南都市圈生态环境地质调查

2006年10月～2010年1月，编制山东省济南都市圈生态环境地质调查报告。项目负责人：陆书南、韩建江。报告编写人：韩建江、游其军、赵振华等。受省地勘局委托，为查明区内生态地质环境条件，综合评价区内生态地质环境现状，开展济南都市圈发展规划地质环境适宜性评价，为生态环境建设和保护提供基础地质数据。完成主要工作：1∶25万生态地质环境遥感解译52655平方千米，1∶5万专项生态地质环境遥感解译3000平方千米，1∶5万专项生态地质环境调查3000平方千米，1∶25万区域生态环境地质调查7000平方千米，地下水动态监测点195点14040次，地质灾害调查点78个，地热井调查29个。取得主要成果：查明工作区地质环境现状和自然资源现状以及存在的主要生态环境地质问题的类型和分布；生态地质环境现状质量评价将工作区划分为优区、良好区、较好区和一般区；对工作区地下水环境承载力和地下水资源承载力进行预测评价；对水资源进行供需分析与安全性评价，对防治破损山体治理的模式与效益进行分析；针对区内存在的主要生态环境地质问题，提出相应的保护措施和恢复治理方案。

（五）济阳县生态地质环境调查

2007 年 1～12 月，受济南市国土资源局委托，编制山东省济阳县生态地质环境调查报告。项目负责人：王俊兰。报告编写人：王俊兰、蔡有兄、李岚等。完成主要工作：调查面积 832.72 平方千米，机（民）井调查 115 点，特色农业种植调查 46 点，简易抽水试验 30 组，简易渗水试验 20 组，长期动态观测 20 点，水质分析 152 件，植物样分析 40 件。取得主要成果：地灾类型有地面不均匀沉降、地面塌陷及伴生地裂缝；工程地质环境分为稳定区、基本稳定区、较不稳定区。

（六）莱州市北部沿海金仓地区生态地质环境综合调查

2015 年 4～9 月，编制莱州市北部沿海金仓地区生态地质环境综合调查报告。项目负责人：聂玉朋、魏海红。报告编写人：魏海红、杨聪聪、聂玉朋等。受莱州市金仓街道办事处委托，通过对项目所在区域内的地质环境及金矿矿山开采对生态地质环境影响调查，初步提出对生态地质环境恢复治理措施，以改善当地生态地质环境、促进经济发展。完成主要工作：1∶5 万生态环境地质调查、地质灾害及地质环境问题调查 103 平方千米，水位统测 46 点次，GPS 定位 50 点次。取得主要成果：地下水的污染使浸染区的工业生产受到影响，部分工农业用水严重困难，甚至不得不停产、转产或远距离调水；由金矿开采引起的主要生态环境地质问题有房屋开裂、尾矿库扬尘、渗漏对地下水的污染、地下水位下降形成的降落漏斗、海水入侵等。

第三节　环境修复治理

2012 年，八〇一队紧紧抓住山东省建设矿山环境治理与生态恢复示范县的有利时机，积极参与各项环境治理工作，先后在济南及周边城市进行矿山复绿工作，改善矿山的地质环境。完成的环境修复治理工作主要包括对矿山、破损山体的修复治理工作。截至 2017 年年底，累计提交环境治理设计 24 份、环境治理方案 44 份、修复治理可行性研究 3 份，修复完成修复治理工程 9 项、治理工程监理 5 项。

一、修复治理设计

(一)济南市破损山体整治工程(第一标段)黄山店北山破损山体设计

2010 年 9 月,受济南市国土资源局委托,提交济南市破损山体整治工程(第一标段)黄山店北山破损山体设计方案。项目负责人:赵振华。取得主要成果:采用回填续坡的方式治理,清理完毕现场的垃圾后,在破损面底部垒砌挡墙进行挡土,挡墙的位置根据二分之一放坡确定,坡度小于 30°;先回填渣土续坡至立面顶部 4～5 米处,清理破损面上的危岩体,然后回填约 0.8 米厚的种植土,压实平整后栽植苗木绿化山体;预算共计 114.1689 万元。

(二)山东省金乡县羊山—葛山石灰岩矿区葛山采区矿山环境治理与生态修复示范县(第一批)工程设计、施工

2011～2013 年,编制山东省金乡县羊山—葛山石灰岩矿区葛山采区矿山环境治理与生态修复示范县(第一批)工程设计。项目负责人:赵永安。设计编写人:赵志强、李生清、马海会等。该项目是财政部、国土资源部批准的中央财政矿山环境治理项目,受金乡县国土资源局委托,为消除地质灾害隐患,通过治理使矿区与周边人文景观、汉墓文化和红色旅游景观相协调,促进羊山地质公园自然景观的恢复和新农村建设的步伐。取得主要成果:采取矿山环境地质专项调查、危岩卸载、坡面清理与喷浆加固、废弃物清理、废弃石灰窑清理、边坡绿化、后期养护及监测等矿山地质环境治理措施,彻底清除地质灾害隐患,确保本次矿山地质环境治理工作达到优良水平。

(三)山东省蓬莱市大柳行金矿开采区矿山环境治理与生态修复示范县(第一批)工程设计(废弃矿井治理)

2012 年 9 月～2013 年 3 月,编制山东省蓬莱市大柳行金矿开采区矿山环境治理与生态修复示范县(第一批)工程设计(废弃矿井治理)。项目负责人:赵永安。设计编写人:赵志强、高奎峰、王文宇等。受蓬莱市国土资源局委托,为消除废弃矿井安全隐患,即保障人民群众生命财产安全,又通过生态修复协调环境、美化环境进行该项工作。取得主要成果:采用资料收集、地面调查、矿山地质环境专项调查、废弃竖井治理、废弃斜井、平硐治理、辅助绿化等矿山地质环境治理措施;对废弃矿井进行充填、封闭治理,消除项目区内矿山灾害隐患,适当覆土、整平、恢复土地功能。

(四)山东省枣庄市薛城区店韩路黄风口石灰岩矿区矿山环境治理与生态修复示范县(第一批)工程设计

2012年9月～2013年3月，编制山东省枣庄市薛城区店韩路黄风口石灰岩矿区矿山环境治理与生态修复示范县(第一批)工程设计。项目负责人：赵永安。设计编写人：马海会、赵志强、李生清等。受枣庄市国土资源局薛城分局委托，在对薛城区店韩路东侧黄风口破损山体的地质环境条件、地质灾害类型、规模、威胁对象、破坏机理及其周边环境等进行勘查的基础上，评价采石场边坡地质体的稳定性。取得主要成果：查明治理区地质环境条件及矿山地质环境破坏现状等；提出危岩体清除、削坡整形、挂网喷播、客土回填、修筑挡土墙、修筑排水沟和植树绿化等方案。

(五)全运村P地块边坡环境治理与生态修复设计(施工图设计)

2013年，提交全运村P地块边坡环境治理与生态修复设计(施工图设计)。项目负责人：黄薛。设计编写人：黄薛、史斌等。受济南海尔绿城置业有限公司委托，为保证拟建场区周边环境的稳定性及恢复生态环境，对高边坡进行整体整治和支护设计。取得主要成果：查明坡体岩性主要由奥陶纪马家沟组中厚层灰岩构成，岩体节理裂隙发育，切坡地段坡体较陡，并产生卸荷拉张裂隙，产生崩塌、掉块现象，分为7个坡段；分为7个支护单元，采用锚杆支护加钢筋网混凝土面层支护形式，锚杆长能够贯穿软弱结构面；在施工期对地表水平和垂直位置、裂缝相对位移、锚杆进行监测，并对防治效果及运营进行长期监测；对绿化施工中种植施工和土方整理进行明确要求；明确季节性施工注意事项和其他施工注意问题；采用瑞典采分法模拟土质边坡对GG1段二级坡、G1H段、G2G3段进行计算。

(六)山东省济宁邹城市大束镇云山废弃石灰岩矿区地质环境治理项目设计

2013年3月，提交山东省济宁邹城市大束镇云山废弃石灰岩矿区地质环境治理项目设计。项目负责人：刘建胜。设计编写人：柳浩然、高文锋、何冠群等。据山东省财政厅文件要求，积极开展山东省济宁邹城市大束镇云山废弃石灰岩矿区地质环境治理工作，通过采取工程、生物等措施，对采矿活动引起的矿山地质环境问题进行综合治理，消除安全隐患，保护人民生命财产安全，同时削除视觉污染协调恢复生态环境。取得主要成果：治理区主要矿山地质问题有1号采石场崩塌隐患5处、渣石堆2处、残丘3处、废弃石灰窑和砖房，2号采石场崩塌隐患1处、采石洼地，3号采石场崩塌隐患7处、渣石堆5处、孤石1处、废弃石灰窑和砖房；总体治理分四个阶段，勘查阶段、设计阶段、施工及监理阶段、竣工验收与养护质保阶段;为治理工程施工,制定工程保障措施;经费预算 1151.14 万元。

(七)山东省栖霞市香夼闭坑铅锌矿矿山环境治理与生态修复示范县(第一批)工程设计

2013 年 5 月,提交山东省栖霞市香夼闭坑铅锌矿矿山环境治理与生态修复示范县(第一批)工程设计。项目负责人:赵永安。设计编写人:李海翔、赵志强、王合秋等。受栖霞市国土资源局委托,为消除地质灾害安全隐患,保障人民群众生命财产安全,通过生态修复协调环境、美化环境进行该项工作。取得主要成果:按照工作目的任务,完成全部治理工程量,彻底清除灾害隐患,确保矿山地质环境治理工程质量达到优良水平,通过开展矿山地质环境治理,既有效保障当地居民的生命财产安全,又清除视觉污染,美化环境,同时为矿区的下一步治理工作提供可利用的经验。

(八)山东省宁阳县堽城镇建筑灰岩矿矿山复绿设计

2013 年 5～8 月,编制山东省宁阳县堽城镇建筑灰岩矿矿山复绿设计。项目负责人:李岩涛。设计编写人:赵振华、陆书南、李生清等。受宁津县国土资源局委托,对山东省宁阳县堽城镇建筑灰岩矿矿山进行勘查,并提交复绿设计。取得主要成果:总体工作安排为分四个阶段,勘查阶段、设计阶段、施工监理阶段、竣工验收与养护质保阶段;治理 1 区共 41 个采石坑,治理 2 区共 17 个采石坑,并进行社会效益、环境效益和经济效益分析。

(九)山东省金乡县葛山矿山复绿项目设计

2013 年 7～10 月,受金乡县国土资源局委托,编制山东省金乡县葛山矿山复绿项目设计。项目负责人:刘小平。设计编写人:刘小平、赵志强等。取得主要成果:该绿化工程为羊山景区增加绿地 33300 平方米,为增加旅游收入提供了条件;预计旅游年收入,近期 6300 万元,中期 15000 万元,远期 250000 万元,经济效益显著。通过该项工作,大大改善了当地环境。

(十)山东省烟台市芝罘区西珠岩村矿山环境治理与生态修复设计

2014 年 2～3 月,编制山东省烟台市芝罘区西珠岩村矿山环境治理与生态修复设计。项目负责人:李生清。设计编写人:张金兰、赵宇辉、李生清等。受烟台市国土资源局芝罘分局委托,通过对采矿活动引起的矿山地质环境问题进行综合治理,消除安全隐患,保护人民生命财产安全,消除视觉污染,协调恢复生态环境。取得主要成果:既消除视觉污染,又美化周边环境,使得生态建设和环境保护协调发展,达到人与自然的和谐发展;治理工程分勘察设计、施工及监理招投标、治理工程施工监理、工程验收、养护阶段;计划工期为10个月,自2014年3月1日开始进行至2014年12月31日前完成;经费预算总额400万元。

(十一)山东省莱州市杨家庄桂铎采石矿矿山地质环境治理设计

2014年3月,提交山东省莱州市杨家庄桂铎采石矿矿山地质环境治理设计。项目负责人:赵永安。设计编写人:马海会、梁远新、赵宇辉等。据省国土资源厅文件要求,对治理工程作出总体部署和安排,有效防治废弃矿山地质环境问题,保护周边群众的生产、生活安全,使废弃矿山地质环境得到恢复,并为主管部门对废弃矿山的地质环境监测监督管理提供技术依据。取得主要成果:治理区主要矿山地质问题有废石窑、采石陡崖、采石平台、积水坑;总体治理分四个阶段,勘查阶段、设计阶段、施工及监理阶段、竣工验收与养护质保阶段;治理工程设计石窑拆除土石方、废石堆清运、工程爆破、清运填低、顺坡清理、种植土回填、水塘护坡、安装安全护栏、修筑毛石挡墙、砌石、植树植草等工程。

(十二)济南市历城区港沟镇两河村南山破损山体治理工程设计

2015年5月,提交济南市历城区港沟镇两河村南山破损山体治理工程设计。项目负责人:李洪涛。设计编写人:李洪涛、罗振江、赵振华等。受济南市国土资源局历城分局委托,为综合分析研究山体存在的地质环境问题,提出治理方案,实施地质环境治理工程,消除视觉污染,改善地质生态环境。取得主要成果:项目区因历史上露天开采石灰岩矿,致使该地区形成一个较大的破损立面和矿坑,矿坑部分基岩裸露,破损立面面积约1.3万平方米,破损平面面积约4.1万平方米,立面上存在三个台阶式平台;治理思路首先是对立面上部的危岩体进行排险,再通过回填土方续坡的方式,对现存的山体坡型进行改造,最终回填标高为298米,回填后的坡角为15°。回填过程中对土方进行压实,确保边坡稳定;治理工作量,排险面积3341平方米,渣土回填56917.8立方米,第三方测量0.54平方千米。

(十三)嘉祥县纸坊镇老牛愁山矿山地质环境治理设计

2015年12月～2016年7月,编制嘉祥县纸坊镇老牛愁山矿山地质环境治理设计。项目负责人:陈燕。设计编写人:陈燕、周兴涛、赵志强等。受嘉祥县国土资源局委托,为查明济宁市嘉祥县纸坊镇老牛愁山矿山地质环境问题分布区的自然环境条件、地质环境问题特征、危害程度等,提出有效治理方案,为矿山地质环境治理提供理论依据和技术支持进行该项工作。完成主要工作:1∶1000地形测量0.05平方千米,1∶2000地质测量0.05平方千米,资料收集5份。取得主要成果:查明矿山地质环境问题主要为开采陡崖、开采平台、危岩体、废弃石灰窑、废石堆及采坑;治理设计包括拆除石灰窑、清理废石堆、对陡崖削坡整形、采坑回填渣石垫低、渣石回填续坡、修筑挡土墙;治理工作包括渣石回填续坡、修筑挡土墙、种树植草等。

(十四)济宁市任城区长沟镇张山矿山复绿项目设计

2015年12月～2016年6月,编制济宁市任城区长沟镇张山矿山复绿项目设计。项目负责人:赵志强。设计编写人:陈燕、王兰珍、王琳等。受济宁市国土资源局任城区分局委托,为使地质环境达到稳定,生态得到恢复,逐渐恢复山体的自然生态功能进行该项工作。完成主要工作:1∶500地形测量和GPS定位测量,测量面积0.91平方千米,1∶1000专项环境地质、矿山地质调查,调查面积1平方千米。取得主要成果:查明地质环境问题主要为废弃采坑、开采边坡、采石平台、危岩体和废弃堆积物等;通过开展济宁市任城长沟镇张山矿山复绿项目,消除矿山存在的安全隐患,因地制宜地对开采边坡进行治理设计,采用削坡、修建挡土墙、渣土回填和绿化等治理措施,使治理后稳定的边坡与自然环境融为一体。

(十五)济宁市兖州区滋阳山废弃石灰岩矿区矿山复绿项目设计

2016年1月,提交济宁市兖州区滋阳山废弃石灰岩矿区矿山复绿项目设计。项目负责人:李生清。设计编写人:李生清、张莉莉、赵宇辉等。受济宁市兖州区国土资源局委托,对兖州区滋阳山废弃石灰岩矿区矿山地质环境条件及周边环境进行勘查,对治理工程做出总体部署和安排,有效防治废弃矿山地质环境问题。取得主要成果:治理区主要为2处废弃采石坑,CK1、CK2;主要矿山地质环境问题为采石破面、危岩体、开采残留、废弃堆积物等;采石坑治理包括危岩体卸载、废弃堆积物清理、坡面清理、修建安全护栏、土地整平、开凿种植槽、开挖石方、采石坑底治理、回填种植土、种植黑松等。

(十六)山东省邱集煤矿矿山地质环境治理恢复(西1、3塌陷区)设计

2011年2～4月,编制山东省邱集煤矿矿山地质环境治理恢复(西1、3塌陷区)设计。项目负责人:王俊兰。设计编写人:魏海红、张吉祥、聂玉朋等。受山东省邱集煤矿、德州市国土资源局委托,通过邱集煤矿西1与西3塌陷区矿山地质环境调查,分析塌陷区已破坏土地的现状、破坏程度,对塌陷区治理恢复适宜性进行分析,制定具体治理措施,为切实有效地开展矿山塌陷区治理提供依据。取得主要成果:邱集煤矿西1与西3塌陷区142.49公顷(采空塌陷稳定范围),塌陷积水区面积约21.39公顷,塌陷后土地形成荒地盐碱化面积约121.10公顷,设计治理面积142.49公顷;根据影响程度评价结果,并结合工程实际，从塌陷土地治理恢复方面，提出矿山地质环境治理恢复设计。

（十七）山东省金乡县羊山—葛山石灰岩矿区矿山地质环境治理设计

2011 年 3～8 月，编制山东省金乡县羊山—葛山石灰岩矿区矿山地质环境治理设计报告。项目负责人：赵永安。设计编写人：赵志强、安美艳、高奎峰等。此项目是中央财政 2010 年矿山地质环境治理项目，受金乡国土资源局委托，对金乡县羊山—葛山石灰岩矿区进行了矿山地质环境治理设计。工作方法有资料收集、地面调查、矿山地质环境专项测量、危岩卸载、坡面削减、清理与工程加固、废石清理、边坡绿化、生态养殖、生态园林景观绿化、后期养护及监测、数据库建设等矿山地质环境治理措施。取得主要成果：查明区内主要矿山地质环境问题，崩塌地质灾害隐点 29 处，滑坡地质灾害隐患点 2 处，废弃堆积物集中区 13 处，废弃石灰窑 15 处，水下垃圾淤积区 1 处，水中孤立危岩体、岩柱 30 处；对地质灾害的稳定性进行评价；对治理工程进行设计。

（十八）山东省莱芜市钢城区颜庄镇澜头采石场已毁山体治理方案设计

2013 年 7～8 月，编制山东省莱芜市钢城区颜庄镇澜头采石场已毁山体治理方案设计。项目负责人：柳浩然。设计编写人：柳浩然、高文峰、张丽红等。受莱芜市钢城区颜庄镇人民政府委托，为消除崩塌等地质灾害隐患，对山体进行评价后提交山东省莱芜市钢城区颜庄镇澜头采石场已毁山体治理方案设计。完成主要工作：1∶500 地形测绘 0.065 平方千米，1∶500 地质调查 0.065 平方千米，1∶500 矿山地质环境专项测量 0.065 平方千米。取得主要成果：对场区内破损山体的稳定性进行评价，清除采石场内开采面的危岩体和破碎岩体，消除崩塌等地质灾害隐患，对渣石土进行清理，并对采石场区进行生态绿化；对 9 处崩塌地质灾害点分别编号为 B1～B9，并进行危岩体清理、清理土石、卸载土石方量等工作。

（十九）枣庄高新区谷山破损山体矿山地质环境治理工程设计

2013 年 7～9 月，编制枣庄高新区谷山破损山体矿山地质环境治理工程设计。项目负责人：张丽红。设计编写人：张丽红、何冠群、柳浩然等。受枣庄高新区国土资源局委托，为查明治理区地质环境条件、矿山地质问题现状特征，分析预测其发展趋势，结合治理区实际，提出切实可行的治理方法。取得主要成果：通过危岩体清除（边坡排险）、削坡整形、坡面清理、修筑挡土墙及挡水墙、渣石回填、植树绿化等治理措施，消除安全隐患，美化景观环境，创造良好的旅游业发展空间，同时促进服务业的发展，可恢复绿地面积 50000 平方米，自然生态、人居环境大大改善，环境效益十分显著。

(二十)历城区锦绣川哑巴峪石灰岩矿矿山复绿项目设计

2014年5～6月,编制历城区锦绣川哑巴峪石灰岩矿矿山复绿项目设计。项目负责人:陆书南。设计编写人:袁辉、赵振华、罗振江等。受济南市国土资源局历城分局委托,结合测量等野外调查方法编制矿山复绿设计,并进行矿山复绿施工,修复地质环境恢复生态环境。取得主要成果:对山体破损面进行治理的同时,对矿区采矿破坏的土地进行整理,恢复自然生态环境,消除视觉污染;将工作区划分为Ⅰ、Ⅱ、Ⅲ三个区;Ⅰ区治理面积582.97平方米,治理对象为破损立面、渣土堆,治理措施为清理浮石、渣土外运、场地平整;Ⅱ区治理面积1185.64平方米,治理对象为破损立面、渣土堆,治理措施为清理浮石、渣土外运、场地整理、种植土回填、绿化;Ⅲ区治理面积19232平方米,治理对象为土地破坏,治理措施为种植土回填、绿化。

(二十一)历城区仲宫镇上坡村石灰岩矿矿山复绿项目设计

2014年5～6月,编制历城区仲宫镇上坡村石灰岩矿矿山复绿项目设计。项目负责人:陆书南。设计编写人:袁辉、赵振华、罗振江等。受济南市国土资源局历城分局委托,结合测量等野外调查方法编制矿山复绿设计,并进行矿山复绿施工,修复地质环境恢复生态环境。取得主要成果:根据破损面的分布及施工措施,结合前期调查成果,将工作区划分为Ⅰ、Ⅱ两个区;Ⅰ区治理面积2080平方米,治理对象为破损立面,治理措施为浮石、挡土墙、渣土及种植土回填、植被绿化;Ⅱ区治理面积4980平方米,治理对象为渣土及破损耕地,治理措施为挡土墙、渣土及种植土回填、植被绿化。

(二十二)山东省金乡县回龙山废弃石灰岩矿区南部露天采坑矿山复绿项目设计

2014年8月,提交山东省金乡县回龙山废弃石灰岩矿区南部露天采坑矿山复绿项目设计。项目负责人:赵志强。设计编写人:李生清、赵志强、陈燕等。受金乡县国土资源局委托,通过采取工程、生物等措施,提出对矿山地质环境问题综合治理设计。取得主要成果:通过采取工程、生物等措施,对采矿活动引起的矿山地质环境问题进行综合治理,消除安全隐患,保护人民生命财产安全,消除视觉污染,协调恢复生态环境。

(二十三)莱州市土山废弃采坑矿山地质环境治理项目设计

2014年9～12月,编制莱州市土山废弃采坑矿山地质环境治理项目设计。项目负责人:赵永安。设计编写人:陈燕、殷淑翠、梁远新等。受莱州市国土资源局委托,制订科学合理的矿山地质环境治理方案。取得主要成果:

治理区共有 6 个采坑、3 处残丘和 10 处垃圾堆，考虑项目的整体性，通过挖深垫浅，将 CK1 采坑、CK5 采坑和 CK6 采坑修整成一个完整的水塘，利用建筑垃圾和残丘的方量，回填 CK2 采坑、CK3 采坑和 CK4 采坑并进行绿化；通过治理工程的实施，使治理区被采矿活动破坏的矿山地质环境得到恢复治理。

(二十四)枣庄高新区兴仁街道袁寨山破损山体矿山地质环境治理工程设计

2015 年 4 月，提交枣庄高新区兴仁街道袁寨山破损山体矿山地质环境治理工程设计。项目负责人：张丽红。报告编写人：张丽红、何冠群、魏月等。受枣庄高新区兴仁街道办事处委托，为查明治理区地质环境条件、矿山地质问题现状特征，提出切实可行的治理方案进行该项工作。取得主要成果：通过危岩体清除(边坡排险)：削坡卸载、续坡回填、植树绿化等治理措施，恢复绿地面积 22840 平方米，消除安全隐患，美化景观环境，增加林地面积，达到可利用要求，环境效益十分显著。

二、修复治理方案

(一)山东省章丘官庄矿业有限公司官庄煤矿矿山环境保护与综合治理方案

2007 年 6 月～2008 年 7 月，编制山东省章丘官庄矿业有限公司官庄煤矿矿山环境保护与综合治理方案。项目负责人：杨世强。报告编写人：杨世强、谭现锋、苏连文等。受章丘官庄矿业有限公司官庄煤矿委托，对矿山建设及生产活动造成的矿山地质环境问题及地质灾害进行影响评价，提出矿山地质环境治理设计，并为国土资源主管部门的监督提供依据。取得主要成果：查明该区第 2 层粉土渗透系数大于 1×10^{-7} 厘米/秒，达不到规范《一般工业固体废物储存、处置场污染控制标准》(GB 18599－2001)要求的防渗能力，不能作为天然隔水层，用作储灰场时应进行防渗处理；采取土工膜防渗和水泥土搅拌压实设计方案，均能达到防渗设计要求；在采取切实可行的防渗措施前提下，灰场的建设对区内及其周围地质环境不会产生大的影响，可以作为热电厂的备用灰场，供热电厂应急时使用。

(二)山东省新泰煤田红旗煤矿矿山地质环境保护与综合治理方案

2008 年 4～11 月，提交山东省新泰煤田红旗煤矿矿山地质环境保护与综合治理方案。项目负责人：李生清。报告编写人：李生清、张金兰等。受泰安市红旗煤矿委托，对淄博宇峰实业有限责任公司煤矿矿山地质环境进行调查、分析,并制定环境保护与综合治理方案。取得主要成果:对矿山地质环境影响程度进行评价,根据评价结果,结合工程实际,从保护、治理、监测三个方面,提出矿山地质环境与恢复治理方案,概算综合治理经费为114.14万元,并提出保障治理工程实施的政策、组织及资金、资质、技术等措施,为切实有效地开展矿山地质环境保护与综合治理工作提供依据。

(三)山东省新泰市汶南煤矿矿山地质环境保护与综合治理方案

2008年7～11月,编制山东省新泰市汶南煤矿矿山地质环境保护与综合治理方案。项目负责人:李生清。报告编写人:李生清、林广奇、陈燕等。受山东恒丰矿业有限公司委托,对汶南煤矿矿山地质环境进行调查、分析,提出具体的环境保护与综合治理方案。取得主要成果:查明评估区重要程度为重要区,矿山地质环境条件复杂程度为复杂;矿山环境影响综合分区评估为较严重及较轻两个级别;矿山环境保护分区为次重点保护区及一般保护区;矿山环境综合治理分为近期、中期及远期3个时段进行。

(四)山东省新泰市高佐煤矿矿山地质环境保护与综合治理方案

2008年5～11月,编制山东省新泰市高佐煤矿矿山地质环境保护与综合治理方案。项目负责人:李生清。报告编写人:李生清、陈燕、李鹏等。受山东高佐矿业集团有限公司委托,通过对高佐煤矿矿山地质环境进行调查、分析,制订具体的环境保护与综合治理方案。取得主要成果:提出矿山地质环境与恢复治理方案,概算综合治理经费为110.62万元,并提出保障治理工程实施的政策、组织及资金、资质、技术等措施,为切实有效地开展矿山地质环境保护与综合治理工作提供依据。

(五)山东省新泰市韩庄煤矿矿山地质环境保护与综合治理方案

2008年5～12月,提交山东省新泰市韩庄煤矿矿山地质环境保护与综合治理方案。项目负责人:李学春。报告编写人:李学春、李海翔等。受新泰市韩庄煤矿委托,通过对韩庄煤矿矿山地质环境进行调查,分析矿山生产活动所产生的各类环境问题、地质灾害等,进而进行综合研究,制订具体的环境保护与综合治理方案。取得主要成果:对矿山地质环境影响程度进行评价,提出矿山地质环境与恢复治理方案,概算综合治理经费为60.74万元,并提出保障治理工程实施的政策、组织及资金、资质、技术等措施,为切实有效地开展矿山地质环境保护与综合治理工作提供依据。

(六)山东省滕南煤田柴里煤矿矿山地质环境保护与综合治理方案

2008年10月～2009年4月,编制山东省滕南煤田柴里煤矿矿山地质环境保护与综合治理方案。项目负责人:王俊兰。报告编写人:王俊兰、孙斌、蔡有兄等。受枣庄矿业(集团)有限责任公司委托,对柴里煤矿矿山环境进行调查、分析,制订环境保护与综合治理方案。取得主要成果:对矿山地质环境影响程度进行评价,提出矿山地质环境与恢复治理方案,并提出保障治理工程实施的政策、组织及资金、资质、技术等措施,为切实有效地开展矿山地质环境保护与综合治理工作提供依据。

(七)山东省章丘市振兴石料厂建筑石料用石灰岩矿矿山地质环境保护与综合治理方案

2008 年 12 月,提交山东省章丘市振兴石料厂建筑石料用石灰岩矿矿山地质环境保护与综合治理方案。项目负责人:李鹏。报告编写人:李鹏、陈燕、刘小平等。受山东省章丘市振兴石料厂委托,为保证矿产资源的合理开发,保护和改善矿山地质环境,实现地区经济可持续发展,进行该项工作。取得主要成果:矿山地质环境条件复杂程度属简单,以崩塌作为地质灾害危险性评估的主要灾种符合当地实际;方案适用年限为 2009～2023 年。

(八)山东省新泰市沈村煤矿矿山地质环境保护与综合治理方案

2008 年 8～11 月,编制山东省新泰市沈村煤矿矿山地质环境保护与综合治理方案。项目负责人:李生清。报告编写人:李生清、林广奇、陈燕等。受新泰市沈村煤矿委托,为通过对沈村煤矿矿山地质环境进行调查、分析,制订具体的环境保护与综合治理方案。取得主要成果:提出矿山地质环境与恢复治理方案,概算综合治理经费为 83.79 万元,并提出保障治理工程实施的政策、组织及资金、资质、技术等措施,为切实有效地开展矿山地质环境保护与综合治理工作提供依据。

(九)山东省淄博市沂源县山东华联矿业股份有限公司(铁矿)矿山地质环境保护与治理恢复方案

2009 年 9 月～2010 年 7 月,编制山东省淄博市沂源县山东华联矿业股份有限公司(铁矿)矿山地质环境保护与治理恢复方案。项目负责人:王海焦。报告编写人:王海焦、徐士民、彭凯等。受淄博市淄川区山东华联矿业股份有限公司委托,分析华联矿区矿山开采可能引发的地质灾害及环境地质问题,为矿山地质环境保护与治理恢复提供依据。取得主要成果:评价区确定评估灾种为采空塌陷及伴生地裂缝,矿山地质环境保护与治理恢复区共分为两级(A 区为重点防治区、B 区为一般防治区);本次矿山地质环境治理工程总费用为 335.33 万元。

(十)山东省泰安市角峪铁矿矿山地质环境保护与综合治理方案

2009年3～8月，编制山东省泰安市角峪铁矿矿山地质环境保护与综合治理方案。项目负责人：李树荣。报告编写人：李生清、李树荣、赵志强等。受泰安市岱岳区角峪铁矿委托，为保证矿产资源的合理开发，保护和改善矿山地质环境，实现地区经济可持续发展，进行该项工作。取得主要成果：通过角峪铁矿矿产地质环境调查，分析矿山生产活动所产生的各类环境问题、地质灾害等，经综合分析研究，制订具体的环境保护与综合治理方案，为切实有效地开展矿山地质环境保护与综合治理工作提供依据。

(十一)山东舜天矿业有限公司舜天煤矿矿山地质环境保护与治理恢复方案

2009年8月～2010年12月，提交山东舜天矿业有限公司舜天煤矿矿山地质环境保护与治理恢复方案。项目负责人：王海焦。报告编写人：王海焦、徐士民、彭凯等。受山东舜天矿业有限公司委托，对山东舜天矿业有限公司舜天煤矿矿山地质环境进行调查，分析矿山生产所产生的各类环境地质问题、地质灾害，在此基础上进行综合分析，制订环境保护与综合治理方案，为切实有效地开展矿山地质环境保护与综合治理工作提供依据。取得主要成果：评价区地质灾害发育类型为采空塌陷及地裂缝，评价区地质环境影响程度为影响较轻区；针对采空塌陷、地形地貌景观，提出相应的矿山地质环境保护与治理恢复工程和监测内容、频率、方法等；估算矿山地质环境治理工程总费用为96.18万元。

(十二)山东省淄博市临淄邯邢高阳铁矿矿山地质环境保护与治理恢复方案

2009年6月～2010年5月，编制山东省淄博市临淄邯邢高阳铁矿矿山地质环境保护与治理恢复方案。项目负责人：王海焦。报告编写人：王海焦、徐士民、彭凯等。受邯邢矿业临淄高阳有限公司委托，对高阳铁矿矿山地质环境进行调查，分析矿山生产所产生的各类环境地质问题、地质灾害，在此基础上进行综合分析，制定环境保护与综合治理方案，为切实有效地开展矿山地质环境保护与综合治理工作提供依据。取得主要成果：评价区地质灾害发育类型为采空塌陷及地裂缝，评价区地质环境影响程度为影响较轻区；治理工作分为2009～2010年、2010～2017年、2017～2020年三个规划阶段，评价区矿山地质环境保护与治理恢复分区为一般保护区；针对采空塌陷、地形地貌景观，提出相应的矿山地质环境保护与治理恢复工程和监测内容、频率、方法等;估算矿山地质环境治理工程总费用114.8048万元。

(十三)山东省泰安市唐庄铁矿矿山地质环境保护与综合治理方案

2009年7月～2010年2月,编制山东省泰安市唐庄铁矿矿山地质环境保护与综合治理方案。项目负责人:李树荣。报告编写人:李生清、李树荣、赵志强等。受泰安市角峪矿业有限责任公司委托,通过唐庄铁矿矿山地质环境调查,分析矿山生产活动所产生的各类环境问题、地质灾害,在此基础上进行综合研究分析,制订具体的环境保护与综合治理方案,为切实有效地开展矿山地质环境保护与综合治理工作提供依据。取得主要成果:通过唐庄铁矿矿山地质环境调查,分析矿山生产活动所产生的各类环境问题、地质灾害,在此基础上进行综合研究分析,制订具体的环境保护与综合治理方案,为切实有效地开展矿山地质环境保护与综合治理工作提供依据。

(十四)山东省淄博市桓台县淄博铁源矿业有限公司(铁矿)矿山地质环境保护与治理恢复方案

2009年8～10月,编制山东省淄博市桓台县淄博铁源矿业有限公司(铁矿)矿山地质环境保护与治理恢复方案。项目负责人:王海焦。报告编写人:王海焦、徐士民、彭凯等。受山东省淄博市铁源矿业有限公司委托,为最大限度地减少矿山地质环境问题及地质灾害的发生、发展,并制订具体的环境保护与综合治理方案,进行该项工作。取得主要成果:评价区确定评估灾种为采空塌陷及伴生地裂缝、岩溶塌陷,评估区全区地质灾害现状评估为一般,划分为一般防治区;切实有效地为矿山地质环境保护和治理恢复工作提供依据。

(十五)山东省淄博市沂源县莱芜钢铁集团鲁南矿业有限公司上河矿区(铁矿)矿山地质环境保护与治理恢复方案

2009年8～10月,编制山东省淄博市沂源县莱芜钢铁集团鲁南矿业有限公司上河矿区(铁矿)矿山地质环境保护与治理恢复方案。项目负责人:王海焦。报告编写人:王海焦、徐士民、李生清等。受莱芜钢铁集团鲁南矿业有限公司委托,为对矿山生产所产生的各类环境地质问题、地质灾害进行综合分析,并制订环境保护与综合治理方案,进行该项工作。取得主要成果:评价区地质灾害发育类型为崩塌及泥石流;评价矿山地质环境影响程度为较严重和较轻两个区;矿山地质环境综合分区可分为重点防治区和一般防治区;提出相应的矿山地质环境保护与治理恢复工程和监测内容、频率、方法等;估算矿山地质环境治理工程总费用为236.35万元。

(十六)山东省淄博市张店区沣水镇煤炭公司张赵煤矿矿山地质环境保护与治理恢复方案

2009年8～10月,编制山东省淄博市张店区沣水镇煤炭公司张赵煤矿矿山地质环境保护与治理恢复方案。项目负责人:王海焦。报告编写人:徐士民、王海焦、李生清等。受淄博市张店区沣水镇煤炭公司张赵煤矿委托,为查明矿山地质环境问题、矿区地质综合现状和隐患,把矿产资源开发对环境的破坏降到最低限度,并制订环境保护与综合治理方案,进行该项工作。取得主要成果:矿区地质灾害类型为采空塌陷;现状条件下矿山生产对土地资源的影响较轻;预测矿山地质环境影响程度为严重和较轻两个区;综合评价地质环境影响程度分为较严重和较轻两个区;较严重区为重点防治区,较轻区为一般防治区。

(十七)淄博金东矿业有限公司煤矿矿山地质环境保护与治理恢复方案

2009年8月～2010年12月,编制淄博金东矿业有限公司煤矿矿山地质环境保护与治理恢复方案。项目负责人:王海焦。报告编写人:王海焦、赵振华、李生清等。受淄博金东矿业有限公司委托,对淄博金东矿业有限公司煤矿矿山地质环境调查、分析,制订环境保护与综合治理方案。取得主要成果:评价区地质灾害发育类型为采空塌陷及地裂缝,评价区地质环境影响程度可分为严重、较严重、较轻等三个区;矿山地质环境综合分区为重点保护区、次重点保护区、一般防护区;针对采空塌陷、地形地貌景观,提出相应的矿山地质环境保护与治理恢复工程和监测内容、频率、方法等,为切实有效地开展矿山地质环境保护与综合治理工作提供依据。

(十八)山东省淄博煤田山东坤升控股有限公司煤矿矿山地质环境保护与治理恢复方案

2009年8～12月,编制山东省淄博煤田山东坤升控股有限公司煤矿矿山地质环境保护与治理恢复方案。项目负责人:王海焦。报告编写人:王海焦、徐士民、彭凯等。受山东坤升控股有限公司煤矿委托,通过对山东坤升控股有限公司煤矿矿山地质环境进行调查、分析,制订环境保护与综合治理方案。取得主要成果:评价区地质灾害发育类型为采空塌陷及地裂缝;评价区地质环境影响程度为影响较轻区;提出相应的矿山地质环境保护与治理恢复工程和监测内容、频率、方法等,为切实有效地开展矿山地质环境保护与综合治理工作提供依据。

(十九)山东省淄博市张店区中阜大王煤矿矿山地质环境保护与治理恢复方案

2009 年 9～10 月，提交山东省淄博市张店区中阜大王煤矿矿山地质环境保护与治理恢复方案。项目负责人：王海焦。报告编写人：王海焦、赵振华、彭凯等。受淄博市张店区中阜大王煤矿委托，分析矿区矿山开采可能引发的地质灾害及环境地质问题，为矿山地质环境保护与治理恢复提供依据。取得主要成果：评价区确定评估灾种为采空塌陷及伴生地裂缝、岩溶塌陷，评估区矿山地质环境影响程度为较轻，评估区全区地质灾害现状评估为一般防治区。

(二十)山东省淄博宇峰实业有限责任公司煤矿矿山地质环境保护与治理恢复方案

2009 年 10～12 月，编制山东省淄博宇峰实业有限责任公司煤矿矿山地质环境保护与治理恢复方案。项目负责人：王海焦。报告编写人：王海焦、徐士民、彭凯等。受淄博宇峰实业有限责任公司委托，通过对淄博宇峰实业有限责任公司煤矿矿山地质环境进行调查、分析，制订环境保护与综合治理方案。取得主要成果：评价区地质灾害发育类型为采空塌陷及地裂缝，地质环境影响程度为较轻区；矿山地质环境综合分区为一般防护区；提出相应的矿山地质环境保护与治理恢复工程和监测内容、频率、方法等，为切实有效地开展矿山地质环境保护与综合治理工作提供依据。

(二十一)山东省费县沂州水泥有限公司许家友崖矿区水泥用灰岩矿Ⅰ矿层矿山地质环境保护与治理恢复方案

2009 年 11 月～2010 年 3 月，编制山东省费县沂州水泥有限公司许家友崖矿区水泥用灰岩矿Ⅰ矿层矿山地质环境保护与治理恢复方案。项目负责人：徐士民。报告编写人：徐士民、王海焦、李生清等。受费县沂州水泥有限公司委托，针对矿山地质环境影响评价报告评价结果，根据矿山活动可能引发或加剧的地质灾害、环境地质问题，提出具体的保护与治理方案。取得主要成果：矿山地质环境影响现状评估为较轻；预测评估为较严重和较轻；矿山地质环境综合分区按地质环境影响程度可分为 2 个次重点保护区和 1 个一般保护区；对拟采取的各种保护、治理与监测方案所需费用作出概算，同时对方案的可行性进行经济、技术方面论证。

(二十二)济南市破损山体治理工程规划

2010 年 1 月，受济南市国土资源局委托，提交济南市破损山体治理工程规划。项目负责人:赵振华。报告编写人:赵振华、李洪涛、郑丽爽等。取得主要成果:基准年为 2009 年,规划期为 11 年,2010～2015 年为近景规划期,2016～2020 年为远景规划期。共规划破损山体 166 座,其中已治理完成的 58 座破损山体要做好养护工作,济莱高速、济菏高速两侧及查漏补缺已治理完成的 20 座破损山体要做好养护工作,近期规划 41 座破损山体在规划期内必须达到景观效果,其余破损山体各区可根据具体情况分步实施;未列入的破损山体不再专门进行立项治理;按"治理程度—立项—设计招标—监理及施工单位投标"的程序进行;设计需要地质灾害设计资质或园林绿林绿化设计资质,施工需要地质灾害治理资质或林绿林绿化设计资质;危岩排险要求达到表面无凸起碎裂岩石;养护期为工程竣工验收合格且苗木成活后两年,补植苗木的养护时间顺延。

(二十三)山东章丘矿业有限公司明水二号煤矿矿山地质环境保护与治理恢复方案

2010 年 4～7 月,编制山东章丘矿业有限公司明水二号煤矿矿山地质环境保护与治理恢复方案。项目负责人:李生清。报告编写人:李生清、王合秋、赵永安等。受章丘矿业有限公司委托,对于煤矿生产引起的采空塌陷及伴生地裂缝地质灾害,提出具体的保护与治理方案。取得主要成果:评价区确定评估灾种为采空塌陷及伴生地裂缝,评估区现状评估矿山生产对水环境影响较轻,矿山地质环境保护与治理恢复区域划分为次重点防治区及一般防治区;对采空塌陷区分期、分批进行恢复治理,使塌陷区土地恢复原来的使用功能。

(二十四)山东省济南市槐荫区山东省淡水水产研究所(地热、矿泉水井)矿山地质环境保护与治理恢复方案

2010 年 5 月,提交山东省济南市槐荫区山东省淡水水产研究所(地热、矿泉水井)矿山地质环境保护与治理恢复方案。项目负责人:赵振华。报告编写人:赵振华、陆书南、李生清等。受山东省淡水水产研究所委托,提出矿山地质环境保护与治理恢复方案。取得主要成果:在对矿山地质环境影响评估的基础上,结合实地调查,从保护、监测方面,提出具体的保护与治理方案。

(二十五)山东省淄博市博山区福田煤矿南峪二号煤井矿山地质环境保护与治理恢复方案

2010 年 7～10 月,编制山东省淄博市博山区福田煤矿南峪二号煤井矿山地质环境保护与治理恢复方案。项目负责人:孙静。报告编写人:孙静、徐士民、杨振华等。受淄博市博山区福田煤矿委托,通过南峪二号煤井矿山地质环境的调查、分析,制订具体的环境保护与综合治理方案。取得主要成果:矿山地质环境影响预测评估全区为较轻区;地质灾害类型主要为采空塌陷及伴生地裂缝,地质灾害危险性较小;矿山排水和固体废弃物的排放对含水层的影响较轻;矿山生产对土地资源的影响较轻,对地下地貌景观的影响较轻,对含水层破坏的影响较轻;本方案适用年限分近期(2010 年 9 月～2015 年 9 月)、中期(2015 年 10 月～2038 年 9 月)、远期(2038 年 10 月～2041 年9 月)三个规划阶段;按有关规定,该方案应 5 年一修编。

(二十六)山东鲁泰煤业有限公司太平煤矿矿山地质环境保护与治理恢复方案

2010 年 10 月～2011 年 3 月,编制山东鲁泰煤业有限公司太平煤矿矿山地质环境保护与治理恢复方案。项目负责人:赵振华。报告编写人:赵振华、陆书南、赵永安等。受山东鲁泰煤业有限公司太平煤矿委托,为减少矿山建设及生产活动造成的矿山地质环境问题及地质灾害,改善矿山地质环境和生态环境,提出矿山地质环境保护与治理恢复方案。取得主要成果:适用年限 32.5 年,评估面积 26.6789 平方千米;矿山开采可能产生的地质灾害主要为地面塌陷,预测采空区深度大于 3.11 米,地质灾害危险性评估为较严重,对土地资源和地形地貌景观影响预测评估为较严重。

(二十七)山东省济南市惠尔硬质黏土有限公司硬质黏土矿矿山环境保护与治理恢复方案

2011 年 1～8 月,编制山东省济南市惠尔硬质黏土有限公司硬质黏土矿矿山环境保护与治理恢复方案。项目负责人:李生清。报告编写人:李生清、赵永安、王合秋等。受济南市惠尔硬质黏土有限公司委托,为保持矿山连续的稳定生产,延长开采服务年限,提出矿山地质环境保护与治理恢复方案,进行该项工作。取得主要成果:评估区的灾种为采空塌陷及伴生地裂缝;评估区分为重点防治区 1 个、次重点防治区 1 个和一般防治区 1 个。

(二十八)山东省淄博市王村铝土矿矿山地质环境保护与治理恢复方案

2011 年 6 月,提交山东省淄博市王村铝土矿矿山地质环境保护与治理恢复方案。项目负责人:王海焦。报告编写人:王海焦、徐士民、彭凯等。受山东王村铝土矿委托,对王村铝土矿矿山环境进行调查、分析,并制订环境保护与综合治理方案。取得主要成果:评价区地质灾害发育类型为采空塌陷及地裂缝,预测评估区地质环境影响分较严重区和较轻两个区;矿山地质环境综合分区可分为次重点防治区和一般防治区。

(二十九)山东省招远市招金矿业股份有限公司大尹格庄金矿矿山地质环境保护与治理恢复方案

2011 年 9 月,受招金矿业股份有限公司委托,提交山东省招远市招金矿业股份有限公司大尹格庄金矿矿山地质环境保护与治理恢复方案。项目负责人:赵永安、王合秋。报告编写人:赵永安、王合秋、李生清等。完成主要工作:地质灾害调查、地质环境调查 20 平方千米;水质分析 1 件,编写报告 1 份,资料收集 6 份,绘制图件 3 张。取得主要成果:矿山地质环境现状评估为地质灾害危险性小;矿山生产对含水层的影响较轻;工业广场、南风井、北风井及尾矿库对地形地貌景观的影响较严重,其余地段的影响较轻;尾矿库占地对土地资源的影响严重,其余地段的影响较轻;矿山地质环境预测评估中,矿体开采影响带范围地质灾害危险性预测评估为危险性中等,其余地段为危险性小;矿坑涌水影响范围对含水层预测评估为影响较严重,其余地段为影响较轻;工业广场、南风、北风井及尾矿库对地形地貌景观预测评估影响为较严重,其余地段为较轻;尾矿库对土地资源预测评估为影响严重,其余地段为较轻;矿山地质环境保护与治理恢复区域划分为重点防治区、次重点防治区和一般防治区。

(三十)山东省淄博市张店区黄金国际社区 HR-1 地热井矿山地质环境保护与治理恢复方案

2012 年 3 月,提交山东省淄博市张店区黄金国际社区 HR-1 地热井矿山地质环境保护与治理恢复方案。项目负责人:赵振华。报告编写人:赵振华、陆书南、李生清等。受山东黄金地产旅游集团有限公司委托,为查明矿山地质环境问题,将矿山资源开发对环境的破坏降到最低限度,提出矿山保护与治理恢复措施,进行该项工作。取得主要成果:评价区地质灾害发育类型为地面沉降,地质环境影响程度为影响较轻区,矿山地质环境保护与治理恢复分区为一般保护区。

(三十一)山东省烟台市前大雪废弃矿区矿山环境治理工程设计方案

2012 年 11 月～2013 年 3 月,编制山东省烟台市前大雪废弃矿区矿山环境治理工程设计方案。项目负责人:赵永安。报告编写人:马海会、赵志强、李生清等。受烟台潮水机场工程建设有限公司委托,为有效防治废弃矿山地质灾害隐患,提出废弃矿山治理恢复的措施,进行该项工作。取得主要成果:

提出尾矿砂清除、山皮石(土)回填夯实、碎石垫层铺设、碎石桩施工、强夯置换、覆土整平、修筑排水沟以及植草绿化等措施。

(三十二)山东省济南市“矿山复绿”行动实施方案

2012 年 11 月,提交山东省济南市“矿山复绿”行动实施方案。项目负责人:赵振华。报告编写人:李洪涛、赵振华、郝杰等。受济南市国土局委托,为消除视觉污染,修复地质环境,恢复生态环境,对济南市矿山进行勘查。完成主要工作:调查面积 5000 平方千米。取得主要成果:“矿山复绿”行动为济南市 68 处矿山建立“矿山复绿”档案表,综合分析研究纳入“矿山复绿”行动的 156 处矿山因开采引发的地质环境问题,全面开展矿山治理工作,首要目标是消除“三区两县”范围内严重的地质灾害隐患,保证人民生命财产免受损失,其次是对重点区域的矿山进行地质地貌景观生态修复,提升城市形象;通过“矿山复绿”治理工程,到 2015 年年底,使济南市“三区两县”周边范围内突出的矿山环境问题基本得到整治,恢复矿区的地形地貌景观,逐步改善济南市矿区的生态地质环境;计划对 13 处矿山进行综合整治,合计治理面积922.37 平方米。

(三十三)山东省滕州市中顶山矿区水泥用灰岩矿矿山地质环境保护与恢复治理方案

2013 年 4～11 月,编制山东省滕州市中顶山矿区水泥用灰岩矿矿山地质环境保护与恢复治理方案。项目负责人:杨振华。报告编写人:杨振华、王海焦、彭凯等。受滕州中联水泥有限公司委托,因新建和已投产生产矿山企业要制订矿山生态环境保护与综合治理方案,报经主管部门审批后可实施,为提交矿山地质环境保护与恢复治理方案,进行该项工作。取得主要成果:预测评估将全区分为严重区和较轻区;严重区地质灾害类型主要为崩塌,预测危险性为小;矿山排水和固体废弃物的排放对含水层的影响较轻;矿山生产对土地资源的影响严重,对地形地貌景观的影响严重,对含水层破坏的影响较轻。

(三十四)烟台经济技术开发区科技村西废弃采石场矿山地质环境治理设计方案

2013 年 11 月,提交烟台经济技术开发区科技村西废弃采石场矿山地质环境治理设计方案。项目负责人:赵永安。报告编写人:马海会、赵宇辉、赵志强等。受烟台市国土资源局协同烟台市财政局委托,通过地形测量、野外地质环境、地质灾害调查等手段,提交矿山地质环境治理设计方案。取得主要成果:对治理工程做出总体部署和安排,有效防治废弃矿山地质灾害隐患,并为政府主管部门对废弃矿山的地质环境监督管理提供技术依据。

(三十五)山东港华石材有限公司柞村矿区矿山地质环境保护与恢复治理方案

2013 年 11～12 月,编制山东港华石材有限公司柞村矿区矿山地质环境保护与恢复治理方案。项目负责人:李生清。报告编写人:李生清、王合秋、赵永安、殷淑翠等。受山东港华石材有限公司委托,因办理采矿许可证延续,需重新编制矿山地质环境保护与恢复治理方案,所以进行该项工作。取得主要成果:灾种为渣石流,现状评估、预测评估地质环境影响程度为较轻区;根据矿山地质环境保护与恢复治理分区,将评估区分为重点区 2 个和一般区 1 个;对矿区进行废石堆放平台绿化、修建水库、废石堆固坡绿化,工业广场复垦绿化,开采平台绿化等达到治理目的。

(三十六)山东省泰安市岱岳区角峪铁矿矿山地质环境保护与恢复治理方案

2014 年 2～5 月,编制山东省泰安市岱岳区角峪铁矿矿山地质环境保护与恢复治理方案。项目负责人:王合秋。报告编写人:李生清、王合秋、赵永安等。受泰安市岱岳区角峪铁矿委托,因采矿权人扩大开采规模、变更矿区范围或者开采方式的,应当重新编制治理方案,所以进行该项工作。取得主要成果:现状评估地质灾害危害程度为危险性小,矿山生产对含水层的影响分为严重及较轻两个级别,地形地貌景观影响现状评估分为严重及较轻两个级别,土地资源影响现状评估为严重及较轻两个级别;预测评估地质灾害危害程度分为较严重及较轻两个级别,矿山生产对含水层影响分为严重及较轻两个级别,地形地貌景观预测评估为较轻,土地资源预测评估为影响较轻;矿山地质环境保护与恢复治理区域划分为次重点防治区及一般防治区。

(三十七)山东省邹平梁邹矿业有限公司王家庄矿区矿山地质环境保护与恢复治理方案

2014 年 3～8 月,编制山东省邹平梁邹矿业有限公司王家庄矿区矿山地质环境保护与恢复治理方案。项目负责人:李传磊。报告编写人:李传磊、宋恩武、韩昱等。受山东省邹平梁邹矿业有限公司委托,针对矿山存在以及将来发生环境地质问题,制订环境保护与综合治理方案。取得主要成果:工业广场矿山地质环境影响程度现状评估及预测评估为较严重区,尾矿库范围矿山地质环境影响程度现状评估及预测评估为较轻区;矿山地质环境综合分区可分为重点防治区 0.044 平方千米,治理工程主要为工业广场采矿设备及附属设备拆除、土地整平，主副井回填并封闭治理工程，地下环境监测；次重点防治区 1.955 平方千米，防治工程主要为地质环境监测并保证尾矿库水全部回用不外排；一般防治区 1.67 平方千米，防治工程主要为尾矿库土地复垦和加强地质环境监测工作。

(三十八)邹平梁邹矿业有限公司王家庄铜矿(扩界)矿山地质环境保护与恢复治理方案

2014 年 3 月～2015 年 1 月，编制邹平梁邹矿业有限公司王家庄铜矿(扩界)矿山地质环境保护与恢复治理方案。项目负责人：李传磊。报告编写人：李传磊、韩昱、宋恩武等。受邹平梁邹矿业有限公司委托，针对矿山存在以及将来发生的环境地质问题，制订具体的地质环境保护与恢复治理方案。取得主要成果：现状评估，工业场地、尾矿库及运输道路为严重区，面积 0.0952 平方千米，其他范围为较严重区，面积0.4534平方千米；预测评估，工业场地、尾矿库及运输道路为严重区，面积0.0952平方千米；其他范围为较严重区，面积0.4534平方千米；矿山地质环境保护与恢复治理分为重点防治区、次重点防治区；重点防治区为工业场地，面积 0.0952 平方千米，包括工业广场、充填站、尾矿库及运输道路压占损毁土地，破坏含水层；次重点防治区为评估区剩余范围，面积 0.4534 平方千米，主要地质环境问题为采空塌陷地质灾害、含水层破坏及矿山开采对省道 S321 的影响。

(三十九)济南历下区 2014 年姚家小学校园及周边绿化提升工程(济南市燕翅山综合治理绿化提升方案)

2014 年 4 月，提交济南市燕翅山综合治理提升方案。项目负责人：杨颖。报告编写人：任永欣、孟祥科、李启标等。受济南市国土资源局委托，据山体原有砚池的恢复性规划设计、原有植被条件，提出新的山体植物景观改造要求及规划。取得主要成果：将此绿化工程分为五区，并提出每一区的绿化措施；；防止水土流失的同时增加绿化效果。

(四十)山东省淄博鑫利达矿业有限公司立子营铁矿矿山地质环境保护与恢复治理方案

2015 年 4～8 月，编制山东省淄博鑫利达矿业有限公司立子营铁矿矿山地质环境保护与恢复治理方案。项目负责人：王海焦。报告编写人：王海焦、李生清、赵振华等。受山东省淄博鑫利达矿业有限公司立子营铁矿委托，对矿山地质环境进行监测，提出恢复治理方案。取得主要成果：提出基建期主要治理内容为矿井排水监测点的成立和监测、地面变形监测;开采期主要治理内容为地面变形监测、矿井排水的监测(水位、水量监测和水质监测)及验证采空区回填率;后期维护治理期主要治理内容为地面变形监测。

(四十一)山东蓬莱市玉斌矿山机械配件有限公司北罗家金矿矿山地质环境保护与恢复治理方案

2015 年 6～7 月,编制山东蓬莱市玉斌矿山机械配件有限公司北罗家金矿矿山地质环境保护与恢复治理方案。项目负责人:李生清。报告编写人:李生清、顾莎、王合秋等。受山东蓬莱市玉斌矿山机械配件有限公司委托,提交矿山地质环境保护与恢复治理方案。取得主要成果:矿山地质环境复杂程度中等,矿山生产规模为小型,矿山地质环境影响评估级别为一级,地灾评估灾种为采空塌陷及伴生地裂缝。

(四十二)山东江山水泥有限公司水泥用石灰岩矿矿山地质环境保护与恢复治理方案

2016 年 1～3 月,编制山东江山水泥有限公司水泥用石灰岩矿矿山地质环境保护与恢复治理方案。项目负责人:王海焦。报告编写人:王海焦、徐士民、赵振华等。受山东江山水泥有限公司委托,为减少矿山环境地质问题及地质灾害的发生,提交矿山地质环境保护与恢复治理方案。取得主要成果:评估区矿山属大型矿山,评估区为重要区,地质环境复杂程度为简单,矿山地质环境影响预估级别为一级;矿山地质环境现状评估,地质灾害程度为危险性小,矿山生产对含水层的影响较轻,对地形地貌景观及土地资源的影响严重;矿山地质环境保护与恢复治理区域划分为重点区及一般区。

(四十三)山东裕隆矿业集团有限公司单家村煤矿矿山地质环境保护与恢复治理方案

2016 年 2～6 月,编制山东裕隆矿业集团有限公司单家村煤矿矿山地质环境保护与恢复治理方案。项目负责人:李生清。报告编写人:陈燕、殷淑翠、许强等。受山东裕隆矿业集团有限公司单家村煤矿委托,为最大限度地减少矿山地质环境问题的发生,提交矿山地质环境保护与恢复治理方案。完成主要工作:岩移监测 4 点,地下水监测 3 点,地面变化监测 4 点,地表水监测 4 点。取得主要成果:矿山地质环境影响评估级别为一级;根据矿山环境影响评估结果,按照轻重缓急、分阶段实施的原则,将评估区按年度进行综合治理。根据矿山生产能力和储量分布情况,综合治理规划时间确定近期为 2016

～2020年、中远期为2021～2025年;近期综合治理规划主要内容为岩移监测,地面变形监测和水环境监测。布设地下水水质水位监测点,同时对已有地表水水质监测点和地表变形监测点继续进行监测;中远期综合治理规划为矿山闭坑后,施行主要治理措施,如对主副井井口进行封闭,对已有岩移观测站,地下水、地表水水质监测点和地表变形监测点继续进行监测。

(四十四)山东省淄博市临淄金拓矿业有限公司小高家铁矿矿山地质环境监测实施方案

2016年8～10月,编制山东省淄博市临淄金拓矿业有限公司小高家铁矿矿山地质环境监测实施方案。项目负责人:王海焦。报告编写人:江露露、王海焦等。受淄博市临淄金拓矿业有限公司委托,对矿业环境进行监测后,提交矿山地质环境保护与恢复治理方案。完成主要工作:地面变形监测、地下水监测、对矿山土壤(耕作层)土质监测等。取得主要成果:通过对矿业环境等相关要素进行监测,掌握矿山地质环境的变化趋势,为矿山地质环境保护、预测、预防和治理提供基础资料。

三、修复治理可行性研究

(一)华电胶南发电厂一期工程(可行性研究阶段)大场镇滩涂灰场渗漏评价报告

2006年10～11月,受华电青岛发电有限公司委托,提交华电胶南发电厂一期工程(可行性研究阶段)大场镇滩涂灰场渗漏评价报告。项目负责人:魏鲁峰。报告编写人:赵振华、张兰新、李生清等。完成主要工作:区域地质调查13.65平方千米,水文地质调查13.65平方千米,1∶1万水文地质图编绘13.65平方千米,高程测量5千米,直流电测深31点1650米,高密度电法6条1400米,地质孔钻探132米5孔,抽水试验2组,渗水试验8组,室内渗透试验8件,室内砂样颗粒分析13件,土壤淋滤液分析2件,水位观测40点。取得主要成果:场区及附近地区地质条件较简单,地表被第四系覆盖,岩性主要为粉砂、中砂、粗砂、砾砂,底部隐伏地层主要为中生代燕山晚期侵入岩体;对于灰场灰水渗漏对周围地下水环境的影响以及可能采取的防渗措施(截渗墙和库区铺土工膜)的防渗效果进行计算分析,提出防渗治理方案。

(二)济青南线沿途矿山与生态景观地质环境调查及其保护研究

2006年12月,提交济青南线沿途矿山与生态景观地质环境调查及其保护研究报告。项目负责人:王庆广、韩建江。报告编写人:王庆广、姜玉敏、韩建江等。受省地勘局委托，为查明济青南线现有矿山开采及沿途生态景观地质环境条件对建设济青南线的影响，分析预测济青南线建设对矿产开发和生态景观地质环境的影响，为恢复和保护济青南线沿途原有的生态地质环境与生态景观提供地质依据。完成主要工作：进行野外调查、地质测量、渗透性试验、地下水位统测、水土样采取、室内化验等工作。取得主要成果：基本查清济青南线沿途地质灾害点的分布、种类、规模、危害程度等，对公路建设影响较大的地质灾害主要为滑坡、崩塌、塌陷及地震灾害等；对沿途矿山的分布及其对地质环境的影响进行调查；根据调查资料对工作区进行地质环境分区，并提出治理、保护地质环境的措施和建议。

(三)枣庄高新区兴仁街道袁寨山破损山体整治项目可行性研究

2014 年 5 月，提交枣庄高新区兴仁街道袁寨山破损山体整治项目可行性研究报告。项目负责人：刘建胜。报告编写人：张丽红等。受枣庄高新区兴仁街道办事处委托，以彻底防治崩塌等地质灾害发生为基础，制订具体的综合治理方案。取得主要成果：通过危岩体清除(边坡排险)、削坡整形、渣石堆清理、填埋矿坑、平整复垦土地、坡面清理、修筑挡土墙及挡水墙、渣石回填、植树绿化等治理措施，消除安全隐患，美化景观环境，达到可利用要求，并消除视觉污染，为居民提供良好的人居环境。

四、修复治理工程

(一)济南市破损山体修复治理及信息系统建设报告

2007 年 8 月～2010 年 12 月，受济南市国土资源局委托，提交济南市破损山体修复治理及信息系统建设报告。项目负责人：赵振华。报告编写人：赵振华、李洪涛、郑丽爽等。完成主要工作：破损山体专项调查 2118 平方千米，重点整治区域破损山体调查 74 标段，名山调查 32 座，坐标测量 148 点，动态跟踪监测 1450 次，图件数字化 5 幅，资料收集 117 份，济南市破损山体修复治理地理信息系统 1 套，专题片制作 15 分钟。取得主要成果：截至 2009 年年底，基本完成旅游路、经十路、奥体中心周边、绕城高速公路和国道 104 两侧可视范围及城市主要出入口重点区域破损山体整治工作；采用摄像对每座山体治理的过程进行跟踪调查，进行数字化后录入信息系统；对破损山体进行综合研究和效益分析，济南市破损山体整治后 2008 年的可涵养水源量 2067377.7 立方米，相当于 2 个大明湖的库容，所创造的直接经济价值估算 7.6亿元，间接经济效益估算 18 亿元。

(二)山东省日照市庙山矿山地质环境治理工程竣工报告

2011 年 6 月～2012 年 5 月，编制山东省日照市庙山矿山地质环境治理工程竣工报告。项目负责人:刘建胜。报告编写人:马海会、赵志强、刘建胜等。受日照市国土资源局委托,进行矿山地质环境治理工作。本次治理工作量,危岩体清除 8181 立方米,爆破清理 104500 立方米,爆破后人工整理破面 20970 平方米,挂网喷播 35370 平方米,修筑排水沟 3539 米,客土回填 188480 立方米,植树绿化 53598 平方米,喷薄种子层 400 平方米,拆除民房 2 件,修筑临时施工道路 2100 米,铺设过路管涵 3 个,修筑标志牌 1 个。取得主要成果:治理区面积 0.41 平方千米;对庙山露天采石场矿山地质环境进行综合治理工作,消除地质灾害隐患,保护周边群众的生产、生活安全。

(三)山东省新泰市禹村煤矿区矿山地质环境治理工程(第三标段)竣工报告

2012 年 1 月,受新泰市国土资源局委托,提交山东省新泰市禹村煤矿区矿山地质环境治理工程(第三标段)竣工报告。项目负责人:魏鲁峰。报告编写人:马海会、李学春、李海翔等。完成主要工作:综合治理工程共填平地裂缝 6 处,复垦土地 2200 平方米;塌陷坑 3 处,复垦土地 100 平方米;采空塌陷一处,复垦 1547 平方米,共复垦土地 3853 平方米。取得主要成果:通过该期工程实施,因地质环境失衡可能诱发的各种地质灾害,以及生态环境恶化引起的多种疾病将得以避免,最终达到资源开发与保护环境的良性循环,创造出一个可持续发展的生态矿区,使矿区的经济、社会、环境协调发展;同时为煤炭及其他矿产资源开发行业进行生态重建起到示范带动作用,具有长远的社会效益、经济效益与环境效益。

(四)济南市历下区菠萝顶破损山体整治暨地质灾害治理工程竣工报告

2012 年 2～6 月,受济南国土资源局委托,编制济南市历下区菠萝顶破损山体整治暨地质灾害治理工程竣工报告。项目负责人:陆书南。报告编写人:袁辉、赵振华、于大潞等。完成主要工作:叠石3072.47吨,削坡 61.00 立方米,地基处理 667.50 平方米,G20 混凝土 71.73 立方米,渣土回填 936.37 立方米,破碎石方12814.16立方米,种植土回填 12814.16 立方米,挡土墙316.47 立方米,渣土外运 16559.73 立方米,树木种植 21656 株,实际最终结算额为 5789969.48 元。取得主要成果:对位于济南市历下区龙鼎大道东侧约 150 米菠萝顶破损山体进行设计及治理,并进行社会效益、环境效益和经济效益分析。

(五)山东省平邑县保太—温水—卞桥镇石膏矿矿山环境治理与生态修复项目(一标段)竣工报告

2013年4～11月,编制山东省平邑县保太—温水—卞桥镇石膏矿矿山环境治理与生态修复项目(一标段)竣工报告。项目负责人:胡斌。报告编写人:孔小云等。受平邑县国土资源局委托,通过回填覆土、地形整理等治理工程对采空塌陷区进行整治,恢复塌陷区原有土地用途及生态地质环境。完成主要工作:回填7处塌陷坑,回填面积107304平方米,土地平整面积267860平方米,共恢复耕地273900平方米。取得主要成果:通过回填覆土、地形整理等治理工程对采空塌陷区进行整治,消除治理区内废弃矿渣对周边环境的影响,恢复塌陷区原有土地用途及生态地质环境。

(六)山东省平邑县保太—温水—卞桥镇石膏矿矿山环境治理与生态修复项目(二标段)竣工报告

2013年4～11月,编制山东省平邑县保太—温水—卞桥镇石膏矿矿山环境治理与生态修复项目(二标段)竣工报告。项目负责人:胡斌。报告编写人:孔小云等。受平邑县国土资源局委托,通过回填覆土、地形整理等治理工程对采空塌陷区进行整治,恢复塌陷区原有土地用途及生态地质环境。完成主要工作:设计回填5处塌陷坑,回填面积48916平方米;土地平整48916平方米;回填废弃矿井一处,回填深度80米;回填治理区北侧10处地裂缝,共恢复耕地49.19公顷。取得主要成果:通过回填覆土、地形整理等治理工程对采空塌陷区进行整治,恢复塌陷区原有土地用途及生态地质环境。

(七)淄博市张店区杏园街道办事处柳杭社区整体搬迁工程采空区治理综合效果检测评价报告

2013年11～12月,编制淄博市张店区杏园街道办事处柳杭社区整体搬迁工程采空区治理综合效果检测评价报告。项目负责人:李树荣。报告编写人:苗德刚、万晓磊、张哲等。受淄博市张店区杏园街道办事处柳杭社区居民委员会委托,通过收集资料、物探、钻探等工作,查明工程治理区的治理效果,为建设项目提供必要的依据。完成主要工作:可控源音频大地电磁剖面4条700米,高密度电磁剖面5条950米,波速测试1000米12孔,钻孔1000米12孔。取得主要成果:本次评价工作是在充分收集、利用、分析前人资料和区内地质环境背景进行充分研究的基础上,综合本次野外实地调查及物探、钻探成果,对治理工程区的治理效果进行检测评价,以满足规范、规程要求,达到预期目的。

(八)山东省济南市长清区凤凰山—炒米店石灰岩矿治理工程(第二标段)竣工报告

2014 年 12 月～2015 年 8 月,编制山东省济南市长清区凤凰山—炒米店石灰岩矿治理工程(第二标段)竣工报告。项目负责人:袁辉。报告编写人:袁辉、罗振江、张伟等。受济南市国土资源局委托,对凤凰山—炒米店石灰岩矿进行矿山治理工作。取得主要成果:通过进行削坡、修建挡毛石挡土墙、渣土内倒、种植土回填及苗木栽植等工程措施,使治理区与整个山体及山体周围环境相协调,产生巨大的环境效益、社会效益。

(九)山东省利津县盐窝镇油气开采区地质环境调查与治理报告

2015 年 1 月,提交山东省利津县盐窝镇油气开采区地质环境调查与治理报告。项目负责人:薄本玉、韩建江。报告编写人:薄本玉、谭肖波、郭道冉等。受利津县国土资源局委托,通过选取地质环境治理试验地段,采取曝气法和生物修复法等工程措施,对地质环境进行治理工作。完成主要工作:1∶2.5 万专项水文地质测量、1∶2.5 万专项生态环境地质测量 243.61 平方千米,人力浅钻 60 孔总进尺 180 米,土壤分析 151 件,水质分析 48 件,渗水试验 4 台班,治理工程 1 处,总治理面积 12000 平方米。取得主要成果:采用曝气法和生物修复法对代表性地段进行土壤落地油污治理,治理效果明显,达到工程治理目的,得出生物修复法更适合工作区土壤落地油污染治理,为以后类似工程提供借鉴和示范作用。

(十)山东省济南市章丘区普集街道上皋村污染场地修复治理工程

2015 年 10 月 21 日,张××、陈××雇用车号为鲁 CB××××的罐车运输化工废液向其租赁山东省章丘市普集镇上皋村已废弃的明皋 2 号煤矿井院落倾倒时,张××、陈××、罐车司机和押运员共 4 人中毒死亡,被界定为一起重大污染环境案件。2017 年 3 月 8 日,济南市章丘区环境保护局对该污染场地修复整治工程进行招标,山东省地矿工程勘察院、永清环保股份有限公司以联合体的形式中标。2017 年 5 月 20 日签订了修复治理工程合同,合同额 8110.408 万元。项目总指挥:刘玉仙。主要完成人:刘玉想、汤士勤、张学斌、丁冠涛、赵光贞、生龙、韩昱、任洪成、肖军。截至 2018 年 6 月,该项目是山东省实施的最大污染修复整治工程,仍在实施过程中。已完成主要工作量:物探剖面测量 30 条物理点 2170 个,取样孔、水气抽提孔钻探施工 53 个,微负压膜大棚 1500 平方米,废气处理系统 1 套,事故井井口抽风系统及接料系统 1 套,事故井清挖深度 84.65 米,清挖危废约 700 立方米。取得阶段性主要成果:进一步查明了地下巷道及采空区分布位置,地下水位埋深及流场分布特征,为污染地下水及巷道气体治理提供了依据,为抽、提井及监测井规划布局提供了参考。

五、治理工程监理

(一)山东省邹平县黄山废弃矿坑修复治理工程监理

2010 年 3～9 月,受邹平县国土资源局委托,对山东省邹平县黄山废弃矿坑修复治理工程进行监理。监理人:白延钊。监理结论:施工单位在施工过程中,严格按照设计、规范的要求进行施工,该项目已完成全部设计工作量,施工过程符合国家规范与设计要求。山东省地矿工程集团有限公司和山东省鲁岳资源勘查开发有限公司承担的山东省邹平县黄山废弃矿坑修复治理工程,达到设计方案要求,如能通过专家评审,质量合格,建议该工程通过竣工验收。

(二)山东省烟台市前大雪废弃矿区矿山环境治理工程施工监理

2012 年 3 月～2013 年 11 月,受烟台潮水机场工程建设有限公司委托,对山东省烟台市前大雪废弃矿区矿山环境治理工程进行监理。监理人:李奎峰、许强、王文宇。监理结论:该工程施工单位在施工过程中严格按照设计、规范要求进行施工,完成全部工作量,工程质量较好。施工过程中未出现转包和违法分包现象,实现工程质量和工期计划的预定目标。山东省地矿工程集团有限公司承担施工的该工程达到了设计方案要求,施工质量合格。

第四节　主要获奖成果

自 1987 年山东省淄博市临淄制药厂地下水油类污染勘察报告获地矿部优秀地质勘查叁等奖以来,截至 2017 年,共获得厅局级以上环境地质成果奖 15 项目。其中省部级奖 3 项(贰等奖 1 项、叁等奖 1 项、肆等奖 1 项),厅局级奖 9 项(壹等奖 2 项、贰等奖 4 项、叁等奖 3 项)、学会奖 3 项(均为贰等奖)。

表 2-3-1　　环境地质成果获奖成果汇总表

序号	获奖成果名称	奖励名称	奖励等级	授奖部门	获奖时间
1	山东省济南地区地下水污染现状调查报告	科技成果	肆等奖	地矿部	1985.1
2	山东省淄博市临淄制药厂地下水油类污染勘查报告	地质勘查	叁等奖	地矿部	1987.8
3	山东省环境地质图集	地质科技进步奖	贰等奖	地矿部	1998.1
4	济南地区水资源调蓄与生态环境地质调查报告	科学技术进步地质勘查奖	贰等奖	省地勘局	2005.7
5	山东省地质环境问题研究	科学技术奖	壹等奖	省地勘局	2011.2
6	山东省济南都市圈生态环境地质调查	科学技术奖	叁等奖	省地勘局	2011.2
7		科学技术奖	壹等奖	省国土资源厅	2011.11
8	济南市南部山区垃圾填埋场对地质环境影响评价	科学技术奖	叁等奖	省国土资源厅	2012.10
9		科学技术进步奖	贰等奖	省地勘局	2012.2
10	山东省金乡县羊山—葛山石灰岩矿区矿山地质环境治理工程设计	国土资源科学技术奖	贰等奖	省国土资源厅	2013.11
11	山东省章丘官庄矿业有限公司官庄煤矿矿山环境保护与综合治理方案	国土资源科学技术奖	叁等奖	省国土资源厅	2013.11

续表

序号	获奖成果名称	奖励名称	奖励等级	授奖部门	获奖时间
12	京沪高速铁路(山东段)环境地质调查评价报告	科学技术奖	贰等奖	省国土资源厅	2014.10
13	山东省济南市长清区凤凰山—炒米店石灰岩矿治理工程	岩土创新奖	贰等奖	山东土木建筑学会岩土工程专业委员会	2016.12
14	山东省长岛县南长山镇王沟村北嘴山地质环境治理设计	岩土创新奖	贰等奖	山东土木建筑学会岩土工程专业委员会	2016.12
15	山东省平邑县仲村镇黏土矿山地质环境治理项目	岩土创新奖	贰等奖	山东土木建筑学会岩土工程专业委员会	2016.12

第四章　地质灾害防治工程

自20世纪90年代起，山东省地质灾害时有发生，所造成的生态环境破坏更是难以恢复，严重恶化人们的生存环境，地质灾害已成为阻碍社会经济可持续发展和影响社会稳定的重要因素之一。自1999年起，八〇一队针对济南及省内其他地区山体崩塌、泥石流、地面塌陷、地裂缝、地面沉降等地质灾害，通过有效的地质工程手段，改变地质灾害产生的过程，达到了减轻或防止灾害发生的目的。无论是公路、铁路、工业建筑、民用建筑、矿山建设及采空区的调查与评估，还是各种类型地质灾害的勘查、设计、施工及监理等工程，都做了大量工作。截至2017年年底，累计完成地质防治工程项目295个，调查不稳定边坡、滑坡20处，地裂缝33处，渣土点23个，崩塌点53处。共获得厅局级以上地质防治工程成果奖26项。

第一节　地质灾害调查

1999～2014年，先后完成宁津县、淄博市矿区、济阳县、桓台县铁矿区、单县高韦庄地区、淄博市周村区等6项地质灾害调查评价工作，累计调查面积1389.68平方千米。查明调查区内地质灾害的类型及现状，为划分地质灾害分区、论证地质灾害发生的危险性提供依据。

一、山东省宁津县地质灾害普查

1999年4月1日～11月30日，受宁津县地矿局委托，编制山东省宁津县地质灾害普查报告。项目负责人：杨丽芝，报告编写人：杨丽芝、沈建文等。完成主要工作：1∶10万遥感译面积832.72平方千米，探采结合孔2个675.6米，抽水试验2孔，洛阳铲孔31个26米，水位动态观测孔5个，水位统测1次。取得主要成果：宁津县主要的地质灾害和地质环境问题为地下水质较差、地表水资源污染、深层地下水水位持续下降、地氟病、地甲病、土壤盐渍化等;该县盐渍化土 1999 年分布面积 5.84 万亩,占总可利用面积的6.5%,其形成主要与地下水位埋藏较浅、矿化度高等有关。

二、山东省淄博市矿区地质灾害现状调查与防治对策研究

2004 年 1 月,提交山东省淄博市矿区地质灾害现状调查与防治对策研究报告。项目负责人:游其军。报告编写人:游其军、向玉青、吴丽莉等。省地勘局 2001 年 12 月下达此项目任务书,要求对淄博市矿区进行地质灾害现状调查与防治对策研究工作。完成主要工作:航片解译 1000 平方千米,物探测井 1200 米,模拟试验 4 组,重点调查区 150 平方千米。取得主要成果:调查区地质灾害为与采矿业有关的地面塌陷、岩土变形(导致房裂)以及渣堆边坡崩塌灾害等;区内地下巨大采空区的存在是导致今后相当长时间内地质灾害发生的主导因素;在区内一些地段存在的深层地下水污染,主要是由闭坑矿山矿坑水串层所引起。

三、山东省淄博市桓台县铁矿区地质灾害调查与评价

2010 年 10 月～2011 年 5 月,受淄博市桓台县国土资源局委托,编制山东省淄博市桓台县铁矿区地质灾害调查与评估报告。项目负责人:杨振华。报告编写人:杨振华、范国城、汪新城等。完成主要工作:地面调查 10 平方千米,物探线 60 条共 332 点,工程地质钻探 350 米。取得主要成果:工作区内因采空区引起地面变形、地裂缝,调查表明三龙村遭受的地质灾害危害程度为较大(中)级,官庆、官中、官东遭受的地质灾害危害程度为小级;三龙村东南侧的地面塌陷、东北部的房屋斑裂与地下分布有采空区有关,地质灾害危险性大区面积 0.11 平方千米,需要采取相应的避让措施或工程保护措施;三龙村东区域为地质灾害危险性中区,面积 0.28 平方千米。

四、山东省单县高韦庄地区地裂缝调查与防治

2011 年 6～12 月,受单县国土资源局委托,编制山东省单县高韦庄地区地裂缝调查与防治报告。项目负责人:许强。报告编写人:许强、高奎峰、邵光宇等。完成主要工作:1∶5000 地形测量 75 平方千米,工程地质钻探 31 个孔 730 米,地裂缝监测 27 点 324 次。取得主要成果:调查区存在 3 条地裂缝,分别位于赵集村东北部、西北部和小沈庄北部,有 5 个村庄出现房屋开裂现象,分别是赵集、小沈庄、马刘庄、仁集、曾邵庄村,开裂房屋 37 间,威胁人口

222 人；黏土(膨胀土)受地下水水位上下波动出现胀缩，引发地裂缝或房屋开裂现象。

五、山东省淄博市周村区 1∶5 万地质灾害调查

2012 年 8 月，受淄博市国土资源局周村分局委托，提交山东省淄博市周村区 1∶5 万地质灾害调查报告。项目负责人：徐士民。报告编写人：马超、范国城、王彬等。完成主要工作：野外调查 330 千米，重点调查区 21 平方千米，水源地 3 个。取得主要成果：全市共有地质灾害隐患点 149 处；淄博市地质灾害分布在本市 5 区 2 县，淄川区 47 处、博山区 12 处、周村区 5 处、临淄区 18 处、桓台县 3 处、沂源县 63 处、文昌湖区 1 处；109 处崩塌、滑坡、泥石流地质灾害主要分布在南部山区的淄川、博山、沂源一带；40 处采空塌陷、地裂缝地质灾害主要由采矿活动形成的采空区引发，分布于山东金岭铁矿区，淄川区寨里镇、西河镇、龙泉镇、岭子镇一带，博山区八陡镇黑山矿区，沂源县鲁村镇煤矿开采区一带。

六、山东省淄博市周村区王村镇辛庄村地裂缝地质灾害调查

2013 年 12 月～2014 年 2 月，受王村镇政府委托，编制山东省淄博市周村区王村镇辛庄村地裂缝地质灾害调查报告。项目负责人：赵永安。报告编写人：李海翔、赵志强、王合秋等。完成主要工作：工作区调查面积0.96平方千米。取得主要成果：2013 年 10 月 2 日发生的地裂缝及房屋开裂主要发生在辛庄东南部，沿国道 309 两侧呈弧形带状分布；推断区内地裂缝及房屋开裂是由八三厂遗留的老采空区、天三立黏土矿 2012 年开采形成的采空区及三立黏土矿 2013 年开采形成的采空区共同塌陷引起的。

第二节　地质灾害评估

2003～2017 年，累计完成 223 项地质灾害评估工作，评估面积 2323.61 平方千米，其中一级评估 96 项、二级评估 84 项、三级评估 43 项。评估工作包括建设用地、交通线路、厂区扩建等地质灾害评估，阐明工程建设区和规划区的地质环境条件基本特征，分析论证区内地质灾害的危险性，进行评估并提出防治地质灾害的措施与建议。

一、地灾评估一级

(一)日照至南阳国家重点公路山东省菏泽至关庄(鲁豫界)段公路建设用地地质灾害危险性评估

2003 年 4 月,受山东省高速公路有限责任公司委托,提交日照至南阳国家重点公路山东省菏泽至关庄(鲁豫界)段公路建设用地地质灾害危险性评估报告。项目负责人:刘建胜。报告编写人:刘建胜、何瑞等。井孔调查 28 个,地质点调查 10 个。取得主要成果:综合评估 K300+000～K61+358 路段为地质量灾害危险性中等区,其他路段为地质灾害危险性小区;评估区内抗震设防烈度为 7 度,属于建筑抗震不利地段,区域性较差;采取一定的工程措施解决局部存在的砂土液化灾害可能对公路产生的不良影响后,该区段适宜进行公路工程建设。

(二)山东省济南市长清高校区规划用地地质灾害危险性评估

2003 年 4～5 月,受济南市土地收购储备中心委托,编制山东省济南市长清高校区规划用地地质灾害危险性评估报告。项目负责人:王俊兰、游其军。报告编写人:游其军、于世林、尚宇宁等。完成主要工作:工作区调查面积 96 平方千米,河流沟谷调查 3 条,地面探点 50 个,井孔调查 32 个,水质分析 2 件,土样 6 件,探槽 6 个。取得主要成果:评估区主要地质灾害类型为不稳定斜坡崩塌(坍塌)、岩溶塌陷和黄土湿陷等;综合评估工程建设受到的地质灾害危险和工程建设本身诱发的地质灾害危险性小,局部地段地质灾害危险性中等,总体上规划用地内基本适宜高校区建设。

(三)山东省莱芜市莱芜电厂扩建一期 2×300 兆瓦工程建设用地地质灾害危险性评估

2003 年 12 月～2004 年 2 月,受山东省鲁能泰山电缆有限公司莱芜发电厂委托,编制山东省莱芜市莱芜电厂扩建一期 2×300 兆瓦工程建设用地地质灾害危险性评估报告。项目负责人:张中祥,报告编写人:张中祥、赵志强、赵忠义等。完成主要工作:厂区 3.05 平方千米,灰场区 13.5 平方千米,水质分析 5 件,土样 25 件,遥感解译 72 平方千米,直流电测深 50 点/4.5 千米,工程地质钻探 104 米/3 孔,探坑 13 个,水位测量 4 点。取得主要成果:厂区评估灾种为崩塌、泥石流、岩溶塌陷和黄土湿陷;灰场区灾种为崩塌和泥石流;厂区的地质灾害危险性小区适宜直接施工建设,地质灾害危险性中区采取防治措施后适宜建厂;灰场区较适宜施工建设,灰坝选址时应进行工程地质勘探,提出坝基、坝体稳定措施和相应防渗措施。

(四)山东省济南市市中区济南柏石峪建设项目地质灾害危险性评估

2004年8月23日～9月7日，受山东鲁能亘富开发有限公司委托，提交山东省济南市市中区济南柏石峪建设项目地质灾害危险性评估报告。项目负责人：王涛。报告编写人：李传磊、王涛等。完成主要工作：工程地质钻探2孔进尺48.5米，5个井探29.9米，土工湿陷实验12件，水质分析3件，GPS定点2点。取得主要成果：地灾类型为崩塌、岩溶塌陷、黄土湿陷，地质灾害危险性小。

(五)枣庄市金庄煤矿工业广场地质灾害危险性评估

2004年12月，受枣庄市金庄煤矿委托，提交枣庄市金庄煤矿工业广场地质灾害危险性评估报告。项目负责人：张伟。报告编写人：张伟、王俊兰、秦品瑞等。取得主要成果：评估区地质灾害种类为采空区塌陷及伴生地裂缝，金庄煤矿工业广场南部属综合评估危险性大区，场地适宜性为适宜性差；西部综合评估危险性中等区，场地适宜性为基本适宜；工业广场东北部采空塌陷及伴胜地裂缝为危险性中区，场地适宜性为适宜；在工业广场留设足够保护煤柱的情况下，工业广场场地适宜性评价为适宜。

(六)山东日照山电厂4×660兆瓦超超临界机组示范工程地质灾害危险性评估

2005年1月，受山东日照岚山电厂筹建处委托，提交山东日照山电厂4×660兆瓦超超临界机组示范工程地质灾害危险性评估报告。项目负责人：王俊兰。报告编写人：王俊兰、蔡有兄、王燕等。完成主要工作：工作区调查面积83.9平方千米，地下水位监测4点，GPS定位8点，水位观测4井孔。取得主要成果：地灾类型为海水入侵、砂土液化和不稳定边坡；铁路专用线、厂址区在采取有效防治措施后，场地基本适宜建设；灰场区在采取简单处理后，场地适宜建设。

(七)华润电力菏泽电厂一期工程可行性研究阶段工程建设地质灾害危险性评估

2005年1月，受华润电力菏泽电厂委托，提交华润电力菏泽电厂一期工程可行性研究阶段工程建设地质灾害危险性评估报告。项目负责人：徐士民。报告编写人：徐士民、狄芳、赵忠义等。取得主要成果：评估区主要地质灾害类型为砂土液化、地面沉降、地面塌陷及地裂缝；综合评估杨海评估区、算王评估区和陈集评估区为地质灾害危险性中等区,建设场地适宜性均为基本适宜。

(八)华电国际莱州电厂一期 2×1000 千瓦超临界机组铁路专用线工程地质灾害危险性评估

2005年1月,受华电国际电力股份有限公司委托,提交华电国际莱州电厂一期2×1000千瓦超临界机组铁路专用线工程地质灾害危险性评估报告。项目负责人:韩建江。报告编写人:韩建江、陈奂良、张兰新等。完成主要工作:工作区调查面积20.01平方千米,地下水位监测点6个,水质分析5件,GPS定位6点,野外地质环境调查207平方千米。取得主要成果:评估区地质灾害类型为砂土液化;综合评估地质灾害危险性为中等区,建设场地适宜性为基本适宜。

(九)济南建邦黄河大桥工程建设项目地质灾害危险性评估

2005年5月,受山东建邦投资管理有限公司委托,编制济南建邦黄河大桥工程建设项目地质灾害危险性评估报告。项目负责人:王涛。报告编写人:王涛、刘建胜、安美艳等。完成主要工作:工作区调查面积5.76平方千米,水质分析1件,土样4件。取得主要成果:评估区主要地质灾害类型为砂土液化和地面沉降,综合分区评估为危险性中等区,建设场地适宜性为基本适宜。

(十)山东省济南市低价位商品房田园新城建设项目地质灾害危险性评估

2005年6~7月,受济南市住宅产业化发展中心委托,编制山东省济南市低价位商品房田园新城建设项目地质灾害危险性评估报告。项目负责人:张中祥。报告编写人:张中祥、魏鲁峰等。完成主要工作:野外调查5.37平方千米。取得主要成果:评估区主要地质灾害类型为采空塌陷(伴生地裂缝)、岩溶塌陷和黄土湿陷三种;综合分区评估将全区地质灾害危险性划分地质灾害危险性大、中等、小三个区,其土地适宜性分别为差、基本适宜、适宜。

(十一)山东明水化工有限公司 1830 工程建设项目地质灾害危险性评估

2005年7月,受山东明水化工有限公司委托,提交山东明水化工有限公司1830工程建设项目地质灾害危险性评估报告。项目负责人:王涛。报告编写人:王涛、郑雪飞等。完成主要工作:地质环境与地灾调查1.12平方千米,地下水位监测4点,土样1件,水质分析9件。取得主要成果:评估区地质灾害类型为采空塌陷。评估区地质灾害危险性综合分区评估为危险性大、中和小三个区。评估区南部非采空区为危险性小区,场地适宜性为适宜;东风煤矿采空区为危险性中等区,其场地适宜性为适宜性差;礁宝石矿采空区为危险性大区,场地适宜性为适宜差。

(十二)京杭运河(济宁至徐州)续建工程微山二线船闸工程地质灾害危险性评估

2005 年 12 月,受济宁市航运管理局委托,提交京杭运河(济宁至徐州)续建工程微山二线船闸工程地质灾害危险性评估报告。项目负责人:秦品瑞。报告编写人:秦品瑞、王燕、满湲等。完成主要工作:工作区面积 6.11 平方千米,GPS 定位 4 点。取得主要成果:评估灾种为采空塌陷和砂土液化,在预留足够保安煤柱的条件下评估区为地质灾害危险性小区,建设场地适宜性为适宜。

(十三)山东临沂工业园规划区地质灾害危险性评估

2006 年 6 月,受临沂市临西工业园管理委员会委托,提交山东临沂工业园规划区地质灾害危险性评估报告。项目负责人:徐士民。报告编写人:徐士民、王海焦、狄芳等。完成主要工作:工作区调查面积 30 平方千米,水位测量 2 点,GPS 定位 5 点,收集资料 9 份,拍摄照片 12 张。取得主要成果:地质灾害类型为岩溶塌陷和崩塌;综合评估小山及附近地区为危险性小区,其他地区为危险性中等区;建设场地适宜性方面,小山及附近地区为适宜,其他地区为基本适宜。

(十四)山东省济南市历下区山东经济学院校本部东区建设项目地质灾害危险性评估

2006 年 7 月,受山东经济学院委托,提交山东省济南市历下区山东经济学院校本部东区建设项目地质灾害危险性评估报告。项目负责人:王涛。报告编写人:王涛、宋恩武等。完成主要工作:工作区调查面积 177073.64 平方米。取得主要成果:评估区主要地质灾害类型为岩溶塌陷和黄土湿陷,综合评估地质灾害为危险性小区,建设场地适宜性为适宜。

(十五)山东省济宁市任城区南水北调东线第一期工程济宁市区截污导流工程地质灾害危险性评估

2006 年 7～8 月,受山东省水利勘测设计院委托,编制山东省济宁市任城区南水北调东线第一期工程济宁市区截污导流工程地质灾害危险性评估报告。项目负责人:杨世强。报告编写人:杨世强、武羽晓、袁春鸿等。完成主要工作:工作区调查面积 22.28 平方千米,地质点调查 25 个,GPS 定位 25 点,工程钻孔 11 个。取得主要成果:评估区地质灾害类型为采空塌陷,综合评估危险性中等区和危险性小区两个区,其建设场地适宜性分别为基本适宜、适宜。

(十六)山东省青岛市华电胶南发电厂一期工程建设项目地质灾害危险性评估

2006年8～11月,受华电青岛发电有限公司委托,编制山东省青岛市华电胶南发电厂一期工程建设项目地质灾害危险性评估报告。项目负责人:于世林。报告编写人:于世林、张慧、李玉龙等。取得主要成果:评估区主要地质灾害类型为砂土液化、海水入侵;评估在储灰场和厂址一及厂址海域工程评估区砂土液化、海水入侵地质灾害危险性中等,建设场地适宜性为基本适宜;厂址一铁路专用线、厂址二、厂址二铁路专用线及海域工程评估区砂土液化、海水入侵地质灾害危险性小,建设场地适宜性为适宜。

(十七)山东省济南市山东产品质量监督检验院建设项目地质灾害危险性评估

2006年8月,受山东省质量技术监督局委托,提交山东省济南市山东产品质量监督检验院建设项目地质灾害危险性评估报告。项目负责人:徐士民。报告编写人:徐士民、张莉莉、狄芳等。完成主要工作:工作区调查面积1平方千米,GPS定位15点,水位观测1井孔。取得主要成果:评估灾种确定为岩溶塌陷和黄土湿陷,综合分区评估为危险性小区,建设场地适宜性为适宜。

(十八)山东省鄄城县鄄城黄河公路大桥(山东段)建设项目地质灾害危险性评估

2006年9～10月,受山东省鄄城县鄄城黄河公路大桥投资有限公司委托,编制山东省鄄城县鄄城黄河公路大桥(山东段)建设项目地质灾害危险性评估报告。项目负责人:徐士民。报告编写人:徐士民、张莉莉、狄芳等。完成主要工作:野外调查面积28平方千米,地下水位监测点2个,GPS定位20点。取得主要成果:评估区内地质灾害类型为地面沉降和砂土液化,综合分析析评估为地质灾害危险性小区,建设场地适宜性为适宜。

(十九)山东省青岛市华电青岛发电有限公司2×600兆瓦级供热机组扩建工程地质灾害危险性评估

2007年6月,受华电青岛发电有限公司委托,提交山东省青岛市华电青岛发电有限公司2×600兆瓦级供热机组扩建工程地质灾害危险性评估报告。项目负责人:蔡有兄。报告编写人:蔡有兄、王俊兰、李岚等。完成主要工作:

野外地质环境调查4.91平方千米。取得主要成果：评估区地质灾害类型为软土地基变形，综合评估为地质灾害危险性小区，建设场地适宜性为适宜。

（二十）山东枣庄神舟飞艇基地建设项目建设项目地质灾害危险性评估

2008年9～10月，受山东枣庄神舟飞艇科技有限公司委托，编制山东枣庄神舟飞艇基地建设项目建设项目地质灾害危险性评估报告。项目负责人：陈奂良。报告编写人：陈奂良、张兰新等。完成主要工作：1∶1万水工环、灾害地质调查9.0平方千米。取得主要成果：评估区地质灾害类型为岩溶塌陷，综合分析评估为地质灾害危险性小区，建设场地适宜性为适宜。

（二十一）山东省青岛市华电青岛发电有限公司三期2×300兆瓦级供热机组扩建工程地质灾害危险性评估

2009年5月，受华电青岛发电有限公司委托，提交山东省青岛市华电青岛发电有限公司三期2×300兆瓦级供热机组扩建工程地质灾害危险性评估报告。项目负责人：蔡有兄。报告编写人：蔡有兄、王俊兰、张兰新等。完成主要工作：野外地质环境调查4.91平方千米。取得主要成果：评估区地质灾害类型为软土地基变形，综合评估为地质灾害危险性小区，建设场地适宜性为适宜。

（二十二）山东省新建地方铁路寿光至邹平线博兴至邹平段工程地质灾害危险性评估

2010年6～9月，受山东省地方铁路局委托，编制山东省新建地方铁路寿光至邹平线博兴至邹平段工程地质灾害危险性评估报告。项目负责人：蔡有兄。报告编写人：蔡有兄、于世林、张兰新等。完成主要工作：水文地质工程地质调查100平方千米。取得主要成果：评估区地质灾害类型为地面沉降；综合评估地质灾害危险性分为大、中和小三个区；其中，寿广段与淄东线联络线、CK19＋000～CK27＋200和博汇支线为地质灾害危险性大区，建设用地适宜性差；CK4＋360～CK19＋000和CK27＋200～CK29＋800为危险性中等区，建设用地基本适宜；CK29＋800～CK38＋900为危险性小区，建设用地适宜。

（二十三）山东省新建地方铁路寿光至邹平线寿光至广饶段工程地质灾害危险性评估

2010年6～10月，受山东省地方铁路局委托，编制山东省新建地方铁路寿光至邹平线寿光至广饶段工程地质灾害危险性评估报告。项目负责人：蔡有兄。报告编写人:蔡有兄、于世林、张兰新等。完成主要工作:水文地质工程地质调查150平方千米。取得主要成果:评估区地质灾害类型为地面沉降;综合评估分为危险性中区和危险性小区两个级别;其中,寿广段CK0+000～CK14+800和华星支线HCK0+000～HCK3+532为地质灾害危险性中等区,铁路建设用地基本适宜;其他评估区为危险性小区,建设用地适宜。

(二十四)山东省利津县山东华能利津风电场(一期、二期)工程地质灾害危险性评估

2010年9～11月,受华能利津风力发电有限公司委托,编制山东省利津县山东华能利津风电场(一期、二期)工程地质灾害危险性评估报告。项目负责人:蔡有兄。报告编写人:蔡有兄、郑丽爽、王俊兰等。完成主要工作:野外调查26平方千米。取得主要成果:评估区发生崩塌、滑坡、泥石流等地质灾害的地质环境条件不充分;综合分析析评估为地质灾害危险性小区,建设场地适宜性为适宜。

(二十五)山东省淄博市博山区颜山国际项目地质灾害危险性评估

2010年10月,受淄博泰各房地产开发有限责任公司委托,提交山东省淄博市博山区颜山国际项目地质灾害危险性评估报告。项目负责人:陈燕。报告编写人:陈燕、葛林等。完成主要工作:地形地貌及地质灾害调查1平方千米。取得主要成果:评估区地质灾害类型主要为采空塌陷及伴生地裂缝,综合评估为地质灾害危险性大区,建设场地适宜性差。

(二十六)山东省兖州市益海天成(兖州)化工有限公司6万吨/年甘油法环氧氯丙烷建设项目地质灾害危险性评估

2011年3～4月,受兖州市益海天成(兖州)化工有限公司委托,编制山东省兖州市益海天成(兖州)化工有限公司6万吨/年甘油法环氧氯丙烷建设项目地质灾害危险性评估报告。项目负责人:姜玉敏。报告编写人:姜玉敏、隋海波、王秀芬等。完成主要工作:水文地质工程地质调查4.7平方千米。取得主要成果:评估区地质灾害类型为岩溶塌陷,综合评估为地质灾害危险性小区,建设场地适宜性为适宜。

(二十七)山东省济南市长清区济南第三生活垃圾无害化处理厂建设项目地质灾害危险性评估

2011年4～5月,受济南市建设管理局委托,编制山东省济南市长清区济南第三生活垃圾无害化处理厂建设项目地质灾害危险性评估报告。项目负责人:王庆广。报告编写人:王庆广、陈奂良、刘德成等。完成主要工作:地质环境调查16平方千米,斜坡测量2条。取得主要成果:评估区地质灾害类型为崩塌,综合评估为地质灾害危险性中等、小两个区,建设场地适宜性为适宜。

(二十八)山东省章丘市双山街道办事处白泉社区建设项目地质灾害危险性评估

2011年4～5月,受白泉村村委会委托,编制山东省章丘市双山街道办事处白泉社区建设项目地质灾害危险性评估报告。项目负责人:隋海波。报告编写人:隋海波、王秀芬、李哲等。完成主要工作:调查面积8平方千米。取得主要成果:地灾类型为岩溶塌陷,全区为地质灾害危险性小区,建设场地适宜性为适宜。

(二十九)山东省泰安市岱岳区马庄镇工业项目集中区建设项目地质灾害危险性评估

2011年10～11月,受山东省泰安市岱岳区马庄镇人民政府委托,编制山东省泰安市岱岳区马庄镇工业项目集中区建设项目地质灾害危险性评估报告。项目负责人:王秀芬。报告编写人:王秀芬、姜玉敏、隋海坡等。完成主要工作:调查60平方千米。取得主要成果:评估区发生崩塌、滑坡、泥石流等地质灾害的地质环境条件不充分,综合评估为地质灾害危险性小区,建设场地适宜性为适宜。

(三十)山东省巨野县国电巨野(10兆瓦)光伏电站项目地质灾害危险性评估

2011年11～12月,受国电菏泽发电有限公司委托,编制山东省巨野县国电巨野(10兆瓦)光伏电站项目地质灾害危险性评估报告。项目负责人:鞠晓明。报告编写人:鞠晓明、王秀芬、李哲等。完成主要工作:工作区调查面积7.8平方千米。取得主要成果:评估区发生崩塌、滑坡、泥石流等地质灾害的地质环境条件不充分,综合分析评估为地质灾害危险性小区,建设场地适宜性为适宜。

(三十一)国电济南燃气蒸汽联合循环热电冷联产项目地质灾害危险性评估

2012年9～10月,受国电济南西部热电筹建处委托,编制国电济南燃气蒸汽联合循环热电冷联产项目地质灾害危险性评估报告。项目负责人:李海翔。报告编写人:李海翔、张金兰、于大潞等。完成主要工作:野外地质灾害调查6平方千米。取得主要成果:评估区地质灾害类型为地面沉降及伴生地裂缝,综合评估为地质灾害危险性小区,建设场地适宜性为适宜。

(三十二)山东省沂南—临朐输气管道工程地质灾害危险性评估

2012年10～12月,受临沂中石油昆仑天然气输配有限公司委托,编制山东省沂南—临朐输气管道工程地质灾害危险性评估报告。项目负责人:王秀芬。报告编写人:王秀芬、鞠晓明、邱晨等。完成主要工作:野外地质灾害调查300平方千米。取得主要成果:危险性综合评估确定沂水临朐段K63＋292.07～K69＋950.92、沂水临朐段K82＋592.94～沂南沂水段K2＋024.71及沂水分输站地质灾害危险性中等,建设场地适宜性确定为基本适宜,确定为次重点防治区段,其余地段及各站场阀室地质灾害危险性小,建设场地适宜性确定为适宜工程建设,确定为一般防治区段。

(三十三)山东省临沂市西北外环—费县次高压燃气管道工程地质灾害危险性评估

2012年10～12月,受临沂中石油昆仑天然气输配有限公司委托,编制山东省临沂市西北外环—费县次高压燃气管道工程地质灾害危险性评估报告。项目负责人:刘同喆。报告编写人:刘同喆。取得主要成果:主要地质灾害为地面塌陷和地裂缝;综合评估在费县门站—堰东・停子头段属地质灾害危险性小区,建设场地适宜性为适宜;临沂西外环段(起点—堰东)及临沂西外环东段(停子头—河东终点)属危险性中等区,建设场地适宜性为基本适宜。

(三十四)山东省临沂市莒南—沂南次高压燃气管道工程地质灾害危险性评估

2012年12月,受临沂中石油昆仑天然气输配有限公司委托,提交山东省临沂市莒南—沂南次高压燃气管道工程地质灾害危险性评估报告。项目负责人:鞠晓明。报告编写人:鞠晓明等。完成主要工作:调查面积0.59平方千米。取得主要成果:评估区主要地质灾害为构造地裂缝;管线从西石牛庄至西批石头村、墩庄子至丁家屋子段为地质灾害危险性中等区,建设场地适宜性为基本适宜,其余管线段为地质灾害危险性小区,建设场地适宜性为适宜。

(三十五)山东省济南市济聊城际轨道交通济南至长清线(暨城市轨道交通R1线)建设场地地质灾害危险性评估

2013年1～12月,受济南市轨道交通规划建设工作领导小组办公室委托,编制山东省济南市济聊城际轨道交通济南至长清线(暨城市轨道交通R1线)建设场地地质灾害危险性评估报告。项目负责人:满溪、高文锋。报告编写人：满湲、高文锋、苏动等。完成主要工作：遥感解译 560 平方千米，资料收集 16 份，水位测量 25 点。取得主要成果：地质灾害类型为岩溶塌陷；综合评估平安店断裂（K8＋000～K10＋000）区段、玉符河河谷（K14＋000～K17＋000）区段、炒米店断裂 F4（K21＋000～K22＋000）区段为地质灾害危险性中等区，为基本适宜建设区；其余区段为危险性小区，为适宜建设区。

（三十六）济南城市轨道交通近期建设规划地质灾害危险性评估

2013 年 3～7 月，受济南城市轨道办委托，编制济南城市轨道交通近期建设规划地质灾害危险性评估报告。项目负责人：高文峰。报告编写人：高文峰、王亮亮、刘建胜等。完成主要工作：地质灾害调查 690 平方千米，高密度电法 1200 点，水位测量 10 点，水质简分析 5 点，坐标测量 243 点。取得主要成果：评估区主要地质灾害类型为采空塌陷、岩溶塌陷、地面沉降；综合分区评估地质灾害危险性大区为 R3 线工业北路段（K12＋585～K13＋805）区段，为建设适宜性差区；危险性中等区为 R1 线北大沙河河谷—平安店断裂（K06＋935～K09＋170）区段、玉符河河谷—炒米店断裂 F3（K15＋705～K17＋050）区段、炒米店断裂残影 F4（K18＋115～K18＋415）两侧、R2 线港沟断裂两侧（K36＋030～K36＋330）区段、R3 线花园路—祝甸路（K08＋060～K08＋700）区段，为建设基本适宜区；其余区段为危险性小区，为建设适宜区。

（三十七）山东省日照市沭水东调工程地质灾害危险性评估

2013 年 4～8 月，受日照水利局委托，编制山东省日照市沭水东调工程地质灾害危险性评估报告。项目负责人：毕栋威。报告编写人：毕栋威、曹光明等。完成主要工作：野外地质灾害调查 20 平方千米。取得主要成果：评估区地质灾害发育中等；综合评估地质灾害危险性分为大、中等、小三个区，其建设场地适宜性分别为适宜性差、基本适宜、适宜。

（三十八）寿光美伦纸业有限责任公司年产 40 万吨漂白硫酸盐化学木浆项目地质灾害危险性评估

2013 年 4～5 月，受寿光美伦纸业有限责任公司委托，编制寿光美伦纸业有限责任公司年产 40 万吨漂白硫酸盐化学木浆项目地质灾害危险性评估报告。项目负责人：张红丽。报告编写人：张丽红、赵有美、姬广胜等。完成主要工作：作区调查面积 3 平方千米。取得主要成果：地灾类型为地面沉降，评估区为地质灾害危险性中等，建设场地适宜性为基本适宜。

(三十九)山东省监狱管理局监狱集群项目(齐州监狱扩建项目、微湖及滕州监狱接替项目)地质灾害危险性评估

2014 年 6 月,受山东省齐州监狱委托,提交山东省监狱管理局监狱集群项目(齐州监狱扩建项目、微湖及滕州监狱接替项目)地质灾害危险性评估报告。项目负责人:刘玉想。报告编写人:韩昱、刘玉仙、刘玉想等。完成主要工作:地质调查 0.63 平方千米。取得主要成果:评估区地质灾害类型为地面沉降,综合评估为地质灾害危险性中等区,建设场地适宜性为基本适宜。

(四十)济南市轨道交通 R3 号线一期(龙洞庄至济南新东站段)建设项目地质灾害危险性评估

2015 年 3～5 月,受济南市轨道交通集团公司委托,编制济南市轨道交通 R3 号线一期(龙洞庄至济南新东站段)建设项目地质灾害危险性评估报告。项目负责人:魏月。报告编写人:魏月、赵有美、刘建胜等。完成主要工作:调查区面积 57.62 平方千米,水位测量 25 点。取得主要成果:评估区主要地质灾害类型为岩溶塌陷和采空塌陷;综合评估地质灾害危险性大区为 2 段,分布于拟建线路张马屯矿工及其影响半径范围内、苏家庄铁矿区及其影响半径范围内,建设场地适宜性差;中等区为 2 段,丁家东站北和盛福庄站北至西周家庄站北,基本适宜建设;其余为危险性小区,适宜建设。

(四十一)山东省寿光市神华国华寿光电厂二期(2×1000 兆瓦级)工程地质灾害危险性评估

2015 年 4～6 月,受神华国华寿光发电有限责任公司委托,编制山东省寿光市神华国华寿光电厂二期(2×1000 兆瓦级)工程地质灾害危险性评估报告。项目负责人:赵振伟。报告编写人:赵振伟、韩建江、姜玉敏等。完成主要工作:环境、水文、灾害地质调查 53.45 平方千米,GPS 定位 15 点,水文地质调查点 2 个。取得主要成果:评估区主要地灾类型为地裂缝、地面沉降,综合评估区全区为地质灾害危险性小区,建设场地适宜性评估为适宜。

(四十二)中南部铁路通道郭家沟至大石家地方铁路线(连接线)项目地质灾害危险性评估

2015 年 8 月,受山东华宝庆丰投资有限公司委托,提交中南部铁路通道郭家沟至大石家地方铁路线(连接线)项目地质灾害危险性评估报告。项目负责人:丁冠涛。报告编写人:丁冠涛、刘玉仙、李传磊。取得主要成果:评估

区地质灾害类型为岩体滑坡、岩溶塌陷及伴生地裂缝和采空塌陷及伴生地裂缝;综合分析析评估岩体滑坡及伴生地裂缝和采空塌陷及伴生地裂缝地质灾害危险性小;调查区(在征地南 450 米)建设场地适宜性为基本适宜,其他路段地质灾害危险性小,建设场适宜性为适宜。

(四十三)山东省金乡县金南产业园一期建设项目地质灾害危险性评估

2015 年 11 月,受金乡县金乡街道办事处委托,提交山东省金乡县金南产业园一期建设项目地质灾害危险性评估报告。项目负责人:赵志强。报告编写人:王琳、谢飞、李艳君。完成主要工作:地质地貌调查 1 平方千米,地质灾害调查 1 平方千米,工程地质钻探 420 米。取得主要成果:地灾类型为采空塌陷及伴生地裂缝,地质灾害危险性中等,建设场地适宜性为基本适宜。

(四十四)济宁监狱金桥分监狱改扩建工程项目地质灾害危险性评估

2015 年 11 月,受山东省济宁监狱委托,提交济宁监狱金桥分监狱改扩建工程项目地质灾害危险性评估报告。项目负责人:赵志强。报告编写人:张金兰、高奎峰、陈艳等。完成主要工作:调查地质地貌 2.3 平方千米,地质灾害 2.3 平方千米。取得主要成果:主要地灾类型为采空塌陷及伴生地裂缝、地面沉降;评估区内地质灾害危险性综合分区评估为危险性小区,适宜建设。

二、地灾评估二级

(一)山东省章丘市山东省旅游学校章丘新校区建设用地地质灾害危险性评估

2003 年 1～2 月,受山东省旅游学校委托,编制山东省章丘市山东省旅游学校章丘新校区建设用地地质灾害危险性评估报告。项目负责人:游其军。报告编写人:游其军、高明志、韩建江等。取得主要成果:综合评估全区为地质灾害危险性小区,建设场地适宜性为适宜。

(二)山东省章丘市山东省电子工业学校新校区建设用地地质灾害危险性评估

2003 年 6 月,受山东省电子工业学校委托,提交山东省章丘市山东省电子工业学校新校区建设用地地质灾害危险性评估报告。项目负责人:游其军。报告编写人:于世林、牟强、游其军等。完成主要工作:工作区调查面积 1.37 平方千米,河流调查 1 条,水质分析 1 件,GPS 定位 2 点。取得主要成果:评估区主要地质灾害类型为崩塌(潜在不稳定边坡);综合评估全区为地质灾害危险性小区，但新校区位于明水泉域上游补给径流区，生态地质环境脆弱；校址选择较合理，基本适宜建设。

(三)山东省菏泽市山东菏泽发电厂三期扩建工程及供水工程建设用地地质灾害危险性评估

2003年11～12月，受山东菏泽发电厂委托，编制山东省菏泽市山东菏泽发电厂三期扩建工程及供水工程建设用地地质灾害危险性评估报告。项目负责人：韩建江。报告编写人：韩建江、陈奂良、游其军等。完成主要工作：地灾评估一级；水工环灾害地质调查1.716平方千米，井孔调查5个，水质分析1件，土样2件，GPS定位8点。取得主要成果：在天然条件下厂区及库区均较适宜进行工程建设；在采取一定的工程措施解决工程可能对厂区及库区产生的不良影响后，适宜进行菏泽电厂三期扩建工程及供水工程的建设。

(四)山东省肥城市山东石横发电厂2×300兆瓦扩建工程建设用地地质灾害危险性评估

2004年1月，受山东石横发电厂委托，提交山东省肥城市山东石横发电厂2×300兆瓦扩建工程建设用地地质灾害危险性评估报告。项目负责人：游其军。报告编写人：游其军、李常锁、张伟等。完成主要工作：水工环灾害地质调查2平方千米，遥感解译1个时段，河流调查1条，井孔调查2个。取得主要成果：评估区主要地质灾害类型为岩溶塌陷；评估区自然条件下较适宜工程建设，但重要建筑物建设时需要采取防治措施，加强工程安全。

(五)山东省泰安市岱岳区满庄镇工业区(南部)建设用地地质灾害危险性评估

2004年1～2月，受泰安市满庄镇政府委托，编制山东省泰安市岱岳区满庄镇工业区(南部)建设用地地质灾害危险性评估报告。项目负责人：李常锁。报告编写人：李常锁、张伟等。完成主要工作：调查面积28平方千米，地质调查点2个，GPS定位点2个，资料收集8份。取得主要成果：评估区灾种类型确定为岩溶塌陷、地裂缝，综合评估为地质灾害危险性小区，场地建设适宜性为较适宜。

(六)山东省临沂市兰山区临沂垃圾焚烧综合利用热电工程建设用地地质灾害危险性评估

2004年2月，受临沂恒源热电有限公司委托，提交山东省临沂市兰山区临沂垃圾焚烧综合利用热电工程建设用地地质灾害危险性评估报告。项目负责人:韩建江。报告编写人:韩建江、邢立亭、姜玉敏等。完成主要工作:水工环灾害地质调查 0.217 平方千米,井孔调查 2 个,水质分析 1 件,GPS 定位点 3 个。取得主要成果:在天然条件下评估区较适宜进行工程建设,在采取相应工程措施解决工程可能对评估区产生的不良影响后,适宜进行工程建设。

(七)济南市历城区重汽山大路居住组团开发建设项目建设用地地质灾害危险性评估

2004 年 2 月,受中国重型汽车集团有限公司委托,提交济南市历城区重汽山大路居住组团开发建设项目建设用地地质灾害危险性评估报告。项目负责人:于世林。报告编写人:于世林、韩建江、郭德英等。完成主要工作:工作区调查面积 39000 平方米,水位 GPS 定位 4 点,测量 4 点。取得主要成果:综合评估全区为地质灾害危险性小区,地质环境条件较好,较适宜工程建设。

(八)山东省菏泽市鄄城县济董公路鄄城城南绕城线建设用地地质灾害危险性评估

2004 年 3 月,受山东省鄄城县国土资源局委托,提交山东省菏泽市鄄城县济董公路鄄城城南绕城线建设用地地质灾害危险性评估报告。项目负责人:张金兰。报告编写人:张金兰、赵忠义等。完成主要工作:水工环灾害地质调查 10 平方千米。取得主要成果:评估区地质灾害类型为砂土液化和地面沉降;综合评估地质灾害危险性综合评估为中等;在自然条件下,场区为工程建设较不适宜区,但在采取防治措施后,场区较适宜公路工程建设。

(九)山东省章丘市山东省旅游学校章丘新校区扩征建设用地地质灾害危险性评估

2004 年 4 月,受山东省旅游学校委托,提交山东省章丘市山东省旅游学校章丘新校区扩征建设用地地质灾害危险性评估报告。项目负责人:游其军。报告编写人:游其军、姜玉敏、满湲等。完成主要工作:工作区调查面积 3.6 平方千米。取得主要成果:新校区扩征建设用地地质灾害危险性小,适宜建设。

(十)山东省济南市历城区山东鲁能集团有限公司新河二号井工业场地建设用地地质灾害危险性评估

2004 年 5 月,受山东鲁能集团有限公司委托,提交山东省济南市历城区山东鲁能集团有限公司新河二号井工业场地建设用地地质灾害危险性评估报告。项目负责人:徐士民。报告编写人:徐士民、张金兰、王燕等。完成主要工作:水工环灾害地质调查 76 平方千米,地下水位监测 2 点。取得主要成果:评估区主要地质灾害类型为采空塌陷(含地裂缝);评估范围内孟庄—景村区域、孙井—大魏庄区域和四采区—五采区区域,面积约 14.8 平方千米,地质灾害危险性综合评估为中等,其他区域地质灾害危险性综合评估为小;工业场地地质灾害综合评估为小,土地适宜性为适宜。

(十一)济宁市嘉祥县济宁市生活垃圾综合处理场建设用地地质灾害危险性评估

2004 年 6 月,受济宁市建委垃圾处理场筹建办公室委托,提交济宁市嘉祥县济宁市生活垃圾综合处理场建设用地地质灾害危险性评估报告。项目负责人:赵忠义。报告编写人:赵忠义、徐士民、王燕等。完成主要工作:工作区调查面积 0.75 平方千米,GPS 定位 10 点,水位测量 2 点。取得主要成果:地灾类型为崩塌,地质灾害危险性分为中等区和小区两个区,其建设场地适宜性为基本适宜、适宜。

(十二)山东省巨野县大野水库建设工程地质灾害危险性评估

2004 年 9～10 月,受山东省巨野县水务局委托,编制山东省巨野县大野水库建设工程地质灾害危险性评估报告。项目负责人:赵有美。报告编写人:赵有美、赵永安、刘小平等。完成主要工作:水工环灾害地质调查 10 平方千米。取得主要成果:地灾类型为地面沉降和砂土液化,评估区为危险性中等区,建设场地适宜性为基本适宜。

(十三)郯城县 110 千伏归昌变电站建设工程地质灾害危险性评估

2004 年 9 月,受郯城县供电公司委托,提交郯城县 110 千伏归昌变电站建设工程地质灾害危险性评估报告。项目负责人:赵忠义。报告编写人:赵忠义、徐士民、李家田等。完成主要工作:水工环灾害地质调查 16667 平方米,地下水位监测 2 点,GPS 定位 4 点。取得主要成果:地质灾害类型为砂土液化,评估区地质灾害危险性综合评估为危险性小区,建设场地适宜性为适宜。

(十四)山东新阳能源有限公司济阳矿井工业广场建设项目地质灾害危险性评估

2004 年 10 月,受山东新阳能源有限公司委托,提交山东新阳能源有限公司济阳矿井工业广场建设项目地质灾害危险性评估报告。项目负责人:李传磊。报告编写人:王涛、李传磊、胡克祯等。完成主要工作:水工环灾害地质调查 12 平方千米,水质分析 2 件,土样 11 件,钻探 3 个,水位测量 2 点次。取得主要成果:评估区主要地质灾害类型为地面沉降和采空塌陷,综合评估工业广场地质灾害危险性小,场地适宜性为适宜。

(十五)济宁市嘉祥县山东龙祥矿业有限责任公司龙祥矿井工业场地及场前公路建设工程地质灾害危险性评估

2005 年 1 月,受山东航正投资有限责任公司委托,提交济宁市嘉祥县山东龙祥矿业有限责任公司龙祥矿井工业场地及场前公路建设工程地质灾害危险性评估报告。项目负责人:赵忠义。报告编写人:赵忠义、李家田、赵有美等。完成主要工作:地质环境与地灾调查 1177.5 公顷。取得主要成果:评估区地质灾害类型为采空塌陷和地面沉降;工业场地地质灾害危险性综合分区评估为中等区,土地适宜性为基本适宜;场前公路地质灾害危险性综合分区评估为中等区,土地适宜性为基本适宜。

(十六)济宁市生活垃圾综合处理厂建设工程地质灾害危险性评估

2005 年 4 月,受济宁市建委垃圾处理厂筹建办公室委托,提交济宁市生活垃圾综合处理厂建设工程地质灾害危险性评估报告。项目负责人:徐士民。报告编写人:徐士民、尚宇宁、张金兰等。完成主要工作:工作区调查面积 3.6 平方千米,GPS 定位 10 点。取得主要成果:灾害类型为地面沉降,地面沉降综合为危险性小,建设场地适宜性为适宜。

(十七)山东省邹城市北宿镇霍村搬迁新村址建设工程地质灾害危险性评估

2006 年 3～4 月,受兖矿集团兖州煤业股份有限公司南屯煤矿委托,编制山东省邹城市北宿镇霍村搬迁新村址建设工程地质灾害危险性评估报告。项目负责人:徐士民。报告编写人:徐士民、赵志强、彭凯等。完成主要工作:工作区面积调查 3.8 平方千米,GPS 定位 4 点。取得主要成果:评估区主要地质灾害类型为采空塌陷(伴随地裂缝);综合评估分为地质灾害危险性大、中等、小三个区,其建设场地适宜性分别为适宜差、基本适宜、适宜。

(十八)山东省济南市历城区济南临港经济开发区电力设备配套生产建设项目地质灾害危险性评估

2006 年 11 月,受济南临港建设发展服务中心委托,提交山东省济南市历城区济南临港经济开发区电力设备配套生产建设项目地质灾害危险性评估报告。项目负责人:姜玉敏。报告编写人:姜玉敏、钟秀燕等。完成主要工作:调查面积 0.188 平方千米,GPS 定位 8 点。取得主要成果:综合评估全区地质灾害危险性小,建设场地适宜性为适宜。

(十九)济南市济阳县山东省廉政教育基地建设项目地质灾害危险性评估

2007 年 12 月,受中共山东省纪律检查委员会办公厅行政处委托,提交济南市济阳县山东省廉政教育基地建设项目地质灾害危险性评估报告。项目负责人:刘小平。报告编写人:刘小平、林广奇等。完成主要工作:调查面积 3 平方千米,GPS 定位 6 点。取得主要成果:地质灾害类型为采空塌陷及伴生地裂缝和地面沉降,综合评估全区地质灾害危险性小,建设场地适宜性评估为适宜。

(二十)济南市西营镇阁老村滑坡安置工程地质灾害危险性评估

2008 年 8 月～2010 年 9 月,受济南市历城区西营镇建委委托,编制济南市西营镇阁老村滑坡安置工程地质灾害危险性评估报告。项目负责人:魏月。报告编写人:魏月、甄学贞、尹建波等。完成主要工作:调查面积 15000 平方米,GPS 定位 5 点。取得主要成果:评估区发生崩塌、滑坡、泥石流等地质灾害的地质环境条件不充分;综合评估全区地质灾害危险性小,建设场地适宜性为适宜。

(二十一)淄川区张博路至张博附线连线工程(二里—白庙)段建设项目地质灾害危险性评估

2011 年 3 月,受淄博市淄川区交通运输局委托,提交淄川区张博路至张博附线连线工程(二里—白庙)段建设项目地质灾害危险性评估报告。项目负责人:郭道冉。报告编写人:郭道冉、孙静、范国城等。完成主要工作:野外调查 5 平方千米。取得主要成果:评估区地质灾害类型为采空塌陷及伴生的地裂缝;综合评估全区地质灾害危险性小,建设场地适宜性为适宜。

(二十二)山东省新泰市石莱(一期)风电场工程地质灾害危险性评估

2011 年 3～4 月,受国电电力山东新能源开发有限公司委托,编制山东省新泰市石莱(一期)风电场工程地质灾害危险性评估报告。项目负责人:刘玉仙。报告编写人:刘玉想、姜琦、高丽萍等。完成主要工作:野外调查73.48平方千米。取得主要成果:评估区地质灾害类型为岩溶塌陷,综合评估全区地质灾害危险性小,建设场地适宜性为适宜。

(二十三)山东省沂南县国电电力沂南风电场一期(49.5 兆瓦)建设项目地质灾害危险性评估

2011 年 5 月,受国电电力山东新能源开发有限公司委托,提交山东省沂南县国电电力沂南风电场一期(49.5 兆瓦)建设项目地质灾害危险性评估报告。项目负责人:韩建江。报告编写人:李哲、隋海波、姜玉敏等。完成主要工作:工作区调查面积 33.86 平方千米,井孔调查 6 个,GPS 定位 24 点。取得主要成果:评估区地质灾害类型主要为岩溶塌陷,综合评估全区地质灾害危险性小,建设场地适宜为适宜。

(二十四)山东省沂南县国电电力沂南风电场二期(49.5 兆瓦)建设项目地质灾害危险性评估

2011 年 5 月,受国电电力山东新能源开发有限公司委托,提交山东省沂南县国电电力沂南风电场二期(49.5 兆瓦)建设项目地质灾害危险性评估报告。项目负责人:韩建江。报告编写人:李哲、隋海波、姜玉敏等。完成主要工作:工作区调查面积 40.4 平方千米,井孔调查 6 个,GPS 定位 26 点。取得主要成果:评估区地质灾害类型主要为岩溶塌陷,综合评估全区地质灾害危险性小,建设场地适宜为适宜。

(二十五)山东省枣庄市薛城区 110 千伏邹坞输变电工程地质灾害危险性评估

2011 年 7 月,受山东电力集团公司枣庄供电局委托,提交山东省枣庄市薛城区 110 千伏邹坞输变电工程地质灾害危险性评估报告。项目负责人:曹光明。报告编写人:曹光明、薛峰、毕栋威等。取得主要成果:灾种确定为采空塌陷及伴生地裂缝,综合评估地质灾害危险性中等,建设用地适宜性为基本适宜。

(二十六)章丘市第三污水处理厂工程地质灾害危险性评估

2012 年 7～8 月,受章丘市公用事业局委托,编制章丘市第三污水处理厂工程地质灾害危险性评估报告。项目负责人:黄薛。报告编写人:黄薛、梁海方等。完成主要工作:1∶5 万地质环境和地质灾害调查 10 平方千米,水文地质调查 10 平方千米,水文井点调查 20 个,钻探 2 孔总进尺 60 米。取得主要成果:评估区地质灾害发育弱,综合评估全区地质灾害危险性小,工程建设场地适宜性为适宜。

(二十七)山东省莱芜市朝阳电子有限公司建设项目地质灾害危险性评估

2015 年 3 月,受莱芜市莱城区大王庄镇人民政府委托,提交山东省莱芜市朝阳电子有限公司建设项目地质灾害危险性评估报告。项目负责人:满湲。报告编写人:满湲、王明强、赵有美等。完成主要工作:调查面积 12 平方千米,地下水位监测 2 点,GPS 定位 12 点,物探 0.9 千米。取得主要成果:地灾类型为岩溶塌陷,综合评估全区地质灾害危险性中等,建设场地适宜性为基本适宜。

(二十八)国电电力青岛大村 48.4 兆瓦风电场建设项目地质灾害危险性评估

2016 年 1 月,受国电电力山东新能源开发有限公司委托,提交国电电力青岛大村 48.4 兆瓦风电场建设项目地质灾害危险性评估报告。项目负责人:王秀芬。报告编写人:王秀芬、杨莉、李哲等。完成主要工作:调查面积 45 平方千米,调查点 24 点,GPS 定位 30 点。取得主要成果:综合评估地质灾害危险性小,建设用地适宜性为适宜。

(二十九)山东省费县沂蒙石林旅游区基础设施建设项目地质灾害危险性评估

2016 年 6 月,受山东天蒙旅游开发有限公司委托,提交山东省费县沂蒙石林旅游区基础设施建设项目地质灾害危险性评估报告。项目负责人:曹光明。报告编写人:曹光明、丁冠涛、韩昱等。完成主要工作:调查 3 平方千米。取得主要成果:地灾类型为岩溶塌陷,评估全区地质灾害危险性小,建设场地适宜性为基本适宜。

三、地灾评估三级

(一)山东省临沂市莒南县莒南力源热电有限公司热电工程建设用地地质灾害危险性评估

2004 年 4 月,受莒南力源热电有限公司委托,提交山东省临沂市莒南县莒南力源热电有限公司热电工程建设用地地质灾害危险性评估报告。项目负责人:韩建江。报告编写人:韩建江、李常锁等。完成主要工作:水工环灾害地质调查 0.217 平方千米,GPS 定位 4 点。取得主要成果:在天然条件下评估区较适宜进行工程建设,在采取相应工程措施后,适宜进行工程建设。

(二)山东省宁津县宁津林场水库建设项目地质灾害危险性评估

2004 年 9～10 月,受宁津县水务委托,编制山东省宁津县宁津林场水库建设项目地质灾害危险性评估报告。项目负责人:王涛。报告编写人:王涛、宋恩武、刘建胜等。完成主要工作:水工环灾害地质调查 3.97 平方千米,地下水位监测 5 点,水质分析 3 件,易溶盐分析 5 件。取得主要成果:地灾类型为地面沉降,坝后渗漏造成环境地质问题主要为土壤盐碱化,评估区地质灾害危险性综合评估危险性小,场地适宜性为适宜。

(三)山东省临沂市公路局郯城公路管理局京沪高速鲁苏界治超监测站建设项目地质灾害危险性评估

2007 年 11 月,受山东省临沂市公路局郯城公路管理局委托,提交山东省临沂市公路局郯城公路管理局京沪高速鲁苏界治超监测站建设项目地质灾害危险性评估报告。项目负责人:李生清。报告编写人:李生清、李世伟等。完成主要工作:地质环境调查和地质灾害调查 0.25 平方千米。取得主要成果:评估区主要地质灾害类型为构造地裂缝,综合评估全区地质灾害危险性小,建设场地适宜性为适宜。

(四)山东省枣庄市山亭区枣庄供电公司 110 千伏云峰变电站工程建设项目地质灾害危险性评估

2008 年 12 月,受山东省枣庄市枣庄供电公司委托,提交山东省枣庄市山亭区枣庄供电公司 110 千伏云峰变电站工程建设项目地质灾害危险性评估报告。项目负责人:曹光明。报告编写人:曹光明等。完成主要工作:野外地质调查 9 平方千米。取得主要成果:评估区地质灾害类型为岩溶塌陷,综合评估地质灾害危险性小,建设场地适宜性为适宜。

(五)山东省滕州市枣庄供电公司 110 千伏东城输变电工程地质灾害危险性评估

2009 年 4 月,受山东省枣庄市枣庄供电公司委托,提交山东省滕州市枣庄供电公司 110 千伏东城输变电工程地质灾害危险性评估报告。项目负责人:赵泽坤。报告编写人:赵泽坤、曹光明、石艳等。完成主要工作:调查面积 18 平方千米。取得主要成果:地灾危险性综合评估为小,建设场地适宜性评估为适宜。

(六)京沪高铁枣庄220千伏周营牵引站电源线及其配套工程220千伏青檀变电站扩建项目地质灾害危险性评估

2009年11月,受山东省电力集团公司枣庄供电公司委托,提交京沪高铁枣庄220千伏周营牵引站电源线及其配套工程220千伏青檀变电站扩建项目地质灾害危险性评估报告。项目负责人:曹光明。报告编写人:曹光明、王海焦、薛峰、段一飞、石艳等。完成主要工作:工作区调查面积0.3平方千米。取得主要成果:地灾类型为岩溶塌陷,地灾危险性为小,建设场地适宜性为适宜。

(七)山东省枣庄市薛城区枣庄供电公司220千伏夏庄变电站整体改造输变电工程地质灾害危险性评估

2010年10月,受山东省枣庄供电公司委托,提交山东省枣庄市薛城区枣庄供电公司220千伏夏庄变电站整体改造输变电工程地质灾害危险性评估报告。项目负责人:薛峰。报告编写人:毕栋威、曹光明、薛峰等。完成主要工作:调查面积20平方千米。取得主要成果:地灾类型为岩溶塌陷,综合评估全区岩溶塌陷危险性小,建设场地适宜性为适宜。

(八)山东省滕州市110千伏天源输变电工程地质灾害危险性评估

2010年12月,受山东省枣庄供电公司委托,提交山东省滕州市110千伏天源输变电工程地质灾害危险性评估报告。项目负责人:薛峰。报告编写人:毕栋威、曹光明、薛峰。完成主要工作:调查面积5.42平方千米。取得主要成果:地灾类型为采空塌陷及伴生地裂缝,综合评估全区地质灾害危险性小,建设场地适宜性为适宜。

(九)山东省枣庄市峄城区35千伏前山输变电工程地质灾害危险性评估

2011年1～6月,受山东电力集团公司枣庄供电公司委托,编制山东省枣庄市峄城区35千伏前山输变电工程地质灾害危险性评估报告。项目负责人:薛峰。报告编写人:苏庆伟、曹光明、薛峰等。取得主要成果:地质灾害类型确定为采空塌陷及伴生地裂缝,综合评估地质灾害危险性小,建设场地适宜性为适宜。

(十)山东省滕州市111千伏东沙河输变电工程地质灾害危险性评估

2011年7～8月,受滕州市供电公司委托,编制山东省滕州市111千伏东沙河输变电工程地质灾害危险性评估报告。项目负责人:曹光明。报告编写人:薛峰、曹光明、毕栋威等。完成主要工作:调查面积18平方千米,DPS定位8点。取得主要成果:地灾危险性综合评估为中等,建设场地适宜性为适宜。

(十一)东营市利津县110千伏集贤输变电工程地质灾害危险性评估

2011年10月,受利津县供电公司委托,提交东营市利津县110千伏集贤输变电工程地质灾害危险性评估报告。项目负责人:薛峰。报告编写人:宿庆伟、毕栋威、薛峰等。完成主要工作:调查面积4平方千米,地下水位监测3点。取得主要成果:评估区地质灾害类型主要为地面沉降,综合评估全区地质灾害危险性小,建设场地适宜性为适宜。

(十二)东营市利津县110千伏韩牛输变电工程地质灾害危险性评估

2011年10月,受利津县供电公司委托,提交东营市利津县110千伏韩牛输变电工程地质灾害危险性评估报告。项目负责人:毕栋威。报告编写人:毕栋威、薛峰、曹光明等。完成主要工作:调查面积3平方千米,地下水位监测3点。取得主要成果:评估区地质灾害类型主要为地面沉降,综合评估全区地质灾害危险性小,建设场地适宜性为适宜。

(十三)山东省枣庄市市中区110千伏光明输变电站工程地质灾害危险性评估

2011年10月～2012年12月,受山东电力集团枣庄供电公司委托,编制山东省枣庄市市中区110千伏光明输变电站工程地质灾害危险性评估报告。项目负责人:薛峰。报告编写人:毕栋威、薛峰、曹光明等。完成主要工作:工作区调查面积4.2平方千米。取得主要成果:评估级别为三级;评估区地质灾害类型主要为岩溶塌陷,综合评估全区地质灾害危险性小,建设场地适宜性为适宜。

(十四)山东省郯城县泉源风电场工程地质灾害危险性评估

2011年11月,受国电电力山东新能源开发有限公司委托,提交山东省郯城县泉源风电场工程地质灾害危险性评估报告。项目负责人:毕雯雯。报告编写人:毕雯雯、赵有美、魏月等。完成主要工作:调查面积34.06平方千米,GPS定位24点,资料收集4份。取得主要成果:评估区不具备产生地质灾害的地质环境条件,综合评估地质灾害危险性小,建设场地适宜性为适宜。

(十五)山东省枣庄市市中区220千伏光明输变电站工程地质灾害危险性评估

2012年2月,受山东电力集团枣庄供电公司委托,提交山东省枣庄市市中区220千伏光明输变电站工程地质灾害危险性评估报告。项目负责人:毕栋威。报告编写人:毕栋威、薛峰、曹光明等。完成主要工作:调查面积4.3平方千米。取得主要成果:评估区地质灾害类型主要为岩溶塌陷,综合评估全区地质灾害危险性小,建设场地适宜性为适宜。

(十六)山东省枣庄市山亭区110千伏苏鲁(店子)输变电工程建设地质灾害危险性评估

2012年9～11月,受山东电力集团公司枣庄供电公司委托,编制山东省枣庄市山亭区110千伏苏鲁(店子)输变电工程建设地质灾害危险性评估报告。项目负责人:刘东义。报告编写人:刘东义、毕栋威、曹光明等。完成主要工作:地质灾害调查4.3平方千米。取得主要成果:评估区地质灾害发育弱,综合评估区全区地质灾害危险性小,建设场地适宜性为适宜。

(十七)山东省滕州市柴胡店110千伏输变电工程地质灾害危险性评估

2013年1月,受山东电力集团枣庄供电公司委托,提交山东省滕州市柴胡店110千伏输变电工程地质灾害危险性评估报告。项目负责人:曹光明。报告编写人:曹光明、薛峰、石艳等。完成主要工作:地质调查1平方千米。取得主要成果:评估区地质灾害类型主要为采空塌陷及伴生地裂缝,综合评估全区地质灾害危险性小,建设场地适宜性为适宜。

(十八)山东省枣庄市薛城区220千伏邵楼输变电工程地质灾害危险性评估

2013年3月,受山东电力集团枣庄供电公司委托,提交山东省枣庄市薛城区220千伏邵楼输变电工程地质灾害危险性评估报告。项目负责人:宿庆伟。报告编写人:宿庆伟、曹光明、薛峰等。完成主要工作:灾害地质调查16平方千米。取得主要成果:评估区发生崩塌、滑坡、泥石流等地质灾害的地质环境条件不充分,综合评估全区地质灾害危险性小,建设场地适宜性为适宜。

(十九)山东省枣庄市薛城区南常110千伏输变电工程地质灾害危险性评估

2013年3月,受山东电力集团枣庄供电公司委托,提交山东省枣庄市薛城区南常110千伏输变电工程地质灾害危险性评估报告。项目负责人:曹光明。报告编写人:宿庆伟、毕栋威、曹光明等。完成主要工作:灾害地质调查5平方千米。取得主要成果:评估区发生崩塌、滑坡、泥石流等地质灾害的地质环境条件不充分,综合评估全区地质灾害危险性小,建设场地适宜性为适宜。

(二十)淄博市沂源县燕崖镇杏花村居民安置工程地质灾害危险性评估

2013年5月,受沂源县国土资源局委托,提交淄博市沂源县燕崖镇杏花村居民安置工程地质灾害危险性评估报告。项目负责人:郭道冉。报告编写人:郭道冉、孙静、马超等。完成主要工作:工作区调查面积 6 平方千米。取得主要成果:地灾危险性小,建设场地适宜性为适宜。

(二十一)山东省宁阳县城区第二水厂供水工程地质灾害危险性评估

2013 年 6 月,受山东宁阳华龙水业有限公司委托,提交山东省宁阳县城区第二水厂供水工程地质灾害危险性评估报告。项目负责人:刘同喆。报告编写人:刘同喆等。完成主要工作:作区调查面积 2 平方千米,地下水位监测 1 点,GPS 定位 7 点。取得主要成果:评估全区地质灾害危险性小,建设场地适宜性为适宜。

(二十二)山东省莒南县污水处理厂污泥处置工程项目地质灾害危险性评估

2013 年 9～10 月,受莒南县住房建设保障局委托,编制山东省莒南县污水处理厂污泥处置工程项目地质灾害危险性评估报告。项目负责人:刘玉想。报告编写人:刘玉想、丁冠涛等。完成主要工作:资料收集 4 份,井点测量 2 点次。取得主要成果:评估灾种为构造地裂缝,综合评估地质灾害危险性中等,建设场地适宜性为基本适宜。

第三节　地质灾害勘查

2010～2016 年,先后完成淄博市沂源县西里镇唐庄村隽家峪滑坡治理工程勘察等 6 项地质灾害勘查工作,勘查面积 327.54 平方千米,并分析调查区内地质灾害状况和形成发展条件,为评价与防治地质灾害提供基础依据。

一、淄博市沂源县西里镇唐庄村隽家峪滑坡治理工程勘察

2010 年 8 月,受沂源县国土资源局委托,提交淄博市沂源县西里镇唐庄村隽家峪滑坡治理工程勘察报告。项目负责人:武法伟。报告编写人:孙玉松、武法伟、王彬等。完成主要工作:采用 RTK 开展工作,完成复杂 E 级 GPS 点测量 4 处,图根点 31 处,地形测量 3.5 平方千米,纵剖面 11 条 1.14 千米。取得主要成果:不仅查清工程地质条件,还查清区域地质条件;既查清滑坡体的各种要素,又依据地质灾害相关规范对其进行危险性评估、分区及防治方案及措施。

二、枣庄市台儿庄区小龚庄地区地面塌陷勘查

2013 年 3～5 月，受台儿庄区自来水公司委托，编制枣庄市台儿庄区小龚庄地区地面塌陷勘查报告。项目负责人：李传磊。报告编写人：丁冠涛等。完成主要工作：工作区调查面积 323 平方千米。取得主要成果：岩溶塌陷主要因大量抽取地下水，水动力条件改变，第四系覆盖层砂、土颗粒被水迁移，而形成的；预测危险性大区位于小龚庄断块外围 1.95 平方千米；为防止岩溶塌陷的发生，推荐水源地按抽水流量 11354 立方米/天试运行，通过一个水文年的监测后，最终确定小龚庄水源地的允许开采量。

三、青山、返岭前滑坡地质灾害治理工程详细勘查

2014 年 3～6 月，受青岛市崂山区王哥庄街道办事处委托，编制青山、返岭前滑坡地质灾害治理工程详细勘查报告。项目负责人：王合秋、杨颖。报告编写人：孔涛、郭丰佐、刘兆成等。完成主要工作：工程测量、物探、岩土工程勘察等。取得主要成果：查明滑坡的成因类型及范围，对滑坡的稳定性进行深入的分析，并提出合理的处理措施。

四、东平县滨河新区栾庙村房屋裂缝地质勘查

2014 年 11 月～2015 年 3 月，受东平县彭集街道办事处委托，提交东平县滨河新区栾庙村房屋裂缝地质勘查报告。项目负责人：刘建胜。报告编写人：柳浩然、何冠群、赵有美等。完成主要工作：资料搜集 6 套，专项水文地质测量 0.5 平方千米，专项环境地质、地质灾害测量 0.5 平方千米，沉降监测 246 点次，工程钻探 375 米，土工试验 65 件，GIS 制图 2 幅。取得主要成果：调查栾庙村房屋 39 处存在不同程度的房屋裂缝现象，场地土类型为中软场地土，对开裂房屋基础部分进行连续 4 个月的地面沉降监测(2014 年 11 月 16 日～2015 年 3 月 12 日)，监测期间未发生沉降。

五、黄金 99 浆水泉路居住区 C 地块配套设施项目(条形地块)破损山体工程地质勘测

2015 年 4 月，受项目开发公司委托，提交黄金 99 浆水泉路居住区 C 地块配套设施项目(条形地块)破损山体工程地质勘测报告。项目负责人：张长龙。报告编写人：孔小云等。完成主要工作：工作区调查面积 0.035 平方千米，探槽 3 个。取得主要成果：山体坡面主要地质灾害威胁对象为坡面脱落及滚落的石块；属于二级边坡，区内岩体呈层状产出，边坡下部泥质灰岩岩体较为完整，边坡整体稳定性较好。

六、蓬莱阁至田横山后海危崖地质灾害勘查评估与评价及危崖地质灾害设计项目勘查

2016 年 3～9 月，受蓬莱市文物局委托，编制蓬莱阁至田横山后海危崖地质灾害勘查评估与评价及危崖地质灾害设计项目勘查报告。项目负责人：刘兆成。报告编写人：郭丰佐、薛振龙等。完成主要工作：1∶500 工程地质测绘 1.5 平方千米，浅层地震 1600 点，波速测试 202 米，面波勘探 5 点，高密度电法 40 点，岩石矿物鉴定 2 组，探槽 2 立方米，取样（岩石样）10 件，标准贯入试验 7 点次，钢筋及铁件取样及混凝土强度鉴定 1 项。取得主要成果：查明勘查区的地质条件，并提出地质灾害治理修复建议。

第四节　地质灾害治理设计

2011～2017 年，先后提交济南市历下区洪山地面塌陷地质灾害等 36 份地质灾害设计，并针对不同的地质灾害，提出有效的治理方案。

一、滕州市官桥煤田原委魏庄煤矿塌陷地治理工程勘察设计

2011 年 3～4 月，受枣庄国土资源局委托，编制滕州市官桥煤田原委魏庄煤矿塌陷地治理工程勘察设计。项目负责人：赵永安。设计编写人：马海会、赵志强、李生清等。完成主要工作：调查面积 0.8967 平方千米。取得主要成果：查明官桥煤田原魏庄煤矿采煤塌陷区分布与发育程度，设计编制依据充分；采用不同的治理方法，如挖深垫浅、削高填低、平整覆土、恢复耕种、绿化等。

二、山东省烟台经济技术开发区棘子夼村崩塌、滑坡地质灾害治理设计

2012 年 3～8 月，受烟台市国土资源局开发区分局委托，编制山东省烟台经济技术开发区棘子夼村崩塌、滑坡地质灾害治理设计。项目负责人：李海翔。设计编写人：李海翔、吴钟钏、李学春等。完成主要工作：调查面积0.012 平方千米。取得主要成果：崩塌、滑坡防治工程同时施工，首先对坡脚部分危房实施搬迁，平整场地；崩塌防治工程主要为削坡后挂网喷播，修建挡土墙，工程结束后设立防护网及警示牌；滑坡防治工程首先对滑坡体实施刷方减载，然后在坡脚施工抗滑桩基挡土墙，在缓坡上耕种梯田，在坡顶修筑截水沟；建立动态监测系统。

三、济南市历城区兴港路东侧、凤鸣路西侧地块(地块三)房地产开发项目崩塌及不稳定边坡地质灾害治理方案

2012年7月，受山东金河房地产开发有限公司委托，提交济南市历城区兴港路东侧、凤鸣路西侧地块(地块三)房地产开发项目崩塌及不稳定边坡地质灾害治理方案。项目负责人：李生清。报告编写人：李生清、邵光宇、李鹏等。取得主要成果：将调查区分成Ⅰ、Ⅱ、Ⅲ三个区，Ⅰ区地质灾害为崩塌，危害程度大，Ⅱ区地质灾害为崩塌、危害程度中等，Ⅲ区地质灾害为不稳定边坡，危害程度中等；重点提出Ⅰ区崩塌地质灾害采用危岩清除、挂网喷砼、回填种植土续坡绿山、砌垒鱼鳞坑、修建挡土墙等治理方案。

四、山东省警卫局宿舍破损山体地质灾害治理方案施工图设计

2013年3月，受山东省警卫局委托，提交山东省警卫局宿舍破损山体地质灾害治理方案施工图设计。项目负责人：赵振华。设计编写人：赵振华、李洪涛、袁辉等。取得主要成果：该地不稳定斜坡约100米，分析形成机理，设计两种治理方案，并概算山体排险、种植土回填、挡土墙、挡水墙、绿化工程等各项工程的设计工作量。

五、济南市历下区洪山地面塌陷地质灾害应急工程勘查方案

2013年4月，受济南市国土资源局历下分局委托，提交济南市历下区洪山地面塌陷地质灾害应急工程勘查方案。项目负责人：韩连山。报告编写人：韩连山、郝杰、赵振华等。完成主要工作：勘查方案符合洪山地面塌陷地质灾害应急勘查任务的要求。

六、山东省龙口市下丁家镇后地村东2013年省级地质灾害隐患点治理工程设计

2013年7～11月，受龙口市国土资源局委托，编制山东省龙口市下丁家镇后地村东2013年省级地质灾害隐患点治理工程设计。项目负责人：刘建胜。设计编写人：魏月、柳浩然、刘建胜等。完成主要工作：资料收集5份，1∶500地形测量0.2平方千米，1∶2000专项水文地质、工程地质、环境地质、地质灾害测量0.2平方千米。取得主要成果：对区内采空区采用全充填压力注浆法进行治理，采取渣石土回填等手段对废弃矿井进行治理，采取回填、压实、平整等手段对塌陷坑进行治理。

七、济南市历城区仲宫镇西许村崩塌地质灾害隐患点治理设计

2013 年 7～8 月，受济南市国土资源局历城分局委托，编制济南市历城区仲宫镇西许村崩塌地质灾害隐患点治理设计。项目负责人：陆书南。设计编写人：吴迪、蔡有兄、赵振华等。设计治理工作量：削坡排险 12810.2 立方米，危岩体排险 6033 平方米，渣土内倒 12810.2 立方米，挡土墙 228 立方米。取得主要成果：通过对地质灾害隐患点进行工程治理，消除安全隐患，保护下方房屋，以及人员的生命财产安全，为西许村产生更多的经济效益打下坚实的基础。

八、山东省临朐县寺头镇王家峪地质灾害隐患点治理设计

2013 年 8 月，受临朐县国土资源局委托，提交山东省临朐县寺头镇王家峪地质灾害隐患点治理设计。项目负责人：赵永安。设计编写人：马海会、赵志强、李生清等。取得主要成果：治理工作分为勘查设计阶段、治理施工及监理阶段、竣工验收与养护阶段。预计治理内容：削坡整形人工机械清理、爆破清理 18070 立方米，爆破后人工整理坡面 6000 立方米，碎石土外运清除、外运 18370 立方米，修筑石挡墙石砌 357.5 立方米，修筑排水沟石砌 15 立方米，过路管涵 4 米，修筑安全护栏混凝土护栏 130 米，植树绿化毛白杨 60 株，爬山虎 400 株，养护 2 年。

九、泗水泉林镇青龙庄滑坡治理设计

2013 年 11 月，受泗水县国土资源局委托，提交泗水泉林镇青龙庄滑坡治理设计。项目负责人：柳浩然。设计编写人：柳浩然、刘建胜、高文锋等。完成主要工作：工作区调查面积 5015 平方米。取得主要成果：将滑坡体分为Ⅰ区和Ⅱ区，并针对不同区的稳定性，提出削坡整理、预应力锚杆加格构梁、截排水沟、绿化生态修复、监测等治理工程。

十、济南市历下区洪山采空塌陷及边坡地质灾害治理工程施工组织设计

2014 年 2 月，受济南市国土资源局委托，提交济南市历下区洪山采空塌陷及边坡地质灾害治理工程施工组织设计。项目负责人：薛宝华。设计编写人：李启标、姚传栋等。取得主要成果：设计削坡 103 立方米，排险 550 平方米，锚喷面 730 平方米，锚杆 278 米，岩钉 79 米，渣土外运 133 立方米，灌浆孔成孔 600 米，灌浆 4591.6 立方米，检验孔 60 米，扩孔 60 米，苗木移植 440 株；

拟采用钻孔接顶式注浆充填工艺，采取多孔施工、逐孔灌注的方法充填，治理方法得当，不稳定边坡地质灾害治理点采取削坡、排险、施工岩钉锚杆、挂网喷砼的治理措施；采空区充填区域HZ1将原有110毫米直径扩为219毫米直径后进行注浆充填工作，根据现场情况及施工难度问题，扩孔不如在周围合理位置新增一眼219毫米直径注浆孔，两孔同时注浆充填，保证充填质量。

十一、山东省文登市侯家镇西廒废弃铁矿地质灾害隐患点治理设计

2014年3～10月，受威海市文登区国土资源局委托，编制山东省文登市侯家镇西廒废弃铁矿地质灾害隐患点治理设计。项目负责人:李生清。设计编写人:李生清、赵宇辉、殷淑翠等。完成主要工作:废弃矿井调查2点，露天采坑调查3处，矿山废弃房屋调查1处，废弃巷道调查80米。物理勘探:高精度磁测法300点/15条，高密度电法870点/16条。取得主要成果:提出废弃巷道充填注浆、废弃矿井充填、露天采坑治理、矿山废弃房屋拆除等措施。

十二、济南市历下区辅仁学校不稳定边坡地质灾害治理工程施工组织设计

2014年4月，受济南市历下区园林绿化管理局委托，提交济南市历下区辅仁学校不稳定边坡地质灾害治理工程施工组织设计。项目负责人:王玉波。设计编写人:薛保华、姚传栋、张清平等。取得主要成果:该治理区紧邻旅游路，南部为中井庄，东距龙鼎大道1.8千米，西临下井庄。边坡坡面岩石破碎，边坡高度4～15米，威胁坡下过往师生安全。治理区分为二个区，一区人工或机械按70°削坡，构造岩钉加固，挂网喷砼，平台上危岩清理。二区危岩清理，坡底设置毛石混凝土挡墙，填土绿化，西侧地段按70°削坡，设置构造岩钉，挂网喷砼。

十三、济南市长清区张夏镇王家泉村山体崩塌地质灾害隐患点治理工程设计

2014年7月，受济南市国土资源局长清分局委托，提交济南市长清区张夏镇王家泉村山体崩塌地质灾害隐患点治理工程设计。项目负责人:杨颖。设计编写人:任永欣等。取得主要成果:共6处危岩体。一号危岩体治理方案为对危岩体进行人工静力爆破清除，二号危岩体采用静爆和人工结合索道清理的方法，三号危岩体采用静态爆破和人工、机械清除方法，四号危岩体采用静态爆破和人工、机械清除方法，五号危岩体采用静态爆破和人工、机械清除方法；六号危岩体采用人工清理方法。针对陡崖表面浮石进行排险清理，在山坡上修建两道毛石挡土墙。工期:2014年9～11月。

十四、济南市市中区城区山体绿化老虎洞山治理工程设计

2014 年 8 月，受济南国土资源局市中分局委托，提交济南市市中区城区山体绿化老虎洞山治理工程设计。项目负责人：赵振华。设计编写人：袁辉、程洪柱、李岩涛等。取得主要成果：主要对隐患崩塌进行设计。设计山体削坡 9458.3 立方米，渣土回填 33097 立方米，挡土墙 1331 立方米，排险 4357 平方米，树木种植 10482 株；治理区面积 41962.7 平方米，采用工作方法有危岩清除、削坡排险、回填渣土、修建挡土墙、苗木绿化等；工作周期 6 个月；治理工作阶段划分为准备阶段和工程施工阶段，准备阶段主要资料收集分析、地面调查和地形测量，编制施工组织设计方案，并通过审查，工程施工阶段进行施工单位和监理单位招投标；制定工程保证措施，并进行社会效益、环境效益和经济效益分析。

十五、烟台市双语实验学校(小学)操场西侧山体地质灾害治理设计

2014 年 9 月～2015 年 10 月，受烟台市国土资源局芝罘分局委托，编制烟台市双语实验学校(小学)操场西侧山体地质灾害治理设计。项目负责人：赵永安。设计编写人：张金兰、赵志强、马海会等。取得主要成果：设计治理区树木外移 2500 株，修建施工便道挖方 309 立方米，拆除现有挡墙及台阶 480 立方米，削坡 7700 立方米，坡面清理 3500 平方米，碎石土外运 11715 立方米，现浇钢筋砼格构 310 立方米，施工锚杆总长 1500 米，耕植土回填 1653 立方米，修建排水沟 180 米，修建挡土墙及台阶 500 立方米，搭建无线电设施保护围墙 20 立方米，绿化植树 230 株，植草 3770 平方米，养护 2 年；工期 11 个月。

十六、烟台市长岛县砣矶镇山西石林地质遗迹保护区滑坡治理设计

2014 年 10 月，受长岛县国土资源局委托，提交烟台市长岛县砣矶镇山西石林地质遗迹保护区滑坡治理设计。项目负责人：刘建胜。设计编写人：柳浩然、赵宇辉、高文锋等。完成主要工作：1∶200 专项水文地质、环境地质和地质灾害调查，面积 0.5 平方千米，地质剖面测量 360 米/3 条，1∶200 地形测量 0.2 平方千米，人工挖探井 23 米/4 个。取得主要成果：查明滑坡的现状、成因类型及范围，对滑坡的稳定性进行深入的分析，并提出很好的处理措施。

十七、济南市历下区洪山(东侧、北侧)不稳定边坡地质灾害治理工程施工组织设计

2014 年 10 月，受济南市国土资源局历下分局委托，提交济南市历下区洪

山(东侧、北侧)不稳定边坡地质灾害治理工程施工组织设计。项目负责人：孟祥科。设计编写人：姚传栋、薛保华等。取得主要成果：该工程分北侧、东侧两个地质灾害隐患点；洪山东侧不稳定边坡地质灾害治理点采取坡面削坡、清渣外运、施工锚索锚杆、施工柔性钢绳防护网一系列治理措施，洪山北侧不稳定边坡地质灾害治理点采取苗木移植、机械削坡、清渣外运、人工清理、挡土墙施工、覆土绿化一系列措施。

十八、山东省巨野县核桃园镇孙山、庐山不稳定边坡特大型地质灾害治理项目设计

2015 年 10 月，受巨野县国土资源局委托，提交山东省巨野县核桃园镇孙山、庐山不稳定边坡特大型地质灾害治理项目设计。项目负责人：陈燕。设计编写人：陈燕、赵志强、王兰珍等。取得主要成果：设计治理区面积 0.5 平方千米，完成土质边坡削坡 89172 立方米，完成岩质边坡削坡 61028 立方米，修筑毛石挡土墙 2320 立方米，修筑毛石排水沟 269 立方米，种植连翘 873 株、紫穗槐 1205 株，安装安全护栏 2635 米，安装警示牌 10 个；通过开展孙山、庐山不稳定边坡地质灾害治理项目，消除边坡存在的安全隐患，因地制宜地对边坡进行治理设计，采用削坡、续坡、修建毛石挡墙、边坡排险、安置安全护栏和警示牌、绿化等治理措施，使治理后稳定的边坡即与自然环境融为一体。

十九、山东裕隆矿业集团有限公司单家村煤矿矿山地质环境保护与恢复治理方案

2017 年 7 月，受山东裕隆矿业集团有限公司单家村煤矿委托，提交山东裕隆矿业集团有限公司单家村煤矿矿山地质环境保护与恢复治理方案。项目负责人：李生清。报告编写人：陈燕、殷淑翠、许强等。取得主要成果：查明矿区地质环境条件，主要矿山地质环境问题类型、成因、规模、分布特征、危害对象、影响程度等，针对矿区地质环境保护与恢复治理提出可供操作的恢复治理、土地整理和植被重建方案，完成预期任务。

第五节　地质灾害治理工程施工、监理

2007 年，先后完成章丘明水二号煤矿、围子山、郎茂山、老虎山等 12 项地质灾害施工监理工作。针对山体崩塌、滑坡、泥石流、地面塌陷、地裂缝、地面沉降等地质灾害，通过有效的地质工程手段，改变地质灾害产生的过程，达到减轻或防止灾害发生的目的。

一、章丘明水二号煤矿治理工程

2007 年 6 月，受山东省章丘矿业有限公司委托，提交章丘明水二号煤矿治理工程报告。项目负责人：李生清。报告编写人：李生清等。取得主要成果：通过开展矿山地质环境保护和综合治理工作，农田可以正常耕种，地面建筑可以正常利用，山坡得到绿化，可以极大地改善矿区及其周围的生态环境，强化矿区对章丘市城区生态环境的调节功能，有利于矿区水土保持和水源涵养，保障地下水的补给量，促进当地经济的可持续发展。

二、济南市市中区围子山 A 标段破损山体治理工程

2008 年 9 月～2010 年 4 月，受济南市国土局委托，编制济南市市中区围子山 A 标段破损山体治理工程竣工报告。项目负责人：白延钊。报告编写人：白延钊等。治理方法：采用四种手段，对破损山体进行削坡、卸载、整形、挡护处理，对陡立边坡进行填土续坡、挡墙处理，修建截水沟有效防止水土流失，选用适合乔木、灌木和绿化植物。取得主要成果：采用先进的工艺方法和绿化工艺，恢复破损山体生态，满足景观的要求，达到破损山体绿化的效果。

三、济南市燕翅山地质灾害治理工程(第二标段)

2009 年 5 月～2010 年 11 月，受济南市国土资源局委托，进行济南市燕翅山地质灾害治理工作。项目完成人：胡克祯、杨颖、杨世强等。取得主要成果：通过该工程实施，彻底消除燕翅山地质灾害隐患，保护遭受地质灾害隐患威胁的人民群众的生命财产安全，美化治理范围及其周边环境，提升燕翅山的景观视觉效果。

四、济南市市中区郎茂山西北侧不稳定边坡地质灾害应急治理工程

2011 年 9～11 月，受济南市国土资源局市中分局委托，编制济南市市中区郎茂山西北侧不稳定边坡地质灾害应急治理工程竣工报告。项目负责人：王宝春。报告编写人：王宝春、安海波、刘明霞等。完成主要工作：削坡 1240 立方米，排险 870 平方米，渣土清运 850 立方米，叠石挡土墙 210 吨，种植土 180 立方米，侧柏 200 株，爬墙虎 300 株，连翘 100 株，火炬 100 株，场地防护 350 米。施工过程：郎茂山不稳定边坡坡度约 80°，坡体高约 34.5 米，长约 100 米，岩性为灰岩。该处崩塌隐患点对下部的篮球场及球场活动人群构成威胁。治理工程按以下 6 个分部进行施工：顶部削坡、侧壁排险、叠石挡墙修筑、渣土外运、覆土绿化、场地保护。

五、济南市市中区山凹居委会东南侧不稳定边坡地质灾害应急排险工程

2012 年 7～8 月，受济南市国土资源局市中分局委托，编制济南市市中区山凹居委会东南侧不稳定边坡地质灾害应急排险工程竣工报告。项目负责人：张守成。报告编写人：张守成等。完成主要工作：削坡 380.9 立方米，排险 232.7 平方米，渣土外运 549 立方米，砌筑挡墙 519.1 立方米，种植回填 20 立方米，砂浆灌注 3.5 立方米等。取得主要成果：进行定位放线、削坡、排险、渣土外运、砌筑挡墙、注浆加固、覆土绿化等措施。消除该不稳定边坡失稳、崩塌、落石等隐患，保护人民群众的生命财产安全，美化周边环境。

六、济南市林场地质灾害应急治理一标段开元寺治理工程(监理)

2012 年 10 月～2013 年 4 月，受济南市林场委托，提交济南市林场地质灾害应急治理一标段开元寺治理工程监理总结报。监理人：白延钊。监理结论：施工单位在施工过程中，严格按照设计、规范的要求进行施工。该项目已完成全部设计工作量，所完成的工程质量全部合格，施工过程符合国家规范与设计要求。该项目在施工过程中未出现转包和违法分包现象，项目经理和技术管理人员在施工现场进行管理，未出现擅自离开工地的事件发生，从而实现了工程质量和工期计划的预定目标。济南林场地质灾害应急治理一标段开元寺治理工程达到设计方案要求，工程质量合格。

七、山东省临沂市龟蒙景区百花峪地质灾害环境治理工程

2012 年 12 月，受蒙阴县国土资源局委托，编制山东省临沂市龟蒙景区百花峪地质灾害环境治理工程竣工报告。项目负责人：王文宇。报告编写人：王文宇、赵志强、刘建胜等。完成主要工作：工作区调查面积 0.59 平方千米，管线全长约 59 千米。取得主要成果：评估区具备产生构造地裂缝的地质环境条件；全区建设场地适宜性分为基本适宜和适宜；管线从西石牛庄至西批石头村、墩庄子至丁家屋子段为地质灾害危险性中等区，建设场地适宜性为基本适宜；其余管线段为地质灾害危险性小区，建设场地适宜性为适宜。

八、济南市老虎山地质灾害治理工程

2013 年 2～11 月，受济南市国土资源局委托，编制济南市老虎山地质灾害治理工程竣工报告。项目负责人：袁辉。报告编写人：袁辉、赵振华、张伟等。完成主要工作及取得主要成果：通过排险、岩钉挂网、修建挡土墙、回填

绿化等方法消除地质灾害隐患；提前完成所有设计工作量，节约成本；治理完毕后，绿色植物能起到净化大气、吸滞粉尘、调节气候、含蓄水源等作用；经监理单位及项目部现场验定，济南市老虎山地质灾害治理工程施工符合设计、规范及合同要求，工程质量合格。

九、枣庄市山亭区凫城乡付庄北山地质灾害隐患点治理

2013 年 5～9 月，受枣庄市国土资源局委托，编制枣庄市山亭区凫城乡付庄北山地质灾害隐患点治理竣工报告。项目负责人：刘建胜。报告编写人：刘建胜、徐源等。完成主要工作：危岩体清除 4426 立方米，清理碎石 3514 立方米。支护用水泥 525 吨，黄砂 2705 立方米。充填孔洞用水泥 192 吨，黄砂 635 立方米。取得主要成果：治理工程的实施，消除崩塌地质灾害隐患及视觉污染，使北山地质环境与生太态环境得到根本的改善，治理恢复后的生态环境显得格外优秀，治理带来的生态环境效益明显；本次治理采取了危岩清除、支护加固、孔洞裂隙充填、碎石清理等工程措施，效果良好，适合在山体治理中推广运用。

十、济南市历下区洪山采空塌陷及边坡地质灾害治理工程

2014 年 1～6 月，受济南市国土资源局历下分局委托，编制济南市历下区洪山采空塌陷及边坡地质灾害治理工程竣工报告。项目负责人：孟祥科。报告编写人：薛保华、姚传栋等。完成主要工作：削坡 104.6 立方米，排险1131.5 立方米，锚喷面 1348.5 平方米，锚杆 236 米，岩钉 136 米，渣土外运 263 立方米，灌浆孔成孔 572 米，灌浆 6037.9 立方米，检验孔 60.0 米，苗木移植 215 株，工程地质钻探 240 米，场地平整 1000 平方米。取得主要成果：对采空塌陷及不稳定斜坡区进行治理，消除地质灾害隐患。

十一、济南市天桥区粟山崩塌地质灾害应急治理工程

2014 年 2～7 月，受济南市国土资源局天桥分局委托，编制济南市天桥区粟山崩塌地质灾害应急治理工程竣工报告。项目负责人：魏鲁峰。报告编写人：袁辉、赵振华、罗振江等。完成主要工作：削坡排险 738.3 立方米，回填渣土 1021.61 立方米，回填种植土 384.69 立方米，毛石混凝土挡墙 187.47 立方米，种植黄栌等植物 605 株（其中黄栌 100 株、连翘 59 株、紫叶李 100 株、刺槐 36 株、五叶地锦 210 株）。取得主要成果：对粟山塌陷进行削坡排险、修建挡土墙、回填绿化等，消除地质灾害隐患。

十二、济南市历下区洪山(东侧、北侧)不稳定边坡地质灾害治理工程施工

2014年9月～2015年8月，受济南市国土资源局历下分局委托，编制济南市历下区洪山(东侧、北侧)不稳定边坡地质灾害治理工程施工竣工报告。项目负责人：孟祥科。报告编写人：薛保华、姚传栋等。主要完成治理工作量：削坡外运21133.8立方米，岩面排险761立方米，锚杆270米，挂网761平方米，渣土清理217立方米，苗木种植4131株，草种100千克，场地平整750平方米。取得主要成果：对不稳定斜坡区进行治理，工程消除该不稳定边坡的安全隐患，保护人民群众的生命财产安全，美化周边环境。

第六节　地质遗迹保护

自1998年开始，山东省陆续通过成立地质地貌景观保护区、地质公园、地质遗迹保护区等形式，加强对地质遗迹的保护。八〇一队紧紧抓住这一时机，在地质遗迹调查、规划、保护设计等方面做了一系列工作，如济南市张夏镇馒头山地区地质环境调查评价、威海刘公岛省级地质公园综合考察、蒙阴岱崮省级地质公园地质遗迹保护工程等，有效增强了所在景点的科研、科普和旅游观赏价值。

一、山东省济南市张夏镇馒头山地区地质环境调查评价

2011年8月～2012年9月，编制山东省济南市张夏镇馒头山地区地质环境调查评价。项目负责人：王宝春。报告编写人：安海波、孔小云、张长龙等。为查明馒头山地区地质环境地质条件以及地质遗迹资源状况，提供地质环境保护对策，为国土整治、地质环境治理提供依据，进行该项工作。取得主要成果：基本查明区内地质灾害空间分布发育现状，分析其影响因素，评价灾情和险情，并进行地质灾害易发程度综合分区评价；基本查明区内地表水水质情况，并进行质量综合评价，划分出水质良好区、较好区及较差区；根据对地质遗迹区内7处不稳定边坡的工程地质钻探以及野外调查等资料，分析评价不稳定边坡的发育特征和稳定性，最后提出具体的治理措施；开展地层剖面清理、围护等地质遗迹保护工作，结合工作区内地质遗迹资源条件，提出馒头山地质遗迹开发区划建议。

二、山东省昆嵛山省级地质公园规划专项研究(2013～2025 年)

2012 年 4 月～2014 年 4 月，烟台市国土资源局、威海市国土资源局为进行地质遗迹保护，建立科学解说体系、科学研究、科普活动、信息化建设等，委托山东省地矿工程勘察院、烟台市国土资源局牟平分局、文登市国土资源局、山东省地矿工程勘察院、山东省地质环境监测总站，编制山东省昆嵛山省级地质公园规划专项研究报告(2013～2025 年)。取得主要成果：制订了总体发展目标(2013～2025 年)；其中，近期发展目标(2013～2015 年)，按地质公园总体规划，建设地质公园，按时揭碑开园；中期发展目标(2016～2020 年)，进一步完善公园内各类保护设施和游览设施，建成较完备的旅游服务接待设施；远期发展目标(2021～2025 年)，不断完善分园的各类设施，造就一个设施完善、环境优美、功能齐全、保护到位、开放适度、经济可持续发展的省级地质公园。

三、山东威海刘公岛省级地质公园综合考察

2014 年 4～11 月，编制山东威海刘公岛省级地质公园综合考察报告。项目负责人：李生清。报告编写人：李生清、赵宇辉、邵光宇等。取得主要成果：将地质遗迹景区分为一级保护区、二级保护区和三级保护区；一级保护区主要为榴辉岩发育地段，总面积 12025 平方米；二级保护区主要为褶皱地质构造发育地段，面积 3300 平方米；三级保护区主要是地质公园岩浆岩体、变质岩相剖面、地貌景观、崩塌地质遗迹等，面积 0.455 平方千米。

四、山东蒙阴岱崮省级地质公园地质遗迹保护工程

2014 年 5～8 月，编制山东蒙阴岱崮省级地质公园地质遗迹保护工程竣工报告。受蒙阴县国土资源局委托，为建设山东蒙阴岱崮省级地质公园地质遗迹数据库，完善地质遗迹点说明牌及公园标识系统，建设地质博物馆内部布展系统，建设开通山东蒙阴岱崮省级地质公园网站，进行该项工作。项目负责人：王合秋。报告编写人：王合秋、刘小平、薄克庭等。完成主要工作：制定项目设计资料、项目施工资料、项目监理资料、项目财务及审计资料、影像资料等。取得主要成果：该地质遗迹保护工程与当地社会、经济、环境发展相适应，与建设规划、生态建设、土地利用相结合，通过调查评价、方案设计论证、施工、监理、验收等基本程序，并根据地质公园的实际情况，建设标识系统、公园博物馆布展系统、开通地质公园网站、建设地质遗迹数据库等，促进社会经济发展可持续发展，为人们提供旅游观光、休闲度假、科学研究、科普

教育、文化娱乐的场所。

五、诸城恐龙化石产地保护项目设计方案(2015 年度)

2014 年 12 月～2016 年 3 月，编制诸城恐龙化石产地保护项目设计方案。2014 年 12 月财政部、国土资源部批复了《2014 年度山东诸城恐龙化石产地保护项目》，对诸城恐龙化石产地进行保护，山东省财政厅、国土资源厅 2014 年 12 月 11 日下达资金预算指标并对项目实施提出要求，经过公开招标程序，山东省地矿工程勘察院中标此任务。项目负责人：赵志强。报告编写人：徐利、于飞、刘焕春等。拟完成以下保护工作：恐龙涧隆起带北侧地下水防水工程；对暴龙馆化石进行恒温保护，更换疏干井设备；暴露化石的年度打胶保护工程，拐弯化石整体翻模、制作，化石长廊化石美容、修复；对化石隆起带化石保温保护；仓库及修复室升级改造；室内监控系统建设；相关的其他工作，如方案编制、工程监理及验收等。取得主要成果：对恐龙涧化石隆起带北侧进行地下水防水处理，阻止地下水侵蚀对恐龙化石的破坏；对暴龙馆化石进行恒温保护，更换自动疏干井设备；进行化石仓库及修复室改造工程及室内监控系统建设。

六、山东省海阳市招虎山省级地质公园综合考察

2012 年 4～7 月，编制山东省海阳市招虎山省级地质公园综合考察报告。项目负责人：刘小平。报告编写人：刘喜斌、丛国松、赵永安等。受省国土资源厅委托，为有效保护、合理开发和永续利用地质遗迹资源，经省厅研究决定，同意山东海阳招虎山等 9 处地质遗迹集中分布区为省级地质公园。取得主要成果：招虎山省级地质公园地质遗迹主要为不同时代岩浆岩之间的侵入关系、岩石形成的各种峰林地貌、奇峰、象形石景观、地质体、断裂构造、环境地质遗迹及水体景观灯；结合风景区及周边旅游资源的整体开发，使整个招虎山风景区集地质旅游、生态旅游、休闲度假、科学研究、教育普及、文化娱乐于一体，为区域经济的发展注入新的动力，产生明显的经济效益和社会效益。

七、山东海阳招虎山省级地质公园地质遗迹保护项目设计(2013 年度)

2013 年 11 月，提交山东海阳招虎山省级地质公园地质遗迹保护项目设计(2013 年度)。项目负责人：刘小平。报告编写人：刘小平、李生清等。受海阳市国土资源局委托，为开展地质公园遗迹保护现状的调查与评价工作，对重要景点进行标识说明，对园区内重要地质遗迹进行保护，对地质灾害进行

治理工作。拟完成以下保护工程:建设标识系统,科普长廊 1 处,主碑 1 处,副碑 1 处,景点说明牌 40 处,界碑 9 处,警示牌 30 处,游览服务信息牌 30 处,景区说明牌 2 处,公园综合图文说明牌 1 处;修建地质遗迹保护栏 200 米,修建科考步道安全护栏 1300 米;建设数据库 1 套;建设科普系统 1 套;建设地质公园网站 1 套。取得主要成果:为招虎山省级地质公园的整体性保护和开发建设提供借鉴依据。

八、山东金乡羊山省级地质公园地质遗迹保护项目设计(2013 年度)

2013 年 12 月,提交山东金乡羊山省级地质公园地质遗迹保护项目设计(2013 年度)。项目负责人:刘小平。报告编写人:刘小平、李学春等。受金乡县国土资源局委托,为开展地质公园遗迹保护现状的调查与评价工作,对重要景点进行标识说明,对园区内重要地质遗迹进行保护,对地质灾害治理工作提供依据。拟完成治理工作:建设标识系统 1 套,副碑 1 处,景点说明牌 24 处,界碑 36 处,警示牌 42 处,游览服务信息牌 20 处,景区说明牌 3 处,保护区说明牌 1 处,科普长廊 1 处;公园综合图文说明牌 1 处;建设溶洞大门 1 座,洞内清理 100 立方米,洞内科考步道 15 米,洞外科考步道 100 米,瀑布状钟乳石保护栏 50 米,葛山化石保护栏 260 米,科考步道 200 米,地质剖面清理 500 平方米,黄土地貌景观保护栏 450 米,地质遗迹保护栏 400 米;建设数据库 1 套;建设科普系统 1 套;建设地质公园网站 1 套。取得主要成果:为羊山省级地质公园的整体性保护和开发建设提供借鉴依据。

九、山东省宁阳县鹤山省级地质公园地质遗迹保护设计

2014 年 2 月,提交山东省宁阳县鹤山省级地质公园地质遗迹保护设计。项目负责人:李生清。报告编写人:李生清、殷淑翠等。受宁阳县国土资源局及宁阳县鹤山乡人民政府委托,为把鹤山省级地质公园全面打造成保护到位、环境优美、功能齐全、开发适度、设施完善、管理高效、服务一流、效益良好的省级地质公园,对重要地质遗迹资源进行全面调查、保护,完善标识系统体系,丰富科普宣传内容等工作。拟完成保护工作:标示系统建设;清理岩面,加盖防雨棚,修建护栏;地质博物馆布展;数据库及网站建设;修建科普步道。取得主要成果:针对地质遗迹现状存在的问题,制定项目质量管理与保障措施、安全及劳动保护措施以及环境保护措施,提升经济效益、环境效益和社会效益。

十、山东金乡羊山省级地质公园地质遗迹保护项目设计(2015 年度)

2015 年，提交山东金乡羊山省级地质公园地质遗迹保护项目设计(2015 年度)。项目负责人:赵志强。报告编写人:赵志强、刘小平、王琳等。受金乡县羊山地质公园管理办公室委托，对山东金乡羊山省级地质公园内存在安全隐患的地质遗迹点采取保护措施，清除园区内崩塌隐患点，对有开发价值的地质遗迹点进行开发，为地质爱好者提供学习地质科普知识的安全场所。完成主要工作:地质遗迹调查研究 1.25 平方千米。设计治理工作量:清除崩塌隐患点 640 立方米，保护围栏 65 米，人行科普隧道 80 米。取得主要成果:制订项目实施周期，预期为 1 年;前期工作准备阶段进行资料收集、地质遗迹保护项目设计、地质遗迹保护项目施工及监理招投标工作;中期地质遗迹保护工作开展阶段安装保护围栏、清除崩塌隐患点、建设人行科普隧道等;后期地质保护工作资料整理阶段进行地质遗迹保护、崩塌隐患点治理工程的施工、地质遗迹保护工作后期的完善、各类成果资料的整理等。

第七节　主要获奖成果

自 2005 年《山东省淄博市矿区地质灾害现状调查与防治对策研究》获省地勘局地质勘查贰等奖以来，截至 2017 年，共获得厅局级地质防治工程成果奖 26 项目。其中厅局级奖 8 项(壹等奖 2 项、贰等奖 3 项、叁等奖 3 项)、学会奖 18 项(壹等奖 11 项、贰等奖 6 项、叁等奖 3 项)。

表 2-4-1　　地质防治工程获奖成果汇总表

序号	获奖成果名称	奖励名称	奖励等级	授奖部门	获奖时间
1	山东省淄博市矿区地质灾害现状调查与防治对策研究	科技进步奖	地质勘查贰等奖	省地勘局	2005.7
2	济南市市中区围子山 A 标段破损山体治理工程竣工报告	山东省深基础优秀工程奖	叁等奖	山东省建筑工程管理局、省深基础工程协会	2010.11
3	济南市燕翅山地质灾害治理工程(二标段)	科学技术奖	叁等奖	省地勘局	2014.1

续表

序号	获奖成果名称	奖励名称	奖励等级	授奖部门	获奖时间
4	淄博市桓台县铁矿区地质灾害调查与评估	科学技术进步奖	叁等奖	省地勘局	2012.2
5	山东省金乡县羊山—葛山石灰岩矿区矿山地质环境治理项目可行性研究报告	山东省优秀工程咨询成果奖	壹等奖	山东省工程咨询协会	2012.6
6	淄博市沂源县西里镇唐庄村隽家峪滑坡治理工程	科学技术进步奖	贰等奖	省地勘局	2012.2
7		优秀工勘奖	壹等奖	省地勘局	2013.8
8		优秀工程勘察设计	壹等奖	山东省住房和城乡建设厅	2013.8
9		工程勘察	贰等奖	中国勘察设计协会	2013.11
10	山东省海阳市招虎山省级地质公园综合考察报告	科技技术进步奖	叁等奖	省地勘局	2014.1
11	历下区回龙山东坡边坡治理工程设计方案	岩土创新奖	壹等奖	山东土木建筑学会	2014.12
12	济南市燕翅山岩土工程设计及生态治理工程	岩土创新奖	壹等奖	山东土木建筑学会	2014.12
13	羊山—葛山石灰岩矿地质环境治理工程设计	岩土创新奖	壹等奖	山东土木建筑学会	2014.12

续表

<table>
<tr><th>序号</th><th>获奖成果名称</th><th>奖励名称</th><th>奖励等级</th><th>授奖部门</th><th>获奖时间</th></tr>
<tr><td>14</td><td>济南市催马西山边坡治理工程设计方案</td><td>岩土创新奖</td><td>贰等奖</td><td>山东土木建筑学会</td><td>2014.12</td></tr>
<tr><td>15</td><td>济莱高速公路边坡治理工程设计方案</td><td>岩土创新奖</td><td>贰等奖</td><td>山东土木建筑学会</td><td>2014.12</td></tr>
<tr><td>16</td><td rowspan="2">济南市砚泉南边坡岩土工程设计</td><td>优秀工勘设计</td><td>贰等奖</td><td>山东省住房和城乡建设厅</td><td>2015.7</td></tr>
<tr><td>17</td><td>优秀工程勘察项目突出贡献者</td><td>贰等奖</td><td>省地勘局</td><td>2015.6</td></tr>
<tr><td>18</td><td>济宁矿业集团花园井田资源开发有限公司1301～1309 工作面采空区稳定性评价报告</td><td>岩土创新奖</td><td>壹等奖</td><td>山东土木建筑学会</td><td>2015.12</td></tr>
<tr><td>19</td><td>济南市市中区铜锣山及青龙山边坡治理工程设计方案</td><td>岩土创新奖</td><td>壹等奖</td><td>山东土木建筑学会</td><td>2015.12</td></tr>
<tr><td>20</td><td>烟台市长岛县砣矶镇山西石林地质遗迹保护区滑坡治理设计</td><td>岩土创新奖</td><td>贰等奖</td><td>山东土木建筑学会</td><td>2015.12</td></tr>
<tr><td>21</td><td>泗水泉林镇青龙庄滑坡治理设计</td><td>岩土创新奖</td><td>壹等奖</td><td rowspan="3">山东土木建筑学会岩土工程专业委员会</td><td>2016.12</td></tr>
<tr><td>22</td><td>曲阜市息陬镇刘家庄地面塌陷地质调查报告</td><td>岩土创新奖</td><td>壹等奖</td><td>2016.12</td></tr>
<tr><td>23</td><td>济南市破损山体整治工程大峪山设计方案</td><td>岩土创新奖</td><td>壹等奖</td><td>2016.12</td></tr>
</table>

续表

序号	获奖成果名称	奖励名称	奖励等级	授奖部门	获奖时间
24	济南市历下区洪山北坡地面塌陷工程勘查	岩土创新奖	贰等奖	山东土木建筑学会岩土工程专业委员会	2016.12
25	济南市破损山体整治工程齐庄北山破损山体设计方案	岩土创新奖	壹等奖		2016.12
26	济南市历下区菠萝顶破损山体整治暨地质灾害治理工程	岩土创新奖	壹等奖		2016.12

第五章 地热地质

1971 年 4 月～1973 年 12 月，为满足山东省烟台市招远地热第一期发电工程的需要，八〇一队开展招远地热勘查工作。之后，陆续在各地市以及部分地区开展地热勘查、地热研究以及地热钻探等工作。截至 2017 年，共完成地热钻探孔 344 个，地热钻探进尺 4.71 万米，获得厅局级科技进步奖 20 项。

第一节 区域地热地质工作

截至 2017 年，八〇一队曾先后四次开展山东省地热地质编图及综合评价工作，还开展黄河三角洲地热资源调查、鲁中南地区地热资源调查等区域性地热调查工作。

一、1∶100 万山东省地热地质图及说明书

1981 年 4～10 月，编制 1∶100 万山东省地热地质图及说明书。编制人：王文璟、贾元忠、刘德成等。取得主要成果：编制 1∶100 万山东省地热地质图；统计出截至 1981 年共有地下热水出露地点 27 处；将山东省划分为四个地热区，并分述各地区地热成因和分布，粗略勾画山东地热场的基本轮廓。

二、山东省济南地热普查

1987 年～1993 年 8 月，在山东省济南市开展地热普查。项目负责人：李晓东。报告编制人：李晓东、姜春永、佟光玉等。根据省地矿局 1987 年文件，通过投标招标方式承担济南地热普查工作（1∶10 万）。完成主要工作：地质调查 600 平方千米，调查井点 115 个，完成地热钻探 3 孔总进尺 1715.97 米，施工供水孔 2 个总进尺 67 米，物探测井 3 次共 1600 米，水质分析 101 件，岩矿鉴定样 2 件，抽水试验 2 孔 36 个小时。取得主要成果：济南地区地热田位

于济南岩体的北侧，北与济阳凹陷濒临；热水温度一般 30～50 摄氏度，属低温地热田；热储为奥陶纪灰岩含水层，盖层主要为第三系、二叠系、石炭系；由地下水的深循环加热作用形成；地下热水的补给来自南部山区大气降水的入渗补给；热水中含有丰富的微量元素、气体成分和放射性元素，其中的锂、锶、氟、偏硅酸、偏硼酸、硫化氢气体达到医疗矿泉水标准(GB 11615-89)；圈划出两个独立的地热田，黄河北地热田和坝子—鸭旺口地热田；坝子—鸭旺口地热田可采热储量 9.735×10^{16} 焦，相当于 332.25 万吨标准煤的产热量；黄河北地热田可采热储量 9.84×10^{16} 焦，相当于 335.7 万吨标准煤的产热量。

三、山东省 1∶100 万综合地热系列图

1997 年 10 月～1999 年 3 月，进行山东省 1∶100 万综合地热系列图编制工作。图件编制人：贾元忠。取得主要成果：编制完成山东省 1∶100 万综合地热图、地热地质图、地热预测图等地热系列图。该地热系列图主要反映山东省不同水热特性地质体的空间组合，已有温泉、热水孔的要素内容及其实际利用情况，山东省地热分区及其热储类型、分布、成因，鲁西北各热储层温度，鲁中南、鲁东地热区前景区预测等。该地热套图及其中间成果曾于 1999 年 4 月两次和 1998 年 10 月一次作为国际会议或专家间的交流材料进行国际交流。1999 年 11 月，在山东省地热规划及与日本地热开发合作洽谈中使用的地热资源开发利用现状图、地热储分布与堪察开发规划图，其资料主要来源于该地热系列图。

四、山东省菏泽市地热资源调查

1998 年 3 月～1999 年 1 月，在山东省菏泽市开展地热资源调查。项目负责人：王合秋。报告编制人：王合秋、游其军、李传磊等。受菏泽市地质矿产局委托，开展调查工作并提交山东省菏泽市地热资源调查报告。完成主要工作：1∶10 万地质调查 1435 平方千米，机(民)井测温点 174 个，视电测深点 101 个，物探瞬变电磁点 30 个，遥感地质解译 1431.8 平方千米，水质分析采集 32 件。取得主要成果：热储岩性为奥陶纪灰岩，顶板埋深 800～1500 米，温度 50～70 摄氏度；盖层为第四系、上第三系，总厚度 800～1100 米；地热资源总量 4.96×10^{18} 焦；可利用热量 7.44×10^{17} 焦；发现牡丹、新光、杜庄三个地热异常区，面积分别为 150 平方千米、70 平方千米、90 平方千米。

五、黄河三角洲地区地热资源调查

2001 年 5～12 月，在山东省黄河三角洲地区开展地热资源调查工作。项

目负责人:张中祥。报告编制人:张中祥、李常锁、杨丽芝等。受省地勘局委托,开展调查工作并提交黄河三角洲地区地热资源调查报告。完成主要工作:遥感地热解译及1∶25万地质调查9900平方千米,1∶5万地质调查1000平方千米,机(民)井测温31点382次,地热勘探1孔总进尺1300.8米,地热测温50孔总进尺1000米,视电测深剖面46条,水准高程测量点134个,勘探孔抽水42小时,水质分析36组。取得主要成果:有三个热储层组,馆陶组热储层组顶板埋深850～1250米,地层厚度200～650米,东营组热储层组顶板埋深1200～1700米,地层厚度200～500米,寒武—奥陶系热储顶板埋深1000～1500米;盖层为第四系与上第三纪明化镇组,厚度900～1100米;地热水温度高于50摄氏度;地热资源可利用热量7.851×10^{19}焦(折合标准煤的产热量267900万吨);馆陶组地下热水中锶、溴、镭含量达到合名矿水浓度,东营组热水中溴、锶、钡达到命名矿水浓度,寒武—奥陶系热水中氟、偏硅酸、锶、铁达到命名矿水浓度;此外,水中还有碘、锂、铍、锰、偏硼酸、偏硅酸等对人体健康有益的微量元素,具有较高的医疗价值和保健作用。

六、济南市沿黄经济开发区地热资源综合调查评价

2004年1月～2005年3月,在山东省济南市开展沿黄经济开发区地热资源综合调查。项目负责人:李常锁。报告编制人:李常锁、李岚、王少娟等。为济南市沿黄经济开发区建设寻找新型能源提供依据,受省地勘局委托,开展调查评价工作。完成主要工作:1∶5万地质调查300平方千米,视电测深物理点48个,水准高程测量点120个,机(民)井测温点50个,水质分析17件,地震勘探500个点,抽水试验2组。取得主要成果:热储岩性奥陶纪灰岩,热储一般埋深300～1800米,盖层为第四系、新近系、二叠系和石炭系;地热水温度36～57摄氏度,地热资源可利用热量9.765×10^{17}焦(折合标准煤的产热量3300万吨);地热水中含有锂、溴、铁等对人体健康有益的微量元素和放射性元素,具有较高的医疗价值和保健作用,可以作为洗浴、浴疗热矿水,不能作为农田灌溉和直接养殖用水,但是可以与低氟的冷水混合进行鱼类养殖。

七、山东省地热资源综合调查评价

2004年1月～2007年12月,开展山东省地热资源综合调查。项目负责人:尚宇宁。报告编制人:尚宇宁、赵永安、康凤新等。根据省国土资源厅下达的任务书,受省地勘局委托,开展调查评价工作。完成主要工作:1∶50万地质调查37541平方千米,视电测深物理点93个,水质分析104件。取得主要成果:将全省分为四个大区,即鲁东地热区、沂沭断裂带地热区、鲁西南地

热区、鲁西北地热区；鲁东地热区热储岩性区为元古代片麻岩或大理岩、元古代桃科期或中生代燕山期岩浆岩、白垩纪安山岩，温度 47～89 摄氏度；沂沭断裂带地热区为白垩纪安山岩、寒武纪—奥陶纪灰岩，温度 55 摄氏度；鲁西南地热区为古生代寒武纪灰岩，温度 40～74 摄氏度；鲁西北地热区新近纪馆陶组含水砂岩及砂砾岩、古近系东营组含水细砂砾及砂砾岩、古生代寒武—奥陶纪灰岩，温度 55～90 摄氏度；地热资源总量 1.53340×10^{21} 焦(折合标准煤的产热量 5229880 万吨)；可采热水量 173059 立方米/小时，可采热水中所含热量 3.4×10^{13} 焦。

八、山东省地热资源调查评价(鲁中南地区)

2007 年 12 月～2009 年 6 月，开展山东省鲁中南地区地热资源调查。项目负责人：王庆广。报告编制人：王庆广、姜玉敏、张兰新等。根据山东省国土资源厅下达的任务书，受省地勘局委托，开展调查评价工作。完成主要工作：1∶25 万地质调查 10000 平方千米，1∶25 万遥感地质解译 5.43 万平方千米，视电测深剖面线长度 87.1 米/144 点，水质分析 22 件。取得主要成果：热储为寒武—奥陶纪灰岩，埋藏深度一般小于 500 米。温度 27～74 摄氏度，盖层为新生代、中生代、上古生代的泥岩、砂岩、页岩；地热资源可利用热量 8.936×10^{18} 焦(折合标准煤的产热量 30480 万吨)；该区典型地热田有 8 处，面积 193.16 平方千米；圈划地热预测区 8 处，面积3881.02平方千米；该区热水可用于采暖、医疗、洗浴、温室、养殖及土壤加温等领域；地下热水中富含有偏硅酸、偏硼酸、氟等多种对人体健康有益的微量元素，具有较高的医疗保健价值，可用于医疗保健用水。

九、山东省地热资源调查(综合)

2008 年 10 月～2013 年 9 月，开展山东省地热资源调查。项目负责人：陈奂良、王俊兰、韩建江。报告编制人：陈奂良、王俊兰、姜玉敏等。根据省国土资源厅下达的任务书，受省地勘局委托，开展调查工作并提交山东省地热资源调查报告(综合)。完成主要工作：1∶50 万地质调查 15.67 万平方千米，地热地质重点调查 6 万平方千米，视电测深剖面线 4 条物理点共 93 个，水质分析 100 件，地热资源信息数据库 1 套。取得主要成果：鲁东地热区热储为元古代片麻岩或大理岩、元古代桃科期或中生代燕山期岩浆岩、白垩纪安山岩；沂沭断裂带地热区热储为白垩系安山岩、变质岩及寒武系灰岩；鲁中南地热区热储岩性包括新生代碎屑岩、下古生代灰岩及变质岩，新生代碎屑岩热储主要分布在鲁中山地环山前平原，下古生代灰岩热储主要分布于鲁中山地环山前平原、鲁中山地中的各断陷盆地以及凸起与凹陷的交接部位，变质岩热储主要分布在两条断裂交汇部位；鲁西北地热区热储岩性以新生代碎屑岩和下古生代灰岩为主；地热资源可利用热量 7.633×10^{16} 焦(折合标准煤的产热量 12210679 万吨)，可采热水总量 3.646749×10^{21} 立方米，可采热水量 416295.8 立方米/小时；山东省地热流体中富含氟、溴、碘、锶、铁、铁、锰、偏硅酸、偏硼酸等多种对人体健康有益的微量元素，可作为医疗保健用水；区内地热流体基本符合渔业用水水质要求，部分地热流体需进行降氟、降铜等处理；区内地热流体均不能直接作为农业灌溉用水，超标项目为水温、全盐量、氯化物和氟化物；地热流体对金属具有较强的腐蚀性，对混凝土一般不具有分解性侵蚀作用，多数有结晶性侵蚀作用；鲁西北地热区、沂沭断裂带地热区地热流体一般不会生成碳酸垢、硫酸垢和硅酸垢，而鲁中南地区地热流体硫酸垢；全省地热流体多不适宜直接作为锅炉用水。

第二节　地热地质勘查

最早于 1971 年 4 月，八〇一队为满足山东省烟台市招远地热第一期发电工程的急需而开展招远地热勘查工作，最终水量、水温均完全满足招远地热第一期发电工程的需要。之后，陆续在多地市开展地热井(田)调查研究工作，为满足山东省国民经济发展、社会需要及地矿行政管理提供科学依据，并取得较好的经济、社会和环境效益。

一、地热井

(一)山东省齐河县 1 号探采结合地热井

2003 年 7 月 1 日，开展山东省德州市齐河县 QDJ-1 号探采结合地热井施工。报告编制人：李传磊、刘玉仙等。2003 年 12 月，提交山东省齐河县 1 号探采结合地热井报告。完成主要工作：地热地质钻探 1601.57 米。取得主要成果：该地热井热储层为奥陶纪灰岩，水头高度 13 米，自流量 65 立方米/小时；降深 17.77 米，出水量 114 立方米/小时；出口温度 57 摄氏度，属低温地热资源中的温热水，其用途为医疗、洗浴、温室、取暖，该地热水命名为“氟锶医疗热矿水”。

(二)山东省济南市桃园地区桃园地热井单井地质报告

2008 年 6～10 月，在济南市桃园地区桃园施工地热井 1 眼。报告编制人：刘玉想、丁冠涛、任洪成等。为开发利用该井宝贵的地热资源，寻找地勘经济新的增长点，随进行该项工作。完成主要工作：地热地质钻探 806.3 米。取得主要成果：该井热储主要为奥陶纪马家沟组八陡段、五阳山段灰岩，属裂隙岩溶型热储层，盖层为第四系、新近系、二叠系和石炭系碎屑岩；热源通道为齐河广饶断裂、滩头断裂等，热源为大地热流；井口水温 38 摄氏度，属低温地热资源中的温水，允许开采量 4949.76 立方米/天，计算每 100 天排放热量 1.91×10^{15}焦，折合标准煤 6.52 万吨；该井地热水无色、无味、透明，热水中有较多气体，矿化度 5.233 克/升，总硬度 0.132 克/升，水化学类型为硫酸氯化物钙镁型；地热水中含量达到有医疗价值浓度标准的微量元素有偏硼酸，达到矿水浓度标准的元素有锂、偏硅酸，达到命名矿水浓度标准的微量元素有氟、锶；该水可用于医疗洗浴、温室、土壤加温等。

（三）潍坊北大科技房地产开发有限公司寿光三官庙地热井地质报告

2009 年 5～10 月，在山东省潍坊市开展寿光三官庙地热井施工。项目负责人：李传磊。报告编制人：刘玉想、宋希利、丁冠涛等。受潍坊北大科技房地产开发有限公司委托，进行地热井施工。完成主要工作：1∶2.5 万地质调查 16 平方千米，钻探 1 孔进尺 1500.1 米，采集全分析、微量元素分析、放射性等水质分析样品。取得主要成果：热储岩性为古近纪东营组中下部及沙河街组的层状热储，盖层为第四纪黏土和新近纪明化镇组、馆陶组泥岩、细砂岩，地热水温度 41 摄氏度，可采热水量 21.56 立方米/小时；该井水矿化度 5.807 克/升，水化学类型为氯化物硫酸钠型，偏硼酸含量达到矿水浓度，可用于医疗洗浴、温室、土壤加温，不宜灌溉及饮用。

（四）山东省淄博市张店区黄金国际社区内地热资源储量报告

2009 年 10 月，提交山东省淄博市张店区黄金国际社区内地热资源储量报告。报告编制人：韩建江、于世林、蔡有兄等。取得主要成果：该地热井的允许开采量 528.25 立方米/天，每天排放热量：1.017×10^{11}焦，折算标准煤 3.49万吨；地下热水化学类型为氯化物钠型水；偏硅酸达到矿水浓度，氟的含量达到有医疗价值浓度，可以用于医疗保健、温室、土壤加温等；该地热水不适宜饮用、灌溉。

（五）潍坊滨海开发区科教创新区 1# 地热井竣工技术报告

2010 年 12 月～2011 年 4 月，在潍坊市施工地热井 1 眼。项目负责人：赵成、于福森。报告成果编制人：聂玉朋、魏海红等。受潍坊滨海投资发展有限公司、潍坊市国土资源局滨海经济技术开发区分局委托，进行地热井施工。完成主要工作：钻探 1 孔进尺 1728.0 米。取得主要成果：热储层为新近纪馆陶组、古近纪东营组地层，地热水温度 58 摄氏度；地热井静水位 28.90 米，根据单井抽水试验计算单井的稳定产量 1363.32 立方米/天，一个地热流体年的单井产能 9.2×10^{13}焦，折算标准煤 3140 吨；地下热水化学类型为氯化物钠型水，偏硼酸、偏硅酸、锶、锂等含量已达到有医疗价值浓度，锶、锂含量达到了命名矿水浓度，为较优质医疗热矿水，可用于温泉洗浴、休闲疗养、取暖(防腐处理后)等；该地热流体不宜饮用、灌溉及渔业养殖。

(六)德润绿城·百合园会所温泉水井钻探工程技术报告

2012 年 8～10 月，在寿光市施工 1 眼地热井。报告编制人：丁冠涛、刘玉想等。受德润绿城置业发展有限公司委托，进行地热井施工。完成主要工作：钻探 1 孔进尺 1204.71 米，抽水试验 1 孔 22 小时。取得主要成果：热储层岩性为古近纪碎屑沉积岩，顶板埋深 631.55 米；该井降深 111 米，出水量 0.1032万立方米/天，抽水井口水温 43 摄氏度；地热水化学类型为氯化物硫酸型，矿化度 7.82 克/升，符合医疗矿水标准，为医疗保健用；具强腐蚀性，水温偏高，不能用于生活用水和农业灌溉，不适宜渔业养殖。

(七)淄博市高青颐阳文化园地热钻探工程技术报告

2013 年 1～3 月，在淄博市施工 1 眼地热井。项目负责人：张守春、聂玉朋。报告编制人：杨聪聪、魏海红、王延师等。受淄博高富林置业有限公司委托，开展地热井施工。完成主要工作：钻探 1 孔进尺 1540 米。取得主要成果：地热井热储为古近纪东营组，热储含水层厚 97.49 米，盖层为第四系、新近纪泥岩、碎屑岩；孔口水温为 63 摄氏度，属低温地热资源中温热水；地热井静水位 26.10 米，涌水量 1397.42 立方米/天，一个地热流体的年单井产能 1.05×10^{14}焦，折标准煤 3600 吨；地热水中的偏硼酸、偏硅酸、锶、锂含量达到命名矿水浓度，为优质医疗热矿水，可用于温泉洗浴、休闲疗养、取暖(防腐处理后)等；该流体不适宜灌溉、饮用和渔业养殖。

(八)山东省费县上冶地区 ZK1 地热井地热钻探工程技术报告

2016 年 7 月，提交山东省费县上冶地区 ZK1 地热井地热钻探工程技术报告。项目负责人：刘玉想。报告编制人：韩昱、张晴、曹光明等。完成主要工作：钻探 1 孔进尺 1644.94 米，物探测井长度 1328 米，抽水试验 1 孔 3 落共 56 小时。取得主要成果：盖层为白垩系、侏罗系，抽水试验孔口水温 41.5 摄氏度；ZK1 地热井开采 100 年允许的开采量 58.50 立方米/天，所排放热量总和 4.07×10^{14}兆焦，折合标准煤 1.39 万吨；地热水腐蚀性强、结垢性大，不适宜灌溉和饮用。

(九)山东省济南市历城区遥墙街道办事处 JR-3 井地热资源储量报告

2015 年 4 月～2017 年 2 月，在济南市施工 1 眼探采结合井。项目负责人:李传磊、隋海波。报告编制人:隋海波、李传磊、宫红卫等。根据《国土资源部关于进一步规范探矿权管理有关问题的通知》要求,山东省济南市历城区遥墙机场附近地热资源可行性勘查工作结束,为达到矿权保留工作要求,编制并提交山东省济南市历城区遥墙街道办事处 JR-3 井地热资源储量报告。完成主要工作:钻探 1 孔进尺 1601 米。取得主要成果:该地热探采结合井热储层为奥陶纪马家沟群灰岩,热储层顶板埋深 976 米,揭露厚度 625 米,降压试验实测水温 45 摄氏度;降深 4.55 米,出水量 1368.6 立方米/天,年累计可利用的热能量 1.081×10^{14} 焦,可节煤量 3687 吨/年;水化学类型为氯化物硫酸钠钙型;地热水中的氟、锶、钡含量达到命名矿水浓度,锂、偏硼酸含量达到矿水浓度标准,偏硼酸达到有医疗价值浓度标准,可用于理疗、洗浴、采暖、温室和养殖等。

二、地热田

(一)招远地热勘查

1971 年 4 月～1973 年 12 月,开展招远地热勘查工作。项目负责人:安梦岭。报告编制人:安梦岭等。为满足山东省烟台市招远地热第一期发电工程的急需而开展勘查工作并提交招远地热勘查报告。完成主要工作:1∶5000 地质调查 19.9 平方千米,机(民)井调查点 98 个,地热勘探孔 16 孔总进尺 3399.03米,地热测温孔 16 孔总进尺 61.38 米,视电测深剖面 20 条总长度 30.38 千米,物理点 34 个,自然电位 13 条总长度 5.93 千米,水准测量导线 20.249 千米,水准高程测量点 120 个,精微仪测量 77 点导线长 7946 米,水质分析 351 件,气样 19 件,水垢样采集 7 件,矿泥样采集 13 件,岩样分析 15 件。取得主要成果:热储岩性为火成岩,埋藏 74.18 米,热储类型为构造型,地热水温度孔口最高达到 92 摄氏度,孔底温度高于 100 摄氏度,可采热水量183.262 立方米/小时,水量、水温可完全满足招远地热第一期发电工程的需要。

(二)山东省济南市槐荫区三教堂—吴家堡地热资源普查

1997 年 4 月～1998 年 5 月,为满足济南市国民经济快速发展的需要,省财政厅、地矿厅联合下达任务,开展三教堂—吴家堡地热资源普查工作。项目负责人:郭德英。报告编制人:郭德英、张中祥等。完成主要工作:1∶2.5 万地质调查、水文地球化学调查 60 平方千米,地热勘探孔测温 311 次,地热勘探 2 孔总进尺 562.66 米,视电测深 42 点剖面总长度 22.8 千米,瞬变电磁法 25 点,水准测量导线长 16 千米,水准高程测量点 2 个,机(民)井测温点 46 个,水质分析 19 件。取得主要成果:热储岩性为奥陶纪灰岩,盖层为石炭系、二叠系、第三系和第四系，热区顶板埋深 280～500 米，顶部温度 28～34 摄氏度；地热资源可利用热量 1.36×10^{16}焦(折合标准煤的产热量 47 万吨)；发现两个异常区，棉花张庄异常区面积 0.5 平方千米，盖层厚度 280 米，三教堂—七里堡异常区面积 4.8 平方千米，盖层厚度 500 米；热水中含有多种微量元素、气体成分和放射性元素，对多种疾病具有较好的辅助医疗价值。

(三)山东省齐河县焦斌屯—小周地热资源普查

1998 年 3～12 月，根据省财政厅、地矿厅联合下达的任务，以及省地勘局的文件要求，受齐河县地质矿产资源办公室委托，开展焦斌屯—小周地热资源普查工作。项目负责人：张中祥。报告编制人：张中祥、郭德英等。完成主要工作：地质调查 120 平方千米，地热勘探 1 孔进尺 904.95 米，地热勘探测温 38 次，视电测深剖面 3 条，视电测深物理点 34 个，机(民)井测温 50 个共 827 次，水质分析采集 9 件。取得主要成果：热储岩性为奥陶纪灰岩，盖层为石炭系、二叠系、第三系和第四系，地热水温度 35～45 摄氏度；地热资源可利用热量1.43×10^{17}焦(折合标准煤的产热量为 488 万吨)。热水中含有多种微量元素、气体成分和放射性元素，其中氟、偏硅的含量达到医疗热矿浓度，分别命名为氟水、硅水。

(四)山东省东营市东城附近地热资源调查

1999 年 3～12 月，依据省财政厅、省地质矿产厅联合下达的任务，受东营市地质矿产局委托，在东营市东城附近开展地热资源调查工作。项目负责人：王合秋。报告编制人：王合秋、徐建国、史淑艳等。完成主要工作：地质调查 1100 平方千米，遥感地质解译面积 200 平方千米，探坑 5 个总进尺 37 米，地热测温孔 8 个，视电测深 4 个剖面总长度 9.7 千米，水质分析采集 12 件。取得主要成果：2000 米以浅有两个热储层，新近系馆陶组孔隙砂岩热储顶板埋深 1000～1100 米，厚度 300 米，温度 44～57 摄氏度，古近纪东营组砂岩孔隙裂隙热储顶板埋深 1300～1400 米，厚度 300 米，温度 54～77 摄氏度；两个热储层地热资源总量可利用热量 1.74×10^{18}焦，可采热水总量 8.4 亿立方米。

(五)山东省沂南县铜井—张庄地热资源调查

1999 年 4 月～2001 年 4 月，在山东省临沂市开展沂南县铜井—张庄地热资源调查。项目负责人：张中祥。报告编制人：张中祥、韩建江、沈建文等。根据省财政厅、省地矿厅联合下达的任务，受沂南县地质矿产局委托开展调查工作。完成主要工作：地质调查 360 平方千米，重点调查区 100 平方千米，遥感解译面积 400 平方千米，视电测深剖面 4 条物理点 38 个，机(民)井测温 50 点 347 次，水质分析 9 件。取得主要成果：铜井地热区热储为寒武纪大理岩及结晶灰岩，盖层为闪长岩及闪长玢岩，地热水温度铜-1 温度 74 摄氏度，地热资源可利用热量 6.84×10^{15}焦(折合标准煤的产热量为 23.3 万吨)，可采热水量铜井地热区 29.17 立方米/小时；松山地热区热储为寒武纪五山组和震旦纪石英砂岩，盖层为北、西部寒武纪砂、页岩，松-1 温度 48℃，地热资源可利用热量 4.1×10^{14}焦(折合标准煤的产热量 1.41 万吨)；德胜庄地热源景区 9.96×10^{15}焦(折合标准煤的产热量 34 万吨)，可采热水量 43.75 立方米/小时；铜井、松山热水中含有多种微量元素、气体成分和放射性元素，其中氟、偏硅酸、氡(松-1)含量达到医疗热矿水命名浓度。

(六)山东省成武县地热资源调查

2000 年 1 月～2001 年 7 月，在山东省菏泽市开展成武县地热资源调查。项目负责人：魏鲁峰。报告编制人：魏鲁峰、赵有美、李岚等。根据省财政厅、省地矿厅下达的任务，受成武县地质矿产办公室委托开展调查工作。完成主要工作：地质调查面积 331.5 平方千米，重点调查区面积 200 平方千米，地热勘探孔 3 孔总进尺 302.6 米，机(民)井测温点 63 个，水质分析 10 件。取得主要成果：热储岩性为第三纪砂岩，埋深 420～2000 米，平均温度 43 摄氏度，盖层为第四系；热源为大地热流，热储类型为地热增温型；地热资源总量 501.6×10^{16}焦，可利用热量 1.77×10^{16}焦；地热异常区位于成武县城区以西，面积约 170 平方千米，富水性较强，单井涌水量大于500 立方米/天，热水中富含锶、偏硼酸及其他微量元素，可用于温泉洗浴及温室养殖；拟投入资金 20 万元。

(七)济南北部地热田地热资源勘查评价

2004 年 7 月～2005 年 7 月，开展济南北部地热田地热资源勘查。项目负责人：李常锁。报告编制人：李常锁、张中祥、李岚等。受省地勘局委托，开展勘查工作并提交济南北部地热田地热资源勘查评价报告。完成主要工作：地质调查 1872 平方千米，机(民)井测温点 20 个，勘探孔抽水 1 孔 2 落程，水质分析 34 件，可控源音频大地电磁测深 89 点，大地电磁测深 70 点。取得主要成果：热储岩性为奥陶纪灰岩，顶板埋深 200～3000 米，盖层为新生代第四系和新近系、古生代侏罗系、二叠系和石炭系；地热水温度高于 35 摄氏度，地热资源可利用热量 2.595×10^{18}焦(折合标准煤的产热量 8860 万吨)，可采热水量 3307.375 立方米/小时；地热水属于中低温热矿水，富含氟、锂、锶、镭、硫化氢、偏硼酸、偏硅酸等多种矿物质，有一定的医疗、保健、养生作用。

(八)沂沭断裂带临沂段地热资源调查

2004 年 1 月～2005 年 9 月，根据省财政厅下达的任务，受临沂市国土资源和房产管理局委托，开展沂沭断裂带临沂段地热资源调查。项目负责人：王庆广。报告编制人：王庆广、姜玉敏、满湲等。完成主要工作：1∶10 万地质调查 3000 平方千米，1∶25 万遥感解译面积 3000 平方千米，GPS 定位 310 点，地热勘探孔 1 孔进尺 130 米，地热勘探测温 1 孔 72 次，视电测深 3 条物理点共 228 个，水准测量导线长 19.6 千米，机(民)井测温点 153 个，水质分析 11 件。取得主要成果：热储岩性为上太古代胶东岩群黑云母钾长石片麻岩，盖层为白垩纪青山群安山岩和王氏群的砂砾岩；圈定汤头、芝麻墩、穆柯寨等三个地热异常区地热资源可利用热量分别为 2.54×10^{16} 焦(折合标准煤的产热量 86.8 万吨)、1.05×10^{16} 焦(折合标准煤的产热量 35.8 万吨)、3.63×10^{15} 焦(折合标准煤的产热量 17.2 万吨)；汤-1 地下热水热矿泉水温度 52 摄氏度，为低温地热资源中的温热水，水化学类型为氯化物钠钙型，属硅水、氟水、锶水的医疗热矿泉水，具有较高的医疗价值。

(九)济南北部地区地热田开发与保护研究

2003 年 12 月～2005 年 12 月，开展济南北部地区地热田开发与保护研究工作。项目负责人：张中祥。报告编制人：张中祥、韩建江、赵书泉等。2005 年 2 月，提交济南北部地区地热田开发与保护研究报告。完成主要工作：野外地质调查 1924 平方千米，机(民)井调查 13 个点，长观点 216 次/9 个，机(民)井测温 35 个 402 次，抽水试验 1 组 2 落程 49 小时，水质分析 37 件，大地电场岩性测深 9 点总测深 23900 米。取得主要成果：热储岩性为奥陶纪灰岩，顶板埋深 200～3000 米，温度 37～93 摄氏度；盖层为新生代第四系和新近系、古生代二叠系和石炭系；估算地热资源可利用热量 4.834×10^{18} 焦(折合标准煤的产热量 16500 万吨)，可采热水量 5344 立方米/小时；地下热水中含有氟、锶、硫化氢、镭、锂、偏硼酸、偏硅酸等多种对人体健康有益的微量元素，具有较高的医疗保健价值，其中氟、锶、硫化氢、镭含量达到命名矿水浓度。

(十)山东省淄博市临淄区西北部地热资源调查

2005 年 6 月～2006 年 2 月，在淄博市临淄区开展西北部地热资源调查。项目负责人：张中祥。报告编制人：张中祥、孙仕林、张兰新等。根据淄博市国土资源局下达的任务，受临淄区矿产资源管理办公室委托开展调查工作。完成主要工作：地质调查面积 198 平方千米，地热测温孔 5 孔总进尺 250 米，视电测深 2 条物理点共 30 个，机(民)井测温点 35 个，水质分析 2 件。取得主要成果：热储岩性为奥陶纪灰岩，顶板埋深 300～1300 米，温度 25～62 摄氏度；盖层为新生代第四系和新近系、古生代二叠系和石炭系。地热资源可利用热量 1.72×10^{17} 焦(折合标准煤的产热量 587 万吨)，可采热水量 1000 立方米/小时；地热水氟、锶、镭含量达到命名矿水浓度；地热水属半腐蚀性和锅垢很多的水。

（十一）山东省郯城县中南部地区地热资源调查

2005 年 1 月～2006 年 6 月，在临沂市开展郯城县中南部地区地热资源调查。项目负责人：陈奂良。报告编制人：陈奂良、蔡有兄、张兰新等。根据山东省国土资源厅下达的任务，受临沂市国土资源局委托开展调查工作。完成主要工作：1∶5 万地质调查 200 平方千米，1∶1 万地质调查 50 平方千米，地热勘探 2 孔总进尺 401 米，地热测温孔 50 个，视电测深 4 条物理点共 60 个，水质分析 10 件。取得主要成果：热储岩性为白垩纪王氏群的砂砾岩，地热资源可利用热量 1.03×10^{16} 焦（折合标准煤的产热量35.04万吨），热储温度51.7 摄氏度。

（十二）山东省济南东北部地热资源调查

2005 年 1 月～2006 年 11 月，开展济南东北部地热资源调查。项目负责人：赵有美。报告编制人：赵有美、刘小平等。根据省国土资源厅下达的任务，受省地勘局委托开展调查工作。完成主要工作：地质调查 1400 平方千米，遥感解译 642 平方千米，视电测深物理点 124 个，机（民）井测温点 68 个，水质分析 35 件。取得主要成果：热储岩性为奥陶纪灰岩，顶板埋深 600～3000 米，热储温度 45～76.7 摄氏度；盖层为新生代第四系和新近系、古生界二叠系和石炭系；地热资源可利用热量 1.153×10^{18} 焦（折合标准煤的产热量 3933 万吨），可采热水量 6500 立方米/小时；地热水中锂、偏硼酸、偏硅酸含量达到矿水浓度标准，氟、锶含量达到命名矿水浓度；地热水中镭的含量为（3.03～6.22）$\times10^{-12}$ 克/升，为弱放射性水。

（十三）山东省金乡县北部地热资源普查

2004 年 1 月～2007 年 3 月，对金乡县北部地区进行地热资源普查。项目负责人：张金兰。报告编制人：张金兰、李学春、李鹏等。此任务由省财政厅、省国土资源厅下达。完成主要工作：1∶2.5 万地质调查 145 平方千米，视电测深物理点 60 个，水准高程测量点 150 个，机（民）井测温点 76 个，水质全分析 23 件。取得主要成果：热储岩性为奥陶纪灰岩，顶板埋藏深度 400～1400 米，温度 36.6～52.8 摄氏度；盖层为第四系、二叠系和石炭系等；地热资源可利用热量 4.19×10^{17} 焦（折合标准煤的产热量 1430 万吨），可采热水量543.19 立方米/小时；圈定孙庄—东马庄、李庄、春秋庄等 3 处地热异常区；地热水可用于医疗、洗浴、温室、养殖、土壤加温等。

(十四)山东省梁山县南部地区地热资源调查

2007年3月,提交山东省梁山县南部地区地热资源调查报告。项目负责人:赵志强。报告编制人:赵志强、李生清、安美艳等。根据省国土资源厅下达的任务,受梁山县国土资源局委托开展工作。完成主要工作:调查面积210平方千米,机(民)井调查点98个,GPS定位70点,视电测深剖面5条总长度40千米,物理点80个,机(民)井测温点70个,水质分析10件。取得主要成果:热储岩性为奥陶纪灰岩,顶板埋深总体北浅南深;盖层为第四系、古近系、石炭系、二叠系;地热资源可利用热量3.14×10^{17}焦(折合标准煤的产热量1071万吨),可采热水量708.33立方米/小时;热异常区位于东杨集—牛楼—玉皇阁—蔡林一带,面积22.43平方千米,热储层水温40～60摄氏度,可用于洗浴、温室养殖及土壤加温等。

(十五)山东省聊城市西南部郭关庙地区地热资源普查

2006年9月～2007年10月,开展聊城市西南部郭关庙地区地热资源普查。报告编制人:王庆广、姜玉敏、韩建江等。根据省国土资源厅下达的任务,受聊城市国土资源局委托开展普查工作。完成主要工作:1∶2.5万地质调查80平方千米,视电测深3条物理点共42个,物探测井1.533千米,长观点次数1080次,抽水试验65.5小时,水质分析9件。取得主要成果:在堂邑凸起内,热储层为新近纪明化镇组下段,馆陶组的砂岩、砂砾岩、侏罗系加白垩系砂岩及奥陶纪灰岩;在莘县凹陷内,热储层为新近纪明化镇组下段、馆陶组、东营组及沙河街组的砂岩、砂砾岩;在冠县凹陷内,热储层为新近纪明化镇组、馆陶组及沙河街组的砂岩、砂砾岩;盖层为第四系和新近纪明化镇组;地热资源可利用热量3.313×10^{17}焦(折合标准煤的产热量1129.94万吨),可采热水量680.936立方米/小时;地热水矿化度4.93克/升,水中偏硅酸含量31.20毫克/升,偏硼酸含量7.9毫克/升,达到矿水浓度;氟离子含量1.2毫克/升,达到有医疗价值浓度;锶含量7.82毫克/升,溴含量2.35毫克/升,碘含量0.70毫克/升,接近有医疗价值浓度;该地热水具有较高的医疗价值和保健作用,可作为洗浴、浴疗矿水。

(十六)山东省滨州市无棣县东北部地热资源普查

2007年6～12月,开展滨州市无棣县东北部地热资源普查。项目负责人:韩建江。报告编制人:韩建江、姜玉敏、蔡有兄等。根据省国土资源厅下达的任务,受无棣县国土资源局委托开展普查工作。完成主要工作:地质调查面积300平方千米,地热测温钻探8孔,二维地震物理勘探25千米,机(民)井测温点32个,勘探孔抽水2落程28小时,水质分析3件。取得主要成果:

热储岩性为新近纪馆陶组砂岩，顶界埋深 639～1100 米，平均温度51.4摄氏度；盖层为第四系松散沉积层和新近纪明化镇组砂、泥岩；地热资源总量 4.0748×10^{18} 焦（折合标准煤的产热量 13898 万吨），可利用热量 1.0188×10^{18} 焦（折合标准煤的产热量 3474.7 万吨），可采热水量 625 立方米/小时；热水中含有较多的微量元素，达到医疗价值浓度的有氟、偏硼酸、偏硅酸、镭四项，其中偏硼酸、偏硅酸、镭达到矿水浓度；地热水为低温地热资源中的温热水，可用于取暖、洗浴、医疗保健、生活热水、温室种植等领域；合同额 50 万元。

(十七)山东省滨州市沾化城区周围地热资源调查

2005 年～2007 年 12 月，开展滨州市沾化城区周围地热资源调查。项目负责人：王庆广。报告编制人：王庆广、姜玉敏、蔡有兄等。根据省国土资源厅文下达的任务，受滨州市沾化县国土资源局委托，开展调查工作并提交山东省滨州市沾化城区周围地热资源调查报告。完成主要工作：1∶2.5 万地质调查 196 平方千米，地热测温孔 7 孔总进尺 480 米，人工地震勘探 20.90 千米，测温 3465 米，勘探孔抽水 72 小时，水质分析 1 件，放射性分析 1 件，微量元素 1 件。取得主要成果：热储岩层为新近纪馆陶组、古近纪东营组和寒武—奥陶系；馆陶组顶界埋深 780～980 米，底界埋深 1000～1370 米，平均温度 54 摄氏度；东营组底板埋深 1240～1390 米，推测温度 58 摄氏度；盖层为第四系和新近纪明化镇组；地热资源总量，馆陶组 1.66758×10^{18} 焦，东营组 2.4915×10^{17} 焦，可利用热量馆陶组 4.1690×10^{17} 焦（折合标准煤的产热量 1421.9 万吨），东营组 6.229×10^{16} 焦（折合标准煤的产热量 212.4 万吨），可采热水量 833.333立方米/小时；区内地热水为低温地热资源中的温热水，可用于取暖、洗浴、医疗保健、生活热水、温室种植以及工业用热水等领域；合同额 40 万元。

(十八)山东省新泰市北寨地区地热资源普查

2008 年 3 月～11 月，开展新泰市北寨地区地热资源普查。项目负责人：陈焕良。报告编制人：陈奂良、张兰新、姜玉敏等。根据省国土资源厅文下的任务，受新泰市国土资源局委托，开展普查工作并提交山东省新泰市北寨地区地热资源普查报告。完成主要工作：1∶2.5 万地质调查 14.61 平方千米，视电测深剖面长度 4.6 千米(3 条)，视电测深物理点 33 个，微量元素样 1 件，同位素 4 件，放射性分析 1 件。取得主要成果：热储岩性为奥陶纪灰岩，顶界埋深预计 1300～1800 米，热储平均 58.42 摄氏度；盖层为新生代第四系和新近系、中生代侏罗系、古生代二叠系和石炭系；地热资源总量 1.795×10^{17} 焦（折合标准煤的产热量 612.43 万吨）；可利用热量 2.7×10^{16} 焦（折合标准煤的产热量91.98万吨)。区内地热水为低温地热资源中的温热水,可用于取暖、洗浴、医疗保健、生活热水、温室种植以及工业用热水等领域;合同额40万元。

(十九)山东省海阳市东部(城区以东)地热资源调查

2007年10月～2009年4月,开展海阳市东部(城区以东)地热资源调查。项目负责人:尚宇宁。报告编制人:尚宇宁、李世伟、张莉莉等。根据省国土资源厅于2007年9月12日下达的任务,受海阳市国土资源局委托,开展调查工作并提交山东省海阳市东部(城区以东)地热资源调查报告。完成主要工作:1∶2.5万地质调查、遥感解译154.59平方千米,视电阻率联合剖面线12.61千米(639点),视电阻率垂向电测深15.62千米(45点),机(民)井测温点37个,水质分析7件。取得主要成果:热储岩性为白垩纪砂岩、砂砾岩破碎带,顶板埋深400～840米,温度40～52摄氏度;盖层为白垩系,热储类型为地热增温型;可采热水量10立方米/小时;南修家地热异常区(Ⅰ区)、迟格庄地热异常区(Ⅱ区)两个地热异常区总面积2.31平方千米,其中Ⅰ区面积0.15平方千米,为一深部地热异常区,Ⅱ区面积2.16平方千米,为一浅部地热异常区;合同额60万元。2012年,该成果报告获得省国土资源厅科学技术奖叁等奖。

(二十)山东省无棣县柳堡地区地热资源普查

2007年12月～2009年8月,开展无棣县柳堡地区地热资源普查。项目负责人:蔡有兄。报告编制人:蔡有兄、韩建江、姜玉敏等。根据省国土资源厅下达的任务,受无棣县国土资源局委托开展普查工作并提交山东省无棣县柳堡地区地热资源普查报告。完成主要工作:1∶5万地质调查190.662平方千米,综合测井1400米,地热勘探孔1孔进尺1410米,机(民)井测温点20个,勘探孔3次抽水落程抽水6小时,水质分析1件,放射性分析1件,微量元素分析1件。取得主要成果:热储岩性为新近纪馆陶组砂岩,顶板埋深712～1001米,厚度261～550米,平均温度50.84摄氏度;盖层为第四纪松散层和新近纪明化镇组砂、泥岩;地热资源总量1.27×10^{18}焦(折合标准煤的产热量4330万吨),可利用热量3.1×10^{17}焦(折合标准煤的产热量1060万吨),可采热水量562.5立方米/小时;区内地热水为低温地热资源中的温热水,水中含有较多的微量元素,达到医疗价值浓度的有氟、偏硼酸、偏硅酸、镭四项,其中偏硼酸、偏硅酸达到矿水浓度,镭达到命名浓度;合同额166.25万元。

(二十一)山东省沂源县南麻—悦庄盆地地热资源调查

2007年2月～2009年9月,开展沂源县南麻—悦庄盆地地热资源调查。项目负责人:武羽晓。报告编制人:武羽晓、刘广义、汪新芹等。根据省国土资源厅下达的任务，受沂源县国土资源局委托，开展调查工作并提交山东省沂源县南麻—悦庄盆地地热资源调查报告。完成主要工作：1∶2.5 万地质调查 144 平方千米，遥感地热解译 144 平方千米，地球物理勘探 50 点 25.5 平方千米，机（民）井调查点 1089 个，地热测温孔 5 孔进尺 300 米，视电测深剖面线 5 条长度 25.5 千米，视电测深物理点 50 个，水准高程测量点 118 个，机（民）井测温点 63 个，水质分析 15 件，简分析 10 件，全分析 5 件。取得主要成果：热储岩性为奥陶系石灰岩，顶板埋深 445 米，温度 42 摄氏度以上；盖层为第四系、第三系、白垩系—石炭系；地热资源总量 2.87×10^{17} 焦（折合标准煤的产热量97.95万吨），可利用热量 4.31×10^{16} 焦（折合标准煤的产热量 14.7 万吨）；地热水为重碳酸氯钙型水；热水矿化度 672.1 毫克/升，按矿化度分类属淡水（高等矿化度水）；pH 为 7.44，按酸碱度分类属中性；地热水中含钙、镁离子的毫克当量浓度为 7.97 毫克当量/升，按地下水硬度分类属极硬水；合同额60.17万元。

（二十二）山东省临沂市城区北部地热资源普查

2007 年 11 月～2011 年 3 月，开展临沂市城区北部地热资源普查。项目负责人：李家田、赵有美。报告编制人：赵有美、李家田、姬广胜等。省国土资源厅以《关于下达 2007 年度地质勘查项目计划的通知》批复了该项目的立项并下达项目任务书，受临沂市国土资源局委托，开展普查工作并提交山东省临沂市城区北部地热资源普查报告。完成主要工作：1∶5 万地质调查 459 平方千米，1∶2.5 万地质调查 20 平方千米，地热勘探孔 1 孔进尺 1801.03 米，视电测深剖面 9.4 千米（2 条），视电测深物理点 73 个，可控源音频大地电磁法剖面线 2 条，剖面总长度 3300 米，剖面点 68 点，GPS 定位测量 2 点，勘探孔抽水 80 小时，水质分析 2 件。取得主要成果：汤头地热异常区热储层为白垩纪青山群的安山岩、奥陶纪灰岩，推测顶板埋深 1000 米；盖层为第四系、新近系和白垩系；热储类型为构造型；有 2 个地热异常区，汤头地热异常区水温 48～55 摄氏度，热储层厚度 200 米，郇部—葛沟地热异常区储层埋深在 1000 米以深，总体由北向南逐渐深埋；地热资源总量 3.8×10^{17} 焦（折合标准煤的产热量 1295 万吨）；可利用热量 3.8×10^{16} 焦（折合标准煤的产热量 129.5 万吨）；汤头可采热水量 16.67 立方米/小时；工作区内地热水中氟、锶含量达到命名矿水浓度，偏硅酸、偏硼酸含量达到有医疗价值浓度；合同额 120 万元。

（二十三）山东省商河县侯家坊地热资源预可行性勘查

2011 年 5～8 月，开展商河县侯家坊地热资源预可行性勘查。项目负责人：刘玉想。报告编制人：刘玉想、刘玉仙、李传磊等。受济南济商资产运营有限公司委托,开展勘查工作并提交山东省商河县侯家坊地热资源预可行性勘查报告。完成主要工作:重点调查区 5.12 平方千米,地热勘探孔 2 孔总进尺 3065.38 米,长观点 216 点,机(民)井测温点 5 个,勘探孔 2 次抽水落程抽水 214 小时,地热水污染分析 2 件。取得主要成果:热储岩性为新近系馆陶组砂岩层,顶板埋深平均 1079.55 米,盖层为第四系、新近系明化镇组黏土和砂质黏土;矿权范围内地热资源总量 1.33×10^{17}焦(折合标准煤的产热量453.92 万吨),可利用热量 3.32×10^{16}焦(折合标准煤的产热量 113.31 万吨);侯家坊地区地热井地下热水水化学类型为氯化物钠型,可用于医疗洗浴、渔业养殖、温室、土壤加温等,该地区地热水不适宜灌溉,不宜饮用,腐蚀性中等,结垢很多。

(二十四)山东省地热开发示范基地动态监测

2010 年 1 月～2012 年 4 月,开展山东省地热开发示范基地动态监测。项目负责人:郭新亮。报告编制人:郭新亮、赵新华、荆树凯等。受省地矿局委托,开展检测工作并提交山东省地热开发示范基地动态监测报告。完成主要工作:地质调查面积 800 平方千米,机(民)井调查点 13 个,长观点 9 点 216 次,机(民)井测温点 10 个,勘探孔抽水 80 小时,热水多项分析(全量、微量元素)6 件,氢、氧同位素 6 件,放射性分析 6 件,样品采集土样易溶盐 8 件,微量元素 8 件。取得主要成果:热储岩层为奥陶纪石灰岩,以辛集—焦斌断裂为界,断裂以西埋深大于 2000 米,以东一般小于 2000 米,水温 33～57 摄氏度;盖层为第四系和新近系、石炭系、二叠系;地热资源总量 2.2796×10^{19}焦(折合标准煤的产热量 75700 万吨),可利用热量 3.419×10^{18}焦(折合标准煤的产热量 11400 万吨),可采热水总量 3.209×10^{9} 立方米,可采热水量 3662.964 立方米/小时;地下水中含有氟、锶、硫化氢、镭、锂、偏硼酸、偏硅酸等多种对人体健康有益的微量元素,具有较高的医疗保健价值,其中氟、锶、硫化氢、镭含量达到命名矿水浓度。

(二十五)山东省寿光市寿光林海生态博览园地热资源普查

2011 年 8 月～2012 年 9 月,开展寿光林海生态博览园地热资源普查。项目负责人:韩建江、姜玉敏、付恩光。报告编制人:姜玉敏、韩建江、李哲等。根据省国土资源厅下达的任务,受寿光市矿产资源管理中心委托,开展普查工作并提交山东省寿光市寿光林海生态博览园地热资源普查报告。完成主要工作:1∶5 万地质调查 196 平方千米,机(民)井调查点 33 个,地热勘探1 孔进尺 1501.34 米,地热测温孔 20 孔,机(民)井测温点 20 个,水质分析 5 件,视电阻率垂向电测深测量 35 个点,可控源音频大地电磁测深测量 207 个点,物探测井 1495.62 米，降压试验 24 个台班。取得主要成果：热储岩性为新近纪馆陶组及古近纪沙河街组，顶板埋深 635～650 米，热储平均温度 42.83 摄氏度；盖层为新近纪明化镇组泥岩、砂质泥岩及第四纪黏土、粉质黏土；地热资源可利用热量 7.633×10^{16} 焦(折合标准煤的产热量 260.334 万吨)，可采热水量 19.48 立方米/小时；地热井(寿林热-1)热水矿化度 13.066 克/升，热水中达到矿水浓度的元素有溴、锶、锂、偏硼酸、氡，其中溴、锶元素达到命名浓度。

(二十六)山东省淄博市地热资源调查

2011 年 9 月～2013 年 11 月，开展淄博市地热资源调查。项目负责人：谭肖波。报告编制人：谭肖波、李娅、薄本玉等。根据省国土资源厅下达的任务，受淄博市国土资源局委托开展调查工作。完成主要工作：1∶10 万地质调查 5938 平方千米，地热测温孔钻探 20 孔总进尺 8249 米，视电测深剖面总长度 100 千米物理点共 200 个，机(民)井测温点 12 个，可控源音频大地电磁剖面 1 条 30 千米物理点 165 个，水质分析 14 件。取得主要成果：热储岩性为新近纪—古近纪碎屑岩类和奥陶纪碳酸岩类，热储层温度 35～65 摄氏度；盖层为新近纪—古近纪碎屑岩类和奥陶纪碳酸岩类；地热资源总量可利用热量 1.26×10^{15} 焦，开采热水量 1875 立方米/小时；工作区地热田总热功率 73057.24 千瓦，开采一年可节煤 43075.13 吨；地热水中富含硅、偏硼酸等多种元素。

(二十七)山东省梁山县西部地热资源调查

2006 年 8 月～2014 年 4 月，在济宁市开展山东省梁山县西部地热资源调查。项目负责人：李生清。报告编制人：李生清、赵宇辉、赵永安等。根据省财政厅和国土资源厅下达的任务，受梁山县国土资源局委托开展调查工作。完成主要工作：1∶5 万地质调查 322 平方千米，地热地质调查 GPS 定位 90 点，机(民)井调查点 50 个，视电测深剖面 4 条总长度 43 千米物理点 90 个，机(民)井测温点 50 个，水质分析 10 件。取得主要成果：热储岩性为奥陶纪灰岩，埋藏深度 600～1300 米，地热水温度 31.39～65.17 摄氏度；盖层为第四系、二叠系和石炭系；地热资源总量可利用热量 2.91×10^{17} 焦(折合标准煤的产热量 994 万吨)；地热异常区位于杨营镇以北的阎集—黑虎庙乡—油坊—靳庄一带，面积 40.25 平方千米，单井涌水量 500～4000 立方米/天；地热资源属低温地热资源，可应用于洗浴、温室及土壤加温等。

(二十八)山东省济南市长清北部地区地热资源调查

2013 年 9 月～2015 年 5 月，开展济南市长清北部地区地热资源调查。项目负责人：王庆广。报告编制人：王庆广、韩伶俐、徐杨等。根据省国土资源厅下达的任务,受济南市国土资源局委托开展调查工作。完成主要工作:地热地质调查 264 平方千米,机(民)井测温 5050 米,视电阻率测深法点 37 个,氡气测量法点 25 个,可控源音频大地电磁法测点 174 个,音频大地电磁法点 51 个,测温验证孔钻探进尺 1568.84 米,抽水试验 42 个台班,水质分析 22 件。取得主要成果:朱砂洞组、上港单元花岗岩强风化带及构造裂隙带为热储层,热储层埋藏深度 1650～1900 米,预测地热流体温度 25～35 摄氏度;盖层为馒头组页岩;可利用热量4.6225×10^{16}焦(折合标准煤的产热量 157.76 万吨);工作区孝里铺断裂以西地区及石马断裂以西、古城断裂以东、F1 断裂以北、工作区北部边界之间的地区,具备较好的地热地质条件,考虑作为地热勘查远景区进行地热地质勘查研究。

(二十九)山东省莱州市北部地区地热资源调查

2013 年 9 月～2015 年 12 月,在烟台市开展山东省莱州市北部地区地热资源调查。项目负责人:聂玉朋。报告编制人:聂玉朋、魏海红、吴佃亮等。受莱州市人民政府金仓办事处委托,开展调查工作。完成主要工作:1∶5 万地质调查、遥感解译 600 平方千米,机(民)井调查点 118 个,地热勘探孔 1 孔进尺 1500.4 米,地热测温钻探 1 孔进尺 903.7 米,视电测深剖面 5 条总长度 10 千米物理点 100 个,可控源音频大地电磁剖面 9 条总长度 21 千米物理点 356 个,物探测井 2397 米,机(民)井测温 111 孔共 1062 次,勘探孔抽水 4 落程 124.69 小时,水质分析 72 件,降压试验 37.32 个台班。取得主要成果:热储岩性为五台—阜平期马连庄超单元辉长岩及花岗岩;地热资源可利用热量 1.71×10^{16}焦(折合标准煤的产热量 58.435 万吨);确定热水构造裂隙发育深度 900～1500 米,含水层厚度 49.65 米,热储平均温度 39.86 摄氏度,在受到新立金矿疏干排水影响的情况下采用空压机进行降压试验,单井涌水量 156 立方米/天,矿化度 23.33 克/升,水化学类型为氯化物钙型水;氟(2 毫克/升)、锶(21.68 毫克/升)、锂(6.221 毫克/升)3 项达到命名浓度;地热水属低温地热资源中的温水,可用于洗浴、保健、娱乐旅游等。

第三节　浅层地温能调查评价

浅层地温能分布广泛,再生迅速,开发利用投资少且价值大,符合循环经济发展的需求。随着能源的大量消耗,浅层地温能越来越被人们所重视,开发地温能技术和设备的不断完善,使得浅层地温能的采集、利用已经成为现实。开发利用浅层地温能已成为整个国际地热界的发展方向。自 2008 年 8 月以来,八〇一队先后承担 5 个浅层地温能调查研究项目。

一、山东省会城市经济圈浅层地热能调查评价

2008 年 8 月～2011 年 11 月，开展山东省会城市经济圈浅层地热能调查评价工作。项目负责人：刘国爱。报告编制人：刘国爱、李振函、赵新华等。根据省国土资源厅下达的任务，受省地勘局委托，开展调查评价工作并提交山东省会城市经济圈浅层地热能调查评价报告。完成主要工作：1∶25 万地质调查 20000 平方千米，地热勘探孔进尺 1520.2 米，长观点次数 720 次，简易抽水 35 个台班，热泵工程调查 17 个，地温梯度测量 405 孔 13299.59 米，地温测量 5000 平方千米，单井回灌试验 5 组 400 个台班，水质分析 20 件，岩样分析 50 件。取得主要成果：浅层地热容量 7.3791×10^{15} 千焦/摄氏度（折合标准煤的产热量 25800 万吨），换热量 1.2054×10^{11} 瓦，埋管换热量 1.577×10^{13} 瓦。区内岩溶水和山前冲洪积扇及河谷地带孔隙水水质一般较好，而黄河冲积平原区，如聊城、滨州和德州等地浅层水的水质普遍较差；区内地下水水质可以满足地下水换热系统地源热泵工程的需要，但较差的水不可以作为地源热泵机组循环水使用。

二、国家功能膜研发中心项目浅层地温能利用热物性测试报告

2011 年 9～11 月，开展国家功能膜研发中心项目浅层地温能利用热物性测试工作。项目负责人：张吉祥。报告编制人：张吉祥、赵成、王延师等。为查明浅层地温能的分布情况，受东岳联邦置业公司委托，开展测试工作并提交国家功能膜研发中心项目浅层地温能利用热物性测试报告。完成主要工作及成果：受当地水资源政策的制约，地热能和利用形式宜采用埋管式热泵系统；岩土综合导热系数为 1.70 瓦/（米·开尔文），岩土容积比热容 2031759 焦/（立方米·开尔文），均为较理想数值；本区地下水埋深 14.0 米，恒温带顶板埋深 20 米，底板埋深 40 米，厚度约 20 米，冻土厚度约 0.5 米；地下 100 米内地层结构简单，为土沙层，钻孔施工容易，施工费用较低；试验表明在设计排热温度 36 摄氏度下埋管的推荐热量根据运行份额不同为 36～79 瓦/米，在设计取热温度下埋管的推荐热量根据运行份额不同为 18～42 瓦/米；综合表明该地区可使用地埋管地源热泵系统。

三、山东省浅层地热能综合评价与开发利用研究

2009 年 5 月～2012 年 4 月，开展山东省浅层地热能综合评价与开发利用研究。项目负责人：刘国爱。报告编制人：刘国爱、赵新华、邱璟等。根据省国土资源厅下发的任务，受省地勘局委托，开展研究工作并提交山东省浅层

地热能综合评价与开发利用研究。完成主要工作:1∶10 万地质调查 2360 平方千米,地热勘探孔进尺 200 米,水质分析 10 件,岩样 10 件,原位热传导试验 2 组。取得主要成果:浅层地热容量 1.1768×10^{18} 千焦/摄氏度(折合标准煤的产热量 401.6 亿吨),换热量 4.074 亿千瓦,埋管换热量 5.5433×10^{13} 瓦。

四、山东省济南南部生态环境保护区浅层地温能开发利用勘查示范报告

2012 年 10 月 20 日～2014 年 1 月 7 日,开展济南南部生态环境保护区浅层地温能开发利用勘查。项目负责人:赵成、聂玉朋。报告编制人:王俊兰、赵成、魏海红等。2014 年 1 月,提交山东省济南南部生态环境保护区浅层地温能开发利用勘查示范报告。完成主要工作:1∶10 万野外地质调查 1309 平方千米,地热测温孔钻探 20 孔总进尺 1565 米,钻探 64 孔总进尺 5524.2 米,长期观测 6 孔 576 点次,勘探孔 2 孔抽水共 152 小时,水质分析 15 件,岩样 15 件,现场热响应单孔试验 2 组共 10 天。取得主要成果:地层岩性主要为太古代泰山群混合花岗岩、片麻岩和古生代寒武、奥陶纪灰岩、白云质灰岩;工作区内浅部地温梯度 1.5～2.0 摄氏度/100 米;浅层地热容量 5.40459×10^{14} 千焦/摄氏度(折合标准煤的产热量 1846.83 万吨);盖层薄或无盖层;工作区浅层地热能开发利用区划分为重点区、一般区和不宜区三个区。重点区主要分布在工作区西北部,王府庄、潘庄、崔马、蛮子庄、西仙庄、大涧沟、邵而庄以北区域,面积约 43.86 平方千米;一般区主要分布在崮山镇、张夏镇、万德镇、五峰山镇、仲宫镇、柳埠镇等一带,面积约 737.5527 平方千米;不宜区主要分布在工作区的低山丘陵区,面积约 527.5873 平方千米。工作区除芦南村、岱密庵村、小奇村地下水属于无腐蚀性水外,其余地区地下水均属于轻微腐蚀性水;工作区锅垢总量 212.356～659.914 毫克/升,其中小庵村、穆家庄、尹家庄、北黄村、泥淤泉村属于锅垢少的,范庄村、北涝湾属于锅垢很多的,其余地区属于锅垢多的;工作区内地下水均符合地源热泵水质要求。

五、聊城市浅层地温能调查评价

2015 年 10 月～2016 年 12 月,省国土资源厅于 2015 年 10 月启动山东省浅层地温能调查评价项目,八〇一队中标聊城市浅层地温能调查评价项目。项目负责人:王涛。报告编写人:王涛、毕栋威、魏海红等。完成主要工作:水文地质环境地质测绘 212 平方千米,热泵工程现状调查 10 处,水文地质孔钻探 4 孔总进尺 436 米,地质勘查孔钻探 2 孔总进尺 1966.1 米,物探测井 420 米,电测深 151 点,抽水试验 24 组共 216 个台班,回灌试验 4 组共 96 个台班,

现场热响应试验 19 组，地下水动态监测 12 个共 864 点次，地温监测 11 个共 396 点次，测温 1960 米，水位统测 66 点次，物理性质测试 405 件，热物性测试 405 件，水质分析测试 34 件，工程测量 51 点，数据库建设 1 套。取得主要成果：通过现场热响应试验获得地层平均热导率；200 米深度范围内第四系热导率 1.32～2.07瓦/(米・摄氏度)，平均孔深换热量 40.41～60.61 瓦/米；地下水换热系统适宜性中等区分布在邓王—五里铺—何官屯—前罗—付家坟—东王—前红庙—王虎庙—单官屯—冯庄—曾庄一线范围以内，面积 79.39 平方千米，约占全区面积的 37.45%，其余为不适宜区(132.61 平方千米)，约占全区面积的62.55%；工作区 120 米深度内浅层地温容量 1.3376×10^{14} 千焦/摄氏度，200 米深度内浅层地温容量 2.2397×10^{15} 千焦/摄氏度。聊城市全市：120 米深度内浅层地温容量 3.63506×10^{15} 千焦/摄氏度；200 米深度内浅层地温容量为 6.11099×10^{15} 千焦/摄氏度；考虑土地利用系数时，浅层地温能总能量 3.93259505×10^{16} 焦/年，节煤量 78.37 万吨/年，折合标准煤 223.92 万吨/年，热资源价值 54860.81 万元/年，可减排放氮氧化物、二氧化硫、二氧化碳等 189.50 万吨/年，节省污染治理费 24929.5 万元/年；不考虑土地利用系数时，总能量 $2.7435762296\times10^{17}$ 焦/年，节煤量 546.77 万吨/年，折合标煤 1562.19万吨/年，热资源价值 382736.63 万元/年，可减少排放氮氧化物、二氧化硫、二氧化碳等 1322.07 万吨/年，节省污染治理费 173924.36 万元/年。

第四节　地热研究项目

自 1996 年开始，八〇一队开展多地区地热资源开发的可行性论证及研究工作，并编制可行性论证报告及开发利用方案。2006 年 9 月～2010 年 3 月，开展山东省泰莱盆地地热资源成热预测研究，分三个区域统计预测出泰莱盆地的地热资源总量，该成果报告于 2010 年获得省国土资源厅科学技术奖贰等奖。

一、山东省菏泽市地热资源勘探开发可行性研究

1996 年 12 月 10 日，提交山东省菏泽市地热资源勘探开发可行性研究报告。报告编制人：程秀明等。完成主要工作及取得主要成果：热储岩性为奥陶纪灰岩、白云岩、泥灰岩，盖层为第四系、新近系、古近系、侏罗系、二迭系、石炭系；区域地质条件有利于地热资源的形成，有的地热异常显示点为地热勘探提供依据，地层结构也有利于地热资源的富集。

二、山东机场有限公司济南机场地热井地质可行性论证

2005 年 7～8 月，开展山东机场有限公司济南机场地热井地质可行性研究工作。项目负责人：李常锁。报告编制人：李常锁、王涛、彭玉明等。为寻找适宜的位置钻探地热井，受山东机场有限公司委托，开展可行性论证工作。完成主要工作：1∶1 万地质调查 51 平方千米，重点调查 0.3 平方千米，机(民)井调查点 4 个，机(民)井测温点 8 个，视电测深剖面长度 4 千米，视电测深物理点 31 个。取得主要成果：该区主要热储层为奥陶系碳酸盐岩岩溶—裂隙热储层，埋深 600～1800 米，岩性以厚层灰岩为主，其间夹有泥岩、白云质灰岩，盖层为第四系、新近系、二叠系和石炭系，厚度 600～700 米；地热水属低温地热资源中的温热水，富含氟、锶、锂、镭、硫化氢、偏硼酸、偏硅酸等多种矿物质，有一定的医疗、保健及养生作用。

三、山东省泰莱盆地地热资源成热预测研究

2006 年 9 月～2010 年 3 月，开展山东省泰莱盆地地热资源成热预测研究。项目负责人：赵永安、尚宇宁。报告编制人：尚宇宁、赵永安、张金兰等。根据省国土资源厅下达的任务，受省地勘局委托开展研究工作。完成主要工作：1∶10 万地质调查 3728 平方千米，重点工作区面积 208.12 平方千米，视电测深剖面 4 条长度 59 米，视电测深物理点 65 个，大地电场岩性测深 6 点总测深 15000 米，长观点 60 个，机(民)井测温 300 次，水质分析 18 件。取得主要成果：岱道庵地热区热储层为古生代寒武纪灰岩，厚度 100 米，盖层为第四系，厚度一般小于 300 米；桥沟地热区热储层为泰山群变质岩类，厚度 326 米，盖层为泰山群变质岩类；泰莱盆地中部热储为古生代奥陶纪—寒武纪灰岩，盖层为新生界、上古生界，厚度一般大于 600 米；该研究区地热水温度 25～70.4摄氏度，地热资源可利用热量 5.8822×10^{17} 焦(折合标准煤的产热量 2006.201 万吨)，可采热水量 6674.992 立方米/小时。

四、淄博市临淄区 LR1 地热井地质可行性论证

2010 年 4～5 月，开展淄博市临淄区 LR1 地热井地质可行性论证。项目负责人：赵成。报告编制人：赵成、聂玉朋等。受山东德誉隆基置业发展有限公司委托，开展可行性论证并提交淄博市临淄区 LR1 地热井地质可行性论证报告。完成主要工作：调查 224 平方千米，机(民)井测温点 20 个，井孔测温 20 眼井 2530 米，可控源音频大地电磁测深 5 条 142 点，频谱激电测深 1 条 26 点 600 米。取得主要成果：热储岩性为寒武纪馒头组灰岩及泰山群风化壳，厚

110～410 米，埋深 940～1140 米，平均温度(28±5)摄氏度；盖层为第四系、新近系、奥陶系以及寒武系中上统；氟、偏硅酸等矿物质的浓度可能会达到国家标准规定的具有医疗价值浓度，会有一定的医疗保健作用。

五、山东欧锴空调科技有限公司水源热泵空调工程水资源论证

2010 年 6 月，在淄博市开展山东欧锴空调科技有限公司水源热泵空调工程水资源论证。项目负责人:汪新芹。报告编制人:汪新芹、王合秋、李常锁等。为论证山东欧锴空调科技有限公司水源热泵空调工程在桓台县田庄区所属 297.8 平方千米地下水取水、退水的可行性，受山东欧锴空调科技有限公司委托，开展论证工作并提交山东欧锴空调科技有限公司水源热泵空调工程水资源论证。完成主要工作及取得主要成果:设计最大需水量 1176 立方米/天，全年 23.35 万立方米，拟以当地地下水为取水水源；经分析论证，水量、水质均可满足用水需求，方案可行可靠；本地段地下水水质较差，水化学类型为硫酸重碳酸钙镁型水，总硬度 888 毫克/升，硫酸根离子 529.58 毫克/升，氯离子 210.99 毫克/升，矿化度 1886.35 毫克/升，pH7.3，为具腐蚀性水，地下水对管道有腐蚀作用；锅垢总量 769，大于 500，为水垢很多的水。

六、济南商河温泉服务业基地(一期)工程地热井地质可行性论证

2010 年 8～9 月，在山东省济南市开展济南商河温泉服务业基地(一期)工程地热井地质可行性论证。项目负责人:李传磊。报告编制人:李传磊、刘玉想、宋希利等。受济南市济商投资公司委托，进行可行性论证并提交济南商河温泉服务业基地(一期)工程地热井地质可行性论证报告。完成主要工作:1∶2.5 万地质调查 48 平方千米，水质分析 2 件，地温梯度测量 2500 米，GPS 定位 8 点，可控源音频剖面 2 条共 36 点，视电阻率剖面 1 条 12 点。取得主要成果:该次工作目的热储层为馆陶组和东营组；调查区内馆陶组顶板埋深 1086～1104 米，底板埋深 1353～1602 米；在温泉服务基地附近，馆陶组砂层厚度 70～80 米，推测该热储层平均温度 55 摄氏度，东营组顶板埋深 1353～1602 米，底板埋深 1606～2196 米，推测该热储层平均温度为 74 摄氏度。盖层为第四系松散沉积层和新近纪明化镇组砂、泥岩；推荐拟施工 1 号、2 号地热井，地热井设计井深(1500±50)米，热储层为馆陶组中下部砂砾岩层，取水段控制在 1100～1500 米，推测水量(50±5)立方米/小时，水温(50±5)摄氏度；预测地热井水中含有锶、硅、硼、溴等多种对人体有益的微量元素，具有极高的医疗保健价值。

七、山东绿茵置业发展有限公司绿茵大厦改扩建项目水源热泵空调工程水资源论证

2011 年 1 月，提交山东绿茵置业发展有限公司绿茵大厦改扩建项目水源热泵空调工程水资源论证。项目负责人：汪新芹。报告编制人：汪新芹、王合秋、李常锁等。完成主要工作及成果：设计最大需水量 780 立方米/天，全年 16.6 万立方米，拟以当地地下水为取水水源；经分析论证，水量、水质均可满足用水需求，取用水比较合理，方案可行可靠；该地段地下水水质良好，水化学类型为重碳酸钙镁型水，总硬度 375.22 毫克/升，硫酸根离子 72.91 克/升，氯离子 210.99 克/升，矿化度 1886.35 克/升，pH7.3，硝酸盐含量 68.11 克/升，为非腐蚀性水，锅垢总量 371.01，介于 250～500，为水垢多的水，长期使用可能产生结垢现象。

八、青岛藏马山国际旅游度假区地热资源开发地质可行性论证

2011 年 1～2 月，在青岛市开展青岛藏马山国际旅游度假区地热资源开发地质可行性论证。项目负责人：聂玉朋。报告编制人：聂玉朋、张吉祥、魏海红等。受青岛隆岳置业有限公司委托，开展可行性论证并提交青岛藏马山国际旅游度假区地热资源开发地质可行性论证报告。完成主要工作：地质调查 36 平方千米，地热地质调查点 55 个。取得主要成果：全区地下水类型以基岩裂隙水为主，水位埋深一般不超过 10 米，涌水量一般小于 100 米/天，水质良好，水化学类型一般为重碳酸氯化物钙钠型；调查区内地热地质条件较差，不具备形成地热储量的储、盖、通、源四大要素，无法进行地热资源的开发。

九、临淄体育公园地热水项目水资源论证

2011 年 3 月，提交临淄体育公园地热水项目水资源论证报告。项目负责人：汪新芹。报告编制人：汪新芹、孙静、郭道冉等。受山东德誉隆基置业发展有限公司委托，开展论证工作。完成主要工作及成果：本建设项目拟以深层地热水作为供水水源，全年地热水用水总量25.8万立方米，建设项目取用水合理，取水水源可靠、可行；取水范围内，无其他用水取自寒武系地下水，因此对其他用户无影响；本项目取用地下水量705.1立方米/天，经地热井抽水试验确定的地热井涌水量为 1287.53 立方米/天，该地热井完全能够满足本建设供水需求，退水方案合理；区内地热水井口水温 34 摄氏度，水化学类型为硫酸钠型，氟含量达到医疗热矿水命名标准，可定名为氟水的热矿水；锂含量达到医疗热矿水浓度，具医疗价值。地热水的 pH 大于 7.0，为非腐蚀性水，为水垢多的水，应定期除垢。

十、淄博市临淄区太公湖体育公园水源热泵空调工程水资源论证

2011年3～5月，在淄博市开展临淄区太公湖体育公园水源热泵空调工程水资源论证。项目负责人：徐士民。报告编制人：徐士民、刘小平等。受山东德誉隆基置业有限公司委托，开展论证工作并提交淄博市临淄区太公湖体育公园水源热泵空调工程水资源论证报告。完成主要工作及成果：该建设项目制冷和供暖取用水总量每年90.76万立方米是合理的，用水过程对区域地下水资源基本不产生影响，不与其他用水户发生争水现象，符合国家节能环保的政策导向；拟取水地段第四系孔隙水富水性较强，作为本次建设项目的水源地是可靠的、可行的；按单位涌水量60立方米/时，水源热泵最大需水量538.8立方米/时，则需供水井9眼，需要回水井约18眼，考虑再施工2眼自备井，因此，本项目其施工第四系供水井29眼，井深以120米为宜；地下水化学类型为重碳酸钙型水，矿化度551.72毫克/升，总硬度284.67毫克/升，pH7.7，水温16.5摄氏度。该地下水为非腐蚀性水，对管道无腐蚀作用，是水垢多的水，其水质能满足供水要求。

十一、山东高速绿城雪野湖国际度假区地热井地质可行性论证

2011年6～8月，在莱芜市开展山东高速绿城雪野湖国际度假区地热井地质可行性论证工作。项目负责人：李哲。报告编制人：李哲、邢丽花、姜玉敏等。受山东绿城房地产集团有限公司委托，开展可行性论证并提交山东高速绿城雪野湖国际度假区地热井地质可行性论证报告。完成主要工作：1∶2.5万地质调查101平方千米，1∶1万遥感解译54平方千米，可控源音频大地电磁剖面长度4.26千米，物理点213个，地热测温孔20个，视电测深剖面1.4千米17个物理点，水质分析1件。取得主要成果：山东高速绿城雪野湖国际度假区场区附近基本具备地热资源及热水的储存体，在此布井开采地热资源地质条件基本可行，但存在较大风险；地热井设计井深1500米，取水段控制在1200～1400米，估计水量50～150立方米/天，水温(31±5)摄氏度，热储层岩为二长花岗岩，主要靠构造导水。

十二、烟台葡醍海湾项目地热井可行性论证

2011年11～12月，在烟台市开展葡醍海湾项目地热井可行性论证。项目负责人：姜玉敏。报告编制人：姜玉敏、李哲、王秀芬等。受烟台龙湖置业有限公司委托，开展可行性论证并提交烟台葡醍海湾项目地热井可行性论证报告。完成主要工作：物探完成高精度磁测2934点，天然电场选频498点，直

流电阻率测深 29 点，可控源电磁测深 198 点，联合剖面 120 点，水质分析 2 件。取得主要成果：本区地温梯度 1.5～1.57℃/100 米，具备地热资源的储存条件较差，深大断裂不发育，断层深部导热条件差，无有效热储盖层，地温梯度低，不宜施工地热井。

十三、山东高速绿城东营文化公园地热井地质可行性论证

2012 年 3～4 月，在东营市开展山东高速绿城东营文化公园地热井地质可行性论证工作。项目负责人：李哲。报告编制人：李哲、毕彦泽、隋海波等。受山东绿城集团委托，开展可行性论证并提交山东高速绿城东营文化公园地热井地质可行性论证报告。完成主要工作及成果：调查区内古近系东营组含水层及新近纪馆陶组含水导为最佳层状热储层，地下热水主要赋存于砂岩孔隙及裂隙中；盖层为新近纪明化镇组，地温梯度为 3.1～3.4 摄氏度/100 米。设计井深 1500～1800 米，预测水量 800～1700 立方米/天，预测水温 45～65 摄氏度。

十四、山东省济南市商河县侯家坊地区地热资源开发利用方案

2010 年 5 月～2012 年 7 月，开展济南市商河县侯家坊地区地热资源开发利用方案研究工作。项目负责人：丁冠涛。报告编制人：丁冠涛、刘玉想、季孟奇等。受济南市国土资源局委托，开展开发利用研究工作并提交山东省济南市商河县侯家坊地区地热资源开发利用方案。完成主要工作：前期勘查已施工两眼探采结合井，分别为 TC-1 和 TC-2。TC-1 号井位于矿区西北角，孔深 1530.61 米，孔内 1159.24 米处进行止水；TC-2 号井位于矿区西北、TC-1 号井东南 500 米处，孔深 1534.77 米，孔内 1158.38 米处进行止水。取得主要成果：热储岩性为新近纪馆陶组热粉细砂岩及细砂岩，水温 56～60 摄氏度；盖层为第四系、新近系明化镇和馆陶组；可采热水量 24.74 立方米/小时；TC-1 号和 TC-2 号地热水中含量达到矿水浓度标准的元素为溴、锶、锂、偏硼酸、偏硅酸，可用于医疗洗浴、渔业养殖、温室、土壤加温等。

十五、山东省莒南县大店地区地热资源普查地热井可行性论证

2011 年 10 月～2012 年 7 月，在临沂市开展山东省莒南县大店地区地热资源普查地热井可行性论证工作。项目负责人：李传磊。报告编制人：刘玉想、姜琦、丁冠涛等。受山东省莒南县国土资源局委托，开展可行性论证并提交山东省莒南县大店地区地热资源普查地热井可行性论证报告。完成主要工作：机(民)井测温 3 眼，钻探测温孔 1 孔 63 米。取得主要成果：项目场区地

热盖层为白垩纪王氏群红土崖组，其岩性以泥质粉砂岩、细砂岩类砂岩为主；昌邑—大店断裂束附近为相对热储层；热储岩性为白垩纪碎屑岩，热储顶板埋深1350～1460米；建议单孔设计深度1600～1800米，预测单井涌水量100～300立方米/天，孔口温度35～45摄氏度。

十六、淄博高富林置业有限公司地热地质可行性论证

2012年11～12月，在淄博市开展淄博高富林置业有限公司地热地质可行性论证。报告编制人：聂玉朋、杨聪、赵成等。受淄博高富林置业有限公司委托，开展可行性论证并提交淄博高富林置业有限公司地热地质可行性论证。完成主要工作：机（民）井测温20眼，地热井调查2眼，大地电磁法剖面3条。取得主要成果：初步设计拟施工地热井的井位、深度1500米左右，推测热储层为古近纪东营组，预计单井出水量40～60立方米/小时，水温45～55摄氏度，矿化度5000毫克/升。

十七、莱州市金仓街道办事处地热地质可行性论证

2013年5月13日～8月13日，在烟台市开展莱州市金仓街道办事处地热地质可行性论证。项目负责人：王俊兰。报告编制人：聂玉朋、赵成、杨聪聪等。受金仓街道办事处委托，开展可行性论证并提交莱州市金仓街道办事处地热地质可行性论证。完成主要工作：1∶5万地质调查50平方千米，物探测井1247米，可控源音频大地电磁测深法269点，大极距测深法28点。取得主要成果：地热水温度（37±5）摄氏度；热储类型为典型的胶东地区构造裂隙型带状热储，地热流体主要赋存于阻水断裂三山岛—仓上断裂上盘的一系列构造断裂中；推荐两个地热井靶区；预测氟、锶、锂、偏硅酸中的元素也可能会达到有医疗价值的浓度。

十八、平阴县锦水街道办事处中土楼村地热地质可行性论证

2013年6～8月，在济南市开展平阴县锦水街道办事处中土楼村地热地质可行性论证工作。项目负责人：王俊兰。报告编制人：杨聪聪、赵成、魏海红等。受平阴县锦水街道办事处中土楼村民委员会委托，开展可行性论证并提交平阴县锦水街道办事处中土楼村地热地质可行性论证报告。完成主要工作：1∶2.5万地质调查120平方千米，机（民）井调查点26个，可控源音频大地电磁测深法3条共42个点，视电阻率垂向电测深1条共11个点。取得主要成果：热储岩性为寒武纪长清群馒头组灰岩及太古代泰山群花岗岩风化壳；重点工作区内地热资源的形成、储存条件一般，根据地球物理勘测成果，

拟设 ZK1 地热井施工井位,井深 1500 米,预测水量 300 立方米/天左右,水温(26±5)摄氏度。

十九、济南市天桥区大桥镇冯塘村地热地质可行性论证

2014 年 3 月 25 日～5 月 15 日,开展济南市天桥区大桥镇冯塘村地热地质可行性论证。项目负责人:魏海红、王俊兰。报告编制人:魏海红、王俊兰、王延师等。受济南市天桥区大桥北现代农业交流中心委托,开展可行性论证并提交济南市天桥区大桥镇冯塘村地热地质可行性论证。完成主要工作:1∶5 万地质调查 417.34 平方千米,机(民)井测温 291 米,可控源音频大地电磁测深法 66 点,视电阻率垂向电测深法 11 点,氡气测量法线 43 点,水质分析 1 件。取得主要成果:推测地热资源为低温地热资源热水型,主要赋存于寒武、奥陶纪灰岩地层中,属构造裂隙、岩溶裂隙型热储,盖层为上覆的第四纪、新近纪地层及辉长岩体;工作区内恒温带底板深度约 20 米,恒温带温度约 14.1摄氏度,地温梯度约 1.8 摄氏度/100 米,地热流体主要接受南部山区大气降水的入渗径流补给,热源主要来自地壳深部及上地幔正常热流传导;重点工作区内地热资源的形成、储存条件较差,根据地球物理勘测成果,设计井深 1500 米,水温(35±5)摄氏度,水量(10±5)立方米/小时,预测水中氟、偏硅酸元素或可达到有医疗价值浓度;由于多方因素的不确定性,出水量存在一定风险。

二十、山东省济南市槐荫区吴家堡 JR-046 井地热资源开发利用初步方案

2014 年 4～6 月,开展济南市槐荫区吴家堡 JR-046 井地热资源开发利用初步方案研究工作。项目负责人:李传磊。报告编制人:丁冠涛、刘玉想、韩昱等。受济南市国土资源局槐荫分局委托,开展开发利用研究工作并提交山东省济南市槐荫区吴家堡 JR-046 井地热资源开发利用初步方案。完成主要工作及成果:1∶2.5 万地质调查 28.77 平方千米;热储岩性为奥陶纪马家沟群岩热储层,热储灰岩顶板埋深 300～2500 米;热储孔口水温为 30～40 摄氏度,再向北就增至 40～60 摄氏度;在最北部齐广断裂附近,孔口水温达到 95 摄氏度;盖层为第四系、新近系地层;可采热水量 95.67 立方米/小时;拟开发 JR-046 井一部分用于住宅供暖,一部分用于洗浴、理疗,最后部分作为洗浴用水加热系统中水源热泵的地温热源;预测地热尾水排放造成周边地表水及浅层地下水水质污染程度为轻;对周围环境不会造成热污染,对含水层水资源量预测影响程度为较轻;灾种主要为岩溶塌陷,开发地热资源不会引发岩溶

塌陷;水温和矿化度均达到医疗价值温度标准,可直接用于医疗洗浴;锶含量达到饮用天然矿泉水标准,但浑浊度超过饮用天然矿泉水标准,可作为生活饮用水,可用于农田灌溉、渔业养殖,结垢严重。

二十一、山东省淡水水产研究所DW1井地热、矿泉水资源开发利用方案

2014年6～8月,开展山东省淡水水产研究所DW1井地热、矿泉水资源开发利用方案研究工作。项目负责人:蔡有兄。报告编制人:蔡有兄、石巍、张慧等。2014年8月,提交山东省淡水水产研究所DW1井地热、矿泉水资源开发利用方案。完成主要工作及成果:本方案设计为每年开采量15万立方米,其中淡水养殖每年用水量约13万立方米,极寒天气时用水量会有所增加,饮用天然矿泉水设计每年开采量1000立方米;设计的淡水养殖用水量及饮用天然矿泉水开采量与DW1地热、矿泉水的允许可采资源量56.94万立方米/年相比,剩余的量(41.94万立方米/年)可作为备用水源;该地热、矿泉水为无色、无嗅、无味、无悬浮物透明的水,水温平均25.2摄氏度,pH7.9～8.2;矿泉水类型为锶、偏硅酸复合型饮用天然矿泉水未受到任何污染;DW1号地热、矿泉水井地热流体中各项已测元素含量均符合渔业水质标准,不会危害鱼、虾、贝及藻类的正常生长繁殖,DW1地热、矿泉水地热流体经过曝气池后可直接用于渔业养殖。

二十二、淄博临淄泰东城水源热泵空调工程水资源论证

2015年1～4月,在淄博市开展临淄泰东城水源热泵空调工程水资源论证工作。项目负责人:刘广义。报告编制人:刘广义、汪新芹、陈奂良等。受山东泰东置业有限公司委托,开展论证工作并提交淄博临淄泰东城水源热泵空调工程水资源论证报告书。完成主要工作及成果:根据建设项目分析,夏季制冷取用水量119.6万立方米/天,冬季供暖取用水量72.4万立方米/天,全年用水总量192万立方米/天是合理的;经分析论证,取、用水系统设计合理,方案可行可靠。

二十三、潍坊弘润达美置业有限公司达美水岸地热地质可行性论证

2015年4～5月,在潍坊市开展潍坊弘润达美置业有限公司达美水岸地热地质可行性论证工作。项目负责人:聂玉朋。报告编制人:聂玉朋、王传琦、赵济同等。受潍坊弘润达美置业有限公司委托,开展可行性论证并提交潍坊弘润达美置业有限公司达美水岸地热地质可行性论证。完成主要工作

及成果:1∶5 万地质调查 120 平方千米;小区征地范围内具备地热资源形成的地热地质条件,可进行地热井的开凿工作;工作区古近系东营组和沙河街组 1～2 段为工作区内主要热储层;新近系及第四纪松散层为热储盖层;区内沂沭断裂带发育的一系列断裂提供地下水运移通道;热源为大地热流;恒温带底部埋深 42 米,温度约 14.2 摄氏度,预测拟施工地热井水量(55±10)立方米/小时,水温(56±5)摄氏度,水化学类型为氯化物钠型,矿化度 35 克/升,水中锶、锂、偏硅酸等组分或达有医疗价值浓度标准,可同时用于供暖、洗浴疗养、温泉入户等。

第五节　主要获奖成果

自 2005 年齐河 QDJ-1 号地热井钻进工艺技术获得山东省地勘局颁发的科学技术进步奖科学技术应用贰等奖以来,截至 2017 年,先后有 20 个地热地质类成果分别获得山东省国土资源厅、地勘局等部门评选颁发的优秀成果奖。

表 2-5-1　　地热地质主要获奖成果一览表

序号	获奖成果名称	获奖类型及等级	颁发部门	获奖时间
1	黄河三角洲地区地热资源调查	科学技术进步奖地质找矿壹等奖	省地勘局	2005.7
2	齐河 QDJ-1 号地热井钻进工艺技术	科学技术进步奖科学技术应用贰等奖	省地勘局	2005.7
3	山东省齐河县 1 号探采结合地热井	优秀工勘壹等奖	省地勘局	2005.11
4	山东省无棣县 DR-1 号地热井	优秀工勘叁等奖	省地勘局	2005.11
5	济南市北部地区地热田开发与保护研究报告	科学技术进步奖贰等奖	省地勘局	2006.12
6	济南北部地热田地热资源勘查评价	科学技术进步奖地质找矿壹等奖	省地勘局	2008.2
7	山东省地热资源综合调查评价报告	科学技术进步奖壹等奖	省地勘局	2010.2

续表

序号	获奖成果名称	获奖类型及等级	颁发部门	获奖时间
8	山东省金乡县北部地热资源普查报告	科学技术奖贰等奖	省国土资源厅	2010.9
9	山东省泰莱盆地地热资源成热预测研究	科学技术奖贰等奖	省国土资源厅	2011.11
10	山东省地热资源调查评价报告(鲁中南地区)	科学技术进步奖贰等奖	省地勘局	2013.2
11	潍坊市滨海新区地热井勘查施工	科学技术奖贰等奖	省国土资源厅	2012.2
12	山东省海阳市东部(城区以东)地热资源调查	科学技术奖叁等奖	省国土资源厅	2012.2
13	潍坊北大科学技术房地产开发有限公司寿光三官庙地热井地质报告	科学技术进步奖贰等奖	省地勘局	2012.2
14	山东省济南北部地热资源调查报告	科学技术进步奖贰等奖	省地勘局	2012.2
15	山东省寿光市寿光林海生态博览园地热资源普查	科学技术奖贰等奖	省国土资源厅	2013.11
16	山东省梁山县南部地区地热资源调查报告	科学技术奖贰等奖	省国土资源厅	2013.11
17	山东省淄博市张店区黄金国际社区 HR-1 单井地热资源储量报告	科学技术进步奖贰等奖	省地勘局	2014.2
18	山东省淄博市地热资源调查报告	山东省国土资源科学技术奖贰等奖	省国土资源厅	2015.11

续表

序号	获奖成果名称	获奖类型及等级	颁发部门	获奖时间
19	济南市地热资源储量利用调查	山东省国土资源科学技术奖叁等奖	省国土资源厅	2015.11
20	山东省省会城市经济圈浅层地热能调查评价报告	科学技术壹等奖	省国土资源厅	2013.11

第六章　矿产地质

八〇一队作为传统水工环专业队，矿产地质工作起步相对较晚。2007年，省地勘局启动“资源山东建设”战略，提出省内、省外、境外在地质找矿、矿业开发等方面“三线联动”“一队一矿”等要求。2008年2月，成立八〇一队矿产资源勘查处，有矿产勘查专业技术人员近30人。截至2017年12月，共提交山东省内矿产地质报告181份，其中矿产资源勘查报告19份，压覆矿产资源报告84份，矿产资源储量核实报告68份，矿产研究及评价报告10份；共有16项山东省内矿产地质成果荣获厅局级以上奖励，其中省部级奖励4项，厅局级奖励12项。

第一节　矿产资源勘查

八〇一队矿产资源勘查工作始于1987年2月。自2007年山东省地勘局启动“资源山东建设”战略以来，八〇一队矿产勘查工作得到较快发展。2009年6月～2012年7月进行的山东省苍山县西大寨子地区铁矿普查，估算铁矿资源量(333)1108.36万吨，实现八〇一队找矿突破。截至2017年12月，共完成矿产资源勘查项目19个。

一、山东省潍坊市寒亭区北部白浪河—圩河地段卤水初步勘查

1987年2～5月，进行山东省潍坊市寒亭区北部白浪河—圩河地段卤水初步勘查(比例尺1∶5万)。报告编写人：颜承芳、杨银、贾元忠等。项目来源：山东省盐业公司与美国盐商合资拟在寒亭北部沿海、白浪河—圩河之间，南起峰台、北到渤海边潮汐约100平方千米范围内，利用卤水建设一个年产100万吨的大型盐场。山东省盐业公司委托八〇一队采用物探地面电法在确定的范围内进行卤水资源勘查，提供可供开采50年的卤水资源(6亿～10亿

吨)。八〇一队认为仅采用物探地面电法手段在确定的范围内进行卤水资源计算不能满足要求。经过协商，拟通过地面调查、钻探、抽水试验、分析等手段在 100 平方千米范围内，基本查明卤水的分布及资源量。如果在确定的范围内卤水资源不足，再向白浪河以西及峰台以南扩大 100 平方千米进行卤水资源概算。完成主要工作量：1∶5 万野外调查面积 98.18 平方千米，钻探 14 孔总进尺 1116.21 米，物探剖面长 154.51 千米，物理点 219 个，物探实际控制面积 288 平方千米，抽水试验 8 孔 20 小时，高程及坐标测量点 28 个，水质分析 31 件。取得主要成果：工作区 98.18 平方千米范围内卤水总储存量 9.18 亿立方米，开采储量 6.43 亿立方米，储盐量 1.01 亿吨，可采盐量 0.71 亿吨；卤水浓度 12～18 波美度，矿化度 120～199 克/升；白浪河以西及峰台以南扩大的物探面积不再进行卤水资源概算，以本次勘查卤水储存量作为建场依据。

二、山东省潍坊市白浪河—丹河地下卤水资源勘查

1987 年 9～11 月，进行山东省潍坊市白浪河—丹河地下卤水资源勘查。报告编写人：孙建斌、杨银等。项目来源：山东省盐业公司。本次勘查是继潍坊市寒亭北部白浪河—圩河间卤水资源勘查之后，再向西进行扩大勘查，其范围是东起白浪河，西到丹河，南起横里路，北至养殖场，面积 63.44 平方千米，查明年产 100 万吨、可供开采 30～50 年的卤水资源，为建场提供依据。完成主要工作：野外调查面积 50 平方千米，钻探 9 孔总进尺 513.26 米，物探点 52 个，抽水试验 5 孔 31 小时，水质分析 59 件，高程及坐标测量点 26 个。取得主要成果：根据工作取得资料分析，浅层卤水储量 1.99 亿立方米，深层卤水储量 1.65 亿立方米，总开采储量 2.24 亿立方米，储盐量 0.42 亿吨，开采盐量 0.26 亿吨，卤水浓度 11.5 波美度，最大达 18 波美度；勘查因故中断，大部分工作尚未完成，未提交正式勘查报告，所得结论仅根据工作中取得的资料分析而得，精度未达到设计要求，不能作为建场依据，如建场必须进一步勘查。

三、山东省东营市地下卤水资源普查

1999 年 2～12 月，进行山东省东营市地下卤水资源普查。报告编写人：徐建国、王合秋、史淑艳等。项目来源：为合理开发利用好东营市东部沿海浅层地下卤水资源，摸清资源状况，山东省财政厅下达矿产资源补偿项目，东营市地质矿产局委托。完成主要工作：1∶10 万野外调查面积 1200 平方千米，钻探 3 孔总进尺 126.9 米，物探点 34 个，抽水试验 10 孔，高程及坐标测量点 14 个，水质分析及土样共 180 件。取得主要成果：东营市中部沿海地带分布有丰富的浅层卤水资源，在平面上其分布呈纺锤形，中部为高浓度卤水分布

区,两侧依次为中等和低浓度分布区,卤水外围为咸水区。浅层地下卤水底界面埋深40～50米,南部略深,根据其浓度垂向变化特征,可将卤水区分为卤水—咸水双层结构区和咸水—卤水—咸水三层结构区。

四、山东省成武县南鲁地区煤炭资源普查

2005年3月～2006年12月,进行山东省成武县南鲁地区煤炭资源普查。报告编写人:赵志强、李生清、王合秋、安美艳、李鹏、王海焦。项目来源:菏泽市矿产资源勘探开发中心。完成主要工作:1∶2.5万地质测量138平方千米,地震物理点1611个。取得主要成果:2006年开采条件下,1500米以浅的煤层开采价值较大;普查区内主采煤层为三煤层,煤层均为中—高等变质程度的烟煤,主要有害组分为灰分、硫分、磷分;普查区煤层赋存范围在F1断层以东,巨野断层以西区域保留有含煤地层,赋存面积约52.37平方千米,预测资源量(334)27616万吨。

五、山东省宁津县杜集地区煤炭预查

2008年1～9月,进行山东省宁津县杜集地区煤炭预查。报告编写人:于世林、石巍、王俊兰、李洪涛、孙斌、郑丽爽。项目来源:省国土资源厅。完成主要工作:1∶2.5万地质简测150平方千米,地震测线长50.2千米,地震物理点1710个。取得主要成果:初步推测预查区地震勘探控制范围内有石炭—二叠纪煤系地层,埋深多在1600米以下,但预查区断裂构造复杂、岩浆岩发育,致使煤系地层中的煤层遭到严重破坏,推测仅在局部有煤层赋存,且煤层埋藏较深,经专家论证预查区本次无进一步工作的必要。

六、山东省宁津县杜集地区煤炭预查(续作)

2009年1月～2010年12月,进行山东省宁津县杜集地区煤炭预查(续作)。报告编写人:于世林、石巍、郑丽爽、李洪涛、孙斌、史淑艳。项目来源:省国土资源厅。完成主要工作:1∶2.5万地质简测206平方千米,地震测线长42.62千米,地震物理点1080个。取得主要成果:初步推测预查(续作)区双双断层以东续F1断层以北及续F2断层以南有煤层赋存,煤层埋藏深度主要在1700～3100米,总赋存面积86.53平方千米;双双断层以东续F1断层以北煤层赋存面积约58.7平方千米,续F1断层以南煤层赋存面积约27.83平方千米;煤层埋藏深度1700～2000米,赋存面积约16.76平方千米,煤层埋藏深度2000～3100米,赋存面积约69.77平方千米;初步估算预查(续作)区预测的煤炭资源量(334)50880万吨,其中煤层埋藏深度1700～2000米,资源量

9855万吨，煤层埋藏深度2000～3100米，资源量41025万吨。

七、济南市西部地区煤炭资源调查与潜力分析

2008年5月19日～2009年11月，进行济南市西部地区煤炭资源调查与潜力分析。项目负责人：赵永安、赵志强。报告编写人：赵志强、李生清、安美艳、王合秋、陈燕、李世伟、李鹏、张莉莉、逄伟、杨元。项目来源：济南市国土资源局。完成主要工作：1∶5万地质图编测960平方千米，1∶5万煤田预测图编测960平方千米，1∶5万水工环调查960平方千米，已勘查煤田地质调查矿区44个，已开发煤田地质调查矿区1个，煤田资源量预测区煤田地质调查矿区3个，GPS定位120点。取得主要成果：截至2008年12月31日，查明的保有煤炭资源储量139108.90万吨；预测区范围，东起卧牛山断层，西至济南市辖区边界，北起齐广断裂，南至煤系地层隐伏分布边界，预测深度为－2000米以浅；本次工作划分为三个大区，即高王勘探区深部、济北预测区、济西长清外围预测区，估算预测煤炭资源总量355900万吨；工作区内省国土资源厅评审备案的一级建筑物及重要设施压覆煤炭资源量1493.9万吨，压矿建筑物为中纪委廉政服务中心；未提交压矿报告的城市中心规划边界以内及重要交通设施压覆煤炭资源估算资源储量8915万吨，主要分布在高王精查区和济西精查区；区内煤炭资源具备较大的开发潜力，截至2008年底，工作区内累计查明总资源储量约13.92亿吨，达到控制程度以上资源储量47145万吨，可利用保有资源总量13.76亿吨；区内四个勘探区中的靳家井田已于2007年投产，服务年限100年，剩余三个勘探区的开发建设均处于筹备阶段，长清详查区和高王精查区资源总量较大，可建成大型矿井两处，黄河北高王矿区深部预测远景资源量4.28亿吨，勘探区深部煤炭资源勘查潜力和意义巨大，勘查程度相对较高，应作为勘查首要潜力区进行重点勘查。

八、山东省苍山县西大寨子地区铁矿普查

2009年6月～2012年7月，进行山东省苍山县西大寨子地区铁矿普查。项目负责人：王海焦。报告编写人：王海焦、贾绍松、孙仕林等。项目来源：苍山县国土资源局。完成主要工作：1∶1万高精度磁测19.08平方千米，1∶2000高精度磁法剖面测量23.36千米，机械岩心钻探13孔总进尺16963.67米，井中三分量磁测18164米，各类分析样483件。取得主要成果：圈定隐伏磁性体主异常带四条，四条矿带共圈定矿体19个，其中工业矿体6个、低品位矿体13个；矿床成因类型属沉积变质型铁矿床，共估算铁矿资源量(333)1108.36万吨；工业品位(磁性铁≥20%)的矿石资源量256.77万吨，平均品

位的全铁 30.94%、磁性铁 22.55%；低品位矿石(20%≥全铁≥15%)的资源量 851.59 万吨，平均品位的全铁29.45%、磁性铁 18.12%。

九、山东省泰安市岱岳区柴庄地区金矿普查

2012 年 9 月 30 日～12 月 15 日，进行山东省泰安市岱岳区柴庄地区金矿普查。项目负责人：杨硕。报告编写人：杨硕。项目来源：莱芜市金地采掘工程有限公司。完成实物工作量：钻探 5 孔总进尺 894.9 米，岩矿测试 34 件。取得主要成果：在普查钻探施工过程中发现磁铁矿，并进行采样分析；Ⅰ号矿体磁性铁平均品位 20.65%，估算铁矿石资源量(333)0.2 万吨；Ⅱ号矿体磁性铁平均品位 21.51%，估算铁矿石资源量(333)0.6 万吨。

十、山东省安丘市西官庄地区铜多金属矿普查

2012 年 3 月 5 日～2013 年 1 月 12 日，进行山东省安丘市西官庄地区铜多金属矿普查。项目负责人：柳国明。报告编写人：杨元、周兴涛、岳伟佳等。项目来源：省国土资源厅。完成主要工作：1∶1 万地质简测 15.36 平方千米，1∶1 万激电中梯测量 5 千米，钻探 3 孔总进尺 505.4 米，激电测深 68 点，探槽 673 立方米，控制点及工程测量点 7 个，各类样品 240 件。取得主要成果：本次普查发现三条铜矿化体，Ⅰ、Ⅱ号蚀变带位于西官庄村东，沿长紫灰色砾岩与二长花岗岩接触发育，Ⅲ号蚀变带位于西官庄东南 550 米处，沿长紫灰色砾岩与二长花岗岩接触带发育；矿化体内蚀变较弱，未发现明显铜体存在。

十一、山东省苍山县于官庄地区铁矿普查

2012 年 12 月～2013 年 10 月，进行山东省苍山县于官庄地区铁矿普查。项目负责人：王海焦。报告编写人：王海焦、曹光明、赵忠义。项目来源：省国土资源厅。完成主要工作：1∶5 万区域地质图数字成图，1∶1 万基岩地质图修编 13.76 平方千米，1∶1 万高精度磁法测量 16 平方千米，1∶2000 高精度磁测剖面 8 千米，1∶2000 重力剖面测量 8 千米，机械岩心钻探 1 孔总进尺 1054.69 米，井中三分量磁测 1050 米，采取各类样品 15 件。取得主要成果：利用钻探对 YC2 高磁异常进行验证，未见矿化体。

十二、山东省商河县胡集地区岩盐矿普查

2010 年 12 月～2013 年 11 月，进行山东省商河县胡集地区岩盐矿普查。项目负责人：于世林。技术负责人：魏鲁峰。报告编写人：于世林、石巍、韩琳、史淑艳、袁辉、李树荣、王振花、任发琛。项目来源：省国土资源厅。完成

主要工作:地质调查面积 65.54 平方千米,搜集并解译地震测线 4 条,普查区范围内地震测线长 32.54 千米,搜集普查区基岩地质图等图件 5 张,构造图 2 张,搜集石油钻探资料 17 孔钻探总进尺 16199.8 米,搜集及解译普查区内测井曲线 10 孔钻探总进尺 21516.02 米。取得主要成果:普查发现岩盐矿种,并大致确定含岩盐矿层位,岩盐矿主要赋存于古近纪沙河街组四段下段中;据以往资料显示,普查区在沙四上段及以上地层中尚未见到盐岩,在沙四上段只见到白云岩及零星的石膏,沙四上段及以上地层无岩盐沉积,从而证实普查区沙河街组二段无岩盐沉积,而沙四下段仅少量钻孔揭露该层顶部,暂时无资料判断沙四下段是否有岩盐沉积。

十三、山东省淄博市西宝山矿区王村矿段扩界区耐火黏土矿勘查

2013 年 6～11 月,进行山东省淄博市西宝山矿区王村矿段扩界区耐火黏土矿勘查。项目负责人:刘东义。报告编写人:刘东义、贾绍松、李海波、孟庆斋、毕栋威、栾怀中。项目来源:淄博市国土资源局。完成主要工作量:1∶5000 基岩地质编测 7.50 平方千米,1∶5000 水文地质编测 7.5 平方千米,1∶2000 地质测量 1.61 平方千米,机械岩心钻探 9 孔总进尺 4295.94 米(包括水文兼地质钻探 1 孔进尺 450.61 米),各类岩矿测试样 208 件,水质分析 3 件。取得主要成果:获得硬质黏土矿资源量(332+333)矿石量 907.1 万吨,氧化铝平均品位 45.12%,氧化铁平均品位 2.54%;其中控制的内蕴经济资源量(332)矿石量 145.5 万吨,氧化铝平均品位 45.7%,氧化铁平均品位 2.07%;推断的内蕴经济资源量(333)矿石量 761.6 万吨,氧化铝平均品位 45.01%,氧化铁平均品位 2.63%;Ⅰ级品矿石量 475 万吨,氧化铝平均品位 44.44%,氧化铁平均品位 1.8%,占总矿石量的 52.36%。该项目为淄博市政府重点项目。

十四、山东省梁山县小路口地区煤炭调查

2012 年 7 月～2014 年 3 月,进行山东省梁山县小路口地区煤炭调查。项目负责人:李生清。报告编写人:李生清、赵宇辉、殷淑翠、李鹏。项目来源:济宁市国土资源局。完成主要工作:调查区面积 34.8 平方千米,180°方向地震主测线 3 条和 90 度方向联络线 4 条,其中主测线测线长 19.69 千米(Z1 长 3.56 千米,Z2 长 8.93 千米,Z3 长 7.2 千米),物理点 957 个,联络线测线长 21.47 千米物理点 1089 个,试验点 4 个物理点 50 个,总计完成测线长度 41.16千米物理点 2096 个。取得主要成果:预测调查区内主采煤层为 3 煤层,含煤地层总体呈现出向北倾伏的单斜状态,煤层埋深较大,产状平缓,倾角一

般小于25°，煤层埋藏深度1250～1950米，推测区内煤层、煤质条件较好，煤层赋存范围为整个调查区，赋存面积约32.6平方千米，预测资源量(334)共计14115.9万吨。

十五、山东省单县马楼地区煤炭普查

2010年1月～2014年6月，进行山东省单县马楼地区煤炭普查。项目负责人：赵志强。报告编写人：赵志强、高奎锋、殷淑翠等。项目来源：菏泽市矿产资源勘探开发中心。完成主要工作：钻探6孔总进尺5425.61米(包括找铁钻孔1个进尺1201.07米)，地震测线长79.3千米，地震物理点2749个，测井4195.56米，控制测量及工程点测量2199个，岩矿分析49件，二维地震勘探完成测线16条长79.3千米，二维地震2749炮点，物探测井4195.56米，合计物理点2749点，地震资料解译2749点，测量物理点2199个，测量精度达到四等水准。取得主要成果：该区南部地段没有含煤地层赋存，仅在工作区北部的局部范围内有煤层赋存，二叠系山西组为含煤地层，面积约1.12平方千米，估算富煤区煤炭资源(333)共计396.7万吨；本区煤层埋深较大，产状平缓，倾角10°～20°，煤层埋藏深度600～1100米，煤层、煤质条件较好，开采技术条件一般；本次施工5个钻孔后，在区内李田楼东、彭庄西南铁矿远景预测区施工找铁钻孔一个，终孔深度1201.07米，未揭露矿体，1200米以浅引起磁异常的主要为基性岩体。

十六、山东省兰陵县程家村地区铁矿普查

2014年5月～2015年5月，进行山东省兰陵县程家村地区铁矿普查。项目负责人：王海焦。报告编写人：王海焦、贾绍松、赵忠义、韩鎏、刘东义、孟庆斋。项目来源：省地勘局。完成主要工作：1∶2000磁法剖面测量20.66千米，机械岩心钻探1孔总进尺1284.69米，井中三分量磁测1280米，各类分析样品82件。取得主要成果：共求得铁矿石资源量(333)3210.4万吨；达到工业品位的矿石资源量2946.9万吨，平均品位的全铁32.49%、磁性铁21.28%；低品位矿石资源量263.5万吨，平均品位的全铁30.01%、磁性铁18.04%；矿床平均品位的全铁32.29%、磁性铁21.01%。

十七、山东省兰陵县程家村地区铁矿普查(续作)

2015年10月～2016年3月，进行山东省兰陵县程家村地区铁矿普查(续作)。项目负责：孙仕林。报告编写人：王海焦、贾绍松、韩鎏、刘东义。项目来源：省国土资源厅省地质勘查优选项目。完成主要工作：1∶2000磁法剖面

测量 20.66 千米，机械岩心钻探 1 孔总进尺 1284.69 米，井中三分量磁测 1280 米，各类分析样品 82 件。取得主要成果：共求得铁矿石资源量(333) 1683.8 万吨；达到工业品位的矿石资源量 1638.9 万吨，平均品位的全铁 33.26%、磁性铁 21.7%；低品位矿石资源量 44.9 万吨，平均品位的全铁 27.83%、磁性铁 18.17%；矿床平均品位的全铁 33.12%、磁性铁 21.61%。

十八、山东省蒙阴县旧寨乡北峪矿区饰面用石灰岩矿勘查

2015 年 6～10 月，进行山东省蒙阴县旧寨乡北峪矿区饰面用石灰岩矿勘查。项目负责人：耿详峰。报告编写人：王君、耿详峰。项目来源：蒙阴县国土资源局。完成主要工作：1∶5 万地质修测 100 平方千米，1∶1 万地质修测 1 平方千米，1∶1 万水文地质简测 4 平方千米，1∶2000 地形地质测量 1 平方千米，1∶1000 勘探线测量 0.81 千米，钻探总进尺 205.6 米，各类样品 48 件。取得主要成果：共求得饰面用灰岩矿资源储量(332＋333)142.40 万立方米，荒料量 88.3 万立方米，荒料率 62%；其中安全边坡内(332＋333)矿石量 128.1万立方米，荒料量 79.4 万立方米；安全边坡外(333)矿石量 14.3 万立方米，荒料量 8.9 万立方米。

十九、山东省淄博市临淄区高家庄矿区铁矿详查

2014 年 4 月～2015 年 11 月，进行山东省淄博市临淄区高家庄矿区铁矿详查。项目负责人：刘东义。报告编写人：刘东义、毕栋威、江露露、张琦、孟庆斋、于令芹、韩鎏、王海焦。项目来源：山东北金集团有限公司。取得主要成果：共获得新增铁矿石资源量(332＋333)矿石量 95.4 万吨，平均品位的全铁 46.63%、磁性铁 43.9%；其中控制的内蕴经济资源量(332)矿石量 17 万吨，平均品位的全铁 47.31%、磁性铁 44.53%，占总矿石量的 17.82%；推断的内蕴经济资源量(333)矿石量 78.4 万吨，平均品位的全铁 46.49%、磁性铁 43.76%。

第二节　压覆矿产资源调查与评价

为避免或减少压覆重要矿产资源，提高矿产资源保障能力，保障建设项目正常进行，2000 年国土资源部印发《关于规范建设项目压覆矿产资源审批工作的通知》。八〇一队压覆矿产资源调查与评价工作始于 2003 年，截至 2017 年 12 月，共完成压覆矿产资源调查与评价项目 84 个。以下简述其中 14 个规模较大、场地复杂工程及重点工程。

一、济南东湖供水工程压覆矿产资源评估

2003 年 7 月 10～21 日，进行济南东湖供水工程压覆矿产资源评估。项目负责人：刘建胜。报告编写人：王涛、曾纯品、宋恩武、李海波。项目来源：济南东湖供水工程建设筹建处。取得主要成果：压覆济东煤田历城明水预测区的黏土矿资源量(334)2815 万吨，预测的煤炭资源量(334)2251 万吨，压覆矿床潜在经济价值 38.8 亿元，潜在利润估算额 9.3 亿元；库区、净水厂区及其周边外延 1 千米内无已建矿山企业，亦无探矿权、采矿权设置；济南东湖供水工程年供水效益 3.26 亿元，12 年内的直接经济效益即超过压覆矿产资源的潜在价值。

二、山东省鄄城县城市规划新区压覆矿产资源调查

2006 年 4 月 10 日～5 月 1 日，进行山东省鄄城县城市规划新区压覆矿产资源调查。项目负责人：赵忠义。报告编写人：赵忠义、王海焦、李生清。项目来源：山东省鄄城县土地开发整理中心。取得主要成果：调查面积 112.46 平方千米，规划新区面积 16.63 平方千米，规划新区范围内无含煤地层分布，没有压覆探明的矿产资源；规划新区范围内，菏泽吉华产业发展有限公司成立的山东省鄄城县富春地区煤田普查勘探区和菏泽矿产资源勘探开发中心成立的山东省鄄城县旧城地区煤炭普查勘探区项目正在进行中，尚未探明储量，两探矿权人均同意在其探矿权范围内进行城市规划新区建设，规划用地建设可行。

三、山东省泰安市岱岳区满庄镇Ⅰ号、Ⅱ号规划区压覆矿产资源调查

2011 年 7 月 1 日～2012 年 3 月 10 日，进行山东省泰安市岱岳区满庄镇Ⅰ号、Ⅱ号规划区压覆矿产资源调查。项目负责人：曹光明。报告编写人：曹光明、薛峰、石艳。项目来源：泰安大汶口石膏工业园管理委员会。取得主要成果：Ⅰ号规划区涉及压覆山东省泰安市岱岳区东牛北部地区岩盐普查探矿权，该探矿权正在进行勘查工作，未提交勘查报告，无查明矿产资源，探矿权人山东省鲁南地质工程勘察院同意工程建设；Ⅱ号规划区涉及压覆泰安市大容矿业有限公司(石膏矿)采矿权，Ⅱ号规划区规划用地范围虽与采矿权范围重叠(重叠面积 0.23 平方千米)，但不压覆采矿权范围内石膏资源储量，采矿权人同意工程建设。

四、山东省新泰市石莱(一期)风电场工程压覆矿产资源调查

2011 年 3 月 8 日～4 月 6 日，进行山东省新泰市石莱(一期)风电场工程压覆矿产资源调查。项目负责人:刘玉想。报告编写人:刘玉想、姜琦。项目来源:国电电力山东新能源开发有限公司。取得主要成果:调查面积 119.1 平方千米，山东省新泰市石莱(一期)风电场工程调查区范围内有三处探矿权设置，三处探矿权与项目用地范围均无重叠范围，距离最近的风机点距离均大于 350 米;山东省新泰市石莱(一期)风电场工程调查区范围内有三处采矿权设置，且与项目用地范围均无重叠范围，距离最近的风机点距离均大于 500 米;山东省新泰市石莱(一期)风电场工程调查区范围内查明的铁矿石资源量(332＋333)330.9 万吨，磁性铁 21.67％，全铁 27.66％，无查明的矿产地;山东省新泰市石莱(一期)风电场工程不压覆已查明的矿产资源。

五、山东省泰安市岱岳区山东瑞中泰盐化有限公司 60 万吨/年工业用盐工程压覆矿产资源调查

2011 年 5 月 4 日～6 月 30 日，进行山东省泰安市岱岳区山东瑞中泰盐化有限公司 60 万吨/年工业用盐工程压覆矿产资源调查。项目负责人:姜玉敏。报告编写人:姜玉敏、王秀芬、李哲、隋海波。项目来源:山东瑞恒中泰盐化有限公司。取得主要成果:征地面积 122167 平方米，调查区涉及一处探矿权，探矿权为山东省泰安市大汶口矿区王家官庄矿段石膏矿勘探，该探矿权距拟建工程 300 米，工程建设不影响其勘查和将来工作，探矿权人同意工程建设;经估算，拟建工程压覆查明的石膏矿矿石资源量 87678.6 万吨，平均品位 65.54％，全部为(333);经估算，拟建工程压覆查明的自然硫矿石量 600.7 万吨，纯硫量 47.3 万吨，平均品位 11.54％，全部为(333)。

六、山东省枣庄市薛城区 110 千伏邹坞输变电工程压覆矿产资源调查

2011 年 7 月 1 日～10 月 10 日，进行山东省枣庄市薛城区 110 千伏邹坞输变电工程压覆矿产资源调查。项目负责人:曹光明。报告编写人:曹光明、宿庆伟、石艳。项目来源:山东电力集团公司枣庄供电公司。取得主要成果:规划用地面积 3378.7 平方米，涉及山东省安阳矿业有限公司煤矿一处采矿权。拟建工程共压覆安阳矿业有限公司 4 层煤(14 煤、16 煤、17 煤、18 煤)，压覆保有资源储量 22.8 万吨，其中原 35 千伏邹坞变电站即有压覆 20.6 万吨，拟建工程机报增压覆 2.2 万吨，除此之外，不压覆其他矿产资源;山东电力集

团公司枣庄供电公司与山东省安阳矿业有限公司签署协议，项目建设不影响矿山活动，不会给矿业权人造成经济损失，因此，同意山东电力集团公司枣庄供电公司在拟征地范围内进行110千伏邹坞变电工程项目的建设。

七、山东省济南市东区水厂建设工程压覆矿产资源调查

2011年10月20日～12月1日，进行山东省济南市东区水厂建设工程压覆矿产资源调查。项目负责人：刘小平。报告编写人：刘小平、许强、陈燕。项目来源：济南泉城水务有限公司。取得主要成果：拟建工程区及周边地区地质矿产资源、矿业权设置等5.25平方千米，调查区内未设探矿权，涉及的采矿权有一处，为济南钢城矿业有限公司铁矿采矿权，涉及查明的矿产地一处，为张马屯铁矿；本次拟建工程压矿估算范围内，垂向矿体均在－360～－187米的现采矿权范围内，且矿体已采空，已无资源储量。

八、山东省博兴至邹平铁路工程压覆矿产资源调查

2012年12月1日，提交山东省博兴至邹平铁路工程压覆矿产资源调查报告。项目负责人：蔡有兄。报告编写人：蔡有兄、王俊兰、姜玉敏等。项目来源：山东省地方铁路局。取得主要成果：拟建工程保护范围与探矿权、采矿权重叠，分别为84.15平方千米、9.9平方千米；探矿权名称为“山东省渤海盆地东营凹陷南坡油气勘查”，勘探工作在2012年尚未结束便提交报告，探矿权范围内无查明的石油天然气资源；采矿权名称为“山东博兴兴洼陷金家油气田”，拟建工程不影响石油资源的开采，采矿权人中国石油化工股份有限公司胜利油田分公司同意工程建设；根据国家有关规定，建设项目压覆区不影响矿产资源开采的不作压覆处理。

九、山东省枣庄市市中区110千伏明泉输变电工程压覆矿产资源调查

2012年4月18日～12月13日，进行山东省枣庄市市中区110千伏明泉输变电工程压覆矿产资源调查。项目负责人：刘东义。报告编写人：刘东义、薛峰、曹光明。项目来源：山东电力集团公司枣庄供电公司。完成主要工作：1∶2.5万地质调查35平方千米，资料收集6份，GIS制图1张。取得主要成果：调查区无探矿权，有两处采矿权，调查区有查明的煤矿资源，无查明的矿产地；查明的煤矿资源位于两处采矿权范围内，枣庄市薛城区天然焦矿采矿权距拟建工程400米，拟建工程保护范围与其重叠面积54122.57平方米，保护范围重叠区内赋存有2、6、14、16、17、18煤层，其中，2、6、14煤层已采完，

16、17、18 煤层均位于地下水位以下,不可开采,采矿设计没有纳入开采;枣庄市薛城区宏达煤矿采矿权距拟建工程 90 米,拟建工程保护范围与其重叠面积 25299.31 平方米,保护范围重叠区内赋存有 13、16、17、18 煤层,均已采空;拟建工程保护范围不压覆矿山可采资源储量,项目建设和矿山生产互不影响,矿业权人出具书面说明材料,同意拟建工程的建设。

十、日照市沭水东调工程压覆矿产资源调查

2013 年 5 月 10 日～8 月 21 日,进行日照市沭水东调工程压覆矿产资源调查。项目负责人:逄伟。报告编写人:逄伟、毕栋威。项目来源:日照市水利局。完成主要工作:1∶2.5 万调查 60.32 平方千米,资料收集 4 份,GIS 制图 1 张。取得主要成果:大致查明调查区范围内矿产资源分布情况,调查区范围内无探矿权、采矿权设置,无已查明的矿产地,拟建工程区不压覆已查明的矿产资源;从压覆矿产资源角度评价,建设项目选址方案是可行的。

十一、山东省寿光市国华寿光电厂二期 2×1000 兆瓦工程压覆矿产资源调查报告

2014 年 4 月 10 日～7 月 30 日,进行山东省寿光市国华寿光电厂二期 2×1000兆瓦工程压覆矿产资源调查。项目负责人:姜玉敏。报告编写人:姜玉敏、宫红卫、韩建江、赵振伟。项目来源:神华国华寿光发电有限责任公司。完成主要工作:野外地质调查面积 8.67 平方千米。取得主要成果:拟建工程调查区范围内无探矿权设置,有三处采矿权设置,无其他查明的矿产资源,无查明的矿产地,三处采矿权分别为潍坊市寿光矿区宏宇化工天然卤水矿(矿权人为寿光宏宇化工有限公司)、潍坊市寿光矿区永康化工第四分公司天然卤水矿(矿权人为寿光永康化学工业有限公司第四分公司)、潍坊市寿光矿区源泉化工天然卤水矿(矿权人为寿光市源泉化工有限公司);由于天然卤水为液体矿产,工程项目的建设不会影响天然卤水的开发利用,因此不作为压覆矿产资源处理,不估算压覆的资源储量;山东省寿光市国华寿光电厂二期 2×1000 兆瓦工程不压覆查明的重要矿产资源。

十二、山东省济南市轨道交通 R3 线一期工程压覆重要矿产资源评估

2015 年 1 月 8 日～11 月 16 日,进行山东省济南市轨道交通 R3 线一期工程压覆重要矿产资源评估。项目负责人:赵有美。报告编写人:赵有美、魏月、刘建胜。项目来源:济南市轨道交通集团有限公司。完成主要工作:野外地质调查面积 30.93 平方千米。取得主要成果:评估区内涉及一处采矿权,为

济南钢铁矿业有限公司铁矿采矿权，无探矿权设置；查明的矿产地四处，为张马屯铁矿、王舍人铁矿、美华饮用天然矿泉水、转山石灰岩矿；采用垂直剖面法估算拟建工程压覆范围，采用面积比例分割法估算压覆的资源储量；经估算，拟建工程共压覆张马屯铁矿Ⅱ矿体资源储量 8 万吨，其中(122b)6.4 万吨、(333)1.6 万吨；压覆张马屯采矿权范围内的资源量(122)4.5 万吨、(122b)6.4 万吨，压覆张马屯矿产地范围内的资源量(333)1.6 万吨；采矿权人济南钢城矿业有限公司与建设单位济南轨道交通有限公司已签订协议，同意拟建工程建设。

十三、山东省枣庄级索 110 千伏输变电工程压覆重要矿产资源评估

2014 年 4 月 11 日～2015 年 12 月 1 日，进行山东省枣庄级索 110 千伏输变电工程压覆重要矿产资源评估。项目负责人：逄伟。报告编写人：逄伟、郭建。项目来源：国家电网山东省电力公司枣庄供电公司。取得主要成果：经调查，拟建工程压覆滕州市郭庄矿业有限责任公司锦丘煤矿、滕州市东大矿业有限责任公司、滕州市金达煤炭有限责任公司、山东丰源远航煤业有限公司赵坡煤矿和枣庄市留庄煤业有限公司五处采矿权。经估算，拟建工程输电线路压覆锦丘煤矿煤炭资源储量 510 万吨、压覆滕州市东大矿业有限责任公司煤炭资源储量 211.5 万吨、压覆滕州市金达煤炭有限责任公司煤炭资源储量 203.7 万吨、压覆山东丰源远航煤业有限公司赵坡煤矿煤炭资源储量 65 万吨、压覆枣庄市留庄煤业有限公司煤炭资源储量 50.9 万吨。除煤矿外，拟建工程不压覆其他矿产资源，采矿权人与建设单位已签署协议，同意拟建工程建设，申请对压覆的煤炭资源不作压覆处理，不变更采矿权范围，建设单位同意采矿人继续开采压覆的煤炭资源。

十四、山东省莱芜市中南部铁路通道郭家沟至大石家地方铁路线项目压覆重要矿产资源评估

2015 年 3 月 10 日～2016 年 5 月 15 日，进行山东省莱芜市中南部铁路通道郭家沟至大石家地方铁路线项目压覆重要矿产资源评估。项目负责人：曹光明。报告编写人：曹光明、丁冠涛、韩昱、张晴。项目来源：山东华宝庆丰投资有限公司。取得主要成果：拟建工程包括郭家沟至大石家铁路线路工程、大石家车站及大石家货场三个工程，项目总长度 14.24 千米，行政区划涉及莱芜市钢城区和高新区；评估区内涉及山东省莱芜市钢城区莱芜煤田潘西煤矿深部区勘探一处探矿权，涉及山东华泰矿业有限公司(南冶煤矿)、莱芜市万祥矿业有限公司潘西煤矿及山东省莱芜市辛庄煤矿有限公司三处采矿权，评

估区内无查明的矿产地,除煤炭资源外无其他查明的矿产资源;经估算,拟建工程共压覆查明的煤炭资源储量2217.6万吨(气煤515.60万吨,1/3焦煤510.3万吨,肥煤671.03万吨,气肥煤520.4万吨),其中现有工程事实压覆1886.7万吨,拟建工程新增压覆330.9万吨,新增压覆储量中正常块段92.1万吨。

第三节　矿产资源储量核实

为进一步规范矿产储量管理,国土资源部在2007年组织编制《固体矿产资源储量核实报告编写规定》,并开始在全国范围内开展矿产资源储量利用调查和矿业权核查工作。八〇一队矿产资源储量核实工作始于2004年,2007年以后,此类项目逐年增多,截至2017年12月,共完成矿产资源储量核实报告68份。以下简述其中13个规模较大及重点工程。

一、山东省新汶煤田新泰市汶南煤矿资源储量核实

2010年1月10日～8月8日,进行山东省新汶煤田新泰市汶南煤矿资源储量核实。项目负责人:李生清。报告编写人:李生清、王合秋、张莉莉、逄伟。项目来源:山东恒丰矿业有限公司。取得主要成果:截至2009年12月31日,保有各类资源储量945万吨 ,开采动用储量596.4万吨,累计查明资源储量1541.4万吨;与1999年简测计算占用矿产储量说明书、2002年17煤勘探报告及2003年扩界区储量核实地质说明书分割的资源储量1349.1万吨相比,增加192.3万吨;变动原因,井下实际揭露煤层厚度增加,资源储量增加52.6万吨,采取的煤层厚度不同导致煤层厚度增加引起的资源储量增加139.7万吨。

二、山东省临沂中联水泥有限公司石灰岩矿资源储量年度报告(2011年度)

2012年2月1日,提交山东省临沂中联水泥有限公司石灰岩矿资源储量年度报告(2011年度)。项目负责人:王海焦。报告编写人:王海焦、毕栋威、曹光明。项目来源:临沂中联水泥有限公司。取得主要成果:截至2011年12月31日,该矿累计查明资源储量9665.13万吨,累计采出矿石1033.90万吨,累计动用资源量1070.89万吨,平均回采率97%;2011年度矿山动用量199万吨,采出矿石量193万吨,损失6万吨,回采率为97%,矿山保有资源储量8594.24万吨,其中(111b)资源量558.76万吨、(111)资源量542万吨、

(122b)资源量 8035.48 万吨、(122)资源量 7794.42 万吨;2012 年度拟继续开采Ⅰ矿段,拟动用资源量约 190 万吨。

三、山东省济东煤田岭子煤矿矿山储量年度报告

2010 年 10 月 1 日～2012 年 2 月 20 日,进行山东省济东煤田岭子煤矿矿山储量核实。项目负责人:徐士民。报告编写人:孙静、郭道冉。项目来源:山东东泰矿业有限公司。取得主要成果:2011 年度资源储量变动情况,本次年度报告累计查明资源储量 6042.7 万吨,最近核实报告累计查明资源储量 6075.4 万吨,减少 32.7 万吨;2012 年度拟动用资源储量 76.5 万吨,其中一号矿 60 万吨、宝山矿 16.5 万吨。

四、山东省淄博市金岭铁矿区辛庄矿床Ⅰ矿体资源储量年度报告(2012 年度)

2013 年 1 月 1 日,提交山东省淄博市金岭铁矿区辛庄矿床Ⅰ矿体资源储量年度报告(2012 年度)。技术负责人:徐士民。报告编写人:郭道冉。项目来源:淄博铁矿。取得主要成果:矿区面积 0.14 平方千米,本次年度报告累计查明资源储量 75.7 万吨,与最近核实报告相比,累计查明资源储量未有变动;年初保有资源储量 38.1 万吨,其中(122)26.7 万吨、(122b)38.1 万吨;2012 年动用资源储量 0.9 万吨,其中采出量 0.6 万吨、损失量 0.3 万吨;2012 年末保有资源储量 37.2 万吨,其中(122)26.1 万吨、(122 b)37.2 万吨;截至 2012 年年末,累计动用资源储量 38.5 万吨,其中(111)28.1 万吨,(111b)38.5 万吨;累计查明资源储量 75.7 万吨,其中(111)28.1 万吨、(122)26.1 万吨、(111b)38.5 万吨、(122b) 37.2 万吨;2013 年拟动用资源储量 1.2 万吨,为(122-4)块段。

五、山东省曲阜市单家村煤矿矿山储量年度报告(2012 年度)

2013 年 2 月 1 日,提交山东省曲阜市单家村煤矿矿山储量年度报告(2012 年度)。项目负责人:逄伟。报告编写人:逄伟、张翠玲、李越。项目来源:山东省裕隆矿业集团有限公司单家村煤矿。取得主要成果:本次矿井储量统计煤层 7 层,2012 年动用煤层为 3 煤层;2012 年储量 79.6 万吨;截至 2012 年,累计动用 2033.8 万吨,全矿井保有资源量 4338.1 万吨,全矿井累计查明资源量 6371.9 万吨;矿井服务年限 3.2 年;2012 年矿井回采率 85.9%。

六、济南市历城区永盛源石料厂建筑石料用灰岩矿资源储量年度报告(2012年度)

2013年2月1日，提交济南市历城区永盛源石料厂建筑石料用灰岩矿资源储量年度报告(2012年度)。项目负责人:李洪涛。报告编写人:李洪涛、孙斌、李岩涛。项目来源:济南市历城区永盛源石料厂。完成主要工作:本次测量工作点数264个。取得主要成果:矿区面积0.02平方千米,2012年度矿山动用资源储量7.2万吨,采出量6.9万吨,损失量0.3万吨;截至2012年12月31日,估算矿山保有资源储量(122b)54.7万吨(21万立方米);本次资源储量年报核实结果与2011年度相比,累计查明资源储量没有变化。

七、山东省临沂中联水泥有限公司石灰岩矿资源储量年度报告(2012年度)

2013年3月1日,提交山东省临沂中联水泥有限公司石灰岩矿资源储量年度报告(2012年度)。项目负责人:王海焦。报告编写人:王海焦、刘东义、孟庆斋。项目来源:临沂中联水泥有限公司。取得主要成果:截至2012年12月31日,该矿累计查明资源储量9686.44万吨,累计采出矿石1161.1万吨,累计动用资源量120183万吨,平均回采率97%;2012年度矿山动用量130.9万吨,采出矿石量127.2万吨,损失3.7万吨,回采率为97%,矿山保有资源储量8484.61万吨,其中(111b)资源量1690.08万吨、(111)资源量1639.38万吨、(122b)资源量6794.53万吨、(122)资源量6590.69万吨;2013年度拟继续开采Ⅰ矿段,拟动用资源量120万吨。

八、山东省苍山县温庄矿区水泥用石灰岩矿资源储量核实

2013年1～4月,进行山东省苍山县温庄矿区水泥用石灰岩矿资源储量核实。项目负责人:刘东义。报告编写人:王海焦、孟庆斋。项目来源:山东江山水泥有限公司。取得主要成果:截至2012年12月31日,核实范围内动用矿石量1160.1万吨,采出矿石量1124.9万吨,损失矿石量35.2万吨,保有资源储量10216万吨,查明资源储量11376.1万吨。

九、山东省临沂中联水泥有限公司石灰岩矿资源储量年度报告(2013年度)

2013年11月1日,提交山东省临沂中联水泥有限公司石灰岩矿资源储量年度报告(2013年度)。项目负责人:王海焦。报告编写人:宿庆伟、刘东

义、孟庆斋。项目来源：临沂中联水泥有限公司。取得主要成果：矿区面积3.05平方千米，截至2013年11月30日，累计查明资源储量11376.1万吨，累计采出矿石1275.6万吨，累计动用资源量1315.5万吨，平均回采率97%；2013年度矿山动用量155.4万吨，采出矿石量150.7万吨，损失4.7万吨，回采率97%，矿山保有资源储量10060.6万吨，其中(122b)资源量8358.2万吨、(332)资源量为376.4万吨、(333)1326万吨；2014年度拟继续开采Ⅰ矿段，拟动用资源量180万吨。

十、山东省淄博市东宝山硬质黏土矿资源储量核实

2014年4月15日～6月30日，进行山东省淄博市东宝山硬质黏土矿资源储量核实。项目负责人：徐士民。报告编写人：徐士民、孙静、范国城。项目来源：山东王村铝土矿。取得主要成果：矿区面积5.22平方千米，本次资源储量估算范围为采矿许可证规定的平面范围和开采标高范围－210～0米；矿山保有资源储量692.8万吨，其中(111)292.7万吨、(111b)421.7万吨、(122)31.8万吨、(122b)45.8万吨、(332)141.3万吨[其中东宝山矿区上层矿85.9万吨，各类矿柱40.5万吨，小口山矿区(闭坑)14.9万吨]、(333)84万吨；累计动用资源储量535.7万吨，其中采出量371.6万吨、损失量164.1万吨；累计查明资源储量1228.5万吨，其中(111)664.4万吨、(111b)957.4万吨、(122)31.8万吨、(122b)45.8万吨、(332)141.3万吨[其中东宝山矿区上层矿85.9万吨，各类矿柱40.5万吨，小口山矿区(闭坑)14.9万吨]、(333)84万吨。

十一、山东省兰陵县温庄矿区水泥用石灰岩矿矿山储量年度报告(2014年度)

2015年1月9日，提交山东省兰陵县温庄矿区水泥用石灰岩矿矿山储量年度报告(2014年度)。项目负责人：郭建。报告编写人：郭建、宿庆伟、孟庆斋。项目来源：山东江山水泥有限公司。取得主要成果：矿区面积3.05平方千米，截至2014年12月31日，累计查明资源储量11376.1万吨，累计动用资源量1501万吨，矿山保有资源储量9875.1万吨，其中(122b)资源量8172.7万吨(332)资源量376.4万吨(333)1326万吨；2014年矿山动用资源量约185.5万吨，采出矿石量180.9万吨，损失4.6万吨。

十二、山东省宁汶煤田义能煤矿资源储量年度报告(2015年度)

2016年3月1日，提交山东省宁汶煤田义能煤矿资源储量年度报告(2015年度)。项目负责人：李海波。报告编写人：李海翔、陈燕、李生清、孔祥

民。项目来源:山东义能煤矿有限公司。取得主要成果:矿区面积 30.53 平方千米,本次参与矿井储量统计的煤层共 3 层,分别为 3、16、17 煤,均为气煤;本年度矿井动用煤层为 3 煤层,其他煤层没有开采,且本次统计是在 2009 年资源储量年报基础上进行的;2014 年 10 月 31 日～2015 年 12 月 31 日,动用资源量的矿山累计动用储量 60.8 万吨,其中采出 58.5 万吨、损失 2.3 万吨,保有资源储量的矿山保有资源储量 9569.1 万吨,其中(111)690.1 万吨、(122)1579.8 万吨、(111b)862.6 万吨、(122b)1974.8 万吨、(331)134.7 万吨、(332)436.2 万吨、(333)6160.8 万吨,累计查明的资源储量的矿山保有资源储量 9629.9 万吨,其中(111)748.6 万吨、(122)1579.8 万吨、(111b)923.4 万吨、(122b)1974.8 万吨、(331)134.7 万吨、(332)436.2 万吨、(333)6160.8 万吨。

十三、山东省淄博市金岭铁矿区小高家庄矿段资源储量核实报告

2016 年 6 月 10 日～8 月 16 日,进行山东省淄博市金岭铁矿区小高家庄矿段资源储量核实。项目负责人:刘东义。报告编写人:张琦、于令芹、江露露、王海焦。项目来源:淄博市临淄金拓矿业有限公司。取得主要成果:矿段面积 0.12 平方千米,本次储量核实新圈定铁矿体 2 个,截至 2015 年 12 月 31 日,核实范围内保有资源储量 429.8 万吨,(122b)矿石量 47.5 万吨,(332)矿石量 14.1 万吨,(333)矿石量 227.1 万吨;累计查明资源储量 479.4 万吨,新增资源储量 60.8 万吨。

第四节　矿产研究及评价

八〇一队矿产研究及评价项目始于 2005 年,工作方向主要是矿山开采技术研究、矿山资源型城市持续发展研究、市县矿产资源规划基础研究等。截至 2017 年 12 月,共完成矿产研究及评价项目 10 个。以下简述其中 5 个重点工程、获奖工程。

一、临沂市凤凰岭煤矿煤炭开采技术与尾矿综合利用研究

2005 年 11 月～2006 年 7 月,进行临沂市凤凰岭煤矿煤炭开采技术与尾矿综合利用研究。项目负责人:李家田、赵有美、王兴涌。报告编写人:赵有美、李家田、王兴涌、黄炳香、姬广胜、甄学贞、满湲、袁春鸿、武羽晓、杨培举、钟新春、王君、侯桂元、王中尧、王燕、狄玉荣。项目来源:任务由山东省财政厅 2005 年 11 月下达,八〇一队与中国矿业大学共同承担。取得主要成果:通

过理论和与技术方案对比分析，确定凤凰岭煤矿的开采技术方法，提出采用快速掘进和光面爆破技术优化巷道的掘进工艺，以减小爆破对巷道围岩的扰动；理论分析巷道煤柱的载荷、塑性区的宽度以及煤柱尺寸的确定方法，提出巷道锚杆支护方法，并进行技术参数的理论设计与优化；凤凰岭煤矿具有发生煤矿冲击矿压的可能性，在井田内 13 条断层附近进行煤炭开采活动时应注意防范冲击矿压的发生；矿区地壳及其表层是稳定的，未发现新构造活动迹象，但在矿井主井附近的围梓村已形成轻微的采煤塌陷区，使围梓村的房屋产生裂缝；对凤凰岭煤矿煤矸石化学成分分析表明，该矿所产煤矸石化学成分以二氧化硅和氧化铝为主，而硫的含量较低，该煤矸石可作为水泥的混合材料和筑路的充填材料；新陷泥河受上游建材业、化工业等排放的污水影响，河水水质极差，多项离子严重超过饮用水质标准；伪斜上行短壁式、柱式、羽状探采相结合的采煤技术，以及理论分析得出巷道煤柱的载荷、塑性区的宽度以及煤柱尺寸等方面达到国内先进水平。

二、临沂市大汉石膏矿矿产资源开采条件技术改进研究

2005 年 11 月～2006 年 6 月，进行临沂市大汉石膏矿矿产资源开采条件技术改进研究。项目负责人：李家田、姬广胜、王兴涌。报告编写人：姬广胜、李家田、王兴涌、黄炳香、甄学贞、赵有美、满湲、袁春鸿、武羽晓、杨培举、钟新春、王君、叶景善、王燕、侯桂元、孟昭波、狄玉荣。项目来源：临沂市财政局。取得主要成果：矿区面积 2.62 平方千米，矿井工业储量 8103.6 千吨，矿井设计生产能力 200 千吨/年；矿层无瓦斯突出危险，由于本矿井主井与临矿井风井存在高差，通风方式为自然通风；查明矿区的工程地质条件及开采工程中的主要问题为大汉石膏矿矿床的工程地质条件属于较复杂型，矿井生产过程中最大的隐患就是矿房跨落；造成跨落的主要原因是矿柱尺寸偏小及忽视顶底板保护层的作用，次要原因是二次回采的影响；通过理论和数值模拟优化分析，确定采场围岩稳定条件下矿房宽 6 米与矿柱宽 6 米的最优开采方案，采出率可提高 12.9%；分析得出隔离层厚度 10 米时仍可保持矿井的安全开采，比现设隔离层可多回收 4 米厚的石膏资源，得出矿体开采中产生的废石在矿井中经人工分选后直接排入采空区，不运至地面；石膏矿石不含有害物质及放射性物质，对周围环境无污染，矿层及周围围岩不含水、断层不充水，矿井涌水量小，开采对地下水基本无影响；采取矿井充填技术或减少开采厚度及房柱式开采，可有效控制地表沉陷；该矿体赋存条件复杂，现有的开采方式不仅开采率较低，而且矿柱的留设尺寸及其稳定性也缺乏理论依据；该研究成果可以为类似石膏矿的安全高效开采提供借鉴，在中国特别是临沂地区具有广阔的推广应用前景。

三、枣庄中兴(煤矿)国家矿山公园综合考察报告

2007年10月～2008年6月,进行枣庄中兴(煤矿)国家矿山公园综合考察。项目负责人:赵志强。报告编写人:李生清、胡乐宝、刘启吉、安美艳、李鹏、李世伟、张金兰、李学春、郎静、朱宗伟。项目来源:枣庄市人民政府、枣庄市新中兴有限责任公司。完成主要工作:基础地质调查60平方千米,矿业遗迹调查60平方千米,矿山环境质量调查60平方千米,工程测量120点位,工程制图7张,多媒体申报片1张,成果报告1份。取得主要成果:枣庄中兴(煤矿)国家矿山公园拥有国内乃至国际著名的矿山,有保存完好的矿业遗迹,矿业遗迹内容丰富,具有典型性、稀有性,矿业遗迹综合评价为珍惜级;环境质量状况优良,区位条件优越,自然与人文景观融为一体,进行过系统的基础调查研究工作,土地使用权属清楚,基础设施完善,具有吸引大量游客的潜在能力,适宜矿山公园建设;通过本次工作,枣庄中兴(煤矿)国家矿山公园成功申报并获批第二批国家级矿山公园,是山东省获批的第一家煤矿国家级矿山公园;枣庄煤矿百年来开采生产遗留的重要矿业遗迹资源得到保护和永续利用,对于类似矿区矿业遗迹的保护具有重要指导意义。

四、山东省临沂市金泰铁矿矿产资源开采条件技术改进与尾矿综合利用研究

2008年1月～2009年1月,进行山东省临沂市金泰铁矿矿产资源开采条件技术改进与尾矿综合利用研究。项目负责人:姬广胜、王兴涌。报告编写人:姬广胜、李家田、王兴涌、张斌、甄学贞、高文峰、武法伟、赵有美、满湲、袁春鸿、于凌飞、尹建波、苏动、彭凯、王燕、魏月、徐源。项目来源:临沂市财政局。完成主要工作:1∶2000地质测量6.2平方千米,钻探3孔总进尺492.2米,控制测量及工程测量点20个,水质分析2件,岩矿分析60件。取得主要成果:矿区面积0.05平方千米,可采资源大部分赋存于地下,部分浅埋于地表,因此存在露天开采和地下开采协调和过度的问题;根据平均剥采比不大于经济合理剥采比的原则,确定合理的开采边界,通过陆路和数值模拟优化分析,确定铁矿由露天转地下井工开采时较为合理的隔离层厚度为16～18米,根据围岩力学性质进行理论计算,确定合理的矿柱留设宽度,提出金泰铁矿尾矿二次再选回收有用金属、工作建筑材料和生产高附加值的建筑装饰材料、用作充填材料以及进行土地复垦等建议;该项目成果可为类似铁矿安全高效最大限度开采利用资源提供借鉴。

五、枣庄市、淮北市和铜陵市矿业持续发展综合评价

2011 年 5～12 月，进行枣庄市、淮北市和铜陵市矿业持续发展综合评价。项目负责人：赵振华。技术负责人：魏鲁峰。报告编写人：赵振华、李念春、郝杰等。项目来源：该项目为中国地质调查局委托中国国土资源经济研究院进行资源型地区矿业持续发展综合评价工作的子项目。取得主要成果：在实地调研及理论研究基础上，首次建立“四位一体”(生存支撑系统、经济支撑系统、社会支撑系统和环境支撑系统)的矿业城市可持续发展评价体系；首次针对多个资源枯竭型城市归于一个评价体系下进行可持续性研究，并形成一套单个城市在时间上纵向研究与多个城市空间上横向研究的“横纵结合”的研究思路，可以更加全面地分析资源枯竭型城市可持续发展轨迹及现状；报告采用定性分析与定量分析相结合的方法，首先对三个矿业枯竭型城市进行实地调研，然后在此基础上根据评价指标体系进行定量评价；通过评价，铜陵市矿业可持续能力最高，属于强可持续发展，淮北市次之，为较强可持续发展，枣庄市相对发展水平较低，为基本可持续发展；通过对三个城市的可持续问题进行深入剖析，提出发展建议；由于资源枯竭型城市有许多发展共性，本次研究也可为其他资源枯竭型城市的发展提供借鉴。

第五节 主要获奖成果

八〇一队首个矿产地质获奖项目完成于 1987 年 5 月，该项目于 1988 年 6 月荣获地矿部成果奖励评审委员会地质找矿肆等奖。截至 2018 年 1 月，共有 16 项省内矿产地质成果荣获厅局级以上奖励。其中省部级奖励 4 项，厅局级奖 12 项。

表 2-6-1 矿产地质获奖成果汇总表

序号	获奖成果名称	奖励名称	奖励等级	授奖部门	获奖时间
1	山东省潍坊市寒亭区北部白浪河—圩河地段卤水初步勘查	找矿奖	肆等奖	地矿部成果奖励评审委员会	1988.6
2	临沂市凤凰岭煤矿煤炭开采技术与尾矿综合利用研究	科学技术奖	叁等奖	中国煤炭工业协会、中国煤炭学会	2009.6

续表

序号	获奖成果名称	奖励名称	奖励等级	授奖部门	获奖时间
3	煤矿深陷区超高压输电线路杆塔抗变形技术研究	科学技术奖	贰等奖	中国煤炭工业协会、中国煤炭学会	2009.6
4	薄煤层无人工作面煤与瓦斯共采关健技术与示范	科学技术奖	壹等奖	中国煤炭工业协会、中国煤炭学会	2015.11
5	枣庄中兴(煤矿)国家矿山公园综合考察报告	科学技术奖	贰等奖	省国土资源厅	2011.11
6	临沂市凤凰岭煤矿煤炭开采技术与尾矿综合利用研究	科学技术奖	壹等奖	省国土资源厅	2009.10
7	临沂市大汉石膏矿矿产资源开采条件技术改进研究	科学技术奖	壹等奖	省国土资源厅	2010.9
8	山东省济南市西部地区煤炭资源调查与潜力分析	科学技术奖	贰等奖	省国土资源厅	2010.9
9	世界重要国家(地区)矿产资源勘查投资指南	科学技术奖	壹等奖	省国土资源厅	2014.10
10	山东省淄博市西宝山矿区王村矿段扩界区耐火黏土矿勘查	科学技术奖	贰等奖	省国土资源厅	2015.11
11	枣庄市、淮北市和铜陵市矿业持续发展综合评价	科学技术	贰等奖	省国土资源厅	2016.12
12	临沂市大汉石膏矿矿产资源开采条件技术改进研究	科学技术进步奖	叁等奖	省地勘局	2011.3
13	山东省苍山县西大寨子地区铁矿普查	找矿奖	特别奖	省地勘局	2012.2

续表

序号	获奖成果名称	奖励名称	奖励等级	授奖部门	获奖时间
14	山东省临沂市金泰铁矿矿产资源开采条件技术改进与尾矿综合利用研究报告	科学技术进步奖	贰等奖	省地勘局	2012.2
15	山东省淄博市西宝山矿区王村矿段扩界区耐火黏土矿资源储量报告	科学技术进步奖	叁等奖	省地勘局	2014.12
16	山东省兰陵县程家村地区铁矿普查	科学技术奖	叁等奖	省地勘局	2018.1

第七章　钻探工程

钻探工程已经从单一为水文地质、工程地质勘探服务，转向为国民经济发展、生态、环境等服务，服务领域包括水资源勘探、水井和地热井施工、基础工程勘察与施工、矿山建设与救援以及城建、市政、交通、水利、水电、环保、地质灾害、地下管线铺设等诸多行业。

自 1958 年开始，至 2017 年 12 月，钻探工程项目总进尺 301.13 万米，其中，水文地质钻探进尺 88.76 万米，工程地质勘查钻探进尺 152.88 万米，桩基钻探进尺 46.82 万米，固体矿产钻探进尺 7.96 万米，地热地质钻探进尺 4.71 万米。

第一节　钻探技术发展

建队时成立生产技术办公室，负责探矿技术工作，探矿技术员有荆云龙、尚恩洪、胡浦元等。建有 2 个分队，后迅速发展为 5 个分队，机长 18 人，钻探工人约 360 人。最高开动钻机 18 台，主要进行城市和农村水文地质钻探。第四系采用合金肋骨钻头、清水钻进取心，钻进砂层时应用清水跟管取心，基岩地层采用钢粒钻进取心，钻孔最大直径 170 毫米、最深 100 米，1958 年完成钻探 32376 米。

1959～1960 年，最多开动钻机 19 台，完成钻探工作量 52752 米。

1960 年，为省部分地、县培养 30 多名钻探技术人员。

1962 年，最高开动钻机 20 台，完成钻探工作量 52752 米。

1963～1967 年，最高开动钻机 20 台，完成水文地质钻探工作量 56772 米。由技术员荆云龙、刘仲良和机长姚世发组成的大口径施工技术攻关小组，在肥城市道朗镇应用 XB500 型钻机、直径 50 钻杆施工大口径基岩井1眼，开孔口径 325 毫米，终孔口径 225 毫米。1963 年，为山东省部分地、县培养 36 名钻探技术人员。

20 世纪 60 年代初，为了支援农业建设，地质部召集各省水文地质队在河南省新乡市召开关于研究开展农田水文地质工作的会议。在许多单位会上反映需要能在平原区打大口径的钻机。当时参加会议的上海探矿机械厂领导及技术人员根据会上所提意见回沪后不久就设计出 SPJ-300 型大口径水井钻机，钻进深度可达 300 米。八〇一队当时的任务除进行平原区农田供水勘查外，还承担城市供水勘查任务(大多是在石灰岩分布区)，因受小口径钻机所限，在钻机出水量、富水性和资源评价等方面，小口径取得的资料往往不能正确反映含水层实际情况，需要施工大口径钻孔。八〇一队探矿技术人员根据 SPJ-300 施工情况和各项技术参数，大胆试用该钻机在基岩地区施工大口径钻孔，孔深甚至超过 300 米。试验成功后，八〇一队所有 SPJ-300 型钻机均能在基岩地区施工大口径钻孔，并形成一定的施工经验。上海探矿机械厂获此信息后十分惊喜，派专人到八〇一队了解情况，和探矿技术人员座谈，总结经验，提出改进意见。20 世纪 80 年代，安徽水文队承担淮北电厂供水项目，含水层为奥陶纪灰岩。安徽水文队仅能利用 SPJ-300 型钻机打小口径钻孔，对在基岩地区打大口径技术尚未掌握，缺少经验。安徽水文队派副队长、钻探技术人员和机长、班长来八〇一队专门学习。他们被分至各机台实践操作，跟班学习。

1968～1970 年，最高开动钻机 25 台，完成水文地质钻探工作量 49093 米。其间，八〇一队遵照地矿部指示为越南培养 21 名钻探技术人才。

1977 年，购置先进的钻探设备——气动潜孔锤车装黄河钻机 3 台，增压机 1 台，正常情况下中等口径钻探效率比钢粒和合金钻进提高 5 倍以上，并且解决缺水地区的施工问题；二氧化碳洗井，为处理井孔增添了新的手段，同时还拟进行气举反循环和泵吸反循环钻进的工艺试验，从而提高在国内竞争的能力，进而为打入国际市场打下坚实的基础。

1960～1978 年，钻探工程的技术装备、工艺技术、生产管理逐渐摆脱了苏联模式的影响，走上独立自主发展钻探工程事业的道路。采用合金钻头、针状合金钻头以及钢粒钻进。合金钻头的设计主要有品字形、密集式、掰口式、阶梯式、螺旋肋骨式和阶梯肋骨式等。钢粒钻头也多采用厚壁双弧水口形式，并在提高效率、延长钻头寿命方面取得较好成果。在苏式手把钻机上推广使用手轮给进和不停车倒杆器活动，与此同时还全面推广应用“土电梯”、铁基台、拧管机、电气开关柜、泥浆搅拌机、人字梯、喷射式井底局部反循环钻具等。

1971～1981 年，完成水文地质钻探工作量 215520 米。1981 年，八〇一队 302 机大口径基岩井台年进尺达到 2503 米，创造省地质局最高纪录。

自 20 世纪 80 年代，钻探工艺采用金刚石小口径绳索取芯钻进技术、金刚石井底液动冲击回转钻探技术，并对人工受控定向钻探技术进行生产试验，取得理想效果。在护孔工艺方面，应用以聚合物处理剂为主的低固相不分散泥浆及无黏土相钻孔洗井液。在水文水井钻探方面，开展新型水井钻和桥式滤水管以及二氧化碳洗井等新技术、新工艺。潜孔锤钻进、牙轮钻头、气举反循环钻进以及泵吸反循环钻进工艺也开始被推广使用。

1985年，采用潜孔锤钻机，钻凿终孔口径225毫米、孔深450米以上的基岩水井10余眼。

1986年，应用SPC300型钻机、1台增压机、3台空压机，在济南进行空气潜孔锤试验钻进深度300米。

自1992年起，八〇一队承担多项钻孔灌注桩、沉管桩、预制桩、深层搅拌、高压旋喷等软基础处理工程，以及水源地勘查、开发水井、地热井钻探、锚杆施工、桩身质量检测等各种工程，稳步进入和占领建筑市场、工程勘察施工市场，为山东省国民经济建设做出新贡献。钻探工艺方面也不断改进，采用潜孔锤正循环钻进工艺，口径152～350毫米。小口径浅孔使用空气作为冲洗液，大口径深孔使用泡沫作为冲洗液，又开展潜孔锤反循环钻进工艺的研发，目标是利用该技术实现直径400毫米大口径钻进300米。

2008年开始，进行矿区大口径钻探、地热钻探，开发利用潜孔垂钻探，并承担各项地灾、压矿、水文地质勘查等工作。大口径潜孔锤钻进工艺的全面采用，彻底解决基岩钻进效率低、成井时间长、洗井困难、出水量小等基岩钻探的瓶颈问题。

第二节 钻探工程主要成果

20世纪50年代末，八〇一队在济宁地区首先采用苏式手把岩心钻探钻机(当时中国还没有专门的水井钻机)和自己设计的水井钻具、井管下管机具及工艺，试钻成0.8～1.2米井径的50～130米深的大口径机井。

20世纪60年代初，八〇一队探矿技术人员在上海探矿机械厂设计的用于第四系地层水井施工的SPJ-300型水井钻机的基础上，经过技术革新，将该钻机成功应用于基岩井施工，并在郑州探矿会议上做经验介绍，开启该钻机应用于基岩井施工的新纪元。

1966年，承担毛里塔尼亚首都努瓦克肖特水文地质勘查和塞内加尔水井施工任务，开动钻机5台，探矿技术人员为杨恩信、尚恩洪，钻探设备为XU650型、SPJ-300型，应用牙轮钻头、钢粒、卵砾石地层跟管钻进技术，共计施工钻孔251个，打井106眼，钻探工作量总计14774米。

1968～1972年，应用SPJ300型钻机和自行研制的配套设备工具、CB5-540型水泵，先后完成平阴、北镇两座山东省最早的黄河公路特大桥大口径桩基钻探，施工钻孔 190 个，钻探进尺 1 万米，施工桩径 1500 毫米，桩深 107 米，为国内首创，设计并加工的锥形钻头、双腰带四翼钻头、螺旋内筋骨钻头等也为国内独创，荣立贰等功的有荆云龙、刘仲良、侯英明。

平阴黄河大桥桩基施工工程始于 1968 年冬季，当时特别寒冷。在黄河岸及河床内施工，四周全为荒野，无任何遮挡。特别是黄河河床内，冰冷的河水透着彻骨的寒气自下而上透过钻机下木板缝直穿而上。工人们穿着棉袄、棉裤都难以阻挡严寒袭人。每次钻机提钻、下钻，钻杆立即结冰，手套和钻杆冻连在一起，拆卸钻杆时往往因接手处被冻住需用喷灯烤热后才能卸开。泥浆池要经常人工搅动，以免受冻结冰影响泥浆循环。在严寒三九节气里，黄河上游大面积冰凌顺流而下，因下游黄河已封冻，河水和冰块不断上涨，影响施工和钻机安全，形势危急。后经部队在下游实施爆破后才继续施工。工程总指挥济南军区工程兵马司令已年过半百，每日清晨乘小船自河的南岸向北巡视检查工程进度，了解情况。早饭后组织有关人员研究解决问题。由于任务紧迫，1969 年元旦及春节不放假，继续施工。工人们毫无怨言，齐心协力，各机台展开劳动竞赛。在保证工程质量的前提下，提前完成任务，受到工程指挥部的表扬。

1966～1973 年，为解决山东省山区和沿海地区的严重缺水问题，派出大批技术人员分赴济南、淄博、泰安、济宁、临沂、潍坊、烟台等地（市），与当地水利部门人员一起深入各县、公社、生产队，翻山越岭，不畏劳苦，为当地居民找水定井。据不完全统计，这期间为地方定井近两千眼，许多祖辈缺水的地方打出好井，满足人畜饮用和农业点种用水的需要。

1971 年，应用 SPJ-300 型完成招远第一眼地热井，采用钢粒钻进，孔深 300 米，水温 90 摄氏度，水量 120 立方米/天。1971 年，共完成地热钻探工作量 29133 米。

1971～1972 年，完成毛里塔尼亚努瓦克肖特市城市供水项目，开动转盘钻机 1 台，完成生产井 18 眼，勘探孔 2 个，观测孔 5 个，工作量约 2000 米，同时完成农畜用水井 50 眼，口径 1.8 米（人工挖掘）。

1976～1978 年，支援塞内加尔，完成打井任务，开动钻机 3 台，完成 20 眼装备井，10 组钻孔井，钻探工作量 7326 米，完成超大口径工作量 1200 米，应用 SPJ-300 钻机成功完成一眼井深 24.59 米、直径 2050 毫米的水井。同时，完成人工挖井 30 眼，工作量 600 米左右。

1984 年，应用 SPC600 型钻机完成济南市铸锅厂（山大路与山大北路交叉口西南侧）钻孔，开孔口径 426 毫米，终孔口径 225 毫米，井深 700.54 米，为全国最深水井，并应用牙轮钻头钻进和牙轮钻头绳索取心技术，主要完成人为尚文洪、赖红五。

1986 年，八〇一队提交山东省济南市长清—孝里铺地区供水水文地质勘探钻探施工技术报告，完成第四系钻孔16个，钻探进尺695.20米；完成大口径基岩孔36个，钻探进尺10170.80米；解决第四系和基岩不稳定地层止水问题。成果完成人：朴殿臣、孙炳伦、杨恩信等。

1986年，在淄博市复杂水文地质(卵砾石砂石)条件下，完成淄博铁路站铁路与公路大直径钢筋混凝土沉井(集水井)施工，并成功进行清渣和封底，沉井(集水井)直径9米，深度14米。

1988～1990年，由副队长赵志玉带队，先后12人赴埃塞俄比亚承包水井钻探施工任务，采用潜孔锤钻进技术，在承接河床卵砾石地层上施工。开430毫米(终250毫米)孔径，完成钻孔12个，总钻探工作量1300米，其中成井8眼。

1991年，应用SHB127/70双壁钻杆、SPJ-300钻机、2W-9/7型空压机、中心孔直径244.5毫米牙轮钻头，在济南肿瘤医院进行气举反循环试验并取得成功，钻孔终孔深度300米，终孔口径245毫米。

1995年，104机台利用SPJ300型钻机在胜利油田曹桥牛庄水源地完成大口径第四系水井1眼，井深600.79米，口径450毫米，为桥式过滤管填砾井。主要钻探人：李再水。

1998年，在北郊林场应用气举反循环钻探新工艺钻进基岩地热井，井深976米，刷新省内反循环钻进井深782米的纪录。试验证明：双尾比达到了八分之一远远大于理论值四分之一。成果完成人：赖红五、孙丙伦、赵光贞、刘玉仙、董光珠。

1999年，在原有供水井施工基础上，向第四系地热井进军，完成聊城聊百地热井，孔深1200.80米，终孔口径245毫米，终孔口径采用橡胶塞止水、非填砾、缠丝过滤管技术完成新近系馆陶组热储地热井，应用SPJ-1000型钻机、BW850/50型泥浆泵。该井的钻探设计与施工完成人为赵光贞、吴敬辉、刘玉仙、董光珠。地热井孔深和钻探工艺为八〇一队首创，开启了省地勘局孔隙地热井钻探技术的序幕。

2003年，完成山东省齐河县1号探采结合地热井，井深1601.57米，终孔直径152毫米，应用金刚复合片、气举反循环钻进新工艺，解决施工效率和漏失埋钻问题。试验证明：双尾比达到1∶15，远远大于理论值1∶4，创造省地勘局气举反循环钻进最深纪录。该成果报告于2005年获省地勘局优秀勘查项目壹等奖、科学技术进步贰等奖，主要钻探设计与施工人：赵光贞、刘玉仙、蒋杰。

2005年，108机应用TSJ2000E钻机完成的淄矿集团岭子煤矿大口径基岩排水孔(特种钻孔)，井深674.2米，终孔口径426毫米，水平位移5.64米，应用气举反循环加垂钻技术。钻探设计与施工人赵光贞、刘玉仙、蒋杰、张同锦。

2008～2013 年，进行刚果共和国奎卢省布谷马西矿区钾盐勘探工作，投入 XY-5 型钻机 5 台，利用八〇一队研制的特种钾盐油基泥浆和 PDC 金刚石复合片绳索取芯钻头，完成勘探孔 21 个、水文孔 8 个，总计工程量18360.41 米，其中，勘探孔 16658.1 米、水文孔 1702.31 米。《刚果（布）奎卢省布谷马西矿区钾盐矿勘查》项目获得国土资源部壹等奖，钻探设计与施工人：赵光贞、张民学、潘光辉。

2010 年，完成淄矿集团唐口煤业公司基岩大口径超深定向输浆孔钻井，井深 1028.68 米，终孔口径 245 毫米，应用水泥造壁加垂钻加特种堵漏泥浆技术，控制井斜 0.335°/100 米（井底水平位移 6.02 米），创全国最深的基岩大口径超深定向输浆孔钻井。钻探设计与施工人：赵光贞、刘玉仙、任洪成。

2011 年，应用 TSJ-2000E 钻机在淄博北苑完成最深地热孔，孔深 1964 米，创造省地勘局气举反循环钻进最深纪录。

2010～2011 年，山东大旱，八〇一队抗旱打井。主要施工区域为济南市（43 眼）、淄博市（19 眼）、临沂市（10 眼），总共施工水井 82 眼，其中，第四系井 23 眼，基岩井 59 眼，总钻探工作量 13219.21 米。基岩井钻探工艺主要采用潜孔垂钻进，少量孔采用钢粒钻进，最深基岩井 309 米，钻探人员有：刘玉仙、赵光贞、杨颖等。

2014 年，利用 XRYS1260 型空压机 1 台（风量 36 立方米/分、压力 3.45 兆帕），在水位很高的条件下应用泡沫潜孔锤钻进，极限深度 600 米（钻孔直径 203 毫米）。

2014～2015 年，采用定向钻进技术，完成肥城钾盐开发井对接井工程，合同金额 3358.86 万元，完成对接井 8 对，钻探工程量 24000 米，是省地勘局首次井下大口径对接，关键技术是利用螺杆马达钻进和无线随钻测量。

2016 年，利用 TSJ-2000E 钻机、XRYS1260 空压机 2 台、巨峰 B18-62-2175 增压机 1 台（80 立方米/15 兆帕），在烟台招远市岭南金矿广场西北，采用潜孔锤加垂钻技术，完成花岗岩地层矿山用特种投料孔，孔深 1123.264 米，终孔口径 260 毫米，控制顶角 0.36°/100 米，水平位移距 12.61 米，创省地勘局潜孔锤钻探最深、精度最高纪录，钻探设计与施工人：为刘玉仙、赵光贞、任洪成、蒋杰、徐建东、张民学。

2015 年 12 月 25 日，平邑石膏矿发生矿难事故。2016 年 1 月 8 日，救生孔钻孔在 160 米处发生埋钻事故，在德国专家无能为力时，八〇一队经过近 50 个小时的处理，解除了埋钻事故，利用大口径救生通道，顺利救出 4 人。该救生通道口径 600 毫米、孔深 220 米，采用潜孔锤局部反循环工艺施工。刘玉仙、张同锦参加了卡钻事故的处理。

第三节 主要获奖成果

自 1985 年 1 月相纸测斜仪获得地质矿产部科技成果肆等奖，截至 2017 年，先后有 8 项钻探成果获奖。

表 2-7-1　　钻探类主要获奖成果一览表

序号	获奖成果名称	获奖类型及等级	颁发部门	获奖时间
1	相纸测斜仪	科技成果肆等奖	地质矿产部	1985.1
2	SPC-600R 型水文井钻机离合器试制	科技进步奖肆等奖	地质矿产部	1989.1
3	山东长清孝里铺地区供水水文地质勘探钻探施工报告	地质勘查叁等奖	地质矿产部	1992.5
4	齐河 QDJ-1 号地热井钻进工艺技术	科学技术进步奖科学技术应用贰等奖	省地勘局	2005.7
5	山东省齐河县 1 号探采结合地热井	优秀工勘壹等奖	省地勘局	2005.11
6	山东省无棣县 DR-1 号地热井	优秀工勘叁等奖	省地勘局	2005.11
7	潍坊市滨海新区地热井勘查施工	科学技术奖贰等奖	省国土资源厅	2012.2
8	潍坊北大科学技术房地产开发有限公司寿光三官庙地热井地质报告	科学技术进步奖贰等奖	省地勘局	2012.2

第八章 物 探

从 1958 年建队到 2017 年，八〇一队物探队伍不断发展壮大。根据技术人员状况，仪器设备改进及分析方法，新技术应用，解决水文地质、工程地质、矿产地质、地热地质等领域问题的能力及精度等方面，其发展历程大体分三个阶段。

一、第一阶段——初步发展阶段(1958～1979 年)

在该阶段，物探队伍一步步发展，从开始的无物探专业技术人员到后来几个物探专业技术人员。这期间物探使用的仪器 DD-2A(2B)型电子补偿仪、甚低频电场仪、机械式磁力仪等电法仪器，人工绘制图件，主要以服务水文地质调查项目为主，开展了一些物探工作，较好地完成及解决了水文地质问题。

二、第二阶段——发展阶段(1980～2000 年)

从 1980 年开始，陆续接收分配的大中专院校物探专业毕业生，到 2000 年专业技术人员近 10 人，学历从中专到本科。物探仪器设备不断更新改进，最主要特点是从机械式向电子仪器发展，如 WDJD-2 型直流机电仪、D2D-6 型多功能直流电法仪、北京地质仪器厂生产的找水激电仪等。这些仪器的测量参数增多，可测量视电阻率、视极化率、半衰时综合参数等，为较准确判断地下水地质体特性提供多参数依据，提高解释精度，也扩大应用领域。为配合承担的勘察项目，还专门引进了上海地质仪器厂生产的综合测井车，为准确推测含水层及含水特性提供有力证据。

在该期间，承担多个水源地勘查项目的地面物探及测井工作，很好地服务于水文地质项目，发挥应有的作用，并取得良好的效果。

三、第三阶段——发展状大阶段(2001～2017 年)

该阶段最大特点是物探设备仪器的改进，以及国内外新方法、新技术的广泛应用，先后购买和引进高密度电法测量系统、浅层地震仪、LTD 探地雷达、加拿大凤凰地球物理公司生产的 V8-6R 电法工作站、JGS-1 型智能工程测井系统、PM-2 型质子磁力仪、大功率直流激电测量设备、跨孔 CT、瑞典瞬变电磁仪等国内外先进仪器。这些仪器都配有专用软件，可整理资料与成图，广泛应用于水文、工程、地热、找矿、城市地质及环境地质等领域。利用新方法、新技术的综合物探手段可解决大量以前无法解析的地质问题。这些方法不仅提高工作效率和经济效益，增加勘探广度、深度，而且提高解释精度，可为准确解释地质问题提供可靠的基础资料和依据。

截至 2017 年 12 月，从事物探工作专业技术人员 21 人，都具有本科或硕士研究生学历。随着队伍的不断壮大，新方法、新技术应用的不断发展，物探工作也不断开拓，进入新的发展阶段。

物探工作广泛应用于水文地质调查、环境地质调查、矿产地质勘查、地热地质勘查等各类勘查项目中。截至 2017 年 12 月，共完成物探工作 1308 项。由于多数物探报告都作为附件含在项目报告中存档，单独成册物探报告 265 份。获得厅局级奖励的成果 1 项(2015 年 12 月，山东省千佛山医院保健综合楼探地雷达项目获得山东土木建筑学会岩土创新贰等奖)。完成主要工作：遥感解译面积 17391.43 平方千米，物探剖面 4074 条 4620.79 千米，物理点 243457 个，物探测井 915 眼，测井长度 88019.95 米，波速测井 2638 孔，地微振 687 点，测量数据点 53862 个。

第一节　水文地质物探

利用物探技术，在水文地质调查、寻找水源地、定井工作中，基本查明工作区水文地质条件、含水层空间分布情况，对水源地建立、地下水可采资源开发利用进行有效的判断，为后续工作的开展提供依据。辅助完成 403 项水文地质勘查工作，测井 460 眼，测井长度 27289.97 米，物探剖面 385 条，长 1576.39 千米，物理点 20133 个。

一、济南市长清区马山镇双泉庄附近水文物探定井

2004 年 5 月，提交济南市长清区马山镇双泉庄附近水文物探定井报告。项目负责人：王合秋，主要完成人：吕培民等。受山东省军区帮扶村项目组委

托，在确定第四系厚度，了解风化层的深度；确定打井的具体的位置。取得主要成果：解译第四系厚度及基岩风化层底界面埋深。建议在物探4号点打井，井深为30～35米，竖井打到30米后，再垂直山沟方向打一横井，以增加井水的渗透补给。

二、济南至莱芜高速公路服务区、收费站、隧道口附近水文物探勘探

2006年10月，提交济南至莱芜高速公路服务区、收费站、隧道口附近水文物探勘探报告。报告编写人：李树荣、郑雪飞等。受山东省京沪辅线济南至莱芜高速公路工程项目建设办公室委托，为利用水文地质测绘及物探方法确定水井的位置、井深及井的结构。取得主要成果：确定井位14处：其中港沟收费站、伙路隧道、蟠龙收费站、蟠龙隧道、彩石收费站、曹范收费站、章丘服务区、埠村收费站、上游隧道主要含水层均为寒武纪—奥陶纪灰岩，开孔井径385毫米，终孔219毫米，井深300～500米，终孔219毫米，推测单井出水量5～30立方米/天；上游收费站、雪野湖停车区、莱芜新区收费站主要含水层为花岗岩，井径4米×4米，井深10～15米，单井出水量5～15立方米/天；莱芜北收费站及莱芜服务区主要含水层为第四系，井径0.55米，井深30米，井管选用325毫米镀锌桥式滤水管，推断单井出水量5～15立方米/天。全分析水质分析4件。

三、禹城市后备水源地水文物探工作

2010年1月，提交禹城市后备水源地水文物探工作报告。报告编写人：时彦芳等。受禹城市自来水公司委托，为确定工作区古河道位置；探测区内含水层空间分布情况，进行了禹城市后备水源地水文物探工作。完成主要工作：视电阻率测深剖面长度9.1千米，视电阻率测深物理点100个。取得主要成果：基本查明了工作区古河道位置和含水层分布特征；钻孔位置布于各剖面上的相对高阻地段，建议第一眼井井深300米全取岩芯，并进行物探测井，确定含水层位置，指导以后钻井钻探深度。直流垂向电测深剖面3条。

四、临朐县高家店子物探工作

2010年4～5月，提交临朐县高家店子物探工作报告。项目负责人：李树荣；报告编写人：李树荣、王振花等。受山东省地质环境监测总站委托，为查明工作区内是否有构造存在和玄武岩底板埋藏深度，进行高家店子物探工作。完成主要工作：完成了电测深剖面2条，联合剖面3条。取得主要成果：查明了工作区玄武岩底板埋藏深度。

五、山东省胶南市藏马山度假区水文物探

2010 年 5～6 月,提交山东省胶南市藏马山度假区水文物探报告。项目负责人:李树荣、宋希利。报告编写人:宋希利、李树荣、王振花等。受青岛地质工程勘察院委托,查明工作区内断裂构造的位置及展布方向,了解断裂构造及附近电测深剖面上破碎带地质情况,根据物探结果确定水井位置。完成主要工作:完成 CSAM 可控源音频大地电磁法物理点 27 个,物理点 431 个。共完成联合剖面线 20 条,其中质量检查点 22 个,CSAMT 法剖面 3 条,物理点 27 个,激电测深物理点 23 个,其中质量检查点 2 个。取得主要成果:推断工作区存在断层 4 条,确定布孔井位 4 个。

六、济南蓝石西湖建设项目水文物探工作

2011 年 1 月,提交济南蓝石西湖建设项目水文物探工作报告。项目负责人:宋希利。报告编写人:宋希利等。受济南蓝石田源置业有限公司委托,为推断工作区是否存在断裂构造,在委托方指定的可定井区域内确定最佳布井位置。完成主要工作:直流垂向电测深剖面 3 条。取得主要成果:基本查明了工作区古河道位置和含水层分布特征;钻孔位置布于各剖面上的相对高阻地段,建议第一眼井井深 300 米全取岩芯,并进行物探测井,确定含水层位置,指导以后钻井钻探深度。

七、山东省 1∶5 万区域水文地质调查西由、朱桥幅物探工作

2013 年 7 月,提交山东省 1∶5 万区域水文地质调查西由、朱桥幅物探工作报告。项目负责人:王振花。报告编写人:王振花、宋希利。为完成省国土资源厅下达的山东省 1∶5 万区域水文地质调查西由、朱桥幅任务书进行了物探工作。完成主要工作:直流垂向电测深 290 个物理点,高密度电法剖面线 5 条测深点 300 个。取得主要成果:推断了工作区咸淡水分界面,提出了建议钻井位置 9 处。

八、趵突泉附近构造裂隙带勘察工程物探测试

2014 年 5～10 月,提交趵突泉附近构造裂隙带勘察工程物探测试报告。项目负责人:李树荣。报告编写人:耿祥峰等。受济南大学委托,了解趵突泉附近浅层地下径流通道,为济南保泉提供科学依据。取得主要成果:场区内的各泉群主要通道为胶结砾岩层。

九、黑虎泉至珍珠泉一线构造带勘察工程物探测试

2014 年 5～11 月，提交黑虎泉至珍珠泉一线构造带勘察工程物探测试报告。项目负责人：李树荣。报告编写人：耿祥峰等。受济南大学委托，了解舜井附近地下是否存在构造断裂、碳酸岩体突起等地质现象，为济南保泉提供科学依据。完成主要工作：高密度电法 8 条，物探测试点 2550 个；浅层地震法 3 条，剖面长度 350 米。取得主要成果：场区内的舜井主要是受奥陶纪灰岩顶板突起的影响形成的。推断出了工区内风化裂隙发育带的位置，基本查明了工区灰岩顶板埋深及突起的位置。

十、济南青龙山供水有限公司小龙堂村—东彩石村周边水文地质调查及物探勘查

2014 年 10 月，提交济南青龙山供水有限公司小龙堂村—东彩石村周边水文地质调查及物探勘查报告。项目负责人：于大璐。报告编写人：于大璐、蔡有兄、吴迪等。济南青龙山供水有限公司委托，提出可供利用的施工钻探井位或有利地带。进行了济南青龙山供水有限公司小龙堂村—东彩石村周边水文地质调查及物探勘查工作。完成主要工作：1/5 万的水文地质调查 90 平方千米，1/25000 的水文地质调查及物探勘察 30 平方千米，大功率多参数激电测深 62 点，机民井抽水试验 40 台班。取得主要成果：勘查区内断裂构造虽不发育，勘查区北部有岩浆活动，地下层状灰岩厚度较大有被构造破坏遭地下水侵蚀的可能性且有溶蚀现象，具有一定的汇水面积具备地下水流动、赋存形成的空间等水文地质条件。发现断裂构造或密集裂隙富集带 3 条。建议钻探验证：武警加油站北 80/3-1 点、小龙堂东 115/1 点及小龙堂东北108/6 点。

十一、山东省临沂市蒙阴县自来水公司西关水厂引水工程水源地建设可行性研究项目物探工作

2016 年 5～6 月，编制山东省临沂市蒙阴县自来水公司西关水厂引水工程水源地建设可行性研究项目物探工作报告。项目负责人：常和平。报告编写人：常和平、万晓磊、刘昌亭等。受蒙阴县自来水公司西关水厂委托，通过物探工作大致查明了调查区第四系覆盖层厚度、断裂构造、相对富水区域。完成主要工作：可控源音频大地电磁法剖面 7 条总长度 3650 米，共计 80 个点，质量检查点 10 个；视电阻率测深剖面 6 条，总长度 2680 米，共计 54 个点，质量检查点 4 个。取得主要成果：物探推断了下 3 条断层，推断了覆盖区第四

系厚度,结合地质、水文地质资料推断三处岩石破碎、岩溶发育区,为相对富水区。

十二、山东省烟台市573工程水源项目物探工作

2016年8～9月,提交山东省烟台市573工程水源项目物探工作报告。项目负责人:常和平。报告编写人:常和平、李震等。受中国人民解放军96101部队573工程指挥部,为通过物探工作大致查明调查区第四系覆盖层厚度、断裂构造、相对富水区域等情况,进行了山东省烟台市573工程水源项目物探工作。完成主要工作:天然场选频法剖面12条总长度4690米,共计481个点,质检点50个;高密度电阻率剖面5条,总长度2675米,共计540个点,质检点60个;视电阻率测深剖面4条,总长度600米,共计26个点,质检点3个。取得主要成果:物探推测了9条断层。D1剖面74号点附近、D2剖面8号点附近、D2剖面16点附近,为断层相对赋水区域。

十三、淄博市自来水公司东风水厂附近水文物探成果

1998年3月,提交淄博市自来水公司东风水厂附近水文物探成果报告。报告编写人:宋希利、吕培民等。受淄博市自来水公司东风水厂委托,在推断工作区是否存在隐伏断裂构造,如存在确定其走向与倾向并了解了东风水厂1号井和3号井西空地位置地下岩溶、裂隙发育段位置及富水情况。完成主要工作:物探剖面4条,激发极化测深点7个,控制面积0.9平方千米。视电阻率测深物理点43个。取得主要成果:推断北东向断裂有一条北东向断层,1号点和3号点附近地下80米以下灰岩岩溶、裂隙较发育且层数多,富水性较好。

十四、济南白云山生物工程公司凿井供水工程物探定井

2003年7月,提交济南白云山生物工程公司凿井供水工程物探定井成果报告。报告编写人:李树荣、颜承芳等。受济南白云山生物工程公司委托,为查明该区第四系厚度以及第四系与基岩风化层内是否存在淡水,基岩的岩性,是否存在大理岩体,是否有富水性较好的断裂构造,对该公司进行凿井供水工程物探定井工作。完成主要工作:激电测深剖面3条,13个点。取得主要成果:基本查明区内第四系厚度以及基岩破碎带位置,圈定大理岩存在的最有利部位,并结合水文地质条件布设孔位一处;钻孔位置布设在102/2附近,建议孔深150～200米,推断地层0～30米第四系土层、30～80米大理岩裂隙发育、80～150米大理岩稍微发育,大理岩完整。

十五、山东泰山房地产有限公司蟠龙山水项目物探工作

2005 年 12 月，提交山东泰山房地产有限公司蟠龙山水项目物探工作成果简报。项目负责人：李树荣。报告编写人：李树荣等。受山东泰山房地产有限公司委托，为确定打井位置，在蟠龙山项目区域进行物探工作。完成主要工作：物探剖面 4 条。取得主要成果：基本查明测区内的构造裂隙发育区；建议孔位布设在 1 线 40 点及 4 线 200 点处，孔深 600 米，以揭穿寒武纪张夏组灰岩，推测单井涌水量 500～800 立方米/天。

十六、黄河三角洲高效生态经济区地下淡水资源评价物探工作

2012 年 6～8 月，编制黄河三角洲高效生态经济区地下淡水资源评价物探工作成果报告。项目负责人：王振花。报告编写人：王振花等。受山东省地矿工程集团有限公司委托，为确定地下咸水和深层淡水的分界面，根据需要确定水文地质孔孔位，进行黄河三角洲高效生态经济区地下淡水资源评价物探工作。完成主要工作：物探剖面线 17 条总长度 263.9 千米，测深点共 363 个，其中质检点 23 个，已知孔 3 个。取得主要成果：确定地下咸水和深层淡水的分界面。

十七、济南市白泉泉群水文地质勘查物探工作

2012 年 11 月～2013 年 6 月，提交济南市白泉泉群水文地质勘查物探工作成果报告。项目负责人：王振花。报告编写人：王振花等。受济南市园局的委托，承担济南市白泉泉群水文地质勘查项目中物探工作的任务。完成主要工作：物理点含质检点 23 个，已知孔 22 个。取得主要成果：推断工作区隐伏断层 2 条、垂直方向的地层序列、奥陶纪灰岩顶板的埋深（即第四系厚度）、各物探线上的岩溶相对发育和第四系含水层的分布情况。

十八、沂蒙山区板泉崖幅、临沭县幅、李庄镇幅 1∶5 万水文地质调查物探

2014 年 5 月～2015 年 3 月，编制沂蒙山区板泉崖幅、临沭县幅、李庄镇幅 1∶5 万水文地质调查物探成果报告。项目负责人：宋希利。报告编写人：宋希利、代方园、段爱民等。受中国地质环境监测院委托，探测区内各主要含水岩组的空间结构、岩性特征、空隙发育程度及其富水性，为建立主要含水岩组三维空间立体结构提供地质依据。完成主要工作：9 条剖面线，总长度 85.5 千米，测深点总数 527 个。取得主要成果：推断各剖面第四系厚度、砂层分布

及厚度、断层 16 条、构造点 13 个，圈定主要岩溶裂隙发育位置 8 处、裂隙发育与破碎位置 26 处，推测岩性分界线 1 处。

第二节　工程地质物探

物探是工程地质勘查中常用的技术和方法之一，随着物探方法在工程地质勘查中的发展应用，工程地质勘查的水平进一步得到提高。利用高密度电法、瞬变电磁法、可控源音频大地电磁法等方式得到的资料，推断出地层结构及空间分布情况，为基础施工提供依据。辅助完成 739 项工程地质勘查工作，波速测试孔 2638 个，地微振测试 687 点，物探剖面 2373 条，长 588.6 千米，物理点 45880 个。

一、开元山庄 7、8 号楼基工程物探工作

1998 年 11 月，提交开元山庄 7、8 号楼基工程物探工作简报。项目负责人：刘世俊。报告编写人：李润祥、刘世俊、李淑霞等。受开元山庄委托，在了解其地下基岩起伏面埋深、溶洞及裂隙发育情况下，为楼基的基础处理提供必要的依据。完成主要工作：高密度电阻测量剖面 6 条，物理点 2250 个。取得主要成果：在 7 号楼基坑中部存在起于灰岩表层的溶洞群，表层溶洞群的底部埋深大于 3 米以上，且部分有黄泥充填，另外在 17.6 米处有一埋深 4.5～10 米直径 4 米的溶洞，该溶洞内有水与泥质的充填物；7 号楼基坑的东北部存在南东—北西向断层，该断层向北西延展到 8 号楼基坑北侧，与另一条东西断裂交汇，在 8 号楼基坑东部形成复合部位，在两断层后期形成的深沟中，沉积有较厚的第四纪黏土、砾岩、胶结物及滚石，成为工程地质的不良地质因素。

二、济南绕城高速公路东段工程物探勘查(K41＋550～K41＋850)

1998 年 11 月，编制济南绕城高速公路东段工程物探勘查资料(K41＋550～K41＋850)报告。项目负责人：刘世俊。报告编写人：刘世俊、胡学峰、牛长山等。受山东省交通规划设计院委托，在了解该区段岩溶发育及分布情况下，对地基稳定性作出评价，提出地基处理方案建议。取得主要成果：K41＋715～K41＋800 段为断裂破碎带，灰岩岩溶发育，推断该段路基下埋深 35 米以上发育有干溶洞。

三、山东省省级汽车掩体库工程物探

2004 年 5 月，提交山东省省级汽车掩体库工程物探报告。项目负责人：

李树荣。报告编写人：李树荣等。受济南市长清区马山镇双泉庄村委托，探测人防工程是否有断层、破碎等地质现象，探明工区的地质条件。完成主要工作：浅层地震勘探剖面 2 条，总长 160 米，物理点 792 个；11 个瑞利波勘探点；常时微动共布设 6 个勘探点。取得主要成果：建议隧道的开挖地段位置沿山脊 1 号钻孔北 80 米处进行施工较为有利。

四、五莲山三关隧道工程物探

2006 年 6 月，提交五莲山三关隧道工程物探报告。项目负责人：李树荣。报告编写人：李树荣、苗德刚等。受山东省交通规划设计院委托，为查明隧道进出口及三关村附近覆盖层的厚度、基岩的构造裂隙发育及空间分布情况，进行五莲山三关隧道工程物探工作。完成主要工作：浅层地震折射波法，测线 264 米，测量数据点 264 点，物理点 22 点；瑞利面波法，数据点 264 点，物理点 22 点；电阻率测深法，测线 260 米，测量数据点 420 点，物理点 38 点；电阻率联合剖面法，测线长度 280 米，数据点 60 点，物理点 30 个点；声波测井，测线长度 192 米，392 点，8 个钻孔；岩心声波测试 44 件。取得主要成果：推断出覆盖层厚度及基岩的构造裂隙发育及空间分布情况。

五、山东省政协机关住宅楼 3#、4#、5# 楼开挖基坑地基工程物探测试

2007 年 12 月，提交山东省政协机关住宅楼 3#、4#、5# 楼开挖基坑地基工程物探测试报告。项目负责人：李树荣。报告编写人：李树荣、苗德刚等。受山东齐汇有限责任公司委托，为查明场区已开挖基坑下岩体较破碎和岩溶发育的范围、空间分布情况，对山东省政协机关住宅楼 3#、4#、5# 楼进行开挖基坑地基工程物探测试工作。完成主要工作：浅层影像地震法，测线长度 380 米，数据点 2280 个，物理点 350 点，6 道采集；瑞利面波法，测线长度 380 米，数据点 2280 个，物理点 350 点，6 道采集。取得主要成果：推测出场地工作区岩体在垂直深度 20 米内的破碎或裂隙发育区地段。

六、山东省中医药研究院综合楼开挖基坑地基工程物探测试

2008 年 3 月，编制山东省中医药研究院综合楼进行开挖基坑地基工程物探测试报告。项目负责人：李树荣等。报告编写人：王振花、苗德刚等。受山东省中医药研究院委托，为查明基坑内独立柱下有无溶洞及软弱夹层等不良地质现象，对山东省中医药研究院综合楼开挖基坑地基工程物探测试工作。完成主要工作：瑞利面波法测量数据点 948 点，物理点 148 点，6 道采集。取得主要成果：21#、22#、30#、69# 点以下分别 2.1 米、4.5 米、2.5、4.4 米推测

可能岩溶发育或裂隙发育,建议进一步查明并挖除上部较软岩体;84# 点 1.6 米以上推测可能岩溶发育或裂隙发育,建议进一步查明并挖除上部较软岩体;其余各点无明显异常。

七、905 人防工程物探勘查

2008 年 7～8 月,提交 905 人防工程物探勘察报告。项目负责人:李树荣。报告编写人:李树荣等。受山东省人民防空办公室委托,为初步查明工作区工程地质条件,进行 905 人防工程物探勘查工作。完成主要工作:物探浅层地震测线 8 条,计 156 个排列,长度 640 米,测量数据点 3240 个,放炮数 270 个,6 次覆盖;完成波速测试合计 3 个孔 303 点。取得主要成果:查明拟建隧道区沿线的覆盖层、下部基岩浅部及深部纵波速度各探测区段的情况。

八、济南第七中学教学楼基坑工程物探勘探

2009 年 6 月,编制济南第七中学教学楼基坑工程物探勘探报告。项目负责人:李树荣等。报告编写人:苗德刚等。受济南市第七中学委托,为探查柱底以下 5 米深度范围内防空洞的位置,进行济南第七中学教学楼基坑工程物探勘探工作。取得主要成果:场区内人防工程(防空洞)都在场区西部,埋深大多在 0.5 米以下,部分露出地面;在第 6 线 37.5 米和第 15 线的 26.5 处有二处反应异常区,建议采用钎探或别的手段进一步查明是否为防空洞。

九、盛福片区开挖基坑工程物探

2010 年 8 月,提交盛福片区开挖基坑工程物探报告。项目负责人:李树荣等。报告编写人:宋希利、张荣敏、苗德刚等。为配合项目建设地基施工需要,了解工作区建筑物楼基坑地段防空洞及特殊异常位置进行该工作。完成主要工作:地质雷达剖面 98 条,长度 5.768 千米;高密度电法剖面 73 条,长度 4.468 千米。取得主要成果:推断 5～10 号楼、13～14 号楼、16 号楼、18～19 号楼空洞及竖井共 37 个。

十、中钢集团苍山铁矿副井 2 号充填站和 3 号宿舍楼波速地微振测试

2010 年 10 月,受中钢集团山东矿业有限公司委托,编制中钢集团苍山铁矿副井 2 号充填站和 3 号宿舍楼波速地微振测试报告。项目负责人:李甫等。报告编写人:何瑞等。完成主要工作:波速测试孔 2 个,测点 52 个。取得主要成果:该场地覆盖层厚度超过 5 米,覆盖层深度内等效剪切波速度 250～500

米/秒;该场地土为中硬场地土、Ⅱ类建筑场地,卓越周期为 0.150 秒;由于场地附近机器轰鸣及地下爆破工程连续不断,地微振工作未取得实际效果。

十一、济南恒大城项目地块四四期及外扩部分、地块六工程物探

2011 年 8～9 月,提交济南恒大城项目地块四四期及外扩部分、地块六工程进行物探报告。项目负责人:李树荣。报告编写人:李树荣、苗德刚等。受济南恒大金碧房地产开发有限公司委托,为查明铁矿采空区的空间分布特征,对济南恒大城项目地块四四期及外扩部分、地块六工程物探工作。完成主要工作:高精度磁测物理点 1605 个,可控源音频大地电磁法物理点 180 个。取得主要成果:地块四磁场区域内的开源路西侧为张马屯铁矿 1 号矿体采空区,已设计并正式开采,矿体标高－470～－360 米;强磁区东北部为张马屯铁矿 2 号矿体,矿体标高－400～－320 米,已有资料没有记载 2 号矿体开采程度;地块六推断不存在采空区。

十二、济南市浪潮科技园 S01 科研楼项目物探测试

2011 年 10 月～2012 年 1 月,受浪潮集团有限公司委托,为查明建筑物下是否存在较大岩溶发育区,如存在查明其空间分布情况,提交济南市浪潮科技园 S01 科研楼项目物探测试报告。项目负责人:李甫。报告编写人:张文刚等。完成主要工作:高密度电阻率测深法测线 3 条总长度 270 米,测量数据点 4500 个,物理点 180 点,波速测试 3 孔,地微振 1 点。取得主要成果:探明该建筑物下方岩石破碎或裂隙发育带;测区范围内未发现管线;在测区东侧路边有一条照明用电缆,埋深 0.6～0.9 米;南侧有一条施工新通电缆,埋深 0.4～0.9 米。

十三、淄博市淄川区西河中学教学楼重建项目注浆后物探测试

2011 年 11 月,提交淄博市淄川区西河中学教学楼重建项目注浆后物探测试报告。项目负责人:李树荣。报告编写人:苗德刚等。受淄博市淄川区西河镇中心学校委托,为查明注浆是否全部充填采空区,是否达到处理要求,进行淄博市淄川区西河中学教学楼重建项目注浆后物探测试工作。完成主要工作:面波测试测线长度 84 米,测量数据点 84 个,物理点 7 个。取得主要成果:第四系覆盖层厚度多在 3.0～5.0 米,5.0～14.0 米以上岩石风化较破碎,下部基岩较完整,未发现异常,推断注浆效果较好。

十四、章丘市生活垃圾焚烧发电项目采空区地区物理勘查

2012 年 4 月，为查明场区内采空区的空间分布特征，提交章丘市生活垃圾焚烧发电项目采空区地区物理勘查报告。项目负责人：苗德刚。报告编写人：苗德刚等。完成主要工作：高密度电法测线 8 条，可控源音频大地电磁法测线 5 条，浅层地震影像测线 1 条。取得主要成果：推断出工作区明显异常区多在 40～100 米，为采空区或破碎岩体，且范围较大、较连续，在大范围异常区中间存在小范围的异常较小的部分，为巷道或破碎岩体。

十五、淄博赛福橡塑有限责任公司住宅小区地面沉降地质灾害调查物探工作成果

2012 年 12 月，提交淄博赛福橡塑有限责任公司住宅小区地面沉降地质灾害调查物探工作成果报告。项目负责人：谭现锋、徐世民。报告编写人：汪新芹、王彬、孙静等。受博山区人民政府应急办公室、博山区国土资源分局委托，大致查明工作区范围内地下采空区分布情况，工作重点是尚未出现明显破坏的南部 2# 号住宅楼的地下采空分布情况，以便为进一步的地质灾害防治提供技术依据。完成主要工作：探地雷达测线 9 条，每条长约 80 米，高密度电阻率法测线 10 条。取得主要成果：区内地面沉降地质灾害仍在发展之中，地面沉降呈现不均匀特征，1# 号楼体自中部向东沉降明显加剧，2# 号楼体东部沉降大于西部；工作区范围内浅部铝土矿平均厚度在 2 米左右，推断工作区范围内铝土矿的采深采厚比在 40 以内，小于 50，地面沉降仍在持续，工作区为地质灾害高易发区。

十六、淄博市淄川区紫御城 5# ～9# 楼建设场地煤层采空区勘查评价

2014 年 6 月，提交淄博市淄川区紫御城 5# ～9# 楼建设场地煤层采空区勘察评价报告。为查明淄博市淄川区紫御城 5# ～9# 楼建设场地煤层采空区的分布情况，为建设规划提供依据，进行勘查评价工作。项目负责人：耿祥峰。完成主要工作：高密度电法测线 30 条。取得主要成果：推断拟建场地下主要分布有 4 煤、7 煤、10-1 煤、10-2 煤、3 煤采空区，采厚 0.5～1.5 米。

十七、山东蓝海领航电子商务产业园地质灾害危险性评估物探专题

2014 年 3～4 月，提交山东蓝海领航电子商务产业园地质灾害危险性评估物探专题报告。项目负责人：时彦芳。报告编写人：时彦芳、张超、万晓磊等。受山东地矿工程集团有限公司委托，为查明采空区的范围及空间分布情

况，进行山东蓝海领航电子商务产业园地质灾害危险性评估物探工作。完成主要工作：高密度电法测线 20 条，共计物理点 1242 个，28 条瞬变电磁剖面，1 条可控源剖面。取得主要成果：基本查明山东蓝海领航电子商务示范产业园区拟建场区勘查深度范围内的异常区分布情况，并推测浅部煤炭采空影响区或岩石破碎区。

十八、济南市市中区山东中医药大学第二附属医院综合病房楼拟建场区物探勘探

2014 年 4 月，提交济南市市中区山东中医药大学第二附属医院综合病房楼拟建场区物探勘探报告。项目负责人：朱江源。报告编写人：张哲、朱江源等。受山东中医药大学第二附属医院委托，为了解灰岩界面及地下构造裂隙的分布情况，为建设规划提供依据，进行该项工作。完成主要工作：高密度测线 1 条，物理点 56 个；地震测线折射层析法测线 3 条总长度 520 米，合计炮点 216 点；反射波法测线 3 条，合计炮点 840 点。取得主要成果：灰岩埋深基本 30～50 米；高密度测线 GM 线剖面 43～73 米，8～45 米发现构造异常，其他测线未发现明显的构造异常。

十九、山东益锦食品有限公司项目采空区调查物探工作

2014 年 4～6 月，编制山东益锦食品有限公司项目采空区调查物探工作报告。项目负责人：耿祥峰。报告编写人：耿祥峰等。受山东益锦食品有限公司委托，为在其用地范围内查找是否存在煤炭采空区，提交山东益锦食品有限公司项目采空区调查物探工作报告。完成主要工作：可控源音频大地电磁剖面测线 3 条，剖面总长 1.08 千米，60 个测深点。取得主要成果：推断在工区内埋深 500 米以上不存在煤矿采空区，可进行厂房建设，但是工区内存在已知北东向构造，倾向南东，在设计厂房过程中应慎重考虑构造对建筑物造成的影响，采取加强基础及上部建筑构造等措施。

二十、济南市应急救援综合训练基地地质灾害评估工程物探

2014 年 8～9 月，提交济南市应急救援综合训练基地地质灾害评估工程物探报告。项目负责人：张哲。报告编写人：张哲、苗德刚等。受济南市公安消防支队委托，为查明场地内的岩脉、断层、破碎带及岩溶等不良地质现象，探明场区内是否存在辉长岩侵入，进行济南市应急救援综合训练基地地质灾害评估工程物探工作。完成主要工作：高精度磁法测线 38 条，测物理点 1000 点，高密度电法测线 16 条，物理点 950 个。取得主要成果：拟建场区局部有岩

溶发育或岩石裂隙破碎发育区，不影响工程建设；岩溶发育或岩石裂隙破碎发育区埋深1～33米；建议2个孔深50米的验证钻孔的位置。

二十一、山东高速·绿城·兰园项目波速地微振测试

2014年11～12月，受济南汇博置业有限公司委托，进行山东高速·绿城·兰园项目波速地微振测试工作。项目负责人：曾纯品、宫亮。主要工作完成人：李玉兴。完成主要工作：波速共测试24个孔，地微振测试点2个。取得主要成果：通过孔内波速测试，场地地面以下20米计算深度内等效剪切波速度150～250米/秒，场地土为中软土，建筑场为Ⅱ类建筑场地，场地卓越周期0.253秒。

二十二、淄博万杰康复医院拟建场区物探

2015年3月，提交淄博万杰康复医院拟建场区物探报告。项目负责人：张哲。报告编写人：张哲等。受淄博万杰肿瘤医院委托，查明楼基础下载探测深度范围内采空区分布情况，为基础施工提供依据。完成主要工作：高密度电法测线4条，共计物理点128个，检查点8个；瞬变电磁法测线3条，共计物理点41个，检查点3个。取得主要成果：基本查明淄博万杰康复医院拟建场区在勘探深度范围内的异常情况。

二十三、山东省立医院西院工程勘察波速地微振测试

2015年8月～2016年9月，受山东省立医院西院基建办的委托，编制山东省立医院西院工程勘察波速地微振测试报告。项目负责人：张志刚。报告编写人：王蓉等。完成主要工作：波速测试4孔，测点共180个；地微振测试点1个。取得主要成果：该场地覆盖层厚度大于20米，覆盖层深度内等效剪切波速度150～250米/秒，建筑场地属Ⅱ类建筑场地，场地卓越周期0.193秒。

二十四、莱芜市粮油市场提升改造项目物探工作

2015年11月，提交莱芜市粮油市场提升改造项目物探工作报告。项目负责人：耿祥峰。报告编写人：耿祥峰、万晓磊等。受莱芜市国土资源局委托，为查明提升改造项目用地范围是否存在采空区，查明基位置、深度，并分析对地下建筑物的影响，进行该工作。完成主要工作：可控源音频大地电磁法剖面2条，瞬变电磁法测线6条。取得主要成果：推断采空区或采空区塌落后形成的地层扰动现象，埋深在250米左右；场地地面因采煤而引发的地质灾害将以连续有规律的地表移动和变形为主，一般不会出现大的裂缝和塌陷。

二十五、山钢新天地广场项目勘查波速地微震测试

2016 年 3～4 月，受济南鲍德房地产有限公司委托，编制山钢新天地广场项目勘查波速地微震测试报告。项目负责人：郝明盛。报告编写人：郝明盛等。完成主要工作：波速测试 4 孔，地微振测试点 2 个。取得主要成果：覆盖层深度内等效剪切波速度 233.0～277.0 米/秒，场地土为中软—中硬场地土，覆盖层厚度 3～50 米，建筑场地为Ⅱ类建筑场地，场地卓越周期 0.124 秒。

二十六、莱芜市曹家村采空区探测物探工作

2016 年 3 月，提交莱芜市曹家村采空区探测物探工作报告。项目负责人：张超。报告编写人：张超。受莱芜市曹家村委托，为确定莱芜市曹家村范围是否存在煤炭采空区，如存在确定煤炭采空区的分布范围及埋深，并对采空区稳定性做简要评价。完成主要工作：可控源音频大地电磁法剖面 3 条。取得主要成果：推断在西部煤系地层或采空区充水反映，埋深 180～340 米。建议布置钻孔进行验证。垮落高度（5.3±1.5）米及裂缝带高度 51.21 米，均小于采空区顶板岩石厚度 160 米，即小于采空区或裂缝带至基岩顶面的距离，开采年份在 10 年以上，按理论计算该场地地表移动基本进入稳定期；场地基本适宜一般性建筑物用地。

二十七、济南明湖白鹭郡岩土工程波速地微振测试

2016 年 5 月，提交济南明湖白鹭郡岩土工程波速地微振测试报告。项目负责人：陈熙。报告编写人：王蓉等。受济南明湖天地置业有限公司委托，进行场地土类型和场地类型的评判，并确定场地覆盖层厚度和卓越周期等情况。完成主要工作：波速测试 2 孔测点共 71 个，地微振测试点 1 个。取得主要成果：该场地覆盖层厚度 3～50 米，覆盖层 20 米深度等效剪切波速度 150～250 米/秒，场地土为中软场土，建筑场地为Ⅱ类建筑场地，场地卓越周期为 0.193 秒。

二十八、济南黄金国际广场项目岩土工程勘察波速地微振测试

2016 年 7～8 月，受山东黄金启东置业有限公司委托，编制济南黄金国际广场项目岩土工程勘察波速地微振测试报告。项目负责人：武法伟、黄薛。报告编写人：王蓉等。完成主要工作：波速测试 3 孔测点共 124 个，地微振测试点 2 个。取得主要成果：该场地覆盖层厚度在 10 米左右，覆盖层深度内等效剪切波速度 150～250 米/秒，场地土为中软场地土，建筑场地为Ⅱ类建筑场地，场地卓越周期 0.164 秒。

二十九、山东友邦新材料有限公司 6 万吨/年氯化法钛白粉项目拟建场区物探

2016 年 9 月，提交山东友邦新材料有限公司 6 万吨/年氯化法钛白粉项目拟建场区物探报告。项目负责人：张超。报告编写人：张超等。受山东友邦新材料有限公司委托，为了解采空区的分布情况，为建设规划提供依据，进行该工作。完成主要工作：瞬变电磁法测线 11 条，探地雷达 4 条，测线总长 168 米。取得主要成果：推断采空区范围或煤系地层位置 60～140 米，推断破碎带埋深 2.5～10.4 米；建议 5 个孔深 130～135 米的验证钻孔的位置。

三十、海晏门片区改造工程波速地微振测试

2016 年 10 月，提交海晏门片区改造工程波速地微振测试报告。项目负责人：苗德刚。报告编写人：苗德刚等。受山东恒伟置业有限公司委托，进行场地土类型和场地类型的评判，并确定场地覆盖层厚度和卓越周期等情况。完成主要工作：波速测试 4 孔测点共 88 个，地微振测试点 2 个。取得主要成果：该场地覆盖层厚度 5～50 米，覆盖层深度等效剪切波速度 239.9～259.5 米/秒，场地土为中软场地土，建筑场地为Ⅱ类建筑场地，场地卓越周期为 0.243秒。

三十一、德州电厂三期工程土壤电阻率测定成果

1998 年 10～11 月，编制德州电厂三期工程土壤电阻率测定成果说明。报告编写人：李树荣、魏升等。受山东华能发电股份公司德州电厂三期工程筹建处委托，进行土壤电阻率测定工作。完成主要工作：视电测深物理点 406 个，质量检查点 21 个。取得主要成果：50 米深度内电阻率值均较低，一般 4～25 欧姆/米，汽车房及锅炉房区个别点电阻率值很低，可能由地下管线引起。

三十二、莱芜市泰馨园住宅小区物探工作成果

2009 年 9 月，提交莱芜市泰馨园住宅小区物探工作成果报告。项目负责人：耿祥峰。报告编写人：耿祥峰等。受莱芜百特置业有限公司委托，在住宅小区建设用地范围内进行煤炭采空区物探勘查工作。完成主要工作量：可控源音频大地电磁剖面测量 11 条，瞬变电磁剖面 2 条。取得主要成果：推断在莱芜市泰馨园住宅小区范围内不存在煤炭采空区；虽不存在煤炭采空区，但存在断裂构造发育，建议设计时要基础加固。

三十三、莱芜市胜岳精密机械厂办公楼用地采空区调查工程物探成果

2010 年 3 月，提交莱芜市胜岳精密机械厂办公楼用地采空区调查工程物探成果报告。项目负责人：李树荣。报告编写人：耿祥峰、成晓磊。受莱芜市胜岳精密机械有限公司委托，为查明在该厂办公楼范围内是否存在煤炭采空区，进行物探工作。完成主要工作：可控源音频大地电磁法剖面 2 条。取得主要成果：推断在 205～300 米深度上下可能存在煤炭采空区；经初步计算，垮落带高度小于采空区到基岩顶面的距离，裂缝带高度小于采空区到基岩顶面的距离。

三十四、济南市王舍人镇天鸿·田园新城南区工程物探成果

2010 年 8 月，提交济南市王舍人镇天鸿·田园新城南区工程物探成果报告。项目负责人：李树荣等。报告编写人：王振花等。受济南新城房地产有限公司委托，为探查拟建场区内是否存在铁矿采空区，如有采空区查明其空间分布范围情况，使用 PM-2 质子磁力仪进行物探工作。完成主要工作：物探长 3.98 千米，测量点共 423 个。取得主要成果：获得 3.98 千米磁测资料。

三十五、章丘市文祖镇明珠·锦绣花园 1# ～4# 住宅楼采空区工程物探成果

2011 年 1 月，提交章丘市文祖镇明珠·锦绣花园 1# ～4# 住宅楼采空区工程物探成果报告。受章丘市城市建设综合开发公司委托，为了解采空区的分布情况，为建设规划提供依据，进行物探工作。项目负责人：耿祥峰。报告编写人：耿祥峰等。完成主要工作：可控源音频大地电磁法物理点 72 个。取得主要成果：该工作区采空区或煤系地层的低阻异常埋深 80～130 米，垮落高度(10.9±1.5)米及裂缝带高度 46.74 米，均小于采空区顶板岩石厚度 80 米，即小于采空区或裂缝带至基岩顶面的距离；采空区埋深大于 1.5 倍的临界深度，该地层比较稳定；工作区附近煤矿已停采 10 年以上，地面沉降已基本停止，属于地质灾害较小的区域，为一般防治区。

三十六、章丘市埠村镇明珠·秀冠花园 1# ～5# 住宅楼采空区工程物探成果

2011 年 1 月，提交章丘市埠村镇明珠·秀冠花园 1# ～5# 住宅楼采空区工程物探成果报告。受章丘市城市建设综合开发公司委托，为了解采空区的

分布情况进行该工作。项目负责人:李树荣。报告编写人:耿祥峰、万晓磊等。完成主要工作:可控源音频大地电磁剖面 8 条。取得主要成果:圈定场区内每个楼座反映采空区充水或煤系地层的低阻异常范围,异常区埋深 120～140 米;垮落高度(4.50±1.5)米,小于采空区顶板岩石厚度,小于采空区到基岩顶面的距离;采空区埋深大于 1.5 倍的临界深度,该地层比较稳定;建议在探测区域内可以进行多层住宅楼建设,对拟建区内的采空区进行回填或压力灌浆,并加强建筑物基础及上部结构的刚度。

三十七、山东武警总队医院卫勤战备综合楼基础工程地质雷达探测成果

2011 年 2～3 月,编制山东武警总队医院卫勤战备综合楼基础工程地质雷达探测成果报告。项目负责人:宋会军。报告编写人:宋会军等。受山东武警总队医院委托,探查基底持力层有无不良地质的空间分布情况。完成主要工作:地质雷达剖面 15 条。取得主要成果:场地发现一条西北向构造溶蚀带;场地西南角存在深度 4 米层理溶蚀破碎带,围岩破碎溶蚀黏土填充;场地北侧存在节理裂隙发育区,裂隙溶蚀发育,其中夹填黏土,作用深度达 3 米左右;建议对异常区进行清理加固。

三十八、莱芜市汶阳小学用地采空区调查工程物探成果

2011 年 4 月,提交莱芜市汶阳小学用地采空区调查工程物探成果报告。项目负责人:耿祥峰。报告编写人:耿祥峰、万晓磊。为查明汶阳小学用地范围内是否存在煤炭采空区,进行物探工作。完成主要工作:可控源音频大地电磁法剖面 4 条。取得主要成果:推断该区域内整体在 300～350 米深度上下存在采空区;垮落带高度小于采空区到基岩顶面的距离,裂缝带高度小于采空区到基岩顶面的距离。

三十九、山东海化集团渣厂加固工程物探成果

2011 年 4～5 月,编制山东海化集团渣厂加固工程物探成果报告。报告编写人:彭飞等。受山东黄河勘查设计院委托,进行钻孔波速测试工作。完成主要工作:波速测试共测钻孔 2 个测点共计 40 个,地微振测试点 3 个。取得主要成果:该场地覆盖层厚度大于 50 米,覆盖层深度内等效剪切波速度 146.2～197.2 米/秒;12C 号钻孔为软弱场地土、Ⅳ类建筑场地,5B 号钻孔为中软场地土、Ⅲ类建筑场地。

四十、淄博市淄川区罗村镇中心幼儿园工程物探成果

2012 年 4 月，提交淄博市淄川区罗村镇中心幼儿园工程物探成果报告。项目负责人：李树荣。报告编写人：苗德刚等。受淄博市淄川区罗村镇罗村村民委员会委托，了解采空区的分布情况，为建设规划提供依据，进行该工作。完成主要工作：可控源音频大地电磁法 2 条，物理点 40 个，选频法测线 5 条，物理点 73 个。取得主要成果：推断采空区充水或煤系地层的低阻异常埋深 90～130 米。

四十一、淄博市淄川区罗村镇罗村社区(南区)7#、8# 楼村居改造工程工程物探成果

2012 年 5～6 月，编制淄博市淄川区罗村镇罗村社区(南区)7#、8# 楼村居改造工程工程物探成果报告。项目负责人：李树荣。报告编写人：苗德刚等。受淄博市淄川区罗村镇罗村村民委员会委托，了解工作区范围采空区的分布情况，为建设规划提供依据，进行该工作。完成主要工作：高密度电法测线 4 条，测线长度 1160 米。取得主要成果：圈定场区内打断采空区或破碎岩石的低阻异常埋深 30～70 米；场区 7 号楼西侧和 8 号楼西侧及东侧内存在明显的低阻区区域，推断为煤矿采空区充水或者破碎岩石的反映。

四十二、肥城市桃源明郡住宅区 1#、2#、7#、8# 楼工程物探成果

2012 年 8 月，提交肥城市桃源明郡住宅区 1#、2#、7#、8# 楼工程物探成果报告。项目负责人：苗德刚。报告编写人：苗德刚、时彦芳等。受山东兴润房地产有限公司委托，利用高密度电法得到的物探资料和收集的地质资料查明勘探区范围内基岩埋藏深度及基岩在基础持力层范围内的完整情况。完成主要工作：共布设高密度电法剖面 6 条，点距 2 米，测点 288 个。取得主要成果：查明基岩埋藏深度 6～7 米，局部存在深度变化异常。

四十三、山东龙泉管道工程股份有限公司厂区工程物探成果

2013 年 4 月，提交山东龙泉管道工程股份有限公司厂区工程物探成果报告。项目负责人：李树荣。报告编写人：耿祥峰等。受山东龙泉管道工程股份有限公司委托，为了解采空区的分布情况，进行该工作。完成主要工作：高密度电法测线 13 条，可控源音频大地电磁法物理点 258 个。取得主要成果：圈定场区内推断采空区或破碎岩石的低阻埋深 120～160 米。

四十四、淄博市淄川昆仑兴隆村旧村改造工程采空区物探成果

2013 年 5 月，提交淄博市淄川昆仑兴隆村旧村改造工程采空区物探成果报告。项目负责人:李树荣。报告编写人:李树荣、苗德刚等。受淄博居之源置业有限公司委托，了解淄博市淄川昆仑兴隆村旧村改造工程用地范围是否存在采空区的分布情况，为建设规划提供依据，进行该工作。完成主要工作:高密度电法测线 4 条，共计测点 120 个。取得主要成果:推断该地块用地范围内深度 35～65 米为岩石破碎或采空区，由塌陷引起;建议在推测的采空区中心进行打钻验证。

四十五、山大路 224 项目物探成果

2013 年 6～12 月，编制山大路 224 项目物探成果报告。项目负责人:李树荣。报告编写人:苗德刚等。为了解人防工程分布情况，为建设规划提供依据，进行物探工作。完成主要工作:高密度电法测线 7 条，测线总长 635 米，共计物理点 302 个，探地雷达 12 条。取得主要成果:推断人防工程或含碎石土异常范围及埋深 2～7 米，建议对推断异常区进行钻探验证钻孔的孔位。

四十六、莱芜市大汶河片区采空区调查物探成果

2014 年 4～5 月，编制山东省莱芜市大汶河片区采空区调查物探成果报告。项目负责人:万晓磊。报告编写人:万晓磊。受山东正元建设工程有限责任公司地质环境分公司委托，查明工区内的采空区发育情况，为下一步规划建设奠定基础。完成主要工作:可控源音频大地电磁法剖面 14 条，物理点 595 个。取得主要成果:查明工区内煤矿采空区的影响范围。

四十七、莱芜市高新区采空区调查物探成果

2014 年 5 月，提交山东省莱芜市高新区采空区调查物探成果报告。项目负责人:万晓磊。报告编写人:万晓磊等。受山东正元建设工程有限责任公司地质环境分公司委托，查明工区内的采空区发育情况，为下一步规划建设奠定基础。完成主要工作:可控源音频大地电磁剖面 1 条，物理点 41 个，瞬变电磁剖面 28 条，物理点 1030 个。取得主要成果:本次可控源音频大地电磁法工作查明工区内煤矿采空区的影响范围。

四十八、淄博市博山区域城镇炅家村 10# ～11# 住宅楼物探成果

2014 年 6 月，提交淄博市博山区域城镇炅家村 10# ～11# 住宅楼物探成

果报告。项目负责人:万晓磊。报告编写人:万晓磊、陈国营等。受淄博市博山区域城镇昃家村村委委托,了解拟建场区内采空区的分布情况,为建设规划提供依据。完成主要工作:可控源音频大地电磁法剖面 4 条,物理点 45 个。取得主要成果:查明拟建场区内存在 1 条构造,走向北东,倾向南东;拟建场区内未发现采空区反映。

四十九、博山山城一品拟建场区采空区调查物探成果

2014 年 6～9 月,编制博山山城一品拟建场区采空区调查物探成果报告。项目负责人:万晓磊。报告编写人:万晓磊。受淄博建元勘测有限公司委托,查明博山山城一品拟建场区内采空区的分布情况,为建设规划提供依据。完成主要工作:可控源音频大地电磁法剖面 3 条。取得主要成果:1 线 30～51 米深度 110～125 米、3～27 米深度 155～185 米,2 线 3～30 米深度 110～125 米,3 线 3～33 米深度 110～140 米,推断为煤系地层或煤矿采空区。

五十、淄博保税物流有限公司 14# 仓库采空区调查物探成果

2014 年 7 月,提交淄博保税物流有限公司 14# 仓库采空区调查物探成果报告。项目负责人:万晓磊。报告编写人:万晓磊。受淄博保税物流有限公司委托,利用瞬变电磁法得到的物探资料和收集的地质资料了解采空区的分布情况,为建设规划提供依据。完成主要工作:瞬变点磁法剖面 3 条。取得主要成果:拟建场区内地层稳定,未发现采空区或者构造异常。

五十一、莱芜市孙故事村旧村改造(东区)建设场地采空区调查物探成果

2014 年 7 月,提交莱芜市孙故事村旧村改造(东区)建设场地采空区调查物探成果报告。项目负责人:李树荣。报告编写人:耿祥峰、苗德刚、万晓磊等。受孙故事社区居委会委托,为查明场区地层结构及采空区的相对位置、地质概况、地层结构、地质构造及其他不良地质作用等情况,进行该工作。完成主要工作:可控源音频大地电磁剖面测线 7 条,190 个测深点,钻探 6 孔总进尺 1155 米。取得主要成果:在深度 200 米内未见采空区;200 米之下煤层已停采 10 年以上,地面沉降已基本停止,地层比较稳定;该场区适合建造 18 层以下住宅楼。

五十二、莱芜市孙故事村旧村改造(西区)建设场地采空区调查物探成果

2014年7月,提交莱芜市孙故事村旧村改造(西区)建设场地采空区调查物探成果报告。项目负责人:李树荣。报告编写人:耿祥峰、苗德刚、万晓磊等。受孙故事社区居委会委托,为查明场区地层结构及采空区的相对位置、地质概况、地层结构、地质构造及其他不良地质作用等情况,进行该工作。完成主要工作:可控源音频大地电磁剖面测线5条,165个测深点,钻探工作量1113米,共计6个孔,孔深118～200米。取得主要成果:在深度200米内未见采空区;200米之下煤层已停采10年以上,地面沉降已基本停止,地层比较稳定,该场区适合建造18层以下住宅楼。

五十三、山东鼎裕生物能源有限公司用地采空区调查物探成果

2014年12月,提交山东鼎裕生物能源有限公司用地采空区调查物探成果报告。项目负责人:万晓磊。报告编写人:万晓磊等。完成主要工作:可控源音频大地电磁剖面测线4条,剖面总长0.6千米,33个测深点,其中3个质检点。取得主要成果:在中深部550～600米推断为煤系地层或者采空区充水反应;采空区或煤系地层的范围在1线10～110米、2线10～110米、3线10～170米、4线10～170米圈定的区域内。

五十四、山东省济宁迁建机场预选场址三号区隐伏断层物探调查成果

2014年12月～2015年1月,编制山东省济宁迁建机场预选场址三号区隐伏断层物探调查成果报告。项目负责人:常和平。报告编写人:常和平、万晓磊、陈国营等。受山东省鲁南地质工程勘察院委托,为查明山东省济宁迁建机场预选场址三号区建设用地范围内隐伏断层分布及产状,进行该茶。完成主要工作:可控源音频大地电磁法剖面5条,氡气测量4条,共完成剖面长度2.75千米,物理点60个。取得主要成果:推测FW1～FW4位置、产状,与地质推断位置吻合;查明郓城断层、滋阳断裂位置产状。

五十五、淄博福泽花园23-1号楼物探成果

2015年10月,提交淄博福泽花园23-1号楼物探成果报告。项目负责人:苗德刚。报告编写人:苗德刚。受淄博壮业房地产开发有限公司委托,为探测淄博福泽花园23-1号楼基底持力层下有无前期遗留的防空洞,如有查明其

发育及其空间分布情况，进行该工作。完成主要工作：高密度电法测线 2 条，物理点共 117 个，探地雷达 4 条，测线总长 192 米。取得主要成果：推断防空洞大体呈西北—东南走向，在开挖基础下深度 2.5～3.0 米，人防高度 1.5～2.0 米，宽度 1.5～3.0 米；场区内未发现不均匀沉降缝、塌陷、地裂缝，说明该防空洞未产生塌落，结构未破坏。

五十六、淄博市博山区西冶街小学拟建教学楼物探成果

2016 年 2 月，编制淄博市博山区西冶街小学拟建教学楼物探成果报告。项目负责人：苗德刚。报告编写人：苗德刚、张超等。为探查教学楼下是否存在采空区，如果有查明其空间分布情况并提供处理意见，进行该工作。完成主要工作：探地雷达测线 3 条，其中质检测线 1 条；高密度电法物理点 29 个，其中质检点 3 个。取得主要成果：在工作区域内未发现明显异常，未见采空区。

五十七、淄博市淄川区罗村镇罗村社区 13[#]、14[#] 村居改造工程工程物探成果

2016 年 4 月，提交淄博市淄川区罗村镇罗村社区 13[#]、14[#] 村居改造工程工程物探成果报告。项目负责人：苗德刚。报告编写人：张哲、苗德刚、张超等。查明楼基础下载探测深度范围内采空区分布情况，为基础施工提供依据。完成主要工作：高密度电法测线 2 条总长度 351 米，共计物理点 128 个；瞬变电磁法测线 2 条剖面总长度 280 米，共计物理点 62 个。取得主要成果：基本查明罗村社区 13[#]、14[#] 楼拟建场区的异常情况，推测为采空塌陷或岩石破碎区域。

第三节　环境地质物探

用物探技术对采空区、滑坡、地面塌陷等进行评价，查明塌陷治理区的浅部影响范围，为各种地质灾害调查工作奠定坚实的基础工作，并辅助完成环境地质调查工作。辅助完成环境地质调查工作 70 项，测井 95 眼，测井长度 3954 米；物探剖面 1081 条，长 1487.55 千米，物理点 18238 个。

一、山东省章丘市洛庄汉墓一带生态地质环境物化探信息综合调查

1999 年 12 月 1 日，提交山东省章丘市洛庄汉墓一带生态地质环境物化探信息综合调查报告。项目负责人：王俊兰。报告编写人：王俊兰、蔡有兄、

孙仕林等。济南市国土资源局以《章丘市洛庄汉墓一带生态地质环境物探综合信息调查》为题立项，经省财政厅、省国土资源厅批准，济南市国土资源局进行该项目的招标，八〇一队中标接受该项目的调查工作。完成主要工作：煤矿采空区调查 9 点，地遗址、古墓调查 10 点，高精度磁测 3362 点，探地雷达 3000 点，高密电法 145 点，土壤汞含量测量 81 点。取得主要成果：将工作区大致划分为明水保泉旅游区、龙山—相公古文化及农特产区、白云湖黄河冲积平原农业保护区、圣井矿产开发及地下水资源保护区；通过物化探信息调查，证实洛庄汉墓主墓室基本与原考古研究所圈化范围相吻合，进一步明确主墓室的位置及埋藏深度。

二、济南市历下区洪山北坡地面塌陷坑物探

2015 年 3～5 月，提交济南市历下区洪山北坡地面塌陷坑物探报告。项目负责人：张哲。报告编写人：张哲等。受济南市国土资源局委托，查找塌陷治理区及其附近深层地下空洞的范围，查明塌陷治理区的浅部影响范围，为山体治理提供依据。完成主要工作：高密度电法测线 3 条，测线总长 336 米，共计物理点 183 个；瞬变电磁法测线 2 条；面波法测线物理点 36 点，测线总长 60 米；探地质雷达法测线 8 条，测线总长 326 米。取得成果：推断采空区深度 60～85 米，推断塌陷区是由地下采空区及竖井引起的。

三、济南市平阴县孝直镇展洼村地面塌陷调查高密度电法成果

2015 年 8 月，提交济南市平阴县孝直镇展洼村地面塌陷调查高密度电法成果报告。项目负责人：宋希利。报告编写人：宋希利、代方圆等。为推断地裂缝及其附近一定范围内地下岩石的岩溶裂隙发育状况，是否存在隐伏断层，为整个项目的地质灾害调查与评价提供物探依据，进行该工作。完成主要工作：高密度电法测线 417 条，长度 4260 米，共计测点 898 个。取得主要成果：推断地裂缝及其附近地段岩溶裂隙发育位置，并推测有 2 条隐伏断层存在；在勘探深度范围内，推测岩溶裂隙最大发育深度约 60 米，强发育区可能形成地下溶洞；推测第四系厚度 10～13 米。

第四节　地热地质物探

利用物探技术，作为地热地质调查、分析、判断的依据，初步查明导热构造、地下热储位置、埋藏深度，了解深部热储特征，确定地热孔孔位，为下一步的地下热水开采提供依据。先后完成 74 项地热资源勘查工作，遥感解译面积

17139.82 平方千米;测井 344 眼,测井长度 47144.42 米;物探剖面 161 条,长 839.99 千米,物理点 9004 个。

一、山东省乐陵市希森有限公司地热孔测井

1997 年 12 月,提交山东省乐陵市希森有限公司地热孔测井报告。报告编写人:刘永忠等。受山东省乐陵市希森集团有限公司委托,为掌握含水层的厚度、深度及孔内温度,了解水质情况,对该公司施工的地热孔进行综合水文测井。取得主要成果:该孔取 1140 米以下砂岩之水,均能满足 42 摄氏度洗浴用水的最低要求,下部(1550～1640 米)温度更高,平均温度 48.8 摄氏度,含水性能稍差;若取 1240～1345 米段,水温 43 摄氏度,可能含水性能较好,出水量大;建议厂家将两组含水层综合考虑,以确定最佳成井方案。

二、山东省齐河县华店乡附近地热资源调查物探工作

2010 年 4～5 月,编制山东省齐河县华店乡附近地热资源调查物探工作报告。项目负责人:宋希利等。报告编写人:宋希利、时彦芳等。受齐河县地质矿产资源办公室委托,在推断奥陶纪灰岩的顶板埋藏深度及裂隙岩溶相对发育地段,推断工作区有无隐伏断裂构造存在,圈定浅部相对富水区。完成主要工作:视电阻率测深剖面 3 条,物理点 48 个;可控源音频大地电磁法剖面 9 条,物理点 309 个。取得主要成果:推断工作区存在 2 条规模较小的断层,并推断工作区奥陶纪灰岩的顶板埋藏深度及裂隙岩溶相对发育位置;圈定浅部(400 米以浅)相对富水区 3 处。

三、山东省莱阳市城区东部地热资源普查地球物理勘查

2010 年 5～11 月,进行山东省莱阳市城区东部地热资源普查地球物理勘查工作。项目负责人:宋希利。报告编写人:宋希利、万晓磊等。受山东省地质测绘院委托,推断工作区隐伏断裂构造,圈定相对低阻区域。完成主要工作:可控源音频大地电磁法剖面 9 条。取得主要成果:推断工作区存在隐伏断层 2 条;推测低阻区域位于工作区东北部,主要由岩性变化引起,局部岩石一定破碎。

四、山东省临沂市河东区白塔地区深部地热调查地球物理勘查

2010 年 8 月,提交山东省临沂市河东区白塔地区深部地热调查地球物理勘查报告。项目负责人:宋希利。报告编写人:宋希利等。受山东省第七地质矿产勘察院委托,推断主要隐伏断层的位置、基层地层的顶板埋藏深度。

完成主要工作:完成 CSAMT 法剖面 4 条。取得主要成果:查明断层在工作区内的位置,推断基底地层的顶板埋深。

五、山东黄金集团鹊山龙湖地区地热井地球物理勘查工作

2010 年 11～12 月,编制山东黄金集团鹊山龙湖地区地热井地球物理勘查工作报告。项目负责人:宋希利。报告编写人:宋希利等。受山东黄金集团地产有限公司委托,为配合鹊山龙湖项目地热温泉勘查及温泉井工程施工,进行地面物探工作。完成主要工作:高精度磁测剖面线 6 条剖面总长度 9.78 千米,物理点 230 个;电测深剖面线 3 条;CSAMT 法剖面 11 条。取得主要成果:推断桑梓店断裂等 2 条断层的位置,确定成岩与灰岩平面上的接触界线,初步确定地热钻井较有利位置 1 处。

六、山东省临沂市河东区汤头地区地热勘查物探工作

2010 年 12 月,提交山东省临沂市河东区汤头地区地热勘查物探工作报告。项目负责人:李树荣。报告编写人:万晓磊、耿祥峰等。受山东省第七地质矿产勘察院委托,为查明汤头镇附近的地质构造带位置、空间产状等地质特征,为地热田资源勘查开发提供科学依据,进行该工作。完成主要工作:完成可控源音频大地电磁剖面测量 6 条。取得主要成果:查明 4 条断裂构造的平面位置,分析产状,推测断层附近岩石相对破碎情况。

七、临沂市北城新区冉家屯地区地热资源勘查物探工作

2011 年 3 月,提交临沂市北城新区冉家屯地区地热资源勘查物探工作报告。项目负责人:耿祥峰。报告编写人:耿祥峰等。受第七地矿勘查院委托,勘查区内地下热水的形成条件,了解深部热储特征,确定地热孔孔位,为本区地热资源的开发提供技术依据。完成主要工作:可控源音频大地电磁法测线 5 条,发射源 2 条,每条长 1200 米。取得主要成果:基本查明区内 2 条断裂位置,分析产状,推测断层附近岩石相对破碎情况;整个区域内寒武系下统顶板埋深 1400 米左右。

八、潍坊滨海开发区地热资源调查物探工作

2011 年 5 月,提交潍坊滨海开发区地热资源调查物探工作报告。项目负责人:耿祥峰。报告编写人:耿祥峰、万晓磊等。受山东第四地矿勘查院委托,为查明区内地下热水的形成条件,了解深部热储特征,确定地热孔孔位,为地热资源的开发提供技术依据,进行该工作。完成主要工作:共布设可控

源音频大地电磁法测线 4 条,发射源 2 条,每条 1800 米,共计 3600 米。取得主要成果:查明 4 条断裂的平面位置,分析产状,推测该区内地层埋深情况;建议在裂隙发育较好的 3 线 1300 号点布设探采结合孔,但要结合地质及水文资料进行综合考虑后确定再钻井位置。

九、蓬莱市安源水产有限公司地热勘探物探工作

2011 年 9～10 月,提交蓬莱市安源水产有限公司地热勘探物探工作报告。项目负责人:宋希利。报告编写人:宋希利、万晓磊等。受蓬莱市安源水产有限公司委托,查找工作区是否存在隐伏断裂构造,确定能否钻探地热井,并确定位置及深度。完成主要工作:电测深剖面 1 条,高密度测线 4 条物理点 253 个,可控源音频大地电磁法剖面 6 条。取得主要成果:推断工作区不存在断裂;海水入侵界线在工作区的走向为北西,与海岸线基本平行;工作区不具备施工地热井的条件。

十、山东省莒南县大店地区地热资源普查物探工作

2011 年 10 月～2012 年 6 月,编制山东省莒南县大店地区地热资源普查物探工作报告。项目负责人:宋希利。报告编写人:宋希利、万晓磊等。受莒南县国土局委托,查明工作区断裂构造的产状。取得主要成果:基本查明工作区断裂构造的产状,推测工作区低阻异常特征和白垩纪大盛群小店组地层顶板埋藏深度。

十一、日照市张家台地热资源调查物探工作

2012 年 3～7 月,提交日照市张家台地热资源调查物探工作报告。项目负责人:宋希利。报告编写人:宋希利、万晓磊等。受山东省地矿地热开发投资有限公司委托,查找隐伏断裂构造或破碎带位置,圈定相对低阻区位置。完成主要工作:可控源音频大地电磁剖面 7 条,物理点 189 个。取得主要成果:推测出工作区存在一条隐伏断层;圈定剖面上的相对低阻区域,建议在低阻区域向下延伸较大的位置先布置 500 米浅井进行钻探施工,可布置在 6 剖面 270 米处。

十二、山东省龙口市洞村地区地热资源勘查物探工作论证

2013 年 7～9 月,编制山东省龙口市洞村地区地热资源勘查物探工作论证报告。项目负责人:万晓磊。报告编写人:万晓磊、耿祥峰等。受山东省鲁南地质工程勘察院委托,进行山东省龙口市洞村地区地热资源勘查物探工

作。完成主要工作:视电阻率测深剖面线 2 条物理点共 20 个,可控源音频大地电磁剖面线 9 条物理点共 372 个,大地电磁剖面线 2 条物理点共 39 个。取得主要成果:查明工区内的地层情况及 2 条破碎带的平面位置;两条破碎带主要在古近纪朱壁店组砂岩地层中,为阻水构造;建议在物探成果基础上,对该区进行水文调查及地温梯度测量,进一步确定地热井的井位。

十三、山东省郯城县红花镇—高峰头镇地区地热资源普查物探工作

2014 年 1 月,提交山东省郯城县红花镇—高峰头镇地区地热资源普查物探工作报告。项目负责人:万晓磊。报告编写人:万晓磊等。受郯城县国土资源局委托,查明工作区内的断裂情况,寻找地热异常区;查明控热、导水构造的性质、空间分布和规模,对勘查区地热地质条件进行综合评价分析,对有无进一步工作的价值做出评价。完成主要工作:可控源音频大地电磁法剖面 8 条。取得主要成果:查明 5 条断裂走向及倾向;由于该区干扰较大,钻井位置应综合物探成果并结合地热调查及水文地质资料进行确定。

十四、山东省临沂市蒙山旅游区汪家坡村地区地热调查物探工作

2016 年 7 月,提交山东省临沂市蒙山旅游区汪家坡村地区地热调查物探工作报告。项目负责人:常和平。报告编写人:常和平、时彦芳、刘纯平等。受蒙山龟蒙景区蝎子山温泉旅游度假项目委托,为大致查明调查区第四系覆盖层厚度、断裂构造、相对富水区,进行地区地热调查物探工作。完成主要工作:高密度剖面长 2100 米物理点共 420 个,氡气测量剖面 5 条总长度 385 米物理点共 87 个,天然选频测量剖面 3 条总长 900 米物理点共 93 个。取得主要成果:推断出 4 条断层位置,覆盖区第四系厚度 2～10 米;推断两处岩石破碎、裂隙发育区,为相对富水区。

十五、山东高速绿城雪野湖国际度假区地热论证物探成果

2011 年 6～8 月,编制山东高速绿城雪野湖国际度假区地热论证物探成果报告。项目负责人:宋希利。受山东绿城房地产集团有限公司委托,为查找区内地热资源存在的可能性、重点工作区内的地层岩性、断裂构造的位置及目的基底的埋深,进行该工作。取得主要成果:查明工作内 4 条断裂构造,其中 1 条规模相对较大,断层附近岩石相对破碎,建议钻孔布于岩石相对破碎的位置,钻探深度 1500 米,其他 3 条规模相对较小。

十六、胶州市少海地区地热资源调查物探成果

2012 年 5 月，提交胶州市少海地区地热资源调查物探成果报告。项目负责人：宋希利。报告编写人：宋希利、李树荣、万晓磊等。受山东省地质研究院委托，查找隐伏断裂构造或破碎带的位置，推测断裂构造的首善、发育深度和宽度，分析视电阻率区特征。工作方法及完成主要工作：可控源音频大地电磁剖面 11 条，联合剖面线 3 条，电阻率测深剖面 3 条。取得主要成果：推断工作区存在两条构造，并查明断裂构造位置、倾向、倾角及其破碎带宽度；工作区北部较大范围的低阻区域为白垩系中的低阻岩层的反映，而不体现岩石破碎含水，在推断的两条断裂交汇部分及附近位置低阻地段下岩石相对破碎，其含水性相对较好。

十七、山东省齐河县城区地热资源调查地热探采井布置二期勘查物探成果

2012 年 7 月，提交山东省齐河县城区地热资源调查地热探采井布置二期勘查物探成果报告。项目负责人：宋希利。报告编写人：宋希利、万晓磊等。受山东省地矿集团工程有限公司委托，推断深部奥陶纪灰岩热储含水层构造，初步确定地热探采井布置的合理性。完成主要工作：可控源音频大地电磁法面 5 条。取得主要成果：推测物探 1、4 线及附近奥陶纪灰岩顶板埋藏深度 900～950 米；建议地热井位置位于物探 4 线 1170 米处，奥陶纪灰岩顶板埋藏深度 920 米，建议钻孔深度 1500～1800 米。

十八、山东省济南市槐荫区地热资源详查物探工作成果

2012 年 9～10 月，编制山东省济南市槐荫区地热资源详查物探工作成果报告。项目负责人：王振花。报告编写人：王振花等。受山东省鲁北地质工程勘察院委托，查明工区内地层情况及隐伏断裂构造的产状。完成主要工作：可控源音频大地电磁测线 8 条，物理点 200 个，大地电磁 12 个点。取得主要成果：推断隐伏断层 2 条，解释工作区地层及厚度；建议钻孔布设在大地电磁 10 号点附近，孔深 1100 米。

第五节　矿产地质物探

利用物探技术，查明成矿地质条件，预测矿层的厚度、分布范围等情况，有效提高矿产资源探测的准确度，达到资源开采的最佳效果。共完成 17 项矿

产地质物探工作，物探测量面积 251.61 平方千米；物探剖面 49 条，长 99.15 千米，物理点 149456 个；物探测井 16 眼，9631.56 米。

一、山东省临沂市兰山区新桥地区煤田详查物探工作

2011 年 11～12 月，编制山东省临沂市兰山区新桥地区煤田详查物探工作报告。项目负责人：宋希利。报告编写人：宋希利、万晓磊等。受山东省第七地质矿产勘察院委托，研究断裂形态、产状及断裂展布，预测煤层或炭质泥岩分布及其厚度、分布范围等情况。完成主要工作：可控源音频大地电磁剖面 4 条。取得主要成果：推断工作区多在多个隐伏断层点，由于线物探线距大，未能推测出相互关系；推断煤系地层埋藏深度 430～620 米，厚度 80～130 米。

二、山东省平度市郑戈庄地区铁庄普查 ZK0001、ZK0301、ZK0401、ZK0501、ZK0601 磁测井

2013 年 12 月～2014 年 4 月，提交山东省平度市郑戈庄地区铁庄普查 ZK0001、ZK0301、ZK0401、ZK0501、ZK0601 磁测井报告。项目负责人：时彦芳。报告编写人：时彦芳等。受青岛地质工程勘察院委托，对平度市郑戈庄地区铁庄进行磁测井工作。完成主要工作：井中三分量磁测 5 个孔，测井深度 2004.4 米。取得主要成果：查明 5 个孔的磁化强度，以及孔底附近有无盲矿体、明显旁侧异常反映等。

三、山东省沂南县饮马沟地区金铜铅多金属矿普查综合物探成果

2010 年 10 月，提交山东省沂南县饮马沟地区金铜铅多金属矿普查综合物探成果报告。项目负责人：常和平。报告编写人：常和平、王振花、耿祥峰等。2009 年 9 月，省国土资源厅下达该项目计划、任务，要求大致查明该区成矿地质条件，重点评价岩体与围岩接触带的矿化特征。完成主要工作：高精度磁测网度 100×20 米，面积 24 平方千米，物理点 11499 个；激电中梯网度 100×20 米，面积 2.7 平方千米，物理点 1300 个；激电测深剖面面积 1.1 千米，物理点 22 个。取得主要成果：划分高磁异常 6 处，解释认为磁异常由角砾岩、粗安岩岩体引起；划分激电异常 3 处，认为引起激电异常的地质体由含黄铁矿等金属硫化物角砾岩引起；激电测深剖面Ⅰ线 6 号测深点 170～350 米深度，为高极化率、低电阻率异常，推测为含金属硫化物角砾岩。

四、山东省齐河县大张地区铁矿普查重力测量成果

2014 年 4～6 月，提交山东省齐河县大张地区铁矿普查重力测量成果报告。项目负责人：耿祥峰。报告编写人：耿祥峰、马庆伟等。受中化地质矿山总局山东地质勘查院委托，推断区域为重力异常区，为寻找铁矿提供依据。完成主要工作：1∶2.5 万重力测量面积 144 平方千米，1∶5000 重力剖面测量 30 千米。取得主要成果：发现局部重力高异常两处，初步推断与铁矿体有关，异常体埋深 800～100 米，界面比较平缓，其与围岩间为侵入接触，具有较好的成矿地质条件，沿接触带是重要的找矿方向。

第六节　城市地质物探

物探方法应用在城市地质研究中，可以有效地判断城市地层结构，为城市规划发展提供依据。辅助完成济南、聊城等地 6 项城市地质调查工作，物探剖面 18 条，长 29.11 千米，物理点 746 个。

一、济南城市地质调查浅层地震工程物探

2010 年 12 月，受山东省地质调查院委托，提交济南城市地质调查浅层地震工程物探报告。项目负责人：李树荣。报告编写人：宋会军等。完成主要工作：物探剖面长度 5540 米。取得主要成果：发现文化桥断裂在测区内通过，推测各剖面异常位置。

二、山东省聊城城市地质调查物探工作

2013 年 9 月～2014 年 12 月，编制山东省聊城城市地质调查物探工作报告。项目负责人：李树荣。报告编写人：常和平、张哲、刘昌亭。受省国土资源厅委托，为划分工作区地质剖面，确定含水层、隔水层、软弱夹层的分布、含水层厚度、埋藏深度、富水性及富水地段等情况，进行物探工作。完成主要工作：共完成物探剖面 8 条，长 5.9 千米，180 个物理点；视电阻率测深剖面4 条。取得主要成果：物探工作采用视电阻率测深、高密度电法测量和浅层地震三种方法，解释推断富水区 6 处。

第九章 测　量

自建队开始，测量技术人员不断增加，仪器设备随着科技的进步不断更新换代，测量方法也由传统走向现代。

20 世纪 70 年代，拥有测量技术人员 1 人、测量组 1 个。测量仪器为 S3 型光学水准仪、J6 型光学经纬仪，主要进行水位观测点的四、五等水准高程测量和图根级坐标测量工作。1976 年，测量技术人员逐步增加到 8 人，测量组增加为 2 个，归属地质分队，后归地质办公室管理。测量仪器主要为 S3 型光学水准仪和 J2、J6 型光学经纬仪，主要为水文地质工作服务，进行大量的四、五等水准测量工作，以及物探线放样工作。测量数据为人工读数、记录，内业计算工作为手工进行。

20 世纪 80 年代，测量技术人员增加到 10 人，并新购置配备了日产红外测距仪（型号为 RED2L）、德国蔡司 J6 型光学经纬仪，以及大平板仪（型号为匈牙利 MOM）、计算器。将新的测距仪和经纬仪组合在一起，配合使用计算器，解决了高精度、长距离测量的难题，便于在隐蔽、困难地区进行导线测量和极坐标测量，并可代替大平板仪进行地形图测绘。运用计算器的编程功能，可进行五等水准测量工作的记录和结果输出。新仪器、新方法的使用，使工作效率有了提高。在完成八〇一队测量任务的同时，开始走向市场，进行地形图测绘和其他测量工作。该时期完成的主要项目有济南保泉水文地质调查测量项目、莱芜钢铁总厂水源地勘查测量项目、淄博西部水文地质勘查测量项目。

20 世纪 90 年代，成立物测分队，拥有测量技术人员 16 人，包括 3 个测量组、2 个物探组、1 个测井组。测量仪器数量也不断增加，计算机开始普及使用，内业计算工作由手工表格计算逐步转为计算机程序计算。单位内部测量项目不断增多，测量规模不断增大，市场范围也进一步扩大。测量内容主要为水准测量、坐标测量、地形图测量等。

2000 年之后，随着测绘技术的快速发展，以全站仪、数字水准仪、全球导航卫星系统(GNSS)、卫星激光测距(SLR)、甚长基线测量(VLBI)、数字摄影、测绘软件为代表的新一代测量技术设备，使测绘工作产生了革命性变革，传统的测量方法和设备逐步被淘汰，测量精度、工作效益大幅提高。特别是 2005 年之后，大量购置配备了全站仪、数字水准仪、GNSS 卫星信号接收机等现代测量设备。

截至 2017 年年底，测量技术人员增加到 20 人，其中注册测绘师 5 人、高级工程师 3 人、工程师 5 人。拥有测绘乙级资质，业务范围包括工程测量、控制测量、地形测量、建筑工程测量、变形形变与精密测量、线路与桥隧测量、地下管线测量、矿山测量，同时还可以承担不动产测绘、地籍测绘丙级业务。测量工作广泛应用到水文地质、环境地质、矿产地质、地热地质等各类勘察项目中。共完成测量工作 2130 项，测量面积 236.44 万平方千米，完成各种比例尺测图 31 幅，高程测量点 58046 个，坐标测量点 34747 个。由于多数测量报告都作为附件包含在项目报告中存档，单独成册测量报告 46 份，获得厅局级奖励的成果 10 项。

第一节　控制及地形测量

截至 2017 年年底，完成控制及地形测量 22 项，包含交通及附属设施、建筑工程、地质灾害、矿区地形测量等。测得地形图 18 幅，测量面积 169.52 平方千米，高程测量点 217 个，坐标点 282 个。

一、济南太平庄工区控制及方格网测量

2006 年 9～10 月，受济南太平庄工区委托，提交济南太平庄工区控制及方格网测量技术报告。项目负责人：张民。报告编写人：段爱民、时彦芳等。完成主要工作：高程及坐标测量点各 10 个。取得主要成果：完成该区控制及方格网测量任务。

二、新文矿业集团有限责任公司济阳井田供水管道地形测量技术

2007 年 3 月，提交新文矿业集团有限责任公司济阳井田供水管道地形测量技术报告。项目负责人：张民。报告编写人：张民、马庆伟等。受新汶矿业集团有限责任公司委托，为满足新汶矿业集团有限责任公司济阳井田供水管道设计需要，进行地形测量工作。取得主要成果：测绘比例尺为 1∶1000 的地形图 1 幅。

三、济南市旅游路带状地形图测量

2007年7月，受北京中天建华工程造价咨询有限公司济南分公司委托，提交济南市旅游路带状地形图测量技术报告。项目负责人：张民。报告编写人：张民、魏升等。完成主要工作：测线长度8.3千米，高程及坐标测量点各5个。

四、京沪高速铁路通过济南西渴马一号隧道二等水准高程控制网复测

2008年3～4月，受中国水电集团京沪高速铁路土建工程三标段项目经理二工区施工三处委托，编制京沪高速铁路通过济南西渴马一号隧道二等水准高程控制网复测技术报告。项目负责人：张民。报告编写人：张民、马庆伟等。完成主要工作：高程及坐标测量点各7个。取得主要成果：完成济南西渴马一号隧道高程控制网复测任务。

五、京福高速公路滕州收费站测量控制及1∶500地形图测量

2008年8月，提交京福高速公路滕州收费站测量控制及1∶500地形图测量技术总结报告。项目负责人：张民。报告编写人：张民等。受山东省交通规划设计院委托，为满足扩建设计的要求，进行平面控制测量、高程控制测量和地形测量工作。取得主要成果：四等水准高程点共测量11个，GPS高程点5个；形成1∶500的京沪高速公路滕州收费站地形图1幅。

六、国华瑞丰(沾化)风力发电场二期工程1∶1万地形测量

2008年12月～2009年1月，编制国华瑞丰(沾化)风力发电场二期工程1∶1万地形测量报告。项目负责人：张民。报告编写人：张民等。受国华瑞丰(沾化)风力发电有限公司委托，为满足国丰瑞华(沾化)风力发电场二期工程设计工作需要，以山东正元前期为国丰瑞华(沾化)风力发电场一期工程布设的控制网点为基础，利用RTK和全站仪以全野外数字化采集的方法测绘地形图。取得主要成果：1～25风机塔成果表1份，1∶1万地形图DWG格式和兰图6幅。

七、京福高速崮山收费站1∶500地形测量

2009年4月，提交京福高速崮山收费站1∶500地形测量报告。项目负责人：张民。报告编写人：张民等。受山东省交通规划设计院委托，对京福高

速崮山收费站控制及南北长 250 米、东西宽 200 米、面积约 0.05 平方千米范围进行 1∶500 地形测量工作。取得主要成果：高程控制测量路线全长 1156 米，路线全长闭合差＋11 毫米（允许±21.5 毫米），控制点 7 个；测得面积0.11 平方千米 1∶500 地形图一幅。

八、京福高速滕州收费站新址控制及地形测量

2010 年 2～3 月，受山东省交通规划设计院委托，编制京福高速滕州收费站新址控制及地形测量报告。项目负责人：杨伟。报告编写人：杨伟等。完成主要工作：济青高速滕州收费站新址控制及地形测量 1∶2000 测绘面积1.0 平方千米。取得主要成果：测得面积 1.0 平方千米地形图 1 幅。

九、山东省平阴县宋庄白云矿详查地形测量

2010 年 3～5 月，进行山东省平阴县宋庄白云矿详查地形测量。项目负责人：杨伟。主要完成人：杨伟、段爱民等。为配合山东省平阴县宋庄白云矿产资源调查，对济南市平阴县宋庄白云岩矿区 2.625 平方千米范围进行 1∶2000比例尺的数字地形图测绘工作。取得主要成果：图根控制点 26 个；测得面积 2.625 平方千米地形图 1 幅。

十、济南热电有限公司金鸡岭热电分厂地形测量

2010 年 5 月，完成济南热电有限公司金鸡岭热电分厂地形测量。项目负责人：马庆伟。主要成果完成人：马庆伟等。为满足济南热电有限公司金鸡岭热电厂分厂扩建工程需要，对金鸡岭热电分厂南北长 600 米、东西宽 500 米、面积约 0.35 平方千米（不规则）范围进行 1∶500 地形测量工作。取得主要成果：完成 0.35 平方千米 1∶500 地形图 1 幅。

十一、济南市水帘峡风景山体滑坡地质灾害治理地形测量

2010 年 9 月，完成济南市水帘峡风景山体滑坡地质灾害治理地形测量。项目负责人：马庆伟。主要完成人：马庆伟等。为满足济南市水帘峡风景山体滑坡地质灾害治理工作需要，拟对济南市水帘峡（南北长约 200 米，东西宽 350 米，面积约 0.07 平方千米）进行 1∶500 比例尺的数字地形图测绘工作。取得主要成果：完成 0.13 平方千米 1∶500 地形图 1 幅；图根点 8 个。

十二、莱芜发电厂开发区供热工程二期 1∶1000 地形测量

2010 年 11 月，完成莱芜发电厂开发区供热工程二期 1∶1000 地形测量。

编写人:张民。主要完成人:王文祥、张民等。受山东省城乡规划设计研究院委托,为满足莱芜发电厂开发区供热工程二期设计工作的需要,对莱芜发电厂开发区供热工程二期(分布在开发区不同街道上,其长度约 10000 米,东西宽 60 米)进行 1∶1000 地形图测量工作。取得主要成果:完成 10.7 平方千米 1∶1000 地形图 1 幅;图根控制点 52 个。

十三、临沂市苍山县东宝山焦化有限公司 1∶500 地形测量

2010 年 11 月,完成临沂市苍山县东宝山焦化有限公司 1∶500 地形测量报告。项目负责人:段爱民。主要成果完成人:段爱民等。受临沂市苍山县东宝山焦化有限公司委托,对其焦化厂及北部 1.2 千米区域内进行地形测量工作,为工程扩建设计及施工提供翔实可靠的测量资料。取得主要成果:测绘面积 0.7 平方千米地形图 1 幅;图根控制点 28 个。

十四、大东新苑地形图测量

2010 年 12 月,进行大东新苑地形图测量。项目负责人:张民。主要完成人:张民等。受山东华通实业有限公司委托,对位于济南市市中区十六里河镇大涧沟村北大东新苑南北长约 200 米、东西宽 300 米进行 1∶500 比例尺地形图测量工作。取得主要成果:完成 0.05 平方千米 1∶500 地形图 1 幅;图根点 4 个。

十五、山东省地质遗迹保护研究中心 1∶500 地形测量

2011 年 1 月,提交山东省地质遗迹保护研究中心 1∶500 地形测量报告。项目负责人:张民。报告编写人:张民等。受山东省地质遗迹保护研究中心委托,为满足山东省地质遗迹保护研究中心(张夏)设计工作需要,对该研究中心张夏基地南北长约 300 米、东西宽 300 米、范围进行 1∶500 地形测量工作。取得主要成果:完成 0.1 平方千米 1∶500 地形图 1 幅;图根点 11 个。

第二节　工程测量

八〇一队完成的工程测量工作包括工程定位测量、基坑变形监测、沉降测量等,为规划设计、施工建设及运营管理各阶段提供所需的基本图件、测量资料及测量保障。截至 2017 年年底,共完成工程测量工作 1525 项,测量面积 71.16 万平方千米,各种比例尺测图 6 幅;高程测量点 46679 个,坐标测量点 30569 个。

一、定位测量

为配合本单位岩土工程项目的完成，进行大量的定位测量（高程及坐标测量）工作，测量数据作为重要附件保存在项目报告内，没有单独装订成册。截至 2017 年年底，累计完成定位测量工作 1474 项，高程测量点 46679 个，坐标测量点 30569 个。

二、变形监测

为准确掌握建筑物在施工期及使用期的沉降情况，及时为施工、监理及设计单位提供可靠的变形数据，确保施工场地及周边市民的安全，进行建筑物基坑变形监测及沉降测量工作。截至 2017 年年底，完成基坑变形监测 18 项、沉降测量 33 项。

（一）基坑变形监测

1. 章丘市明珠时代广场基坑变形测量

2007 年 8 月～2010 年 1 月，编制章丘市明珠时代广场基坑变形测量技术报告。项目负责人：张民。报告编写人：张民、马庆伟、段爱民等。受章丘市城市建设综合开发公司委托，为监测章丘市明珠时代广场在基坑开挖期间边坡的稳定情况，及对邻近建筑物的影响情况，对明珠时代广场的开挖基坑边坡进行位移测量，共 22 期；对基坑东侧 30 米范围内的三座居民楼进行沉降测量，共 21 期。取得主要成果：基坑坡顶 X、Y 位移最大值均小于预警值（60 毫米），变化速率均小于预警值（15 毫米/天）；基坑东侧三座居民楼沉降速率均小于稳定值（0.04 毫米/天），沉降斜率均小于稳定值 0.3%；基坑在开挖至回填期间处于稳定状态，对基坑东侧三座居民楼也没有产生影响。

2. 临沂鲁商铂尔曼大酒店基坑位移监测

2009 年 10 月～2010 年 11 月，编制临沂鲁商铂尔曼大酒店基坑位移检测报告。项目负责人：张民。报告编写人：张民、杨茂伟。监测结果：各点位移总体呈上升趋势，变化量均未超出规范及设计需要。

3. 济南市旧城改造北刘片区建设工程基坑水平位移基坑沉降观测

2010 年 5～8 月，编制济南市旧城改造北刘片区建设工程基坑水平位移基坑沉降观测技术报告。项目负责人：张民。报告编写人：张民等。为满足济南市旧城改造北刘片区基坑开挖、施工建设的要求，保证工程质量和安全生产，确切反映在施工情况下基坑的水平位移变化量，完成观测 20 期。取得主要成果：截至 2010 年 6 月 27 日，J12 北方向位移量最大为－0.8 毫米，北方向累计位移量为－1.1 毫米；随着施工的进展，基坑深度的增加，位移量会有所变化,需进一步观测,以获取更多的观测数据,监测基坑的稳定性,确定建筑施工顺利进行。

4. 济南市长清区人力资源市场办公楼基坑支护变形观测

2010 年 7 月～2011 年 1 月,编制济南市长清区人力资源市场办公楼基坑支护变形观测报告。项目负责人:张民。报告编写人:张民、葛林、马庆伟等。拟建建筑物为框架结构,地下一层,本基坑呈 L 形,东西长约 40 米,南北长 10～25 米,基坑开挖深度 5.8 米,基坑安全等级为三级。在基坑开挖、支护过程中,对边坡的稳定情况进行监测,监测内容包括基坑边坡顶部水平位移和垂直位移,共进行 8 个周期的观测。取得主要成果:基坑沉降量均小于限值(30 毫米),沉降速率均小于限值(3 毫米/天);水平位移量均小于限值(40 毫米),位移速率均小于 5 毫米/天;基坑没有发生显著变化,处于稳定状态。

5. 力高国际基坑工程变形监测

2012 年 3 月,提交力高国际基坑工程监测报告。项目负责人:张民。主要完成人:张民。受山东力高房地产开发有限公司委托,进行基坑工程监测观测工作。取得主要成果:各项监测数据变化均在预警值范围内,基坑支护结构在开挖和使用期间处于稳定状态,未对周边环境的安全性产生影响,基坑支护结构设计合理、可行。

6. 山东省千佛山医院保健综合楼基坑工程变形监测

2012 年 6 月,受山东省千佛山医院委托,完成山东省千佛山医院保健综合楼基坑工程监测。项目负责人:张民。主要完成人:张民、于东平、杨茂伟等。完成主要工作:对基坑共设置 20 个水平位移和沉降监测点,对周边建筑共设置 42 个沉降监测点。基坑水位位移共进行 54 个周期的监测工作,基坑沉降共进行 55 个周期的监测工作,深层位移共进行 60 个周期的监测工作,锚索内里共进行 50 个周期的监测工作,周边建筑沉降共进行 59 个周期的监测工作,道路沉降共进行 53 个周期的监测工作,管线水平位移共进行 53 个周期的监测工作。取得主要成果:基坑西南角 W16 点的位移变化量在 2013 年 2～3月较大,但并未出现危险征兆,其他各项监测数据变化量均在预警值范围内;基坑支护结构在开挖和使用期间处于稳定状态,未对周边环境的安全性产生影响,基坑支护结构设计是合理、可行的。

7. 二环西路铁路桥西南角楼房防护工程变形监测

2012 年 8 月～2013 年 8 月,编制二环西路铁路桥西南角楼房防护工程变形监测报告。项目负责人:张民等。报告编写人:张民等。完成主要工作:设置沉降观测基准点 3 个、水平位置基准点 3 个;基坑支护桩冠梁监测点 4 个,进行水平和沉降观测点;周边建筑物共设 12 个沉降观测点,含 8 个倾斜观测点、5 个裂缝观测点；基调北侧地面设 4 个沉降观测点；对二环西路铁路桥西南角楼房共进行 198 个周期的工程监测观测工作，前期每天观测一次，后期每两天一次。取得主要成果：铁路桥基坑支护及框架桥施工降水期间，变形数据均小于预警值，基坑支护体系处于稳定状态，基坑开挖及框架桥施工降水未影响周边建筑的安全。

8. 章丘城建·吉祥园基坑工程变形监测

2012 年 9 月，完成章丘城建·吉祥园基坑工程监测。项目负责人：张民。主要完成人：张民、于东平、马庆伟等。完成主要工作：设置 4 个基准点、40 个基坑监测点、6 个周边建筑沉降监测点。取得主要成果：各项监测数据变化量均在预警值范围内，基坑支护结构在开挖和使用期间处于稳定状态，未对周边环境的安全性产生影响，基坑支护结构设计是合理、可行的。

9. 章丘大润发维华商业广场基坑工程变形监测

2013 年 4 月，完成章丘大润发维华商业广场基坑工程变形监测。项目负责人：张民。主要完成人：张民、于东平、段爱民等。完成主要工作：5 个月周期的沉降观测。取得主要成果：基坑支护各监测项目变形量均小于基坑支护设计所要求的预警值，基坑支护体系处于稳定状态，未对周边建筑的安全性产生影响。

10. 济南市火车站北站场一体化工程基坑及周边环境变形监测项目

2013 年 8 月～2015 年 10 月，进行济南市火车站北站场一体化工程基坑及周边环境变形监测工作。项目负责人：杨茂伟。主要完成人：杨茂伟、葛琳、苗德刚等。完成主要工作：设置 39 个位移监测点、57 个沉降观测点、26 个月的沉降观测。取得主要成果：基坑整体沉降基本均匀，观测点平均累计沉降量小于规范规定建筑基础平均沉降量允许变形值，最大局部倾率小于规范规定允许值。

11. 宏昌家园二期基坑变形监测

2013 年 11 月～2014 年 10 月，受章丘市黄河水利水电工程有限公司委托，编制宏昌家园二期基坑变形监测成果报告。项目负责人：张民。报告编写人：杨茂伟、葛琳等。完成主要工作：共监测 12 次，7 个月的变形监测。取得主要成果：基坑在开挖到回填期间变形值均小于报警值，周边道路变形速率稍大，但也均小于报警值，周边建筑物整体沉降基本均匀，观测点沉降量小于报警值。

12. 鑫泉花苑基坑变形监测

2013 年 12 月～2014 年 10 月，受章丘市黄河水利水电工程有限公司委托，编制鑫泉花苑基坑变形监测成果报告。项目负责人：张民。报告编写人：

杨茂伟、魏善明。完成主要工作:共监测 11 次,9 个月的变形监测。取得主要成果:基坑、周边道路和周边建筑物在开挖到回填期间变形值均小于报警值。

13.华港世纪项目基坑支护工程变形监测

2014 年 7 月,提交华港世纪项目基坑支护工程变形监测报告。项目负责人:张民。报告编写人:张民、马庆伟、段爱民等。完成主要工作:设置 3 个基准点、14 个监测点,共进行 23 个周期的监测工作。取得主要成果:各项监测数据变化量均在报警范围内,基坑支护结构在开挖和使用期间处于稳定状态,未对周边建筑安全性产生影响。

(二)沉降测量

1.济南军区司令部第二干休所 34 号楼附近地面及房屋开裂勘查

1999 年 11～12 月,编制济南军区司令部第二干休所 34 号楼附近地面及房屋开裂勘查报告。项目负责人:韩建江。报告编写人:韩建江、禹泽文、陈奂良等。受济南军区司令部第二干休所委托,为查明裂缝产生原因,是否能继续发展,如何进行治理,对济南军区司令部第二干休所 34 号楼附近地面及房屋进行勘查工作。完成主要工作:人工地面监测点 15 个,房屋裂缝监测点 6 个,地面高程测量点 10 个,勘探钻孔 3 个,实测地裂缝 53 条。取得主要成果:通过勘查,干休所 34 号楼附近的地面开裂、房屋裂缝主要是由近年来铁矿开采形成的采空区未采取必要的环境保护措施,从而造成坍塌,引起的地面不均匀沉降所致。

2.东方美郡沉降测量

2005 年 8 月,提交东方美郡沉降测量技术报告。项目负责人:张民。报告编写人:马庆伟、张民等。受山东正盛房地产有限公司委托,对位于济南市旅游路西端的东侧、太平庄以东的东方美郡东区 14 座楼进行沉降测量工作。完成工作量:沉降测量基准点 5 个,位移测量基准点 4 个。取得主要成果:各楼的沉降速率最后 100 天都小于 0.04 毫米/天,沉降斜率都小于 0.3%,各楼已处于稳定状态,并且沉降均匀,没有发生异常情况;从 B2-5、B2-6 位移量统计资料分析可知,两楼未发生位移。

3.新时代(济南)民爆科技公司住宅楼沉降测量

2009 年 3 月～2010 年 8 月,提交新时代(济南)民爆科技公司住宅楼沉降测量报告。项目负责人:张民。报告编写人:张民、马庆伟、段爱民等。受新时代(济南)民爆科技公司委托,对该公司的两座新建 1 号、2 号住宅楼进行沉降测量,共观测 11 个周期。取得主要成果:地基发生少量沉降,沉降速率和沉降斜率均未超过限值,两楼没有发生显著变化,处于稳定状态。

4. 阳光 100 国际新城 10 号、11 号楼沉降测量

2009 年 3 月，提交阳光 100 国际新城 10 号、11 号楼沉降观测技术报告。项目负责人：张民。报告编写人：马庆伟、张民等。受济南阳光 100 房产开发有限公司委托，对阳光 100 国际新城的 10 号、11 号楼进行沉降观测工作，设置沉降测量基准点 6 个。取得主要成果：各楼的沉降速率最后 100 天都小于 0.04 毫米/天，沉降斜率都小于 0.3%，各楼已处于稳定状态，并且沉降均匀，没有出现异常情况。

5. 山水泉城一期 15 号、16 号楼沉降测量

2009 年 8 月～2011 年 5 月，编制山水泉城一期 15 号、16 号楼沉降测量技术报告。项目负责人：张民。报告编写人：张民、马庆伟、段爱民等。受山东省道通置业投资有限公司章丘公司委托，对山水泉城一期 15 号、16 号楼进行沉降测量工作。完成主要工作：设置 3 个基准点，进行 13 个周期的沉降观测。取得主要成果：15 号、16 号楼各沉降观测点的沉降速率均小于稳定值（0.04 毫米/天），沉降斜率均小于稳定值（0.3%），两楼在施工期间没有发生显著变化，已处于稳定状态。

6. 黄金时代广场 C 座楼沉降和位移观测

2010 年 1～7 月，编制黄金时代广场 C 楼沉降和位移观测技术报告。项目负责人：张民。报告编写人：张民、段爱民、马庆伟等。根据该基坑设计图纸，为监测基坑开挖过程中基坑对已建成的 C 座楼产生的影响，进行 C 座楼沉降和水平位移观测工作。完成主要工作：沉降观测点 16 个，水平位移观测点 6 个，观测 30 期。取得主要成果：地基发生少量回弹，但变化量较小，且变化均匀，沉降速率未超过限值（0.04 毫米/天），沉降斜率未超过限值 0.3%，位移量未超过限值（25 毫米），C 楼没有发生显著变化，处于稳定状态。

7. 正大·时代广场写字楼沉降测量

2010 年 5～12 月，编制正大·时代广场写字楼沉降测量技术报告。项目负责人：张民。报告编写人：张民、马庆伟、段爱民等。完成主要工作：16 个观测点，3 个周期的沉降观测。取得主要成果：写字楼各沉降观测点的沉降速率均小于稳定值（0.04 毫米/天），沉降斜率均小于稳定值（0.3%），写字楼在施工期间没有发生显著变化，处于稳定状态。

8. 临沂鲁商铂尔曼大酒店沉降观测

2011 年 2 月～2012 年 6 月，编制临沂鲁商铂尔曼大酒店沉降观测成果报告。项目负责人：杨茂伟。报告编写人：杨茂伟、魏升。为准确掌握酒店在施工期及使用期的沉降情况，通过科学分析，及时为施工、监理及设计单位提供可靠的变形数据，确保施工场地及周边市民的安全，进行建筑的沉降观测工

作。设置 3 个十字钢钉水准基点、56 个观测点,16 个月时间的沉降观测。取得主要成果:各点的平均沉降速率达到 0.007 毫米/天,小于沉降稳定标准值(0.01 毫米/天),临沂鲁商铂尔曼大酒店主体建筑物沉降已进入相对稳定阶段。

9. 章丘龙昌 · 新座 1# ～3# 住宅楼沉降监测

2011 年 3 月～2012 年 12 月,受山东宏昌置业集团有限公司委托,编制章丘龙昌 · 新座 1# ～3# 住宅楼沉降监测报告。项目负责人:张民。项目完成人:张民、魏善明、于东平等。完成主要工作:20 个月周期的沉降观测工作。取得主要成果:沉降指标均满足规范要求的稳定值,1～3 号楼未发生异常变化,处于稳定状态。

10. 丁豪广场沉降观测

2011 年 3 月～2014 年 9 月,编制丁豪广场沉降观测报告。项目负责人:张民。项目完成人:张民、葛琳、马庆伟等。完成主要工作:在工地西南侧沥青地面上布置 3 个基准点,进行 8 次稳定性检测,共布设 53 个观测点。取得主要成果:丁豪广场各楼沉降观测点总沉降量变化不大,最后一期各沉降监测点沉降速率均小于 0.02 毫米/天,沉降斜率均小于 0.2%,满足规范要求的稳定值,各楼未发生异常沉降变化。

11. 三箭 · 瑞福苑 8# ～13# 楼沉降观测

2011 年 8 月～2013 年 11 月,受三箭房地产开发有限公司委托,编制三箭 · 瑞福苑 8# ～13# 楼沉降观测成果报告。项目负责人:张民。报告编写人:杨茂伟、魏升、于东平等。完成主要工作:11 层小高层观测 22 次,形成观测统计表 22 份,在经八路布置 4 个十字钢钉水准点,共布置 47 个沉降观测点,观测 28 个月。取得主要成果:建筑物整体沉降基本均匀,观测点累计沉降量小于规范规定的高层建筑基础平均沉降量允许变形值,最大局部倾率小于规范规定的允许值,该建筑物沉降已进入相对稳定阶段。

12. 山东省千佛山医院病房楼扩建工程沉降观测

2011 年 8 月,完成山东省千佛山医院病房楼扩建工程沉降观测。项目负责人:杨茂伟。主要完成人:杨茂伟、魏升、于东平等。受三箭房地产开发有限公司委托,对山东省千佛山医院病房楼测量沉降量、沉降差及沉降速度,为建筑物的安全使用提供参考依据。完成主要工作:28 个月的沉降观测。取得主要成果:建筑物整体沉降基本均匀,观测点累计沉降量小于规范规定的高层建筑基础平均沉降量允许变形值,最大局部倾率小于规范规定的允许值,该建筑物沉降已进入相对稳定阶段。

13.济南七贤中学扩建教学楼沉降观测

2011年11月,完成济南七贤中学扩建教学楼沉降观测。项目负责人:张民。主要完成人:张民、杨茂伟等。受济南七贤中学委托,对济南七贤中学扩建教学楼的2栋楼的主体进行沉降监测工作,历时885天。完成主要工作:3个基准点,12个观测点,进行10次观测。取得主要成果:在最后一个观测周期内,原教学楼的平均沉降速率为0.008毫米/天,小于0.01毫米/天的停测标准,扩建教学楼的平均沉降速率为0.006毫米/天,也小于0.01毫米/天的停测标准,建筑物已完全进入稳定沉降阶段,根据规范要求可以停止本栋建筑物的沉降观测工作。

14.金如意花园小区3号楼沉降观测

2011年11月,完成金如意花园小区3号楼沉降观测。项目负责人:张民。主要完成人:张民、于东平、魏善明等。受章丘市第二建设综合开发有限公司委托,对位于章丘市世纪大道南、双山大街东侧18层的3号楼进行沉降观测工作。完成主要工作:17个月的沉降观测。取得主要成果:3号楼沉降指标均满足规范要求的稳定值,未发生异常变化,处于稳定状态。

15.临沂鲁商凤凰城三期沉降观测

2011年11月,完成临沂鲁商凤凰城三期沉降观测。项目负责人:张民。主要完成人:张民、杨茂伟等。受临沂鲁商地产有限公司委托,为准确掌握各建筑物在施工期及使用期的沉降情况,及时为施工、监理及设计单位提供可靠的变形数据,确保施工场地及周边市民的安全,进行该工作。完成主要工作:16个月的沉降观测。取得主要成果:建筑物整体沉降基本均匀,观测点平均累计沉降量小于规范规定的体形简单的高层建筑基础平均沉降量允许变形值,最大局部倾率小于规范规定的允许值。

16.平阴县公安局指挥中心综合业务楼沉降观测

2011年12月～2014年1月,编制平阴县公安局指挥中心综合业务楼沉降监测报告。项目负责人:张民。项目完成人:张民、段爱民、葛琳等。受平阴县公安局委托,为掌握新建综合业务楼在建设过程中的变化情况,对本楼进行相应的沉降监测,为建筑安全施工提供可靠依据。完成主要工作:16个沉降观测点,3个沉降观测基准点,6次稳定性检测。取得主要成果:综合业务楼各沉降观测点的最终沉降速率均小于0.02毫米/天,沉降斜率均小于0.2%,满足规范要求的稳定值,各楼未发生异常沉降变化,处于稳定状态。

17.章丘市拓新建材有限公司综合楼沉降观测

2012年2月,完成章丘市拓新建材有限公司综合楼沉降观测。项目负责人:张民。主要完成人:张民、葛琳、段爱民等。受章丘市拓新建材有限公司委托,对位于章丘市西北部地上 6 层、地下 1 层综合楼进行 8 个月周期的沉降观测工作。取得主要成果:该楼沉降量 0.02～4.03 毫米,沉降速度率0.001～0.0173 毫米/天,沉降差－4.22～0.02 毫米,沉降斜率－0.277%～0.002%,统计沉降指标均满足规范要求的稳定值,该楼未发生异常变化,处于稳定状态。

18. 黄金时代广场 E、F、G、H 楼沉降监测

2012 年 5 月,受北京城乡建设集团有限公司山东分公司委托,完成黄金时代广场 E、F、G、H 楼沉降监测。项目负责人:张民。主要完成人:张民、于东平、马庆伟等。完成主要工作:15 个周期的沉降监测,5 个沉降监测基准点,12 个沉降监测点。取得主要成果:各点沉降监测点总沉降量不大,最后 1 期 200 天各沉降点沉降速率均小于0.02毫米/天,沉降点间斜率均小于千分之二,满足规范要求的稳定值,各楼未发生异常沉降变化。

19. 临邑县汽车客运中心沉降观测

2013 年 4 月,完成临邑县汽车客运中心沉降观测。项目负责人:张民。主要完成人:张民、葛琳、马庆伟等。受临邑县交通局委托,监测汽车客运中心站房在建筑施工过程中基础沉降情况。完成主要工作:3 个高程基准点,44 个沉降观测点,13 个周期的沉降观测工作。取得主要成果:各沉降点总沉降量变化不大,最后 107 天沉降速率 0.01～0.04 毫米/天,沉降斜率均小于 0.2%,满足规划要求的稳定值,本楼未发生异常沉降变化,处于稳定状态。

20. 章丘城建·吉祥园 1# ～8# 楼沉降监测

2013 年 5 月,完成章丘城建·吉祥园 1# ～8# 楼沉降监测报告。项目负责人:张民。主要完成人:王文祥、张民、于东平等。完成主要工作:64 个沉降监测点。取得主要成果:章丘城建·吉祥园 1# ～8# 楼沉降观测点总沉降量未出现异常变化,沉降点间斜率均小于 0.2%;最后 115 天各楼各沉降速率均小于 0.02 毫米/天,满足规范要求的稳定值。

21. 长山镇 3 万立方米/天污水处理工程沉降监测

2013 年 7 月～2014 年 1 月,受邹平县长山镇污水处理厂委托,编制长山镇 3 万立方米/天污水处理工程沉降监测报告。项目负责人:张民。报告编写人:张民、段爱民、马庆伟等。完成主要工作:3 个沉降观测基准点,7 次稳定性检测;每个储水池设置 29 个沉降监测点,共设 58 个沉降监测点。10 个周期的沉降监测。取得主要成果:两储水池各沉降观测点最后三期沉降速率均小于 0.03 毫米/天,沉降斜率均小于 0.2%,满足规范要求的稳定值,未发生异常沉降变化。

22. 三箭财大馨苑 4 号楼沉降观测

2013 年 7 月～2014 年 6 月，受山东三箭房地产开发有限公司委托，编制三箭财大馨苑 4 号楼沉降观测报告。项目负责人：张民。报告编写人：张民、葛琳、马庆伟等。完成主要工作：设置 8 个沉降观测点，进行 4 次稳定性检测。取得主要成果：三箭财大馨苑 4 号楼各沉降观测点总沉降量变化不大，最后 155 天各沉降监测点沉降速率均小于 0.02 毫米/天，沉降斜率均小于 0.2%，满足规范要求的稳定值，本楼未发生异常沉降变化。

23. 山东省菏泽城市地面沉降水准测量

2014 年 3～10 月，提交山东省菏泽城市地面沉降水准测量技术报告。项目负责人：于东平。主要完成人：于东平、张民、司文婧等。完成主要工作：对 10 个地面沉降观测点进行水准测量，共观测 2 次。取得主要成果：查明地面沉降的规模、范围、沉降量的大小，预测预报地面沉降的发展趋势，为政府部门控制或防治地面沉降，合理开发和利用地下水资源提供规划和决策依据。

24. 章丘市中医医院门诊病房综合楼沉降监测

2014 年 10 月～2015 年 9 月，编制章丘市中医医院门诊病房综合楼沉降监测报告。项目负责人：张民。报告编写人：马庆伟、段爱民、于东平等。完成主要工作：沉降监测基准点 3 个，沉降观测 15 次。取得主要成果：该楼各沉降监测点总沉降量未出现异常变化，沉降监测点间斜率均小于 0.2%，最后 95 天各沉降监测点沉降速率均小于 0.02 毫米/天，满足规范要求的稳定值。

25. 黄金山水郡四期 54 号楼沉降观测

2015 年 5 月，受山东海信绿苑地产开发有限公司的委托，提交黄金山水郡四期 54 号楼沉降观测项目竣工报告。项目负责人：张民。报告编写人：张民、段爱民等。完成主要工作：沉降观测 15 期，基准点检测 6 期。取得主要成果：整个楼房竖向位移稳定，各个沉降点最终变化范围－9.04～5.48 毫米，沉降点最大沉降最大值 2.05 毫米，累计差异沉降最大值 3.56 毫米，设计报警值 30 毫米，未达到报警值。

第三节　地质测量

地质测量工作是收集工作区内所有的地质资料和储量动态监督管理的重要手段。地质测量把出露于地表的所有地质体反映在平面图上，系统地研究区内的地层、构造、岩石、矿产等地质特征，为普查找矿、水文及环境地质、地热地质等提供基础地质资料。截至 2017 年年底，累计完成地质测量工作 583 项，测量面积 236.41 万平方千米，各种比例尺测图 290 幅，高程测量点

11168 个,坐标测量点 3975 个。

一、水文地质测量

测量是水文地质勘查过程中必不可少的一项基础性工作。水文孔、地质孔、泉和居民井等观测点均需施测高程与坐标,用以绘制勘查范围内的等水位线图等。截至 2017 年年底,共完成水文地质测量工作 364 项,测量面积 209.94万平方千米,各种比例尺测图 208 幅,高程测量点 10075 个,坐标测量点 1887 个。

(一)济南市商河县地下水调查测量

1999 年 9 月,提交济南市商河县地下水调查测量报告。项目负责人:张民。主要完成人:张民、魏升等。完成主要工作:高程测量点 25 个,坐标测量点 25 个。

(二)济南市水文地质环境地质调查水文地质勘查测量

2011 年 4～5 月,进行济南市水文地质环境地质调查水文地质勘查测量。项目负责人:魏善明。项目完成人:魏善明、杨伟等。取得主要成果:取得济南城区、长清区、济阳县、商河县及德州市齐河县境内 14 个观测井高程数据。

(三)山东省 1∶5 万区域水文地质调查(费县幅、东阳店子幅、关阳司幅、上冶镇幅)高程测量

2013 年 10～11 月,编制山东省 1∶5 万区域水文地质调查(费县幅、东阳店子幅、关阳司幅、上冶镇幅)高程测量技术报告。项目负责人:于东平。报告编写人:于东平、马庆伟、魏升等。完成主要工作:高程测量点 143 个,完成四等水准路线 4 条。

(四)山东省 1∶5 万区域水文地质调查(临沂市幅、半程幅、方城幅、大朱保幅、薛庄幅)高程测量

2014 年 11～12 月,受山东省地质调查院委托,提交山东省1∶5万区域水文地质调查(临沂市幅、半程幅、方城幅、大朱保幅、薛庄幅)高程测量成果报告。项目负责人:马庆伟。报告编写人:马庆伟、杨茂伟、于东平等。完成主要工作:高程测量点 367 个。

(五)沂蒙山区板泉崖幅、临沭县幅、李庄镇幅 1∶5 万水文地质调查水准测量

2014 年 11 月,受山东省地质调查院委托,提交沂蒙山区板泉崖幅、临沭县幅、李庄镇幅 1∶5 万水文地质调查水准测量成果报告(2014 年度)。项目

负责人:宋希利。主要完成人:杨茂伟、于东平、姚超峰等。完成主要工作:高程测量点 483 个,水准路线总长度 887226 米。取得主要成果:获得井口点位的高精度高程数据。

二、城市地质测量

2012 年 5 月,提交济南城市地质调查城市地质勘查测量技术报告。报告编写人:魏善明、袁国霞、葛琳。山东省地质调查院委托承担该测量工作。作业方法:本次高程点测量采用四等水准测量和 GPS-RTK 高程测量相结合的方法。完成主要工作:平原区域 142 个观测井和山区、测区边缘零星设置 79 个观测井的高程测量和坐标。

三、其他地质测量

完成的其他地质测量工作主要包括在环境地质、地热地质、矿产地质工作中,进行的高程、坐标测量以及测图工作。截至 2017 年年底,累计完成其他地质测量工作 219 项,测量面积 26.48 万平方千米,完成各种比例尺测图 82 幅,高程测量点 1093 个,坐标测量点 2088 个。由于测量数据作为附件包含在项目报告中存档,没有单独成册。积极为交通、矿山、能源、旅游等部门服务,完成 1∶100 万山东省地热地质图、山东省环境地质图(1∶50 万)、山东省淄博市周村区 1∶5 万地质灾害调查、济南至菏泽高速公路(大羊至王官屯段)施工图设计等大型项目的测量工作。

第四节　主要获奖成果

自 2013 年济南城市地质调查城市地质勘查测量获山东省住房和城市建设厅优秀工勘叁等奖以来,截至 2017 年,共获得厅局级以上测量类成果奖 10 项,其中厅局级奖 3 项,学会奖 7 项。

表 2-9-1　　测量成果获奖成果一览表

序号	获奖成果名称	奖励名称	奖励等级	授奖部门	获奖时间
1	济南城市地质调查城市地质勘查测量	优秀工勘奖	叁等奖	山东省住房和城乡建设厅	2013.8
2		优秀工勘奖	壹等奖	省地勘局	2013.7

续表

序号	获奖成果名称	奖励名称	奖励等级	授奖部门	获奖时间
3	山东省千佛山医院综合楼基坑变形监测工程	岩土创新奖	壹等奖	山东土木建筑学会	2013.12
4	山东省千佛山医院保健综合楼基坑工程检测	山东省优秀测绘工程	叁等奖	山东省测绘行业协会	2014.12
5	山东力高国际基坑监测工程	岩土创新奖	贰等奖	山东土木建筑学会	2014.12
6	临沂鲁商铂尔曼大酒店基坑位移与建筑沉降观测	优秀工程勘察成果奖	叁等奖	省地勘局	2015.11
7	淄博市淄川区紫御城5～9号楼建设场地煤层采空区勘察评价报告	岩土创新奖	壹等奖	山东土木建筑学会	2015.12
8	沂蒙山板泉崖幅、临沭县幅、李庄镇幅1∶5万水文地质调查水准测量	优秀测绘地理信息工程奖	贰等奖	山东省测绘行业协会	2016.1
9	济南机场二平滑向南北两侧延伸工程详细勘察、测绘项目	岩土创新奖	贰等奖	山东土木建筑学会岩土工程专业委员会	2016.12
10	济南市火车站北站场一体化工程基坑及周边环境变形监测项目	优秀测绘地理信息工程奖	贰等奖	山东省测绘行业协会	2016.12

第十章　地基基础工程施工

自建队以来，承揽地基基础工程施工类项目 364 个，包括岩土工程设计类项目 26 个、基坑与边坡支护类施工项目 94 个、桩基础施工类项目 190 个、工程监测检测类项目 40 个、其他岩土施工类项目 13 个、其中，合同额超过 500 万的桩基项目 7 个，合同额超过 50 万的其他施工类项目 115 个。

自 2007 年以来，承担银丰唐郡项目 3 号地块一标段桩基础工程施工；济宁紫御观邸项目(六四警察小区)2 号、3 号、8 号、11 号楼桩基工程；莱钢·凯旋新城东区二期 CFG 桩工程；南京大胜关长江大桥南岸引桥钻孔桩施工；锦绣华府项目北区桩基工程；滨州市河畔盛景居住小区桩基工程；济南非物质文化遗产博览园桩基工程等 7 个合同额超过 500 万的大型桩基类施工项目。2010 年以来，先后完成莱钢建设·凯旋新城东区基坑支护和降水工程，济南市龙泉山庄居住区中井道路支护、牧牛山东侧边坡治理及青年林西侧治理项目，济宁蓝天豪庭小区基坑支护、降水工程和锦绣华府项目基坑支护及降水工程等 4 个合同额超过 1000 万的大型支护类施工项目。

截至 2017 年，先后有 36 个地基基础工程施工类成果分别获得山东省国土资源厅、省建设厅、省地勘局、省建筑工程管理局、山东省深基础工程协会、山东土木建筑学会等部门评选颁发的优秀成果奖。

第一节　岩土工程设计

岩土工程设计成果报告 26 份，开展包括桩基施工设计、基坑边坡支护设计、挡墙支护设计及基坑降水方案设计等多种施工项目在内的设计工作，其中以基坑边坡支护类设计项目居多，共计 23 项，涉及土钉墙、桩锚、排桩、预应力锚杆、深层搅拌桩、悬臂桩、钢管桩等一种或多种支护相结合的设计方案。其中，黄金 99 浆水泉路居住区 C 地块配套设施项目(三角地地块)基坑支护工程设计方案 2016 年获得山东土木建筑学会岩土工程专业委员会岩土创新奖壹等奖，济宁领秀庄园二期基坑支护及降水工程设计 2016 年获得山东土木建筑学会岩土工程专业委员会岩土创新奖壹等奖。

一、济南市炼油厂游泳池钻孔灌注桩施工设计

1993 年 5 月 10 日，提交济南市炼油厂游泳池钻孔灌注桩施工设计。报告编制人：郑杰等。受济南市炼油厂基建处委托，开展设计工作。完成主要工作：该工程设计钻孔灌注桩共计 216 根，设计桩孔直径 500 毫米，要求桩端承载力 5000 千帕，混凝土设计标号为 C20，坍落度 18 厘米；计划工期 1993 年 4 月 10 日～7 月 20 日。

二、浆水泉风景住宅区荆山村地块住宅工程 1 号车库、2 号车库及 5 号楼基坑边坡支护工程设计方案

2009 年 12 月，提交浆水泉风景住宅区荆山村地块住宅工程 1 号车库、2 号车库及 5 号楼基坑边坡支护工程设计方案。报告编制人：杨颖等。受济南三鼎房地产开发有限公司委托，开展设计工作。完成主要工作及取得主要成果：5 号楼地上 7 层，地下 1 层，高 17.95 米；车库地下 1 层，高 3.6 米。基坑侧壁安全等级及重要性系数为二级。基坑边坡坡顶设计荷载按照 15 千帕计算。基坑边坡支护为临时性工程，设计使用时间 6 个月。支护方案：1 号车库、2 号车库及 5 号楼基坑采用岩钉喷射混凝土支护方案；1 号车库北侧及南侧共布置 3 排岩钉，东侧共布置 5 排岩钉；2 号车库北侧及南侧共布置 3 排岩钉，东侧共布置 4 排岩钉；5 号楼北侧及南侧共布置 2 排岩钉，东侧共布置3 排岩钉；岩钉锚孔直径 50 毫米，钉化倾角 15°；孔内采用低压注浆注入；在坡顶设置挡水墙，高度不小于 500 毫米。同时对工程概况、工程地质条件、设计参数、施工注意事项、质量检测、监测、应急预案等进行说明，并编制设计计算书。

三、通盛上海花园商业 C 区、D 区基坑支护设计计算书

2009 年 12 月 10 日，提交通盛上海花园商业 C 区、D 区基坑支护设计计算书。报告编制人：黄薛等。完成主要工作及取得主要成果：拟建的通盛花园位于滕州市北辛路路北、华美中学东侧，建筑物包括商业 C 区、D 区。商业 D 区：128.0×17.2 米，地上 3 层，地下 1 层(地下车库)。C 区商业：136.0×17.2 米，地上 3 层，地下 1 层(地下车库)。基坑开挖深度 5.03 米。采用桩锚支护。基坑开挖深度 5.03 米。基坑等级为二级。采用桩直径 0.6 米，桩间距 1.4 米，混凝土强度等级 C25，有冠梁。采用潜水完整井降水。本次设计对 14

个断面进行基坑支护方案的计算，并对商业D区和C区进行降水计算。基坑设计计算采用理正基坑设计软件5.5版。

四、黄金·99居住区一期车库基坑边坡支护工程设计方案

2010年4月，提交黄金·99居住区一期车库基坑边坡支护工程设计方案。报告编制人：张长龙等。取得主要成果：拟建地块地下车库整体开挖，其中4、6号楼设计基底标高与车库设计基底标高高差较大，需要进行基坑边坡支护；基坑边坡支护考虑悬臂式排桩结合土钉墙支护方案；在坡顶设置挡水墙，严防地面积水流入边坡内，挡墙高度不小于30毫米，在坡面上设置泄水管。

五、海尔绿城学校部分及幼儿园挡墙支护设计

2011年3月，提交海尔绿城学校部分及幼儿园挡墙支护设计。项目负责人：黄薛。报告编制人：黄薛等。受济南海尔绿城置业有限公司委托，开展挡墙支护设计工作。完成主要工作及取得主要成果：由于建筑开挖及填方形成高边坡，边坡最高3.60～9.25米。根据地质条件及边坡高度、破坏后果严重程度，边坡为永久性支护，按二级边坡设计。外荷载按照重载钢筋车荷载35吨考虑。设计采用钢筋砼悬臂挡土墙。挡土墙每隔20～25米设置沉降缝。挡土墙每隔2.0～3.0米上下错落设泄水孔。挡墙坡顶外侧2.0米内全部硬化，设置排水沟，以防雨水、客水进入渗入挡墙内，影响墙背填土的力学性质。

六、建大花园二期A5号、A6号楼西侧及北侧挡土墙工程设计方案

2011年6月，提交建大花园二期A5号、A6号楼西侧及北侧挡土墙工程设计方案。报告编制人：张长龙等。由于A5号、A6号楼西侧及北侧道路设计标高均比场地现有标高，相对高差为5.7～9.7米。渣土分层回填后进行道路施工，为防止回填后路肩边坡失稳，拟在道路西侧及北侧设计一道挡土墙。完成主要工作及取得主要成果：挡土墙类型采用重力式俯斜式路肩墙，A5号楼、A6号楼西侧AB段挡墙顶宽1000毫米，底宽4030～5700毫米，高度5.7～9.7米；拐角BC段挡墙顶宽1000毫米，底宽5700～5830毫米，高度9.7～9.9米；A6号楼北侧CD段挡墙顶宽1000毫米，底宽4480～5830毫米，高度6.8～9.9米。顶部采用C15混凝土压顶，厚度10厘米。设计工作量：砌筑毛石约2717.14立方米，C15混凝土压顶约11.15立方米。挡墙总长度约111.5米。墙后汽车动荷载按照30千帕考虑，抗震设防烈度为7，挡墙安全等级为二级。

七、明湖白鹭郡项目基坑支护方案设计

2011 年 9 月，提交明湖白鹭郡项目基坑支护方案设计。项目负责人：黄薛。报告编制人：黄薛等。受济南明湖天地置业有限公司委托，开展基坑支护设计工作。完成主要工作及取得主要成果：拟建的项目工程包括住宅楼 22 栋和沿街商业配套公建。建筑场区分为东、西两个地块，分别为Ⅰ地块、Ⅱ地块。Ⅰ地块平面尺寸 405 米×95 米，基坑开挖深度 3.35～7.20 米。Ⅱ地块平面尺寸 418 米×119 米，基坑开挖深度 5.65～7.55 米。根据基坑开挖深度及周边建筑、地下管线分布的影响，结合工程地质条件及水文地质条件，本次基坑设计采用土钉墙、土钉墙加预应力锚杆、土钉墙加钢管桩加预应力锚杆三种支护方案。基坑类型：第四系基坑。基坑开挖深度 3.35～7.55 米，结合地质条件，分为 11 段支护单元。设计等级：EF 段(基坑深 3.35 米)按三级基坑设计，其他 10 段(基坑深 5.65～7.55 米)按二级基坑设计。

八、平阴茂昌银座新天地项目一期支护降水工程 B 区设计方案

2012 年 1～2 月，在济南市开展平阴茂昌银座新天地项目一期支护降水工程 B 区设计工作。报告编制人：张长龙等。受平阴茂昌世纪置业有限公司委托，开展设计工作并提交平阴茂昌银座新天地项目一期支护降水工程 B 区设计方案。完成主要工作及取得主要成果：本次工程为一期工程，包括平阴茂昌银座新天地商业楼及 2 栋公寓办公楼、玫瑰广场。设计参数：基坑侧壁安全等级为二级，基坑侧壁重要性系数为 1.0；边坡支护为临时性工程，设计使用时间为 12 个月；支护方案：将基坑周边划分为四段，设计不同的支护方案，BC 段开挖深度 6.3 米，采用微型钢管桩与预应力锚索及土钉相结合支护方案；CD 段开挖深度 6.2 米、南侧 DK 段开挖深度 7 米、西侧 BK 段开挖深度 6 米，均采用土钉支护方案；基坑降水方案：采用大口径深井降水与集水盲沟明排进行降水服作业，基坑内部采用疏干井进行降水；设计工程量：疏干井 484 米、降水井 330 米、土钉 5013 米、锚喷 3569.2 平方米、素喷 894.6 平方米、深层搅拌桩 4466 米、槽钢 568 米、钢管桩 3408 米、冠梁 8.6 米、基坑降水 11100 台日(暂按 150 天考虑)。

九、平阴茂昌银座新天地项目一期支护降水工程 B 区基坑东侧(农村信用社段)补充保护设计方案

2012 年 3 月，在济南市开展平阴茂昌银座新天地项目一期支护降水工程 B 区基坑东侧补充保护设计工作。报告编制人：张长龙等。受平阴茂昌世纪

置业有限公司委托，开展设计方案编制工作并提交平阴茂昌银座新天地项目一期支护降水工程 B 区基坑东侧(农村信用社段)补充保护设计方案。完成主要工作及取得主要成果：基坑侧壁安全等级为二级，基坑侧壁重要性系数为 1.0；边坡支护为临时性工程，设计使用时间为 12 个月；支护方案：将基坑周边划分为四段，设计不同的支护方案，ABC 段采用深层搅拌桩、预应力锚索及土钉墙支护方案，本段基坑开挖深度 7 米；CD 段采用深层搅拌桩、预应力锚索及土钉墙支护方案，本段基坑开挖深度 7 米；DEF 段采用深层搅拌桩、钢管桩、预应力锚索及土钉墙支护方案，本段基坑开挖深度 7 米；FGH 段参照《平阴茂昌银座新天地项目一期支护降水工程 B 区设计方案》中的 DK 段单元设计支护；基坑降水及回灌方案：信用社周边基坑降水井布设降水井 7 眼，井约深 11 米，信用社裙楼周边布设回灌井 7 眼，井约深 11 米；设计工程量：回灌井 77 米、降水井 77 米、土钉 438 米、锚喷 657 平方米、素喷 91 平方米、锚索 826 米、深层搅拌桩 3872 米、槽钢 194 米、钢管桩 360 米、冠梁 0.78 米、基坑降水 2100 台日(暂按 150 天考虑)。

十、济南市前龙窝沟河道改造及截污工程基坑支护及降水工程方案设计

2013 年 1 月，提交济南市前龙窝沟河道改造、截污工程基坑支护及降水工程方案设计。项目负责人：聂玉朋。报告编制人：高志刚、魏海红、杨聪聪等。完成主要工作及取得主要成果：沿线分为 8 个支护段、多个支护点(高压电杆)，归并成 6 个支护剖面类型。临近建筑物地段基坑宽度 5.1 米；距建筑较远但用地受限段基坑宽度 5.6 米；一侧开阔、可单侧放坡段基坑底宽 6.2 米。地下水控制：除 HI 段南侧外，均结合基坑支护设置搅拌桩止水帷幕，降水可用明排方式，不宜用较深的管井方案降水；每 20～50 米设一个监测井，管径 400 毫米，孔径 600 毫米，井深 8 米。辅助排水措施：降水、表水处理措施，基坑外侧一定范围内地面全部硬化，并在基坑坡顶以外 1.50～2.00 米处砌筑宽度为 240 毫米的挡水墙，其高度应高于基坑外侧土体 300 毫米以上；对地下管道、水池地下水集水构筑物根据影响提前采取保护、移位、引排、封堵等措施；对于潜水在坑壁设盲管导流，槽边挖盲沟集水，基坑内侧周边设排水盲沟和集水井；在基坑边坡中下部设置泄水孔，孔径 75 毫米，泄水孔长度不小于 400 毫米，入土段凿孔包网填砂，外斜坡度 5%，泄水孔模向间距 3 米，位置尽量设在有渗水迹象处。合同额 40 万元。

十一、济南九英里颢苑幼儿园基坑支护工程设计方案

2013 年 2 月，提交济南九英里颢苑幼儿园基坑支护工程设计方案。项目负责人：张长龙。报告编制人：张长龙等。完成主要工作及取得主要成果：地下 1 层，地上 3 层，地下开挖深度 2.6～8.3 米，南北长 26.2 米，东西宽 39.6 米。将基坑周边划分为 ABC 段、CD 段、DEF 段及 FA 段四段，分别施以不同的支护方案。均采用土钉墙支护方案，自基坑顶部按 1/0.1 开挖至基底。ABC 段基坑深度 8.3 米，土钉布置二排；CD 段基坑深度 6.3 米，土钉布置一排；DEF 段基坑深度 2.6 米，土钉布置一排；FA 段基坑深度 7.1 米，土钉布置一排。合同额 3.5 万元。

十二、济南东舍坊 A 地块项目基坑支护方案设计

2013 年 4 月，提交济南东舍坊 A 地块项目基坑支护方案设计。项目负责人：张长龙。报告编制人：黄薛、张志刚等。受山东财富纵横置业有限公司委托，开展设计工作。完成主要工作及取得主要成果：该基坑设计采用土钉墙、复合土钉墙、桩锚支护、悬壁桩支护 4 种支护方案，基坑类型为土岩组合基坑，基坑开挖深度 11.50～14.80 米，结合地质条件分为 13 段支护单元，基坑布设 25 眼水井，并对所使用的水泥、钢筋、钢胶线、槽钢、承压板、混凝土等材料规格进行要求；提出基坑监测、质量检测及验收要求；明确施工注意事项、保泉措施、应急措施等。

十三、金宇大厦基坑支护设计

2013 年 4 月，山东省地矿工程勘察院受济南润安房地产开发有限公司委托，在山东省济南市开展金宇大厦基坑支护设计工作。项目负责人：黄薛。报告编制人：黄薛、张志刚等。完成主要工作及取得主要成果：根据基坑开挖深度及周边建筑、地下管线分布的影响，结合工程地质条件、水文地质条件及建设方对基坑周边场地的要求，该基坑设计采用复合土钉墙支护方案，基坑类型为土岩组合基坑，基坑开挖深度 15.05～16.50 米，结合地质条件分为 4 段支护单元，并对各段支护作法进行简述；可不考虑基坑降水；对所使用的水泥、钢筋、槽钢、承压板、混凝土等材料规格进行要求；提出基坑监测、质量检测及验收要求；明确施工注意事项、应急措施等。

十四、济南万科城项目化纤厂 B-3 地块基坑支护及降水工程方案设计

2013 年 5 月，提交济南万科城项目化纤厂 B-3 地块基坑支护及降水工程方案设计。报告编制人：高志刚等。完成主要工作及取得主要成果：拟建 7 幢高层住宅、地下车库及其他附属建筑物。车库基坑深 7.5～10.0 米，7 个主楼基坑深 5.3～14.4 米。采用放坡护面、土钉墙和复合土钉墙支护，选择边坡较高、地层组合不利和坑边利用较重要坡段设置 2 层锚杆，一般布置在第 2、3 层或第 3、5 层。分为 7 种深度，13 个类型支护剖面。采用集水明排辅助控制地下水。基坑边坡设置泄水孔，间距 2～3 米。坑边外围场及时硬化封闭，设挡水墙(30 厘米高)和安全护栏，墙外设排水措施，严禁水浸。

十五、济南市城区河道生态治理一期引水补源工程(第一标段)1 号泵站基坑支护及降水设计

2013 年 8 月，提交济南市城区河道生态治理一期引水补源工程(第一标段)1 号泵站基坑支护及降水设计。项目负责人：高锡钢、聂玉朋。报告编制人：高志刚等。受济南城建集团有限公司第一分公司委托，开展设计工作。完成主要工作及取得主要成果：基坑工程安全等级为二级；支护方案北侧采用双排钢架支架支护体系，高喷桩结合支护桩帷幕止水；东西两侧采用放坡锚喷方案；南侧采用单排钢架支架支护体系和高喷桩结合对护城河挡土墙进行加固。采用高压旋喷桩两咬合作为止水帷幕，有支护桩段则高喷与支护桩间隔布置，共同构成止水帷幕，坑内采用管井结合明排进行疏干降水。基坑外侧不小于 2 米范围内地面全部硬化，基坑坡顶设置挡水墙、截水沟和坡底排水沟，槽底设置集水井，以防止雨水浸泡软化坡面及坡脚土体；集水井的数量根据地下水实际情况设置；坡顶排水沟外地面做硬化，坡顶严禁堆载。合同额 23.826 万元。

十六、金羚·燕山项目基坑支护工程施工组织设计

2014 年 3 月，提交金羚·燕山项目基坑支护工程施工组织设计。报告编制人：尹建波等。受山东金羚置业有限公司项目部委托，开展施工组织设计编制工作。完成主要工作及取得主要成果：挂网喷面 8716.29 平方米，岩钉 6188 米，土钉 707 米。施工程序：修建临舍—场地平整—土方开挖至－2.00 米(－2.5 米)—锚喷支护—土方开挖—锚喷支护同时施工—挖土方至设计标高。工程技术要求：确保基坑边坡的稳定性，防止施工过程中基坑壁垮塌；确

保基坑周边环境安全;在施工期间确保周边道路及相关管沟等配套设施的正常使用及安全。

十七、东城逸家七标段 1-1 地块基坑支护方案设计

2014 年 4 月,提交东城逸家七标段 1-1 地块基坑支护方案设计。项目负责人:曾纯品、黄薛。报告编制人:黄薛等。受济南市城市建设投资有限公司委托,开展设计工作。完成主要工作及取得主要成果:拟建工程位于济南市高新区,拟建住宅楼楼间为整体 1～2 层地下车库,为独立柱基、条形基础型式,室内地面标高暂按 135.0～136.80 米考虑,基础埋深约 1.5 米,单柱荷载 3000～4500 千牛。基坑设计使用年限为一年,侧壁安全等级为二级,本工程基坑深度 8.5～10.3 米,均位于地下水位以上。分 6 个剖面进行支护设计,均采用土钉墙支护形式。在基坑坡顶砌筑挡水墙及排水沟。岩基坑周边布设监测点,监测点间距小于 20 米,共布设 18 个。

十八、济南商河弘德片区银座商城工程基坑支护方案设计

2014 年 5 月,提交济南商河弘德片区银座商城工程基坑支护方案设计。项目负责人:曾纯品、黄薛。报告编制人:黄薛、李甫等。受山东宝恒房地产开发有限公司委托,开展设计工作。完成主要工作及取得主要成果:该基坑设计采用土钉墙支护和复合土钉墙支护方案,基坑类型为土基坑,基坑开挖深度 5.35～6.56 米,结合地质条件分为 6 个支护段、4 个支护单元,并对各支护单元作法进行简述;采用管井法基坑降水,基坑四周布置降水井 19 眼,坑内布置疏干井 6 眼,布置回灌井 7 眼;对所使用的水泥、钢筋、混凝土等材料规格进行要求。

十九、华安・怡园雅居 1～4 号楼及地下车库基坑支护工程方案设计

2015 年 6 月,提交华安・怡园雅居 1～4 号楼及地下车库基坑支护工程方案设计。项目负责人:黄薛。报告编制人:李甫、黄薛等。受华安集团有限公司委托,开展设计工作。完成主要工作及取得主要成果:根据各楼座及地下车库的空间分布及之间连贯性,基坑开挖将按一个大基坑考虑,基坑形状近似一个梯形,拟建基坑北边东西宽约 115.27 米,南边东西宽约 86.19 米,东边南北长约 115.42 米,西边南北长达约 112.35 米,周长约 435.01 米,从现有场地整平标高 29.0 米算起至基底基坑深度 6.4～6.90 米。基坑侧壁安全等级为二级。基坑支护为临时性工程,设计使用年限为一年。本设计分 3 个剖面,AB 段为 1-1 剖面,开挖深度 6.4 米,顶部 1.5 米采用 1/0.6 放坡,设置

1 道长度 11.5 米的锚索，下部采用桩锚支护型式。BC 段为 2-2 剖面，基坑深度 6.9 米，顶部 1 米采用 1/0.9 放坡，设置 2 道长度均为 16.0 米的锚索，下部采用桩锚支护型式。CA 段为 3-3 剖面，基坑深度 6.4～6.90 米，北侧开挖深度 6.9 米，东侧开挖深度 6.4 米，设置 3 道土钉墙，采用 1/0.4 放坡土钉墙支护型式。基坑降水采用大口径降水，共计 28 眼。沿帷幕桩外侧布设回灌观测井 17 眼。基坑内布设疏干井 16 眼。监测点共布设 88 个。

二十、济南黄金国际广场项目基坑支护设计

2016 年 9 月，提交济南黄金国际广场项目基坑支护设计。项目负责人：黄薛。报告编制人：高扬、黄薛等。受山东黄金启东置业有限公司委托开展设计工作。完成主要工作及取得主要成果：本次基坑设计采用桩锚支护结合岩层放坡设计方案，局部采用桩锚支护设计方案。基坑类型为土岩组合基坑，分为 7 个支护单元，外坑按一级基坑设计，内坑按三级基坑设计。基坑设计使用年限 18 个月。基坑开挖深度内无地下室，本工程不考虑基坑降水。基坑四周设置挡水墙，以防雨水、客水进入基坑。基坑布置变形监测点 33 个。

二十一、黄金 99 浆水泉路居住区 C 地块配套设施项目(三角地地块)基坑支护工程设计方案

2014 年 8 月，提交黄金 99 浆水泉路居住区 C 地块配套设施项目(三角地地块)基坑支护工程设计方案。报告编制人：张长龙等。受山东黄金绿苑房地产开发有限公司委托，开展设计工作。完成主要工作及取得主要成果：基坑东西长 173.5 米，南北宽 111.2 米，开挖深度 11 米，采用复合土钉墙、钢管桩与预应力锚索相结合的方式进行支护。场区原为渣土回填区，杂填土较厚(约 11 米)，开挖范围内普遍存在湿陷性黄土层，需对地基基底进行强夯处理，采取超前提高支护安全系数的应对方案来抵抗在强夯时对支护结构的震动影响。基坑侧壁安全等级为二级，基坑侧壁重要性系数取 1.0。边坡支护为临时性工程，设计使用时间为 6 个月。将三角地地块基坑周边划分为 ABC 段及 DE 段、CD 段、EF 段、FG 段、GG′段、G′H 段、HJK 段及 KA 段，ABC 及 DE 段采用钢管桩与预应力锚索相结合的方式进行支护，CD 段靠近泵房较近，且此处需进行换填处理，采用钢管桩与预应力锚索相结合的方式进行支护，EF 段采用钢管桩支护，FG 段采用钢管桩与预应力锚索相结合的方式进行支护，GG′段采用钢管桩与预应力锚索相结合的方式进行支护，G′H 段采用土钉和锚索进行支护，HJK 段无法形成有效支护边坡，先采取坡顶钢花管注浆加固土层，再采用复合土钉墙支护方案，KA 段基坑深度 9 米，先强夯后开

挖，均为杂填土，边坡开挖即塌，无法形成有效支护边坡，先采取坡顶钢花管注浆加固土层，再采用复合土钉墙支护方案。设计工作量：直径 22 毫米土钉 5868 米，C20 厚 80 毫米锚喷 3261.7 平方米，锚索 6420 米，20a 槽钢 612 米，桩径 150 毫米的钢管桩 4056 米，桩径 220 毫米的钢管桩 900 米。合同额 8 万元。2016 年，该成果报告获得山东土木建筑学会岩土工程专业委员会岩土创新奖壹等奖。

二十二、济宁领秀庄园二期基坑支护及降水工程设计

2013 年 11 月～2015 年 11 月，在山东省济宁市开展济宁领秀庄园二期基坑支护及降水工程设计编制工作。报告编制人：张守成、张长龙、顾海龙等。受山东蓝德置业集团有限公司委托，开展设计工作并提交济宁领秀庄园二期基坑支护及降水工程设计。完成主要工作及取得主要成果：本次支护范围为 6～14 号楼、公寓式办公、商业、公建、附楼及地下车库，原始自然地面标高 39.00米左右，根据基础平面布置图，本基坑东侧开挖底标高 33 米左右，西地块开挖底标高 28 米左右，基坑开挖深度 6～11 米，基坑安全等级为一级。将基坑划分 11 个单元进行支护，采取多种支护方式进行设计，包括复合土钉墙、钢管桩与土钉结合、排桩与锚索结合等，场区采用高压旋喷桩作为止水帷幕，大口径管井与明排相结合进行降水，周边采取回灌措施。

第二节　基坑与边坡支护

自 1995 年以来，共完成基坑与边坡支护类施工项目 94 个，其中合同额大于 50 万的支护类施工项目 60 个。自 2010 年以来，先后完成了莱钢建设·凯旋新城东区基坑支护和降水工程，济南市龙泉山庄居住区中井道路支护、牧牛山东侧边坡治理及青年林西侧治理项目，济宁蓝天豪庭小区基坑支护、降水工程和锦绣华府项目基坑支护及降水工程等 4 个合同额超过 1000 万的大型支护类施工项目。

自 2006 年以来，先后有山东省广电中心综合楼支护工程、济宁金茂大厦基坑支护降水工程、3520 厂拆迁安置项目基坑支护和降水工程、济南兴隆片区二环南路北侧 A-3 地块二期边坡支护及基坑支护工程等多个项目获得省地勘局颁发的“文明工地”荣誉称号；莱钢建设·凯旋新城基坑支护降水工程和济宁蓝天豪庭小区基坑支护及降水工程 2 个项目获得山东土木建筑学会颁发的岩土工程技术创新奖壹等奖；淄博地矿佳园基坑支护工程、莱钢建设·凯旋新城东区一期工程基坑支护与降水工程、邹城市宏河大厦基坑降水及支

护施工工程和章丘市职成教中心边坡支护工程 4 个项目获得山东土木建筑学会颁发的岩土工程技术创新奖贰等奖；山东省广电中心综合业务楼支护工程获得山东省建筑工程管理局、山东省深基础工程协会颁发的优秀工程壹等奖。

一、山东省海运、航空旅游大厦基坑边坡失稳锚杆挂网支护工程施工技术报告

1995 年 4～6 月，在青岛市开展山东省海运、航空旅游大厦基坑边坡失稳锚杆挂网支护工程施工。报告编制人：甄学贞、赵光贞等。受青岛华东工程运输公司委托，开展施工并提交山东省海运、航空旅游大厦基坑边坡失稳锚杆挂网支护工程施工技术报告。完成主要工作及取得主要成果：锚杆根数 134 根，锚杆总工程量 864.38 米，锚杆杆体总长度 917.69 米，挂网喷砼面积 643.2 平方米，灌注量 20.666 立方米。该工程在施工中得到了青岛海运、航空大厦筹建处、铁道部第十三工程局、青岛华东运输公司的大力协助，施工质量优良，确保了南侧居民楼安全及北侧道路的交通安全，为下一步的大厦施工创造了良好的条件。

二、山东移动通信枢纽中心打井、降水、支护工程竣工报告

2005 年 12 月，提交山东移动通信枢纽中心打井、降水、支护工程竣工报告。项目负责人：李万尧。报告编制人：李万尧、刘建胜、赵业臣。完成主要工作及取得主要成果：打井降水共布置 30 眼井，井深 16～18 米，井径不小于 600 毫米，下入不大于 500 毫米的砼滤水管，外填 50 毫米的过滤层；降水共完成 40927.3175 台班，采用单井单泵，用钢管汇集后，分三个出水口排入下水道，基坑中的 4 眼疏干井用塑料管引出坑外与钢管汇集，排出区外；基坑支护工程由山东省地矿工程勘察院设计，外单位施工，北坡、东坡采用土钉支护，西坡、南坡采用锚杆支护。

三、山东省地矿世纪佳园基坑支护竣工报告

2006 年 3 月，提交山东省地矿世纪佳园基坑支护竣工报告。项目负责人：苏连文。报告编制人：苏连文、杨颖、胡斌等。受山东省地质勘查开发局委托开展施工。完成主要工作及取得主要成果：拟建住宅楼位于济南市浆水泉路 15 号院内。地上 6 栋高层，建筑面积 75000 平方米，地下 1 层，建筑面积 25000 平方米，基坑开挖深度 3～8.5 米，开挖周长 660 米，支护面积 5902.8 平方米。本工程支护措施主要考虑基坑四周 3～8.5 米的边坡。在基坑的东、北、西三面以及南侧西段采用土钉墙支护方案。在基坑南侧东段，土方开挖

按照基础轮廓外扩 1 米进行，然后采用注浆钢花管加喷射砼面板进行支护。2006 年 2 月 15 日开工，2006 年 3 月 24 日竣工，日历工期 38 天。共完成支护面积 5902.8 平方米，直径 20 毫米钢材 3.5 吨，直径 14 毫米钢材 3.8 吨，直径 6.5 毫米钢材 13.6 吨，0.5～1.0 厘米碎石 500 立方米，中砂 400 立方米；钢花管(注浆)230 米，水泥用量 51 吨(PC32.5R)。于 2006 年 3 月 30 日通过业主、监理验收。在施工过程中，监理部门对原材检测、锚钉长度、钢筋网铺设规格、喷射砼配比、喷射厚度等主要工序进行全过程验收，均符合设计和规范要求。合同额 48.39 万元。

四、山东省广播电视中心综合业务楼基坑支护工程施工竣工技术报告

2006 年 6 月，提交山东省广播电视中心综合业务楼基坑支护工程施工竣工技术报告。报告编制人：杨颖、杨世强、苏连文等。受中国建筑第八工程局第二建筑公司委托，开展施工。完成主要工作及取得主要成果：桩基根数 37 根，进尺 789.07 米，混凝土灌注量 546.4 立方米，预应力锚杆 630 根共 5562.5 米，预应力锚索 84 根共 1461 米，挂网喷混凝土面积 5571.83 平方米。合同额 200 万元。

五、山东省地矿科技大厦(省地勘局地质资料科研测试中心)基坑支护、土方、降水工程

2006 年 4 月 25 日～8 月 21 日，在济南市开展山东省地矿科技大厦基坑支护、土方、降水工程。项目负责人：杨颖。报告编制人：杨世强、杨颖、朱卫星等。受省地勘局委托，开展施工。完成主要工作及取得主要成果：该工程地上 16 层，地下 2 层，总高 59.9 米，主楼基础埋深 9.6 米，建筑面积 26780 平方米，采用框架—剪力墙结构。基坑支护：在基坑东侧采用钻孔桩排加预应力锚索的基坑支护方案，基坑北侧 DE 段采用高压旋喷止水帷幕，基坑 EFGA 段和 AB 段采用土钉墙加锚杆支护，锚杆直径 150 毫米，锚杆长 9～12 米，桩数 66 根，桩径 600 毫米，桩长 16 米；降水方案：共布设 12 眼降水管井、3 眼观测井；土方开挖：为基坑大开挖，开挖方向由南向北退行，基坑东侧采用垂直开挖，其余地段自外墙皮外扩 1.00 米，加放坡作为基槽的开挖线，按照 1/0.3 放坡。锚喷支护工程、支护桩及冠梁工程、高压旋喷桩工程、降水工程及土方工程均通过质量验收。合同额 192 万元。

六、济宁蓝天豪庭小区基坑支护、降水工程

2011 年 9 月 30 日～12 月 30 日，在山东省济宁市开展蓝天豪庭小区基坑支护、降水工程。项目负责人：柳珂。受济宁蓝天置业有限公司委托，开展施工。完成主要工作及取得主要成果：疏干井 608 米，降水井 880 米；DEF 段支护单元桩径 800 毫米，桩长 13.5 米，工程量 497.68 立方米；FG、HI 段支护单元桩径 800 毫米，桩长 17.0 米，工程量 569.72 立方米；GH 段支护单元桩径 800 毫米，桩长 17.0 米，工程量 301.14 立方米；IJA 段支护单元桩径 800 毫米，桩长 13.5 米，工程量 446.63 立方米；冠梁 325.32 立方米；直径 22 毫米土钉 4752.00 米；直径 25 毫米土钉 5280.00 米；排水沟 775.7 米；挡水墙 55.84 立方米；集水坑 28 个；基坑降水 13950 台日。合同工期 90 天。合同额 1601 万元。

七、平阴茂昌银座新天地项目一期支护降水工程 B 区施工组织方案

2012 年 2 月，提交平阴茂昌银座新天地项目一期支护降水工程 B 区施工组织方案。报告编制人：张守成等。受平阴茂昌世纪置业有限公司委托，开展施工。完成主要工作及取得主要成果：本次工程为一期工程，包括平阴茂昌银座新天地 5 层商业楼及 2 栋 26 层、28 层的公寓办公楼，结构类型为框架剪力墙，基础埋深约 6 米。支护设计方案：BC 段开挖深度 6.3 米，采用微型钢管桩与预应力锚索及土钉相结合支护方案；CD 段开挖深度 6.2 米，南侧 DK 开挖深度 7 米，西侧 BK 段开挖深度 6 米，均采用土钉支护方案；基坑止水、降水方案：采用大口径深井降水与集水盲沟明排进行降水服作业，并在场地北侧近平阴县中医院处设置一排搅拌桩止水帷幕。

八、燕山小学厕所扩建项目基坑支护工程竣工报告

2012 年 5 月，提交燕山小学厕所扩建项目基坑支护工程竣工报告。报告编制人：宋恩武等。受济南市历下区城乡建设委员会委托，开展施工。完成主要工作及取得主要成果：拟建的厕所扩建工程位于燕山小学与燕山中学之间。该项目包括厕所和连廊。该工程的厕所部分已解绑完成，该支护设计主要是针对连廊施工的支护。连廊长（东西）17.68 米，宽（南北）4.77 米。基坑开挖深度 3.15 米。采用钢管桩土钉（锚杆）、大放坡素喷、贯入土钉挂网喷浆维护基坑的稳定。最终工作量：锚杆 192 米，槽钢 24.5 米，土钉 2.5 米，挂网喷面 101.75 平方米，素喷 25 平方米，冠梁 18.5 米，钢管桩 320 米。

九、兴隆片区二环南路北侧 A-3 地块 1.1 期 26 号楼挡墙及河道支护工程

2013 年 12 月,在济南市开展兴隆片区二环南路北侧 A-3 地块 1.1 期 26 号楼挡墙及河道支护工程。项目负责人:王玉波等。受华润置地(山东)发展有限公司委托,开展施工。完成主要工作及取得主要成果:扶壁式挡土墙,土石方挖运、基础换填 2011.2 立方米,C30 混凝土挡土墙 3008.26 立方米,泄水孔 163 个,坡顶截水沟 129.21 米,坡底排水沟 129.21 米;重力式挡土墙,土石方挖运、基础处理 1350 立方米,浆砌毛石 1511.4 立方米,泄水孔 76 个,坡顶截水沟 17.8 米,坡底排水沟 112.5 米;监测,挡墙顶部水平位移监测 360 点次,挡墙顶部垂直位移监测 360 点次,挡墙后面地面裂缝监测 40 点次,墙顶护栏 150 米;挂网支护,土石方切坡 1111.4 立方米,150 毫米厚 C20 混凝土挂网喷护 1511.4 平方米,坡底排水沟 23.9 米,坡顶排水沟 23.9 米,墙顶护栏 150 米。合同工期 40 天。合同额 465.25 万元。

十、济南兴隆片区二环南路北侧学校及幼儿园项目边坡支护及挡土墙工程

2014 年 10 月 1 日～12 月 12 日,在济南市开展兴隆片区二环南路北侧学校及幼儿园项目边坡支护及挡土墙工程。项目负责人:王玉波等。受华润置地(山东)发展有限公司委托,开展施工。完成主要工作及取得主要成果:水平位移监测 540 点次,垂直位移监测 540 点次;扶壁式挡土墙采用 C30 混凝土,工作量 1274.5 立方米;重力式挡墙采用浆砌毛石,工作量 1690.8 立方米;200 毫米厚 C25 混凝土挂网喷护 4096.9 平方米,直径 100 毫米泄水孔 920 个。合同工期 72 天。合同额 365.13 万元。

十一、济南市第四人民医院新建医疗综合楼项目土石方基坑支护工程

2015 年 1 月,在济南市开展济南市第四人民医院新建医疗综合楼项目土石方基坑支护工程。项目负责人:郑杰等。受济南市第四人民医院委托,开展施工。完成主要工作及取得主要成果:基坑开挖 19146.86 立方米,土钉 2058 米,锚杆 4224 米,防护锚杆 1485 米,喷射混凝土 7319.94 平方米,降水井 10 眼,疏干井 4 眼,回灌井 4 眼,集水井 64 眼,高压喷射注浆桩 2826.29 米。合同工期 260 天。合同额 737.85 万元。

十二、济宁蓝天豪庭二期综合楼基坑支护工程

2016 年 1 月，提交济宁蓝天豪庭二期综合楼基坑支护工程。项目负责人：顾海龙。报告编制人：柳珂、王宝春、张长龙等。受济宁蓝天置业有限公司委托，开展施工。完成主要工作：工程位于济宁市共青团路东、吴台闸路南交汇。KB 段修马道原砼钢筋网支护面拆除 145.5 平方米；KB 段土钉，第一排 13 根，每根长 9 米，第二排 13 根，每根长 9 米，共 234 米；KB 段土钉，第三排 13 根，每根长 11 米，共 143 米；KB 段锚索，第一排 14 根，每根长 12 米，第二排 14 根，每根长 12 米，共 336 米。取得主要成果：应建设单位要求，在场区北侧预留一条马路，马路开挖长度约 45 米，开挖深度 0～9 米，开挖坡度 1/0.15。支护方案：采用土钉墙进行支护，共布置 6 排土钉，破面喷射 C20 级钢筋混凝土，并预埋泄水管。基坑降水：基坑顶部布置降水井 11 眼，井间距 15 米，坑内布置疏干井 19 眼，井间距 13.5 米，降水井及疏干井设计井深 18 米。该成果报告 2015 年获得山东土木建筑学会岩土创新奖壹等奖，2016 年获得省地勘局“文明工地”荣誉称号。

十三、三箭瑞景苑工程一期基坑支护、降水工程 、桩基工程

2016 年 2 月 1 日～4 月 10 日，在济南市开展三箭瑞景苑工程一期基坑支护、降水工程 、桩基工程。项目负责人：顾海龙等。受山东三箭建设工程管理有限公司第二项目公司委托，开展施工。完成主要工作及取得主要成果：深层搅拌桩直径 600 毫米，桩长 12 米，总进尺 21000 米；直径 700 毫米的降水井 840 米，直径 700 毫米的疏干井 360 米，直径 700 毫米的回灌井 420 米，直径 150 毫米的观测井 96 米；挂网喷护 6000 平方米，混凝土强度 C20，喷护厚度 80 毫米；素喷面积 1000 平方米，混凝土强度 C20，厚度 50 毫米；土钉 13000 米，孔径直径 130 毫米。合同额 440 万元。

十四、锦绣华府项目基坑支护及降水工程

2016 年 10 月 1 日～11 月 30 日，在济南市开展锦绣华府项目基坑支护及降水工程施工。受济南莱建置业有限公司委托，开展施工。完成主要工作及取得主要成果：悬臂桩 6013 米，冠梁 402.1 立方米，高压旋喷桩 14144 米，挂网喷面 3432.13 平方米，土钉 2544.00 米，钢筋加工安装 483.39 吨，降水井、疏干井、回灌井 3610 米，观测井 60 米。合同工期 60 天。合同额 1204.19 万元。

十五、山东省陆地搜寻与救护基地二期工程监控塔基坑支护工程

2017 年 1 月 15 日～4 月 1 日，在济南市开展山东省陆地搜寻与救护基地二期工程监控塔基坑支护工程。项目负责人:郑杰等。受山东省工程咨询院委托，针对监控塔土方挖运(内倒)、基坑修坡、支护、地基处理等内容进行设计、施工与基坑监测。完成主要工作及取得主要成果:直径 600 毫米、桩长 8.0 米的支护桩 119.82 立方米，直径 600 毫米、桩长 10.5 米的支护桩混凝土灌注量 139.46 立方米，混凝土强度等级 C30，规格 800×600 毫米的混凝土冠梁56.83 立方米，土方开挖 30000 立方米，锚索支护 2517 米，挂网喷面 3076.08 平方米，支护桩面层 708.04 平方米，腰梁 237 米，压力注浆 3000 米。合同额 219.43 万元。

表 2-10-1　1996～2017 年完成的大型基坑与边坡支护项目一览表

序号	项目名称	施工日期
1	青岛伊都锦支护	1996.9
2	广电综合业务楼基坑支护	2005.1
3	济宁兴唐金茂大厦机坑支护	2005.1
4	山东省地矿科技大厦基坑支护工程	2006.1
5	济宁兴唐・国翠城项目基坑支护	2007.1
6	青岛清江路住宅区 1 号、2 号地下车库基坑支护	2007.1
7	济南正大时代广场基坑支护、降水施工	2008.1
8	山东黄金时代广场 G、H 工程基坑支护施工	2008.11
9	黄金・99 景城一期 7、10 楼边坡支护施工	2009.11
10	济南市军队离退休干部管理服务中心服务大楼基坑支护	2010.1
11	梁山县人民医院急救病房综合楼基坑降水与支护工程	2010.5
12	山东华艺集团有限公司・报施街地块小商品市场基础支护及降水施工	2010.9
13	3520 厂拆迁安置项目基坑支护和降水工程	2010.10
14	莱钢建设.凯旋新城东区基坑支护和降水工程施工	2010.11
15	四建美林苑・美林大厦基坑支护降水设计及施工	2011.2
16	文登龙都丽景基坑支护工程	2011.4

续表

序号	项目名称	施工日期
17	波斐历景项目基坑支护工程	2011.5
18	济南市龙泉山庄居住区中井道路支护、牧牛山东侧边坡治理及青年林西侧治理项目	2011.9
19	福泰·新都城西区一期工程基槽边坡支护工程	2011.9
20	济宁蓝天豪庭小区基坑支护、降水工程	2011.9
21	鲁南常春藤地块 50～64 号楼及附属车库基坑支护工程	2011.12
22	平阴茂昌世纪置业有限公司基坑支护及降水施工	2012.1
23	黄金国际 D 区基坑边坡支护工程	2012.2
24	华英家园基坑支护工程	2012.3
25	凯旋新城东区基坑支护及降水工程施工合同补充协议 3	2012.3
26	山东黄金山水郡项目基坑支护工程施工	2012.5
27	翡翠外滩南区一标段基坑支护及降水	2012.7
28	徐家片区新河湾住宅建设项目一标段基坑支护工程	2012.9
29	济南兴隆片区二环南路北侧 A3 地块 1.1 期基坑支护工程	2012.10
30	淄博地矿家园基坑支护及土石方工程	2012.10
31	山东水环置业地矿家园项目基坑支护及土石方工程	2013.1
32	宏河大厦基坑降水及支护设计和施工工程	2013.9
33	兴隆片区二环南路北侧 A-3 地块 1.1 期 26 号楼挡墙及河道支护工程	2014.1
34	西区二期 6 号、7 号车库工程基槽边坡支护	2014.1
35	银丰山青苑项目基坑边坡支护工程	2014.2
36	黄金国际 D 区基坑边坡支护合同补充协议	2014.2
37	重汽·翡翠外滩南区五标段基坑支护及降水工程施工	2014.2
38	银丰财富广场基坑边坡支护工程施工	2014.3
39	金羚燕山临时性支护施工	2014.3
40	河泰山庄 15 号、20 号楼南边坡支护及车库一基坑支护工程	2014.6
41	银丰山青苑项目边坡支护施工	2014.7

续表

序号	项目名称	施工日期
42	山东青年政治学院后勤用房项目边坡支护施工合同	2014.7
43	济南市历城区全福街道办事处小辛社区安置房 1 号、2 号、3 号及 1 号、2 号地下车库项目基坑支护及降水施工工程	2014.8
44	河泰山庄 9 号楼南侧及 17、18 号楼西侧山体支护工程	2014.9
45	济南兴隆片区二环南路北侧学校及幼儿园项目边坡支护及挡土墙工程	2014.9
46	济南市第四人民医院新建医疗综合楼项目土石方基坑支护工程	2015.1
47	唐冶帝华中心基坑支护工程	2015.1
48	济南市廻龙苑居住组团 1 号、2 号楼及地下车库项目基坑支护工程	2015.5
49	章丘市职成教中心边坡支护工程	2015.6
50	鲁能领秀城漫山香墅一区一期(N2 地块)西侧山体永久性支护工程	2015.11
51	济南市第四人民医院医疗综合楼土石方基坑支护补充协议	2016.3
52	小辛社区安置房 4 号、5 号、6 号楼及地下车库基坑支护及降水施工	2016.7
53	广顺居建设项目基坑支护工程施工	2016.9
54	鸿府公馆基坑支护工程	2016.10
55	锦绣华府项目基坑支护及降水工程施工合同	2016.11
56	章丘市职成教中心边坡支护工程等工程	2016.12
57	山东省陆地搜寻与救护基地二期工程监控塔基坑支护工程	2017.1
58	山东新华书店综合业务楼项目车库坡道基坑支护工程	2017.3
59	山东青年政治学院边坡支护	2017

第三节 桩基础工程

施工桩基类项目开展颇多，共计 190 个，涉及人工挖孔桩、挤密桩、CFG 桩、管桩、钻孔灌注桩、预制桩、高压旋喷桩、深层搅拌桩、灰土桩、碎石桩等多种桩基型式的施工。自 2007 年以来，承担银丰唐郡项目 3 号地块一标段桩基础工程施工；济宁紫御观邸项目（六四警察小区）2 号、3 号、8 号、11 号楼桩基工程；莱钢·凯旋新城东区二期 CFG 桩工程；南京大胜关长江大桥南岸引桥钻孔桩施工；锦绣华府项目北区桩基工程；滨州市河畔盛景居住小区桩基工程；济南非物质文化遗产博览园桩基工程等 7 个合同额超过 500 万的大型桩基类施工项目。

山东省电力科学技术楼钻孔灌注桩基础工程 1998 年 3 月获得省地勘局颁发的工程施工壹等奖；国华瑞丰风力发电一期风机基础管桩工程 2010 年 11 月获得山东省建筑工程管理局、山东省深基础工程协会颁发的山东省深基础优秀工程奖壹等奖；济南裕兴化工有限责任公司搬迁改造 100 千吨/年红金石型钛白粉项目酸罐区、厂前区等桩基基础工程 2016 年 10 月获得山东省深基础工程协会颁发的优秀工程贰等奖。

一、济南污水处理厂扩底桩试桩施工报告

1990 年 11 月 11 日～12 月 10 日，提交济南污水处理厂扩底桩试桩施工报告。报告编制人：李金乙等。完成主要工作：桩基根数 10 根，其中承压桩 2 根，锚桩 8 根；砼灌注量 28.29 立方米。

二、济南市污水处理厂初沉池、沉砂池和二沉池（部分）桩基工程竣工报告

1991 年 3 月 4 日～7 月 10 日，在济南市开展济南市污水处理厂初沉池、沉砂池和二沉池桩基施工。报告编制人：全国焕、李金乙、郑杰等。受济南市盖家沟污水处理厂筹建处委托，开展施工并提交济南市污水处理厂初沉池、沉砂池和二沉池（部分）桩基工程竣工报告。完成主要工作：桩基种类为灌注桩；桩基根数 1405 根；砼灌注量 3774.46 立方米。取得主要成果：施工过程中各工序严格质量把关，包括对 124 组试块的各项试验，以及对 73 根桩的动载抽查检验，证明施工过程中各项质量指标均完全满足或超过设计与规范规定的要求。

三、济南市历城区十六里河镇 2 号宿舍楼基础灌注桩施工报告

1991 年 4 月 27 日～8 月 1 日，在济南市开展历城区十六里河镇 2 号宿舍楼基础灌注桩施工。报告编制人：邱治河等。1991 年 8 月，提交济南市历城区十六里河镇 2 号宿舍楼基础灌注桩施工报告。完成主要工作：桩基种类为灌注桩；桩基根数 142 根；进尺 906.83 米，其中基岩 293.85 米；砼灌注量 172

立方米,充盈系数1.2～1.4。取得主要成果:经检测,除个别桩偏位外,桩的完整性、垂直度、承载能力等指标符合规范、规程及设计要求;工程质量基本满足设计要求。

四、珍珠泉宾馆大堂桩基工程竣工报告

1991年10月5日～11月15日,在济南市开展珍珠泉宾馆大堂桩基工程。报告编制人:李金乙等。受山东省人民代表大会基建处委托,开展施工并提交珍珠泉宾馆大堂桩基工程竣工报告。完成主要工作:桩基种类为钢筋混凝土沉管振扩桩;桩基根数142根;砼灌注量134.34立方米。取得主要成果:该工程经过自检、动车试验及开挖后的检查,所施工的142根混凝土振扩桩的单桩承载力、桩身结构、桩身质量及各项技术、质量指标均基本满足设计要求。

五、菏泽纺织品站综合性营业楼钻孔灌注桩工程施工报告

1991年8月27日～11月20日,在菏泽市开展菏泽纺织品站综合性营业楼钻孔灌注桩工程施工。报告编制人:马清平、张复庆等。1991年11月,提交菏泽纺织品站综合性营业楼钻孔灌注桩工程施工报告。完成主要工作:施工钻孔112个;钻探总工作量1986.6米。取得主要成果:所测9根桩桩体质量完好,无明显缺陷。

六、汶上县面粉厂桩基工程竣工报告

1992年5月3日～7月25日,在济宁市开展汶上县面粉厂桩基工程。项目负责人:曹永征。报告编制人:李金乙等。受山东省汶上县面粉厂委托,开展施工并提交汶上县面粉厂桩基工程竣工报告。完成主要工作:桩基种类为钢筋混凝土夯扩桩;桩基根数500根;砼灌注量781.6立方米。取得主要成果:所测各项指标及技术参数基本达到或超过设计及规范要求,所施工桩基可以提供建设部门使用。

七、济阳县建委综合办公楼桩基工程竣工报告

1993年3月5日～4月19日,在济南市开展济阳县建委综合办公楼桩基工程。项目负责人:李金乙。报告编制人:李金乙等。受济阳城建综合开发公司委托,开展施工并提交济阳县建委综合办公楼桩基工程竣工报告。完成主要工作:桩基种类为灌注桩;桩基根数218根;砼灌注量494.1立方米。取得主要成果:本工程218根沉管灌注桩依据规范JGJ 4-80和GBJ 202-83的有

关规定和设计要求，进行混凝土配合比试验，原材料砂、石子、钢材料材质及物理力学性质的试验，16组混凝土试块抗压强度的试验，3根应变测试，检验结果表明各项质量指标均已满足或超过设计要求和规范规定，本工程可以交付建设单位使用。

八、青岛泡花碱厂综合办公楼钻孔灌注桩施工报告

1993年6月，提交青岛泡花碱厂综合办公楼钻孔灌注桩施工报告。拟建综合办公楼主楼为主楼8～11层。报告编制人：马清平等。完成主要工作：桩基种类为灌注桩；桩基根数176根；进尺1504.40米；砼灌注量226.5立方米。

九、滨州市商检局商检楼桩基工程竣工报告

1993年4月17日～6月5日，在滨州市开展滨州市商检局商检楼桩基工程。项目负责人：李金乙。报告编制人：李金乙等。受滨州商检局委托，开展施工并提交滨州市商检局商检楼桩基工程竣工报告。完成主要工作：桩基种类为钢筋混凝土振扩桩；桩基根数239根；砼灌注量303.7立方米。取得主要成果：各项质量检验系数已满足或超过设计和规范要求，所施工的桩基工程可以交付建设单位使用。

十、济南赛诺富隆化工有限公司夯扩底沉管灌注桩基工程竣工报告

1993年8月15日～9月5日，在济南市开展济南赛诺富隆化工有限公司夯扩底沉管灌注桩基工程。报告编制人：刘炜、周学刚等。受济南赛诺富隆化工有限公司委托，开展施工并提交济南赛诺富隆化工有限公司夯扩底沉管灌注桩基工程竣工报告。完成主要工作及成果：共完成夯扩底沉管混凝土灌注桩264根，其中工程桩263根，碎石桩（试桩）1根；在263根工程桩中，因地质条件变化，有53根桩见厚度3.8～4.5米的砂层，属Ⅱ类土；完成总灌注量473.10立方米，另碎石桩1.5立方米；工程桩施工结束后，进行工程桩动测试验，测试高应变5根，低应变26根，占工程桩总数的11.79%；所测工程桩桩身质量均达到设计要求，合格率100%，优良率81%，属优良桩。

十一、山东电力科技楼钻孔灌注桩施工技术报告

1992年11月～1993年11月，在山东省开展山东电力科技楼钻孔灌注桩施工。报告编制人：赖红五、邹富营、赵业臣等。受山东电建二公司委托，开展施工并提交山东电力科技楼钻孔灌注桩施工技术报告。完成主要工作：拟建科技楼由主楼和裙楼两部分，总占地面积3508平方米，主楼部分地上33

层,地上高度 127.5 米,地下 3 层,埋深 13.5 米,裙楼部分地上 2～3 层,地下 1 层;桩基种类为灌注桩,桩基根数 217 根,其中工程桩 158 根、护坡桩 59 根,进尺 4981.75 米,砼灌注量 1635.42 立方米;在完成基础桩的同时,还完成 16 眼降水井任务,钻探工作量 319.5 米。取得主要成果:施工所采用的工艺方法、工序、桩位、孔径、孔深、孔底沉渣及垂直度,以及桩长、桩身质量、承载力等都会同山东电建二公司验收,所测各项指标数据经试验和检测均达到设计要求。1998 年 3 月该成果报告获省地勘局工程施工壹等奖。

十二、青岛集浩海景广场钻孔灌注桩施工竣工报告

1993 年 8 月 20 日～1994 年 5 月 8 日,在青岛市开展青岛集浩海景广场钻孔灌注桩施工。项目负责人:李春青、邹富营。报告编制人:李春青、邹富营、赵业臣、孟祥科、郑杰、魏升。受青岛集浩房地产有限公司委托,开展施工并提交青岛集浩海景广场钻孔灌注桩施工竣工报告。完成主要工作:青岛集浩海景广场位于青岛市东部海滨,坐落在南京路湛流干路交叉路口,是由 28～38 层八幢楼组成的高层群体建筑,占地面积 3.322 万平方米,总建筑面积 20 多万平方米,是按照国际标准设计的现代化大型综合楼群。此工程设计采用桩基与箱型相结合的建筑基础。该钻孔灌注桩主楼是以中风化花岗岩为持力层的端承桩,桩端嵌入中风化花岗岩 2 米,裙楼及地下车库是以强风化花岗岩为持力层,桩端嵌入强风化花岗岩 1.2 米。1993 年 8 月接受工程桩的施工任务,8 月 24 日开始施工,1994 年 5 月 8 日竣工,共完成钻孔灌注桩 968 根,其中直径 1.20 米桩径的 729 根、直径 1.00 米桩径的 195 根、直径 0.80 米桩径的 44 根,完成砼灌注量 11393.1 立方米,钻孔总进尺 13522.3 米。取得主要成果:本项目施工是在克服地下、地面、地层等各种环境困难条件下完成的,对施工所采用的工艺方法、工序、桩位、孔径、孔深、孔底沉渣、垂直度及混凝土等会同青岛集浩房地产有限公司共同验收,所测各项数据均符合规范与设计要求,对桩长、桩身质量,承载力等的测试由青岛集浩房地产有限公司委托青岛市地质技术开发公司对 C 区、A3 区、A5 区 60 余根桩进行无损动测试验,所测各项指标数据,均达到设计要求,可全部提供给建筑单位使用。

十三、青岛裕宁黄金广场钻孔灌注桩施工报告

1994 年 7 月,提交青岛裕宁黄金广场钻孔灌注桩施工报告。报告编制人:赵业臣、刘建胜等。受北京城建集团公司青岛项目经理部委托开展施工。完成主要工作:写字楼 18～24 层,高 50～80 米,占地面积 4400 平方米,商场 3 层,高 13.50 米。桩基种类为钻孔灌注桩,桩基根数 298 根,进尺 3728.82

米,砼灌注量 3253.08 立方米。取得主要成果:单桩承载力通过现场静载荷试验确定,每桩一个勘探点作为施工的先导孔;施工的桩基质量、桩基承载力静载测试和小应变无损对比测试均满足设计要求,可供建设方使用。

十四、华德电厂二期筒仓圆煤罐钻孔灌注桩竣工技术资料

1994 年 5 月 28 日～7 月 15 日,在德州市开展华德电厂二期筒仓圆煤罐钻孔灌注桩施工。报告编制人:甄学贞等。受山东省电力建设第二工程公司委托,开展施工并提交华德电厂二期筒仓圆煤罐钻孔灌注桩竣工技术资料。完成主要工作:钻孔灌注桩直径 800 毫米 53 根,钻探进尺 1622.57 米,制作钢筋笼 53 个,浇筑混凝土 823.62 立方米。取得主要成果:该基础钻孔灌注桩设计为混合桩,桩端进入砂层,地层不稳定容易出现缩颈和塌孔现象,成孔时必须采取护壁和护孔的措施来保证其质量;所下入钢筋笼长 17.75 米,为吊笼形式,采取分段制作,孔口焊接的方式下放,施工中注意钢筋笼位置的固定;为防止其上浮或下窜,采取一系列方法和措施以完成工程施工任务。

十五、青岛发电厂扩建工程脱水仓、5 号栈桥钻孔灌注桩施工技术报告

1994 年 9 月 27 日～11 月 12 日,在青岛市开展青岛发电厂扩建工程脱水仓、5 号栈桥钻孔灌注桩施工。报告编制人:孟祥科、甄学贞等。受山东电力建设二公司委托,开展施工并提交青岛发电厂扩建工程脱水仓、5 号栈桥钻孔灌注桩施工技术报告。完成主要工作:共完成直径 800 毫米的钻孔灌注桩 62 根,完成混凝土灌注量 499.82 立方米,钻探总进尺 909.74 米。取得主要成果:在施工脱水仓、5 号栈桥钻孔灌注桩过程中,严格执行有关规范及设计和山东电力建设二公司的要求;施工所采用的工艺方法、施工工序,经验证是适合本地层的,桩位、孔径、孔深、孔底沉渣、垂直度以及桩长、桩身质量、承载力等都经过山东电力建设二公司和华东电力设计院监理验收,所测各项指标、数据经试验和检测,均达到设计要求,可全部提供建筑单位使用。

十六、济南省粮油食品贸易大厦主楼筒体部分钻孔灌注桩施工技术报告

1994 年 3～12 月,山东省矿产地质工程公司受中国建筑第八工程局第二建筑公司委托,在山东省济南市开展济南省粮油食品贸易大厦主楼筒体部分钻孔灌注桩施工,并提交济南省粮油食品贸易大厦主楼筒体部分钻孔灌注桩施工技术报告。拟建建筑主楼 28 层,高 110 米,裙房 6 层,总建筑面积 3.5 万

平方米。报告编制人:赵光贞、魏鲁峰等。完成主要工作:桩基种类为灌注桩;桩基根数44根;进尺974.49米;砼灌注量938.76立方米。取得主要成果:钻孔灌注44根,经山东省水利工程质量检测中心站测试为合格;高应变测桩8根,测试结果为桩形完好,极限承载力12500～14600千牛,满足设计要求;低应变测桩21根,其中一类桩19根,二类桩2根,满足工程质量要求;砼搅拌时间90～120秒,水泥、砂子搅拌均匀无结团现象;单孔灌注时间3～6小时,灌注量大于27立方米的桩孔灌注时间7～8小时,满足水下砼灌注要求;砼坍落每桩抽查3次,检查坍落统计结果17～20厘米,符合砼规定要求;单桩最小充盈系数1.12,最大充盈系数1.77,平均充盈系数1.32;砼试块送中国建筑第八工程局第二建筑公司中心实验室,44根钻孔灌注桩C30砼28天测试强度34.90～55.70兆帕。

十七、青岛医学院附属医院门(急)诊楼基坑开挖护坡桩施工技术报告

1994年12月,提交青岛医学院附属医院门(急)诊楼基坑开挖护坡桩施工技术报告。报告编制人:赵光贞、邹富营等。受青岛医学院附属医院委托,开展施工。完成主要工作:拟建建筑物地下2层,地上7层,总建筑面积2.5万平方米。桩基种类为钻孔灌注桩,桩基根数81根。取得主要成果:基坑开挖后,裸露钻孔灌注桩表面光滑,无断桩、露筋、夹泥、砼离析、桩倾斜等质量问题,满足设计要求,保证工程质量。

十八、淄川区文化路般阳桥钻孔灌注桩施工技术报告

1995年5月15日～8月3日,在淄博市开展淄川区文化路般阳桥钻孔灌注桩施工。报告编制人:王洪涛、张崇华。受淄川区市政工程管理处委托,开展施工并提交淄川区文化路般阳桥钻孔灌注桩施工技术报告。完成主要工作:该工程共成桩76根,累计钻孔工作量799.30米,其中砂岩106.30米,第四系693米(其中包括胶结砾岩169.43米),累计桩长488.82米(包括浮浆部分),累计总混凝土灌注量491.92立方米;混凝土配合比按淄川建筑质监站试验配合比执行。

十九、青岛观海花园银行楼、地下车库、商住楼钻孔注桩基础工程施工技术报告

1996年8月,提交青岛观海花园银行楼、地下车库、商住楼钻孔注桩基础工程施工技术报告。报告编制人:赵光贞等。受青岛佳合物业发展有限公司

委托，开展施工。完成主要工作：桩基种类为灌注桩；桩基根数 97 根，其中银行楼 34 根，地下车库 45 根，商住楼 18 根；砼灌注量 1063.90 立方米，其中银行楼 309.00 立方米，地下车库 580.39 立方米，商住楼 174.51 立方米。取得主要成果：桩身持力层 4500 千帕或 6500 千帕，达到桩承载力要求；钻孔灌注桩所用的原材料钢筋、水泥、石子、砂子、焊条等均得到青岛市质检站使用认可；经测试，桩的承载力、砼的强度、桩的完整性、桩位偏差均通过建设单位和设计院验收认可；由青岛佳合物业发展有限公司委托青岛市建筑质量检测中心测试钻孔灌注桩 44 根，全部满足工程质量要求。通过青岛观海花园银行楼、地下车库、商住楼钻孔灌注桩的施工，积累了填海场区大直径钻孔灌注桩施工经验。

二十、济南商检大厦钻孔灌注桩工程施工技术报告

1997 年 5～9 月，在济南市开展济南商检大厦钻孔灌注桩工程施工。报告编制人：张家友等。1997 年 9 月，提交济南商检大厦钻孔灌注桩工程施工技术报告。完成主要工作及取得主要成果：钻孔灌注桩直径 600 毫米 134 根，钻探进尺 2311.62 米，制作钢筋笼 134 个，浇筑混凝土 964.11 立方米。桩孔终孔验收、钢筋笼验收及现场混凝土浇筑均验收合格。

二十一、济南市商业技工学校住宅楼预制桩桩基工程竣工报告

1998 年 9 月，提交济南市商业技工学校住宅楼预制桩桩基工程竣工报告。项目负责人：李万尧。报告编制人：丁力等。完成主要工作：桩基种类为预制桩；桩基根数 173 根；砼灌注量 1903 立方米。取得主要成果：经济南建筑工程质量检测站对预制桩的混凝土配合比、钢筋焊接、混凝土抗压强度等指标检验，均符合相关规范要求。

二十二、山东省劳动厅住宅楼沉管桩夯桩竣工报告

1998 年 12 月，提交山东省劳动厅住宅楼沉管桩夯桩竣工报告。项目负责人：李万尧。报告编制人：丁力、李铁锡等。完成主要工作：桩基种类为沉管扩底灌注桩；工程桩 158 根，有效桩长 12.0 米，沉管深度 13.4 米，桩径 400 毫米；砼灌注量 299.7 立方米。

二十三、金泰花园 2 号公寓楼钻孔灌注桩工程施工技术报告

2001 年 8 月，提交金泰花园 2 号公寓楼钻孔灌注桩工程施工技术报告。报告编制人：黄薛、吴月明、邹德涛、谢敬华。受济南四建集团股份有限公司

委托，开展施工。完成主要工作：地上11层，地下1层，建筑物长39米，宽20.7米，总高度37.60米，建筑面积9571平方米，基础埋深3.0米。桩基根数110根；进尺1728.2米；混凝土灌注量955.25立方米；直径800毫米的桩长8.0～16.0米。取得主要成果：本项目是在克服地面及雨季施工、夜间不能施工等各种环境困难条件下完成的，施工的工艺方法、工序、桩位、桩孔、孔深，孔底沉渣及垂直度，以及桩长、桩身质量，承载力等都会同济南四建集团股份有限公司和监理方验收，桩基各项指标、数据和检测均达到设计要求，并顺利通过质监站的验收，工程质量满足设计要求和规范规定；合同额110万元。

二十四、济南铁道职业技术学院宿舍楼扩建树根桩施工技术报告

2002年4月4日～6月30日，在济南市开展济南铁道职业技术学院宿舍楼扩建树根桩施工。项目负责人：甄学贞、薛峰。报告编制人：邹富营、薛峰等。受济南铁道职业技术学院委托，开展施工并提交济南铁道职业技术学院宿舍楼扩建树根桩施工技术报告。完成主要工作及取得成果：桩基167根，进尺1605.6米，混凝土灌注量71.98立方米，按时完成工程施工任务；合同额18.72万元。

二十五、济南军区联勤部招待所2号楼人工挖孔桩桩底施工勘查报告

2003年6月30日～8月1日，在济南市开展济南军区联勤部招待所2号楼人工挖孔桩桩底施工。项目负责人：李海波。报告编制人：李海波、李树荣等。受中国人民解放军济南军区联勤部招待所委托，开展施工并提交济南军区联勤部招待所2号楼人工挖孔桩桩底施工勘查报告。完成主要工作：施工钻孔33个246.4米，岩样5件，高程测量33点。持力层岩性中风化闪长岩及灰岩。取得主要成果：通过本次钻探工作，查明桩底以下的地层情况，提出各桩的持力层深度及建议终孔深度；桩底下3倍桩径深度范围内未发现明显溶洞、破碎带和软弱夹层等；持力层抗压强度符合勘查设计要求；挖孔桩成孔后应经监理检验认可。

二十六、济南热电有限公司石灰石粉储存及输送项目桩基础工程竣工报告

2008年8月10～28日，在济南市开展石灰石粉储存及输送项目桩基础工程。项目负责人：薛宝华。报告编制人：张长龙等。受济南热电有限公司委托，开展施工并提交济南热电有限公司石灰石粉储存及输送项目桩基础工

程竣工报告。完成主要工作：桩基根数 4 根，总进尺 46.13 米。取得主要成果：基础设计为人工挖孔桩；工程桩 4 颗，桩顶标高＋0.50 米，桩长约12.4 米，桩身直径 1600 毫米；单桩竖向承载力极限值不小于 3000 千牛；工艺流程为“定位放线→放桩位线→十字线→砌井圈→开挖到持力层→下钢筋笼→浇筑混凝土→清理浮浆→成桩”；各项分部工程及材料经建设单位、监理单位检查质量符合要求；合同额 13.39 万元。

二十七、国华瑞丰(沾化)风力发电一期风机基础管桩工程施工准备技术资料

2008 年 5 月 22 日～11 月 7 日，在滨州市开展国华瑞风丰(沾化)风力发电一期风机基础管桩工程施工。报告编制人：刘兆成等。受国华瑞丰(沾化)风力发电有限公司委托，开展施工并提交国华瑞丰(沾化)风力发电一期风机基础管桩工程施工准备技术资料。完成主要工作及取得主要成果：国华瑞丰(沾化)风力发电一期工程位于沾化县北部约 40 千米处的沿海滩涂，总装机容量 49.5 兆瓦，拟安装 25 台同一型号 2000 千瓦等级风力发电机组，其基础设计为预应力混凝土管桩。本工程选用 PHC 型号为 AB，砼强度 C80，单桩竖向承载力特征值为 850 千牛，直径 600 毫米，桩长 28 米预应力混凝土管桩。先对设计的桩型[PHC-AB600(130)]进行试打，并要求打 3 组试桩，分布进行竖向、水平荷载试验，总工程量 32900 米。计划用桩径 600 毫米、桩长 28 米的 PHC-AB600(130)型管桩 1175 根，实际用桩 1249 根。

二十八、莱钢 · 凯旋新城东区二期 CFG 桩工程

2012 年 3 月，受山东莱钢建设有限公司委托，在山东省莱芜市开展凯旋新城东区二期 CFG 桩工程。完成主要工作及取得主要成果：完成桩数 4 号、9 号、11 号、12 号、13 号、14 号、16 号、17 号、18 号楼 CFG 桩施工，商务楼桩数 1019 根，桩径 400 毫米，桩长 15.50 米，送桩 12.00 米；住宅楼桩数 4083 根，桩径 400 毫米，桩长 10.00 米，送桩 2.00 米；工作量 7368.45 立方米；送桩 20394.00 米；混凝土强度 C20。合同额 647.45 万元。

二十九、银丰唐郡项目 3 号地块一标段桩基础工程

2014 年 5 月 10 日～7 月 9 日，在济南市开展银丰唐郡项目 3 号地块一标段桩基础工程，完成 3 号地块一标段(9 号、10 号、13 号楼)人工挖孔灌注桩的施工。项目负责人：赵有美。受济南银丰唐冶房地产开发有限公司委托，开展施工。完成主要工作及取得主要成果：混凝土灌注量 4475.88 立方米。桩

长6米,桩径800毫米,设计桩端持力层承载力极限值20000千帕,9号楼基桩总数153根,10号楼基桩总数114根,13号楼基桩总数76根。合同工期60天。合同额504.65万元。

三十、锦绣华府项目北区桩基工程

2016年10月1日～11月11日,受济南莱建置业有限公司委托,在山东省济南市开展锦绣华府项目北区桩基工程,对1～9号楼共9栋高层住宅及相应车库进行桩基施工。报告编写人:吴敬辉等。完成主要工作及取得主要成果:1号、2号、5号、6号、8号楼采用钻孔灌注桩,桩长22.5米,桩径600毫米,混凝土灌注量5760.805立方米,进尺1997.08米;3号、4号、7号、9号楼采用CFG复合地基桩,桩长17.5米,桩径400毫米,灌注量2158.44立方米,进尺5494.064米。合同额1132.99万元。

第四节　工程监测检测

自1991年开始,共完成工程监测检测类施工项目40个。作为保证施工质量的监测检测类项目,包括测试桩身质量的验桩检测项目,对地基加固强夯效果检测的原位测试项目,对注浆加固效果检测的钻孔验证项目,对单桩承载力是否满足要求的静载试验项目,对基坑水平位移、拟建建筑物及周围建筑物沉降观测项目等。其中,威海市抱海大厦地基强夯效果检测原位测试成果报告1998年3月获得省地勘局颁发的优秀工勘贰等奖,龙泉科学技术大厦建设场地煤层采空区注浆治理效果检测评价成果报告2016年12月获得山东土木建筑学会岩土工程专业委员会颁发的岩土工程技术创新奖壹等奖。

一、青岛黄岛油库原油、成品油栈桥桩工程锤击沉管灌注桩静载验桩报告

1994年5月2日～5月18日,开展青岛黄岛油库原油、成品油栈桥桩工程锤击沉管灌注桩静载验桩工作。报告编制人:初朋文等。受齐鲁石化工程公司委托,开展工作并提交青岛黄岛油库原油、成品油栈桥桩工程锤击沉管灌注桩静载验桩报告。完成主要工作及取得主要成果:本次勘查分别对三个桩进行单桩垂直静载试验,经测试的三组桩桩身质量合格,单桩竖向承载力标准值分别为Ⅰ桩331千牛、Ⅱ桩300千牛、Ⅲ桩307千牛,平均单桩承载力标准值312千牛,大于300千牛;桩侧平均极限摩阻力与极限端承力分别为455千牛、170千牛;施工工艺及确定的桩端标高(－9.50～－9.00米)所成的

桩，能够满足 300 千牛的承载力要求；工程桩施工时，施工工艺建议采用锤击沉管。

二、威海市抱海大厦地基强夯效果检测原位测试报告

1995 年 4 月 6 日～7 月 25 日，在山东省开展威海市抱海大厦地基强夯效果检测原位测试工作。报告编制人：盛根来、宋海平、初朋文等。受威海市公路综合发展公司委托，开展工作并提交威海市抱海大厦地基强夯效果检测原位测试报告。完成主要工作及取得主要成果：完成试夯 3 孔 23.3 米，强夯 17 孔 148.95 米；标准贯入试验试夯点 14 点、夯间 17 点，强夯点 87 点、夯间 100 点；旁压试验 1 点 8.0 米，载荷试验 2 点，水质分析 1 件。拟建建筑物主楼高 9 层，裙楼 2～7 层，总建筑面积 12000 平方米。强夯后的原位监测显示，地基加固效果明显；经长期观测，强夯时场地土产生一定的水平位移，主要是由瞬时巨大的冲击荷载所致，须继续观测，直至确认在设计容许范围内为止；海水潮汐对场地稳定性有较大影响，建议先在场地东南岸护岸后，再进行基础施工，并注意观测。1998 年该成果报告获得省地勘局优秀工程勘察贰等奖。

三、宁津城市信用社办公楼强夯地基检测报告

1996 年 7 月 23～29 日，在德州市开展宁津城市信用社办公楼强夯地基检测工作。报告编制人：孙玉松等。受宁津城市信用社委托，开展工作并提交宁津城市信用社办公楼强夯地基检测报告。完成主要工作：采用 3 吨夯锤，落距 6 米，分 3 次夯击，加固深度约 2 米。检测方法采用轻型动力触探，贯入深度小于 4 米，沿建筑物周边布置轻型动力触探试验点 4 个，总钻探 14.20 米，进行触探试验 15 次。取得主要成果：本次强夯处理的有效影响深度 2 米，加固处理后的地基土承载力标准值建议下值：0～2.0 米 160 千帕，2.0～4.0 米 120 千帕。

四、济南机床二厂 14 号楼注浆加固工程检测报告

1997 年 4 月 11 日～6 月 20 日，在济南市开展济南机床二厂 14 号楼注浆加固工程检测工作。报告编制人：赵玉仁等。受济南机床二厂委托，开展工作并提交济南机床二厂 14 号楼注浆加固工程检测报告。完成主要工作：检测钻孔 6 个 51.95 米，取原状土样 16 件，标准贯入试验 15 次。一单元注浆孔深度 5.10～6.10 米，检测钻孔深度 7.50 米；二单元注浆孔深度 8.40～8.65 米，检测钻孔深度 8.95 米；三单元注浆孔深度 8.20 米，检测钻孔深度 7.75 米；四单元注浆孔深度 8.20 米，检测钻孔深度 9.70 米；五单元注浆孔深度 8.80～

9.30 米，检测钻孔深度 9.35 米；六单元注浆孔深度 6.00～6.30 米，检测钻孔深度 8.70 米。取得主要成果：注浆效果一般在 5 米以上，部分深达 6 米，土层内水泥成分含量较高，有较多的水泥凝结碎块；注浆加固以后各岩土层承载力标准均能满足设计要求；地下水位埋深 6.80～7.80 米；对 14 号楼进行观察，特别是观察雨季地下水位上升以后对楼房是否仍产生影响。

五、山东省国税局多层住宅楼复合地基检测报告

1998 年 2 月 21～27 日，承担拟建多层住宅楼 1～6 号楼复合地基检测工作。报告编制人：张守春等。受山东省国税局基建办公室委托，开展工作并提交山东省国税局多层住宅楼复合地基检测报告。完成主要工作：对碎石桩采用超重型动力触探，对桩间土采用标准贯入试验；碎石桩检测钻孔 18 个，超重型触探进尺 232.70 米；桩间土检测钻孔 18 个，钻探进尺 231.70 米，标贯试验 167 次。取得主要成果：复合地基的承载力标准值可采用 169 千帕；碎石桩 2～3 米以上为稍密—中密状态，以下为中密—密实状态；桩间土为密实状态，挤密程度较高，满足基础设计要求。

六、济南铁路局车轮厂检修库预制桩静载试验报告

2000 年 1 月 14～18 日，在济南市开展济南铁路局车轮厂检修库预制桩静载试验。项目负责人：赵建华。报告编制人：阎春年等。受济南铁路局建筑工程公司车轮厂项目部委托，开展工作并提交济南铁路局车轮厂检修库预制桩静载试验报告。取得主要成果：该桩基础由济南铁路局设计院设计，预测桩桩长 8.7～9.2 米，设计单桩 290 千牛。根据试验荷载值 Q 和沉降量 S 及观测时间 t 绘制的 Q-S 及 S-lg$t$ 曲线图，单桩竖向承载力满足设计 290 千牛要求。

七、淄博市电业局 220 千伏桓台变电所地基(强夯后)检测报告

2001 年 3 月 8～26 日，在淄博市开展淄博市电业局 220 千伏桓台变电所地基检测工作。报告编制人：刘广义等。受淄博市电业局送变电工程公司委托，开展工作并提交淄博市电业局 220 千伏桓台变电所地基(强夯后)检测报告。完成主要工作：施工钻孔 5 个 31.4 米，标准贯入试验 11 次，原状土样 10 件，高程测量 5 点。持力层岩性为(1)层黄土状粉土，地基承载力特征值为 160 千帕。取得主要成果：通过重锤强夯处理，原(1)层黄土状粉土湿陷性消除，性质改变，强度增加，强夯效果明显；建议以(1)层土为地基持力层；勘探深度内未见地下水。

八、山东三益精细化工有限公司叔丁胺车间地基压密注浆检测报告

2001 年 10 月 19～28 日，开展山东三益精细化工有限公司叔丁胺车间地基压密注浆检测。项目负责人：赵业臣。报告编制人：张守春等。受山东三益精细化工有限公司委托，开展工作并提交山东三益精细化工有限公司叔丁胺车间地基压密注浆检测报告。完成主要工作：对丁胺车间进行压密注浆施工，共施工浅孔 37 个，深孔 22 个，注入 425# 水泥 69 吨、粉煤灰 20 吨，于 2001 年 10 月 20 日提交叔丁胺车间地基压密注浆报告。检测采用工程勘探，共施工钻孔 6 个，进尺 66.2 米；标贯 17 点次；室内常规试验 13 件、颗粒分析 1 件；高程测量 6 点。取得主要成果：场地内地层连续稳定，在第 3 层粉砂和第 5 层粉质黏土之间有大量灰白色水泥条带分布，未发现有空洞及流塑状态土，各地基土层承载力标准值较注浆前有明显提高，待高压注入的水泥凝固后，各岩土层力学强度增强，压密注浆工作达到预期目的；注浆施工及检测期间对建筑物进行沉降连续观测，未现地基变形，证明地基土已稳定，该建筑物可以使用，建议对叔丁胺车间进行不均匀沉降观测，发出问题及时采取措施；检测期间场区地下水埋深 2.20～2.30 米，第 3 层粉砂及第 5 层粉质黏土为主要含水层，根据原勘查报告，地下水对混凝土不具侵蚀性；建议新施工供水井尽量远离建筑物；高青地区地震基本烈度 6 度，最大冻土深度 0.5 米。

九、山东轻工业学院长清校区食品与化工楼、轻化楼、材料楼强夯检测报告

2005 年 3 月 8～21 日，在济南市开展山东轻工业学院长清校区食品与化工楼、轻化楼、材料楼强夯检测工作。项目负责人：刘建胜。报告编制人：刘建胜、何瑞、魏海红。受山东轻工业学院长清校区建设指挥部委托，开展工作并提交山东轻工业学院长清校区食品与化工楼、轻化楼、材料楼强夯检测报告。完成主要工作：布钻孔 39 个，总进尺 273 米（其中标准贯入试验孔 19 个，取土孔 24 个，孔深 7 米）；标准贯入试验 76 点次；取原状土样 54 件；高程测量 39 点。取得主要成果：场区未发现不良地质作用，属可进行建设的一般场地，属较稳定场地，适宜建筑；强夯后第 2 层黄土和第 3 层粉土物理力学性质明显改善，黄土湿陷已基本消除，影响深度 6 米；检测深度内未见地下水；场地地基承载力应以现场载荷试验为准。

十、山东省济南市舜湖社区东方美郡东区 12 号别墅强夯检测报告

2007 年 1 月 6～12 日，在济南市开展舜湖社区东方美郡东区 12 号别墅

强夯检测工作。项目负责人:王涛。报告编制人:王涛、李甫等。2007 年 1 月,提交山东省济南市舜湖社区东方美郡东区 12 号别墅强夯检测报告。完成主要工作:位于济南市舜湖社区千佛山西南的罗庵寺南侧太平村东,地下室1 层,地上 3 层。钻孔进尺 3 孔 22.50 米,重型圆锥动力触探 3.2 米。取得主要成果:根据原位测试试验和现场钻探情况,上部压实填土承载力较大,可满足设计要求,检测深度内未揭露地下水,考虑场区属山麓斜坡堆积地貌单元,为预防地表水对填土地基的不利影响,应做好地基防水工作。

十一、山东省济南市舜湖社区东方美郡东区省级住宅楼 A-14 号楼强夯检测报告

2007 年 4 月 2～9 日,在济南市开展舜湖社区东方美郡东区省级住宅楼 A-14 号楼强夯检测工作。项目负责人:宋恩武。报告编制人:魏海红等。受中共山东省委办公厅省级住宅建设办公室委托,开展工作并提交山东省济南市舜湖社区东方美郡东区省级住宅楼 A-14 号楼强夯检测报告。完成主要工作:钻孔 3 个,总进尺 25.3 米;重型圆锥动力触探 4.50 米;标准贯入试验 1 点次。取得主要成果:上部压实土可满足设计要求;检测深度内未见地下水,但项目处于山麓,应做好防水工作;地基承载力应以现场静载荷试验结果为准。

十二、山东省黄金佳苑会所楼工程桩基抽芯检测报告

2009 年 6 月 25 日～7 月 5 日,在济南市开展黄金佳苑会所楼工程桩基抽芯检测。项目负责人:吴敬辉。报告编制人:苏连文等。受山东省黄金佳苑房地产开发有限公司委托,检测会所楼人工挖孔桩混凝土灌注桩身质量,对所抽芯的桩身质量做出评价,提交山东省黄金佳苑会所楼工程桩基抽芯检测报告。完成主要工作:38 个工程桩,4 个塔吊桩,均采用人工挖孔桩。共布设 4 个钻孔(66.5 米),钻孔要穿透混凝土,各回次进尺不超过 2 米。钻孔取样 12 件,室内试验混凝土抗压 12 件。测量点 4 个。取得主要成果:各桩孔同一深度部位混凝土试压强度(修正值)均大于设计强度 C30,符合设计要求;根据桩芯混凝土钻探数据,各被检测桩身长度与施工方提供的数据吻合;被检测桩身类别为Ⅰ类。

十三、山东大学齐鲁医院门诊保健综合楼施工监测报告

2011 年 1 月,提交山东大学齐鲁医院门诊保健综合楼施工监测报告。报告编制人:李启标等。受山东大学齐鲁医院委托开展监测工作,进行基坑支护顶部的水平位移、周围建筑物沉降以及新建保健楼综合门诊楼的沉降观

测。完成主要工作及取得主要成果:工作基点和水准点共 4 个。从监测数据上看,该工程施基坑开挖及支护对建筑物影响不大,总体沉降量不大,建筑物的沉降都在安全域内,基坑已经进入稳定状态。基坑支护端的水平位移监测值均未达到预警值,说明基坑安全稳定。由于技术方案可靠,保证了基坑开挖和主体施工的安全。

十四、章丘市明珠时代广场二期工程基坑临时性支护监测报告

2010 年 5 月～2011 年 3 月,在济南市开展章丘市明珠时代广场二期工程基坑临时性支护监测工作。报告编制人:张民、魏善明、马庆伟等。2011 年 3 月,提交章丘市明珠时代广场二期工程基坑临时性支护监测报告。完成主要工作:在基坑临时支护期间,对支护结构顶部的水平位移和垂直位移变化情况进行 23 个周期的观测。取得主要成果:基坑各项沉降、位移变化量均在预警值范围内,基坑在施工期间处于稳定状态,对周围建筑物没有产生显著影响,处于安全状态。

十五、华润置地济南兴隆北低密 1.1 期 B1 地块 2 期强夯工程检测报告

2013 年 9 月 4 日～2014 年 2 月 15 日,在济南市开展华润置地济南兴隆北低密 1.1 期 B1 地块 2 期强夯工程检测工作。项目负责人:李启标。报告编制人:李启标等。受华润置地(山东)发展有限公司委托进行地基检测,提供强夯后加固深度、地基承载力特征值,要求强夯工程后复合地基承载力特征值不低于 210 千帕。完成主要工作及取得主要成果:拟建 9 号楼及外扩部分(车库工程)共包含 1 栋 11 层楼及楼间地下连通车库。场区在勘探深度之内未发现断裂构造及新构造运动迹象,场地类别为Ⅱ类,为可进行建设的一般场地,较适宜建筑。强夯影响深度(3.0 米)范围内回填土、层粉质黏土、黏土强度可满足地基承载力特征值(225 千帕),回填土、粉质黏土、黏土各地层压缩模量大于 8 兆帕。检测深度内未见地下水。

十六、龙泉科技大厦建设场地煤层采空区注浆治理效果检测评价报告

2013 年 1 月 14 日～2014 年 6 月 18 日,在淄博市开展龙泉科技大厦建设场地煤层采空区注浆治理效果检测工作。项目负责人:李树荣。报告编制人:耿祥峰、苗德刚、万晓磊等。受山东龙泉管道工程股份有限公司委托,查明工程治理区的治理效果,为建设项目提供必要的依据。2014 年 6 月,提交

龙泉科技大厦建设场地煤层采空区注浆治理效果检测评价报告。完成主要工作:瞬变电磁法 11 条 1400 米;高密度电法 4 条 615 米;波速测试 2 孔 317 米;钻孔 2 孔 317 米。取得主要成果:通过本次物探和钻探工作,在注浆区域未发现采空区和松散回填层,注浆区治理深度以上的灾害危险性基本已经消除,可以进行龙泉科技大厦建设,但由于浆液结石体前度差异较大,承载力不均匀,应进行专项工程地质勘查与地基承载力试验,并依据其结果采取相应的岩土工程措施。2016 年该成果报告获得山东土木建筑学会岩土工程专业委员会岩土创新奖壹等奖。

十七、章丘市职成教中心 1 号宿舍楼基础强夯原位检测报告

2016 年 5 月 11～14 日,在济南市开展章丘市职成教中心 1 号宿舍楼基础强夯原位检测。项目负责人:孙玉松。报告编制人:苗德刚等。受章丘市教育体育局委托开展检测工作,提供强夯后加固深度范围内地基强度、密实度、变形模量等能及混合土层的空隙率等数据,分析提供强夯地基土承载力特征值。完成主要工作:共布检测孔 22 个。取得主要成果:强夯影响深度(12.9 米)范围内,强夯后地基承载力特征值可满足 180 千帕的设计要求;检测深度内未见地下水,场地地基土承载力最终值应以现场静载荷试验为准。

第五节　其他岩土施工工程

其他施工类项目包括景区栈道的修复加固、岩溶灌浆的地基处理、地基强夯处理、墙体加固、防渗施工及评价等多种类型的施工项目。其中,蓬莱田横栈道工程竣工报告 2000 年 12 月获得山东省深基础工程协会颁发的优秀工程壹等奖,青岛城阳污水处理厂地基强夯竣工技术报告 2004 年获得山东省深基础工程协会颁发的深基础优秀工程贰等奖,蓬莱田横栈道维修加固工程竣工报告 2009 年获得省建设厅颁发的优秀工程勘察设计奖和省地勘局颁发的优秀工程勘察奖贰等奖。

一、蓬莱田横栈道工程竣工报告

1998 年 3 月 25 日～9 月 30 日,在蓬莱市开展山蓬莱田横栈道工程施工。项目负责人:李金乙。报告编制人:李金乙、郑杰、赵业臣等。受山东省蓬莱旅游度假区管委会委托,开展施工并提交蓬莱田横栈道工程竣工报告。完成主要工作:搭设施工平台 1400 平方米;修建崖间栈道 175 米,其中悬挑栈道 60 余米;普通栈道 85 米;空间悬索网架桥 1 座,桥长约 24 米;钢筋混凝土桥

1 座，桥长约 8.0 米；完工成锚杆 253 根，计 2666 米；挂网喷射混凝土 1773 平方米；完成铁制防护网约计 220 平方米。项目成果报告 2000 年 12 月获山东省深基础工程协会优秀工程壹等奖。

二、山东省监狱管理局高层住宅楼岩溶灌浆工程竣工报告

2001 年 5 月 24 日～6 月 15 日，对其拟建的高层住宅楼岩溶发育区地基进行岩溶灌浆处理。项目负责人：谭现锋。报告编制人：谭现锋、曹继玉、宋恩武等。受山东省监狱管理局委托，开展施工并提交山东省监狱管理局高层住宅楼岩溶灌浆工程竣工报告。完成主要工作及取得主要成果：施工区总面积约 140 平方米，完成钻探工作量 1055.33 米，水泥的用量约 208.95 吨，粗、细骨料的用量 79.81 立方米，化学剂用量 3.30 立方米。在灌浆工作中，为进一步确保工程质量，将工程质量监控和自检活动贯穿于整个施工过程中。根据设计院要求，在溶隙区的外缘布设 3 个钻孔，并进行灌浆对比，溶隙区和溶洞区的平均灌注量要远远大于非溶隙区的灌注量。通过粗细骨料和水泥的用量，以及钻探过程中对钻孔岩心的观察和记录可以看出，水泥砂浆对溶洞、溶孔和溶隙作了充分的充填，达到了设计院的设计要求和预期的目的。

三、青岛城阳污水处理厂地基强夯竣工技术报告

2001 年 11 月 1 日～12 月 9 日，在青岛市开展城阳污水处理厂地基强夯工程。报告编制人：郑杰、韩永东等。受青岛城阳污水处理有限公司委托，开展施工并提交青岛城阳污水处理厂地基强夯竣工技术报告。完成主要工作：施工地点为青岛市城阳区。该工程强夯处理面积 62000 平方米，生物池部分、浓缩池部分以及其他构(建)筑物达到 140 千帕以上。生物池部分及其他构建物采用 1000 千牛·米能量，单点夯击在 8 次以上，以控制最后 2 击贯入度不大于 50 毫米为依据；夯点布置采用 3.5 米×3.5 米方格网布点，夯沉量观测时每夯一击使用水准仪观测一次夯沉量；采用两遍施夯，隔点不隔行；满夯时采用 500 千牛·米能量，每点 3 击压四分之一锤印。污泥浓缩池部分采用 1500 千牛·米夯能，单击点夯击在 9 次以上，并以控制最后 2 击贯入度不大于 50 毫米为依据，夯点布置采用 4.0 米×4.0 米方格网布点；夯沉量观测时每夯一击使用水准仪观测一次夯沉量。采用两遍施夯，隔点不隔行，满夯时采用 700 千牛·米能量，每点夯 3 击压四分之一锤印。取得主要成果：经青岛市勘测测绘研究院检测，生物池部分、浓缩池部分以及其他构(建)筑物达到 140 千帕以上。项目结算价 123.224 万元。该成果报告获山东省深基础工程协会 2004 年度深基础优秀工程贰等奖。

四、蓬莱田横栈道工程鉴定及加固方案

2004 年 3 月 25 日～4 月 1 日，在烟台市开展蓬莱田横栈道工程鉴定及加固工程。项目负责人：杨世强。报告编制人：洪湘、杨世强、孟祥科等。受蓬莱市旅游局委托，开展方案编制工作并提交蓬莱田横栈道工程鉴定及加固方案。完成主要工作：栈道修建区域位于海平面以上约 13.0 米的悬崖上，全长约 180 米。防护网选择有代表性的 20 个点，外露锚杆头部选择 15 个点进行现场检测。对栈道、混凝土桥、支撑柱用回弹仪进行强度评定，凿除表面混凝土后进行碳化深度测定，共选择 24 个点。对网架桥的工字钢、网架、球体的锈蚀程度进行检测评定，共实测 20 个点。悬挑栈道部分斜支撑选择有代表性的 10 个点，对其表面混凝土的碳化深度及内部钢管的锈蚀程度进行检测。取得主要成果：结构构件长期处于露天滨海工作环境，按现行结构设计标准，结构的环境标准为三至四类。本工程混凝土保护层厚度偏小、碳化严重，碳化深度均超过混凝土构件保护层厚度。混凝土含氯量严重超过国家标准。结构的腐蚀等级仅相当于一般室内钢结构。根据《民用建筑可靠性鉴定标准》，结构整体可靠性为完好级，但按其结构的耐久性和锈蚀程度已发展为限制使用级，应立即采取措施进行维修及防腐处理。对混凝土结构(混凝土栈桥及混凝土桥)、栈道上防护网架、混凝土栈道支撑钢管、悬索网架桥、现所有护栏钢管、栈道上部裂缝岩土进行维护加固方案的编制。预计经维修后的主体结构使用年限可达 10 年。满 10 年后应重新进行鉴定和维护等处理措施。

五、蓬莱田横栈道维修加固工程竣工报告

2004 年 3 月 25 日～10 月 1 日，在蓬莱市开展蓬莱田横栈道维修加固工程。项目负责人：杨世强、苏连文。报告编制人：杨世强、苏连文、胡斌。受蓬莱旅游度假区管理委员会委托，开展施工并提交蓬莱田横栈道维修加固工程竣工报告。完成主要工作及取得主要成果：进行施工平台搭设、钢结构防锈处理、岩体加固、混凝土结构、露头锚杆保护、网架桥悬索及吊杆、网架桥体处理；制定工程质量保证措施、安全保证措施、文明施工及环境管理措施。岩石锚杆 447.79 米，岩面喷射混凝土 101.80 平方米，防护网锚杆处理 342 个，网架桥悬索及吊杆 85.50 米，网架桥钢结构防锈 141.68 平方米，普遍钢构结构件防锈 624.60 平方米，沥青混凝土 3.41 立方米，栈道斜撑加固 204.60 米，悬挑栈道及侧面涂刷 141.27 平方米，网架桥悬索及吊杆 P-E 管外缠麻绳 2000 米，更换网架桥工字钢 1.052 吨，空钢管内灌注砂浆 102.30 米，加工安装八棱球。该成果报告 2009 年获得山东省建设厅优秀工程勘察设计奖和省地勘局优秀工程勘察奖贰等奖。

六、山东国际高尔夫会所前广场强夯施工竣工报告

2005 年 10 月 15 日～11 月 15 日，在济南市开展山东国际高尔夫会所前广场强夯施工。受济南五峰山旅游开发有限公司委托，开展施工并提交山东国际高尔夫会所前广场强夯施工竣工报告。项目负责人：胡斌。报告编制人：杨世强、胡斌。完成主要工作及取得主要成果：夯击能 100 吨・米，面积 11617 平方米；夯击能 50 吨・米，面积 6329 平方米；重夯，面积 680 平方米，夯击面积共计 18622 平方米。强夯处理后的地基进行承载力检验，承载力检验采用原位测试和室内土工试验。经济南五峰山旅游开发有限公司、山东省地矿工程勘察院及黄金监理公司共同商定后确定 4 个检测点进行检查。标准贯入试验和室内土工试验两种检测结果均显示强夯后的填土层的承载力均大于 160 千帕，强夯结果满足设计要求。

七、蓬莱水城关门口城墙及基础加固工程

2007 年 12 月～2011 年 8 月，受蓬莱市文物管理局委托，在山东省烟台市开展蓬莱水城关门口城墙及基础加固工程。报告编制人：刘兆成。完成主要工作及取得主要成果：本工程完成钻孔 155 个，注浆工作量 2030.90 米，注浆用水泥 122 吨，自钻式钻杆 30 米，钢花管 2000 米，施工过程中解决了复杂地层的钻进成孔以及古城墙基础的注浆加固保护漏跑浆等技术难题。

八、名士豪庭洪山边坡永久性加固工程施工

2012 年 1 月，在济南市开展名士豪庭洪山边坡永久性加固工程施工。项目负责人：郑杰。受山东南丰房地产发展有限公司委托，开展施工。完成主要工作及取得主要成果：挖基础土方 1078.19 立方米，土石方回填 665.40 立方米，基础碎石垫层 316.04 立方米，石基础 410.34 立方米，石墙 927.11 立方米，基础 2∶8 灰土垫层 303.16 立方米，基础砾石过滤层 28.54 立方米，C25 混凝土压顶 3.66 立方米，墙面勾缝 490.01 平方米。合同工期 100 天。合同额 1011.35 万元。

九、济南市千佛山西路 9 号院墙加固工程施工组织方案

2012 年 4 月，提交济南市千佛山西路 9 号院墙加固工程施工组织方案。项目负责人：王宝春。报告编制人：张守成、荀辉等。受济南市公安消防支队委托，开展方案编制工作。完成主要工作及取得主要成果：该挡土墙东西向加固长度 19 米，南北向加固长度为 18.4 米；加固技术在挡土墙面上布设间距

1.5米的300毫米×400毫米的钢筋混凝土格构梁，并在挡土墙上增高两排预应力锚索，与格构梁形成立体支护；挡土墙墙后排水。院墙加固施工工程量：预应力锚杆500米，预应力钢管196米，格构梁156.5米，泄水管66.6米。同时，制定施工部署、各分部分项工程的施工方案、施工工艺及质量技术措施、工程质量保证措施、雨季施工措施、工期保证措施、施工安全措施、文明施工、环境管理、消防保卫、工程交付及服务等施工组织方案。

十、东山小区省级住宅A-10号、A-11号楼注浆工程竣工报告

2012年9～10月，在济南市开展东山小区省级住宅A-10号、A-11号楼注浆工程。项目负责人：李甫。报告编制人：李甫等。受中共山东省委办公厅省级住宅建设办公室委托，开展施工。完成主要工作及取得主要成果：施工位置位于济南市舜湖社区东山小区A区内。拟建A-10号、A-11号平面尺寸均为30.6米×10.7米，半地下室。框架结构，筏板基础。东山小区省级住宅A-10号、A-11号楼主要地基情况为表层素填土和前期经过强夯处理过的压实填土，厚度较大，平均7.8米，最大厚度达13.6米。为提高地基土承载力，减少变形模量，减少地基变形和不均匀沉降，必须对基础进行注浆加固处理。采用注浆的方法对天然地基进行处理，注浆孔成孔后向注浆孔内插入钢花管，注浆后形成微型桩。主要施工内容为地基处理和止水帷幕。现场施工钻孔668个，总进尺8098.31米，其中钻孔注浆3269.04米，帷幕和11号楼厨房注浆4839.3米。合同额108.86万元，决算额120.14万元。

十一、中海国际社区B3地块爆破施工后边坡稳定性及安全性评价报告

2013年4月，提交中海国际社区B3地块爆破施工后边坡稳定性及安全性评价报告。报告编制人：李启标等。受中海地产投资有限公司委托，开展评价工作。完成主要工作及取得主要成果：中海国际B3地块爆破施工后，边坡整体稳定，但在边坡形成多处危岩体，坡面分布众多松散、松动、悬空块石，局部坡面堆积有爆破施工后未清理的碎石土，存在挡土墙砌筑不符合设计及规范要求等诸多地质灾害安全隐患，严重威胁小区居民的生命财产安全，建议全面排查、清理消除地质灾害隐患点。

十二、山东省国防教育和军事训练基地地基处理工程

2014年3月18日～4月12日，在济南市开展山东省国防教育和军事训练基地地基处理工程。项目负责人：秦四海。报告编制人：张守成、王宝春、

张长龙等。受山东省国防教育训练基地建设办公室委托，开展施工。完成主要工作及取得主要成果：对综合楼、礼堂、专业训练馆、学兵楼、分队楼、餐厅、学生楼、综合服务中心、干部学员楼、公寓楼等建筑的地基进行强夯处理。工程数量 34437.62 平方米。

十三、山东济南养老服务中心能源建设项目

2014 年 4 月，受山东济南养老服务中心委托，在山东省济南市开展养老服务中心能源建设项目。完成主要工作及取得主要成果：完成室外换热孔 1440 个(单个孔深 100～120 米)、换热管的安装以及换热孔水平管至机房管线的敷设等施工内容。检查井 20 眼，地埋管换热孔 144000 米，室外地埋管联箱 480 个，室外分(集)水器 40 台。合同工期 60 天。合同额 2549.87 万元。

十四、华润置地济南兴隆北 B1 一期别墅挡墙、围墙及硬景地基处理工程

2014 年 9 月 1 日～10 月 31 日，在济南市开展华润置地济南兴隆北 B1 一期别墅挡墙、围墙及硬景地基处理工程。项目负责人：王玉波等。受华润置地(山东)发展有限公司委托，开展施工。完成主要工作及取得主要成果：静载荷试验 9 组；别墅分户挡墙地基处理采用高压旋喷桩，共计 499.8 米；别墅小院围墙地基处理采用高压旋喷桩，共计 1695 米；别墅外围挡墙采用微型桩注浆，共计 320 米；小姑山球场地基处理，拆除钢筋混凝土(冠梁、肋柱、已破坏的球场面层)151.38 立方米，拆除已破坏的毛石挡墙 150 立方米，成孔注浆 812 米，建毛石挡土墙 1360 立方米；别墅景观构筑物地基处理采用高压旋喷桩，共计 3 根，换填处理 267 立方米，建景观挡墙 50 米。合同工期 61 天。合同额 707.47 万元。

十五、国网新源控股有限公司科技项目技术报告上水库左岸帷幕灌浆实施效果分析评价

2015 年 5～12 月，在泰安市开展国网新源控股有限公司科技项目技术报告上水库左岸帷幕灌浆实施效果分析评价。报告编制人：张峰、徐源、姬广胜等。受国网新源控股有限公司委托，开展评价工作并提交国网新源控股有限公司科技项目技术报告上水库左岸帷幕灌浆实施效果分析评价。完成主要工作：根据现场监测资料，对帷幕灌浆进行数值模拟，计算渗流场及渗流量，确定帷幕灌浆的薄弱区和薄弱位置；现场钻取 3 孔并进行压水试验，测取灌浆帷幕如今的透水率；作帷幕灌浆时效分析，提出补灌施工方案。取得主要成

果:泰山抽水蓄能电站上水库左坝头北西向结构面较发育,存在库水绕坝渗漏向巴山沟的现象;对帷幕灌浆进行数值模拟,当帷幕渗透系数跟左坝肩岩土体一致时,渗漏量达到最大,为 52.68 升/秒;基于压水试验、理论分析及数值计算,可知试验区域内帷幕透水率除 2 号孔第 2 段和第 5 段外都大于 1 吕荣(lu),帷幕已不能满足透水率小于 1 吕荣的防渗要求;上水库左岸帷幕已不满足防渗要求,建议对此处采取补灌措施。

第六节 主要获奖成果

自 1998 年 3 月山东省电力科学技术楼钻孔灌注桩基础工程获得省地勘局颁发的工程施工壹等奖,截至 2017 年,先后有 36 项地基基础工程施工类成果分别获得省国土资源厅、山东省建设厅、省地勘局、山东省建筑工程管理局、山东省深基础工程协会、山东土木建筑学会等部门评选颁发的优秀成果奖。

表 2-10-2　　地基基础工程施工主要获奖成果一览表

序号	获奖成果名称	获奖类型及等级	颁发部门	获奖时间
1	山东省电力科学技术楼钻孔灌注桩基础工程	工程施工壹等奖	省地勘局	1998.3
2	威海市抱海大厦地基强夯效果检测原位测试	优秀工程勘察贰等奖	省地勘局	1998.3
3	蓬莱田横栈道工程	优秀工程壹等奖	山东省深基础工程协会	2000.12
4	蓬莱田横栈道工程	优秀工程壹等奖	山东省深基础工程协会	2000.12
5	青岛污水处理厂强夯工程	优秀工程贰等奖	山东省深基础工程协会	2004.11
6	山东省广电中心综合业务楼支护工程	优秀工程壹等奖	山东省建筑工程管理局、山东省深基础工程协会	2006.11

续表

序号	获奖成果名称	获奖类型及等级	颁发部门	获奖时间
7	国华瑞丰风力发电一期风机基础管桩工程	山东省深基础优秀工程奖壹等奖	山东省建筑工程管理局、山东省深基础工程协会	2010.11
8	《旋挖成孔灌注桩施工技术规程》	科学技术贰等奖	省地勘局	2011.12
9	旋挖成孔灌注桩施工技术规程	科学技术奖贰等奖	省国土资源厅	2012.2
10	莱钢建设凯旋新城基坑支护降水工程	岩土工程技术创新奖壹等奖	山东土木建筑学会	2013.12
11	淄博地矿佳园基坑支护工程	岩土工程技术创新奖贰等奖	山东土木建筑学会	2013.12
12	莱钢建设.凯旋新城东区一期工程基坑支护与降水工程	山东省深基础优秀工程贰等奖	山东省深基础工程协会	2014.8
13	济南市历下区名士豪庭小学南侧挡土墙加固工程	岩土工程技术创新奖贰等奖	山东土木建筑学会	2015.12
14	济宁蓝天豪庭小区基坑支护及降水工程	岩土工程技术创新奖壹等奖	山东土木建筑学会	2015.12
15	邹城市宏河大厦基坑降水及支护施工工程	岩土工程技术创新奖贰等奖	山东土木建筑学会	2015.12
16	济南裕兴化工有限责任公司搬迁改造100千吨/年红金石型钛白粉项目酸罐区、厂前区等桩基基础工程	优秀工程贰等奖	山东省深基础工程协会	2016.10

续表

序号	获奖成果名称	获奖类型及等级	颁发部门	获奖时间
17	黄金 99 浆水泉路居住区 C 地块配套设施项目(三角地块)基坑支护工程设计	岩土工程技术创新奖壹等奖	山东土木建筑学会岩土工程专业委员会	2016.12
18	济宁领秀庄园二期基坑支护及降水工程设计	岩土工程技术创新奖壹等奖	山东土木建筑学会岩土工程专业委员会	2016.12
19	龙泉科学技术大厦建设场地煤层采空区注浆治理效果检测评价	岩土工程技术创新奖壹等奖	山东土木建筑学会岩土工程专业委员会	2016.12
20	章丘市职成教中心边坡支护工程	岩土工程技术创新奖贰等奖	山东土木建筑学会	2016.12
21	山东济南养老服务中心地源热泵施工	岩土工程技术创新奖壹等奖	山东土木建筑学会岩土工程专业委员会	2016.12
22	济南高新万达广场项目基坑支护工程	优秀工程勘察贰等奖	省地勘局	2017.7
23	黄金 99 浆水泉路居住区 C 地块配套设施项目(三角地地块)基坑支护工程设计	优秀工程勘察贰等奖	省地勘局	2017.7
24	平阴茂昌银座新天地项目一期支护降水工程玫瑰广场设计方案	优秀工程勘察叁等奖	省地勘局	2017.7
25	济南高新万达广场项目基坑支护工程	优秀工程勘察设计成果贰等奖	山东省建设厅	2017.8
26	黄金 99 浆水泉路居住区 C 地块配套设施项目(三角地地块)基坑支护工程设计	优秀工程勘察设计成果叁等奖	山东省建设厅	2017.8

续表

序号	获奖成果名称	获奖类型及等级	颁发部门	获奖时间
27	济南高新万达广场项目基坑支护工程	全国优秀勘察设计行业叁等奖	中国勘察设计协会	2017.11
28	济南市第四人民医院新建医疗综合楼项目土石方基坑支护工程	岩土创新壹等奖	山东土木建筑学会岩土工程专业委员会	2017.12
29	山东省陆地搜寻与救护基地二期工程监控塔基坑支护工程	岩土创新壹等奖	山东土木建筑学会岩土工程专业委员会	2017.12
30	山东省农业科学院科技创新条件平台建设项目基坑支护工程设计	岩土创新壹等奖	山东土木建筑学会岩土工程专业委员会	2017.12
31	施工安全危险源管理手册	岩土创新壹等奖	山东土木建筑学会岩土工程专业委员会	2017.12
32	济宁永基城基坑支护及降水工程设计	岩土创新贰等奖	山东土木建筑学会岩土工程专业委员会	2017.12
33	济南综合保税区章锦片区五村整合安置基坑支护工程二标段设计方案	岩土创新贰等奖	山东土木建筑学会岩土工程专业委员会	2017.12

第十一章　其他地质工作

截至 2017 年，完成城市地质、农业地质、医学地质、岩溶研究等其他地质工作 13 项。获得获省部级科技进步奖 2 项，省地勘局科技进步奖 2 项。

第一节　城市地质

城市地质工作开始于 1987 年 7 月。截至 2017 年 12 月，为青岛、济南、东营等进行城市地质工作，提出城区规划建议、地质资源保护和地质环境问题对策建议。

一、山东省青岛市发展规模的地质论证

1987 年 7 月～1988 年 7 月，进行山东省青岛市发展规模的地质论证。项目完成人：颜承芳、奚德荫等。随着沿海城市工业和人口的高度发展集中，有必要从地质资源、地质环境角度深入研究城市发展的规模和布局，为城市总体规划和小区规划提供依据，地质矿产部水文司下达《关于做好"沿海开放城市发展控制规模科学论证"工作的通知精神》。1987 年 7 月开始工作，1988 年 7 月提交山东省青岛市发展规模的地质论证。取得主要成果：对青岛城市发展的有利因素有经济技术实力雄厚、优越的建港条件、工程地质环境良好，旅游资源丰富、多种矿产资源；不利因素有水资源不足、老城区土地资源紧张。青岛市要扬长避短，切实根据当地的自然环境、自然资源去调整，制定城市长远发展规划，把青岛市建设成以轻纺为主、经济繁荣、环境优美、科研文教事业发达的现代化的旅游和港口城市。该项目 1992 年 5 月 26 日获得地质矿产部科技成果肆等奖。

二、山东省东营市城市地质多参数立体化综合调查

2004年1月～2005年12月，进行山东省东营市城市地质多参数立体化综合调查。项目负责人：赵忠义。主要完成人：赵忠义、韩永东、尚宇宁等。受东营市国土资源局委托，承担该项目。完成主要工作：环境地质调查287平方千米；工程地质调查287平方千米；工程地质钻探23孔总进尺600米，各类样品408件。2005年12月，提交山东省东营市城市地质多参数立体化综合调查报告。取得主要成果：对区域地壳稳定性进行评价，并进行稳定程度划分，对区域工程地质环境进行分区评价；基本查明区内25米以浅土体类型、岩性、厚度、工程地质特征及空间分布，初步查明区内液化砂土的空间范围，并对其液化等级进行判别，初步查明区内软土的空间分布及其物理力学性质，并选择8个影响工程建筑适宜性的因子；采用专家聚类法对一般工业与民用建筑和高层重型建筑物场地的适应性进行综合分析评价，评价因子选取正确，评价方法合理，所取得的评价结果对区内工程建设具有重要的参考价值；对区内存在的地面沉降、砂土液化及软土地基变形等主要环境地质问题进行分析评价，并提出具体的防治措施，为当地城市规划建设提供科学依据。

三、山东省济南城市多参数立体化综合地质调查

2004年3月～2005年3月，进行山东省济南城市多参数立体化综合地质调查。项目负责人：邢立亭、于世林。项目完成人：邢立亭、于世林、张伟等。研究地质要素对城市发展所提供的资源、所施加的约束条件以及城市发展对其产生的影响，为济南建设未来发展、综合管理提供科学依据。省国土资源厅下达任务书。2005年3月，提交山东省济南城市多参数立体化综合地质报告。完成主要工作：水文地质调查面积2000平方千米，地质灾害环境地质调查、遥感解译、不良工程地质问题调查面积1700平方千米，地热地质调查400平方千米，钻探10孔总进尺160.8米，各类调查点349个，抽水试验25组，渗水试验10次，水质分析144件，土样分析20件。取得主要成果：在山东省首次引入多参数地质调查概念，并建立济南市泉群附近一定范围的三维立体地质结构模型，该模型揭示地质体内部结构、空间变化规律以及属性参数等分布特征；进行城市工程建设适宜性分区评价；查明济南地下水污染现状及发展趋势，进行地下水质量分区评价，提出防治地下水质量进一步恶化的对策方案；进行地质灾害易发性分区，提出地质灾害的防治对策；对济南泉水断流的原因进行综合分析研究，建立济南泉域厂三维地下水流数值模型；利用该模型计算评价天然和人工调蓄条件下保持泉水常年喷涌的地下水优化开采

量，提出保泉供水对策；初步分析济南市地下空间资源开发利用前景，并对地下轨道交通建设的适宜性进行简要论述。

四、济南市城市地下空间资源开发地质调查评价研究

2010 年 6 月～2011 年 10 月，进行济南市城市地下空间资源开发地质调查评价研究。项目完成人：秦品瑞、徐秋晓、吴立进等。为地下空间资源开发利用提供地学依据，对指导城市空间开发利用规划具有重要意义。省地勘局下达任务书。2011 年 10 月，提交山东省济南报告。完成主要工作：研究区面积 1928 平方千米。取得主要成果：研究区可分为 4 个地下水含水岩组，具复活性的断层有千佛山断裂、长清断裂、炒米店断裂、平安店断裂和东坞断裂。研究区划分为 4 个质量区，分别为地下空间开发利用适宜优区、良区、中区、差区。济南市的浅层地下水大部分对混凝土具微腐蚀性，个别地方具弱腐蚀性，为硫酸根离子、氯离子浓度超过弱腐蚀性的判别标准。

五、山东省济南北跨新城区城市地质调查

2012 年 9 月～2015 年 6 月，进行山东省济南北跨新城区城市地质调查。项目完成人：袁春鸿、于世林、孙斌等。以服务于城市可持续发展为重点，围绕亟待解决的城市地质问题，开展城市地质环境条件、地质资源和主要地质问题等背景值调查，对城市规划建设涉及的地基稳定性、地面稳定性、供水水源、新能源开发利用、地下空间开发等地质要素进行系统评价，预测评价地质环境对城市规划建设的适宜性，提出城市规划建设、地质环境开发保护的对策意见，为济南城市北跨提供基础地质资料，为此省国土资源厅以《关于下达 2012 年度省地质勘查项目计划的通知》下达任务书，由山东省地矿工程勘察院承担山东省济南北跨新城区城市地质调查项目。2015 年 6 月，提交山东省济南北跨新城区城市地质调查报告。完成主要工作量：1∶5 万水文地质、工程地质、环境地质调查 885 平方千米，物探点 359 点，水文地质钻探 419.1 米，工程地质钻探 2500 米，抽水试验 40 台班，自然渗水试验 200 台班，水质分析 198 件，标贯试验 1300 次，土工试验 650 件，波速测试 110 点，地微振测试 2 点，三维地质模型 1 套。取得主要成果：对城市规划建设涉及的浅层地下水环境、采空塌陷危险性、黄河悬河稳定性、工程地质环境稳定性、地下空间资源可利用性、垃圾处理场地质环境适宜性进行系统评价；系统分析影响北跨新城区建设的资源环境问题，采用敏感因子—模糊综合评判模型评价全区地质环境适宜性，并结合北跨新城区建设用地分布及规划类型评价北跨新城区建设用地适宜性，提出北跨新城区规划建议、地质资源保护和地质环境问题

对策建议;建立工作区城市地质数据库和三维可视化城市地质模型。实现信息浏览及查询,自动生成柱状图及剖面图、特征等值线,实现三维地层模型、钻孔模型显示、模型爆炸显示、立体剖面切割、隧道模拟等功能。

第二节　农业地质

农业地质工作开始于 2000 年,截至 2017 年 12 月,共提交农业地质成果 4 项,对寿光市蔬菜种植区、平阴县南部、广饶县、金乡县南部农业地质环境进行分区评价,并就种植结构调整提出了相应的建议。山东省广饶县农业生态地质调查研究 2008 年 2 月 26 日获得省地勘局科技进步地质勘查叁等奖。

一、山东省寿光市蔬菜种植区农业地质调查

2001 年 12 月,提交山东省寿光市蔬菜种植区农业地质调查报告。主要完成人:王俊兰、张伟、付恩光等。2000 年,根据山东省财政厅、省国土资源厅联合下发的文件精神,寿光市地质矿产局委托山东省地矿工程勘察院承担寿光市蔬菜种植区农业地质调查项目。初步查明蔬菜种植区的农业地质背景、蔬菜种植和生长现状,找出土、水、蔬菜间的相互作用和相关关系,圈划出寿光市主要蔬菜品系的适宜种植区,为调整农业种植结构和改善灌溉条件,及蔬菜种植业的进一步发展提供科学依据。完成主要工作:1∶5 万农业地质调查 835.7 平方千米;洛阳铲浅孔 96 个,孔深 5 米左右;钻探总进尺508.65米;地下水动态监测点 20 个。取得主要成果:该区浅层地下水水质满足蔬菜灌溉水标准,为生产高产、优质的蔬菜奠定良好的基础;该区土壤全盐量、酸碱度适宜蔬菜生长;蔬菜种植区茄果类蔬菜不但与浅层地下水中的铜、锌元素相关性显著,与土壤中的铁、锰、硼、硒元素相关性也很显著,说明浅层地下水和土壤对蔬菜品质影响很大。

二、山东省平阴县南部山区农业生态地质环境调查

2002 年 8 月～2004 年 5 月,进行山东省平阴县南部山区农业生态地质环境调查。项目完成人:王俊兰、于世林、曲建民等。为初步查明平阴县南部山区的农业地质背景条件,保护农业生态地质环境,合理开发利用经济林木资源,发展高效经济型林果业,济南市国土资源局通过投标竞争方式,确定由八〇一队承担此工作。2004 年 5 月,提交山东省平阴县南部山区农业生态地质环境调查报告。完成主要工作:农业地质及水文地质调查 200 平方千米,钻探 312.63 米,物探点 82 个,土样、果实及水质分析 320 件。取得主要成果:对平

阴县南部山区土壤主要元素含量、微量元素含量和空间分布规律进行分析及评价;进一步查明区内农业供水水文地质条件,进行水质评价;区内果品微量元素含量高、有害元素低于无公害水果卫生界限指标;对区内经济林木种植的农业地质环境进行分区评价,并就种植结构调整提出相应建议。

三、山东省广饶县农业生态地质调查研究

2006 年 4～12 月,进行山东省广饶县农业生态地质调查研究。项目完成人:陈奂良、蔡有兄、韩建江等。以地球化学调查为先导,进一步查清广饶县农业地质环境背景条件和生态特征,研究水土污染、咸水入侵等生态环境地质问题对农业产品品质的影响,从源头查明影响农产品质量的主要因素及演变规律,预测农业生态地质环境变化趋势,提出改善农业生态环境的地质工程措施,从而为广饶县农业结构调整和发展高效、生态、安全农业等提供基础资料和科学依据,并为全省蔬菜基础生态环境地质调查工作提供示范。省地勘局鲁地字[2006]42 号下达任务。2006 年 12 月,提交山东省广饶县农业生态地质调查研究报告。完成主要工作:农业地质及水文地质调查 1137 平方千米,物探点 126 个,土样及水质分析 181 件。取得主要成果:工作区农业生态地质环境分为良好区、较好区、较差区和差区;工作区内四个蔬菜基地农业生态地质环境良好,其中在花官乡大蒜种植区土壤中发育硒元素含量较高,富硒面积 60.15 平方千米,大蒜和蒜薹富含硒、镁、锌、硼及铁元素;从建设无公害蔬菜基地的角度将全区分为无公害蔬菜适宜区、较适宜区、无安全警示区;工作区主要的生态环境地质问题为土壤盐渍化、咸水入侵和环境污染,提出生态环境问题工程改善措施;交通干道两侧为重金属元素相对富集地带,无公害蔬菜基地建设应远离这一区域。

四、山东省金乡县南部农业生态地质调查

2008 年 5 月～2014 年 3 月,进行山东省金乡县南部农业生态地质调查。项目完成人:徐士民、张莉莉等。受金乡县国土资源局委托,初步查明金乡县南部山区的农业地质背景条件,为金乡县大蒜种植区划、提高大蒜品质和产量提供地质依据。2014 年 3 月,提交山东省金乡县南部农业生态地质调查报告。完成主要工作:农业地质调查 519.5 平方千米,坑探 40 米,土样分析 90 件。取得主要成果:工作区 95%面积种植大蒜;区内大蒜种植适宜性可分为良好、适宜、较差三个区;工作区有机质、氮、钾、钙、镁、铁、铜、锌、锰、硒在东北部、西部的西沟两侧含量较高,马庙附近、司马西南部以及肖云南部含量较低,而磷、硫、钼、硼分布规律不明;土壤 2 米深度内表层土层的各种元素含量

最高，向下母质层含量低；农业地质条件中土壤与大蒜的关系是黏性土有机质含量和各种元素含量高，大蒜产量和品质高，砂性土正好相反。

第三节　医学地质

截至2017年，完成医学地质项目1个，即山东省医学地质调查项目。2008年2月26日，该成果获得省地勘局科技进步地质勘查叁等奖。

2006年4月～2008年10月，山东省地矿工程勘察院进行山东省医学地质调查。项目负责人：王俊兰、陆书南。报告编写人：王俊兰、魏鲁峰、李岚等。为从地质学角度提出地方病的预防措施，为推广具医疗价值地质资源的开发利用奠定基础，省国土资源厅下达任务书。2008年10月，提交山东省医学地质调查报告。完成主要工作：医学地质调查面积83.67平方千米，土壤测试样68件，水质分析多项分析65件，水质污染分析50件，水中氟、碘分析各80件，水中硒分析40件，石油类分析1件，岩样分析5件。取得主要成果：将山东省划分为松散岩类医学地质区、基岩类医学地质区；医学地质资源（热矿水、矿泉水、医药矿石等）在山东省内分布广泛；山东是中国地方病种类较多、分布范围广的省份之一，主要有地方性地氟病（氟中毒）、克山病、地方性甲状腺肿、大骨节病等。2008年2月26日，该成果获得省地勘局科技进步地质勘查叁等奖。

第四节　岩溶研究

截至2017年，完成山东地区岩溶分布及发育规律的研究、鲁中南岩溶地貌和洞穴研究等岩溶研究项目。

一、山东地区岩溶分布及发育规律的研究

1988年10月，完成山东地区岩溶分布及发育规律的研究报告。此项工作为国家科委57项科研项目《中国北方岩溶地下水资源及大水矿区岩溶水的预测、利用与管理的研究》子课题之一，由八〇一队与山东省地质勘察公司、天津地质研究院、山东省火煤炭工业管理局合作进行野外实施，绘制剖面1400米，调查溶洞9个等。同时收集有关报告60余份，进行整理，分析、研究后完成报告编写工作。1989年3月7日，该报告通过项目综合组评审验收。参加报告编写的有：八〇一队郭玉文、孙建斌、王飞龙；天津地质研究院王云生、王宝桐。

二、鲁中南地区岩溶分布及发育规律的研究

1989 年 3 月，进行鲁中南岩溶地貌和洞穴研究。项目负责人：郭玉文。项目完成人：郭玉文、孙建斌、王飞龙等。山东省地质矿产局下达任务，开展鲁中南地区岩溶地质学的基础地质研究，为该区提供岩溶基础地质资料，并为国土整治、岩溶水开发利用和防止地质灾害提供基础资料。完成主要工作：岩样 74 件，溶蚀试验样 22 块，铀系法测年样 6 块。1989 年 12 月，提交鲁中南地区岩溶分布及发育规律的研究报告。取得主要成果：该区在强烈的侵蚀及溶蚀作用下，形成具有北方特色的岩溶地貌景观；岩溶发育与所处的地质环境和气候环境密切相关；基本揭示该区岩溶含水层的特征，该区深部岩溶发育。1992 年 6 月 29 日，该成果获地质矿产部地质科技进步叁等奖。

三、鲁中南岩溶地貌和洞穴研究

1988 年 8 月～1989 年 12 月，山东省地质矿产局八〇一水文地质工程地质大队、地质矿产部岩溶地质研究所联合进行鲁中南岩溶地貌和洞穴研究。项目完成人：袁道先、翁金桃、蒋忠诚等。对中国区域岩溶全面的了解和认识有理论意义，对解决本区与岩溶发育有关的水文地质、工程地质、岩溶矿床、工农业生产及旅游资源评价有重要现实意义，山东省地质矿产局八〇一水文地质工程地质大队与地质矿产部岩溶地质研究所达成一揽子计划。1988 年 8 月开始工作，1989 年 12 月提交鲁中南岩溶地貌和洞穴研究报告。完成主要工作：地质调查点 34，各类水、土、岩样 157 件，溶蚀试块 60 片，溶蚀试验 25 件。取得主要成果：对鲁中南主要岩溶类型、分布、特征、发育规律和水文地质条件作较详细的划分和描述；对深部岩溶分布规律作有益的探讨；将工作区内碳酸盐岩岩溶组类型划分为 7 类 12 型；新生代多期的上升运动，构成本区岩溶发育的有利地质和水文条件。

第十二章　境(省)外地质勘查工作

截至 2017 年,完成境外地质勘查项目 10 个。其中 1965～1990 年先后在越南、毛里塔尼亚、塞内加尔、埃塞俄比亚完成水文地质工程地质勘查 5 个;2008～2015 年完成矿产地质项目 5 个。

截至 2017 年,完成省外地质勘查项目 21 个。其中,1964 年 10 月～1978 年 3 月,先后完成成昆铁路线路工程地质勘查等水文地质工程地质项目 5 个;2009 年 9 月～2014 年 8 月,先后完成内蒙古锡林浩特市通和矿业有限责任公司萤石矿资源勘查等矿产地质项目 5 个;2012～2016 年,先后完成黑龙江省小金场地区金矿普查、辽宁省新宾县上夹河—木奇地热普查、河南省安阳鑫汇矿业有限公司地热资源调查、天津港“8.12”爆炸事故现场清理修复、青海玉树“4.14”地震灾后重建结古镇热翁陇沟和果波对面沟恢复重建等物探、测量地质成果项目 11 个。

截至 2017 年,境(省)外地质勘查工作共计施工钻孔 3001 个(含 2404 个灌注桩孔),钻探总进尺 111839.7 米,各类样品 12975 件。获奖成果 9 项,其中 2010 年中国矿业国际合作最佳勘查奖 1 项,省部级壹等奖 1 项,厅局级奖励 4 项,协会奖 3 项。

第一节　境外地质勘查工作

自 1965 年 10 月派出徐庆山等援助越南修建军事工程,至 2017 年先后完成毛里塔尼亚援外打井、塞内加尔供水井施工及冈比亚国家体育场工程地质勘查、埃塞俄比亚供水打井、刚果(布)奎卢省布谷马西地区钾盐矿等水文地质、工程地质、矿产地质勘查等 10 个项目。共计施工钻孔 2710 个(含 2404 个灌注桩孔),钻探总进尺 94787.44 米(含 2404 个灌注桩孔总进尺 54000 米,桩基 2404 根混凝土灌注量 58152.9 立方米),各类测试样品 8662 件。刚果共和国奎卢省布谷马西矿区南部矿段钾盐矿详查求得钾盐矿石量 3103941.73 万吨，氯化钾 440478.2 万吨。

一、水文地质工程地质勘查

自 1965 年 10 月派出徐庆山等援助越南修建军事工程，至 2017 年先后完成了毛里塔尼亚援外打井、塞内加尔供水井施工及冈比亚国家体育场的工程地质勘查、埃塞俄比亚供水打井、刚果(布)奎卢省布谷马西地区钾盐矿等水文地质、工程地质等 5 个项目。对毛里塔尼亚首都努瓦克肖特市进行城市供水勘察，并在伊尼迪建立一个出水量 2 万立方米/天的供水工程，成井 18 眼，满足了首都的生产和生活用水需要，受到了毛里塔尼亚政府和首都人民的好评。共计施工水文地质钻孔 260 个总进尺 16774 米。

(一)越南军事工程地质勘查

1965 年 10 月，根据中、越两国军事协议，中国援助越南修建军事工程。该任务原由中国后勤队部队承担，因军队中无地质方面的技术力量，要求地质部派人参加该项工程。八〇一队按局提示，派出徐庆山等 6 人以中国工程兵身份参加该工程的地质勘查工作，并圆满完成任务。1967 年回国。

(二)毛里塔尼亚供水打井

1969～1978 年，根据中国、毛里塔尼亚经济技术合作协定，应毛里塔尼亚伊斯兰共和国政府要求，按省地质局指示，先后 4 次派出水文地质、探矿工程技术人员及其他人员共 20 人、28 人次赴毛进行打井考察和执行打井任务，共打井 68 眼。在内地吉法大区打出的大口径(2000 毫米)井，解决了四个省部分牧民的人畜饮水困难。1976 年 6 月，按局指示，派出徐庆山、杨恩信、常春亮 9 人为第四批赴毛里塔尼亚人员，执行援外打井任务。1978 年 2 月回国。

(三)塞内加尔供水打井及体育场工程地质勘查

1975 年 1 月 8 日，根据中、塞两国政府在达喀尔签订的《关于打井工程项目的会谈纪要》，中国政府派遣打井工程技术组赴塞内加尔共和国承担塞河、卢加、萨卢姆等 6 个大区、60 眼的施工任务，其中装备井 30 眼、钻孔主井 5 眼(直径 220～250 毫米，井深一般 200～300 米，最深 367 米)，水利井 30 眼、钻孔副井 5 眼(直径 1600～2000 毫米，井深一般 20～40 米，最深 70 米)。接省革委地质局指示，自 1975 年 3～5 月开始先后派出荆云龙、尚恩洪、杨进源、高殿琪、杨茂东、李逢春、韩震、侯英明、赵允龙、李遵良、王万龙、李炳章、于乃富、陈衍杰、张志泉、周庆吉、刘贯一、刘香一、王琛、商锡增、杜宝贵、曹永凯、杨兆敏、王廷华、路迭强、张怀锦、王忠考、李会泽共 28 名打井工程技术人员赴塞内加尔进行打井考察和执行打井任务。1977 年 6 月正式开工，1978 年 12 月全部竣工。经塞内加尔政府和八〇一队打井工程技术组代表组成的验收委会现场验收，证明其水量、水质等指标均符合规定的质量要求。1979 年 2 月28 日，中、塞双方代表在达喀尔签署《关于打井工程项目移交证书》。在此期间，打井工程技术组还为该国绿角大区果园打井 1 眼，井深 200 米；还完成中国援建的冈比亚国家体育场工程地质勘查工作。1979 年 3 月，赴塞内加尔执行援外打井任务的人员提前半年完成任务回国。该工程于 1977 年 6 月开工，1978 年 12 月结束，共完成钻探工作量 7326 米，完成大口径挖井工作量 1200 米。援助塞内加尔全体人员加强计划管理和施工调度，改进成井工艺和挖井方法，在保证质量、安全的前提下，实干加巧干，提前半年完成任务。塞内加尔国家《太阳报》专题报道了中国援助打井任务的完成情况，赞扬中国专家最能吃苦、最能干，打井速度快，质量好。

(四)埃塞俄比亚供水打井

1988 年 3 月，为开拓国际地质市场，发展外向型经济，先后派出赵志玉、高鲁希、赖红五、康成彪、梁中庚、张平海、陈衍杰、张高潮、阴建、张汝志、李生明、孙发勇共 12 人赴埃塞俄比亚承担 8 城镇供水打井的中标项目。该工程于 1988 年 11 月签订合同，1989 年 3 月 12 日正式开工，1990 年 1 月 19 日竣工，完成钻探工作量 1670 米，完工钻孔 21 个，成井建井 10 眼，修井台 10 个，高速度、高质量地完成了莫亚累和迪雷达瓦 2 个城镇的打井承包任务。出国人员经过艰苦努力，在极其恶劣的自然条件和极其复杂的地质条件下，克服重重困难，圆满完成任务，使工程达到了标书要求，受到了埃塞俄比亚政府水委会和中国驻埃塞俄比亚大使馆的赞赏和表扬，为国家争得荣誉。加拿大咨询公司代表业主破例为此项工程写出了评价材料。工程质量、速度和工作得到了埃塞俄比亚政府和人民的充分支持和信任。1990 年 4 月，人员回国。

1991 年 9 月，派出严会舜、刘德成、石玉臣、刘子明、李春青、李在水、于忠泉、王占胜、赵洪利、徐金良、王积斌、孟晓光 12 人赴埃塞俄比亚承担五城镇供水水文地质勘探与环境评价中标项目，施工了 9 眼水井，钻探总进尺 2000 米左右，总出水量近 2 万立方米/天。1992 年 11 月，回国。

(五)阿尔及利亚两万套住宅项目 BAB EZZOUAR 住宅楼桩基施工报告(桩基)

2002 年～2007 年 4 月，山东省地矿工程勘察院在阿尔及利亚开展两万套住宅项目 BAB EZZOUAR 住宅楼桩基施工，提交阿尔及利亚两万套住宅项目 BAB EZZOUAR 住宅楼桩基施工报告。该工程 2002 年启动，阿尔及利

BAB EZZOUAR 地区承建的 2114 套属于两万套住宅的一部分。BAB EZZOUAR 地区建设分为两个地块，相距 0.7 千米，共建设 61 栋楼，均为 10～15 小高层住宅，建筑面积 30 多万平方米。在整个两万套住宅项目中，BAB EZZOUAR 建设的数量最多、规模最大，实属大型群体住宅工程。项目负责人：朱学顺。报告编写人：朱学顺、谭现锋、甄学贞等。完成主要工作：桩基根数 2404 根，总进尺 54000 米，混凝土灌注量 58152.9 立方米。取得主要成果：阿尔及利亚两万套住宅项目 BAB EZZOUAR 地区共建 61 座小高层住宅楼，属大型建筑群体；建筑物基础均采用直径 1200 毫米和 1500 毫米，深 21.5 米左右的钢筋混凝土灌注桩为摩擦桩；桩基础施工执行法国和阿尔及利亚有关规范；参照国家规范。在桩基施工期间，严格按照设计、施工规范、程序执行，严格控制成孔、混凝土配合比，以及钢筋笼制作和混凝土浇灌的每一道工序；整个桩基工程施工达到阿尔及利亚规范的要求，符合设计和规范的质量要求，业主、监理予以肯定。

二、矿产地质

自 2008 年 10 月开始进行刚果(布)奎卢省布谷马西地区钾盐矿普查，先后在刚果(布)开展地质合作找矿，截至 2017 年共完成国外矿产勘查项目 5 个。共完成矿产地质钻探 28 孔总进尺 19628.19 米，水文地质钻探 18 孔总进尺 4685.25 米，各类测试样品 8662 件。刚果共和国奎卢省布谷马西矿区南部矿段钾盐矿详查求得钾盐矿石量 3103941.73 万吨，氯化钾 440478.2 万吨。

(一)刚果(布)奎卢省布谷马西地区钾盐矿普查

2008 年 10 月～2009 年 12 月，进行刚果(布)奎卢省布谷马西地区钾盐矿普查。项目负责人：栾元滇。项目完成人：栾元滇、宫述林、全中文、彭玉明、姜宝昌、杨元、寇雅威、关琴、张金兰。项目来源：2009 年山东省国外矿产资源风险勘查项目。完成主要工作：1∶50 万地质编测 27971 平方千米，1/20 万地质编测 1020 平方千米，钻探 3 孔总进尺 2176.68 米，各类测试样品 932 件。取得主要成果：求得钾盐矿石量 5297836.2 万吨，氯化钾总资源量 852268.3 万吨，氯化钾平均品位 16.09%。其中(333)矿石量 766893.5 万吨，氯化钾资源量 114655.0 万吨，氯化钾平均品位 14.97%；(334)矿石量 4530942.7 万吨，氯化钾资源量 737613.3 万吨，氯化钾平均品位 16.28%。

(二)刚果共和国雷古姆省穆卡西地区铬矿靶区优选与评价

2009 年 11 月 13 日，刚果鲁源矿业有限公司(山东省地矿工程勘察院和威海国际经济技术合作股份有限公司的合资公司山东鲁源矿业投资有限公司的境外子公司)获得该地区探矿权,完成该项目后注销了探矿权。项目来源:中央国外风险勘查资金项目。完成主要工作:2013 年投入 1∶5 万遥感地质解译 2585 平方千米,2014 年投入 1∶5 万地质路线调查 300 平方千米,1∶5 万高精度磁法测量 400 平方千米,1∶5000 磁法剖面测量 20.1 千米,槽探 1059 立方米,各类测试样品 419 件。

(三)刚果(布)奎卢省布谷马西地区钾盐矿普查(续作)

2010 年 8 月～2013 年 6 月,进行刚果(布)奎卢省布谷马西地区钾盐矿普查(续作)。项目负责人:栾元滇。项目完成人:岳伟佳、栾元滇、刘东义、李海波、宿庆伟、张琦、常和平、逄伟、寇雅威。项目来源:2010 年山东省国外矿产资源风险勘查项目。完成主要工作:1∶1 万地质编测 103.97 平方千米,视电阻率测深 56 点,钻探 4 孔总进尺 2970.19 米,各类测试样品 1342 件。取得主要成果:获得钾盐矿矿石量 11226647.5 万吨,氯化钾量 1632963.7 万吨,氯化钾平均品位 14.55%。其中(333)矿石量 3551533.5 万吨,氯化钾量 522539.7 万吨,氯化钾平均品位 14.71%;(334)矿石量 7675114.0 万吨,氯化钾量 1110424.0 万吨,氯化钾平均品位 14.47%。

(四)刚果共和国奎卢省布谷马西矿区南部矿段钾盐矿详查

2010 年 3 月～2015 年 6 月,进行刚果共和国奎卢省布谷马西矿区南部矿段钾盐矿详查。项目总指挥:宫述林。项目负责人:栾元滇、武法伟。项目完成人:栾元滇、宫述林、岳伟佳、周兴涛、游其军、马庆伟、寇雅威、丁冠涛、常和平、杨伟、曹光明、王海焦、李越、杨硕、宿庆伟、逄伟、关琴、郭建、杨元。项目来源:2010 年度、2011 年度国外矿产资源风险勘查项目。完成主要工作:1∶5 万地形测量 76.1 平方千米,1∶1 万地形测量 35 平方千米,1∶5000 地形测量 70.2 平方千米,1∶2.5 万基岩地质图编制 256.2 平方千米,1∶1 万基岩地质图编制 52.84 平方千米,1∶5000 矿区地质测量 141 平方千米,1∶1 万水文地质测量 52.84 平方千米,1∶5000 水工环地质测量 141 平方千米,高精度重力勘探 76.1 平方千米,二维地震 6025 点,EH4 电法 134 点,水文地质测井 2841.78 米,瞬变电磁勘探 9678 点,矿产地质钻探 21 孔总进尺 14481.32 米,水文地质钻探 18 孔总进尺 4685.25 米,流量测井 4 次,洗井 13 次,单孔抽水试验 10 孔 13 次,多孔抽水试验 3 次,透孔试验 3 孔 1166.9 米,样品测试共计 6388 件。取得主要成果:求得钾盐矿石量 3103941.73 万吨,氯化钾 440478.2 万吨,氯化钾平均品位 14.19%。其中(332)矿石量 357299.96 万吨,氯化钾 52252.8 万吨,氯化钾平均品位 14.62%;(333)矿石量 2746641.77 万吨,氯化钾 388225.4 万吨,氯化钾平均品位 14.13%。

(五)加拿大萨斯喀彻温省 KP361 等地块钾盐矿普查项目成果报告

2012 年 2 月 2 日～2013 年 12 月 20 日，进行加拿大萨斯喀彻温省 KP361 等地块钾盐矿普查，报告提交时间为 2015 年 8 月。项目负责人：郭建。报告编写人：郭建、逄伟、寇雅威、关琴、岳伟佳、李越、栾怀中、张琦、曹光明、孟庆斋。项目来源：国土资源部，项目承担单位为兖矿集团有限公司，完成单位为山东省地矿工程勘察院。完成主要工作：钻探 9 孔总进尺 12571 米，各类测试样品 2559 件，完成二维地震 389.66 千米(现场工作内容均委托加拿大北环勘探有限公司组织实施)。取得主要成果：普查区位于加拿大萨斯喀彻温省中南部，面积 5363.87 平方千米。地理极值坐标：西经 103°24′39″～106°25′24″、北纬 50°39′33″～51°37′12″。矿床为特大型，第Ⅰ型勘查类型。属典型的沉积矿床成因类型，圈出钾盐矿层 3 层，其最上部 60 米为主要钾盐矿床。按加拿大 NI43-101 标准，本次普查工作于 KP363、KP377、KP392、KP483 四个地块共探求钾盐矿石资源量 541468.2 万吨，氯化钾资源量 152796.7 万吨。其中(332)矿石资源量 96496.8 万吨，氯化钾资源量 29086.1 万吨；(333)矿石资源量 444971.4 万吨，氯化钾资源量 123710.6 万吨。选定东区 KP377 与 KP392 地块为下一步详查区域，找矿潜力较大。2018 年1 月，该成果获得山东省地矿局科学技术特等奖。

第二节　省外地质勘查工作

截至 2017 年，在山东省外先后完成地质勘查项目 21 个。其中，成昆铁路线路工程地质勘查等水文地质工程地质项目 5 个，内蒙古锡林浩特市通和矿业有限责任公司萤石矿资源勘查等矿产地质项目 5 个，天津港“8.12”爆炸事故现场清理修复、青海玉树“4.14”地震灾后重建结古镇热翁陇沟和果波对面沟恢复重建等物探、测量地质成果项目 11 个。完成工程地质钻探 291 孔总进尺 16344.9 米，各类样品 3055 件。

一、水文地质工程地质勘查

截至 2017 年，在山东省外先后完成成昆铁路线路工程地质勘查、新疆地区 1∶20 万水文地质普查等 5 个水文地质工程地质项目。完成工程地质钻探 296 孔总进尺 6969.4 米，地热地质钻探 1 孔 2121.85 米，水质分析 99 件，土样 554 件，岩样 193 件。

(一)成昆铁路线路工程地质勘查

1964 年 10 月～1965 年 7 月，进行成昆铁路线路工程地质勘查。铁道部为修建成昆铁路，弄清沿线地质情况，邀请地质部协助工作。地质部抽调全国地质精英组建地质部南江大队和北江大队两支队伍。1964 年 10 月，地质部水文地质工程地质局局长张更生在四川省地质局大会议室宣布山东、安徽、贵州、广西、云南等 5 个省水文队组成地质部南江大队，八〇一队司维成、任念良、刘克分别任大队队长、大队党委书记、大队技术负责人，下设五、六、七、八等四个队。1964 年 11 月 10 日，包括八〇一队 282 人的山东省地质局人员组成地质部南江大队第八队，八〇一队张清林、张春林、龚如壁分别任队长、队党委书记、队技术负责人。1964 年 11 月 28 日，进入成昆铁路工程项目驻地，奔赴金沙江南岸进行成昆铁路的线路工程地质勘查工作。1965 年 7 月 1 日，完成工程地质勘探任务。完成主要工作：架桥 3 处，长达 50 余米，铺水管 12400 米，搭帐篷 178 个，编制工程地质设计 13 套，完成 1∶2000 工程地质线路定测 50 千米，完成两段 4 个线路方案的钻探 269 孔总进尺 6262 米，槽探工作量 561 立方米。在地质工作方面，完成 1∶500 地质测绘 1.844 平方千米，1∶2000 地质测绘 22.8 平方千米，定地质观测点 2485 个，定水文点 9 个，填绘 1∶(200～500)纵断面 149 条 145 张图，填绘 1∶(200～500)横断面 2741 条 784 张图，物探条件点 245 个，进行抽水试验 10 层 42 小时 30 分钟，注水试验 6 段 17 小时 50 分钟，水质分析 99 件，土样 554 组，岩样 193 组，两段共完成工点 326 个，其中提交工点报告 100 份，总报告 4 套。取得主要成果：成昆铁路认真贯彻“精心设计、精心施工”的建设方针以及“三边一及时”的工作方法，即边勘测、边设计、边施工，于 1965 年 7 月 1 日提前半年完成所分担的大树村—安乐村、三堆子—龙潭等两段全长 58.51 千米的线路工程地质勘查任务，并及时提交技术报告。

（二）完成青海水文地质工作

1967 年 1 月，按地质部山东省地质局指示，八〇一队抽调 40 名水文地质技术骨干赴青海。

（三）新疆地区 1∶20 万水文地质普查

1976 年 3 月，省革委地质局抽调董洪淼、杨得志、高希银、陈龙渊、李代祥、邬家禄 6 名水文地质技术人员赴新疆带领部队士兵进行新疆地区 1∶20 万水文地质调查，编制水文地质图 6 幅。1978 年 3 月，完成任务归队。

1978 年 3 月，省革委地质局抽调李代祥、贾久明、王连祥、于恒琪、张玉林 5 名水文地质技术人员赴新疆 00925 部队，带领部队士兵进行 1∶20 万水文地质普查，并编制完成 1∶20 万水文地质图 5 幅。1980 年 6 月，完成任务归队。在此期间，李代祥荣立三等功一次。

(四)2000 年汛后濮阳市台前县黄河防洪工程堤防加固(截渗墙)工程地质勘查

2000 年 8 月 3 日～9 月 1 日，进行 2000 年汛后濮阳市台前县黄河防洪工程堤防加固（截渗墙）工程地质勘查（左岸 158＋850～159＋350、163＋800～165＋180、169＋500～170＋440 堤段）。项目负责人：武羽晓、李海波。报告编写人：武羽晓、陈奂良、王涛。完成主要工作：钻探 27 孔总进尺 707.4 米，原状土样 409 件，水质分析样 3 件，高程测量点 5 个，坐标测量点 5 个。取得主要成果：地下水对混凝土无侵蚀性；该堤段大坝堤身易形成漏水通道，有必要采取截渗墙措施；拟建截渗墙底部宜嵌入第 4 层壤土中。

二、地热钻探

截至 2017 年，完成的地热钻探项目为辽宁省西丰县陶然地区地热普查 WZK1 地热钻探工程，钻探进尺 2121.85 米。

2013 年 8 月～2014 年 12 月，开展辽宁省西丰县陶然地区地热普查 WZK1 地热钻探工程。报告编写人：何瑞、孙雅飞等。受辽宁省有色地质局一〇六队委托，开展施工并提交辽宁省西丰县陶然地区地热普查 WZK1 地热钻探工程技术报告。完成主要工作：钻探孔数 1 个，钻探进尺 2121.85 米，水文地质钻孔抽水试验 1 个，抽水试验落程 1 次，抽水试验时间 0.32 小时。取得主要成果：降深 304.34 米，仅能抽 19 分钟，出水量 1.08 立方米/天，出水口温度 23 摄氏度，水质分析结果表明有一定理疗作用，但水量小、水温低，不具备开发价值。

三、矿产地质

自 2009 年进行内蒙古锡林浩特市通和矿业有限责任公司萤石矿资源勘查开始，在新疆、内蒙古等地积极与当地地勘单位开展合作找矿，截至 2017 年共完成省外矿产地质项目 5 个。其中矿产勘查项目 4 个，资源储量核实项目 1 个。完成矿产地质钻探 21 孔总进尺 7961.05 米，各类样品 3055 件。

(一)内蒙古锡林浩特市通和矿业有限责任公司萤石矿资源勘查

2009 年 9 月 21～12 月 3 日，进行内蒙古锡林浩特市通和矿业有限责任公司萤石矿资源勘查。项目负责人：刘小平、杨元。项目完成人：刘小平、关琴、郭键、姜宝昌、杨元、逄伟、杨伟、常和平。项目来源：中钢矿业开发有限公司。完成主要工作：1∶1 万地质测量及水工环地质调查 45 平方千米，1∶2000 地质修测及地形测量 1.832 平方千米，地形坑道测量 718.279 米，剖面线测量 7 条 3689 米，勘探线测量 6 条 1838 米，R 能谱剖面测量 8 条 1368 米，钻探总进尺 1175.6 米，坑探 1154 米，刻槽取样 163 件，基本分析样 241 件，光谱分析样 65 件，组合分析样 65 件，内检样 24 件，外检样 12 件，物理试验样 10 件，控制测量及工程点测量 8 个，全分析水质分析 65 件，岩矿分析 78 件。取得主要成果：基本查明的矿体 7 条，其中 5、6、7、18 号矿体位于南矿段；9、10、11、11 号上、12、13 号矿体位于北矿段；矿床开采的水文地质和工程地质条件复杂程度为中等类型，环境地质质量属简单，开采技术条件综合类型应属Ⅱ-4 型。求得(332＋333)矿山资源量 213.5 万吨，ω(氟化钙)平均品位63.21%。其中，ω(氟化钙)平均品位 65.60%，占矿石总资源量的 34.29%。推断内蕴经济资源量(333)140.3 万吨。ω(氟化钙)平均品位 61.99%，占矿石总资源量的 65.71%。

(二)新疆尉犁县阿斯坦布拉克北铜多金属矿普查

2011 年 5 月～2013 年 5 月，进行新疆尉犁县阿斯坦布拉克北铜多金属矿普查。项目负责人：关琴。项目完成人：关琴、赵忠义、李越等。项目来源：省地勘局。完成主要工作：1∶1 万遥感地质解译 30.94 平方千米，岩石地球化学剖面测量 11.5 千米，探槽 770.5 立方千米，岩矿分析 397 件。取得主要成果：在普查区内发现三条蚀变带，均无铜金属矿化；综合分析认为，普查区多金属矿成矿远景较差。

(三)内蒙古自治区乌拉特中旗查干此老矿区岩金矿生产详查

2010 年 4 月～2014 年 2 月，进行内蒙古自治区乌拉特中旗查干此老矿区岩金矿生产详查。项目负责人：王合秋、李海翔。项目完成人：姜宝昌、李海翔、王合秋等。项目来源：内蒙古中麟工贸有限责任公司。完成主要工作：1∶2000地形测量 1.89 平方千米，1∶1 万地质测量 30 平方千米，1∶2000 地质测量 1.89 平方千米，钻探 21 孔总进尺 2592.80 米(包括水文钻探 382.30 米)，探槽 68 条 2704 立方米，各类测试样品 1603 件。取得主要成果：圈定 8 个岩金矿体，其中Ⅱ上、Ⅲ为主要矿体；Ⅰ号、Ⅱ下已开采完毕；截至 2013 年 9 月30 日，矿山在采矿许可证范围内保有金矿石量(333)80898.13 吨，金属量(333)173.4 千克，平均品位2.14×10^{-6}；累计消耗金矿石量(333)277000.00 吨，金属量(333)203.2 千克；累计查明金矿石量(333)357989.13 吨，金属量(333)376.6 千克；截至 2013 年 9 月 30 日，矿山在采矿许可证范围内保有银矿石量(333)6903.52 吨，金属量(333)35.5 千克，平均品位 5.14×10^{-6}；累计消耗银矿石量(333)26670.00 吨，金属量(333)98.0 千克；累计查明银矿石量(333)33573.52 吨，金属量(333)133.5 千克。

(四)内蒙古自治区苏尼特右旗巴彦敖包萤石矿资源核查

2012 年 3 月 26 日～5 月 6 日,进行内蒙古自治区苏尼特右旗巴彦敖包萤石矿资源核查。项目负责人:栾怀中。项目完成人:栾怀中、杨元、岳维佳等。项目来源:中钢矿业开发有限公司。取得主要成果:共求得萤石矿石(332＋333)资源量 541.7 万吨,其中(332)资源量 54.6 万吨,(333)资源量 487.1 万吨;采矿证内(332＋333)资源量 456.2 万吨,其中(332)资源量 52.3 万吨,(333)资源量 403.9 万吨;采矿证外(332＋333)资源量 85.5 万吨,(332)资源量 2.3 万吨,(333)资源量 83.2 万吨;本次工作为中钢矿业开发有限公司对该矿的评估提供地质依据。

(五)内蒙古自治区巴林右旗幸福之路苏木馒头沟多金属矿详查

2013 年 4 月～2014 年 8 月,进行内蒙古自治区巴林右旗幸福之路苏木馒头沟多金属矿详查。项目负责人:栾怀中。项目完成人:栾怀中、贾绍松、郭建、杨元、宿庆伟、顾伟、杨硕、毕栋威、杨茂伟、耿祥峰。项目来源:省地勘局。完成主要工作:1∶1 万地质草测 7.56 平方千米,1∶2000 地质测量 2 平方千米,1∶1 万激电中梯测量 7.56 平方千米,激电测深 102 个,机械岩心钻探总进尺 3872.35 米,水文地质钻探进尺 320.30 米,各类样品 342 件。取得主要成果:铜矿矿石量 293.5 万吨,铜金属量 23170.0 吨,平均品位 0.79%。其中(332)矿石量 112.3 万吨,铜金属量 6869.9 吨,平均品位 0.61%;(333)矿石量 181.2 万吨,铜金属量 16300.1 吨,平均品位 0.90%。低品位铜矿矿石量 186.1 万吨,铜金属量 5490.1 吨,平均品位 0.30%。其中低品位(332)矿石量 44.0 万吨,铜金属量 1299.8 吨,平均品位 0.30%;低品位(333)矿石量 142.1 万吨,铜金属量 4190.3 吨,平均品位 0.29%。共生矿产:共生金矿石量 2.2 万吨,金属量 37 千克,平均品位 1.60 克/吨;共生银矿石量 1.6 万吨,金属量 1112 千克,平均品位 69.84 克/吨。伴生矿产:铜矿体伴生金矿石量 415.6 万吨,金属量 1997 千克,平均品位 0.47 克/吨;伴生银矿石量 431.4 万吨,金属量 83899 千克,平均品位 19.50 克/吨;伴生硫矿石量 399.8 万吨,纯硫量 56.3 万吨,平均品位 14.08%,折合标硫矿 160.9 万吨;金矿体伴生银矿石量 1.2 万吨,金属量 37 千克,平均品位 2.36 克/吨;银矿体伴生金矿石量 1.3 万吨,金属量 6 千克,平均品位 0.47 克/吨。

四、省外物探、测量地质成果

自 2012 年开始至 2016 年,在省外先后完成黑龙江省小金场地区金矿普查、辽宁省新宾县上夹河—木奇地热普查、河南省安阳鑫汇矿业有限公司地热资源调查、河北省凤山地区地热资源普查、青海省海北化工厂水文地质调查、天津港“8.12”爆炸事故现场清理修复、青海玉树“4.14”地震灾后重建结古镇热翁陇沟和果波对面沟恢复重建等物探、测量地质成果项目10个。

（一）物探地质成果

截至2017年，在省外完成黑龙江省呼玛县怀柔站小金场地区金矿普查激电、辽宁省新宾县上夹河—木奇地热普查重力测量、河南省安阳鑫汇矿业有限公司地热资源调查物探、河北省承德市丰宁县凤山地区地热资源普查物探工作、青海省海北化工厂水文地质勘查及地下水污染调查项目物探工作、天津港“8·12”爆炸事故现场遗留废物及污染场地清理修复项目探测等10项物探成果。

1.黑龙江省呼玛县怀柔站小金场地区金矿普查激电工作报告

2012年3月～2013年8月，编制黑龙江省呼玛县怀柔站小金场地区金矿普查激电工作报告。项目负责人：李树荣。报告编写人：李树荣、朱江源。完成工作量：测网敷设比例尺1∶1万1.52平方千米，激电中梯比例尺1∶1万1.52平方千米，激电测深22点。取得主要成果：通过本区激电工作，圈定激电异常5处，其中1处为矿（化）致激电异常，4处为干扰及非矿（化）致异常；对推定的激电异常区段均进行激电测深研究，推断矿化极化体的大致范围，并对下步地质勘查提出钻探验证建议。

2.沈阳市北三台子地区地热勘查物探工作

2012年5月～2016年6月，编制沈阳市北三台子地区地热勘查物探工作报告。项目负责人：万晓磊。报告编写人：万晓磊、耿祥峰等。受辽宁省矿产勘查院委托，在辽宁省沈阳市三台子地区查找工作区是否存在隐伏断裂构造。完成主要工作：可控源音频大地电磁法剖面3条。取得主要成果：推断丰远热高乐园用地存在2条构造，均为走向北东，倾向北西。

3.辽宁省新宾县上夹河—木奇地热普查重力测量工作报告

2012年6月，提交辽宁省新宾县上夹河—木奇地热普查重力测量工作报告。项目负责人：周为。报告编写人：周为、耿祥峰。受辽宁省第十地质大队委托，为大致查明河谷区构造及深部构造在浅部的反映，解决构造异常分布的基本特征和区内地层的主要分布规律，为深部工程验证提供设计依据，进行该工作。完成主要工作：重力测量面积40平方千米，物理点1829个，测试仪器采用美国斯金特雷克斯（Scintrex）公司生产的CG-5自动读数重力仪。取得主要成果：推断工作区存在5条断裂构造；F1北西向，长7100余米，深度大于500米；F2北西向，长7100余米，深度大于500米；F3北西向，长2600余米，深度大于500米；F4北东东向，长5700余米，深度大于500米；F5北北东向,长 3200 余米,深度大于 200 米。

4.辽宁省新宾县上夹河—木奇地热普查控音频大地电磁测量工作报告

2012 年 8 月,提交辽宁省新宾县上夹河—木奇地热普查控音频大地电磁测量工作报告。项目负责人:李树荣。报告编写人:耿祥峰、万晓磊。受辽宁省第十地质大队委托,为基本查明区内的地层埋深情况及隐伏断裂的确切位置及走向、倾向等情况,进行该工作。完成主要工作:CSAMT 可控源音频大地电磁法剖面 10 条。取得主要成果:推断工作区存在 3 条断裂构造;F1 走向 330°,倾向 60°,倾角 70°～80°;F2 走向 330°,倾向 60°,倾角 70°～80°;F3 走向 78°,倾向 348°,倾角 70°～80°;查明工作区岩石相对破碎、赋水性较好的位置;建议井位在构造 F1 与 F3 交汇处,建议钻井深度 1800 米。

5.辽宁省抚顺市章党地热普查 CSAMT 测深物探工作报告

2012 年 8 月,提交辽宁省抚顺市章党地热普查 CSAMT 测深物探工作报告。项目负责人:李树荣。报告编写人:耿祥峰。通过物探工作,基本查明区内的地层埋深情况、隐伏断裂的确切位置及其走向、产状等,同时了解是否发育与之平行次一级断裂的展布特征。完成主要工作:完成设计所布可控源音频大地电磁测线 9 条,点距 50 米,本区共计完成 CSAMT 物理点 299 个,其中检查点 24 个。取得主要成果:本次物探工作共查明工区内 2 条主要构造 ZD-GZ06 及 ZD-GZ07 的产状,查明工区内岩石相对破碎、赋水性较好的位置。

6.河南省安阳鑫汇矿业有限公司地热资源调查物探工作报告

2013 年 5 月,提交河南省安阳鑫汇矿业有限公司地热资源调查物探工作报告。项目负责人:耿祥峰。报告编写人:耿祥峰。受河南省安阳鑫汇矿业有限公司委托,进一步查明工作区地热地质条件,圈定地热异常区,评价勘查开发利用前景,为进一步勘查及开发提供依据。工作方法及完成工作量:本次工作使用 V8 电法工作站。可控源音频大地电磁测深剖面 8 条,测深点 450 个,其中检查点 24 个。取得主要成果:本次工作通过可控源音频大地电磁法查明工区内 3 条主要断裂的产状、在深部引起的破碎情况及工区内的地层埋深情况;河南安阳李珍村附近具备地热资源的储存条件,建议钻孔深度 2200 米。

7.河北省承德市丰宁县凤山地区地热资源普查物探工作报告

2013 年 10～11 月,编制河北省承德市丰宁县凤山地区地热资源普查物探工作报告。项目负责人:万晓磊。报告编写人:万晓磊、耿祥峰、张超。受河北第四地质大队委托,为查明工作区断裂构造分布情况,查找进行地热探采结合孔的最佳位置,进行该工作。工作方法:测试仪器采用 V8 电法工作站,CSAMT 可控源音频大地电磁法剖面 4 条。取得主要成果:查明 5 个破碎带的分布情况及2条断裂的产状；建议钻孔位置布设于断裂的相对破碎、地形相对平坦并且储热条件相对好的位置，如2剖面625米处，建议钻孔深度1800米，推断热储层为侏罗系。

8.宁夏明盛染化有限公司渣场调查的物探工作

2015年9月，提交宁夏明盛染化有限公司渣场调查的物探工作报告。项目负责：万晓磊。报告编写人：万晓磊、张哲、耿祥峰。2015年8月，受北京中地泓科环境科技有限公司委托，为初步查明工作区内水污染层的厚度及空间分布情况，进行物探工作。完场主要工作：共完成折射层析法测线4条，物理点4824个，测线总长度1592米；瞬变电磁法测线4条，物理点300个，测线总长度1350米。取得主要成果：基本查明整个测区内污染层标高1260～1234米，确定工作区内污染严重区，并查明黏土层以下并未受到污染。

9.青海省海北化工厂水文地质勘查及地下水污染调查项目物探工作报告

2015年11月，提交青海省海北化工厂水文地质勘查及地下水污染调查项目物探工作报告。项目负责人：宋希利。报告编写人：万晓磊、张哲。为初步查明区内200米内的地层结构及分布，为调查工作提供依据，利用高密度电法和瞬变电磁法在工作区共布设高密度电法测线3条，共计物理点991个，检查点90个；在高密度电法测线局部区域布设瞬变电磁测线9条，共计物理点264个，检查点18个。取得主要成果：通过瞬变电磁确定基岩顶板埋深标高2795～2840米，往东方向逐渐变浅；通过高密度电法查明黏性土的分布情况，并查明海北化工厂内污染严重区，即在WT2线剖面距离2610～2700米、标高2976～3035米推测为污染严重区；确定卵石夹黏土层以下并未受到污染；通过高密度电法和瞬变电磁法初步查明工作区的地层状况。

10.天津港“8·12”爆炸事故现场遗留废物及污染场地清理修复项目探测成果报告

2016年1～2月，编制天津港“8·12”爆炸事故现场遗留废物及污染场地清理修复项目探测成果报告。项目负责人：于东平。报告编写人：张哲、苗德刚。为探查探清核心区爆炸引起的裂缝情况、探清场区填土下混凝土层及分布，由于核心区管线分布广泛，采用探地雷达（地质雷达）及管线仪对核心区200米范围内进行综合管线探测，查明核心区200米范围内综合管线走向、埋深、管径、材质、埋设方式等，进行探测工作。工作方法及完成工作量：采用LTD2100型数字化探测雷达仪、RD8000管线定位仪，中心工作频率270MHZ的天线进行探测。共检测完成80条测线，质量检查测线6条。取得主要成果：爆炸核心区域裂缝比较发育，裂缝发育区主要分布在核心区大坑东部及西部，少量地裂缝分布于核心区大坑南部和北部，结合钻孔资料，核心区填土层厚度约 2 米之上,地裂缝主要分布于填土层。工作区地下管线破坏比较严重,不明管线主要为探地雷达探测到,推断为管线或地层引起的干扰。建议对存在的地裂缝进行处理。

(二)测量地质成果

2011 年 5 月,提交青海玉树“4.14”地震灾后恢复重建结古镇热翁陇沟和果波对面沟泥石流防治区域测绘技术报告。项目负责人:杨伟。报告编写人:杨伟、葛琳等。受青海省人民政府委托,对玉树藏族自治州城东结古镇热翁陇沟和果波对面沟区域进行多种比例尺的数字化地形图测量工作。取得主要成果:测区西起新寨村东,东到佛学院,北到擦从帕古,南至扎曲河,面积 16.0 平方千米。完成 15.1 平方千米 1∶1 万地形图、3.06 平方千米 1∶1000 地形图、0.71 平方千米 1∶500 坝址地形图、1∶200 剖面图。高程测量点 23 个,四等 GPS,图根控制点 75 个,1∶200 地形地质剖面 18 条,探井坐标地质点 68 个。

第三节 境(省)外地质勘查获奖成果

截至 2017 年,境(省)外地质勘查获奖成果 9 项。其中,刚果(布)奎卢省布谷马西地区钾盐矿勘查项目获得 2010 年中国矿业国际合作最佳勘查奖、2012 年国土资源部国土资源科学技术奖壹等奖、2011 年山东省国土资源科学技术壹等奖、2011 年省地勘局科学技术进步特别奖等 5 项奖励,青海玉树“4.14”震后结古镇热翁陇扎龙泥石流灾害治理工程设计、天津港“8·12”爆炸事故现场遗留废物及污染场地清理修复项目探测成果报告分别获得山东土木建筑学会协会岩土创新壹等奖、贰等奖。

表 2-12-1　　　　境(省)外地质勘查获奖成果一览表

序号	获奖成果名称	奖励名称	奖励等级	授奖部门	获奖时间
1	刚果(布)奎卢省布谷马西地区钾盐矿勘查项目	中国矿业国际合作	最佳勘查奖	2010 中国国际矿业大会组委会	2010.11
2	布谷马西矿区钾盐矿勘查	国土资源科学技术奖	壹等奖	国土资源部国土资源科学技术奖励评审委员会	2012.12

续表

序号	获奖成果名称	奖励名称	奖励等级	授奖部门	获奖时间
3	刚果(布)奎卢省布谷马西地区钾盐矿普查	科学技术进步奖	特等奖	省地勘局	2011.2
4	刚果(布)奎卢省布谷马西地区钾盐矿普查	国土资源科学技术奖	壹等奖	省国土资源厅	2011.11
5	刚果共和国奎卢省布谷马西矿区南部矿段钾盐矿详查	科学技术进步奖	壹等奖	省地勘局	2012.2
6	青海玉树“4.14”震后结古镇热翁陇扎龙泥石流灾害治理工程设计	岩土创新奖	壹等奖	山东土木建筑学会岩土工程专业委员会	2014.12
7	宁夏明盛染化有限公司渣场水污染调查物探工作报告	岩土创新奖	贰等奖	山东土木建筑学会岩土工程专业委员会	2015.12
8	天津港“8.12”爆炸事故现场遗留废物及污染场地清理修复项目探测成果报告	岩土创新奖	贰等奖	山东土木建筑学会岩土工程专业委员会	2016.2
9	加拿大萨斯喀彻温省KP361等地块钾盐矿普查项目成果报告	科学技术进步奖	特等奖	省地勘局	2018.1

第十三章　实验测试

八〇一队自建队就设立实验室，1985 年划归山东省水文地质总站。由于工作需要，1986 年开始重建实验室，至 1989 年基本建成。截至 2017 年 12 月，实验室的检测内容涵盖工农业用水、生活用水、矿泉水以及微生物、土工、岩石等检测项目，主要承担岩土工程勘察、地热勘查、水文地质调查、环境地质调查及环境治理等多种类型工程项目中的实验测试工作。

第一节　实验室简介

一、办公场地

1958 年，八〇一队实验室检测地址位于队部济南市解放路办公区内。1998 年，八〇一队迁址至经十路，实验室也由此搬迁至经十路 13632 号。

二、技术人员

2017 年 12 月，实验室人员总数 16 人，其中高级工程师 2 人，工程师4 人；硕士 2 人，本科 6 人，专科以上学历达 100%。

三、分析项目

1958～1985 年，逐步发展成为一个设备齐全的、能够承担水质、土工分析项目的实验室。1986 年重建后的实验室划分为水质分析和土工实验两个实验组。水质分析实验组能够检测的参数有钾离子、钠离子、钙离子、镁离子、铁离子、氨根离子、氯离子、硫酸根离子、碳酸氢根离子、碳酸根离子、氢氧根离子、氟离子、亚磷酸根离子、硝酸根离子、磷酸二氢根离子、溴离子、碘离子 、pH、游离二氧化碳、化学需氧量、矿化度、可溶性固体总量、浑浊度、颜色、色度、总硬度、总碱度、暂时硬度、负硬度、永久硬度、侵蚀性二氧化碳。土工实验组能够检测的参数有含水率、湿密度、干密度、比重、孔隙比、饱和度、液限、塑限、塑性指数、液性指数、压缩系数、压缩模量、黏聚力（快剪）、内摩擦角（快剪）、自重湿陷系数、湿陷系数、湿陷起始压力、土的定名。

2016 年，实验室检测项目扩展，涉及生活饮用水、矿泉水、地表水、地下水、岩石、土工实验等，检测项目达 355 个参数。实验室固定仪器资产额达 1000 万元以上，面积达到 530 平方米，拥有先进的检测手段和雄厚的技术力量。实验室设有理化检测室、微生物检测室、气相色谱检测室、液相色谱检测室、ICP-OES 光谱检测室、ICP-MS 光谱检测室、放射性检测室、有机前处理室、天平室、岩石三轴仪检测室、岩石分析检测室、土工全自动固结检测室、土工三轴检测室、土工操作检测室等多个专业实验室。

第二节　实验测试成果

八〇一队实验室每年参与完成的大中小型工程项目中的实验测试工作多达几百个，少时 200 个，多时 500 个。

有些大型工程项目的实验测试工作需要到现场提取实验测试数据，八〇一队实验室就将实验测试仪器设备全部长途托运至工程所在地现场，进行现场仪器校对和实验测试。比如 1991～1994 年的台儿庄万年闸工程勘察项目的实验测试工作，八〇一队的实验室工作人员就是将实验室搬到了现场，实验室工作人员也一同前往，有单身的女士，也有年轻的妈妈，她们都为了工作离开家，一走就是几个月，分批分次轮流到现场进行实验测试，使工程项目得以保质保量的按时完成。再比如 2006 年的京沪高速初勘详勘工程的实验测试工作，实验室设备也是运至现场，由于没有全自动数据采集仪器，均采用人工采集数据，每小时采集一次数据，实验室工作人员采取昼夜两班倒，很多时候一天的睡眠时间只有四五个小时。

实验室进行实验测试工作多是参与到工程勘察项目和水文地质调查项目中，为成果报告提供严谨可靠的实验测试数据支撑。以实验室名义单独提了的实验测试成果报告不多，共 3 件，均为济南遥墙机场实验项目。

一、济南机场飞行区扩建工程工程地质详细勘查室内土工实验

1996 年 10 月 27 日～1997 年 2 月，开展济南机场飞行区扩建工程工程地质详细勘查室内土工实验。报告编制人：易宝、郑作萍、王福花等。为查明拟建场道等范围内地层结构及时代、成因类型、变化规律，各土层埋深、厚度分布规律及其物理力学性质和容许承载力等开展该工作。1997 年 2 月，提交济

南机场飞行区扩建工程工程地质详细勘查室内土工实验报告。完成主要工作:物理性质实验 612 组,剪切实验 99 组,压缩实验 512 组,固结系数实验 151 组,高压固结实验 81 组,次固结实验 85 组,三轴剪切实验 34 组,无侧线抗压强度 46 组,渗透实验 176 组,击实实验 17 组,CBR 实验 17 组,颗粒分析实验 302 组,化学分析 18 件,水质分析 6 件。取得主要成果:完成土工实验及化学分析项目 2156 组(件),对勘查区各土层物理力学性质和环境水质分析取得一系列基本资料,可作为场道区工程地质评价和场道设计参数选择的依据。

二、济南遥墙机场航站区扩建工程航站楼岩土工程勘察室内土工实验

2001 年 8 月～11 月 19 日,开展济南遥墙机场航站区扩建工程航站楼岩土工程勘察室内土工实验。报告编制人:孙洪君、刘春萍、高瑛等。2001 年 11 月,提交济南遥墙机场航站区扩建工程航站楼岩土工程勘察室内土工实验报告。完成主要工作:水质分析 2 件,易溶盐分析 6 件,完成土样测试 1829 件。取得主要成果:为济南遥墙机场航站区扩建工程航站楼岩土工程勘室提供土工实验数据。

三、济南遥墙机场航站区扩建工程站坪岩土工程勘察室内土工实验

2001 年 8 月～2001 年 11 月 26 日,开展济南遥墙机场航站区扩建工程站坪岩土工程勘察室内土工实验。报告编制人:孙洪君、刘春萍、高瑛等。2001 年 11 月,提交济南遥墙机场航站区扩建工程站坪岩土工程勘察室内土工实验报告。完成主要工作:物理性质实验 189 组,剪切实验 75 组,压缩实验 210 组,固结系数实验 180 组,三轴剪切实验 19 组,渗透实验 18 件,击实实验 15 组,颗粒分析实验 68 件,有机质 8 件。取得主要成果:为机场扩建工程工作共提供各类样品测试数据 782 件。

除单独成册的实验测试成果,实验室还参与完成很多大型项目中的土工实验。

表 2-13-1　　实验室主要成果一览表

序号	项目名称	完成时间
1	烟台市清洋河门楼水库工程地质踏探实验测试	1958.12
2	山东省滕县阎马水库工程地质勘查实验测试	1960.1
3	山东省文登县黄垒河北黄水库工程地质勘测实验测试(1∶5 万)	1960.12
4	山东省牟平县新安河水桃林水库工程地质勘测实验测试(1∶25000)	1960.12

续表

序号	项目名称	完成时间
5	桃源水库规划阶段工程地质勘查实验测试	1979.12
6	青岛市薛家岛经济开发区工程地质初步勘查实验测试	1984.12
7	桃源水库初步设计阶段工程地质勘查实验测试	1985
8	鲁南水泥厂第二次工程地质详细勘查实验测试	1986.5
9	济南遥墙机场可行性研究勘查实验测试	1986.5
10	烟台石玉制品有限公司烟台石玉制品加工厂工程地质详细勘查实验测试	1986.9
11	济南遥墙机场场道工程地质勘查实验测试	1988.11
12	京杭运河万年闸枢纽工程初步设计阶段工程地质勘查实验测试	1991.11
13	台儿庄万年闸工程勘察实验测试	1994.7
14	济南机场飞行区扩建工程工程地质详细勘室内土工实验	1997.2
15	济南遥墙机场航站区扩建工程航站楼岩土工程勘察室内土工实验	2001.11
16	济南遥墙机场航站区扩建工程站坪岩土工程勘察室内土工实验	2001.11
17	淄博鸿泰嘉园 1 号、2 号、3 号、14 号、18 号楼工程勘察实验测试	2002.2
18	张夏工程勘察实验测试	2003.3
19	美丽苑小区工程勘察实验测试	2003.5
20	京沪线满庄镇北留村取土场工程勘察实验测试	2003.7
21	山东轻工业学院长清校区一期工程图书馆楼工程勘察实验测试	2004.1
22	莱芜电厂扩建工程勘察实验测试	2004.2
23	伟东新都工程勘察实验测试	2004.3
24	邹平中芬齐星电厂工程勘察实验测试	2004.4
25	邹平黛溪河大桥工程勘察实验测试	2004.5
26	青岛滨海公路南段一期工程勘察实验测试	2005.4
27	章丘百脉泉水厂工程勘察实验测试	2005.5
28	济阳至临邑段高速公路改建工程勘察实验测试	2005.5
29	京沪高速初勘详勘工程实验测试	2006.4
30	济南市区联通基站工程勘察实验测试	2008.4

续表

序号	项目名称	完成时间
31	山东寿光 2×1000 兆瓦电厂工程可研阶段清水泊、羊口港厂址工程勘察大型实验测试	2008.5
32	裕兴化工厂污染工程勘察实验测试	2009.7
33	海阳汇景湾工程勘察实验测试	2008.8
34	中央储备粮单县直属库 0.6 亿斤、0.32 亿斤散装储备平房仓工程勘察实验测试	2008.11
35	全运村 R、U、Q、N、P 地块岩土工程勘察实验测试	2009.2
36	省博物馆新馆岩土工程勘察实验测试	2009.2
37	济南裕兴化工有限责任公司搬迁改造厂前区岩土工程勘察实验测试	2009.3
38	哈牡客运专线一次性初定测勘探实验测试	2009.5
39	济南地区联通基站的岩土工程勘察实验测试	2010.5
40	恒大王舍人项目首期岩土工程勘察实验测试	2010.5
41	东明黄河大桥大型岩土工程勘察实验测试	2010.8
42	104 国道改建工程大型岩土工程勘察实验测试	2010.9
43	石济客运专线衡景特大桥岩土工程勘察实验测试	2010.10
44	舜井街片区岩土工程勘察实验测试	2011.5
45	山东半岛蓝色经济区 1∶10 万水文地质工程地质环境地质调查项目实验测试	2011.8
46	济阳统一集团岩土工程勘察实验测试	2012.2
47	恒大雅苑首期岩土工程勘察实验测试	2012.2
48	邹平创新家园岩土工程勘察实验测试	2012.5
49	山东半岛蓝色经济区地质调查项目实验测试	2012.6
50	济南非遗文化园地质勘查实验测试	2013.3
51	济南市水文地质环境地质调查实验测试	2013.6
52	潍坊至日照高速公路的勘察实验测试	2013.8
53	文莱高速公路的勘察实验测试	2013.9
54	1∶5 万费县上冶关阳司幅区域水文地质调查实验测试	2013.10

续表

序号	项目名称	完成时间
55	潍坊—日照高速工程勘察实验测试	2013.12
56	文莱高速工程勘察实验测试	2014.10
57	京藏高速公路工程勘察实验测试	2014.12
58	山东半岛蓝色经济区地质环境调查评价实验测试	2014.12
59	山东省1∶5万海沧幅、昌邑幅、小清河口幅环境地质调查项目实验测试	2015.10
60	山东省1∶5万临沂幅半程幅、方城幅、大朱保幅、薛庄幅环境地质调查项目实验测试	2015.10
61	济青高速改扩建工程勘察实验测试	2015.11
62	济南市轨道交通R3线工程勘察实验测试	2015.12
63	国家高速德尚线巨野段高速工程勘察项目实验测试	2015.12
64	济南市轨道交通R2线工可地质勘查项目实验测试	2016.6
65	罗岚高速工程勘察项目实验测试	2016.6
66	济南市轨道交通R3线岩土工程勘察详勘实验测试	2016.12
67	定陶公路勘察项目实验测试	2016.10
68	东营、滨州、潍坊、聊城、淄博浅层地温能评价项目实验测试	2016.12
69	济南市轨道交通新东站综合枢纽初勘项目实验测试	2016.12
70	济南市轨道交通环线工程可行性研究项目实验测试	2016.12
71	山东省1∶5万莒南县幅、三界首幅、城头乡幅区域水文地质调查项目实验测试	2016.12
72	山东省1∶5万重坊幅、郯城县幅、瓦窑幅、新沂县幅区域水文地质调查项目实验测试	2016.12
73	山东省地质调查院样品分析测试、地质环境调查评价项目数据库建设、地理底图制作项目实验测试	2016.12
74	沂蒙山革命老区1∶5万水文地质调查水质分析测试	2017.3
75	山东省地下水水源地调查评价(弥河—潍河流域)项目实验测试	2017.5
76	山东省地下水水源地调查评价(微山湖东标段)项目实验测试	2017.6
77	山东省地下水水源地调查评价(胶东半岛东部)项目丰水期水质检测	2017.9
78	山东省地下水水源地调查评价(泰莱盆地)项目实验测试	2017.10

第十四章　地质装备

自1958年建队开始，八〇一队钻探设备、物探设备、测量仪器设备以及实验测试设备等地质装备不断创新、改良、引进，为圆满完成地质项目提供充要条件。

第一节　钻探设备

1958年，钻探设备有XB300型、XB500型手把式岩心钻机，苏联的зиф-300型、KAM-500型油压钻机。

1962年，引进苏联制造的зиф-300型小口径油压钻机2台。

1963～1967年，钻机由XB300型、XB500型发展为XU300型、XU650型小口径油压钻机。

20世纪60年代，购买上海探矿机械厂SPJ-300型大口径水井钻机。

1977年，购置气动潜孔锤车装黄河钻机3台，增压机1台。

1971～1981年，钻机全部更新为SPJ30型水井钻机。

从20世纪80年代开始，相继购置高速油压立轴式钻机，并用性能好的变量泵期取代苏式泥浆泵。

1985年以后购置G-2型工程钻机、DPP-100-3型汽车钻机、3WY3.5-25/7-25型车载移动式空气增压机、2W-9/7型空压机、SPC300型钻机、TSJ1000水源钻机。

自1992年起，为适应发展勘查工业的需要，购置各种技术装备，为实现多领域、多工艺、多桩型服务创造重要条件。

2001～2009年，采购2000E钻机2台、RPS300地热钻机1台、BW1200/70泥浆泵3台、NB350泥浆泵2台、用于气举反循环空压机2台（WF7.5/60型）。

2010～2017 年，先后购进 SPC600HW 车载钻机 1 台、HXY-6B 岩心钻机 2 台、荷兰声波钻机 SRS ML 型 1 台、阿特拉斯 XRYS1260 空压机 2 台、巨峰 B18-62-2175 增压机 1 台。

表 2-14-1　　2017 年八〇一队拥有主要钻探设备情况一览表

序号	设备类型	名称	型号	数量
1	工程勘察钻探设备	钻机	Xy-100	2
2	工程勘察钻探设备	钻机	SH30-2A	1
3	工程勘察钻探设备	钻机	150	1
4	工程勘察钻探设备	岩心钻机	XY-1A-4	1
5	工程勘察钻探设备	岩心钻机	XY-1A	1
6	工程勘察钻探设备	地质勘探钻机	XY-1A	1
7	基础施工钻探设备	冲击器		1
8	基础施工钻探设备	喷射机		1
9	基础施工钻探设备	注浆机		1
10	基础施工钻探设备	锚杆钻机	YMZ-150	1
11	基础施工钻探设备	锚杆钻机	JMZ-150	2
12	基础施工钻探设备	冲击钻机	CZ-20	4
13	基础施工钻探设备	喷粉桩机	PH-50	2
14	基础施工钻探设备	工程钻机	TS-20	1
15	基础施工钻探设备	随车吊 QYS-8Ⅲ	QYS-8Ⅲ	1
16	基础施工钻探设备	挖掘机 329D	329D	1
17	基础施工钻探设备	旋挖钻机	R-518	1
18	基础施工钻探设备	旋挖钻机	TRM250	1
19	水井及地热钻探设备	钻塔	HT12.5-A 型	3
20	水井及地热钻探设备	水文水井钻机	SPS-600	1
21	水井及地热钻探设备	水源钻机	组装 600 型	1
22	水井及地热钻探设备	水源钻机	TSJ-2000	1
23	水井及地热钻探设备	3000 米水井钻机	SPJ3000	1
24	水井及地热钻探设备	2000 米水井钻机	DSJ-2000	1

续表

序号	设备类型	名称	型号	数量
25	水井及地热钻探设备	3000 米水井钻机	RPS3000	1
26	水井及地热钻探设备	车载钻机	SPC600	1
27	水井及地热钻探设备	钻机	SPS1000	1
28	水井及地热钻探设备	潜孔锤钻机	cl351	1
29	水井及地热钻探设备	水井钻机	SL800a	1
30	水井及地热钻探设备	钻机	TSJ2600/445	1
31	水井及地热钻探设备	钻机	TSJ2000E	1
32	水井及地热钻探设备	声波钻机		1
33	小口径钻探设备	岩心钻机	XY-1B	1
34	小口径钻探设备	岩心钻机	GY-2	6
35	小口径钻探设备	岩心钻机	XY-4	3
36	小口径钻探设备	岩心钻机	XY-4	2
37	小口径钻探设备	钻机	XY-5(55KW)	2
38	小口径钻探设备	钻机	HXY-6B	1
39	小口径钻探设备	钻机	XY-5	1
40	小口径钻探设备	全液压钻机	XD-5A	1

第二节　物探设备

建队初期，物探使用的仪器有 DD-2A(2B)型电子补偿仪、甚低频电场仪、机械式磁力仪等电法仪器，人工绘制图件，主要以服务水文地质调查项目为主，开展一些物探工作，较好地完成及解决了水文地质问题。

20 世纪 80 年代，物探仪器设备不断更新改进，最主要的特点是从机械式向电子仪器发展，如 WDJD-2 型直流机电仪、D2D-6 型多功能直流电法仪、北京地质仪器厂生产的找水激电仪等。这些仪器的测量参数增多，可测量视电阻率、视极化率、半衰时综合参数完成仪等，可为较准确判断地下水地质体特性提供多参数依据，提高解释精度，也扩大应用领域。为配合承担的勘查项目，还专门引进上海地质仪器厂生产的综合测井车，为准确推测含水层及含水特性提供有力证据。

21 世纪开始，随着市场经济的需要，水文物探、工程物探、环境化探得到长足发展，相继购置先进的仪器和设备，如高密度电法测量系统、浅层地震仪、LTD 探地雷达、加拿大凤凰地球物理公司生产的 V8-6R 电法工作站、JGS-1 型智能工程测井系统、PM-2 型质子磁力仪、大功率直流激电测量设备、跨孔 CT、瑞典瞬变电磁仪等国内外先进仪器。这些技术既服务于地质勘查，又承担工程勘察、岩土工程、管网勘测、桩基检测，地质灾害评估等，较大地扩展了物探技术的服务领域。

2017 年，拥有高密度电阻率测量系统、工程探测仪、浅震仪、地质雷达、等物探仪器 24 台，具有独立完成工程物探工作的能力。

表 2-14-2　　　　八〇一队拥有物探仪器设备情况一览表

序号	设备名称	型号	数量
1	高密度电阻率测量系统	WGMD-2	1
2	工程探测仪	SEZ404EP	1
3	探地雷达	LTD-2000	1
4	多功能电法数据采集站	V8-6R	1
6	大功率机电仪	重庆 DIF10-2	1
7	地震仪	德国 SUNMIT128	1
8	依维柯测井车	NJ5048XGC33	1
9	高密度电法仪	DUK-2B	2
10	热物性测试系统		1
11	物探电法仪	V8-TXU-30	1
12	线性调频浅层剖面仪	BATHY-2010PC	1
13	频率计 2012-7-252#	DKY-51-2	1
14	基坑测斜仪 2012-7-252#	CX-3C	1
15	管线探测仪	RD80000XL-T10	1
16	地下电磁波系统 JW-6(2013-5-138#)	JW-6	1
17	重力仪	CG-5	1
18	瞬变电磁仪	EM3W	1
19	全波列测井换能器	FSS'	1

续表

序号	设备名称	型号	数量
20	全波列声波测井仪主机	XG-Ⅱ	1
21	波速测井仪	XG-1	1
22	综合测井仪	JGS-3	1

第三节　测量仪器设备

建队初期,使用的测量仪器大都是机械式的测量仪器。

20 世纪 70 年代,测量仪器主要为 S3 型光学水准仪和 J2 型、J6 型光学经纬仪,主要为水文地质工作服务,进行大量的水位观测点的四、五等水准高程测量和图根级坐标测量工作。测量数据为人工读数、记录,内业计算工作由手工进行。

20 世纪 80 年代,购置配备日产红外测距仪(型号为 RED2L)、德国蔡司 J6 型光学经纬仪,以及大平板仪(型号为匈牙利 MOM)、计算器。将新的测距仪和经纬仪组合在一起,配合使用计算器,解决了高精度、长距离测量的难题,便于在隐蔽、困难地区进行导线测量和极坐标测量,并可代替大平板仪进行地形图测绘。运用计算器的编程功能,可进行五等水准测量工作的记录和结果输出。新仪器、新方法的使用,使工作效率有了提高。在完成本单位测量任务的同时,开始走向市场,进行地形图测绘和其他测量工作。

20 世纪 90 年代,计算机开始普及使用,内业计算工作由手工表格计算逐步转为计算机程序计算。单位内部测量项目不断增多,测量规模不断增大,同时市场范围也进一步扩大。测量内容主要为水准测量、坐标测量、地形图测量。

进入 21 世纪,随着测绘技术的快速发展,以全站仪、数字水准仪、全球卫星导航系统(GNSS)、卫星激光测距(SLR)、甚长基线测量(VLBI)、数字摄影、测绘软件为代表的新一代测量技术设备,使测绘工作产生了革命性变革,传统的测量方法和设备逐步被淘汰,测量精度、工作效益大幅提高。2005 年之后,大量购置配备全站仪、数字水准仪、GNSS 卫星信号接收机等现代测量设备。

2017 年,八〇一队主要仪器设备有全站仪、GPS-RTK、测距仪、测斜仪、数字水准仪、绘图仪等测绘仪器 32 台,具有独立完成工程测量、地图编制等工作能力。

表 2-14-3　　八○一队拥有测量仪器设备情况一览表

序号	设备名称	型号	数量
1	全站仪	拓普康 GPT-3150N	1
2	全站仪	ATS-320R	2
3	全站仪	TS50	1
4	全站仪	拓普康 GPT-751	1
5	全站仪	TC402	1
6	全站仪	SET22D	1
7	全站仪测量系统	索佳 530R	1
8	徕卡全站仪	TS30	1
9	水准仪	DNA03	1
10	水准仪	DSZ2	3
11	数字水准仪	ZDL700	1
12	地质水准测量系统	惠普 6515b-GL025PA	1
13	水准测量系统	DNA03	1
14	测斜仪	JXL-42	1
15	GNSS 接收机	银河 1	2
16	GPS 接收机流动站	天宝 R8GNSS	2
17	手持 GPS	小博士	3
18	手持 GPS	桂冠	3
19	手持 GPS	麦哲伦	2
20	GPS	三鼎 T26T	1
21	小口径罗盘测斜仪	KXP-2	1
22	双频 RTK-GPS	RTKS880	1

第四节　实验测试设备

重建后的实验室购置三轴剪力仪、固结仪、渗透仪、1∶1000 分析天平、火焰光度计、751GW 紫外分光光度计等仪器设备。

随着实验室规模的不断扩大,实验测试业务量的不断加大,检测项目的不断增多,配套测试仪器的不断更新,八〇一队实验室也先后购置很多大中小型实验测试设备。其中,价值 20 万元以上的实验测试设备有:2009 年 1 月购置的型号为 OPTIMA 7000DV 的电感耦合等离子反射光谱仪,2010 年 12 月购置的 32 道高压的全自动固结系统,2015 年 1 月购置的型号为 HYW-600 的微机控制岩石三轴仪,2015 年 3 月集中购买的型号为 PinAAcle 900T 的铂金埃尔默原子吸收器、型号为 Clarus680GC＋HS40 的铂金埃尔默气相色谱仪、型号为热电 ICS-600 的赛默飞世尔离子色谱仪、型号为 Ultimate3000 的赛默飞世尔液相色谱仪、型号为 7890B-5977A 的安捷伦气质联用仪、型号为 TMR-ATOMX 的吹扫捕集仪、型号为 BX53＋DP80 的荧光显微镜、型号为热电 iCap Qc 的电感耦合等离子体质谱仪和型号为 LlachtQC8500S2 的流动注射分析仪。

截至 2017 年 12 月,实验室检测项目扩展至涉及生活饮用水、矿泉水、地表水、地下水、岩石、土工实验 6 项产品,共计 355 个参数。实验室拥有固定仪器资产额达 1000 万以上,面积达到 530 平方米,拥有先进的检测手段和雄厚的技术力量。

表 2-14-4　　实验测试设备类型及数量情况一览表

序号	实验测试设备名称	规格型号	单位	数量	购置时间
1	火焰光度计	FP640	台	1	1999.9.23
2	酸度计	PHS-3C	台	1	2001.12.28
3	数控电动击实仪	JDS-2	台	1	2005.1.25
4	承载比实验仪	CBR-1	台	1	2005.1.25
5	杠杆固结仪	WG	台	11	2006.9.27
6	电子天平	FA2004	台	1	2006.9.27
7	火焰光度计	FP640	台	1	2008.9.24
8	电感耦合等离子发射光谱仪	OPTIMA 7000DV	台	1	2009.1.1
9	电子天平	上海恒平	台	1	2009.4.30
10	数显液限联合测定仪	上海路达	台	1	2009.4.30
11	应变控制式单手动直剪仪	南京土壤仪器厂(ZJ)	台	1	2009.4.30
12	三联中压固结仪	南京土壤仪器厂(WG)	台	15	2009.4.30
13	应变控制式三轴仪	TSZ30-2.0 型	台	1	2010.12.31

续表

序号	实验测试设备名称	规格型号	单位	数量	购置时间
14	全自动固结系统	32 道高压	套	1	2010.12.31
15	紫外光分光计	TU-1810S 型	台	1	2011.6.2
16	电导率仪		台	1	2011.7.4
17	岩石直剪仪（含 JKDQ-1A 自动岩石切割机、JKSHM-200 双端面磨石机、JKZS-100 自动取芯机）	YZW-30A	台	1	2015.1.15
18	微机控制岩石三轴仪	HYW-600	套	1	2015.1.20
19	岩石点载荷实验设备	DZH-5	台	1	2015.1.20
20	导热系数测试仪	DRE-2C	台	1	2015.11.10
21	比热容测试仪	BRR	台	1	2015.11.10
22	珀金埃尔默气相色谱仪	Clarus680GC＋HS40	套	1	2015.3.30
23	北京普析原子荧光光度计	PF5-2	套	1	2015.3.30
24	赛默飞世尔离子色谱仪	热电 ICS-600	套	1	2015.3.30
25	赛默飞世尔液相色谱仪	Ultimate3000	套	1	2015.3.30
26	旋转蒸发仪	RE-52AA	套	1	2015.3.30
27	红外油分析仪	ET1200	套	1	2015.3.30
28	电子天平	PRACTUM124-1CN	台	1	2015.3.30
29	电子天平	BSA2202S	台	1	2015.3.30
30	有机碳分析仪（TOC）	HTY-CT1000M	套	1	2015.3.30
31	α，β 检测仪	FJ-2603GXS	套	1	2015.3.30
32	安捷伦气质联用仪	7890B-5977A	套	1	2015.3.30
33	吹扫捕集仪	TMR-ATOMX	套	1	2015.3.30
34	应变控制式三轴仪	TSZ30-2.0	台	1	2015.3.30
35	应变控制式直剪仪	ZJ	台	1	2015.3.30
36	荧光显微镜	BX53＋DP80	套	1	2015.3.30
37	电感耦合等离子体质谱仪	热电 iCap Qc	套	1	2015.3.30

续表

序号	实验测试设备名称	规格型号	单位	数量	购置时间
38	电热鼓风干燥箱	GZX-9070MBE	套	1	2015.3.30
39	生化培养箱	SPX-150-Z	套	1	2015.3.30
40	隔水式电热恒温培养箱	GSP-9050MBE	套	1	2015.3.30
41	氮吹扫仪	TurboVapⅡ	套	1	2015.3.30
42	流动注射分析仪	美国 LlachtQC8500S2 型	套	1	2015.3.30
43	余氯仪	PCⅡ	套	1	2015.3.30
44	二氧化氯仪	PCⅡ	套	1	2015.3.30
45	氡钍分析仪及自动定标器	FD-125	套	1	2015.3.30
46	全自动三轴仪	DS12-A1	套	1	2015.7.14
47	全自动三轴仪	DS12-A1	套	2	2016.2.28
48	全自动固结系统	63 道中压	套	1	2016.3.26